실전모의고사, 암기를 쉽게하는 팁,
100점 비법 암기 정리표 수록!

# 철도관련법
## 한권으로 끝내기

| 채용 시험 | 입교시험<br>(교육훈련기관<br>교육생 선발 시험) | 철도종사자 자격 시험<br>(TS 국가자격시험) | 자격증 시험 |
|---|---|---|---|
| - 대구교통공사 전공과목 中 도시철도시스템에 포함<br>- 서울교통공사 NCS 지문에 내용 출제된 적 有<br>- 공항철도 전공과목<br>  부산교통공사 채용시험<br>  (2025년부터) | - 서울교통공사 인재개발원<br>- 서울과학기술대학교 철도아카데미<br>- 코레일 인재개발원<br>- 한국교통대학교 평생교육원 철도HRD센터<br>- 우송대학교 디젯철도아카데미<br>- 동양대학교 철도사관학교<br>- 송원대학교 철도아카데미<br>- 경일대학교 KIU철도아카데미<br>- 부산교통공사 철도인재기술원<br>  (구. BTC아카데미)<br>- 경북전문대학교 현암 철도아카데미<br>- 한라대학교 철도아카데미 | - 철도차량 운전면허(기관사) 시험<br>▶ 제2종 전기차량 운전면허<br>▶ 디젤차량 운전면허<br>▶ 제1종 전기차량 운전면허<br>▶ 철도장비 운전면허<br>▶ 노면전차 운전면허<br><br>- 관제 자격증명(관제사) 시험<br>▶ 철도 관제자격증명<br>▶ 도시철도 관제자격증명 | - 철도교통안전관리자<br>- 철도운송산업기사 |

## ❶ 드림레일이란?

　드림레일은 2015년에 개설된 국내 최초이자 최대의 철도취업 커뮤니티 웹 사이트입니다.
　철도 운영기관, 공기업, 사기업의 채용공고가 가장 빠르게 올라오는 웹 사이트이며 많은 회원과의 정보 공유를 통해 철도 관련 분야에 취업을 준비하는 분들에게 도움을 드리고 있습니다.

　드림레일은 "철도 취업정보 공유"를 가장 중요한 가치로 생각하며 모든 의사결정은 "정보공유"를 우선시하는 방향으로 운영하고 있습니다.
　그렇기에 회원가입을 하지 않아도 누구나 글과 댓글을 남길 수 있도록 운영하고 있으며 평등하고 자유로운 분위기를 추구하고 있습니다.

　드림레일을 개설하게 된 계기는, 드림레일이 생기기 전에는 철도 관련 채용 정보가 전무하였고 그로 인해 많은 철도 취업준비생들이 취업에 어려움을 겪었기 때문입니다.
　저 또한 그러한 점에 공감하여 제가 먼저 나서서 채용공고, 연봉 등 여러 가지 정보를 모으기 시작하였고 제가 모은 정보들을 많은 사람과 공유하며 의견을 나누고 토론하면 서로 Win-Win 할 수 있을 것이라 생각했기에 드림레일을 개설했습니다.

　내가 평생 일하게 될지도 모르는 직업 그리고 직장에 들어가기 위해 준비하는 것인데 어떤 일을 하는지, 연봉은 어느정도 되는지도 모르고 취업하는 것은 옳지 않다는 생각이었고 그렇기에 사이트를 개설하여 많은 취업준비생들과 정보를 공유하였습니다.
　철도취업을 준비하는 사람들 또한 저와 같은 마음이었고 초기에 많은 어려움이 있었지만 저의 진심을 이해해 준 취업준비생들이 있었기에 드림레일이 같이 성장할 수 있었습니다.
　드림레일과 취업준비생들은 하나라고 생각합니다.
　취업준비생들이 성장하여 발전해 나갈 수 있어야 드림레일 또한 같이 발전한다고 생각합니다.

　드림레일을 통해서 성장하고 취업에 성공하는 취업준비생들을 보면서 마음 한편에 뿌듯함을 항상 가지고 있습니다.
　드림레일은 저의 자부심이지만 동시에 사명감을 항상 지녀야 한다는 책임감이기도 합니다.
　앞으로도 드림레일은 취업준비생들을 위한 길잡이자 등대로 성장하고 싶습니다.
　드림레일은 취업준비생들의 성공적인 철도취업을 위해 항상 응원하고 도와드리겠습니다.
　감사합니다.

## ❷ 철도안전법이라는 책을 쓰게 된 계기

드림레일을 운영하면서 제2종 철도차량운전면허 취득을 위한 시험을 준비하는 학생들이 철도관련법 교재가 없어 입교시험에 어려움을 겪는 글들을 많이 보았습니다.

또한 철도관련분야는 수험생 수가 매우 적은 분야라 상대적으로 독자의 만족도를 충족시키는 교재가 시중에 많지 않다고 생각하며 실제로 철도차량운전면허를 취득하지 않은 저자가 책을 집필하는 경우가 많아 수험생들의 공감을 이끌어 내지 못했다고 판단했습니다.

또한 철도차량운전면허 교육기관에서 교육을 받는 비용도 취업준비생 입장에서는 적지 않다고 생각하는데, 입교 준비를 위해 입교학원, 인터넷강의 등에 많은 비용을 소비하는 것을 부담스러워하는 수험생이 많다고 판단했습니다. 그러한 비용의 부담 때문에 실제로 꿈을 포기하는 경우도 보아 왔기에 개선할 필요성이 있다고 개인적으로 생각했습니다.

그러한 부분을 조금이나마 해소시켜 드리기 위해 저희 드림레일 프로젝트가 제작한 단 1권의 교재로 입교시험 및 철도차량운전면허를 준비할 수 있도록 많은 노력을 기울였습니다.

교재 집필에 대해서는 입교도우미님과 오랫동안 논의해 왔고 이번에 좋은 기회가 생겨 수험생들의 불편함을 해소시켜 드릴 수 있는 철도관련법 교재를 집필하게 되었습니다.

저희 철도관련법 교재의 장점은 다음과 같습니다.

❶ 가독성 개선과 효율적인 책 정리
법 본문과 그 내용에 해당되는 시행령과 시행규칙을 정리해 놓음으로써 수험생 여러분들의 가독성을 높이고 공부를 조금 더 효율적으로 하실 수 있도록 책을 구성하였습니다.

❷ 난이도별 문제 수록
단계적으로 상승하는 난이도별 문제로 수험생분들의 학습능력을 서서히 증가시키고 난이도별 문제를 풀어봄으로써 다양한 유형과 높은 난이도의 문제도 무난하게 풀 수 있습니다.

❸ 개정된 법령 및 별지 수록
최근 개정된 전체 법령과 시험에 출제되는 별지를 엄선하여 수록하였습니다.

❹ 최신 유형의 문제 수록
　　최근 시험의 난이도가 상승함에 따라 해당 난이도 및 유형에 맞는 문제들을 수록하였습니다.

❺ 마지막으로 저희 드림레일과 크라운 출판사가 출판한 이 도서를 공부 중 궁금한 점, 정오표, 책을 완벽히 활용하는 공부법 등 여러 가지를 "드림레일 커뮤니티"에서 무료로 제공하고 있습니다.
　　(https://dreamrail.co.kr)인터넷에서 "드림레일"을 검색하시면 됩니다.

앞으로 철도안전법 교재의 바이블이 되도록 지속적인 노력을 기울일 예정입니다.
추가적으로 법이 개정되는 부분은 드림레일 커뮤니티에 게재, 개정판에 포함될 예정입니다.
저희는 수험생 여러분들을 위하여 다양한 프로젝트, 채용정보를 제공하고 있습니다.
언제든지 드림레일 커뮤니티를 이용하여 원하시는 목표를 이루시길 바랍니다.
드림레일이 첫 번째 준비한 프로젝트! – 철도관련법 도서에 이어 철도안전법 문제모음, 철도차량 운전면허 자격시험 대비 수험서 등 여러 가지를 기획, 추진 중에 있습니다.
많은 관심 부탁드립니다.
드림레일은 언제나 여러분들을 응원합니다!
이 자리를 빌어 출판에 도움을 많이 주신 크라운 출판사와 철도관련법 문제 제작 및 출판에 도움을 주신 철도종사자 자격시험 준비 카페에 이 지면을 빌어서 감사인사를 드립니다.

## ❸ 이 책을 어떻게 활용할까요?

철도차량 운전면허시험 등 철도분야에 종사하기 위하여 일단 도서부터 구매한 당신! 어떻게 하면 이 책을 완벽히 활용하여 시험에 합격할 수 있을까요? → 일단 법의 본문을 암기해야 된다는 생각을 버리고 가볍게 읽습니다.
법 공부법의 가장 기초는 정독 및 다독입니다. 법체계가 안 잡혀 있는 상태에서 문제 위주로 공부하시면 실제 시험에서는 크게 당황하실 것입니다.
입교시험의 대표적인 유형은 다음과 같습니다.

### [1] 주체 교환
EX 대통령령 → 국토교통부령, 철도운영자등 → 철도운영자

### [2] 할 수 있다, 해야 한다 구분
EX 열차를 운전할 필요가 있는 경우에 한하여 시행하여야 한다. → 시행할 수 있다.

### [3] 숫자 교환
EX 2년 이내에 → 1년 이내에, 15일 전 → 14일 전

### 〈과태료 등 처분기준 교환〉
EX 1년 이하의 징역 또는 1천만원 이하의 벌금 → 2년 이하의 징역 또는 1천만원 이하의 벌금〈기타 말장난〉
EX 열차의 비상제동 거리는 600미터 이하로 하여야 한다. → 철도차량의 비상제동 거리는 600미터 이상으로 할 수 있다.

이제 어떻게 공부를 해야 할지 그려지시나요?
저희는 이런 공부방법을 간단하게 제시합니다.

1. 정독 및 다독 우선
2. 당일 공부한 부분에 맞는 문제 풀이, 난이도별 접근(오답 부분 해당 법령 다시 정독, 오답이 많을 경우 해당 문제 부분 다음 회독 때 다시 풀이)
3. 과태료와 주체 정리 등 본인이 약한 부분 스스로 정리하고 틈틈이 암기하기!
4. 높은 난이도 문제 및 실전대비모의고사 풀이로 실제 시험 대비
5. 합격

문제 위주가 아닌 정독·다독을 하되, 문제풀이는 보조 수단으로 활용 하시면 학습 효과가 더욱 더 크게 나타날 것입니다.
그 외 철도관련법 공부방법, 철도차량 운전면허 취득 방법, 입교시험 일정 및 공고, 추가 개정된 법 유무 등 여러 가지 자료는 "드림레일 커뮤니티"에서 지금 바로 확인 가능합니다. 많은 이용 바랍니다.
추가로 드림레일 커뮤니티에서 이 도서의 오류, 개선사항 등 독자분들의 소중한 의견을 받습니다.

## ❹ 철도차량 운전면허(관제자격증명) 취득 방법과 그 후

철도차량 운전면허는 일반인반도 취득할 수 있으며 절차는 아래와 같습니다.

**입교시험 준비**
**(철도관련법)**
- 서울과기대의 경우 운전이론 추가 과목
- 관제의 경우 철도교통관제운영규정 추가 과목
- 면허교육훈련기관의 경우 지침 2개(철도종사자 교육훈련, 철도사고등 보고) 추가 과목, 공고문 확인 요망
- 철도관련법이란 철도안전법령(시행령, 시행규칙 포함), 철도차량 운전규칙, 도시철도 운전규칙

→

**신체검사 및 적성검사**
- 신체검사의 경우 TS국가자격시험 홈페이지에서 [철도자격]-[운전신체검사 안내]의 지정병원 혹은 근처 병원에 사전 문의 후 내원 바람
- 적성검사의 경우 좌석의 여유가 없으므로 가급적 빨리 예약, 자리가 없을 경우 공석 발생까지 기다리거나 코레일 인재개발원에 유선 문의

→

**입교시험 합격 후 교육**
- 2종 면허의 경우 이론 240시간, 기능 440시간 이상을 필수로 이수, 그 외 면허 혹은 관제 법적 교육을 지정된 교육훈련기관에서 이수해야만 철도면허시험에 응시가 가능
- 법적 교육시간 이수를 하지 않으면 수료 불가 및 시험 일부응시 불가

→

**교육 수료 후**
**면허(학과) 필기시험**
- 면허 필기시험의 경우 교육훈련 수료와 상관없이 응시가 가능
- 관제의 경우 교육훈련 수료 후 학과시험 응시가 가능
- 응시료는 2종 면허 기준 7만 7천원, 전국 한국교통안전공단 지역 본부에서 CBT시험 진행

→

**필기시험 합격 후**
**기능(실기)시험 응시**
- 필기시험 합격한 자에 한하여 기능(실기)시험 응시 가능
- 기능 시험장은 한국교통안전공단(경기도 의왕시)에서 응시
- 기능시험 응시비는 24만 4천원
*교육훈련기관 수료증이 있어야만 시험 응시가 가능.

→

**기능(실기)시험 합격 후**
**면허 취득**
- 면허 취득 후 면허 발급

→

**취업 준비,**
**취업 후 실무 수습**
- NCS와 채용 전공과목 공부 후 철도운영기관 취업
- 취업 후 실무 수습

❶ 우선 철도차량 운전면허(관제자격증명)를 취득하기 위해서는 일정의 조건이 필요합니다. 나라에서 지정한 철도차량 운전면허(관제자격증명) 교육훈련기관에서 법적 교육시간을 이수해야만 철도차량 운전면허시험 응시가 가능합니다.

❷ 교육훈련기관에 들어가기 위해 소위 말하는 입교시험을 치러야 하고 입교시험 과목은 공통 과목으로 철도관련법, 기관에 따라 운전이론을 추가로 보게 됩니다. 관제의 경우 철도교통관제 운영규정의 과목을 추가로 봅니다.

❸ 철도관련법의 경우, 여러분들이 구매한 이 책으로 충분히 대비가 가능합니다. 운전이론의 경우 TS국가자격시험(철도차량 운전면허 응시 및 시험 주관사 홈페이지)의 [철도자격]-[자료실]에서 다운받을 수 있습니다. 철도교통관제 운영규정의 경우에는 드림레일 도서게시판 공지사항에 업로드해 놓았으므로 추가로 공부하시면 됩니다.

❹ 입교시험을 통과하여 교육을 받게 되면, 철도안전법상 이론 270시간, 기능 410시간(제2종전기차량 운전면허 기준, 관제의 경우 360시간)을 필수로 이수해야만 면허 기능시험(필기의 경우 수료와 상관없음), 관제 학과 및 실기시험에 응시할 자격이 주어집니다. 교육 기간 동안 철도차량이 어떻게 굴러가는지 이론과 기능을 배우게 되며 이론 교육을 마쳤다고 필기시험을 볼 수 있는 것이 아닌, 이론과 기능을 모두 이수하고 수료하여 수료증이 발급되어야 면허기능시험, 관제학과 & 실기시험에 응시가 가능하다는 점! 잊지 말아야 합니다. 교육 기간 동안은 잠시 고등학생 때처럼 오전 9시부터 오후 6시까지 교육기관에서 교육을 받게 되며, 같은 동기끼리 친해지고 함께 면허를 취득할 수 있도록 힘을 합쳐야 합니다.

❺ 수료 후 면허 필기시험에 응시하게 되고 면허 필기시험은 한국교통안전공단 지역 본부에서 CBT(컴퓨터)로 진행됩니다. 면허시험 접수는 선착순으로 받으므로 본인이 가까운 시험장과 원하는 날짜에 응시하기 위해서는 스피드가 생명입니다! 면허시험은 1년에 4회차(철도종사자 자격시험 中 1, 3, 5, 7 회차) 진행이 되고, 1회차에 각 4타임(관제의 경우 2타임)의 면허 필기시험이 존재합니다. 필기시험은 1회차에 1타임에만 응시가 가능하고, 불합격한다면 약 3개월 뒤 다음 회차에 응시가 가능합니다.

❻ 필기시험에 합격하셨다면 교육받았던 교육훈련기관에 돌아가 그동안 잊었던 기능 관련 복습을 진행하고 기능시험에 대비합니다. 기능시험은 전국에 하나밖에 없는 시험장, 한국교통안전공단 철도자격시험장(경기도 의왕시 한국교통대학교 부지 내)에서 치러지며 기능시험일은 접수 순서대로 응시 날짜가 부여되며 9:30 ~ 17:30, 하루에 14명씩 응시할 수 있습니다.

❼ 기능시험에 합격하셨다면 면허를 발급받고 취업 준비의 길을 걷습니다. 취업 준비는 각 철도운영기관 채용 공고문을 확인하여 NCS(직무표준능력) + 채용 전공 과목을 공부하고, 취업 후 실무 수습을 통하여 본격적인 기관사(관제사) 길을 걷게 됩니다.

자, 이제 여러분들의 미래를 다 그리셨나요?

그럼 합격하기 위해 충분한 동기 부여를 하였으니 본격적으로 기관사(관제사)가 되기 위해 시작해 봅시다.

드림레일과 함께라면 철도차량 운전면허(관제자격증명) 취득은 정말 쉬울 것입니다. 파이팅!

## ❺ 철도차량 운전면허 및 관제자격증명 교육훈련기관 현황

제2종 전기 철도차량 운전면허 교육훈련기관 현황

| no. | 기관명 | 정원 | 시험 과목 (문항 수) | 교육일정 | 위치 | 비고 |
|---|---|---|---|---|---|---|
| 1 | 서울교통공사 인재개발원 | 30명 | 철도관련법 (80) | 연 2회 | 서울특별시 성동구 용답동 소재 | |
| 2 | 서울과학기술대학교 철도아카데미 | 30명 | 철도관련법 (40) + 운전이론 (20) | 연 4회 | 서울특별시 노원구 공릉동 소재 | |
| 3 | 한국철도 아카데미 (코레일 인재개발원) | 45명 | 철도관련법 (50) | 연 1회 | 경기도 의왕시 월암동 소재 | |
| 4 | 한국교통대학교 평생교육원 철도HRD센터 | 45명 | 철도관련법 (50) | 연 2~3회 | 경기도 의왕시 월암동 소재 | |
| 5 | 우송대학교 디젯철도아카데미 | 60명 | 철도관련법 (50) | 연 2회 | 대전광역시 동구 자양동 소재 | |
| 6 | 동양대학교 철도사관학교 | 30명 | 철도관련법 (50) | 연 2회 | 경북 영주시 풍기읍 소재 | |
| 7 | 송원대학교 철도아카데미 | 30명 | 철도관련법 (50) | 연 2회 | 광주광역시 남구 송학동 소재 | |
| 8 | 경일대학교 KIU철도아카데미 | 30명 | 철도관련법 (50) | 연 3회 | 경북 경산시 하양읍 소재 | |
| 9 | 부산교통공사 철도인재기술원 (구. BTC아카데미) | 30명 | 철도관련법 (80) | 연 4회 | 경남 양산시 동면 가산리 소재 | |
| 10 | 경북전문대학교 철도아카데미 | - | - | 일반인 모집 안 함 | 경북 영주시 휴천동 소재 | |
| 11 | 한라대학교 철도아카데미 | 30명 | 철도관련법 (40) | 연 2회 | 강원 원주시 흥업면 흥업리 소재 | |
| 12 | 인천교통공사 인재개발원 | 30명 | 철도관련법 | 연 2회 | 인천광역시 남동구 간석동 소재 | |
| | 상기 내용은 교육훈련기관 사정에 따라 변경될 수 있으므로 참고하시길 바랍니다. | | | | | |

〈2024년 3월 기준〉

* 실제 일정은 일부 다를 수 있으므로 해당 교육훈련기관 공식 공고 혹은 드림레일 면허게시판을 확인할 것.
- **철도관련법**: 철도안전법, 철도안전법 시행령, 철도안전법 시행규칙, 철도차량 운전규칙, 도시철도 운전규칙
※ 기관에 따라 철도안전법령 4, 7장이 제외되므로 공고문을 확인할 것

※ 기관에 따라 시험 범위에 "철도종사자 등에 관한 교육훈련 시행지침", "철도사고·장애, 철도차량고장 등에 따른 의무보고 및 철도안전 자율보고에 관한 지침"이 속하기도 하므로 공고문을 반드시 확인할 것

※ 철도종사자 자격 모의고사 플랫폼 CBTrain(www.CBTrain.co.kr)에서 모의고사 풀이 가능!

철도 관제자격증명 교육훈련기관 현황

| no. | 기관명 | 정원 | 시험 과목 (문항 수) | 교육일정 | 위치 |
|---|---|---|---|---|---|
| 1 | 한국철도공사 인재개발원 | 30명 | 철도교통관제 운영규정 + 철도관련법(50) | 연 1회 | 경기도 의왕시 월암동 소재 |
| 2 | 서울교통공사 인재개발원 | 30명 | 철도교통관제 운영규정 + 철도관련법(50) | 연 1회 | 서울특별시 성동구 용답동 소재 |
| 3 | 한국교통대학교 평생교육원 | 30명 | 철도교통관제 운영규정 + 철도관련법(50) | 연 1회 | 경기도 의왕시 월암동 소재 |
| 4 | 송원대학교 철도아카데미 | 30명 | 철도관련법(50) | 연 2회 | 광주광역시 남구 송학동 소재 |
| 5 | 부산교통공사 철도인재기술원 | 30명 | 철도교통관제 운영규정 + 철도관련법(50) | 연 1회 | 경남 양산시 동면 가산리 소재 |

\* 실제 일정은 일부 다를 수 있으므로 해당 교육훈련기관 공식 공고 혹은 드림레일 면허게시판을 확인할 것.

- **철도관련법: 철도안전법, 철도안전법 시행령, 철도안전법 시행규칙, 철도차량 운전규칙, 도시철도 운전규칙**

※ 기관에 따라 철도안전법령 4, 7장이 제외되므로 공고문을 확인할 것

※ **철도교통관제 운영규정은 "드림레일 도서게시판 공지사항"에서 확인 및 다운 가능합니다.**

※ 상기 내용은 일반인반 기준이며, 재학생(관련대반)의 경우 해당 교육훈련기관에 직접 문의하시길 바랍니다.

※ 교육생 선발 공고는 해당 기관 홈페이지 또는 "드림레일" 채용정보 게시판에서 확인하시기 바랍니다.

## ❻ 2026년 2종 전기 철도차량 및 노면전차 운전면허 시험 예상 일정

CBT 일정

| 회차 | 필기시험 | | 기능시험 | | 비고 |
|---|---|---|---|---|---|
| | 접수 | 시험일 (목)<br>각 2회 [오전/오후] | 접수 | 시험일 | |
| 제 1차 | 1/2 ~ 1/5 | 1/8, 1/15 | 1/20 ~ 1/21 | 2/1 ~ 3/27 | 2종 (CBT) |
| 제 3차 | 4/2 ~ 4/3 | 4/9, 4/16 | 4/20 ~ 4/21 | 4/27 ~ 6/26 | 2종 (CBT) |
| 제 5차 | 7/2 ~ 7/3 | 7/9, 7/16 | 7/20 ~ 7/21 | 7/27 ~ 9/18 | 2종 (CBT) |
| 제 7차 | 10/1 ~ 10/2 | 10/8, 10/15 | 10/19 ~ 10/20 | 11/2 ~ 12/25 | 2종 (CBT) |

* 필기시험의 경우 각 2회(오전 - 10:00, 오후 - 13:30)로 시행
* 노면전차의 경우 매 시험 첫날 13:30에 진행됨
* 기능시험 일정은 필기시험 합격인원, 평가에 필요한 장비 수요에 따라 변경될 수 있음
* 기능시험 결과는 당일 시험 종료 후 18시 이후 확인 가능
* 예상 일정이므로 11월 30일 전 후로 TS-국가자격시험에 공지되는 확정된 일정을 필히 확인할 것.

시험 장소

**필기 시험** : 공단 자격 시험장 전국 8개소 총 178석- 구로(67석), 수원(14석), 대전(19석), 강원((춘천), 14석), 전북((전주), 5석), 광주(16석), 대구(19석), 부산(24석)
   * 각 시험장 좌석은 매번 다를 수 있으므로 시험접수 때 개별확인 바랍니다.

**기능 시험**: 한국교통안전공단 철도종사자 자격시험장 (대전시 중구 오류동 1515-1 메종드메디컬빌딩 12층)

필기 시험 과목 및 시간

| 구분 | 과목 명 (문항 수) | 문항 번호 / 배점 | 시험 시간<br>(제한 시간) |
|---|---|---|---|
| 필기 시험<br>(77,000원) | 철도관련법 (20) | 1 ~ 20번 / 5점 | 20분 |
| | 도시철도시스템 일반 (20) | 1 ~ 20번 / 5점 | 20분 |
| | 전기동차 구조 및 기능 (40) | 1 ~ 40번 / 2.5점 | 40분 |
| | 비상시 조치 (20) | 1~ 20번 / 5점 | 20분 |
| | 운전이론 (20) | 1 ~ 20번 / 5점 | 20분 |
| | 총 시험 시간 | | 120분 |

- 필기시험은 교육훈련기관 수료 여부와 상관없이 응시가 가능하며 모든 응시생은 각 차수에 1번만 시험 응시가 가능
- 10:00(13:30) ~ 종료시까지, 과목간 휴게시간 없음.
- 각 과목 별 제한 시간을 초과할 수 없고 소진 시 자동으로 다음과목으로 넘어감. 각 과목 풀이 완료 시 총 시험시간(120분)에서 해당 과목 시험시간(20분 or 40분) 차감
- 운전이론 계산을 위한 개인 별 좌석에 패드(전자 연습장 11인치) 구비, 운전이론 뿐만 아니라 타 과목에도 사용 가능.
- CBT시험은 시험 직후 가채점 결과 확인, 18:00 이후 최종결과 확인.

※ 응시자는 시험시작 20분 전에 입실 (과목별 제한시간과 총 시험시간을 넘길 수 없음)

| 구분 | 과목 명 | 시험 시간 (제한 시간) |
|---|---|---|
| 기능 시험 (242,000원) | 준비점검, 제동취급, 제동기외 기기취급, 신호준수, 운전취급, 신호 및 선로숙지, 비상시 조치 등 | 준비점검 10분. 모의 운행 40분 |

- 9:30 ~ 17:30 (점심시간 1시간 제외) 시험 응시, 기능시험 기기 2대로 진행하며, 기기 당 하루 7명씩, 총 14명 시험 응시 가능.
- 기능시험은 교육훈련기관에서 교육 수료 후 수료증을 응시원서에 첨부하여야만 접수 가능.
- 기능시험은 접수 순으로 시험일 배정이 되며 응시 수요에 따라 주말 및 공휴일에도 진행할 수 있으며 일부 일정이 변동될 수 있음.
- 기능시험 응시 후 당일에 결과 확인 가능. 결과에 따라 면허 발급이 가능하며, 인터넷 발급은 다소 시간이 소요되므로 빠른 발급을 희망할 경우 해당 본부에서 현장발급

합격 기준
**필기 시험**: 각 과목 40점 이상 (철도관련법은 60점 이상) 및 평균 60점 이상
**기능 시험**: 각 과목 60점 이상 및 평균 80점 이상

## ❼ 2026년 (도시)철도 관제자격증명 시험 예상 일정

**CBT 일정**

| 회차 | 학과시험 | | 실기시험 | | 비고 |
|---|---|---|---|---|---|
| | 접수 | 시험일 (목)<br>각 1회 [13:30] | 접수 | 시험일 | |
| 제 2차 | 2/2 ~ 2/3 | 2/12 | 2/16 ~ 2/17 | 2/23 ~ 4/1 | 철도, 도시철도 관제 |
| 제 4차 | 5/4 ~ 5/5 | 5/14 | 5/18 ~ 5/19 | 5/25 ~ 7/3 | 철도, 도시철도 관제 |
| 제 6차 | 8/3 ~ 8/4 | 8/13 | 8/17 ~ 8/18 | 8/24 ~ 10/2 | 철도, 도시철도 관제 |
| 제 8차 | 11/2 ~ 11/3 | 11/12 | 11/16 ~ 11/17 | 11/23 ~ 12/25 | 철도, 도시철도 관제 |

* 실기시험 결과는 당일 18시 이후 발표(확인) 및 자격증명 발급 가능
* 실기시험 일정은 학과시험 합격인원, 평가에 필요한 장비 수요에 따라 변경될 수 있음

**시험 장소**

**학과 시험:** 공단 자격 시험장 전국 8개소 총 178석 - 구로(67석), 수원(14석), 대전(19석), 강원((춘천), 14석), 전북((전주), 5석), 광주(16석), 대구(19석), 부산(24석)
　　　　* 각 시험장 좌석은 매번 다를 수 있으므로 시험접수 때 개별확인 바랍니다.

**실기 시험:** 한국교통안전공단 철도종사자 자격시험장 - 대전시 중구 오류동 1515-1 메종드메디컬빌딩 12층 (관제실기시험장)

**시험 과목 및 시간**

| 구분 | 과목 명 (문항 수) | 문항 번호 / 배점 | 시험 시간<br>(제한 시간) |
|---|---|---|---|
| 필기 시험<br>(77,000원) | 철도관련법 (20) | 1 ~ 20번 / 5점 | 20분 |
| | 철도시스템 일반 (20) | 1 ~ 20번 / 5점 | 20분 |
| | 관제관련규정 (20) | 1 ~ 20번 / 5점 | 20분 |
| | 철도교통관제운영 (20) | 1 ~ 20번 / 5점 | 20분 |
| | 비상시 조치 등 (20) | 1 ~ 20번 / 5점 | 20분 |
| | 총 시험 시간 | | 100분 |

| 구분 | 과목 명 | 시험 시간<br>(제한 시간) |
|---|---|---|
| 실기 시험<br>(206,500원) | 열차 운행계획, 열차 운행선 관리, 철도관제 시스템 운용 및 실무, 비상 시 조치 등 | 60분 내외 |

**합격 기준**

**학과 시험**: 각 과목 40점 이상 (관제관련규정은 60점 이상) 및 평균 60점 이상

**실기 시험**: 각 과목 60점 이상 및 평균 80점 이상

# 목차

## 제1편 철도 안전법

- 4장과 7장은 면허시험 범위에 해당되지 않습니다. 참고 바랍니다.
- 교육훈련기관 교육생 선발 시험(입교시험)의 경우 시험 공고문에 기재된 시험 범위(4, 7장 포함 유무)를 확인하시기 바랍니다.

| | | |
|---|---|---:|
| 1장 | 총칙 | 20 |
| 2장 | 철도안전 관리체계 | 26 |
| 3장 | 철도종사자의 안전관리 | 43 |
| 4장 | 철도시설 및 철도차량의 안전관리 | 140 |
| 5장 | 철도차량 운행안전 및 철도보호 | 200 |
| 6장 | 철도사고조사, 처리 | 238 |
| 7장 | 철도안전기반구축 | 243 |
| 8장 | 보칙 | 266 |
| 9장 | 벌칙 | 275 |

## 제2편 철도차량 운전규칙

| | | |
|---|---|---:|
| 1장 | 총칙 | 296 |
| 2장 | 철도종사자 | 298 |
| 3장 | 적재제한 등 | 299 |
| 4장 | 열차의 운전 | 300 |
| 5장 | 열차간의 안전 확보 | 309 |
| 6장 | 철도신호 | 317 |

## 제3편 도시철도 운전규칙

| | | |
|---|---|---:|
| 1장 | 총칙 | 328 |
| 2장 | 선로 및 설비의 보전 | 331 |
| 3장 | 열차등의 보전 | 333 |
| 4장 | 운전 | 334 |
| 5장 | 폐색방식 | 340 |
| 6장 | 신호 | 342 |

## 제4편
**철도사고·장애, 철도차량고장 등에 따른 의무 보고 및 철도안전 자율보고에 관한 지침**

| | | |
|---|---|---|
| 1장 | 총칙 | 350 |
| 2장 | 철도사고 등의 의무보고 | 352 |
| 3장 | 철도차량 등에 발생한 고장 등의 의무 보고 | 359 |
| 4장 | 철도안전 자율보고 | 360 |
| 5장 | 보칙 | 363 |

## 제5편
**철도종사자 등에 관한 교육훈련 시행지침**

– 4, 5편은 면허시험 범위이며, 입교시험의 경우 각 기관마다 상이하므로 공고문을 필히 확인 바랍니다.

| | | |
|---|---|---|
| 1장 | 총칙 | 366 |
| 2장 | 운전면허 및 관제자격 교육방법 | 368 |
| 3장 | 운전업무 및 관제업무의 실무수습 | 370 |
| 4장 | 철도종사자 안전교육 및 직무교육 | 372 |
| 5장 | 철도차량정비기술자의 교육훈련 | 375 |
| 6장 | 철도안전 전문인력의 교육 | 378 |
| 7장 | 보칙 | 385 |

### 제1편 철도안전법
| | |
|---|---|
| 예상 및 기출문제 STEP. 1 | 387 |
| 예상 및 기출문제 STEP. 2 | 492 |
| 예상 및 기출문제 STEP. 3 | 566 |

### 제2편 철도차량 운전규칙
| | |
|---|---|
| 예상 및 기출문제 STEP. 1 | 617 |
| 예상 및 기출문제 STEP. 2 | 633 |
| 예상 및 기출문제 STEP. 3 | 645 |

### 제3편 도시철도 운전규칙

| | |
|---|---|
| 예상 및 기출문제 STEP. 1 | 654 |
| 예상 및 기출문제 STEP. 2 | 663 |
| 예상 및 기출문제 STEP. 3 | 670 |

### 제4편 철도사고·장애, 철도차량고장 등에 따른 의무 보고 및 철도안전 자율보고에 관한 지침

| | |
|---|---|
| 예상 및 기출문제 STEP. 1 | 675 |
| 예상 및 기출문제 STEP. 2~3 | 679 |

### 제5편 철도종사자 등에 관한 교육훈련 시행지침

| | |
|---|---|
| 예상 및 기출문제 STEP. 1 | 683 |
| 예상 및 기출문제 STEP. 2 | 690 |
| 예상 및 기출문제 STEP. 3 | 695 |

## 부록

| | |
|---|---|
| 교육생 선발 시험대비 모의고사 1회 | 700 |
| 교육생 선발 시험대비 모의고사 2회 | 709 |
| 면허대비 실전 모의고사 1회 | 719 |
| 면허대비 실전 모의고사 2회 | 723 |
| 면허대비 실전 모의고사 3회 | 727 |
| 철도차량운전규칙 & 도시철도운전규칙 비교표(완벽 비교 암기) | 732 |

# 철도안전법

**제1장** | 총칙
**제2장** | 철도안전 관리체계
**제3장** | 철도종사자의 안전관리
**제4장** | 철도시설 및 철도차량의 안전관리
**제5장** | 철도차량 운행안전 및 철도 보호
**제6장** | 철도사고조사·처리
**제7장** | 철도안전기반 구축
**제8장** | 보칙
**제9장** | 벌칙

철도안전법령 예상 및 기출문제 STEP 1
철도안전법령 예상 및 기출문제 STEP 2
철도안전법령 예상 및 기출문제 STEP 3

# 1장 총칙

철도안전법: [시행 2025. 8. 7] [법률 제20231호, 2024. 2. 6. 타법개정]
철도안전법 시행령: [시행 2024. 9. 27.] [대통령령 제34919호, 2024. 9. 26., 일부개정]
철도안전법 시행규칙: [시행 2025. 10. 31.] [국토교통부령 제1531호, 2025. 10. 31., 타법개정]

### 제1조(목적)
이 법은 철도안전을 확보하기 위하여 필요한 사항을 규정하고 철도안전 관리체계를 확립함으로써 공공복리의 증진에 이바지함을 목적으로 한다.

### 영 제1조(목적)
이 영은 「철도안전법」에서 위임된 사항과 그 시행에 필요한 사항을 규정함을 목적으로 한다.

### 규칙 제1조(목적)
이 규칙은 「철도안전법」 및 같은 법 시행령에서 위임된 사항과 그 시행에 필요한 사항을 규정함을 목적으로 한다.

### 제2조(정의)
이 법에서 사용하는 용어의 뜻은 다음과 같다.
1. "철도"란 「철도산업발전기본법」(이하 "기본법"이라 한다) 제3조제1호에 따른 철도를 말한다.
2. "전용철도"란 「철도사업법」 제2조제5호에 따른 전용철도를 말한다.
3. "철도시설"이란 기본법 제3조제2호에 따른 철도시설을 말한다.
4. "철도운영"이란 기본법 제3조제3호에 따른 철도운영을 말한다.
5. "철도차량"이란 기본법 제3조제4호에 따른 철도차량을 말한다.
5의2. "철도용품"이란 철도시설 및 철도차량 등에 사용되는 부품ㆍ기기ㆍ장치 등을 말한다.
6. "열차"란 선로를 운행할 목적으로 철도운영자가 편성하여 열차번호를 부여한 철도차량을 말한다.
7. "선로"란 철도차량을 운행하기 위한 궤도와 이를 받치는 노반(路盤) 또는 인공구조물로 구성된 시설을 말한다.
8. "철도운영자"란 철도운영에 관한 업무를 수행하는 자를 말한다.

9. "철도시설관리자"란 철도시설의 건설 또는 관리에 관한 업무를 수행하는 자를 말한다.
10. "철도종사자"란 다음 각 목의 어느 하나에 해당하는 사람을 말한다.
    가. 철도차량의 운전업무에 종사하는 사람(이하 "운전업무종사자"라 한다)
    나. 철도차량의 운행을 집중 제어·통제·감시하는 업무(이하 "관제업무"라 한다)에 종사하는 사람
    다. 여객에게 승무(乘務) 서비스를 제공하는 사람(이하 "여객승무원"이라 한다)
    라. 여객에게 역무(驛務) 서비스를 제공하는 사람(이하 "여객역무원"이라 한다)
    마. 철도차량의 운행선로 또는 그 인근에서 철도시설의 건설 또는 관리와 관련한 작업의 협의·지휘·감독·안전관리 등의 업무에 종사하도록 철도운영자 또는 철도시설관리자가 지정한 사람(이하 "작업책임자"라 한다)
    바. 철도차량의 운행선로 또는 그 인근에서 철도시설의 건설 또는 관리와 관련한 작업의 일정을 조정하고 해당 선로를 운행하는 열차의 운행일정을 조정하는 사람(이하 "철도운행안전관리자"라 한다)
    사. 그 밖에 철도운영 및 철도시설관리와 관련하여 철도차량의 안전운행 및 질서유지와 철도차량 및 철도시설의 점검·정비 등에 관한 업무에 종사하는 사람으로서 대통령령으로 정하는 사람
11. "철도사고"란 철도운영 또는 철도시설관리와 관련하여 사람이 죽거나 다치거나 물건이 파손되는 사고로 국토교통부령으로 정하는 것을 말한다.
12. "철도준사고"란 철도안전에 중대한 위해를 끼쳐 철도사고로 이어질 수 있었던 것으로 국토교통부령으로 정하는 것을 말한다.
13. "운행장애"란 철도사고 및 철도준사고 외에 철도차량의 운행에 지장을 주는 것으로서 국토교통부령으로 정하는 것을 말한다.
14. "철도차량정비"란 철도차량(철도차량을 구성하는 부품·기기·장치를 포함한다)을 점검·검사, 교환 및 수리하는 행위를 말한다.
15. "철도차량정비기술자"란 철도차량정비에 관한 자격, 경력 및 학력 등을 갖추어 제24조의2에 따라 국토교통부장관의 인정을 받은 사람을 말한다.

**참고** 이 부분은 암기하셔야 합니다!

### ※ 철도사업법 제 2조 5항 (정의)

"전용철도"란 다른 사람의 수요에 따른 영업을 목적으로 하지 아니하고 자신의 수요에 따라 특수 목적을 수행하기 위하여 설치하거나 운영하는 철도를 말한다.

### ※ 철도산업발전기본법 제3조 (정의)

1. "철도"라 함은 여객 또는 화물을 운송하는 데 필요한 철도시설과 철도차량 및 이와 관련된 운영·지원체계가 유기적으로 구성된 운송체계를 말한다.
2. "철도시설"이라 함은 다음 각목의 1에 해당하는 시설(부지를 포함한다)을 말한다.
   - 가. 철도의 선로(선로에 부대되는 시설을 포함한다), 역시설(물류시설·환승시설 및 편의시설 등을 포함한다) 및 철도운영을 위한 건축물·건축설비
   - 나. 선로 및 철도차량을 보수·정비하기 위한 선로보수기지, 차량정비기지 및 차량유치시설
   - 다. 철도의 전철전력설비, 정보통신설비, 신호 및 열차제어설비
   - 라. 철도노선간 또는 다른 교통수단과의 연계운영에 필요한 시설
   - 마. 철도기술의 개발·시험 및 연구를 위한 시설
   - 바. 철도경영연수 및 철도전문인력의 교육훈련을 위한 시설
   - 사. 그 밖에 철도의 건설·유지보수 및 운영을 위한 시설로서 대통령령이 정하는 시설
     1. 철도의 건설 및 유지보수에 필요한 자재를 가공·조립·운반 또는 보관하기 위하여 당해 사업기간중에 사용되는 시설
     2. 철도의 건설 및 유지보수를 위한 공사에 사용되는 진입도로·주차장·야적장·토석채취장 및 사토장과 그 설치 또는 운영에 필요한 시설
     3. 철도의 건설 및 유지보수를 위하여 당해 사업기간중에 사용되는 장비와 그 정비·점검 또는 수리를 위한 시설
     4. 그 밖에 철도안전관련시설·안내시설 등 철도의 건설·유지보수 및 운영을 위하여 필요한 시설로서 국토교통부장관이 정하는 시설
3. "철도운영"이라 함은 철도와 관련된 다음 각목의 1에 해당하는 것을 말한다.
   - 가. 철도 여객 및 화물 운송
   - 나. 철도차량의 정비 및 열차의 운행관리
   - 다. 철도시설·철도차량 및 철도부지 등을 활용한 부대사업개발 및 서비스
4. "철도차량"이라 함은 선로를 운행할 목적으로 제작된 동력차·객차·화차 및 특수차를 말한다.

9. "철도시설관리자"라 함은 철도시설의 건설 및 관리 등에 관한 업무를 수행하는 자로서 다음 각 목의 어느 하나에 해당하는 자를 말한다.
    가. 제19조에 따른 관리청
    나. 제20조제3항에 따라 설립된 국가철도공단
    다. 제26조제1항에 따라 철도시설관리권을 설정받은 자
    라. 가목부터 다목까지의 자로부터 철도시설의 관리를 대행·위임 또는 위탁받은 자

### 영 제2조(정의)
이 영에서 사용하는 용어의 뜻은 다음 각 호와 같다.
1. "정거장"이란 여객의 승하차(여객 이용시설 및 편의시설을 포함한다), 화물의 적하(積荷), 열차의 조성(組成: 철도차량을 연결하거나 분리하는 작업을 말한다), 열차의 교차통행 또는 대피를 목적으로 사용되는 장소를 말한다.
2. "선로전환기"란 철도차량의 운행선로를 변경시키는 기기를 말한다.

### 영 제3조(안전운행 또는 질서유지 철도종사자)
「철도안전법」(이하 "법"이라 한다) 제2조제10호 사목에서 "대통령령으로 정하는 사람"이란 다음 각 호의 어느 하나에 해당하는 사람을 말한다.
1. 철도사고, 철도준사고 및 운행장애(이하 "철도사고등"이라 한다)가 발생한 현장에서 조사·수습·복구 등의 업무를 수행하는 사람
2. 철도차량의 운행선로 또는 그 인근에서 철도시설의 건설 또는 관리와 관련된 작업의 현장감독업무를 수행하는 사람
3. 철도시설 또는 철도차량을 보호하기 위한 순회점검업무 또는 경비업무를 수행하는 사람
4. 정거장에서 철도신호기·선로전환기 또는 조작판 등을 취급하거나 열차의 조성업무를 수행하는 사람
5. 철도에 공급되는 전력의 원격제어장치를 운영하는 사람
6. 「사법경찰관리의 직무를 수행할 자와 그 직무범위에 관한 법률」 제5조제11호에 따른 철도경찰 사무에 종사하는 국가공무원
    *(국토교통부와 그 소속 기관에 근무하며 철도경찰 사무에 종사하는 4급부터 9급까지의 국가공무원)
7. 철도차량 및 철도시설의 점검·정비 업무에 종사하는 사람

### 규칙 제1조의2(철도사고의 범위)

「철도안전법」(이하 "법"이라 한다) 제2조제11호에서 "국토교통부령으로 정하는 것"이란 다음 각 호의 어느 하나에 해당하는 것을 말한다.

1. 철도교통사고: 철도차량의 운행과 관련된 사고로서 다음 각 목의 어느 하나에 해당하는 사고
   가. 충돌사고: 철도차량이 다른 철도차량 또는 장애물(동물 및 조류는 제외한다)과 충돌하거나 접촉한 사고
   나. 탈선사고: 철도차량이 궤도를 이탈하는 사고
   다. 열차화재사고: 철도차량에서 화재가 발생하는 사고
   라. 기타철도교통사고: 가목부터 다목까지의 사고에 해당하지 않는 사고로서 철도차량의 운행과 관련된 사고
2. 철도안전사고: 철도시설 관리와 관련된 사고로서 다음 각 목의 어느 하나에 해당하는 사고. 다만, 「재난 및 안전관리 기본법」 제3조제1호가목에 따른 자연재난으로 인한 사고는 제외한다.
   가. 철도화재사고: 철도역사, 기계실 등 철도시설에서 화재가 발생하는 사고
   나. 철도시설파손사고: 교량·터널·선로, 신호·전기·통신 설비 등의 철도시설이 파손되는 사고
   다. 기타철도안전사고: 가목 및 나목에 해당하지 않는 사고로서 철도시설 관리와 관련된 사고

### 규칙 제1조의3(철도준사고의 범위)

법 제2조제12호에서 "국토교통부령으로 정하는 것"이란 다음 각 호의 어느 하나에 해당하는 것을 말한다.

1. 운행허가를 받지 않은 구간으로 열차가 주행하는 경우
2. 열차가 운행하려는 선로에 장애가 있음에도 진행을 지시하는 신호가 표시되는 경우. 다만, 복구 및 유지 보수를 위한 경우로서 관제 승인을 받은 경우에는 제외한다.
3. 열차 또는 철도차량이 승인 없이 정지신호를 지난 경우
4. 열차 또는 철도차량이 역과 역사이로 미끄러진 경우
5. 열차운행을 중지하고 공사 또는 보수작업을 시행하는 구간으로 열차가 주행한 경우
6. 안전운행에 지장을 주는 레일 파손이나 유지보수 허용범위를 벗어난 선로 뒤틀림이 발생한 경우
7. 안전운행에 지장을 주는 철도차량의 차륜, 차축, 차축베어링에 균열 등의 고장이 발생한 경우
8. 철도차량에서 화약류 등 「철도안전법 시행령」(이하 "영"이라 한다) 제45조에 따른 위험물 또는 제78조제1항에 따른 위해물품이 누출된 경우
9. 제1호부터 제8호까지의 준사고에 준하는 것으로서 철도사고로 이어질 수 있는 것

규칙 제1조의4(운행장애의 범위)
법 제2조제13호에서 "국토교통부령으로 정하는 것"이란 다음 각 호의 어느 하나에 해당하는 것을 말한다.
1. 관제의 사전승인 없는 정차역 통과
2. 다음 각 목의 구분에 따른 운행 지연. 다만, 다른 철도사고 또는 운행장애로 인한 운행 지연은 제외한다.
   가. 고속열차 및 전동열차: 20분 이상
   나. 일반여객열차: 30분 이상
   다. 화물열차 및 기타열차: 60분 이상

제3조(다른 법률과의 관계)
철도안전에 관하여 다른 법률에 특별한 규정이 있는 경우를 제외하고는 이 법에서 정하는 바에 따른다.

제3조의2(조약과의 관계)
국제철도(대한민국을 포함한 둘 이상의 국가에 걸쳐 운행되는 철도를 말한다)를 이용한 화물 및 여객 운송에 관하여 대한민국과 외국 간 체결된 조약에 이 법과 다른 규정이 있는 때에는 그 조약의 규정에 따른다. 다만, 이 법의 규정내용이 조약의 안전기준보다 강화된 기준을 포함하는 때에는 그러하지 아니하다.
[2022. 11. 15. 개정(신설) 및 시행]

제4조(국가 등의 책무)
① 국가와 지방자치단체는 국민의 생명·신체 및 재산을 보호하기 위하여 철도안전시책을 마련하여 성실히 추진하여야 한다.
② 철도운영자 및 철도시설관리자(이하 "철도운영자등"이라 한다)는 철도운영이나 철도시설 관리를 할 때에는 법령에서 정하는 바에 따라 철도안전을 위하여 필요한 조치를 하고, 국가나 지방자치단체가 시행하는 철도안전시책에 적극 협조하여야 한다.

# 2장 철도안전 관리체계

**제5조(철도안전 종합계획)**
① 국토교통부장관은 5년마다 철도안전에 관한 종합계획(이하 "철도안전 종합계획"이라 한다)을 수립하여야 한다.
② 철도안전 종합계획에는 다음 각 호의 사항이 포함되어야 한다.
  1. 철도안전 종합계획의 추진 목표 및 방향
  2. 철도안전에 관한 시설의 확충, 개량 및 점검 등에 관한 사항
  3. 철도차량의 정비 및 점검 등에 관한 사항
  4. 철도안전 관계 법령의 정비 등 제도개선에 관한 사항
  5. 철도안전 관련 전문 인력의 양성 및 수급관리에 관한 사항
  6. 철도종사자의 안전 및 근무환경 향상에 관한 사항
  7. 철도안전 관련 교육훈련에 관한 사항
  8. 철도안전 관련 연구 및 기술개발에 관한 사항
  9. 그 밖에 철도안전에 관한 사항으로서 국토교통부장관이 필요하다고 인정하는 사항
③ 국토교통부장관은 철도안전 종합계획을 수립할 때에는 미리 관계 중앙행정기관의 장 및 철도운영자등과 협의한 후 기본법 제6조제1항에 따른 철도산업위원회의 심의를 거쳐야 한다. 수립된 철도안전 종합계획을 변경(대통령령으로 정하는 경미한 사항의 변경은 제외한다)할 때에도 또한 같다.
④ 국토교통부장관은 철도안전 종합계획을 수립하거나 변경하기 위하여 필요하다고 인정하면 관계 중앙행정기관의 장 또는 특별시장·광역시장·특별자치시장·도지사·특별자치도지사(이하 "시·도지사"라 한다)에게 관련 자료의 제출을 요구할 수 있다. 자료 제출 요구를 받은 관계 중앙행정기관의 장 또는 시·도지사는 특별한 사유가 없으면 이에 따라야 한다.
⑤ 국토교통부장관은 제3항에 따라 철도안전 종합계획을 수립하거나 변경하였을 때에는 이를 관보에 고시하여야 한다.

**영 제4조(철도안전 종합계획의 경미한 변경)**
법 제5조제3항 후단에서 "대통령령으로 정하는 경미한 사항의 변경"이란 다음 각 호의 어느 하나에 해당하는 변경을 말한다.

1. 법 제5조제1항에 따른 철도안전 종합계획(이하 "철도안전 종합계획"이라 한다)에서 정한 총사업비를 원래 계획의 100분의 10 이내에서의 변경
2. 철도안전 종합계획에서 정한 시행기한 내에 단위사업의 시행시기의 변경
3. 법령의 개정, 행정구역의 변경 등과 관련하여 철도안전 종합계획을 변경하는 등 당초 수립된 철도안전 종합계획의 기본방향에 영향을 미치지 아니하는 사항의 변경

### 제6조(시행계획)
① 국토교통부장관, 시·도지사 및 철도운영자등은 철도안전 종합계획에 따라 소관별로 철도안전 종합계획의 단계적 시행에 필요한 연차별 시행계획(이하 "시행계획"이라 한다)을 수립·추진하여야 한다.
② 시행계획의 수립 및 시행절차 등에 관하여 필요한 사항은 대통령령으로 정한다.

### 영 제5조(시행계획 수립절차 등)
① 법 제6조에 따라 특별시장·광역시장·특별자치시장·도지사 또는 특별자치도지사(이하 "시·도지사"라 한다)와 철도운영자 및 철도시설관리자(이하 "철도운영자등"이라 한다)는 다음 연도의 시행계획을 매년 10월 말까지 국토교통부장관에게 제출하여야 한다.
② 시·도지사 및 철도운영자등은 전년도 시행계획의 추진실적을 매년 2월 말까지 국토교통부장관에게 제출하여야 한다.
③ 국토교통부장관은 제1항에 따라 시·도지사 및 철도운영자등이 제출한 다음 연도의 시행계획이 철도안전 종합계획에 위반되거나 철도안전 종합계획을 원활하게 추진하기 위하여 보완이 필요하다고 인정될 때에는 시·도지사 및 철도운영자등에게 시행계획의 수정을 요청할 수 있다.
④ 제3항에 따른 수정 요청을 받은 시·도지사 및 철도운영자등은 특별한 사유가 없는 한 이를 시행계획에 반영하여야 한다.

### 제6조의2(철도안전투자의 공시)
① 철도운영자는 철도차량의 교체, 철도시설의 개량 등 철도안전 분야에 투자(이하 이 조에서 "철도안전투자"라 한다)하는 예산 규모를 매년 공시하여야 한다.
② 제1항에 따른 철도안전투자의 공시 기준, 항목, 절차 등에 필요한 사항은 국토교통부령으로 정한다.

**규칙 제1조의5(철도안전투자의 공시 기준 등)**

① 철도운영자는 법 제6조의2제1항에 따라 철도안전투자(이하 "철도안전투자"라 한다)의 예산 규모를 공시하는 경우에는 다음 각 호의 기준에 따라야 한다.
  1. 예산 규모에는 다음 각 목의 예산이 모두 포함되도록 할 것
     가. 철도차량 교체에 관한 예산
     나. 철도시설 개량에 관한 예산
     다. 안전설비의 설치에 관한 예산
     라. 철도안전 교육훈련에 관한 예산
     마. 철도안전 연구개발에 관한 예산
     바. 철도안전 홍보에 관한 예산
     사. 그 밖에 철도안전에 관련된 예산으로서 국토교통부장관이 정해 고시하는 사항
  2. 다음 각 목의 사항이 모두 포함된 예산 규모를 공시할 것
     가. 과거 3년간 철도안전투자의 예산 및 그 집행 실적
     나. 해당 년도 철도안전투자의 예산
     다. 향후 2년간 철도안전투자의 예산
  3. 국가의 보조금, 지방자치단체의 보조금 및 철도운영자의 자금 등 철도안전투자 예산의 재원을 구분해 공시할 것
  4. 그 밖에 철도안전투자와 관련된 예산으로서 국토교통부장관이 정해 고시하는 예산을 포함해 공시할 것
② 철도운영자는 철도안전투자의 예산 규모를 매년 5월말까지 공시해야 한다.
③ 제2항에 따른 공시는 법 제71조제1항에 따라 구축된 철도안전정보종합관리시스템과 해당 철도운영자의 인터넷 홈페이지에 게시하는 방법으로 한다.
④ 제1항부터 제3항까지에서 규정한 사항 외에 철도안전투자의 공시 기준 및 절차 등에 관해 필요한 사항은 국토교통부장관이 정해 고시한다.

### 제7조(안전관리체계의 승인)

① 철도운영자등(전용철도의 운영자는 제외한다. 이하 이 조 및 제8조에서 같다)은 철도운영을 하거나 철도시설을 관리하려는 경우에는 인력, 시설, 차량, 장비, 운영절차, 교육훈련 및 비상대응계획 등 철도 및 철도시설의 안전관리에 관한 유기적 체계(이하 "안전관리체계"라 한다)를 갖추어 국토교통부장관의 승인을 받아야 한다.
② 전용철도의 운영자는 자체적으로 안전관리체계를 갖추고 지속적으로 유지하여야 한다.
③ 철도운영자등은 제1항에 따라 승인받은 안전관리체계를 변경(제5항에 따른 안전관리기준의 변경에 따른 안전관리체계의 변경을 포함한다. 이하 이 조에서 같다)하려는 경우에는 국토교통부장관의 변경승인을 받아야 한다. 다만, 국토교통부령으로 정하는 경미한 사항을 변경하려는 경우에는 국토교통부장관에게 신고하여야 한다.
④ 국토교통부장관은 제1항 또는 제3항 본문에 따른 안전관리체계의 승인 또는 변경승인의 신청을 받은 경우에는 해당 안전관리체계가 제5항에 따른 안전관리기준에 적합한지를 검사한 후 승인 여부를 결정하여야 한다.
⑤ 국토교통부장관은 철도안전경영, 위험관리, 사고 조사 및 보고, 내부점검, 비상대응계획, 비상대응훈련, 교육훈련, 안전정보관리, 운행안전관리, 차량·시설의 유지관리(차량의 기대수명에 관한 사항을 포함한다) 등 철도운영 및 철도시설의 안전관리에 필요한 기술기준을 정하여 고시하여야 한다.
⑥ 제1항부터 제5항까지의 규정에 따른 승인절차, 승인방법, 검사기준, 검사방법, 신고절차 및 고시방법 등에 관하여 필요한 사항은 국토교통부령으로 정한다.

### 규칙 제2조(안전관리체계 승인 신청 절차 등)

① 철도운영자 및 철도시설관리자(이하 "철도운영자등"이라 한다)가 법 제7조제1항에 따른 안전관리체계(이하 "안전관리체계"라 한다)를 승인받으려는 경우에는 철도운용 또는 철도시설 관리 개시 예정일 90일 전까지 별지 제1호서식의 철도안전관리체계 승인신청서에 다음 각 호의 서류를 첨부하여 국토교통부장관에게 제출하여야 한다.
1. 「철도사업법」 또는 「도시철도법」에 따른 철도사업면허증 사본
2. 조직·인력의 구성, 업무 분장 및 책임에 관한 서류
3. 다음 각 호의 사항을 적시한 철도안전관리시스템에 관한 서류
    가. 철도안전관리시스템 개요
    나. 철도안전경영
    다. 문서화
    라. 위험관리
    마. 요구사항 준수

　　　바. 철도사고 조사 및 보고
　　　사. 내부 점검
　　　아. 비상대응
　　　자. 교육훈련
　　　차. 안전정보
　　　카. 안전문화
　4. 다음 각 호의 사항을 적시한 열차운행체계에 관한 서류
　　　가. 철도운영 개요
　　　나. 철도사업면허
　　　다. 열차운행 조직 및 인력
　　　라. 열차운행 방법 및 절차
　　　마. 열차 운행계획
　　　바. 승무 및 역무
　　　사. 철도관제업무
　　　아. 철도보호 및 질서유지
　　　자. 열차운영 기록관리
　　　차. 위탁 계약자 감독 등 위탁업무 관리에 관한 사항
　5. 다음 각 호의 사항을 적시한 유지관리체계에 관한 서류
　　　가. 유지관리 개요
　　　나. 유지관리 조직 및 인력
　　　다. 유지관리 방법 및 절차(법 제38조에 따른 종합시험운행 실시 결과(완료된 결과를 말한다. 이하 이 조에서 같다)를 반영한 유지관리 방법을 포함한다)
　　　라. 유지관리 이행계획
　　　마. 유지관리 기록
　　　바. 유지관리 설비 및 장비
　　　사. 유지관리 부품
　　　아. 철도차량 제작 감독
　　　자. 위탁 계약자 감독 등 위탁업무 관리에 관한 사항
　6. 법 제38조에 따른 종합시험운행 실시 결과 보고서

② 철도운영자등이 법 제7조제3항 본문에 따라 승인받은 안전관리체계를 변경하려는 경우에는 변경된 철도운용 또는 철도시설 관리 개시 예정일 30일 전(제3조제1항제4호에 따른 변경사항의 경우에는 90일 전)까지 별지 제1호의2서식의 철도안전관리체계 변경승인신청서에 다음 각 호의 서류를 첨부하여 국토교통부장관에게 제출하여야 한다.

1. 안전관리체계의 변경내용과 증빙서류
2. 변경 전후의 대비표 및 해설서

③ 제1항 및 제2항에도 불구하고 철도운영자등이 안전관리체계의 승인 또는 변경승인을 신청하는 경우 제1항제5호 다목 및 같은 항 제6호에 따른 서류는 철도운용 또는 철도시설 관리 개시 예정일 14일 전까지 제출할 수 있다.

④ 국토교통부장관은 제1항 및 제2항에 따라 안전관리체계의 승인 또는 변경승인 신청을 받은 경우에는 15일 이내에 승인 또는 변경승인에 필요한 검사 등의 계획서를 작성하여 신청인에게 통보하여야 한다.

**규칙 제3조(안전관리체계의 경미한 사항 변경)**

① 법 제7조제3항 단서에서 "국토교통부령으로 정하는 경미한 사항"이란 다음 각 호의 어느 하나에 해당하는 사항을 제외한 변경사항을 말한다.
   1. 안전 업무를 수행하는 전담조직의 변경(조직 부서명의 변경은 제외한다)
   2. 열차운행 또는 유지관리 인력의 감소
   3. 철도차량 또는 다음 각 목의 어느 하나에 해당하는 철도시설의 증가
      가. 교량, 터널, 옹벽
      나. 선로(레일)
      다. 역사, 기지, 승강장안전문
      라. 전차선로, 변전설비, 수전실, 수·배전선로
      마. 연동장치, 열차제어장치, 신호기장치, 선로전환기장치, 궤도회로장치, 건널목보안장치
      바. 통신선로설비, 열차무선설비, 전송설비
   4. 철도노선의 신설 또는 개량
   5. 사업의 합병 또는 양도·양수
   6. 유지관리 항목의 축소 또는 유지관리 주기의 증가
   7. 위탁 계약자의 변경에 따른 열차운행체계 또는 유지관리체계의 변경

② 철도운영자등은 법 제7조제3항 단서에 따라 경미한 사항을 변경하려는 경우에는 별지 제1호의3서식의 철도안전관리체계 변경신고서에 다음 각 호의 서류를 첨부하여 국토교통부장관에게 제출하여야 한다.
   1. 안전관리체계의 변경내용과 증빙서류
   2. 변경 전후의 대비표 및 해설서

③ 국토교통부장관은 제2항에 따라 신고를 받은 때에는 제2항 각 호의 첨부서류를 확인한 후 별지 제1호의4서식의 철도안전관리체계 변경신고확인서를 발급하여야 한다.

### 규칙 제4조(안전관리체계의 승인 방법 및 증명서 발급 등)
① 법 제7조제4항에 따른 안전관리체계의 승인 또는 변경승인을 위한 검사는 다음 각 호에 따른 서류검사와 현장검사로 구분하여 실시한다. 다만, 서류검사만으로 법 제7조제5항에 따른 안전관리에 필요한 기술기준(이하 "안전관리기준"이라 한다)에 적합 여부를 판단할 수 있는 경우에는 현장검사를 생략할 수 있다.
  1. 서류검사: 제2조제1항 및 제2항에 따라 철도운영자등이 제출한 서류가 안전관리기준에 적합한지 검사
  2. 현장검사: 안전관리체계의 이행가능성 및 실효성을 현장에서 확인하기 위한 검사
② 국토교통부장관은 「도시철도법」 제3조제2호에 따른 도시철도 또는 같은 법 제24조 또는 제42조에 따라 도시철도건설사업 또는 도시철도운송사업을 위탁받은 법인이 건설·운영하는 도시철도에 대하여 법 제7조제4항에 따른 안전관리체계의 승인 또는 변경승인을 위한 검사를 하는 경우에는 해당 도시철도의 관할 시·도지사와 협의할 수 있다. 이 경우 협의 요청을 받은 시·도지사는 협의를 요청받은 날부터 20일 이내에 의견을 제출하여야 하며, 그 기간 내에 의견을 제출하지 아니하면 의견이 없는 것으로 본다.
③ 국토교통부장관은 제1항에 따른 검사 결과 안전관리기준에 적합하다고 인정하는 경우에는 별지 제2호서식의 철도안전관리체계 승인증명서를 신청인에게 발급하여야 한다.
④ 제1항에 따른 검사에 관한 세부적인 기준, 절차 및 방법 등은 국토교통부장관이 정하여 고시한다.

### 규칙 제5조(안전관리기준 고시방법)
① 국토교통부장관은 법 제7조제5항에 따른 안전관리기준을 정할 때 전문기술적인 사항에 대해 제44조에 따른 철도기술심의위원회의 심의를 거칠 수 있다.
② 국토교통부장관은 법 제7조제5항에 따른 안전관리기준을 정한 경우에는 이를 관보에 고시해야 한다.

### 규칙 제44조(철도기술심의위원회의 설치)
국토교통부장관은 다음 각 호의 사항을 심의하게 하기 위하여 철도기술심의위원회(이하 "기술위원회"라 한다)를 설치한다.
1. 법 제7조제5항·제26조제3항·제26조의3제2항·제27조제2항 및 제27조의2제2항에 따른 기술기준의 제정·개정 또는 폐지
2. 법 제27조제1항에 따른 형식승인 대상 철도용품의 선정·변경 및 취소
3. 법 제34조제1항에 따른 철도차량·철도용품 표준규격의 제정·개정 또는 폐지
4. 영 제63조제4항에 따른 철도안전에 관한 전문기관이나 단체의 지정
5. 그 밖에 국토교통부장관이 필요로 하는 사항

**규칙 제45조(철도기술심의위원회의 구성·운영 등)**
① 기술위원회는 위원장을 포함한 15인 이내의 위원으로 구성하며 위원장은 위원중에서 호선한다.
② 기술위원회에 상정할 안건을 미리 검토하고 기술위원회가 위임한 안건을 심의하기 위하여 기술위원회에 기술분과별 전문위원회(이하 "전문위원회"라 한다)를 둘 수 있다.
③ 이 규칙에서 정한 것 외에 기술위원회 및 전문위원회의 구성·운영 등에 관하여 필요한 사항은 국토교통부장관이 정한다.

**제8조(안전관리체계의 유지 등)**
① 철도운영자등은 철도운영을 하거나 철도시설을 관리하는 경우에는 제7조에 따라 승인받은 안전관리체계를 지속적으로 유지하여야 한다.
② 국토교통부장관은 안전관리체계 위반 여부 확인 및 철도사고 예방 등을 위하여 철도운영자등이 제1항에 따른 안전관리체계를 지속적으로 유지하는지 다음 각 호의 검사를 통해 국토교통부령으로 정하는 바에 따라 점검·확인할 수 있다.
  1. 정기검사: 철도운영자등이 국토교통부장관으로부터 승인 또는 변경승인 받은 안전관리체계를 지속적으로 유지하는지를 점검·확인하기 위하여 정기적으로 실시하는 검사
  2. 수시검사: 철도운영자등이 철도사고 및 운행장애 등을 발생시키거나 발생시킬 우려가 있는 경우에 안전관리체계 위반사항 확인 및 안전관리체계 위해요인 사전예방을 위해 수행하는 검사
③ 국토교통부장관은 제2항에 따른 검사 결과 안전관리체계가 지속적으로 유지되지 아니하거나 그 밖에 철도안전을 위하여 필요하다고 인정하는 경우에는 국토교통부령으로 정하는 바에 따라 시정조치를 명할 수 있다.

**규칙 제6조(안전관리체계의 유지·검사 등)**
① 국토교통부장관은 법 제8조제2항제1호에 따른 정기검사를 1년마다 1회 실시해야 한다.
② 국토교통부장관은 법 제8조제2항에 따른 정기검사 또는 수시검사를 시행하려는 경우에는 검사 시행일 7일 전까지 다음 각 호의 내용이 포함된 검사계획을 검사 대상 철도운영자등에게 통보해야 한다. 다만, 철도사고, 철도준사고 및 운행장애(이하 "철도사고등"이라 한다)의 발생 등으로 긴급히 수시검사를 실시하는 경우에는 사전 통보를 하지 않을 수 있고, 검사 시작 이후 검사계획을 변경할 사유가 발생한 경우에는 철도운영자등과 협의하여 검사계획을 조정할 수 있다.
  1. 검사반의 구성
  2. 검사 일정 및 장소

　　3. 검사 수행 분야 및 검사 항목
　　4. 중점 검사 사항
　　5. 그 밖에 검사에 필요한 사항
③ 국토교통부장관은 다음 각 호의 사유로 철도운영자등이 안전관리체계 정기검사의 유예를 요청한 경우에 검사 시기를 유예하거나 변경할 수 있다.
　　1. 검사 대상 철도운영자등이 사법기관 및 중앙행정기관의 조사 및 감사를 받고 있는 경우
　　2. 「항공·철도 사고조사에 관한 법률」 제4조제1항에 따른 항공·철도사고조사위원회가 같은 법 제19조에 따라 철도사고에 대한 조사를 하고 있는 경우
　　3. 대형 철도사고의 발생, 천재지변, 그 밖의 부득이한 사유가 있는 경우
④ 국토교통부장관은 정기검사 또는 수시검사를 마친 경우에는 다음 각 호의 사항이 포함된 검사 결과보고서를 작성하여야 한다.
　　1. 안전관리체계의 검사 개요 및 현황
　　2. 안전관리체계의 검사 과정 및 내용
　　3. 법 제8조제3항에 따른 시정조치 사항
　　4. 제6항에 따라 제출된 시정조치계획서에 따른 시정조치명령의 이행 정도
　　5. 철도사고에 따른 사망자·중상자의 수 및 철도사고등에 따른 재산피해액
⑤ 국토교통부장관은 법 제8조제3항에 따라 철도운영자등에게 시정조치를 명하는 경우에는 시정에 필요한 적정한 기간을 주어야 한다.
⑥ 철도운영자등이 법 제8조제3항에 따라 시정조치명령을 받은 경우에 14일 이내에 시정조치계획서를 작성하여 국토교통부장관에게 제출하여야 하고, 시정조치를 완료한 경우에는 지체 없이 그 시정내용을 국토교통부장관에게 통보하여야 한다.
⑦ 제1항부터 제6항까지의 규정에서 정한 사항 외에 정기검사 또는 수시검사에 관한 세부적인 기준·방법 및 절차는 국토교통부장관이 정하여 고시한다.

### 제9조(승인의 취소 등)

① 국토교통부장관은 안전관리체계의 승인을 받은 철도운영자등이 다음 각 호의 어느 하나에 해당하는 경우에는 그 승인을 취소하거나 6개월 이내의 기간을 정하여 업무의 제한이나 정지를 명할 수 있다. 다만, 제1호에 해당하는 경우에는 그 승인을 취소하여야 한다.
1. 거짓이나 그 밖의 부정한 방법으로 승인을 받은 경우
2. 제7조제3항을 위반하여 변경승인을 받지 아니하거나 변경신고를 하지 아니하고 안전관리체계를 변경한 경우
3. 제8조제1항을 위반하여 안전관리체계를 지속적으로 유지하지 아니하여 철도운영이나 철도시설의 관리에 중대한 지장을 초래한 경우
4. 제8조제3항에 따른 시정조치명령을 정당한 사유 없이 이행하지 아니한 경우

② 제1항에 따른 승인 취소, 업무의 제한 또는 정지의 기준 및 절차 등에 관하여 필요한 사항은 국토교통부령으로 정한다.

### 규칙 제7조(안전관리체계 승인의 취소 등 처분기준)

법 제9조에 따른 철도운영자등의 안전관리체계 승인의 취소 또는 업무의 제한·정지 등의 처분기준은 별표 1과 같다.

■ 철도안전법 시행규칙 [별표 1]

## 안전관리체계 관련 처분기준(제7조 관련)

1. 일반기준
   가. 위반행위의 횟수에 따른 행정처분의 가중된 부과기준은 최근 2년간 같은 위반행위로 행정처분을 받은 경우에 적용한다. 이 경우 기간의 계산은 위반행위에 대하여 행정처분을 받은 날과 그 처분 후 다시 같은 위반행위를 하여 적발된 날을 기준으로 한다.
   나. 가목에 따라 가중된 부과처분을 하는 경우 가중처분의 적용 차수는 그 위반행위 전 부과처분 차수(가목에 따른 기간 내에 행정처분이 둘 이상 있었던 경우에는 높은 차수를 말한다)의 다음 차수로 한다.
   다. 위반행위가 둘 이상인 경우로서 그에 해당하는 각각의 처분기준이 다른 경우에는 그중 무거운 처분기준(무거운 처분기준이 같을 때에는 그중 하나의 처분기준을 말한다)에 따르며, 둘 이상의 처분기준이 같은 업무제한·정지인 경우에는 무거운 처분기준의 2분의 1 범위에서 가중할 수 있되, 각 처분기준을 합산한 기간을 초과할 수 없다.

라. 국토교통부장관은 다음의 어느 하나에 해당하는 경우에는 제2호의 개별기준에 따른 업무제한·정지 기간의 2분의 1 범위에서 그 기간을 줄일 수 있다.
　1) 위반행위가 사소한 부주의나 오류로 인한 것으로 인정되는 경우
　2) 위반행위자가 법 위반상태를 시정하거나 해소하기 위한 노력이 인정되는 경우
　3) 그 밖에 위반행위의 정도, 위반행위의 동기와 그 결과 등을 고려하여 업무제한·정지 기간을 줄일 필요가 있다고 인정되는 경우

마. 국토교통부장관은 다음의 어느 하나에 해당하는 경우에는 제2호의 개별기준에 따른 업무제한·정지 기간의 2분의 1 범위에서 그 기간을 늘릴 수 있다. 다만, 법 제9조제1항에 따른 업무제한·정지 기간의 상한을 넘을 수 없다.
　1) 위반의 내용 및 정도가 중대하여 공중에게 미치는 피해가 크다고 인정되는 경우
　2) 법 위반상태의 기간이 6개월 이상인 경우
　3) 그 밖에 위반행위의 정도, 위반행위의 동기와 그 결과 등을 고려하여 업무제한·정지 기간을 늘릴 필요가 있다고 인정되는 경우

## 2. 개별기준

| 위반행위 | 근거법조문 | 처분 기준 |
| --- | --- | --- |
| 가. 거짓이나 그 밖의 부정한 방법으로 승인을 받은 경우<br>　1) 1차 위반 | 법 제9조<br>제1항제1호 | 승인취소 |
| 나. 법 제7조제3항을 위반하여 변경승인을 받지 않고 안전관리체계를 변경한 경우<br>　1) 1차 위반<br>　2) 2차 위반<br>　3) 3차 위반<br>　4) 4차 이상 위반 | 법 제9조<br>제1항제2호 | 업무정지(업무제한) 10일<br>업무정지(업무제한) 20일<br>업무정지(업무제한) 40일<br>업무정지(업무제한) 80일 |
| 다. 법 제7조제3항을 위반하여 변경신고를 하지 않고 안전관리체계를 변경한 경우<br>　1) 1차 위반<br>　2) 2차 위반<br>　3) 3차 이상 위반 | 법 제9조<br>제1항제2호 | 경고<br>업무정지(업무제한) 10일<br>업무정지(업무제한) 20일 |
| 라. 법 제8조제1항을 위반하여 안전관리체계를 지속적으로 유지하지 않아 철도운영이나 철도시설의 관리에 중대한 지장을 초래한 경우<br>　1) 철도사고로 인한 사망자 수<br>　　가) 1명 이상 3명 미만<br>　　나) 3명 이상 5명 미만<br>　　다) 5명 이상 10명 미만<br>　　라) 10명 이상 | 법 제9조<br>제1항제3호 | 업무정지(업무제한) 30일<br>업무정지(업무제한) 60일<br>업무정지(업무제한) 120일<br>업무정지(업무제한) 180일 |

| | | |
|---|---|---|
| 2) 철도사고로 인한 중상자 수<br>　가) 5명 이상 10명 미만<br>　나) 10명 이상 30명 미만<br>　다) 30명 이상 50명 미만<br>　라) 50명 이상 100명 미만<br>　마) 100명 이상<br>3) 철도사고 또는 운행장애로 인한 재산피해액<br>　가) 5억원 이상 10억원 미만<br>　나) 10억원 이상 20억원 미만<br>　다) 20억원 이상 | 법 제9조<br>제1항제3호 | 업무정지(업무제한) 15일<br>업무정지(업무제한) 30일<br>업무정지(업무제한) 60일<br>업무정지(업무제한) 120일<br>업무정지(업무제한) 180일<br><br>업무정지(업무제한) 15일<br>업무정지(업무제한) 30일<br>업무정지(업무제한) 60일 |
| 마. 법 제8조제3항에 따른 시정조치명령을 정당한 사유 없이 이행하지 않은 경우<br>　1) 1차 위반<br>　2) 2차 위반<br>　3) 3차 위반<br>　4) 4차 이상 위반 | 법 제9조<br>제1항제4호 | 업무정지(업무제한) 20일<br>업무정지(업무제한) 40일<br>업무정지(업무제한) 80일<br>업무정지(업무제한) 160일 |

비고 1. "사망자"란 철도사고가 발생한 날부터 30일 이내에 그 사고로 사망한 경우를 말한다.
　　 2. "중상자"란 철도사고로 인해 부상을 입은 날부터 7일 이내 실시된 의사의 최초 진단결과 24시간 이상 입원 치료가 필요한 상해를 입은 사람(의식불명, 시력상실을 포함)을 말한다.
　　 3. "재산피해액"이란 시설피해액(인건비와 자재비등 포함), 차량피해액(인건비와 자재비등 포함), 운임환불 등을 포함한 직접손실액을 말한다.

### 제9조의2(과징금)

① 국토교통부장관은 제9조제1항에 따라 철도운영자등에 대하여 업무의 제한이나 정지를 명하여야 하는 경우로서 그 업무의 제한이나 정지가 철도 이용자 등에게 심한 불편을 주거나 그 밖에 공익을 해할 우려가 있는 경우에는 업무의 제한이나 정지를 갈음하여 30억원 이하의 과징금을 부과할 수 있다.
② 제1항에 따라 과징금을 부과하는 위반행위의 종류, 과징금의 부과기준 및 징수방법, 그 밖에 필요한 사항은 대통령령으로 정한다.
③ 국토교통부장관은 제1항에 따른 과징금을 내야 할 자가 납부기한까지 과징금을 내지 아니하는 경우에는 국세 체납처분의 예에 따라 징수한다.

### 영 제6조(안전관리체계 관련 과징금의 부과기준)

법 제9조의2제2항에 따른 과징금을 부과하는 위반행위의 종류와 과징금의 금액은 별표 1과 같다.

■ 철도안전법 시행령 [별표 1]

## 안전관리체계 관련 과징금의 부과기준(제6조 관련)

1. 일반기준
   가. 위반행위의 횟수에 따른 과징금의 가중된 부과기준은 최근 2년간 같은 위반행위로 과징금 부과처분을 받은 경우에 적용한다. 이 경우 기간의 계산은 위반행위에 대하여 과징금 부과처분을 받은 날과 그 처분 후 다시 같은 위반행위를 하여 적발된 날을 기준으로 한다.
   나. 가목에 따라 가중된 부과처분을 하는 경우 가중처분의 적용 차수는 그 위반행위 전 부과처분 차수(가목에 따른 기간 내에 과징금 부과처분이 둘 이상 있었던 경우에는 높은 차수를 말한다)의 다음 차수로 한다.
   다. 위반행위가 둘 이상인 경우로서 각 처분내용이 모두 업무정지인 경우에는 각 처분기준에 따른 과징금을 합산한 금액을 넘지 않는 범위에서 무거운 처분기준에 해당하는 과징금 금액의 2분의 1의 범위에서 가중할 수 있다.
   라. 국토교통부장관은 다음의 어느 하나에 해당하는 경우에는 제2호의 개별기준에 따른 과징금 금액의 2분의 1 범위에서 그 금액을 줄일 수 있다. 다만, 과징금을 체납하고 있는 위반행위자의 경우에는 그렇지 않다.
      1) 위반행위가 사소한 부주의나 오류로 인한 것으로 인정되는 경우
      2) 위반행위자가 법 위반상태를 시정하거나 해소하기 위한 노력이 인정되는 경우
      3) 그 밖에 사업 규모, 사업 지역의 특수성, 위반행위의 정도, 위반행위의 동기와 그 결과 및 위반 횟수 등을 고려하여 과징금 금액을 줄일 필요가 있다고 인정되는 경우
   마. 국토교통부장관은 다음의 어느 하나에 해당하는 경우에는 제2호의 개별기준에따른 과징금 금액의 2분의 1 범위에서 그 금액을 늘릴 수 있다. 다만, 법 제9조의2제1항에 따른 과징금 금액의 상한을 넘을 경우 상한금액으로 한다.
      1) 위반의 내용 및 정도가 중대하여 공중에게 미치는 피해가 크다고 인정되는 경우
      2) 법 위반상태의 기간이 6개월 이상인 경우
      3) 그 밖에 사업 규모, 사업 지역의 특수성, 위반행위의 정도, 위반행위의 동기와 그 결과 및 위반 횟수 등을 고려하여 과징금 금액을 늘릴 필요가 있다고 인정되는 경우

## 2. 개별기준

(단위 : 백만원)

| 위반행위 | 근거법조문 | 과징금 금액 |
|---|---|---|
| 가. 법 제7조제3항을 위반하여 변경승인을 받지 않고 안전관리체계를 변경한 경우 | 법 제9조 제1항제2호 | |
|    1) 1차 위반 | | 120 |
|    2) 2차 위반 | | 240 |
|    3) 3차 위반 | | 480 |
|    4) 4차 이상 위반 | | 960 |
| 나. 법 제7조제3항을 위반하여 변경신고를 하지 않고 안전관리체계를 변경한 경우 | 법 제9조 제1항제2호 | |
|    1) 1차 위반 | | 경고 |
|    2) 2차 위반 | | 120 |
|    3) 3차 이상 위반 | | 240 |
| 다. 법 제8조제1항을 위반하여 안전관리체계를 지속적으로 유지하지 않아 철도운영이나 철도시설의 관리에 중대한 지장을 초래한 경우 | 법 제9조 제1항제3호 | |
|   1) 철도사고로 인한 사망자 수 | | |
|     가) 1명 이상 3명 미만 | | 360 |
|     나) 3명 이상 5명 미만 | | 720 |
|     다) 5명 이상 10명 미만 | | 1,440 |
|     라) 10명 이상 | | 2,160 |
|   2) 철도사고로 인한 중상자 수 | | |
|     가) 5명 이상 10명 미만 | | 180 |
|     나) 10명 이상 30명 미만 | | 360 |
|     다) 30명 이상 50명 미만 | | 720 |
|     라) 50명 이상 100명 미만 | | 1,440 |
|     마) 100명 이상 | | 2,160 |
|   3) 철도사고 또는 운행장애로 인한 재산피해액 | | |
|     가) 5억원 이상 10억원 미만 | | 180 |
|     나) 10억원 이상 20억원 미만 | | 360 |
|     다) 20억원 이상 | | 720 |
| 라. 법 제8조제3항에 따른 시정조치명령을 정당한 사유 없이 이행하지 않은 경우 | 법 제9조 제1항제4호 | |
|    1) 1차 위반 | | 240 |
|    2) 2차 위반 | | 480 |
|    3) 3차 위반 | | 960 |
|    4) 4차 이상 위반 | | 1,920 |

비고  1. "사망자"란 철도사고가 발생한 날부터 30일 이내에 그 사고로 사망한 사람을 말한다.
2. "중상자"란 철도사고로 인해 부상을 입은 날부터 7일 이내 실시된 의사의 최초 진단결과 24시간 이상 입원 치료가 필요한 상해를 입은 사람(의식불명, 시력상실을 포함)를 말한다.
3. "재산피해액"이란 시설피해액(인건비와 자재비등 포함), 차량피해액(인건비와 자재비등 포함), 운임환불 등을 포함한 직접손실액을 말한다.
4. 위 표의 다목 1)부터 3)까지의 규정에 따른 과징금을 부과하는 경우에 사망자, 중상자, 재산피해가 동시에 발생한 경우는 각각의 과징금을 합산하여 부과한다. 다만, 합산한 금액이 법 제9조의2제1항에 따른 과징금 금액의 상한을 초과하는 경우에는 법 제9조의2제1항에 따른 상한금액을 과징금으로 부과한다.
5. 위 표 및 제4호에 따른 과징금 금액이 해당 철도운영자등의 전년도(위반행위가 발생한 날이 속하는 해의 직전 연도를 말한다) 매출액의 100분의 4를 초과하는 경우에는 전년도 매출액의 100분의 4에 해당하는 금액을 과징금으로 부과한다.

**영 제7조(과징금의 부과 및 납부)**
① 국토교통부장관은 법 제9조의2제1항에 따라 과징금을 부과할 때에는 그 위반행위의 종류와 해당 과징금의 금액을 명시하여 이를 납부할 것을 서면으로 통지하여야 한다.
② 제1항에 따라 통지를 받은 자는 통지를 받은 날부터 20일 이내에 국토교통부장관이 정하는 수납기관에 과징금을 내야 한다.                    [2023. 12. 12. 개정 및 시행]
③ 제2항에 따라 과징금을 받은 수납기관은 그 과징금을 낸 자에게 영수증을 내주어야 한다.
④ 과징금의 수납기관은 제2항에 따른 과징금을 받으면 지체 없이 그 사실을 국토교통부장관에게 통보하여야 한다.

**제9조의3(철도운영자등에 대한 안전관리 수준평가)**
① 국토교통부장관은 철도운영자등의 자발적인 안전관리를 통한 철도안전 수준의 향상을 위하여 철도운영자등의 안전관리 수준에 대한 평가를 실시할 수 있다.
② 국토교통부장관은 제1항에 따른 안전관리 수준평가를 실시한 결과 그 평가결과가 미흡한 철도운영자등에 대하여 제8조제2항에 따른 검사를 시행하거나 같은 조 제3항에 따른 시정조치 등 개선을 위하여 필요한 조치를 명할 수 있다.
③ 제1항에 따른 안전관리 수준평가의 대상, 기준, 방법, 절차 등에 필요한 사항은 국토교통부령으로 정한다.

**규칙 제8조(철도운영자등에 대한 안전관리 수준평가의 대상 및 기준 등)**
① 법 제9조의3제1항에 따른 철도운영자등의 안전관리 수준에 대한 평가(이하 "안전관리 수준평가"라 한다)의 대상 및 기준은 다음 각 호와 같다. 다만, 철도시설관리자에 대해서 안전관리 수준평가를 하는 경우 제2호를 제외하고 실시할 수 있다.

1. 사고 분야
    가. 철도교통사고 건수
    나. 철도안전사고 건수
    다. 운행장애 건수
    라. 사상자 수
2. 철도안전투자 분야: 철도안전투자의 예산 규모 및 집행 실적
3. 안전관리 분야
    가. 안전성숙도 수준
    나. 정기검사 이행실적
4. 그 밖에 안전관리 수준평가에 필요한 사항으로서 국토교통부장관이 정해 고시하는 사항

② 국토교통부장관은 매년 3월말까지 안전관리 수준평가를 실시한다.
③ 안전관리 수준평가는 서면평가의 방법으로 실시한다. 다만, 국토교통부장관이 필요하다고 인정하는 경우에는 현장평가를 실시할 수 있다.
④ 국토교통부장관은 안전관리 수준평가 결과를 해당 철도운영자등에게 통보해야 한다. 이 경우 해당 철도운영자등이 「지방공기업법」에 따른 지방공사인 경우에는 같은 법 제73조제1항에 따라 해당 지방공사의 업무를 관리·감독하는 지방자치단체의 장에게도 함께 통보할 수 있다.
⑤ 제1항부터 제4항까지에서 규정한 사항 외에 안전관리 수준평가의 기준, 방법 및 절차 등에 관해 필요한 사항은 국토교통부장관이 정해 고시한다.

### 제9조의4(철도안전 우수운영자 지정)

① 국토교통부장관은 제9조의3에 따른 안전관리 수준평가 결과에 따라 철도운영자등을 대상으로 철도안전 우수운영자를 지정할 수 있다.
② 제1항에 따른 철도안전 우수운영자로 지정을 받은 자는 철도차량, 철도시설이나 관련 문서 등에 철도안전 우수운영자로 지정되었음을 나타내는 표시를 할 수 있다.
③ 제1항에 따른 지정을 받은 자가 아니면 철도차량, 철도시설이나 관련 문서 등에 우수운영자로 지정되었음을 나타내는 표시를 하거나 이와 유사한 표시를 하여서는 아니 된다.
④ 국토교통부장관은 제3항을 위반하여 우수운영자로 지정되었음을 나타내는 표시를 하거나 이와 유사한 표시를 한 자에 대하여 해당 표시를 제거하게 하는 등 필요한 시정조치를 명할 수 있다.
⑤ 제1항에 따른 철도안전 우수운영자 지정의 대상, 기준, 방법, 절차 등에 필요한 사항은 국토교통부령으로 정한다.

### 규칙 제9조(철도안전 우수운영자 지정 대상 등)
① 국토교통부장관은 법 제9조의4제1항에 따라 안전관리 수준평가 결과가 최상위 등급인 철도운영자등을 철도안전 우수운영자(이하 "철도안전 우수운영자"라 한다)로 지정하여 철도안전 우수운영자로 지정되었음을 나타내는 표시를 사용하게 할 수 있다.
② 철도안전 우수운영자 지정의 유효기간은 지정받은 날부터 1년으로 한다.
③ 철도안전 우수운영자는 제1항에 따라 철도안전 우수운영자로 지정되었음을 나타내는 표시를 하려면 국토교통부장관이 정해 고시하는 표시를 사용해야 한다.
④ 국토교통부장관은 철도안전 우수운영자에게 포상 등의 지원을 할 수 있다.
⑤ 제1항부터 제4항까지에서 규정한 사항 외에 철도안전 우수운영자 지정 표시 및 지원 등에 관해 필요한 사항은 국토교통부장관이 정해 고시한다.

### 제9조의5(우수운영자 지정의 취소)
국토교통부장관은 제9조의4에 따라 철도안전 우수운영자 지정을 받은 자가 다음 각 호의 어느 하나에 해당하는 경우에는 그 지정을 취소할 수 있다. 다만, 제1호 또는 제2호에 해당하는 경우에는 지정을 취소하여야 한다.

1. 거짓이나 그 밖의 부정한 방법으로 철도안전 우수운영자 지정을 받은 경우
2. 제9조에 따라 안전관리체계의 승인이 취소된 경우
3. 제9조의4제5항에 따른 지정기준에 부적합하게 되는 등 그 밖에 국토교통부령으로 정하는 사유가 발생한 경우

### 규칙 제9조의2(철도안전 우수운영자 지정의 취소)
법 제9조의5제3호에서 "제9조의4제5항에 따른 지정기준에 부적합하게 되는 등 그 밖에 국토교통부령으로 정하는 사유"란 다음 각 호의 사유를 말한다.

1. 계산 착오, 자료의 오류 등으로 안전관리 수준평가 결과가 최상위 등급이 아닌 것으로 확인된 경우
2. 제9조제3항을 위반하여 국토교통부장관이 정해 고시하는 표시가 아닌 다른 표시를 사용한 경우

# 3장 | 철도종사자의 안전관리

**제10조(철도차량 운전면허)**
① 철도차량을 운전하려는 사람은 국토교통부장관으로부터 철도차량 운전면허(이하 "운전면허"라 한다)를 받아야 한다. 다만, 제16조에 따른 교육훈련 또는 제17조에 따른 운전면허시험을 위하여 철도차량을 운전하는 경우 등 대통령령으로 정하는 경우에는 그러하지 아니하다.
② 「도시철도법」 제2조제2호에 따른 노면전차를 운전하려는 사람은 제1항에 따른 운전면허 외에 「도로교통법」 제80조에 따른 운전면허를 받아야 한다.
③ 제1항에 따른 운전면허는 대통령령으로 정하는 바에 따라 철도차량의 종류별로 받아야 한다.

**영 제10조(운전면허 없이 운전할 수 있는 경우)**
① 법 제10조제1항 단서에서 "대통령령으로 정하는 경우"란 다음 각 호의 어느 하나에 해당하는 경우를 말한다.
  1. 법 제16조제3항에 따른 철도차량 운전에 관한 전문 교육훈련기관(이하 "운전교육훈련기관"이라 한다)에서 실시하는 운전교육훈련을 받기 위하여 철도차량을 운전하는 경우
  2. 법 제17조제1항에 따른 운전면허시험(이하 이 조에서 "운전면허시험"이라 한다)을 치르기 위하여 철도차량을 운전하는 경우
  3. 철도차량을 제작·조립·정비하기 위한 공장 안의 선로에서 철도차량을 운전하여 이동하는 경우
  4. 철도사고등을 복구하기 위하여 열차운행이 중지된 선로에서 사고복구용 특수차량을 운전하여 이동하는 경우
② 제1항제1호 또는 제2호에 해당하는 경우에는 해당 철도차량에 운전교육훈련을 담당하는 사람이나 운전면허시험에 대한 평가를 담당하는 사람을 승차시켜야 하며, 국토교통부령으로 정하는 표지를 해당 철도차량의 앞면 유리에 붙여야 한다.

**규칙 제10조(교육훈련 철도차량 등의 표지)**
영 제10조제2항에 따른 표지는 별지 제3호서식에 따른다.

■ 철도안전법 시행규칙 [별지 제3호서식]

## 교육훈련 철도차량 등의 표지

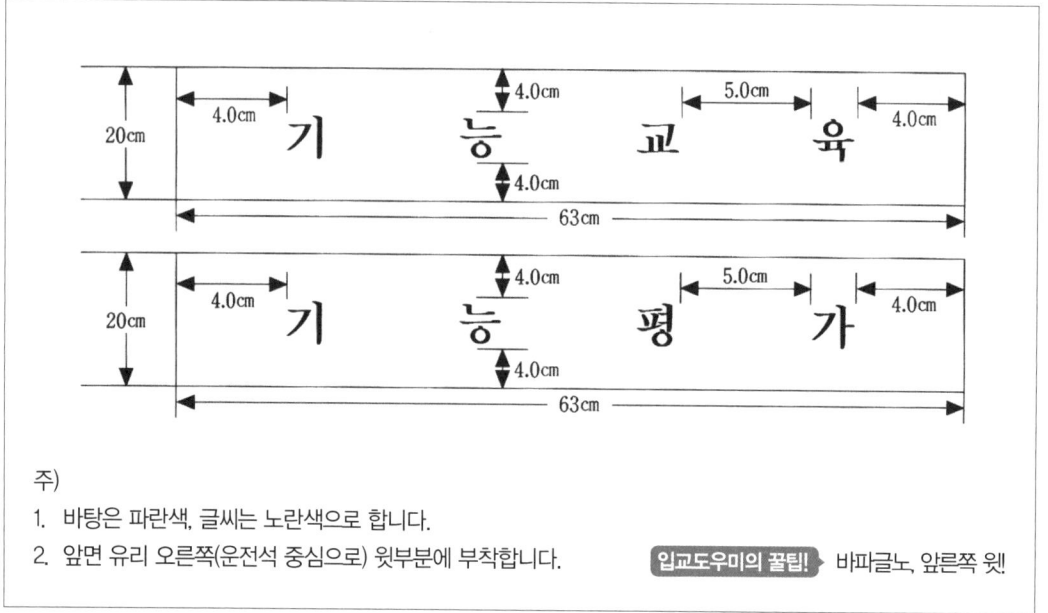

주)
1. 바탕은 파란색, 글씨는 노란색으로 합니다.
2. 앞면 유리 오른쪽(운전석 중심으로) 윗부분에 부착합니다.

입교도우미의 꿀팁! ▶ 바파글노, 앞른쪽 윗

### 영 제11조(운전면허 종류)

① 법 제10조제3항에 따른 철도차량의 종류별 운전면허는 다음 각 호와 같다.
　1. 고속철도차량 운전면허
　2. 제1종 전기차량 운전면허
　3. 제2종 전기차량 운전면허
　4. 디젤차량 운전면허
　5. 철도장비 운전면허
　6. 노면전차(路面電車) 운전면허

② 제1항 각 호에 따른 운전면허(이하 "운전면허"라 한다)를 받은 사람이 운전할 수 있는 철도차량의 종류는 국토교통부령으로 정한다.

### 규칙 제11조(운전면허의 종류에 따라 운전할 수 있는 철도차량의 종류)

영 제11조제1항에 따른 철도차량의 종류별 운전면허를 받은 사람이 운전할 수 있는 철도차량의 종류는 별표 1의2와 같다.

■ 철도안전법 시행규칙 [별표 1의2]

## 철도차량 운전면허 종류별 운전이 가능한 철도차량(제11조 관련)

| 운전면허의 종류 | 운전할 수 있는 철도차량의 종류 |
| --- | --- |
| 1. 고속철도차량 운전면허 | 가. 고속철도차량<br>나. 철도장비 운전면허에 따라 운전할 수 있는 차량 |
| 2. 제1종 전기차량 운전면허 | 가. 전기기관차<br>나. 철도장비 운전면허에 따라 운전할 수 있는 차량 |
| 3. 제2종 전기차량 운전면허 | 가. 전기동차<br>나. 철도장비 운전면허에 따라 운전할 수 있는 차량 |
| 4. 디젤차량 운전면허 | 가. 디젤기관차<br>나. 디젤동차<br>다. 증기기관차<br>라. 철도장비 운전면허에 따라 운전할 수 있는 차량 |
| 5. 철도장비 운전면허 | 가. 철도건설과 유지보수에 필요한 기계나 장비<br>나. 철도시설의 검측장비<br>다. 철도·도로를 모두 운행할 수 있는 철도복구장비<br>라. 전용철도에서 시속 25킬로미터 이하로 운전하는 차량<br>마. 사고복구용 기중기<br>바. 입환작업을 위하여 원격제어가 가능한 장치를 설치하여 시속 25킬로미터 이하로 운전하는 동력차 |
| 6. 노면전차 운전면허 | 노면전차 |

비고
1. 시속 100킬로미터 이상으로 운행하는 철도시설의 검측장비 운전은 고속철도차량 운전면허, 제1종 전기차량 운전면허, 제2종 전기차량 운전면허, 디젤차량 운전면허 중 하나의 운전면허가 있어야 한다.
2. 선로를 시속 200킬로미터 이상의 최고운행 속도로 주행할 수 있는 철도차량을 고속철도차량으로 구분한다.
3. 동력장치가 집중되어 있는 철도차량을 기관차, 동력장치가 분산되어 있는 철도차량을 동차로 구분한다.
4. 도로 위에 부설한 레일 위를 주행하는 철도차량은 노면전차로 구분한다.
5. 철도차량 운전면허(철도장비 운전면허는 제외한다) 소지자는 철도차량 종류에 관계없이 차량기지 내에서 시속 25킬로미터 이하로 운전하는 철도차량을 운전할 수 있다. 이 경우 다른 운전면허의 철도차량을 운전하는 때에는 국토교통부장관이 정하는 교육훈련을 받아야 한다.
6. "전용철도"란 「철도사업법」 제2조제5호에 따른 전용철도를 말한다.

### 제11조(운전면허의 결격사유 등)
① 다음 각 호의 어느 하나에 해당하는 사람은 운전면허를 받을 수 없다.
  1. 19세 미만인 사람
  2. 철도차량 운전상의 위험과 장해를 일으킬 수 있는 정신질환자 또는 뇌전증환자로서 대통령령으로 정하는 사람
  3. 철도차량 운전상의 위험과 장해를 일으킬 수 있는 약물(「마약류 관리에 관한 법률」 제2조제1호에 따른 마약류 및 「화학물질관리법」 제22조제1항에 따른 환각물질을 말한다. 이하 같다) 또는 알코올 중독자로서 대통령령으로 정하는 사람
  4. 두 귀의 청력 또는 두 눈의 시력을 완전히 상실한 사람
  5. 운전면허가 취소된 날부터 2년이 지나지 아니하였거나 운전면허의 효력정지기간 중인 사람
② 국토교통부장관은 제1항에 따른 결격사유의 확인을 위하여 개인정보를 보유하고 있는 기관의 장에게 해당 정보의 제공을 요청할 수 있다. 이 경우 요청을 받은 기관의 장은 특별한 사유가 없으면 이에 따라야 한다.
③ 제2항에 따라 요청하는 대상기관과 개인정보의 내용 및 제공방법 등에 필요한 사항은 대통령령으로 정한다.

### 영 제12조(운전면허를 받을 수 없는 사람)
법 제11조제1항제2호 및 제3호에서 "대통령령으로 정하는 사람"이란 해당 분야 전문의가 정상적인 운전을 할 수 없다고 인정하는 사람을 말한다.

### 제12조의2(운전면허의 결격사유 관련 개인정보의 제공 요청)   [24. 7. 17. 시행, 7. 9. 신설]
① 국토교통부장관은 법 제11조제2항 전단에 따라 운전면허의 결격사유 확인을 위하여 다음 각 호의 기관의 장에게 해당 기관이 보유하고 있는 개인정보의 제공을 요청할 수 있다.
  1. 보건복지부장관
  2. 병무청장
  3. 시·도지사 또는 시장·군수·구청장(자치구의 구청장을 말한다. 이하 같다)
  4. 육군참모총장, 해군참모총장, 공군참모총장 또는 해병대사령관
② 국토교통부장관이 법 제11조제2항 전단에 따라 이 조 제1항 각 호의 대상기관의 장에게 요청할 수 있는 개인정보의 내용은 별표 1의2와 같다.
③ 제1항 각 호의 대상기관의 장은 법 제11조제2항 후단에 따라 개인정보를 제공하는 경우에는 국토교통부령으로 정하는 서식에 따라 서면 또는 전자적 방법으로 제공해야 한다.

■ 철도안전법 시행령 [별표 1의2] <24. 7. 9. 신설, 24. 7. 17. 시행>

## 운전면허의 결격사유 확인을 위하여 요청할 수 있는 개인정보의 내용
(제12조의2제2항 관련)

| 보유기관 | 개인정보의 내용 | 근거 법조문 |
|---|---|---|
| 1. 보건복지부장관 또는 시·도지사 | 마약류 중독자로 판명되거나 마약류 중독으로 치료보호기관에서 치료 중인 사람에 대한 자료 | 「마약류 관리에 관한 법률」 제40조 |
| 2. 병무청장 | 정신질환 및 뇌전증으로 신체등급이 5급 또는 6급으로 판정된 사람에 대한 자료 | 「병역법」 제12조 |
| 3. 특별자치시장·특별자치도지사·시장·군수 또는 구청장 | 가. 시각장애인 또는 청각장애인으로 등록된 사람에 대한 자료 | 「장애인복지법」 제32조 |
| | 나. 정신질환으로 6개월 이상 입원·치료 중인 사람에 대한 자료 | 「정신건강증진 및 정신질환자 복지서비스 지원에 관한 법률」 제43조 및 제44조 |
| 4. 육군참모총장, 해군참모총장, 공군참모총장 또는 해병대사령관 | 군 재직 중 정신질환 또는 뇌전증으로 전역 조치된 사람에 대한 자료 | 「군인사법」 제37조 |

#### 제12조(운전면허의 신체검사)
① 운전면허를 받으려는 사람은 철도차량 운전에 적합한 신체상태를 갖추고 있는지를 판정받기 위하여 국토교통부장관이 실시하는 신체검사에 합격하여야 한다.
② 국토교통부장관은 제1항에 따른 신체검사를 제13조에 따른 의료기관에서 실시하게 할 수 있다.
③ 제1항에 따른 신체검사의 합격기준, 검사방법 및 절차 등에 관하여 필요한 사항은 국토교통부령으로 정한다.

### 규칙 제12조(신체검사 방법·절차·합격기준 등)
① 법 제12조제1항에 따른 운전면허의 신체검사 또는 법 제21조의5제1항에 따른 관제자격증명의 신체검사를 받으려는 사람은 별지 제4호서식의 신체검사 판정서에 성명·주민등록번호 등 본인의 기록사항을 작성하여 법 제13조에 따른 신체검사 실시 의료기관(이하 "신체검사의료기관"이라 한다)에 제출하여야 한다.

② 법 제12조제3항 및 법 제21조의5제2항에 따른 신체검사의 항목과 합격기준은 별표 2 제1호와 같다.

③ 신체검사의료기관은 별지 제4호서식의 신체검사 판정서의 각 신체검사 항목별로 신체검사를 실시한 후 합격여부를 기록하여 신청인에게 발급하여야 한다.

④ 그 밖에 신체검사의 방법 및 절차 등에 관하여 필요한 세부사항은 국토교통부장관이 정하여 고시한다.

■ 철도안전법 시행규칙 [별표 2] <개정 2023. 1. 18.>

## 신체검사 항목 및 불합격 기준 (제12조제2항 및 제40조제4항 관련)

1. 운전면허 또는 관제자격증명 취득을 위한 신체검사

| 검사 항목 | 불합격 기준 |
| --- | --- |
| 가. 일반 결함 | 1) 신체 각 장기 및 각 부위의 악성종양<br>2) 중증인 고혈압증(수축기 혈압 180mmHg 이상이고, 확장기 혈압 110mmHg 이상인 사람)<br>3) 이 표에서 달리 정하지 아니한 법정 감염병 중 직접 접촉, 호흡기 등을 통하여 전파가 가능한 감염병 |
| 나. 코·구강·인후 계통 | 의사소통에 지장이 있는 언어장애나 호흡에 장애를 가져오는 코, 구강, 인후, 식도의 변형 및 기능장애 |
| 다. 피부 질환 | 다른 사람에게 감염될 위험성이 있는 만성 피부질환자 및 한센병 환자 |
| 라. 흉부 질환 | 1) 업무수행에 지장이 있는 급성 및 만성 늑막질환<br>2) 활동성 폐결핵, 비결핵성 폐질환, 중증 만성천식증, 중증 만성기관지염, 중증 기관지확장증<br>3) 만성폐쇄성 폐질환 |
| 마. 순환기 계통 | 1) 심부전증<br>2) 업무수행에 지장이 있는 발작성 빈맥(분당 150회 이상)이나 기질성 부정맥<br>3) 심한 방실전도장애<br>4) 심한 동맥류<br>5) 유착성 심낭염<br>6) 폐성심<br>7) 확진된 관상동맥질환(협심증 및 심근경색증) |
| 바. 소화기 계통 | 1) 빈혈증 등의 질환과 관계있는 비장종대<br>2) 간경변증이나 업무수행에 지장이 있는 만성 활동성 간염<br>3) 거대결장, 게실염, 회장염, 궤양성 대장염으로 고치기 어려운 경우 |

| | | |
|---|---|---|
| 사. 생식이나 비뇨기 계통 | 1) 만성 신장염<br>2) 중증 요실금<br>3) 만성 신우염<br>4) 고도의 수신증이나 농신증<br>5) 활동성 신결핵이나 생식기 결핵<br>6) 고도의 요도협착<br>7) 진행성 신기능장애를 동반한 양측성 신결석 및 요관결석<br>8) 진행성 신기능장애를 동반한 만성신증후군 | |
| 아. 내분비 계통 | 1) 중증의 갑상샘 기능 이상<br>2) 거인증이나 말단비대증<br>3) 애디슨병<br>4) 그 밖에 쿠싱증후근 등 뇌하수체의 이상에서 오는 질환<br>5) 중증인 당뇨병(식전 혈당 140 이상) 및 중증의 대사질환(통풍 등) | |
| 자. 혈액이나 조혈 계통 | 1) 혈우병<br>2) 혈소판 감소성 자반병<br>3) 중증의 재생불능성 빈혈<br>4) 용혈성 빈혈(용혈성 황달)<br>5) 진성적혈구 과다증<br>6) 백혈병 | |
| 차. 신경 계통 | 1) 다리·머리·척추 등 그 밖에 이상으로 앉아 있거나 걷지 못하는 경우<br>2) 중추신경계 염증성 질환에 따른 후유증으로 업무수행에 지장이 있는 경우<br>3) 업무에 적응할 수 없을 정도의 말초신경질환<br>4) 두개골 이상, 뇌 이상이나 뇌 순환장애로 인한 후유증(신경이나 신체증상)이 남아 업무수행에 지장이 있는 경우<br>5) 뇌 및 척추종양, 뇌기능장애가 있는 경우<br>6) 전신성·중증 근무력증 및 신경근 접합부 질환<br>7) 유전성 및 후천성 만성근육질환<br>8) 만성 진행성·퇴행성 질환 및 탈수조성 질환(유전성 무도병, 근위축성 측색경화증, 보행실조증, 다발성경화증) | |
| 카. 사지 | 1) 손의 필기능력과 두 손의 악력이 없는 경우<br>2) 난치의 뼈·관절 질환이나 기형으로 업무수행에 지장이 있는 경우<br>3) 한쪽 팔이나 한쪽 다리 이상을 쓸 수 없는 경우(운전업무에만 해당한다) | |
| 타. 귀 | 귀의 청력이 500Hz, 1000Hz, 2000Hz에서 측정하여 측정치의 산술평균이 두 귀 모두 40dB 이상인 사람 | |

| | |
|---|---|
| 파. 눈 | 1) 두 눈의 나안(裸眼) 시력 중 어느 한쪽의 시력이라도 0.5 이하인 경우(다만, 한쪽 눈의 시력이 0.7 이상이고 다른 쪽 눈의 시력이 0.3 이상인 경우는 제외한다)로서 두 눈의 교정시력 중 어느 한쪽의 시력이라도 0.8 이하인 경우(다만, 한쪽 눈의 교정시력이 1.0 이상이고 다른 쪽 눈의 교정시력이 0.5 이상인 경우는 제외한다)<br>2) 시야의 협착이 1/3 이상인 경우<br>3) 안구 및 그 부속기의 기질성·활동성·진행성 질환으로 인하여 시력 유지에 위협이 되고, 시기능장애가 되는 질환<br>4) 안구 운동장애 및 안구진탕<br>5) 색각이상(색약 및 색맹) |
| 하. 정신 계통 | 1) 업무수행에 지장이 있는 지적장애<br>2) 업무에 적응할 수 없을 정도의 성격 및 행동장애<br>3) 업무에 적응할 수 없을 정도의 정신장애<br>4) 마약·대마·향정신성 의약품이나 알코올 관련 장애 등<br>5) 뇌전증<br>6) 수면장애(폐쇄성 수면 무호흡증, 수면발작, 몽유병, 수면 이상증 등)이나 공황장애 |

비고: 1. 철도차량 운전면허 소지자가 다른 종류의 철도차량 운전면허를 취득하려는 경우에는 운전면허 취득을 위한 신체검사를 받은 것으로 본다.
2. 도시철도 관제자격증명을 취득한 사람이 철도 관제자격증명을 취득하려는 경우에는 관제자격증명 취득을 위한 신체검사를 받은 것으로 본다.
3. 철도차량 운전면허 소지자가 관제자격증명을 취득하려는 경우 또는 관제자격증명 취득자가 철도차량 운전면허를 취득하려는 경우에는 관제자격증명 또는 운전면허 취득을 위한 신체검사를 받은 것으로 본다.

2. 운전업무종사자 등에 대한 신체검사

| 검사 항목 | 불합격 기준 | |
|---|---|---|
| | 최초검사·특별검사 | 정기검사 |
| 가. 일반 결함 | 1) 신체 각 장기 및 각 부위의 악성종양<br>2) 중증인 고혈압증(수축기 혈압 180mmHg 이상이고, 확장기 혈압 110mmHg 이상인 경우)<br>3) 이 표에서 달리 정하지 아니한 법정 감염병 중 직접 접촉, 호흡기 등을 통하여 전파가 가능한 감염병 | 1) 업무수행에 지장이 있는 악성종양<br>2) 조절되지 아니하는 중증인 고혈압증<br>3) 이 표에서 달리 정하지 아니한 법정 감염병 중 직접 접촉, 호흡기 등을 통하여 전파가 가능한 감염병 |
| 나. 코·구강·인후 계통 | 의사소통에 지장이 있는 언어장애나 호흡에 장애를 가져오는 코·구강·인후·식도의 변형 및 기능장애 | 의사소통에 지장이 있는 언어장애나 호흡에 장애를 가져오는 코·구강·인후·식도의 변형 및 기능장애 |
| 다. 피부 질환 | 다른 사람에게 감염될 위험성이 있는 만성 피부질환자 및 한센병 환자 | |

| | | |
|---|---|---|
| 라. 흉부 질환 | 1) 업무수행에 지장이 있는 급성 및 만성 늑막질환<br>2) 활동성 폐결핵, 비결핵성 폐질환, 중증 만성천식증, 중증 만성기관지염, 중증 기관지확장증<br>3) 만성 폐쇄성 폐질환 | 1) 업무수행에 지장이 있는 활동성 폐결핵, 비결핵성 폐질환, 만성 천식증, 만성 기관지염, 기관지확장증<br>2) 업무수행에 지장이 있는 만성 폐쇄성 폐질환 |
| 마. 순환기 계통 | 1) 심부전증<br>2) 업무수행에 지장이 있는 발작성 빈맥(분당 150회 이상)이나 기질성 부정맥<br>3) 심한 방실전도장애<br>4) 심한 동맥류<br>5) 유착성 심낭염<br>6) 폐성심<br>7) 확진된 관상동맥질환(협심증 및 심근경색증) | 1) 업무수행에 지장이 있는 심부전증<br>2) 업무수행에 지장이 있는 발작성 빈맥(분당 150회 이상)이나 기질성 부정맥<br>3) 업무수행에 지장이 있는 심한 방실전도장애<br>4) 업무수행에 지장이 있는 심한 동맥류<br>5) 업무수행에 지장이 있는 유착성 심낭염<br>6) 업무수행에 지장이 있는 폐성심<br>7) 업무수행에 지장이 있는 관상동맥질환(협심증 및 심근경색증) |
| 바. 소화기 계통 | 1) 빈혈증 등의 질환과 관계있는 비장종대<br>2) 간경변증이나 업무수행에 지장이 있는 만성 활동성 간염<br>3) 거대결장, 게실염, 회장염, 궤양성 대장염으로 난치인 경우 | 업무수행에 지장이 있는 만성 활동성 간염이나 간경변증 |
| 사. 생식이나 비뇨기 계통 | 1) 만성 신장염<br>2) 중증 요실금<br>3) 만성 신우염<br>4) 고도의 수신증이나 농신증<br>5) 활동성 신결핵이나 생식기 결핵<br>6) 고도의 요도협착<br>7) 진행성 신기능장애를 동반한 양측성 신결석 및 요관결석<br>8) 진행성 신기능장애를 동반한 만성신증후군 | 1) 업무수행에 지장이 있는 만성 신장염<br>2) 업무수행에 지장이 있는 진행성 신기능장애를 동반한 양측성 신결석 및 요관결석 |
| 아. 내분비 계통 | 1) 중증의 갑상샘 기능 이상<br>2) 거인증이나 말단비대증<br>3) 애디슨병<br>4) 그 밖에 쿠싱증후근 등 뇌하수체의 이상에서 오는 질환<br>5) 중증인 당뇨병(식전 혈당 140 이상) 및 중증의 대사질환(통풍 등) | 업무수행에 지장이 있는 당뇨병, 내분비질환, 대사질환(통풍 등) |

| | | |
|---|---|---|
| 자. 혈액이나 조혈 계통 | 1) 혈우병<br>2) 혈소판 감소성 자반병<br>3) 중증의 재생불능성 빈혈<br>4) 용혈성 빈혈(용혈성 황달)<br>5) 진성적혈구 과다증<br>6) 백혈병 | 1) 업무수행에 지장이 있는 혈우병<br>2) 업무수행에 지장이 있는 혈소판 감소성 자반병<br>3) 업무수행에 지장이 있는 재생불능성 빈혈<br>4) 업무수행에 지장이 있는 용혈성 빈혈(용혈성 황달)<br>5) 업무수행에 지장이 있는 진성적혈구 과다증<br>6) 업무수행에 지장이 있는 백혈병 |
| 차. 신경 계통 | 1) 다리·머리·척추 등 그 밖에 이상으로 앉아 있거나 걷지 못하는 경우<br>2) 중추신경계 염증성 질환에 따른 후유증으로 업무수행에 지장이 있는 경우<br>3) 업무에 적응할 수 없을 정도의 말초신경 질환<br>4) 두개골 이상, 뇌 이상이나 뇌 순환장애로 인한 후유증(신경 이나 신체증상)이 남아 업무수행에 지장이 있는 경우<br>5) 뇌 및 척추종양, 뇌기능장애가 있는 경우<br>6) 전신성·중증 근무력증 및 신경근 접합부 질환<br>7) 유전성 및 후천성 만성근육질환<br>8) 만성 진행성·퇴행성 질환 및 탈수조성 질환(유전성 무도병, 근위축성 측색경화증, 보행 실조증, 다발성 경화증) | 1) 다리·머리·척추 등 그 밖에 이상으로 앉아 있거나 걷지 못하는 경우<br>2) 중추신경계 염증성 질환에 따른 후유증으로 업무수행에 지장이 있는 경우<br>3) 업무에 적응할 수 없을 정도의 말초신경 질환<br>4) 두개골 이상, 뇌 이상이나 뇌 순환장애로 인한 후유증(신경이나 신체증상)이 남아 업무수행에 지장이 있는 경우<br>5) 뇌 및 척추종양, 뇌기능장애가 있는 경우<br>6) 전신성·중증 근무력증 및 신경근 접합부 질환<br>7) 유전성 및 후천성 만성근육질환<br>8) 업무수행에 지장이 있는 만성 진행성·퇴행성 질환 및 탈수조성 질환(유전성 무도병, 근위축성 측색경화증, 보행 실조증, 다발성 경화증) |
| 카. 사지 | 1) 손의 필기능력과 두 손의 악력이 없는 경우<br>2) 난치의 뼈·관절 질환이나 기형으로 업무수행에 지장이 있는 경우<br>3) 한쪽 팔이나 한쪽 다리 이상을 쓸 수 없는 경우(운전업무에만 해당한다) | 1) 손의 필기능력과 두 손의 악력이 없는 경우<br>2) 난치의 뼈·관절 질환이나 기형으로 업무수행에 지장이 있는 경우<br>3) 한쪽 팔이나 한쪽 다리 이상을 쓸 수 없는 경우(운전업무에만 해당한다) |
| 타. 귀 | 귀의 청력이 500Hz, 1000Hz, 2000Hz에서 측정하여 측정치의 산술평균이 두 귀 모두 40dB 이상인 경우 | 귀의 청력이 500Hz, 1000Hz, 2000Hz에서 측정하여 측정치의 산술평균이 두 귀 모두 40dB 이상인 경우 |

| 파. 눈 | 1) 두 눈의 나안(裸眼) 시력 중 어느 한쪽의 시력이라도 0.5 이하인 경우(다만, 한쪽 눈의 시력이 0.7 이상이고 다른 쪽 눈의 시력이 0.3 이상인 경우는 제외한다)로서 두 눈의 교정시력 중 어느 한쪽의 시력이라도 0.8 이하인 경우(다만, 한쪽 눈의 교정시력이 1.0 이상이고 다른 쪽 눈의 교정시력이 0.5 이상인 경우는 제외한다)<br>2) 시야의 협착이 1/3 이상인 경우<br>3) 안구 및 그 부속기의 기질성, 활동성, 진행성 질환으로 인하여 시력 유지에 위협이 되고, 시기능장애가 되는 질환<br>4) 안구 운동장애 및 안구진탕<br>5) 색각이상(색약 및 색맹) | 1) 두 눈의 나안 시력 중 어느 한쪽의 시력이라도 0.5 이하인 경우(다만, 한쪽 눈의 시력이 0.7 이상이고 다른 쪽 눈의 시력이 0.3 이상인 경우는 제외한다)로서 두 눈의 교정시력 중 어느 한쪽의 시력이라도 0.8 이하인 경우(다만, 한쪽 눈의 교정시력이 1.0 이상이고 다른 쪽 눈의 교정시력이 0.5 이상인 경우는 제외한다)<br>2) 시야의 협착이 1/3 이상인 경우<br>3) 안구 및 그 부속기의 기질성, 활동성, 진행성 질환으로 인하여 시력 유지에 위협이 되고, 시기능장애가 되는 질환<br>4) 안구 운동장애 및 안구진탕<br>5) 색각이상(색약 및 색맹) |
|---|---|---|
| 하. 정신 계통 | 1) 업무수행에 지장이 있는 지적장애<br>2) 업무에 적응할 수 없을 정도의 성격 및 행동장애<br>3) 업무에 적응할 수 없을 정도의 정신장애<br>4) 마약·대마·향정신성 의약품이나 알코올 관련 장애 등<br>5) 뇌전증<br>6) 수면장애(폐쇄성 수면 무호흡증, 수면발작, 몽유병, 수면 이상증 등)이나 공황장애 | 1) 업무수행에 지장이 있는 지적장애<br>2) 업무에 적응할 수 없을 정도의 성격 및 행동장애<br>3) 업무에 적응할 수 없을 정도의 정신장애<br>4) 마약·대마·향정신성 의약품 이나 알코올 관련 장애 등<br>5) 뇌전증<br>6) 업무수행에 지장이 있는 수면장애(폐쇄성 수면 무호흡증, 수면발작, 몽유병, 수면 이상증 등)이나 공황장애 |

### 제13조(신체검사 실시 의료기관)

제12조제1항에 따른 신체검사를 실시할 수 있는 의료기관은 다음 각 호와 같다.
1. 「의료법」 제3조제2항제1호가목의 의원
2. 「의료법」 제3조제2항제3호가목의 병원
3. 「의료법」 제3조제2항제3호마목의 종합병원

### 제15조(운전적성검사)

① 운전면허를 받으려는 사람은 철도차량 운전에 적합한 적성을 갖추고 있는지를 판정받기 위하여 국토교통부장관이 실시하는 적성검사(이하 "운전적성검사"라 한다)에 합격하여야 한다.
② 운전적성검사에 불합격한 사람 또는 운전적성검사 과정에서 부정행위를 한 사람은 다음 각 호의 구분에 따른 기간 동안 운전적성검사를 받을 수 없다.
   1. 운전적성검사에 불합격한 사람: 검사일부터 3개월
   2. 운전적성검사 과정에서 부정행위를 한 사람: 검사일부터 1년
③ 운전적성검사의 합격기준, 검사의 방법 및 절차 등에 관하여 필요한 사항은 국토교통부령으로 정한다.
④ 국토교통부장관은 운전적성검사에 관한 전문기관(이하 "운전적성검사기관"이라 한다)을 지정하여 운전적성검사를 하게 할 수 있다.
⑤ 운전적성검사기관의 지정기준, 지정절차 등에 관하여 필요한 사항은 대통령령으로 정한다.
⑥ 운전적성검사기관은 정당한 사유 없이 운전적성검사 업무를 거부하여서는 아니 되고, 거짓이나 그 밖의 부정한 방법으로 운전적성검사 판정서를 발급하여서는 아니 된다.

### 영 제13조(운전적성검사기관 지정절차)

① 법 제15조제4항에 따른 운전적성검사에 관한 전문기관(이하 "운전적성검사기관"이라 한다)으로 지정을 받으려는 자는 국토교통부장관에게 지정 신청을 하여야 한다.
② 국토교통부장관은 제1항에 따라 운전적성검사기관 지정 신청을 받은 경우에는 제14조에 따른 지정기준을 갖추었는지 여부, 운전적성검사기관의 운영계획, 운전업무종사자의 수급상황 등을 종합적으로 심사한 후 그 지정 여부를 결정하여야 한다.
③ 국토교통부장관은 제2항에 따라 운전적성검사기관을 지정한 경우에는 그 사실을 관보에 고시하여야 한다.
④ 제1항부터 제3항까지의 규정에 따른 운전적성검사기관 지정절차에 관한 세부적인 사항은 국토교통부령으로 정한다.

### 영 제14조(운전적성검사기관 지정기준)

① 운전적성검사기관의 지정기준은 다음 각 호와 같다.
   1. 운전적성검사 업무의 통일성을 유지하고 운전적성검사 업무를 원활히 수행하는데 필요한 상설 전담조직을 갖출 것
   2. 운전적성검사 업무를 수행할 수 있는 전문검사인력을 3명 이상 확보할 것

3. 운전적성검사 시행에 필요한 사무실, 검사장과 검사 장비를 갖출 것
4. 운전적성검사기관의 운영 등에 관한 업무규정을 갖출 것
② 제1항에 따른 운전적성검사기관 지정기준에 관한 세부적인 사항은 국토교통부령으로 정한다.

### 영 제15조(운전적성검사기관의 변경사항 통지)
① 운전적성검사기관은 그 명칭·대표자·소재지나 그 밖에 운전적성검사 업무의 수행에 중대한 영향을 미치는 사항의 변경이 있는 경우에는 해당 사유가 발생한 날부터 15일 이내에 국토교통부장관에게 그 사실을 알려야 한다.
② 국토교통부장관은 제1항에 따라 통지를 받은 때에는 그 사실을 관보에 고시하여야 한다.

### 규칙 제16조(적성검사 방법·절차 및 합격기준 등)
① 법 제15조제1항에 따른 운전적성검사(이하 "운전적성검사"라 한다) 또는 법 제21조의6제1항에 따른 관제적성검사(이하 "관제적성검사"라 한다)를 받으려는 사람은 별지 제9호서식의 적성검사 판정서에 성명·주민등록번호 등 본인의 기록사항을 작성하여 법 제15조제4항에 따른 운전적성검사기관(이하 "운전적성검사기관"이라 한다) 또는 법 제21조의6제3항에 따른 관제적성검사기관(이하 "관제적성검사기관"이라 한다)에 제출하여야 한다.
② 법 제15조제3항 및 법 제21조의6제2항에 따른 적성검사의 항목 및 합격기준은 별표 4와 같다.
③ 운전적성검사기관 또는 관제적성검사기관은 별지 제9호서식의 적성검사 판정서의 각 적성검사 항목별로 적성검사를 실시한 후 합격 여부를 기록하여 신청인에게 발급하여야 한다.
④ 그 밖에 운전적성검사 또는 관제적성검사의 방법·절차·판정기준 및 항목별 배점기준 등에 관하여 필요한 세부사항은 국토교통부장관이 정한다.

■ 철도안전법 시행규칙 [별표 4] <개정 2023. 1. 18.>

## 적성검사 항목 및 불합격 기준(제16조제2항 관련)

| 검사대상 | 검사항목 | | 불합격기준 |
|---|---|---|---|
| | 문답형 검사 | 반응형 검사 | |
| 1. 고속철도차량<br>•<br>제1종전기차량<br>•<br>제2종전기차량<br>•<br>디젤차량<br>•<br>노면전차<br>•<br>철도장비<br>철도차량 운전면허시험 응시자 | • 인성<br>  – 일반성격<br>  – 안전성향<br><br>[입교도우미의 암기 꿀팁!]<br>(일)**반성**(격)<br>**안**(전성)**향** | • 주의력<br>  – 복합기능<br>  – 선택주의<br>  – 지속주의<br>• 인식 및 기억력<br>  – 시각변별<br>  – 공간지각<br>• 판단 및 행동력<br>  – 추론<br>  – 민첩성<br><br>[입교도우미의 암기 꿀팁!]<br>**복선지** | • 문답형 검사항목 중 안전성향 검사에서 부적합으로 판정된 사람<br><br>• 반응형 검사 평가점수가 30점 미만인 사람 |
| 2. 철도교통관제사 자격증명 응시자 | • 인성<br>  – 일반성격<br>  – 안전성향 | • 주의력<br>  – 복합기능<br>  – 선택주의<br>• 인식 및 기억력<br>  – 시각변별<br>  – 공간지각<br>  – 작업기억<br>• 판단 및 행동력<br>  – 추론<br>  – 민첩성<br><br>[입교도우미의 암기 꿀팁!]<br>**시공작** | • 문답형 검사항목 중 안전성향 검사에서 부적합으로 판정된 사람<br><br>• 반응형 검사 평가점수가 30점 미만인 사람 |

비고: 1. 문답형 검사 판정은 적합 또는 부적합으로 한다.
2. 반응형 검사 점수 합계는 70점으로 한다.
3. 안전성향검사는 전문의(정신건강의학) 진단결과로 대체 할 수 있으며, 부적합 판정을 받은 자에 대해서는 당일 1회에 한하여 재검사를 실시하고 그 재검사 결과를 최종적인 검사결과로 할 수 있다.
4. 철도차량 운전면허 소지자가 다른 종류의 철도차량 운전면허를 취득하려는 경우에는 운전적성검사를 받은 것으로 본다. 다만, 철도장비 운전면허 소지자(2020년 10월 8일 이전에 적성검사를 받은 사람만 해당한다)가 다른 종류의 철도차량 운전면허를 취득하려는 경우에는 적성검사를 받아야 한다.
5. 도시철도 관제자격증명을 취득한 사람이 철도 관제자격증명을 취득하려는 경우에는 관제적성검사를 받은 것으로 본다.

**규칙 제17조(운전적성검사기관 또는 관제적성검사기관의 지정절차 등)**
① 운전적성검사기관 또는 관제적성검사기관으로 지정받으려는 자는 별지 제10호서식의 적성검사기관 지정신청서에 다음 각 호의 서류를 첨부하여 국토교통부장관에게 제출하여야 한다. 이 경우 국토교통부장관은 「전자정부법」 제36조제1항에 따른 행정정보의 공동이용을 통하여 법인 등기사항증명서(신청인이 법인인 경우만 해당한다)를 확인하여야 한다.
   1. 운영계획서
   2. 정관이나 이에 준하는 약정(법인 그 밖의 단체만 해당한다)
   3. 운전적성검사 또는 관제적성검사를 담당하는 전문인력의 보유 현황 및 학력·경력·자격 등을 증명할 수 있는 서류
   4. 운전적성검사시설 또는 관제적성검사시설 내역서
   5. 운전적성검사장비 또는 관제적성검사장비 내역서
   6. 운전적성검사기관 또는 관제적성검사기관에서 사용하는 직인의 인영
② 국토교통부장관은 제1항에 따라 운전적성검사기관 또는 관제적성검사기관의 지정 신청을 받은 경우에는 영 제13조제2항(영 제20조의3에서 준용하는 경우를 포함한다)에 따라 그 지정 여부를 종합적으로 심사한 후 지정에 적합하다고 인정되는 경우 별지 제11호서식의 적성검사기관 지정서를 신청인에게 발급해야 한다.

**규칙 제18조(운전적성검사기관 및 관제적성검사기관의 세부 지정기준 등)**
① 영 제14조제2항 및 영 제20조의3에 따른 운전적성검사기관 및 관제적성검사기관의 세부 지정기준은 별표 5와 같다.
② 국토교통부장관은 운전적성검사기관 또는 관제적성검사기관이 제1항 및 영 제14조제1항(영 제20조의3에서 준용하는 경우를 포함한다)에 따른 지정기준에 적합한지를 2년마다 심사해야 한다.
③ 영 제15조 및 영 제20조의3에 따른 운전적성검사기관 및 관제적성검사기관의 변경사항 통지는 별지 제11호의2서식에 따른다.

■ 철도안전법 시행규칙 [별표 5] <2022. 12. 19. 개정 및 시행>

## 운전적성검사기관 또는 관제적성검사기관의 세부 지정기준(제18조제1항 관련)

1. 검사인력
    가. 자격기준

| 등급 | 자격자 | 학력 및 경력자 |
| --- | --- | --- |
| 책임검사관 | 1) 정신건강임상심리사 1급 자격을 취득한 사람<br>2) 정신건강임상심리사 2급 자격을 취득한 사람으로서 2년 이상 적성검사 분야에 근무한 경력이 있는 사람<br>3) 임상심리사 1급 자격을 취득한 사람<br>4) 임상심리사 2급 자격을 취득한 사람으로서 2년 이상 적성검사 분야에 근무한 경력이 있는 사람 | 1) 심리학 관련 분야 박사학위를 취득한 사람<br>2) 심리학 관련 분야 석사학위 취득한 사람으로서 2년 이상 적성검사 분야에 근무한 경력이 있는 사람<br>3) 대학을 졸업한 사람(법령에 따라 이와 같은 수준 이상의 학력이 있다고 인정되는 사람을 포함한다)으로서 선임검사관 경력이 2년 이상 있는 사람 |
| 선임검사관 | 1) 정신건강임상심리사 2급 자격을 취득한 사람<br>2) 임상심리사 2급 자격을 취득한 사람 | 1) 심리학 관련 분야 석사학위를 취득한 사람<br>2) 심리학 관련 분야 학사학위 취득한 사람으로서 2년 이상 적성검사 분야에 근무한 경력이 있는 사람<br>3) 대학을 졸업한 사람(법령에 따라 이와 같은 수준 이상의 학력이 있다고 인정되는 사람을 포함한다)으로서 검사관 경력이 5년 이상 있는 사람 |
| 검사관 | | 학사학위 이상 취득자 |

비고: 가목의 자격기준 중 책임검사관 및 선임검사관의 경력은 해당 자격·학위·졸업 또는 학력을 취득·인정받기 전과 취득·인정받은 후의 경력을 모두 포함한다.

   나. 보유기준
       1) 운전적성검사 또는 관제적성검사(이하 이 표에서 "적성검사"라 한다) 업무를 수행하는 상설 전담조직을 1일 50명을 검사하는 것을 기준으로 하며, 책임검사관과 선임검사관 및 검사관은 각각 1명 이상 보유하여야 한다.
       2) 1일 검사인원이 25명 추가될 때마다 적성검사를 진행할 수 있는 검사관을 1명씩 추가로 보유하여야 한다.
2. 시설 및 장비
    가. 시설기준
       1) 1일 검사능력 50명(1회 25명) 이상의 검사장($70㎡$ 이상이어야 한다)을 확보하여야 한다. 이 경우 분산된 검사장은 제외한다.

나. 장비기준
1) 별표 4 또는 별표 13에 따른 문답형 검사 및 반응형 검사를 할 수 있는 검사장비와 프로그램을 갖추어야 한다.
2) 적성검사기관 공동으로 활용할 수 있는 프로그램(별표 4 및 별표 13에 따른 문답형 검사 및 반응형 검사)을 개발할 수 있어야 한다.

3. 업무규정
  가. 조직 및 인원
  나. 검사 인력의 업무 및 책임
  다. 검사체제 및 절차
  라. 각종 증명의 발급 및 대장의 관리
  마. 장비운용·관리계획
  바. 자료의 관리·유지
  사. 수수료 징수기준
  아. 그 밖에 국토교통부장관이 적성검사 업무수행에 필요하다고 인정하는 사항

4. 일반사항
  가. 국토교통부장관은 2개 이상의 운전적성검사기관 또는 관제적성검사기관을 지정한 경우에는 모든 운전적성검사기관 또는 관제적성검사기관에서 실시하는 적성검사의 방법 및 검사항목 등이 동일하게 이루어지도록 필요한 조치를 하여야 한다.
  나. 국토교통부장관은 철도차량운전자 등의 수급계획과 운영계획 및 검사에 필요한 프로그램 개발 등을 종합 검토하여 필요하다고 인정하는 경우에는 1개 기관만 지정할 수 있다. 이 경우 전국의 분산된 5개 이상의 장소에서 검사를 할 수 있어야 한다.

### 제15조의2(운전적성검사기관의 지정취소 및 업무정지)

① 국토교통부장관은 운전적성검사기관이 다음 각 호의 어느 하나에 해당할 때에는 지정을 취소하거나 6개월 이내의 기간을 정하여 업무의 정지를 명할 수 있다. 다만, 제1호 및 제2호에 해당할 때에는 지정을 취소하여야 한다.
   1. 거짓이나 그 밖의 부정한 방법으로 지정을 받았을 때
   2. 업무정지 명령을 위반하여 그 정지기간 중 운전적성검사 업무를 하였을 때
   3. 제15조제5항에 따른 지정기준에 맞지 아니하게 되었을 때
   4. 제15조제6항을 위반하여 정당한 사유 없이 운전적성검사 업무를 거부하였을 때
   5. 제15조제6항을 위반하여 거짓이나 그 밖의 부정한 방법으로 운전적성검사 판정서를 발급하였을 때
② 제1항에 따른 지정취소 및 업무정지의 세부기준 등에 관하여 필요한 사항은 국토교통부령으로 정한다.
③ 국토교통부장관은 제1항에 따라 지정이 취소된 운전적성검사기관이나 그 기관의 설립·운영자 및 임원이 그 지정이 취소된 날부터 2년이 지나지 아니하고 설립·운영하는 검사기관을 운전적성검사기관으로 지정하여서는 아니 된다.

### 규칙 제19조(운전적성검사기관 및 관제적성검사기관의 지정취소 및 업무정지)

① 법 제15조의2제2항 및 법 제21조의6제5항에 따른 운전적성검사기관 및 관제적성검사기관의 지정취소 및 업무정지의 기준은 별표 6과 같다.
② 국토교통부장관은 운전적성검사기관 또는 관제적성검사기관의 지정을 취소하거나 업무정지의 처분을 한 경우에는 지체 없이 운전적성검사기관 또는 관제적성검사기관에 별지 제11호의3서식의 지정기관 행정처분서를 통지하고, 그 사실을 관보에 고시하여야 한다.

■ 철도안전법 시행규칙 [별표 6]

## 운전적성검사기관 및 관제적성검사기관의 지정취소 및 업무정지의 기준
(제19조제1항 관련)

| 위반사항 | 해당 법조문 | 처분기준 | | | |
|---|---|---|---|---|---|
| | | 1차 위반 | 2차 위반 | 3차 위반 | 4차 위반 |
| 1. 거짓이나 그 밖의 부정한 방법으로 지정을 받은 경우 | 법 제15조의2 제1항제1호 | 지정취소 | | | |
| 2. 업무정지 명령을 위반하여 그 정지기간 중 운전적성검사업무 또는 관제적성검사업무를 한 경우 | 법 제15조의2 제1항제2호 | 지정취소 | | | |
| 3. 법 제15조제5항 또는 제21조의6제4항에 따른 지정기준에 맞지 아니하게 된 경우 | 법 제15조의2 제1항제3호 | 경고 또는 보완명령 | 업무정지 1개월 | 업무정지 3개월 | 지정취소 |
| 4. 정당한 사유 없이 운전적성검사업무 또는 관제적성검사업무를 거부한 경우 | 법 제15조의2 제1항제4호 | 경고 | 업무정지 1개월 | 업무정지 3개월 | 지정취소 |
| 5. 법 제15조제6항을 위반하여 거짓이나 그 밖의 부정한 방법으로 운전적성검사 판정서 또는 관제적성검사 판정서를 발급한 경우 | 법 제15조의2 제1항제5호 | 업무정지 1개월 | 업무정지 3개월 | 지정취소 | |

비고: 1. 위반행위가 둘 이상인 경우로서 그에 해당하는 각각의 처분기준이 다른 경우에는 그중 무거운 처분기준에 따르며, 위반행위가 둘 이상인 경우로서 그에 해당하는 각각의 처분기준이 같은 경우에는 무거운 처분기준의 2분의 1까지 가중할 수 있되, 각 처분기준을 합산한 기간을 초과할 수 없다.
2. 위반행위의 횟수에 따른 행정처분의 가중된 부과기준은 최근 1년간 같은 위반행위로 행정처분을 받은 경우에 적용한다. 이 경우 기간의 계산은 위반행위에 대하여 행정처분을 받은 날과 그 처분 후 다시 같은 위반행위를 하여 적발된 날을 기준으로 한다.
3. 비고 제2호에 따라 가중된 행정처분을 하는 경우 가중처분의 적용 차수는 그 위반행위 전 부과처분 차수(비고 제2호에 따른 기간 내에 행정처분이 둘 이상 있었던 경우에는 높은 차수를 말한다)의 다음 차수로 한다.
4. 처분권자는 위반행위의 동기·내용 및 위반의 정도 등 다음 각 목에 해당하는 사유를 고려하여 그 처분을 감경할 수 있다. 이 경우 그 처분이 업무정지인 경우에는 그 처분기준의 2분의 1 범위에서 감경할 수 있고, 지정취소인 경우(거짓이나 그 밖의 부정한 방법으로 지정을 받은 경우나 업무정지 명령을 위반하여 그 정지기간 중 적성검사업무를 한 경우는 제외한다)에는 3개월의 업무정지 처분으로 감경할 수 있다.
   가. 위반행위가 고의나 중대한 과실이 아닌 사소한 부주의나 오류로 인한 것으로 인정되는 경우
   나. 위반의 내용·정도가 경미하여 이해관계인에게 미치는 피해가 적다고 인정되는 경우

**제16조(운전교육훈련)**

① 운전면허를 받으려는 사람은 철도차량의 안전한 운행을 위하여 국토교통부장관이 실시하는 운전에 필요한 지식과 능력을 습득할 수 있는 교육훈련(이하 "운전교육훈련"이라 한다)을 받아야 한다.
② 운전교육훈련의 기간, 방법 등에 관하여 필요한 사항은 국토교통부령으로 정한다.
③ 국토교통부장관은 철도차량 운전에 관한 전문 교육훈련기관(이하 "운전교육훈련기관"이라 한다)을 지정하여 운전교육훈련을 실시하게 할 수 있다.
④ 운전교육훈련기관의 지정기준, 지정절차 등에 관하여 필요한 사항은 대통령령으로 정한다.
⑤ 운전교육훈련기관의 지정취소 및 업무정지 등에 관하여는 제15조제6항 및 제15조의2를 준용한다. 이 경우 "운전적성검사기관"은 "운전교육훈련기관"으로, "운전적성검사 업무"는 "운전교육훈련 업무"로, "제15조제5항"은 "제16조제4항"으로, "운전적성검사 판정서"는 "운전교육훈련 수료증"으로 본다.

**규칙 제20조(운전교육훈련의 기간 및 방법 등)**

① 법 제16조제1항에 따른 교육훈련(이하 "운전교육훈련"이라 한다)은 운전면허 종류별로 실제차량이나 모의운전연습기를 활용하여 실시한다.
② 운전교육훈련을 받으려는 사람은 법 제16조제3항에 따른 운전교육훈련기관(이하 "운전교육훈련기관"이라 한다)에 운전교육훈련을 신청하여야 한다.
③ 운전교육훈련의 과목과 교육훈련시간은 별표 7과 같다.
④ 운전교육훈련기관은 운전교육훈련과정별 교육훈련신청자가 적어 그 운전교육훈련과정의 개설이 곤란한 경우에는 국토교통부장관의 승인을 받아 해당 운전교육훈련과정을 개설하지 아니하거나 운전교육훈련시기를 변경하여 시행할 수 있다.
⑤ 운전교육훈련기관은 운전교육훈련을 수료한 사람에게 별지 제12호서식의 운전교육훈련 수료증을 발급하여야 한다.
⑥ 그 밖에 운전교육훈련의 절차·방법 등에 관하여 필요한 세부사항은 국토교통부장관이 정한다.

■ 철도안전법 시행규칙 [별지 제12호서식] <운전전문교육훈련 수료증>

# 운전전문교육훈련 수료증

증서번호: (년도)-

| 성명 | 생년월일 | 사 진<br>(모자를 쓰지 않고 배경 없이 촬영한 것)<br>(3.5cm×4.5cm)<br>압 인 |
|---|---|---|
|  |  |  |

위 사람은 「철도안전법」 제16조 및 같은 법 시행규칙 제20조제5항에 따라 운전교육훈련기관인 ○○○에서 아래의 운전교육훈련과정을 이수하였으므로 이 증서를 드립니다.

운전교육훈련 실시 결과

| 운전교육훈련과정 | ○○○과정 |
|---|---|
| 교육기간 | 년 월 일~ 년 월 일 |

년 월 일

○○○기관장 [직인]

철도차량 운전면허 교육훈련기관 코드번호 ○○-○○○○

비고: 증서 바탕에는 돋을새김한 디자인 또는 비표를 넣어 쉽게 위조할 수 없도록 합니다.

210mm×297mm[백상지 120g/㎡]

■ 철도안전법 시행규칙 [별표 7] <2024. 7. 1. 시행>

## 운전면허 취득을 위한 교육훈련 과정별 교육시간 및 교육훈련과목
(제20조제3항 관련)

1. 일반응시자

| 교육과정 | 교육과목 및 시간 | |
| --- | --- | --- |
| | 이론교육 | 기능교육 |
| 가. 디젤차량 운전면허 (810) | • 철도관련법(50)<br>• 철도시스템 일반(60)<br>• 디젤 차량의 구조 및 기능(170)<br>• 운전이론 일반(30)<br>• 비상시 조치(인적오류 예방 포함) 등(30) | • 현장실습교육<br>• 운전실무 및 모의운행 훈련<br>• 비상시 조치 등 |
| | 340시간 | 470시간 |
| 나. 제1종 전기 차량 운전면허 (810) | • 철도관련법(50)<br>• 철도시스템 일반(60)<br>• 전기기관차의 구조 및 기능(170)<br>• 운전이론 일반(30)<br>• 비상시 조치(인적오류 예방 포함) 등(30) | • 현장실습교육<br>• 운전실무 및 모의운행 훈련<br>• 비상시 조치 등 |
| | 340시간 | 470시간 |
| 다. 제2종 전기 차량 운전면허 (680) | • 철도관련법(40)<br>• 도시철도시스템 일반(45)<br>• 전기동차의 구조 및 기능(100)<br>• 운전이론 일반(25)<br>• 비상시 조치(인적오류 예방 포함) 등(30) | • 현장실습교육<br>• 운전실무 및 모의운행 훈련<br>• 비상시 조치 등 |
| | 240시간 | 440시간 |
| 라. 철도장비 운전면허 (340) | • 철도관련법(50)<br>• 철도시스템 일반(40)<br>• 기계·장비의 구조 및 기능(60)<br>• 비상시 조치(인적오류 예방 포함) 등(20) | • 현장실습교육<br>• 운전실무 및 모의운행 훈련<br>• 비상시 조치 등 |
| | 170시간 | 170시간 |
| 마. 노면전차 운전면허 (440) | • 철도관련법(50)<br>• 노면전차 시스템 일반(40)<br>• 노면전차의 구조 및 기능(80)<br>• 비상시 조치(인적오류 예방 포함) 등(30) | • 현장실습교육<br>• 운전실무 및 모의운행 훈련<br>• 비상시 조치 등 |
| | 200시간 | 240시간 |

\* 이론교육의 과목별 교육시간은 100분의 20 범위 내에서 조정 가능.

2. 운전면허 소지자					( ) : 시간

| 소지면허 | 교육과목 및 시간 | | |
|---|---|---|---|
| | 교육과정 | 이론교육 | 기능교육 |
| 가. 디젤차량운전면허 · 제1종전기차량 운전면허 · 제2종전기차량 운전면허 | 고속철도차량 운전면허 (420) | • 고속철도 시스템 일반(15)<br>• 고속철도차량의 구조 및 기능(85)<br>• 고속철도 운전이론 일반(10)<br>• 고속철도 운전관련 규정(20)<br>• 비상시 조치(인적오류 예방 포함) 등(10) | • 현장실습교육<br>• 운전실무 및 모의운행 훈련<br>• 비상시 조치 등 |
| | | 140시간 | 280시간 |
| 나. 디젤차량 운전면허 | 1) 제1종 전기차량운전면허 (85) | • 전기기관차의 구조 및 기능(40)<br>• 비상시 조치(인적오류 예방 포함) 등(10) | • 현장실습교육<br>• 운전실무 및 모의운행 훈련 |
| | | 50시간 | 35시간 |
| | 2) 제2종 전기차량운전면허 (85) | • 도시철도 시스템 일반(10)<br>• 전기동차의 구조 및 기능(30)<br>• 비상시 조치(인적오류 예방 포함) 등(10) | • 현장실습교육<br>• 운전실무 및 모의운행 훈련 |
| | | 50시간 | 35시간 |
| | 3) 노면전차 운전면허 (60) | • 노면전차 시스템 일반(10)<br>• 노면전차의 구조 및 기능(25)<br>• 비상시 조치(인적오류 예방 포함) 등(5) | • 현장실습교육<br>• 운전실무 및 모의운행 훈련 |
| | | 40시간 | 20시간 |
| 다. 제1종전기차량운전면허 | 1) 디젤차량 운전면허 (85) | • 디젤 차량의 구조 및 기능(40)<br>• 비상시 조치(인적오류 예방 포함) 등(10) | • 현장실습교육<br>• 운전실무 및 모의운행 훈련 |
| | | 50시간 | 35시간 |
| | 2) 제2종 전기차량운전면허 (85) | • 도시철도 시스템 일반(10)<br>• 전기동차의 구조 및 기능(30)<br>• 비상시 조치(인적오류 예방 포함) 등(10) | • 현장실습교육<br>• 운전실무 및 모의운행 훈련 |
| | | 50시간 | 35시간 |

| | | | |
|---|---|---|---|
| | 3) 노면전차 운전면허 (50) | • 노면전차 시스템 일반(10)<br>• 노면전차의 구조 및 기능(15)<br>• 비상시 조치(인적오류 예방 포함) 등(5) | • 현장실습교육<br>• 운전실무 및 모의운행 훈련 |
| | | 30시간 | 20시간 |
| 라. 제2종전기 차량운전면허 | 1) 디젤차량 운전면허 (130) | • 철도시스템 일반(10)<br>• 디젤 차량의 구조 및 기능(45)<br>• 비상시 조치(인적오류 예방 포함) 등(5) | • 현장실습교육<br>• 운전실무 및 모의운행 훈련 |
| | | 60시간 | 70시간 |
| | 2) 제1종 전기 차량운전면허 (130) | • 철도시스템 일반(10)<br>• 전기기관차의 구조 및 기능(45)<br>• 비상시 조치(인적오류 예방 포함) 등(5) | • 현장실습교육<br>• 운전실무 및 모의운행 훈련 |
| | | 60시간 | 70시간 |
| | 3) 노면전차 운전면허 (50) | • 노면전차 시스템 일반(10)<br>• 노면전차의 구조 및 기능(15)<br>• 비상시 조치(인적오류 예방 포함) 등(5) | • 현장실습교육<br>• 운전실무 및 모의운행 훈련 |
| | | 30시간 | 20시간 |
| 마. 철도장비 운전면허 | 1) 디젤 차량 운전면허 (460) | • 철도관련법(30)<br>• 철도시스템 일반(30)<br>• 디젤차량의 구조 및 기능(100)<br>• 운전이론(30)<br>• 비상시 조치(인적오류 예방 포함) 등(10) | • 현장실습교육<br>• 운전실무 및 모의운행 훈련<br>• 비상시 조치 등 |
| | | 200시간 | 260시간 |
| | 2) 제1종 전기 차량운전면허 (460) | • 철도관련법(30)<br>• 철도시스템 일반(30)<br>• 전기기관차의 구조 및 기능(100)<br>• 운전이론(30)<br>• 비상시 조치(인적오류 예방 포함) 등(10) | • 현장실습교육<br>• 운전실무 및 모의운행 훈련<br>• 비상시 조치 등 |
| | | 200시간 | 260시간 |

| | | | |
|---|---|---|---|
| | 3) 제2종 전기<br>차량운전면허<br>(340) | • 철도관련법(30)<br>• 도시철도시스템 일반(30)<br>• 전기동차의 구조 및 기능(70)<br>• 운전이론(25)<br>• 비상시 조치(인적오류 예방 포함) 등(10) | • 현장실습교육<br>• 운전실무 및 모의운행 훈련<br>• 비상시 조치 등 |
| | | 165시간 | 175시간 |
| | 4) 노면전차<br>운전면허<br>(220) | • 철도관련법(30)<br>• 노면전차시스템 일반(20)<br>• 노면전차의 구조 및 기능(60)<br>• 비상시 조치(인적오류 예방 포함) 등(10) | • 현장실습교육<br>• 운전실무 및 모의운행 훈련<br>• 비상시 조치 등 |
| | | 120시간 | 100시간 |
| 바. 노면전차<br>운전면허 | 1) 디젤차량<br>운전면허<br>(320) | • 철도관련법(30)<br>• 철도시스템 일반(30)<br>• 디젤 차량의 구조 및 기능(100)<br>• 운전이론(30)<br>• 비상시 조치(인적오류 예방 포함) 등(10) | • 현장실습교육<br>• 운전실무 및 모의운행 훈련<br>• 비상시 조치 등 |
| | | 200시간 | 120시간 |
| | 2) 제1종 전기<br>차량운전면허<br>(320) | • 철도관련법(30)<br>• 철도시스템 일반(30)<br>• 전기기관차의 구조 및 기능(100)<br>• 운전이론(30)<br>• 비상시 조치(인적오류 예방 포함) 등(10) | • 현장실습교육<br>• 운전실무 및 모의운행 훈련<br>• 비상시 조치 등 |
| | | 200시간 | 120시간 |
| | 3) 제2종 전기<br>차량운전면허<br>(275) | • 철도관련법(30)<br>• 도시철도시스템 일반(30)<br>• 전기동차의 구조 및 기능(70)<br>• 운전이론(25)<br>• 비상시 조치(인적오류 예방 포함) 등(10) | • 현장실습교육<br>• 운전실무 및 모의운행 훈련<br>• 비상시 조치 등 |
| | | 165시간 | 110시간 |

| | 4) 철도장비 운전면허 (165) | • 철도관련법(30)<br>• 철도시스템 일반(20)<br>• 기계・장비의 구조 및 기능(60)<br>• 비상시 조치(인적오류 예방 포함) 등(10) | • 현장실습교육<br>• 운전실무 및 모의운행 훈련<br>• 비상시 조치 등 |
|---|---|---|---|
| | | 120시간 | 45시간 |

\* 이론교육의 과목별 교육시간은 100분의 20 범위 내에서 조정 가능.

### 3. 관제자격증명 취득자

( ): 시간

| 소지면허 | 교육과목 및 시간 | | |
|---|---|---|---|
| | 교육과정 | 이론교육 | 기능교육 |
| 가. 철도 관제자격증명 | 1) 디젤차량 운전면허 (260) | • 디젤 차량의 구조 및 기능(100)<br>• 운전이론(30)<br>• 비상시 조치(인적오류 예방 포함) 등(10) | • 현장실습교육<br>• 운전실무 및 모의운행 훈련<br>• 비상시 조치 등 |
| | | 140시간 | 120시간 |
| | 2) 제1종 전기 차량운전면허 (260) | • 전기기관차의 구조 및 기능(100)<br>• 운전이론(30)<br>• 비상시 조치(인적오류 예방 포함) 등(10) | • 현장실습교육<br>• 운전실무 및 모의운행 훈련<br>• 비상시 조치 등 |
| | | 140시간 | 120시간 |
| | 3) 제2종 전기 차량운전면허 (215) | • 전기동차의 구조 및 기능(70)<br>• 운전이론(25)<br>• 비상시 조치(인적오류 예방 포함) 등(10) | • 현장실습교육<br>• 운전실무 및 모의운행 훈련<br>• 비상시 조치 등 |
| | | 105시간 | 110시간 |
| | 4) 철도장비 운전면허 (115) | • 기계・장비의 구조 및 기능(60)<br>• 비상시 조치(인적오류 예방 포함) 등(10) | • 현장실습교육<br>• 운전실무 및 모의운행 훈련<br>• 비상시 조치 등 |
| | | 70시간 | 45시간 |
| | 5) 노면전차 운전면허 (170) | • 노면전차의 구조 및 기능(60)<br>• 비상시 조치(인적오류 예방 포함) 등(10) | • 현장실습교육<br>• 운전실무 및 모의운행 훈련<br>• 비상시 조치 등 |
| | | 70시간 | 100시간 |

| 나. 도시철도 관제자격증명 | 1) 디젤차량 운전면허 (290) | • 철도시스템 일반(30)<br>• 디젤 차량의 구조 및 기능(100)<br>• 운전이론(30)<br>• 비상시 조치(인적오류 예방 포함) 등(10) | • 현장실습교육<br>• 운전실무 및 모의운행 훈련<br>• 비상시 조치 등 |
|---|---|---|---|
| | | 170시간 | 120시간 |
| | 2) 제1종 전기 차량운전면허 (290) | • 철도시스템 일반(30)<br>• 전기기관차의 구조 및 기능(100)<br>• 운전이론(30)<br>• 비상시 조치(인적오류 예방 포함) 등(10) | • 현장실습교육<br>• 운전실무 및 모의운행 훈련<br>• 비상시 조치 등 |
| | | 170시간 | 120시간 |
| | 3) 제2종 전기 차량운전면허 (215) | • 전기동차의 구조 및 기능(70)<br>• 운전이론(25)<br>• 비상시 조치(인적오류 예방 포함) 등(10) | • 현장실습교육<br>• 운전실무 및 모의운행 훈련<br>• 비상시 조치 등 |
| | | 105시간 | 110시간 |
| | 4) 철도장비 운전면허 (135) | • 철도시스템 일반(20)<br>• 기계·장비의 구조 및 기능(60)<br>• 비상시 조치(인적오류 예방 포함) 등(10) | • 현장실습교육<br>• 운전실무 및 모의운행 훈련<br>• 비상시 조치 등 |
| | | 90시간 | 45시간 |
| | 5) 노면전차 운전면허 (170) | • 노면전차의 구조 및 기능(60)<br>• 비상시 조치(인적오류 예방 포함) 등(10) | • 현장실습교육<br>• 운전실무 및 모의운행 훈련<br>• 비상시 조치 등 |
| | | 70시간 | 100시간 |

\* 이론교육의 과목별 교육시간은 100분의 20 범위 내에서 조정 가능

### 4. 철도차량 운전 관련 업무경력자

( ) : 시간

| 경력 | 교육과목 및 시간 | | |
|---|---|---|---|
| | 교육과정 | 이론교육 | 기능교육 |
| 가. 철도차량 운전업무 보조경력 1년 이상 (철도장비의 경우 철도장비운전 업무 수행경력 3년 이상) | 디젤 또는 제1종 차량 운전면허 (290) | • 철도관련법(30)<br>• 철도시스템 일반(20)<br>• 디젤 차량 또는 전기기관차의 구조 및 기능(100)<br>• 운전이론 일반(20)<br>• 비상시 조치(인적오류 예방 포함) 등(20) | • 현장실습교육<br>• 운전실무 및 모의운행 훈련<br>• 비상시 조치 등 |
| | | 190시간 | 100시간 |
| 나. 철도차량 운전업무 보조경력 1년 이상 또는 전동차 차장 경력이 2년 이상 | 1) 제2종 전기 차량운전면허 (290) | • 철도관련법(30)<br>• 도시철도시스템 일반(30)<br>• 전기동차의 구조 및 기능(90)<br>• 운전이론 일반(25)<br>• 비상시 조치(인적오류 예방 포함) 등(10) | • 현장실습교육<br>• 운전실무 및 모의운행 훈련<br>• 비상시 조치 등 |
| | | 185시간 | 105시간 |
| | 2) 노면전차 운전면허 (140) | • 철도관련법(20)<br>• 노면전차시스템 일반(10)<br>• 노면전차의 구조 및 기능(40)<br>• 비상시 조치(인적오류 예방 포함) 등(10) | • 현장실습교육<br>• 운전실무 및 모의운행 훈련<br>• 비상시 조치 등 |
| | | 80시간 | 60시간 |
| 다. 철도차량 운전업무 보조경력 1년 이상 | 철도장비 운전면허 (100) | • 철도관련법(20)<br>• 철도시스템 일반(10)<br>• 기계·장비의 구조 및 기능(40)<br>• 비상시 조치(인적오류 예방 포함) 등(10) | • 현장실습교육<br>• 운전실무 및 모의운행 훈련<br>• 비상시 조치 등 |
| | | 80시간 | 20시간 |
| 라. 철도건설 및 유지 보수에 필요한 기계 또는 장비작업 경력 1년 이상 | 철도장비 운전면허 (185) | • 철도관련법(20)<br>• 철도시스템 일반(20)<br>• 기계·장비의 구조 및 기능(70)<br>• 비상시 조치(인적오류 예방 포함) 등(10) | • 현장실습교육<br>• 운전실무 및 모의운행 훈련<br>• 비상시 조치 등 |
| | | 120시간 | 65시간 |

\* 이론교육의 과목별 교육시간은 100분의 20 범위 내에서 조정 가능.

5. 철도 관련 업무경력자                                                              ( ) : 시간

| 경력 | 교육과목 및 시간 | | |
|---|---|---|---|
| | 교육과정 | 이론교육 | 기능교육 |
| 철도운영자에 소속되어 철도관련 업무에 종사한 경력 3년 이상인 사람 | 1) 디젤 또는 제1종 차량 운전면허 (395) | • 철도관련법(30)<br>• 철도시스템 일반(30)<br>• 디젤 차량 또는 전기기관차의 구조 및 기능(150)<br>• 운전이론 일반(20)<br>• 비상시 조치(인적오류 예방 포함) 등(20) | • 현장실습교육<br>• 운전실무 및 모의운행 훈련<br>• 비상시 조치 등 |
| | | 250시간 | 145시간 |
| | 2) 제2종 전기차량 운전면허 (340) | • 철도관련법(30)<br>• 도시철도시스템 일반(30)<br>• 전기동차의 구조 및 기능(90)<br>• 운전이론 일반(20)<br>• 비상시 조치(인적오류 예방 포함) 등(20) | • 현장실습교육<br>• 운전실무 및 모의운행 훈련<br>• 비상시 조치 등 |
| | | 190시간 | 150시간 |
| | 3) 철도장비 운전면허 (215) | • 철도관련법(30)<br>• 철도시스템 일반(20)<br>• 기계·장비의 구조 및 기능(70)<br>• 비상시 조치(인적오류 예방 포함) 등(10) | • 현장실습교육<br>• 운전실무 및 모의운행 훈련<br>• 비상시 조치 등 |
| | | 130시간 | 85시간 |
| | 4) 노면전차 운전면허 (215) | • 철도관련법(30)<br>• 노면전차시스템 일반(20)<br>• 노면전차의 구조 및 기능(70)<br>• 비상시 조치(인적오류 예방 포함) 등(10) | • 현장실습교육<br>• 운전실무 및 모의운행 훈련<br>• 비상시 조치 등 |
| | | 130시간 | 85시간 |

\* 이론교육의 과목별 교육시간은 100분의 20 범위 내에서 조정 가능.

6. 버스 운전 경력자 　　　　　　　　　　　　　　　　　　　　　( 　 ) : 시간

| 경력<br>교육과정 | 교육과목 및 시간 | | |
|---|---|---|---|
| | 교육과정 | 이론교육 | 기능교육 |
| 「여객자동차운수사업법 시행령」제3조제1호에 따른 노선 여객자동차운송사업에 종사한 경력이 1년 이상인 사람 | 노면전차 운전면허<br>(250) | • 철도관련법(30)<br>• 노면전차시스템 일반(20)<br>• 노면전차의 구조 및 기능(70)<br>• 비상시 조치(인적오류 예방 포함) 등(10) | • 현장실습교육<br>• 운전실무 및 모의운행 훈련<br>• 비상시 조치 등 |
| | | 130시간 | 120시간 |

\* 이론교육의 과목별 교육시간은 100분의 20 범위 내에서 조정 가능.

7. 일반사항

　가. 철도관련법은「철도안전법」과 그 하위법령 및 철도차량운전에 필요한 규정을 말한다.

　나. 고속철도차량 운전면허를 취득하기 위해 교육훈련을 받으려는 사람은 법 제21조에 따른 디젤차량, 제1종 전기차량 또는 제2종 전기차량의 운전업무 수행경력이 3년 이상 있어야 한다. 이 경우 운전업무 수행경력이란 운전업무종사자로서 운전실에 탑승하여 전방 선로 감시 및 운전관련 기기를 실제로 취급한 기간을 말한다.

　다. 모의운행훈련은 전(全) 기능 모의운전연습기를 활용한 교육훈련과 병행하여 실시하는 기본기능 모의운전연습기 및 컴퓨터지원교육시스템을 활용한 교육훈련을 포함한다.

　라. 노면전차 운전면허를 취득하기 위한 교육훈련을 받으려는 사람은「도로교통법」제80조에 따른 운전면허를 소지하여야 한다.

　마. 법 제16조제3항에 따른 운전훈련교육기관으로 지정받은 대학의 장은 해당 대학의 철도운전 관련 학과의 정규과목 이수를 제1호부터 제5호까지의 규정에 따른 이론교육의 과목 이수로 인정할 수 있다.

　바. 제1호부터 제6호까지에 동시에 해당하는 자에 대해서는 이론교육·기능교육 훈련 시간의 합이 가장 적은 기준을 적용한다.

### 영 제16조(운전교육훈련기관 지정절차)

① 운전교육훈련기관으로 지정을 받으려는 자는 국토교통부장관에게 지정 신청을 하여야 한다.

② 국토교통부장관은 제1항에 따라 운전교육훈련기관의 지정 신청을 받은 경우에는 제17조에 따른 지정기준을 갖추었는지 여부, 운전교육훈련기관의 운영계획 및 운전업무종사자의 수급 상황 등을 종합적으로 심사한 후 그 지정 여부를 결정하여야 한다.

③ 국토교통부장관은 제2항에 따라 운전교육훈련기관을 지정한 때에는 그 사실을 관보에 고시하여야 한다.

④ 제1항부터 제3항까지의 규정에 따른 운전교육훈련기관의 지정절차에 관한 세부적인 사항은 국토교통부령으로 정한다.

### 규칙 제21조(운전교육훈련기관의 지정절차 등)

① 운전교육훈련기관으로 지정받으려는 자는 별지 제13호서식의 운전교육훈련기관 지정신청서에 다음 각 호의 서류를 첨부하여 국토교통부장관에게 제출하여야 한다. 이 경우 국토교통부장관은 「전자정부법」 제36조제1항에 따른 행정정보의 공동이용을 통하여 법인 등기사항증명서(신청인이 법인인 경우만 해당한다)를 확인하여야 한다.
 1. 운전교육훈련계획서(운전교육훈련평가계획을 포함한다)
 2. 운전교육훈련기관 운영규정
 3. 정관이나 이에 준하는 약정(법인 그 밖의 단체에 한정한다)
 4. 운전교육훈련을 담당하는 강사의 자격·학력·경력 등을 증명할 수 있는 서류 및 담당업무
 5. 운전교육훈련에 필요한 강의실 등 시설 내역서
 6. 운전교육훈련에 필요한 철도차량 또는 모의운전연습기 등 장비 내역서
 7. 운전교육훈련기관에서 사용하는 직인의 인영
② 국토교통부장관은 제1항에 따라 운전교육훈련기관의 지정 신청을 받은 때에는 영 제16조제2항에 따라 그 지정 여부를 종합적으로 심사한 후 별지 제14호서식의 운전교육훈련기관 지정서를 신청인에게 발급하여야 한다.

### 영 제17조(운전교육훈련기관 지정기준)

① 운전교육훈련기관 지정기준은 다음 각 호와 같다.
 1. 운전교육훈련 업무 수행에 필요한 상설 전담조직을 갖출 것
 2. 운전면허의 종류별로 운전교육훈련 업무를 수행할 수 있는 전문인력을 확보할 것
 3. 운전교육훈련 시행에 필요한 사무실·교육장과 교육 장비를 갖출 것
 4. 운전교육훈련기관의 운영 등에 관한 업무규정을 갖출 것
② 제1항에 따른 운전교육훈련기관 지정기준에 관한 세부적인 사항은 국토교통부령으로 정한다.

### 영 제18조(운전교육훈련기관의 변경사항 통지)

① 운전교육훈련기관은 그 명칭·대표자·소재지나 그 밖에 운전교육훈련 업무의 수행에 중대한 영향을 미치는 사항의 변경이 있는 경우에는 해당 사유가 발생한 날부터 15일 이내에 국토교통부장관에게 그 사실을 알려야 한다.
② 국토교통부장관은 제1항에 따라 통지를 받은 경우에는 그 사실을 관보에 고시하여야 한다.

### 규칙 제22조(운전교육훈련기관의 세부 지정기준 등)
① 영 제17조제2항에 따른 운전교육훈련기관의 세부 지정기준은 별표 8과 같다.
② 국토교통부장관은 운전교육훈련기관이 제1항 및 영 제17조제1항에 따른 지정기준에 적합한지의 여부를 2년마다 심사하여야 한다.
③ 영 제18조에 따른 운전교육훈련기관의 변경사항 통지는 별지 제11호의2서식에 따른다.

■ 철도안전법 시행규칙 [별표 8] <2023. 12. 20. 개정 및 시행>

## 교육훈련기관의 세부 지정기준(제22조제1항 관련)

1. 인력기준

   가. 자격기준

| 등급 | 학력 및 경력 |
| --- | --- |
| 책임교수 | 1) 박사학위 소지자로서 철도교통에 관한 업무에 10년 이상 또는 철도차량 운전 관련 업무에 5년 이상 근무한 경력이 있는 사람<br>2) 석사학위 소지자로서 철도교통에 관한 업무에 15년 이상 또는 철도차량 운전 관련 업무에 8년 이상 근무한 경력이 있는 사람<br>3) 학사학위 소지자로서 철도교통에 관한 업무에 20년 이상 또는 철도차량 운전 관련 업무에 10년 이상 근무한 경력이 있는 사람<br>4) 철도 관련 4급 이상의 공무원 경력 또는 이와 같은 수준 이상의 자격 및 경력이 있는 사람<br>5) 대학의 철도차량 운전 관련 학과에서 조교수 이상으로 재직한 경력이 있는 사람<br>6) 선임교수 경력이 3년 이상 있는 사람 |
| 선임교수 | 1) 박사학위 소지자로서 철도교통에 관한 업무에 5년 이상 또는 철도차량 운전 관련 업무에 3년 이상 근무한 경력이 있는 사람<br>2) 석사학위 소지자로서 철도교통에 관한 업무에 10년 이상 또는 철도차량 운전 관련 업무에 5년 이상 근무한 경력이 있는 사람<br>3) 학사학위 소지자로서 철도교통에 관한 업무에 15년 이상 또는 철도차량 운전 관련 업무에 8년 이상 근무한 경력이 있는 사람<br>4) 철도차량 운전업무에 5급 이상의 공무원 경력 또는 이와 같은 수준 이상의 자격 및 경력이 있는 사람<br>5) 대학의 철도차량 운전 관련 학과에서 전임강사 이상으로 재직한 경력이 있는 사람<br>6) 교수 경력이 3년 이상 있는 사람 |
| 교수 | 1) 학사학위 소지자로서 철도차량 운전업무수행자에 대한 지도교육 경력이 2년 이상 있는 사람<br>2) 전문학사학위 소지자로서 철도차량 운전업무수행자에 대한 지도교육 경력이 3년 이상 있는 사람<br>3) 고등학교 졸업자로서 철도차량 운전업무수행자에 대한 지도교육 경력이 5년 이상 있는 사람<br>4) 철도차량 운전과 관련된 교육기관에서 강의 경력이 1년 이상 있는 사람 |

비고: 1. "철도교통에 관한 업무"란 철도운전·안전·차량·기계·신호·전기·시설에 관한 업무를 말한다.
   2. "철도차량운전 관련 업무"란 철도차량 운전업무수행자에 대한 안전관리·지도교육 및 관리감독 업무를

말한다.
3. 교수의 경우 해당 철도차량 운전업무 수행경력이 3년 이상인 사람으로서 학력 및 경력의 기준을 갖추어야 한다.
4. 노면전차 운전면허 교육과정 교수의 경우 국토교통부장관이 인정하는 해외 노면전차 교육훈련과정을 이수한 제3호에 따른 경력을 갖춘 것으로 본다.
5. 해당 철도차량 운전업무 수행경력이 있는 사람으로서 현장 지도교육의 경력은 운전업무 수행경력으로 합산할 수 있다.
6. 책임교수·선임교수의 학력 및 경력란 1)부터 3)까지의 "근무한 경력" 및 교수의 학력 및 경력란 1)부터 3)까지의 "지도교육 경력"은 해당 학위를 취득 또는 졸업하기 전과 취득 또는 졸업한 후의 경력을 모두 포함한다.

나. 보유기준
1) 1회 교육생 30명을 기준으로 철도차량 운전면허 종류별 전임 책임교수, 선임교수, 교수를 각 1명 이상 확보하여야 하며, 운전면허 종류별 교육인원이 15명 추가될 때마다 운전면허 종류별 교수 1명 이상을 추가로 확보하여야 한다. 이 경우 추가로 확보하여야 하는 교수는 비전임으로 할 수 있다.
2) 두 종류 이상의 운전면허 교육을 하는 지정기관의 경우 책임교수는 1명만 둘 수 있다.

2. 시설기준
가. 강의실
면적은 교육생 30명 이상 한 번에 수용할 수 있어야 한다(60제곱미터 이상). 이 경우 1제곱미터당 수용인원은 1명을 초과하지 아니하여야 한다.
나. 기능교육장
1) 전 기능 모의운전연습기·기본기능 모의운전연습기 등을 설치할 수 있는 실습장을 갖추어야 한다.
2) 30명이 동시에 실습할 수 있는 컴퓨터지원시스템 실습장(면적 90㎡ 이상)을 갖추어야 한다.
다. 그 밖에 교육훈련에 필요한 사무실·편의시설 및 설비를 갖출 것

3. 장비기준
가. 실제차량
철도차량 운전면허별로 교육훈련기관으로 지정받기 위하여 고속철도차량·전기기관차·전기동차·디젤기관차·철도장비·노면전차를 각각 보유하고, 이를 운용할 수 있는 선로, 전기·신호 등의 철도시스템을 갖출 것

### 나. 모의운전연습기

| 장비명 | 성능기준 | 보유기준 | 비고 |
|---|---|---|---|
| 전 기능 모의운전연습기 | • 운전실 및 제어용 컴퓨터시스템<br>• 선로영상시스템<br>• 음향시스템<br>• 고장처치시스템<br>• 교수제어대 및 평가시스템 | 1대 이상 보유 | |
| | • 플랫홈시스템<br>• 구원운전시스템<br>• 진동시스템 | 권장 | |
| 기본기능 모의운전연습기 | • 운전실 및 제어용 컴퓨터시스템<br>• 선로영상시스템<br>• 음향시스템<br>• 고장처치시스템 | 5대 이상 보유 | 1회 교육수요(10명 이하)가 적어 실제차량으로 대체하는 경우 1대 이상으로 조정할 수 있음 |
| | • 교수제어대 및 평가시스템 | 권장 | |

비고:
1. "전 기능 모의운전연습기"란 실제차량의 운전실과 유사하게 제작한 장비를 말한다.
2. "기본기능 모의운전연습기"란 철도차량의 운전훈련에 꼭 필요한 부분만을 제작한 장비를 말한다.
3. "보유"란 교육훈련을 위하여 설비나 장비를 필수적으로 갖추어야 하는 것을 말한다.
4. "권장"이란 원활한 교육의 진행을 위하여 설비나 장비를 향후 갖추어야 하는 것을 말한다.
5. 교육훈련기관으로 지정받기 위하여 철도차량 운전면허 종류별로 모의운전연습기나 실제차량을 갖추어야 한다. 다만, 부득이한 경우 등 국토교통부장관이 인정하는 경우에는 기본기능 모의운전연습기의 보유기준은 조정할 수 있다.

### 다. 컴퓨터지원교육시스템

| 성능기준 | 보유기준 | 비고 |
|---|---|---|
| • 운전 기기 설명 및 취급법<br>• 운전 이론 및 규정<br>• 신호(ATS, ATC, ATO, ATP) 및제동이론<br>• 차량의 구조 및 기능<br>• 고장처치 목록 및 절차<br>• 비상시 조치 등 | 지원교육프로그램 및 컴퓨터 30대 이상 보유 | 컴퓨터지원교육시스템은 차종별 프로그램만 갖추면 다른 차종과 공유하여 사용할 수 있음 |

비고: "컴퓨터지원교육시스템"이란 컴퓨터의 멀티미디어 기능을 활용하여 운전·차량·신호 등을 학습할 수 있도록 제작된 프로그램 및 이를 지원하는컴퓨터시스템 일체를 말한다.

라. 제1종 전기차량 운전면허 및 제2종 전기차량 운전면허의 경우는 팬터그래프, 변압기, 컨버터, 인버터, 견인전동기, 제동장치에 대한 설비교육이 가능한 실제 장비를 추가로 갖출 것. 다만, 현장교육이 가능한 경우에는 장비를 갖춘 것으로 본다.
4. 국토교통부장관이 정하는 필기시험 출제범위에 적합한 교재를 갖출 것
5. 교육훈련기관 업무규정의 기준
   가. 교육훈련기관의 조직 및 인원
   나. 교육생 선발에 관한 사항
   다. 연간 교육훈련계획: 교육과정 편성, 교수인력의 지정 교과목 및 내용 등
   라. 교육기관 운영계획
   마. 교육생 평가에 관한 사항
   바. 실습설비 및 장비 운용방안
   사. 각종 증명의 발급 및 대장의 관리
   아. 교수인력의 교육훈련
   자. 기술도서 및 자료의 관리·유지
   차. 수수료 징수에 관한 사항
   카. 그 밖에 국토교통부장관이 철도전문인력 교육에 필요하다고 인정하는 사항

### 규칙 제23조(운전교육훈련기관의 지정취소 및 업무정지 등)

① 법 제16조제5항에서 준용하는 법 제15조의2에 따른 운전교육훈련기관의 지정취소 및 업무정지의 기준은 별표 9와 같다.
② 국토교통부장관은 운전교육훈련기관의 지정을 취소하거나 업무정지의 처분을 한 경우에는 지체 없이 그 운전교육훈련기관에 별지 제11호의3서식의 지정기관 행정처분서를 통지하고 그 사실을 관보에 고시하여야 한다.

■ 철도안전법 시행규칙 [별표 9] <개정 2023. 12. 20.>

## 운전교육훈련기관의 지정취소 및 업무정지기준(제23조제1항 관련)

| 위반사항 | 근거 법조문 | 처분기준 | | | |
|---|---|---|---|---|---|
| | | 1차 위반 | 2차 위반 | 3차 위반 | 4차 위반 |
| 1. 거짓이나 그 밖의 부정한 방법으로 지정을 받은 경우 | 법 제15조의2 제1항제1호 | 지정취소 | | | |
| 2. 업무정지 명령을 위반하여 그 정지기간 중 운전교육훈련업무를 한 경우 | 법 제15조의2 제1항제2호 | 지정취소 | | | |
| 3. 법 제16조제4항에 따른 지정기준에 맞지 아니한 경우 | 법 제15조의2 제1항제3호 | 경고 또는 보완명령 | 업무정지 1개월 | 업무정지 3개월 | 지정취소 |

| | | | | | |
|---|---|---|---|---|---|
| 4. 정당한 사유 없이 운전교육훈련업무를 거부한 경우 | 법 제15조의2 제1항제4호 | 경고 | 업무정지 1개월 | 업무정지 3개월 | 지정취소 |
| 5. 법 제16조제5항에 따라 준용되는 법 제15조제6항을 위반하여 거짓이나 그 밖의 부정한 방법으로 운전교육훈련 수료증을 발급한 경우 | 법 제15조의2 제1항제5호 | 업무정지 1개월 | 업무정지 3개월 | 지정취소 | |

비고: 
1. 위반행위가 둘 이상인 경우로서 그에 해당하는 각각의 처분기준이 다른 경우에는 그중 무거운 처분기준에 따르며, 위반행위가 둘 이상인 경우로서 그에 해당하는 각각의 처분기준이 같은 경우에는 무거운 처분기준의 2분의 1까지 가중할 수 있되, 각 처분기준을 합산한 기간을 초과할 수 없다.
2. 위반행위의 횟수에 따른 행정처분의 가중된 부과기준은 최근 1년간 같은 위반행위로 행정처분을 받은 경우에 적용한다. 이 경우 기간의 계산은 위반행위에 대하여 행정처분을 받은 날과 그 처분 후 다시 같은 위반행위를 하여 적발된 날을 기준으로 한다.
3. 비고 제2호에 따라 가중된 행정처분을 하는 경우 가중처분의 적용 차수는 그 위반행위 전 부과처분 차수(비고 제2호에 따른 기간 내에 행정처분이 둘 이상 있었던 경우에는 높은 차수를 말한다)의 다음 차수로 한다.
4. 처분권자는 위반행위의 동기·내용 및 위반의 정도 등 다음 각 목에 해당하는 사유를 고려하여 그 처분을 감경할 수 있다. 이 경우 그 처분이 업무정지인 경우에는 그 처분기준의 2분의 1 범위에서 감경할 수 있고, 지정취소인 경우(거짓이나 그 밖의 부정한 방법으로 지정을 받은 경우나 업무정지 명령을 위반하여 정지기간 중 교육훈련업무를 한 경우는 제외한다)에는 3개월의 업무정지 처분으로 감경할 수 있다.
    가. 위반행위가 고의나 중대한 과실이 아닌 사소한 부주의나 오류로 인한 것으로 인정되는 경우
    나. 위반의 내용·정도가 경미하여 이해관계인에게 미치는 피해가 적다고 인정되는 경우

### 제17조(운전면허시험)
① 운전면허를 받으려는 사람은 국토교통부장관이 실시하는 철도차량 운전면허시험(이하 "운전면허시험"이라 한다)에 합격하여야 한다.
② 운전면허시험에 응시하려는 사람은 제12조에 따른 신체검사 및 운전적성검사에 합격한 후 운전교육훈련을 받아야 한다.
③ 운전면허시험의 과목, 절차 등에 관하여 필요한 사항은 국토교통부령으로 정한다.

### 규칙 제24조(운전면허시험의 과목 및 합격기준)
① 법 제17조제1항에 따른 철도차량 운전면허시험(이하 "운전면허시험"이라 한다)은 영 제11조제1항에 따른 운전면허의 종류별로 필기시험과 기능시험으로 구분하여 시행한다. 이 경우 기능시험은 실제차량이나 모의운전연습기를 활용하여 시행한다.
② 제1항에 따른 필기시험과 기능시험의 과목 및 합격기준은 별표 10과 같다. 이 경우 기능시험은 필기시험을 합격한 경우에만 응시할 수 있다.
③ 제1항에 따른 필기시험에 합격한 사람에 대해서는 필기시험에 합격한 날부터 2년이 되는 날

이 속하는 해의 12월 31일까지 실시하는 운전면허시험에 있어 필기시험의 합격을 유효한 것으로 본다.
④ 운전면허시험의 방법·절차, 기능시험 평가위원의 선정 등에 관하여 필요한 세부사항은 국토교통부장관이 정한다.

■ 철도안전법 시행규칙 [별표 10] <23. 12. 20. 개정 및 시행>

## 철도차량 운전면허시험의 과목 및 합격기준(제24조제2항 관련)

1. 운전면허 시험의 응시자별 면허시험 과목
   가. 일반응시자 · 철도차량 운전 관련 업무경력자 · 철도 관련 업무 경력자 · 버스 운전 경력자

| 응시면허 | 필기시험 | 기능시험 |
|---|---|---|
| 디젤차량<br>운전면허 | • 철도 관련 법<br>• 철도시스템 일반<br>• 디젤차량의 구조 및 기능<br>• 운전이론 일반<br>• 비상 시 조치 등 | • 준비점검<br>• 제동취급<br>• 제동기 외의 기기 취급<br>• 신호준수, 운전취급, 신호·선로 숙지<br>• 비상 시 조치 등 |
| 제1종 전기차량<br>운전면허 | • 철도 관련 법<br>• 철도시스템 일반<br>• 전기기관차의 구조 및 기능<br>• 운전이론 일반<br>• 비상 시 조치 등 | • 준비점검<br>• 제동취급<br>• 제동기 외의 기기 취급<br>• 신호준수, 운전취급, 신호·선로 숙지<br>• 비상 시 조치 등 |
| 제2종 전기차량<br>운전면허 | • 철도 관련 법<br>• 도시철도시스템 일반<br>• 전기동차의 구조 및 기능<br>• 운전이론 일반<br>• 비상 시 조치 등 | • 준비점검<br>• 제동취급<br>• 제동기 외의 기기 취급<br>• 신호준수, 운전취급, 신호·선로 숙지<br>• 비상 시 조치 등 |
| 철도장비<br>운전면허 | • 철도 관련 법<br>• 철도시스템 일반<br>• 기계·장비차량의 구조 및 기능<br>• 비상 시 조치 등 | • 준비점검<br>• 제동취급<br>• 제동기 외의 기기 취급<br>• 신호준수, 운전취급, 신호·선로 숙지<br>• 비상 시 조치 등 |
| 노면전차<br>운전면허 | • 철도 관련 법<br>• 노면전차 시스템 일반<br>• 노면전차의 구조 및 기능<br>• 비상 시 조치 등 | • 준비점검<br>• 제동취급<br>• 제동기 외의 기기 취급<br>• 신호준수, 운전취급, 신호·선로 숙지<br>• 비상 시 조치 등 |

비고  "철도 관련 법"은 「철도안전법」과 그 하위 법령 및 철도차량 운전에 필요한 규정을 말한다.

나. 운전면허 소지자

| 소지면허 | 응시면허 | 필기시험 | 기능시험 |
|---|---|---|---|
| 1) 디젤차량 운전면허<br>제1종 전기차량 운전면허<br>제2종 전기차량 운전면허 | 고속철도 차량 운전면허 | • 고속철도 시스템 일반<br>• 고속철도차량의 구조 및 기능<br>• 고속철도 운전이론 일반<br>• 고속철도 운전 관련 규정<br>• 비상 시 조치 등 | • 준비점검<br>• 제동 취급<br>• 제동기 외의 기기 취급<br>• 신호 준수, 운전 취급, 신호 · 선로 숙지<br>• 비상 시 조치 등 |
| | | 주) 고속철도차량 운전면허시험 응시자는 디젤차량, 제1종 전기차량 또는 제2종 전기차량에 대한 운전업무 수행 경력이 3년 이상 있어야 한다. | |
| 2) 디젤차량 운전면허 | 제1종 전기차량 운전면허 | • 전기기관차의 구조 및 기능 | • 준비점검<br>• 제동 취급<br>• 제동기 외의 기기 취급<br>• 비상 시 조치 등<br>• 신호 준수, 운전 취급, 신호 · 선로 숙지 |
| | | 주) 디젤차량 운전업무수행 경력이 2년 이상 있고 별표 7 제2호에 따른 교육훈련을 받은 사람은 필기시험 및 기능시험을 면제한다. | |
| | 제2종 전기차량 운전면허 | • 도시철도 시스템 일반<br>• 전기동차의 구조 및 기능 | • 준비점검<br>• 제동 취급<br>• 제동기 외의 기기 취급<br>• 비상 시 조치 등<br>• 신호 준수, 운전 취급, 신호 · 선로 숙지 |
| | | 주) 디젤차량 운전업무수행 경력이 2년 이상 있고 별표 7 제2호에 따른 교육훈련을 받은 사람은 필기시험을 면제한다. | |
| | 노면전차 운전면허 | • 노면전차 시스템 일반<br>• 노면전차의 구조 및 기능 | • 준비점검<br>• 제동 취급<br>• 제동기 외의 기기 취급<br>• 비상 시 조치 등<br>• 신호 준수, 운전 취급, 신호 · 선로 숙지 |
| | | 주) 디젤차량 운전업무수행 경력이 2년 이상 있고 별표 7 제2호에 따른 교육훈련을 받은 사람은 필기시험을 면제한다. | |

| | | | |
|---|---|---|---|
| 3) 제1종 전기차량 운전면허 | 디젤차량 운전면허 | • 디젤차량의 구조 및 기능 | • 준비점검<br>• 제동 취급<br>• 제동기 외의 기기 취급<br>• 비상 시 조치 등<br>• 신호 준수, 운전 취급, 신호·선로 숙지 |
| | | 주) 제1종 전기차량 운전업무수행 경력이 2년 이상 있고 별표 7 제2호에 따른 교육훈련을 받은 사람은 필기시험 및 기능시험을 면제 한다. | |
| | 제2종 전기차량 운전면허 | • 도시철도 시스템 일반<br>• 전기동차의 구조 및 기능 | • 준비점검<br>• 제동 취급<br>• 제동기 외의 기기 취급<br>• 비상 시 조치 등<br>• 신호 준수, 운전 취급, 신호·선로 숙지 |
| | | 주) 제1종 전기차량 운전업무수행 경력이 2년 이상 있고 별표 7 제2호에 따른 교육훈련을 받은 사람은 필기시험을 면제 한다. | |
| | 노면전차 운전면허 | • 노면전차 시스템 일반<br>• 노면전차의 구조 및 기능 | • 준비점검<br>• 제동 취급<br>• 제동기 외의 기기 취급<br>• 비상 시 조치 등<br>• 신호 준수, 운전 취급, 신호·선로 숙지 |
| | | 주) 제1종 전기차량 운전업무수행 경력이 2년 이상 있고 별표 7 제2호에 따른 교육훈련을 받은 사람은 필기시험을 면제 한다. | |
| 4) 제2종 전기차량 운전면허 | 디젤차량 운전면허 | • 철도시스템 일반<br>• 디젤차량의 구조 및 기능 | • 준비점검<br>• 제동 취급<br>• 제동기 외의 기기 취급<br>• 비상 시 조치 등<br>• 신호 준수, 운전 취급, 신호·선로 숙지 |
| | | 주) 제2종 전기차량 운전업무수행 경력이 2년 이상 있고 별표 7 제2호에 따른 교육훈련을 받은 사람은 필기시험을 면제 한다. | |

| | | | |
|---|---|---|---|
| 4) 제2종 전기차량 운전면허 | 제1종 전기차량 운전면허 | • 철도시스템 일반<br>• 전기기관차의 구조 및 기능 | • 준비점검<br>• 제동 취급<br>• 제동기 외의 기기 취급<br>• 비상 시 조치 등<br>• 신호 준수, 운전 취급, 신호·선로 숙지 |
| | | 주) 제2종 전기차량 운전업무수행 경력이 2년 이상 있고 별표 7 제2호에 따른 교육훈련을 받은 사람은 필기시험을 면제 한다. | |
| | 노면전차 운전면허 | • 노면전차 시스템 일반<br>• 노면전차의 구조 및 기능 | • 준비점검<br>• 제동 취급<br>• 제동기 외의 기기 취급<br>• 비상 시 조치 등<br>• 신호 준수, 운전 취급, 신호·선로 숙지 |
| | | 주) 제2종 전기차량 운전업무수행 경력이 2년 이상 있고 별표 7 제2호에 따른 교육훈련을 받은 사람은 필기시험을 면제 한다. | |
| 5) 철도장비 운전면허 | 디젤차량 운전면허 | • 철도 관련 법<br>• 철도시스템 일반<br>• 디젤차량의 구조 및 기능 | • 준비점검<br>• 제동 취급<br>• 제동기 외의 기기 취급<br>• 신호 준수, 운전 취급, 신호·선로 숙지<br>• 비상 시 조치 등 |
| | 제1종 전기차량 운전면허 | • 철도 관련 법<br>• 철도시스템 일반<br>• 전기기관차의 구조 및 기능 | |
| | 제2종 전기차량 운전면허 | • 철도 관련 법<br>• 도시철도 시스템 일반<br>• 전기동차의 구조 및 기능 | |
| | 노면전차 운전면허 | • 철도 관련 법<br>• 노면전차 시스템 일반<br>• 노면전차의 구조 및 기능 | |

| 소지면허 | 응시면허 | 필기시험 | 기능시험 |
|---|---|---|---|
| 6) 노면전차 운전면허 | 디젤차량 운전면허 | • 철도 관련 법<br>• 철도시스템 일반<br>• 디젤차량의 구조 및 기능<br>• 운전이론 일반 | • 준비점검<br>• 제동 취급<br>• 제동기 외의 기기 취급<br>• 신호 준수, 운전 취급, 신호·선로 숙지<br>• 비상 시 조치 등 |
| | 제1종 전기차량 운전면허 | • 철도 관련 법<br>• 철도시스템 일반<br>• 전기기관차의 구조 및 기능<br>• 운전이론 일반 | |
| | 제2종 전기차량 운전면허 | • 철도 관련 법<br>• 도시철도 시스템 일반<br>• 전기동차의 구조 및 기능<br>• 운전이론 일반 | |
| | 철도장비 운전면허 | • 철도 관련 법<br>• 철도시스템 일반<br>• 기계·장비차량의 구조 및 기능 | |

비고: 운전면허 소지자가 다른 종류의 운전면허를 취득하기 위하여 운전면허시험에 응시하는 경우에는 신체검사 및 적성검사의 증명서류를 운전면허증 사본으로 갈음한다. 다만, 철도장비 운전면허 소지자의 경우에는 적성검사 증명서류를 첨부하여야 한다.

다. 관제자격증명 취득자

| 소지면허 | 응시면허 | 필기시험 | 기능시험 |
|---|---|---|---|
| 1) 철도 관제 자격증명 | 디젤차량 운전면허 | • 디젤차량의 구조 및 기능<br>• 운전이론 일반<br>• 비상 시 조치 등 | • 준비점검<br>• 제동 취급<br>• 제동기 외의 기기 취급<br>• 신호 준수, 운전 취급, 신호·선로 숙지<br>• 비상 시 조치 등 |
| | 제1종 전기차량 운전면허 | • 전기기관차의 구조 및 기능<br>• 운전이론 일반<br>• 비상 시 조치 등 | |
| | 제2종 전기차량 운전면허 | • 전기동차의 구조 및 기능<br>• 운전이론 일반<br>• 비상 시 조치 등 | |
| | 철도장비 운전면허 | • 기계·장비차량의 구조 및 기능<br>• 비상 시 조치 등 | |
| | 노면전차 운전면허 | • 노면전차의 구조 및 기능<br>• 비상 시 조치 등 | |

| | | | |
|---|---|---|---|
| 2) 도시철도 관제자격증명 | 디젤차량 운전면허 | • 철도시스템 일반<br>• 디젤차량의 구조 및 기능<br>• 운전이론 일반<br>• 비상 시 조치 등 | • 준비점검<br>• 제동 취급<br>• 제동기 외의 기기 취급<br>• 신호 준수, 운전 취급, 신호 · 선로 숙지<br>• 비상 시 조치 등 |
| | 제1종 전기차량 운전면허 | • 철도시스템 일반<br>• 전기기관차의 구조 및 기능<br>• 운전이론 일반<br>• 비상 시 조치 등 | |
| | 제2종 전기차량 운전면허 | • 전기동차의 구조 및 기능<br>• 운전이론 일반<br>• 비상 시 조치 등 | |
| | 철도장비 운전면허 | • 철도시스템 일반<br>• 기계 · 장비차량의 구조 및 기능<br>• 비상 시 조치 등 | |
| | 노면전차 운전면허 | • 노면전차의 구조 및 기능<br>• 비상 시 조치 등 | |

2. 철도차량 운전면허 시험의 합격기준은 다음과 같다.
   가. 필기시험 합격기준은 과목당 100점을 만점으로 하여 매 과목 40점 이상(철도 관련 법의 경우 60점 이상), 총점 평균 60점 이상 득점한 사람
   나. 기능시험의 합격기준은 시험 과목당 60점 이상, 총점 평균 80점 이상 득점한 사람
3. 기능시험은 실제차량이나 모의운전연습기를 활용한다.
4. 제1호나목 및 다목에 동시에 해당하는 경우에는 나목을 우선 적용한다. 다만, 응시자가 원하는 경우에는 다목의 규정을 적용할 수 있다.

### 규칙 제25조(운전면허시험 시행계획의 공고)

① 「한국교통안전공단법」에 따른 한국교통안전공단(이하 "한국교통안전공단"이라 한다)은 운전면허시험을 실시하려는 때에는 매년 11월 30일까지 필기시험 및 기능시험의 일정 · 응시과목 등을 포함한 다음 해의 운전면허시험 시행계획을 인터넷 홈페이지 등에 공고하여야 한다.
② 한국교통안전공단은 운전면허시험의 응시 수요 등을 고려하여 필요한 경우에는 제1항에 따라 공고한 시행계획을 변경할 수 있다. 이 경우 미리 국토교통부장관의 승인을 받아야 하며 변경되기 전의 필기시험일 또는 기능시험일(필기시험일 또는 기능시험일이 앞당겨진 경우에는 변경된 필기시험일 또는 기능시험일을 말한다)의 7일 전까지 그 변경사항을 인터넷 홈페이지 등에 공고하여야 한다.

### 규칙 제26조(운전면허시험 응시원서의 제출 등)
① 운전면허시험에 응시하려는 사람은 필기시험 응시원서 접수기한까지 별지 제15호서식의 철도차량 운전면허시험 응시원서에 다음 각 호의 서류를 첨부하여 한국교통안전공단에 제출해야 한다. 다만, 제3호의 서류는 기능시험 응시원서 접수기한까지 제출할 수 있다.
   1. 신체검사의료기관이 발급한 신체검사 판정서(운전면허시험 응시원서 접수일 이전 2년 이내인 것에 한정한다)
   2. 운전적성검사기관이 발급한 운전적성검사 판정서(운전면허시험 응시원서 접수일 이전 10년 이내인 것에 한정한다)
   3. 운전교육훈련기관이 발급한 운전교육훈련 수료증명서
   3의2. 법 제16조제3항에 따라 운전교육훈련기관으로 지정받은 대학의 장이 발급한 철도운전 관련 교육과목 이수 증명서(별표 7 제7호마목에 따라 이론교육 과목의 이수로 인정받으려는 경우에만 해당한다)
   4. 철도차량 운전면허증의 사본(철도차량 운전면허 소지자가 다른 철도차량 운전면허를 취득하고자 하는 경우에 한정한다)
   5. 관제자격증명서 사본[제38조의12제2항에 따라 관제자격증명서를 발급받은 사람(이하 "관제자격증명 취득자"라 한다)만 제출한다]
   6. 운전업무 수행 경력증명서(고속철도차량 운전면허시험에 응시하는 경우에 한정한다)
② 한국교통안전공단은 제1항제1호부터 제5호까지의 서류를 영 제63조제1항제7호에 따라 관리하는 정보체계에 따라 확인할 수 있는 경우에는 그 서류를 제출하지 않도록 할 수 있다.
③ 한국교통안전공단은 제1항에 따라 운전면허시험 응시원서를 접수한 때에는 별지 제16호서식의 철도차량 운전면허시험 응시원서 접수대장에 기록하고 별지 제15호서식의 운전면허시험 응시표를 응시자에게 발급하여야 한다. 다만, 응시원서 접수 사실을 영 제63조제1항제7호에 따라 관리하는 정보체계에 따라 관리하는 경우에는 응시원서 접수 사실을 철도차량 운전면허시험 응시원서 접수대장에 기록하지 아니할 수 있다.
④ 한국교통안전공단은 운전면허시험 응시원서 접수마감 7일 이내에 시험일시 및 장소를 한국교통안전공단 게시판 또는 인터넷 홈페이지 등에 공고하여야 한다.

### 규칙 제27조(운전면허시험 응시표의 재발급)
운전면허시험 응시표를 발급받은 사람이 응시표를 잃어버리거나 헐어서 못 쓰게 된 경우에는 사진(3.5센티미터×4.5센티미터) 1장을 첨부하여 한국교통안전공단에 재발급을 신청(「정보통신망 이용촉진 및 정보보호 등에 관한 법률」 제2조제1항제1호에 따른 정보통신망을 이용한 신청을 포함한다)하여야 하고, 한국교통안전공단은 응시원서 접수 사실을 확인한 후 운전면허시험 응시표를 신청인에게 재발급하여야 한다.

### 규칙 제28조(시험실시결과의 게시 등)
① 한국교통안전공단은 운전면허시험을 실시하여 합격자를 결정한 때에는 한국교통안전공단 게시판 또는 인터넷 홈페이지에 게재하여야 한다.
② 한국교통안전공단은 운전면허시험을 실시한 경우에는 운전면허 종류별로 필기시험 및 기능시험 응시자 및 합격자 현황 등의 자료를 국토교통부장관에게 보고하여야 한다.

### 제18조(운전면허증의 발급 등)
① 국토교통부장관은 운전면허시험에 합격하여 운전면허를 받은 사람에게 국토교통부령으로 정하는 바에 따라 철도차량 운전면허증(이하 "운전면허증"이라 한다)을 발급하여야 한다.
② 제1항에 따라 운전면허를 받은 사람(이하 "운전면허 취득자"라 한다)이 운전면허증을 잃어버렸거나 운전면허증이 헐어서 쓸 수 없게 되었을 때 또는 운전면허증의 기재사항이 변경되었을 때에는 국토교통부령으로 정하는 바에 따라 운전면허증의 재발급이나 기재사항의 변경을 신청할 수 있다.

### 규칙 제29조(운전면허증의 발급 등)
① 운전면허시험에 합격한 사람은 한국교통안전공단에 별지 제17호서식의 철도차량 운전면허증 (재)발급신청서를 제출(「정보통신망 이용촉진 및 정보보호 등에 관한 법률」 제2조제1항제1호에 따른 정보통신망을 이용한 제출을 포함한다)하여야 한다.
② 제1항에 따라 철도차량 운전면허증 발급 신청을 받은 한국교통안전공단은 법 제18조제1항에 따라 별지 제18호서식의 철도차량 운전면허증을 발급하여야 한다.
③ 제2항에 따라 철도차량 운전면허증을 발급받은 사람(이하 "운전면허 취득자"라 한다)이 철도차량 운전면허증을 잃어버렸거나 헐어 못 쓰게 된 때에는 별지 제17호서식의 철도차량 운전면허증 (재)발급신청서에 분실사유서나 헐어 못 쓰게 된 운전면허증을 첨부하여 한국교통안전공단에 제출하여야 한다.
④ 한국교통안전공단은 제1항 및 제3항에 따라 철도차량 운전면허증을 발급이나 재발급한 때에는 별지 제19호서식의 철도차량 운전면허증 관리대장에 이를 기록·관리하여야 한다. 다만, 철도차량 운전면허증의 발급이나 재발급 사실을 영 제63조제1항제7호에 따라 관리하는 정보체계에 따라 관리하는 경우에는 별지 제19호서식의 철도차량 운전면허증 관리대장에 이를 기록·관리하지 아니할 수 있다.

■ 철도안전법 시행규칙 [별지 제18호서식]

(앞쪽)

| 철도차량 운전면허증 (Rolling stock Driver License) | | |
|---|---|---|
| 사 진<br>(모자를 쓰지 않고<br>배경 없이 촬영한 것)<br>(2.5cm×3.0cm) | 성   명 | |
| | 생년월일 | |
| | 주   소 | |
| | 면허종류 | |
| | 면허번호 | |
| | 유효기간 | |
| 발급일자 : | 한국교통안전공단이사장 ㊞ | |

(뒤쪽)

| 운전 실무수습 인증 | | | |
|---|---|---|---|
| 연월일 | 인증구간 | 인증기관 | 평가자 |
| | | | |
| | | | |
| 기록사항 변경 | | | |
| 연월일 | 변경내용 | | 확인인 |
| | | | |
| * | | | |
| * | | | |

제조일자 : 86㎜×54㎜[PVC(비닐) 980.4g/㎡]

### 규칙 제30조(철도차량 운전면허증 기록사항 변경)

① 운전면허 취득자가 주소 등 철도차량 운전면허증의 기록사항을 변경하려는 경우에는 이를 증명할 수 있는 서류를 첨부하여 한국교통안전공단에 기록사항의 변경을 신청하여야 한다. 이 경우 한국교통안전공단은 기록사항을 변경한 때에는 별지 제19호서식의 철도차량 운전면허증 관리대장에 이를 기록·관리하여야 한다.

② 제1항 후단에도 불구하고 철도차량 운전면허증의 기록 사항의 변경을 영 제63조제1항제7호에 따라 관리하는 정보체계에 따라 관리하는 경우에는 별지 제19호서식의 철도차량 운전면허증 관리대장에 이를 기록·관리하지 아니할 수 있다.

**제19조(운전면허의 갱신)**
① 운전면허의 유효기간은 10년으로 한다.
② 운전면허 취득자로서 제1항에 따른 유효기간 이후에도 그 운전면허의 효력을 유지하려는 사람은 운전면허의 유효기간 만료 전에 국토교통부령으로 정하는 바에 따라 운전면허의 갱신을 받아야 한다.
③ 국토교통부장관은 제2항 및 제5항에 따라 운전면허의 갱신을 신청한 사람이 다음 각 호의 어느 하나에 해당하는 경우에는 운전면허증을 갱신하여 발급하여야 한다.
  1. 운전면허의 갱신을 신청하는 날 전 10년 이내에 국토교통부령으로 정하는 철도차량의 운전업무에 종사한 경력이 있거나 국토교통부령으로 정하는 바에 따라 이와 같은 수준 이상의 경력이 있다고 인정되는 경우
  2. 국토교통부령으로 정하는 교육훈련을 받은 경우
④ 운전면허 취득자가 제2항에 따른 운전면허의 갱신을 받지 아니하면 그 운전면허의 유효기간이 만료되는 날의 다음 날부터 그 운전면허의 효력이 정지된다.
⑤ 제4항에 따라 운전면허의 효력이 정지된 사람이 6개월의 범위에서 대통령령으로 정하는 기간 내에 운전면허의 갱신을 신청하여 운전면허의 갱신을 받지 아니하면 그 기간이 만료되는 날의 다음 날부터 그 운전면허는 효력을 잃는다.
⑥ 국토교통부장관은 운전면허 취득자에게 그 운전면허의 유효기간이 만료되기 전에 국토교통부령으로 정하는 바에 따라 운전면허의 갱신에 관한 내용을 통지하여야 한다.
⑦ 국토교통부장관은 제5항에 따라 운전면허의 효력이 실효된 사람이 운전면허를 다시 받으려는 경우 대통령령으로 정하는 바에 따라 그 절차의 일부를 면제할 수 있다.

**영 제19조(운전면허 갱신 등)**
① 법 제19조제4항에 따라 운전면허의 효력이 정지된 사람이 제2항에 따른 기간 내에 운전면허 갱신을 받은 경우 해당 운전면허의 유효기간은 갱신 받기 전 운전면허의 유효기간 만료일 다음 날부터 기산한다.
② 법 제19조제5항에서 "대통령령으로 정하는 기간"이란 6개월을 말한다.

**규칙 제33조(운전면허 갱신 안내 통지)**
① 한국교통안전공단은 법 제19조제4항에 따라 운전면허의 효력이 정지된 사람이 있는 때에는 해당 운전면허의 효력이 정지된 날부터 30일 이내에 해당 운전면허 취득자에게 이를 통지하여야 한다.
② 한국교통안전공단은 법 제19조제6항에 따라 운전면허의 유효기간 만료일 6개월 전까지 해당 운전면허 취득자에게 운전면허 갱신에 관한 내용을 통지하여야 한다.

③ 제2항에 따른 운전면허 갱신에 관한 통지는 별지 제21호서식의 철도차량 운전면허 갱신통지서에 따른다.
④ 제1항 및 제2항에 따른 통지를 받을 사람의 주소 등을 통상적인 방법으로 확인할 수 없거나 통지서를 송달할 수 없는 경우에는 한국교통안전공단 게시판 또는 인터넷 홈페이지에 14일 이상 공고함으로써 통지에 갈음할 수 있다.

### 규칙 제31조(운전면허의 갱신절차)
① 법 제19조제2항에 따라 철도차량운전면허(이하 "운전면허"라 한다)를 갱신하려는 사람은 운전면허의 유효기간 만료일 전 6개월 이내에 별지 제20호서식의 철도차량 운전면허 갱신신청서에 다음 각 호의 서류를 첨부하여 한국교통안전공단에 제출하여야 한다.
  1. 철도차량 운전면허증
  2. 법 제19조제3항 각 호에 해당함을 증명하는 서류
② 제1항에 따라 갱신받은 운전면허의 유효기간은 종전 운전면허 유효기간의 만료일 다음 날부터 기산한다.

### 규칙 제32조(운전면허 갱신에 필요한 경력 등)
① 법 제19조제3항제1호에서 "국토교통부령으로 정하는 철도차량의 운전업무에 종사한 경력"이란 운전면허의 유효기간 내에 6개월 이상 해당 철도차량을 운전한 경력을 말한다.
② 법 제19조제3항제1호에서 "이와 같은 수준 이상의 경력"이란 다음 각 호의 어느 하나에 해당하는 업무에 2년 이상 종사한 경력을 말한다.
  1. 관제업무
  2. 운전교육훈련기관에서의 운전교육훈련업무
  3. 철도운영자등에게 소속되어 철도차량 운전자를 지도·교육·관리하거나 감독하는 업무
③ 법 제19조제3항제2호에서 "국토교통부령으로 정하는 교육훈련을 받은 경우"란 운전교육훈련기관이나 철도운영자등이 실시한 철도차량 운전에 필요한 교육훈련을 운전면허 갱신신청일 전까지 20시간 이상 받은 경우를 말한다.
④ 제1항 및 제2항에 따른 경력의 인정, 제3항에 따른 교육훈련의 내용 등 운전면허 갱신에 필요한 세부사항은 국토교통부장관이 정하여 고시한다.

### 영 제20조(운전면허 취득절차의 일부 면제)
법 제19조제7항에 따라 운전면허의 효력이 실효된 사람이 운전면허가 실효된 날부터 3년 이내에 실효된 운전면허와 동일한 운전면허를 취득하려는 경우에는 다음 각 호의 구분에 따라 운전면허 취득절차의 일부를 면제한다.

1. 법 제19조제3항 각 호에 해당하지 아니하는 경우: 법 제16조에 따른 운전교육훈련 면제
2. 법 제19조제3항 각 호에 해당하는 경우: 법 제16조에 따른 운전교육훈련과 법 제17조에 따른 운전면허시험 중 필기시험 면제

**제19조의2(운전면허증의 대여 금지)**
누구든지 운전면허증을 다른 사람에게 빌려주거나 빌리거나 이를 알선하여서는 아니 된다.

**제20조(운전면허의 취소·정지 등)**
① 국토교통부장관은 운전면허 취득자가 다음 각 호의 어느 하나에 해당할 때에는 운전면허를 취소하거나 1년 이내의 기간을 정하여 운전면허의 효력을 정지시킬 수 있다. 다만, 제1호부터 제4호까지의 규정에 해당할 때에는 운전면허를 취소하여야 한다.
   1. 거짓이나 그 밖의 부정한 방법으로 운전면허를 받았을 때
   2. 제11조제1항제2호부터 제4호까지의 규정에 해당하게 되었을 때
   3. 운전면허의 효력정지기간 중 철도차량을 운전하였을 때
   4. 제19조의2를 위반하여 운전면허증을 다른 사람에게 빌려주었을 때
   5. 철도차량을 운전 중 고의 또는 중과실로 철도사고를 일으켰을 때
   5의2. 제40조의2제1항 또는 제5항을 위반하였을 때
   6. 제41조제1항을 위반하여 술을 마시거나 약물을 사용한 상태에서 철도차량을 운전하였을 때
   7. 제41조제2항을 위반하여 술을 마시거나 약물을 사용한 상태에서 업무를 하였다고 인정할 만한 상당한 이유가 있음에도 불구하고 국토교통부장관 또는 시·도지사의 확인 또는 검사를 거부하였을 때
   8. 이 법 또는 이 법에 따라 철도의 안전 및 보호와 질서유지를 위하여 한 명령·처분을 위반하였을 때
② 국토교통부장관이 제1항에 따라 운전면허의 취소 및 효력정지 처분을 하였을 때에는 국토교통부령으로 정하는 바에 따라 그 내용을 해당 운전면허 취득자와 운전면허 취득자를 고용하고 있는 철도운영자등에게 통지하여야 한다.
③ 제2항에 따른 운전면허의 취소 또는 효력정지 통지를 받은 운전면허 취득자는 그 통지를 받은 날부터 15일 이내에 운전면허증을 국토교통부장관에게 반납하여야 한다.
④ 국토교통부장관은 제3항에 따라 운전면허의 효력이 정지된 사람으로부터 운전면허증을 반납받았을 때에는 보관하였다가 정지기간이 끝나면 즉시 돌려주어야 한다.

⑤ 제1항에 따른 취소 및 효력정지 처분의 세부기준 및 절차는 그 위반의 유형 및 정도에 따라 국토교통부령으로 정한다.
⑥ 국토교통부장관은 국토교통부령으로 정하는 바에 따라 운전면허의 발급, 갱신, 취소 등에 관한 자료를 유지·관리하여야 한다.

### 규칙 제34조(운전면허의 취소 및 효력정지 처분의 통지 등)
① 국토교통부장관은 법 제20조제1항에 따라 운전면허의 취소나 효력정지 처분을 한 때에는 별지 제22호서식의 철도차량 운전면허 취소·효력정지 처분 통지서를 해당 처분대상자에게 발송하여야 한다.
② 국토교통부장관은 제1항에 따른 처분대상자가 철도운영자등에게 소속되어 있는 경우에는 철도운영자등에게 그 처분 사실을 통지하여야 한다.
③ 제1항에 따른 처분대상자의 주소 등을 통상적인 방법으로 확인할 수 없거나 별지 제22호서식의 철도차량 운전면허 취소·효력정지 처분 통지서를 송달할 수 없는 경우에는 운전면허시험기관인 한국교통안전공단 게시판 또는 인터넷 홈페이지에 14일 이상 공고함으로써 제1항에 따른 통지에 갈음할 수 있다.
④ 제1항에 따라 운전면허의 취소 또는 효력정지 처분의 통지를 받은 사람은 통지를 받은 날부터 15일 이내에 운전면허증을 한국교통안전공단에 반납하여야 한다.

### 규칙 제35조(운전면허의 취소 또는 효력정지 처분의 세부기준)
법 제20조제5항에 따른 운전면허의 취소 또는 효력정지 처분의 세부기준은 별표 10의2와 같다.

■ 철도안전법 시행규칙 [별표 10의2]

## 운전면허취소·효력정지 처분의 세부기준(제35조 관련)

| 위반사항 및 내용 | | 근거 법조문 | 처분기준 | | | |
|---|---|---|---|---|---|---|
| | | | 1차 위반 | 2차 위반 | 3차 위반 | 4차 위반 |
| 1. 거짓이나 그 밖의 부정한 방법으로 운전면허를 받은 경우 | | 법 제20조 제1항제1호 | 면허취소 | | | |
| 2. 법 제11조제1항제2호부터 세4호까지의 규정에 해당하는 경우<br>가. 철도차량 운전상의 위험과 장해를 일으킬 수 있는 정신질환자 또는 뇌전증환자로서 해당 분야 전문의가 정상적인 운전을 할 수 없다고 인정하는 사람<br>나. 철도차량 운전상의 위험과 장해를 일으킬 수 있는 약물(「마약류 관리에 관한 법률」 제2조제1호에 따른 마약류 및 「화학물질관리법」 제22조제1항에 따른 환각물질을 말한다) 또는 알코올 중독자로서 해당 분야 전문의가 정상적인 운전을 할 수 없다고 인정하는 사람<br>다. 두 귀의 청력을 완전히 상실한 사람, 두 눈의 시력을 완전히 상실한 사람<br>라. 삭제 〈2021. 6. 23.〉<br>마. 삭제 〈2021. 6. 23.〉<br>바. 삭제 〈2021. 6. 23.〉<br>사. 삭제 〈2021. 6. 23.〉<br>아. 삭제 〈2021. 6. 23.〉 | | 법 제20조 제1항제2호 | 면허취소 | | | |
| 3. 운전면허의 효력정지 기간 중 철도차량을 운전한 경우 | | 법 제20조 제1항제3호 | 면허취소 | | | |
| 4. 운전면허증을 타인에게 대여한 경우 | | 법 제20조 제1항제4호 | 면허취소 | | | |
| 5. 철도차량을 운전 중 고의 또는 중과실로 철도사고를 일으킨 경우 | 사망자가 발생한 경우 | 법 제20조 제1항제5호 | 면허취소 | | | |
| | 부상자가 발생한 경우 | | 효력정지 3개월 | 면허취소 | | |
| | 1천만원이상 물적 피해가 발생한 경우 | | 효력정지 2개월 | 효력정지 3개월 | 면허취소 | |

| | | | | | |
|---|---|---|---|---|---|
| 5의2. 법 제40조의2제1항을 위반한 경우<br>〈운전업무종사자의 준수사항〉 | 법 제20조<br>제1항제5호의2 | 경고 | 효력정지<br>1개월 | 효력정지<br>2개월 | 효력정지<br>3개월 |
| 5의3. 법 제40조의2제5항을 위반한 경우<br>〈운전업무종사자의 철도사고 등 발생 시 후속조치 등〉 | 법 제20조<br>제1항제5호의2 | 효력정지<br>1개월 | 면허취소 | | |
| 6. 법 제41조제1항을 위반하여 술에 만취한 상태(혈중 알코올농도 0.1퍼센트 이상)에서 운전한 경우 | 법 제20조<br>제1항제6호 | 면허취소 | | | |
| 7. 법 제41조제1항을 위반하여 술을 마신 상태의 기준(혈중 알코올농도 0.02퍼센트 이상)을 넘어서 운전을 하다가 철도사고를 일으킨 경우 | 법 제20조<br>제1항제6호 | 면허취소 | | | |
| 8. 법 제41조제1항을 위반하여 약물을 사용한 상태에서 운전한 경우 | 법 제20조<br>제1항제6호 | 면허취소 | | | |
| 9. 법 제41조제1항을 위반하여 술을 마신 상태(혈중 알코올농도 0.02퍼센트 이상 0.1퍼센트 미만)에서 운전한 경우 | 법 제20조<br>제1항제6호 | 효력정지<br>3개월 | 면허취소 | | |
| 10. 법 제41조제2항을 위반하여 술을 마시거나 약물을 사용한 상태에서 업무를 하였다고 인정할 만한 상당한 이유가 있음에도 불구하고 확인이나 검사 요구에 불응한 경우 | 법 제20조<br>제1항제7호 | 면허취소 | | | |
| 11. 철도차량 운전규칙을 위반하여 운전을 하다가 열차운행에 중대한 차질을 초래한 경우 | 법 제20조<br>제1항제8호 | 효력정지<br>1개월 | 효력정지<br>2개월 | 효력정지<br>3개월 | 면허취소 |

비고: 1. 위반행위가 둘 이상인 경우로서 그에 해당하는 각각의 처분기준이 다른 경우에는 그중 무거운 처분기준에 따르며, 위반행위가 둘 이상인 경우로서 그에 해당하는 각각의 처분기준이 같은 경우에는 무거운 처분기준의 2분의 1까지 가중할 수 있되, 각 처분기준을 합산한 기간을 초과할 수 없다.
2. 위반행위의 횟수에 따른 행정처분의 기준은 최근 1년간 같은 위반행위로 행정처분을 받은 경우에 적용한다. 이 경우 행정처분 기준의 적용은 같은 위반행위에 대하여 최초로 행정처분을 한 날과 그 처분 후의 위반행위가 다시 적발된 날을 기준으로 한다.
3. 국토교통부장관은 다음 어느 하나에 해당하는 경우에는 위 표 제5호, 제5호의2, 제5호의3 및 제11호에 따른 효력정지기간(위반행위가 둘 이상인 경우에는 비고 제1호에 따른 효력정지기간을 말한다)을 2분의 1의 범위에서 이를 늘리거나 줄일 수 있다. 다만, 효력정지기간을 늘리는 경우에도 1년을 넘을 수 없다.
  1) 효력정지기간을 줄여서 처분할 수 있는 경우
    가) 철도안전에 대한 위험을 피하기 위한 부득이한 사유가 있는 경우
    나) 그 밖에 위반행위의 정도, 위반행위의 동기와 그 결과 등을 고려하여 처분을 줄일 필요가 있다고 인정되는 경우

  2) 효력정지기간을 늘려서 처분할 수 있는 경우
    가) 고의 또는 중과실에 의해 위반행위가 발생한 경우
    나) 다른 열차의 운행안전 및 여객·공중(公衆)에 상당한 영향을 미친 경우
    다) 그 밖에 위반행위의 정도, 위반행위의 동기와 그 결과 등을 고려하여 처분을 늘릴 필요가 있다고 인정되는 경우

### 규칙 제36조(운전면허의 유지·관리)
한국교통안전공단은 운전면허 취득자의 운전면허의 발급·갱신·취소 등에 관한 사항을 별지 제23호서식의 철도차량 운전면허 발급대장에 기록하고 유지·관리하여야 한다.

### 제21조(운전업무 실무수습)
철도차량의 운전업무에 종사하려는 사람은 국토교통부령으로 정하는 바에 따라 실무수습을 이수하여야 한다.

### 규칙 제37조(운전업무 실무수습)
법 제21조에 따라 철도차량의 운전업무에 종사하려는 사람이 이수하여야 하는 실무수습의 세부 기준은 별표 11과 같다.

■ 철도안전법 시행규칙 [별표 11]

## 실무수습·교육의 세부기준(제37조관련)

1. 운전면허취득 후 실무수습 · 교육 기준

   가. 철도차량 운전면허 실무수습 이수경력이 없는 사람

| 면허종별 | 실무수습 · 교육항목 | 실무수습 · 교육시간 또는 거리 |
|---|---|---|
| 제1종 전기차량 운전면허 | • 선로 · 신호 등 시스템<br>• 운전취급 관련 규정<br>• 제동기 취급<br>• 제동기 외의 기기취급<br>• 속도관측<br>• 비상시 조치 등 | 400시간 이상 또는<br>8,000킬로미터 이상 |
| 디젤차량 운전면허 | | 400시간 이상 또는<br>8,000킬로미터 이상 |
| 제2종 전기차량 운전면허 | | 400시간 이상 또는<br>6,000킬로미터 이상<br>(단, 무인운전 구간의 경우 200시간 이상 또는 3,000킬로미터 이상) |
| 철도장비 운전면허 | | 300시간 이상 또는<br>3,000킬로미터 이상<br>(입환(入換)작업을 위해 원격제어가 가능한 장치를 설치하여 시속 25킬로미터 이하로 동력차를 운전할 경우 150시간 이상) |
| 노면전차 운전면허 | | 300시간 이상 또는<br>3,000킬로미터 이상 |

   나. 철도차량 운전면허 실무수습 이수경력이 있는 사람

| 면허종별 | 실무수습 · 교육항목 | 실무수습 · 교육시간 또는 거리 |
|---|---|---|
| 고속철도차량 운전면허 | • 선로 · 신호 등 시스템<br>• 운전취급 관련 규정<br>• 제동기 취급<br>• 제동기 외의 기기취급<br>• 속도관측<br>• 비상시조치 등 | 200시간 이상 또는<br>10,000킬로미터 이상 |
| 제1종 전기차량 운전면허 | | 200시간 이상 또는<br>4,000킬로미터 이상 |
| 디젤차량 운전면허 | | 200시간 이상 또는<br>4,000킬로미터 이상 |
| 제2종 전기차량 운전면허 | | 200시간 이상 또는<br>3,000킬로미터 이상 (단,무인운전 구간의 경우 100시간 이상 또는 1,500킬로미터 이상) |
| 철도장비운전면허 | | 150시간 이상 또는<br>1,500킬로미터 이상 |
| 노면전차운전면허 | | 150시간 이상 또는<br>1,500킬로미터 이상 |

2. 그 밖의 철도차량 운행을 위한 실무수습 · 교육 기준

가. 운전업무종사자가 운전업무 수행경력이 없는 구간을 운전하려는 때에는 60시간 이상 또는 1,200킬로미터 이상의 실무수습·교육을 받아야 한다. 다만, 철도장비 운전업무를 수행하는 경우는 30시간 이상 또는 600킬로미터 이상으로 한다.
나. 운전업무종사자가 기기취급방법, 작동원리, 조작방식 등이 다른 철도차량을 운전하려는 때는 해당 철도차량의 운전면허를 소지하고 30시간 이상 또는 600킬로미터 이상의 실무수습·교육을 받아야 한다.
다. 연장된 신규 노선이나 이설선로의 경우에는 수습구간의 거리에 따라 다음과 같이 실무수습 교육을 실시한다. 다만, 제75조제10항에 따라 영업시운전을 생략할 수 있는 경우에는 영상자료 등 교육자료를 활용한 선로견습으로 실무수습을 실시할 수 있다.
   1) 수습구간이 10킬로미터 미만: 1왕복 이상
   2) 수습구간이 10킬로미터 이상~20킬로미터 미만: 2왕복 이상
   3) 수습구간이 20킬로미터 이상: 3왕복 이상
라. 철도장비 운전면허 취득 후 원격제어가 가능한 장치를 설치한 동력차의 운전을 위한 실무수습·교육을 150시간 이상 이수한 사람이 다른 철도장비 운전업무에 종사하려는 경우 150시간 이상의 실무수습·교육을 받아야 한다.

3. 일반사항
   가. 제1호 및 제2호에서 운전실무수습·교육의 시간은 교육시간, 준비점검시간 및 차량점검시간과 실제운전시간을 모두 포함한다.
   나. 실무수습 교육거리는 선로견습, 시운전, 실제 운전거리를 포함한다.
4. 제1호부터 제3호까지에서 규정한 사항 외에 운전업무 실무수습의 방법·평가 등에 관하여 필요한 세부사항은 국토교통부장관이 정하여 고시한다.

### 규칙 제38조(운전업무 실무수습의 관리 등)
철도운영자등은 철도차량의 운전업무에 종사하려는 사람이 제37조에 따른 운전업무 실무수습을 이수한 경우에는 별지 제24호서식의 운전업무종사자 실무수습 관리대장에 운전업무 실무수습을 받은 구간 등을 기록하고 그 내용을 한국교통안전공단에 통보해야 한다.

■ 철도안전법 시행규칙 [별지 제24호서식]

## 운전업무종사자(운전면허 취득자) 실무수습 관리대장

| 일련번호 | 성명<br>(생년월일) | 면허 종류 | 소속 기관 | 실무수습 | | | 평가자 | | 인증 |
|---|---|---|---|---|---|---|---|---|---|
| | | | | 수습구간/<br>수습차량 | 교육<br>시간 | 운전<br>거리 | 성명 | 날인<br>(날짜) | |
| | | | | | | | | | |
| | | | | | | | | | |
| | | | | | | | | | |
| | | | | | | | | | |
| | | | | | | | | | |

비고: 인증란에 실무수습을 실시한 기관의 장 실인을 날인하여야 합니다.

210mm×297mm[백상지 80g/㎡(재활용품)]

### 제21조의2(무자격자의 운전업무 금지 등)

철도운영자등은 운전면허를 받지 아니하거나(제20조에 따라 운전면허가 취소되거나 그 효력이 정지된 경우를 포함한다) 제21조에 따른 실무수습을 이수하지 아니한 사람을 철도차량의 운전업무에 종사하게 하여서는 아니 된다.

### 제21조의3(관제자격증명)

① 관제업무에 종사하려는 사람은 국토교통부장관으로부터 철도교통관제사 자격증명(이하 "관제자격증명"이라 한다)을 받아야 한다.
② 관제자격증명은 대통령령으로 정하는 바에 따라 관제업무의 종류별로 받아야 한다.
 <개정 2020. 12. 22> [시행일: 2023. 1. 19.]

### 제21조의4(관제자격증명의 결격사유)

관제자격증명의 결격사유에 관하여는 제11조를 준용한다. 이 경우 "운전면허"는 "관제자격증명"으로, "철도차량 운전"은 "관제업무"로 본다.

**제21조의5(관제자격증명의 신체검사)**
① 관제자격증명을 받으려는 사람은 관제업무에 적합한 신체상태를 갖추고 있는지 판정받기 위하여 국토교통부장관이 실시하는 신체검사에 합격하여야 한다.
② 제1항에 따른 신체검사의 방법 및 절차 등에 관하여는 제12조 및 제13조를 준용한다. 이 경우 "운전면허"는 "관제자격증명"으로, "철도차량 운전"은 "관제업무"로 본다.

**제21조의6(관제적성검사)**
① 관제자격증명을 받으려는 사람은 관제업무에 적합한 적성을 갖추고 있는지 판정받기 위하여 국토교통부장관이 실시하는 적성검사(이하 "관제적성검사"라 한다)에 합격하여야 한다.
② 관제적성검사의 방법 및 절차 등에 관하여는 제15조제2항 및 제3항을 준용한다. 이 경우 "운전적성검사"는 "관제적성검사"로 본다.
③ 국토교통부장관은 관제적성검사에 관한 전문기관(이하 "관제적성검사기관"이라 한다)을 지정하여 관제적성검사를 하게 할 수 있다.
④ 관제적성검사기관의 지정기준 및 지정절차 등에 필요한 사항은 대통령령으로 정한다.
⑤ 관제적성검사기관의 지정취소 및 업무정지 등에 관하여는 제15조제6항 및 제15조의2를 준용한다. 이 경우 "운전적성검사기관"은 "관제적성검사기관"으로, "운전적성검사"는 "관제적성검사"로, "제15조제5항"은 "제21조의6제4항"으로 본다.

**영 제20조의2(관제자격증명의 종류)**
법 제21조의3제1항에 따른 철도교통관제사 자격증명(이하 "관제자격증명"이라 한다)은 같은 조 제2항에 따라 다음 각 호의 구분에 따른 관제업무의 종류별로 받아야 한다.
1. 「도시철도법」 제2조제2호에 따른 도시철도 차량에 관한 관제업무: 도시철도 관제자격증명
2. 철도차량에 관한 관제업무(제1호에 따른 도시철도 차량에 관한 관제업무를 포함한다): 철도 관제자격증명

**영 제20조의3(관제적성검사기관의 지정절차 등)**
법 제21조의6제3항에 따른 관제적성검사에 관한 전문기관(이하 "관제적성검사기관"이라 한다)의 지정절차, 지정기준 및 변경사항 통지에 관하여는 제13조부터 제15조까지의 규정을 준용한다. 이 경우 "운전적성검사기관"은 "관제적성검사기관"으로, "운전업무종사자"는 "관제업무종사자"로, "운전적성검사"는 "관제적성검사"로 본다.

### 제21조의7(관제교육훈련)

① 관제자격증명을 받으려는 사람은 관제업무의 안전한 수행을 위하여 국토교통부장관이 실시하는 관제업무에 필요한 지식과 능력을 습득할 수 있는 교육훈련(이하 "관제교육훈련"이라 한다)을 받아야 한다. 다만, 다음 각 호의 어느 하나에 해당하는 사람에게는 국토교통부령으로 정하는 바에 따라 관제교육훈련의 일부를 면제할 수 있다.
 1. 「고등교육법」 제2조에 따른 학교에서 국토교통부령으로 정하는 관제업무 관련 교과목을 이수한 사람
 2. 다음 각 목의 어느 하나에 해당하는 업무에 대하여 5년 이상의 경력을 취득한 사람
   가. 철도차량의 운전업무
   나. 철도신호기·선로전환기·조작판의 취급업무
 3. 관제자격증명을 받은 후 제21조의3제2항에 따른 다른 종류의 관제자격증명을 받으려는 사람 〈개정 및 신설 2022. 1. 18.〉 [시행일: 2023. 1. 19.]
② 관제교육훈련의 기간 및 방법 등에 필요한 사항은 국토교통부령으로 정한다.
③ 국토교통부장관은 관제업무에 관한 전문 교육훈련기관(이하 "관제교육훈련기관"이라 한다)을 지정하여 관제교육훈련을 실시하게 할 수 있다.
④ 관제교육훈련기관의 지정기준 및 지정절차 등에 필요한 사항은 대통령령으로 정한다.
⑤ 관제교육훈련기관의 지정취소 및 업무정지 등에 관하여는 제15조제6항 및 제15조의2를 준용한다. 이 경우 "운전적성검사기관"은 "관제교육훈련기관"으로, "운전적성검사"는 "관제교육훈련"으로, "제15조제5항"은 "제21조의7제4항"으로, "운전적성검사 판정서"는 "관제교육훈련 수료증"으로 본다.

### 영 제20조의4(관제교육훈련기관의 지정절차 등)

법 제21조의7제3항에 따른 관제업무에 관한 전문 교육훈련기관(이하 "관제교육훈련기관"이라 한다)의 지정절차, 지정기준 및 변경사항 통지에 관하여는 제16조부터 제18조까지의 규정을 준용한다. 이 경우 "운전교육훈련기관"은 "관제교육훈련기관"으로, "운전업무종사자"는 "관제업무종사자"로, "운전교육훈련"은 "관제교육훈련"으로 본다.

### 규칙 제38조의2(관제교육훈련의 기간·방법 등)

① 법 제21조의7에 따른 관제교육훈련(이하 "관제교육훈련"이라 한다)은 모의관제시스템을 활용하여 실시한다.
② 관제교육훈련의 과목과 교육훈련시간은 별표 11의2와 같다.
③ 법 제21조의7제3항에 따른 관제교육훈련기관(이하 "관제교육훈련기관"이라 한다)은 관제교육훈련을 수료한 사람에게 별지 제24호의2서식의 관제교육훈련 수료증을 발급하여야 한다.

④ 관제교육훈련의 신청, 관제교육훈련과정의 개설 및 그 밖에 관제교육훈련의 절차·방법 등에 관하여는 제20조제2항·제4항 및 제6항을 준용한다. 이 경우 "운전교육훈련"은 "관제교육훈련"으로, "운전교육훈련기관"은 "관제교육훈련기관"으로 본다.

**규칙 제38조의3(관제교육훈련의 일부 면제)**
① 법 제21조의7제1항 단서에 따른 관제교육훈련의 일부 면제 대상 및 기준은 별표 11의2와 같다.
② 법 제21조의7제1항제1호에서 "국토교통부령으로 정하는 관제업무 관련 교과목"이란 별표 11의2에 따른 관제교육훈련의 과목 중 어느 하나의 과목과 교육내용이 동일한 교과목을 말한다.

■ 철도안전법 시행규칙 [별표 11의2] <23. 1. 18. 개정, 23. 1. 19. 시행>

### 관제교육훈련의 과목 및 교육훈련시간(제38조의2제2항 관련)

1. 관제교육훈련의 과목 및 교육훈련시간

| 관제자격증명 종류 | 관제교육훈련 과목 | 교육훈련시간 |
| --- | --- | --- |
| 가. 철도 관제자격증명 | • 열차운행계획 및 실습<br>• 철도관제(노면전차 관제를 포함한다)시스템 운용 및 실습<br>• 열차운행선 관리 및 실습<br>• 비상 시 조치 등 | 360시간 |
| 나. 도시철도 관제자격증명 | • 열차운행계획 및 실습<br>• 도시철도관제(노면전차 관제를 포함한다)시스템 운용 및 실습<br>• 열차운행선 관리 및 실습<br>• 비상 시 조치 등 | 280시간 |

2. 관제교육훈련의 일부 면제
   가. 법 제21조의7제1항제1호에 따라 「고등교육법」 제2조에 따른 학교에서 제1호에 따른 관제교육훈련 과목 중 어느 하나의 과목과 교육내용이 동일한 교과목을 이수한 사람에게는 해당 관제교육훈련 과목의 교육훈련을 면제한다. 이 경우 교육훈련을 면제받으려는 사람은 해당 교과목의 이수 사실을 증명할 수 있는 서류를 관제교육훈련기관에 제출하여야 한다
   나. 법 제21조의7제1항제2호에 따라 철도차량의 운전업무 또는 철도신호기·선로전환기·조작판의 취급업무에 **5년 이상**의 경력을 취득한 사람에 대한 철도 관제자격증명 또는 도시철도 관제자격증명의 교육훈련시간은 **105시간**으로 한다. 이 경우 교육훈련을 면제받으려는 사람은 해당 경력을 증명할 수 있는 서류를 관제교육훈련기관에 제출하여야 한다.

다. 법 제21조의7제1항제3호에 따라 도시철도 관제자격증명을 취득한 사람에 대한 철도 관제
자격증명의 교육훈련시간은 **80시간**으로 한다. 이 경우 교육 훈련을 면제받으려는 사람은
도시철도 관제자격증명서 사본을 관제교육훈련기관에 제출해야 한다.

3. 삭제 〈2019. 10. 23.〉

### 규칙 제38조의4(관제교육훈련기관 지정절차 등)
① 관제교육훈련기관으로 지정받으려는 자는 별지 제24호의3서식의 관제교육훈련기관 지정신 청서에 다음 각 호의 서류를 첨부하여 국토교통부장관에게 제출하여야 한다. 이 경우 국토교통부장관은 「전자정부법」 제36조제1항에 따른 행정정보의 공동이용을 통하여 법인 등기사항증명서(신청인이 법인인 경우만 해당한다)를 확인하여야 한다.
  1. 관제교육훈련계획서(관제교육훈련평가계획을 포함한다)
  2. 관제교육훈련기관 운영규정
  3. 정관이나 이에 준하는 약정(법인 그 밖의 단체에 한정한다)
  4. 관제교육훈련을 담당하는 강사의 자격·학력·경력 등을 증명할 수 있는 서류 및 담당업무
  5. 관제교육훈련에 필요한 강의실 등 시설 내역서
  6. 관제교육훈련에 필요한 모의관제시스템 등 장비 내역서
  7. 관제교육훈련기관에서 사용하는 직인의 인영
② 국토교통부장관은 제1항에 따라 관제교육훈련기관의 지정 신청을 받은 때에는 영 20조의4에서 준용하는 영 제16조제2항에 따라 그 지정 여부를 종합적으로 심사한 후 별지 제24호의4서식의 관제교육훈련기관 지정서를 신청인에게 발급해야 한다.

### 규칙 제38조의5(관제교육훈련기관의 세부 지정기준 등)
① 영 제20조의4에 따른 관제교육훈련기관의 세부 지정기준은 별표 11의3과 같다.
② 국토교통부장관은 관제교육훈련기관이 제1항 및 영 제20조의4에서 준용하는 영 제17조제1항에 따른 지정기준에 적합한지를 **2년**마다 심사해야 한다.
③ 관제교육훈련기관의 변경사항 통지에 관하여는 제22조제3항을 준용한다. 이 경우 "운전교육훈련기관"은 "관제교육훈련기관"으로 본다.

■ 철도안전법 시행규칙 [별표 11의3] <2022. 12. 19. 개정 및 시행>

## 관제교육훈련기관의 세부 지정기준(제38조의5제1항 관련)

1. 인력기준

   가. 자격기준

| 등 급 | 학력 및 경력 |
| --- | --- |
| 책임교수 | 1) 박사학위 소지자로서 철도교통에 관한 업무에 10년 이상 또는 철도교통관제 업무에 5년 이상 근무한 경력이 있는 사람<br>2) 석사학위 소지자로서 철도교통에 관한 업무에 15년 이상 또는 철도교통관제 업무에 8년 이상 근무한 경력이 있는 사람<br>3) 학사학위 소지자로서 철도교통에 관한 업무에 20년 이상 또는 철도교통관제 업무에 10년 이상 근무한 경력이 있는 사람<br>4) 철도 관련 4급 이상의 공무원 경력 또는 이와 같은 수준 이상의 자격 및 경력이 있는 사람<br>5) 대학의 철도교통관제 관련 학과에서 조교수 이상으로 재직한 경력이 있는 사람<br>6) 선임교수 경력이 3년 이상 있는 사람 |
| 선임교수 | 1) 박사학위 소지자로서 철도교통에 관한 업무에 5년 이상 또는 철도교통관제 업무나 철도차량 운전 관련 업무에 3년 이상 근무한 경력이 있는 사람<br>2) 석사학위 소지자로서 철도교통에 관한 업무에 10년 이상 또는 철도교통관제 업무나 철도차량 운전 관련 업무에 5년 이상 근무한 경력이 있는 사람<br>3) 학사학위 소지자로서 철도교통에 관한 업무에 15년 이상 또는 철도교통관제 업무나 철도차량 운전 관련 업무에 8년 이상 근무한 경력이 있는 사람<br>4) 철도 관련 5급 이상의 공무원 경력 또는 이와 같은 수준 이상의 자격 및 경력이 있는 사람<br>5) 대학의 철도교통관제 관련 학과에서 전임강사 이상으로 재직한 경력이 있는 사람<br>6) 교수 경력이 3년 이상 있는 사람 |
| 교수 | 철도교통관제 업무에 1년 이상 또는 철도차량 운전업무에 3년 이상 근무한 경력이 있는 사람으로서 다음의 어느 하나에 해당하는 학력 및 경력을 갖춘 사람<br>1) 학사학위 소지자로서 철도교통관제사나 철도차량 운전업무수행자에 대한 지도교육 경력이 2년 이상 있는 사람<br>2) 전문학사학위 소지자로서 철도교통관제사나 철도차량 운전업무수행자에 대한 지도교육 경력이 3년 이상 있는 사람<br>3) 고등학교 졸업자로서 철도교통관제사나 철도차량 운전업무수행자에 대한 지도교육 경력이 5년 이상 있는 사람<br>4) 철도교통관제와 관련된 교육기관에서 강의 경력이 1년 이상 있는 사람 |

비고 1. 철도교통에 관한 업무란 철도운전·신호취급·안전에 관한 업무를 말한다.
2. 철도교통에 관한 업무 경력에는 책임교수의 경우 철도교통관제 업무 3년 이상, 선임교수의 경우 철도교통관제 업무 2년 이상이 포함되어야 한다.
3. 철도차량운전 관련 업무란 철도차량 운전업무수행자에 대한 안전관리·지도교육 및 관리감독 업무를 말한다.

4. 철도차량 운전업무나 철도교통관제 업무 수행경력이 있는 사람으로서 현장 지도교육의 경력은 운전업무나 관제업무 수행경력으로 합산할 수 있다.
5. 책임교수·선임교수의 학력 및 경력란 1)부터 3)까지의 "근무한 경력" 및 교수의 학력 및 경력란 1)부터 3)까지의 "지도교육 경력"은 해당 학위를 취득 또는 졸업하기 전과 취득 또는 졸업한 후의 경력을 모두 포함한다.

나. 보유기준

1회 교육생 30명을 기준으로 철도교통관제 전임 책임교수 1명, 비전임 선임교수, 교수를 각 1명 이상 확보하여야 하며, 교육인원이 15명 추가될 때마다 교수 1명 이상을 추가로 확보하여야 한다. 이 경우 추가로 확보하여야 하는 교수는 비전임으로 할 수 있다.

2. 시설기준

가. 강의실

면적 60제곱미터 이상의 강의실을 갖출 것. 다만, 1제곱미터당 교육인원은 1명을 초과하지 아니하여야 한다.

나. 실기교육장

1) 모의관제시스템을 설치할 수 있는 실습장을 갖출 것
2) 30명이 동시에 실습할 수 있는 면적 90제곱미터 이상의 컴퓨터지원시스템 실습장을 갖출 것

다. 그 밖에 교육훈련에 필요한 사무실·편의시설 및 설비를 갖출 것

3. 장비기준

가. 모의관제시스템

| 장 비 명 | 성능기준 | 보유기준 |
| --- | --- | --- |
| 전 기능<br>모의관제시스템 | • 제어용 서버 시스템<br>• 대형 표시반 및 Wall Controller 시스템<br>• 음향시스템<br>• 관제사 콘솔 시스템<br>• 교수제어대 및 평가시스템 | 1대 이상 보유 |

나. 컴퓨터지원교육시스템

| 장 비 명 | 성능기준 | 보유기준 |
| --- | --- | --- |
| 컴퓨터지원교육시스템 | • 열차운행계획<br>• 철도관제시스템 운용 및 실무<br>• 열차운행선 관리<br>• 비상 시 조치 등 | 관련 프로그램 및 컴퓨터 30대 이상 보유 |

비고: 1. 컴퓨터지원교육시스템이란 컴퓨터의 멀티미디어 기능을 활용하여 관제교육훈련을 시행할 수 있도록 제작

된 기본기능 모의관제시스템 및 이를 지원하는 컴퓨터시스템 일체를 말한다.
2. 기본기능 모의관제시스템이란 철도 관제교육훈련에 꼭 필요한 부분만을 제작한 시스템을 말한다.

4. 관제교육훈련에 필요한 교재를 갖출 것
5. 다음 각 목의 사항을 포함한 업무규정을 갖출 것
   가. 관제교육훈련기관의 조직 및 인원
   나. 교육생 선발에 관한 사항
   다. 연간 교육훈련계획: 교육과정 편성, 교수인력의 지정 교과목 및 내용 등
   라. 교육기관 운영계획
   마. 교육생 평가에 관한 사항
   바. 실습설비 및 장비 운용방안
   사. 각종 증명의 발급 및 대장의 관리
   아. 교수인력의 교육훈련
   자. 기술도서 및 자료의 관리ㆍ유지
   차. 수수료 징수에 관한 사항
   카. 그 밖에 국토교통부장관이 관제교육훈련에 필요하다고 인정하는 사항

### 규칙 제38조의6(관제교육훈련기관의 지정취소ㆍ업무정지 등)

① 법 제21조의7제5항에서 준용하는 법 제15조의2에 따른 관제교육훈련기관의 지정취소 및 업무정지의 기준은 별표 9와 같다.
② 관제교육훈련기관 지정취소ㆍ업무정지의 통지 등에 관하여는 제23조제2항을 준용한다. 이 경우 "운전교육훈련기관"은 "관제교육훈련기관"으로 본다.

**제21조의8(관제자격증명시험)**

① 관제자격증명을 받으려는 사람은 관제업무에 필요한 지식 및 실무역량에 관하여 국토교통부장관이 실시하는 학과시험 및 실기시험(이하 "관제자격증명시험"이라 한다)에 합격하여야 한다.
② 관제자격증명시험에 응시하려는 사람은 제21조의5제1항에 따른 신체검사와 관제적성검사에 합격한 후 관제교육훈련을 받아야 한다.
③ 국토교통부장관은 다음 각 호의 어느 하나에 해당하는 사람에게는 국토교통부령으로 정하는 바에 따라 관제자격증명시험의 일부를 면제할 수 있다.
  1. 운전면허를 받은 사람
  2. 삭제〈2022. 1. 18.〉
  3. 관제자격증명을 받은 후 제21조의3제2항에 따른 다른 종류의 관제자격증명에 필요한 시험에 응시하려는 사람
④ 관제자격증명시험의 과목, 방법 및 절차 등에 필요한 사항은 국토교통부령으로 정한다.

**규칙 제38조의7(관제자격증명시험의 과목 및 합격기준)**

① 법 제21조의8제1항에 따른 관제자격증명시험(이하 "관제자격증명시험"이라 한다) 중 실기시험은 모의관제시스템을 활용하여 시행한다.
② 관제자격증명시험의 과목 및 합격기준은 별표 11의4와 같다. 이 경우 실기시험은 학과시험을 합격한 경우에만 응시할 수 있다.
③ 관제자격증명시험 중 학과시험에 합격한 사람에 대해서는 학과시험에 합격한 날부터 2년이 되는 날이 속하는 해의 12월 31일까지 실시하는 관제자격증명시험에 있어 학과시험의 합격을 유효한 것으로 본다.
④ 관제자격증명시험의 방법·절차, 실기시험 평가위원의 선정 등에 관하여 필요한 세부사항은 국토교통부장관이 정한다.

■ 철도안전법 시행규칙 [별표 11의4] <23. 1. 18. 개정, 23. 1. 19. 시행>

## 관제자격증명시험의 과목 및 합격기준 등(제38조의7제2항 및 제38조의9 관련)

1. 과목

| 관제자격증명 종류 | 학과시험 과목 | 실기시험 과목 |
| --- | --- | --- |
| 가. 철도 관제자격증명 | • 철도 관련 법<br>• 관제 관련 규정<br>• 철도시스템 일반<br>• 철도교통 관제 운영<br>• 비상 시 조치 등 | • 열차운행계획<br>• 철도관제 시스템 운용 및 실무<br>• 열차운행선 관리<br>• 비상 시 조치 등 |
| 나. 도시철도 관제자격증명 | • 철도 관련 법<br>• 관제 관련 규정<br>• 도시철도시스템 일반<br>• 도시철도교통 관제 운영<br>• 비상 시 조치 등 | • 열차운행계획<br>• 도시철도관제 시스템 운용 및 실무<br>• 도시열차운행선 관리<br>• 비상 시 조치 등 |

비고
1. 위 표의 학과시험 과목란 및 실기시험 과목란의 "관제"는 노면전차 관제를 포함한다.
2. 위 표의 "철도 관련 법"은 「철도안전법」, 같은 법 시행령 및 시행규칙과 관련 지침을 포함한다.
3. "관제 관련 규정"은 「철도차량운전규칙」 또는 「도시철도운전규칙」, 이 규칙 제76조제4항에 따른 규정 등 철도교통 운전 및 관제에 필요한 규정을 말한다.

2. 시험의 일부 면제
   가. 철도차량 운전면허 소지자
      제1호의 학과시험 과목 중 철도 관련 법 과목 및 철도·도시철도 시스템 일반 과목 면제
   나. 도시철도 관제자격증명 취득자
      1) 학과시험 과목
         제1호가목의 철도 관제자격증명 학과시험 과목 중 철도 관련 법 과목 및 관제 관련 규정 과목 면제
      2) 실기시험 과목
         제1호가목의 철도 관제자격증명 실기시험 과목 중 열차운행계획, 철도관제시스템 운용 및 실무 과목 면제

3. 합격기준
   가. 학과시험 합격기준: 과목당 100점을 만점으로 하여 시험 과목당 40점 이상(관제 관련 규정의 경우 60점 이상), 총점 평균 60점 이상 득점할 것
   나. 실기시험의 합격기준: 시험 과목당 60점 이상, 총점 평균 80점 이상 득점할 것

### 규칙 제38조의8(관제자격증명시험 시행계획의 공고)
관제자격증명시험 시행계획의 공고에 관하여는 제25조를 준용한다. 이 경우 "운전면허시험"은 "관제자격증명시험"으로, "필기시험 및 기능시험"은 "학과시험 및 실기시험"으로 본다.

### 규칙 제38조의9(관제자격증명시험의 일부 면제)
법 제21조의8제3항에 따른 관제자격증명시험의 일부 면제 대상 및 기준은 별표 11의4와 같다.

### 규칙 제38조의10(관제자격증명시험 응시원서의 제출 등)
① 관제자격증명시험에 응시하려는 사람은 별지 제24호의5서식의 관제자격증명시험 응시원서에 다음 각 호의 서류를 첨부하여 한국교통안전공단에 제출해야 한다.
  1. 신체검사의료기관이 발급한 신체검사 판정서(관제자격증명시험 응시원서 접수일 이전 2년 이내인 것에 한정한다)
  2. 관제적성검사기관이 발급한 관제적성검사 판정서(관제자격증명시험 응시원서 접수일 이전 10년 이내인 것에 한정한다)
  3. 관제교육훈련기관이 발급한 관제교육훈련 수료증명서
  4. 철도차량 운전면허증의 사본(철도차량 운전면허 소지자만 제출한다)
  5. 도시철도 관제자격증명서의 사본(도시철도 관제자격증명 취득자만 제출한다)
② 한국교통안전공단은 제1항제1호부터 제4호까지의 서류를 영 제63조제1항제7호에 따라 관리하는 정보체계에 따라 확인할 수 있는 경우에는 그 서류를 제출하지 아니하도록 할 수 있다.
③ 한국교통안전공단은 제1항에 따라 관제자격증명시험 응시원서를 접수한 때에는 별지 제24호의6서식의 관제자격증명시험 응시원서 접수대장에 기록하고 별지 제24호의5서식의 관제자격증명시험 응시표를 응시자에게 발급하여야 한다. 다만, 응시원서 접수 사실을 영 제63조제1항제7호에 따라 관리하는 정보체계에 따라 관리하는 경우에는 응시원서 접수 사실을 관제자격증명시험 응시원서 접수대장에 기록하지 아니할 수 있다.
④ 한국교통안전공단은 관제자격증명시험 응시원서 접수마감 7일 이내에 시험일시 및 장소를 한국교통안전공단 게시판 또는 인터넷 홈페이지 등에 공고하여야 한다.

### 규칙 제38조의11(관제자격증명시험 응시표의 재발급 등)
관제자격증명시험 응시표의 재발급 및 관제자격증명시험결과의 게시 등에 관하여는 제27조 및 제28조를 준용한다. 이 경우 "운전면허시험"은 "관제자격증명시험"으로, "필기시험 및 기능시험"은 "학과시험 및 실기시험"으로 본다.

### 제21조의9(관제자격증명서의 발급 및 관제자격증명의 갱신 등)
관제자격증명서의 발급 및 관제자격증명의 갱신 등에 관하여는 제18조 및 제19조를 준용한다. 이 경우 "운전면허시험"은 "관제자격증명시험"으로, "운전면허"는 "관제자격증명"으로, "운전면허증"은 "관제자격증명서"로, "철도차량의 운전업무"는 "관제업무"로 본다.

### 영 제20조의5(관제자격증명 갱신 및 취득절차의 일부 면제)
관제자격증명의 갱신 및 취득절차의 일부 면제에 관하여는 제19조 및 제20조를 준용한다. 이 경우 "운전면허"는 "관제자격증명"으로, "운전교육훈련"은 "관제교육훈련"으로, "운전면허시험 중 필기시험"은 "관제자격증명시험 중 학과시험"으로 본다.

### 규칙 제38조의12(관제자격증명서의 발급 등)
① 관제자격증명시험에 합격한 사람은 한국교통안전공단에 별지 제24호의7서식의 관제자격증명서 발급신청서에 다음 각 호의 서류를 첨부하여 제출(「정보통신망 이용촉진 및 정보보호 등에 관한 법률」 제2조제1항제1호에 따른 정보통신망을 이용한 제출을 포함한다)해야 한다.
  1. 주민등록증 사본
  2. 증명사진(3.5센티미터×4.5센티미터)
② 제1항에 따라 관제자격증명서 발급 신청을 받은 한국교통안전공단은 별지 제24호의8서식의 철도교통 관제자격증명서를 발급하여야 한다.
③ 관제자격증명 취득자가 관제자격증명서를 잃어버렸거나 관제자격증명서가 헐거나 훼손되어 못 쓰게 된 때에는 별지 제24호의7서식의 관제자격증명서 재발급신청서에 다음 각 호의 서류를 첨부하여 한국교통안전공단에 제출해야 한다.
  1. 관제자격증명서(헐거나 훼손되어 못쓰게 된 경우만 제출한다)
  2. 분실사유서(분실한 경우만 제출한다)
  3. 증명사진(3.5센티미터×4.5센티미터)
④ 제3항에 따라 관제자격증명서 재발급 신청을 받은 한국교통안전공단은 별지 제24호의8서식의 철도교통 관제자격증명서를 재발급하여야 한다.
⑤ 한국교통안전공단은 제2항 및 제4항에 따라 관제자격증명서를 발급하거나 재발급한 때에는 별지 제24호의9서식의 관제자격증명서 관리대장에 이를 기록·관리하여야 한다. 다만, 관제자격증명서의 발급이나 재발급 사실을 영 제63조제1항제7호에 따라 관리하는 정보체계에 따라 관리하는 경우에는 별지 제24호의9서식의 관제자격증명서 관리대장에 이를 기록·관리하지 아니할 수 있다.

### 규칙 제38조의13(관제자격증명서 기록사항 변경)
관제자격증명서의 기록사항 변경에 관하여는 제30조를 준용한다. 이 경우 "운전면허 취득자"는 "관제자격증명 취득자"로, "철도차량 운전면허증"은 "관제자격증명서"로, "별지 제19호서식의 철도차량 운전면허증 관리대장"은 "별지 제24호의9서식의 관제자격증명서 관리대장"으로 본다.

### 규칙 제38조의14(관제자격증명의 갱신절차)
① 법 제21조의9에 따라 관제자격증명을 갱신하려는 사람은 관제자격증명의 유효기간 만료일 전 6개월 이내에 별지 제24호의10서식의 관제자격증명 갱신신청서에 다음 각 호의 서류를 첨부하여 한국교통안전공단에 제출하여야 한다.
   1. 관제자격증명서
   2. 법 제21조의9에 따라 준용되는 법 제19조제3항 각 호에 해당함을 증명하는 서류
② 제1항에 따라 갱신받은 관제자격증명의 유효기간은 종전 관제자격증명 유효기간의 만료일 다음 날부터 기산한다.

### 규칙 제38조의15(관제자격증명 갱신에 필요한 경력 등)
① 법 제21조의9에 따라 준용되는 법 제19조제3항제1호에서 "국토교통부령으로 정하는 관제업무에 종사한 경력"이란 관제자격증명의 유효기간 내에 6개월 이상 관제업무에 종사한 경력을 말한다.
② 법 제21조의9에 따라 준용되는 법 제19조제3항제1호에서 "이와 같은 수준 이상의 경력"이란 다음 각 호의 어느 하나에 해당하는 업무에 2년 이상 종사한 경력을 말한다.
   1. 관제교육훈련기관에서의 관제교육훈련업무
   2. 철도운영자등에게 소속되어 관제업무종사자를 지도ㆍ교육ㆍ관리하거나 감독하는 업무
③ 법 제21조의9에 따라 준용되는 법 제19조제3항제2호에서 "국토교통부령으로 정하는 교육훈련을 받은 경우"란 관제교육훈련기관이나 철도운영자등이 실시한 관제업무에 필요한 교육훈련을 관제자격증명 갱신신청일 전까지 40시간 이상 받은 경우를 말한다.
④ 제1항 및 제2항에 따른 경력의 인정, 제3항에 따른 교육훈련의 내용 등 관제자격증명 갱신에 필요한 세부사항은 국토교통부장관이 정하여 고시한다.

### 규칙 제38조의16(관제자격증명 갱신 안내 통지)
관제자격증명 갱신 안내 통지에 관하여는 제33조를 준용한다. 이 경우 "운전면허"는 "관제자격증명"으로, "별지 제21호서식의 철도차량 운전면허 갱신통지서"는 "별지 제24호의11서식의 관제자격증명 갱신통지서"로 본다.

**제21조의10(관제자격증명서의 대여 금지)**
누구든지 관제자격증명서를 다른 사람에게 빌려주거나 빌리거나 이를 알선하여서는 아니 된다.

**제21조의11(관제자격증명의 취소·정지 등)**
① 국토교통부장관은 관제자격증명을 받은 사람이 다음 각 호의 어느 하나에 해당할 때에는 관제자격증명을 취소하거나 1년 이내의 기간을 정하여 관제자격증명의 효력을 정지시킬 수 있다. 다만, 제1호부터 제4호까지의 어느 하나에 해당할 때에는 관제자격증명을 취소하여야 한다.
  1. 거짓이나 그 밖의 부정한 방법으로 관제자격증명을 취득하였을 때
  2. 제21조의4에서 준용하는 제11조제1항제2호부터 제4호까지의 어느 하나에 해당하게 되었을 때
  3. 관제자격증명의 효력정지 기간 중에 관제업무를 수행하였을 때
  4. 제21조의10을 위반하여 관제자격증명서를 다른 사람에게 빌려주었을 때
  5. 관제업무 수행 중 고의 또는 중과실로 철도사고의 원인을 제공하였을 때
  6. 제40조의2제2항을 위반하였을 때
  7. 제41조제1항을 위반하여 술을 마시거나 약물을 사용한 상태에서 관제업무를 수행하였을 때
  8. 제41조제2항을 위반하여 술을 마시거나 약물을 사용한 상태에서 관제업무를 하였다고 인정할 만한 상당한 이유가 있음에도 불구하고 국토교통부장관 또는 시·도지사의 확인 또는 검사를 거부하였을 때
② 제1항에 따른 관제자격증명의 취소 또는 효력정지의 기준 및 절차 등에 관하여는 제20조제2항부터 제6항까지를 준용한다. 이 경우 "운전면허"는 "관제자격증명"으로, "운전면허증"은 "관제자격증명서"로 본다.

**규칙 제38조의17(관제자격증명의 취소 및 효력정지 처분의 통지 등)**
관제자격증명의 취소 및 효력정지 처분의 통지 등에 관하여는 제34조를 준용한다. 이 경우 "운전면허"는 "관제자격증명"으로, "별지 제22호서식의 철도차량 운전면허 취소·효력정지 처분 통지서"는 "별지 제24호의12서식의 관제자격증명 취소·효력정지 처분 통지서"로, "운전면허증"은 "관제자격증명서"로 본다.

**규칙 제38조의18(관제자격증명의 취소 또는 효력정지 처분의 세부기준)**

법 제21조의11제1항에 따른 관제자격증명의 취소 또는 효력정지 처분의 세부기준은 별표 11의5와 같다.

■ 철도안전법 시행규칙 [별표 11의5]

## 관제자격증명의 취소 또는 효력정지 처분의 세부기준(제38조의18 관련)

| 위반사항 및 내용 | | 근거 법조문 | 처분기준 | | | |
|---|---|---|---|---|---|---|
| | | | 1차위반 | 2차위반 | 3차위반 | 4차위반 |
| 1. 거짓이나 그 밖의 부정한 방법으로 관제자격증명을 취득한 경우 | | 법 제21조의11 제1항제1호 | 자격증명 취소 | | | |
| 2. 법 제21조의4에서 준용하는 법 제11조제2호부터 제4호까지의 어느 하나에 해당하게 된 경우 | | 법 제21조의11 제1항제2호 | 자격증명 취소 | | | |
| 3. 관제자격증명의 효력정지 기간 중에 관제업무를 수행한 경우 | | 법 제21조의11 제1항제3호 | 자격증명 취소 | | | |
| 4. 법 제21조의10을 위반하여 관제자격증명서를 다른 사람에게 대여해준 경우 | | 법 제21조의11 제1항제4호 | 자격증명 취소 | | | |
| 5. 관제업무 수행 중 고의 또는 중과실로 철도사고의 원인을 제공한 경우 | 사망자가 발생한 경우 | 법 제21조의11 제1항제5호 | 자격증명 취소 | | | |
| | 부상자가 발생한 경우 | | 효력정지 3개월 | 자격증명 취소 | | |
| | 1천만원이상 물적 피해가 발생한 경우 | | 효력정지 15일 | 효력정지 3개월 | 자격증명 취소 | |
| 6. 법 제40조의2제2항제1호를 위반한 경우 〈관제업무종사자의 준수사항  1. 국토교통부령으로 정하는 바에 따라 운전업무종사자 등에게 열차 운행에 관한 정보를 제공할 것〉 | | 법 제21조의11 제1항제6호 | 효력정지 1개월 | 효력정지 2개월 | 효력정지 3개월 | 효력정지 4개월 |
| 7. 법 제40조의2제2항제2호를 위반한 경우 〈관제업무종사자의 준수사항  2. 철도사고등 발생 시 국토교통부령으로 정하는 조치 사항을 이행할 것〉 | | 법 제21조의11 제1항제6호 | 효력정지 1개월 | 자격증명 취소 | | |
| 8. 법 제41조제1항을 위반하여 술을 마신 상태(혈중 알코올농도 0.1퍼센트 이상)에서 관제업무를 수행한 경우 | | 법 제21조의11 제1항제7호 | 자격증명 취소 | | | |

| 위반사항 | 해당 법조문 | 1차 위반 | 2차 위반 | 3차 위반 | 4차 위반 |
|---|---|---|---|---|---|
| 9. 법 제41조제1항을 위반하여 술을 마신 상태(혈중 알코올농도 0.02퍼센트 이상 0.1퍼센트 미만)에서 관제업무를 수행하다가 철도사고의 원인을 제공한 경우 | 법 제21조의11 제1항제7호 | 자격증명 취소 | | | |
| 10. 법 제41조제1항을 위반하여 술을 마신 상태(혈중 알코올농도 0.02퍼센트 이상 0.1퍼센트 미만)에서 관제업무를 수행한 경우(제9호의 경우는 제외한다) | 법 제21조의11 제1항제7호 | 효력정지 3개월 | 자격증명취소 | | |
| 11. 법 제41조제1항을 위반하여 약물을 사용한 상태에서 관제업무를 수행한 경우 | 법 제21조의11 제1항제7호 | 자격증명취소 | | | |
| 12. 법 제41조제2항을 위반하여 술을 마시거나 약물을 사용한 상태에서 관제업무를 하였다고 인정할 만한 상당한 이유가 있음에도 불구하고 국토교통부장관 또는 시·도지사의 확인 또는 검사를 거부한 경우 | 법 제21조의11 제1항제8호 | 자격증명취소 | | | |

비고 1. 위반행위가 둘 이상인 경우로서 그에 해당하는 각각의 처분기준이 다른 경우에는 그중 무거운 처분기준에 따르며, 위반행위가 둘 이상인 경우로서 그에 해당하는 각각의 처분기준이 같은 경우에는 무거운 처분기준의 2분의 1까지 가중할 수 있되, 각 처분기준을 합산한 기간을 초과할 수 없다.
2. 위반행위의 횟수에 따른 행정처분의 가중된 부과기준은 최근 1년간 같은 위반행위로 행정처분을 받은 경우에 적용한다. 이 경우 기간의 계산은 위반행위에 대하여 행정처분을 받은 날과 그 처분 후 다시 같은 위반행위를 하여 적발된 날을 기준으로 한다.
3. 비고 제2호에 따라 가중된 행정처분을 하는 경우 가중처분의 적용 차수는 그 위반행위 전 부과처분 차수(비고 제2호에 따른 기간 내에 행정처분이 둘 이상 있었던 경우에는 높은 차수를 말한다)의 다음 차수로 한다.

### 규칙 제38조의19(관제자격증명의 유지·관리)

한국교통안전공단은 관제자격증명 취득자의 관제자격증명의 발급·갱신·취소 등에 관한 사항을 별지 제24호의13서식의 관제자격증명서 발급대장에 기록하고 유지·관리하여야 한다.

### 제22조(관제업무 실무수습)

관제업무에 종사하려는 사람은 국토교통부령으로 정하는 바에 따라 실무수습을 이수하여야 한다.

### 규칙 제39조(관제업무 실무수습)

① 법 제22조에 따라 관제업무에 종사하려는 사람은 다음 각 호의 관제업무 실무수습을 모두 이수하여야 한다.
　1. 관제업무를 수행할 구간의 철도차량 운행의 통제·조정 등에 관한 관제업무 실무수습
　2. 관제업무 수행에 필요한 기기 취급방법 및 비상시 조치방법 등에 대한 관제업무 실무수습
② 철도운영자등은 제1항에 따른 관제업무 실무수습의 항목 및 교육시간 등에 관한 실무수습 계획을 수립하여 시행하여야 한다. 이 경우 총 실무수습 시간은 100시간 이상으로 하여야 한다.
③ 제2항에도 불구하고 관제업무 실무수습을 이수한 사람으로서 관제업무를 수행할 구간 또는 관제업무 수행에 필요한 기기의 변경으로 인하여 다시 관제업무 실무수습을 이수하여야 하는 사람에 대해서는 별도의 실무수습 계획을 수립하여 시행할 수 있다.
④ 제1항에 따른 관제업무 실무수습의 방법·평가 등에 관하여 필요한 세부사항은 국토교통부장관이 정하여 고시한다.

### 규칙 제39조의2(관제업무 실무수습의 관리 등)

① 철도운영자등은 제39조제2항 및 제3항에 따른 실무수습 계획을 수립한 경우에는 그 내용을 한국교통안전공단에 통보하여야 한다.
② 철도운영자등은 관제업무에 종사하려는 사람이 제39조제1항에 따른 관제업무 실무수습을 이수한 경우에는 별지 제25호서식의 관제업무종사자 실무수습 관리대장에 실무수습을 받은 구간 등을 기록하고 그 내용을 한국교통안전공단에 통보하여야 한다.
③ 철도운영자등은 관제업무에 종사하려는 사람이 제39조제1항에 따라 관제업무 실무수습을 받은 구간 외의 다른 구간에서 관제업무를 수행하게 하여서는 아니 된다.

### 제22조의2(무자격자의 관제업무 금지 등)

철도운영자등은 관제자격증명을 받지 아니하거나(제21조의11에 따라 관제자격증명이 취소되거나 그 효력이 정지된 경우를 포함한다) 제22조에 따른 실무수습을 이수하지 아니한 사람을 관제업무에 종사하게 하여서는 아니 된다.

### 제23조(운전업무종사자 등의 관리)

① 철도차량 운전·관제업무 등 대통령령으로 정하는 업무에 종사하는 철도종사자는 정기적으로 신체검사와 적성검사를 받아야 한다.
② 제1항에 따른 신체검사·적성검사의 시기, 방법 및 합격기준 등에 관하여 필요한 사항은 국토교통부령으로 정한다.
③ 철도운영자등은 제1항에 따른 업무에 종사하는 철도종사자가 같은 항에 따른 신체검사·적성검사에 불합격하였을 때에는 그 업무에 종사하게 하여서는 아니 된다.

④ 제1항에 따른 업무에 종사하는 철도종사자로서 적성검사에 불합격한 사람 또는 적성검사 과정에서 부정행위를 한 사람은 제15조제2항 각 호의 구분에 따른 기간 동안 적성검사를 받을 수 없다.

⑤ 철도운영자등은 제1항에 따른 신체검사와 적성검사를 제13조에 따른 신체검사 실시 의료기관 및 운전적성검사기관·관제적성검사기관에 각각 위탁할 수 있다.

### 영 제21조(신체검사 등을 받아야 하는 철도종사자)

법 제23조제1항에서 "대통령령으로 정하는 업무에 종사하는 철도종사자"란 다음 각 호의 어느 하나에 해당하는 철도종사자를 말한다.

1. 운전업무종사자
2. 관제업무종사자
3. 정거장에서 철도신호기·선로전환기 및 조작판 등을 취급하는 업무를 수행하는 사람

### 규칙 제40조(운전업무종사자 등에 대한 신체검사)

① 법 제23조제1항에 따른 철도종사자에 대한 신체검사는 다음 각 호와 같이 구분하여 실시한다.
  1. 최초검사: 해당 업무를 수행하기 전에 실시하는 신체검사
  2. 정기검사: 최초검사를 받은 후 2년마다 실시하는 신체검사
  3. 특별검사: 철도종사자가 철도사고등을 일으키거나 질병 등의 사유로 해당 업무를 적절히 수행하기가 어렵다고 철도운영자등이 인정하는 경우에 실시하는 신체검사

② 영 제21조제1호 또는 제2호에 따른 운전업무종사자 또는 관제업무종사자는 법 제12조 또는 법 제21조의5에 따른 운전면허의 신체검사 또는 관제자격증명의 신체검사를 받은 날에 제1항제1호에 따른 최초검사를 받은 것으로 본다. 다만, 해당 신체검사를 받은 날부터 2년 이상이 지난 후에 운전업무나 관제업무에 종사하는 사람은 제1항제1호에 따른 최초검사를 받아야 한다.

③ 정기검사는 최초검사나 정기검사를 받은 날부터 2년이 되는 날(이하 "신체검사 유효기간 만료일"이라 한다) 전 3개월 이내에 실시한다. 이 경우 정기검사의 유효기간은 신체검사 유효기간 만료일의 다음날부터 기산한다.

④ 제1항에 따른 신체검사의 방법 및 절차 등에 관하여는 제12조를 준용하며, 그 합격기준은 별표 2 제2호와 같다.

2. 운전업무종사자 등에 대한 신체검사[별표2 제2호]

| 검사 항목 | 불합격 기준 | |
|---|---|---|
| | 최초검사 · 특별검사 | 정기검사 |
| 가. 일반 결함 | 1) 신체 각 장기 및 각 부위의 악성종양<br>2) 중증인 고혈압증(수축기 혈압 180mmHg 이상이고, 확장기 혈압 110mmHg 이상인 경우)<br>3) 이 표에서 달리 정하지 아니한 법정 감염병 중 직접 접촉, 호흡기 등을 통하여 전파가 가능한 감염병 | 1) 업무수행에 지장이 있는 악성종양<br>2) 조절되지 아니하는 중증인 고혈압증<br>3) 이 표에서 달리 정하지 아니한 법정 감염병 중 직접 접촉, 호흡기 등을 통하여 전파가 가능한 감염병 |
| 나. 코 · 구강 · 인후 계통 | 의사소통에 지장이 있는 언어장애나 호흡에 장애를 가져오는 코 · 구강 · 인후 · 식도의 변형 및 기능장애 | 의사소통에 지장이 있는 언어장애나 호흡에 장애를 가져오는 코 · 구강 · 인후 · 식도의 변형 및 기능장애 |
| 다. 피부 질환 | 다른 사람에게 감염될 위험성이 있는 만성 피부질환자 및 한센병 환자 | |
| 라. 흉부 질환 | 1) 업무수행에 지장이 있는 급성 및 만성 늑막질환<br>2) 활동성 폐결핵, 비결핵성 폐질환, 중증 만성천식증, 중증 만성기관지염, 중증 기관지확장증<br>3) 만성 폐쇄성 폐질환 | 1) 업무수행에 지장이 있는 활동성 폐결핵, 비결핵성 폐질환, 만성 천식증, 만성 기관지염, 기관지확장증<br>2) 업무수행에 지장이 있는 만성 폐쇄성 폐질환 |
| 마. 순환기 계통 | 1) 심부전증<br>2) 업무수행에 지장이 있는 발작성 빈맥(분당 150회 이상)이나 기질성 부정맥<br>3) 심한 방실전도장애<br>4) 심한 동맥류<br>5) 유착성 심낭염<br>6) 폐성심<br>7) 확진된 관상동맥질환(협심증 및 심근경색증) | 1) 업무수행에 지장이 있는 심부전증<br>2) 업무수행에 지장이 있는 발작성 빈맥(분당 150회 이상)이나 기질성 부정맥<br>3) 업무수행에 지장이 있는 심한 방실전도장애<br>4) 업무수행에 지장이 있는 심한 동맥류<br>5) 업무수행에 지장이 있는 유착성 심낭염<br>6) 업무수행에 지장이 있는 폐성심<br>7) 업무수행에 지장이 있는 관상동맥질환(협심증 및 심근경색증) |
| 바. 소화기 계통 | 1) 빈혈증 등의 질환과 관계있는 비장종대<br>2) 간경변증이나 업무수행에 지장이 있는 만성 활동성 간염<br>3) 거대결장, 게실염, 회장염, 궤양성 대장염으로 난치인 경우 | 업무수행에 지장이 있는 만성 활동성 간염이나 간경변증 |

| 구분 | | |
|---|---|---|
| 사. 생식이나 비뇨기 계통 | 1) 만성 신장염<br>2) 중증 요실금<br>3) 만성 신우염<br>4) 고도의 수신증이나 농신증<br>5) 활동성 신결핵이나 생식기 결핵<br>6) 고도의 요도협착<br>7) 진행성 신기능장애를 동반한 양측성 신결석 및 요관결석<br>8) 진행성 신기능장애를 동반한 만성신증후군 | 1) 업무수행에 지장이 있는 만성 신장염<br>2) 업무수행에 지장이 있는 진행성 신기능장애를 동반한 양측성 신결석 및 요관결석 |
| 아. 내분비 계통 | 1) 중증의 갑상샘 기능 이상<br>2) 거인증이나 말단비대증<br>3) 애디슨병<br>4) 그 밖에 쿠싱증후군 등 뇌하수체의 이상에서 오는 질환<br>5) 중증인 당뇨병(식전 혈당 140 이상) 및 중증의 대사질환(통풍 등) | 업무수행에 지장이 있는 당뇨병, 내분비질환, 대사질환(통풍 등) |
| 자. 혈액이나 조혈 계통 | 1) 혈우병<br>2) 혈소판 감소성 자반병<br>3) 중증의 재생불능성 빈혈<br>4) 용혈성 빈혈(용혈성 황달)<br>5) 진성적혈구 과다증<br>6) 백혈병 | 1) 업무수행에 지장이 있는 혈우병<br>2) 업무수행에 지장이 있는 혈소판 감소성 자반병<br>3) 업무수행에 지장이 있는 재생불능성 빈혈<br>4) 업무수행에 지장이 있는 용혈성 빈혈(용혈성 황달)<br>5) 업무수행에 지장이 있는 진성적혈구 과다증<br>6) 업무수행에 지장이 있는 백혈병 |
| 차. 신경 계통 | 1) 다리·머리·척추 등 그 밖에 이상으로 앉아 있거나 걷지 못하는 경우<br>2) 중추신경계 염증성 질환에 따른 후유증으로 업무수행에 지장이 있는 경우<br>3) 업무에 적응할 수 없을 정도의 말초신경질환<br>4) 두개골 이상, 뇌 이상이나 뇌 순환장애로 인한 후유증(신경 이나 신체증상)이 남아 업무수행에 지장이 있는 경우<br>5) 뇌 및 척추종양, 뇌기능장애가 있는 경우<br>6) 전신성·중증 근무력증 및 신경근 접합부 질환<br>7) 유전성 및 후천성 만성근육질환<br>8) 만성 진행성·퇴행성 질환 및 탈수조성 질환(유전성 무도병, 근위축성 측색경화증, 보행 실조증, 다발성 경화증) | 1) 다리·머리·척추 등 그 밖에 이상으로 앉아 있거나 걷지 못하는 경우<br>2) 중추신경계 염증성 질환에 따른 후유증으로 업무수행에 지장이 있는 경우<br>3) 업무에 적응할 수 없을 정도의 말초신경질환<br>4) 두개골 이상, 뇌 이상이나 뇌 순환장애로 인한 후유증(신경이나 신체증상)이 남아 업무수행에 지장이 있는 경우<br>5) 뇌 및 척추종양, 뇌기능장애가 있는 경우<br>6) 전신성·중증 근무력증 및 신경근 접합부 질환<br>7) 유전성 및 후천성 만성근육질환<br>8) 업무수행에 지장이 있는 만성 진행성·퇴행성 질환 및 탈수조성 질환(유전성 무도병, 근위축성 측색경화증, 보행 실조증, 다발성 경화증) |

| | | | |
|---|---|---|---|
| 카. 사지 | 1) 손의 필기능력과 두 손의 악력이 없는 경우<br>2) 난치의 뼈·관절 질환이나 기형으로 업무수행에 지장이 있는 경우<br>3) 한쪽 팔이나 한쪽 다리 이상을 쓸 수 없는 경우(운전업무에만 해당한다) | 1) 손의 필기능력과 두 손의 악력이 없는 경우<br>2) 난치의 뼈·관절 질환이나 기형으로 업무수행에 지장이 있는 경우<br>3) 한쪽 팔이나 한쪽 다리 이상을 쓸 수 없는 경우(운전업무에만 해당한다) | |
| 타. 귀 | 귀의 청력이 500Hz, 1000Hz, 2000Hz에서 측정하여 측정치의 산술평균이 두 귀 모두 40dB 이상인 경우 | 귀의 청력이 500Hz, 1000Hz, 2000Hz에서 측정하여 측정치의 산술평균이 두 귀 모두 40dB 이상인 경우 | |
| 파. 눈 | 1) 두 눈의 나안(裸眼) 시력 중 어느 한쪽의 시력이라도 0.5 이하인 경우(다만, 한쪽 눈의 시력이 0.7 이상이고 다른 쪽 눈의 시력이 0.3 이상인 경우는 제외한다)로서 두 눈의 교정시력 중 어느 한쪽의 시력이라도 0.8 이하인 경우(다만, 한쪽 눈의 교정시력이 1.0 이상이고 다른 쪽 눈의 교정시력이 0.5 이상인 경우는 제외한다)<br>2) 시야의 협착이 1/3 이상인 경우<br>3) 안구 및 그 부속기의 기질성, 활동성, 진행성 질환으로 인하여 시력 유지에 위협이 되고, 시기능장애가 되는 질환<br>4) 안구 운동장애 및 안구진탕<br>5) 색각이상(색약 및 색맹) | 1) 두 눈의 나안 시력 중 어느 한쪽의 시력이라도 0.5 이하인 경우(다만, 한쪽 눈의 시력이 0.7 이상이고 다른 쪽 눈의 시력이 0.3 이상인 경우는 제외한다)로서 두 눈의 교정시력 중 어느 한쪽의 시력이라도 0.8 이하인 경우(다만, 한쪽 눈의 교정시력이 1.0 이상이고 다른 쪽 눈의 교정시력이 0.5 이상인 경우는 제외한다)<br>2) 시야의 협착이 1/3 이상인 경우<br>3) 안구 및 그 부속기의 기질성, 활동성, 진행성 질환으로 인하여 시력 유지에 위협이 되고, 시기능장애가 되는 질환<br>4) 안구 운동장애 및 안구진탕<br>5) 색각이상(색약 및 색맹) | |
| 하. 정신 계통 | 1) 업무수행에 지장이 있는 지적장애<br>2) 업무에 적응할 수 없을 정도의 성격 및 행동장애<br>3) 업무에 적응할 수 없을 정도의 정신장애<br>4) 마약·대마·향정신성 의약품이나 알코올 관련 장애 등<br>5) 뇌전증<br>6) 수면장애(폐쇄성 수면 무호흡증, 수면발작, 몽유병, 수면 이상증 등)이나 공황장애 | 1) 업무수행에 지장이 있는 지적장애<br>2) 업무에 적응할 수 없을 정도의 성격 및 행동장애<br>3) 업무에 적응할 수 없을 정도의 정신장애<br>4) 마약·대마·향정신성 의약품이나 알코올 관련 장애 등<br>5) 뇌전증<br>6) 업무수행에 지장이 있는 수면장애(폐쇄성 수면 무호흡증, 수면발작, 몽유병, 수면 이상증 등)이나 공황장애 | |

**규칙 제41조(운전업무종사자 등에 대한 적성검사)**

① 법 제23조제1항에 따른 철도종사자에 대한 적성검사는 다음 각 호와 같이 구분하여 실시한다.
  1. 최초검사: 해당 업무를 수행하기 전에 실시하는 적성검사
  2. 정기검사: 최초검사를 받은 후 10년(50세 이상인 경우에는 5년)마다 실시하는 적성검사
  3. 특별검사: 철도종사자가 철도사고등을 일으키거나 질병 등의 사유로 해당 업무를 적절히 수행하기 어렵다고 철도운영자등이 인정하는 경우에 실시하는 적성검사

② 영 제21조제1호 또는 제2호에 따른 운전업무종사자 또는 관제업무종사자는 운전적성검사 또는 관제적성검사를 받은 날에 제1항제1호에 따른 최초검사를 받은 것으로 본다. 다만, 해당 운전적성검사 또는 관제적성검사를 받은 날부터 10년(50세 이상인 경우에는 5년) 이상이 지난 후에 운전업무나 관제업무에 종사하는 사람은 제1항제1호에 따른 최초검사를 받아야 한다.

③ 정기검사는 최초검사나 정기검사를 받은 날부터 10년(50세 이상인 경우에는 5년)이 되는 날(이하 "적성검사 유효기간 만료일"이라 한다) 전 12개월 이내에 실시한다. 이 경우 정기검사의 유효기간은 적성검사 유효기간 만료일의 다음날부터 기산한다.

④ 제1항에 따른 적성검사의 방법·절차 등에 관하여는 제16조를 준용하며, 그 합격기준은 별표 13과 같다.

■ 철도안전법 시행규칙 [별표 13]

## 운전업무종사자등의 적성검사 항목 및 불합격기준(제41조제4항 관련)

| 검사대상 | | 검사주기 | 검사항목 | | 불합격기준 |
|---|---|---|---|---|---|
| | | | 문답형 검사 | 반응형 검사 | |
| 1. 영 제21조제1호의 운전업무종사자 | 고속철도차량<br>•<br>제1종전기차량<br>•<br>제2종전기차량<br>•<br>디젤차량<br>•<br>노면전차<br>•<br>철도장비 운전업무종사자 | 정기검사 | • 인성<br>- 일반성격<br>- 안전성향<br>- 스트레스 | • 주의력<br>- 복합기능<br>- 선택주의<br>- 지속주의<br>• 인식 및 기억력<br>- 시각변별<br>- 공간지각<br>• 판단 및 행동력<br>- 민첩성 | • 문답형 검사항목 중 안전성향 검사에서 부적합으로 판정된 사람<br><br>• 반응형검사 항목 중 부적합(T등급)이 2개 이상인 사람 |
| | | 특별검사 | • 인성<br>- 일반성격<br>- 안전성향<br>- 스트레스 | • 주의력<br>- 복합기능<br>- 선택주의<br>- 지속주의<br>• 인식 및 기억력<br>- 시각변별<br>- 공간지각<br>• 판단 및 행동력<br>- 추론<br>- 민첩성 | • 문답형 검사항목 중 안전성향 검사에서 부적합으로 판정된 사람<br><br>• 반응형검사 항목 중 부적합(T등급)이 2개 이상인 사람 |
| 2. 영 제21조제2호의 관제업무종사자 | | 정기검사 | • 인성<br>- 일반성격<br>- 안전성향<br>- 스트레스 | • 주의력<br>- 복합기능<br>- 선택주의<br>• 인식 및 기억력<br>- 시각변별<br>- 공간지각<br>- 작업기억<br>• 판단 및 행동력<br>- 민첩성 | • 문답형 검사항목 중 안전성향 검사에서 부적합으로 판정된 사람<br>• 반응형검사 항목 중 부적합(T등급)이 2개 이상인 사람 |

| | | 특별검사 | • 인성<br>　- 일반성격<br>　- 안전성향<br>　- 스트레스 | • 주의력<br>　- 복합기능<br>　- 선택주의<br>• 인식 및 기억력<br>　- 시각변별<br>　- 공간지각<br>　- 작업기억<br>• 판단 및 행동력<br>　- 추론<br>　- 민첩성 | • 문답형 검사항목 중 안전성향 검사에서 부적합으로 판정된 사람<br>• 반응형검사 항목 중 부적합(E등급)이 2개 이상인 사람 |
|---|---|---|---|---|---|
| 3. 영 제21조제3호의 정거장에서 철도신호기·선로전환기 및 조작판 등을 취급하는 업무를 수행하는 사람 | | 최초검사 | • 인성<br>　- 일반성격<br>　- 안전성향 | • 주의력<br>　- 복합기능<br>　- 선택주의<br>• 인식 및 기억력<br>　- 시각변별<br>　- 공간지각<br>　- 작업기억<br>• 판단 및 행동력<br>　- 추론<br>　- 민첩성 | • 문답형 검사항목 중 안전성향 검사에서 부적합으로 판정된 사람<br>• 반응형 검사 평가점수가 30점 미만인 사람 |
| | | 정기검사 | • 인성<br>　- 일반성격<br>　- 안전성향<br>　- 스트레스 | • 주의력<br>　- 복합기능<br>　- 선택주의<br>• 인식 및 기억력<br>　- 시각변별<br>　- 공간지각<br>　- 작업기억<br>• 판단 및 행동력<br>　- 민첩성 | • 문답형 검사항목 중 안전성향 검사에서 부적합으로 판정된 사람<br>• 반응형검사 항목 중 부적합(E등급)이 2개 이상인 사람 |

| 특별검사 | • 인성<br>  − 일반성격<br>  − 안전성향<br>  − 스트레스 | • 주의력<br>  − 복합기능<br>  − 선택주의<br>• 인식 및 기억력<br>  − 시각변별<br>  − 공간지각<br>  − 작업기억<br>• 판단 및 행동력<br>  − 추론<br>  − 민첩성 | • 문답형 검사항목 중 안전성향 검사에서 부적합으로 판정된 사람<br>• 반응형검사 항목 중 부적합(E등급)이 2개 이상인 사람 |
|---|---|---|---|

비고: 1. 문답형 검사 판정은 적합 또는 부적합으로 한다.
   2. 반응형 검사 점수 합계는 70점으로 한다. 다만, 정기검사와 특별검사는 검사항목별 등급으로 평가한다.
   3. 특별검사의 복합기능(운전) 및 시각변별(관제/신호) 검사는 시뮬레이터 검사기로 시행한다.
   4. 안전성향검사는 전문의(정신건강의학) 진단결과로 대체 할 수 있으며, 부적합 판정을 받은 자에 대해서는 당일 1회에 한하여 재검사를 실시하고 그 재검사 결과를 최종적인 검사결과로 할 수 있다.

### 제24조(철도종사자에 대한 안전 및 직무교육)

① 철도운영자등 또는 철도운영자등과의 계약에 따라 철도운영이나 철도시설 등의 업무에 종사하는 사업주(이하 이 조에서 "사업주"라 한다)는 자신이 고용하고 있는 철도종사자에 대하여 정기적으로 철도안전에 관한 교육을 실시하여야 한다.
② 철도운영자등은 자신이 고용하고 있는 철도종사자가 적정한 직무수행을 할 수 있도록 정기적으로 직무교육을 실시하여야 한다.
③ 철도운영자등은 제1항에 따른 사업주의 안전교육 실시 여부를 확인하여야 하고, 확인 결과 사업주가 안전교육을 실시하지 아니한 경우 안전교육을 실시하도록 조치하여야 한다.
④ 제1항 및 제2항에 따라 철도운영자등 및 사업주가 실시하여야 하는 교육의 대상, 내용 및 그 밖에 필요한 사항은 국토교통부령으로 정한다.

### 규칙 제41조의2(철도종사자의 안전교육 대상 등)

① 법 제24조제1항에 따라 철도운영자등 및 철도운영자등과 계약에 따라 철도운영이나 철도시설 등의 업무에 종사하는 사업주(이하 이 조에서 "사업주"라 한다)가 철도안전에 관한 교육(이하 "철도안전교육"이라 한다)을 실시하여야 하는 대상은 다음 각 호와 같다.
  1. 법 제2조제10호가목부터 라목까지에 해당하는 사람
    가. 철도차량의 운전업무에 종사하는 사람(이하 "운전업무종사자"라 한다)
    나. 철도차량의 운행을 집중 제어·통제·감시하는 업무(이하 "관제업무"라 한다)에 종사하는 사람
    다. 여객에게 승무(乘務) 서비스를 제공하는 사람(이하 "여객승무원"이라 한다)

　　라. 여객에게 역무(驛務) 서비스를 제공하는 사람(이하 "여객역무원"이라 한다)
2. 영 제3조제2호부터 제5호까지 및 같은 조 제7호에 해당하는 사람
　　2. 철도차량의 운행선로 또는 그 인근에서 철도시설의 건설 또는 관리와 관련된 작업의 현장감독업무를 수행하는 사람
　　3. 철도시설 또는 철도차량을 보호하기 위한 순회점검업무 또는 경비업무를 수행하는 사람
　　4. 정거장에서 철도신호기·선로전환기 또는 조작판 등을 취급하거나 열차의 조성업무를 수행하는 사람
　　5. 철도에 공급되는 전력의 원격제어장치를 운영하는 사람
　　7. 철도차량 및 철도시설의 점검·정비 업무에 종사하는 사람
② 철도운영자등 및 사업주는 철도안전교육을 강의 및 실습의 방법으로 매 분기마다 6시간 이상 실시하여야 한다. 다만, 다른 법령에 따라 시행하는 교육에서 제3항에 따른 내용의 교육을 받은 경우 그 교육시간은 철도안전교육을 받은 것으로 본다.
③ 철도안전교육의 내용은 별표 13의2와 같다.
④ 철도운영자등 및 사업주는 철도안전교육을 법 제69조에 따른 안전전문기관 등 안전에 관한 업무를 수행하는 전문기관에 위탁하여 실시할 수 있다.
⑤ 제1항부터 제4항까지에서 규정한 사항 외에 철도안전교육의 평가방법 등에 필요한 세부사항은 국토교통부장관이 정하여 고시한다.

■ 철도안전법 시행규칙 [별표 13의2]

## 철도종사자에 대한 안전교육의 내용(제41조의2제3항 관련)

| 교육대상 | 교육과목 | 교육방법 |
|---|---|---|
| 1. 철도종사자<br>(법 제44조의3제1항에 따른 철도로 운송하는 위험물을 취급하는 종사자는 제외한다) | 가. 철도안전법령 및 안전관련 규정<br>나. 철도운전 및 관제이론 등 분야별 안전업무수행 관련 사항<br>다. 철도사고 사례 및 사고예방대책<br>라. 철도사고 및 운행장애 등 비상 시 응급조치 및 수습복구대책<br>마. 안전관리의 중요성 등 정신교육<br>바. 근로자의 건강관리 등 안전·보건관리에 관한 사항<br>사. 철도안전관리체계 및 철도안전관리시스템(Safety Management System)<br>아. 위기대응체계 및 위기대응 매뉴얼 등 | 강의 및 실습 |
| 2. 위험물을 취급하는 철도종사자<br>(법 제44조의3제1항에 따른 철도로 운송하는 위험물을 취급하는 종사자를 말한다) | 가. 제1호 가목부터 아목까지의 교육과목<br>나. 위험물 취급 안전 교육 | 강의 및 실습 |

**규칙 제41조의3(철도종사자의 직무교육 등)**
① 다음 각 호의 어느 하나에 해당하는 사람(철도운영자등이 철도직무교육 담당자로 지정한 사람은 제외한다)은 법 제24조제2항에 따라 철도운영자등이 실시하는 직무교육(이하 "철도직무교육"이라 한다)을 받아야 한다.
  1. 법 제2조제10호가목부터 다목까지에 해당하는 사람
     가. 철도차량의 운전업무에 종사하는 사람(이하 "운전업무종사자"라 한다)
     나. 철도차량의 운행을 집중 제어·통제·감시하는 업무(이하 "관제업무"라 한다)에 종사하는 사람
     다. 여객에게 승무(乘務) 서비스를 제공하는 사람(이하 "여객승무원"이라 한다)
  2. 영 제3조제4호부터 제5호까지 및 같은 조 제7호에 해당하는 사람
     4. 정거장에서 철도신호기·선로전환기 또는 조작판 등을 취급하거나 열차의 조성업무를 수행하는 사람
     5. 철도에 공급되는 전력의 원격제어장치를 운영하는 사람
     7. 철도차량 및 철도시설의 점검·정비 업무에 종사하는 사람

② 철도직무교육의 내용 · 시간 · 방법 등은 별표 13의3과 같다.

■ 철도안전법 시행규칙[별표 13의3] <신설 2020. 10. 7.>

## 철도직무교육의 내용·시간·방법 등(제41조의3제2항 관련)

1. 철도직무교육의 내용 및 시간

    가. 법 제2조제10호가목에 따른 운전업무종사자

| 교육내용 | 교육시간 |
| --- | --- |
| 1) 철도시스템 일반<br>2) 철도차량의 구조 및 기능<br>3) 운전이론<br>4) 운전취급 규정<br>5) 철도차량 기기취급에 관한 사항<br>6) 직무관련 기타사항 등 | 5년 마다<br>35시간<br>이상 |

    나. 법 제2조제10호나목에 따른 관제업무 종사자

| 교육내용 | 교육시간 |
| --- | --- |
| 1) 열차운행계획<br>2) 철도관제시스템 운용<br>3) 열차운행선 관리<br>4) 관제 관련 규정<br>5) 직무관련 기타사항 등 | 5년 마다<br>35시간<br>이상 |

    다. 법 제2조제10호다목에 따른 여객승무원

| 교육내용 | 교육시간 |
| --- | --- |
| 1) 직무관련 규정<br>2) 여객승무 위기대응 및 비상시 응급조치<br>3) 통신 및 방송설비 사용법<br>4) 고객응대 및 서비스 매뉴얼 등<br>5) 여객승무 직무관련 기타사항 등 | 5년 마다<br>35시간<br>이상 |

라. 영 제3조제4호에 따른 철도신호기·선로전환기·조작판 취급자

| 교육내용 | 교육시간 |
|---|---|
| 1) 신호관제 장치<br>2) 운전취급 일반<br>3) 전기·신호·통신 장치 실무<br>4) 선로전환기 취급방법<br>5) 직무관련 기타사항 등 | 5년 마다<br>21시간<br>이상 |

마. 영 제3조제4호에 따른 열차의 조성업무 수행자

| 교육내용 | 교육시간 |
|---|---|
| 1) 직무관련 규정 및 안전관리<br>2) 무선통화 요령<br>3) 철도차량 일반<br>4) 선로, 신호 등 시스템의 이해<br>5) 열차조성 직무관련 기타사항 등 | 5년 마다<br>21시간<br>이상 |

바. 영 제3조제5호에 따른 철도에 공급되는 전력의 원격제어장치 운영자

| 교육내용 | 교육시간 |
|---|---|
| 1) 변전 및 전차선 일반<br>2) 전력설비 일반<br>3) 전기·신호·통신 장치 실무<br>4) 비상전력 운용계획, 전력공급원격제어장치(SCADA)<br>5) 직무관련 기타사항 등 | 5년 마다 21시간<br>이상 |

사. 영 제3조제7호에 따른 철도차량 점검·정비 업무 종사자

| 교육내용 | 교육시간 |
|---|---|
| 1) 철도차량 일반<br>2) 철도시스템 일반<br>3)「철도안전법」및 철도안전관리체계(철도차량 중심)<br>4) 철도차량 정비 실무<br>5) 직무관련 기타사항 등 | 5년 마다<br>35시간<br>이상 |

아. 영 제3조제7호에 따른 철도시설 중 전기 · 신호 · 통신 시설 점검 · 정비 업무 종사자

| 교육내용 | 교육시간 |
|---|---|
| 1) 철도전기, 철도신호, 철도통신 일반<br>2) 「철도안전법」 및 철도안전관리체계(전기분야 중심)<br>3) 철도전기, 철도신호, 철도통신 실무<br>4) 직무관련 기타사항 등 | 5년 마다<br>21시간<br>이상 |

자. 영 제3조제7호에 따른 철도시설 중 궤도 · 토목 · 건축 시설 점검 · 정비 업무 종사자

| 교육내용 | 교육시간 |
|---|---|
| 1) 궤도, 토목, 시설, 건축 일반<br>2) 「철도안전법」 및 철도안전관리체계(시설분야 중심)<br>3) 궤도, 토목, 시설, 건축 일반 실무<br>4) 직무관련 기타사항 등 | 5년 마다<br>21시간<br>이상 |

2. 철도직무교육의 주기 및 교육 인정 기준
   가. 철도직무교육의 주기는 철도직무교육 대상자로 신규 채용되거나 전직된 연도의 다음 년도 1월 1일부터 매 5년이 되는 날까지로 한다. 다만, 휴직 · 파견 등으로 6개월 이상 철도직무를 수행하지 아니한 경우에는 철도직무의 수행이 중단된 연도의 1월 1일부터 철도직무를 다시 시작하게 된 연도의 12월 31일까지의 기간을 제외하고 직무교육의 주기를 계산한다.
   나. 철도직무교육 대상자는 질병이나 자연재해 등 부득이한 사유로 철도직무교육을 제1호에 따른 기간 내에 받을 수 없는 경우에는 철도운영자등의 승인을 받아 철도직무교육을 받을 시기를 연기할 수 있다. 이 경우 철도직무교육 대상자가 승인받은 기간 내에 철도직무교육을 받은 경우에는 제1호에 따른 기간 내에 철도직무교육을 받은 것으로 본다.
   다. 철도운영자등은 철도직무교육 대상자가 다른 법령에서 정하는 철도직무에 관한 교육을 받은 경우에는 해당 교육시간을 제1호에 따른 철도직무교육시간으로 인정할 수 있다.
   라. 철도차량정비기술자가 법 제24조의4에 따라 받은 철도차량정비기술교육훈련은 위 표에 따른 철도직무교육으로 본다.
3. 철도직무교육의 실시방법
   가. 철도운영자등은 업무현장 외의 장소에서 집합교육의 방식으로 철도직무교육을 실시해야 한다. 다만, 철도직무교육시간의 10분의 5의 범위에서 다음의 어느 하나에 해당하는 방법으로 철도직무교육을 실시할 수 있다.
      1) 부서별 직장교육
      2) 사이버교육 또는 화상교육 등 전산망을 활용한 원격교육

나. 가목에도 불구하고 재해·감염병 발생 등 부득이한 사유가 있는 경우로서 국토교통부장관의 승인을 받은 경우에는 철도직무교육시간의 10분의 5를 초과하여 가목1) 또는 2)에 해당하는 방법으로 철도직무교육을 실시할 수 있다.
다. 철도운영자등은 가목1)에 따른 부서별 직장교육을 실시하려는 경우에는 매년 12월 31일까지 다음 해에 실시될 부서별 직장교육 실시계획을 수립해야 하고, 교육내용 및 이수현황 등에 관한 사항을 기록·유지해야 한다.
라. 철도운영자등은 필요한 경우 다음의 어느 하나에 해당하는 기관에게 철도직무교육을 위탁하여 실시할 수 있다.
  1) 다른 철도운영자등의 교육훈련기관
  2) 운전 또는 관제 교육훈련기관
  3) 철도관련 학회·협회
  4) 그 밖에 철도직무교육을 실시할 수 있는 비영리 법인 또는 단체
마. 철도운영자등은 철도직무교육시간의 10분의 3 이하의 범위에서 철도운영기관의 실정에 맞게 교육내용을 변경하여 철도직무교육을 실시할 수 있다.
바. 2가지 이상의 직무에 동시에 종사하는 사람의 교육시간 및 교육내용은 다음과 같이 한다.
  1) 교육시간: 종사하는 직무의 교육시간 중 가장 긴 시간
  2) 교육내용: 종사하는 직무의 교육내용 가운데 전부 또는 일부를 선택
4. 제1호부터 제3호까지에서 규정한 사항 외에 철도직무교육에 필요한 사항은 국토교통부장관이 정하여 고시한다.

### 제24조의2(철도차량정비기술자의 인정 등)

① 철도차량정비기술자로 인정을 받으려는 사람은 국토교통부장관에게 자격 인정을 신청하여야 한다.
② 국토교통부장관은 제1항에 따른 신청인이 대통령령으로 정하는 자격, 경력 및 학력 등 철도차량정비기술자의 인정 기준에 해당하는 경우에는 철도차량정비기술자로 인정하여야 한다.
③ 국토교통부장관은 제1항에 따른 신청인을 철도차량정비기술자로 인정하면 철도차량정비기술자로서의 등급 및 경력 등에 관한 증명서(이하 "철도차량정비경력증"이라 한다)를 그 철도차량정비기술자에게 발급하여야 한다.
④ 제1항부터 제3항까지의 규정에 따른 인정의 신청, 철도차량정비경력증의 발급 및 관리 등에 필요한 사항은 국토교통부령으로 정한다.

**규칙 제42조(철도차량정비기술자의 인정 신청)**

법 제24조의2제1항에 따라 철도차량정비기술자로 인정(등급변경 인정을 포함한다)을 받으려는 사람은 별지 제25호의2서식의 철도차량정비기술자 인정 신청서에 다음 각 호의 서류를 첨부하여 한국교통안전공단에 제출해야 한다.
1. 별지 제25호의3서식의 철도차량정비업무 경력확인서
2. 국가기술자격증 사본(영 별표 1의3에 따른 자격별 경력점수에 포함되는 국가기술자격의 종목에 한정한다)
3. 졸업증명서 또는 학위취득서(해당하는 사람에 한정한다)
4. 사진
5. 철도차량정비경력증(등급변경 인정 신청의 경우에 한정한다)
6. 정비교육훈련 수료증(등급변경 인정 신청의 경우에 한정한다)

**규칙 제42조의2(철도차량정비경력증의 발급 및 관리)**

① 한국교통안전공단은 제42조에 따라 철도차량정비기술자의 인정(등급변경 인정을 포함한다) 신청을 받으면 영 제21조의2에 따른 철도차량정비기술자 인정 기준에 적합한지를 확인한 후 별지 제25호의4서식의 철도차량정비경력증을 신청인에게 발급해야 한다.
② 한국교통안전공단은 제42조에 따라 철도차량정비기술자의 인정 또는 등급변경을 신청한 사람이 영 제21조의2에 따른 철도차량정비기술자 인정 기준에 부적합하다고 인정한 경우에는 그 사유를 신청인에게 서면으로 통지해야 한다.
③ 철도차량정비경력증의 재발급을 받으려는 사람은 별지 제25호의5서식의 철도차량정비경력증 재발급 신청서에 사진을 첨부하여 한국교통안전공단에 제출해야 한다.
④ 한국교통안전공단은 제3항에 따른 철도차량정비경력증 재발급 신청을 받은 경우 특별한 사유가 없으면 신청인에게 철도차량정비경력증을 재발급해야 한다.
⑤ 한국교통안전공단은 제1항 또는 제4항에 따라 철도차량정비경력증을 발급 또는 재발급 하였을 때에는 별지 제25호의6서식의 철도차량정비경력증 발급대장에 발급 또는 재발급에 관한 사실을 기록·관리해야 한다. 다만, 철도차량정비경력증의 발급이나 재발급 사실을 영 제63조제1항제7호에 따른 정보체계로 관리하는 경우에는 따로 기록·관리하지 않아도 된다.
⑥ 한국교통안전공단은 철도차량정비경력증의 발급(재발급을 포함한다) 및 취소 현황을 매 반기의 말일을 기준으로 다음 달 15일까지 별지 제25호의7서식에 따라 국토교통부장관에게 제출해야 한다.

**영 제21조의2(철도차량정비기술자의 인정 기준)**
법 제24조의2제2항에 따른 철도차량정비기술자의 인정 기준은 별표 1의3과 같다.

■ 철도안전법 시행령 [별표 1의3]

## 철도차량정비기술자의 인정 기준(제21조의2 관련)

1. 철도차량정비기술자는 자격, 경력 및 학력에 따라 등급별로 구분하여 인정하되, 등급별 세부 기준은 다음 표와 같다.

| 등급구분 | 역량지수 |
|---|---|
| 1등급 철도차량정비기술자 | 80점 이상 |
| 2등급 철도차량정비기술자 | 60점 이상 80점 미만 |
| 3등급 철도차량정비기술자 | 40점 이상 60점 미만 |
| 4등급 철도차량정비기술자 | 10점 이상 40점 미만 |

2. 제1호에 따른 역량지수의 계산식은 다음과 같다.

> 역량지수 = 자격별 경력점수 + 학력점수

가. 자격별 경력점수

| 국가기술자격 구분 | 점수 |
|---|---|
| 기술사 및 기능장 | 10점/년 |
| 기사 | 8점/년 |
| 산업기사 | 7점/년 |
| 기능사 | 6점/년 |
| 국가기술자격증이 없는 경우 | 3점/년 |

1) 철도차량정비기술자의 자격별 경력에 포함되는 「국가기술자격법」에 따른 국가기술자격의 종목은 국토교통부장관이 정하여 고시한다. 이 경우 둘 이상의 다른 종목 국가기술자격을 보유한 사람의 경우 그중 점수가 높은 종목의 경력점수만 인정한다.
2) 경력점수는 다음 업무를 수행한 기간에 따른 점수의 합을 말하며, 마) 및 바)의 경력의 경우 100분의 50을 인정한다.

가) 철도차량의 부품·기기·장치 등의 마모·손상, 변화 상태 및 기능을 확인하는 등 철도차량 점검 및 검사에 관한 업무
나) 철도차량의 부품·기기·장치 등의 수리, 교체, 개량 및 개조 등 철도차량 정비 및 유지관리에 관한 업무
다) 철도차량 정비 및 유지관리 등에 관한 계획수립 및 관리 등에 관한 행정업무
라) 철도차량의 안전에 관한 계획수립 및 관리, 철도차량의 점검·검사, 철도차량에 대한 설계·기술검토·규격관리 등에 관한 행정업무
마) 철도차량 부품의 개발 등 철도차량 관련 연구 업무 및 철도관련 학과 등에서의 강의 업무
바) 그 밖에 기계설비·장치 등의 정비와 관련된 업무

3) 2)를 적용할 때 다음의 어느 하나에 해당하는 경력은 제외한다.
가) 18세 미만인 기간의 경력(국가기술자격을 취득한 이후의 경력은 제외한다)
나) 주간학교 재학 중의 경력(「직업교육훈련 촉진법」 제9조에 따른 현장실습계약에 따라 산업체에 근무한 경력은 제외한다)
다) 이중취업으로 확인된 기간의 경력
라) 철도차량정비업무 외의 경력으로 확인된 기간의 경력

4) 경력점수는 월 단위까지 계산한다. 이 경우 월 단위의 기간으로 산입되지 않는 일수의 합이 30일 이상인 경우 1개월로 본다.

나. 학력점수

| 학력 구분 | 점수 | |
|---|---|---|
| | 철도차량정비 관련 학과 | 철도차량정비 관련 학과 외의 학과 |
| 석사 이상 | 25점 | 10점 |
| 학사 | 20점 | 9점 |
| 전문학사(3년제) | 15점 | 8점 |
| 전문학사(2년제) | 10점 | 7점 |
| 고등학교 졸업 | 5점 | |

1) "철도차량정비 관련 학과"란 철도차량 유지보수와 관련된 학과 및 기계·전기·전자·통신 관련 학과를 말한다. 다만, 대상이 되는 학력점수가 둘 이상인 경우 그중 점수가 높은 학력점수에 따른다.
2) 철도차량정비 관련 학과의 학위 취득자 및 졸업자의 학력 인정 범위는 다음과 같다.

가) 석사 이상
  (1) 「고등교육법」에 따른 학교에서 철도차량정비 관련 학과의 석사 또는 박사 학위과정을 이수하고 졸업한 사람
  (2) 그 밖에 관계 법령에 따라 국내 또는 외국에서 (1)과 같은 수준 이상의 학력이 있다고 인정되는 사람
나) 학사
  (1) 「고등교육법」에 따른 학교에서 철도차량정비 관련 학과의 학사 학위과정을 이수하고 졸업한 사람
  (2) 그 밖에 관계 법령에 따라 국내 또는 외국에서 (1)과 같은 수준의 학력이 있다고 인정되는 사람
다) 전문학사(3년제)
  (1) 「고등교육법」에 따른 학교에서 철도차량정비 관련 학과의 전문학사 학위과정을 이수하고 졸업한 사람(철도차량정비 관련 학과의 학위과정 3년을 이수한 사람을 포함한다)
  (2) 그 밖의 관계 법령에 따라 국내 또는 외국에서 (1)과 같은 수준의 학력이 있다고 인정되는 사람
라) 전문학사(2년제)
  (1) 「고등교육법」에 따른 4년제 대학, 2년제 대학 또는 전문대학에서 2년 이상 철도차량정비 관련 학과의 교육과정을 이수한 사람
  (2) 그 밖에 관계 법령에 따라 국내 또는 외국에서 (1)과 같은 수준의 학력이 있다고 인정되는 사람
마) 고등학교 졸업
  (1) 「초·중등교육법」에 따른 해당 학교에서 철도차량정비 관련 학과의 고등학교 과정을 이수하고 졸업한 사람
  (2) 그 밖에 관계 법령에 따라 국내 또는 외국에서 (1)과 같은 수준의 학력이 있다고 인정되는 사람
3) 철도차량정비 관련 학과 외의 학위 취득자 및 졸업자의 학력 인정 범위는 다음과 같다.
  가) 석사 이상
    (1) 「고등교육법」에 따른 학교에서 석사 또는 박사 학위과정을 이수하고 졸업한 사람
    (2) 그 밖에 관계 법령에 따라 국내 또는 외국에서 (1)과 같은 수준 이상의 학력이 있다고 인정되는 사람
  나) 학사
    (1) 「고등교육법」에 따른 학교에서 학사 학위과정을 이수하고 졸업한 사람

　　　(2) 그 밖에 관계 법령에 따라 국내 또는 외국에서 (1)과 같은 수준의 학력이 있다고 인정되는 사람
　다) 전문학사(3년제)
　　　(1) 「고등교육법」에 따른 학교에서 전문학사 학위과정을 이수하고 졸업한 사람(전문학사 학위과정 3년을 이수한 사람을 포함한다)
　　　(2) 그 밖의 관계 법령에 따라 국내 또는 외국에서 (1)과 같은 수준의 학력이 있다고 인정되는 사람
　라) 전문학사(2년제)
　　　(1) 「고등교육법」에 따른 4년제 대학, 2년제 대학 또는 전문대학에서 2년 이상 교육과정을 이수한 사람
　　　(2) 그 밖에 관계 법령에 따라 국내 또는 외국에서 (1)과 같은 수준의 학력이 있다고 인정되는 사람
　마) 고등학교 졸업
　　　(1) 「초·중등교육법」에 따른 해당 학교에서 고등학교 과정을 이수하고 졸업한 사람
　　　(2) 그 밖에 관계 법령에 따라 국내 또는 외국에서 (1)과 같은 수준의 학력이 있다고 인정되는 사람

### 영 제21조의3(정비교육훈련 실시기준)

① 법 제24조의4제1항에 따른 정비교육훈련(이하 "정비교육훈련"이라 한다)의 실시기준은 다음 각 호와 같다.
　1. 교육내용 및 교육방법: 철도차량정비에 관한 법령, 기술기준 및 정비기술 등 실무에 관한 이론 및 실습 교육
　2. 교육시간: 철도차량정비업무의 수행기간 5년마다 35시간 이상
② 제1항에서 정한 사항 외에 정비교육훈련에 필요한 구체적인 사항은 국토교통부령으로 정한다.

### 규칙 제42조의3(정비교육훈련의 기준 등)

① 영 제21조의3제1항에 따른 정비교육훈련의 실시시기 및 시간 등은 별표 13의4과 같다.
② 철도차량정비기술자가 철도차량정비기술자의 상위 등급으로 등급변경의 인정을 받으려는 경우 제1항에 따른 정비교육훈련을 받아야 한다.

■ 철도안전법 시행규칙 [별표 13의4]

## 정비교육훈련의 실시시기 및 시간 등(제42조의3 관련)

1. 정비교육훈련의 시기 및 시간

| 교육훈련 시기 | 교육훈련 시간 |
| --- | --- |
| 기존에 정비 업무를 수행하던 철도차량 차종이 아닌 새로운 철도차량 차종의 정비에 관한 업무를 수행하는 경우 그 업무를 수행하는 날부터 1년 이내 | 35시간 이상 |
| 철도차량정비업무의 수행기간 5년 마다 | 35시간 이상 |

비고: 위 표에 따른 35시간 중 인터넷 등을 통한 원격교육은 10시간의 범위에서 인정할 수 있다.

2. 정비교육훈련의 면제 및 연기
    가. 「고등교육법」에 따른 학교, 철도차량 또는 철도용품 제작회사, 「과학기술분야 정부출연연구기관 등의 설립·운영 및 육성에 관한 법률」 등 관계법령에 따라 설립된 연구기관·교육기관 및 주무관청의 허가를 받아 설립된 학회·협회 등에서 철도차량정비와 관련된 교육훈련을 받은 경우 위 표에 따른 정비교육훈련을 받은 것으로 본다. 이 경우 해당 기관으로부터 교육과목 및 교육시간이 명시된 증명서(교육수료증 또는 이수증 등)를 발급 받은 경우에 한정한다.
    나. 철도차량정비기술자는 질병·입대·해외출장 등 불가피한 사유로 정비교육훈련을 받아야 하는 기한까지 정비교육훈련을 받지 못할 경우에는 정비교육훈련을 연기할 수 있다. 이 경우 연기 사유가 없어진 날부터 1년 이내에 정비교육훈련을 받아야 한다.
3. 정비교육훈련은 강의·토론 등으로 진행하는 이론교육과 철도차량정비 업무를 실습하는 실기교육으로 시행하되, 실기교육을 30% 이상 포함해야 한다.
4. 그 밖에 정비교육훈련의 교육과목 및 교육내용, 교육의 신청 방법 및 절차 등에 관한 사항은 국토교통부장관이 정하여 고시한다.

### 제24조의3(철도차량정비기술자의 명의 대여금지 등)
① 철도차량정비기술자는 자기의 성명을 사용하여 다른 사람에게 철도차량정비 업무를 수행하게 하거나 철도차량정비경력증을 빌려 주어서는 아니 된다.
② 누구든지 다른 사람의 성명을 사용하여 철도차량정비 업무를 수행하거나 다른 사람의 철도차량정비경력증을 빌려서는 아니 된다.
③ 누구든지 제1항이나 제2항에서 금지된 행위를 알선해서는 아니 된다.

**제24조의4(철도차량정비기술교육훈련)**
① 철도차량정비기술자는 업무 수행에 필요한 소양과 지식을 습득하기 위하여 대통령령으로 정하는 바에 따라 국토교통부장관이 실시하는 교육·훈련(이하 "정비교육훈련"이라 한다)을 받아야 한다.
② 국토교통부장관은 철도차량정비기술자를 육성하기 위하여 철도차량정비 기술에 관한 전문 교육훈련기관(이하 "정비교육훈련기관"이라 한다)을 지정하여 정비교육훈련을 실시하게 할 수 있다.
③ 정비교육훈련기관의 지정기준 및 절차 등에 필요한 사항은 대통령령으로 정한다.
④ 정비교육훈련기관은 정당한 사유 없이 정비교육훈련 업무를 거부하여서는 아니 되고, 거짓이나 그 밖의 부정한 방법으로 정비교육훈련 수료증을 발급하여서는 아니 된다.
⑤ 정비교육훈련기관의 지정취소 및 업무정지 등에 관하여는 제15조의2를 준용한다. 이 경우 "운전적성검사기관"은 "정비교육훈련기관"으로, "운전적성검사 업무"는 "정비교육훈련 업무"로, "제15조제5항"은 "제24조의4제3항"으로, "제15조제6항"은 "제24조의4제4항"으로, "운전적성검사 판정서"는 "정비교육훈련 수료증"으로 본다.

**영 제21조의4(정비교육훈련기관 지정기준 및 절차)**
① 법 제24조의4제2항에 따른 정비교육훈련기관(이하 "정비교육훈련기관"이라 한다)의 지정기준은 다음 각 호와 같다.
  1. 정비교육훈련 업무 수행에 필요한 상설 전담조직을 갖출 것
  2. 정비교육훈련 업무를 수행할 수 있는 전문인력을 확보할 것
  3. 정비교육훈련에 필요한 사무실, 교육장 및 교육 장비를 갖출 것
  4. 정비교육훈련기관의 운영 등에 관한 업무규정을 갖출 것
② 정비교육훈련기관으로 지정을 받으려는 자는 제1항에 따른 지정기준을 갖추어 국토교통부장관에게 정비교육훈련기관 지정 신청을 해야 한다.
③ 국토교통부장관은 제2항에 따라 정비교육훈련기관 지정 신청을 받으면 제1항에 따른 지정기준을 갖추었는지 여부 및 철도차량정비기술자의 수급 상황 등을 종합적으로 심사한 후 그 지정 여부를 결정해야 한다.
④ 국토교통부장관은 정비교육훈련기관을 지정한 때에는 다음 각 호의 사항을 관보에 고시해야 한다.
  1. 정비교육훈련기관의 명칭 및 소재지
  2. 대표자의 성명
  3. 그 밖에 정비교육훈련에 중요한 영향을 미친다고 국토교통부장관이 인정하는 사항

⑤ 제1항부터 제4항까지에서 규정한 사항 외에 정비교육훈련기관의 지정기준 및 절차 등에 관한 세부적인 사항은 국토교통부령으로 정한다.

### 영 제21조의5(정비교육훈련기관의 변경사항 통지 등)
① 정비교육훈련기관은 제21조의4제4항 각 호의 사항이 변경된 때에는 그 사유가 발생한 날부터 15일 이내에 국토교통부장관에게 그 내용을 통지해야 한다.
② 국토교통부장관은 제1항에 따른 통지를 받은 때에는 그 내용을 관보에 고시해야 한다.

### 규칙 제42조의4(정비교육훈련기관의 세부 지정기준 등)
① 영 제21조의4제1항에 따른 정비교육훈련기관(이하 "정비교육훈련기관"이라 한다)의 세부 지정기준은 별표 13의5와 같다.
② 국토교통부장관은 정비교육훈련기관이 제1항에 따른 정비교육훈련기관의 지정기준에 적합한지의 여부를 2년마다 심사해야 한다.
③ 정비교육훈련기관의 변경사항 통지에 관하여는 제22조제3항을 준용한다. 이 경우 "운전교육훈련기관"은 "정비교육훈련기관"으로 본다.

■ 철도안전법 시행규칙 [별표 13의5]

## 정비교육훈련기관의 세부 지정기준(제42조의4제1항 관련)

1. 인력기준

    가. 자격기준

| 등급 | 학력 및 경력 |
|---|---|
| 책임교수 | 1) 1등급 철도차량정비경력증 소지자로서 철도교통에 관한 업무에 10년 이상 또는 철도차량정비에 관한 업무에 5년 이상 근무한 경력이 있는 사람<br>2) 2등급 철도차량정비경력증 소지자로서 철도교통에 관한 업무에 15년 이상 또는 철도차량정비에 관한 업무에 8년 이상 근무한 경력이 있는 사람<br>3) 3등급 철도차량정비경력증 소지자로서 철도교통에 관한 업무에 20년 이상 또는 철도차량정비에 관한 업무에 10년 이상 근무한 경력이 있는 사람<br>4) 철도 관련 4급 이상의 공무원 경력 또는 이와 같은 수준 이상의 자격 및 경력이 있는 사람<br>5) 대학의 철도차량정비 관련 학과에서 조교수 이상으로 재직한 경력이 있는 사람<br>6) 선임교수 경력이 3년 이상 있는 사람 |

| | |
|---|---|
| 선임교수 | 1) 1등급 철도차량정비경력증 소지자로서 철도교통에 관한 업무에 5년 이상 또는 철도차량정비에 관한 업무에 3년 이상 근무한 경력이 있는 사람<br>2) 2등급 철도차량정비경력증 소지자로서 철도교통에 관한 업무에 10년 이상 또는 철도차량정비에 관한 업무에 5년 이상 근무한 경력이 있는 사람<br>3) 3등급 철도차량정비경력증 소지자로서 철도교통에 관한 업무에 15년 이상 또는 철도차량정비에 관한 업무에 8년 이상 근무한 경력이 있는 사람<br>4) 철도 관련 5급 이상의 공무원 경력 또는 이와 같은 수준 이상의 자격 및 경력이 있는 사람<br>5) 대학의 철도차량정비 관련 학과에서 전임강사 이상으로 재직한 경력이 있는 사람<br>6) 교수 경력이 3년 이상 있는 사람 |
| 교수 | 1) 1등급 철도차량정비경력증 소지자로서 철도차량정비 업무에 근무한 경력이 있는 사람<br>2) 2등급 철도차량정비경력증 소지자로서 철도교통에 관한 업무에 5년 이상 또는 철도차량정비에 관한 업무에 3년 이상 근무한 경력이 있는 사람<br>3) 3등급 철도차량정비경력증 소지자로서 철도차량 정비업무수행자에 대한 지도교육 경력이 2년 이상 있는 사람<br>4) 4등급 철도차량정비경력증 소지자로서 철도차량 정비업무수행자에 대한 지도교육 경력이 3년 이상 있는 사람<br>5) 철도차량 정비와 관련된 교육기관에서 강의 경력이 1년 이상 있는 사람 |

비고 1. "철도교통에 관한 업무"란 철도안전 · 기계 · 신호 · 전기에 관한 업무를 말한다.
    2. 책임교수의 경우 철도차량정비에 관한 업무를 3년 이상, 선임교수의 경우 철도차량정비에 관한 업무를 2년 이상 수행한 경력이 있어야 한다.
    3. "철도차량정비에 관한 업무"란 철도차량 정비업무의 수행, 철도차량 정비계획의 수립 · 관리, 철도차량 정비에 관한 안전관리 · 지도교육 및 관리 · 감독 업무를 말한다.
    4. "철도차량정비 관련 학과"란 철도차량 유지보수와 관련된 학과 및 기계 · 전기 · 전자 · 통신 관련 학과를 말한다.
    5. "철도관련 공무원 경력"이란 「국가공무원법」 제2조에 따른 공무원 신분으로 철도관련 업무를 수행한 경력을 말한다.

  나. 보유기준
    1. 1회 교육생 30명을 기준으로 상시적으로 철도차량정비에 관한 교육을 전담하는 책임교수와 선임교수 및 교수를 각각 1명 이상 확보해야 하며, 교육인원이 15명 추가될 때마다 교수 1명 이상을 추가로 확보해야 한다. 이 경우 선임교수, 교수 및 추가로 확보해야 하는 교수는 비전임으로 할 수 있다.
    2. 1회 교육생이 30명 미만인 경우 책임교수 또는 선임교수 1명 이상을 확보해야 한다.

2. 시설기준
  가. 이론교육장: 기준인원 30명 기준으로 면적 60제곱미터 이상의 강의실을 갖추어야 하며, 기준인원 초과 시 1명마다 2제곱미터씩 면적을 추가로 확보해야 한다. 다만, 1회 교육생이 30명 미만인 경우 교육생 1명마다 2제곱미터 이상의 면적을 확보해야 한다.

나. 실기교육장: 교육생 1명마다 3제곱미터 이상의 면적을 확보해야 한다. 다만, 교육훈련기관 외의 장소에서 철도차량 등을 직접 활용하여 실습하는 경우에는 제외한다.

다. 그 밖에 교육훈련에 필요한 사무실·편의시설 및 설비를 갖추어야 한다.

3. 장비기준

가. 컴퓨터지원교육시스템

| 장 비 명 | 성능기준 | 보유기준 |
|---|---|---|
| 컴퓨터지원교육시스템 | 철도차량정비 관련 프로그램 | 1명당 컴퓨터 1대 |

비고: 컴퓨터지원교육시스템이란 컴퓨터의 멀티미디어 기능을 활용하여 정비교육훈련을 시행할 수 있도록 지원하는 컴퓨터시스템 일체를 말한다.

4. 정비교육훈련에 필요한 교재를 갖추어야 한다.

5. 다음 각 목의 사항을 포함한 업무규정을 갖추어야 한다.

가. 정비교육훈련기관의 조직 및 인원

나. 교육생 선발에 관한 사항

다. 1년간 교육훈련계획: 교육과정 편성, 교수 인력의 지정 교과목 및 내용 등

라. 교육기관 운영계획

마. 교육생 평가에 관한 사항

바. 실습설비 및 장비 운용방안

사. 각종 증명의 발급 및 대장의 관리

아. 교수 인력의 교육훈련

자. 기술도서 및 자료의 관리·유지

차. 수수료 징수에 관한 사항

카. 그 밖에 국토교통부장관이 정비교육훈련에 필요하다고 인정하는 사항

**제42조의5(정비교육훈련기관의 지정의 신청 등)**

① 영 제21조의4제2항에 따라 정비교육훈련기관으로 지정을 받으려는 자는 별지 제25호의8서식의 정비교육훈련기관 지정신청서에 다음 각 호의 서류를 첨부하여 국토교통부장관에게 제출해야 한다. 이 경우 국토교통부장관은 「전자정부법」 제36조제1항에 따른 행정정보의 공동이용을 통하여 법인 등기사항증명서(신청인이 법인이 경우에만 해당한다)를 확인해야 한다.

1. 정비교육훈련계획서(정비교육훈련평가계획을 포함한다)

2. 정비교육훈련기관 운영규정

3. 정관이나 이에 준하는 약정(법인 및 단체에 한정한다)

4. 정비교육훈련을 담당하는 강사의 자격·학력·경력 등을 증명할 수 있는 서류 및 담당업무

5. 정비교육훈련에 필요한 강의실 등 시설 내역서

   6. 정비교육훈련에 필요한 실습 시행 방법 및 절차
   7. 정비교육훈련기관에서 사용하는 직인의 인영(印影: 도장 찍은 모양)
② 국토교통부장관은 영 제21조의4제4항에 따라 정비교육훈련기관으로 지정한 때에는 별지 제25호의9서식의 정비교육훈련기관 지정서를 신청인에게 발급해야 한다.

### 규칙 제42조의6(정비교육훈련기관의 지정취소 등)
① 법 제24조의4제5항에서 준용하는 법 제15조의2에 따른 정비교육 훈련기관의 지정취소 및 업무정지의 기준은 별표 13의6와 같다.
② 국토교통부장관은 정비교육훈련기관의 지정을 취소하거나 업무정지의 처분을 한 경우에는 지체 없이 그 정비교육훈련기관에 별지 제11호의3서식의 지정기관 행정처분서를 통지하고 그 사실을 관보에 고시해야 한다.

■ 철도안전법 시행규칙 [별표 13의6]

## 정비교육훈련기관의 지정취소 및 업무정지의 기준(제42조의6제1항 관련)

1. 일반기준
   가. 위반행위의 횟수에 따른 행정처분의 가중된 부과기준은 최근 1년간 같은 위반행위로 행정처분을 받은 경우에 적용한다. 이 경우 기간의 계산은 위반행위에 대하여 행정처분을 받은 날과 그 처분 후 다시 같은 위반행위를 하여 적발된 날을 기준으로 한다.
   나. 비고 제1호에 따라 가중된 행정처분을 하는 경우 가중처분의 적용 차수는 그 위반행위 전 부과처분 차수(비고 제1호에 따른 기간 내에 행정처분이 둘 이상 있었던 경우에는 높은 차수를 말한다)의 다음 차수로 한다.
   다. 위반행위가 둘 이상인 경우로서 그에 해당하는 각각의 처분기준이 다른 경우에는 그중 무거운 처분기준(무거운 처분기준이 같을 때에는 그중 하나의 처분기준을 말한다)에 따르며, 위반행위가 둘 이상인 경우로서 그에 해당하는 각각의 처분기준이 같은 경우에는 무거운 처분기준의 2분의 1까지 가중할 수 있되, 각 처분기준을 합산한 기간을 초과할 수 없다.
   라. 처분권자는 위반행위의 동기·내용 및 위반의 정도 등 다음 각 목에 해당하는 사유를 고려하여 그 처분을 감경할 수 있다. 이 경우 그 처분이 업무정지인 경우에는 그 처분기준의 2분의 1의 범위에서 감경할 수 있고, 지정취소인 경우(거짓이나 그 밖의 부정한 방법으로 지정을 받은 경우나 업무정지 명령을 위반하여 그 정지기간 중 적성검사업무를 한 경우는 제외한다)에는 3개월의 업무정지 처분으로 감경할 수 있다.

1) 위반행위가 고의나 중대한 과실이 아닌 사소한 부주의나 오류로 인한 것으로 인정되는 경우
2) 위반의 내용·정도가 경미하여 이해관계인에게 미치는 피해가 적다고 인정되는 경우

2. 개별기준

| 위반사항 | 해당 법조문 | 처분기준 | | | |
|---|---|---|---|---|---|
| | | 1차 위반 | 2차 위반 | 3차 위반 | 4차 위반 |
| 1. 거짓이나 그 밖의 부정한 방법으로 지정을 받은 경우 | 법 제15조의2 제1항제1호 | 지정취소 | | | |
| 2. 업무정지 명령을 위반하여 그 정지기간 중 정비교육훈련업무를 한 경우 | 법 제15조의2 제1항제2호 | 지정취소 | | | |
| 3. 법 제24조의4제3항에 따른 지정기준에 맞지 않은 경우 | 법 제15조의2 제1항제3호 | 경고 또는 보완명령 | 업무정지 1개월 | 업무정지 3개월 | 지정취소 |
| 4. 법 제24조의4제4항을 위반하여 정당한 사유 없이 정비교육훈련업무를 거부한 경우 | 법 제15조의2 제1항제4호 | 경고 | 업무정지 1개월 | 업무정지 3개월 | 지정취소 |
| 5. 법 제24조의4제4항을 위반하여 거짓이나 그 밖의 부정한 방법으로 정비교육훈련 수료증을 발급한 경우 | 법 제15조의2 제1항제5호 | 업무정지 1개월 | 업무정지 3개월 | 지정취소 | |

**제24조의5(철도차량정비기술자의 인정취소 등)**
① 국토교통부장관은 철도차량정비기술자가 다음 각 호의 어느 하나에 해당하는 경우 그 인정을 취소하여야 한다.
1. 거짓이나 그 밖의 부정한 방법으로 철도차량정비기술자로 인정받은 경우
2. 제24조의2제2항에 따른 자격기준에 해당하지 아니하게 된 경우
3. 철도차량정비 업무 수행 중 고의로 철도사고의 원인을 제공한 경우
② 국토교통부장관은 철도차량정비기술자가 다음 각 호의 어느 하나에 해당하는 경우 1년의 범위에서 철도차량정비기술자의 인정을 정지시킬 수 있다.
1. 다른 사람에게 철도차량정비경력증을 빌려 준 경우
2. 철도차량정비 업무 수행 중 중과실로 철도사고의 원인을 제공한 경우

# 4장 철도시설 및 철도차량의 안전관리

4장은 철도차량 운전면허시험 범위에 해당되지 않습니다. 입교시험은 기관마다 범위가 상이하므로 범위를 확인하시고 해당부분을 공부하시길 바랍니다.

### 제25조의2(승하차용 출입문 설비의 설치)
철도시설관리자는 선로로부터의 수직거리가 국토교통부령으로 정하는 기준 이상인 승강장에 열차의 출입문과 연동되어 열리고 닫히는 승하차용 출입문 설비를 설치하여야 한다. 다만, 여러 종류의 철도차량이 함께 사용하는 승강장 등 국토교통부령으로 정하는 승강장의 경우에는 그러하지 아니하다.

### 규칙 제43조(승하차용 출입문 설비의 설치)
① 법 제25조의2 본문에서 "국토교통부령으로 정하는 기준"이란 1,135밀리미터를 말한다.
② 법 제25조의2 단서에서 "여러 종류의 철도차량이 함께 사용하는 승강장 등 국토교통부령으로 정하는 승강장"이란 다음 각 호의 어느 하나에 해당하는 승강장으로서 제44조에 따른 철도기술심의위원회에서 승강장에 열차의 출입문과 연동되어 열리고 닫히는 승하차용 출입문 설비(이하 "승강장안전문"이라 한다)를 설치하지 않아도 된다고 심의·의결한 승강장을 말한다.
 1. 여러 종류의 철도차량이 함께 사용하는 승강장으로서 열차 출입문의 위치가 서로 달라 승강장안전문을 설치하기 곤란한 경우
 2. 열차가 정차하지 않는 선로 쪽 승강장으로서 승객의 선로 추락 방지를 위해 안전난간 등의 안전시설을 설치한 경우
 3. 여객의 승하차 인원, 열차의 운행 횟수 등을 고려하였을 때 승강장안전문을 설치할 필요가 없다고 인정되는 경우

### 규칙 제44조(철도기술심의위원회의 설치)
국토교통부장관은 다음 각 호의 사항을 심의하게 하기 위하여 철도기술심의위원회(이하 "기술위원회"라 한다)를 설치한다.
1. 법 제7조제5항·제26조제3항·제26조의3제2항·제27조제2항 및 제27조의2제2항에 따른 기술기준의 제정·개정 또는 폐지
2. 법 제27조제1항에 따른 형식승인 대상 철도용품의 선정·변경 및 취소
3. 법 제34조제1항에 따른 철도차량·철도용품 표준규격의 제정·개정 또는 폐지
4. 영 제63조제4항에 따른 철도안전에 관한 전문기관이나 단체의 지정

### 제26조(철도차량 형식승인)

① 국내에서 운행하는 철도차량을 제작하거나 수입하려는 자는 국토교통부령으로 정하는 바에 따라 해당 철도차량의 설계에 관하여 국토교통부장관의 형식승인을 받아야 한다.
② 제1항에 따라 형식승인을 받은 자가 승인받은 사항을 변경하려는 경우에는 국토교통부장관의 변경승인을 받아야 한다. 다만, 국토교통부령으로 정하는 경미한 사항을 변경하려는 경우에는 국토교통부장관에게 신고하여야 한다.
③ 국토교통부장관은 제1항에 따른 형식승인 또는 제2항 본문에 따른 변경승인을 하는 경우에는 해당 철도차량이 국토교통부장관이 정하여 고시하는 철도차량의 기술기준에 적합한지에 대하여 형식승인검사를 하여야 한다.
④ 국토교통부장관은 제3항에도 불구하고 다음 각 호의 어느 하나에 해당하는 경우에는 형식승인검사의 전부 또는 일부를 면제할 수 있다.
  1. 시험·연구·개발 목적으로 제작 또는 수입되는 철도차량으로서 대통령령으로 정하는 철도차량에 해당하는 경우
  2. 수출 목적으로 제작 또는 수입되는 철도차량으로서 대통령령으로 정하는 철도차량에 해당하는 경우
  3. 대한민국이 체결한 협정 또는 대한민국이 가입한 협약에 따라 형식승인검사가 면제되는 철도차량의 경우
  4. 그 밖에 철도시설의 유지·보수 또는 철도차량의 사고복구 등 특수한 목적을 위하여 제작 또는 수입되는 철도차량으로서 국토교통부장관이 정하여 고시하는 경우
⑤ 누구든지 제1항에 따른 형식승인을 받지 아니한 철도차량을 운행하여서는 아니 된다.
⑥ 제1항부터 제4항까지의 규정에 따른 승인절차, 승인방법, 신고절차, 검사절차, 검사방법 및 면제절차 등에 관하여 필요한 사항은 국토교통부령으로 정한다.

### 영 제22조(형식승인검사를 면제할 수 있는 철도차량 등)

① 법 제26조제4항제1호에서 "대통령령으로 정하는 철도차량"이란 여객 및 화물 운송에 사용되지 아니하는 철도차량을 말한다.
② 법 제26조제4항제2호에서 "대통령령으로 정하는 철도차량"이란 국내에서 철도운영에 사용되지 아니하는 철도차량을 말한다.
③ 법 제26조제4항에 따라 철도차량별로 형식승인검사를 면제할 수 있는 범위는 다음 각 호의 구분과 같다.
  1. 법 제26조제4항제1호 및 제2호에 해당하는 철도차량: 형식승인검사의 전부
  2. 법 제26조제4항제3호에 해당하는 철도차량: 대한민국이 체결한 협정 또는 대한민국이 가입한 협약에서 정한 면제의 범위

3. 법 제26조제4항제4호에 해당하는 철도차량: 형식승인검사 중 철도차량의 시운전단계에서 실시하는 검사를 제외한 검사로서 국토교통부령으로 정하는 검사

### 규칙 제49조(철도차량 형식승인검사의 면제 절차 등)
① 영 제22조제3항제3호에서 "국토교통부령으로 정하는 검사"란 제48조제1항제1호에 따른 설계적합성 검사, 같은 항 제2호에 따른 합치성 검사 및 같은 항 제3호에 따른 차량형식 시험(시운전단계에서의 시험은 제외한다)을 말한다.
② 국토교통부장관은 제46조제1항제3호에 따른 서류의 검토 결과 해당 철도차량이 형식승인검사의 면제 대상에 해당된다고 인정하는 경우에는 신청인에게 면제사실과 내용을 통보하여야 한다.

### 규칙 제46조(철도차량 형식승인 신청 절차 등)
① 법 제26조제1항에 따라 철도차량 형식승인을 받으려는 자는 별지 제26호서식의 철도차량 형식승인신청서에 다음 각 호의 서류를 첨부하여 국토교통부장관에게 제출하여야 한다.
  1. 법 제26조제3항에 따른 철도차량의 기술기준(이하 "철도차량기술기준"이라 한다)에 대한 적합성 입증계획서 및 입증자료
  2. 철도차량의 설계도면, 설계 명세서 및 설명서(적합성 입증을 위하여 필요한 부분에 한정한다)
  3. 법 제26조제4항에 따른 형식승인검사의 면제 대상에 해당하는 경우 그 입증서류
  4. 제48조제1항제3호에 따른 차량형식 시험 절차서
  5. 그 밖에 철도차량기술기준에 적합함을 입증하기 위하여 국토교통부장관이 필요하다고 인정하여 고시하는 서류
② 법 제26조제2항 본문에 따라 철도차량 형식승인을 받은 사항을 변경하려는 경우에는 별지 제26호의2서식의 철도차량 형식변경승인신청서에 다음 각 호의 서류를 첨부하여 국토교통부장관에게 제출하여야 한다.
  1. 해당 철도차량의 철도차량 형식승인증명서
  2. 제1항 각 호의 서류(변경되는 부분 및 그와 연관되는 부분에 한정한다)
  3. 변경 전후의 대비표 및 해설서
③ 국토교통부장관은 제1항 및 제2항에 따라 철도차량 형식승인 또는 변경승인 신청을 받은 경우에 15일 이내에 승인 또는 변경승인에 필요한 검사 등의 계획서를 작성하여 신청인에게 통보하여야 한다.

### 규칙 제47조(철도차량 형식승인의 경미한 사항 변경)

① 법 제26조제2항 단서에서 "국토교통부령으로 정하는 경미한 사항을 변경하려는 경우"란 다음 각 호의 어느 하나에 해당하는 변경을 말한다.
  1. 철도차량의 구조안전 및 성능에 영향을 미치지 아니하는 차체 형상의 변경
  2. 철도차량의 안전에 영향을 미치지 아니하는 설비의 변경
  3. 중량분포에 영향을 미치지 아니하는 장치 또는 부품의 배치 변경
  4. 동일 성능으로 입증할 수 있는 부품의 규격 변경
  5. 그 밖에 철도차량의 안전 및 성능에 영향을 미치지 아니한다고 국토교통부장관이 인정하는 사항의 변경

② 법 제26조제2항 단서에 따라 경미한 사항을 변경하려는 경우에는 별지 제27호서식의 철도차량 형식변경신고서에 다음 각 호의 서류를 첨부하여 국토교통부장관에게 제출하여야 한다.
  1. 해당 철도차량의 철도차량 형식승인증명서
  2. 제1항 각 호에 해당함을 증명하는 서류
  3. 변경 전후의 대비표 및 해설서
  4. 변경 후의 주요 제원
  5. 철도차량기술기준에 대한 적합성 입증자료(변경되는 부분 및 그와 연관되는 부분에 한정한다)

③ 국토교통부장관은 제2항에 따라 신고를 받은 때에는 제2항 각 호의 첨부서류를 확인한 후 별지 제27호의2서식의 철도차량 형식변경신고확인서를 발급하여야 한다.

### 규칙 제48조(철도차량 형식승인검사의 방법 및 증명서 발급 등)

① 법 제26조제3항에 따른 철도차량 형식승인검사는 다음 각 호의 구분에 따라 실시한다.
  1. 설계적합성 검사: 철도차량의 설계가 철도차량기술기준에 적합한지 여부에 대한 검사
  2. 합치성 검사: 철도차량이 부품단계, 구성품단계, 완성차단계에서 제1호에 따른 설계와 합치하게 제작되었는지 여부에 대한 검사
  3. 차량형식 시험: 철도차량이 부품단계, 구성품단계, 완성차단계, 시운전단계에서 철도차량기술기준에 적합한지 여부에 대한 시험

② 국토교통부장관은 제1항에 따른 검사 결과 철도차량기술기준에 적합하다고 인정하는 경우에는 별지 제28호서식의 철도차량 형식승인증명서 또는 별지 제28호의2서식의 철도차량 형식변경승인증명서에 형식승인자료집을 첨부하여 신청인에게 발급하여야 한다.

③ 제2항에 따라 철도차량 형식승인증명서 또는 철도차량 형식변경승인증명서를 발급받은 자가 해당 증명서를 잃어버렸거나 헐어 못쓰게 되어 재발급을 받으려는 경우에는 별지 제29호서식의 철도차량 형식승인증명서 재발급 신청서에 헐어 못쓰게 된 증명서(헐어 못쓰게 된 경우만 해당한다)를 첨부하여 국토교통부장관에게 제출하여야 한다.

④ 제1항에 따른 철도차량 형식승인검사에 관한 세부적인 기준·절차 및 방법은 국토교통부장관이 정하여 고시한다.

**제26조의2(형식승인의 취소 등)**
① 국토교통부장관은 제26조에 따라 형식승인을 받은 자가 다음 각 호의 어느 하나에 해당하는 경우에는 그 형식승인을 취소할 수 있다. 다만, 제1호에 해당하는 경우에는 그 형식승인을 취소하여야 한다.
1. 거짓이나 그 밖의 부정한 방법으로 형식승인을 받은 경우
2. 제26조제3항에 따른 기술기준에 중대하게 위반되는 경우
3. 제2항에 따른 변경승인명령을 이행하지 아니한 경우
② 국토교통부장관은 제26조제1항에 따른 형식승인이 같은 조 제3항에 따른 기술기준에 위반(이 조 제1항제2호에 해당하는 경우는 제외한다)된다고 인정하는 경우에는 그 형식승인을 받은 자에게 국토교통부령으로 정하는 바에 따라 변경승인을 받을 것을 명하여야 한다.
③ 제1항제1호에 해당되는 사유로 형식승인이 취소된 경우에는 그 취소된 날부터 2년간 동일한 형식의 철도차량에 대하여 새로 형식승인을 받을 수 없다.

**규칙 제50조(철도차량 형식 변경승인의 명령 등)**
① 국토교통부장관은 법 제26조의2제2항에 따라 변경승인을 받을 것을 명하려는 경우에는 그 사유를 명시하여 철도차량 형식승인을 받은 자에게 통보하여야 한다.
② 제1항에 따라 변경승인 명령을 받은 자는 명령을 통보받은 날부터 30일 이내에 법 제26조제2항 본문에 따라 철도차량 형식승인의 변경승인을 신청하여야 한다.

### 제26조의3(철도차량 제작자승인)

① 제26조에 따라 형식승인을 받은 철도차량을 제작(외국에서 대한민국에 수출할 목적으로 제작하는 경우를 포함한다)하려는 자는 국토교통부령으로 정하는 바에 따라 철도차량의 제작을 위한 인력, 설비, 장비, 기술 및 제작검사 등 철도차량의 적합한 제작을 위한 유기적 체계(이하 "철도차량 품질관리체계"라 한다)를 갖추고 있는지에 대하여 국토교통부장관의 제작자승인을 받아야 한다.

② 국토교통부장관은 제1항에 따른 제작자승인을 하는 경우에는 해당 철도차량 품질관리체계가 국토교통부장관이 정하여 고시하는 철도차량의 제작관리 및 품질유지에 필요한 기술기준에 적합한지에 대하여 국토교통부령으로 정하는 바에 따라 제작자승인검사를 하여야 한다.

③ 국토교통부장관은 제1항 및 제2항에도 불구하고 대한민국이 체결한 협정 또는 대한민국이 가입한 협약에 따라 제작자승인이 면제되는 경우 등 대통령령으로 정하는 경우에는 제작자승인 대상에서 제외하거나 제작자승인검사의 전부 또는 일부를 면제할 수 있다.

### 영 제23조(철도차량 제작자승인 등을 면제할 수 있는 경우 등)

① 법 제26조의3제3항에서 "대한민국이 체결한 협정 또는 대한민국이 가입한 협약에 따라 제작자승인이 면제되는 경우 등 대통령령으로 정하는 경우"란 다음 각 호의 어느 하나에 해당하는 경우를 말한다.
   1. 대한민국이 체결한 협정 또는 대한민국이 가입한 협약에 따라 제작자승인이 면제되거나 제작자승인검사의 전부 또는 일부가 면제되는 경우
   2. 철도시설의 유지·보수 또는 철도차량의 사고복구 등 특수한 목적을 위하여 제작 또는 수입되는 철도차량으로서 국토교통부장관이 정하여 고시하는 철도차량에 해당하는 경우

② 법 제26조의3제3항에 따라 제작자승인 또는 제작자승인검사를 면제할 수 있는 범위는 다음 각 호의 구분과 같다.
   1. 제1항제1호에 해당하는 경우: 대한민국이 체결한 협정 또는 대한민국이 가입한 협약에서 정한 제작자승인 또는 제작자승인검사의 면제 범위
   2. 제1항제2호에 해당하는 경우: 제작자승인검사의 전부

### 규칙 제51조(철도차량 제작자승인의 신청 등)

① 법 제26조의3제1항에 따라 철도차량 제작자승인을 받으려는 자는 별지 제30호서식의 철도차량 제작자승인신청서에 다음 각 호의 서류를 첨부하여 국토교통부장관에게 제출하여야 한다. 다만, 영 제23조제1항제1호에 따라 제작자승인이 면제되는 경우에는 제4호의 서류만 첨부한다.

   1. 법 제26조의3제2항에 따른 철도차량의 제작관리 및 품질유지에 필요한 기술기준(이하 "철도차량제작자승인기준"이라 한다)에 대한 적합성 입증계획서 및 입증자료
   2. 철도차량 품질관리체계서 및 설명서
   3. 철도차량 제작 명세서 및 설명서
   4. 법 제26조의3제3항에 따라 제작자승인 또는 제작자승인검사의 면제 대상에 해당하는 경우 그 입증서류
   5. 그 밖에 철도차량제작자승인기준에 적합함을 입증하기 위하여 국토교통부장관이 필요하다고 인정하여 고시하는 서류
② 철도차량 제작자승인을 받은 자가 법 제26조의8에서 준용하는 법 제7조제3항 본문에 따라 철도차량 제작자승인 받은 사항을 변경하려는 경우에는 별지 제30호의2서식의 철도차량 제작자변경승인신청서에 다음 각 호의 서류를 첨부하여 국토교통부장관에게 제출하여야 한다.
   1. 해당 철도차량의 철도차량 제작자승인증명서
   2. 제1항 각 호의 서류(변경되는 부분 및 그와 연관되는 부분에 한정한다)
   3. 변경 전후의 대비표 및 해설서
③ 국토교통부장관은 제1항 및 제2항에 따라 철도차량 제작자승인 또는 변경승인 신청을 받은 경우에 15일 이내에 승인 또는 변경승인에 필요한 검사 등의 계획서를 작성하여 신청인에게 통보하여야 한다.

### 규칙 제52조(철도차량 제작자승인의 경미한 사항 변경)

① 법 제26조의8에서 준용하는 법 제7조제3항 단서에서 "국토교통부령으로 정하는 경미한 사항을 변경하려는 경우"란 다음 각 호의 어느 하나에 해당하는 변경을 말한다.
   1. 철도차량 제작자의 조직변경에 따른 품질관리조직 또는 품질관리책임자에 관한 사항의 변경
   2. 법령 또는 행정구역의 변경 등으로 인한 품질관리규정의 세부내용 변경
   3. 서류간 불일치 사항 및 품질관리규정의 기본방향에 영향을 미치지 아니하는 사항으로서 그 변경근거가 분명한 사항의 변경
② 법 제26조의8에서 준용하는 법 제7조제3항 단서에 따라 경미한 사항을 변경하려는 경우에는 별지 제31호서식의 철도차량 제작자승인변경신고서에 다음 각 호의 서류를 첨부하여 국토교통부장관에게 제출하여야 한다.
   1. 해당 철도차량의 철도차량 제작자승인증명서
   2. 제1항 각 호에 해당함을 증명하는 서류
   3. 변경 전후의 대비표 및 해설서
   4. 변경 후의 철도차량 품질관리체계
   5. 철도차량제작자승인기준에 대한 적합성 입증자료(변경되는 부분 및 그와 연관되는 부분에 한정한다)

③ 국토교통부장관은 제2항에 따라 신고를 받은 때에는 제2항 각 호의 첨부서류를 확인한 후 별지 제31호의2서식의 철도차량 제작자승인변경신고확인서를 발급하여야 한다.

### 규칙 제53조(철도차량 제작자승인검사의 방법 및 증명서 발급 등)
① 법 제26조의3제2항에 따른 철도차량 제작자승인검사는 다음 각 호의 구분에 따라 실시한다.
  1. 품질관리체계 적합성검사: 해당 철도차량의 품질관리체계가 철도차량제작자승인기준에 적합한지 여부에 대한 검사
  2. 제작검사: 해당 철도차량에 대한 품질관리체계의 적용 및 유지 여부 등을 확인하는 검사
② 국토교통부장관은 제1항에 따른 검사 결과 철도차량제작자승인기준에 적합하다고 인정하는 경우에는 다음 각 호의 서류를 신청인에게 발급하여야 한다.
  1. 별지 제32호서식의 철도차량 제작자승인증명서 또는 별지 제32호의2서식의 철도차량제작자변경승인증명서
  2. 제작할 수 있는 철도차량의 형식에 대한 목록을 적은 제작자승인지정서
③ 제2항제1호에 따른 철도차량 제작자승인증명서 또는 철도차량 제작자변경승인증명서를 발급받은 자가 해당 증명서를 잃어버렸거나 헐어 못쓰게 되어 재발급을 받으려는 경우에는 별지 제29호서식의 철도차량 제작자승인증명서 재발급 신청서에 헐어 못쓰게 된 증명서(헐어 못쓰게 된 경우만 해당한다)를 첨부하여 국토교통부장관에게 제출하여야 한다.
④ 제1항에 따른 철도차량 제작자승인검사에 관한 세부적인 기준·절차 및 방법은 국토교통부장관이 정하여 고시한다.

### 규칙 제54조(철도차량 제작자승인 등의 면제 절차)
국토교통부장관은 제51조제1항제4호에 따른 서류의 검토 결과 철도차량이 제작자승인 또는 제작자승인검사의 면제 대상에 해당된다고 인정하는 경우에는 신청인에게 면제사실과 내용을 통보하여야 한다.

---

**제26조의4(결격사유)**
다음 각 호의 어느 하나에 해당하는 자는 철도차량 제작자승인을 받을 수 없다.
1. 피성년후견인
2. 파산선고를 받고 복권되지 아니한 사람
3. 이 법 또는 대통령령으로 정하는 철도 관계 법령을 위반하여 징역형의 실형을 선고받고 그 집행이 종료(집행이 종료된 것으로 보는 경우를 포함한다)되거나 집행이 면제된 날부터 2년이 지나지 아니한 사람

4. 이 법 또는 대통령령으로 정하는 철도 관계 법령을 위반하여 징역형의 집행유예를 선고받고 그 유예기간 중에 있는 사람
5. 제작자승인이 취소된 후 2년이 지나지 아니한 자
6. 임원 중에 제1호부터 제5호까지의 어느 하나에 해당하는 사람이 있는 법인

**영 제24조(철도 관계 법령의 범위)**

법 제26조의4제3호 및 제4호에서 "대통령령으로 정하는 철도 관계 법령"이란 각각 다음 각 호의 어느 하나에 해당하는 법령을 말한다.
1. 「건널목 개량촉진법」
2. 「도시철도법」
3. 「철도의 건설 및 철도시설 유지관리에 관한 법률」
4. 「철도사업법」
5. 「철도산업발전 기본법」
6. 「한국철도공사법」
7. 「국가철도공단법」
8. 「항공·철도 사고조사에 관한 법률」

### 제26조의5(승계)

① 제26조의3에 따라 철도차량 제작자승인을 받은 자가 그 사업을 양도하거나 사망한 때 또는 법인의 합병이 있는 때에는 양수인, 상속인 또는 합병 후 존속하는 법인이나 합병에 의하여 설립되는 법인은 제작자승인을 받은 자의 지위를 승계한다.
② 제1항에 따라 철도차량 제작자승인의 지위를 승계하는 자는 승계일부터 1개월 이내에 국토교통부령으로 정하는 바에 따라 그 승계사실을 국토교통부장관에게 신고하여야 한다.
③ 제1항에 따라 제작자승인의 지위를 승계하는 자에 대하여는 제26조의4를 준용한다. 다만, 제26조의4 각 호의 어느 하나에 해당하는 상속인이 피상속인이 사망한 날부터 3개월 이내에 그 사업을 다른 사람에게 양도한 경우에는 피상속인의 사망일부터 양도일까지의 기간 동안 피상속인의 제작자승인은 상속인의 제작자승인으로 본다.

**규칙 제55조(지위승계의 신고 등)**

① 법 제26조의5제2항에 따라 철도차량 제작자승인의 지위를 승계하는 자는 별지 제33호 서식의 철도차량 제작자승계신고서에 다음 각 호의 서류를 첨부하여 국토교통부장관에게 제출하여야 한다.

1. 철도차량 제작자승인증명서
2. 사업 양도의 경우: 양도·양수계약서 사본 등 양도 사실을 입증할 수 있는 서류
3. 사업 상속의 경우: 사업을 상속받은 사실을 확인할 수 있는 서류
4. 사업 합병의 경우: 합병계약서 및 합병 후 존속하거나 합병에 따라 신설된 법인의 등기사항증명서

② 국토교통부장관은 제1항에 따라 신고를 받은 경우에 지위승계 사실을 확인한 후 철도차량 제작자승인증명서를 지위승계자에게 발급하여야 한다.

### 제26조의6(철도차량 완성검사)

① 제26조의3에 따라 철도차량 제작자승인을 받은 자는 제작한 철도차량을 판매하기 전에 해당 철도차량이 제26조에 따른 형식승인을 받은대로 제작되었는지를 확인하기 위하여 국토교통부장관이 시행하는 완성검사를 받아야 한다.
② 국토교통부장관은 철도차량이 제1항에 따른 완성검사에 합격한 경우에는 철도차량제작자에게 국토교통부령으로 정하는 완성검사증명서를 발급하여야 한다.
③ 제1항에 따른 철도차량 완성검사의 절차 및 방법 등에 관하여 필요한 사항은 국토교통부령으로 정한다.

### 규칙 제56조(철도차량 완성검사의 신청 등)

① 법 제26조의6제1항에 따라 철도차량 완성검사를 받으려는 자는 별지 제34호서식의 철도차량 완성검사신청서에 다음 각 호의 서류를 첨부하여 국토교통부장관에게 제출하여야 한다.
1. 철도차량 형식승인증명서
2. 철도차량 제작자승인증명서
3. 형식승인된 설계와의 형식동일성 입증계획서 및 입증서류
4. 제57조제1항제2호에 따른 주행시험 절차서
5. 그 밖에 형식동일성 입증을 위하여 국토교통부장관이 필요하다고 인정하여 고시하는 서류

② 국토교통부장관은 제1항에 따라 완성검사 신청을 받은 경우에 15일 이내에 완성검사의 계획서를 작성하여 신청인에게 통보하여야 한다.

### 규칙 제57조(철도차량 완성검사의 방법 및 검사증명서 발급 등)

① 법 제26조의6제1항에 따른 철도차량 완성검사는 다음 각 호의 구분에 따라 실시한다.
1. 완성차량검사: 안전과 직결된 주요 부품의 안전성 확보 등 철도차량이 철도차량기술기준에 적합하고 형식승인 받은 설계대로 제작되었는지를 확인하는 검사

2. 주행시험: 철도차량이 형식승인 받은대로 성능과 안전성을 확보하였는지 운행선로 시운전 등을 통하여 최종 확인하는 검사

② 국토교통부장관은 제1항에 따른 검사 결과 철도차량이 철도차량기술기준에 적합하고 형식승인 받은 설계대로 제작되었다고 인정하는 경우에는 별지 제35호서식의 철도차량 완성검사증명서를 신청인에게 발급하여야 한다.

③ 제1항에 따른 완성검사에 필요한 세부적인 기준·절차 및 방법은 국토교통부장관이 정하여 고시한다.

■ 철도안전법 시행규칙 [별지 제35호서식]

제    호

## 철도차량 완성검사증명서

1. 증명서 번호:
2. 신청회사:　　　　　　　　　　(법인등록번호:　　　　　)
3. 대표자:　　　　　　　　　　　(생년월일:　　　　　　　)
4. 제작사:　　　　　　　　　　　(법인등록번호:　　　　　)
5. 차량 종류:
6. 형식승인번호:
7. 제작자승인번호:
8. 제작공장위치:
9. 완성검사 수량:

「철도안전법」 제26조의6제2항 및 같은 법 시행규칙 제57조제2항에 따라 위 철도차량의 완성검사를 증명합니다.

년    월    일

국토교통부장관　　　　직인

210mm×297mm[백상지 120g/㎡]

151

**제26조의7(철도차량 제작자승인의 취소 등)**

① 국토교통부장관은 제26조의3에 따라 철도차량 제작자승인을 받은 자가 다음 각 호의 어느 하나에 해당하는 경우에는 그 승인을 취소하거나 6개월 이내의 기간을 정하여 업무의 제한이나 정지를 명할 수 있다. 다만, 제1호 또는 제5호에 해당하는 경우에는 제작자승인을 취소하여야 한다.
1. 거짓이나 그 밖의 부정한 방법으로 제작자승인을 받은 경우
2. 제26조의8에서 준용하는 제7조제3항을 위반하여 변경승인을 받지 아니하거나 변경신고를 하지 아니하고 철도차량을 제작한 경우
3. 제26조의8에서 준용하는 제8조제3항에 따른 시정조치명령을 정당한 사유 없이 이행하지 아니한 경우
4. 제32조제1항에 따른 명령을 이행하지 아니하는 경우
5. 업무정지 기간 중에 철도차량을 제작한 경우

② 제1항에 따른 철도차량 제작자승인의 취소, 업무의 제한 또는 정지의 기준 및 절차 등에 관하여 필요한 사항은 국토교통부령으로 정한다.

**규칙 제58조(철도차량 제작자승인의 취소 등 처분기준)**

법 제26조의7에 따른 철도차량 제작자승인의 취소 또는 업무의 제한·정지 등의 처분기준은 별표 14와 같다.

■ 철도안전법 시행규칙 [별표 14]

## 철도차량 제작자승인 관련 처분기준(제58조제1항 관련)

1. 일반기준

   가. 위반행위가 둘 이상인 경우로서 그에 해당하는 각각의 처분기준이 다른 경우에는 그중 무거운 처분기준(무거운 처분기준이 같을 때에는 그중 하나의 처분기준을 말한다)에 따르며, 둘 이상의 처분기준이 같은 업무제한·정지인 경우에는 무거운 처분기준의 2분의 1의 범위에서 가중할 수 있되, 각 처분기준을 합산한 기간을 초과할 수 없다.

   나. 위반행위의 횟수에 따른 행정처분 기준은 최근 2년간 같은 위반행위로 업무정지 처분을 받은 경우에 적용한다. 이 경우 위반횟수는 같은 위반행위에 대하여 최초로 처분을 한 날과 다시 같은 위반행위를 적발한 날을 기준으로 한다.

   다. 처분권자는 다음 각 목의 어느 하나에 해당하는 경우에는 업무제한·정지 처분의 2분의 1의 범위에서 감경할 수 있다. 이 경우 그 처분이 업무제한·정지인 경우에는 그 처분기준

의 2분의 1의 범위에서 감경할 수 있고, 승인취소인 경우(법 제26조의7제1항제1호 또는 제5호에 해당하는 경우는 제외한다)에는 6개월의 업무정지 처분으로 감경할 수 있다.
   1) 위반행위가 고의나 중대한 과실이 아닌 사소한 부주의나 오류로 인한 것으로 인정되는 경우
   2) 위반상태를 시정하거나 해소하기 위해 노력한 것이 인정되는 경우
   3) 그 밖에 위반행위의 정도, 위반행위의 동기와 그 결과 등을 고려하여 업무제한·정지 기간을 줄일 필요가 있다고 인정되는 경우
라. 처분권자는 다음 각 목의 어느 하나에 해당하는 경우에는 업무제한·정지 처분의 2분의 1의 범위에서 가중할 수 있다. 다만, 각 업무정지를 합산한 기간이 법 제9조제1항에서 정한 기간을 초과할 수 없다.
   1) 위반의 내용·정도가 중대하여 공중에게 미치는 피해가 크다고 인정되는 경우
   2) 그 밖에 위반행위의 정도, 위반행위의 동기와 그 결과 등을 고려하여 가중할 필요가 있다고 인정되는 경우

2. 개별기준

| 위반사항 | 근거법조문 | 처분기준 | | | |
|---|---|---|---|---|---|
| | | 1차 위반 | 2차 위반 | 3차 위반 | 4차 이상 위반 |
| 가. 거짓이나 그 밖의 부정한 방법으로 제작자승인을 받은 경우 | 법 제26조의7 제1항제1호 | 승인취소 | | | |
| 나. 법 제26조의8에서 준용하는 법 제7조제3항을 위반하여 변경승인을 받지 않고 철도차량을 제작한 경우 | 법 제26조의7 제1항제2호 | 업무정지 (업무제한) 3개월 | 업무정지 (업무제한) 6개월 | 승인취소 | |
| 다. 법 제26조의8에서 준용하는 법 제7조제3항을 위반하여 변경신고를 하지 않고 철도차량을 제작한 경우 | | 경고 | 업무정지 (업무제한) 3개월 | 업무정지 (업무제한) 6개월 | 승인취소 |
| 라. 법 제26조의8에서 준용하는 법 제8조제3항에 따른 시정조치명령을 정당한 사유 없이 이행하지 않은 경우 | 법 제26조의7 제1항제3호 | 경고 | 업무정지 (업무제한)3개월 | 업무정지 (업무제한) 6개월 | 승인취소 |
| 마. 법 제32조제1항에 따른 명령을 이행하지 않은 경우 | 법 제26조의7 제1항제4호 | 업무정지 (업무제한) 3개월 | 업무정지 (업무제한) 6개월 | 승인취소 | |
| 바. 업무정지 기간 중에 철도차량을 제작한 경우 | 법 제26조의7 제1항제5호 | 승인취소 | | | |

#### 제26조의8(준용규정)

철도차량 제작자승인의 변경, 철도차량 품질관리체계의 유지·검사 및 시정조치, 과징금의 부과·징수 등에 관하여는 제7조제3항, 제8조, 제9조 및 제9조의2를 준용한다. 이 경우 "안전관리체계"는 "철도차량 품질관리체계"로 본다.

#### 영 제25조(철도차량 제작자승인 관련 과징금의 부과기준)

① 법 제26조의8에서 준용하는 법 제9조의2제2항에 따른 과징금을 부과하는 위반행위의 종류와 과징금의 금액은 별표 2와 같다.
② 제1항에 따른 과징금의 부과에 관하여는 제6조제2항 및 제7조를 준용한다.

■ 철도안전법 시행령 [별표 2]

### 철도차량 제작자승인 관련 과징금의 부과기준(제25조 관련)

| 위반행위 | 근거 법조문 | 과징금 금액(단위: 백만원) | |
|---|---|---|---|
| | | 업무정지<br>(업무제한)<br>3개월 | 업무정지<br>(업무제한)<br>6개월 |
| 1. 법 제26조의8에서 준용하는 법 제7조제3항을 위반하여 변경승인을 받지 않고 철도차량을 제작한 경우 | 법 제26조의7제1항<br>제2호 | 30 | 60 |
| 2. 법 제26조의8에서 준용하는 법 제7조제3항을 위반하여 변경신고를 하지 않고 철도차량을 제작한 경우 | | 30 | 60 |
| 3. 법 제26조의8에서 준용하는 법 제8조제3항에 따른 시정조치명령을 정당한 사유 없이 이행하지 않은 경우 | 법 제26조의7제1항<br>제3호 | 30 | 60 |
| 4. 법 제32조제1항에 따른 명령을 이행하지 않은 경우 | 법 제26조의7제1항<br>제4호 | 30 | 60 |

#### 규칙 제59조(철도차량 품질관리체계의 유지 등)

① 국토교통부장관은 법 제26조의8에서 준용하는 법 제8조제2항에 따라 철도차량 품질관리체계에 대하여 1년마다 1회의 정기검사를 실시하고, 철도차량의 안전 및 품질 확보 등을 위하여 필요하다고 인정하는 경우에는 수시로 검사할 수 있다.

② 국토교통부장관은 제1항에 따라 정기검사 또는 수시검사를 시행하려는 경우에는 검사 시행일 15일 전까지 다음 각 호의 내용이 포함된 검사계획을 철도차량 제작자승인을 받은 자에게 통보하여야 한다.
  1. 검사반의 구성
  2. 검사 일정 및 장소
  3. 검사 수행 분야 및 검사 항목
  4. 중점 검사 사항
  5. 그 밖에 검사에 필요한 사항
③ 국토교통부장관은 정기검사 또는 수시검사를 마친 경우에는 다음 각 호의 사항이 포함된 검사 결과보고서를 작성하여야 한다.
  1. 철도차량 품질관리체계의 검사 개요 및 현황
  2. 철도차량 품질관리체계의 검사 과정 및 내용
  3. 법 제26조의8에서 준용하는 제8조제3항에 따른 시정조치 사항
④ 국토교통부장관은 법 제26조의8에서 준용하는 법 제8조제3항에 따라 철도차량 제작자승인을 받은 자에게 시정조치를 명하는 경우에는 시정에 필요한 적정한 기간을 주어야 한다.
⑤ 법 제26조의8에서 준용하는 제8조제3항에 따라 시정조치명령을 받은 철도차량 제작자승인을 받은 자는 시정조치를 완료한 경우에는 지체 없이 그 시정내용을 국토교통부장관에게 통보하여야 한다.
⑥ 제1항부터 제5항까지의 규정에서 정한 사항 외에 정기검사 또는 수시검사에 관한 세부적인 기준·방법 및 절차는 국토교통부장관이 정하여 고시한다.

### 제27조(철도용품 형식승인)

① 국토교통부장관이 정하여 고시하는 철도용품을 제작하거나 수입하려는 자는 국토교통부령으로 정하는 바에 따라 해당 철도용품의 설계에 대하여 국토교통부장관의 형식승인을 받아야 한다.
② 국토교통부장관은 제1항에 따른 형식승인을 하는 경우에는 해당 철도용품이 국토교통부장관이 정하여 고시하는 철도용품의 기술기준에 적합한지에 대하여 국토교통부령으로 정하는 바에 따라 형식승인검사를 하여야 한다.
③ 누구든지 제1항에 따른 형식승인을 받지 아니한 철도용품(국토교통부장관이 정하여 고시하는 철도용품만 해당한다)을 철도시설 또는 철도차량 등에 사용하여서는 아니 된다.
④ 철도용품 형식승인의 변경, 형식승인검사의 면제, 형식승인의 취소, 변경승인명령 및 형식승인의 금지기간 등에 관하여는 제26조제2항·제4항·제6항 및 제26조의2를 준용한다. 이 경우 "철도차량"은 "철도용품"으로 본다.

### 영 제26조(형식승인검사를 면제할 수 있는 철도용품)

① 법 제27조제4항에서 준용하는 법 제26조제4항에 따라 형식승인검사를 면제할 수 있는 철도용품은 법 제26조제4항제1호부터 제3호까지의 어느 하나에 해당하는 경우로 한다.
② 법 제27조제4항에서 준용하는 법 제26조제4항제1호에서 "대통령령으로 정하는 철도용품"이란 철도차량 또는 철도시설에 사용되지 아니하는 철도용품을 말한다.
③ 법 제27조제4항에서 준용하는 법 제26조제4항제2호에서 "대통령령으로 정하는 철도용품"이란 국내에서 철도운영에 사용되지 아니하는 철도용품을 말한다.
④ 법 제27조제4항에서 준용하는 법 제26조제4항에 따라 철도용품별로 형식승인검사를 면제할 수 있는 범위는 다음 각 호의 구분과 같다.
  1. 법 제26조제4항제1호 및 제2호에 해당하는 철도용품: 형식승인검사의 전부
  2. 법 제26조제4항제3호에 해당하는 철도용품: 대한민국이 체결한 협정 또는 대한민국이 가입한 협약에서 정한 면제의 범위

### 규칙 제60조(철도용품 형식승인 신청 절차 등)

① 법 제27조제1항에 따라 철도용품 형식승인을 받으려는 자는 별지 제36호서식의 철도용품 형식승인신청서에 다음 각 호의 서류를 첨부하여 국토교통부장관에게 제출하여야 한다.
  1. 법 제27조제2항에 따른 철도용품의 기술기준(이하 "철도용품기술기준"이라 한다)에 대한 적합성 입증계획서 및 입증자료
  2. 철도용품의 설계도면, 설계 명세서 및 설명서
  3. 법 제27조제4항에서 준용하는 법 제26조제4항에 따른 형식승인검사의 면제 대상에 해당하는 경우 그 입증서류
  4. 제61조제1항제3호에 따른 용품형식 시험 절차서
  5. 그 밖에 철도용품기술기준에 적합함을 입증하기 위하여 국토교통부장관이 필요하다고 인정하여 고시하는 서류
② 법 제27조제4항에서 준용하는 법 제26조제2항 본문에 따라 철도용품 형식승인 받은 사항을 변경하려는 경우에는 별지 제36호의2서식의 철도용품 형식변경승인신청서에 다음 각 호의 서류를 첨부하여 국토교통부장관에게 제출하여야 한다.
  1. 해당 철도용품의 철도용품 형식승인증명서
  2. 제1항 각 호의 서류(변경되는 부분 및 그와 연관되는 부분에 한정한다)
  3. 변경 전후의 대비표 및 해설서
③ 국토교통부장관은 제1항 및 제2항에 따라 철도용품 형식승인 또는 변경승인 신청을 받은 경우에 15일 이내에 승인 또는 변경승인에 필요한 검사 등의 계획서를 작성하여 신청인에게 통보하여야 한다.

**규칙 제61조(철도용품 형식승인의 경미한 사항 변경)**
① 법 제27조제4항에서 준용하는 법 제26조제2항 단서에서 "국토교통부령으로 정하는 경미한 사항을 변경하려는 경우"란 다음 각 호의 어느 하나에 해당하는 변경을 말한다.
  1. 철도용품의 안전 및 성능에 영향을 미치지 아니하는 형상 변경
  2. 철도용품의 안전에 영향을 미치지 아니하는 설비의 변경
  3. 중량분포 및 크기에 영향을 미치지 아니하는 장치 또는 부품의 배치 변경
  4. 동일 성능으로 입증할 수 있는 부품의 규격 변경
  5. 그 밖에 철도용품의 안전 및 성능에 영향을 미치지 아니한다고 국토교통부장관이 인정하는 사항의 변경
② 법 제27조제4항에서 준용하는 법 제26조제2항 단서에 따라 경미한 사항을 변경하려는 경우에는 별지 제37호서식의 철도용품 형식변경신고서에 다음 각 호의 서류를 첨부하여 국토교통부장관에게 제출하여야 한다.
  1. 해당 철도용품의 철도용품 형식승인증명서
  2. 제1항 각 호에 해당함을 증명하는 서류
  3. 변경 전후의 대비표 및 해설서
  4. 변경 후의 주요 제원
  5. 철도용품기술기준에 대한 적합성 입증자료(변경되는 부분 및 그와 연관되는 부분에 한정한다)
③ 국토교통부장관은 제2항에 따라 신고를 받은 때에는 제2항 각 호의 첨부서류를 확인한 후 별지 제37호의2서식의 철도용품 형식변경신고확인서를 발급하여야 한다.

**규칙 제62조(철도용품 형식승인검사의 방법 및 증명서 발급 등)**
① 법 제27조제2항에 따른 철도용품 형식승인검사는 다음 각 호의 구분에 따라 실시한다.
  1. 설계적합성 검사: 철도용품의 설계가 철도용품기술기준에 적합한지 여부에 대한 검사
  2. 합치성 검사: 철도용품이 부품단계, 구성품단계, 완성품단계에서 제1호에 따른 설계와 합치하게 제작되었는지 여부에 대한 검사
  3. 용품형식 시험: 철도용품이 부품단계, 구성품단계, 완성품단계, 시운전단계에서 철도용품기술기준에 적합한지 여부에 대한 시험
② 국토교통부장관은 제1항에 따른 검사 결과 철도용품기술기준에 적합하다고 인정하는 경우에는 별지 제38호 서식의 철도용품 형식승인증명서 또는 별지 제38호의2서식의 철도용품 형식변경승인증명서에 형식승인자료집을 첨부하여 신청인에게 발급하여야 한다.
③ 국토교통부장관은 제2항에 따른 철도용품 형식승인증명서 또는 철도용품 형식변경승인증명서를 발급할 때에는 해당 철도용품이 장착될 철도차량 또는 철도시설을 지정할 수 있다.
④ 제2항에 따라 철도용품 형식승인증명서 또는 철도용품 형식변경승인증명서를 발급받은 자가

해당 증명서를 잃어버렸거나 헐어 못쓰게 되어 재발급 받으려는 경우에는 별지 제29호서식의 철도용품 형식승인증명서 재발급 신청서에 헐어 못쓰게 된 증명서(헐어 못쓰게 된 경우만 해당한다)를 첨부하여 국토교통부장관에게 제출하여야 한다.

⑤ 제1항에 따른 철도용품 형식승인검사에 관한 세부적인 기준·절차 및 방법은 국토교통부장관이 정하여 고시한다.

**규칙 제63조(철도용품 형식승인검사의 면제 절차)**
국토교통부장관은 제60조제1항제3호에 따른 서류의 검토 결과 해당 철도용품이 형식승인검사의 면제 대상에 해당된다고 인정하는 경우에는 신청인에게 면제사실과 내용을 통보하여야 한다.

**제27조의2(철도용품 제작자승인)**

① 제27조에 따라 형식승인을 받은 철도용품을 제작(외국에서 대한민국에 수출할 목적으로 제작하는 경우를 포함한다)하려는 자는 국토교통부령으로 정하는 바에 따라 철도용품의 제작을 위한 인력, 설비, 장비, 기술 및 제작검사 등 철도용품의 적합한 제작을 위한 유기적 체계(이하 "철도용품 품질관리체계"라 한다)를 갖추고 있는지에 대하여 국토교통부장관으로부터 제작자승인을 받아야 한다.

② 국토교통부장관은 제1항에 따른 제작자승인을 하는 경우에는 해당 철도용품 품질관리체계가 국토교통부장관이 정하여 고시하는 철도용품의 제작관리 및 품질유지에 필요한 기술기준에 적합한지에 대하여 국토교통부령으로 정하는 바에 따라 철도용품 제작자승인 검사를 하여야 한다.

③ 제1항에 따라 제작자승인을 받은 자는 해당 철도용품에 대하여 국토교통부령으로 정하는 바에 따라 형식승인을 받은 철도용품임을 나타내는 형식승인표시를 하여야 한다.

④ 제1항에 따른 철도용품 제작자승인의 변경, 철도용품 품질관리체계의 유지·검사 및 시정조치, 과징금의 부과·징수, 제작자승인 등의 면제, 제작자승인의 결격사유 및 지위승계, 제작자승인의 취소, 업무의 제한·정지 등에 관하여는 제7조제3항, 제8조, 제9조, 제9조의2, 제26조의3제3항, 제26조의4, 제26조의5 및 제26조의7을 준용한다. 이 경우 "안전관리체계"는 "철도용품 품질관리체계"로, "철도차량"은 "철도용품"으로 본다.

**영 제27조(철도용품 제작자승인 관련 과징금의 부과기준)**

① 법 제27조의2제4항에서 준용하는 법 제9조의2제2항에 따른 과징금을 부과하는 위반행위의 종류와 과징금의 금액은 별표 3과 같다.

② 제1항에 따른 과징금의 부과에 관하여는 제6조제2항 및 제7조를 준용한다.

■ 철도안전법 시행령 [별표 3]

## 철도용품 제작자승인 관련 과징금의 부과기준(제27조 관련)

| 위반행위 | 근거 법조문 | 과징금 금액(단위: 백만원) | |
|---|---|---|---|
| | | 업무정지<br>(업무제한)<br>3개월 | 업무정지<br>(업무제한)<br>6개월 |
| 1. 법 제27조의2제4항에서 준용하는 법 제7조제3항을 위반하여 변경승인을 받지 않고 철도용품을 제작한 경우 | 법 제27조의2제4항에서 준용하는 법 제26조의7제1항제2호 | 10 | 20 |
| 2. 법 제27조의2제4항에서 준용하는 법 제7조제3항을 위반하여 변경신고를 하지 않고 철도용품을 제작한 경우 | | 10 | 20 |
| 3. 법 제27조의2제4항에서 준용하는 법 제8조제3항에 따른 시정조치명령을 정당한 사유 없이 이행하지 않은 경우 | 법 제27조의2제4항에서 준용하는 법 제26조의7제1항제3호 | 10 | 20 |
| 4. 법 제32조제1항에 따른 명령을 이행하지 않은 경우 | 법 제27조의2제4항에서 준용하는 법 제26조의7제1항제4호 | 10 | 20 |

### 영 제28조(철도용품 제작자승인 등을 면제할 수 있는 경우 등)

① 법 제27조의2제4항에서 준용하는 법 제26조의3제3항에서 "대한민국이 체결한 협정 또는 대한민국이 가입한 협약에 따라 제작자승인이 면제되는 경우 등 대통령령으로 정하는 경우"란 대한민국이 체결한 협정 또는 대한민국이 가입한 협약에 따라 제작자승인이 면제되거나 제작자승인검사의 전부 또는 일부가 면제되는 경우를 말한다.
② 제1항에 해당하는 경우에 제작자승인 또는 제작자승인검사를 면제할 수 있는 범위는 대한민국이 체결한 협정 또는 대한민국이 가입한 협약에서 정한 면제의 범위에 따른다.

### 규칙 제64조(철도용품 제작자승인의 신청 등)

① 법 제27조의2제1항에 따라 철도용품 제작자승인을 받으려는 자는 별지 제39호서식의 철도용품 제작자승인신청서에 다음 각 호의 서류를 첨부하여 국토교통부장관에게 제출하여야 한다. 다만, 영 제28조제1항에 따라 제작자승인이 면제되는 경우에는 제4호의 서류만 첨부한다.
  1. 법 제27조의2제2항에 따른 철도용품의 제작관리 및 품질유지에 필요한 기술기준(이하 "철도용품제작자승인기준"이라 한다)에 대한 적합성 입증계획서 및 입증자료
  2. 철도용품 품질관리체계서 및 설명서
  3. 철도용품 제작 명세서 및 설명서

    4. 법 제27조의2제4항에서 준용하는 법 제26조의3제3항에 따라 제작자승인 또는 제작자승인검사의 면제 대상에 해당하는 경우 그 입증서류
    5. 그 밖에 철도용품제작자승인기준에 적합함을 입증하기 위하여 국토교통부장관이 필요하다고 인정하여 고시하는 서류

② 철도용품 제작자승인을 받은 자가 법 제27조의2제4항에서 준용하는 법 제7조제3항 본문에 따라 철도용품 제작자승인 받은 사항을 변경하려는 경우에는 별지 제39호의2서식의 철도용품 제작자변경승인신청서에 다음 각 호의 서류를 첨부하여 국토교통부장관에게 제출하여야 한다.
    1. 해당 철도용품의 철도용품 제작자승인증명서
    2. 제1항 각 호의 서류(변경되는 부분 및 그와 연관되는 부분에 한정한다)
    3. 변경 전후의 대비표 및 해설서

③ 국토교통부장관은 제1항 및 제2항에 따라 철도용품 제작자승인 또는 변경승인 신청을 받은 경우에 15일 이내에 승인 또는 변경승인에 필요한 검사 등의 계획서를 작성하여 신청인에게 통보하여야 한다.

### 규칙 제65조(철도용품 제작자승인의 경미한 사항 변경)

① 법 제27조의2제4항에서 준용하는 법 제7조제3항의 단서에서 "국토교통부령으로 정하는 경미한 사항을 변경하는 경우"란 다음 각 호의 어느 하나에 해당하는 경우를 말한다.
    1. 철도용품 제작자의 조직변경에 따른 품질관리조직 또는 품질관리책임자에 관한 사항의 변경
    2. 법령 또는 행정구역의 변경 등으로 인한 품질관리규정의 세부내용의 변경
    3. 서류간 불일치 사항 및 품질관리규정의 기본방향에 영향을 미치지 아니하는 사항으로써 그 변경근거가 분명한 사항의 변경

② 법 제27조의2제4항에서 준용하는 법 제7조제3항 단서에 따라 경미한 사항을 변경하려는 경우에는 별지 제40호서식의 철도용품 제작자변경신고서에 다음 각 호의 서류를 첨부하여 국토교통부장관에게 제출하여야 한다.
    1. 해당 철도용품의 철도용품 제작자승인증명서
    2. 제1항 각 호에 해당함을 증명하는 서류
    3. 변경 전후의 대비표 및 해설서
    4. 변경 후의 철도용품 품질관리체계
    5. 철도용품제작자승인기준에 대한 적합성 입증자료(변경되는 부분 및 그와 연관되는 부분에 한정한다)

③ 국토교통부장관은 제2항에 따라 신고를 받은 때에는 제2항 각 호의 첨부서류를 확인한 후 별지 제40호의2서식의 철도용품 제작자승인변경신고확인서를 발급하여야 한다.

### 규칙 제66조(철도용품 제작자승인검사의 방법 및 증명서 발급 등)

① 법 제27조의2제2항에 따른 철도용품 제작자승인검사는 다음 각 호의 구분에 따라 실시한다.
　1. 품질관리체계의 적합성검사: 해당 철도용품의 품질관리체계가 철도용품제작자승인기준에 적합한지 여부에 대한 검사
　2. 제작검사: 해당 철도용품에 대한 품질관리체계 적용 및 유지 여부 등을 확인하는 검사

② 국토교통부장관은 제1항에 따른 검사 결과 철도용품제작자승인기준에 적합하다고 인정하는 경우에는 다음 각 호의 서류를 신청인에게 발급하여야 한다.
　1. 별지 제41호서식의 철도용품 제작자승인증명서 또는 별지 제41호의2서식의 철도용품 제작자변경승인증명서
　2. 제작할 수 있는 철도용품의 형식에 대한 목록을 적은 제작자승인지정서

③ 제2항제1호에 따른 철도용품 제작자승인증명서 또는 철도용품 제작자변경승인증명서를 발급받은 자가 해당 증명서를 잃어버렸거나 헐어 못쓰게 되어 재발급 받으려는 경우에는 별지 제29호서식의 철도용품 제작자승인증명서 재발급 신청서에 헐어 못쓰게 된 증명서(헐어 못쓰게 된 경우만 해당한다)를 첨부하여 국토교통부장관에게 제출하여야 한다.

④ 제1항에 따른 철도용품 제작자승인검사에 관한 세부적인 기준·절차 및 방법은 국토교통부장관이 정하여 고시한다.

### 규칙 제67조(철도용품 제작자승인 등의 면제 절차)

국토교통부장관은 제64조제1항제4호에 따른 서류의 검토 결과 철도용품이 제작자승인 또는 제작자승인검사의 면제 대상에 해당된다고 인정하는 경우에는 신청인에게 면제사실과 내용을 통보하여야 한다.

### 규칙 제68조(형식승인을 받은 철도용품의 표시)

① 법 제27조의2제3항에 따라 철도용품 제작자승인을 받은 자는 해당 철도용품에 다음 각 호의 사항을 포함하여 형식승인을 받은 철도용품(이하 "형식승인품"이라 한다)임을 나타내는 표시를 하여야 한다.
　1. 형식승인품명 및 형식승인번호
　2. 형식승인품명의 제조일
　3. 형식승인품의 제조자명(제조자임을 나타내는 마크 또는 약호를 포함한다)
　4. 형식승인기관의 명칭

② 제1항에 따른 형식승인품의 표시는 국토교통부장관이 정하여 고시하는 표준도안에 따른다.

### 규칙 제69조(지위승계의 신고 등)
① 법 제27조의2제4항에서 준용하는 법 제26조의5제2항에 따라 철도용품 제작자승인의 지위를 승계하는 자는 별지 제42호서식의 철도용품 제작자승계신고서에 다음 각 호의 서류를 첨부하여 국토교통부장관에게 제출하여야 한다.
  1. 철도용품 제작자승인증명서
  2. 사업 양도의 경우: 양도·양수계약서 사본 등 양도 사실을 입증할 수 있는 서류
  3. 사업 상속의 경우: 사업을 상속받은 사실을 확인할 수 있는 서류
  4. 사업 합병의 경우: 합병계약서 및 합병 후 존속하거나 합병에 따라 신설된 법인의 등기사항증명서
② 국토교통부장관은 제1항에 따라 신고를 받은 경우에 지위승계 사실을 확인한 후 철도용품 제작자승인증명서를 지위승계자에게 발급하여야 한다.

### 규칙 제70조(철도용품 제작자승인의 취소 등 처분기준)
법 제27조의2제4항에서 준용하는 법 제26조의7에 따른 철도용품 제작자승인의 취소 또는 업무의 제한·정지 등의 처분기준은 별표 15와 같다.

■ 철도안전법 시행규칙 [별표 15]

## 철도용품 제작자승인 관련 처분기준(제70조 관련)

1. 일반기준
   가. 위반행위가 둘 이상인 경우로서 그에 해당하는 각각의 처분기준이 다른 경우에는 그중 무거운 처분기준(무거운 처분기준이 같을 때에는 그중 하나의 처분기준을 말한다)에 따르며, 둘 이상의 처분기준이 같은 업무제한·정지인 경우에는 무거운 처분기준의 2분의 1의 범위에서 가중할 수 있되, 각 처분기준을 합산한 기간을 초과할 수 없다.
   나. 위반행위의 횟수에 따른 행정처분 기준은 최근 2년간 같은 위반행위로 업무제한·정지 처분을 받은 경우에 적용한다. 이 경우 위반횟수는 같은 위반행위에 대하여 최초로 처분을 한 날과 다시 같은 위반행위를 적발한 날을 기준으로 한다.
   다. 처분권자는 다음 각 목의 어느 하나에 해당하는 경우에는 업무제한·정지 처분의 2분의 1의 범위에서 감경할 수 있다. 이 경우 그 처분이 업무제한·정지인 경우에는 그 처분기준의 2분의 1의 범위에서 감경할 수 있고, 승인취소인 경우(법 제27조의2제4항에 따라 준용되는 법 제26조의7제1항제1호 또는 제5호에 해당하는 경우는 제외한다)에는 6개월의 업무정지 처분으로 감경할 수 있다.
      1) 위반행위가 고의나 중대한 과실이 아닌 사소한 부주의나 오류로 인한 것으로 인정되는 경우

2) 위반상태를 시정하거나 해소하기 위해 노력한 것이 인정되는 경우
3) 그 밖에 위반행위의 정도, 위반행위의 동기와 그 결과 등을 고려하여 업무제한·정지 기간을 줄일 필요가 있다고 인정되는 경우

라. 처분권자는 다음 각 목의 어느 하나에 해당하는 경우에는 업무제한·정지 처분의 2분의 1의 범위에서 가중할 수 있다. 다만, 각 업무정지를 합산한 기간이 법 제9조제1항에서 정한 기간을 초과할 수 없다.
1) 위반의 내용·정도가 중대하여 공중에게 미치는 피해가 크다고 인정되는 경우
2) 그 밖에 위반행위의 정도, 위반행위의 동기와 그 결과 등을 고려하여 가중할 필요가 있다고 인정되는 경우

2. 개별기준

| 위반사항 | 근거법조문 | 처분기준 | | | |
|---|---|---|---|---|---|
| | | 1차 위반 | 2차 위반 | 3차 위반 | 4차 이상 위반 |
| 가. 거짓이나 그 밖의 부정한 방법으로 제작자승인을 받은 경우 | 법 제27조의2 제4항 | 승인취소 | | | |
| 나. 법 제27조의2에서 준용하는 법 제7조제3항을 위반하여 변경승인을 받지 않고 철도차량을 제작한 경우 | 법 제27조의2 제4항 | 업무정지 (업무제한) 3개월 | 업무정지 (업무제한) 6개월 | 승인취소 | |
| 다. 법 제27조의2에서 준용하는 법 제7조제3항을 위반하여 변경신고를 하지 않고 철도차량을 제작한 경우 | 법 제27조의2 제4항 | 경고 | 업무정지 (업무제한) 3개월 | 업무정지 (업무제한) 6개월 | 승인취소 |
| 라. 법 제27조의2제4항에서 준용하는 법 제8조제3항에 따른 시정조치 명령을 정당한 사유 없이 이행하지 않은 경우 | 법 제27조의2 제4항 | 경고 | 업무정지 (업무제한) 3개월 | 업무정지 (업무제한) 6개월 | 승인취소 |
| 마. 법 제32조제1항에 따른 명령을 이행하지 않은 경우 | 법 제27조의2 제4항 | 업무정지 (업무제한) 3개월 | 업무정지 (업무제한) 6개월 | 승인취소 | |
| 바. 업무정지 기간 중에 철도용품을 제작한 경우 | 법 제27조의2 제4항 | 승인취소 | | | |

**규칙 제71조(철도용품 품질관리체계의 유지 등)**

① 국토교통부장관은 법 제27조의2제4항에서 준용하는 법 제8조제2항에 따라 철도용품 품질관리체계에 대하여 1년마다 1회의 정기검사를 실시하고, 철도용품의 안전 및 품질 확보 등을 위하여 필요하다고 인정하는 경우에는 수시로 검사할 수 있다.

② 국토교통부장관은 제1항에 따라 정기검사 또는 수시검사를 시행하려는 경우에는 검사 시행일 15일 전까지 다음 각 호의 내용이 포함된 검사계획을 철도용품 제작자승인을 받은 자에게 통보하여야 한다.

    1. 검사반의 구성
    2. 검사 일정 및 장소
    3. 검사 수행 분야 및 검사 항목
    4. 중점 검사 사항
    5. 그 밖에 검사에 필요한 사항

③ 국토교통부장관은 정기검사 또는 수시검사를 마친 경우에는 다음 각 호의 사항이 포함된 검사 결과보고서를 작성하여야 한다.

  1. 철도용품 품질관리체계의 검사 개요 및 현황
  2. 철도용품 품질관리체계의 검사 과정 및 내용
  3. 법 제27조의2제4항에서 준용하는 제8조제3항에 따른 시정조치 사항

④ 국토교통부장관은 법 제27조의2제4항에서 준용하는 법 제8조제3항에 따라 철도용품 제작자승인을 받은 자에게 시정조치를 명하는 경우에는 시정에 필요한 적정한 기간을 주어야 한다.

⑤ 법 제27조의2제4항에서 준용하는 제8조제3항에 따라 시정조치명령을 받은 철도용품 제작자승인을 받은 자는 시정조치를 완료한 경우에는 지체 없이 그 시정내용을 국토교통부장관에게 통보하여야 한다.

⑥ 제1항부터 제5항까지의 규정에서 정한 사항 외에 정기검사 또는 수시검사에 관한 세부적인 기준·방법 및 절차는 국토교통부장관이 정하여 고시한다.

**제27조의3(검사 업무의 위탁)**

국토교통부장관은 다음 각 호의 업무를 대통령령으로 정하는 바에 따라 관련 기관 또는 단체에 위탁할 수 있다.

1. 제26조제3항에 따른 철도차량 형식승인검사
2. 제26조의3제2항에 따른 철도차량 제작자승인검사
3. 제26조의6제1항에 따른 철도차량 완성검사
4. 제27조제2항에 따른 철도용품 형식승인검사
5. 제27조의2제2항에 따른 철도용품 제작자승인검사

### 영 제28조의2(검사 업무의 위탁)

① 국토교통부장관은 법 제27조의3에 따라 다음 각 호의 업무를 「과학기술분야 정부출연연구기관 등의 설립·운영 및 육성에 관한 법률」 제8조에 따라 설립된 한국철도기술연구원(이하 "한국철도기술연구원"이라 한다) 및 「한국교통안전공단법」에 따른 한국교통안전공단(이하 "한국교통안전공단"이라 한다)에 위탁한다.
  1. 법 제26조제3항에 따른 철도차량 형식승인검사
  2. 법 제26조의3제2항에 따른 철도차량 제작자승인검사
  3. 법 제26조의6제1항에 따른 철도차량 완성검사(제2항에 따라 국토교통부령으로 정하는 업무는 제외한다)
  4. 법 제27조제2항에 따른 철도용품 형식승인검사
  5. 법 제27조의2제2항에 따른 철도용품 제작자승인검사

② 국토교통부장관은 법 제27조의3에 따라 법 제26조의6제1항에 따른 철도차량 완성검사 업무 중 국토교통부령으로 정하는 업무를 국토교통부장관이 지정하여 고시하는 철도안전에 관한 전문기관 또는 단체에 위탁한다.

### 규칙 제71조의2(검사 업무의 위탁)

영 제28조의2제2항에서 "국토교통부령으로 정하는 업무"란 제57조제1항제1호에 따른 완성차량검사를 말한다.

### 제31조(형식승인 등의 사후관리)

① 국토교통부장관은 제26조 또는 제27조에 따라 형식승인을 받은 철도차량 또는 철도용품의 안전 및 품질의 확인·점검을 위하여 필요하다고 인정하는 경우에는 소속 공무원으로 하여금 다음 각 호의 조치를 하게 할 수 있다.
  1. 철도차량 또는 철도용품이 제26조제3항 또는 제27조제2항에 따른 기술기준에 적합한지에 대한 조사
  2. 철도차량 또는 철도용품 형식승인 및 제작자승인을 받은 자의 관계 장부 또는 서류의 열람·제출
  3. 철도차량 또는 철도용품에 대한 수거·검사
  4. 철도차량 또는 철도용품의 안전 및 품질에 대한 전문연구기관에의 시험·분석 의뢰
  5. 그 밖에 철도차량 또는 철도용품의 안전 및 품질에 대한 긴급한 조사를 위하여 국토교통부령으로 정하는 사항

② 철도차량 또는 철도용품 형식승인 및 제작자승인을 받은 자와 철도차량 또는 철도용품의 소유자·점유자·관리인 등은 정당한 사유 없이 제1항에 따른 조사·열람·수거 등을 거부·방해·기피하여서는 아니 된다.

③ 제1항에 따라 조사·열람 또는 검사 등을 하는 공무원은 그 권한을 표시하는 증표를 지니고 이를 관계인에게 내보여야 한다. 이 경우 그 증표에 관하여 필요한 사항은 국토교통부령으로 정한다.

④ 제26조의6제1항에 따라 철도차량 완성검사를 받은 자가 해당 철도차량을 판매하는 경우 다음 각 호의 조치를 하여야 한다.
  1. 철도차량정비에 필요한 부품을 공급할 것
  2. 철도차량을 구매한 자에게 철도차량정비에 필요한 기술지도·교육과 정비매뉴얼 등 정비 관련 자료를 제공할 것

⑤ 제4항 각 호에 따른 정비에 필요한 부품의 종류 및 공급하여야 하는 기간, 기술지도·교육 대상과 방법, 철도차량정비 관련 자료의 종류 및 제공 방법 등에 필요한 사항은 국토교통부령으로 정한다.

⑥ 국토교통부장관은 제26조의6제1항에 따라 철도차량 완성검사를 받아 해당 철도차량을 판매한 자가 제4항에 따른 조치를 이행하지 아니한 경우에는 그 이행을 명할 수 있다.

### 규칙 제72조(형식승인 등의 사후관리 대상 등)

① 법 제31조제1항제5호에서 "국토교통부령으로 정하는 사항"이란 다음 각 호의 어느 하나에 해당하는 사항을 말한다.
  1. 사고가 발생한 철도차량 또는 철도용품에 대한 철도운영 적합성 조사
  2. 장기 운행한 철도차량 또는 철도용품에 대한 철도운영 적합성 조사
  3. 철도차량 또는 철도용품에 결함이 있는지의 여부에 대한 조사
  4. 그 밖에 철도차량 또는 철도용품의 안전 및 품질에 관하여 국토교통부장관이 필요하다고 인정하여 고시하는 사항

② 법 제31조제3항에 따른 공무원의 권한을 표시하는 증표는 별지 제43호서식에 따른다.

### 규칙 제72조의2(철도차량 부품의 안정적 공급 등)

① 법 제31조제4항에 따라 철도차량 완성검사를 받아 해당 철도차량을 판매한 자(이하 "철도차량 판매자"라 한다)는 그 철도차량의 완성검사를 받은 날부터 20년 이상 다음 각 호에 따른 부품을 해당 철도차량을 구매한 자(해당 철도차량을 구매한 자와 계약에 따라 해당 철도차량을 정비하는 자를 포함한다. 이하 "철도차량 구매자"라 한다)에게 공급해야 한다. 다만, 철도차량 판매자가 철도차량 구매자와 협의하여 철도차량 판매자가 공급하는 부품 외의 다른 부품의 사용이 가능하다고 약정하는 경우에는 철도차량 판매자는 해당 부품을 철도차량 구매자에게 공급하지 않을 수 있다.
  1. 「철도안전법」 제26조에 따라 국토교통부장관이 형식승인 대상으로 고시하는 철도용품

2. 철도차량의 동력전달장치(엔진, 변속기, 감속기, 견인전동기 등), 주행·제동장치 또는 제어장치 등이 고장난 경우 해당 철도차량 자력(自力)으로 계속 운행이 불가능하여 다른 철도차량의 견인을 받아야 운행할 수 있는 부품
3. 그 밖에 철도차량 판매자와 철도차량 구매자의 계약에 따라 공급하기로 약정한 부품
② 제1항에 따라 철도차량 판매자가 철도차량 구매자에게 제공하는 부품의 형식 및 규격은 철도차량 판매자가 판매한 철도차량과 일치해야 한다.
③ 철도차량 판매자는 자신이 판매 또는 공급하는 부품의 가격을 결정할 때 해당 부품의 제조원가(개발비용을 포함한다) 등을 고려하여 신의성실의 원칙에 따라 합리적으로 결정해야 한다.

### 규칙 제72조의3(자료제공·기술지도 및 교육의 시행)
① 법 제31조제4항에 따라 철도차량 판매자는 해당 철도차량의 구매자에게 다음 각 호의 자료를 제공해야 한다.
1. 해당 철도차량이 최적의 상태로 운용되고 유지보수 될 수 있도록 철도차량시스템 및 각 장치의 개별부품에 대한 운영 및 정비 방법 등에 관한 유지보수 기술문서
2. 철도차량 운전 및 주요 시스템의 작동방법, 응급조치 방법, 안전규칙 및 절차 등에 대한 설명서 및 고장수리 절차서
3. 철도차량 판매자 및 철도차량 구매자의 계약에 따라 공급하기로 약정하는 각종 기술문서
4. 해당 철도차량에 대한 고장진단기(고장진단기의 원활한 작동을 위한 소프트웨어를 포함한다) 및 그 사용 설명서
5. 철도차량의 정비에 필요한 특수공기구 및 시험기와 그 사용 설명서
6. 그 밖에 철도차량 판매자와 철도차량 구매자의 계약에 따라 제공하기로 한 자료
② 제1항제1호에 따른 유지보수 기술문서에는 다음 각 호의 사항이 포함되어야 한다.
1. 부품의 재고관리, 주요 부품의 교환주기, 기록관리 사항
2. 유지보수에 필요한 설비 또는 장비 등의 현황
3. 유지보수 공정의 계획 및 내용(일상 유지보수, 정기 유지보수, 비정기 유지보수 등)
4. 철도차량이 최적의 상태를 유지할 수 있도록 유지보수 단계별로 필요한 모든 기능 및 조치를 상세하게 적은 기술문서
③ 철도차량 판매자는 철도차량 구매자에게 다음 각 호에 따른 방법으로 기술지도 또는 교육을 시행해야 한다.
1. 시디(CD), 디브이디(DVD) 등 영상녹화물의 제공을 통한 시청각 교육
2. 교재 및 참고자료의 제공을 통한 서면 교육
3. 그 밖에 철도차량 판매자와 철도차량 구매자의 계약 또는 협의에 따른 방법
④ 철도차량 판매자는 다음 각 호의 어느 하나에 해당하는 경우에는 해당 철도차량 구매자에게 집합교육 또는 현장교육을 실시해야 한다. 이 경우 철도차량 판매자와 철도차량 구매자는 집

합교육 또는 현장교육의 시기, 대상, 기간, 내용 및 비용 등을 협의해야 한다.
1. 철도차량 판매자가 해당 철도차량 정비기술의 효과적인 보급을 위하여 필요하다고 인정하는 경우
2. 철도차량 구매자가 해당 철도차량 정비기술을 효과적으로 배우기 위해 집합교육 또는 현장교육이 필요하다고 요청하는 경우

⑤ 철도차량 판매자는 철도차량 구매자에게 해당 철도차량의 인도예정일 3개월 전까지 제1항에 따른 자료를 제공하고 제4항 또는 제5항에 따른 교육을 시행해야 한다. 다만, 철도차량 구매자가 따로 요청하거나 철도차량 판매자와 철도차량 구매자가 합의하는 경우에는 기술지도 또는 교육의 시기, 기간 및 방법 등을 따로 정할 수 있다.

⑥ 철도차량 판매자가 해당 철도차량 구매자에게 고장진단기 등 장비·기구 등의 제공 및 기술지도·교육을 유상으로 시행하는 경우에는 유사 장비·물품의 가격 및 유사 교육비용 등을 기초로 하여 합리적인 기준에 따라 비용을 결정해야 한다.

**규칙 제72조의4(철도차량 판매자에 대한 이행명령)**

① 국토교통부장관은 법 제31조제6항에 따라 철도차량 판매자에게 이행명령을 하려면 해당 철도차량 판매자가 이행해야 할 구체적인 조치사항 및 이행 기간 등을 명시하여 서면(전자문서를 포함한다)으로 통지해야 한다.

② 국토교통부장관은 제1항의 이행명령을 통지하기 전에 철도차량 판매자와 해당 철도차량 구매자 간의 분쟁 조정 등을 위하여 철도차량 부품 제작업체, 철도차량 정밀안전진단기관 또는 학계 등 관련분야 전문가의 의견을 들을 수 있다.

**제32조(제작 또는 판매 중지 등)**

① 국토교통부장관은 제26조 또는 제27조에 따라 형식승인을 받은 철도차량 또는 철도용품이 다음 각 호의 어느 하나에 해당하는 경우에는 그 철도차량 또는 철도용품의 제작·수입·판매 또는 사용의 중지를 명할 수 있다. 다만, 제1호에 해당하는 경우에는 제작·수입·판매 또는 사용의 중지를 명하여야 한다.

1. 제26조의2제1항(제27조제4항에서 준용하는 경우를 포함한다)에 따라 형식승인이 취소된 경우
2. 제26조의2제2항(제27조제4항에서 준용하는 경우를 포함한다)에 따라 변경승인 이행명령을 받은 경우
3. 제26조의6에 따른 완성검사를 받지 아니한 철도차량을 판매한 경우(판매 또는 사용의 중지명령만 해당한다)
4. 형식승인을 받은 내용과 다르게 철도차량 또는 철도용품을 제작·수입·판매한 경우

② 제1항에 따른 중지명령을 받은 철도차량 또는 철도용품의 제작자는 국토교통부령으로 정하는 바에 따라 해당 철도차량 또는 철도용품의 회수 및 환불 등에 관한 시정조치계획을 작성하여 국토교통부장관에게 제출하고 이 계획에 따른 시정조치를 하여야 한다. 다만, 제1항제2호 및 제3호에 해당하는 경우로서 그 위반경위, 위반정도 및 위반효과 등이 국토교통부령으로 정하는 경미한 경우에는 그러하지 아니하다.
③ 제2항 단서에 따라 시정조치의 면제를 받으려는 제작자는 대통령령으로 정하는 바에 따라 국토교통부장관에게 그 시정조치의 면제를 신청하여야 한다.
④ 철도차량 또는 철도용품의 제작자는 제2항 본문에 따라 시정조치를 하는 경우에는 국토교통부령으로 정하는 바에 따라 해당 시정조치의 진행 상황을 국토교통부장관에게 보고하여야 한다.

### 영 제29조(시정조치의 면제 신청 등)
① 법 제32조제3항에 따라 시정조치의 면제를 받으려는 제작자는 법 제32조제1항에 따른 중지명령을 받은 날부터 15일 이내에 법 제32조제2항 단서에 따른 경미한 경우에 해당함을 증명하는 서류를 국토교통부장관에게 제출하여야 한다.
② 국토교통부장관은 제1항에 따른 서류를 제출받은 경우에 시정조치의 면제 여부를 결정하고 결정이유, 결정기준과 결과를 신청자에게 통지하여야 한다.

### 규칙 제73조(시정조치계획의 제출 및 보고 등)
① 법 제32조제2항 본문에 따라 중지명령을 받은 철도차량 또는 철도용품의 제작자는 다음 각 호의 사항이 포함된 시정조치계획서를 국토교통부장관에게 제출하여야 한다.
 1. 해당 철도차량 또는 철도용품의 명칭, 형식승인번호 및 제작연월일
 2. 해당 철도차량 또는 철도용품의 위반경위, 위반정도 및 위반결과
 3. 해당 철도차량 또는 철도용품의 제작 수 및 판매 수
 4. 해당 철도차량 또는 철도용품의 회수, 환불, 교체, 보수 및 개선 등 시정계획
 5. 해당 철도차량 또는 철도용품의 소유자·점유자·관리자 등에 대한 통지문 또는 공고문
② 법 제32조제2항 단서에서 "국토교통부령으로 정하는 경미한 경우"란 다음 각 호의 어느 하나에 해당하는 경우를 말한다.
 1. 구조안전 및 성능에 영향을 미치지 아니하는 형상의 변경 위반
 2. 안전에 영향을 미치지 아니하는 설비의 변경 위반
 3. 중량분포에 영향을 미치지 아니하는 장치 또는 부품의 배치 변경 위반
 4. 동일 성능으로 입증할 수 있는 부품의 규격 변경 위반
 5. 안전, 성능 및 품질에 영향을 미치지 아니하는 제작과정의 변경 위반

  6. 그 밖에 철도차량 또는 철도용품의 안전 및 성능에 영향을 미치지 아니한다고 국토교통부장관이 인정하여 고시하는 경우
③ 철도차량 또는 철도용품 제작자가 시정조치를 하는 경우에는 법 제32조제4항에 따라 시정조치가 완료될 때까지 매 분기마다 분기 종료 후 20일 이내에 국토교통부장관에게 시정조치의 진행상황을 보고하여야 하고, 시정조치를 완료한 경우에는 완료 후 20일 이내에 그 시정내용을 국토교통부장관에게 보고하여야 한다.

### 제34조(표준화)
① 국토교통부장관은 철도의 안전과 호환성의 확보 등을 위하여 철도차량 및 철도용품의 표준규격을 정하여 철도운영자등 또는 철도차량을 제작·조립 또는 수입하려는 자 등(이하 "차량제작자등"이라 한다)에게 권고할 수 있다. 다만, 「산업표준화법」에 따른 한국산업표준이 제정되어 있는 사항에 대하여는 그 표준에 따른다.
② 제1항에 따른 표준규격의 제정·개정 등에 필요한 사항은 국토교통부령으로 정한다.

### 규칙 제74조(철도표준규격의 제정 등)
① 국토교통부장관은 법 제34조에 따른 철도차량이나 철도용품의 표준규격(이하 "철도표준규격"이라 한다)을 제정·개정하거나 폐지하려는 경우에는 기술위원회의 심의를 거쳐야 한다.
② 국토교통부장관은 철도표준규격을 제정·개정하거나 폐지하는 경우에 필요한 경우에는 공청회 등을 개최하여 이해관계인의 의견을 들을 수 있다.
③ 국토교통부장관은 철도표준규격을 제정한 경우에는 해당 철도표준규격의 명칭·번호 및 제정 연월일 등을 관보에 고시하여야 한다. 고시한 철도표준규격을 개정하거나 폐지한 경우에도 또한 같다.
④ 국토교통부장관은 제3항에 따라 철도표준규격을 고시한 날부터 3년마다 타당성을 확인하여 필요한 경우에는 철도표준규격을 개정하거나 폐지할 수 있다. 다만, 철도기술의 향상 등으로 인하여 철도표준규격을 개정하거나 폐지할 필요가 있다고 인정하는 때에는 3년 이내에도 철도표준규격을 개정하거나 폐지할 수 있다.
⑤ 철도표준규격의 제정·개정 또는 폐지에 관하여 이해관계가 있는 자는 별지 제44호서식의 철도표준규격 제정·개정·폐지 의견서에 다음 각 호의 서류를 첨부하여 「과학기술분야 정부출연연구기관 등의 설립·운영 및 육성에 관한 법률」에 따른 한국철도기술연구원(이하 "한국철도기술연구원"이라 한다)에 제출할 수 있다.
 1. 철도표준규격의 제정·개정 또는 폐지안
 2. 철도표준규격의 제정·개정 또는 폐지안에 대한 의견서
⑥ 제5항에 따른 의견서를 받은 한국철도기술연구원은 이를 검토한 후 그 검토 결과를 해당 이해관계인에게 통보하여야 한다.

⑦ 철도표준규격의 관리 등에 필요한 세부사항은 국토교통부장관이 정하여 고시한다.

### 제38조(종합시험운행)
① 철도운영자등은 철도노선을 새로 건설하거나 기존노선을 개량하여 운영하려는 경우에는 정상운행을 하기 전에 종합시험운행을 실시한 후 그 결과를 국토교통부장관에게 보고하여야 한다.
② 국토교통부장관은 제1항에 따른 보고를 받은 경우에는 「철도의 건설 및 철도시설 유지관리에 관한 법률」 제19조제1항에 따른 기술기준에의 적합 여부, 철도시설 및 열차운행체계의 안전성 여부, 정상운행 준비의 적절성 여부 등을 검토하여 필요하다고 인정하는 경우에는 개선·시정할 것을 명할 수 있다.
③ 제1항 및 제2항에 따른 종합시험운행의 실시 시기·방법·기준과 개선·시정 명령 등에 필요한 사항은 국토교통부령으로 정한다.

### 규칙 제75조(종합시험운행의 시기·절차 등)
① 철도운영자등이 법 제38조제1항에 따라 실시하는 종합시험운행(이하 "종합시험운행"이라 한다)은 해당 철도노선의 영업을 개시하기 전에 실시한다.
② 종합시험운행은 철도운영자와 합동으로 실시한다. 이 경우 철도운영자는 종합시험운행의 원활한 실시를 위하여 철도시설관리자로부터 철도차량, 소요인력 등의 지원 요청이 있는 경우 특별한 사유가 없는 한 이에 응하여야 한다.
③ 철도시설관리자는 종합시험운행을 실시하기 전에 철도운영자와 협의하여 다음 각 호의 사항이 포함된 종합시험운행계획을 수립하여야 한다.
  1. 종합시험운행의 방법 및 절차
  2. 평가항목 및 평가기준 등
  3. 종합시험운행의 일정
  4. 종합시험운행의 실시 조직 및 소요인원
  5. 종합시험운행에 사용되는 시험기기 및 장비
  6. 종합시험운행을 실시하는 사람에 대한 교육훈련계획
  7. 안전관리조직 및 안전관리계획
  8. 비상대응계획
  9. 그 밖에 종합시험운행의 효율적인 실시와 안전 확보를 위하여 필요한 사항
④ 철도시설관리자는 종합시험운행을 실시하기 전에 철도운영자와 합동으로 해당 철도노선에 설치된 철도시설물에 대한 기능 및 성능 점검결과를 설명한 서류에 대한 검토 등 사전검토를 하여야 한다.

⑤ 종합시험운행은 다음 각 호의 절차로 구분하여 순서대로 실시한다.
  1. 시설물검증시험: 해당 철도노선에서 허용되는 최고속도까지 단계적으로 철도차량의 속도를 증가시키면서 철도시설의 안전상태, 철도차량의 운행적합성이나 철도시설물과의 연계성(Interface), 철도시설물의 정상 작동 여부 등을 확인·점검하는 시험
  2. 영업시운전: 시설물검증시험이 끝난 후 영업 개시에 대비하기 위하여 열차운행계획에 따른 실제 영업상태를 가정하고 열차운행체계 및 철도종사자의 업무숙달 등을 점검하는 시험
⑥ 철도시설관리자는 기존 노선을 개량한 철도노선에 대한 종합시험운행을 실시하는 경우에는 철도운영자와 협의하여 제2항에 따른 종합시험운행 일정을 조정하거나 그 절차의 일부를 생략할 수 있다.
⑦ 철도시설관리자는 제5항 및 제6항에 따라 종합시험운행을 실시하는 경우에는 철도운영자와 합동으로 종합시험운행의 실시내용·실시결과 및 조치내용 등을 확인하고 이를 기록·관리하여야 하며, 그 결과를 국토교통부장관에게 보고하여야 한다.
⑧ 철도운영자등은 제75조의2제2항에 따라 철도시설의 개선·시정명령을 받은 경우나 열차운행체계 또는 운행준비에 대한 개선·시정명령을 받은 경우에는 이를 개선·시정하여야 하고, 개선·시정을 완료한 후에는 종합시험운행을 다시 실시하여 국토교통부장관에게 그 결과를 보고하여야 한다. 이 경우 제5항 각 호의 종합시험운행절차 중 일부를 생략할 수 있다.
⑨ 철도운영자등이 종합시험운행을 실시하는 때에는 안전관리책임자를 지정하여 다음 각 호의 업무를 수행하도록 하여야 한다.
  1. 「산업안전보건법」 등 관련 법령에서 정한 안전조치사항의 점검·확인
  2. 종합시험운행을 실시하기 전의 안전점검 및 종합시험운행 중 안전관리 감독
  3. 종합시험운행에 사용되는 철도차량에 대한 안전 통제
  4. 종합시험운행에 사용되는 안전장비의 점검·확인
  5. 종합시험운행 참여자에 대한 안전교육
⑩ 그 밖에 종합시험운행의 세부적인 절차·방법 등에 관하여 필요한 사항은 국토교통부장관이 정하여 고시한다.

### 규칙 제75조의2(종합시험운행 결과의 검토 및 개선명령 등)

① 법 제38조제2항에 따라 실시되는 종합시험운행의 결과에 대한 검토는 다음 각 호의 절차로 구분하여 순서대로 실시한다.
  1. 「철도의 건설 및 철도시설 유지관리에 관한 법률」 제19조제1항 및 제2항에 따른 기술기준에의 적합여부 검토
  2. 철도시설 및 열차운행체계의 안전성 여부 검토
  3. 정상운행 준비의 적절성 여부 검토

② 국토교통부장관은 「도시철도법」 제3조제2호에 따른 도시철도 또는 같은 법 제24조 또는 제42조에 따라 도시철도건설사업 또는 도시철도운송사업을 위탁받은 법인이 건설·운영하는 도시철도에 대하여 제1항에 따른 검토를 하는 경우에는 해당 도시철도의 관할 시·도지사와 협의할 수 있다. 이 경우 협의 요청을 받은 시·도지사는 협의를 요청받은 날부터 7일 이내에 의견을 제출하여야 하며, 그 기간 내에 의견을 제출하지 아니하면 의견이 없는 것으로 본다.

③ 국토교통부장관은 제1항에 따른 검토 결과 해당 철도시설의 개선·보완이 필요하거나 열차운행체계 또는 운행준비에 대한 개선·보완이 필요한 경우에는 법 제38조제2항에 따라 철도운영자등에게 이를 개선·시정할 것을 명할 수 있다.

④ 제1항에 따른 종합시험운행의 결과 검토에 대한 세부적인 기준·절차 및 방법에 관하여 필요한 사항은 국토교통부장관이 정하여 고시한다.

### 제38조의2(철도차량의 개조 등)

① 철도차량을 소유하거나 운영하는 자(이하 "소유자등"이라 한다)는 철도차량 최초 제작 당시와 다르게 구조, 부품, 장치 또는 차량성능 등에 대한 개량 및 변경 등(이하 "개조"라 한다)을 임의로 하고 운행하여서는 아니 된다.

② 소유자등이 철도차량을 개조하여 운행하려면 제26조제3항에 따른 철도차량의 기술기준에 적합한지에 대하여 국토교통부령으로 정하는 바에 따라 국토교통부장관의 승인(이하 "개조승인"이라 한다)을 받아야 한다. 다만, 국토교통부령으로 정하는 경미한 사항을 개조하는 경우에는 국토교통부장관에게 신고(이하 "개조신고"라 한다)하여야 한다.

③ 소유자등이 철도차량을 개조하여 개조승인을 받으려는 경우에는 국토교통부령으로 정하는 바에 따라 적정 개조능력이 있다고 인정되는 자가 개조 작업을 수행하도록 하여야 한다.

④ 국토교통부장관은 개조승인을 하려는 경우에는 해당 철도차량이 제26조제3항에 따라 고시하는 철도차량의 기술기준에 적합한지에 대하여 개조승인검사를 하여야 한다.

⑤ 제2항 및 제4항에 따른 개조승인절차, 개조신고절차, 승인방법, 검사기준, 검사방법 등에 대하여 필요한 사항은 국토교통부령으로 정한다.

### 규칙 제75조의3(철도차량 개조승인의 신청 등)

① 법 제38조의2제2항 본문에 따라 철도차량을 소유하거나 운영하는 자(이하 "소유자등"이라 한다)는 철도차량 개조승인을 받으려면 별지 제45호서식에 따른 철도차량 개조승인신청서에 다음 각 호의 서류를 첨부하여 국토교통부장관에게 제출하여야 한다.
  1. 개조 대상 철도차량 및 수량에 관한 서류
  2. 개조의 범위, 사유 및 작업 일정에 관한 서류
  3. 개조 전·후 사양 대비표

   4. 개조에 필요한 인력, 장비, 시설 및 부품 또는 장치에 관한 서류
   5. 개조작업수행 예정자의 조직·인력 및 장비 등에 관한 현황과 개조작업수행에 필요한 부품, 구성품 및 용역의 내용에 관한 서류. 다만, 개조작업수행 예정자를 선정하기 전인 경우에는 개조작업수행 예정자 선정기준에 관한 서류
   6. 개조 작업지시서
   7. 개조하고자 하는 사항이 철도차량기술기준에 적합함을 입증하는 기술문서
② 국토교통부장관은 제1항에 따라 철도차량 개조승인 신청을 받은 경우에는 그 신청서를 받은 날부터 15일 이내에 개조승인에 필요한 검사내용, 시기, 방법 및 절차 등을 적은 개조검사 계획서를 신청인에게 통지하여야 한다.

### 규칙 제75조의4(철도차량의 경미한 개조)
① 법 제38조의2제2항 단서에서 "국토교통부령으로 정하는 경미한 사항을 개조하는 경우"란 다음 각 호의 어느 하나에 해당하는 경우를 말한다.
   1. 차체구조 등 철도차량 구조체의 개조로 인하여 해당 철도차량의 허용 적재하중 등 철도차량의 강도가 100분의 5 미만으로 변동되는 경우
   2. 설비의 변경 또는 교체에 따라 해당 철도차량의 중량 및 중량분포가 다음 각 목에 따른 기준 이하로 변동되는 경우
      가. 고속철도차량 및 일반철도차량의 동력차(기관차): 100분의 2
      나. 고속철도차량 및 일반철도차량의 객차·화차·전기동차·디젤동차: 100분의 4
      다. 도시철도차량: 100분의 5
   3. 다음 각 목의 어느 하나에 해당하지 아니하는 장치 또는 부품의 개조 또는 변경
      가. 주행장치 중 주행장치틀, 차륜 및 차축
      나. 제동장치 중 제동제어장치 및 제어기
      다. 추진장치 중 인버터 및 컨버터
      라. 보조전원장치
      마. 차상신호장치(지상에 설치된 신호장치로부터 열차의 운행조건 등에 관한 정보를 수신하여 철도차량의 운전실에 속도감속 또는 정지 등 철도차량의 운전에 필요한 정보를 제공하기 위하여 철도차량에 설치된 장치를 말한다)
      바. 차상통신장치
      사. 종합제어장치
      아. 철도차량기술기준에 따른 화재시험 대상인 부품 또는 장치. 다만, 「화재예방, 소방시설 설치·유지 및 안전관리에 관한 법률」 제9조제1항에 따른 화재안전기준을 충족하는 부품 또는 장치는 제외한다.

4. 법 제27조에 따라 국토교통부장관으로부터 철도용품 형식승인을 받은 용품으로 변경하는 경우(제1호 및 제2호에 따른 요건을 모두 충족하는 경우로서 소유자등이 지상에 설치되어 있는 설비와 철도차량의 부품·구성품 등이 상호 접속되어 원활하게 그 기능이 확보되는 지에 대하여 확인한 경우에 한한다)
5. 철도차량 제작자와의 계약에 따른 성능개선을 위한 장치 또는 부품의 변경
6. 철도차량 개조의 타당성 및 적합성 등에 관한 검토·시험을 위한 대표편성 철도차량의 개조에 대하여 「과학기술분야 정부출연연구기관 등의 설립·운영 및 육성에 관한 법률」에 따른 한국철도기술연구원의 승인을 받은 경우
7. 철도차량의 장치 또는 부품을 개조한 이후 개조 전의 장치 또는 부품과 비교하여 철도차량의 고장 또는 운행장애가 증가하여 개조 전의 장치 또는 부품으로 긴급히 교체하는 경우
8. 그 밖에 철도차량의 안전, 성능 등에 미치는 영향이 미미하다고 국토교통부장관으로부터 인정을 받은 경우

② 제1항을 적용할 때 다음 각 호의 어느 하나에 해당하는 경우에는 철도차량의 개조로 보지 아니한다.
1. 철도차량의 유지보수(점검 또는 정비 등) 계획에 따라 일상적·반복적으로 시행하는 부품이나 구성품의 교체·교환
1의2. 철도차량 제작자와의 하자보증계약에 따른 장치 또는 부품의 변경
2. 차량 내·외부 도색 등 미관이나 내구성 향상을 위하여 시행하는 경우
3. 승객의 편의성 및 쾌적성 제고와 청결·위생·방역을 위한 차량 유지관리
4. 다음 각 목의 장치와 관련되지 아니한 소프트웨어의 수정
   가. 견인장치
   나. 제동장치
   다. 차량의 안전운행 또는 승객의 안전과 관련된 제어장치
   라. 신호 및 통신 장치
5. 차체 형상의 개선 및 차내 설비의 개선
6. 철도차량 장치나 부품의 배치위치 변경
7. 기존 부품과 동등 수준 이상의 성능임을 제시하거나 입증할 수 있는 부품의 규격 수정
8. 소유자등이 철도차량 개조의 타당성 등에 관한 사전 검토를 위하여 여객 또는 화물 운송을 목적으로 하지 아니하고 철도차량의 시험운행을 위한 전용선로 또는 영업 중인 선로에서 영업운행 종료 이후 30분이 경과된 시점부터 다음 영업운행 개시 30분 전까지 해당 철도차량을 운행하는 경우(소유자등이 안전운행 확보방안을 수립하여 시행하는 경우에 한한다)
9. 「철도사업법」에 따른 전용철도 노선에서만 운행하는 철도차량에 대한 개조
10. 그 밖에 제1호부터 제7호까지에 준하는 사항으로 국토교통부장관으로부터 인정을 받은 경우

③ 소유자등이 제1항에 따른 경미한 사항의 철도차량 개조신고를 하려면 해당 철도차량에 대한 개조작업 시작예정일 10일 전까지 별지 제45호의2서식에 따른 철도차량 개조신고서에 다음 각 호의 서류를 첨부하여 국토교통부장관에게 제출하여야 한다.
1. 제1항 각 호의 어느 하나에 해당함을 증명하는 서류
2. 제1호와 관련된 제75조의3제1항제1호부터 제6호까지의 서류
    1. 개조 대상 철도차량 및 수량에 관한 서류
    2. 개조의 범위, 사유 및 작업 일정에 관한 서류
    3. 개조 전·후 사양 대비표
    4. 개조에 필요한 인력, 장비, 시설 및 부품 또는 장치에 관한 서류
    5. 개조작업수행 예정자의 조직·인력 및 장비 등에 관한 현황과 개조작업수행에 필요한 부품, 구성품 및 용역의 내용에 관한 서류. 다만, 개조작업수행 예정자를 선정하기 전인 경우에는 개조작업수행 예정자 선정기준에 관한 서류
    6. 개조 작업지시서
④ 국토교통부장관은 제3항에 따라 소유자등이 제출한 철도차량 개조신고서를 검토한 후 적합하다고 판단하는 경우에는 별지 제45호의3서식에 따른 철도차량 개조신고확인서를 발급하여야 한다.

### 규칙 제75조의5(철도차량 개조능력이 있다고 인정되는 자)
법 제38조의2제3항에서 "국토교통부령으로 정하는 적정 개조능력이 있다고 인정되는 자"란 다음 각 호의 어느 하나에 해당하는 자를 말한다.
1. 개조 대상 철도차량 또는 그와 유사한 성능의 철도차량을 제작한 경험이 있는 자
2. 개조 대상 부품 또는 장치 등을 제작하여 납품한 실적이 있는 자
3. 개조 대상 부품·장치 또는 그와 유사한 성능의 부품·장치 등을 1년 이상 정비한 실적이 있는 자
4. 법 제38조의7제2항에 따른 인증정비조직
5. 개조 전의 부품 또는 장치 등과 동등 수준 이상의 성능을 확보할 수 있는 부품 또는 장치 등의 신기술을 개발하여 해당 부품 또는 장치를 철도차량에 설치 또는 개량하는 자

### 규칙 제75조의6(개조승인 검사 등)
① 법 제38조의2제4항에 따른 개조승인 검사는 다음 각 호의 구분에 따라 실시한다.
1. 개조적합성 검사: 철도차량의 개조가 철도차량기술기준에 적합한지 여부에 대한 기술문서 검사
2. 개조합치성 검사: 해당 철도차량의 대표편성에 대한 개조작업이 제1호에 따른 기술문서와 합치하게 시행되었는지 여부에 대한 검사

3. 개조형식시험: 철도차량의 개조가 부품단계, 구성품단계, 완성차단계, 시운전단계에서 철도차량기술기준에 적합한지 여부에 대한 시험

② 국토교통부장관은 제1항에 따른 개조승인 검사 결과 철도차량기술기준에 적합하다고 인정하는 경우에는 별지 제45호의4서식에 따른 철도차량 개조승인증명서에 철도차량 개조승인 자료집을 첨부하여 신청인에게 발급하여야 한다.

③ 제1항 및 제2항에서 정한 사항 외에 개조승인의 절차 및 방법 등에 관한 세부사항은 국토교통부장관이 정하여 고시한다.

### 제38조의3(철도차량의 운행제한)

① 국토교통부장관은 다음 각 호의 어느 하나에 해당하는 사유가 있다고 인정되면 소유자등에게 철도차량의 운행제한을 명할 수 있다.

1. 소유자등이 개조승인을 받지 아니하고 임의로 철도차량을 개조하여 운행하는 경우
2. 철도차량이 제26조제3항에 따른 철도차량의 기술기준에 적합하지 아니한 경우

② 국토교통부장관은 제1항에 따라 운행제한을 명하는 경우 사전에 그 목적, 기간, 지역, 제한내용 및 대상 철도차량의 종류와 그 밖에 필요한 사항을 해당 소유자등에게 통보하여야 한다.

**규칙 제75조의7(철도차량의 운행제한 처분기준)**

법 제38조의3제1항에 따른 소유자등에 대한 철도차량의 운행제한 처분기준은 별표 16과 같다.

■ 철도안전법 시행규칙 [별표 16]

## 철도차량의 운행제한 관련 처분기준(제75조의7 관련)

1. 일반기준

    가. 위반행위의 횟수에 따른 행정처분의 가중된 부과기준은 최근 2년 동안 같은 위반행위로 행정처분을 받은 경우에 적용한다. 이 경우 기간의 계산은 위반행위에 대하여 행정처분을 받은 날과 그 처분 후 다시 같은 위반행위를 하여 적발된 날을 기준으로 한다.

    나. 가목에 따라 가중된 부과처분을 하는 경우 가중처분의 적용 차수는 그 위반행위 전 부과처분 차수(가목에 따른 기간 내에 행정처분이 둘 이상 있었던 경우에는 높은 차수를 말한다)의 다음 차수로 한다.

    다. 위반행위가 둘 이상인 경우로서 각 처분내용이 모두 운행제한·정지인 경우에는 그중 무거운 처분기준에 해당하는 운행제한·정지 기간의 2분의 1의 범위에서 가중할 수 있다. 다만, 가중하는 경우에도 각 처분기준에 따른 운행제한·정지 기간을 합산한 기간 및 6개월을 넘을 수 없다.

    라. 국토교통부장관은 다음의 어느 하나에 해당하는 경우에는 제2호의 개별기준에 따른 운행제한·정지 기간의 2분의 1 범위에서 그 기간을 줄일 수 있다.

    1) 위반행위가 사소한 부주의나 오류로 인한 것으로 인정되는 경우
    2) 위반행위자가 법 위반상태를 시정하거나 해소하기 위한 노력이 인정되는 경우
    3) 그 밖에 위반행위의 정도, 위반행위의 동기와 그 결과 등을 고려하여 운행제한·정지 기간을 줄일 필요가 있다고 인정되는 경우

    마. 국토교통부장관은 다음의 어느 하나에 해당하는 경우에는 제2호의 개별기준에 따른 운행제한·정지 기간의 2분의 1 범위에서 그 기간을 늘릴 수 있다. 다만, 늘리는 경우에도 6개월을 넘을 수 없다.

    1) 위반의 내용 및 정도가 중대하여 공중에게 미치는 피해가 크다고 인정되는 경우
    2) 법 위반상태의 기간이 6개월 이상인 경우
    3) 그 밖에 위반행위의 정도, 위반행위의 동기와 그 결과 등을 고려하여 운행제한·정지 기간을 늘릴 필요가 있다고 인정되는 경우

2. 개별기준

| 위반 행위 | 근거 법조문 | 처 분 기 준 | | | |
|---|---|---|---|---|---|
| | | 1차 위반 | 2차 위반 | 3차 위반 | 4차 위반 |
| 가. 철도차량이 법 제26조제3항에 따른 철도차량의 기술기준에 적합하지 않은 경우 | 법 제38조의3 제1항제2호 | 시정명령 | 해당 철도차량 운행정지 1개월 | 해당 철도차량 운행정지 2개월 | 해당 철도차량 운행정지 4개월 |
| 나. 소유자등이 법 제38조의2 제2항 본문을 위반하여 개조승인을 받지 않고 임의로 철도차량을 개조하여 운행하는 경우 | 법 제38조의3 제1항제1호 | 해당 철도차량 운행정지 1개월 | 해당 철도차량 운행정지 2개월 | 해당 철도차량 운행정지 4개월 | 해당 철도차량 운행정지 6개월 |

### 제38조의4(준용규정)

철도차량 운행제한에 대한 과징금의 부과·징수에 관하여는 제9조의2를 준용한다. 이 경우 "철도운영자등"은 "소유자등"으로, "업무의 제한이나 정지"는 "철도차량의 운행제한"으로 본다.

### 영 제29조의2(철도차량 운행제한 관련 과징금의 부과기준)

법 제38조의4에서 준용하는 법 제9조의2에 따라 과징금을 부과하는 위반행위의 종류와 과징금의 금액은 별표 4와 같다.

■ 철도안전법 시행령 [별표 4]

## 철도차량의 운행제한 관련 과징금의 부과기준(제29조의2 관련)

1. 일반기준
    가. 위반행위의 횟수에 따른 과징금의 가중된 부과기준은 최근 2년간 같은 위반행위로 과징금 부과처분을 받은 경우에 적용한다. 이 경우 기간의 계산은 위반행위에 대하여 과징금 부과처분을 받은 날과 그 처분 후 다시 같은 위반행위를 하여 적발된 날을 기준으로 한다.
    나. 가목에 따라 가중된 부과처분을 하는 경우 가중처분의 적용 차수는 그 위반행위 전 부과처분 차수(가목에 따른 기간 내에 과징금 부과처분이 둘 이상 있었던 경우에는 높은 차수를 말한다)의 다음 차수로 한다.
    다. 위반행위가 둘 이상인 경우로서 각 처분내용이 모두 운행제한인 경우에는 각 처분기준에 따른 과징금을 합산한 금액을 넘지 않는 범위에서 무거운 처분기준에 해당하는 과징금 금

　　액의 2분의 1의 범위에서 가중할 수 있다.
라. 국토교통부장관은 다음의 어느 하나에 해당하는 경우에는 제2호의 개별기준에 따른 과징금 금액의 2분의 1 범위에서 그 금액을 줄일 수 있다. 다만, 과징금을 체납하고 있는 위반행위자의 경우에는 그렇지 않다.
　　1) 위반행위가 사소한 부주의나 오류로 인한 것으로 인정되는 경우
　　2) 위반행위자가 법 위반상태를 시정하거나 해소하기 위한 노력이 인정되는 경우
　　3) 그 밖에 위반행위의 정도, 위반행위의 동기와 그 결과 등을 고려하여 과징금을 줄일 필요가 있다고 인정되는 경우
마. 국토교통부장관은 다음의 어느 하나에 해당하는 경우에는 제2호의 개별기준에 따른 과징금 금액의 2분의 1 범위에서 그 금액을 늘릴 수 있다. 다만, 법 제9조의2제1항에 따른 과징금 금액의 상한을 넘을 수 없다.
　　1) 위반의 내용 및 정도가 중대하여 공중에게 미치는 피해가 크다고 인정되는 경우
　　2) 법 위반상태의 기간이 6개월 이상인 경우
　　3) 그 밖에 위반행위의 정도, 위반행위의 동기와 그 결과 등을 고려하여 과징금을 늘릴 필요가 있다고 인정되는 경우

2. 개별기준

| 위반행위 | 근거 법조문 | 과징금 금액(단위: 백만원) | | | |
|---|---|---|---|---|---|
| | | 1차 위반 | 2차 위반 | 3차 위반 | 4차 이상 위반 |
| 가. 철도차량이 법 제26조제3항에 따른 철도차량의 기술기준에 적합하지 않은 경우 | 법 제38조의3 제1항제2호 | - | 5 | 15 | 30 |
| 나. 법 제38조의2제2항 본문을 위반하여 소유자등이 개조승인을 받지 않고 임의로 철도차량을 개조하여 운행하는 경우 | 법 제38조의3 제1항제1호 | 5 | 15 | 30 | 50 |

### 제38조의5(철도차량의 이력관리)

① 소유자등은 보유 또는 운영하고 있는 철도차량과 관련한 제작, 운용, 철도차량정비 및 폐차 등 이력을 관리하여야 한다.
② 제1항에 따라 이력을 관리하여야 할 철도차량, 이력관리 항목, 전산망 등 관리체계, 방법 및 절차 등에 필요한 사항은 국토교통부장관이 정하여 고시한다.
③ 누구든지 제1항에 따라 관리하여야 할 철도차량의 이력에 대하여 다음 각 호의 행위를 하여서는 아니 된다.

1. 이력사항을 고의 또는 과실로 입력하지 아니하는 행위
2. 이력사항을 위조·변조하거나 고의로 훼손하는 행위
3. 이력사항을 무단으로 외부에 제공하는 행위

④ 소유자등은 제1항의 이력을 국토교통부장관에게 정기적으로 보고하여야 한다.
⑤ 국토교통부장관은 제4항에 따라 보고된 철도차량과 관련한 제작, 운용, 철도차량정비 및 폐차 등 이력을 체계적으로 관리하여야 한다.

### 제38조의6(철도차량정비 등)

① 철도운영자등은 운행하려는 철도차량의 부품, 장치 및 차량성능 등이 안전한 상태로 유지될 수 있도록 철도차량정비가 된 철도차량을 운행하여야 한다.
② 국토교통부장관은 제1항에 따른 철도차량을 운행하기 위하여 철도차량을 정비하는 때에 준수하여야 할 항목, 주기, 방법 및 절차 등에 관한 기술기준(이하 "철도차량정비기술기준"이라 한다)을 정하여 고시하여야 한다.
③ 국토교통부장관은 철도차량이 다음 각 호의 어느 하나에 해당하는 경우에 철도운영자등에게 해당 철도차량에 대하여 국토교통부령으로 정하는 바에 따라 철도차량정비 또는 원상복구를 명할 수 있다. 다만, 제2호 또는 제3호에 해당하는 경우에는 국토교통부장관은 철도운영자등에게 철도차량정비 또는 원상복구를 명하여야 한다.
1. 철도차량기술기준에 적합하지 아니하거나 안전운행에 지장이 있다고 인정되는 경우
2. 소유자등이 개조승인을 받지 아니하고 철도차량을 개조한 경우
3. 국토교통부령으로 정하는 철도사고 또는 운행장애 등이 발생한 경우

### 규칙 제75조의8(철도차량정비 또는 원상복구 명령 등)

① 국토교통부장관은 법 제38조의6제3항에 따라 철도운영자등에게 철도차량정비 또는 원상복구를 명하는 경우에는 그 시정에 필요한 기간을 주어야 한다.
② 국토교통부장관은 제1항에 따라 철도운영자등에게 철도차량정비 또는 원상복구를 명하는 경우 대상 철도차량 및 사유 등을 명시하여 서면(전자문서를 포함한다. 이하 이 조에서 같다)으로 통지해야 한다.
③ 철도운영자등은 법 제38조의6제3항에 따라 국토교통부장관으로부터 철도차량정비 또는 원상복구 명령을 받은 경우에는 그 명령을 받은 날부터 14일 이내에 시정조치계획서를 작성하여 서면으로 국토교통부장관에게 제출해야 하고, 시정조치를 완료한 경우에는 지체 없이 그 시정내용을 국토교통부장관에게 서면으로 통지해야 한다.
④ 법 제38조의6제3항제3호에서 "국토교통부령으로 정하는 철도사고 또는 운행장애 등"이란 다음 각 호의 경우를 말한다.

1. 철도차량의 고장 등 철도차량 결함으로 인해 법 제61조 및 이 규칙 제86조제3항에 따른 보고대상이 되는 열차사고 또는 위험사고가 발생한 경우
2. 철도차량의 고장 등 철도차량 결함에 따른 철도사고로 사망자가 발생한 경우
3. 동일한 부품·구성품 또는 장치 등의 고장으로 인해 법 제61조 및 이 규칙 제86조제3항에 따른 보고대상이 되는 지연운행이 1년에 3회 이상 발생한 경우
4. 그 밖에 철도 운행안전 확보 등을 위해 국토교통부장관이 정하여 고시하는 경우

**제38조의7(철도차량 정비조직인증)**
① 철도차량정비를 하려는 자는 철도차량정비에 필요한 인력, 설비 및 검사체계 등에 관한 기준(이하 "정비조직인증기준"이라 한다)을 갖추어 국토교통부장관으로부터 인증을 받아야 한다. 다만, 국토교통부령으로 정하는 경미한 사항의 경우에는 그러하지 아니하다.
② 제1항에 따라 정비조직의 인증을 받은 자(이하 "인증정비조직"이라 한다)가 인증받은 사항을 변경하려는 경우에는 국토교통부장관의 변경인증을 받아야 한다. 다만, 국토교통부령으로 정하는 경미한 사항을 변경하는 경우에는 국토교통부장관에게 신고하여야 한다.
③ 국토교통부장관은 정비조직을 인증하려는 경우에는 국토교통부령으로 정하는 바에 따라 철도차량정비의 종류·범위·방법 및 품질관리절차 등을 정한 세부 운영기준(이하 "정비조직운영기준"이라 한다)을 해당 정비조직에 발급하여야 한다.
④ 제1항부터 제3항까지에 따른 정비조직인증기준, 인증절차, 변경인증절차 및 정비조직운영기준 등에 필요한 사항은 국토교통부령으로 정한다.

**규칙 제75조의9(정비조직인증의 신청 등)**
① 법 제38조의7제1항에 따른 정비조직인증기준(이하 "정비조직인증기준"이라 한다)은 다음 각 호와 같다.
 1. 정비조직의 업무를 적절하게 수행할 수 있는 인력을 갖출 것
 2. 정비조직의 업무범위에 적합한 시설·장비 등 설비를 갖출 것
 3. 정비조직의 업무범위에 적합한 철도차량 정비매뉴얼, 검사체계 및 품질관리체계 등을 갖출 것
② 법 제38조의7제1항에 따라 철도차량 정비조직의 인증을 받으려는 자는 철도차량 정비업무 개시예정일 60일 전까지 별지 제45호의5서식의 철도차량 정비조직인증 신청서에 정비조직인증기준을 갖추었음을 증명하는 자료를 첨부하여 국토교통부장관에게 제출해야 한다.
③ 법 제38조의7제1항에 따라 철도차량 정비조직의 인증을 받은 자(이하 "인증정비조직"이라 한다)가 같은 조 제2항에 따라 인증정비조직의 변경인증을 받으려면 변경내용의 적용 예정일 30일 전까지 별지 제45호의6서식의 인증정비조직 변경인증 신청서에 다음 각 호의 서류를 첨부하여 국토교통부장관에게 제출해야 한다.

1. 변경하고자 하는 내용과 증명서류
2. 변경 전후의 대비표 및 설명서

④ 제1항 및 제2항에서 정한 사항 외에 정비조직인증에 관한 세부적인 기준·방법 및 절차 등은 국토교통부장관이 정하여 고시한다.

**규칙 제75조의10(정비조직인증서의 발급 등)**

① 국토교통부장관은 제75조의9제2항 및 제3항에 따른 철도차량 정비조직인증 또는 변경인증의 신청을 받으면 제75조의9제1항에 따른 정비조직인증기준에 적합한지 여부를 확인해야 한다.
② 국토교통부장관은 제1항에 따른 확인 결과 정비조직인증기준에 적합하다고 인정하는 경우에는 별지 제45호의7서식의 철도차량 정비조직인증서에 철도차량정비의 종류·범위·방법 및 품질관리절차 등을 정한 운영기준(이하 "정비조직운영기준"이라 한다)을 첨부하여 신청인에게 발급해야 한다.
③ 인증정비조직은 정비조직운영기준에 따라 정비조직을 운영해야 한다.
④ 제1항에 따른 세부적인 기준, 절차 및 방법과 제2항에 따른 정비조직운영기준 등에 관한 세부 사항은 국토교통부장관이 정하여 고시한다.
⑤ 국토교통부장관은 제2항에 따라 철도차량 정비조직인증서를 발급한 때에는 그 사실을 관보에 고시해야 한다.

**규칙 제75조의11(정비조직인증기준의 경미한 변경 등)**

① 법 제38조의7제1항 단서에서 "국토교통부령으로 정하는 경미한 사항"이란 다음 각 호의 어느 하나에 해당하는 정비조직을 말한다.
1. 철도차량 정비업무에 상시 종사하는 사람이 50명 미만의 조직
2. 「중소기업기본법 시행령」 제8조에 따른 소기업 중 해당 기업의 주된 업종이 운수 및 창고업에 해당하는 기업(「통계법」 제22조에 따라 국가데이터처장이 고시하는 한국표준산업분류의 대분류에 따른 운수 및 창고업을 말한다)
3. 「철도사업법」에 따른 전용철도 노선에서만 운행하는 철도차량을 정비하는 조직

② 법 제38조의7제2항 단서에서 "국토교통부령으로 정하는 경미한 사항의 변경"이란 다음 각 호의 어느 하나에 해당하는 사항의 변경을 말한다.
1. 철도차량 정비를 위한 사업장을 기준으로 철도차량 정비와 관련된 업무를 수행하는 인력의 100분의 10 이하 범위에서의 변경
2. 철도차량 정비를 위한 사업장을 기준으로 철도차량 정비에 직접 사용되는 토지 면적의 1만 제곱미터 이하 범위에서의 변경

　　3. 그 밖에 철도차량 정비의 안전 및 품질 등에 중대한 영향을 초래하지 않는 설비 또는 장비 등의 변경
③ 제2항에도 불구하고 인증정비조직은 다음 각 호의 어느 하나에 해당하는 경우 정비조직인증의 변경에 관한 신고(이하 이 조에서 "인증변경신고"라 한다)를 하지 않을 수 있다.
　　1. 철도차량 정비를 위한 사업장을 기준으로 철도차량 정비와 관련된 업무를 수행하는 인력이 100분의 5 이하 범위에서 변경되는 경우
　　2. 철도차량 정비를 위한 사업장을 기준으로 철도차량 정비에 직접 사용되는 면적이 3천제곱미터 이하 범위에서 변경되는 경우
　　3. 철도차량 정비를 위한 설비 또는 장비 등의 교체 또는 개량
　　4. 그 밖에 철도차량 정비의 안전 및 품질 등에 영향을 초래하지 않는 사항의 변경
④ 인증정비조직은 법 제38조의7제2항 단서에 따라 인증정비조직의 경미한 사항의 변경에 관한 신고를 하려면 별지 제45호의8서식의 인증정비조직 변경신고서에 다음 각 호의 서류를 첨부하여 국토교통부장관에게 제출해야 한다.
　　1. 변경 예정인 내용과 증명서류
　　2. 변경 전후의 대비표 및 설명서
⑤ 국토교통부장관은 제4항에 따른 인증정비조직 변경신고서를 받은 때에는 정비조직인증기준에 적합한지 여부를 확인한 후 별지 제45호의9서식의 인증정비조직 변경신고확인서를 발급해야 한다.
⑥ 제2항부터 제5항까지의 규정에서 정한 사항 외에 인증변경신고에 관한 세부적인 방법 및 절차 등은 국토교통부장관이 정하여 고시한다.

### 제38조의8(결격사유)
다음 각 호의 어느 하나에 해당하는 자는 정비조직의 인증을 받을 수 없다. 법인인 경우에는 임원 중 다음 각 호의 어느 하나에 해당하는 사람이 있는 경우에도 또한 같다.
1. 피성년후견인 및 피한정후견인
2. 파산선고를 받은 자로서 복권되지 아니한 자
3. 제38조의10에 따라 정비조직의 인증이 취소(제38조의10제1항제4호에 따라 제1호 및 제2호에 해당되어 인증이 취소된 경우는 제외한다)된 후 2년이 지나지 아니한 자
4. 이 법을 위반하여 징역 이상의 실형을 선고받고 그 집행이 끝나거나 그 집행이 면제된 날부터 2년이 지나지 아니한 사람
5. 이 법을 위반하여 징역 이상의 형의 집행유예를 선고받고 그 유예기간 중에 있는 사람

### 제38조의9(인증정비조직의 준수사항)

인증정비조직은 다음 각 호의 사항을 준수하여야 한다.
1. 철도차량정비기술기준을 준수할 것
2. 정비조직인증기준에 적합하도록 유지할 것
3. 정비조직운영기준을 지속적으로 유지할 것
4. 중고 부품을 사용하여 철도차량정비를 할 경우 그 적정성 및 이상 여부를 확인할 것
5. 철도차량정비가 완료되지 않은 철도차량은 운행할 수 없도록 관리할 것

### 제38조의10(인증정비조직의 인증 취소 등)

① 국토교통부장관은 인증정비조직이 다음 각 호의 어느 하나에 해당하면 인증을 취소하거나 6개월 이내의 기간을 정하여 업무의 제한이나 정지를 명할 수 있다. 다만, 제1호, 제2호(고의에 의한 경우로 한정한다) 및 제4호에 해당하는 경우에는 그 인증을 취소하여야 한다.
  1. 거짓이나 그 밖의 부정한 방법으로 인증을 받은 경우
  2. 고의 또는 중대한 과실로 국토교통부령으로 정하는 철도사고 및 중대한 운행장애를 발생시킨 경우
  3. 제38조의7제2항을 위반하여 변경인증을 받지 아니하거나 변경신고를 하지 아니하고 인증받은 사항을 변경한 경우
  4. 제38조의8제1호 및 제2호에 따른 결격사유에 해당하게 된 경우
  5. 제38조의9에 따른 준수사항을 위반한 경우
② 제1항에 따른 정비조직인증의 취소, 업무의 제한 또는 정지의 기준 및 절차 등에 필요한 사항은 국토교통부령으로 정한다.

### 제75조의12(인증정비조직의 인증 취소 등)

① 법 제38조의10제1항제2호에서 "국토교통부령으로 정하는 철도사고 및 중대한 운행장애"란 다음 각 호의 어느 하나에 해당하는 경우를 말한다.
  1. 철도사고로 사망자가 발생한 경우
  2. 철도사고 또는 운행장애로 5억원 이상의 재산피해가 발생한 경우
② 법 제38조의10제2항에 따른 정비조직인증의 취소, 업무의 제한 또는 정지 등 처분기준은 별표 17과 같다.
③ 국토교통부장관은 제2항에 따른 처분을 한 경우에는 지체 없이 그 인증정비조직에 별지 제11호의3서식의 지정기관 행정처분서를 통지하고 그 사실을 관보에 고시해야 한다.

■ 철도안전법 시행규칙 [별표 17]

## 인증정비조직 관련 처분기준(제75조의12제2항 관련)

1. 일반기준

    가. 위반행위의 횟수에 따른 행정처분의 가중된 부과기준은 최근 2년간 같은 위반행위로 행정처분을 받은 경우에 적용한다. 이 경우 기간의 계산은 위반행위에 대하여 행정처분을 받은 날과 그 처분 후 다시 같은 위반행위를 하여 적발된 날을 기준으로 한다.

    나. 가목에 따라 가중된 부과처분을 하는 경우 가중처분의 적용 차수는 그 위반행위 전 부과처분 차수(가목에 따른 기간 내에 행정처분이 둘 이상 있었던 경우에는 높은 차수를 말한다)의 다음 차수로 한다. 다. 위반행위가 둘 이상인 경우로서 그에 해당하는 각각의 처분기준이 다른 경우에는 그중 무거운 처분기준(무거운 처분기준이 같을 때에는 그중 하나의 처분기준을 말한다)에 따르며, 둘 이상의 처분기준이 같은 업무제한·정지인 경우에는 무거운 처분기준의 2분의 1의 범위에서 가중할 수 있되, 각 처분기준을 합산한 기간을 초과할 수 없다.

    라. 국토교통부장관은 다음의 어느 하나에 해당하는 경우에는 제2호의 개별기준에 따른 업무제한·정지 기간의 2분의 1의 범위에서 그 기간을 줄일 수 있다.

    1) 위반행위가 사소한 부주의나 오류로 인한 것으로 인정되는 경우
    2) 위반행위자가 법 위반상태를 시정하거나 해소하기 위한 노력이 인정되는 경우
    3) 그 밖에 위반행위의 정도, 위반행위의 동기와 그 결과 등을 고려하여 업무제한·정지 기간을 줄일 필요가 있다고 인정되는 경우

    마. 국토교통부장관은 다음의 어느 하나에 해당하는 경우에는 제2호의 개별기준에 따른 업무제한·정지 기간의 2분의 1의 범위에서 그 기간을 늘릴 수 있다. 다만, 법 제38조10제1항에 따른 업무제한·정지 기간의 상한을 넘을 수 없다.

    1) 위반의 내용 및 정도가 중대하여 공중에게 미치는 피해가 크다고 인정되는 경우
    2) 법 위반상태의 기간이 6개월 이상인 경우
    3) 그 밖에 위반행위의 정도, 위반행위의 동기와 그 결과 등을 고려하여 업무제한·정지 기간을 늘릴 필요가 있다고 인정되는 경우

2. 개별기준

가. 법 제38조의10제1항제1호, 제3호, 제4호 및 제5호 관련

| 위반행위 | 근거 법조문 | 처분 기준 | | | |
|---|---|---|---|---|---|
| | | 1차 위반 | 2차 위반 | 3차 위반 | 4차 이상 위반 |
| 1) 거짓이나 그 밖의 부정한 방법으로 인증을 받은 경우 | 법 제38조의10 제1항제1호 | 인증 취소 | - | - | - |
| 2) 법 제38조의7제2항을 위반하여 변경 인증을 받지 않거나 변경신고를 하지 않고 인증받은 사항을 변경한 경우 | 법 제38조의10 제1항제3호 | 업무정지 (업무제한) 1개월 | 업무정지 (업무제한) 2개월 | 업무정지 (업무제한) 4개월 | 업무정지 (업무제한) 6개월 |
| 3) 법 제38조의8제1호 및 제2호에 따른 결격사유에 해당하게 된 경우 | 법 제38조의10 제1항제4호 | 인증 취소 | - | - | - |
| 4) 법 제38조의9에 따른 준수사항을 위반한 경우 | 법 제38조의10 제1항제5호 | 업무정지 (업무제한) 1개월 | 업무정지 (업무제한) 2개월 | 업무정지 (업무제한) 4개월 | 업무정지 (업무제한) 6개월 |

나. 법제38조의10제1항제2호 관련

| 위반행위 | 근거 법조문 | 처분 기준 |
|---|---|---|
| 1) 인증정비조직의 고의에 따른 철도사고로 사망자가 발생하거나 운행장애로 5억원 이상의 재산피해가 발생한 경우 | 법 제38조의10 제1항제2호 | 인증 취소 |
| 2) 인증정비조직의 중대한 과실로 철도사고 및 운행장애를 발생시킨 경우<br>가) 철도사고로 인한 사망자 수<br>　(1) 1명 이상 3명 미만<br>　(2) 3명 이상 5명 미만<br>　(3) 5명 이상 10명 미만<br>　(4) 10명 이상<br>나) 철도사고 또는 운행장애로 인한 재산피해액<br>　(1) 5억원 이상 10억원 미만<br>　(2) 10억원 이상 20억원 미만<br>　(3) 20억원 이상 | 법 제38조의10 제1항제2호 | <br><br>업무정지(업무제한) 1개월<br>업무정지(업무제한) 2개월<br>업무정지(업무제한) 4개월<br>업무정지(업무제한) 6개월<br><br>업무정지(업무제한) 15일<br>업무정지(업무제한) 1개월<br>업무정지(업무제한) 2개월 |

### 제38조의11(준용규정)

인증정비조직에 대한 과징금의 부과·징수에 관하여는 제9조의2를 준용한다. 이 경우 "제9조제1항"은 "제38조의10제1항"으로, "철도운영자등"은 "인증정비조직"으로 본다.

### 영 제29조의3(인증정비조직 관련 과징금의 부과기준)

법 제38조의11에서 준용하는 법 제9조의2에 따른 과징금의 부과기준은 별표 4의2와 같다.

■ 철도안전법 시행령 [별표 4의2]

## 인증정비조직 관련 과징금의 부과기준(제29조의3 관련)

1. 일반기준

   가. 위반행위의 횟수에 따른 과징금의 가중된 부과기준은 최근 2년간 같은 위반행위로 과징금 부과처분을 받은 경우에 적용한다. 이 경우 기간의 계산은 위반행위에 대하여 과징금 부과처분을 받은 날과 그 처분 후 다시 같은 위반행위를 하여 적발된 날을 기준으로 한다.

   나. 가목에 따라 가중된 부과처분을 하는 경우 가중처분의 적용 차수는 그 위반행위 전 부과처분 차수(가목에 따른 기간 내에 과징금 부과처분이 둘 이상 있었던 경우에는 높은 차수를 말한다)의 다음 차수로 한다.

   다. 위반행위가 둘 이상인 경우로서 각 처분내용이 업무정지에 갈음하여 부과하는 과징금인 경우에는 각 처분기준에 따른 과징금을 합산한 금액을 넘지 않는 범위에서 가장 무거운 처분기준에 해당하는 과징금 금액의 2분의 1의 범위까지 늘릴 수 있다.

   라. 국토교통부장관은 다음의 어느 하나에 해당하는 경우에는 제2호의 개별기준에 따른 과징금 금액의 2분의 1의 범위에서 그 금액을 줄일 수 있다. 다만, 과징금을 체납하고 있는 위반행위자의 경우에는 그렇지 않다.

   1) 위반행위가 사소한 부주의나 오류로 인한 것으로 인정되는 경우
   2) 위반행위자가 법 위반상태를 시정하거나 해소하기 위한 노력이 인정되는 경우
   3) 그 밖에 위반행위의 정도, 위반행위의 동기와 그 결과 등을 고려하여 과징금을 줄일 필요가 있다고 인정되는 경우

   마. 국토교통부장관은 다음의 어느 하나에 해당하는 경우에는 제2호의 개별기준에따른 과징금 금액의 2분의 1의 범위에서 그 금액을 늘릴 수 있다. 다만, 법 제9조의2제1항에 따른 과징금 금액의 상한을 넘을 수 없다.

   1) 위반의 내용 및 정도가 중대하여 공중에게 미치는 피해가 크다고 인정되는 경우
   2) 법 위반상태의 기간이 6개월 이상인 경우

3) 그 밖에 위반행위의 정도, 위반행위의 동기와 그 결과 등을 고려하여 과징금을 늘릴 필요가 있다고 인정되는 경우

2. 개별기준

가. 법 제38조의10제1항제2호 관련

| 위반행위 | 근거 법조문 | 과징금 금액 |
|---|---|---|
| 인증정비조직의 중대한 과실로 철도사고 및 중대한 운행장애를 발생시킨 경우<br>1) 철도사고로 인하여 다음의 인원이 사망한 경우<br>  가) 1명 이상 3명 미만<br>  나) 3명 이상 5명 미만<br>  다) 5명 이상 10명 미만<br>  라) 10명 이상<br>2) 철도사고 또는 운행장애로 인하여 다음의 재산피해액이 발생한 경우<br>  가) 5억원 이상 10억원 미만<br>  나) 10억원 이상 20억원 미만<br>  다) 20억원 이상 | 법 제38조의10<br>제1항제2호 | <br><br><br>2억원<br>6억원<br>12억원<br>20억원<br><br>1억원<br>2억원<br>6억원 |

나. 법 제38조의10제1항제3호 및 제5호 관련

| 위반행위 | 근거 법조문 | 과징금 금액(단위: 백만원) | | | |
|---|---|---|---|---|---|
| | | 1차 위반 | 2차 위반 | 3차 위반 | 4차 이상 위반 |
| 1) 법 제38조의7제2항을 위반하여 변경인증을 받지 않거나 변경신고를 하지 않고 인증받은 사항을 변경한 경우 | 법 제38조의10<br>제1항제3호 | 5 | 15 | 30 | 50 |
| 2) 법 제38조의9에 따른 준수사항을 위반한 경우 | 법 제38조의10<br>제1항제5호 | 5 | 15 | 30 | 50 |

### 제38조의12(철도차량 정밀안전진단)

① 소유자등은 철도차량이 제작된 시점(제26조의6제2항에 따라 완성검사증명서를 발급받은 날부터 기산한다)부터 국토교통부령으로 정하는 일정기간 또는 일정주행거리가 지나 노후된 철도차량을 운행하려는 경우 일정기간마다 물리적 사용가능 여부 및 안전성능 등에 대한 진단(이하 "정밀안전진단"이라 한다)을 받아야 한다.
② 국토교통부장관은 철도사고 및 중대한 운행장애 등이 발생된 철도차량에 대하여는 소유자등에게 정밀안전진단을 받을 것을 명할 수 있다. 이 경우 소유자등은 특별한 사유가 없으면 이에 따라야 한다.
③ 국토교통부장관은 제1항 및 제2항에 따른 정밀안전진단 대상이 특정 시기에 집중되는 경우나 그 밖의 부득이한 사유로 소유자등이 정밀안전진단을 받을 수 없다고 인정될 때에는 그 기간을 연장하거나 유예(猶豫)할 수 있다.
④ 소유자등은 정밀안전진단 대상이 제1항 및 제2항에 따른 정밀안전진단을 받지 아니 하거나 정밀안전진단 결과 또는 제38조의14제1항에 따른 정밀안전진단 결과에 대한 평가 결과 계속 사용이 적합하지 아니 하다고 인정되는 경우에는 해당 철도차량을 운행해서는 아니 된다.
⑤ 소유자등은 제38조의13제1항에 따른 정밀안전진단기관으로부터 정밀안전진단을 받아야 한다.
⑥ 제1항부터 제3항까지의 정밀안전진단 등의 기준·방법·절차 등에 필요한 사항은 국토교통부령으로 정한다.

### 규칙 제75조의13(정밀안전진단의 시행시기)

① 법 제38조의12제1항에 따라 소유자등은 다음 각 호의 구분에 따른 기간이 경과하기 전에 해당 철도차량의 물리적 사용가능 여부 및 안전성능 등에 대한 정밀안전진단(이하 "최초 정밀안전진단"이라 한다)을 받아야 한다. 다만, 잦은 고장·화재·충돌 등으로 다음 각 호 구분에 따른 기간이 도래하기 이전에 정밀안전진단을 받은 경우에는 그 정밀안전진단을 최초 정밀안전진단으로 본다.
  1. 2014년 3월 19일 이후 구매계약을 체결한 철도차량: 법 제26조의6제2항에 따른 철도차량 완성검사증명서를 발급받은 날부터 20년
  2. 2014년 3월 18일까지 구매계약을 체결한 철도차량: 제75조제5항제2호에 따른 영업시운전을 시작한 날부터 20년
② 제1항에도 불구하고 국토교통부장관은 철도차량의 정비주기·방법 등 철도차량 정비의 특수성을 고려하여 최초 정밀안전진단 시기 및 방법 등을 따로 정할 수 있고, 사고복구용·작업

용·시험용 철도차량 등 법 제26조제4항제4호에 따른 철도차량과 「철도사업법」에 따른 전용철도 노선에서만 운행하는 철도차량은 해당 철도차량의 제작설명서 또는 구매계약서에 명시된 기대수명 전까지 최초 정밀안전진단을 받을 수 있다.

③ 소유자등은 제1항 및 제2항에 따른 정밀안전진단 결과 계속 사용할 수 있다고 인정을 받은 철도차량에 대하여 제1항 각 호에 따른 기간을 기준으로 5년 마다 해당 철도차량의 물리적 사용가능 여부 및 안전성능 등에 대하여 다시 정밀안전진단(이하 "정기 정밀안전진단"라 한다)을 받아야 하며, 정기 정밀안전진단 결과 계속 사용할 수 있다고 인정을 받은 경우에도 또한 같다. 다만, 국토교통부장관은 철도차량의 정비주기·방법 등 철도차량 정비의 특수성을 고려하여 정기 정밀안전진단 시기 및 방법 등을 따로 정할 수 있다.

④ 제3항에도 불구하고 최초 정밀안전진단 또는 정기 정밀안전진단 후 운행 중 충돌·추돌·탈선·화재 등 중대한 사고가 발생되어 철도차량의 안전성 또는 성능 등에 대한 정밀안전진단이 필요한 철도차량에 대하여는 해당 철도차량을 운행하기 전에 정밀안전진단을 받아야 한다. 이 경우 정기 정밀안전진단 시기는 직전의 정기 정밀안전진단 결과 계속 사용이 적합하다고 인정을 받은 날을 기준으로 산정한다.

⑤ 제3항에도 불구하고 최초 정밀안전진단 또는 정기 정밀안전진단 후 전기·전자장치 또는 그 부품의 전기특성·기계적 특성에 따른 반복적 고장이 3회 이상 발생(실제 운행편성 단위를 기준으로 한다)한 철도차량은 반복적 고장이 3회 발생한 날부터 1년 이내에 해당 철도차량의 고장특성에 따른 상태 평가 및 안전성 평가를 시행해야 한다.

### 제38조의13(정밀안전진단기관의 지정 등)

① 국토교통부장관은 원활한 정밀안전진단 업무 수행을 위하여 정밀안전진단기관을 지정하여야 한다.

② 정밀안전진단기관의 지정기준, 지정절차 등에 필요한 사항은 국토교통부령으로 정한다.

③ 국토교통부장관은 정밀안전진단기관이 다음 각 호의 어느 하나에 해당하는 경우에 그 지정을 취소하거나 6개월 이내의 기간을 정하여 그 업무의 전부 또는 일부의 정지를 명할 수 있다. 다만, 제1호부터 제3호까지의 어느 하나에 해당하는 경우에는 그 지정을 취소하여야 한다.

1. 거짓이나 그 밖의 부정한 방법으로 지정을 받은 경우
2. 이 조에 따른 업무정지명령을 위반하여 업무정지 기간 중에 정밀안전진단 업무를 한 경우
3. 정밀안전진단 업무와 관련하여 부정한 금품을 수수하거나 그 밖의 부정한 행위를 한 경우
4. 정밀안전진단 결과를 조작한 경우
5. 정밀안전진단 결과를 거짓으로 기록하거나 고의로 결과를 기록하지 아니한 경우

　　　6. 성능검사 등을 받지 아니한 검사용 기계·기구를 사용하여 정밀안전진단을 한 경우
　　　7. 제38조의14제1항에 따라 정밀안전진단 결과를 평가한 결과 고의 또는 중대한 과실로 사실과 다르게 진단하는 등 정밀안전진단 업무를 부실하게 수행한 것으로 평가된 경우
　④ 제3항에 따른 처분의 세부기준과 그 밖에 필요한 사항은 국토교통부령으로 정한다.

### 규칙 제75조의14(정밀안전진단의 신청 등)

① 소유자등은 정밀안전진단 대상 철도차량의 정밀안전진단 완료 시기가 도래하기 60일 전까지 별지 제45호의10서식의 철도차량 정밀안전진단 신청서에 다음 각 호의 사항을 증명하거나 참고할 수 있는 서류를 첨부하여 법 제38조의13제1항에 따라 국토교통부장관이 지정한 정밀안전진단기관(이하 "정밀안전진단기관"이라 한다)에 제출해야 한다.
　1. 정밀안전진단 계획서
　2. 정밀안전진단 판정을 위한 제작사양, 도면 및 검사성적서, 허용오차 등의 기술자료
　3. 철도차량의 중대한 사고 내역(해당되는 경우에 한정한다)
　4. 철도차량의 주요 부품의 교체 내역(해당되는 경우에 한정한다)
　5. 정밀안전진단 대상 항목의 개조 및 수리 내역(해당되는 경우에 한정한다)
　6. 전기특성검사 및 전선열화검사(電線劣化檢査: 전선을 대상으로 외부적·내부적 영향에 따른 화학적·물리적 변화를 측정하는 검사) 시험성적서(해당되는 경우에 한정한다)
② 제1항제1호에 따른 정밀안전진단 계획서에는 다음 각 호의 사항을 포함해야 한다.
　1. 정밀안전진단 대상 차량 및 수량
　2. 정밀안전진단 대상 차종별 대상항목
　3. 정밀안전진단 일정·장소
　4. 안전관리계획
　5. 정밀안전진단에 사용될 장비 등의 사용에 관한 사항
　6. 그 밖에 정밀안전진단에 필요한 참고자료
③ 정밀안전진단기관은 제1항에 따라 소유자등으로부터 제출 받은 정밀안전진단 신청서의 보완을 요청할 수 있다.
④ 정밀안전진단기관은 제1항에 따른 철도차량 정밀안전진단의 신청을 받은 때에는 제출된 서류를 검토한 후 신청인과 협의하여 정밀안전진단 계획서를 확정하고 신청인 및 한국교통안전공단에 이를 통보해야 한다.
⑤ 정밀안전진단 신청인은 제4항에 따른 정밀안전진단 계획서의 변경이 필요한 경우 정밀안전진단기관에게 다음 각 호의 서류를 제출하여 변경을 요청할 수 있다. 이 경우 요청을 받은 정밀안전진단기관은 변경되는 사항의 안전상의 영향 등을 검토하여 적합하다고 인정되는 경우에는 정밀안전진단 계획서를 변경할 수 있다.

1. 변경하고자 하는 내용
2. 변경하고자 하는 사유 및 설명자료

### 규칙 제75조의15(철도차량 정밀안전진단의 연장 또는 유예)

① 법 제38조의12제3항에 따라 소유자등은 정밀안전진단 대상 철도차량이 특정 시기에 집중되거나 그 밖의 부득이한 사유로 국토교통부장관으로부터 철도차량 정밀안전진단 기간의 연장 또는 유예를 받고자 하는 경우 정밀안전진단 시기가 도래하기 5년 전까지 정밀안전진단 기간의 연장 또는 유예를 받고자 하는 철도차량의 종류, 수량, 연장 또는 유예하고자 하는 기간 및 그 사유를 명시하여 국토교통부장관에게 신청해야 한다. 다만, 긴급한 사유 등이 있는 경우 정밀안전진단 기간이 도래하기 1년 이전에 신청할 수 있다.

② 국토교통부장관은 제1항에 따라 소유자등으로부터 정밀안전진단 기간의 연장 또는 유예의 신청을 받은 경우 열차운행계획, 정밀안전진단과 유사한 성격의 점검 또는 정비 시행여부, 정밀안전진단 시행 여건 및 철도차량의 안전성 등에 관한 타당성을 검토하여 해당 철도차량에 대한 정밀안전진단 기간의 연장 또는 유예를 할 수 있다.

### 규칙 제75조의16(철도차량 정밀안전진단의 방법 등)

① 법 제38조의12제1항에 따른 정밀안전진단은 다음 각 호의 구분에 따라 시행한다.
1. 상태 평가: 철도차량의 치수 및 외관검사
2. 안전성 평가: 결함검사, 전기특성검사 및 전선열화검사
3. 성능 평가: 역행시험, 제동시험, 진동시험 및 승차감시험

② 제75조의14 및 제1항에서 정한 사항 외에 정밀안전진단의 시기, 기준, 방법 및 절차 등에 관하여 필요한 사항은 국토교통부장관이 정하여 고시한다.

### 규칙 제75조의17(정밀안전진단기관의 지정기준 및 절차 등)

① 법 제38조의13제1항에 따라 정밀안전진단기관으로 지정을 받으려는 자는 별지 제45호의11서식의 철도차량 정밀안전진단기관 지정신청서에 다음 각 호의 서류를 첨부하여 국토교통부장관에게 제출해야 한다.
1. 운영계획서
2. 정관이나 이에 준하는 약정(법인이나 단체의 경우만 해당한다)
3. 정밀안전진단을 담당하는 전문 인력의 보유 현황 및 기술 인력의 자격·학력·경력 등을 증명할 수 있는 서류
4. 정밀안전진단업무규정
5. 정밀안전진단에 필요한 시설 및 장비 내역서
6. 정밀안전진단기관에서 사용하는 직인의 인영

② 법 제38조의13제1항에 따른 정밀안전진단기관의 지정기준은 다음 각 호와 같다.
1. 정밀안전진단업무를 수행할 수 있는 상설 전담조직을 갖출 것
2. 정밀안전진단업무를 수행할 수 있는 기술 인력을 확보할 것
3. 정밀안전진단업무를 수행하기 위한 설비와 장비를 갖출 것
4. 정밀안전진단기관의 운영 등에 관한 업무규정을 갖출 것
5. 지정 신청일 1년 이내에 법 제38조의13제3항에 따른 정밀안전진단기관 지정취소 또는 업무정지를 받은 사실이 없을 것
6. 정밀안전진단 외의 업무를 수행하고 있는 경우 그 업무를 수행함으로 인하여 정밀안전진단업무가 불공정하게 수행될 우려가 없을 것
7. 철도차량을 제조 또는 판매하는 자가 아닐 것
8. 그 밖에 국토교통부장관이 정하여 고시하는 정밀안전진단기관의 지정 세부기준에 맞을 것

③ 제1항에 따른 정밀안전진단기관의 지정 신청을 받은 국토교통부장관은 제2항 각 호의 지정기준에 따라 지정 여부를 심사한 후 적합하다고 인정되는 경우에는 별지 제45호의12서식의 철도차량 정밀안전진단기관 지정서를 그 신청인에게 발급해야 한다.

④ 국토교통부장관은 정밀안전진단기관이 제2항에 따른 지정기준에 적합한 지의 여부를 매년 심사해야 한다.

⑤ 제3항에 따라 국토교통부장관으로부터 정밀안전진단기관으로 지정 받은 자가 그 명칭·대표자·소재지나 그 밖에 정밀안전진단 업무의 수행에 중대한 영향을 미치는 사항의 변경이 있는 경우에는 그 사유가 발생한 날부터 15일 이내에 국토교통부장관에게 그 사실을 통보해야 한다.

⑥ 국토교통부장관은 제3항에 따라 정밀안전진단기관을 지정하거나 제5항에 따른 통보를 받은 경우에는 지체 없이 관보에 고시해야 한다. 다만, 국토교통부장관이 정하여 고시하는 경미한 사항은 제외한다.

⑦ 그 밖에 정밀안전진단기관의 지정기준 및 지정절차 등에 관하여 필요한 사항은 국토교통부장관이 정하여 고시한다.

**규칙 제75조의18(정밀안전진단기관의 업무)**
정밀안전진단기관의 업무 범위는 다음 각 호와 같다.
1. 해당 업무분야의 철도차량에 대한 정밀안전진단 시행
2. 정밀안전진단의 항목 및 기준에 대한 조사·검토
3. 정밀안전진단의 항목 및 기준에 대한 제정·개정 요청
4. 정밀안전진단의 기록 보존 및 보호에 관한 업무
5. 그 밖에 국토교통부장관이 필요하다고 인정하는 업무

### 규칙 제75조의19(정밀안전진단기관의 지정취소 등)

① 법 제38조의13제3항에 따른 정밀안전진단기관의 지정취소 및 업무정지의 기준은 별표 18과 같다.
② 국토교통부장관은 법 제38조의13제3항에 따라 정밀안전진단기관의 지정을 취소하거나 업무정지의 처분을 한 경우에는 지체 없이 그 정밀안전진단기관에 별지 제11호의3서식의 정밀안전진단기관 행정처분서를 통지하고 그 사실을 관보에 고시해야 한다.

■ 철도안전법 시행규칙 [별표 18] <23. 1. 18. 개정, 23. 1. 19. 시행>

## 정밀안전진단기관의 지정취소 및 업무정지의 기준(제75조의19제1항 관련)

1. 일반기준

   가. 위반행위의 횟수에 따른 행정처분의 가중된 부과기준은 최근 2년간 같은 위반행위로 행정처분을 받은 경우에 적용한다. 이 경우 기간의 계산은 위반행위에 대하여 행정처분을 받은 날과 그 처분 후 다시 같은 위반행위를 하여 적발된 날을 기준으로 한다.

   나. 가목에 따라 가중된 부과처분을 하는 경우 가중처분의 적용 차수는 그 위반행위 전 부과처분 차수(가목에 따른 기간 내에 행정처분이 둘 이상 있었던 경우에는 높은 차수를 말한다)의 다음 차수로 한다.

   다. 위반행위가 둘 이상인 경우로서 그에 해당하는 각각의 처분기준이 다른 경우에는 그 중 무거운 처분기준(무거운 처분기준이 같을 때에는 그 중 하나의 처분기준을 말한다)에 따르며, 위반행위가 둘 이상인 경우로서 그에 해당하는 각각의 처분기준이 업무정지인 경우에는 처분기준의 2분의 1까지 가중할 수 있되, 각 처분기준을 합산한 기간을 초과할 수 없다.

   라. 국토교통부장관은 위반행위의 동기·내용 및 위반의 정도 등 다음의 어느 하나에 해당하는 사유를 고려하여 그 처분을 감경할 수 있다. 이 경우 그 처분이 업무정지인 경우에는 그 처분기준의 2분의 1의 범위에서 감경할 수 있고, 지정취소인 경우(법 제38조의13제3항제1호부터 제3호까지에 해당하는 경우는 제외한다)에는 6개월의 업무정지 처분으로 감경할 수 있다.

   1) 위반행위가 고의나 중대한 과실이 아닌 사소한 부주의나 오류로 인한 것으로 인정되는 경우.
   2) 위반의 내용·정도가 경미하여 이해관계인에게 미치는 피해가 적다고 인정되는 경우

2. 개별기준

| 위반사항 | 근거 법조문 | 처분기준 1차 위반 | 2차 위반 | 3차 위반 | 4차 이상 위반 |
|---|---|---|---|---|---|
| 가. 거짓이나 그 밖의 부정한 방법으로 지정을 받은 경우 | 법 제38조의13 제3항제1호 | 지정취소 | | | |
| 나. 업무정지명령을 위반하여 업무정지 기간 중에 정밀안전진단 업무를 한 경우 | 법 제38조의13 제3항제2호 | 지정취소 | | | |
| 다. 정밀안전진단 업무와 관련하여 부정한 금품을 수수하거나 그 밖의 부정한 행위를 한 경우 | 법 제38조의13 제3항제3호 | 지정취소 | | | |
| 라. 정밀안전진단 결과를 조작한 경우 | 법 제38조의13 제3항제4호 | 업무정지 2개월 | 업무정지 6개월 | 지정취소 | |
| 마. 정밀안전진단 결과를 거짓으로 기록하거나 고의로 결과를 기록하지 않은 경우 | 법 제38조의13 제3항제5호 | 업무정지 2개월 | 업무정지 6개월 | 지정취소 | |
| 바. 성능검사 등을 받지 않은 검사용 기계·기구를 사용하여 정밀안전진단을 한 경우 | 법 제38조의13 제3항제6호 | 업무정지 1개월 | 업무정지 2개월 | 업무정지 4개월 | 업무정지 6개월 |
| 사. 법 제38조의14제1항에 따라 정밀안전진단 결과를 평가한 결과 고의 또는 중대한 과실로 사실과 다르게 진단하는 등 정밀안전진단 업무를 부실하게 수행한 것으로 평가된 경우 | 법 제38조의13 제3항제7호 | 업무정지 2개월 | 업무정지 6개월 | 지정취소 | |

**제38조의14(정밀안전진단 결과의 평가)**
① 국토교통부장관은 정밀안전진단기관의 부실 진단을 방지하기 위하여 제38조의12제1항 및 제2항에 따라 소유자등이 정밀안전진단을 받은 경우 정밀안전진단기관이 수행한 해당 정밀안전진단의 결과를 평가할 수 있다.
② 국토교통부장관은 정밀안전진단기관 또는 소유자등에게 제1항에 따른 평가에 필요한 자료를 제출하도록 요구할 수 있다. 이 경우 자료의 제출을 요구받은 자는 특별한 사유가 없으면 이에 따라야 한다.
③ 제1항에 따른 평가의 대상, 방법, 절차 등에 필요한 사항은 국토교통부령으로 정한다.

시행규칙 제75조의20(정밀안전진단 결과의 평가)
① 한국교통안전공단은 다음 각 호의 어느 하나에 해당하는 경우 법 제38조의14제1항에 따라 정밀안전진단기관이 수행한 해당 정밀안전진단의 결과(이하 "정밀안전진단결과"라 한다)를 평가한다.
   1. 정밀안전진단 실시 후 5년 이내에 차량바퀴가 장착된 틀이나 차체에 균열이 발생하는 등 철도운행안전에 중대한 위험을 발생시킬 우려가 있는 결함이 발견된 경우로서 소유자등이 의뢰하는 경우
   2. 정밀안전진단기관이 법 또는 법에 따른 명령을 위반하여 정밀안전진단을 실시함으로써 부실 진단의 우려가 있다고 인정되는 경우
   3. 그 밖에 정밀안전진단의 부실을 방지하기 위하여 국토교통부장관이 정하여 고시하는 경우
② 한국교통안전공단이 정밀안전진단결과 평가를 하는 경우에는 다음 각 호의 사항을 포함하여 평가해야 한다.
   1. 제75조의16제1항 각 호에 따른 평가의 방법 및 그 결과의 적정성
   2. 정밀안전진단결과 보고서의 종합 검토
   3. 그 밖에 철도차량의 운행안전을 위하여 국토교통부장관이 정하여 고시하는 사항
③ 정밀안전진단결과 평가는 다음 각 호의 구분에 따른 방법으로 실시한다. 다만, 서류평가만으로 부실 진단 여부를 판단할 수 있다고 인정되는 경우에는 현장평가를 생략할 수 있다.
   1. 서류평가: 제75조의16제2항에 따른 시행지침에 따라 정밀안전진단을 적합하게 수행하였는지를 판단하기 위하여 정밀안전진단기관이 제출한 정밀안전진단 계획서 및 정밀안전진단결과 보고서를 대상으로 실시하는 평가
   2. 현장평가: 사실관계를 확인하기 위하여 현장에서 실시하는 평가
④ 한국교통안전공단은 정밀안전진단결과를 평가한 때에는 평가 종료 후 그 결과를 다음 각 호의 자 또는 기관에 통보해야 한다. 다만, 정밀안전진단결과 평가가 종료되기 전에 정밀안전진단기관의 부실진단이 확인된 경우에는 즉시 그 사실을 국토교통부장관에게 보고해야 한다.
   1. 법 제38조의12제1항 및 제2항에 따른 정밀안전진단을 요청한 소유자등
   2. 법 제38조의12제5항에 따른 철도차량 정밀안전진단 업무를 수행한 정밀안전진단기관
   3. 국토교통부장관
⑤ 제1항부터 제4항까지에서 규정한 사항 외에 정밀안전진단결과 평가의 기준, 결과 통보 및 후속조치 등에 관하여 필요한 세부 사항은 국토교통부장관이 정하여 고시한다.

### 제38조의15(준용규정)

정밀안전진단기관에 대한 과징금의 부과·징수에 관하여는 제9조의2를 준용한다. 이 경우 "제9조제1항"은 "제38조의13제3항"으로, "철도운영자등"은 "정밀안전진단기관"으로 본다.

### 영 제29조의4(정밀안전진단기관 관련 과징금의 부과기준)

법 제38조의15에서 준용하는 법 제9조의2에 따른 과징금의 부과기준은 별표 4의3과 같다.

■ 철도안전법 시행령 [별표 4의3]

## 정밀안전진단기관 관련 과징금의 부과기준(제29조의4 관련)

1. 일반기준
   가. 위반행위의 횟수에 따른 과징금의 가중된 부과기준은 최근 2년간 같은 위반행위로 과징금 부과처분을 받은 경우에 적용한다. 이 경우 기간의 계산은 위반행위에 대하여 과징금 부과처분을 받은 날과 그 처분 후 다시 같은 위반행위를 하여 적발된 날을 기준으로 한다.
   나. 가목에 따라 가중된 부과처분을 하는 경우 가중처분의 적용 차수는 그 위반행위 전 부과처분 차수(가목에 따른 기간 내에 과징금 부과처분이 둘 이상 있었던 경우에는 높은 차수를 말한다)의 다음 차수로 한다.
   다. 위반행위가 둘 이상인 경우로서 각 처분내용이 업무정지에 갈음하여 부과하는 과징금인 경우에는 각 처분기준에 따른 과징금을 합산한 금액을 넘지 않는 범위에서 가장 무거운 처분기준에 해당하는 과징금 금액의 2분의 1의 범위까지 늘릴 수 있다.
   라. 국토교통부장관은 다음의 어느 하나에 해당하는 경우에는 제2호의 개별기준에 따른 과징금 금액의 2분의 1의 범위에서 그 금액을 줄일 수 있다. 다만, 과징금을 체납하고 있는 위반행위자의 경우에는 그렇지 않다.
      1) 위반행위가 사소한 부주의나 오류로 인한 것으로 인정되는 경우
      2) 위반행위자가 법 위반상태를 시정하거나 해소하기 위한 노력이 인정되는 경우
      3) 그 밖에 위반행위의 정도, 위반행위의 동기와 그 결과 등을 고려하여 과징금을 줄일 필요가 있다고 인정되는 경우
   마. 국토교통부장관은 다음의 어느 하나에 해당하는 경우에는 제2호의 개별기준에 따른 과징금 금액의 2분의 1의 범위에서 그 금액을 늘릴 수 있다. 다만, 법 제9조의2제1항에 따른 과징금 금액의 상한을 넘을 수 없다.
      1) 위반의 내용 및 정도가 중대하여 공중에게 미치는 피해가 크다고 인정되는 경우
      2) 법 위반상태의 기간이 6개월 이상인 경우

3) 그 밖에 위반행위의 정도, 위반행위의 동기와 그 결과 등을 고려하여 과징금을 늘릴 필요가 있다고 인정되는 경우

2. 개별기준

| 위반행위 | 근거<br>법조문 | 과징금 금액(단위: 백만원) | | | |
|---|---|---|---|---|---|
| | | 1차 위반 | 2차 위반 | 3차 위반 | 4차 이상 위반 |
| 1) 법 제38조의13제3항제4호를 위반하여 정밀안전진단 결과를 조작한 경우 | 법 제38조의13 제3항제4호 | 15 | 50 | | |
| 2) 법 제38조의13제3항제5호를 위반하여 정밀안전진단 결과를 거짓으로 기록하거나 고의로 결과를 기록하지 않은 경우 | 법 제38조의13 제3항제5호 | 15 | 50 | | |
| 3) 법 제38조의13제3항제6호를 위반하여 성능검사 등을 받지 않은 검사용 기계·기구를 사용하여 정밀안전진단을 한 경우 | 법 제38조의13 제3항제6호 | 5 | 15 | 30 | 50 |
| 4) 법 제38조의14제1항에 따라 정밀안전진단 결과를 평가한 결과 고의 또는 중대한 과실로 사실과 다르게 진단하는 등 정밀안전진단 업무를 부실하게 수행한 것으로 평가된 경우 | 법 제38조의13제3항제7호 및 제38조의15 | 15 | 50 | | |

# 5장 철도차량 운행안전 및 철도 보호

### 제39조(철도차량의 운행)
열차의 편성, 철도차량 운전 및 신호방식 등 철도차량의 안전운행에 필요한 사항은 국토교통부령으로 정한다.

### 제39조의2(철도교통관제)
① 철도차량을 운행하는 자는 국토교통부장관이 지시하는 이동·출발·정지 등의 명령과 운행 기준·방법·절차 및 순서 등에 따라야 한다.
② 국토교통부장관은 철도차량의 안전하고 효율적인 운행을 위하여 철도시설의 운용상태 등 철도차량의 운행과 관련된 조언과 정보를 철도종사자 또는 철도운영자등에게 제공할 수 있다.
③ 국토교통부장관은 철도차량의 안전한 운행을 위하여 철도시설 내에서 사람, 자동차 및 철도차량의 운행제한 등 필요한 안전조치를 취할 수 있다.
④ 제1항부터 제3항까지의 규정에 따라 국토교통부장관이 행하는 업무의 대상, 내용 및 절차 등에 관하여 필요한 사항은 국토교통부령으로 정한다.

**규칙 제76조(철도교통관제업무의 대상 및 내용 등)**
① 다음 각 호의 어느 하나에 해당하는 경우에는 법 제39조의2에 따라 국토교통부장관이 행하는 철도교통관제업무(이하 "관제업무"라 한다)의 대상에서 제외한다.
  1. 정상운행을 하기 전의 신설선 또는 개량선에서 철도차량을 운행하는 경우
  2. 「철도산업발전기본법」 제3조제2호나목에 따른 철도차량을 보수·정비하기 위한 차량정비기지 및 차량유치시설에서 철도차량을 운행하는 경우
② 법 제39조의2제4항에 따라 국토교통부장관이 행하는 관제업무의 내용은 다음 각 호와 같다.
  1. 철도차량의 운행에 대한 집중 제어·통제 및 감시
  2. 철도시설의 운용상태 등 철도차량의 운행과 관련된 조언과 정보의 제공 업무
  3. 철도보호지구에서 법 제45조제1항 각 호의 어느 하나에 해당하는 행위를 할 경우 열차운행 통제 업무

〈법 45조 1항〉
1. 토지의 형질변경 및 굴착(掘鑿)
2. 토석, 자갈 및 모래의 채취
3. 건축물의 신축·개축(改築)·증축 또는 인공구조물의 설치
4. 나무의 식재(대통령령으로 정하는 경우만 해당한다)
5. 그 밖에 철도시설을 파손하거나 철도차량의 안전운행을 방해할 우려가 있는 행위로서 대통령령으로 정하는 행위

4. 철도사고등의 발생 시 사고복구, 긴급구조·구호 지시 및 관계 기관에 대한 상황 보고·전파 업무
5. 그 밖에 국토교통부장관이 철도차량의 안전운행 등을 위하여 지시한 사항
③ 철도운영자등은 철도사고등이 발생하거나 철도시설 또는 철도차량 등이 정상적인 상태에 있지 아니하다고 의심되는 경우에는 이를 신속히 국토교통부장관에 통보하여야 한다.
④ 관제업무에 관한 세부적인 기준·절차 및 방법은 국토교통부장관이 정하여 고시한다.

### 제39조의3(영상기록장치의 설치·운영 등)

① 철도운영자등은 철도차량의 운행상황 기록, 교통사고 상황 파악, 안전사고 방지, 범죄 예방 등을 위하여 다음 각 호의 철도차량 또는 철도시설에 영상기록장치를 설치·운영하여야 한다. 이 경우 영상기록장치의 설치 기준, 방법 등은 대통령령으로 정한다.
1. 철도차량 중 대통령령으로 정하는 동력차 및 객차
2. 승강장 등 대통령령으로 정하는 안전사고의 우려가 있는 역 구내
3. 대통령령으로 정하는 차량정비기지
4. 변전소 등 대통령령으로 정하는 안전확보가 필요한 철도시설
5. 「건널목 개량촉진법」 제2조제3호에 따른 건널목으로서 대통령령으로 정하는 안전확보가 필요한 건널목
② 철도운영자등은 제1항에 따라 영상기록장치를 설치하는 경우 운전업무종사자, 여객 등이 쉽게 인식할 수 있도록 대통령령으로 정하는 바에 따라 안내판 설치 등 필요한 조치를 하여야 한다.
③ 철도운영자등은 설치 목적과 다른 목적으로 영상기록장치를 임의로 조작하거나 다른 곳을 비추어서는 아니 되며, 운행기간 외에는 영상기록(음성기록을 포함한다. 이하 같다)을 하여서는 아니 된다.
④ 철도운영자등은 다음 각 호의 어느 하나에 해당하는 경우 외에는 영상기록을 이용하거나 다른 자에게 제공하여서는 아니 된다.
1. 교통사고 상황 파악을 위하여 필요한 경우
2. 범죄의 수사와 공소의 제기 및 유지에 필요한 경우
3. 법원의 재판업무수행을 위하여 필요한 경우

⑤ 철도운영자등은 영상기록장치에 기록된 영상이 분실·도난·유출·변조 또는 훼손되지 아니하도록 대통령령으로 정하는 바에 따라 영상기록장치의 운영·관리 지침을 마련하여야 한다.
⑥ 영상기록장치의 설치·관리 및 영상기록의 이용·제공 등은 「개인정보 보호법」에 따라야 한다.
⑦ 제4항에 따른 영상기록의 제공과 그 밖에 영상기록의 보관 기준 및 보관 기간 등에 필요한 사항은 국토교통부령으로 정한다.

**영 제30조(영상기록장치 설치대상)**
① 법 제39조의3제1항제1호에서 "대통령령으로 정하는 동력차 및 객차"란 다음 각 호의 동력차 및 객차를 말한다.
  1. 열차의 맨 앞에 위치한 동력차로서 운전실 또는 운전설비가 있는 동력차
  2. 승객 설비를 갖추고 여객을 수송하는 객차
② 법 제39조의3제1항제2호에서 "승강장 등 대통령령으로 정하는 안전사고의 우려가 있는 역 구내"란 승강장, 대합실 및 승강설비를 말한다.
③ 법 제39조의3제1항제3호에서 "대통령령으로 정하는 차량정비기지"란 다음 각 호의 차량정비기지를 말한다.
  1. 「철도사업법」 제4조의2제1호에 따른 고속철도차량을 정비하는 차량정비기지
  2. 철도차량을 중정비(철도차량을 완전히 분해하여 검수·교환하거나 탈선·화재 등으로 중대하게 훼손된 철도차량을 정비하는 것을 말한다)하는 차량정비기지
  3. 대지면적이 3천제곱미터 이상인 차량정비기지
④ 법 제39조의3제1항제4호에서 "변전소 등 대통령령으로 정하는 안전확보가 필요한 철도시설"이란 다음 각 호의 철도시설을 말한다.
  1. 변전소(구분소를 포함한다), 무인기능실(전철전력설비, 정보통신설비, 신호 또는 열차 제어설비 운영과 관련된 경우만 해당한다)
  2. 노선이 분기되는 구간에 설치된 분기기(선로전환기를 포함한다), 역과 역 사이에 설치된 건넘선
  3. 「통합방위법」 제21조제4항에 따라 국가중요시설로 지정된 교량 및 터널
  4. 「철도의 건설 및 철도시설 유지관리에 관한 법률」 제2조제2호에 따른 고속철도에 설치된 길이 1킬로미터 이상의 터널
⑤ 법 제39조의3제1항제5호에서 "대통령령으로 정하는 안전확보가 필요한 건널목"이란 「건널목 개량촉진법」제4조제1항에 따라 개량건널목으로 지정된 건널목(같은 법 제6조에 따라 입체교차화 또는 구조 개량된 건널목은 제외한다)을 말한다.

### 제30조의2(영상기록장치의 설치 기준 및 방법)
법 제39조의3제1항에 따른 영상기록장치의 설치 기준 및 방법은 별표 4의4와 같다.

■ 철도안전법 시행령 [별표 4의4]

## 영상기록장치의 설치 기준 및 방법(제30조의2 관련)

1. 법 제39조의3제1항제1호에 따른 동력차에는 다음 각 목의 기준에 따라 영상기록장치를 설치해야 한다.
   가. 다음의 상황을 촬영할 수 있는 영상기록장치를 각각 설치할 것
      1) 선로변을 포함한 철도차량 전방의 운행 상황
      2) 운전실의 운전조작 상황
   나. 가목에도 불구하고 다음의 어느 하나에 해당하는 철도차량의 경우에는 같은 목 2)의 상황을 촬영할 수 있는 영상기록장치는 설치하지 않을 수 있다.
      1) 운행정보의 기록장치 등을 통해 철도차량의 운전조작 상황을 파악할 수 있는 철도차량
      2) 무인운전 철도차량
      3) 전용철도의 철도차량
2. 법 제39조의3제1항제1호에 따른 객차에는 다음 각 목의 기준에 따라 영상기록장치를 설치해야 한다.
   가. 영상기록장치의 해상도는 범죄 예방 및 범죄 상황 파악 등에 지장이 없는 정도일 것
   나. 객차 내에 사각지대가 없도록 설치할 것
   다. 여객 등이 영상기록장치를 쉽게 인식할 수 있는 위치에 설치할 것
3. 법 제39조의3제1항제2호부터 제4호까지의 규정에 따른 시설에는 다음 각 목의 기준에 따라 영상기록장치를 설치해야 한다.
   가. 다음의 상황을 촬영할 수 있는 영상기록장치를 모두 설치할 것
      1) 여객의 대기·승하차 및 이동 상황
      2) 철도차량의 진출입 및 운행 상황
      3) 철도시설의 운영 및 현장 상황
   나. 철도차량 또는 철도시설이 충격을 받거나 화재가 발생한 경우 등 정상적이지 않은 환경에서도 영상기록장치가 최대한 보호될 수 있을 것

### 영 제31조(영상기록장치 설치 안내)
철도운영자등은 법 제39조의3제2항에 따라 운전업무종사자 및 여객 등 「개인정보 보호법」 제2조제3호에 따른 정보주체가 쉽게 인식할 수 있는 운전실 및 객차 출입문 등에 다음 각 호의 사항이 표시된 안내판을 설치해야 한다.
    1. 영상기록장치의 설치 목적
    2. 영상기록장치의 설치 위치, 촬영 범위 및 촬영 시간
    3. 영상기록장치 관리 책임 부서, 관리책임자의 성명 및 연락처
    4. 그 밖에 철도운영자등이 필요하다고 인정하는 사항

### 영 제32조(영상기록장치의 운영·관리 지침)
철도운영자등은 법 제39조의3제5항에 따라 영상기록장치에 기록된 영상이 분실·도난·유출·변조 또는 훼손되지 않도록 다음 각 호의 사항이 포함된 영상기록장치 운영·관리 지침을 마련해야 한다.
1. 영상기록장치의 설치 근거 및 설치 목적
2. 영상기록장치의 설치 대수, 설치 위치 및 촬영 범위
3. 관리책임자, 담당 부서 및 영상기록에 대한 접근 권한이 있는 사람
4. 영상기록의 촬영 시간, 보관기간, 보관장소 및 처리방법
5. 철도운영자등의 영상기록 확인 방법 및 장소
6. 정보주체의 영상기록 열람 등 요구에 대한 조치
7. 영상기록에 대한 접근 통제 및 접근 권한의 제한 조치
8. 영상기록을 안전하게 저장·전송할 수 있는 암호화 기술의 적용 또는 이에 상응하는 조치
9. 영상기록 침해사고 발생에 대응하기 위한 접속기록의 보관 및 위조·변조 방지를 위한 조치
10. 영상기록에 대한 보안프로그램의 설치 및 갱신
11. 영상기록의 안전한 보관을 위한 보관시설의 마련 또는 잠금장치의 설치 등 물리적 조치
12. 그 밖에 영상기록장치의 설치·운영 및 관리에 필요한 사항

### 규칙 제76조의3(영상기록의 보관기준 및 보관기간)
① 철도운영자등은 영상기록장치에 기록된 영상기록을 영 제32조에 따른 영상기록장치 운영·관리 지침에서 정하는 보관기간(이하 "보관기간"이라 한다) 동안 보관하여야 한다. 이 경우 보관기간은 3일 이상의 기간이어야 한다.
② 철도운영자등은 보관기간이 지난 영상기록을 삭제하여야 한다. 다만, 보관기간 내에 법 제39조의3제4항 각 호의 어느 하나에 해당하여 영상기록에 대한 제공을 요청 받은 경우에는 해당 영상기록을 제공하기 전까지는 영상기록을 삭제해서는 아니 된다.

### 제40조(열차운행의 일시 중지)

① 철도운영자는 다음 각 호의 어느 하나에 해당하는 경우로서 열차의 안전운행에 지장이 있다고 인정하는 경우에는 열차운행을 일시 중지할 수 있다.
  1. 지진, 태풍, 폭우, 폭설 등 천재지변 또는 악천후로 인하여 재해가 발생하였거나 재해가 발생할 것으로 예상되는 경우
  2. 그 밖에 열차운행에 중대한 장애가 발생하였거나 발생할 것으로 예상되는 경우
② 철도종사자는 철도사고 및 운행장애의 징후가 발견되거나 발생 위험이 높다고 판단되는 경우에는 관제업무종사자에게 열차운행을 일시 중지할 것을 요청할 수 있다. 이 경우 요청을 받은 관제업무종사자는 특별한 사유가 없으면 즉시 열차운행을 중지하여야 한다.
③ 철도종사자는 제2항에 따른 열차운행의 중지 요청과 관련하여 고의 또는 중대한 과실이 없는 경우에는 민사상 책임을 지지 아니한다.
④ 누구든지 제2항에 따라 열차운행의 중지를 요청한 철도종사자에게 이를 이유로 불이익한 조치를 하여서는 아니 된다.

### 제40조의2(철도종사자의 준수사항)

① 운전업무종사자는 철도차량의 운전업무 수행 중 다음 각 호의 사항을 준수하여야 한다.
  1. 철도차량 출발 전 국토교통부령으로 정하는 조치 사항을 이행할 것
  2. 국토교통부령으로 정하는 철도차량 운행에 관한 안전 수칙을 준수할 것
② 관제업무종사자는 관제업무 수행 중 다음 각 호의 사항을 준수하여야 한다.
  1. 국토교통부령으로 정하는 바에 따라 운전업무종사자 등에게 열차 운행에 관한 정보를 제공할 것
  2. 철도사고, 철도준사고 및 운행장애(이하 "철도사고등"이라 한다) 발생 시 국토교통부령으로 정하는 조치 사항을 이행할 것
③ 작업책임자는 철도차량의 운행선로 또는 그 인근에서 철도시설의 건설 또는 관리와 관련된 작업 수행 중 다음 각 호의 사항을 준수하여야 한다.
  1. 국토교통부령으로 정하는 바에 따라 작업 수행 전에 작업원을 대상으로 안전교육을 실시할 것
  2. 국토교통부령으로 정하는 작업안전에 관한 조치 사항을 이행할 것
④ 철도운행안전관리자는 철도차량의 운행선로 또는 그 인근에서 철도시설의 건설 또는 관리와 관련된 작업 수행 중 다음 각 호의 사항을 준수하여야 한다.
  1. 작업일정 및 열차의 운행일정을 작업수행 전에 조정할 것

　　2. 제1호의 작업일정 및 열차의 운행일정을 작업과 관련하여 관할 역의 관리책임자(정거장에서 철도신호기·선로전환기 또는 조작판 등을 취급하는 사람을 포함한다. 이하 이 조에서 같다) 및 관제업무종사자와 협의하여 조정할 것

〈개정 2024. 1. 9.〉〈시행 2024. 4. 10〉

　　3. 국토교통부령으로 정하는 열차운행 및 작업안전에 관한 조치 사항을 이행할 것
⑤ 철도사고등이 발생하는 경우 해당 철도차량의 운전업무종사자와 여객승무원은 철도사고등의 현장을 이탈하여서는 아니 되며, 철도차량 내 안전 및 질서유지를 위하여 승객 구호조치 등 국토교통부령으로 정하는 후속조치를 이행하여야 한다. 다만, 의료기관으로의 이송이 필요한 경우 등 국토교통부령으로 정하는 경우에는 그러하지 아니하다.
⑥ 철도운행안전관리자와 관할 역의 관리책임자 및 관제업무종사자는 제4항제2호에 따른 협의를 거친 경우에는 그 협의 내용을 국토교통부령으로 정하는 바에 따라 작성·보관하여야 한다.

〈신설 2024. 1. 9.〉〈시행 2024. 4. 10〉

### 규칙 제76조의4(운전업무종사자의 준수사항)

① 법 제40조의2제1항제1호에서 "철도차량 출발 전 국토교통부령으로 정하는 조치사항"이란 다음 각 호를 말한다.
　1. 철도차량이 「철도산업발전기본법」 제3조제2호나목에 따른 차량정비기지에서 출발하는 경우 다음 각 목의 기능에 대하여 이상 여부를 확인할 것
　　가. 운전제어와 관련된 장치의 기능
　　나. 제동장치 기능
　　다. 그 밖에 운전 시 사용하는 각종 계기판의 기능
　2. 철도차량이 역시설에서 출발하는 경우 여객의 승하차 여부를 확인할 것. 다만, 여객승무원이 대신하여 확인하는 경우에는 그러하지 아니하다.
② 법 제40조의2제1항제2호에서 "국토교통부령으로 정하는 철도차량 운행에 관한 안전 수칙"이란 다음 각 호를 말한다.
　1. 철도신호에 따라 철도차량을 운행할 것
　2. 철도차량의 운행 중에 휴대전화 등 전자기기를 사용하지 아니할 것. 다만, 다음 각 목의 어느 하나에 해당하는 경우로서 철도운영자가 운행의 안전을 저해하지 아니하는 범위에서 사전에 사용을 허용한 경우에는 그러하지 아니하다.
　　가. 철도사고등 또는 철도차량의 기능장애가 발생하는 등 비상상황이 발생한 경우
　　나. 철도차량의 안전운행을 위하여 전자기기의 사용이 필요한 경우
　　다. 그 밖에 철도운영자가 철도차량의 안전운행에 지장을 주지 아니한다고 판단하는 경우
　3. 철도운영자가 정하는 구간별 제한속도에 따라 운행할 것

4. 열차를 후진하지 아니할 것. 다만, 비상상황 발생 등의 사유로 관제업무종사자의 지시를 받는 경우에는 그러하지 아니하다.
5. 정거장 외에는 정차를 하지 아니할 것. 다만, 정지신호의 준수 등 철도차량의 안전운행을 위하여 정차를 하여야 하는 경우에는 그러하지 아니하다.
6. 운행구간의 이상이 발견된 경우 관제업무종사자에게 즉시 보고할 것
7. 관제업무종사자의 지시를 따를 것

### 규칙 제76조의5(관제업무종사자의 준수사항)

① 법 제40조의2제2항제1호에 따라 관제업무종사자는 다음 각 호의 정보를 운전업무종사자, 여객승무원 또는 영 제3조제4호에 따른 사람에게 제공하여야 한다.
1. 열차의 출발, 정차 및 노선변경 등 열차 운행의 변경에 관한 정보
2. 열차 운행에 영향을 줄 수 있는 다음 각 목의 정보
   가. 철도차량이 운행하는 선로 주변의 공사·작업의 변경 정보
   나. 철도사고등에 관련된 정보
   다. 재난 관련 정보
   라. 테러 발생 등 그 밖의 비상상황에 관한 정보

② 법 제40조의2제2항제2호에서 "국토교통부령으로 정하는 조치사항"이란 다음 각 호를 말한다.
1. 철도사고등이 발생하는 경우 여객 대피 및 철도차량 보호 조치 여부 등 사고현장 현황을 파악할 것
2. 철도사고등의 수습을 위하여 필요한 경우 다음 각 목의 조치를 할 것
   가. 사고현장의 열차운행 통제
   나. 의료기관 및 소방서 등 관계기관에 지원 요청
   다. 사고 수습을 위한 철도종사자의 파견 요청
   라. 2차 사고 예방을 위하여 철도차량이 구르지 아니하도록 하는 조치 지시
   마. 안내방송 등 여객 대피를 위한 필요한 조치 지시
   바. 전차선(電車線, 선로를 통하여 철도차량에 전기를 공급하는 장치를 말한다)의 전기공급 차단 조치
   사. 구원(救援)열차 또는 임시열차의 운행 지시
   아. 열차의 운행간격 조정
3. 철도사고등의 발생사유, 지연시간 등을 사실대로 기록하여 관리할 것

### 규칙 제76조의6(작업책임자의 준수사항)

① 법 제2조제10호마목에 따른 작업책임자(이하 "작업책임자"라 한다)는 법 제40조의2제3항제1호에 따라 작업 수행 전에 작업원을 대상으로 다음 각 호의 사항이 포함된 안전교육을 실시

해야 한다.
1. 해당 작업일의 작업계획(작업량, 작업일정, 작업순서, 작업방법, 작업원별 임무 및 작업장 이동방법 등을 포함한다)
2. 안전장비 착용 등 작업원 보호에 관한 사항
3. 작업특성 및 현장여건에 따른 위험요인에 대한 안전조치 방법
4. 작업책임자와 작업원의 의사소통 방법, 작업통제 방법 및 그 준수에 관한 사항
5. 건설기계 등 장비를 사용하는 작업의 경우에는 철도사고 예방에 관한 사항
6. 그 밖에 안전사고 예방을 위해 필요한 사항으로서 국토교통부장관이 정해 고시하는 사항

② 법 제40조의2제3항제2호에서 "국토교통부령으로 정하는 작업안전에 관한 조치 사항"이란 다음 각 호를 말한다.
1. 법 제40조의2제4항제1호 및 제2호에 따른 조정 내용에 따라 작업계획 등의 조정·보완
2. 작업 수행 전 다음 각 목의 조치
　　가. 작업원의 안전장비 착용상태 점검
　　나. 작업에 필요한 안전장비·안전시설의 점검
　　다. 그 밖에 작업 수행 전에 필요한 조치로서 국토교통부장관이 정해 고시하는 조치
3. 작업시간 내 작업현장 이탈 금지
4. 작업 중 비상상황 발생 시 열차방호 등의 조치
5. 해당 작업으로 인해 열차운행에 지장이 있는지 여부 확인
6. 작업완료 시 상급자에게 보고
7. 그 밖에 작업안전에 필요한 사항으로서 국토교통부장관이 정해 고시하는 사항

### 규칙 제76조의7(철도운행안전관리자의 준수사항)

법 제40조의2제4항제3호에서 "국토교통부령으로 정하는 열차운행 및 작업안전에 관한 조치 사항"이란 다음 각 호를 말한다.
1. 법 제40조의2제4항제1호 및 제2호에 따른 조정 내용을 작업책임자에게 통지
2. 영 제59조제2항제1호에 따른 업무
　　가. 철도차량의 운행선로나 그 인근에서 철도시설의 건설 또는 관리와 관련한 작업을 수행하는 경우에 작업일정의 조정 또는 작업에 필요한 안전장비·안전시설 등의 점검
　　나. 가목에 따른 작업이 수행되는 선로를 운행하는 열차가 있는 경우 해당 열차의 운행일정 조정
　　다. 열차접근경보시설이나 열차접근감시인의 배치에 관한 계획 수립·시행과 확인
　　라. 철도차량 운전자나 관제업무종사자의 연락체계 구축 등
3. 작업 수행 전 다음 각 목의 조치
　　가. 「산업안전보건기준에 관한 규칙」 제407조제1항에 따라 배치한 열차운행감시인의 안전장

비 착용상태 및 휴대물품 현황 점검
  나. 그 밖에 작업 수행 전에 필요한 조치로서 국토교통부장관이 정해 고시하는 조치
4. 관할 역의 관리책임자(정거장에서 철도신호기·선로전환기 또는 조작판 등을 취급하는 사람을 포함한다. 이하 제76조의9에서 같다) 및 작업책임자와의 연락체계 구축
5. 작업시간 내 작업현장 이탈 금지
6. 작업이 지연되거나 작업 중 비상상황 발생 시 작업일정 및 열차의 운행일정 재조정 등에 관한 조치
7. 그 밖에 열차운행 및 작업안전에 필요한 사항으로서 국토교통부장관이 정해 고시하는 사항

**규칙 제76조의8(철도사고등의 발생 시 후속조치 등)**
① 법 제40조의2제5항 본문에 따라 운전업무종사자와 여객승무원은 다음 각 호의 후속조치를 이행하여야 한다. 이 경우 운전업무종사자와 여객승무원은 후속조치에 대하여 각각의 역할을 분담하여 이행할 수 있다.
  1. 관제업무종사자 또는 인접한 역시설의 철도종사자에게 철도사고등의 상황을 전파할 것
  2. 철도차량 내 안내방송을 실시할 것. 다만, 방송장치로 안내방송이 불가능한 경우에는 확성기 등을 사용하여 안내하여야 한다.
  3. 여객의 안전을 확보하기 위하여 필요한 경우 철도차량 내 여객을 대피시킬 것
  4. 2차 사고 예방을 위하여 철도차량이 구르지 아니하도록 하는 조치를 할 것
  5. 여객의 안전을 확보하기 위하여 필요한 경우 철도차량의 비상문을 개방할 것
  6. 사상자 발생 시 응급환자를 응급처치하거나 의료기관에 긴급히 이송되도록 지원할 것
② 법 제40조의2제5항 단서에서 "의료기관으로의 이송이 필요한 경우 등 국토교통부령으로 정하는 경우"란 다음 각 호의 어느 하나에 해당하는 경우를 말한다.
  1. 운전업무종사자 또는 여객승무원이 중대한 부상 등으로 인하여 의료기관으로의 이송이 필요한 경우
  2. 관제업무종사자 또는 철도사고등의 관리책임자로부터 철도사고등의 현장 이탈이 가능하다고 통보받은 경우
  3. 여객을 안전하게 대피시킨 후 운전업무종사자와 여객승무원의 안전을 위하여 현장을 이탈하여야 하는 경우

**규칙 제76조의9(철도시설 건설·관리 작업 관련 협의서의 작성 등)**   [2024. 4. 9. 신설], [시행 2024. 4. 10]
① 철도운행안전관리자, 관할 역의 관리책임자 및 관제업무종사자는 법 제40조의2제6항에 따라 같은 조 제4항제2호에 따른 협의를 거친 경우에는 다음 각 호의 사항이 포함된 협의서를 작성해야 한다.
  1. 협의 당사자의 성명 및 소속

   2. 협의 대상 작업의 일시, 구간, 내용 및 참여인원
   3. 작업일정 및 열차 운행일정에 대한 협의 결과
   4. 제3호의 협의 결과에 따른 관제업무종사자의 관제 승인 내역
   5. 그 밖에 작업의 안전을 위하여 필요하다고 인정하여 국토교통부장관이 정하여 고시하는 사항
② 철도운행안전관리자, 관할 역의 관리책임자 및 관제업무종사자는 제1항에 따라 작성한 협의서를 각각 협의 대상 작업의 종료일부터 3개월간 보관해야 한다.

### 제40조의3(철도종사자의 흡연 금지)
철도종사자(제21조에 따른 운전업무 실무수습을 하는 사람을 포함한다)는 업무에 종사하는 동안에는 열차 내에서 흡연을 하여서는 아니 된다.

### 제41조(철도종사자의 음주 제한 등)
① 다음 각 호의 어느 하나에 해당하는 철도종사자(실무수습 중인 사람을 포함한다)는 술(「주세법」 제3조제1호에 따른 주류를 말한다. 이하 같다)을 마시거나 약물을 사용한 상태에서 업무를 하여서는 아니 된다.
   1. 운전업무종사자
   2. 관제업무종사자
   3. 여객승무원
   4. 작업책임자
   5. 철도운행안전관리자
   6. 정거장에서 철도신호기·선로전환기 및 조작판 등을 취급하거나 열차의 조성(組成: 철도차량을 연결하거나 분리하는 작업을 말한다)업무를 수행하는 사람
   7. 철도차량 및 철도시설의 점검·정비 업무에 종사하는 사람
② 국토교통부장관 또는 시·도지사(「도시철도법」 제3조제2호에 따른 도시철도 및 같은 법 제24조에 따라 지방자치단체로부터 도시철도의 건설과 운영의 위탁을 받은 법인이 건설·운영하는 도시철도만 해당한다. 이하 이 조, 제42조, 제45조, 제46조 및 제82조제6항에서 같다)는 철도안전과 위험방지를 위하여 필요하다고 인정하거나 제1항에 따른 철도종사자가 술을 마시거나 약물을 사용한 상태에서 업무를 하였다고 인정할 만한 상당한 이유가 있을 때에는 철도종사자에 대하여 술을 마셨거나 약물을 사용하였는지 확인 또는 검사할 수 있다. 이 경우 그 철도종사자는 국토교통부장관 또는 시·도지사의 확인 또는 검사를 거부하여서는 아니 된다.

③ 제2항에 따른 확인 또는 검사 결과 철도종사자가 술을 마시거나 약물을 사용하였다고 판단하는 기준은 다음 각 호의 구분과 같다.
  1. 술: 혈중 알코올농도가 0.02퍼센트(제1항제4호부터 제6호까지의 철도종사자는 0.03퍼센트) 이상인 경우
  2. 약물: 양성으로 판정된 경우
④ 제2항에 따른 확인 또는 검사의 방법·절차 등에 관하여 필요한 사항은 대통령령으로 정한다.

**영 제43조의2(철도종사자의 음주 등에 대한 확인 또는 검사)**
① 삭제
② 법 제41조제2항에 따른 술을 마셨는지에 대한 확인 또는 검사는 호흡측정기 검사의 방법으로 실시하고, 검사 결과에 불복하는 사람에 대해서는 그 철도종사자의 동의를 받아 혈액 채취 등의 방법으로 다시 측정할 수 있다.
③ 법 제41조제2항에 따른 약물을 사용하였는지에 대한 확인 또는 검사는 소변 검사 또는 모발 채취 등의 방법으로 실시한다.
④ 제2항 및 제3항에 따른 확인 또는 검사의 세부절차와 방법 등 필요한 사항은 국토교통부장관이 정한다.

**제42조(위해물품의 휴대 금지)**
① 누구든지 무기, 화약류, 유해화학물질 또는 인화성이 높은 물질 등 공중(公衆)이나 여객에게 위해를 끼치거나 끼칠 우려가 있는 물건 또는 물질(이하 "위해물품"이라 한다)을 열차에서 휴대하거나 적재(積載)할 수 없다. 다만, 국토교통부장관 또는 시·도지사의 허가를 받은 경우 또는 국토교통부령으로 정하는 특정한 직무를 수행하기 위한 경우에는 그러하지 아니하다.

> ① 누구든지 무기, 화약류, 허가물질, 제한물질, 금지물질, 유해화학물질 또는 인화성이 높은 물질 등 공중(公衆)이나 여객에게 위해를 끼치거나 끼칠 우려가 있는 물건 또는 물질(이하 "위해물품"이라 한다)을 열차에서 휴대하거나 적재(積載)할 수 없다. 다만, 국토교통부장관 또는 시·도지사의 허가를 받은 경우 또는 국토교통부령으로 정하는 특정한 직무를 수행하기 위한 경우에는 그러하지 아니하다
> [시행 2025. 8. 7.] [개정 2024. 2. 6]

② 위해물품의 종류, 휴대 또는 적재 허가를 받은 경우의 안전조치 등에 관하여 필요한 세부사항은 국토교통부령으로 정한다.

### 규칙 제77조(위해물품 휴대금지 예외)

법 제42조제1항 단서에서 "국토교통부령으로 정하는 특정한 직무를 수행하기 위한 경우"란 다음 각 호의 사람이 직무를 수행하기 위하여 위해물품을 휴대·적재하는 경우를 말한다.

1. 「사법경찰관리의 직무를 수행할 자와 그 직무범위에 관한 법률」 제5조제11호에 따른 철도경찰 사무에 종사하는 국가공무원

    **(국토교통부와 그 소속 기관에 근무하며 철도경찰 사무에 종사하는 4급부터 9급까지의 국가공무원)**
2. 「경찰관 직무집행법」 제2조의 경찰관 직무를 수행하는 사람
3. 「경비업법」 제2조에 따른 경비원
4. 위험물품을 운송하는 군용열차를 호송하는 군인

### 규칙 제78조(위해물품의 종류 등)

① 법 제42조제2항에 따른 위해물품의 종류는 다음 각 호와 같다.

1. 화약류: 「총포·도검·화약류 등의 안전관리에 관한 법률」에 따른 화약·폭약·화공품과 그 밖에 폭발성이 있는 물질
2. 고압가스: 섭씨 50도 미만의 임계온도를 가진 물질, 섭씨 50도에서 300킬로파스칼을 초과하는 절대압력(진공을 0으로 하는 압력을 말한다. 이하 같다)을 가진 물질, 섭씨 21.1도에서 280킬로파스칼을 초과하거나 섭씨 54.4도에서 730킬로파스칼을 초과하는 절대압력을 가진 물질이나, 섭씨 37.8도에서 280킬로파스칼을 초과하는 절대가스압력(진공을 0으로 하는 가스압력을 말한다)을 가진 액체상태의 인화성 물질
3. 인화성 액체: 밀폐식 인화점 측정법에 따른 인화점이 섭씨 60.5도 이하인 액체나 개방식 인화점 측정법에 따른 인화점이 섭씨 65.6도 이하인 액체
4. 가연성 물질류: 다음 각 목에서 정하는 물질

    가. 가연성고체: 화기 등에 의하여 용이하게 점화되며 화재를 조장할 수 있는 가연성 고체

    나. 자연발화성 물질: 통상적인 운송상태에서 마찰·습기흡수·화학변화 등으로 인하여 자연발열하거나 자연발화하기 쉬운 물질

    다. 그 밖의 가연성물질: 물과 작용하여 인화성 가스를 발생하는 물질
5. 산화성 물질류: 다음 각 목에서 정하는 물질

    가. 산화성 물질: 다른 물질을 산화시키는 성질을 가진 물질로서 유기과산화물 외의 것

    나. 유기과산화물: 다른 물질을 산화시키는 성질을 가진 유기물질
6. 독물류: 다음 각 목에서 정하는 물질

    가. 독물: 사람이 흡입·접촉하거나 체내에 섭취한 경우에 강력한 독작용이나 자극을 일으키는 물질

    나. 병독을 옮기기 쉬운 물질: 살아 있는 병원체 및 살아 있는 병원체를 함유하거나 병원체가 부착되어 있다고 인정되는 물질

7. 방사성 물질: 「원자력안전법」 제2조에 따른 핵물질 및 방사성물질이나 이로 인하여 오염된 물질로서 방사능의 농도가 킬로그램당 74킬로베크렐(그램당 0.002마이크로큐리) 이상인 것
8. 부식성 물질: 생물체의 조직에 접촉한 경우 화학반응에 의하여 조직에 심한 위해를 주는 물질이나 열차의 차체·적하물 등에 접촉한 경우 물질적 손상을 주는 물질
9. 마취성 물질: 객실승무원이 정상근무를 할 수 없도록 극도의 고통이나 불편함을 발생시키는 마취성이 있는 물질이나 그와 유사한 성질을 가진 물질
10. 총포·도검류 등: 「총포·도검·화약류 등의 안전관리에 관한 법률」에 따른 총포·도검 및 이에 준하는 흉기류
11. 그 밖의 유해물질: 제1호부터 제10호까지 외의 것으로서 화학변화 등에 의하여 사람에게 위해를 주거나 열차 안에 적재된 물건에 물질적인 손상을 줄 수 있는 물질

② 철도운영자등은 제1항에 따른 위해물품에 대하여 휴대나 적재의 적정성, 포장 및 안전조치의 적정성 등을 검토하여 휴대나 적재를 허가할 수 있다. 이 경우 해당 위해물품이 위해물품임을 나타낼 수 있는 표지를 포장 바깥면 등 잘 보이는 곳에 붙여야 한다.

### 제43조(위험물의 운송위탁 및 운송 금지)
누구든지 점화류(點火類) 또는 점폭약류(點爆藥類)를 붙인 폭약, 니트로글리세린, 건조한 기폭약(起爆藥), 뇌홍질화연(雷汞窒化鉛)에 속하는 것 등 대통령령으로 정하는 위험물의 운송을 위탁할 수 없으며, 철도운영자는 이를 철도로 운송할 수 없다.

### 영 제44조(운송위탁 및 운송 금지 위험물 등)
법 제43조에서 "점화류(點火類) 또는 점폭약류(點爆藥類)를 붙인 폭약, 니트로글리세린, 건조한 기폭약(起爆藥), 뇌홍질화연(雷汞窒化鉛)에 속하는 것 능 대통령령으로 정하는 위험물"이란 다음 각 호의 위험물을 말한다.
1. 점화 또는 점폭약류를 붙인 폭약
2. 니트로글리세린
3. 건조한 기폭약
4. 뇌홍질화연에 속하는 것
5. 그 밖에 사람에게 위해를 주거나 물건에 손상을 줄 수 있는 물질로서 국토교통부장관이 정하여 고시하는 위험물

### 제44조(위험물의 운송)

① 대통령령으로 정하는 위험물(이하 "위험물"이라 한다)의 운송을 위탁하여 철도로 운송하려는 자와 이를 운송하는 철도운영자(이하 "위험물취급자"라 한다)는 국토교통부령으로 정하는 바에 따라 철도운행상의 위험 방지 및 인명(人命) 보호를 위하여 위험물을 안전하게 포장·적재·관리·운송(이하 "위험물취급"이라 한다)하여야 한다.

② 위험물의 운송을 위탁하여 철도로 운송하려는 자는 위험물을 안전하게 운송하기 위하여 철도운영자의 안전조치 등에 따라야 한다.

### 영 제45조(운송취급주의 위험물)

법 제44조제1항에서 "대통령령으로 정하는 위험물"이란 다음 각 호의 어느 하나에 해당하는 것으로서 국토교통부령으로 정하는 것을 말한다.

1. 철도운송 중 폭발할 우려가 있는 것
2. 마찰·충격·흡습(吸濕) 등 주위의 상황으로 인하여 발화할 우려가 있는 것
3. 인화성·산화성 등이 강하여 그 물질 자체의 성질에 따라 발화할 우려가 있는 것
4. 용기가 파손될 경우 내용물이 누출되어 철도차량·레일·기구 또는 다른 화물 등을 부식시키거나 침해할 우려가 있는 것
5. 유독성 가스를 발생시킬 우려가 있는 것
6. 그 밖에 화물의 성질상 철도시설·철도차량·철도종사자·여객 등에 위해나 손상을 끼칠 우려가 있는 것

### 제44조의2(위험물 포장 및 용기의 검사 등)

① 위험물을 철도로 운송하는 데 사용되는 포장 및 용기(부속품을 포함한다. 이하 이 조에서 같다)를 제조·수입하여 판매하려는 자 또는 이를 소유하거나 임차하여 사용하는 자는 국토교통부장관이 실시하는 포장 및 용기의 안전성에 관한 검사에 합격하여야 한다.

② 제1항에 따른 위험물 포장 및 용기의 검사의 합격기준·방법 및 절차 등에 필요한 사항은 국토교통부령으로 정한다.

③ 국토교통부장관은 제1항에도 불구하고 다음 각 호의 어느 하나에 해당하는 경우에는 국토교통부령으로 정하는 바에 따라 위험물 포장 및 용기의 안전성에 관한 검사의 전부 또는 일부를 면제할 수 있다.

  1. 「고압가스 안전관리법」 제17조에 따른 검사에 합격하거나 검사가 생략된 경우
  2. 「선박안전법」 제41조제2항에 따른 검사에 합격한 경우
  3. 「항공안전법」 제71조제1항에 따른 검사에 합격한 경우

4. 대한민국이 체결한 협정 또는 대한민국이 가입한 협약에 따라 검사하여 외국 정부 등이 발행한 증명서가 있는 경우
5. 그 밖에 국토교통부령으로 정하는 경우
④ 국토교통부장관은 위험물 포장 및 용기에 관한 전문검사기관(이하 "위험물 포장·용기검사기관"이라 한다)을 지정하여 제1항에 따른 검사를 하게 할 수 있다.
⑤ 위험물 포장·용기검사기관의 지정 기준·절차 등에 필요한 사항은 국토교통부령으로 정한다.
⑥ 국토교통부장관은 위험물 포장·용기검사기관이 다음 각 호의 어느 하나에 해당하는 경우에는 그 지정을 취소하거나 6개월 이내의 기간을 정하여 그 업무의 전부 또는 일부의 정지를 명할 수 있다. 다만, 제1호 또는 제2호에 해당하는 경우에는 그 지정을 취소하여야 한다.
1. 거짓이나 그 밖의 부정한 방법으로 위험물 포장·용기검사기관으로 지정받은 경우
2. 업무정지 기간 중에 제1항에 따른 검사 업무를 수행한 경우
3. 제2항에 따른 포장 및 용기의 검사방법·합격기준 등을 위반하여 제1항에 따른 검사를 한 경우
4. 제5항에 따른 지정기준에 맞지 아니하게 된 경우
⑦ 제6항에 따른 처분의 세부기준 등에 필요한 사항은 국토교통부령으로 정한다.

### 제44조의3(위험물취급에 관한 교육 등)

① 위험물취급자는 자신이 고용하고 있는 종사자(철도로 운송하는 위험물을 취급하는 종사자에 한정한다)가 위험물취급에 관하여 국토교통부장관이 실시하는 교육(이하 "위험물취급안전교육"이라 한다)을 받도록 하여야 한다. 다만, 종사자가 다음 각 호의 어느 하나에 해당하는 경우에는 위험물취급안전교육의 전부 또는 일부를 면제할 수 있다.
1. 제24조제1항에 따른 철도안전에 관한 교육을 통하여 위험물취급에 관한 교육을 이수한 철도종사자
2. 「화학물질관리법」 제33조에 따른 유해화학물질 안전교육을 이수한 유해화학물질 취급 담당자
3. 「위험물안전관리법」 제28조에 따른 안전교육을 이수한 위험물의 안전관리와 관련된 업무를 수행하는 자
4. 「고압가스 안전관리법」 제23조에 따른 안전교육을 이수한 운반책임자
5. 그 밖에 국토교통부령으로 정하는 경우
② 제1항에 따른 교육의 대상·내용·방법·시기 등 위험물취급안전교육에 필요한 사항은 국토교통부령으로 정한다.

③ 국토교통부장관은 제1항에 따른 교육을 효율적으로 하기 위하여 위험물취급안전교육을 수행하는 전문교육기관(이하 "위험물취급전문교육기관"이라 한다)을 지정하여 위험물취급안전교육을 실시하게 할 수 있다.

④ 교육시설·장비 및 인력 등 위험물취급전문교육기관의 지정기준 및 운영 등에 필요한 사항은 국토교통부령으로 정한다.

⑤ 국토교통부장관은 위험물취급전문교육기관이 다음 각 호의 어느 하나에 해당하는 경우에는 그 지정을 취소하거나 6개월 이내의 기간을 정하여 그 업무의 전부 또는 일부의 정지를 명할 수 있다. 다만, 제1호 또는 제2호에 해당하는 경우에는 그 지정을 취소하여야 한다.
  1. 거짓이나 그 밖의 부정한 방법으로 위험물취급전문교육기관으로 지정받은 경우
  2. 업무정지 기간 중에 위험물취급안전교육을 수행한 경우
  3. 제4항에 따른 지정기준에 맞지 아니하게 된 경우

⑥ 제5항에 따른 처분의 세부기준 및 절차 등에 필요한 사항은 국토교통부령으로 정한다.

### 제45조(철도보호지구에서의 행위제한 등)

① 철도경계선(가장 바깥쪽 궤도의 끝선을 말한다)으로부터 **30미터** 이내[「도시철도법」제2조제2호에 따른 도시철도 중 노면전차(이하 "노면전차"라 한다)의 경우에는 **10미터** 이내]의 지역(이하 "철도보호지구"라 한다)에서 다음 각 호의 어느 하나에 해당하는 행위를 하려는 자는 대통령령으로 정하는 바에 따라 국토교통부장관 또는 시·도지사에게 신고하여야 한다.
  1. 토지의 형질변경 및 굴착(掘鑿)
  2. 토석, 자갈 및 모래의 채취
  3. 건축물의 신축·개축(改築)·증축 또는 인공구조물의 설치
  4. 나무의 식재(대통령령으로 정하는 경우만 해당한다)
  5. 그 밖에 철도시설을 파손하거나 철도차량의 안전운행을 방해할 우려가 있는 행위로서 대통령령으로 정하는 행위

② 노면전차 철도보호지구의 바깥쪽 경계선으로부터 20미터 이내의 지역에서 굴착, 인공구조물의 설치 등 철도시설을 파손하거나 철도차량의 안전운행을 방해할 우려가 있는 행위로서 대통령령으로 정하는 행위를 하려는 자는 대통령령으로 정하는 바에 따라 국토교통부장관 또는 시·도지사에게 신고하여야 한다.

③ 국토교통부장관 또는 시·도지사는 철도차량의 안전운행 및 철도 보호를 위하여 필요하다고 인정할 때에는 제1항 또는 제2항의 행위를 하는 자에게 그 행위의 금지 또는 제한을 명령하거나 대통령령으로 정하는 필요한 조치를 하도록 명령할 수 있다.

④ 국토교통부장관 또는 시·도지사는 철도차량의 안전운행 및 철도 보호를 위하여 필요하다고 인정할 때에는 토지, 나무, 시설, 건축물, 그 밖의 공작물(이하 "시설등"이라 한다)의 소유자나 점유자에게 다음 각 호의 조치를 하도록 명령할 수 있다.
1. 시설등이 시야에 장애를 주면 그 장애물을 제거할 것
2. 시설등이 붕괴하여 철도에 위해(危害)를 끼치거나 끼칠 우려가 있으면 그 위해를 제거하고 필요하면 방지시설을 할 것
3. 철도에 토사 등이 쌓이거나 쌓일 우려가 있으면 그 토사 등을 제거하거나 방지시설을 할 것
⑤ 철도운영자등은 철도차량의 안전운행 및 철도 보호를 위하여 필요한 경우 국토교통부장관 또는 시·도지사에게 제3항 또는 제4항에 따른 해당 행위 금지·제한 또는 조치 명령을 할 것을 요청할 수 있다.

### 영 제46조(철도보호지구에서의 행위 신고절차)

① 법 제45조제1항에 따라 신고하려는 자는 해당 행위의 목적, 공사기간 등이 기재된 신고서에 설계도서(필요한 경우에 한정한다) 등을 첨부하여 국토교통부장관 또는 시·도지사에게 제출하여야 한다. 신고한 사항을 변경하는 경우에도 또한 같다.
② 국토교통부장관 또는 시·도지사는 제1항에 따라 신고나 변경신고를 받은 경우에는 신고인에게 법 제45조제3항에 따른 행위의 금지 또는 제한을 명령하거나 제49조에 따른 안전조치(이하 "안전조치등"이라 한다)를 명령할 필요성이 있는지를 검토하여야 한다.
③ 국토교통부장관 또는 시·도지사는 제2항에 따른 검토 결과 안전조치등을 명령할 필요가 있는 경우에는 제1항에 따른 신고를 받은 날부터 30일 이내에 신고인에게 그 이유를 분명히 밝히고 안전조치등을 명하여야 한다.
④ 제1항부터 제3항까지에서 규정한 사항 외에 철도보호지구에서의 행위에 대한 신고와 안전조치등에 관하여 필요한 세부적인 사항은 국토교통부장관이 정하여 고시한다.

### 영 제47조(철도보호지구에서의 나무 식재)

법 제45조제1항제4호에서 "대통령령으로 정하는 경우"란 다음 각 호의 어느 하나에 해당하는 경우를 말한다.
1. 철도차량 운전자의 전방 시야 확보에 지장을 주는 경우
2. 나뭇가지가 전차선이나 신호기 등을 침범하거나 침범할 우려가 있는 경우
3. 호우나 태풍 등으로 나무가 쓰러져 철도시설물을 훼손시키거나 열차의 운행에 지장을 줄 우려가 있는 경우

### 영 제48조(철도보호지구에서의 안전운행 저해행위 등)

법 제45조제1항제5호에서 "대통령령으로 정하는 행위"란 다음 각 호의 어느 하나에 해당하는 행위를 말한다.
1. 폭발물이나 인화물질 등 위험물을 제조·저장하거나 전시하는 행위
2. 철도차량 운전자 등이 선로나 신호기를 확인하는 데 지장을 주거나 줄 우려가 있는 시설이나 설비를 설치하는 행위
3. 철도신호등(鐵道信號燈)으로 오인할 우려가 있는 시설물이나 조명 설비를 설치하는 행위
4. 전차선로에 의하여 감전될 우려가 있는 시설이나 설비를 설치하는 행위
5. 시설 또는 설비가 선로의 위나 밑으로 횡단하거나 선로와 나란히 되도록 설치하는 행위
6. 그 밖에 열차의 안전운행과 철도 보호를 위하여 필요하다고 인정하여 국토교통부장관이 정하여 고시하는 행위

### 영 제48조의2(노면전차의 안전운행 저해행위 등)

① 법 제45조제2항에서 "대통령령으로 정하는 행위"란 다음 각 호의 어느 하나에 해당하는 행위를 말한다.
   1. 깊이 10미터 이상의 굴착
   2. 다음 각 목의 어느 하나에 해당하는 것을 설치하는 행위
      가. 「건설기계관리법」 제2조제1항제1호에 따른 건설기계 중 최대높이가 10미터 이상인 건설기계
      나. 높이가 10미터 이상인 인공구조물
   3. 「위험물안전관리법」 제2조제1항제1호에 따른 위험물을 같은 항 제2호에 따른 지정수량 이상 제조·저장하거나 전시하는 행위
② 법 제45조제2항에 따른 신고절차에 관하여는 제46조제1항부터 제4항까지의 규정을 준용한다. 이 경우 "법 제45조제1항"은 "법 제45조제2항"으로, "철도보호지구"는 "노면전차 철도보호지구의 바깥쪽 경계선으로부터 20미터 이내의 지역"으로 본다.

### 영 제49조(철도 보호를 위한 안전조치)

법 제45조제3항에서 "대통령령으로 정하는 필요한 조치"란 다음 각 호의 어느 하나에 해당하는 조치를 말한다.
1. 공사로 인하여 약해질 우려가 있는 지반에 대한 보강대책 수립·시행
2. 선로 옆의 제방 등에 대한 흙막이공사 시행
3. 굴착공사에 사용되는 장비나 공법 등의 변경
4. 지하수나 지표수 처리대책의 수립·시행
5. 시설물의 구조 검토·보강

6. 먼지나 티끌 등이 발생하는 시설·설비나 장비를 운용하는 경우 방진막, 물을 뿌리는 설비 등 분진방지시설 설치
7. 신호기를 가리거나 신호기를 보는데 지장을 주는 시설이나 설비 등의 철거
8. 안전울타리나 안전통로 등 안전시설의 설치
9. 그 밖에 철도시설의 보호 또는 철도차량의 안전운행을 위하여 필요한 안전조치

### 제46조(손실보상)

① 국토교통부장관, 시·도지사 또는 철도운영자등은 제45조제3항 또는 제4항에 따른 행위의 금지·제한 또는 조치 명령으로 인하여 손실을 입은 자가 있을 때에는 그 손실을 보상하여야 한다.
② 제1항에 따른 손실의 보상에 관하여는 국토교통부장관, 시·도지사 또는 철도운영자등이 그 손실을 입은 자와 협의하여야 한다.
③ 제2항에 따른 협의가 성립되지 아니하거나 협의를 할 수 없을 때에는 대통령령으로 정하는 바에 따라 「공익사업을 위한 토지 등의 취득 및 보상에 관한 법률」에 따른 관할 토지수용위원회에 재결(裁決)을 신청할 수 있다.
④ 제3항의 재결에 대한 이의신청에 관하여는 「공익사업을 위한 토지 등의 취득 및 보상에 관한 법률」 제83조부터 제86조까지의 규정을 준용한다.

### 영 제50조(손실보상)

① 법 제46조에 따른 행위의 금지 또는 제한으로 인하여 손실을 받은 자에 대한 손실보상 기준 등에 관하여는 「공익사업을 위한 토지 등의 취득 및 보상에 관한 법률」 제68조, 제70조제2항·제5항, 제71조, 제75조, 제75조의2, 제76조, 제77조 및 제78조제6항부터 제8항까지의 규정을 준용한다.
② 법 제46조제3항에 따른 재결신청에 대해서는 「공익사업을 위한 토지 등의 취득 및 보상에 관한 법률」 제80조제2항을 준용한다.

> **참고**
>
> ### 「공익사업을 위한 토지 등의 취득 및 보상에 관한 법률」
>
> (아래 내용은 준용하는 타 법의 내용이며, 종종 난이도 높은 백점방지용 문제로 출제되고 있습니다.
> 암기 필수는 아니며, 참고자료입니다.)
>
> **제83조(이의의 신청)**
> ① 중앙토지수용위원회의 제34조에 따른 재결에 이의가 있는 자는 중앙토지수용위원회에 이의를 신청할 수 있다.
> ② 지방토지수용위원회의 제34조에 따른 재결에 이의가 있는 자는 해당 지방토지수용위원회를 거쳐 중앙토지수용위원회에 이의를 신청할 수 있다.
> ③ 제1항 및 제2항에 따른 이의의 신청은 재결서의 정본을 받은 날부터 30일 이내에 하여야 한다.
>
> **제84조(이의신청에 대한 재결)**
> ① 중앙토지수용위원회는 제83조에 따른 이의신청을 받은 경우 제34조에 따른 재결이 위법하거나 부당하다고 인정할 때에는 그 재결의 전부 또는 일부를 취소하거나 보상액을 변경할 수 있다.
> ② 제1항에 따라 보상금이 늘어난 경우 사업시행자는 재결의 취소 또는 변경의 재결서 정본을 받은 날부터 30일 이내에 보상금을 받을 자에게 그 늘어난 보상금을 지급하여야 한다. 다만, 제40조제2항제1호·제2호 또는 제4호에 해당할 때에는 그 금액을 공탁할 수 있다.
>
> **제85조(행정소송의 제기)**
> ① 사업시행자, 토지소유자 또는 관계인은 제34조에 따른 재결에 불복할 때에는 재결서를 받은 날부터 90일 이내에, 이의신청을 거쳤을 때에는 이의신청에 대한 재결서를 받은 날부터 60일 이내에 각각 행정소송을 제기할 수 있다. 이 경우 사업시행자는 행정소송을 제기하기 전에 제84조에 따라 늘어난 보상금을 공탁하여야 하며, 보상금을 받을 자는 공탁된 보상금을 소송이 종결될 때까지 수령할 수 없다.
> ② 제1항에 따라 제기하려는 행정소송이 보상금의 증감(增減)에 관한 소송인 경우 그 소송을 제기하는 자가 토지소유자 또는 관계인일 때에는 사업시행자를, 사업시행자일 때에는 토지소유자 또는 관계인을 각각 피고로 한다.

### 제86조(이의신청에 대한 재결의 효력)
① 제85조제1항에 따른 기간 이내에 소송이 제기되지 아니하거나 그 밖의 사유로 이의신청에 대한 재결이 확정된 때에는 「민사소송법」상의 확정판결이 있은 것으로 보며, 재결서 정본은 집행력 있는 판결의 정본과 동일한 효력을 가진다.
② 사업시행자, 토지소유자 또는 관계인은 이의신청에 대한 재결이 확정되었을 때에는 관할 토지수용위원회에 대통령령으로 정하는 바에 따라 재결확정증명서의 발급을 청구할 수 있다.

### 제47조(여객열차에서의 금지행위)
① 여객은 여객열차에서 다음 각 호의 어느 하나에 해당하는 행위를 하여서는 아니 된다.
  1. 정당한 사유 없이 국토교통부령으로 정하는 여객출입 금지장소에 출입하는 행위
  2. 정당한 사유 없이 운행 중에 비상정지버튼을 누르거나 철도차량의 옆면에 있는 승강용 출입문을 여는 등 철도차량의 장치 또는 기구 등을 조작하는 행위
  3. 여객열차 밖에 있는 사람을 위험하게 할 우려가 있는 물건을 여객열차 밖으로 던지는 행위
  4. 흡연하는 행위
  5. 철도종사자와 여객 등에게 성적(性的) 수치심을 일으키는 행위
  6. 술을 마시거나 약물을 복용하고 다른 사람에게 위해를 주는 행위
  7. 그 밖에 공중이나 여객에게 위해를 끼치는 행위로서 국토교통부령으로 정하는 행위
② 여객은 여객열차에서 다른 사람을 폭행하여 열차운행에 지장을 초래하여서는 아니 된다.
③ 운전업무종사자, 여객승무원 또는 여객역무원은 제1항 또는 제2항의 금지행위를 한 사람에 대하여 필요한 경우 다음 각 호의 조치를 할 수 있다.
  1. 금지행위의 제지
  2. 금지행위의 녹음·녹화 또는 촬영
④ 철도운영자는 국토교통부령으로 정하는 바에 따라 제1항 각 호 및 제2항에 따른 여객열차에서의 금지행위에 관한 사항을 여객에게 안내하여야 한다.

[24. 9. 27. 시행, 24 3. 26. 신설]

**제47조(여객열차에서의 금지행위)**

① 여객(무임승차자를 포함한다. 이하 이 조에서 같다)은 여객열차에서 다음 각 호의 어느 하나에 해당하는 행위를 하여서는 아니 된다. 〈개정 2024. 1. 16.〉
  1. 정당한 사유 없이 국토교통부령으로 정하는 여객출입 금지장소에 출입하는 행위
  2. 정당한 사유 없이 운행 중에 비상정지버튼을 누르거나 철도차량의 옆면에 있는 승강용 출입문을 여는 등 철도차량의 장치 또는 기구 등을 조작하는 행위
  3. 여객열차 밖에 있는 사람을 위험하게 할 우려가 있는 물건을 여객열차 밖으로 던지는 행위
  4. 흡연하는 행위
  5. 철도종사자와 여객 등에게 성적(性的) 수치심을 일으키는 행위
  6. 술을 마시거나 약물을 복용하고 다른 사람에게 위해를 주는 행위
  7. 그 밖에 공중이나 여객에게 위해를 끼치는 행위로서 국토교통부령으로 정하는 행위

② 여객은 여객열차에서 다른 사람을 폭행하여 열차운행에 지장을 초래하여서는 아니 된다. 〈신설 2024. 3. 26.〉

③ 운전업무종사자, 여객승무원 또는 여객역무원은 제1항 또는 제2항의 금지행위를 한 사람에 대하여 필요한 경우 다음 각 호의 조치를 할 수 있다.
  1. 금지행위의 제지
  2. 금지행위의 녹음·녹화 또는 촬영

④ 철도운영자는 국토교통부령으로 정하는 바에 따라 제1항 각 호 및 제2항에 따른 여객열차에서의 금지행위에 관한 사항을 여객에게 안내하여야 한다. [개정 2024. 3. 26.]

[시행일: 2024. 9. 27.]

*시행예정 법입니다. 상위 법이 개정되면 하위규정(시행령 및 시행규칙 등)이 개정되므로 시행 이후 하위규정 개정여부(시행규칙 제80조의2)를 필히 확인하여 시험에 지장이 없도록 준비하시길 바랍니다.

**규칙 제79조(여객출입 금지장소)**

법 제47조제1항제1호에서 "국토교통부령으로 정하는 여객출입 금지장소"란 다음 각 호의 장소를 말한다.

1. 운전실   2. 기관실   3. 발전실   4. 방송실

### 규칙 제80조(여객열차에서의 금지행위)

법 제47조제1항제7호에서 "국토교통부령으로 정하는 행위"란 다음 각 호의 행위를 말한다.
1. 여객에게 위해를 끼칠 우려가 있는 동식물을 안전조치 없이 여객열차에 동승하거나 휴대하는 행위
2. 타인에게 전염의 우려가 있는 법정 감염병자가 철도종사자의 허락 없이 여객열차에 타는 행위
3. 철도종사자의 허락 없이 여객에게 기부를 부탁하거나 물품을 판매·배부하거나 연설·권유 등을 하여 여객에게 불편을 끼치는 행위

### 규칙 제80조의2(여객열차에서의 금지행위 안내방법)

철도운영자는 법 제47조제4항에 따른 여객열차에서의 금지행위를 안내하는 경우 여객열차 및 승강장 등 철도시설에서 다음 각 호의 어느 하나에 해당하는 방법으로 안내해야 한다.
1. 여객열차에서의 금지행위에 관한 게시물 또는 안내판 설치
2. 영상 또는 음성으로 안내

### 제48조(철도 보호 및 질서유지를 위한 금지행위)

① 누구든지 정당한 사유 없이 철도 보호 및 질서유지를 해치는 다음 각 호의 어느 하나에 해당하는 행위를 하여서는 아니 된다.
1. 철도시설 또는 철도차량을 파손하여 철도차량 운행에 위험을 발생하게 하는 행위
2. 철도차량을 향하여 돌이나 그 밖의 위험한 물건을 던져 철도차량 운행에 위험을 발생하게 하는 행위
3. 궤도의 중심으로부터 양측으로 폭 3미터 이내의 장소에 철도차량의 안전 운행에 지장을 주는 물건을 방치하는 행위
4. 철도교량 등 국토교통부령으로 정하는 시설 또는 구역에 국토교통부령으로 정하는 폭발물 또는 인화성이 높은 물건 등을 쌓아 놓는 행위
5. 선로(철도와 교차된 도로는 제외한다) 또는 국토교통부령으로 정하는 철도시설에 철도운영자등의 승낙 없이 출입하거나 통행하는 행위
6. 역시설 등 공중이 이용하는 철도시설 또는 철도차량에서 폭언 또는 고성방가 등 소란을 피우는 행위
7. 철도시설에 국토교통부령으로 정하는 유해물 또는 열차운행에 지장을 줄 수 있는 오물을 버리는 행위
8. 역시설 또는 철도차량에서 노숙(露宿)하는 행위
9. 열차운행 중에 타고 내리거나 정당한 사유 없이 승강용 출입문의 개폐를 방해하여 열차운행에 지장을 주는 행위

10. 정당한 사유 없이 열차 승강장의 비상정지버튼을 작동시켜 열차운행에 지장을 주는 행위
11. 그 밖에 철도시설 또는 철도차량에서 공중의 안전을 위하여 질서유지가 필요하다고 인정되어 국토교통부령으로 정하는 금지행위

② 제1항의 금지행위를 한 사람에 대한 조치에 관하여는 제47조제3항을 준용한다.

**법 제47조 제3항**
③ 운전업무종사자, 여객승무원 또는 여객역무원은 제1항 또는 제2항의 금지행위를 한 사람에 대하여 필요한 경우 다음 각 호의 조치를 할 수 있다.
1. 금지행위의 제지
2. 금지행위의 녹음·녹화 또는 촬영

### 규칙 제81조(폭발물 등 적치금지 구역)

법 제48조 제1항 제4호에서 "국토교통부령으로 정하는 구역 또는 시설"이란 다음 각 호의 구역 또는 시설을 말한다.
1. 정거장 및 선로(정거장 또는 선로를 지지하는 구조물 및 그 주변지역을 포함한다)
2. 철도 역사
3. 철도 교량
4. 철도 터널

### 규칙 제82조(적치금지 폭발물 등)

법 제48조 제1항 제4호에서 "국토교통부령으로 정하는 폭발물 또는 인화성이 높은 물건"이란 영 제44조 및 영 제45조에 따른 위험물로서 주변의 물건을 손괴할 수 있는 폭발력을 지니거나 화재를 유발하거나 유해한 연기를 발생하여 여객이나 일반대중에게 위해를 끼칠 우려가 있는 물건이나 물질을 말한다.

**영 제44조(운송위탁 및 운송 금지 위험물 등)**
1. 점화 또는 점폭약류를 붙인 폭약
2. 니트로글리세린
3. 건조한 기폭약
4. 뇌홍질화연에 속하는 것
5. 그 밖에 사람에게 위해를 주거나 물건에 손상을 줄 수 있는 물질로서 국토교통부장관이 정하여 고시하는 위험물

#### 영 제45조(운송취급주의 위험물)
1. 철도운송 중 폭발할 우려가 있는 것
2. 마찰·충격·흡습(吸濕) 등 주위의 상황으로 인하여 발화할 우려가 있는 것
3. 인화성·산화성 등이 강하여 그 물질 자체의 성질에 따라 발화할 우려가 있는 것
4. 용기가 파손될 경우 내용물이 누출되어 철도차량·레일·기구 또는 다른 화물 등을 부식시키거나 침해할 우려가 있는 것
5. 유독성 가스를 발생시킬 우려가 있는 것
6. 그 밖에 화물의 성질상 철도시설·철도차량·철도종사자·여객 등에 위해나 손상을 끼칠 우려가 있는 것

#### 규칙 제83조(출입금지 철도시설)
법 제48조 제1항 제5호에서 "국토교통부령으로 정하는 철도시설"이란 다음 각 호의 철도시설을 말한다.
1. 위험물을 적하하거나 보관하는 장소
2. 신호 · 통신기기 설치장소 및 전력기기 · 관제설비 설치장소
3. 철도운전용 급유시설물이 있는 장소
4. 철도차량 정비시설

#### 규칙 제84조(열차운행에 지장을 줄 수 있는 유해물)
법 제48조 제1항 제7호에서 "국토교통부령으로 정하는 유해물"이란 철도시설이나 철도차량을 훼손하거나 정상적인 기능 · 작동을 방해하여 열차운행에 지장을 줄 수 있는 산업폐기물 · 생활폐기물을 말한다.

#### 규칙 제85조(질서유지를 위한 금지행위)
법 제48조 제1항 제11호에서 "국토교통부령으로 정하는 금지행위"란 다음 각 호의 행위를 말한다.
1. 흡연이 금지된 철도시설이나 철도차량 안에서 흡연하는 행위
2. 철도종사자의 허락 없이 철도시설이나 철도차량에서 광고물을 붙이거나 배포하는 행위
3. 역시설에서 철도종사자의 허락 없이 기부를 부탁하거나 물품을 판매 · 배부하거나 연설 · 권유를 하는 행위
4. 철도종사자의 허락 없이 선로변에서 총포를 이용하여 수렵하는 행위

**제48조의2(여객 등의 안전 및 보안)**
① 국토교통부장관은 철도차량의 안전운행 및 철도시설의 보호를 위하여 필요한 경우에는 「사법경찰관리의 직무를 수행할 자와 그 직무범위에 관한 법률」 제5조제11호에 규정된 사람(이하 "철도특별사법경찰관리"라 한다)으로 하여금 여객열차에 승차하는 사람의 신체·휴대물품 및 수하물에 대한 보안검색을 실시하게 할 수 있다.
② 국토교통부장관은 제1항의 보안검색 정보 및 그 밖의 철도보안·치안 관리에 필요한 정보를 효율적으로 활용하기 위하여 철도보안정보체계를 구축·운영하여야 한다.
③ 국토교통부장관은 철도보안·치안을 위하여 필요하다고 인정하는 경우에는 차량 운행정보 등을 철도운영자에게 요구할 수 있고, 철도운영자는 정당한 사유 없이 그 요구를 거절할 수 없다.
④ 국토교통부장관은 철도보안정보체계를 운영하기 위하여 철도차량의 안전운행 및 철도시설의 보호에 필요한 최소한의 정보만 수집·관리하여야 한다.
⑤ 제1항에 따른 보안검색의 실시방법과 절차 및 보안검색장비 종류 등에 필요한 사항과 제2항에 따른 철도보안정보체계 및 제3항에 따른 정보 확인 등에 필요한 사항은 국토교통부령으로 정한다.

**규칙 제85조의2(보안검색의 실시 방법 및 절차 등)**
① 법 제48조의2제1항에 따라 실시하는 보안검색(이하 "보안검색"이라 한다)의 실시 범위는 다음 각 호의 구분에 따른다.
  1. 전부검색: 국가의 중요 행사 기간이거나 국가 정보기관으로부터 테러 위험 등의 정보를 통보받은 경우 등 국토교통부장관이 보안검색을 강화하여야 할 필요가 있다고 판단하는 경우에 국토교통부장관이 지정한 보안검색 대상 역에서 보안검색 대상 전부에 대하여 실시
  2. 일부검색: 법 제42조에 따른 휴대·적재 금지 위해물품(이하 "위해물품"이라 한다)을 휴대·적재하였다고 판단되는 사람과 물건에 대하여 실시하거나 제1호에 따른 전부검색으로 시행하는 것이 부적합하다고 판단되는 경우에 실시
② 위해물품을 탐지하기 위한 보안검색은 법 제48조의2 제1항에 따른 보안검색장비(이하 "보안검색장비"라 한다)를 사용하여 검색한다. 다만, 다음 각 호의 어느 하나에 해당하는 경우에는 여객의 동의를 받아 직접 신체나 물건을 검색하거나 특정 장소로 이동하여 검색을 할 수 있다.
  1. 보안검색장비의 경보음이 울리는 경우
  2. 위해물품을 휴대하거나 숨기고 있다고 의심되는 경우
  3. 보안검색장비를 통한 검색 결과 그 내용물을 판독할 수 없는 경우
  4. 보안검색장비의 오류 등으로 제대로 작동하지 아니하는 경우
  5. 보안의 위협과 관련한 정보의 입수에 따라 필요하다고 인정되는 경우

③ 국토교통부장관은 법 제48조의2제1항에 따라 보안검색을 실시하게 하려는 경우에 사전에 철도운영자등에게 보안검색 실시계획을 통보하여야 한다. 다만, 범죄가 이미 발생하였거나 발생할 우려가 있는 경우 등 긴급한 보안검색이 필요한 경우에는 사전 통보를 하지 아니할 수 있다.
④ 제3항 본문에 따라 보안검색 실시계획을 통보받은 철도운영자등은 여객이 해당 실시계획을 알 수 있도록 보안검색 일정·장소·대상 및 방법 등을 안내문에 게시하여야 한다.
⑤ 법 제48조의2에 따라 철도특별사법경찰관리가 보안검색을 실시하는 경우에는 검색 대상자에게 자신의 신분증을 제시하면서 소속과 성명을 밝히고 그 목적과 이유를 설명하여야 한다. 다만, 다음 각 호의 어느 하나에 해당하는 경우에는 사전 설명 없이 검색할 수 있다.
  1. 보안검색 장소의 안내문 등을 통하여 사전에 보안검색 실시계획을 안내한 경우
  2. 의심물체 또는 장시간 방치된 수하물로 신고된 물건에 대하여 검색하는 경우

### 규칙 제85조의3(보안검색 장비의 종류)
① 법 제48조의2제1항에 따른 보안검색 장비의 종류는 다음 각 호의 구분에 따른다.
  1. 위해물품을 검색·탐지·분석하기 위한 장비: 엑스선 검색장비, 금속탐지장비(문형 금속탐지장비와 휴대용 금속탐지장비를 포함한다), 폭발물 탐지장비, 폭발물흔적탐지장비, 액체폭발물탐지장비 등
  2. 보안검색 시 안전을 위하여 착용·휴대하는 장비: 방검복, 방탄복, 방폭 담요 등
  3. 삭제
② 삭제 〈2019.10.23.〉
③ 삭제

### 규칙 제85조의4(철도보안정보체계의 구축·운영 등)
① 국토교통부장관은 법 제48조의2제2항에 따른 철도보안정보체계(이하 "철도보안정보체계"라 한다)를 구축·운영하기 위한 철도보안정보시스템을 구축·운영해야 한다.
② 국토교통부장관이 법 제48조의2제3항에 따라 철도운영자에게 요구할 수 있는 정보는 다음 각 호와 같다.
  1. 법 제48조의2제1항에 따른 보안검색 관련 통계(보안검색 횟수 및 보안검색 장비 사용 내역 등을 포함한다)
  2. 법 제48조의2제1항에 따른 보안검색을 실시하는 직원에 대한 교육 등에 관한 정보
  3. 철도차량 운행에 관한 정보
  4. 그 밖에 철도보안·치안을 위해 필요한 정보로서 국토교통부장관이 정해 고시하는 정보
③ 국토교통부장관은 철도보안정보체계를 구축·운영하기 위해 관계 기관과 필요한 정보를 공유하거나 관련 시스템을 연계할 수 있다.

### 제48조의3(보안검색장비의 성능인증 등)

① 제48조의2제1항에 따른 보안검색을 하는 경우에는 국토교통부장관으로부터 성능인증을 받은 보안검색장비를 사용하여야 한다.
② 제1항에 따른 성능인증을 위한 기준·방법·절차 등 운영에 필요한 사항은 국토교통부령으로 정한다.
③ 국토교통부장관은 제1항에 따른 성능인증을 받은 보안검색장비의 운영, 유지관리 등에 관한 기준을 정하여 고시하여야 한다.
④ 국토교통부장관은 제1항에 따라 성능인증을 받은 보안검색장비가 운영 중에 계속하여 성능을 유지하고 있는지를 확인하기 위하여 국토교통부령으로 정하는 바에 따라 정기적으로 또는 수시로 점검을 실시하여야 한다.
⑤ 국토교통부장관은 제1항에 따른 성능인증을 받은 보안검색장비가 다음 각 호의 어느 하나에 해당하는 경우에는 그 인증을 취소할 수 있다. 다만, 제1호에 해당하는 때에는 그 인증을 취소하여야 한다.
  1. 거짓이나 그 밖의 부정한 방법으로 인증을 받은 경우
  2. 보안검색장비가 제2항에 따른 성능인증 기준에 적합하지 아니하게 된 경우

### 규칙 제85조의5(보안검색장비의 성능인증 기준)

법 제48조의3제1항에 따른 보안검색장비의 성능인증 기준은 다음 각 호와 같다.
1. 국제표준화기구(ISO)에서 정한 품질경영시스템을 갖출 것
2. 그 밖에 국토교통부장관이 정하여 고시하는 성능, 기능 및 안전성 등을 갖출 것

### 규칙 제85조의6(보안검색장비의 성능인증 신청 등)

① 법 제48조의3제1항에 따른 보안검색장비의 성능인증을 받으려는 자는 별지 제45호의13서식의 철도보안검색장비 성능인증 신청서에 다음 각 호의 서류를 첨부하여 「과학기술분야 정부출연연구기관 등의 설립·운영 및 육성에 관한 법률」 제8조에 따라 설립된 한국철도기술연구원(이하 "한국철도기술연구원"이라 한다)에 제출해야 한다. 이 경우 한국철도기술연구원은 「전자정부법」 제36조제1항에 따른 행정정보의 공동이용을 통해서 법인 등기사항증명서(신청인이 법인인 경우만 해당한다)를 확인해야 한다.
  1. 사업자등록증 사본
  2. 대리인임을 증명하는 서류(대리인이 신청하는 경우에 한정한다)
  3. 보안검색장비의 성능 제원표 및 시험용 물품(테스트 키트)에 관한 서류
  4. 보안검색장비의 구조·외관도
  5. 보안검색장비의 사용·운영방법·유지관리 등에 대한 설명서
  6. 제85조의5에 따른 기준을 갖추었음을 증명하는 서류

(보안검색장비의 성능인증 기준)

② 한국철도기술연구원은 제1항에 따른 신청을 받으면 법 제48조의4제1항에 따른 시험기관(이하 "시험기관"이라 한다)에 보안검색장비의 성능을 평가하는 시험(이하 "성능시험"이라 한다)을 요청해야 한다. 다만, 제1항제6호에 따른 서류로 성능인증 기준을 충족하였다고 인정하는 경우에는 해당 부분에 대한 성능시험을 요청하지 않을 수 있다.

③ 시험기관은 성능시험 계획서를 작성하여 성능시험을 실시하고, 별지 제45호의14서식의 철도보안검색장비 성능시험 결과서를 한국철도기술연구원에 제출해야 한다.

④ 한국철도기술연구원은 제3항에 따른 성능시험 결과가 제85조의5에 따른 성능인증 기준 등에 적합하다고 인정하는 경우에는 별지 제45호의15서식의 철도보안검색장비 성능인증서를 신청인에게 발급해야 하며, 적합하지 않은 경우에는 그 결과를 신청인에게 통지해야 한다.

⑤ 한국철도기술연구원은 제85조의5에 따른 성능인증 기준에 적합여부 등을 심의하기 위하여 성능인증심사위원회를 구성·운영할 수 있다.

⑥ 제2항에 따른 성능시험 요청 및 제5항에 따른 성능인증심사위원회의 구성·운영 등에 필요한 세부사항은 국토교통부장관이 정하여 고시한다.

**규칙 제85조의7(보안검색장비의 성능점검)**
한국철도기술연구원은 법 제48조의3제4항에 따라 보안검색장비가 운영 중에 계속하여 성능을 유지하고 있는지를 확인하기 위해 다음 각 호의 구분에 따른 점검을 실시해야 한다.
1. 정기점검: 매년 1회
2. 수시점검: 보안검색장비의 성능유지 등을 위하여 필요하다고 인정하는 때

---

**제48조의4(시험기관의 지정 등)**

① 국토교통부장관은 제48조의3에 따른 성능인증을 위하여 보안검색장비의 성능을 평가하는 시험(이하 "성능시험"이라 한다)을 실시하는 기관(이하 "시험기관"이라 한다)을 지정할 수 있다.

② 제1항에 따라 시험기관의 지정을 받으려는 법인이나 단체는 국토교통부령으로 정하는 지정기준을 갖추어 국토교통부장관에게 지정신청을 하여야 한다.

③ 국토교통부장관은 제1항에 따라 시험기관으로 지정받은 법인이나 단체가 다음 각 호의 어느 하나에 해당하는 경우에는 그 지정을 취소하거나 1년 이내의 기간을 정하여 그 업무의 전부 또는 일부의 정지를 명할 수 있다. 다만, 제1호 또는 제2호에 해당하는 때에는 그 지정을 취소하여야 한다.
1. 거짓이나 그 밖의 부정한 방법을 사용하여 시험기관으로 지정을 받은 경우
2. 업무정지 명령을 받은 후 그 업무정지 기간에 성능시험을 실시한 경우
3. 정당한 사유 없이 성능시험을 실시하지 아니한 경우

　　4. 제48조의3제2항에 따른 기준·방법·절차 등을 위반하여 성능시험을 실시한 경우
　　5. 제48조의4제2항에 따른 시험기관 지정기준을 충족하지 못하게 된 경우
　　6. 성능시험 결과를 거짓으로 조작하여 수행한 경우
④ 국토교통부장관은 인증업무의 전문성과 신뢰성을 확보하기 위하여 제48조의3에 따른 보안검색장비의 성능 인증 및 점검 업무를 대통령령으로 정하는 기관(이하 "인증기관"이라 한다)에 위탁할 수 있다.

### 영 제50조의2(인증업무의 위탁)
국토교통부장관은 법 제48조의4제4항에 따라 법 제48조의3에 따른 보안검색장비의 성능 인증 및 점검 업무를 한국철도기술연구원에 위탁한다.

### 규칙 제85조의8(시험기관의 지정 등)
① 법 제48조의4제2항에서 "국토교통부령으로 정하는 지정기준"이란 별표 19에 따른 기준을 말한다.
② 법 제48조의4제2항에 따라 시험기관으로 지정을 받으려는 자는 별지 제45호의16서식의 철도보안검색장비 시험기관 지정 신청서에 다음 각 호의 서류를 첨부하여 국토교통부장관에게 제출해야 한다. 이 경우 국토교통부장관은 「전자정부법」 제36조제1항에 따른 행정정보의 공동이용을 통해서 법인 등기사항증명서(신청인이 법인인 경우만 해당한다)를 확인해야 한다.
　1. 사업자등록증 및 인감증명서(법인인 경우에 한정한다)
　2. 법인의 정관 또는 단체의 규약
　3. 성능시험을 수행하기 위한 조직·인력, 시험설비 등을 적은 사업계획서
　4. 국제표준화기구(ISO) 또는 국제전기기술위원회(IEC)에서 정한 국제기준에 적합한 품질관리규정
　5. 제1항에 따른 시험기관 지정기준을 갖추었음을 증명하는 서류
③ 국토교통부장관은 제2항에 따라 시험기관 지정신청을 받은 때에는 현장평가 등이 포함된 심사계획서를 작성하여 신청인에게 통지하고 그 심사계획에 따라 심사해야 한다.
④ 국토교통부장관은 제3항에 따른 심사 결과 제1항에 따른 지정기준을 갖추었다고 인정하는 때에는 별지 제45호의17서식의 철도보안검색장비 시험기관 지정서를 발급하고 다음 각 호의 사항을 관보에 고시해야 한다.
　1. 시험기관의 명칭
　2. 시험기관의 소재지
　3. 시험기관 지정일자 및 지정번호
　4. 시험기관의 업무수행 범위

⑤ 제4항에 따라 시험기관으로 지정된 기관은 다음 각 호의 사항이 포함된 시험기관 운영규정을 국토교통부장관에게 제출해야 한다.
 1. 시험기관의 조직·인력 및 시험설비
 2. 시험접수·수행 절차 및 방법
 3. 시험원의 임무 및 교육훈련
 4. 시험원 및 시험과정 등의 보안관리
⑥ 국토교통부장관은 제3항에 따른 심사를 위해 필요한 경우 시험기관지정심사위원회를 구성·운영할 수 있다.

■ 철도안전법 시행규칙 [별표 19]<신설 2019. 10. 23.>

## 시험기관의 지정기준(제85조의8제1항 관련)

1. 다음 각 목의 요건을 모두 갖춘 법인 또는 단체일 것
 가. 「공공기관의 운영에 관한 법률」 제4조에 따른 공공기관일 것
 나. 「보안업무규정」 제10조에 따른 비밀취급 인가를 받은 기관일 것
 다. 「국가표준기본법」 제23조 및 같은 법 시행령 제16조제2항에 따른 인정기구(이하 "인정기구"라 한다)에서 인정받은 시험기관일 것

2. 다음 각 목의 요건을 갖춘 기술인력을 보유할 것. 다만, 나목 또는 다목의 인력이 라목에 따른 위험물안전관리자의 자격을 보유한 경우에는 라목의 기준을 갖춘 것으로 본다.
 가. 「보안업무규정」 제8조에 따른 비밀취급 인가를 받은 인력을 보유할 것
 나. 인정기구에서 인정받은 시험기관에서 시험업무 경력이 3년 이상인 사람 2명 이상
 다. 보안검색에 사용하는 장비의 시험·평가 또는 관련 연구 경력이 3년 이상인 사람 2명 이상
 라. 「위험물안전관리법」 제15조제1항에 따른 위험물안전관리자 자격 보유자 1명 이상

3. 다음 각 목의 시설 및 장비를 모두 갖출 것
 가. 다음의 시설을 모두 갖춘 시험실
  1) 항온항습 시설
  2) 철도보안검색장비 성능시험 시설
  3) 화학물질 보관 및 취급을 위한 시설
  4) 그 밖에 국토교통부장관이 정하여 고시하는 시설
 나. 엑스선검색장비 이미지품질평가용 시험용 장비(테스트 키트)
 다. 엑스선검색장비 표면방사선량률 측정장비
 라. 엑스선검색장비 연속동작시험용 시설
 마. 엑스선검색장비 등 대형장비용 온도·습도시험실(장비)

바. 폭발물검색장비·액체폭발물검색장비·폭발물흔적탐지장비 시험용 유사폭발물 시료
사. 문형금속탐지장비·휴대용금속탐지장비·시험용 금속물질 시료
아. 휴대용 금속탐지장비 및 시험용 낙하시험 장비
자. 시험데이터 기록 및 저장 장비
차. 그 밖에 국토교통부장관이 정하여 고시하는 장비

■ 철도안전법 시행규칙 [별지 제45호의17서식] <신설 2019. 10. 23.>

제 호

## 철도보안검색장비 시험기관 지정서

1. 기 관 명:　　　　（사업자등록번호:　　　　　　）

2. 대 표 자:　　　　（생년월일:　　　　　　）

3. 소 재 지:

4. 업무 수행 범위:

「철도안전법」 제48조의4 및 같은 법 시행규칙 제85조의8제4항에 따라 위 기관을 시험기관으로 지정합니다.

년　월　일

국토교통부장관　　　직인

210mm×297mm[백상지(150g/㎡)]

**규칙 제85조의9(시험기관의 지정취소 등)**

① 법 제48조의4제3항에 따른 시험기관의 지정취소 또는 업무정지 처분의 세부기준은 별표 20과 같다.
② 국토교통부장관은 제1항에 따라 시험기관의 지정을 취소하거나 업무의 정지를 명한 경우에는 그 사실을 해당시험 기관에 통지하고 지체 없이 관보에 고시해야 한다.
③ 제2항에 따라 시험기관의 지정취소 또는 업무정지 통지를 받은 시험기관은 그 통지를 받은 날부터 15일 이내에 철도보안검색장비 시험기관 지정서를 국토교통부장관에게 반납해야 한다.

■ 철도안전법 시행규칙 [별표 20]

## 시험기관의 지정취소 및 업무정지의 기준(제85조의9제1항 관련)

1. 일반기준

   가. 위반행위가 둘 이상인 경우 또는 한 개의 위반행위가 둘 이상의 처분기준에 해당하는 경우에는 그중 무거운 처분기준을 적용한다.

   나. 위반행위의 횟수에 따른 행정처분의 기준은 최근 3년 동안 같은 위반행위로 처분을 받은 경우에 적용한다. 이 경우 기간의 계산은 위반행위에 대해서 처분을 받은 날과 그 처분 후 다시 같은 위반행위를 해서 적발된 날을 기준으로 한다.

   다. 나목에 따라 가중된 행정처분을 하는 경우 가중처분의 적용 차수는 그 위반행위 전 처분 차수(나목에 따른 기간 내에 행정처분이 둘 이상 있었던 경우에는 높은 차수를 말한다)의 다음 차수로 한다.

   라. 국토교통부장관은 다음의 어느 하나에 해당하는 경우에는 제2호의 개별기준에 따른 업무정지 기간의 2분의 1의 범위에서 그 기간을 줄일 수 있다.
   1) 위반행위가 사소한 부주의나 오류로 인한 것으로 인정되는 경우
   2) 위반행위자의 법 위반상태를 시정하거나 해소하기 위한 노력이 인정되는 경우
   3) 그 밖에 위반행위의 정도, 위반행위의 동기와 그 결과 등을 고려해서 처분기간을 감경할 필요가 있다고 인정되는 경우

   마. 국토교통부장관은 다음의 어느 하나에 해당하는 경우에는 제2호의 개별기준에 따른 업무정지 기간의 2분의 1의 범위에서 그 기간을 늘릴 수 있다.
   1) 위반의 내용 및 정도가 중대해서 공중에게 미치는 피해가 크다고 인정되는 경우
   2) 법 위반 상태의 기간이 3개월 이상인 경우
   3) 그 밖에 위반행위의 정도, 위반행위의 동기와 그 결과 등을 고려해서 업무정지 기간을 늘릴 필요가 있다고 인정되는 경우

2. 개별기준

| 위반행위 또는 사유 | 근거 법조문 | 처분기준 | | |
|---|---|---|---|---|
| | | 1차 위반 | 2차 위반 | 3차 이상 위반 |
| 가. 거짓이나 그 밖의 부정한 방법을 사용해서 시험기관으로 지정을 받은 경우 | 법 제48조의4 제3항제1호 | 지정취소 | | |
| 나. 업무정지 명령을 받은 후 그 업무정지 기간에 성능시험을 실시한 경우 | 법 제48조의4 제3항제2호 | 지정취소 | | |
| 다. 정당한 사유 없이 성능시험을 실시하지 않은 경우 | 법 제48조의4 제3항제3호 | 업무정지 (30일) | 업무정지 (60일) | 지정취소 |
| 라. 법 제48조의3제2항에 따른 기준·방법·절차 등을 위반하여 성능시험을 실시한 경우 | 법 제48조의4 제3항제4호 | 업무정지 (60일) | 업무정지 (120일) | 지정취소 |
| 마. 법 제48조의4제2항에 따른 시험기관 지정기준을 충족하지 못하게 된 경우 | 법 제48조의4 제3항제5호 | 경고 | 경고 | 지정취소 |
| 바. 성능시험 결과를 거짓으로 조작해서 수행한 경우 | 법 제48조의4 제3항제6호 | 업무정지 (90일) | 지정 취소 | |

### 제48조의5(직무장비의 휴대 및 사용 등)

① 철도특별사법경찰관리는 이 법 및 「사법경찰관리의 직무를 수행할 자와 그 직무범위에 관한 법률」 제6조제9호에 따른 직무를 수행하기 위하여 필요하다고 인정되는 상당한 이유가 있을 때에는 합리적으로 판단하여 필요한 한도에서 직무장비를 사용할 수 있다.
② 제1항에서의 "직무장비"란 철도특별사법경찰관리가 휴대하여 범인검거와 피의자 호송 등의 직무수행에 사용하는 수갑, 포승, 가스분사기, 가스발사총(고무탄 발사겸용인 것을 포함한다. 이하 같다), 전자충격기, 경비봉을 말한다. 〈개정 2024. 3. 26.〉
③ 철도특별사법경찰관리가 제1항에 따라 직무수행 중 직무장비를 사용할 때 사람의 생명이나 신체에 위해를 끼칠 수 있는 직무장비(가스분사기, 가스발사총 및 전자충격기를 말한다)를 사용하는 경우에는 사전에 필요한 안전교육과 안전검사를 받은 후 사용하여야 한다. 〈개정 2024. 3. 26.〉
④ 제2항 및 제3항에 따른 직무장비의 사용기준, 안전교육과 안전검사 등에 관하여 필요한 사항은 국토교통부령으로 정한다. 〈신설 2024. 3. 26.〉

[개정 2024. 3. 26.]
[시행일: 2024. 9. 27.]

**규칙 제85조의10(직무장비의 사용기준)**
법 제48조의5제1항에 따라 철도특별사법경찰관리가 사용하는 직무장비의 사용기준은 다음 각 호와 같다.
1. 가스분사기·가스발사총(고무탄 발사겸용인 것을 포함한다. 이하 같다)의 경우: 범인의 체포 또는 도주방지, 타인 또는 철도특별사법경찰관리의 생명·신체에 대한 방호, 공무집행에 대한 항거의 억제를 위해 필요한 경우에 최소한의 범위에서 사용하되, 1미터 이내의 거리에서 상대방의 얼굴을 향해 발사하지 말 것 다만, 가스발사총으로 고무탄을 발사하는 경우에는 1미터를 초과하는 거리에서도 상대방의 얼굴을 향해 발사해서는 안 된다.
2. 전자충격기의 경우: 14세 미만의 사람이나 임산부에게 사용해서는 안 되며, 전극침(電極針) 발사장치가 있는 전자충격기를 사용하는 경우에는 상대방의 얼굴을 향해 전극침을 발사하지 말 것
3. 경비봉의 경우: 타인 또는 철도특별사법경찰관리의 생명·신체의 위해와 공공시설·재산의 위험을 방지하기 위해 필요한 경우에 최소한의 범위에서 사용할 수 있으며, 인명 또는 신체에 대한 위해를 최소화하도록 할 것
4. 수갑·포승의 경우: 체포영장·구속영장의 집행, 신체의 자유를 제한하는 판결 또는 처분을 받은 사람을 법률이 정한 절차에 따라 호송·수용하거나 범인·술에 취한 사람·정신착란자의 자살 또는 자해를 방지하기 위해 필요한 경우에 최소한의 범위에서 사용할 것

**제85조의11(직무장비의 안전교육 및 안전검사)** [24. 9. 27. 신설 및 시행]
① 법 제48조의5제3항에 따른 안전교육은 「국토교통부와 그 소속기관 직제」 제40조 또는 제42조에 따른 철도경찰대장 또는 지방철도경찰대장(이하 "철도경찰대장등"이라 한다)이 직무장비의 안전수칙, 사용방법 및 위험발생 시 응급조치 등에 관하여 다음 각 호의 구분에 따라 실시한다.
1. 최초 안전교육: 해당 직무장비를 사용하는 부서에 발령된 직후 실시
2. 정기 안전교육: 직전 안전교육을 받은 날부터 반기마다 실시
② 법 제48조의5제3항에 따른 안전검사는 철도경찰대장등이 직무장비별로 다음 각 호의 구분에 따른 사항에 대하여 반기마다 실시한다.
1. 가스분사기의 경우: 안전장치의 결함 유무 및 약제통의 균열 유무 등
2. 가스발사총의 경우: 구경(口徑)의 임의개조 유무 및 방아쇠를 당기기 위해 필요한 힘이 1킬로그램 이상인지 여부 등
3. 전자충격기의 경우: 자체결함·기능손상·균열 등으로 인한 누전현상 유무 등

### 제49조(철도종사자의 직무상 지시 준수)
① 열차 또는 철도시설을 이용하는 사람은 이 법에 따라 철도의 안전·보호와 질서유지를 위하여 하는 철도종사자의 직무상 지시에 따라야 한다.
② 누구든지 폭행·협박으로 철도종사자의 직무집행을 방해하여서는 아니 된다.

### 영 제51조(철도종사자의 권한표시)
① 법 제49조에 따른 철도종사자는 복장·모자·완장·증표 등으로 그가 직무상 지시를 할 수 있는 사람임을 표시하여야 한다.
② 철도운영자등은 철도종사자가 제1항에 따른 표시를 할 수 있도록 복장·모자·완장·증표 등의 지급 등 필요한 조치를 하여야 한다.

### 제50조(사람 또는 물건에 대한 퇴거 조치 등)
철도종사자는 다음 각 호의 어느 하나에 해당하는 사람 또는 물건을 열차 밖이나 대통령령으로 정하는 지역 밖으로 퇴거시키거나 철거할 수 있다.
1. 제42조를 위반하여 여객열차에서 위해물품을 휴대한 사람 및 그 위해물품
2. 제43조를 위반하여 운송 금지 위험물을 운송위탁하거나 운송하는 자 및 그 위험물
3. 제45조제3항 또는 제4항에 따른 행위 금지·제한 또는 조치 명령에 따르지 아니하는 사람 및 그 물건 **(철도보호지구)**
4. 제47조제1항 또는 제2항을 위반하여 금지행위를 한 사람 및 그 물건
   **(여객열차에서의 금지행위)**
5. 제48조의 1항을 위반하여 금지행위를 한 사람 및 그 물건
   **(철도 보호 및 질서유지를 위한 금지행위)**
6. 제48조의2에 따른 보안검색에 따르지 아니한 사람
   **(여객 등의 안전 및 보안)**
7. 제49조를 위반하여 철도종사자의 직무상 지시를 따르지 아니하거나 직무집행을 방해하는 사람

**영 제52조(퇴거지역의 범위)**
법 제50조 각 호 외의 부분에서 "대통령령으로 정하는 지역"이란 다음 각 호의 어느 하나에 해당하는 지역을 말한다.
1. 정거장
2. 철도신호기·철도차량정비소·통신기기·전력설비 등의 설비가 설치되어 있는 장소의 담장이나 경계선 안의 지역
3. 화물을 적하하는 장소의 담장이나 경계선 안의 지역

# 6장 철도사고조사 · 처리

#### 제60조(철도사고등의 발생 시 조치)
① 철도운영자등은 철도사고등이 발생하였을 때에는 사상자 구호, 유류품(遺留品) 관리, 여객 수송 및 철도시설 복구 등 인명피해 및 재산피해를 최소화하고 열차를 정상적으로 운행할 수 있도록 필요한 조치를 하여야 한다.
② 철도사고등이 발생하였을 때의 사상자 구호, 여객 수송 및 철도시설 복구 등에 필요한 사항은 대통령령으로 정한다.
③ 국토교통부장관은 제61조에 따라 사고 보고를 받은 후 필요하다고 인정하는 경우에는 철도운영자등에게 사고 수습 등에 관하여 필요한 지시를 할 수 있다. 이 경우 지시를 받은 철도운영자등은 특별한 사유가 없으면 지시에 따라야 한다.

#### 영 제56조(철도사고등의 발생 시 조치사항)
법 제60조제2항에 따라 철도사고등이 발생한 경우 철도운영자등이 준수하여야 하는 사항은 다음 각 호와 같다.
1. 사고수습이나 복구작업을 하는 경우에는 인명의 구조와 보호에 가장 우선순위를 둘 것
2. 사상자가 발생한 경우에는 법 제7조제1항에 따른 안전관리체계에 포함된 비상대응계획에서 정한 절차(이하 "비상대응절차"라 한다)에 따라 응급처치, 의료기관으로 긴급이송, 유관기관과의 협조 등 필요한 조치를 신속히 할 것
3. 철도차량 운행이 곤란한 경우에는 비상대응절차에 따라 대체교통수단을 마련하는 등 필요한 조치를 할 것

#### 제61조(철도사고등 의무보고)
① 철도운영자등은 사상자가 많은 사고 등 대통령령으로 정하는 철도사고등이 발생하였을 때에는 국토교통부령으로 정하는 바에 따라 즉시 국토교통부장관에게 보고하여야 한다.
② 철도운영자등은 제1항에 따른 철도사고등을 제외한 철도사고등이 발생하였을 때에는 국토교통부령으로 정하는 바에 따라 사고 내용을 조사하여 그 결과를 국토교통부장관에게 보고하여야 한다.

### 영 제57조(국토교통부장관에게 즉시 보고하여야 하는 철도사고등)

법 제61조제1항에서 "사상자가 많은 사고 등 대통령령으로 정하는 철도사고등"이란 다음 각 호의 어느 하나에 해당하는 사고를 말한다.

1. **열차**의 충돌이나 탈선사고
2. 철도차량이나 열차에서 화재가 발생하여 **운행을 중지**시킨 사고
3. 철도차량이나 열차의 운행과 관련하여 **3명 이상 사상자**가 발생한 사고
4. 철도차량이나 열차의 운행과 관련하여 **5천만원 이상의 재산피해**가 발생한 사고

*간혹 문제에 5천만원 이상인 금액 이상 (ex. 7천만원 이상)이 보기로 나오는데 이 경우 7천만원 미만인 금액은 제외한다고 단정 짓는 의미를 내포하기에 올바른 보기가 될 수 없다.
다만, 그 외에 정답이 없는 경우 출제자의 의도대로 가장 가까운 보기를 선택해야 됨.

### 규칙 제86조(철도사고등의 의무보고)

① 철도운영자등은 법 제61조제1항에 따른 철도사고등이 발생한 때에는 다음 각 호의 사항을 국토교통부장관에게 즉시 보고하여야 한다.
  1. 사고 발생 일시 및 장소
  2. 사상자 등 피해사항
  3. 사고 발생 경위
  4. 사고 수습 및 복구 계획 등
② 철도운영자등은 법 제61조제2항에 따른 철도사고등이 발생한 때에는 다음 각 호의 구분에 따라 국토교통부장관에게 이를 보고하여야 한다.
  1. 초기보고: 사고발생현황 등
  2. 중간보고: 사고수습 · 복구상황 등
  3. 종결보고: 사고수습 · 복구결과 등
③ 제1항 및 제2항에 따른 보고의 절차 및 방법 등에 관한 세부적인 사항은 국토교통부장관이 정하여 고시한다.

### 제61조의2(철도차량 등에 발생한 고장 등 보고 의무)

① 제26조 또는 제27조에 따라 철도차량 또는 철도용품에 대하여 형식승인을 받거나 제26조의3 또는 제27조의2에 따라 철도차량 또는 철도용품에 대하여 제작자승인을 받은 자는 그 승인받은 철도차량 또는 철도용품이 설계 또는 제작의 결함으로 인하여 국토교통부령으로 정하는 고장, 결함 또는 기능장애가 발생한 것을 알게 된 경우에는 국토교통부령으로 정하는 바에 따라 국토교통부장관에게 그 사실을 보고하여야 한다.
② 제38조의7에 따라 철도차량 정비조직인증을 받은 자가 철도차량을 운영하거나 정비하는 중에 국토교통부령으로 정하는 고장, 결함 또는 기능장애가 발생한 것을 알게 된 경우에는 국토교통부령으로 정하는 바에 따라 국토교통부장관에게 그 사실을 보고하여야 한다.

### 규칙 제87조(철도차량에 발생한 고장, 결함 또는 기능장애 보고)

① 법 제61조의2제1항에서 "국토교통부령으로 정하는 고장, 결함 또는 기능장애"란 다음 각 호의 어느 하나에 해당하는 고장, 결함 또는 기능장애를 말한다.
  1. 법 제26조 및 제26조의3에 따른 승인내용과 다른 설계 또는 제작으로 인한 철도차량의 고장, 결함 또는 기능장애
  2. 법 제27조 및 제27조의2에 따른 승인내용과 다른 설계 또는 제작으로 인한 철도용품의 고장, 결함 또는 기능장애
  3. 하자보수 또는 피해배상을 해야 하는 철도차량 및 철도용품의 고장, 결함 또는 기능장애
  4. 그 밖에 제1호부터 제3호까지의 규정에 따른 고장, 결함 또는 기능장애에 준하는 고장, 결함 또는 기능장애

② 법 제61조의2제2항에서 "국토교통부령으로 정하는 고장, 결함 또는 기능장애"란 다음 각 호의 어느 하나에 해당하는 고장, 결함 또는 기능장애(법 제61조에 따라 보고된 고장, 결함 또는 기능장애는 제외한다)를 말한다.
  1. 철도차량 중정비(철도차량을 완전히 분해하여 검수·교환하거나 탈선·화재 등으로 중대하게 훼손된 철도차량을 정비하는 것을 말한다)가 요구되는 구조적 손상
  2. 차상신호장치, 추진장치, 주행장치 그 밖에 철도차량 주요장치의 고장 중 차량 안전에 중대한 영향을 주는 고장
  3. 법 제26조제3항<철도차량의 기술기준>, 제26조의3제2항<철도차량의 제작관리 및 품질유지에 필요한 기술기준>, 제27조제2항<철도용품 기술기준> 및 제27조의2제2항<철도용품의 제작관리 및 품질유지에 필요한 기술기준>에 따라 고시된 기술기준에 따른 최대허용범위(제작사가 기술자료를 제공하는 경우에는 그 기술자료에 따른 최대허용범위를 말한다)를 초과하는 철도차량 구조의 균열, 영구적인 변형이나 부식
  4. 그 밖에 제1호부터 제3호까지의 규정에 따른 고장, 결함 또는 기능장애에 준하는 고장, 결함 또는 기능장애

③ 법 제61조의2제1항 및 제2항에 따른 보고를 하려는 자는 별지 제45호의18서식의 고장·결함·기능장애 보고서를 국토교통부장관에게 제출하거나 국토교통부장관이 정하여 고시하는 방법으로 국토교통부장관에게 보고해야 한다.

④ 국토교통부장관은 제3항에 따른 보고를 받은 경우 관계 기관 등에게 이를 통보해야 한다.

⑤ 제4항에 따른 통보의 내용 및 방법 등에 관하여 필요한 사항은 국토교통부장관이 정하여 고시한다.

### 제61조의3(철도안전 자율보고)

① 철도안전을 해치거나 해칠 우려가 있는 사건·상황·상태 등(이하 "철도안전위험요인"이라 한다)을 발생시켰거나 철도안전위험요인이 발생한 것을 안 사람 또는 철도안전위험요인이 발생할 것이 예상된다고 판단하는 사람은 국토교통부장관에게 그 사실을 보고할 수 있다.
② 국토교통부장관은 제1항에 따른 보고(이하 "철도안전 자율보고"라 한다)를 한 사람의 의사에 반하여 보고자의 신분을 공개해서는 아니 되며, 철도안전 자율보고를 사고예방 및 철도안전 확보 목적 외의 다른 목적으로 사용해서는 아니 된다.
③ 누구든지 철도안전 자율보고를 한 사람에 대하여 이를 이유로 신분이나 처우와 관련하여 불이익한 조치를 하여서는 아니 된다.
④ 제1항부터 제3항까지에서 규정한 사항 외에 철도안전 자율보고에 포함되어야 할 사항, 보고 방법 및 절차는 국토교통부령으로 정한다.

### 규칙 제88조(철도안전 자율보고의 절차 등)

① 법 제61조의3제1항에 따른 철도안전 자율보고를 하려는 자는 별지 제45호의19서식의 철도안전 자율보고서를 한국교통안전공단 이사장에게 제출하거나 국토교통부장관이 정하여 고시하는 방법으로 한국교통안전공단 이사장에게 보고해야 한다.
② 한국교통안전공단 이사장은 제1항에 따른 보고를 받은 경우 관계기관 등에게 이를 통보해야 한다.
③ 제2항에 따른 통보의 내용 및 방법 등에 관하여 필요한 사항은 국토교통부장관이 정하여 고시한다.

■ 철도안전법 시행규칙 [별지 제45호의19서식] <신설 2020. 10. 7.>

# 철도안전 자율보고서

## 1. 보고 개요 (※ 필수사항)

| 접수번호 | |
|---|---|

| 보고자 | 성명: 연락처: (소속: 직명: ) |
|---|---|
| 발생일시 | 년월일시분 / 발생장소 |
| 사건/상황 개요 | ※ 사건/상황의 발생 경위, 원인, 조치사항 등을 되도록 구체적으로 적어주십시오. |

## 2. 보고 세부내용 (※ 선택사항)

| 보고분야 | [ ] 안전관리 | [ ] 철도운행 | [ ] 철도차량 |
|---|---|---|---|
| | [ ] 노반 · 궤도 · 건축 | [ ] 전철전력 · 신호 · 통신 | [ ] 기타( ) |

| 발생장소 (세부사항) | 행정구역 | 도(시)    시(군 · 구)    동(면) |
|---|---|---|
| | 선별구간 | 선(상행선/하행선)<br>역 ~ (   역간)    기점    km지점 |
| | 건널목 | (   )건널목, 제(   )종    안내원    (있음, 없음) |

| 관계열차 | 종류:    (제    호), 편성:    량, 운행구간: |
|---|---|

| 피해상황 | 차량피해 | 파손:    량(대파:    중파:    소파:    ) |
|---|---|---|
| | 시설피해 | |
| | 운행지장 | 지연열차:    제호    본선지장    지장시간 :<br>(지연시분:    ~    )    (복구:    월 일 시 분) |
| | 피해액 | 총계 :    백만원(사상자보상:    재산:    기타:    ) |

| 관계자 | 소속 | 직종 | 직급 | 성명 | 연령 | 기타사항 |
|---|---|---|---|---|---|---|
| | | | | | | |

「철도안전법」 제61조의3제1항 및 같은 법 시행규칙 제86조의3제1항에 따라 철도안전 자율보고 사항을 위와 같이 보고합니다.

년    월    일

**한국교통안전공단 이사장** 귀하

---

접수번호는 _____번입니다. 보고서 제출 증빙자료로 활용하시기 바랍니다.

| 보고자 성명 | |
|---|---|
| 보고자 주소 | |
| 연락처 | 이메일 주소 |

210mm×297mm[백상지(150g/㎡)]

# 7장 철도안전기반 구축

7장은 철도차량 운전면허시험 범위에 해당되지 않습니다. 입교시험은 기관마다 범위가 상이하므로 범위를 확인하시고 해당부분을 공부하시길 바랍니다.

### 제68조(철도안전기술의 진흥)
국토교통부장관은 철도안전에 관한 기술의 진흥을 위하여 연구·개발의 촉진 및 그 성과의 보급 등 필요한 시책을 마련하여 추진하여야 한다.

### 제69조(철도안전 전문기관 등의 육성)
① 국토교통부장관은 철도안전에 관한 전문기관 또는 단체를 지도·육성하여야 한다.
② 국토교통부장관은 철도시설의 건설, 운영 및 관리와 관련된 안전점검업무 등 대통령령으로 정하는 철도안전업무에 종사하는 전문인력(이하 "철도안전 전문인력"이라 한다)을 원활하게 확보할 수 있도록 시책을 마련하여 추진하여야 한다.
③ 국토교통부장관은 철도안전 전문인력의 분야별 자격을 다음 각 호와 같이 구분하여 부여할 수 있다.
  1. 철도운행안전관리자
  2. 철도안전전문기술자
④ 철도안전 전문인력의 분야별 자격기준, 자격부여 절차 및 자격을 받기 위한 안전교육훈련 등에 관하여 필요한 사항은 대통령령으로 정한다.
⑤ 국토교통부장관은 철도안전에 관한 전문기관(이하 "안전전문기관"이라 한다)을 지정하여 철도안전 전문인력의 양성 및 자격관리 등의 업무를 수행하게 할 수 있다.
⑥ 안전전문기관의 지정기준, 지정절차 등에 관하여 필요한 사항은 대통령령으로 정한다.
⑦ 안전전문기관의 지정취소 및 업무정지 등에 관하여는 제15조제6항 및 제15조의2를 준용한다. 이 경우 "운전적성검사기관"은 "안전전문기관"으로, "운전적성검사 업무"는 "안전교육훈련 업무"로, "제15조제5항"은 "제69조제6항"으로, "운전적성검사 판정서"는 "안전교육훈련 수료증 또는 자격증명서"로 본다.

### 영 제59조(철도안전 전문인력의 구분)
① 법 제69조 제2항에서 "대통령령으로 정하는 철도안전업무에 종사하는 전문인력"이란 다음 각 호의 어느 하나에 해당하는 인력을 말한다.
  1. 철도운행안전관리자
  2. 철도안전전문기술자

　　가. 전기철도 분야 철도안전전문기술자
　　나. 철도신호 분야 철도안전전문기술자
　　다. 철도궤도 분야 철도안전전문기술자
　　라. 철도차량 분야 철도안전전문기술자
② 제1항에 따른 철도안전 전문인력(이하 "철도안전 전문인력"이라 한다)의 업무 범위는 다음 각 호와 같다.
　1. 철도운행안전관리자의 업무
　　가. 철도차량의 운행선로나 그 인근에서 철도시설의 건설 또는 관리와 관련한 작업을 수행하는 경우에 작업일정의 조정 또는 작업에 필요한 안전장비·안전시설 등의 점검
　　나. 가목에 따른 작업이 수행되는 선로를 운행하는 열차가 있는 경우 해당 열차의 운행일정 조정
　　다. 열차접근경보시설이나 열차접근감시인의 배치에 관한 계획 수립·시행과 확인
　　라. 철도차량 운전자나 관제업무종사자와 연락체계 구축
　2. 철도안전전문기술자의 업무
　　가. 제1항제2호가목부터 다목까지의 철도안전전문기술자: 해당 철도시설의 건설이나 관리와 관련된 설계·시공·감리·안전점검 업무나 레일용접 등의 업무
　　나. 제1항제2호라목의 철도안전전문기술자: 철도차량의 설계·제작·개조·시험검사·정밀안전진단·안전점검 등에 관한 품질관리 및 감리 등의 업무

### 영 제60조(철도안전 전문인력의 자격기준)

① 법 제69조제3항제1호에 따른 철도운행안전관리자의 자격을 부여받으려는 사람은 국토교통부장관이 인정한 교육훈련기관에서 국토교통부령으로 정하는 교육훈련을 수료하여야 한다.
② 법 제69조제3항제2호에 따른 철도안전전문기술자의 자격기준은 별표 5와 같다.

■ 철도안전법 시행령 [별표 5]

## 철도안전전문기술자의 자격기준(제60조제2항 관련)

| 구분 | 자격 부여 범위 |
|---|---|
| 1. 특급 | 가. 「전력기술관리법」, 「전기공사업법」, 「정보통신공사업법」이나 「건설기술 진흥법」(이하 "관계법령"이라 한다)에 따른 특급기술자·특급기술인·특급감리원·수석감리사 또는 특급전기공사기술자로서 다음의 어느 하나에 해당하는 사람<br>　1) 「국가기술자격법」에 따른 철도의 해당 기술 분야의 기술사, 기사자격 취득자<br>　2) 3년 이상 철도의 해당 기술 분야에 종사한 경력이 있는 사람<br>나. 별표 1의2에 따른 1등급 철도차량정비기술자로서 경력에 포함되는 기술자격의 종목과 관련된 기술사, 기능장 또는 기사자격 취득자 |
| 2. 고급 | 가. 관계 법령에 따른 특급기술자·특급기술인·특급감리원·수석감리사 또는 특급공사기술자로서 1년 6개월 이상 철도의 해당 기술 분야에 종사한 경력이 있는 사람<br>나. 관계법령에 따른 고급기술자·고급기술인·고급감리원·감리사 또는 고급전기공사기술자로서 다음의 어느 하나에 해당하는 사람<br>　1) 「국가기술자격법」에 따른 철도의 해당 기술 분야의 기사, 산업기사 자격 취득자<br>　2) 3년 이상 철도의 해당 기술 분야에 종사한 경력이 있는 사람<br>다. 별표 1의2에 따른 2등급 철도차량정비기술자로서 경력에 포함되는 기술자격의 종목과 관련된 기사 또는 산업기사 자격 취득자 |
| 3. 중급 | 가. 관계 법령에 따른 고급기술자·고급기술인·고급감리원·감리사 또는 고급전기공사기술자로서 1년 6개월 이상 철도의 해당 기술 분야에 종사한 경력이 있는 사람<br>나. 관계 법령에 따른 중급기술자·중급기술인·중급감리원 또는 중급전기공사기술자로서 다음 어느 하나에 해당하는 사람<br>　1) 「국가기술자격법」에 따른 철도의 해당 기술 분야의 기사, 산업기사, 기능사 자격 취득자<br>　2) 3년 이상 철도의 해당 기술 분야에 종사한 경력이 있는 사람<br>다. 별표 1의2에 따른 3등급 철도차량정비기술자로서 경력에 포함되는 기술자격의 종목과 관련된 기사, 산업기사 또는 기능사 자격 취득자 |
| 4. 초급 | 가. 관계 법령에 따른 중급기술자·중급기술인·중급감리원 또는 중급전기공사기술자로서 1년 6개월 이상 철도의 해당 기술 분야에 종사한 경력이 있는 사람<br>나. 관계 법령에 따른 초급기술자·초급기술인·초급감리원·감리사보 또는 초급전기공사 기술자로서 다음의 어느 하나에 해당하는 사람<br>　1) 「국가기술자격법」에 따른 철도의 해당 기술 분야의 기사, 산업기사, 기능사 자격 취득자<br>　2) 3년 이상 철도의 해당 기술 분야에 종사한 경력이 있는 사람<br>다. 국토교통부령으로 정하는 철도의 해당 기술 분야의 설계·감리·시공·안전점검 관련 교육과정을 수료하고 수료 시 시행하는 검정시험에 합격한 사람<br>라. 「국가기술자격법」에 따른 용접자격을 취득한 사람으로서 국토교통부장관이 지정한 전문기관 또는 단체의 레일용접인정자격시험에 합격한 사람<br>마. 별표 1의2에 따른 4등급 철도차량정비기술자로서 경력에 포함되는 기술자격의 종목과 관련된 기사, 산업기사 또는 기능사 자격 취득자 |

**영 제60조의2(철도안전 전문인력의 자격부여 절차 등)**
① 법 제69조제3항에 따른 자격을 부여받으려는 사람은 국토교통부령으로 정하는 바에 따라 국토교통부장관에게 자격부여 신청을 하여야 한다.
② 국토교통부장관은 제1항에 따라 자격부여 신청을 한 사람이 해당 자격기준에 적합한 경우에는 제59조제1항에 따른 전문인력의 구분에 따라 자격증명서를 발급하여야 한다.
③ 국토교통부장관은 제1항에 따라 자격부여 신청을 한 사람이 해당 자격기준에 적합한지를 확인하기 위하여 그가 소속된 기관이나 업체 등에 관계 자료 제출을 요청할 수 있다.
④ 국토교통부장관은 철도안전 전문인력의 자격부여에 관한 자료를 유지·관리하여야 한다.
⑤ 제1항부터 제4항까지의 규정에 따른 자격부여 절차와 방법, 자격증명서 발급 및 자격의 관리 등에 필요한 사항은 국토교통부령으로 정한다.

**규칙 제92조(철도안전 전문인력 자격부여 절차 등)**
① 영 제60조의2제1항에 따른 철도안전 전문인력의 자격을 부여받으려는 자는 별지 제46호서식의 철도안전 전문인력 자격부여(증명서 재발급) 신청서에 다음 각 호의 서류를 첨부하여 법 제69조제5항에 따라 지정받은 안전전문기관(이하 "안전전문기관"이라 한다)에 제출하여야 한다.
1. 경력을 확인할 수 있는 자료
2. 교육훈련 이수증명서 (해당자에 한정한다)
3. 「전기공사업법」에 따른 전기공사 기술자, 「전력기술관리법」에 따른 전력기술인, 「정보통신공사업법」에 따른 정보통신기술자 경력수첩 또는 「건설기술 진흥법」에 따른 건설기술경력증 사본 (해당자에 한정한다)
4. 국가기술자격증 사본 (해당자에 한정한다)
5. 이 법에 따른 철도차량정비경력증 사본 (해당자에 한정한다)
6. 사진(3.5센티미터×4.5센티미터)
② 안전전문기관은 제1항에 따른 신청인이 영 제60조제1항 및 제2항에 따른 자격기준에 적합한 경우에는 별지 제47호서식의 철도안전 전문인력 자격증명서를 신청인에게 발급하여야 한다.
③ 제2항에 따라 철도안전 전문인력 자격증명서를 발급받은 사람이 철도안전 전문인력 자격증명서를 잃어버렸거나 철도안전 전문인력 자격증명서가 헐거나 훼손되어 못 쓰게 된 때에는 별지 제46호서식의 철도안전 전문인력 자격증명서 재발급 신청서에 다음 각 호의 서류를 첨부하여 안전전문기관에 신청해야 한다.
1. 철도안전 전문인력 자격증명서(헐거나 훼손되어 못 쓰게 된 경우만 제출한다)
2. 분실사유서(분실한 경우만 제출한다)
3. 증명사진(3.5센티미터×4.5센티미터)

④ 제3항에 따른 재발급 신청을 받은 안전전문기관은 자격부여 사실과 재발급 사유를 확인한 후 철도안전 전문인력 자격증명서를 신청인에게 재발급해야 한다.
⑤ 안전전문기관은 해당 분야 자격 취득자의 자격증명서 발급 등에 관한 자료를 유지·관리하여야 한다.

■ 철도안전법 시행규칙 [별지 제47호서식]

(표지 앞쪽)

철도안전 전문인력 자격증명서

(안전전문기관 로고 삽입: 생략 가능)

안전전문기관 명칭

90mm×120mm(고급비닐 200g/㎡)

(표지 뒤쪽)

(제1쪽)

유의사항

1. 철도안전 전문인력 자격증명서는 항상 휴대하여야 하며, 관계인의 요구가 있을 때 보여 주어야 합니다.

2. 철노안전 전문인력 자승명서의 갱신 및 재발급 사유(헐어 못 쓰게 된 경우나 잃어버린 경우, 철도안전전문기술자격 등급 변경 등)가 발생한 경우에는 「철도안전법 시행규칙」제92조제3항에 따라 조속히 재발급을 받아야 합니다.

3. 철도안전 전문인력 자격증명서를 다른 사람에게 대여하여서는 안 됩니다.

4. 철도안전 전문인력은 「철도안전법」등 관계 법령의 규정을 준수해야 합니다.

90mm×120mm(백상지 100g/㎡)

(제2쪽)

## 철도안전 전문인력 자격증명서
(분야)

등록번호: 제 호
구분·등급:
성명:
생년월일:
주소:

사진
(3.5cm×4.5cm)

「철도안전법」제69조 및 같은 법 시행규칙 제92조제2항에 따라 철도안전 전문인력 자격증명서를 발급합니다.

발급 연월일:    년    월    일

발급자 확인

안전전문기관의 장    직인

정해진 직인, 발급자인 및 철인이 없는 것은 무효임

(제3쪽)

▲ 학력

| 학교명 | 학과(전공) | 학위 | 졸업 연월일 |
|---|---|---|---|
|  |  |  |  |
|  |  |  |  |

▲ 국가기술자격

| 자격종목 | 등록번호 | 합격 연월일 |
|---|---|---|
|  |  |  |
|  |  |  |
|  |  |  |
|  |  |  |
|  |  |  |

▲ 교육훈련

| 기간 | 교육과정명 | 교육훈련기관 |
|---|---|---|
|  |  |  |
|  |  |  |
|  |  |  |
|  |  |  |
|  |  |  |

(제4쪽)

▲ 상훈/제재

| 연월일 | 종류 | 상훈기관/제재기관 | 근거 |
|---|---|---|---|
|  |  |  |  |
|  |  |  |  |
|  |  |  |  |
|  |  |  |  |
|  |  |  |  |
|  |  |  |  |

▲ 근무처 및 기술자 주소 변경

| 날짜 | 소속 회사/주소 | 확인자(서명 또는 인) |
|---|---|---|
|  |  |  |
|  |  |  |
|  |  |  |
|  |  |  |
|  |  |  |
|  |  |  |

비고: 근무처 및 기술자 주소 변경란은 5쪽 이후에 추가할 수 있습니다.

**규칙 제91조(철도안전 전문인력의 교육훈련)**
① 영 제60조제1항 및 영 별표 5에 따른 철도안전 전문인력의 교육훈련은 별표 24에 따른다.
② 제1항에 따른 교육훈련의 방법·절차 등에 관하여 필요한 세부사항은 국토교통부장관이 정한다.

■ 철도안전법 시행규칙 [별표 24]

### 철도안전 전문인력의 교육훈련(제91조제1항 관련)

| 대상자 | 교육시간 | 교육내용 | 교육시기 |
| --- | --- | --- | --- |
| 철도운행<br>안전 관리자 | 120시간(3주)<br>- 직무관련: 100시간<br>- 교양교육: 20시간 | - 열차운행의 통제와 조정<br>- 안전관리 일반<br>- 관계법령<br>- 비상시 조치 등 | - 철도운행안전관리자로 인정받으려는 경우 |
| 철도안전<br>전문 기술자<br>(초급) | 120시간(3주)<br>- 직무관련: 100시간<br>- 교양교육: 20시간 | - 기초전문 직무교육<br>- 안전관리 일반<br>- 관계법령<br>- 실무실습 | - 철도안전전문 초급 기술자로 인정받으려는 경우 |

**영 제60조의3(안전전문기관 지정기준)**
① 법 제69조제6항에 따른 안전전문기관으로 지정받을 수 있는 기관이나 단체는 다음 각 호의 어느 하나와 같다.
  1. 〈삭제〉
  2. 철도안전과 관련된 업무를 수행하는 학회·기관이나 단체
  3. 철도안전과 관련된 업무를 수행하는「민법」제32조에 따라 국토교통부장관의 허가를 받아 설립된 비영리법인
② 법 제69조제6항에 따른 안전전문기관의 지정기준은 다음 각 호와 같다.
  1. 업무수행에 필요한 상설 전담조직을 갖출 것
  2. 분야별 교육훈련을 수행할 수 있는 전문인력을 확보할 것
  3. 교육훈련 시행에 필요한 사무실·교육시설과 필요한 장비를 갖출 것
  4. 안전전문기관 운영 등에 관한 업무규정을 갖출 것
③ 국토교통부장관은 필요하다고 인정하는 경우에는 국토교통부령으로 정하는 바에 따라 분야별로 구분하여 안전전문기관을 지정할 수 있다.
④ 제2항에 따른 안전전문기관의 세부 지정기준은 국토교통부령으로 정한다.

### 규칙 제92조의2(분야별 안전전문기관 지정)
국토교통부장관은 영 제60조의3제3항에 따라 다음 각 호의 분야별로 구분하여 전문기관을 지정할 수 있다.
1. 철도운행안전 분야
2. 전기철도 분야
3. 철도신호 분야
4. 철도궤도 분야
5. 철도차량 분야

### 영 제60조의4(안전전문기관 지정절차 등)
① 법 제69조제6항에 따른 안전전문기관으로 지정을 받으려는 자는 국토교통부령으로 정하는 바에 따라 철도안전 전문기관 지정신청서를 제출하여야 한다.
② 국토교통부장관은 제1항에 따라 안전전문기관의 지정 신청을 받은 경우에는 다음 각 호의 사항을 종합적으로 심사한 후 지정 여부를 결정하여야 한다.
  1. 제60조의3에 따른 지정기준에 관한 사항
  2. 안전전문기관의 운영계획
  3. 철도안전 전문인력 등의 수급에 관한 사항
  4. 그 밖에 국토교통부장관이 필요하다고 인정하는 사항
③ 국토교통부장관은 안전전문기관을 지정하였을 경우에는 국토교통부령으로 정하는 바에 따라 철도안전 전문기관 지정서를 발급하고 그 사실을 관보에 고시하여야 한다.

### 규칙 제92조의4(안전전문기관 지정 신청 등)
① 영 세60소의4제1항에 따라 안전전문기관으로 지정받으려는 자는 별지 제47호의2서식의 철도안전 전문기관 지정신청서(전자문서를 포함한다)에 다음 각 호의 서류를 첨부하여 국토교통부장관에게 제출하여야 한다.
  1. 안전전문기관 운영 등에 관한 업무규정
  2. 교육훈련이 포함된 운영계획서(교육훈련평가계획을 포함한다)
  3. 정관이나 이에 준하는 약정(법인 그 밖의 단체의 경우만 해당한다)
  4. 교육훈련, 철도시설 및 철도차량의 점검 등 안전업무를 수행하는 사람의 자격·학력·경력 등을 증명할 수 있는 서류
  5. 교육훈련, 철도시설 및 철도차량의 점검에 필요한 강의실 등 시설·장비 등 내역서
  6. 안전전문기관에서 사용하는 직인의 인영
② 영 제60조의4제3항에 따른 철도안전 전문기관 지정서는 별지 제47호의3서식에 따른다.

**규칙 제92조의3(안전전문기관의 세부 지정기준 등)**
① 영 제60조의3제4항에 따른 안전전문기관의 세부 지정기준은 별표 25와 같다.
② 영 제60조의5제1항에 따른 안전전문기관의 변경사항 통지는 별지 제11호의2서식에 따른다.

■ 철도안전법 시행규칙 [별표 25] <2022. 12. 19. 개정 및 시행>

## 철도안전 전문기관 세부 지정기준(제92조의3 관련)

1. 기술인력의 기준
   가. 자격기준

| 등급 | 기술자격자 | 학력 및 경력자 |
|---|---|---|
| 교육 책임자 | 1) 철도 관련 해당 분야 기술사 또는 이와 같은 수준 이상의 자격을 취득한 사람으로서 10년 이상 철도 관련 분야에 근무한 경력이 있는 사람<br>2) 철도 관련 해당 분야 기사 자격을 취득한 사람으로서 15년 이상 철도 관련 분야에 근무한 경력이 있는 사람<br>3) 철도 관련 해당 분야 산업기사 자격을 취득한 사람으로서 20년 이상 철도 관련 분야에 근무한 경력이 있는 사람<br>4) 「국민 평생 직업능력 개발법」 평생 제33조에 따라 직업능력개발훈련교사자격증을 취득한 사람으로서 철도 관련 분야 재직경력이 10년 이상인 사람 | 1) 철도 관련 분야 박사학위를 취득한 사람으로서 10년 이상 철도 관련 분야에 근무한 경력이 있는 사람<br>2) 철도 관련 분야 석사학위를 취득한 사람으로서 15년 이상 철도 관련 분야에 근무한 경력이 있는 사람<br>3) 철도 관련 분야 학사학위를 취득한 사람으로서 20년 이상 철도 관련 분야에 근무한 경력이 있는 사람<br>4) 관련 분야 4급 이상 공무원 경력자 또는 이와 같은 수준 이상의 경력자로서 철도 관련 분야 재직경력이 10년 이상인 사람 |
| 이론 교관 | 1) 철도 관련 해당분야 기술사 또는 이와 같은 수준 이상의 자격을 취득한 사람<br>2) 철도 관련 해당분야 기사 자격을 취득한 사람으로서 10년 이상 철도 관련 분야에 근무한 경력이 있는 사람<br>3) 철도 관련 해당 분야 산업기사 자격을 취득한 사람으로서 15년 이상 철도 관련 분야에 근무한 경력이 있는 사람 | 1) 철도 관련 분야 박사학위를 취득한 사람으로서 5년 이상 철도 관련 분야에 근무한 경력이 있는 사람<br>2) 철도 관련 분야 석사학위를 취득한 사람으로서 10년 이상 철도 관련 분야에 근무한 경력이 있는 사람<br>3) 철도 관련 분야 학사학위를 취득한 사람으로서 15년 이상 철도 관련 분야에 근무한 경력이 있는 사람<br>4) 철도 관련 분야 6급 이상의 공무원 경력자 또는 이와 같은 수준 이상의 경력자로서 철도 관련 분야 재직경력이 10년 이상인 사람 |
| 기능 교관 | 1) 철도 관련 해당 분야 기사 이상의 자격을 취득한 사람으로서 2년 이상 철도 관련 분야에 근무한 경력이 있는 사람<br>2) 철도 관련 해당 분야 산업기사 이상의 자격을 취득한 사람으로서 3년 이상 철도 관련 분야에 근무한 경력이 있는 사람 | 1) 철도 관련 분야 석사학위를 취득한 사람으로서 2년 이상 철도 관련 분야에 근무한 경력이 있는 사람<br>2) 철도 관련 분야 학사학위를 취득한 사람으로서 3년 이상 철도 관련 분야에 근무한 경력이 있는 사람<br>3) 철도 관련 분야 7급 이상의 공무원 경력자 또는 이와 같은 수준 이상의 경력자로서 철도 관련 분야 재직경력이 10년 이상인 사람 |

비고: 1. 박사·석사·학사 학위는 학위수여학과에 관계없이 학위 취득 시 학위논문 제목에 철도 관련 연구임이 명기되어야 함.
2. "철도 관련 분야"란 철도안전, 철도차량 운전, 관제, 전기철도, 신호, 궤도, 통신 및 철도차량 분야를 말한다.
3. "철도 관련 분야에 근무한 경력" 및 교육책임자의 기술자격자란4)의 "철도 관련 분야 재직경력"은 해당 학위 또는 자격증을 취득하기 전과 취득한 후의 경력을 모두 포함한다. [2022. 12. 19. 개정(신설) 및 시행]

나. 보유기준
1) 최소보유기준: 교육책임자 1명, 이론교관 3명, 기능교관을 2명 이상 확보하여야 한다.
2) 1회 교육생 30명을 기준으로 교육인원이 10명 추가될 때마다 이론교관을 1명 이상 추가로 확보하여야 한다. 다만 추가로 확보하여야 하는 이론교관은 비전임으로 할 수 있다.
3) 이론교관 중 기능교관 자격을 갖춘 사람은 기능교관을 겸임할 수 있다.
4) 안전점검 업무를 수행하는 경우에는 영 제59조에 따른 분야별 철도안전 전문인력 8명(특급 3명, 고급 이상 2명, 중급 이상 3명) 이상, 열차운행 분야의 경우에는 철도운행안전관리자 3명 이상을 확보할 것

2. 시설·장비의 기준
  가. 강의실: 60㎡ 이상(의자, 탁자 및 교육용 비품을 갖추고 1㎡당 수용인원이 1명을 초과하지 않도록 한다)
  나. 실습실: 125㎡(20명 이상이 동시에 실습할 수 있는 실습실 및 실습 장비를 갖추어야 한다)이상이어야 한다. 다만, 철도운행안전관리자의 경우 60㎡ 이상으로 할 수 있으며, 강의실에 실습 장비를 함께 설치하여 활용할 수 있는 경우는 제외한다.
  다. 시청각 기자재: 텔레비젼·비디오 1세트, 컴퓨터 1세트, 빔 프로젝터 1대 이상
  라. 철도차량 운행, 전기철도, 신호, 궤도 및 철도안전 등 관련 도서 100권 이상
  마. 그 밖에 교육훈련에 필요한 사무실·집기류·편의시설 등을 갖추어야 한다.
  바. 전기철도·신호·궤도분야의 경우 다음과 같은 교육 설비를 확보하여야 한다.
    1) 전기철도 분야: 모터카 진입이 가능한 궤도와 전차선로 600㎡ 이상의 실습장을 확보하여 절연 구분장치, 브래킷, 스팬선, 스프링밸런서, 균압선, 행거, 드롭퍼, 콘크리트 및 H형 강주 등이 설치되어 전차선가선 시공기술을 반복하여 실습할 수 있는 설비를 확보할 것
    2) 철도신호 분야: 계전연동장치, 신호기장치, 자동폐색장치, 궤도회로장치, 선로전환장치, 신호용 전력공급장치, ATS장치 등을 갖춘 실습장을 확보하여 신호보안장치 시공기술을 반복하여 실습할 수 있는 설비를 확보할 것
    3) 궤도 분야: 표준 궤간의 철도선로 200m 이상과 평탄한 광장 90㎡ 이상의 실습장을 확보하여 장대레일 재설정, 받침목다짐, GAS압접, 테르밋용접 등을 반복하여 실습할 수 있는 설비를 확보할 것

사. 장비 및 자재기준
　1) 전기철도 분야: 교육을 실시할 수 있는 사다리차, 전선크램프, 도르레, 절연저항측정기, 전차선 가선측정기, 특고압 검전기, 접지걸이, 장선기, 가스누설 측정기, 활선용 피뢰기 진단기, 적외선 온도측정기, 콘크리트 강도 측정기, 아연도금 피막 측정기, 토오크 측정기, 슬리브 압축기, 애자 인장기, 자분 탐상기, 초저항 측정기, 접지저항 측정기, 초음파 측정기 등 장비와 실습용으로 사용할 수 있는 크램프, 금구, 급전선, 행거이어, 조가선, 애자, 드롭퍼용 전선, 슬리브, 완철, 전차선, 구분장치, 브래킷, 밴드, 장력조정장치, 표지, 전기철도자재 샘플보드 등 자재를 보유할 것
　2) 신호 분야: 오실로스코프, 접지저항계, 절연저항계, 클램프미터, 습도계(Hygrometer), 멀티미터(Mulimeter), 선로전환기 전환력 측정기, 멀티테스터, 인터그레터, ATS지상자 측정기 등 장비를 보유할 것
　3) 궤도 분야: 레일 절단기, 레일 연마기, 레일 다지기, 양로기, 레일 가열기, 샤링머신, 연마기, 그라인더, 얼라이먼트, 가스압접기, 테르밋 용접기, 고압펌프, 압력평행기, 발전기, 단면기, 초음파 탐상기, 레일단면 측정기 등 장비와 레일 온도계, 팬드롤바, 크램프척, 버너(불판) 등 공구를 보유할 것
　4) 철도운행안전관리자는 열차운행선 공사(작업) 시 안전조치에 관한 교육을 실시할 수 있는 무전기 등 장비와 단락용 동선 등 교육자재를 갖출 것
　5) 철도차량 분야: 절연저항측정기, 내전압시험기, 온도측정기, 습도계, 전기측정기(AC/DC 전류, 전압, 주파수 등), 차상신호장치 시험기, 자분탐상기, 초음파 탐상기, 음향측정기, 다채널 데이터 측정기(소음, 진동 등), 거리측정기(비접촉), 속도측정기, 윤중(輪重: 철도차량 바퀴에 의하여 철도선로에 수직으로 가해지는 중량) 동시 측정기, 제동압력 시험기 등의 장비·공구를 확보하여 철도차량 설계·제작·개조·개량·정밀안전진단 안전점검 기술을 반복하여 실습할 수 있는 설비를 갖출 것

**규칙 제92조의5(안전전문기관의 지정취소·업무정지 등)**
① 법 제69조제7항에서 준용하는 법 제15조의2에 따른 안전전문기관의 지정취소 및 업무정지의 기준은 별표 26과 같다.
② 국토교통부장관은 안전전문기관의 지정을 취소하거나 업무정지의 처분을 한 경우에는 지체 없이 그 안전전문기관에 별지 제11호의3서식의 지정기관 행정처분서를 통지하고 그 사실을 관보에 고시하여야 한다.

■ 철도안전법 시행규칙 [별표 26]

## 안전전문기관의 지정취소 및 업무정지의 기준(제92조의5제1항 관련)

| 위반사항 | 해당 법조문 | 처분기준 | | | |
|---|---|---|---|---|---|
| | | 1차 위반 | 2차 위반 | 3차 위반 | 4차 위반 |
| 1. 거짓이나 그 밖의 부정한 방법으로 지정을 받은 경우 | 법 제15조의2 제1항 제1호 및 제69조제7항 | 지정취소 | | | |
| 2. 업무정지 명령을 위반하여 그 정지기간 중 안전교육훈련업무를 한 경우 | 법 제15조의2 제1항 제2호 및 제69조제7항 | 지정취소 | | | |
| 3. 법 제69조제6항에 따른 지정기준에 맞지 아니하게 된 경우 | 법 제15조의2 제1항 제3호 및 제69조제7항 | 경고 또는 보완명령 | 업무정지 1개월 | 업무정지 3개월 | 지정취소 |
| 4. 정당한 사유 없이 안전교육훈련업무를 거부한 경우 | 법 제15조의2 제1항 제4호 및 제69조제7항 | 경고 | 업무정지 1개월 | 업무정지 3개월 | 지정취소 |
| 5. 법 제15조제6항을 위반하여 거짓이나 그 밖의 부정한 방법으로 안전교육훈련 수료증 또는 자격증명서를 발급한 경우 | 법 제15조의2 제1항 제5호 및 제69조제7항 | 업무정지 1개월 | 업무정지 3개월 | 지정취소 | |

비고: 1. 위반행위가 둘 이상인 경우로서 그에 해당하는 각각의 처분기준이 다른 경우에는 그중 무거운 처분기준에 따르며, 위반행위가 둘 이상인 경우로서 그에 해당하는 각각의 처분기준이 같은 경우에는 무거운 처분기준의 2분의 1까지 가중할 수 있되, 각 처분기준을 합산한 기간을 초과할 수 없다.
2. 위반행위의 횟수에 따른 행정처분의 가중된 부과기준은 최근 1년간 같은 위반행위로 행정처분을 받은 경우에 적용한다. 이 경우 기간의 계산은 위반행위에 대하여 행정처분을 받은 날과 그 처분 후 다시 같은 위반행위를 하여 적발된 날을 기준으로 한다.
3. 비고 제2호에 따라 가중된 행정처분을 하는 경우 가중처분의 적용 차수는 그 위반행위 전 부과처분 차수(비고 제2호에 따른 기간 내에 행정처분이 둘 이상 있었던 경우에는 높은 차수를 말한다)의 다음 차수로 한다.
4. 처분권자는 위반행위의 동기·내용 및 위반의 정도 등 다음 각 목에 해당하는 사유를 고려하여 그 처분을 감경할 수 있다. 이 경우 그 처분이 업무정지인 경우에는 그 처분기준의 2분의 1 범위에서 감경할 수 있고, 지정취소인 경우(거짓이나 그 밖의 부정한 방법으로 지정을 받은 경우나 업무정지 명령을 위반하여 그 정지기간 중 안전교육훈련업무를 한 경우는 제외한다)에는 3개월의 업무정지 처분으로 감경할 수 있다.
  가. 위반행위가 고의나 중대한 과실이 아닌 사소한 부주의나 오류로 인한 것으로 인정되는 경우
  나. 위반의 내용·정도가 경미하여 이해관계인에게 미치는 피해가 적다고 인정되는 경우

**영 제60조의5(안전전문기관의 변경사항 통지)**
① 안전전문기관은 그 명칭·소재지나 그 밖에 안전전문기관의 업무수행에 중대한 영향을 미치는 사항의 변경이 있는 경우에는 해당 사유가 발생한 날부터 15일 이내에 국토교통부장관에게 그 사실을 알려야 한다.
② 국토교통부장관은 제1항에 따른 통지를 받은 경우에는 그 사실을 관보에 고시하여야 한다.

**제69조의2(철도운행안전관리자의 배치 등)**
① 철도운영자등은 철도차량의 운행선로 또는 그 인근에서 철도시설의 건설 또는 관리와 관련한 작업을 시행할 경우 철도운행안전관리자를 배치하여야 한다. 다만, 철도운영자등이 자체적으로 작업 또는 공사 등을 시행하는 경우 등 대통령령으로 정하는 경우에는 그러하지 아니하다.
② 제1항에 따른 철도운행안전관리자의 배치기준, 방법 등에 관하여 필요한 사항은 국토교통부령으로 정한다.

**영 제60조의6(철도운행안전관리자의 배치)**
법 제69조의2제1항 단서에서 "철도운영자등이 자체적으로 작업 또는 공사 등을 시행하는 경우 등 대통령령으로 정하는 경우"란 다음 각 호의 어느 하나에 해당하는 경우를 말한다.
1. 철도운영자등이 선로 점검 작업 등 3명 이하의 인원으로 할 수 있는 소규모 작업 또는 공사 등을 자체적으로 시행하는 경우
2. 천재지변 또는 철도사고 등 부득이한 사유로 긴급 복구 작업 등을 시행하는 경우

**규칙 제92조의6(철도운행안전관리자의 배치기준 등)**
① 법 제69조의2제2항에 따른 철도운행안전관리자의 배치기준 등은 별표 27과 같다.
② 철도운행안전관리자는 배치된 기간 중에 수행한 업무에 대하여 별지 제47호의4서식의 근무상황일지를 작성하여 철도운영자등에게 제출해야 한다.
③ 제2항에도 불구하고 철도운행안전관리자는 법 제40조의2제6항의 협의 내용에 따라 수행한 작업 기간에 해당하는 근무상황일지의 작성을 제76조의9제1항에 따른 협의서의 작성으로 갈음할 수 있다. 이 경우 해당 협의서 사본을 철도운영자등에게 제출해야 한다.

■ 철도안전법 시행규칙 [별표 27]

## 철도운행안전관리자의 배치기준 등(제92조의6제1항 관련)

1. 철도운영자등은 작업 또는 공사가 다음 각 목의 어느 하나에 해당하는 경우에는 작업 또는 공사 구간 별로 철도운행안전관리자를 1명 이상 별도로 배치해야 한다. 다만, 열차의 운행 빈도가 낮아 위험이 적은 경우에는 국토교통부장관과 사전 협의를 거쳐 작업책임자가 철도운행안전관리자 업무를 수행하게 할 수 있다.

    가. 도급 및 위탁 계약 방식의 작업 또는 공사
    
    1) 철도운영자등이 도급(공사)계약 방식으로 시행하는 작업 또는 공사
    2) 철도운영자등이 자체 유지·보수 작업을 전문용역업체 등에 위탁하여 6개월 이상 장기간 수행하는 작업 또는 공사.
    
    나. 철도운영자등이 직접 수행하는 작업 또는 공사로서 4명 이상의 직원이 수행하는 작업 또는 공사

2. 철도운영자등은 작업 또는 공사의 효율적인 수행을 위해서는 제1호에도 불구하고 제1호가목2) 및 같은 호 나목에 따른 작업 또는 공사에 대해 철도운행안전관리자를 작업 또는 공사를 수행하는 직원으로 지정할 수 있고, 제1호 각 목에 따른 작업 또는 공사에 대해 철도운행안전관리자 2명 이상이 3개 이상의 인접한 작업 또는 공사 구간을 관리하게 할 수 있다.

■ 철도안전법 시행규칙 [별지 제47호의4서식] <신설 2019. 10. 23.>

## 철도운행안전관리자 근무상황 일지

20   년   월   일

| ① 공 사 명 | |
|---|---|
| ② 작업내용 | |
| ③ 협의 대상자 | |
| ④ 협의내용 | |
| ⑤ 작업현장 확인 점검 및 안전 조치내역 | |

⑥ 작업원에 대한 안전교육 내용



⑦ 안전교육 참석자 (     명)

| 소속 | 성명 | 서명 | 소속 | 성명 | 서명 |
|---|---|---|---|---|---|
|  |  |  |  |  |  |
|  |  |  |  |  |  |
|  |  |  |  |  |  |
|  |  |  |  |  |  |

철도운행안전관리자        (성명)              (서명)
연 락 처 :

### 작 성 방 법

1. ③란은 작업 시행에 따른 열차의 운행일정에 대하여 실제 협의한 사람(관제사, 역장, 운전취급자 등)을 적습니다.
2. ④란은 작업시간, 작업인원, 작업내용 등 실제 작업 수행과 관련된 내용을 적습니다.
3. ⑤란은 「산업안전보건기준에 관한 규칙」 제407조에 따른 열차운행감시인 등 다른 법령에서 정한 의무 배치 여부, 공사알림판 등 각종 공사와 관련된 표지판 설치 여부, 작업자의 안전보호구 착용 등 확인 여부를 적습니다.

210mm×297mm[백상지(80g/m²)]

### 제69조의3(철도안전 전문인력의 정기교육)

① 제69조에 따라 철도안전 전문인력의 분야별 자격을 부여받은 사람은 직무 수행의 적정성 등을 유지할 수 있도록 정기적으로 교육을 받아야 한다.
② 철도운영자등은 제1항에 따른 정기교육을 받지 아니한 사람을 관련 업무에 종사하게 하여서는 아니 된다.
③ 제1항에 따른 철도안전 전문인력에 대한 정기교육의 주기, 교육 내용, 교육 절차 등에 관하여 필요한 사항은 국토교통부령으로 정한다.

**규칙 제92조의7(철도안전 전문인력의 정기교육)**

① 법 제69조의3제1항에 따른 철도안전 전문인력에 대한 정기교육의 주기, 교육 내용, 교육 절차 등은 별표 28과 같다.
② 철도안전 전문인력의 정기교육은 안전전문기관에서 실시한다.
③ 제1항 및 제2항에서 규정한 사항 외에 철도안전 전문인력의 정기교육에 필요한 세부사항은 국토교통부장관이 정하여 고시한다.

■ 철도안전법 시행규칙 [별표 28] <신설 2019. 10. 23.>

## 철도안전 전문인력의 정기교육(제92조의7제2항 관련)

1. 정기교육의 주기: 3년
2. 정기교육 시간: 15시간 이상
3. 교육 내용 및 절차
   가. 철도운행안전관리자

| 교육과목 | 교육내용 | 교육절차 |
|---|---|---|
| 직무전문 교육 | 철도운행선 안전관리자로서 전문지식과 업무수행능력 배양<br>1) 열차운행선 지장작업의 순서와 절차 및 철도운행안전협의사항, 기타 안전조치 등에 관한 사항<br>2) 선로지장작업 관련 사고사례 분석 및 예방 대책<br>3) 철도인프라(정거장, 선로, 전철전력시스템, 열차제어시스템)<br>4) 일반 안전 및 직무 안전관리 등 | 강의 및 토의 |
| 철도안전 관련법령 | 철도안전법령 및 관련규정의 이해<br>1) 철도안전 정책<br>2) 철도안전법 및 관련 규정<br>3) 열차운행선 지장작업에 따른 관련 규정 및 취급절차 등<br>4) 운전취급관련 규정 등 | 강의 및 토의 |

| 실무실습 | 철도운행안전관리자의 실무능력 배양<br>1) 열차운행조정 협의<br>2) 선로작업의 시행 절차<br>3) 작업시행 전 작업원 안전교육(작업원, 건널목임시관리원, 열차감시원, 전기철도안전관리자)<br>4) 이례운전취급에 따른 안전조치 요령 등 | 토의 및 실습 |

나. 전기철도분야 안전전문기술자

| 교육과목 | 교육내용 | 교육절차 |
|---|---|---|
| 직무전문 교육 | 전기철도에 대한 직무전문지식의 습득과 전문운용능력 배양<br>1) 전기철도공학 및 전기철도구조물공학<br>2) 철도 송·변전 및 철도배전설비<br>3) 전기철도 설계기준 및 급전제어규정<br>4) 전기철도 급전계통 특성 이해<br>5) 전기철도 고장장애 복구·대책 수립<br>6) 전기철도 사고사례 및 안전관리 등 | 강의 및 토의 |
| 철도안전 관련법령 | 철도안전법령 및 관련 행정규칙의 준수 및 이해도 향상<br>1) 철도안전정책<br>2) 철도안전법령 및 행정규칙<br>3) 열차운행선로 지장작업 업무 요령 | 강의 및 토의 |
| 실무실습 | 전기철도설비의 운용 및 안전확보를 위한 전문실무실습<br>1) 가공·강체전차선로 시공 및 유지보수<br>2) 철도 송·변전 및 철도배전설비 시공 및 유지보수<br>3) 전기철도 시설물 점검방법 등 | 현장실습 |

다. 철도신호분야 안전전문기술자

| 교육과목 | 교육내용 | 교육절차 |
|---|---|---|
| 직무전문 교육 | 철도신호에 대한 직무전문지식의 습득과 운용능력 배양<br>1) 신호기장치, 선로전환기장치, 궤도회로 및 연동장치 등<br>2) 신호 설계기준 및 신호설비 유지보수 세칙<br>3) 선로전환기 동작계통 및 연동도표 이해<br>4) 철도신호 장애 복구·대책 수립 요령<br>5) 철도신호 품질안전 및 안전관리 등 | 강의 및 토의 |
| 철도안전 관련법령 | 철도안전법령 및 관련 행정규칙의 준수 및 이해도 향상<br>1) 철도안전 정책<br>2) 철도안전 법령 및 행정규칙<br>3) 열차운행선로 지장작업 업무요령 | 강의 및 토의 |
| 실무실습 | 철도신호 설비의 운용 및 안전 확보를 위한 전문실무실습<br>1) 신호기, 선로전환기, 궤도회로 및 연동장치 유지보수 실습<br>2) 철도신호 시설물 점검요령 실습 | 현장실습 |

라. 철도시설분야 안전전문기술자

| 교육과목 | 교육내용 | 교육절차 |
|---|---|---|
| 직무전문 교육 | 철도시설(궤도)에 대한 전문지식의 습득과 운용능력 배양<br>1) 철도공학: 궤도보수, 궤도장비, 궤도역학<br>2) 선로일반: 궤도구조, 궤도재료, 인접분야인터페이스<br>3) 궤도설계: 궤도설계기준, 궤도구조, 궤도재료, 궤도설계기법, 궤도와 구조물인터페이스<br>4) 용접이론: 레일용접 관련지침 및 공법해설<br>5) 시설안전·재해업무 관련 규정<br>6) 사고사례 및 안전관리 등 | 강의 및 토의 |
| 철도안전 관련법령 | 철도안전법령 및 관련 행정규칙의 준수 및 이해도 향상<br>1) 철도안전법령 및 행정규칙<br>2) 선로지장취급절차, 열차 방호 요령<br>3) 철도차량 운전규칙, 열차운전 취급절차 규정<br>4) 선로유지관리지침 및 보선작업지침 해설 | 강의 및 토의 |
| 실무실습 | 철도시설의 운용 및 안전 확보를 위한 전문실무실습<br>1) 선로시공 및 보수 일반<br>2) 중대형 보선장비 제원 및 작업 견학 | 현장실습 |

마. 철도차량분야 안전전문기술자

| 교육과목 | 교육내용 | 교육절차 |
|---|---|---|
| 직무전문 교육 | 철도차량에 대한 직무전문지식의 습득과 운용능력 배양<br>1) 철도차량시스템 일반<br>2) 철도차량 신뢰성 및 품질관리<br>3) 철도차량 리스크(위험도) 평가<br>4) 철도차량 시험 및 검사<br>5) 철도 사고 사례 및 안전관리 등 | 강의 및 토의 |
| 철도안전 관련법령 | 철도안전법령 및 관련 행정규칙의 준수 및 이해도 향상<br>1) 철도안전 정책<br>2) 철도안전 법령 및 행정규칙<br>3) 철도차량 관련 표준 및 정비관련 규정 | 강의 및 토의 |
| 실무실습 | 철도차량의 운용 및 안전 확보를 위한 전문실무실습<br>1) 철도차량의 안전조치(작업 전/작업 후)<br>2) 철도차량 기능검사 및 응급조치<br>3) 철도차량 기술검토, 제작검사 | 현장실습 |

비고: 1. 정기교육은 철도안전 전문인력의 분야별 자격을 취득한 날 또는 종전의 정기교육 유효기간 만료일부터 3년이 되는 날 전 1년 이내에 받아야 한다. 이 경우 그 정기교육의 유효기간은 자격 취득 후 3년이 되는 날 또는 종전 정기교육 유효기간 만료일의 다음 날부터 기산한다.
2. 철도안전 전문인력이 제1호 전단에 따른 기간이 지난 후에 정기교육을 받은 경우 그 정기교육의 유효기간은 정기교육을 받은 날부터 기산한다.

### 제69조의4 (철도안전 전문인력 분야별 자격의 대여 등 금지)
누구든지 제69조제3항에 따른 철도안전 전문인력 분야별 자격을 다른 사람에게 빌려주거나 빌리거나 이를 알선하여서는 아니 된다.

### 제69조의5 (철도운행안전관리자 자격 취소 · 정지)
① 국토교통부장관은 철도운행안전관리자가 다음 각 호의 어느 하나에 해당할 때에는 철도운행안전관리자 자격을 취소하거나 1년 이내의 기간을 정하여 철도운행안전관리자 자격을 정지시킬 수 있다. 다만, 제1호부터 제3호까지의 규정에 해당할 때에는 철도운행안전관리자 자격을 취소하여야 한다.
  1. 거짓이나 그 밖의 부정한 방법으로 철도운행안전관리자 자격을 받았을 때
  2. 철도운행안전관리자 자격의 효력정지기간 중에 철도운행안전관리자 업무를 수행하였을 때
  3. 제69조의4를 위반하여 철도운행안전관리자 자격을 다른 사람에게 빌려주었을 때
  4. 철도운행안전관리자의 업무 수행 중 고의 또는 중과실로 인한 철도사고가 일어났을 때
  5. 제41조제1항을 위반하여 술을 마시거나 약물을 사용한 상태에서 철도운행안전관리자 업무를 하였을 때
  6. 제41조제2항을 위반하여 술을 마시거나 약물을 사용한 상태에서 업무를 하였다고 인정할 만한 상당한 이유가 있음에도 불구하고 국토교통부장관 또는 시 · 도지사의 확인 또는 검사를 거부하였을 때
② 국토교통부장관은 철도안전전문기술자가 제69조의4를 위반하여 철도안전전문기술자 자격을 다른 사람에게 빌려주었을 때에는 그 자격을 취소하여야 한다.
③ 제1항에 따른 철도운행안전관리자 자격의 취소 또는 효력정지의 기준 및 절차 등에 관하여는 제20조제2항부터 제6항까지를 준용한다. 이 경우 "운전면허"는 "철도운행안전관리자 자격"으로, "운전면허증"은 "철도운행안전관리자 자격증명서"로 본다.

### 규칙 제92조의8(철도운행안전관리자의 자격 취소 · 정지)
① 법 제69조의5제1항에 따른 철도운행안전관리자 자격의 취소 또는 효력정지 처분의 세부기준은 별표 29와 같다.
② 법 제69조의5제1항에 따른 철도운행안전관리자 자격의 취소 및 효력정지 처분의 통지 등에 관하여는 제34조를 준용한다. 이 경우 "운전면허"는 "철도운행안전관리자 자격"으로, "법 제20조제1항"은 "법 제69조의5제1항"으로 "별지 제22호서식의 철도차량 운전면허 취소 · 효력정지 처분 통지서"는 "별지 제47호의5서식의 철도운행안전관리자 자격 취소 · 효력정지 처분 통지서"로, "운전면허시험기관"은 "안전전문기관"으로, "운전면허시험기관인 한국교통안전

공단"은 "해당 안전전문기관"으로, "운전면허증을 한국교통안전공단"은 "철도운행안전관리자 자격증명서를 해당 안전전문기관"본다.

■ 철도안전법 시행규칙 [별표 29] <2023. 12. 20. 개정 및 시행>

## 철도운행안전관리자 자격취소·효력정지 처분의 세부기준(제92조의8 관련)

1. 일반기준

   가. 위반행위가 둘 이상인 경우로서 그에 해당하는 각각의 처분기준이 다른 경우에는 그중 무거운 처분기준에 따르며, 위반행위가 둘 이상인 경우로서 그에 해당하는 각각의 처분기준이 같은 경우에는 무거운 처분기준의 2분의 1까지 가중하되, 각 처분기준을 합산한 기간을 초과할 수 없다.

   나. 위반행위의 횟수에 따른 행정처분의 기준은 최근 1년간 같은 위반행위로 행정처분을 받은 경우에 적용한다. 이 경우 행정처분 기준의 적용은 같은 위반행위에 대하여 최초로 행정처분을 한 날과 그 처분 후의 위반행위가 다시 적발된 날을 기준으로 한다.

2. 개별기준

| 위반사항 및 내용 | 근거 법조문 | 처분기준 | | |
|---|---|---|---|---|
| | | 1차 위반 | 2차 위반 | 3차 위반 |
| 가. 거짓이나 그 밖의 부정한 방법으로 철도운행안전관리자 자격을 받은 경우 | 법 제69조의5 제1항제1호 | 자격취소 | | |
| 나. 철도운행안전관리자 자격의 효력정지 기간 중 철도운행안전관리자 업무를 수행한 경우 | 법 제69조의5 제1항제2호 | 자격취소 | | |
| 다. 철도운행안전관리자 자격을 다른 사람에게 대여한 경우 | 법 제69조의5 제1항제3호 | 자격취소 | | |
| 라. 철도운행안전관리자의 업무 수행 중 고의 또는 중과실로 인한 철도사고가 일어난 경우 | 법 제69조의5 제1항제4호 | | | |
| 1) 사망자가 발생한 경우 | | 자격취소 | | |
| 2) 부상자가 발생한 경우 | | 효력정지 6개월 | 자격취소 | |
| 3) 1천만 원 이상 물적 피해가 발생한 경우 | | 효력정지 3개월 | 효력정지 6개월 | 자격취소 |

| 마. 법 제41조제1항을 위반한 경우 | | | |
|---|---|---|---|
| 1) 법 제41조제1항을 위반하여 약물을 사용한 상태에서 철도운행안전관리자 업무를 수행한 경우 | 법 제69조의5 제1항제5호 | 자격취소 | |
| 2) 법 제41조제1항을 위반하여 술에 만취한 상태(혈중 알코올농도 0.1퍼센트 이상)에서 철도운행안전관리자 업무를 수행한 경우 | | 자격취소 | |
| 3) 법 제41조제1항을 위반하여 술을 마신 상태의 기준(혈중 알코올농도 0.03퍼센트 이상)을 넘어서 철도운행안전관리자 업무를 하다가 철도사고를 일으킨 경우 | | 자격취소 | |
| 4) 법 제41조제1항을 위반하여 술을 마신 상태(혈중 알코올농도 0.03퍼센트 이상 0.1퍼센트 미만)에서 철도운행안전관리자 업무를 수행한 경우 | | 효력정지 3개월 | 자격취소 |
| 바. 법 제41조제2항을 위반하여 술을 마시거나 약물을 사용한 상태에서 업무를 하였다고 인정할 만한 상당한 이유가 있음에도 불구하고 확인이나 검사 요구에 불응한 경우 | 법 제69조의5 제1항제6호 | 자격취소 | |

### 제70조(철도안전 지식의 보급 등)
국토교통부장관은 철도안전에 관한 지식의 보급과 철도안전의식을 고취하기 위하여 필요한 시책을 마련하여 추진하여야 한다.

### 제71조(철도안전 정보의 종합관리 등)
① 국토교통부장관은 이 법에 따른 철도안전시책을 효율적으로 추진하기 위하여 철도안전에 관한 정보를 종합관리하고, 관계 지방자치단체의 장 또는 철도운영자등, 운전적성검사기관, 관제적성검사기관, 운전교육훈련기관, 관제교육훈련기관, 인증기관, 시험기관, 안전전문기관, 위험물 포장·용기검사기관, 위험물취급전문교육기관 및 제77조제2항에 따라 업무를 위탁받은 기관 또는 단체(이하 "철도관계기관등"이라 한다)에 그 정보를 제공할 수 있다. 〈개정 2023. 4. 18.〉 〈시행 2024. 4. 19.〉
② 국토교통부장관은 제1항에 따른 정보의 종합관리를 위하여 관계 지방자치단체의 장 또는 철도관계기관등에 필요한 자료의 제출을 요청할 수 있다. 이 경우 요청을 받은 자는 특별한 이유가 없으면 요청을 따라야 한다.

### 제72조(재정지원)

정부는 다음 각 호의 기관 또는 단체에 보조 등 재정적 지원을 할 수 있다.
1. 운전적성검사기관, 관제적성검사기관 또는 정밀안전진단기관
2. 운전교육훈련기관, 관제교육훈련기관 또는 정비교육훈련기관
3. 인증기관, 시험기관, 안전전문기관 및 철도안전에 관한 단체
4. 제77조제2항에 따라 업무를 위탁받은 기관 또는 단체

### 제72조의2(철도횡단교량 개축·개량 지원)

① 국가는 철도의 안전을 위하여 철도횡단교량의 개축 또는 개량에 필요한 비용의 일부를 지원할 수 있다.
② 제1항에 따른 개축 또는 개량의 지원대상, 지원조건 및 지원비율 등에 관하여 필요한 사항은 대통령령으로 정한다.

# 8장 보칙

**제73조(보고 및 검사)**

① 국토교통부장관이나 관계 지방자치단체는 다음 각 호의 어느 하나에 해당하는 경우 대통령령으로 정하는 바에 따라 철도관계기관등에 대하여 필요한 사항을 보고하게 하거나 자료의 제출을 명할 수 있다.

1. 철도안전 종합계획 또는 시행계획의 수립 또는 추진을 위하여 필요한 경우

1의2. 제6조의2제1항에 따른 철도안전투자의 공시가 적정한지를 확인하려는 경우

2. 제8조제2항에 따른 점검·확인을 위하여 필요한 경우

   **(안전관리체계의 지속적 유지)**

2의2. 제9조의3제1항에 따른 안전관리 수준평가를 위하여 필요한 경우

3. 운전적성검사기관, 관제적성검사기관, 운전교육훈련기관, 관제교육훈련기관, 안전전문기관, 정비교육훈련기관, 정밀안전진단기관, 인증기관, 시험기관, 위험물 포장·용기검사기관 및 위험물취급전문교육기관의 업무 수행 또는 지정기준 부합 여부에 대한 확인이 필요한 경우

4. 철도운영자등의 제21조의2, 제22조의2 또는 제23조제3항에 따른 철도종사자 관리의무 준수 여부에 대한 확인이 필요한 경우

   **((운전, 관제)무자격자 업무 금지, 신체검사 및 적성검사 불합격자 업무금지)**

4의2. 제31조제4항에 따른 조치의무 준수 여부를 확인하려는 경우 - **4장 관련**

   **(철도차량 완성검사를 받은 자가 해당 철도차량을 판매하는 경우 조치)**

5. 제38조제2항에 따른 검토를 위하여 필요한 경우 - **4장 관련**

   **(종합시험운행)**

5의2. 제38조의9에 따른 준수사항 이행 여부를 확인하려는 경우 - **4장 관련**

   **(인증정비조직의 준수사항)**

6. 제40조에 따라 철도운영자가 열차운행을 일시 중지한 경우로서 그 결정 근거 등의 적정성에 대한 확인이 필요한 경우

7. 제44조제2항에 따른 철도운영자의 안전조치 등이 적정한지에 대한 확인이 필요한 경우**(위험물의 운송)**

7의2. 제44조의2제1항에 따라 위험물 포장 및 용기의 안전성에 대한 확인이 필요한 경우

7의3. 제44조의3제1항에 따른 철도로 운송하는 위험물을 취급하는 종사자의 위험물취급 안전교육 이수 여부에 대한 확인이 필요한 경우

8. 제61조에 따른 보고와 관련하여 사실 확인 등이 필요한 경우 - 7장 관련

   (철도사고등 보고)

9. 제68조, 제69조제2항 또는 제70조에 따른 시책을 마련하기 위하여 필요한 경우
   - 7장 관련

   (철도안전기술의 진흥, 철도안전 전문인력의 확보를 위한 시책, 철도안전 지식의 보급과 철도안전 의식 을 고취하기 위한 시책)

10. 제72조의2제1항에 따른 비용의 지원을 결정하기 위하여 필요한 경우 - 7장 관련

    (철도횡단교량 개축, 개량 지원)

② 국토교통부장관이나 관계 지방자치단체는 제1항 각 호의 어느 하나에 해당하는 경우 소속 공무원으로 하여금 철도관계기관등의 사무소 또는 사업장에 출입하여 관계인에게 질문하게 하거나 서류를 검사하게 할 수 있다.

③ 제2항에 따라 출입·검사를 하는 공무원은 국토교통부령으로 정하는 바에 따라 그 권한을 표시하는 증표를 지니고 이를 관계인에게 보여주어야 한다.

④ 제3항에 따른 증표에 관하여 필요한 사항은 국토교통부령으로 정한다.

## 영 제61조(보고 및 검사)

① 국토교통부장관 또는 관계 지방자치단체의 장은 법 제73조제1항에 따라 보고 또는 자료의 제출을 명할 때에는 7일 이상의 기간을 주어야 한다. 다만, 공무원이 철도사고등이 발생한 현장에 출동하는 등 긴급한 상황인 경우에는 그러하지 아니하다.

② 국토교통부장관은 법 제73조제2항에 따른 검사 등의 업무를 효율적으로 수행하기 위하여 특히 필요하다고 인정하는 경우에는 철도안전에 관한 전문가를 위촉하여 검사 등의 업무에 관하여 자문에 응하게 할 수 있다.

## 규칙 제93조(검사공무원의 증표)

법 제73조제4항에 따른 증표는 별지 제48호서식에 따른다.

■ 철도안전법 시행규칙 [별지 제48호서식]

| (앞쪽) | (뒤쪽) |
|---|---|
| 증명서 번호: 제    호<br><br>**검사 공무원증**<br><br>사진<br>(모자를 쓰지 않고 배경 없이<br>6개월 이내에 촬영한 것)<br>(3.5cm×4.5cm)<br><br>홍 길 동<br>Hong. G. D<br><br>국토교통부장관 | **검사 공무원증**<br><br>성명(Name): 홍길동<br>생년월일:<br><br>위 사람은「철도안전법」제73조제4항 및 같은 법 시행규칙 제93조에 따라 검사 공무원임을 증명합니다.<br><br>년    월    일<br><br>**국토교통부장관** 직인<br><br>☎(044) 0000-0000<br><br>1. 이 증은 다른 사람에게 대여하거나 양도할 수 없습니다.<br>2. 이 증을 습득한 경우에는 가까운 우체통에 넣어 주십시오. |

55mm×85mm[폴리염화비닐(PVC)]
(색상: 연하늘색)

비고: 앞면의 바탕에는 돋을새김 디자인 또는 비표를 넣어 쉽게 위조할 수 없도록 합니다.

### 제74조(수수료)

① 이 법에 따른 교육훈련, 면허, 검사, 진단, 성능인증 및 성능시험 등을 신청하는 자는 국토교통부령으로 정하는 수수료를 내야 한다. 다만, 이 법에 따라 국토교통부장관의 지정을 받은 운전적성검사기관, 관제적성검사기관, 운전교육훈련기관, 관제교육훈련기관, 정비교육훈련기관, 정밀안전진단기관, 인증기관, 시험기관, 안전전문기관, 위험물 포장·용기검사기관 및 위험물취급전문교육기관(이하 이 조에서 "대행기관"이라 한다) 또는 제77조제2항에 따라 업무를 위탁받은 기관(이하 이 조에서 "수탁기관"이라 한다)의 경우에는 대행기관 또는 수탁기관이 정하는 수수료를 대행기관 또는 수탁기관에 내야 한다.

② 제1항 단서에 따라 수수료를 정하려는 대행기관 또는 수탁기관은 그 기준을 정하여 국토교통부장관의 승인을 받아야 한다. 승인받은 사항을 변경하려는 경우에도 또한 같다.

### 규칙 제94조(수수료의 결정절차)
① 법 제74조제1항 단서에 따른 대행기관 또는 수탁기관(이하 이 조에서 "대행기관 또는 수탁기관"이라 한다)이 같은 조 제2항에 따라 수수료에 대한 기준을 정하려는 경우에는 해당 기관의 인터넷 홈페이지에 20일간 그 내용을 게시하여 이해관계인의 의견을 수렴하여야 한다. 다만, 긴급하다고 인정하는 경우에는 인터넷 홈페이지에 그 사유를 소명하고 10일간 게시할 수 있다.
② 제1항에 따라 대행기관 또는 수탁기관이 수수료에 대한 기준을 정하여 국토교통부장관의 승인을 얻은 경우에는 해당 기관의 인터넷 홈페이지에 그 수수료 및 산정내용을 공개하여야 한다.

### 제75조(청문)
국토교통부장관은 다음 각 호의 어느 하나에 해당하는 처분을 하는 경우에는 청문을 하여야 한다.
1. 제9조제1항에 따른 안전관리체계의 승인 취소
2. 제15조의2에 따른 운전적성검사기관의 지정취소(제16조제5항, 제21조의6제5항, 제21조의7제5항, 제24조의4제5항 또는 제69조제7항에서 준용하는 경우를 포함한다)
   <운전교육훈련기관, 관제적성검사기관, 관제교육훈련기관, 정비교육훈련기관, 철도안전 전문기관>
3. 삭제
4. 제20조제1항에 따른 운전면허의 취소 및 효력정지
4의2. 제21조의11제1항에 따른 관제자격증명의 취소 또는 효력정지
4의3. 제24조의5제1항에 따른 철도차량정비기술자의 인정 취소
5. 제26조의2제1항(제27조제4항에서 준용하는 경우를 포함한다)에 따른 형식승인의 취소
   – 4장 관련 <철도차량 및 철도용품>
6. 제26조의7(제27조의2제4항에서 준용하는 경우를 포함한다)에 따른 제작자승인의 취소
   – 4장 관련 <철도차량 및 철도용품>
7. 제38조의10제1항에 따른 인증정비조직의 인증 취소 – 4장 관련
8. 제38조의13제3항에 따른 정밀안전진단기관의 지정 취소 – 4장 관련
8의2. 제44조의2제6항에 따른 위험물 포장·용기검사기관의 지정 취소 또는 업무정지
8의3. 제44조의3제5항에 따른 위험물취급전문교육기관의 지정 취소 또는 업무정지
9. 제48조의4제3항에 따른 시험기관의 지정 취소
10. 제69조의5제1항에 따른 철도운행안전관리자의 자격 취소 – 7장 관련
11. 제69조의5제2항에 따른 철도안전전문기술자의 자격 취소 – 7장 관련

### 제75조의2(통보 및 징계권고)

① 국토교통부장관은 이 법 등 철도안전과 관련된 법규의 위반에 따른 범죄혐의가 있다고 인정할 만한 상당한 이유가 있을 때에는 관할 수사기관에 그 내용을 통보할 수 있다.

② 국토교통부장관은 이 법 등 철도안전과 관련된 법규의 위반에 따라 사고가 발생했다고 인정할 만한 상당한 이유가 있을 때에는 사고에 책임이 있는 사람을 징계할 것을 해당 철도운영자등에게 권고할 수 있다. 이 경우 권고를 받은 철도운영자등은 이를 존중하여야 하며 그 결과를 국토교통부장관에게 통보하여야 한다.

### 제76조(벌칙 적용에서 공무원 의제)

다음 각 호의 어느 하나에 해당하는 사람은 「형법」 제129조부터 제132조까지의 규정을 적용할 때에는 공무원으로 본다.

1. 운전적성검사 업무에 종사하는 운전적성검사기관의 임직원 또는 관제적성검사 업무에 종사하는 관제적성검사기관의 임직원
2. 운전교육훈련 업무에 종사하는 운전교육훈련기관의 임직원 또는 관제교육훈련 업무에 종사하는 관제교육훈련기관의 임직원

2의2. 정비교육훈련 업무에 종사하는 정비교육훈련기관의 임직원

2의3. 정밀안전진단 업무에 종사하는 정밀안전진단기관의 임직원 - 4장 관련

2의4. 제27조의3에 따라 위탁받은 검사 업무에 종사하는 기관 또는 단체의 임직원
  - 4장 관련

2의5. 제48조의4에 따른 성능시험 업무에 종사하는 시험기관의 임직원 및 성능인증·점검 업무에 종사하는 인증기관의 임직원

2의6. 제69조제5항에 따른 철도안전 전문인력의 양성 및 자격관리 업무에 종사하는 안전전문기관의 임직원 - 7장 관련

2의7. 제44조의2제4항에 따른 위험물 포장·용기검사 업무에 종사하는 위험물 포장·용기검사기관의 임직원

2의8. 제44조의3제3항에 따른 위험물취급안전교육 업무에 종사하는 위험물취급전문교육기관의 임직원

3. 제77조제2항에 따라 위탁업무에 종사하는 철도안전 관련 기관 또는 단체의 임직원

### 제77조(권한의 위임 · 위탁)
① 국토교통부장관은 이 법에 따른 권한의 일부를 대통령령으로 정하는 바에 따라 소속 기관의 장 또는 시 · 도지사에게 위임할 수 있다.
② 국토교통부장관은 이 법에 따른 업무의 일부를 대통령령으로 정하는 바에 따라 철도안전 관련 기관 또는 단체에 위탁할 수 있다.

### 영 제62조(권한의 위임)
① 국토교통부장관은 법 제77조제1항에 따라 해당 특별시 · 광역시 · 특별자치시 · 도 또는 특별자치도의 소관 도시철도(「도시철도법」 제3조제2호에 따른 도시철도 또는 같은 법 제24조 또는 제42조에 따라 도시철도건설사업 또는 도시철도운송사업을 위탁받은 법인이 건설 · 운영하는 도시철도를 말한다)에 대한 다음 각 호의 권한을 해당 **시 · 도지사**에게 위임한다.
  1. 법 제39조의2제1항부터 제3항까지(**철도교통관제**)에 따른 이동 · 출발 등의 명령과 운행기준 등의 지시, 조언 · 정보의 제공 및 안전조치 업무
  2. 법 제82조제1항제10호에 따른 과태료의 부과 · 징수
     (철도차량의 안전한 운행을 위하여 철도시설 내에서 사람, 자동차 및 철도차량의 운행제한 등 필요한 안전조치를 따르지 아니한 자)
② 국토교통부장관은 법 제77조제1항에 따라 다음 각 호의 권한을 「국토교통부와 그 소속기관 직제」 제40조에 따른 **철도특별사법경찰대장**에게 위임한다.
  1. 법 제41조제2항에 따른 술을 마셨거나 약물을 사용하였는지에 대한 확인 또는 검사
  2. 법 제48조의2제2항에 따른 철도보안정보체계의 구축 · 운영
  3. 법 제82조제1항제14호, 같은 조 제2항제7호 · 제8호 · 제9호 · 제10호, 같은 조 제4항 및 같은 조 제5항제2호에 따른 과태료의 부과 · 징수

#### 법 제82조
① 다음 각 호의 어느 하나에 해당하는 자에게는 1천만원 이하의 과태료를 부과한다.
  14. 제49조제1항을 위반하여 철도종사자의 직무상 지시에 따르지 아니한 사람
② 다음 각 호의 어느 하나에 해당하는 자에게는 500만원 이하의 과태료를 부과한다.
  7. 제40조의2에 따른 준수사항을 위반한 자
  8. 제47조제1항제1호 또는 제3호를 위반하여 여객출입 금지장소에 출입하거나 물건을 여객열차 밖으로 던지는 행위를 한 사람
  9. 제48조제5호를 위반하여 철도시설(선로는 제외한다)에 승낙 없이 출입하거나 통행한 사람
  10. 제48조제7호 · 제9호 또는 제10호를 위반하여 철도시설에 유해물 또는 오물을 버리거나 열차운행에 지장을 준 사람
④ 다음 각 호의 어느 하나에 해당하는 자에게는 100만원 이하의 과태료를 부과한다.
  1. 제47조제1항제4호를 위반하여 여객열차에서 흡연을 한 사람

    2. 제48조제5호를 위반하여 선로에 승낙 없이 출입하거나 통행한 사람
⑤ 2. 제47조제1항제7호를 위반하여 공중이나 여객에게 위해를 끼치는 행위를 한 사람

## 영 제63조(업무의 위탁)

① 국토교통부장관은 법 제77조제2항에 따라 다음 각 호의 업무를 **한국교통안전공단**에 위탁한다.

1. 법 제7조제4항에 따른 안전관리기준에 대한 적합 여부 검사

1의2. 법 제7조제5항에 따른 기술기준의 제정 또는 개정을 위한 연구·개발

1의3. 법 제8조제2항에 따른 안전관리체계에 대한 정기검사 또는 수시검사

1의4. 법 제9조의3제1항에 따른 철도운영자등에 대한 안전관리 수준평가

2. 법 제17조제1항에 따른 운전면허시험의 실시

3. 법 제18조제1항(법 제21조의9에서 준용하는 경우를 포함한다)에 따른 운전면허증 또는 관제자격증명서의 발급과 법 제18조제2항(법 제21조의9에서 준용하는 경우를 포함한다)에 따른 운전면허증 또는 관제자격증명서의 재발급이나 기재사항의 변경

4. 법 제19조제3항(법 제21조의9에서 준용하는 경우를 포함한다)에 따른 운전면허증 또는 관제자격증명서의 갱신 발급과 법 제19조제6항(법 제21조의9에서 준용하는 경우를 포함한다)에 따른 운전면허 또는 관제자격증명 갱신에 관한 내용 통지

5. 법 제20조제3항 및 제4항(법 제21조의11제2항에서 준용하는 경우를 포함한다)에 따른 운전면허증 또는 관제자격증명서의 반납의 수령 및 보관

6. 법 제20조제6항(법 제21조의11제2항에서 준용하는 경우를 포함한다)에 따른 운전면허 또는 관제자격증명의 발급·갱신·취소 등에 관한 자료의 유지·관리

6의2. 법 제21조의8제1항에 따른 관제자격증명시험의 실시

6의3. 법 제24조의2제1항부터 제3항까지에 따른 철도차량정비기술자의 인정 및 철도차량정비경력증의 발급·관리

6의4. 법 제24조의5제1항 및 제2항에 따른 철도차량정비기술자 인정의 취소 및 정지에 관한 사항

6의5. 법 제38조제2항에 따른 종합시험운행 결과의 검토 - **4장 관련**

6의6. 법 제38조의5제5항에 따른 철도차량의 이력관리에 관한 사항 - **4장 관련**

6의7. 법 제38조의7제1항 및 제2항에 따른 철도차량 정비조직의 인증 및 변경인증의 적합 여부에 관한 확인 - **4장 관련**

6의8. 법 제38조의7제3항에 따른 정비조직운영기준의 작성 - **4장 관련**

6의9. 법 제38조의14제1항에 따른 정밀안전진단기관이 수행한 해당 정밀안전진단의 결과 평가 - **4장 관련**

6의10. 법 제61조의3제1항에 따른 철도안전 자율보고의 접수

7. 법 제70조에 따른 철도안전에 관한 지식 보급과 법 제71조에 따른 철도안전에 관한 정보

의 종합관리를 위한 정보체계 구축 및 관리 – **7장 관련**

7의2. 법 제75조제4호의3에 따른 철도차량정비기술자의 인정 취소에 관한 청문

② 국토교통부장관은 법 제77조제2항에 따라 다음 각 호의 업무를 **한국철도기술연구원**에 위탁한다.

1. 법 제26조제3항, 제26조의3제2항, 제27조제2항 및 제27조의2제2항에 따른 기술기준의 제정 또는 개정을 위한 연구·개발 – **4장 관련**
2. 〈삭제〉
3. 〈삭제〉
4. 〈삭제〉
5. 법 제26조의8 및 제27조의2제4항에서 준용하는 법 제8조제2항에 따른 정기검사 또는 수시검사 – **4장 관련**
6. 〈삭제〉
7. 〈삭제〉
8. 법 제34조제1항에 따른 철도차량·철도용품 표준규격의 제정·개정 등에 관한 업무 중 다음 각 목의 업무 – **4장 관련**
   가. 표준규격의 제정·개정·폐지에 관한 신청의 접수
   나. 표준규격의 제정·개정·폐지 및 확인 대상의 검토
   다. 표준규격의 제정·개정·폐지 및 확인에 대한 처리결과 통보
   라. 표준규격서의 작성
   마. 표준규격서의 기록 및 보관
9. 법 제38조의2제4항에 따른 철도차량 개조승인검사 – **4장 관련**

③ 국토교통부장관은 법 제77조제2항에 따라 철도보호지구 등의 관리에 관한 다음 각 호의 업무를 「국가철도공단법」에 따른 **국가철도공단**에 위탁한다.

1. 법 제45조제1항에 따른 철도보호지구에서의 행위의 신고 수리, 같은 조 제2항에 따른 노면전차 철도보호지구의 바깥쪽 경계선으로부터 20미터 이내의 지역에서의 행위의 신고 수리 및 같은 조 제3항에 따른 행위 금지·제한이나 필요한 조치명령
2. 법 제46조에 따른 손실보상과 손실보상에 관한 협의

④ 국토교통부장관은 법 제77조제2항에 따라 다음 각 호의 업무를 **국토교통부장관이 지정하여 고시하는 철도안전에 관한 전문기관이나 단체**에 위탁한다.

1. 〈삭제〉
2. 법 제69조제4항에 따른 자격부여 등에 관한 업무 중 제60조의2에 따른 자격부여신청 접수, 자격증명서 발급, 관계 자료 제출 요청 및 자격부여에 관한 자료의 유지·관리 업무 – **7장 관련**

**영 제63조의2(민감정보 및 고유식별정보의 처리)**

국토교통부장관(제63조제1항에 따라 국토교통부장관의 권한을 위탁받은 자를 포함한다), 법 제13조에 따른 의료기관과 운전적성검사기관, 운전교육훈련기관, 관제적성검사기관 및 관제교육훈련기관은 다음 각 호의 사무를 수행하기 위하여 불가피한 경우 「개인정보 보호법」 제23조에 따른 건강에 관한 정보나 같은 법 시행령 제19조제1호 또는 제2호에 따른 주민등록번호 또는 여권번호가 포함된 자료를 처리할 수 있다.

1. 법 제12조에 따른 운전면허의 신체검사에 관한 사무
2. 법 제15조에 따른 운전적성검사에 관한 사무
3. 법 제16조에 따른 운전교육훈련에 관한 사무
4. 법 제17조에 따른 운전면허시험에 관한 사무
5. 법 제21조의5에 따른 관제자격증명의 신체검사에 관한 사무
6. 법 제21조의6에 따른 관제적성검사에 관한 사무
7. 법 제21조의7에 따른 관제교육훈련에 관한 사무
8. 법 제21조의8에 따른 관제자격증명시험에 관한 사무
9. 법 제24조의2에 따른 철도차량정비기술자의 인정에 관한 사무
10. 제1호부터 제9호까지의 규정에 따른 사무를 수행하기 위하여 필요한 사무

**영 제63조의3(규제의 재검토)**

국토교통부장관은 다음 각 호의 사항에 대하여 다음 각 호의 기준일을 기준으로 3년마다(매 3년이 되는 해의 기준일과 같은 날 전까지를 말한다) 그 타당성을 검토하여 개선 등의 조치를 하여야 한다.

1. 제44조에 따른 운송위탁 및 운송 금지 위험물 등: 2020년 1월 1일
2. 제60조에 따른 철도안전 전문인력의 자격기준: 2020년 1월 1일

**규칙 제96조(규제의 재검토)**

국토교통부장관은 다음 각 호의 사항에 대하여 2020년 1월 1일을 기준으로 3년마다(매 3년이 되는 해의 1월 1일 전까지를 말한다) 그 타당성을 검토하여 개선 등의 조치를 하여야 한다.

1. 제12조에 따른 신체검사 방법·절차·합격기준 등
2. 제16조에 따른 적성검사 방법·절차 및 합격기준 등
3. 〈삭제〉
4. 제78조에 따른 위해물품의 종류 등
5. 제92조의3 및 별표 25에 따른 안전전문기관의 세부 지정기준 등

# 9장 벌칙

### 제78조(벌칙)
① 다음 각 호의 어느 하나에 해당하는 사람은 무기징역 또는 5년 이상의 징역에 처한다.
  1. 사람이 탑승하여 운행 중인 철도차량에 불을 놓아 소훼(燒燬)한 사람
  2. 사람이 탑승하여 운행 중인 철도차량을 탈선 또는 충돌하게 하거나 파괴한 사람
② 제48조제1호를 위반하여 철도시설 또는 철도차량을 파손하여 철도차량 운행에 위험을 발생하게 한 사람은 10년 이하의 징역 또는 1억원 이하의 벌금에 처한다.
③ 과실로 제1항의 죄를 지은 사람은 1년 이하의 징역 또는 1천만원 이하의 벌금에 처한다.
④ 과실로 제2항의 죄를 지은 사람은 1천만원 이하의 벌금에 처한다.
⑤ 업무상 과실이나 중대한 과실로 제1항의 죄를 지은 사람은 3년 이하의 징역 또는 3천만원 이하의 벌금에 처한다.
⑥ 업무상 과실이나 중대한 과실로 제2항의 죄를 지은 사람은 2년 이하의 징역 또는 2천만원 이하의 벌금에 처한다.
⑦ 제1항 및 제2항의 미수범은 처벌한다.

### 제79조(벌칙)
① 제49조제2항을 위반하여 폭행·협박으로 철도종사자의 직무집행을 방해한 자는 5년 이하의 징역 또는 5천만원 이하의 벌금에 처한다.
② 다음 각 호의 어느 하나에 해당하는 자는 3년 이하의 징역 또는 3천만원 이하의 벌금에 처한다.
  1. 제7조제1항을 위반하여 안전관리체계의 승인을 받지 아니하고 철도운영을 하거나 철도시설을 관리한 자
  2. 제26조의3제1항을 위반하여 철도차량 제작자승인을 받지 아니하고 철도차량을 제작한 자 – 4장 관련
  3. 제27조의2제1항을 위반하여 철도용품 제작자승인을 받지 아니하고 철도용품을 제작한 자 – 4장 관련
  3의2. 제38조의2제2항을 위반하여 개조승인을 받지 아니하고 철도차량을 임의로 개조하여 운행한 자 – 4장 관련

3의3. 제38조의2제3항을 위반하여 적정 개조능력이 있다고 인정되지 아니한 자에게 철도차량 개조 작업을 수행하게 한 자 - **4장 관련**

3의4. 제38조의3제1항을 위반하여 국토교통부장관의 운행제한 명령을 따르지 아니하고 철도차량을 운행한 자 - **4장 관련**

4. 철도사고등 발생 시 제40조의2제2항제2호 또는 제5항을 위반하여 사람을 사상(死傷)에 이르게 하거나 철도차량 또는 철도시설을 파손에 이르게 한 자

   <철도사고등 발생 시 관제업무종사자의 준수사항(국토부령으로 정하는 조치사항 이행), 철도사고등 발생 시 운전업무종사자와 여객승무원의 현장이탈 금지>

5. 제41조제1항을 위반하여 **술을 마시거나 약물을 사용한 상태에서 업무를 한 사람**

6. 제43조를 위반하여 운송 금지 위험물의 운송을 위탁하거나 그 위험물을 운송한 자

7. 제44조제1항을 위반하여 위험물을 운송한 자

7의2. 제47조제2항을 위반하여 여객열차에서 다른 사람을 폭행하여 열차운행에 지장을 초래한 자

8. 제48조제1항제2호부터 제4호까지의 규정에 따른 금지행위를 한 자

**법 48조 제1항**

   2. 철도차량을 향하여 돌이나 그 밖의 위험한 물건을 던져 철도차량 운행에 위험을 발생하게 하는 행위

   3. 궤도의 중심으로부터 양측으로 폭 3미터 이내의 장소에 철도차량의 안전 운행에 지장을 주는 물건을 방치하는 행위

   4. 철도교량 등 국토교통부령으로 정하는 시설 또는 구역에 국토교통부령으로 정하는 폭발물 또는 인화성이 높은 물건 등을 쌓아 놓는 행위

③ 다음 각 호의 어느 하나에 해당하는 자는 2년 이하의 징역 또는 2천만원 이하의 벌금에 처한다.

1. 거짓이나 그 밖의 부정한 방법으로 제7조제1항에 따른 안전관리체계의 승인을 받은 자

2. 제8조제1항<안전관리체계의 지속적유지>을 위반하여 철도운영이나 철도시설의 관리에 중대하고 명백한 지장을 초래한 자

3. 거짓이나 그 밖의 부정한 방법으로 제15조제4항, 제16조제3항, 제21조의6제3항, 제21조의7제3항, 제24조의4제2항, 제38조의13제1항 또는 제69조제5항에 따른 지정을 받은 자

   <운전적성검사기관, 운전교육훈련기관, 관제적성검사기관, 관제교육훈련기관, 정비교육훈련기관, 정밀안전진단기관, 안전전문기관>

4. 제15조의2(제16조제5항, 제21조의6제5항, 제21조의7제5항, 제24조의4제5항 또는 제69조제7항에서 준용하는 경우를 포함한다)에 따른 업무정지 기간 중에 해당 업무를 한 자
   <운전적성검사기관, 운전교육훈련기관, 관제적성검사기관, 관제교육훈련기관, 정비교육훈련기관, 안전전문기관>
5. 거짓이나 그 밖의 부정한 방법으로 제26조제1항 또는 제27조제1항에 따른 형식승인을 받은 자 – 4장 관련
6. 제26조제5항을 위반하여 형식승인을 받지 아니한 철도차량을 운행한 자 – 4장 관련
7. 거짓이나 그 밖의 부정한 방법으로 제26조의3제1항 또는 제27조의2제1항에 따른 제작자승인을 받은 자 – 4장 관련
8. 거짓이나 그 밖의 부정한 방법으로 제26조의3제3항(제27조의2제4항에서 준용하는 경우를 포함한다)에 따른 제작자승인의 면제를 받은 자 – 4장 관련
9. 제26조의6제1항을 위반하여 완성검사를 받지 아니하고 철도차량을 판매한 자 – 4장 관련
10. 제26조의7제1항제5호(제27조의2제4항에서 준용하는 경우를 포함한다)에 따른 업무정지 기간 중에 철도차량 또는 철도용품을 제작한 자 – 4장 관련
11. 제27조제3항을 위반하여 형식승인을 받지 아니한 철도용품을 철도시설 또는 철도차량 등에 사용한 자 – 4장 관련
11의2. 거짓이나 그 밖의 부정한 방법으로 제27조의3에 따라 위탁받은 검사 업무를 수행한 자 – 4장 관련
12. 제32조제1항<철도차량 또는 철도용품 제작, 수입, 판매, 사용중지>에 따른 중지명령에 따르지 아니한 자 – 4장 관련
13. 제38조제1항을 위반하여 종합시험운행을 실시하지 아니하거나 실시한 결과를 국토교통부장관에게 보고하지 아니하고 철도노선을 정상운행한 자 – 4장 관련
13의2. 제38조의6제1항을 위반하여 철도차량정비가 되지 않은 철도차량임을 알면서 운행한 자 – 4장 관련
13의3. 제38조의6제3항에 따른 철도차량정비 또는 원상복구 명령에 따르지 아니한 자 – 4장 관련
13의4. 거짓이나 그 밖의 부정한 방법으로 제38조의7제1항에 따른 철도차량 정비조직의 인증을 받은 자 – 4장 관련
13의5. 제38조의10제1항제2호<인증정비조직>에 해당하는 경우로서 고의 또는 중대한 과실로 철도사고 또는 중대한 운행장애를 발생시킨 자 – 4장 관련

13의6. 제38조의12제4항을 위반하여 정밀안전진단을 받지 아니하거나 정밀안전진단 결과 또는 정밀안전진단 결과에 대한 평가 결과 계속 사용이 적합하지 아니하다고 인정된 철도차량을 운행한 자 **- 4장 관련**

13의7. 제40조제2항 후단을 위반하여 특별한 사유 없이 열차운행을 중지하지 아니한 자

13의8. 제40조제4항을 위반하여 철도종사자에게 불이익한 조치를 한 자

14. 삭제

15. 제41조제2항<u>〈술을 마시거나 약물을 복용한 상태〉</u>에 따른 확인 또는 <u>검사에 불응한 자</u>

16. 정당한 사유 없이 제42조제1항을 위반하여 위해물품을 휴대하거나 적재한 사람

17. 제45조제1항 및 제2항**<철도보호지구 행위제한>**에 따른 신고를 하지 아니하거나 같은 조 제3항에 따른 명령에 따르지 아니한 자

18. 제47조제1항제2호를 위반하여 운행 중 비상정지버튼을 누르거나 승강용 출입문을 여는 행위를 한 사람

19. 제61조의3제3항을 위반하여 철도안전 자율보고를 한 사람에게 불이익한 조치를 한 자

④ 다음 각 호의 어느 하나에 해당하는 자는 1년 이하의 징역 또는 1천만원 이하의 벌금에 처한다.

1. 제10조제1항을 위반하여 운전면허를 받지 아니하고(제20조에 따라 운전면허가 취소되거나 그 효력이 정지된 경우를 포함한다) 철도차량을 운전한 사람

2. 거짓이나 그 밖의 부정한 방법으로 운전면허를 받은 사람

2의2. 거짓이나 그 밖의 부정한 방법으로 관제자격증명을 받은 사람

2의3. 거짓이나 그 밖의 부정한 방법으로 철도차량정비기술자로 인정받은 사람

2의4. 제19조의2를 위반하여 운전면허증을 다른 사람에게 빌려주거나 빌리거나 이를 알선한 사람

3. 제21조를 위반하여 실무수습을 이수하지 아니하고 철도차량의 운전업무에 종사한 사람

3의2. 제21조의2를 위반하여 운전면허를 받지 아니하거나(제20조에 따라 운전면허가 취소되거나 그 효력이 정지된 경우를 포함한다) 실무수습을 이수하지 아니한 사람을 철도차량의 운전업무에 종사하게 한 철도운영자등

3의3. 제21조의3을 위반하여 관제자격증명을 받지 아니하고(제21조의11에 따라 관제자격증명이 취소되거나 그 효력이 정지된 경우를 포함한다) 관제업무에 종사한 사람

3의4. 제21조의10을 위반하여 관제자격증명서를 다른 사람에게 빌려주거나 빌리거나 이를 알선한 사람

4. 제22조를 위반하여 실무수습을 이수하지 아니하고 관제업무에 종사한 사람

4의2. 제22조의2를 위반하여 관제자격증명을 받지 아니하거나(제21조의11에 따라 관제자격증명이 취소되거나 그 효력이 정지된 경우를 포함한다) 실무수습을 이수하지 아니한 사람을 관제업무에 종사하게 한 철도운영자등

5. 제23조제1항을 위반하여 신체검사와 적성검사를 받지 아니하거나 같은 조 제3항을 위반하여 신체검사와 적성검사에 합격하지 아니하고 같은 조 제1항에 따른 업무를 한 사람 및 그로 하여금 그 업무에 종사하게 한 자

5의2. 제24조의3을 위반한 다음 각 목의 어느 하나에 해당하는 사람
　가. 다른 사람에게 자기의 성명을 사용하여 철도차량정비 업무를 수행하게 하거나 자신의 철도차량정비경력증을 빌려 준 사람
　나. 다른 사람의 성명을 사용하여 철도차량정비 업무를 수행하거나 다른 사람의 철도차량정비경력증을 빌린 사람
　다. 가목 및 나목의 행위를 알선한 사람

6. 제26조제1항 또는 제27조제1항에 따른 형식승인을 받지 아니한 철도차량 또는 철도용품을 판매한 자 – 4장 관련

6의2. 제31조제6항<철도차량 완성검사를 받은 자가 해당 철도차량을 판매하려는 경우 조치 명령>에 따른 이행 명령에 따르지 아니한 자 – 4장 관련

7. 제38조제1항을 위반하여 종합시험운행 결과를 허위로 보고한 자 – 4장 관련

7의2. 제38조의7제1항을 위반하여 정비조직의 인증을 받지 아니하고 철도차량정비를 한 자 – 4장 관련

8. 제39조의2제1항에 따른 <철도차량의 이동, 출발, 정지 등의 명령> 지시를 따르지 아니한 자

9. 제39조의3제3항을 위반하여 설치 목적과 다른 목적으로 영상기록장치를 임의로 조작하거나 다른 곳을 비춘 자 또는 운행기간 외에 영상기록을 한 자

10. 제39조의3제4항을 위반하여 영상기록을 목적 외의 용도로 이용하거나 다른 자에게 제공한 자

11. 제39조의3제5항을 위반하여 안전성 확보에 필요한 조치를 하지 아니하여 영상기록장치에 기록된 영상정보를 분실·도난·유출·변조 또는 훼손당한 자

12. 제47조제1항 제6호를 위반하여 술을 마시거나 약물을 복용하고 다른 사람에게 위해를 주는 행위를 한 사람

13. 거짓이나 부정한 방법으로 철도운행안전관리자 자격을 받은 사람 – 7장 관련

14. 제69조의2제1항을 위반하여 철도운행안전관리자를 배치하지 아니하고 철도시설의 건설 또는 관리와 관련한 작업을 시행한 철도운영자 – 7장 관련

15. 제69조의3제1항 및 제2항<철도안전 전문인력의 정기교육>을 위반하여 정기교육을 받지 아니하고 업무를 한 사람 및 그로 하여금 그 업무에 종사하게 한 자 – 7장 관련

16. 제69조의4를 위반하여 철도안전 전문인력의 분야별 자격을 다른 사람에게 빌려주거나 빌리거나 이를 알선한 사람 - 7장 관련
⑤ 제47조제1항제5호를 위반한 자는 500만원 이하의 벌금에 처한다.
<철도종사자와 여객들에게 성적 수치심을 일으키는 행위>

### 제80조(형의 가중)

① 제78조제1항의 죄를 지어 사람을 사망에 이르게 한 자는 사형, 무기징역 또는 7년 이상의 징역에 처한다.
② 제79조제1항, 제3항제16호 또는 제17호의 죄를 범하여 열차운행에 지장을 준 자는 그 죄에 규정된 형의 2분의 1까지 가중한다.
<폭행·협박으로 철도종사자의 직무집행을 방해한 자, 정당한 사유 없이 위해물품을 휴대하거나 적재한 사람, 철도보호지구 행위제한에 따른 신고를 하지 아니하거나 명령에 따르지 아니한 자>
③ 제79조제3항제16호 또는 제17호의 죄를 범하여 사람을 사상에 이르게 한 자는 5년 이하의 징역 또는 5천만원 이하의 벌금에 처한다.
<정당한 사유 없이 위해물품을 휴대하거나 적재한 사람, 철도보호지구 행위제한에 따른 신고를 하지 아니하거나 명령에 따르지 아니한 자>

### 제81조(양벌규정)

법인의 대표자나 법인 또는 개인의 대리인, 사용인, 그 밖의 종업원이 그 법인 또는 개인의 업무에 관하여 제79조제2항, 같은 조 제3항(제16호<위해물품 휴대, 적재>는 제외한다) 및 제4항(제2호<거짓이나 부정한 방법으로 운전면허를 받은 사람>는 제외한다) 또는 제80조(제79조제3항제17호<철도보호지구 행위제한 미신고 및 명령위반>의 가중죄를 범한 경우만 해당한다)의 어느 하나에 해당하는 위반행위를 하면 그 행위자를 벌하는 외에 그 법인 또는 개인에게도 해당 조문의 벌금형을 과(科)한다. 다만, 법인 또는 개인이 그 위반행위를 방지하기 위하여 해당 업무에 관하여 상당한 주의와 감독을 게을리하지 아니한 경우에는 그러하지 아니하다.

### 제82조(과태료)

① 다음 각 호의 어느 하나에 해당하는 자에게는 1천만원 이하의 과태료를 부과한다.
  1. 제7조제3항(제26조의8 및 제27조의2제4항에서 준용하는 경우를 포함한다)을 위반하여 안전관리체계의 변경승인을 받지 아니하고 안전관리체계를 변경한 자
  2. 제8조제3항(제26조의8 및 제27조의2제4항에서 준용하는 경우를 포함한다)을 위반하여 정당한 사유 없이 <안전관리체계> 시정조치 명령에 따르지 아니한 자

2의2. 제9조의4제4항을 위반하여 시정조치 명령을 따르지 아니한 자
3. 삭제
4. 제26조제2항(제27조제4항에서 준용하는 경우를 포함한다)을 위반하여 <형식승인> 변경승인을 받지 아니한 자 - 4장 관련
5. 제26조의5제2항(제27조의2제4항에서 준용하는 경우를 포함한다)에 따른 신고를 하지 아니한 자 - 4장 관련
6. 제27조의2제3항을 위반하여 <형식승인 받은 철도용품임을 나타내는> 형식승인표시를 하지 아니한 자 - 4장 관련
7. 제31조제2항을 위반하여 <소속 공무원으로 하여금 형식승인을 받은 철도차량 또는 철도용품의 안전 및 품질의 확인, 점검을 위한> 조사ㆍ열람ㆍ수거 등을 거부, 방해 또는 기피한 자 - 4장 관련
8. 제32조제2항 또는 제4항을 위반하여 <중지명령을 받은 철도차량 또는 철도용품의 제작자는 국토교통부령으로 정하는 바에 따라 해당 철도차량 또는 철도용품의 회수 및 환불 등에 관한> 시정조치계획을 제출하지 아니하거나 시정조치의 진행 상황을 보고하지 아니한 자 - 4장 관련
9. 제38조제2항에 따른 <종합시험운행 결과> 개선ㆍ시정 명령을 따르지 아니한 자 - 4장 관련
9의2. 제38조의5제3항을 위반한 다음 각 목의 어느 하나에 해당하는 자 - 4장 관련
  가. 이력사항을 고의로 입력하지 아니한 자
  나. 이력사항을 위조ㆍ변조하거나 고의로 훼손한 자
  다. 이력사항을 무단으로 외부에 제공한 자
9의3. 제38조의7제2항<인증정비조직>을 위반하여 <정비조직인증의> 변경인증을 받지 아니한 자 - 4장 관련
9의4. 제38조의9에 따른 <인증정비조직> 준수사항을 지키지 아니한 자 - 4장 관련
9의5. 제38조의12제2항에 따른 정밀안전진단 명령을 따르지 아니한 자 - 4장 관련
9의6. 제38조의14제2항 후단을 위반하여 특별한 사유 없이 자료를 제출하지 아니하거나 거짓으로 제출한 자 - 4장 관련
10. 제39조의2제3항에 따른 <국토교통부장관은 철도차량의 안전한 운행을 위하여 철도시설 내에서 사람, 자동차 및 철도차량의 운행제한 등> 안전조치를 따르지 아니한 자
10의2. 제39조의3제1항을 위반하여 영상기록장치를 설치ㆍ운영하지 아니한 자
11. 삭제
12. 삭제
13. 삭제

13의2. 제48조의3제1항을 위반하여 국토교통부장관의 성능인증을 받은 보안검색장비를 사용하지 아니한 자

13의3. 삭제

14. 제49조제1항을 위반하여 철도종사자의 직무상 지시에 따르지 아니한 사람

15. 제61조제1항 <사상자가 많은 철도사고등의 즉시 보고(의무보고)> 및 제61조의2제1항·제2항 <철도차량 등에 발생한 고장 등 보고 의무>에 따른 보고를 하지 아니하거나 거짓으로 보고한 자

15의2. 삭제

16. 제73조제1항에 따른 <철도관계기관등에 대하여 필요한 사항 보고를 명하였으나> 보고를 하지 아니하거나 거짓으로 보고한 자

17. 제73조제1항에 따른 <철도관계기관등에 대하여 자료제출을 명하였으나> 자료제출을 거부, 방해 또는 기피한 자

18. 제73조제2항에 따른 소속 공무원의 출입·검사를 거부, 방해 또는 기피한 자

② 다음 각 호의 어느 하나에 해당하는 자에게는 500만원 이하의 과태료를 부과한다.

1. 제7조제3항(제26조의8 및 제27조의2제4항에서 준용하는 경우를 포함한다)을 위반하여 안전관리체계의 변경신고를 하지 아니하고 안전관리체계를 변경한 자

2. 제24조제1항을 위반하여 안전교육을 실시하지 아니한 자 또는 제24조제2항을 위반하여 직무교육을 실시하지 아니한 자

2의2. 제24조제3항을 위반하여 안전교육 실시 여부를 확인하지 아니하거나 안전교육을 실시하도록 조치하지 아니한 철도운영자등

3. 제26조제2항을 위반하여 (제27조제4항에서 준용하는 경우를 포함한다) 변경신고를 하지 아니한 자 <형식승인받은 자가 경미한 사항을 변경하려는 경우> – **4장 관련**

4. 제38조의2제2항 단서를 위반하여 개조신고를 하지 아니하고 개조한 철도차량을 운행한 자 – **4장 관련**

5. 제38조의5제3항가목을 위반하여 이력사항을 과실로 입력하지 아니한 자 – **4장 관련**

6. 제38조의7제2항을 위반하여 변경신고를 하지 아니한 자 – **4장 관련**

7. 제40조의2에 따른 준수사항을 위반한 자

7의2. 제44조제1항에 따른 위험물취급의 방법, 절차 등을 따르지 아니하고 위험물취급을 한 자(위험물을 철도로 운송한 자는 제외한다)

7의3. 제44조의2제1항에 따른 검사를 받지 아니하고 포장 및 용기를 판매 또는 사용한 자

7의4. 제44조의3제1항을 위반하여 자신이 고용하고 있는 종사자가 위험물취급안전교육을 받도록 하지 아니한 위험물취급자

8. 제47조제1항제1호 또는 제3호를 위반하여 여객출입 금지장소에 출입하거나 물건을 여객열차 밖으로 던지는 행위를 한 사람

8의2. 제47조제4항을 위반하여 여객열차에서의 금지행위에 관한 사항을 안내하지 아니한 자

9. 제48조제1항 제5호를 위반하여 철도시설(선로는 제외한다)에 승낙 없이 출입하거나 통행한 사람

10. 제48조제1항 제7호·제9호 또는 제10호를 위반하여 철도시설에 유해물 또는 오물을 버리거나 열차운행에 지장을 준 사람

11. 제48조의3제2항에 따른 보안검색장비의 성능인증을 위한 기준·방법·절차 등을 위반한 인증기관 및 시험기관

12. 제61조제2항에 따른 보고를 하지 아니하거나 거짓으로 보고한 자

③ 다음 각 호의 어느 하나에 해당하는 자에게는 300만원 이하의 과태료를 부과한다.

1. 제9조의4제3항을 위반하여 우수운영자로 지정되었음을 나타내는 표시를 하거나 이와 유사한 표시를 한 자

2. 삭제

3. 삭제

4. 제20조제3항(제21조의11제2항에서 준용하는 경우를 포함한다)을 위반하여 운전면허증을 반납하지 아니한 사람

④ 다음 각 호의 어느 하나에 해당하는 자에게는 100만원 이하의 과태료를 부과한다.

1. 제40조의3을 위반하여 업무에 종사하는 동안에 열차 내에서 흡연을 한 사람

2. 제47조제1항제4호를 위반하여 여객열차에서 흡연을 한 사람

3. 제48조제1항 제5호를 위반하여 선로에 승낙 없이 출입하거나 통행한 사람

4. 제48조제1항제6호를 위반하여 폭언 또는 고성방가 등 소란을 피우는 행위를 한 사람

[신설 2024. 3. 26.] [시행일: 2024. 9. 27.]

⑤ 다음 각 호의 어느 하나에 해당하는 자에게는 50만원 이하의 과태료를 부과한다.

1. 제45조제4항을 위반하여 조치명령을 따르지 아니한 자

<철도차량 안전운행 및 철도보호를 위하여 시설등의 소유자나점유자에게 조치명령>

2. 제47조제1항제7호를 위반하여 공중이나 여객에게 위해를 끼치는 행위를 한 사람

⑥ 제1항부터 제5항까지에 따른 과태료는 대통령령으로 정하는 바에 따라 국토교통부장관 또는 시·도지사(이 조 제1항제14호·제16호 및 제17호, 제2항제8호부터 제10호까지, 제4항제1호·제2호 및 제5항제1호·제2호만 해당한다)가 부과·징수한다.

### 제83조(과태료 규정의 적용 특례)
제82조의 과태료에 관한 규정을 적용할 때 제9조의2(제26조의8, 제27조의2제4항, 제38조의4, 제38조의11 및 제38조의15에서 준용하는 경우를 포함한다)에 따라 과징금을 부과한 행위에 대해서는 과태료를 부과할 수 없다.

---

■ 철도안전법 시행령 [별표 6] <24. 9. 27. 시행>

## 과태료 부과기준(제64조 관련)

1. 일반기준
   가. 위반행위의 횟수에 따른 과태료의 가중된 부과기준은 최근 1년간 같은 위반행위로 과태료 부과처분을 받은 경우에 적용한다. 이 경우 기간의 계산은 위반행위에 대하여 과태료 부과처분을 받은 날과 그 처분 후 다시 같은 위반행위를 하여 적발된 날을 기준으로 한다.
   나. 가목에 따라 가중된 부과처분을 하는 경우 가중처분의 적용 차수는 그 위반행위 전 부과처분 차수(가목에 따른 기간 내에 과태료 부과처분이 둘 이상 있었던 경우에는 높은 차수를 말한다)의 다음 차수로 한다.
   다. 하나의 행위가 둘 이상의 위반행위에 해당하는 경우에는 그 중 무거운 과태료의 부과기준에 따른다.
   라. 부과권자는 다음의 어느 하나에 해당하는 경우에는 제2호에 따른 과태료 금액의 2분의 1 범위에서 그 금액을 줄일 수 있다. 다만, 과태료를 체납하고 있는 위반행위자의 경우에는 그렇지 않다.
      1) 삭제 <2020. 10. 8.>
      2) 위반행위가 사소한 부주의나 오류로 인한 것으로 인정되는 경우
      3) 위반행위자가 법 위반상태를 시정하거나 해소하기 위해 노력한 것이 인정되는 경우
      4) 그 밖에 위반행위의 정도, 위반행위의 동기와 그 결과 등을 고려하여 과태료를 줄일 필요가 있다고 인정되는 경우

마. 부과권자는 다음의 어느 하나에 해당하는 경우에는 제2호의 개별기준에 따른 과태료 금액의 2분의 1 범위에서 그 금액을 늘릴 수 있다. 다만, 법 제82조제1항부터 제5항까지의 규정에 따른 과태료 금액의 상한을 넘을 수 없다.
1) 위반의 내용·정도가 중대하여 공중(公衆)에게 미치는 피해가 크다고 인정되는 경우
2) 그 밖에 위반행위의 정도, 위반행위의 동기와 그 결과 등을 고려하여 늘릴 필요가 있다고 인정되는 경우

2. 개별기준

| 위반행위 | 근거 법조문 | 과태료 금액 (단위: 만원) | | |
|---|---|---|---|---|
| | | 1회 위반 | 2회 위반 | 3회 이상 위반 |
| 가. 법 제7조제3항(법 제26조의8 및 제27조의2제4항에서 준용하는 경우를 포함한다)을 위반하여 안전관리체계의 변경승인을 받지 않고 안전관리체계를 변경한 경우 | 법 제82조 제1항제1호 | 300 | 600 | 900 |
| 나. 법 제7조제3항(법 제26조의8 및 제27조의2제4항에서 준용하는 경우를 포함한다)을 위반하여 안전관리체계의 변경신고를 하지 않고 안전관리체계를 변경한 경우 | 법 제82조 제2항제1호 | 150 | 300 | 450 |
| 다. 법 제8조제3항(법 제26조의8 및 제27조의2제4항에서 준용하는 경우를 포함한다)을 위반하여 정당한 사유 없이 〈안전관리체계〉 시정조치 명령에 따르지 않은 경우 | 법 제82조 제1항제2호 | 300 | 600 | 900 |
| 라. 법 제9조의4제3항을 위반하여 우수운영자로 지정되었음을 나타내는 표시를 하거나 이와 유사한 표시를 한 경우 | 법 제82조 제3항제1호 | 90 | 180 | 270 |
| 마. 법 제9조의4제4항을 위반하여 시정조치명령을 따르지 않은 경우 〈우수운영자로 지정받은 자가 아닌데도 불구하고 우수운영자 표시 혹은 유사한 표시를 했을 때 시정조치〉 | 법 제82조 제1항제2호의2 | 300 | 600 | 900 |
| 바. 법 제20조제3항(법 제21조의11제2항에서 준용하는 경우를 포함한다)을 위반하여 운전면허증을 반납하지 않은 경우 | 법 제82조 제3항제4호 | 90 | 180 | 270 |
| 사. 법 제24조제1항을 위반하여 〈철도종사자에 대한〉 안전교육을 실시하지 않거나 같은 조 제2항을 위반하여 직무교육을 실시하지 않은 경우 | 법 제82조 제2항제2호 | 150 | 300 | 450 |
| 아. 법 제24제3항을 위반하여 철도운영자 등이 안전교육 실시 여부를 확인하지 않거나 안전교육을 실시하도록 조치하지 않은 경우 | 법 제82조 제2항제2호의2 | 150 | 300 | 450 |
| 자. 법 제26조제2항 본문(법 제27조제4항에서 준용하는 경우를 포함한다)을 위반하여 〈철도차량(철도용품) 형식승인 받은 사항〉 변경승인을 받지 않은 경우<br>★ 철도안전법 4장 | 법 제82조 제1항제4호 | 300 | 600 | 900 |

| 위반행위 | 근거 법조문 | 1차 | 2차 | 3차 |
|---|---|---|---|---|
| 차. 법 제26조제2항 단서(법 제27조제4항에서 준용하는 경우를 포함한다)를 위반하여 〈철도차량(철도용품) 형식승인〉 변경신고를 하지 않은 경우<br>★ 철도안전법 4장 | 법 제82조<br>제2항제3호 | 150 | 300 | 450 |
| 카. 법 제26조의5제2항(법 제27조의2제4항에서 준용하는 경우를 포함한다)에 따른 〈승계〉 신고를 하지 않은 경우<br>★ 철도안전법 4장 | 법 제82조<br>제1항제5호 | 300 | 600 | 900 |
| 타. 법 제27조의2제3항을 위반하여 〈형식승인 받은 철도용품임을 나타내는〉 형식승인표시를 하지 않은 경우<br>★ 철도안전법 4장 | 법 제82조<br>제1항제6호 | 300 | 600 | 900 |
| 파. 법 제31조제2항을 위반하여 〈형식승인을 받은 철도차량 또는 철도용품의 안전 및 품질의 확인, 점검을 위한〉 조사·열람·수거 등을 거부, 방해 또는 기피한 경우<br>★ 철도안전법 4장 | 법 제82조<br>제1항제7호 | 300 | 600 | 900 |
| 하. 법 제32조제2항 또는 제4항을 위반하여 〈**철도차량 또는 철도용품의 회수 및 환불 등에 관한**〉 시정조치계획을 제출하지 않거나 시정조치의 진행 상황을 보고하지 않은 경우<br>★ 철도안전법 4장 | 법 제82조<br>제1항제8호 | 300 | 600 | 900 |
| 거. 법 제38조제2항 〈**종합시험운행 결과**〉에 따른 개선·시정 명령을 따르지 않은 경우<br>★ 철도안전법 4장 | 법 제82조<br>제1항제9호 | 300 | 600 | 900 |
| 너. 법 제38조의2제2항 단서를 위반하여 개조신고를 하지 않고 개조한 철도차량을 운행한 경우<br>★ 철도안전법 4장 | 법 제82조<br>제2항제4호 | 150 | 300 | 450 |
| 더. 제38조의5제3항을 위반한 다음의 어느 하나에 해당하는 경우<br>1) 〈**관리하여야 할 철도차량의**〉 이력사항을 고의로 입력하지 않은 경우<br>2) 〈**관리하여야 할 철도차량의**〉 이력사항을 위조·변조하거나 고의로 훼손한 경우<br>3) 〈**관리하여야 할 철도차량의**〉 이력사항을 무단으로 외부에 제공한 경우<br>★ 철도안전법 4장 | 법 제82조제1항<br>제9호의2 | 300 | 600 | 900 |
| 러. 법 제38조의5제3항제1호를 위반하여 〈**관리하여야 할 철도차량의**〉 이력사항을 과실로 입력하지 않은 경우<br>★ 철도안전법 4장 | 법 제82조제2항<br>제5호 | 150 | 300 | 450 |
| 머. 법 제38조의7제2항을 위반하여 〈**인증정비조직의 인증받은 사항**〉 변경인증을 받지 않은 경우<br>★ 철도안전법 4장 | 법 제82조제1항<br>제9호의3 | 300 | 600 | 900 |

| | | | | |
|---|---|---|---|---|
| 버. 법 제38조의7제2항을 위반하여 **〈인증정비조직의 경미한 사항〉** 변경신고를 하지 않은 경우<br>★ 철도안전법 4장 | 법 제82조제2항<br>제6호 | 150 | 300 | 450 |
| 서. 법 제38조의9에 따른 **〈인증정비조직〉** 준수사항을 지키지 않은 경우<br>★ 철도안전법 4장 | 법 제82조제1항<br>제9호의4 | 300 | 600 | 900 |
| 어. 법 제38조의12제2항에 따른 **〈철도사고 및 중대한 운행장애 등이 발생된 철도차량에 대하여〉** 정밀안전진단 명령을 따르지 않은 경우<br>★ 철도안전법 4장 | 법 제82조제1항<br>제9호의5 | 300 | 600 | 900 |
| 저. 법 제38조의14제2항 후단을 위반하여 특별한 사유 없이 **〈정밀안전진단의 결과 평가에 필요한〉** 자료를 제출하지 않거나 거짓으로 제출한 경우<br>★ 철도안전법 4장 | 법 제82조제1항<br>제9호의6 | 300 | 600 | 900 |
| 처. 법 제39조의2제3항에 따른 **〈철도차량의 안전한 운행을 위한 국토교통부장관의〉** 안전조치를 따르지 않은 경우 | 법 제82조제1항<br>제10호 | 300 | 600 | 900 |
| 커. 법 제39조의3제1항을 위반하여 영상기록장치를 설치·운영하지 않은 경우 | 법 제82조제1항<br>제10호의2 | 300 | 600 | 900 |
| 터. 법 제40조의2에 따른 **〈철도종사자〉** 준수사항을 위반한 경우<br>**(운전업무종사자, 관제업무종사자, 작업책임자, 철도운행안전관리자, 운전업무종사자와 여객승무원의 철도사고 등 현장 이탈 금지 및 후속조치)** | 법 제82조제2항<br>제7호 | 150 | 300 | 450 |
| 퍼. 법 제40조의3 **〈철도종사자의 흡연금지〉** 을 위반하여 업무에 종사하는 동안에 열차 내에서 흡연을 한 경우 | 법 제82조제4항<br>제1호 | 30 | 60 | 90 |
| 허. 법 제44조제1항에 따른 **〈위험물 취급자가〉** 위험물취급의 방법, 절차 등을 따르지 않고 위험물취급을 한 경우(위험물을 철도로 운송한 경우는 제외한다) | 법 제82조제2항<br>제7호의2 | 150 | 300 | 450 |
| 고. 법 제44조의2제1항에 따른 **〈국토교통부장관이 실시하는 포장 및 용기의 안전성에 관한〉** 검사를 받지 않고 포장 및 용기를 판매 또는 사용한 경우 | 법 제82조제2항<br>제7호의3 | 150 | 300 | 450 |
| 노. 위험물취급자가 법 제44조의3제1항을 위반하여 자신이 고용하고 있는 종사자가 위험물취급안전교육을 받도록 하지 않은 경우 | 법 제82조제2항<br>제7호의4 | 150 | 300 | 450 |
| 도. 법 제45조제4항을 위반하여 **〈철도차량의 안전운행 및 철도보호를 위한〉** 조치명령을 따르지 않은 경우 | 법 제82조제5항<br>제1호 | 15 | 30 | 45 |
| 로. 법 제47조제1항제1호 또는 제3호를 위반하여 여객출입 금지장소에 출입하거나 물건을 여객열차 밖으로 던지는 행위를 한 경우<br>**〈국토교통부령으로 정하는 여객출입 금지 장소〉**<br>1. 운전실  2. 기관실  3. 발전실  4. 방송실 **(줄여서 운기발방)** | 법 제82조제2항<br>제8호 | 150 | 300 | 450 |

| 위반행위 | 근거 법조문 | 1차 | 2차 | 3차 |
|---|---|---|---|---|
| 모. 법 제47조 제1항 제4호를 위반하여 <u>여객열차에서 흡연</u>을 한 경우 / | 법 제82조제4항 제2호 | 30 | 60 | 90 |
| 보. 법 제47조제1항제7호를 위반하여 공중이나 <u>여객에게 위해를 끼치는 행위</u>를 한 경우<br>**〈국토부령으로 정하는 여객열차에서의 금지행위〉**<br>1. 여객에게 위해를 끼칠 우려가 있는 동식물을 안전조치 없이 여객열차에 동승하거나 휴대하는 행위<br>2. 타인에게 전염의 우려가 있는 법정 감염병자가 철도종사자의 허락 없이 여객열차에 타는 행위<br>3. 철도종사자의 허락 없이 여객에게 기부를 부탁하거나 물품을 판매·배부하거나 연설·권유 등을 하여 여객에게 불편을 끼치는 행위 | 법 제82조제5항 제2호 | 15 | 30 | 45 |
| 소. 법 제47조제4항에 따른 여객열차에서의 금지행위에 관한 사항을 **〈여객열차 및 승강장 등 철도시설에서 여객열차에서의 금지행위에 관한 게시물 또는 안내판 설치 / 영상 또는 음성으로 안내〉** 안내하지 않은 경우 | 법 제82조제2항 제8호의2 | 150 | 300 | 450 |
| 오. 법 제48조제1항 제5호를 위반하여 철도시설(선로는 제외한다)에 **〈철도운영자등의〉** 승낙 없이 출입하거나 통행한 경우 | 법 제82조제2항 제9호 | 150 | 300 | 450 |
| 조. 법 제48조제1항 제5호를 위반하여 **선로**에 **〈철도운영자등의〉** 승낙 없이 **출입**하거나 **통행**한 경우 | 법 제82조제4항 제2호 | 30 | 60 | 90 |
| 초. 법 제48조제1항제6호를 위반하여 폭언 또는 고성방가 등 소란을 피우는 행위를 한 경우 | 법 제82조제4항 제4호 | 30 | 60 | 90 |
| 코. 법 제48조제1항제7호·제9호 또는 제10호를 위반하여 철도시설에 유해물 또는 오물을 버리거나 열차운행에 지장을 준 경우<br>**〈오물, 운행 중 승강용 출입문 개폐 방해, 정당한 사유없이 승강장의 비상정지버튼 작동〉** | 법 제82조제2항 제10호 | 150 | 300 | 450 |
| 토. 법 제48조의3제1항을 위반하여 **국토교통부장관의 성능인증을 받은 보안검색장비**를 사용하지 않은 경우 | 법 제82조제1항 제13호의2 | 300 | 600 | 900 |
| 포. 인증기관 및 시험기관이 법 제48조의3제2항에 따른 **보안검색장비의 성능인증을 위한 기준·방법·절차** 등을 위반한 경우 | 법 제82조제2항 제11호 | 150 | 300 | 450 |
| 호. 법 제49조제1항을 위반하여 **〈철도의 안전·보호와 질서유지를위하여 하는〉** 철도종사자의 직무상 지시에 따르지 않은 경우 | 법 제82조제1항 제14호 | 300 | 600 | 900 |
| 구. 법 제61조제1항**〈철도사고등의 의무보고〉**에 따른 **〈철도운영자등은 사상자가 많은 사고 등 대통령령으로 정하는 철도사고등 발생 시 즉시 국토교통부 장관에게〉** 보고를 하지 않거나 거짓으로 보고한 경우 | 법 제82조제1항 제15호 | 300 | 600 | 900 |
| 누. 법 제61조제2항에 따른 **〈철도사고등의 사고 내용 조사〉** 보고를 하지 않거나 거짓으로 보고한 경우 | 법 제82조제2항 제12호 | 150 | 300 | 450 |

| | | | | |
|---|---|---|---|---|
| 두. 법 제61조의2제1항·제2항〈**철도사고등 의무보고**〉에 따른 보고를 하지 않거나 거짓으로 보고한 경우 | 법 제82조제1항 제15호 | 300 | 600 | 900 |
| 루. 법 제73조제1항에 따른 〈**철도관계기관등이 국토부장관이나 관계 지방자치단체에게**〉 보고를 하지 않거나 거짓으로 보고한 경우<br>★ 철도안전법 7장 | 법 제82조제1항 제16호 | 300 | 600 | 900 |
| 무. 법 제73조제1항에 따른 〈**철도관계기관등이 국토부장관이나 관계 지방자치단체에게**〉 자료제출을 거부, 방해 또는 기피한 경우<br>★ 철도안전법 7장 | 법 제82조제1항 제17호 | 300 | 600 | 900 |
| 부. 법 제73조제2항에 따른 〈**철도관계기관등 관계인에게 질문하게 하거나 서류 검사**〉 소속 공무원의 출입·검사를 거부, 방해 또는 기피한 경우<br>★ 철도안전법 7장 | 법 제82조제1항 제18호 | 300 | 600 | 900 |

## - 부록 -
### 과태료 개별 기준 – 1회 위반 기준으로 과태료를 높은 순으로 정렬한 표
(24. 9. 27. 시행 기준)

2. 개별기준

| 위반행위 | 근거 법조문 | 과태료 금액 (단위: 만원) | | |
|---|---|---|---|---|
| | | 1회 위반 | 2회 위반 | 3회 이상 위반 |
| 가. 법 제7조제3항(법 제26조의8 및 제27조의2제4항에서 준용하는 경우를 포함한다)을 위반하여 안전관리체계의 변경승인을 받지 않고 안전관리체계를 변경한 경우 | 법 제82조 제1항제1호 | 300 | 600 | 900 |
| 다. 법 제8조제3항(법 제26조의8 및 제27조의2제4항에서 준용하는 경우를 포함한다)을 위반하여 정당한 사유 없이 〈안전관리체계〉 시정조치 명령에 따르지 않은 경우 | 법 제82조 제1항제2호 | 300 | 600 | 900 |
| 마. 법 제9조의4제4항을 위반하여 시정조치명령을 따르지 않은 경우 〈우수운영자로 지정받은 자가 아닌데도 불구하고 우수운영자 표시 혹은 유사한 표시를 했을 때 시정조치〉 | 법 제82조 제1항제2호의2 | 300 | 600 | 900 |
| 자. 법 제26조제2항 본문(법 제27조제4항에서 준용하는 경우를 포함한다)을 위반하여 〈철도차량(철도용품) 형식승인 받은 사항〉 변경승인을 받지 않은 경우 | 법 제82조 제1항제4호 | 300 | 600 | 900 |
| 카. 법 제26조의5제2항(법 제27조의2제4항에서 준용하는 경우를 포함한다)에 따른 〈승계〉 신고를 하지 않은 경우<br>★ 철도안전법 4장 | 법 제82조 제1항제5호 | 300 | 600 | 900 |
| 타. 법 제27조의2제3항을 위반하여 〈형식승인 받은 철도용품임을 나타내는〉 형식승인표시를 하지 않은 경우<br>★ 철도안전법 4장 | 법 제82조 제1항제6호 | 300 | 600 | 900 |
| 파. 법 제31조제2항을 위반하여 〈형식승인을 받은 철도차량 또는 철도용품의 안전 및 품질의 확인, 점검을 위한〉 조사·열람·수거 등을 거부, 방해 또는 기피한 경우<br>★ 철도안전법 4장 | 법 제82조 제1항제7호 | 300 | 600 | 900 |
| 하. 법 제32조제2항 또는 제4항을 위반하여 〈철도차량 또는 철도용품의 회수 및 환불 등에 관한〉 시정조치계획을 제출하지 않거나 시정조치의 진행 상황을 보고하지 않은 경우<br>★ 철도안전법 4장 | 법 제82조 제1항제8호 | 300 | 600 | 900 |

| 위반행위 | 근거 법조문 | 1차 | 2차 | 3차 |
|---|---|---|---|---|
| 거. 법 제38조제2항 〈종합시험운행 결과〉에 따른 개선·시정 명령을 따르지 않은 경우<br>★ 철도안전법 4장 | 법 제82조<br>제1항제9호 | 300 | 600 | 900 |
| 더. 제38조의5제3항을 위반한 다음의 어느 하나에 해당하는 경우<br>1) 〈관리하여야 할 철도차량의〉 이력사항을 고의로 입력하지 않은 경우<br>2) 〈관리하여야 할 철도차량의〉 이력사항을 위조·변조하거나 고의로 훼손한 경우<br>3) 〈관리하여야 할 철도차량의〉 이력사항을 무단으로 외부에 제공한 경우<br>★ 철도안전법 4장 | 법 제82조<br>제1항제9호의2 | 300 | 600 | 900 |
| 머. 법 제38조의7제2항을 위반하여 〈인증정비조직의 인증받은 사항〉 변경인증을 받지 않은 경우<br>★ 철도안전법 4장 | 법 제82조<br>제1항제9호의3 | 300 | 600 | 900 |
| 서. 법 제38조의9에 따른 〈인증정비조직〉 준수사항을 지키지 않은 경우<br>★ 철도안전법 4장 | 법 제82조<br>제1항제9호의4 | 300 | 600 | 900 |
| 어. 법 제38조의12제2항에 따른 〈철도사고 및 중대한 운행장애 등이 발생된 철도차량에 대하여〉 정밀안전진단 명령을 따르지 않은 경우<br>★ 철도안전법 4장 | 법 제82조<br>제1항제9호의5 | 300 | 600 | 900 |
| 저. 법 제38조의14제2항 후단을 위반하여 특별한 사유 없이 〈정밀안전진단의 결과 평가에 필요한〉 자료를 제출하지 않거나 거짓으로 제출한 경우<br>★ 철도안전법 4장 | 법 제82조<br>제1항제9호의6 | 300 | 600 | 900 |
| 처. 법 제39조의2제3항에 따른 〈철도차량의 안전한 운행을 위한 국토교통부장관의〉 안전조치를 따르지 않은 경우 | 법 제82조<br>제1항 제10호 | 300 | 600 | 900 |
| 커. 법 제39조의3제1항을 위반하여 영상기록장치를 설치·운영하지 않은 경우 | 법 제82조<br>제1항 제10호의2 | 300 | 600 | 900 |
| 토. 법 제48조의3제1항을 위반하여 국토교통부장관의 성능인증을 받은 보안검색장비를 사용하지 않은 경우 | 법 제82조<br>제1항 제13호의2 | 300 | 600 | 900 |
| 호. 법 제49조제1항을 위반하여 〈철도의 안전·보호와 질서유지를 위하여 하는〉 철도종사자의 직무상 지시에 따르지 않은 경우 | 법 제82조<br>제1항제14호 | 300 | 600 | 900 |
| 구. 법 제61조제1항〈철도사고등의 의무보고〉에 따른 〈철도운영자등은 사상자가 많은 사고 등 대통령령으로 정하는 철도사고등 발생 시 즉시 국토교통부 장관에게〉 보고를 하지 않거나 거짓으로 보고한 경우 | 법 제82조<br>제1항제15호 | 300 | 600 | 900 |
| 두. 법 제61조의2제1항·제2항〈철도사고등 의무보고〉에 따른 보고를 하지 않거나 거짓으로 보고한 경우 | 법 제82조<br>제1항제15호 | 300 | 600 | 900 |

| 위반행위 | 근거 법조문 | 1차 | 2차 | 3차 |
|---|---|---|---|---|
| 루. 법 제73조제1항에 따른 <철도관계기관등이 국토부장관이나 관계 지방자치단체에게> 보고를 하지 않거나 거짓으로 보고한 경우<br>★ 철도안전법 7장 | 법 제82조 제1항제16호 | 300 | 600 | 900 |
| 무. 법 제73조제1항에 따른 <철도관계기관등이 국토부장관이나 관계 지방자치단체에게> 자료제출을 거부, 방해 또는 기피한 경우<br>★ 철도안전법 7장 | 법 제82조 제1항제17호 | 300 | 600 | 900 |
| 부. 법 제73조제2항에 따른 <철도관계기관등 관계인에게 질문하게 하거나 서류 검사> 소속 공무원의 출입·검사를 거부, 방해 또는 기피한 경우<br>★ 철도안전법 7장 | 법 제82조 제1항제18호 | 300 | 600 | 900 |
| 나. 법 제7조제3항(법 제26조의8 및 제27조의2제4항에서 준용하는 경우를 포함한다)을 위반하여 안전관리체계의 변경신고를 하지 않고 안전관리체계를 변경한 경우 | 법 제82조 제2항제1호 | 150 | 300 | 450 |
| 사. 법 제24조제1항을 위반하여 <철도종사자에 대한> 안전교육을 실시하지 않거나 같은 조 제2항을 위반하여 직무교육을 실시하지 않은 경우 | 법 제82조 제2항제2호 | 150 | 300 | 450 |
| 아. 법 제24제3항을 위반하여 철도운영자 등이 안전교육 실시 여부를 확인하지 않거나 안전교육을 실시하도록 조치하지 않은 경우 | 법 제82조 제2항제2호의2 | 150 | 300 | 450 |
| 차. 법 제26조제2항 단서(법 제27조제4항에서 준용하는 경우를 포함한다)를 위반하여 <철도차량(철도용품) 형식승인> 변경신고를 하지 않은 경우 | 법 제82조 제2항제3호 | 150 | 300 | 450 |
| 너. 법 제38조의2제2항 단서를 위반하여 개조신고를 하지 않고 개조한 철도차량을 운행한 경우<br>★ 철도안전법 4장 | 법 제82조 제2항제4호 | 150 | 300 | 450 |
| 러. 법 제38조의5제3항제1호를 위반하여 <관리하여야 할 철도차량의> 이력사항을 과실로 입력하지 않은 경우<br>★ 철도안전법 4장 | 법 제82조 제2항제5호 | 150 | 300 | 450 |
| 버. 법 제38조의7제2항을 위반하여 <인증정비조직의 경미한 사항> 변경신고를 하지 않은 경우<br>★ 철도안전법 4장 | 법 제82조 제2항제6호 | 150 | 300 | 450 |
| 터. 법 제40조의2에 따른 <철도종사자> 준수사항을 위반한 경우<br>(**운전업무종사자, 관제업무종사자, 작업책임자, 철도운행안전관리자, 운전업무종사자와 여객승무원의 철도사고 등 현장 이탈 금지 및 후속 조치**) | 법 제82조 제2항제7호 | 150 | 300 | 450 |
| 허. 법 제44조제1항에 따른 <위험물 취급자가> 위험물취급의 방법, 절차 등을 따르지 않고 위험물취급을 한 경우(**위험물을 철도로 운송한 경우는 제외**한다) | 법 제82조 제2항제7호의2 | 150 | 300 | 450 |

| | | | | |
|---|---|---|---|---|
| 고. 법 제44조의2제1항에 따른 〈국토교통부장관이 실시하는 포장 및 용기의 안전성에 관한〉 검사를 받지 않고 포장 및 용기를 판매 또는 사용한 경우 | 법 제82조 제2항제7호의3 | 150 | 300 | 450 |
| 노. 위험물취급자가 법 제44조의3제1항을 위반하여 자신이 고용하고 있는 종사자가 위험물취급안전교육을 받도록 하지 않은 경우 | 법 제82조 제2항제7호의4 | 150 | 300 | 450 |
| 로. 법 제47조 제1항 제1호 또는 제3호를 위반하여 여객출입 금지장소에 출입하거나 물건을 여객열차 밖으로 던지는 행위를 한 경우 | 법 제82조 제2항제8호 | 150 | 300 | 450 |
| 소. 법 제47조제4항에 따른 여객열차에서의 금지행위에 관한 사항을 〈여객열차 및 승강장 등 철도시설에서 여객열차에서의 금지행위에 관한 게시물 또는 안내판 설치 / 영상 또는 음성으로 안내〉 안내하지 않은 경우 | 법 제82조 제2항제8호의2 | 150 | 300 | 450 |
| 오. 법 제48조제1항 제5호를 위반하여 철도시설(선로는 제외한다)에 〈철도운영자등의〉 승낙 없이 출입하거나 통행한 경우 | 법 제82조 제2항제9호 | 150 | 300 | 450 |
| 코. 법 제48조제1항 제7호·제9호 또는 제10호를 위반하여 철도시설에 유해물 또는 오물을 버리거나 열차운행에 지장을 준 경우 〈오물, 운행 중 승강용 출입문 개폐 방해, 정당한 사유없이 승강장의 비상정지버튼 작동〉 | 법 제82조 제2항제10호 | 150 | 300 | 450 |
| 포. 인증기관 및 시험기관이 법 제48조의3제2항에 따른 보안검색장비의 성능인증을 위한 기준·방법·절차 등을 위반한 경우 | 법 제82조 제2항제11호 | 150 | 300 | 450 |
| 누. 법 제61조제2항에 따른 〈철도사고등의 사고 내용 조사〉 보고를 하지 않거나 거짓으로 보고한 경우 | 법 제82조 제2항제12호 | 150 | 300 | 450 |
| 라. 법 제9조의4제3항을 위반하여 우수운영자로 지정되었음을 나타내는 표시를 하거나 이와 유사한 표시를 한 경우 | 법 제82조 제3항제1호 | 90 | 180 | 270 |
| 바. 법 제20조제3항(법 제21조의11제2항에서 준용하는 경우를 포함한다)을 위반하여 운전면허증을 반납하지 않은 경우 | 법 제82조 제3항제4호 | 90 | 180 | 270 |
| 퍼. 법 제40조의3〈철도종사자의 흡연금지〉을 위반하여 업무에 종사하는 동안에 열차 내에서 흡연을 한 경우 | 법 제82조 제4항제1호 | 30 | 60 | 90 |
| 모. 법 제47조 제1항 제4호를 위반하여 여객열차에서 흡연을 한 경우 | 법 제82조 제4항제1호 | 30 | 60 | 90 |
| 조. 법 제48조제1항 제5호를 위반하여 선로에 〈철도운영자등의〉 승낙 없이 출입하거나 통행한 경우 | 법 제82조 제4항제2호 | 30 | 60 | 90 |
| 초. 법 제48조제1항제6호를 위반하여 폭언 또는 고성방가 등 소란을 피우는 행위를 한 경우 | 법 제82조 제4항 제4호 | 30 | 60 | 90 |
| 도. 법 제45조제4항을 위반하여 〈철도차량의 안전운행 및 철도보호를 위한〉 조치명령을 따르지 않은 경우 | 법 제82조 제5항제1호 | 15 | 30 | 45 |

| 위반행위 | 근거 법조문 | 1회 | 2회 | 3회 |
|---|---|---|---|---|
| 보. 법 제47조제1항제7호를 위반하여 공중이나 여객에게 위해를 끼치는 행위를 한 경우<br>**〈국토부령으로 정하는 여객열차에서의 금지행위〉**<br>1. 여객에게 위해를 끼칠 우려가 있는 동식물을 안전조치 없이 여객열차에 동승하거나 휴대하는 행위<br>2. 타인에게 전염의 우려가 있는 법정 감염병자가 철도종사자의 허락 없이 여객열차에 타는 행위<br>3. 철도종사자의 허락 없이 여객에게 기부를 부탁하거나 물품을 판매·배부하거나 연설·권유 등을 하여 여객에게 불편을 끼치는 행위 | 법 제82조<br>제5항제2호 | 15 | 30 | 45 |

# 제 2 편

# 철도차량 운전규칙

**제1장** | 총칙
**제2장** | 철도종사자
**제3장** | 적재제한 등
**제4장** | 열차의 운전
**제5장** | 열차간의 안전확보
**제6장** | 철도신호

철도차량운전규칙 예상 및 기출문제 STEP 1
철도차량운전규칙 예상 및 기출문제 STEP 2
철도차량운전규칙 예상 및 기출문제 STEP 3

# 1장 총칙

철도차량운전규칙: [시행 2021. 10. 26] [국토교통부령 제907호, 2021. 10. 26, 일부개정]

**제1조(목적)**
이 규칙은 「철도안전법」 제39조의 규정에 의하여 열차의 편성, 철도차량의 운전 및 신호방식 등 철도차량의 안전운행에 관하여 필요한 사항을 정함을 목적으로 한다.

**제2조(정의)** 이 규칙에서 사용하는 용어의 정의는 다음과 같다.
1. "정거장"이라 함은 여객의 승강(여객 이용시설 및 편의시설을 포함한다), 화물의 적하(積下), 열차의 조성(組成, 철도차량을 연결하거나 분리하는 작업을 말한다), 열차의 교행(交行) 또는 대피를 목적으로 사용되는 장소를 말한다.
2. "본선"이라 함은 열차의 운전에 상용하는 선로를 말한다.
3. "측선"이라 함은 본선이 아닌 선로를 말한다.
4. 〈삭 제〉 [2021. 10. 26 개정]
5. 〈삭 제〉 [2021. 10. 26 개정]
6. "차량"이라 함은 열차의 구성부분이 되는 1량의 철도차량을 말한다.
7. "전차선로"라 함은 전차선 및 이를 지지하는 공작물을 말한다.
8. "완급차(緩急車)"라 함은 관통제동기용 제동통·압력계·차장변(車掌弁) 및 수(手)제동기를 장치한 차량으로서 열차승무원이 집무할 수 있는 차실이 설비된 객차 또는 화차를 말한다.
9. "철도신호"라 함은 제76조의 규정에 의한 신호·전호(傳號) 및 표지를 말한다.
10. "진행지시신호"라 함은 진행신호·감속신호·주의신호·경계신호·유도신호 및 차내신호(정지신호를 제외한다) 등 차량의 진행을 지시하는 신호를 말한다.
11. "폐색"이라 함은 일정 구간에 동시에 2 이상의 열차를 운전시키지 아니하기 위하여 그 구간을 하나의 열차의 운전에만 점용시키는 것을 말한다.
12. "구내운전"이라 함은 정거장내 또는 차량기지 내에서 입환신호에 의하여 열차 또는 차량을 운전하는 것을 말한다.
13. "입환(入換)"이라 함은 사람의 힘에 의하거나 동력차를 사용하여 차량을 이동·연결 또는 분리하는 작업을 말한다.
14. "조차장(操車場)"이라 함은 차량의 입환 또는 열차의 조성을 위하여 사용되는 장소를 말한다.
15. "신호소"라 함은 상치신호기 등 열차제어시스템을 조작·취급하기 위하여 설치한 장소를 말한다.
16. "동력차"라 함은 기관차(機關車), 전동차(電動車), 동차(動車) 등 동력발생장치에 의하여 선

로를 이동하는 것을 목적으로 제조한 철도차량을 말한다.
17. "위험물"이라 함은 「철도안전법」 제44조제1항의 규정에 의한 위험물을 말한다.
18. "무인운전"이란 사람이 열차 안에서 직접 운전하지 아니하고 관제실에서의 원격조종에 따라 열차가 자동으로 운행되는 방식을 말한다.
19. "운전취급담당자"란 철도 신호기·선로전환기 또는 조작판을 취급하는 사람을 말한다.

### 제3조(적용범위)

철도에서의 철도차량의 운행에 관하여는 다른 법령에 특별한 규정이 있는 경우를 제외하고는 이 규칙이 정하는 바에 의한다.

### 제4조(업무규정의 제정·개정 등)

① 철도운영자 및 철도시설관리자(이하 "철도운영자등"이라 한다)는 이 규칙에서 정하지 아니한 사항이나 지역별로 상이한 사항 등 열차운행의 안전관리 및 운영에 필요한 세부기준 및 절차(이하 이 조에서 "업무규정"이라 한다)를 이 규칙의 범위 안에서 따로 정할 수 있다.
② 철도운영자등은 다음 각 호의 경우에는 이와 관련된 다른 철도운영자등과 사전에 협의해야 한다.
  1. 다른 철도운영자등이 관리하는 구간에서 열차를 운행하려는 경우
  2. 제1호에 따른 열차 운행과 관련하여 업무규정을 제정·개정하는 경우

### 제5조(철도운영자등의 책무)

철도운영자등은 열차 또는 차량을 운행함에 있어 철도사고를 예방하고 여객과 화물을 안전하고 원활하게 운송할 수 있도록 필요한 조치를 하여야 한다.

# 2장 철도종사자

**제6조(교육 및 훈련 등)**

① 철도운영자등은 다음 각 호의 어느 하나에 해당하는 사람에게 「철도안전법」 등 관계법령에 따라 필요한 교육을 실시해야 하고, 해당 철도종사자 등이 업무 수행에 필요한 지식과 기능을 보유한 것을 확인한 후 업무를 수행하도록 해야 한다.
  1. 「철도안전법」 제2조제10호가목에 따른 철도차량의 운전업무에 종사하는 사람(이하 "운전업무종사자"라 한다)
  2. 철도차량운전업무를 보조하는 사람(이하 "운전업무보조자"라 한다)
  3. 「철도안전법」 제2조제10호나목에 따라 철도차량의 운행을 집중 제어·통제·감시하는 업무에 종사하는 사람(이하 "관제업무종사자"라 한다)
  4. 「철도안전법」 제2조제10호다목에 따른 여객에게 승무 서비스를 제공하는 사람(이하 "여객승무원"이라 한다)
  5. 운전취급담당자
  6. 철도차량을 연결·분리하는 업무를 수행하는 사람
  7. 원격제어가 가능한 장치로 입환 작업을 수행하는 사람

> **글자따서 암기하기!** 철원담종관보승

② 철도운영자등은 운전업무종사자, 운전업무보조자 및 여객승무원이 철도차량에 탑승하기 전 또는 철도차량의 운행중에 필요한 사항에 대한 보고·지시 또는 감독 등을 적절히 수행할 수 있도록 안전관리체계를 갖추어야 한다.

③ 철도운영자등은 제2항의 규정에 의한 업무를 수행하는 자가 과로 등으로 인하여 당해 업무를 적절히 수행하기 어렵다고 판단되는 경우에는 그 업무를 수행하도록 하여서는 아니된다.

**제7조(열차에 탑승하여야 하는 철도종사자)**

① 열차에는 운전업무종사자와 여객승무원을 탑승시켜야 한다. 다만, 해당 선로의 상태, 열차에 연결되는 차량의 종류, 철도차량의 구조 및 장치의 수준 등을 고려하여 열차운행의 안전에 지장이 없다고 인정되는 경우에는 운전업무종사자 외의 다른 철도종사자를 탑승시키지 않거나 인원을 조정할 수 있다.

② 제1항에도 불구하고 무인운전의 경우에는 운전업무종사자를 탑승시키지 않을 수 있다.

# 3장 적재제한 등

### 제8조(차량의 적재 제한 등)
① 차량에 화물을 적재할 경우에는 차량의 구조와 설계강도 등을 고려하여 허용할 수 있는 최대적재량을 초과하지 않도록 해야 한다.
② 차량에 화물을 적재할 경우에는 중량의 부담을 균등히 해야 하며, 운전 중의 흔들림으로 인하여 무너지거나 넘어질 우려가 없도록 하여야 한다.
③ 차량에는 차량한계(차량의 길이, 너비 및 높이의 한계를 말한다. 이하 이 조에서 같다)를 초과하여 화물을 적재·운송해서는 안 된다. 다만, 열차의 안전운행에 필요한 조치를 하는 경우에는 차량한계를 초과하는 화물(이하 "특대화물"이라 한다)을 운송할 수 있다.
제1항부터 제3항까지의 규정에 따른 차량의 화물 적재 제한 등에 필요한 세부사항은 국토교통부장관이 정하여 고시한다.

### 제9조(특대화물의 수송)
철도운영자등은 제8조제3항 단서에 따라 특대화물을 운송하려는 경우에는 사전에 해당 구간에 열차운행에 지장을 초래하는 장애물이 있는지 등을 조사·검토한 후 운송해야 한다.

# 4장 열차의 운전

## 제1절 | 열차의 조성

### 제10조(열차의 최대연결차량수 등)
열차의 최대연결차량수는 이를 조성하는 동력차의 견인력, 차량의 성능·차체(Frame) 등 차량의 구조 및 연결장치의 강도와 운행선로의 시설현황에 따라 이를 정하여야 한다.

### 제11조(동력차의 연결위치)
열차의 운전에 사용하는 동력차는 열차의 맨 앞에 연결하여야 한다. 다만, 다음 각 호의 어느 하나에 해당하는 경우에는 그러하지 아니하다.
1. **기**관차를 2 이상 연결한 경우로서 열차의 맨 앞에 위치한 기관차에서 열차를 제어하는 경우
2. **보**조기관차를 사용하는 경우
3. 선로 또는 **열**차에 고장이 있는 경우
4. **구**원열차·제설열차·공사열차 또는 시험운전열차를 운전하는 경우
5. **정**거장과 그 정거장 외의 본선 도중에서 분기하는 측선과의 사이를 운전하는 경우
6. 그 밖에 특별한 사유가 있는 경우

> **글자따서 암기하기!**    열정구보기

### 제12조(여객열차의 연결제한)
① 여객열차에는 화차를 연결할 수 없다. 다만, 회송의 경우와 그 밖에 특별한 사유가 있는 경우에는 그러하지 아니하다.
② 제1항 단서의 규정에 의하여 화차를 연결하는 경우에는 화차를 객차의 중간에 연결하여서는 아니된다.
③ 파손차량, 동력을 사용하지 아니하는 기관차 또는 2차량 이상에 무게를 부담시킨 화물을 적재한 화차는 이를 여객열차에 연결하여서는 아니된다.

### 제13조(열차의 운전위치)
① 열차는 운전방향 맨 앞 차량의 운전실에서 운전하여야 한다.
② 제1항에도 불구하고 다음 각 호의 어느 하나에 해당하는 경우에는 운전방향 맨 앞 차량의 운전실 외에서도 열차를 운전할 수 있다.

1. 철도종사자가 차량의 맨 앞에서 전호를 하는 경우로서 그 전호에 의하여 열차를 운전하는 경우
2. 선로·전차선로 또는 차량에 고장이 있는 경우
3. 공사열차·구원열차 또는 제설열차를 운전하는 경우
4. 정거장과 그 정거장 외의 본선 도중에서 분기하는 측선과의 사이를 운전하는 경우
5. 철도시설 또는 철도차량을 시험하기 위하여 운전하는 경우
6. 사전에 정한 특정한 구간을 운전하는 경우
6의2. 무인운전을 하는 경우
7. 그 밖에 부득이한 경우로서 운전방향 맨 앞 차량의 운전실에서 운전하지 아니하여도 열차의 안전한 운전에 지장이 없는 경우

> **글자따서 암기하기!** 차전차제정시사무

### 제14조(열차의 제동장치)

2량 이상의 차량으로 조성하는 열차에는 모든 차량에 연동하여 작용하고 차량이 분리되었을 때 자동으로 차량을 정차시킬 수 있는 제동장치를 구비하여야 한다. 다만, 다음 각 호의 어느 하나에 해당하는 경우에는 그러하지 아니하다.

1. 정거장에서 차량을 연결·분리하는 작업을 하는 경우
2. 차량을 정지시킬 수 있는 인력을 배치한 구원열차 및 공사열차의 경우
3. 그 밖에 차량이 분리된 경우에도 다른 차량에 충격을 주지 아니하도록 안전조치를 취한 경우

### 제15조(열차의 제동력)

① 열차는 선로의 굴곡정도 및 운전속도에 따라 충분한 제동능력을 갖추어야 한다.
② 철도운영자등은 연결축수(연결된 차량의 차축 총수를 말한다)에 대한 제동축수(소요 제동력을 작용시킬 수 있는 차축의 총수를 말한다)의 비율(이하 "제동축비율"이라 한다)이 100이 되도록 열차를 조성하여야 한다. 다만, 긴급상황 발생 등으로 인하여 열차를 조성하는 경우 등 부득이한 사유가 있는 경우에는 그러하지 아니하다.
③ 열차를 조성하는 경우에는 모든 차량의 제동력이 균등하도록 차량을 배치하여야 한다. 다만, 고장 등으로 인하여 일부 차량의 제동력이 작용하지 아니하는 경우에는 제동축비율에 따라 운전속도를 감속하여야 한다.

### 제16조(완급차의 연결)

① 관통제동기를 사용하는 열차의 맨 뒤(추진운전의 경우에는 맨 앞)에는 완급차를 연결하여야 한다. 다만, 화물열차에는 완급차를 연결하지 아니할 수 있다.
② 제1항 단서의 규정에 불구하고 군전용열차 또는 위험물을 운송하는 열차 등 열차승무원이 반

드시 탑승하여야 할 필요가 있는 열차에는 완급차를 연결하여야 한다.

### 제17조(제동장치의 시험)
열차를 조성하거나 열차의 조성을 변경한 경우에는 당해 열차를 운행하기 전에 제동장치를 시험하여 정상작동여부를 확인하여야 한다.

## 제2절 | 열차의 운전

### 제18조(철도신호와 운전의 관계)
철도차량은 신호 · 전호 및 표지가 표시하는 조건에 따라 운전하여야 한다.

### 제19조(정거장의 경계)
철도운영자등은 정거장 내 · 외에서 운전취급을 달리하는 경우 이를 내 · 외로 구분하여 운영하고 그 경계지점과 표시방식을 지정하여야 한다.

### 제20조(열차의 운전방향 지정 등)
① 철도운영자등은 상행선 · 하행선 등으로 노선이 구분되는 선로의 경우에는 열차의 운행방향을 미리 지정하여야 한다.
② 다음 각 호의 어느 하나에 해당되는 경우에는 제1항의 규정에 의하여 지정된 선로의 반대선로로 열차를 운행할 수 있다.
  1. 제4조제2항의 규정에 의하여 철도운영자등과 상호 **협**의된 방법에 따라 열차를 운행하는 경우
  2. **정**거장내의 선로를 운전하는 경우
  3. 공사열차 · 구원열차 또는 **제**설열차를 운전하는 경우
  4. **정**거장과 그 정거장 외의 본선 도중에서 분기하는 측선과의 사이를 운전하는 경우
  5. **입**환운전을 하는 경우
  6. 선로 또는 열차의 **시**험을 위하여 운전하는 경우
  7. **퇴**행(退行)운전을 하는 경우
  8. **양**방향 신호설비가 설치된 구간에서 열차를 운전하는 경우
  9. 철도**사**고 또는 운행장애(이하 "철도사고등"이라 한다)의 수습 또는 선로보수공사 등으로 인하여 부득이하게 지정된 선로방향을 운행할 수 없는 경우

> **글자따서 암기하기!** 협정제정 입시퇴사양

③ 철도운영자등은 제2항의 규정에 의하여 반대선로로 운전하는 열차가 있는 경우 후속 열차에

대한 운행통제 등 필요한 안전조치를 하여야 한다.

### 제21조(정거장외 본선의 운전)
차량은 이를 열차로 하지 아니하면 정거장외의 본선을 운전할 수 없다. 다만, 입환작업을 하는 경우에는 그러하지 아니하다.

### 제22조(열차의 정거장외 정차금지)
열차는 정거장외에서는 정차하여서는 아니된다. 다만, 다음 각 호의 어느 하나에 해당하는 경우에는 그러하지 아니하다.
1. 경사도가 1000분의 30 이상인 급경사 구간에 진입하기 전의 경우
2. 정지신호의 현시(現示)가 있는 경우
3. 철도사고등이 발생하거나 철도사고등의 발생 우려가 있는 경우
4. 그 밖에 철도안전을 위하여 부득이 정차하여야 하는 경우

> 글자따서 암기하기!   경사안정

### 제23조(열차의 운행시각)
철도운영자등은 정거장에서의 열차의 출발·통과 및 도착의 시각을 정하고 이에 따라 열차를 운행하여야 한다. 다만, 긴급하게 임시열차를 편성하여 운행하는 경우 등 부득이한 경우에는 그러하지 아니하다.

### 제24조(운전정리)
철도사고등의 발생 등으로 인하여 열차가 지연되어 열차의 운행일정의 변경이 발생하여 연차운행상 혼란이 발생한 때에는 열차의 종류·등급·목적지 및 연계수송 등을 고려하여 운전정리를 행하고, 정상운전으로 복귀되도록 하여야 한다.

> 글자따서 암기하기!   열종 등목연수

### 제25조(열차 출발시의 사고방지)
철도운영자등은 열차를 출발시키는 경우 여객이 객차의 출입문에 끼었는지의 여부, 출입문의 닫힘 상태 등을 확인하는 등 여객의 안전을 확보할 수 있는 조치를 하여야 한다.

### 제26조(열차의 퇴행 운전)
① 열차는 퇴행하여서는 아니된다. 다만, 다음 각 호의 어느 하나에 해당하는 경우에는 그러하지 아니하다.
   1. 선로·전차선로 또는 차량에 고장이 있는 경우

2. 공사열차·구원열차 또는 제설열차가 작업상 퇴행할 필요가 있는 경우
3. 뒤의 보조기관차를 활용하여 퇴행하는 경우
4. 철도사고등의 발생 등 특별한 사유가 있는 경우

**글자따서 암기하기!** 사차제보

② 제1항 단서의 규정에 의하여 퇴행하는 경우에는 다른 열차 또는 차량의 운전에 지장이 없도록 조치를 취하여야 한다.

### 제27조(열차의 재난방지)

철도운영자등은 폭풍우·폭설·홍수·지진·해일 등으로 열차에 재난 또는 위험이 발생할 우려가 있는 때에는 그 상황을 고려하여 열차운전을 일시 중지하거나 운전속도를 제한하는 등의 재난·위험방지조치를 강구하여야 한다.

**글자따서 암기하기!** 우설수해지

### 제28조(열차의 동시 진출·입 금지)

2 이상의 열차가 정거장에 진입하거나 정거장으로부터 진출하는 경우로서 열차 상호간 그 진로에 지장을 줄 염려가 있는 경우에는 2 이상의 열차를 동시에 정거장에 진입시키거나 진출시킬 수 없다. 다만, 다음 각 호의 어느 하나에 해당하는 경우에는 그러하지 아니하다.

1. 안전측선·탈선선로전환기·탈선기가 설치되어 있는 경우
2. 열차를 유도하여 서행으로 진입시키는 경우
3. 단행기관차로 운행하는 열차를 진입시키는 경우
4. 다른 방향에서 진입하는 열차들이 출발신호기 또는 정차위치로부터 200미터(동차·전동차의 경우에는 150미터) 이상의 여유거리가 있는 경우
5. 동일방향에서 진입하는 열차들이 각 정차위치에서 100미터 이상의 여유거리가 있는 경우

**글자따서 암기하기!** 안동유다단

### 제29조(열차의 긴급정지 등)

철도사고등이 발생하여 열차를 급히 정지시킬 필요가 있는 경우에는 지체없이 정지신호를 표시하는 등 열차정지에 필요한 조치를 취하여야 한다.

### 제30조(선로의 일시 사용중지)

① 선로의 개량 또는 보수 등으로 열차의 운행에 지장을 주는 작업이나 공사가 진행 중인 구간에는 작업이나 공사 관계 차량 외의 열차 또는 철도차량을 진입시켜서는 안 된다.
② 제1항의 규정에 의한 작업 또는 공사가 완료된 경우에는 열차의 운행에 지장이 없는 지를 확

인하고 열차를 운행시켜야 한다.

### 제31조(구원열차 요구 후 이동금지)
① 철도사고등의 발생으로 인하여 정거장외에서 열차가 정차하여 구원열차를 요구하였거나 구원열차 운전의 통보가 있는 경우에는 당해 열차를 이동하여서는 아니된다. 다만, 다음 각 호의 어느 하나에 해당하는 경우에는 그러하지 아니하다.
1. 철도사고등이 확대될 염려가 있는 경우
2. 응급작업을 수행하기 위하여 다른 장소로 이동이 필요한 경우

② 철도종사자는 제1항 단서에 따라 열차나 철도차량을 이동시키는 경우에는 지체없이 구원열차의 운전업무종사자와 관제업무종사자 또는 운전취급담당자에게 그 이동 내용과 이동 사유를 통보하고, 열차의 방호를 위한 정지수신호 등 안전조치를 취해야 한다.

### 제32조(화재발생시의 운전)
① 열차에 화재가 발생한 경우에는 조속히 소화의 조치를 하고 여객을 대피시키거나 화재가 발생한 차량을 다른 차량에서 격리시키는 등의 필요한 조치를 하여야 한다.
② 열차에 화재가 발생한 장소가 교량 또는 터널 안인 경우에는 우선 철도차량을 교량 또는 터널 밖으로 운전하는 것을 원칙으로 하고, 지하구간인 경우에는 가장 가까운 역 또는 지하구간 밖으로 운전하는 것을 원칙으로 한다.

### 제32조의2(무인운전 시의 안전확보 등)
열차를 무인운전하는 경우에는 다음 각 호의 사항을 준수해야 한다.
1. 철도운영자등이 지정한 철도종사자는 차량을 차고에서 출고하기 전 또는 무인운전 구간으로 진입하기 전에 운전방식을 무인운전 모드(mode)로 전환하고, 관제업무종사자로부터 무인운전 기능을 확인받을 것
2. 관제업무종사자는 열차의 운행상태를 실시간으로 감시하고 필요한 조치를 할 것
3. 관제업무종사자는 열차가 정거장의 정지선을 지나쳐서 정차한 경우 다음 각 목의 조치를 할 것
   가. 후속 열차의 해당 정거장 진입 차단
   나. 철도운영자등이 지정한 철도종사자를 해당 열차에 탑승시켜 수동으로 열차를 정지선으로 이동
   다. 나목의 조치가 어려운 경우 해당 열차를 다음 정거장으로 재출발
4. 철도운영자등은 여객의 승하차 시 안전을 확보하고 시스템 고장 등 긴급상황에 신속하게 대처하기 위하여 정거장 등에 안전요원을 배치하거나 순회하도록 할 것

**제33조(특수목적열차의 운전)**
철도운영자등은 특수한 목적으로 열차의 운행이 필요한 경우에는 당해 특수목적열차의 운행계획을 수립·시행하여야 한다.

## 제3절 | 열차의 운전속도

**제34조(열차의 운전 속도)**
① 열차는 선로 및 전차선로의 상태, 차량의 성능, 운전방법, 신호의 조건 등에 따라 안전한 속도로 운전하여야 한다.
② 철도운영자등은 다음 각 호를 고려하여 선로의 노선별 및 차량의 종류별로 열차의 최고속도를 정하여 운용하여야 한다.
1. 선로에 대하여는 선로의 굴곡의 정도 및 선로전환기의 종류와 구조
2. 전차선에 대하여는 가설방법별 제한속도

**제35조(운전방법 등에 의한 속도제한)**
철도운영자등은 다음 각 호의 어느 하나에 해당하는 때에는 열차 또는 차량의 운전제한속도를 따로 정하여 시행하여야 한다.
1. **서**행신호 현시구간을 운전하는 경우
2. **추**진운전을 하는 경우(총괄제어법에 따라 열차의 맨 앞에서 제어하는 경우를 제외한다)
3. 열차를 **퇴**행운전을 하는 경우
4. 쇄정(鎖錠)되지 않은 선로전환기를 **대**향(對向)으로 운전하는 경우
5. **입**환운전을 하는 경우
6. 제74조에 따른 **전**령법(傳令法)에 의하여 열차를 운전하는 경우
7. **수**신호 현시구간을 운전하는 경우
8. **지**령운전을 하는 경우
9. **무**인운전 구간에서 운전업무종사자가 탑승하여 운전하는 경우
10. 그 밖에 철도안전을 위하여 필요하다고 인정되는 경우

> **글자따서 암기하기!** 서추퇴대입무전수지

**제36조(열차 또는 차량의 정지)**
① 열차 또는 차량은 정지신호가 현시된 경우에는 그 현시지점을 넘어서 진행할 수 없다. 다만, 다음 각 호의 어느 하나에 해당하는 경우에는 그러하지 아니하다.
   1. 〈삭제〉[2021. 10. 26. 개정]
   2. 수신호에 의하여 정지신호의 현시가 있는 경우

3. 신호기 고장 등으로 인하여 정지가 불가능한 거리에서 정지신호의 현시가 있는 경우

② 제1항의 규정에 불구하고 자동폐색신호기의 정지신호에 의하여 일단 정지한 열차 또는 차량은 정지신호 현시중이라도 운전속도의 제한 등 안전조치에 따라 서행하여 그 현시지점을 넘어서 진행할 수 있다.

③ 서행허용표지를 추가하여 부설한 자동폐색신호기가 정지신호를 현시하는 때에는 정지신호 현시중이라도 정지하지 아니하고 운전속도의 제한 등 안전조치에 따라 서행하여 그 현시지점을 넘어서 진행할 수 있다.

### 제37조(열차 또는 차량의 진행)

열차 또는 차량은 진행을 지시하는 신호가 현시된 때에는 신호종류별 지시에 따라 지정속도 이하로 그 지점을 지나 다음 신호가 있는 지점까지 진행할 수 있다.

### 제38조(열차 또는 차량의 서행)

① 열차 또는 차량은 서행신호의 현시가 있을 때에는 그 속도를 감속하여야 한다.
② 열차 또는 차량이 서행해제신호가 있는 지점을 통과한 때에는 정상속도로 운전할 수 있다.

## 제4절 | 입환

### 제39조(입환)

① 철도운영자등은 입환작업을 하려면 다음 각 호의 사항을 포함한 입환작업계획서를 작성하여 기관사, 운전취급담당자, 입환작업자에게 배부하고 입환작업에 대한 교육을 실시하여야 한다. 다만, 단순히 선로를 변경하기 위하여 이동하는 입환의 경우에는 입환작업계획서를 작성하지 아니할 수 있다.
 1. 작업 내용
 2. 대상 차량
 3. 입환 작업 순서
 4. 작업자별 역할
 5. 입환전호 방식
 6. 입환 시 사용할 무선채널의 지정
 7. 그 밖에 안전조치사항

> **글자따서 암기하기!** 　　내차순역전무안

② 입환작업자(기관사를 포함한다)는 차량과 열차를 입환하는 경우 다음 각 호의 기준에 따라야 한다.

1. 차량과 열차가 이동하는 때에는 차량을 분리하는 입환작업을 하지 말 것
2. 입환 시 다른 열차의 운행에 지장을 주지 않도록 할 것
3. 여객이 승차한 차량이나 화약류 등 위험물을 적재한 차량에 대하여는 충격을 주지 않도록 할 것

### 제40조(선로전환기의 쇄정 및 정위치 유지)

① 본선의 선로전환기는 이와 관계된 신호기와 그 진로내의 선로전환기를 연동쇄정하여 사용하여야 한다. 다만, 상시 쇄정되어 있는 선로전환기 또는 취급회수가 극히 적은 배향(背向)의 선로전환기의 경우에는 그러하지 아니하다.
② 쇄정되지 아니한 선로전환기를 대향으로 통과할 때에는 쇄정기구를 사용하여 텅레일(Tongue Rail)을 쇄정하여야 한다.
③ 선로전환기를 사용한 후에는 지체없이 미리 정하여진 위치에 두어야 한다.

### 제41조(차량의 정차시 조치)

차량을 측선 등에 정차시켜 두는 경우에는 차량이 움직이지 아니하도록 필요한 조치를 하여야 한다.

### 제42조(열차의 진입과 입환)

① 다른 열차가 정거장에 진입할 시각이 임박한 때에는 다른 열차에 지장을 줄 수 있는 입환을 할 수 없다. 다만, 다른 열차가 진입할 수 없는 경우 등 긴급하거나 부득이한 경우에는 그러하지 아니하다.
② 열차의 도착 시각이 임박한 때에는 그 열차가 정차 예정인 선로에서는 입환을 할 수 없다. 다만, 열차의 운전에 지장을 주지 아니하도록 안전조치를 한 후에는 그러하지 아니하다.

### 제43조(정거장외 입환)

다른 열차가 인접정거장 또는 신호소를 출발한 후에는 그 열차에 대한 장내신호기의 바깥쪽에 걸친 입환을 할 수 없다. 다만, 특별한 사유가 있는 경우로서 충분한 안전조치를 한 때에는 그러하지 아니하다.

### 제44조 삭제

### 제45조(인력입환)

본선을 이용하는 인력입환은 관제업무종사자 또는 운전취급담당자의 승인을 받아야 하며, 운전취급담당자는 그 작업을 감시해야 한다.

# 5장 | 열차간의 안전확보

## 제1절 | 총칙

**제46조(열차간의 안전 확보)**
① 열차는 열차간의 안전을 확보할 수 있도록 다음 각 호의 어느 하나의 방법으로 운전해야 한다. 다만, 정거장 내에서 철도신호의 현시·표시 또는 그 정거장의 운전을 관리하는 사람의 지시에 따라 운전하는 경우에는 그렇지 않다.
  1. 폐색에 의한 방법
  2. 열차 간의 간격을 확보하는 장치(이하 "열차제어장치"라 한다)에 의한 방법
  3. 시계(視界)운전에 의한 방법
② 단선(單線)구간에서 폐색을 한 경우 상대역의 열차가 동시에 당해 구간에 진입하도록 하여서는 아니된다.
③ 구원열차를 운전하는 경우 또는 공사열차가 있는 구간에서 다른 공사열차를 운전하는 등의 특수한 경우로서 열차운행의 안전을 확보할 수 있는 조치를 취한 경우에는 제1항 및 제2항의 규정에 의하지 아니할 수 있다.

**제47조(진행지시신호의 금지)**
열차 또는 차량의 진로에 지장이 있는 경우에는 이에 대하여 진행을 지시하는 신호를 현시할 수 없다.

**제47조의2(열차의 방호)**
① 철도운영자등은 철도사고등이 발생하여 인접 선로의 열차 운행에 지장을 주는 등 다른 열차의 정차가 필요한 경우에는 방호 조치를 해야 한다.
② 운전업무종사자는 다른 열차의 방호 조치를 확인한 경우 즉시 열차를 정차해야 한다.

## 제2절 | 폐색에 의한 방법

**제48조(폐색에 의한 방법)**
폐색에 의한 방법을 사용하는 경우에는 당해 열차의 진로상에 있는 폐색구간의 조건에 따라 신호를 현시하거나 다른 열차의 진입을 방지할 수 있어야 한다.

### 제49조(폐색에 의한 열차 운행)

① 폐색에 의한 방법으로 열차를 운행하는 경우에는 본선을 폐색구간으로 분할하여야 한다. 다만, 정거장내의 본선은 이를 폐색구간으로 하지 아니할 수 있다.

② 하나의 폐색구간에는 둘 이상의 열차를 동시에 운행할 수 없다. 다만, 다음 각 호에 해당하는 경우에는 그렇지 않다.

　1. 제36조제2항 및 제3항에 따라 열차를 진입시키려는 경우

　　36조

　　② 자동폐색신호기의 정지신호에 의하여 일단 정지한 열차 또는 차량은 정지신호 현시중이라도 운전속도의 제한 등 안전조치에 따라 서행하여 그 현시지점을 넘어서 진행할 수 있다.

　　③ 서행허용표지를 추가하여 부설한 자동폐색신호기가 정지신호를 현시하는 때에는 정지신호 현시중이라도 정지하지 아니하고 운전속도의 제한 등 안전조치에 따라 서행하여 그 현시지점을 넘어서 진행할 수 있다.

　2. 고장열차가 있는 폐색구간에 구원열차를 운전하는 경우
　3. 선로가 불통된 구간에 공사열차를 운전하는 경우
　4. 폐색구간에서 뒤의 보조기관차를 열차로부터 떼었을 경우
　5. 열차가 정차되어 있는 폐색구간으로 다른 열차를 유도하는 경우
　6. 폐색에 의한 방법으로 운전을 하고 있는 열차를 열차제어장치로 운전하거나 시계운전이 가능한 노선에서 열차를 서행하여 운전하는 경우
　7. 그 밖에 특별한 사유가 있는 경우

### 제50조(폐색방식의 구분)

폐색방식은 각 호와 같이 구분한다.

1. 상용(常用)폐색방식 : 자동폐색식 · 연동폐색식 · 차내신호폐색식 · 통표폐색식
   **입교도우미의 꿀팁!** 최소5글자이며, 끝에 폐색식이 붙는다.
2. 대용(代用)폐색방식 : 통신식 · 지도통신식 · 지도식 · 지령식
   **입교도우미의 꿀팁!** 3글자 ~ 최대 5글자, 통신 혹은 지도라는 단어가 있다.

### 제51조(자동폐색장치의 기능)

자동폐색식을 시행하는 폐색구간의 폐색신호기 · 장내신호기 및 출발신호기는 다음 각 호의 기능을 갖추어야 한다.

1. 폐색구간에 열차 또는 차량이 있을 때에는 자동으로 정지신호를 현시할 것
2. 폐색구간에 있는 선로전환기가 정당한 방향으로 개통되지 아니한 때 또는 분기선 및 교차점에 있는 차량이 폐색구간에 지장을 줄 때에는 자동으로 정지신호를 현시할 것
3. 폐색장치에 고장이 있을 때에는 자동으로 정지신호를 현시할 것

4. 단선구간에 있어서는 하나의 방향에 대하여 진행을 지시하는 신호를 현시한 때에는 그 반대방향의 신호기는 자동으로 정지신호를 현시할 것

### 제52조(연동폐색장치의 구비조건)
연동폐색식을 시행하는 폐색구간 양끝의 정거장 또는 신호소에는 다음 각 호의 기능을 갖춘 연동폐색기를 설치해야 한다.
1. 신호기와 연동하여 자동으로 다음 각 목의 표시를 할 수 있을 것
    가. 폐색구간에 열차 있음
    나. 폐색구간에 열차 없음
2. 열차가 폐색구간에 있을 때에는 그 구간의 신호기에 진행을 지시하는 신호를 현시할 수 없을 것
3. 폐색구간에 진입한 열차가 그 구간을 통과한 후가 아니면 제1호가목의 표시를 변경할 수 없을 것
4. 단선구간에 있어서 하나의 방향에 대하여 폐색이 이루어지면 그 반대방향의 신호기는 자동으로 정지신호를 현시할 것

### 제53조(열차를 연동폐색구간에 진입시킬 경우의 취급)
① 열차를 폐색구간에 진입시키려는 경우에는 제52조제1호나목의 표시를 확인하고 전방의 정거장 또는 신호소의 승인을 받아야 한다.
② 제1항에 따른 승인은 제52조제1호가목의 표시로 해야 한다.
③ 폐색구간에 열차 또는 차량이 있을 때에는 제1항의 규정에 의한 승인을 할 수 없다.

### 제54조(차내신호폐색장치의 기능)
차내신호폐색식을 시행하는 구간의 차내신호는 다음 각 호의 경우에는 자동으로 정지신호를 현시하는 기능을 갖추어야 한다.
1. 폐색구간에 열차 또는 다른 차량이 있는 경우
2. 폐색구간에 있는 선로전환기가 정당한 방향에 있지 아니한 경우
3. 다른 선로에 있는 열차 또는 차량이 폐색구간을 진입하고 있는 경우
4. 열차제어장치의 지상장치에 고장이 있는 경우
5. 열차 정상운행선로의 방향이 다른 경우

### 제55조(통표폐색장치의 기능 등)
① 통표폐색식을 시행하는 폐색구간 양끝의 정거장 또는 신호소에는 다음 각 호의 기능을 갖춘 통표폐색장치를 설치해야 한다.

   1. 통표는 폐색구간 양끝의 정거장 또는 신호소에서 협동하여 취급하지 아니하면 이를 꺼낼 수 없을 것
   2. 폐색구간 양끝에 있는 통표폐색기에 넣은 통표는 1개에 한하여 꺼낼 수 있으며, 꺼낸 통표를 통표폐색기에 넣은 후가 아니면 다른 통표를 꺼내지 못하는 것일 것
   3. 인접 폐색구간의 통표는 넣을 수 없는 것일 것
② 제1항의 규정에 의한 통표폐색기에는 그 구간 전용의 통표만을 넣어야 한다.
③ 인접폐색구간의 통표는 그 모양을 달리하여야 한다.
④ 열차는 당해 구간의 통표를 휴대하지 아니하면 그 구간을 운전할 수 없다. 다만, 특별한 사유가 있는 경우에는 그러하지 아니하다.

### 제56조(열차를 통표폐색구간에 진입시킬 경우의 취급)
① 열차를 통표폐색구간에 진입시키려는 경우에는 폐색구간에 열차가 없는 것을 확인하고 운행하려는 방향의 정거장 또는 신호소 운전취급담당자의 승인을 받아야 한다.
② 열차의 운전에 사용하는 통표는 통표폐색기에 넣은 후가 아니면 이를 다른 열차의 운전에 사용할 수 없다. 다만, 고장열차가 있는 폐색구간에 구원열차를 운전하는 경우 등 특별한 사유가 있는 경우에는 그러하지 아니하다.

### 제57조(통신식 대용폐색 방식의 통신장치)
통신식을 시행하는 구간에는 전용의 통신설비를 설치하여야 한다. 다만, 다음 각 호의 어느 하나에 해당하는 경우에는 다른 통신설비로서 이를 대신할 수 있다.
1. 운전이 한산한 구간인 경우
2. 전용의 통신설비에 고장이 있는 경우
3. 철도사고등의 발생 그 밖에 부득이한 사유로 인하여 전용의 통신설비를 설치할 수 없는 경우

### 제58조(열차를 통신식 폐색구간에 진입시킬 경우의 취급)
① 열차를 통신식 폐색구간에 진입시키려는 경우에는 관제업무종사자 또는 운전취급담당자의 승인을 받아야 한다.
② 관제업무종사자 또는 운전취급담당자는 폐색구간에 열차 또는 차량이 없음을 확인한 경우에만 열차의 진입을 승인할 수 있다.

### 제64조의2(지령식의 시행)
① 지령식은 폐색 구간이 다음 각 호의 요건을 모두 갖춘 경우 관제업무종사자의 승인에 따라 시행한다.
   1. 관제업무종사자가 열차 운행을 감시할 수 있을 것

2. 운전용 통신장치 기능이 정상일 것
② 관제업무종사자는 지령식을 시행하는 경우 다음 각 호의 사항을 준수해야 한다.
   1. 지령식을 시행할 폐색구간의 경계를 정할 것
   2. 지령식을 시행할 폐색구간에 열차나 철도차량이 없음을 확인할 것
   3. 지령식을 시행하는 폐색구간에 진입하는 열차의 기관사에게 승인번호, 시행구간, 운전속도 등 주의사항을 통보할 것

### 제59조(지도통신식의 시행)

① 지도통신식을 시행하는 구간에는 폐색구간 양끝의 정거장 또는 신호소의 통신설비를 사용하여 서로 협의한 후 시행한다.
② 지도통신식을 시행하는 경우 폐색구간 양끝의 정거장 또는 신호소가 서로 협의한 후 지도표를 발행하여야 한다.
③ 제2항의 규정에 의한 지도표는 1폐색구간에 1매로 한다.

### 제60조(지도표와 지도권의 사용구별)

① 지도통신식을 시행하는 구간에서 동일방향의 폐색구간으로 진입시키고자 하는 열차가 하나뿐인 경우에는 지도표를 교부하고, 연속하여 2 이상의 열차를 동일방향의 폐색구간으로 진입시키고자 하는 경우에는 최후의 열차에 대하여는 지도표를, 나머지 열차에 대하여는 지도권을 교부한다.
② 지도권은 지도표를 가지고 있는 정거장 또는 신호소에서 서로 협의를 한 후 발행하여야 한다.

### 제61조(열차를 지도통신식 폐색구간에 진입시킬 경우의 취급)

열차는 당해구간의 지도표 또는 지도권을 휴대하지 아니하면 그 구간을 운전할 수 없다. 다만, 고장열차가 있는 폐색구간에 구원열차를 운전하는 경우 등 특별한 사유가 있는 경우에는 그러하지 아니하다.

### 제62조(지도표·지도권의 기입사항)

① 지도표에는 그 구간 양끝의 정거장명·발행일자 및 사용열차번호를 기입하여야 한다.
② 지도권에는 사용구간·사용열차·발행일자 및 지도표 번호를 기입하여야 한다.

> 글자따서 암기하기!    열일구번

### 제63조(지도식의 시행)
지도식은 철도사고등의 수습 또는 선로보수공사 등으로 현장과 가장 가까운 정거장 또는 신호소 간을 1폐색구간으로 하여 열차를 운전하는 경우에 후속열차를 운전할 필요가 없을 때에 한하여 시행한다.

### 제64조(지도표의 발행)
① 지도식을 시행하는 구간에는 지도표를 발행하여야 한다.
② 지도표는 1폐색구간에 1매로 하며, 열차는 당해구간의 지도표를 휴대하지 아니하면 그 구간을 운전할 수 없다.

## 제3절 | 자동열차제어장치에 의한 방법

### 제65조(열차제어장치에 의한 방법)
열차간의 간격을 자동으로 확보하는 열차제어장치는 운행하는 열차와 동일 진로상의 다른 열차와의 간격 및 선로 등의 조건에 따라 자동으로 해당 열차를 감속시키거나 정지시킬 수 있어야 한다.

### 제66조(열차제어장치의 구분종류) 열차제어장치는 다음 각 호와 같이 구분한다.
1. 열차자동정지장치(ATS, Automatic Train Stop)
2. 열차자동제어장치(ATC, Automatic Train Control)
3. 열차자동방호장치(ATP, Automatic Train Protection)

> **입교도우미의 꿀팁!** S(정지, STOP), C(컨트롤), P(팡호) ATS, ATC ATP 헷갈리지 않기!

### 제67조(열차제어장치의 기능)
① 열차자동정지장치는 열차의 속도가 지상에 설치된 신호기의 현시 속도를 초과하는 경우 열차를 자동으로 정지시킬 수 있어야 한다.
② 열차자동제어장치 및 열차자동방호장치는 다음 각 호의 기능을 갖추어야 한다.
  1. 운행 중인 열차를 선행열차와의 간격, 선로의 굴곡, 선로전환기 등 운행 조건에 따라 제어정보가 지시하는 속도로 자동으로 감속시키거나 정지시킬 수 있을 것
  2. 장치의 조작 화면에 열차제어정보에 따른 운전 속도와 열차의 실제 속도를 실시간으로 나타내 줄 것
  3. 열차를 정지시켜야 하는 경우 자동으로 제동장치를 작동하여 정지목표에 정지할 수 있을 것

68조, 69조 삭제

## 제4절 | 시계운전에 의한 방법

### 제70조(시계운전에 의한 방법)
① 시계운전에 의한 방법은 신호기 또는 통신장치의 고장 등으로 제50조제1호 및 제2호(상용폐색방식, 대용폐색방식) 외의 방법으로 열차를 운전할 필요가 있는 경우에 한하여 시행하여야 한다.
② 철도차량의 운전속도는 전방 가시거리 범위 내에서 열차를 정지시킬 수 있는 속도 이하로 운전하여야 한다.
③ 동일 방향으로 운전하는 열차는 선행 열차와 충분한 간격을 두고 운전하여야 한다.

### 제71조(단선구간에서의 시계운전)
단선구간에서는 하나의 방향으로 열차를 운전하는 때에 반대방향의 열차를 운전시키지 아니하는 등 사고예방을 위한 안전조치를 하여야 한다.

### 제72조(시계운전에 의한 열차의 운전)
시계운전에 의한 열차운전은 다음 각 호의 어느 하나의 방법으로 시행해야 한다. 다만, 협의용 단행기관차의 운행 등 철도운영자등이 특별히 따로 정한 경우에는 그러하지 아니하다.
1. 복선운전을 하는 경우
   가. 격시법
   나. 전령법
2. 단선운전을 하는 경우
   가. 지도격시법(指導隔時法)
   나. 전령법

### 제73조(격시법 또는 지도격시법의 시행)
① 격시법 또는 지도격시법을 시행하는 경우에는 최초의 열차를 운전시키기 전에 폐색구간에 열차 또는 차량이 없음을 확인하여야 한다.
② 격시법은 폐색구간의 한끝에 있는 정거장 또는 신호소의 운전취급담당자가 시행한다.
③ 지도격시법은 폐색구간의 한끝에 있는 정거장 또는 신호소의 운전취급담당자가 적임자를 파견하여 상대의 정거장 또는 신호소 운전취급담당자와 협의한 후 시행해야 한다. 다만, 지도통신식을 시행 중인 구간에서 통신두절이 된 경우 지도표를 가지고 있는 정거장 또는 신호소에서 출발하는 최초의 열차에 대해서는 적임자를 파견하지 않고 시행할 수 있다.

**제74조(전령법의 시행)**
① 열차 또는 차량이 정차되어 있는 폐색구간에 다른 열차를 진입시킬 때에는 전령법에 의하여 운전하여야 한다.
② 전령법은 그 폐색구간 양끝에 있는 정거장 또는 신호소의 운전취급담당자가 협의하여 이를 시행해야 한다. 다만, 다음 각 호의 어느 하나에 해당하는 경우에는 협의하지 않고 시행할 수 있다.
   1. 선로고장 등으로 지도식을 시행하는 폐색구간에 전령법을 시행하는 경우
   2. 제1호 외의 경우로서 전화불통으로 협의를 할 수 없는 경우
③ 제2항제2호에 해당하는 경우에는 당해 열차 또는 차량이 정차되어 있는 곳을 넘어서 열차 또는 차량을 운전할 수 없다.

**제75조(전령자)**
① 전령법을 시행하는 구간에는 전령자를 선정하여야 한다.
② 제1항의 규정에 의한 전령자는 1폐색구간 1인에 한한다.
③ 〈삭제〉
④ 전령법을 시행하는 구간에서는 당해구간의 전령자가 동승하지 아니하고는 열차를 운전할 수 없다.

# 6장 철도신호

## 제1절 | 총칙

**제76조(철도신호)** 철도의 신호는 다음 각 호와 같이 구분하여 시행한다.
1. 신호는 모양·색 또는 소리 등으로 열차나 차량에 대하여 운행의 조건을 지시하는 것으로 할 것
2. 전호는 모양·색 또는 소리 등으로 관계직원 상호간에 의사를 표시하는 것으로 할 것
3. 표지는 모양 또는 색 등으로 물체의 위치·방향·조건 등을 표시하는 것으로 할 것

**제77조(주간 또는 야간의 신호 등)**
주간과 야간의 현시방식을 달리하는 신호·전호 및 표지의 경우 일출 후부터 일몰 전까지는 주간 방식으로, 일몰 후부터 다음 날 일출 전까지는 야간 방식으로 한다. 다만, 일출 후부터 일몰 전까지의 경우에도 주간 방식에 따른 신호·전호 또는 표지를 확인하기 곤란한 경우에는 야간 방식에 따른다.

**제78조(지하구간 및 터널 안의 신호)**
지하구간 및 터널 안의 신호·전호 및 표지는 야간의 방식에 의하여야 한다. 다만, 길이가 짧아 빛이 통하는 지하구간 또는 조명시설이 설치된 터널 안 또는 지하 정거장 구내의 경우에는 그러하지 아니하다.

**제79조(제한신호의 추정)**
① 신호를 현시할 소정의 장소에 신호의 현시가 없거나 그 현시가 정확하지 아니할 때에는 정지신호의 현시가 있는 것으로 본다.
② 상치신호기 또는 임시신호기와 수신호가 각각 다른 신호를 현시한 때에는 그 운전을 최대로 제한하는 신호의 현시에 의하여야 한다. 다만, 사전에 통보가 있을 때에는 통보된 신호에 의한다.

**제80조(신호의 겸용금지)**
하나의 신호는 하나의 선로에서 하나의 목적으로 사용되어야 한다. 다만, 진로표시기를 부설한 신호기는 그러하지 아니하다.

## 제2절 | 상치신호기

**제81조(상치신호기)**
상치신호기는 일정한 장소에서 색등(色燈) 또는 등열(燈列)에 의하여 열차 또는 차량의 운전조건을 지시하는 신호기를 말한다.

**제82조(상치신호기의 종류)** 상치신호기의 종류와 용도는 다음 각 호와 같다.
1. 주신호기
   가. 장내신호기 : 정거장에 진입하려는 열차에 대하여 신호를 현시하는 것
   나. 출발신호기 : 정거장을 진출하려는 열차에 대하여 신호를 현시하는 것
   다. 폐색신호기 : 폐색구간에 진입하려는 열차에 대하여 신호를 현시하는 것
   라. 엄호신호기 : 특히 방호를 요하는 지점을 통과하려는 열차에 대하여 신호를 현시하는 것
   마. 유도신호기 : 장내신호기에 정지신호의 현시가 있는 경우 유도를 받을 열차에 대하여 신호를 현시하는 것
   바. 입환신호기 : 입환차량 또는 차내신호폐색식을 시행하는 구간의 열차에 대하여 신호를 현시하는 것
2. 종속신호기
   가. 원방신호기 : 장내신호기 · 출발신호기 · 폐색신호기 및 엄호신호기에 종속하여 열차에 주신호기가 현시하는 신호의 예고신호를 현시하는 것
   나. 통과신호기 : 출발신호기에 종속하여 정거장에 진입하는 열차에 신호기가 현시하는 신호를 예고하며, 정거장을 통과할 수 있는지에 대한 신호를 현시하는 것
   다. 중계신호기 : 장내신호기 · 출발신호기 · 폐색신호기 및 엄호신호기에 종속하여 열차에 주신호기가 현시하는 신호의 중계신호를 현시하는 것
3. 신호부속기
   가. 진로표시기 : 장내신호기 · 출발신호기 · 진로개통표시기 및 입환신호기에 부속하여 열차 또는 차량에 대하여 그 진로를 표시하는 것
   나. 진로예고기 : 장내신호기 · 출발신호기에 종속하여 다음 장내신호기 또는 출발신호기에 현시하는 진로를 열차에 대하여 예고하는 것
   다. 진로개통표시기 : 차내신호를 사용하는 열차가 운행하는 본선의 분기부에 설치하여 진로의 개통 상태를 표시하는 것
4. 차내신호 : 동력차 내에 설치하여 신호를 현시하는 것

**제83조(차내신호)** 차내신호의 종류 및 그 제한속도는 다음 각 호와 같다.
1. 정지신호 : 열차운행에 지장이 있는 구간으로 운행하는 열차에 대하여 정지하도록 하는 것

2. 15신호 : 정지신호에 의하여 정지한 열차에 대한 신호로서 1시간에 15킬로미터 이하의 속도로 운전하게 하는 것
3. 야드신호 : 입환차량에 대한 신호로서 1시간에 25킬로미터 이하의 속도로 운전하게 하는 것
4. 진행신호 : 열차를 지정된 속도 이하로 운전하게 하는 것

**제84조(신호현시방식)** 상치신호기의 현시방식은 다음 각 호와 같다.

1. 장내신호기 · 출발신호기 · 폐색신호기 및 엄호신호기

| 종류 | 신호현시방식 | | | | | |
|---|---|---|---|---|---|---|
| | 5현시 | 4현시 | 3현시 | 2현시 | | |
| | 색등식 | 색등식 | 색등식 | 색등식 | 완목식 | |
| | | | | | 주간 | 야간 |
| 정지신호 | 적색등 | 적색등 | 적색등 | 적색등 | 완 · 수평 | 적색등 |
| 경계신호 | 상위 : 등황색등<br>하위 : 등황색등 | | | | | |
| 주의신호 | 등황색등 | 등황색등 | 등황색등 | | | |
| 감속신호 | 상위 : 등황색등<br>하위 : 녹색등 | 상위 : 등황색등<br>하위 : 녹색등 | | | | |
| 진행신호 | 녹색등 | 녹색등 | 녹색등 | 녹색등 | 완 · 좌하향 45도 | 녹색등 |

2. 유도신호기(등열식) : 백색등열 좌 · 하향 45도

3. 입환신호기

| 종류 | 신호현시방식 | | |
|---|---|---|---|
| | 등열식 | 색등식 | |
| | | 차내신호폐색구간 | 그 밖의 구간 |
| 정지신호 | 백색등열 수평<br>무유도등 소등 | 적색등 | 적색등 |
| 진행신호 | 백색 등열 좌하향 45도<br>무유도등 점등 | 등황색등 | 청색등<br>무유도등 점등 |

4. 원방신호기(통과신호기를 포함한다)

| 종류 | | 신호현시방식 | | |
|---|---|---|---|---|
| | | 색등식 | 완목식 | |
| | | | 주간 | 야간 |
| 주신호기가 정지신호를 할 경우 | 주의신호 | 등황색등 | 완·수평 | 등황색등 |
| 주신호기가 진행을 지시하는 신호를 할 경우 | 진행신호 | 녹색등 | 완·좌하향 45도 | 녹색등 |

5. 중계신호기

| 종류 | | 등열식 | 색등식 |
|---|---|---|---|
| 주신호기가 정지신호를 할 경우 | 정지중계 | 백색등열(3등) 수평 | 적색등 |
| 주신호기가 진행을 지시하는 신호를 할 경우 | 제한중계 | 백색등열(3등) 좌하향 45도 | 주신호기가 진행을 지시하는 색등 |
| | 진행중계 | 백색등열(3등) 수직 | |

6. 차내신호기

| 종류 | 신호현시방식 |
|---|---|
| 정지신호 | 적색사각형등 점등 |
| 15신호 | 적색원형등 점등("15" 지시) |
| 야드신호 | 노란색 직사각형등과 적색원형등(25등신호) 점등 |
| 진행신호 | 적색원형등(해당신호등) 점등 |

**제85조(신호현시의 기본원칙)**

① 별도의 작동이 없는 상태에서의 상치신호기의 기본원칙은 다음 각 호와 같다.

1. 장내신호기 : 정지신호
2. 출발신호기 : 정지신호
3. 폐색신호기(자동폐색신호기를 제외한다) : 정지신호
4. 엄호신호기 : 정지신호
5. 유도신호기 : 신호를 현시하지 아니한다.
6. 입환신호기 : 정지신호
7. 원방신호기 : 주의신호

② 자동폐색신호기 및 반자동폐색신호기는 진행을 지시하는 신호를 현시함을 기본으로 한다. 다만, 단선구간의 경우에는 정지신호를 현시함을 기본으로 한다.
③ 차내신호는 진행신호를 현시함을 기본으로 한다.

#### 제86조(배면광 설비)
상치신호기의 현시를 후면에서 식별할 필요가 있는 경우에는 배면광(背面光)을 설비하여야 한다.

#### 제87조(신호의 배열)
기둥 하나에 같은 종류의 신호 2 이상을 현시할 때에는 맨 위에 있는 것을 맨 왼쪽의 선로에 대한 것으로 하고, 순차적으로 오른쪽의 선로에 대한 것으로 한다.

#### 제88조(신호현시의 순위)
원방신호기는 그 주된 신호기가 진행신호를 현시하거나, 3위식 신호기는 그 신호기의 배면쪽 제1의 신호기에 주의 또는 진행신호를 현시하기 전에 이에 앞서 진행신호를 현시할 수 없다.

#### 제89조(신호의 복위)
열차가 상치신호기의 설치지점을 통과한 때에는 그 지점을 통과한 때마다 유도신호기는 신호를 현시하지 아니하며 원방신호기는 주의신호를, 그 밖의 신호기는 정지신호를 현시하여야 한다.

### 제3절 | 임시신호기

#### 제90조(임시신호기)
선로의 상태가 일시 정상운전을 할 수 없는 상태인 경우에는 그 구역의 바깥쪽에 임시신호기를 설치하여야 한다.

#### 제91조(임시신호기의 종류) 임시신호기의 종류와 용도는 다음 각 호와 같다.
1. 서행신호기 : 서행운전할 필요가 있는 구간에 진입하려는 열차 또는 차량에 대하여 당해구간을 서행할 것을 지시하는 것
2. 서행예고신호기 : 서행신호기를 향하여 진행하려는 열차에 대하여 그 전방에 서행신호의 현시 있음을 예고하는 것
3. 서행해제신호기 : 서행구역을 진출하려는 열차에 대하여 서행을 해제할 것을 지시하는 것

4. 서행발리스(Balise) : 서행운전할 필요가 있는 구간의 전방에 설치하는 송·수신용 안테나로 지상 정보를 열차로 보내 자동으로 열차의 감속을 유도하는 것

### 제92조(신호현시방식)

① 임시신호기의 신호현시방식은 다음과 같다.

| 종류 | 신호현시방식 | |
|---|---|---|
| | 주간 | 야간 |
| 서행신호 | 백색테두리를 한 등황색 원판 | 등황색등 또는 반사재 |
| 서행예고신호 | 흑색삼각형 3개를 그린 백색삼각형 | 흑색삼각형 3개를 그린 백색등 또는 반사재 |
| 서행해제신호 | 백색테두리를 한 녹색원판 | 녹색등 또는 반사재 |

② 서행신호기 및 서행예고신호기에는 서행속도를 표시하여야 한다.

## 제4절 | 수신호

### 제93조(수신호의 현시방법)

신호기를 설치하지 아니하거나 이를 사용하지 못하는 경우에 사용하는 수신호는 다음 각 호와 같이 현시한다.

1. 정지신호
   가. 주간 : 적색기. 다만, 적색기가 없을 때에는 양팔을 높이 들거나 또는 녹색기외의 것을 급히 흔든다.
   나. 야간 : 적색등. 다만, 적색등이 없을 때에는 녹색등 외의 것을 급히 흔든다.
2. 서행신호
   가. 주간 : 적색기와 녹색기를 모아쥐고 머리 위에 높이 교차한다.
   나. 야간 : 깜박이는 녹색등
3. 진행신호
   가. 주간 : 녹색기. 다만, 녹색기가 없을 때는 한 팔을 높이 든다.
   나. 야간 : 녹색등

### 제94조(선로에서 정상 운행이 어려운 경우의 조치)

선로에서 정상적인 운행이 어려워 열차를 정지하거나 서행시켜야 하는 경우로서 임시신호기를 설치할 수 없는 경우에는 다음 각 호의 구분에 따른 조치를 해야 한다. 다만, 열차의 무선전화로 열차를 정지하거나 서행시키는 조치를 한 경우에는 다음 각 호의 구분에 따른 조치를 생략할 수 있다.
1. 열차를 정지시켜야 하는 경우 : 철도사고등이 발생한 지점으로부터 200미터 이상의 앞 지점에서 정지 수신호를 현시할 것
2. 열차를 서행시켜야 하는 경우 : 서행구역의 시작지점에서 서행수신호를 현시하고 서행구역이 끝나는 지점에서 진행수신호를 현시할 것

## 제5절 | 특수신호

제95조 〈 삭 제 〉

제96조 〈 삭 제 〉

제97조 〈 삭 제 〉

## 제6절 | 전호

제98조(전호현시)
열차 또는 차량에 대한 전호는 전호기로 현시하여야 한다. 다만, 전호기가 설치되어 있지 아니하거나 고장이 난 경우에는 수전호 또는 무선전화기로 현시할 수 있다.

제99조(출발전호)
열차를 출발시키고자 할 때에는 출발전호를 하여야 한다.

제100조(기적전호)
다음 각 호의 어느 하나에 해당하는 경우에는 기관사는 기적전호를 하여야 한다.
1. 위험을 경고하는 경우
2. 비상사태가 발생한 경우

제101조(입환전호 방법)
① 입환작업자(기관사를 포함한다)는 서로 맨눈으로 확인할 수 있도록 다음 각 호의 방법으로 입환전호해야 한다.

   1. 오너라전호
      가. 주간: 녹색기를 좌우로 흔든다. 다만, 부득이한 경우에는 한 팔을 좌우로 움직임으로써 이를 대신할 수 있다.
      나. 야간: 녹색등을 좌우로 흔든다.
   2. 가거라전호
      가. 주간: 녹색기를 위·아래로 흔든다. 다만, 부득이 한 경우에는 한 팔을 위·아래로 움직임으로써 이를 대신할 수 있다.
      나. 야간: 녹색등을 위·아래로 흔든다.
   3. 정지전호
      가. 주간: 적색기. 다만, 부득이한 경우에는 두 팔을 높이 들어 이를 대신할 수 있다.
      나. 야간: 적색등
② 제1항에도 불구하고 다음 각 호의 어느 하나에 해당하는 경우에는 무선전화를 사용하여 입환전호를 할 수 있다.
   1. 무인역 또는 1인이 근무하는 역에서 입환하는 경우
   2. 1인이 승무하는 동력차로 입환하는 경우
   3. 신호를 원격으로 제어하여 단순히 선로를 변경하기 위하여 입환하는 경우
   4. 지형 및 선로여건 등을 고려할 때 입환전호하는 작업자를 배치하기가 어려운 경우
   5. 원격제어가 가능한 장치를 사용하여 입환하는 경우

**제102조(작업전호)**
다음 각 호의 어느 하나에 해당하는 때에는 전호의 방식을 정하여 그 전호에 따라 작업을 하여야 한다.
1. 여객 또는 화물의 취급을 위하여 정지위치를 지시할 때
2. 퇴행 또는 추진운전시 열차의 맨 앞 차량에 승무한 직원이 철도차량운전자에 대하여 운전상 필요한 연락을 할 때
3. 검사·수선연결 또는 해방을 하는 경우에 당해 차량의 이동을 금지시킬 때
4. 신호기 취급직원 또는 입환전호를 하는 직원과 선로전환기취급 직원간에 선로전환기의 취급에 관한 연락을 할 때
5. 열차의 관통제동기의 시험을 할 때

## 제7절 | 표지

**제103조(열차의 표지)**

열차 또는 입환 중인 동력차는 표지를 게시하여야 한다.

**제104조(안전표지)**

열차 또는 차량의 안전운전을 위하여 안전표지를 설치하여야 한다.

# 도시철도 운전규칙

**제1장** | 총칙
**제2장** | 선로 및 설비의 보전
**제3장** | 열차등의 보전
**제4장** | 운전
**제5장** | 폐색방식
**제6장** | 신호

도시철도운전규칙 예상 및 기출문제 STEP 1
도시철도운전규칙 예상 및 기출문제 STEP 2
도시철도운전규칙 예상 및 기출문제 STEP 3

# 1장 총칙

[시행 2025. 4. 11.] [국토교통부령 제1477호, 2025. 4. 11., 일부개정]

#### 제1조(목적)
이 규칙은 「도시철도법」 제18조에 따라 도시철도의 운전과 차량 및 시설의 유지·보전에 필요한 사항을 정하여 도시철도의 안전운전을 도모함을 목적으로 한다.

#### 제2조(적용범위)
도시철도의 운전에 관하여 이 규칙에서 정하지 아니한 사항이나 도시교통권역별로 서로 다른 사항은 법령의 범위에서 도시철도운영자가 따로 정할 수 있다.

#### 제3조(정의)
이 규칙에서 사용하는 용어의 뜻은 다음과 같다.
1. "정거장"이란 여객의 승차·하차, 열차의 편성, 차량의 입환(入換) 등을 위한 장소를 말한다.
2. "선로"란 궤도 및 이를 지지하는 인공구조물을 말하며, 열차의 운전에 상용(常用)되는 본선(本線)과 그 외의 측선(側線)으로 구분된다.
3. "열차"란 본선에서 운전할 목적으로 편성되어 열차번호를 부여받은 차량을 말한다.
4. "차량"이란 선로에서 운전하는 열차 외의 전동차·궤도시험차·전기시험차 등을 말한다.
5. "운전보안장치"란 열차 및 차량(이하 "열차등"이라 한다)의 안전운전을 확보하기 위한 장치로서 폐색장치, 신호장치, 연동장치, 선로전환장치, 경보장치, 열차자동정지장치, 열차자동제어장치, 열차자동운전장치, 열차종합제어장치 등을 말한다.
6. "폐색(閉塞)"이란 선로의 일정구간에 둘 이상의 열차를 동시에 운전시키지 아니하는 것을 말한다.
7. "전차선로"란 전차선 및 이를 지지하는 인공구조물을 말한다.
8. "운전사고"란 열차등의 운전으로 인하여 사상자(死傷者)가 발생하거나 도시철도시설이 파손된 것을 말한다.
9. "운전장애"란 열차등의 운전으로 인하여 그 열차등의 운전에 지장을 주는 것 중 운전사고에 해당하지 아니하는 것을 말한다.
10. "노면전차"란 도로면의 궤도를 이용하여 운행되는 열차를 말한다.
11. "무인운전"이란 사람이 열차 안에서 직접 운전하지 아니하고 관제실에서의 원격조종에 따라 열차가 자동으로 운행되는 방식을 말한다.
12. "시계운전(視界運轉)"이란 사람의 맨눈에 의존하여 운전하는 것을 말한다.

## 제4조(직원 교육)

① 도시철도운영자는 도시철도의 안전과 관련된 업무에 종사하는 직원에 대하여 적성검사와 정해진 교육을 하여 도시철도 운전 지식과 기능을 습득한 것을 확인한 후 그 업무에 종사하도록 하여야 한다. 다만, 해당 업무와 관련이 있는 자격을 갖춘 사람에 대해서는 적성검사나 교육의 전부 또는 일부를 면제할 수 있다.

② 도시철도운영자는 소속직원의 자질 향상을 위하여 적절한 국내연수 또는 국외연수 교육을 실시할 수 있다.

## 제5조(안전조치 및 유지 · 보수 등)

① 도시철도운영자는 열차등을 안전하게 운전할 수 있도록 필요한 조치를 하여야 한다.

② 도시철도운영자는 재해를 예방하고 안전성을 확보하기 위하여 「시설물의 안전 및 유지관리에 관한 특별법」에 따라 도시철도시설의 안전점검 등 안전조치를 하여야 한다.

> **참고** [「시설물의 안전 및 유지관리에 관한 특별법」]
>
> **제7조(시설물의 종류)** 시설물의 종류는 다음 각 호와 같다.
>
> 1. 제1종시설물: 공중의 이용편의와 안전을 도모하기 위하여 특별히 관리할 필요가 있거나 구조상 안전 및 유지관리에 고도의 기술이 필요한 대규모 시설물로서 다음 각 목의 어느 하나에 해당하는 시설물 등 대통령령으로 정하는 시설물
>    가. 고속철도 교량, 연장 500미터 이상의 도로 및 철도 교량
>    나. 고속철도 및 도시철도 터널, 연장 1000미터 이상의 도로 및 철도 터널
>    다. 갑문시설 및 연장 1000미터 이상의 방파제
>    라. 다목적댐, 발전용댐, 홍수전용댐 및 총저수용량 1천만톤 이상의 용수전용댐
>    마. 21층 이상 또는 연면적 5만제곱미터 이상의 건축물
>    바. 하구둑, 포용저수량 8천만톤 이상의 방조제
>    사. 광역상수도, 공업용수도, 1일 공급능력 3만톤 이상의 지방상수도
> 2. 제2종시설물: 제1종시설물 외에 사회기반시설 등 재난이 발생할 위험이 높거나 재난을 예방하기 위하여 계속적으로 관리할 필요가 있는 시설물로서 다음 각 목의 어느 하나에 해당하는 시설물 등 대통령령으로 정하는 시설물
>    가. 연장 100미터 이상의 도로 및 철도 교량
>    나. 고속국도, 일반국도, 특별시도 및 광역시도 도로터널 및 특별시 또는 광역시에 있는 철도터널
>    다. 연장 500미터 이상의 방파제
>    라. 지방상수도 전용댐 및 총저수용량 1백만톤 이상의 용수전용댐

  마. 16층 이상 또는 연면적 3만제곱미터 이상의 건축물
  바. 포용저수량 1천만톤 이상의 방조제
  사. 1일 공급능력 3만톤 미만의 지방상수도
 3. 제3종시설물: 제1종시설물 및 제2종시설물 외에 안전관리가 필요한 소규모 시설물로서 제8조에 따라 지정·고시된 시설물

### 제8조(제3종시설물의 지정 등)

① 중앙행정기관의 장 또는 지방자치단체의 장은 다중이용시설 등 재난이 발생할 위험이 높거나 재난을 예방하기 위하여 계속적으로 관리할 필요가 있다고 인정되는 제1종시설물 및 제2종시설물 외의 시설물을 대통령령으로 정하는 바에 따라 제3종시설물로 지정·고시하여야 한다.
② 중앙행정기관의 장 또는 지방자치단체의 장은 제3종시설물이 보수·보강의 시행 등으로 재난 발생 위험이 없어지거나 재난을 예방하기 위하여 계속적으로 관리할 필요성이 없는 경우에는 대통령령으로 정하는 바에 따라 그 지정을 해제하여야 한다.〈개정 2020. 6. 9.〉
③ 중앙행정기관의 장 또는 지방자치단체의 장은 제1항 및 제2항에 따라 제3종시설물을 지정·고시 또는 해제할 때에는 국토교통부령으로 정하는 바에 따라 그 사실을 해당 관리주체에게 통보하여야 한다.

### 제6조(응급복구용 기구 및 자재 등의 정비)

도시철도운영자는 차량, 선로, 전력설비, 운전보안장치, 그 밖에 열차운전을 위한 시설에 재해·고장·운전사고 또는 운전장애가 발생할 경우에 대비하여 응급복구에 필요한 기구 및 자재를 항상 적당한 장소에 보관하고 정비하여야 한다.

### 제7조 삭제

### 제8조(안전운전계획의 수립 등)

도시철도운영자는 안전운전과 이용승객의 편의 증진을 위하여 장기·단기계획을 수립하여 시행하여야 한다.

### 제9조(신설구간 등에서의 시험운전)

도시철도운영자는 선로·전차선로 또는 운전보안장치를 신설·이설(移設) 또는 개조한 경우 그 설치상태 또는 운전체계의 점검과 종사자의 업무 숙달을 위하여 정상운전을 하기 전에 60일 이상 시험운전을 하여야 한다. 다만, 이미 운영하고 있는 구간을 확장·이설 또는 개조한 경우에는 관계 전문가의 안전진단을 거쳐 시험운전 기간을 줄일 수 있다.

# 2장 선로 및 설비의 보전

## 제1절 | 선로

**제10조(선로의 보전)**

선로는 열차등이 도시철도운영자가 정하는 속도(이하 "지정속도"라 한다)로 안전하게 운전할 수 있는 상태로 보전(保全)해야 한다.

**제11조(선로의 점검·정비)**

① 선로는 매일 한 번 이상 순회점검 하여야 하며, 필요한 경우에는 정비하여야 한다.
② 선로는 정기적으로 안전점검을 하여 안전운전에 지장이 없도록 유지·보수하여야 한다.

**제12조(공사 후의 선로 사용)**

선로를 신설·개조 또는 이설하거나 일시적으로 사용을 중지한 경우에는 이를 검사하고 시험운전을 하기 전에는 사용할 수 없다. 다만, 경미한 정도의 개조를 한 경우에는 그러하지 아니하다.

## 제2절 | 전력설비

**제13조(전력설비의 보전)**

전력설비는 열차등이 지정속도로 안전하게 운전할 수 있는 상태로 보전하여야 한다.

**제14조(전차선로의 점검)**

전차선로는 매일 한 번 이상 순회점검을 하여야 한다.

**제15조(전력설비의 검사)**

전력설비의 각 부분은 도시철도운영자가 정하는 주기에 따라 검사를 하고 안전운전에 지장이 없도록 정비하여야 한다.

**제16조(공사 후의 전력설비 사용)**

전력설비를 신설·이설·개조 또는 수리하거나 일시적으로 사용을 중지한 경우에는 이를 검사하고 시험운전을 하기 전에는 사용할 수 없다. 다만, 경미한 정도의 개조 또는 수리를 한 경우에는 그러하지 아니하다.

## 제3절 | 통신설비

### 제17조(통신설비의 보전)
통신설비는 항상 통신할 수 있는 상태로 보전하여야 한다.

### 제18조(통신설비의 검사 및 사용)
① 통신설비의 각 부분은 일정한 주기에 따라 검사를 하고 안전운전에 지장이 없도록 정비하여야 한다.
② 신설·이설·개조 또는 수리한 통신설비는 검사하여 기능을 확인하기 전에는 사용할 수 없다.

## 제4절 | 운전보안장치

### 제19조(운전보안장치의 보전)
운전보안장치는 완전한 상태로 보전하여야 한다.

### 제20조(운전보안장치의 검사 및 사용)
① 운전보안장치의 각 부분은 일정한 주기에 따라 검사를 하고 안전운전에 지장이 없도록 정비하여야 한다.
② 신설·이설·개조 또는 수리한 운전보안장치는 검사하여 기능을 확인하기 전에는 사용할 수 없다.

## 제5절 | 건축한계안의 물품유치금지

### 제21조(물품유치 금지)
차량 운전에 지장이 없도록 궤도상에 설정한 건축한계 안에는 열차등 외의 다른 물건을 둘 수 없다. 다만, 열차등을 운전하지 아니하는 시간에 작업을 하는 경우에는 그러하지 아니하다.

### 제22조(선로 등 검사에 관한 기록보존)
선로·전력설비·통신설비 또는 운전보안장치의 검사를 하였을 때에는 검사자의 성명·검사상태 및 검사일시 등을 기록하여 일정 기간 보존하여야 한다.

# 3장 열차등의 보전

#### 제23조(열차등의 보전)
열차등은 안전하게 운전할 수 있는 상태로 보전하여야 한다.

#### 제24조(차량의 검사 및 시험운전)
① 제작·개조·수선 또는 분해검사를 한 차량과 일시적으로 사용을 중지한 차량은 검사하고 시험운전을 하기 전에는 사용할 수 없다. 다만, 경미한 정도의 개조 또는 수선을 한 경우에는 그러하지 아니하다.
② 차량의 각 부분은 일정한 기간 또는 주행거리를 기준으로 하여 그 상태와 작용에 대한 검사와 분해검사를 하여야 한다.
③ 제1항 및 제2항에 따른 검사를 할 때 차량의 전기장치에 대해서는 절연저항시험 및 절연내력시험을 하여야 한다.

#### 제25조(편성차량의 검사)
열차로 편성한 차량의 각 부분은 검사하여 안전운전에 지장이 없도록 하여야 한다.

#### 제26조 삭제

#### 제27조(검사 및 시험의 기록)
제24조 및 제25조에 따라 검사 또는 시험을 하였을 때에는 검사 종류, 검사자의 성명, 검사 상태 및 검사일 등을 기록하여 일정 기간 보존하여야 한다.

# 4장 운전

## 제1절 | 열차의 편성

### 제28조(열차의 편성)
열차는 차량의 특성 및 선로 구간의 시설 상태 등을 고려하여 안전운전에 지장이 없도록 편성하여야 한다.

### 제29조(열차의 비상제동거리)
열차의 비상제동거리는 600미터이하로 하여야 한다.

### 제30조(열차의 제동장치)
열차에 편성되는 각 차량에는 제동력이 균일하게 작용하고 분리 시에 자동으로 정차할 수 있는 제동장치를 구비하여야 한다.

### 제31조(열차의 제동장치시험)
열차를 편성하거나 편성을 변경할 때에는 운전하기 전에 제동장치의 기능을 시험하여야 한다.

## 제2절 | 열차의 운전

### 제32조(열차등의 운전)
① 열차등의 운전은 열차등의 종류에 따라 「철도안전법」 제10조제1항에 따른 운전면허를 소지한 사람이 하여야 한다. 다만, 제32조의 2에 따른 무인운전의 경우에는 그러하지 아니하다.
② 차량은 열차에 함께 편성되기 전에는 정거장 외의 본선을 운전할 수 없다. 다만, 차량을 결합·해체하거나 차선을 바꾸는 경우 또는 그 밖에 특별한 사유가 있는 경우에는 그러하지 아니하다.

### 제32조의2(무인운전 시의 안전 확보 등)
도시철도운영자가 열차를 무인운전으로 운행하려는 경우에는 다음 각 호의 사항을 준수하여야 한다.
1. 관제실에서 열차의 운행상태를 실시간으로 감시 및 조치할 수 있을 것
2. 열차 내의 간이운전대에는 승객이 임의로 다룰 수 없도록 잠금장치가 설치되어 있을 것

3. 간이운전대의 개방이나 운전 모드(mode)의 변경은 관제실의 사전 승인을 받을 것
4. 운전 모드를 변경하여 수동운전을 하려는 경우에는 관제실과의 통신에 이상이 없음을 먼저 확인할 것
5. 승차·하차 시 승객의 안전 감시나 시스템 고장 등 긴급상황에 대한 신속한 대처를 위하여 필요한 경우에는 열차와 정거장 등에 안전요원을 배치하거나 안전요원이 순회하도록 할 것
6. 무인운전이 적용되는 구간과 무인운전이 적용되지 아니하는 구간의 경계 구역에서의 운전 모드 전환을 안전하게 하기 위한 규정을 마련해 놓을 것
7. 열차 운행 중 다음 각 목의 긴급상황이 발생하는 경우 승객의 안전을 확보하기 위한 조치 규정을 마련해 놓을 것
   가. 열차에 고장이나 화재가 발생하는 경우
   나. 선로 안에서 사람이나 장애물이 발견된 경우
   다. 그 밖에 승객의 안전에 위험한 상황이 발생하는 경우

### 제33조(열차의 운전위치)
열차는 맨 앞의 차량에서 운전하여야 한다. 다만, 추진운전, 퇴행운전 또는 무인운전을 하는 경우에는 그러하지 아니하다.

### 제34조(열차의 운전 시각)
열차는 도시철도운영자가 정하는 열차시간표에 따라 운전하여야 한다. 다만, 운전사고, 운전장애 등 특별한 사유가 있는 경우에는 그러하지 아니하다.

### 제35조(운전 정리)
도시철도운영자는 운전사고, 운전장애 등으로 열차를 정상적으로 운전할 수 없을 때에는 열차의 종류, 도착지, 접속 등을 고려하여 열차가 정상운전이 되도록 운전 정리를 하여야 한다.

### 제36조(운전 진로)
① 열차의 운전방향을 구별하여 운전하는 한 쌍의 선로에서 열차의 운전 진로는 우측으로 한다. 다만, 좌측으로 운전하는 기존의 선로에 직통으로 연결하여 운전하는 경우에는 좌측으로 할 수 있다.
② 다음 각 호의 어느 하나에 해당하는 경우에는 제1항에도 불구하고 운전 진로를 달리할 수 있다.
   1. 선로 또는 열차에 고장이 발생하여 퇴행운전을 하는 경우
   2. 구원열차(救援列車)나 공사열차(工事列車)를 운전하는 경우

> **입교도우미의 꿀팁!** 도시철도(지하철)는 제설열차가 없다.

3. 차량을 결합·해체하거나 차선을 바꾸는 경우
4. 구내운전(構內運轉)을 하는 경우  `입교도우미의 꿀팁!` 도시철도(지하철)는 입환운전이 없다.
5. 시험운전을 하는 경우
6. 운전사고 등으로 인하여 일시적으로 단선운전(單線運轉)을 하는 경우
7. 그 밖에 특별한 사유가 있는 경우

#### 제37조(폐색구간)
① 본선은 폐색구간으로 분할하여야 한다. 다만, 정거장 안의 본선은 그러하지 아니하다.
② 폐색구간에서는 둘 이상의 열차를 동시에 운전할 수 없다. 다만, 다음 각 호의 어느 하나에 해당하는 경우에는 그러하지 아니하다.
1. 고장난 열차가 있는 폐색구간에서 구원열차를 운전하는 경우
2. 선로 불통으로 폐색구간에서 공사열차를 운전하는 경우
3. 다른 열차의 차선 바꾸기 지시에 따라 차선을 바꾸기 위하여 운전하는 경우
4. 하나의 열차를 분할하여 운전하는 경우

#### 제38조(추진운전과 퇴행운전)
① 열차는 추진운전이나 퇴행운전을 하여서는 아니 된다. 다만, 다음 각 호의 어느 하나에 해당하는 경우에는 그러하지 아니하다.
   1. 선로나 열차에 고장이 발생한 경우
   2. 공사열차나 구원열차를 운전하는 경우
   3. 차량을 결합·해체하거나 차선을 바꾸는 경우
   4. 구내운전을 하는 경우
   5. 시설 또는 차량의 시험을 위하여 시험운전을 하는 경우
   6. 그 밖에 특별한 사유가 있는 경우
② 노면전차를 퇴행운전하는 경우에는 주변 차량 및 보행자들의 안전을 확보하기 위한 대책을 마련하여야 한다.

#### 제39조(열차의 동시출발 및 도착의 금지)
둘 이상의 열차는 동시에 출발시키거나 도착시켜서는 아니 된다. 다만, 열차의 안전운전에 지장이 없도록 신호 또는 제어설비 등을 완전하게 갖춘 경우에는 그러하지 아니하다.

#### 제40조(정거장 외의 승차·하차금지)
정거장 외의 본선에서는 승객을 승차·하차시키기 위하여 열차를 정지시킬 수 없다. 다만, 운전사고 등 특별한 사유가 있을 때에는 그러하지 아니하다.

### 제41조(선로의 차단)
도시철도운영자는 공사나 그 밖의 사유로 선로를 차단할 필요가 있을 때에는 미리 계획을 수립한 후 그 계획에 따라야 한다. 다만, 긴급한 조치가 필요한 경우에는 운전업무를 총괄하는 사람(이하 "관제사"라 한다)의 지시에 따라 선로를 차단할 수 있다.

### 제42조(열차등의 정지)
① 열차등은 정지신호가 있을 때에는 즉시 정지시켜야 한다.
② 제1항에 따라 정차한 열차등은 진행을 지시하는 신호가 있을 때까지는 진행할 수 없다. 다만, 특별한 사유가 있는 경우 관제사의 속도제한 및 안전조치에 따라 진행할 수 있다.

### 제43조(열차등의 서행)
① 열차등은 서행신호가 있을 때에는 지정속도 이하로 운전하여야 한다.
② 열차등이 서행해제신호가 있는 지점을 통과한 후에는 정상속도로 운전할 수 있다.

### 제44조(열차등의 진행)
열차등은 진행을 지시하는 신호가 있을 때에는 지정속도로 그 표시지점을 지나 다음 신호기까지 진행할 수 있다.

### 제44조의2(노면전차의 시계운전)
시계운전을 하는 노면전차의 경우에는 다음 각 호의 사항을 준수하여야 한다.
1. 운전자의 가시거리 범위에서 신호 등 주변상황에 따라 열차를 정지시킬 수 있도록 적정 속도로 운전할 것
2. 앞서가는 열차와 안전거리를 충분히 유지할 것
3. 교차로에서 앞서가는 열차를 따라서 동시에 통과하지 않을 것

## 제3절 | 차량의 결합·해체등

### 제45조(차량의 결합·해체 등)
① 차량을 결합·해체하거나 차량의 차선을 바꿀 때에는 신호에 따라 하여야 한다.
② 본선을 이용하여 차량을 결합·해체하거나 열차등의 차선을 바꾸는 경우에는 다른 열차등과의 충돌을 방지하기 위한 안전조치를 하여야 한다.

### 제46조(차량결합 등의 장소)
정거장이 아닌 곳에서 본선을 이용하여 차량을 결합·해체하거나 차선을 바꾸어서는 아니 된다. 다만, 충돌방지 등 안전조치를 하였을 때에는 그러하지 아니하다.

## 제4절 | 선로전환기의 취급

**제47조(선로전환기의 쇄정 및 정위치 유지)**
① 본선의 선로전환기는 이와 관계있는 신호장치와 연동하여 잠금(전기적 또는 기계적으로 작동되지 않도록 잠금장치를 하는 것을 말한다. 이하 같다)되도록 해야 한다.
② 선로전환기를 사용한 후에는 지체 없이 미리 정하여진 위치에 두어야 한다.
③ 노면전차의 경우 도로에 설치하는 선로전환기는 보행자 안전을 위해 열차가 충분히 접근하였을 때에 작동하여야 하며, 운전자가 선로전환기의 개통 방향을 확인할 수 있어야 한다.

## 제5절 | 운전속도

**제48조(운전속도)**
① 도시철도운영자는 열차등의 특성, 선로 및 전차선로의 구조와 강도 등을 고려하여 열차의 운전속도를 정하여야 한다.
② 내리막이나 곡선선로에서는 제동거리 및 열차등의 안전도를 고려하여 그 속도를 제한하여야 한다.
③ 노면전차의 경우 도로교통과 주행선로를 공유하는 구간에서는 「도로교통법」 제17조에 따른 최고속도를 초과하지 않도록 열차의 운전속도를 정하여야 한다.

**제49조(속도제한)** 도시철도운영자는 다음 각 호의 어느 하나에 해당하는 경우에는 운전속도를 제한해야 한다.
1. 서행신호를 하는 경우
2. 추진운전이나 퇴행운전을 하는 경우
3. 차량을 결합·해체하거나 차선을 바꾸는 경우
4. 잠금되지 않은 선로전환기를 향하여 진행하는 경우
5. 대용폐색방식으로 운전하는 경우
6. 자동폐색신호의 정지신호가 있는 지점을 지나서 진행하는 경우
7. 차내신호의 "0" 신호가 있은 후 진행하는 경우
8. 감속·주의·경계 등의 신호가 있는 지점을 지나서 진행하는 경우
9. 그 밖에 안전운전을 위하여 운전속도제한이 필요한 경우

## 제6절 | 차량의 유치

**제50조(차량의 구름 방지)**
① 차량을 선로에 두는 경우에는 저절로 구르지 않도록 필요한 조치를 하여야 한다.
② 동력을 가진 차량을 선로에 두는 경우에는 그 동력으로 움직이는 것을 방지하기 위한 조치를 마련하여야 하며, 동력을 가진 동안에는 차량의 움직임을 감시하여야 한다.

# 5장 폐색방식

## 제1절 | 통칙

**제51조(폐색방식의 구분)**
① 열차를 운전하는 경우의 폐색방식은 일상적으로 사용하는 폐색방식(이하 "상용폐색방식"이라 한다)과 폐색장치의 고장이나 그 밖의 사유로 상용폐색방식에 따를 수 없을 때 사용하는 폐색방식(이하 "대용폐색방식"이라 한다)에 따른다.
② 제1항에 따른 폐색방식에 따를 수 없을 때에는 전령법(傳令法)에 따르거나 무폐색운전을 한다.

## 제2절 | 상용폐색방식

**제52조(상용폐색방식)**
상용폐색방식은 자동폐색식 또는 차내신호폐색식에 따른다.

**제53조(자동폐색식)**
자동폐색구간의 장내신호기, 출발신호기 및 폐색신호기에는 다음 각 호의 구분에 따른 신호를 할 수 있는 장치를 갖추어야 한다.
1. 폐색구간에 열차등이 있을 때: 정지신호
2. 폐색구간에 있는 선로전환기가 올바른 방향으로 되어 있지 아니할 때 또는 분기선 및 교차점에 있는 다른 열차등이 폐색구간에 지장을 줄 때: 정지신호
3. 폐색장치에 고장이 있을 때: 정지신호

**제54조(차내신호폐색식)**
차내신호폐색식에 따르려는 경우에는 폐색구간에 있는 열차등의 운전상태를 그 폐색구간에 진입하려는 열차의 운전실에서 알 수 있는 장치를 갖추어야 한다.

## 제3절 | 대용폐색방식

**제55조(대용폐색방식)**
대용폐색방식은 다음 각 호의 구분에 따른다.
1. 복선운전을 하는 경우: 지령식 또는 통신식
2. 단선운전을 하는 경우: 지도통신식

### 제56조(지령식 및 통신식)

① 폐색장치 및 차내신호장치의 고장으로 열차의 정상적인 운전이 불가능할 때에는 관제사가 폐색구간에 열차의 진입을 지시하는 지령식에 따른다.
② 상용폐색방식 또는 지령식에 따를 수 없을 때에는 폐색구간에 열차를 진입시키려는 역장 또는 소장이 상대 역장 또는 소장 및 관제사와 협의하여 폐색구간에 열차의 진입을 지시하는 통신식에 따른다.
③ 제1항 또는 제2항에 따른 지령식 또는 통신식에 따르는 경우에는 관제사 및 폐색구간 양쪽의 역장 또는 소장은 전용전화기를 설치·운용하여야 한다. 다만, 부득이한 사유로 전용전화기를 설치할 수 없거나 전용전화기에 고장이 발생하였을 때에는 다른 전화기를 이용할 수 있다.

### 제57조(지도통신식)

① 지도통신식에 따르는 경우에는 지도표 또는 지도권을 발급받은 열차만 해당 폐색구간을 운전할 수 있다.
② 지도표와 지도권은 폐색구간에 열차를 진입시키려는 역장 또는 소장이 상대 역장 또는 소장 및 관제사와 협의하여 발행한다.
③ 역장이나 소장은 같은 방향의 폐색구간으로 진입시키려는 열차가 하나뿐인 경우에는 지도표를 발급하고, 연속하여 둘 이상의 열차를 같은 방향의 폐색구간으로 진입시키려는 경우에는 맨 마지막 열차에 대해서는 지도표를, 나머지 열차에 대해서는 지도권을 발급한다.
④ 지도표와 지도권에는 폐색구간 양쪽의 역 이름 또는 소(所) 이름, 관제사, 명령번호, 열차번호 및 발행일과 시각을 적어야 한다.
⑤ 열차의 기관사는 제3항에 따라 발급받은 지도표 또는 지도권을 폐색구간을 통과한 후 도착지의 역장 또는 소장에게 반납하여야 한다.

## 제4절 | 전령법

### 제58조(전령법의 시행)

① 열차등이 있는 폐색구간에 다른 열차를 운전시킬 때에는 그 열차에 대하여 전령법을 시행한다.
② 제1항에 따른 전령법을 시행할 경우에는 이미 폐색구간에 있는 열차등은 그 위치를 이동할 수 없다.

### 제59조(전령자의 선정 등)

① 전령법을 시행하는 구간에는 한 명의 전령자를 선정하여야 한다.
② 제1항에 따른 전령자는 백색 완장을 착용하여야 한다.
③ 전령법을 시행하는 구간에서는 그 구간의 전령자가 탑승하여야 열차를 운전할 수 있다. 다만, 관제사가 취급하는 경우에는 전령자를 탑승시키지 아니할 수 있다.

# 6장 신호

## 제1절 | 통칙

### 제60조(신호의 종류)
도시철도의 신호의 종류는 다음 각 호와 같다.
1. 신호: 형태·색·음 등으로 열차등에 대하여 운전의 조건을 지시하는 것
2. 전호(傳號): 형태·색·음 등으로 직원 상호간에 의사를 표시하는 것
3. 표지: 형태·색 등으로 물체의 위치·방향·조건을 표시하는 것

### 제61조(주간 또는 야간의 신호)
① 주간과 야간의 신호방식을 달리하는 경우에는 일출부터 일몰까지는 주간의 방식, 일몰부터 다음날 일출까지는 야간방식에 따라야 한다. 다만, 일출부터 일몰까지의 사이에 기상상태로 인하여 상당한 거리로부터 주간방식에 따른 신호를 확인하기 곤란할 때에는 야간방식에 따른다.
② 차내신호방식 및 지하구간에서의 신호방식은 야간방식에 따른다.

### 제62조(제한신호의 추정)
① 신호가 필요한 장소에 신호가 없을 때 또는 그 신호가 분명하지 아니할 때에는 정지신호가 있는 것으로 본다.
② 상설신호기 또는 임시신호기의 신호와 수신호가 각각 다를 때에는 열차등에 가장 많은 제한을 붙인 신호에 따라야 한다. 다만, 사전에 통보가 있었을 때에는 통보된 신호에 따른다.

### 제63조(신호의 겸용금지)
하나의 신호는 하나의 선로에서 하나의 목적으로 사용되어야 한다. 다만, 진로표시기를 부설한 신호기는 그러하지 아니하다.

## 제2절 | 상설신호기

### 제64조(상설신호기)
상설신호기는 일정한 장소에서 색등 또는 등열에 의하여 열차등의 운전조건을 지시하는 신호기를 말한다.

### 제65조(상설신호기의 종류)
상설신호기의 종류와 기능은 다음 각 호와 같다.
1. 주신호기
    가. 차내신호기: 열차등의 가장 앞쪽의 운전실에 설치하여 운전조건을 지시하는 신호기
    나. 장내신호기: 정거장에 진입하려는 열차등에 대하여 신호기 뒷방향으로의 진입이 가능한지를 지시하는 신호기
    다. 출발신호기: 정거장에서 출발하려는 열차등에 대하여 신호기 뒷방향으로의 진입이 가능한지를 지시하는 신호기
    라. 폐색신호기: 폐색구간에 진입하려는 열차등에 대하여 운전조건을 지시하는 신호기
    마. 입환신호기: 차량을 결합·해체하거나 차선을 바꾸려는 차량에 대하여 신호기 뒷방향으로의 진입이 가능한지를 지시하는 신호기

2. 종속신호기
    가. 원방신호기: 장내신호기 및 폐색신호기에 종속되어 그 신호상태를 예고하는 신호기
    나. 중계신호기: 주신호기에 종속되어 그 신호상태를 중계하는 신호기

3. 신호부속기
    가. 진로표시기: 장내신호기, 출발신호기, 진로개통표시기 또는 입환신호기에 부속되어 열차등에 대하여 그 진로를 표시하는 것
    나. 진로개통표시기: 차내신호기를 사용하는 본 선로의 분기부에 설치하여 진로의 개통상태를 표시하는 것

### 제66조(상설신호기의 종류 및 신호 방식)
상설신호기는 계기·색등 또는 등열(燈列)로써 다음 각 호의 방식으로 신호하여야 한다.
1. 주신호기
    가. 차내신호기

| 신호의 종류<br>주간·야간별 | 정지신호 | 진행신호 |
| --- | --- | --- |
| 주간 및 야간 | "0"속도를 표시 | 지령속도를 표시 |

나. 장내신호기, 출발신호기 및 폐색신호기

| 방식 | 주간·야간별 \ 신호의 종류 | 정지신호 | 경계신호 | 주의신호 | 감속신호 | 진행신호 |
|---|---|---|---|---|---|---|
| 색등식 | 주간 및 야간 | 적색등 | 상하위 등황색등 | 등황색등 | 상위는 등황색등 하위는 녹색등 | 녹색등 |

다. 입환신호기

| 방식 | 주간·야간별 \ 신호의 종류 | 정지신호 | 진행신호 |
|---|---|---|---|
| 색등식 | 주간 및 야간 | 적색등 | 등황색등 |

2. 종속신호기
    가. 원방신호기

| 방식 | 주간·야간별 \ 신호의 종류 | 주신호기가 정지신호를 할 경우 | 주신호기가 진행을 지시하는 신호를 할 경우 |
|---|---|---|---|
| 색등식 | 주간 및 야간 | 등황색등 | 녹색등 |

나. 중계신호기

| 방식 | 주간·야간별 \ 신호의 종류 | 주신호기가 정지신호를 할 경우 | 주신호기가 진행을 지시하는 신호를 할 경우 |
|---|---|---|---|
| 색등식 | 주간 및 야간 | 적색등 | 주신호기가 한 진행을 지시하는 색등 |

3. 신호부속기
    가. 진로표시기

| 방식 | 주간·야간별 \ 개통방향 | 좌측진로 | 중앙진로 | 우측진로 |
|---|---|---|---|---|
| 색등식 | 주간 및 야간 | 흑색바탕에 좌측방향 백색화살표 ← | 흑색바탕에 수직방향 백색화살표 ↑ | 흑색바탕에 우측방향 백색화살표 → |
| 문자식 | 주간 및 야간 | 4각 흑색바탕에 문자 A 1 | | |

나. 진로개통표시기

| 방식 | 주간·야간별 | 개통방향 | 진로가 개통되었을 경우 | 진로가 개통되지 아니한 경우 |
|---|---|---|---|---|
| 색등식 | 주간 및 야간 | 등황색등 | ●<br>○ | 적색등 | ○<br>● |

## 제3절 | 임시신호기

**제67조(임시신호기의 설치)**

선로가 일시 정상운전을 하지 못하는 상태일 때에는 그 구역의 앞쪽에 임시신호기를 설치하여야 한다.

**제68조(임시신호기의 종류)**

임시신호기의 종류는 다음 각 호와 같다.

1. 서행신호기
   서행운전을 필요로 하는 구역에 진입하는 열차등에 대하여 그 구간을 서행할 것을 지시하는 신호기
2. 서행예고신호기
   서행신호기가 있을 것임을 예고하는 신호기
3. 서행해제신호기
   서행운전구역을 지나 운전하는 열차등에 대하여 서행 해제를 지시하는 신호기

**제69조(임시신호기의 신호방식)**

① 임시신호기의 형태·색 및 신호방식은 다음과 같다.

| 주간·야간별 | 신호의 종류 | 서행신호 | 서행예고신호 | 서행해제신호 |
|---|---|---|---|---|
| 주간 | | 백색 테두리의 황색 원판 | 흑색 삼각형 무늬 3개를 그린 3각형판 | 백색 테두리의 녹색 원판 |
| 야간 | | 등황색등 | 흑색 삼각형 무늬 3개를 그린 백색등 | 녹색등 |

② 임시신호기 표지의 배면(背面)과 배면광(背面光)은 백색으로 하고, 서행신호기에는 지정속도를 표시하여야 한다.

## 제4절 | 수신호

### 제70조(수신호방식)
신호기를 설치하지 아니한 경우 또는 신호기를 사용하지 못할 경우에는 다음 각 호의 방식으로 수신호를 하여야 한다.
1. 정지신호
    가. 주간: 적색기. 다만, 부득이한 경우에는 두 팔을 높이 들거나 또는 녹색기 외의 물체를 급격히 흔드는 것으로 대신할 수 있다.
    나. 야간: 적색등. 다만, 부득이한 경우에는 녹색등 외의 등을 급격히 흔드는 것으로 대신할 수 있다.
2. 진행신호
    가. 주간: 녹색기. 다만, 부득이한 경우에는 한 팔을 높이 드는 것으로 대신할 수 있다.
    나. 야간: 녹색등
3. 서행신호
    가. 주간: 적색기와 녹색기를 머리 위로 높이 교차한다. 다만, 부득이한 경우에는 양 팔을 머리 위로 높이 교차하는 것으로 대신할 수 있다.
    나. 야간: 명멸(明滅)하는 녹색등

### 제71조(선로 지장 시의 방호신호)
선로의 지장으로 인하여 열차등을 정지시키거나 서행시킬 경우, 임시신호기에 따를 수 없을 때에는 지장지점으로부터 200미터 이상의 앞 지점에서 정지수신호를 하여야 한다.

## 제5절 | 전호

### 제72조(출발전호)
열차를 출발시키려 할 때에는 출발전호를 하여야 한다. 다만, 승객안전설비를 갖추고 차장을 승무(乘務)시키지 아니한 경우에는 그러하지 아니하다.

### 제73조(기적전호)
다음 각 호의 어느 하나에 해당하는 경우에는 기적전호를 하여야 한다.
1. 비상사고가 발생한 경우
2. 위험을 경고할 경우

### 제74조(입환전호)

입환전호방식은 다음과 같다.

1. 접근전호
   가. 주간: 녹색기를 좌우로 흔든다. 다만, 부득이한 경우에는 한 팔을 좌우로 움직이는 것으로 대신할 수 있다.
   나. 야간: 녹색등을 좌우로 흔든다.
2. 퇴거전호
   가. 주간: 녹색기를 상하로 흔든다. 다만, 부득이한 경우에는 한 팔을 상하로 움직이는 것으로 대신할 수 있다.
   나. 야간: 녹색등을 상하로 흔든다.
3. 정지전호
   가. 주간: 적색기를 흔든다. 다만, 부득이한 경우에는 두 팔을 높이 드는 것으로 대신할 수 있다.
   나. 야간: 적색등을 흔든다.

## 제6절 | 표지

### 제75조(표지의 설치)

도시철도운영자는 열차등의 안전운전에 지장이 없도록 운전관계표지를 설치하여야 한다.

## 제7절 | 노면전차 신호

### 제76조(노면전차 신호기의 설계)

노면전차의 신호기는 다음 각 호의 요건에 맞게 설계하여야 한다.

1. 도로교통 신호기와 혼동되지 않을 것
2. 크기와 형태가 눈으로 볼 수 있도록 뚜렷하고 분명하게 인식될 것

# 제 4 편

# 철도사고·장애, 철도차량고장 등에 따른 의무보고 및 철도안전 자율보고에 관한 지침

제1장 | 총칙
제2장 | 철도사고 등의 의무보고
제3장 | 철도차량 등에 발생한 고장 등의 의무 보고
제4장 | 철도안전 자율보고
제5장 | 보칙

예상 및 기출문제 STEP 1
예상 및 기출문제 STEP 2~3

2022년 하반기 철도차량 운전면허 시험(5차 및 7차)부터 추가되는 시험범위입니다.
해당부분 참고하시어 학습하시길 바랍니다.
*입교시험의 경우 일부 기관의 시험범위에 해당되기도, 비해당되기도 하니 공고문
 에 기재된 시험범위를 확인하시고 공부하시길 바랍니다.

# 1장 총칙

[시행 2021. 3. 9.] [국토교통부고시 제2021-350호, 2021. 3. 9. 일부개정]

**제1조(목적)**
이 지침은 다음 각 호의 보고의 절차 및 방법 등의 세부사항을 정하는 것을 목적으로 한다.
1. 「철도안전법 시행규칙」(이하 "규칙"이라 한다.) 제86조제3항에 따른 철도사고 등 의무보고
2. 규칙 제87조제3항 및 제5항에 따른 철도차량에 발생한 고장, 결함 또는 기능장애 보고
3. 규칙 제88조제1항 및 제3항에 따른 철도안전 자율보고

**제2조(정의)**
① 이 지침에서 사용하는 "철도사고"라 함은 「철도안전법」(이하 "법"이라 한다) 제2조 제11호에 따른 철도사고를 말하며(단 전용철도에서 발생한 사고는 제외한다), 규칙 제1조의2에서 별도로 정하지 않은 세부분류기준은 다음 각 호와 같다.
1. 규칙 제1조의2 제1호 라목의 "기타철도교통사고"란 다음 각 목의 어느 하나에 해당하는 것을 말한다.
   가. 위험물사고 : 열차에서 위험물(「철도안전법」 시행령 제45조에 따른 위험물을 말한다. 이하 같다) 또는 위해물품(규칙 제78조제1항에 따른 위해물품을 말한다. 이하 같다)이 누출되거나 폭발하는 등으로 사상자 또는 재산피해가 발생한 사고
   나. 건널목사고 : 「건널목개량촉진법」 제2조에 따른 건널목에서 열차 또는 철도차량과 도로를 통행하는 차마(「도로교통법」 제2조제17호에 따른 차마를 말한다), 사람 또는 기타 이동 수단으로 사용하는 기계기구와 충돌하거나 접촉한 사고
   다. 철도교통사상사고 : 규칙 제1조의2의 "충돌사고", "탈선사고", "열차화재사고"를 동반하지 않고, 위 가목, 나목을 동반하지 않고 열차 또는 철도차량의 운행으로 여객(이하 철도를 이용하여 여행할 목적으로 역구내에 들어온 사람이나 열차를 이용 중인 사람을 말한다), 공중(公衆), 직원(이하 계약을 체결하여 철도운영자등의 업무를 수행하는 사람을 포함한다)이 사망하거나 부상을 당한 사고
2. 규칙 제1조의2 제2호 다목의 "기타철도안전사고"란 다음 각 목의 어느 하나에 해당하는 것을 말한다.
   가. 철도안전사상사고 : 규칙 제1조의2의 "철도화재사고", "철도시설파손사고"를 동반하지 않고 대합실, 승강장, 선로 등 철도시설에서 추락, 감전, 충격 등으로 여객, 공중(公衆), 직원이 사망하거나 부상을 당한 사고
   나. 기타안전사고 : 위 가목의 사고에 해당되지 않는 기타철도안전사고

② 이 지침에서 사용하는 "철도준사고"라 함은 법 제2조제12호에 따른 철도준사고를 말한다.
③ 이 지침에서 사용하는 "운행장애"라 함은 법 제2조제13호에 따른 운행장애를 말한다.
④ 이 지침에서 사용하는 "사상자"라 함은 다음 각 호의 인명피해를 말한다.
   1. 사망자 : 사고로 즉시 사망하거나 30일 이내에 사망한 사람
   2. 부상자 : 사고로 24시간 이상 입원 치료한 사람
   3. 삭제
⑤ 이 지침에서 사용하는 "철도안전정보관리시스템"이라 함은 「철도안전법 시행령」(이하 "영"이라 한다) 제63조제1항제7호에 따라 구축되는 정보시스템을 말한다.

> **짚고넘어가기!** 영 63조 1항 7호 : 철도안전 정보의 종합관리, 국토교통부장관이 한국교통안전공단에 위탁한 사항

### 제3조(적용범위)

① 법 제61조에 따른 철도사고·준사고 및 운행장애(이하 "철도사고 등"이라 한다)의 보고절차 및 방법
② 법 제61조의2에 따른 철도차량 등에 발생한 고장 등의 보고(이하 "고장보고"라 한다)와 관련하여 보고절차 및 방법
③ 법 제61조의3에 따른 철도안전 자율보고(이하 "자율보고"라 한다.)의 접수·분석 및 전파에 필요한 절차와 방법

# 2장 철도사고 등의 의무보고

**제4조(철도사고 등의 즉시보고)**

① 철도운영자(법 제4조에 따른 철도운영자 및 철도시설관리자를 말한다. 전용철도의 운영자는 제외한다. 이하 같다) 등이 규칙 제86조제1항의 즉시보고를 할 때에는 별표 1의 보고계통에 따라 전화 등 가능한 통신수단을 이용하여 구두로 다음 각 호와 같이 보고하여야 한다.
  1. 일과시간 : 국토교통부(관련과) 및 항공 · 철도사고조사위원회
  2. 일과시간 이외 : 국토교통부 당직실

② 제1항의 즉시보고는 사고발생 후 **30분** 이내에 하여야 한다.

> **짚고넘어가기!**
> 규칙 제86조 제1항 : 철도운영자등은 즉시 보고하여야 되는 철도사고등이 발생한 때에는 다음 각 호의 사항을 국토교통부장관에게 즉시 보고하여야 한다.
> 〈보고하여야 하는 사항〉
> 1. 사고 발생 일시 및 장소
> 2. 사상자 등 피해사항
> 3. 사고 발생 경위
> 4. 사고 수습 및 복구계획 등

③ 제1항의 즉시보고를 접수한 때에는 지체 없이 사고관련 부서(팀) 및 항공 · 철도사고조사위원회에 그 사실을 통보하여야 한다.

④ 철도운영자등은 제1항의 사고보고 후 제5조제4항 제1호 및 제2호에 따라 국토교통부장관에게 보고하여야 한다.

⑤ 제4항의 보고 중 종결보고는 철도안전정보관리시스템을 통하여 보고할 수 있다.

⑥ 철도운영자등은 제1항의 즉시보고를 신속하게 할 수 있도록 비상연락망을 비치하여야 한다.

■ [별표 1]

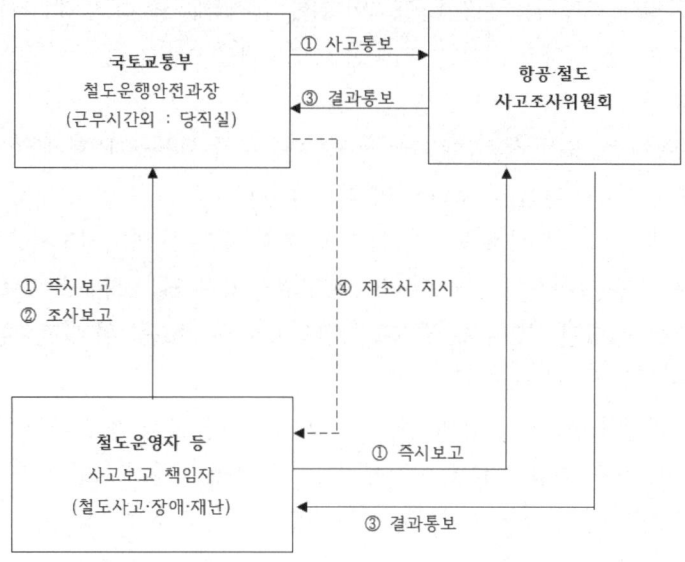

### 철도사고 등의 보고계통

① 철도운영자등이 제4조에 따라 즉시보고(통보)
② 철도운영자등이 제5조에 따라 사고원인에 대한 자체조사결과보고
③ 항공 · 철도사고조사위원회에서 사고원인에 대한 조사결과 통보(개선권고 등)
④ 국토교통부장관이 제7조에 따라 자체조사결과에 대한 재조사 지시

**제5조(철도사고 등의 조사보고)**

① 철도운영자 등이 법 제61조제2항에 따라 사고내용을 조사하여 그 결과를 보고하여야 할 철도사고 등은 영 제57조에 따른 철도사고 등을 제외한다.

> 짚고넘어가기!   영 57조 → 즉시보고하여야 하는 철도사고

② 철도운영자 등은 제1항의 조사보고 대상 가운데 다음 각 호의 사항에 대한 규칙 제86조제2항 제1호의 초기보고는 철도사고 등이 발생한 후 또는 사고발생 신고(여객 또는 공중(公衆)이 사고발생 신고를 하여야 알 수 있는 열차와 승강장사이 발빠짐, 승하차시 넘어짐, 대합실에서 추락 · 넘어짐 등의 사고를 말한다)를 접수한 후 1시간 이내에 사고발생현황을 별표 1의 보고계통에 따라 전화 등 가능한 통신수단을 이용하여 국토교통부(관련과)에 보고하여야 한다.
1. 영 제57조에 따른 철도사고 등을 제외한 철도사고
2. 철도준사고
3. 규칙 제1조의4 제2호에 따른 지연운행으로 인하여 열차운행이 고속열차 및 전동열차는 40분, 일반여객열차는 1시간 이상 지연이 예상되는 사건
4. 그 밖에 언론보도가 예상되는 등 사회적 파장이 큰 사건

③ 철도운영자등은 제2항 각 호에 해당하지 않는 제1항에 따른 조사보고 대상에 대하여는 철도사고 등이 발생한 후 또는 사고발생 신고를 접수한 후 **72시간** 이내(해당 기간에 포함된 토요일 및 법정공휴일에 해당하는 시간은 제외한다)에 규칙 제86조제2항제1호에 따른 초기보고를 별표 1의 보고계통에 따라 전화 등 가능한 통신수단을 이용하여 국토교통부(관련과)에 보고하여야 한다.

④ 철도운영자등은 제2항 또는 제3항에 따른 보고 후에 규칙 제86조제2항제2호와 제3호에 따라 중간보고 및 종결보고를 다음 각 호와 같이 하여야 한다.

1. 중간보고는 제1항의 철도사고 등이 발생한 후 별지 제1호서식의 철도사고보고서에 사고수습 및 복구사항 등을 작성하여 사고수습·복구기간 중에 1일 2회 또는 수습상황 변동시 등 수시로 보고할 것(다만 사고수습 및 복구상황의 신속한 보고를 위해 필요한 경우에는 전화 등 가능한 통신수단으로 보고 가능).
2. 종결보고는 발생한 철도사고 등의 수습·복구(임시복구 포함)가 끝나 열차가 정상 운행하는 시점을 기준으로 **다음달 15일** 이전에 다음 각 목의 사항이 포함된 조사결과 보고서와 별표 2의 사고현장상황 및 사고발생원인 조사표를 작성하여 보고할 것.
   가. 철도사고 등의 조사 경위
   나. 철도사고 등과 관련하여 확인된 사실
   다. 철도사고 등의 원인 분석
   라. 철도사고 등에 대한 대책 등
3. 규칙 제1조의2 제2호의 자연재난이 발생한 경우에는「재난 및 안전관리 기본법」제20조제4항과 같은 법 시행규칙 별지 제1호서식의 재난상황 보고서를 작성하여 보고할 것.

⑤ 제3항의 초기보고 및 제4항제2호의 종결보고는 철도안전정보관리시스템을 통하여 할 수 있다.

■ [별표 2]

## 사고현장상황 및 사고발생원인 조사표

① 사고현장상황

| 기상상태 | 철도종류 | 열차종류 | 장소유형 | |
|---|---|---|---|---|
| ☐ 온도(　℃)<br>☐ 강우(　mm)<br>☐ 적설(　cm)<br>☐ 안개(가시거리　m)<br>☐ 지진(강도　)<br>☐ 바람(초속　m) | ☐ 고속철도<br>☐ 일반철도<br>☐ 도시철도<br>☐ 기타(　) | ☐ 여객열차<br>☐ 도시전동열차<br>☐ 화물열차<br>☐ 혼합열차<br>☐ 단행기관차<br>☐ 시운전열차<br>☐ 입환차량<br>☐ 작업차량<br>☐ 기타 | ☐ 건널목<br>☐ 역(승강장, 대합실, 역구내 선로, 작업장, 기타)<br>☐ 역간<br>☐ 조차장<br>☐ 본선<br>☐ 측선<br>☐ 대피선<br>☐ 기타(　) | ☐ 분기부<br>☐ 교량<br>☐ 고가교<br>☐ 과선교<br>☐ 터널/지하<br>☐ 기타 |

| 제한 및 운행속도 등 | | 선로유형 | | 신호시스템유형 | |
|---|---|---|---|---|---|
| 제한속도 | km/h | ☐ 단선궤도  ☐ 복선궤도<br>☐ 2복선궤도  ☐ 3복선궤도 | | 교통통제 | ☐ 중앙집중제어<br>☐ 역단위 제어 |
| 사고속도 | 1열차 km/h<br>2열차 km/h | 곡선 | ☐ 좌 (반경   m)<br>☐ 우 (반경   m) | 신호방식 | ☐ 지상신호<br>☐ 차상신호 |
| 선행교통장애 | ☐ 공사(작업)중<br>☐ 차량고장<br>☐ 선로고장<br>☐ 전기고장<br>☐ 신호고장<br>☐ 기타고장 | 기울기 | ☐ 오르막(   ‰)<br>☐ 내리막(   ‰) | 열차제어 | ☐ ATO<br>☐ ATC<br>☐ ABS<br>☐ ATS<br>☐ 수동제어<br>☐ 기타/불명 |

| 건널목 관련 | | 직원사상사고 관련 | | 위험물 관련 | |
|---|---|---|---|---|---|
| ☐ 일반국도<br>☐ 광역시도<br>☐ 지방도<br>☐ 시군구도<br>☐ 농어촌도<br>☐ 기타 | ☐ 대형버스<br>☐ 승합차<br>☐ 승용차<br>☐ 화물차<br>☐ 2륜차<br>☐ 기타 | ☐ 직원<br>☐ 외주 | ☐ 입환<br>☐ 선로<br>☐ 스크린도어<br>☐ 전철<br>☐ 차량<br>☐ 기타 | ☐ 적재<br>☐ 누출<br>☐ 폭발 | ☐ 유류        ☐ 화공품류<br>☐ 폭약류     ☐ 가연성물질<br>☐ 압축가스류 ☐ 산화부식제류<br>☐ 액화가스류 ☐ 방사능물질<br>☐ 산류        ☐ 휘산성독물류<br>☐ 화학류     ☐ 기타(   ) |

| 안전설비현황 | | | |
|---|---|---|---|
| 철도시설측 | ☐ 안전펜스(울타리)<br>☐ 지장물검지장치<br>☐ 레일온도검지장치<br>☐ 선로밀착검지장치<br>☐ 끌림검지장치<br>☐ 분기기융설장치<br>☐ 차축온도검지장치<br>☐ 지진감시장치<br>☐ 기상감시장치<br>☐ 기타(     ) | 철도차량측 | ☐ 운전정보기록장치<br>☐ 운전자감시장치<br>☐ 화재감시장치<br>☐ 충돌안전설비<br>☐ 탈선방지 장치<br>☐ 기타 (     ) |
| | | 건널목 | ☐ 경보장치<br>☐ 차단장치<br>☐ 검지장치<br>☐ 기타(     ) |

② 사고발생원인(① 주원인, ② 부원인)

| 충돌·탈선·열차화재 및 위험물사고 |||||||
|---|---|---|---|---|---|---|
| 인적요인 | ①② 운전자<br>①② 관제사<br>①② 운전취급자<br>①② 역·승무원<br>①② 기타( ) | ①② 신호위반<br>①② 과속운행<br>①② 제동실패<br>①② 신호취급잘못<br>①② 운전지시잘못<br>①② 폐색취급잘못<br>①② 선로전환잘못<br>①② 열차방호잘못<br>①② 운전취급잘못<br>①② 기타( ) | 기술적요인 | 선로 및 구조물 | ①② 레일파손　①② 경사면붕괴<br>①② 궤도틀림　①② 터널붕괴<br>①② 분기기결함　①② 교량붕괴/변형<br>①② 노반침하　①② 기타( ) ||
| ^^^ | ^^^ | ^^^ | ^^^ | 철도 차량 | ①② 주행장치고장<br>①② 전원공급장치고장<br>①② 제동장치고장<br>①② 집전장치고장<br>①② 운전제어장치고장<br>①② 연결장치파손/풀림<br>①② 안전(보호)장치고장<br>①② 기타( ) ||
| 외부환경적요인 | ①② 유지보수자 | ①② 미승인작업<br>①② 작업부주의<br>①② 유지보수미비<br>①② 검사미비<br>①② 기타( ) | ^^^ | 전철 설비 | ①② 전차선로고장<br>①② 원격제어장치고장<br>①② 배전선로고장<br>①② 기타( )<br>①② 변전설비고장 ||
| ^^^ | ☐ 자연재해 | ①② 강우<br>①② 강설<br>①② 강풍<br>①② 지진<br>①② 낙뢰<br>①② 안개<br>①② 낙석<br>①② 한파<br>①② 폭염<br>①② 기타( ) | ^^^ | 신호 통신 설비 | ①② 폐색장치고장<br>①② 선로전환장치고장<br>①② 신호제어장치고장<br>①② 열차보호장치고장<br>①② 정보전송장치고장<br>①② 열차무선고장<br>①② 기타( ) ||
| ^^^ | ☐ 외부요인 | ①② 선로변무단작업<br>①② 선로변화재폭발<br>①② 선로(역)점거<br>①② 위험물누출<br>①② 테러<br>①② 방화<br>①② 기타( ) | ^^^ | 기타 설비 | ①② 차량/신호간 상호작용<br>①② 차량/선로간 상호작용<br>①② 차량/전철설비간 상호작용<br>①② 화재검지/대응설비고장<br>①② 선로변 안전장치고장<br>①② 기타( ) ||

| | | 건널목사고 | | | |
|---|---|---|---|---|---|
| 인적요인 | ☐② 안내원 | ☐② 안전설비조작 잘못<br>☐② 차량출입통제 소홀<br>☐② 열차방호 실패<br>☐② 기타(　　) | | 기술적요인 | ☐② 경보장치고장<br>☐② 차단장치고장<br>☐② 검지장치고장<br>☐② 기타(　　) |
| | ☐② 통행자 | ☐② 일단정지 무시횡단<br>☐② 차단기 돌파/우회<br>☐② 건널목안 자동차고장<br>☐② 건널목 보판이탈<br>☐② 건널목 통과지체<br>☐② 열차에 뛰어듦(자살)<br>☐② 기타(　　) | | | |

| | | 사상사고 | | 화재사고 | |
|---|---|---|---|---|---|
| ☐② 여객<br>☐② 공중(公衆)<br>☐② 직원 | ☐② 교통사상사고<br>☐② 선로무단침입/통행<br>☐② 선로근접통행<br>☐② 열차에 뛰어듦(자살)<br>☐② 열차와 승강장사이 빠짐<br>☐② 승강장 넘어짐<br>☐② 승강장 추락<br>☐② 승하차시 넘어짐<br>☐② 출입문에 끼임<br>☐② 승강장안전문에 끼임<br>☐② 열차 등에서 넘어짐<br>☐② 비산/낙하물 충격<br>☐② 시설/설비결함<br>☐② 미승인작업<br>☐② 열차방호소홀<br>☐② 부주의한 행동<br>☐② 기타(　　) | ☐② 안전사상사고<br>☐② 승강장(역) 추락<br>☐② 승강장(역) 넘어짐<br>☐② 전기감전<br>☐② 엘리베이터 추락/넘어짐<br>☐② 에스컬레이터 추락/넘어짐<br>☐② 화상<br>☐② 비산/낙하물 충격<br>☐② 작업장 추락/전도<br>☐② 작업장비에 끼임<br>☐② 시설설비 결함<br>☐② 부주의한 행동<br>☐② 기타(　　) | ☐② 건물<br>☐② 설비<br>☐② 차량 | ☐② 전기화재<br>☐② 가스화재<br>☐② 유류화재<br>☐② 방화<br>☐② 설비과열<br>☐② 기관과열<br>☐② 기타 |
| | | | | 철도시설파손사고 | |
| | | | | ☐② 부적절한 사용<br>☐② 유지보수 소홀<br>☐② 재질불량/노후<br>☐② 외부환경/기후<br>☐② 인접공사(작업)<br>☐② 기타 | |

**제6조 삭제**

**제7조(철도운영자의 사고보고에 대한 조치)**

① 국토교통부장관은 제4조 또는 제5조의 규정에 따라 철도운영자등이 보고한 철도사고보고서의 내용이 미흡하다고 인정되는 경우에는 당해 내용을 보완할 것을 지시하거나 철도안전감독관 등 관계전문가로 하여금 미흡한 내용을 조사토록 할 수 있다.

② 국토교통부장관은 제4조 또는 제5조의 규정에 의하여 철도운영자등이 보고한 내용이 철도사고 등의 재발을 방지하기 위하여 필요한 경우 그 내용을 발표할 수 있다. 다만, 관련내용이 공개됨으로써 당해 또는 장래의 정확한 사고조사에 영향을 줄 수 있거나 개인의 사생활이 침해될 우려가 있는 다음 각 호의 내용은 공개하지 아니할 수 있다.
1. 사고조사과정에서 관계인들로부터 청취한 진술
2. 열차운행과 관계된 자들 사이에 행하여진 통신기록
3. 철도사고등과 관계된 자들에 대한 의학적인 정보 또는 사생활 정보
4. 열차운전실 등의 음성자료 및 기록물과 그 번역물
5. 열차운행관련 기록장치 등의 정보와 그 정보에 대한 분석 및 제시된 의견
6. 철도사고등과 관련된 영상 기록물

**제8조 삭제**

**제9조(둘 이상의 기관과 관련된 사고의 처리)**
둘 이상의 철도운영자등이 관련된 철도사고 등이 발생된 경우 해당 철도운영자 등은 공동으로 조사를 시행할 수 있으며, 다음 각 호의 구분에 따라 보고하여야 한다.
1. 제4조 및 제5조에 따른 최초 보고 : 사고 발생 구간을 관리하는 철도운영자 등
2. 제1호의 보고 이후 조사 보고 등
   가. 보고 기한일 이전에 사고원인이 명확하게 밝혀진 경우 : 철도차량 관련사고 등은 해당 철도차량 운영자, 철도시설 관련사고 등은 철도시설 관리자.
   나. 보고 기한일 이전에 사고원인이 명확하게 밝혀지지 않은 경우 : 사고와 관련된 모든 철도차량 운영자 및 철도시설 관리자

# 3장 철도차량 등에 발생한 고장 등의 의무 보고

### 제10조(고장보고 방법)
고장보고를 할 때에는 관련서식에 따라 국토교통부장관(철도운행안전과장) 공문과 fax를 통해 보고하여야 한다.

### 제11조(고장보고의 기한)
법 제61조의2에 따른 고장보고는 보고자가 관련사실을 인지한 후 7일 이내로 한다.

### 제12조(고장보고 내용의 전파 및 조치)
① 제10조 및 제11조에 따라 고장보고를 접수한 국토교통부장관은 필요한 경우 관련 부서(철도운영기관, 한국철도기술연구원, 한국교통안전공단 등)에 그 사실을 통보하여야 한다.
② 제10조 및 제11조에 따라 보고를 받은 국토교통부장관은 필요하다고 판단하는 경우, 법 제31조 제1항 제5호 및 규칙 제72조 제1항 제3호에 따른 철도차량 또는 철도용품에 결함이 있는 여부에 대한 조사를 실시할 수 있다.

# 4장 철도안전 자율보고

**제13조(자율보고 방법)** 자율보고의 보고자는 다음 각 호의 방법에 따라 보고할 수 있다.
① 유선전화 : 054)459-7323
② 전자우편 : krails@kotsa.or.kr
③ 인터넷 웹사이트 : www.railsafety.or.kr

**제14조(자율보고 매뉴얼 작성 등)**
① 한국교통안전공단(이하 "공단"이라 한다) 이사장은 자율보고 접수·분석 및 전파에 필요한 세부 방법·절차 등을 규정한 철도안전 자율보고 매뉴얼(이하 "자율보고 매뉴얼"이라 한다)을 제정하여야 한다.
② 공단 이사장은 자율보고 매뉴얼을 제정하거나 변경할 때에는 국토교통부장관에게 사전 승인을 받아야 한다.
③ 공단 이사장은 자율보고 매뉴얼 중 업무처리절차 등 주요 내용에 대하여는 보고자가 인터넷 등 온라인을 통해 쉽게 열람할 수 있도록 조치하여야 한다.

**제15조(조치 등)**
① 국토교통부장관은 철도안전 자율보고의 접수 및 처리업무에 관하여 필요한 지시를 하거나 조치를 명할 수 있다.

**제16조(업무담당자 지정 등)**
① 공단 이사장은 자율보고 접수·분석 및 전파에 관한 업무를 담당할 내부 부서 및 임직원을 지정하고, 직무범위와 책임을 부여하여야 한다.
② 공단 이사장은 제1항에 따라 지정한 담당 임직원이 해당업무를 수행하기 전에 자율보고 업무와 관련한 법령, 지침 및 제4조제1항에 따른 자율보고 매뉴얼에 대한 초기교육을 시행하여야 한다.

**제17조(자율보고 등의 접수)**
① 공단 이사장은 자율보고를 접수한 경우 보고자에게 접수번호를 제공하여야 한다.
② 공단 이사장은 제1항에 따른 자율보고 내용을 파악한 후 누락 또는 부족한 내용이 있는 경우 보고자에게 추가 정보 제공 등을 요청하거나 관련 현장을 방문할 수 있다.
③ 공단 이사장은 보고내용이 긴급히 철도안전에 영향을 미칠 수 있다고 판단되는 경우 지체 없

이 철도운영자등에게 통보하여 조치를 취하도록 하여야 한다.
④ 철도운영자등은 통보받은 보고내용의 진위여부, 조치필요성 등을 확인하고, 필요한 경우 조치를 취하여야 한다.
⑤ 철도운영자등은 보고내용에 대한 조치가 완료된 이후 10일 이내에 해당 조치결과를 공단 이사장에게 통보하여야 한다.

### 제18조(보고자 개인정보 보호)
① 공단 이사장은 보고자의 의사에 반하여 보고자의 개인정보를 공개하여서는 아니 된다.
② 공단 이사장은 제1항에 따라 보고자의 의사에 반하여 개인정보가 공개되지 않도록 업무처리 절차를 마련하여 시행하여야 하며, 관계 임직원이 이를 준수하도록 하여야 한다.

### 제19조(자율보고 분석)
① 공단 이사장은 제7조에 따라 접수한 자율보고에 대하여 초도 분석을 실시하고 분석결과를 월 1회(전월 접수된 건에 대한 초도 분석결과를 토요일 및 공휴일을 제외한 업무일 기준 10일 내에) 국토교통부장관에게 제출하여야 한다.
② 공단 이사장은 제1항에 따른 초도분석에 이어 위험요인(Hazard) 분석, 위험도(Safety Risk) 평가, 경감조치(관계기관 협의, 전파) 등 해당 발생 건에 대한 위험도를 관리하기 위해 심층 분석을 실시하여야 한다. 필요한 경우 분석회의를 구성 및 운영할 수 있다.
③ 공단 이사장은 제2항에 따른 심층분석 결과를 분기 1회(전 분기 접수된 건에 대한 심층분석 결과를 다음 분기까지) 국토교통부장관에게 제출하여야 한다.

### 제20조(위험요인 등록)
공단 이사장은 제9조에 따른 자율보고 분석을 통해 식별한 위험요인, 위험도, 후속조치 등을 체계적으로 관리하기 위하여 철도안전위험요인 등록부(Hazard Register)를 작성하고 관리하여야 한다.

### 제21조(자율보고 연간 분석 등)
공단 이사장은 매년 2월말까지 전년도 자율보고 접수, 분석결과 및 경향 등을 포함하는 자율보고 연간 분석결과를 국토교통부장관에게 보고하여야 한다.

### 제22조(안전정보 전파)
공단 이사장은 제9조에 따른 자율보고 분석 결과 중 철도안전 증진에 기여할 수 있을 것으로 판단되는 안전정보는 철도운영자등 및 철도종사자와 공유하여야 한다.

### 제23조(전자시스템 구축 등)

공단 이사장은 제7조에 따른 자율보고의 접수단계부터 제10조에 따른 자율보고의 분석단계 업무를 효과적으로 처리 및 기록·관리하기 위한 전자시스템을 구축·관리하여야 한다.

### 제24조(자율보고제도 개선 등)

① 공단 이사장은 자율보고의 편의성을 제고하고 안전정보 공유 체계를 개선하기 위해 지속적으로 노력하여야 한다.
② 공단 이사장은 자율보고제도를 운영하고 있는 국내 타 분야 및 해외 철도사례 연구 등을 통해 자율보고제도를 보다 효과적이고 효율적으로 운영할 수 있는 방안을 지속 연구하고, 이를 국토교통부장관에게 건의할 수 있다.

# 5장 보칙

### 제25조(재검토기한)

국토교통부장관은 「훈령·예규 등의 발령 및 관리에 관한 규정」에 따라 이 고시에 대하여 2021년 1월 1일 기준으로 매3년이 되는 시점(매 3년째의 12월 31일까지를 말한다)마다 그 타당성을 검토하여 개선 등의 조치를 하여야 한다.

■ [별표 3]

## 철도사고 등의 분류기준

| | | | | |
|---|---|---|---|---|
| 철도사고 | 철도교통사고 | | 충돌사고 | |
| | | | 탈선사고 | |
| | | | 열차화재사고 | |
| | | 기타철도 교통사고 | 위험물사고 | |
| | | | 건널목사고 | |
| | | | 철도교통사상사고 | 여객 |
| | | | | 공중(公衆) |
| | | | | 직원 |
| | 철도안전사고 | | 철도화재사고 | |
| | | | 철도시설파손사고 | |
| | | 기타철도 안전사고 | 철도안전사상사고 | 여객 |
| | | | | 공중(公衆) |
| | | | | 직원 |
| | | | 기타안전사고 | |
| 철도준사고 | 철도준사고 | | | |
| 운행장애 | 무정차통과, 운행지연 | | | |
| 철도재난 | | | | |

주) 1. 하나의 철도사고로 인하여 다른 철도사고가 유발된 경우에는 최초에 발생한 사고로 분류함(단, 충돌·탈선·열차화재사고 이외의 철도사고로 인하여 충돌·탈선·열차화재사고가 유발된 경우에는 충돌·탈선·열차화재사고로 분류함)
2. 철도사고 등이 재난으로 인하여 발생한 경우에는 재난과 철도사고, 철도준사고, 또는 운행장애로 각각으로 분류함
3. 철도준사고 또는 운행장애가 철도사고로 인하여 발생한 경우에는 철도사고로 분류함
4. 삭제

# 제5편

# 철도종사자 등에 관한 교육훈련 시행지침

제1장 | 총칙
제2장 | 운전면허 및 관제자격 교육방법
제3장 | 운전업무 및 관제업무의 실무수습
제4장 | 철도종사자 안전교육 및 직무교육
제5장 | 철도차량정비기술자의 교육훈련
제6장 | 철도안전 전문인력의 교육
제7장 | 보칙

예상 및 기출문제 STEP 1
예상 및 기출문제 STEP 2
예상 및 기출문제 STEP 3

2022년 하반기 철도차량 운전면허 시험(5차 및 7차)부터 추가되는 시험범위입니다.
해당부분 참고하시어 학습하시길 바랍니다.
*입교시험의 경우 일부 기관의 시험범위에 해당되기도, 비해당되기도 하니 공고문에 기재된
 시험범위를 확인하시고 공부하시길 바랍니다.

# 1장 총칙

[시행 2021. 1. 1.] [국토교통부고시 제2020-977호, 2020. 12. 18. 일부개정]

**제1조(목적)**
이 지침은 「철도안전법 시행규칙」 제11조·제20조·제24조·제37조·제38조의2·제38조의7·제39조·제41조의2·제41조의3·제42조의3·제91조에 따른 철도차량운전면허교육·관제자격증명교육·운전 및 관제업무의 실무수습·철도종사자 안전교육·철도종사자 직무교육·철도차량정비기술자 정비교육훈련·철도안전 전문인력교육의 내용·방법·절차·평가·교육훈련의 면제 등에 관하여 필요한 사항을 정함을 목적으로 한다.

**제2조(적용범위)**
운전면허교육·관제자격교육·운전 및 관제업무의 실무수습·철도종사자 안전교육·철도종사자 직무교육·정비기술자 정비교육훈련·전문인력 교육의 내용·방법·절차·평가·교육훈련의 면제 등에 관하여 법령에서 정한 것을 제외하고는 이 지침이 정하는 바에 따른다.

**제3조(용어정의)**
이 지침에서 사용하는 용어의 정의는 다음과 같다.
1. "운전교육훈련기관"이라 함은 「철도안전법」(이하 "법"이라 한다) 제16조제3항에 따라 국토교통부장관으로부터 철도차량 운전에 관한 전문교육훈련기관으로 지정받은 기관을 말한다.
2. "관제교육훈련기관"이라 함은 법 제21조의7제3항에 따라 국토교통부장관으로부터 관제업무에 관한 전문교육훈련기관으로 지정 받은 기관을 말한다.
2의2. "정비교육훈련기관"이라 함은 법 제24조의4제2항에 따라 국토교통부장관으로부터 철도차량정비기술에 관한 전문교육훈련기관으로 지정 받은 기관을 말한다.
3. "철도안전전문기관"이라 함은 법 제69조 및 「철도안전법 시행령」(이하 "시행령"이라 한다) 제60조의3에 따라 국토교통부장관으로부터 철도안전 전문인력의 교육훈련 등을 담당하는 기관으로 지정받은 전문기관 또는 단체를 말한다.
4. "교육훈련시행자"라 함은 운전교육훈련기관·관제교육훈련기관·철도안전전문기관·정비교육훈련기관 및 철도운영기관의 장을 말한다.
5. "전기능모의운전연습기"라 함은 실제차량의 운전실과 운전 부속장치를 실제와 유사하게 제작하고, 영상 음향 진동 등 환경적인 요소를 현장감 있게 구현하여 운전연습 효과를 최대한 발휘할 수 있도록 제작한 운전훈련연습 장치를 말한다.
6. "전기능모의관제시스템"이라 함은 철도운영기관에서 운영 중인 관제설비와 유사하게 제작되

어 철도차량의 운행을 제어·통제·감시하는 업무 수행 및 이례상황 구현이 가능하도록 제작된 관제훈련연습시스템을 말한다.
7. "기본기능모의운전연습기"라 함은 동력차제어대 등 운전취급훈련에 반드시 필요한 부분만 실제차량의 실물과 유사하게 제작하고 나머지는 간략하게 구성하며, 기타 장치 및 객실 등은 컴퓨터 그래픽으로 처리하여 운전취급훈련 및 이론 교육을 병행할 수 있도록 제작한 운전훈련연습 장치를 말한다.
8. "기본기능모의관제시스템"이라 함은 철도 관제교육훈련에 꼭 필요한 부분만 유사하게 제작한 관제훈련연습시스템을 말한다.
9. "컴퓨터지원교육시스템"이라 함은 컴퓨터시스템의 멀티미디어교육기능을 이용하여 철도차량운전과 관련된 차량, 시설, 전기, 신호 등을 학습할 수 있도록 제작된 프로그램 또는 철도관제와 관련된 교육훈련을 학습할 수 있도록 제작된 프로그램(기본기능모의관제시스템) 및 이를 지원하는 컴퓨터시스템 일체를 말한다.

# 2장 운전면허 및 관제자격 교육방법

**제4조(교육훈련 대상자의 선발 등)**

① 운전교육훈련기관 및 관제교육훈련기관(이하 "교육훈련기관"이라 한다) 장은 교육훈련 과정별 교육생 선발에 관한 기준을 마련하고 그 기준에 적합한 자를 교육훈련 대상자로 선발하여야 한다.

② 교육훈련기관의 장은 교육훈련 과정별 교육대상자가 적어 교육과정을 개설하지 아니하거나 교육훈련 시기를 변경하여 시행 할 필요가 있는 경우에는 모집공고를 할 때 미리 알려야 하며 교육과정을 폐지하거나 변경하는 경우에는 국토교통부장관에게 보고하여 승인을 받아야 한다.

③ 교육훈련대상자로 선발된 자는 교육훈련기관에 교육훈련을 개시하기 전까지 교육훈련에 필요한 등록을 하여야 한다.

**제5조(운전면허의 교육방법)**

① 운전교육훈련기관의 교육은 운전면허의 종류별로 구분하여 「철도안전법 시행규칙」(이하 "시행규칙"이라 한다) 제22조에 따른 정원의 범위에서 교육을 실시하여야 한다.

> **짚고넘어가기!**
> [시행규칙 제22조]
> 1회 교육생 30명 기준, 15명 추가될 때마다 운전면허 종류별 교수 1명 이상 추가 확보

② 컴퓨터지원교육시스템에 의하여 교육을 실시하는 경우에는 교육생 마다 각각의 컴퓨터 단말기를 사용하여야 한다.

③ 모의운전연습기를 이용하여 교육을 실시하는 경우에는 전기능모의운전연습기 · 기본기능모의운전연습기 및 컴퓨터지원교육시스템에 의한 교육이 모두 이루어지도록 교육계획을 수립하여야 한다.

④ 철도운영자 및 철도시설관리자(위탁 운영을 받은 기관의 장을 포함한다. 이하 "철도운영자 등"이라 한다)은 시행규칙 제11조에 따라 다른 운전면허의 철도차량을 차량기지 내에서 시속 25킬로미터 이하로 운전하고자 하는 사람에 대하여는 업무를 수행하기 전에 기기취급 등에 관한 실무수습 · 교육을 받도록 하여야 한다.

⑤ 철도운영자등(위탁 받은 기관의 장을 포함한다)이 제4항의 교육을 실시하는 경우에는 평가에 관한 기준을 마련하여 교육을 종료할 때 평가하여야 한다.

⑥ 운전교육훈련기관의 장은 시행규칙 제24조에 따라 기능시험을 면제하는 운전면허에 대한 교육을 실시하는 경우에는 교육에 관한 평가기준을 마련하여 교육을 종료할 때 평가하여야 한다.

> **짚고넘어가기!** [시행규칙 제24조]
> 기존 운전면허 소지자가 타 면허 취득 시 조건 충족할 경우 기능시험 면제

⑦ 그 밖의 교육훈련의 순서 및 교육운영기준 등 세부사항은 교육훈련시행자가 정하여야 한다.

### 제6조(관제자격의 교육방법)

① 관제교육훈련기관의 교육은 교육훈련 과정별로 구분하여 시행규칙 제38조의5에 따른 정원의 범위에서 교육을 실시하여야 한다.
② 컴퓨터지원교육시스템에 의한 교육을 실시하는 경우에는 교육생 마다 각각의 컴퓨터 단말기를 사용하여야 한다.
③ 모의관제시스템을 이용하여 교육을 실시하는 경우에는 전기능모의관제시스템·기본기능모의관제시스템 및 컴퓨터지원교육시스템에 의한 교육이 모두 이루어지도록 교육계획을 수립하여야 한다.
④ 교육훈련기관은 제1항에 따라 교육훈련을 종료하는 경우에는 평가에 관한 기준을 마련하여 평가 하여야 한다.
⑤ 그 밖의 교육훈련의 순서 및 교육운영기준 등 세부사항은 교육훈련시행자가 정하여야 한다.

# 3장 운전업무 및 관제업무의 실무수습

**제7조(실무수습의 절차 등)**

① 철도운영사등은 법 제21소에 따라 철노차량의 운전업무에 종사하려는 사람 또는 법 제22조에 따라 관제업무에 종사하려는 사람에 대하여 실무수습을 실시하여야 한다.

② 철도운영자등은 실무수습에 필요한 교육교재·평가 등 교육기준을 마련하고 그 절차에 따라 실무수습을 실시하여야 한다.

③ 철도운영자 등은 운전업무 및 관제업무에 종사하고자 하는 자에 대하여 제10조에 따른 자격기준을 갖춘 실무수습 담당자를 지정하여 가능한 개별교육이 이루어지도록 노력하여야 한다.

④ 철도운영자등은 제1항에 따라 실무수습을 이수한 자에 대하여는 매월 말일을 기준으로 다음 달 10일까지 교통안전공단에 실무수습기간·실무수습을 받은 구간·인증기관·평가자 등의 내용을 통보하고 철도안전정보망에 관련 자료를 입력하여야 한다.

**제8조(실무수습의 방법 등)**

① 철도운영자등은 시행규칙 제37조 및 제39조에 따른 실무수습의 항목 및 교육시간 등에 관한 세부교육 계획을 마련·시행하여야 한다.

② 철도운영자등은 운전업무 또는 관제업무수행 경력자가 기기취급 방법이나 작동원리 및 조작방식 등이 다른 철도차량 또는 관제시스템을 신규 도입·변경하여 운영하고자 하는 때에는 조작방법 등에 관한 교육을 실시하여야 한다.

③ 철도운영자 등은 영업운행하고 있는 구간의 연장 또는 이설 등으로 인하여 변경된 구간에 대한 운전업무 또는 관제업무를 수행하려는 자에 대하여 해당 구간에 대한 실무수습을 실시하여야 한다.

**제9조(실무수습의 평가)**

① 철도운영자등은 철도차량운전면허취득자에 대한 실무수습을 종료하는 경우에는 다음 각 호의 항목이 포함된 평가를 실시하여 운전업무수행에 적합여부를 종합평가하여야 한다.
  1. 기본업무
  2. 제동취급 및 제동기 이외 기기취급
  3. 운전속도, 운전시분, 정지위치, 운전충격
  4. 선로·신호 등 시스템의 이해
  5. 이례사항, 고장처치, 규정 및 기술에 관한 사항

6. 기타 운전업무수행에 필요하다고 인정되는 사항

② 철도운영자등은 관제자격 취득자에 대한 실무수습을 종료하는 경우에는 다음 각 호의 항목이 포함된 평가를 실시하여 관제업무수행에 적합여부를 종합평가하여야 한다.
1. 열차집중제어(CTC)장치 및 콘솔의 운용(시스템의 운용을 포함한 현장설비의 제어 및 감시 능력 포함)
2. 운행정리 및 작업의 통제와 관리(작업수행을 위한 협의, 승인 및 통제 포함)
3. 규정, 절차서, 지침 등의 적용능력
4. 각종 응용프로그램의 운용능력
5. 각종 이례상황의 처리 및 운행정상화 능력(사고 및 장애의 수습과 운행정상화 업무포함)
6. 작업의 통제와 이례상황 발생 시 조치요령
7. 기타 관제업무수행에 필요하다고 인정되는 사항

③ 제1항 및 제2항에 따른 평가결과 운전업무 및 관제업무를 수행하기에 부적합하다고 판단되는 경우에는 재교육 및 재평가를 실시하여야 한다.

### 제10조(실무수습 담당자의 자격기준)

① 운전업무수행에 필요한 실무수습을 담당할 수 있는 자의 자격기준은 다음 각호 1과 같다.
1. 운전업무경력이 있는 자로서 철도운영자등에 소속되어 철도차량운전자를 지도·교육·관리 또는 감독하는 업무를 하는 자
2. 운전업무 경력이 5년 이상인 자
3. 운전업무경력이 있는 자로서 전문교육을 1월 이상 받은 자
4. 운전업무경력이 있는 자로서 철도운영자등으로부터 운전업무 실무수습을 담당할 수 있는 능력이 있다고 인정받은 자

② 관제업무수행에 필요한 실무수습을 담당할 수 있는 자의 자격기준은 다음 각호 1과 같다.
1. 관제업무경력이 있는 자로서 철도운영자등에 소속되어 관제업무종사자를 지도·교육·관리 또는 감독하는 업무를 하는 자
2. 관제업무 경력이 5년 이상인 자
3. 관제업무경력이 있는 자로서 전문교육을 1월 이상 받은 자
4. 관제업무경력이 있는 자로서 철도운영자등으로부터 관제업무 실무수습을 담당할 수 있는 능력이 있다고 인정받은 자

# 4장 철도종사자 안전교육 및 직무교육

**제11조(안전교육의 계획수립 등)**
① 철도운영자 등은 매년 시행규칙 제41조의2제3항에 따른 안전교육(이하 "안전교육"이라 한다) 계획을 수립하여야 한다.
② 철도운영자 등은 제1항의 안전교육 계획에 따라 안전교육을 성실히 수행하고, 교육의 성과를 확인할 수 있도록 평가를 실시하여야 한다.

**제12조(안전교육 실시 방법 등)**
① 철도운영자등이 실시해야 하는 안전교육의 종류와 방법은 다음 각 호와 같다.
   1. 집합교육 : 시행규칙 제41조의2제3항에 적합한 교육교재와 적절한 교육장비 등을 갖추고 실습 또는 시청각교육을 병행하여 실시
   2. 원격교육 : 철도운영자등의 자체 전산망을 활용하여 실시
   3. 현장교육 : 현장소속(근무장소를 포함한다)에서 교육교재, 실습장비, 안전교육 자료 등을 활용하여 실시
   4. 위탁교육 : 교육훈련기관 등에 위탁하여 실시
② 철도운영자등이 제1항에 따른 원격교육을 실시하는 경우에는 다음 각 호에 해당하는 요건을 갖추어야 한다.
   1. 교육시간에 상당하는 분량의 자료제공(1시간 학습 분량은 200자 원고지 20매 이상 또는 이와 동일한 분량의 자료)
   2. 교육대상자가 전산망에 게시된 자료를 열람하고 필요한 경우 질의·응답을 할 수 있는 시스템
   3. 교육자의 수강정보 등록(아이디, 비밀번호), 교육시작 및 종료시각, 열람여부 확인 등을 위한 관리시스템
③ 교육훈련기관이 교육을 실시하고자 하는 때에는 시행규칙 제41조의2제3항에 의한 교육내용이 포함된 교육과목을 편성하여 교육목적을 효과적으로 달성할 수 있도록 하여야 한다.
④ 철도운영자등이 안전교육을 실시하는 경우 교육계획, 교육결과를 기록·관리하여야 한다.
⑤ 제4항에 따른 교육계획에는 교육대상, 인원, 교육시행자, 교육내용을 포함하여야 하고, 교육결과는 실제 교육받은 인원, 교육평가결과를 포함해야 한다. 다만, 원격교육 및 전산으로 관리하는 경우 전산기록을 그 결과로 한다.

### 제13조(안전교육의 위탁)
철도운영자 등이 안전교육 대상자를 교육훈련기관에 위탁하여 교육을 실시한 때에는 당해 교육이수 시간을 당해연도에 실시하여야 할 교육시간으로 본다.

### 제14조(안전교육 담당자의 자격기준)
철도종사자의 안전교육을 담당할 수 있는 사람의 자격기준은 다음 각 호와 같다
1. 제10조의 규정에 의한 실무수습 담당자의 자격기준을 갖춘 사람
2. 법 제16조의 규정에 의한 교육훈련기관 교수와 동등이상의 자격을 가진 사람
3. 철도운영자등이 정한 기준 및 절차에 따라 안전교육 담당자로 지정된 사람

### 제14조의2(직무교육의 계획수립 등)
① 철도운영자 등은 매년 시행규칙 제41조의3제2항에 따른 직무교육(이하 "직무교육"이라 한다) 계획을 수립하여야 한다.
② 철도운영자등은 제1항의 직무교육 계획에 따라 직무교육을 성실히 수행하고, 교육의 성과를 확인할 수 있도록 평가를 실시하여야 한다.

### 제14조의3(직무교육 실시 방법 등)
① 철도운영자등이 실시해야 하는 직무교육의 종류와 방법은 각 호와 같다.
　1. 집합교육 : 시행규칙 제41조의3제2항에 적합한 교육교재와 적절한 교육장비 등을 갖추고 실습 또는 시청각교육을 병행하여 실시
　2. 원격교육 : 철도운영자등의 자체 또는 외부위탁 전산망을 활용하여 실시
　3. 부서별 직장교육 : 현장소속(근무장소를 포함한다)에서 교육교재, 실습장비, 안전교육 자료 등을 활용하여 실시
　4. 위탁교육 : 교육훈련기관 · 철도안전전문기관 · 정비교육훈련기관 등에 위탁하여 실시
② 철도운영자등이 제1항제2호에 따른 원격교육을 실시하는 경우에는 다음 각 호에 해당하는 요건을 갖추어야 한다.
　1. 교육시간에 상당하는 분량의 자료제공(1시간 학습 분량은 200자 원고지 20매 이상 또는 이와 동일한 분량의 자료)
　2. 교육대상자가 전산망에 게시된 자료를 열람하고 필요한 경우 질의 · 응답을 할 수 있는 시스템
　3. 교육자의 수강정보 등록(아이디, 비밀번호), 교육시작 및 종료시각, 열람여부 확인 등을 위한 관리시스템
③ 법 제16조에 따른 운전교육훈련기관 또는 법 제21조의7에 따른 관제교육훈련기관이 교육을 실시하고자 하는 때에는 시행규칙 제41조의3제2항에 의한 교육내용이 포함된 교육과목을 편

성하여 교육목적을 효과적으로 달성할 수 있도록 하여야 한다.

> **짚고넘어가기!** [시행규칙 제41조의3 제2항 → P. 121 - 철도안전법 시행규칙 (별표 13의3) 참고]

④ 철도운영자등이 직무교육을 실시하는 경우 교육계획, 교육결과를 기록·관리하여야 한다.
⑤ 제4항에 따른 교육계획에는 교육대상, 인원, 교육시행자, 교육내용을 포함하여야 하고, 교육결과에는 실제 교육받은 인원, 교육평가내용을 포함해야 한다. 다만, 원격교육 및 전산으로 관리하는 경우 전산기록을 그 결과로 한다.

**제14조의4(직무교육 담당자의 자격기준)**
철도종사자의 직무교육을 담당할 수 있는 사람의 자격기준은 다음 각 호와 같다
1. 제10조의 규정에 의한 실무수습 담당자의 자격기준을 갖춘 사람
2. 법 제16조의 규정에 의한 교육훈련기관 교수와 동등이상의 자격을 가진 사람
3. 철도운영자등이 정한 기준 및 절차에 따라 직무교육 담당자로 지정된 사람

# 5장 철도차량정비기술자의 교육훈련

## 제15조(교육훈련 대상자의 선발 등)
① 정비교육훈련기관은 교육생 선발기준을 마련하고 그 기준에 적합하게 대상자를 선발하여야 한다.
② 정비교육훈련기관은 교육생을 선발할 경우에는 교육인원, 교육일시 및 장소 등에 관하여 미리 알려야 한다.

## 제15조의2(교육의 신청 등)
① 시행규칙 제42조의3제1항에 따라 정비교육훈련을 받고자 하는 사람은 정비교육훈련기관에 별지 제3호서식의 철도차량정비기술자 교육훈련 신청서를 제출하여야 한다. 다만, 정비교육훈련기관은 자신이 소속되어 있는 철도운영자 소속의 종사자에게 교육훈련을 시행하는 경우 교육훈련 신청 절차를 따로 정할 수 있다.
② 교육훈련 대상자로 선발된 사람은 교육훈련을 개시하기 전까지 정비교육훈련기관에 등록 하여야 한다. 다만, 정비교육훈련기관은 자신이 소속되어 있는 철도운영자 소속의 종사자에게 교육훈련을 시행하는 경우 등록 절차를 따로 정할 수 있다.

## 제15조의3(정비교육훈련의 교육과목 및 내용)
시행규칙 제42조3제1항 별표 13의3에 따른 철도차량 정비교육훈련의 교육과목 및 교육내용은 별표 3과 같다.

■ [별표 3]

## 철도차량정비기술자의 교육과목 및 교육내용(제15조의3 관련)

| 교육과목 | 교육내용 | 교육방법 |
|---|---|---|
| 철도안전 및 철도차량 일반 | 철도차량정비기술자로서 철도안전 및 철도차량에 대한 기본적인 개념과 지식을 함양하여 실무에 적용할 수 있는 능력을 배양<br>• 철도 및 철도안전관리 일반<br>• 철도안전법령 및 행정규칙(한, 차량분야)<br>• 철도차량 시스템 일반<br>• 철도차량 기술기준(한, 해당차종)<br>• 철도차량 정비 규정 및 지침, 절차<br>• 철도차량 정비 품질관리 등<br>• 그 밖에 정비교육훈련기관이 정하는 사항 | 강의 및 토의 |
| 차량정비계획 및 실습 | 철도차량 정비계획 수립에 대한 지식과 유지보수장비 운용에 대한 지식을 함양하고 실제상황에서 운용할 수 있는 능력 배양<br>• 철도차량 유지보수 계획수립<br>• 철도차량 보수품 관리<br>• 철도차량 검수설비 및 장비 관리<br>• 철도차량 신뢰성 관리<br>• 그 밖에 정비교육훈련기관이 정하는 사항 | 강의 및 실습 |
| 차량정비실무 및 관리 | 철도차량 유지보수에 대한 세부 지식을 함양하고 실제 적용할 수 있는 능력을 배양<br>• 철도차량 엔진장치 유지보수<br>• 철도차량 전기제어장치 유지보수<br>• 철도차량 전동 발전기 유지보수<br>• 철도차량 운전실장치 유지보수<br>• 철도차량 대차장치 유지보수<br>• 철도차량 공기제동장치 유지보수<br>• 철도차량 동력전달장치 유지보수<br>• 철도차량 차체장치 유지보수<br>• 철도차량 성능시험<br>• 그 밖에 정비교육훈련기관이 정하는 사항 | 강의 및 실습 |
| 철도차량 고장 분석 및 비상시 조치 등 | 철도차량 정비와 관련한 고장(장애) 사례 및 비상시 조치에 대한 지식을 함양하고 실제 적용할 수 있는 능력을 배양<br>• 고장(장애)사례 분석<br>• 사고복구 절차<br>• 철도차량 응급조치 요령<br>• 철도차량 고장탐지 및 조치<br>• 그 밖에 정비교육훈련기관이 정하는 사항 | 강의 및 토의 |

**제15조의4(교육방법 등)**

① 정비교육훈련기관은 철도차량정비기술자에 대한 교육을 실시하고자 하는 경우 제15조의3 별표 3에 따른 교육내용이 포함된 교육과목을 편성하고 전문인력을 배치하여 교육목적을 효과적으로 달성할 수 있도록 하여야 한다.

② 정비교육훈련기관은 제1항의 교육을 실시하는 경우에는 평가에 관한 기준을 마련하여 교육훈련을 종료할 때 평가를 하여야 한다.

③ 정비교육훈련기관은 교육운영에 관한 기준 등 세부사항을 정하고 그 기준에 맞게 운영하여야 한다.

④ 정비교육훈련기관은 교육훈련을 실시하여 수료자에 대하여는 별지 제4호 서식의 철도차량정비기술자 교육훈련관리대장에 기록하고 유지·관리 하여야 한다.

⑤ 그 밖의 교육훈련의 순서 및 교육운영기준 등 세부사항은 교육훈련시행자가 정하여야 한다.

# 6장 철도안전 전문인력의 교육

### 제16조(교육훈련 대상자의 선발 등)
① 철도안전전문기관의 장은 교육생 선발기준을 마련하고 그 기준에 적합하게 대상자로 선발하여야 한다.
② 철도안전전문기관의 장은 교육생을 선발할 경우에는 교육인원, 교육일시 및 장소 등에 관하여 미리 알려야 한다.

### 제17조(교육의 신청 등)
① 교육훈련 대상자로 선발된 자는 철도안전전문기관에 교육훈련을 개시하기 전까지 교육훈련에 필요한 등록을 하여야 한다.
② 시행규칙 제91조에 의한 철도안전전문인력 교육을 받고자 하는 자는 철도안전전문기관으로 지정받은 기관이나 단체에 신청하여야 할 교육훈련 신청서는 별지 제1호 서식과 같다.

### 제18조(교육내용)
시행규칙 제91조에 따른 철도안전전문 인력의 교육내용은 별표2와 같다.

■ [별표 2]

## 철도안전전문인력의 교육과목 및 교육내용(제18조관련)

1. 철도운행안전관리자를 위한 교육과목별 내용 및 방법

| 교육과목 | 교육내용 | 교육방법 |
|---|---|---|
| 열차운행 통제조정 | 열차운행선 보수 보강 작업을 하기 위하여 열차의 운행의 조정 시각 변경 운행 시 혼란을 방지하고 열차안전운행을 하기 위한 이해도 증진 및 운용능력 향상 교육<br>• 작업계획서 작성과정<br>• 계획승인 시 차단시간 및 열차운행 조정<br>• 계획승인에 따른 작업절차<br>• 작업개시 및 작업진도에 따른 현장상황 통보 요령<br>• 작업완료 시 안전조치 상황 확인 요령<br>• 열차운행 개시에 따른 협의조치 | 강의 및 실습 |

| 교육과목 | 교육내용 | 교육방법 |
|---|---|---|
| 운전 규정 | 열차를 운행하는 선로에서 선로 차단 시 운전취급을 안전하게 하기 위한 이해도 증진<br>• 총칙<br>• 운전<br>• 폐색<br>• 신호<br>• 사고의 조치 | 강의 및 토의 |
| 선로지장 취급절차 | 선로를 지장하는 각종공사에 작업의 순서 절차와 현장감독자, 운전취급자(역장) 간의 협의사항 등 안전조치에 관한 사항의 안전관리능력 향상 교육<br>• 선로작업 시 계획 작성<br>• 작업승인 요구 및 관계처 협의내용 절차<br>• 선로작업 시 열차 방호<br>• 트로리 사용취급<br>• 현장작업원 긴급대피 요령<br>• 작업 중 이상 발견 시 안전조치 및 통보요령 | 강의, 토의 및 실습 |
| 안전관리 | 철도운행선 작업안전관리자로서 산업안전에 대한 개념과 철도안전 철도시설장비 운용에 대한 지식을 함양하고 실제상황에서 운용할 수 있는 능력 배양<br>• 안전관리 역사와 이념<br>• 철도사고 보고 및 수습처리규정<br>• 사고발생시 분야별 대체요령<br>• 사고복구 기중기의 신속출동 조치요령<br>• 사고사례 및 사고발생시의 조치요령<br>• 이례사항 발생 시의 조치요령 | 강의, 토의 및 실습 |
| 비상시의 조치 | 열차운행 다이아의 작성은 모든 상황이 정상적인 상태를 기준으로 작성되어 있으나 열차운행과정에서 기후의 조건, 기기의 작동과정, 외부적인 요건에 의한 열차운행의 비정상적인 요소들이 존재할 경우에 대비, 응급조치 대처요령의 숙달과 능력의 함양을 위한 교육<br>• 열차 내 화재발생 시 조치<br>• 독가스 화생방 발생 시 조치<br>• 사상사고 발생 시 조치요령<br>• 구원열차 운행 시 협의 및 방호조치<br>• 선로상태 이상 시 협의조치<br>• 운전취급 시설의 비정상 작동 시 조치 | 강의, 토의 및 실습 |
| 일반교양 | 철도운행선 안전관리자로서 기본적인 철도지식과 일반지식의 소양교육<br>• 철도의 운용현황 등<br>• 철도의 경영상태<br>• 산업안전법<br>• 근로기준법<br>• 철도안전법 | 강의 및 토의 |

2. 철도안전전문기술자(초급)를 위한 교육내용 및 방법
   가. 전기철도분야 안전전문기술자

| 교육과목 | 교육 내용 | 교육방법 |
|---|---|---|
| 기초전문직무교육 | • 전기철도 일반<br>• 가공전차선로<br>• 강체전차선로 | 강의 및 토의 |
| 안전관리일반 | 작업안전 및 안전설비 운용 등에 대한 지식을 함양하고 실제 응용할 수 있는 능력을 배양<br>• 철도사고보고 및 수습처리 관련 규정<br>• 운전취급 안전지침<br>• 안전확보 긴급명령<br>• 사고발생 시 분담체제 및 복구요령<br>• 사고사례 및 사고발생 시 조치요령<br>• 이례사항 발생 시 조치요령 및 사고사례<br>• 사고발생 시 열차통제지침(SOP)<br>• 안전표지류 인식 | 강의 및 실습 |
| 실무실습 | • 장력조정장치 설치, 조정<br>• 비임하스펜션 철거 및 신설<br>• 콘크리트 전주 승주훈련<br>• 브래키트 조립, 설치, 철거<br>• 전차선 편위측정<br>• 전차선 및 조가선 접속<br>• 드롭퍼 및 행거 제작, 설치<br>• 균압선 및 완철 설치 | 실습 |
| 관계법령 | • 철도안전법 및 하위법령과 제 규정<br>• 열차운행선로 지상 작업 관련 업무지침 | 강의 및 토의 |
| 일반교양 | • 산업안전 및 위험예지<br>• 보건건강 및 체력단련<br>• 경영관리 및 전기철도 발전방향<br>• 전기공사 시공 및 감리 사례 | 강의 |

나. 철도신호분야 안전전문기술자(초급)

| 교육과목 | 교육내용 | 교육방법 |
|---|---|---|
| 기초전문직무교육 | • 철도신호공학<br>• 고속철도신호 시스템<br>• 일반철도신호 시스템<br>• 철도신호 발전방향 | 강의 및 토의 |
| 안전관리 일반 | 작업안전 및 안전설비 운용 등에 대한 지식을 함양하고 실제 응용할 수 있는 능력을 배양<br>• 철도사고보고 및 수습처리 관련 규정<br>• 운전취급 안전 지침<br>• 안전확보 긴급명령 및 위험예지 훈련<br>• 사고발생 시 분담체제 및 복구요령<br>• 사고사례 및 사고발생 시 조치요령<br>• 이례사항 발생 시 조치요령 및 사고사례<br>• 사고발생 시 열차통제지침(SOP)<br>• 안전표지류 인식 | 강의 및 실습 |
| 관계법령 | • 철도안전법 및 하위법령과 제 규정<br>• 신호설비 시설규정, 신호설비 보수규정<br>• 신호설비공사시행절차<br>• 열차운행선로 지장작업 업무지침 | 강의 및 토의 |
| 실무실습 | • 공구 및 장비 조작<br>• 신호기<br>• 선로전환기<br>• 궤도회로<br>• 자동열차정지장치(ATS)<br>• 연동장치<br>• 건널목보안장치 | 실습 |
| 일반교양 | • 산업안전 및 위험예지<br>• 보건건강 및 체력단련<br>• 경영관리 및 전기철도 발전방향<br>• 철도신호 시공 및 감리 사례 | 강의 및 토의 |

다. 철도궤도분야 안전전문기술자(초급)

| 교육과목 | 교육내용 | 교육방법 |
|---|---|---|
| 기초전문직무교육 | • 선로일반<br>• 궤도공학<br>• 궤도설계<br>• 용접이론 | 강의 및 토의 |
| 안전관리일반 | 작업안전 및 안전설비 운용 등에 대한 지식을 함양하고 실제 응용할 수 있는 능력을 배양<br>• 선로지장취급 절차<br>• 열차방호 요령<br>• 열차운전 취급 절차에 관한 규정<br>• 재해업무 관련규정<br>• 시설물의 안전관리에 관련 규정<br>• 사고사례 및 사고 발생 시 조치 관련 | 강의 및 실습 |
| 관계법령 | 철도안전법 및 하위법령과 제 규정 | 강의 및 토의 |
| 실무수습 | • 통합 시설물 관리 시스템 개요<br>• 레일용접 및 연마<br>• 선로 시공 및 보수일반(특히, 장대레일 관리)<br>• 구조물 안전점검 관련<br>• 중대형 보선장비 작업개요 | 실습 |
| 일반교양 | • 산업안전 및 위험예지<br>• 보건 건강 및 체력단련<br>• 노동조합<br>• 정보통신<br>• 경영관리<br>• 기타 | 강의 및 토의 |

라. 철도차량 분야 안전전문기술자(초급)

| 교육과목 | 교육내용 | 교육방법 |
|---|---|---|
| 기초전문직무교육 | • 철도공학<br>• 시스템공학(SE, 신뢰성, 품질)<br>• 안전공학<br>• 철도차량 기술동향 | 강의 및 토의 |
| 철도차량 관리 | 철도차량 설계, 제작, 개조, 운영 및 유지보수(O&M), 시험 및 검사 등에 대한 전문지식을 함양하고 실제 응용할 수 있는 능력을 배양<br>• 철도차량 시스템 일반<br>• 철도차량 주요장치 및 기능<br>• 철도차량 신뢰성 및 품질 관리<br>• 철도차량 리스크(위험도) 평가<br>• 철도차량 시험 및 검사<br>• 물품 조달 및 재고 관리<br>• 기계설비 관리<br>• 비파괴 검사(초음파, 자분 탐상)<br>• 철도 사고 및 고장(장애) 사례 | 강의 및 실습 |
| 관계법령 | • 철도안전법령 및 행정규칙(한, 철도차량)<br>• 철도차량 관련 국내외 표준<br>• 제품 및 시스템 인증 국내외 제도<br>• 철도차량 정비 관련 규정류 | 강의 및 토의 |
| 실무수습 | • 철도차량의 안전조치(작업 전/작업 후)<br>• 철도차량 기능검사 및 응급조치<br>• 신뢰성 지표 산출<br>• 철도차량 정비계획 수립 및 물품 검사<br>• 철도차량 기술검토, 구조해석 | 실습 |
| 일반교양 | • 산업안전, 보건위생, 위험물 관리<br>• 생산 관리 및 원가 관리<br>• 의사소통 관리<br>• 조직행동론<br>• 기타 | 강의 및 토의 |

**제19조(교육방법 등)**

① 철도안전전문기관에서 철도안전전문 인력의 교육을 실시하고자 하는 경우에는 제18조에 의한 교육내용이 포함된 교육과목을 편성하고 전문인력을 배치하여 교육목적을 효과적으로 달성할 수 있도록 하여야 한다.

② 철도안전전문기관의 장은 제1항의 교육을 실시하는 경우에는 교육내용의 범위 안에서 전문성을 높일 수 있는 방법으로 교육을 실시하여야 한다.

③ 철도안전전문기관의 장은 제1항에 따른 교육을 실시하는 경우에는 평가에 관한 기준을 마련하여 교육을 종료할 때 평가를 하여야 한다.

④ 철도안전전문기관의 장은 교육운영에 관한 기준 등 세부사항을 정하고 그 기준에 맞게 운영하여야 한다.

⑤ 철도안전전문기관의 장은 교육훈련을 실시하여 제3항에 따른 수료자에 대하여는 별지 제2호 서식의 철도안전전문인력 교육훈련관리대장에 기록하고 유지·관리 하여야 한다.

# 7장 보칙

### 제20조(교육평가 및 수료기준)
교육훈련에 대한 평가나 시험방법 및 수료에 대한 기준 등에 관하여 별도의 규정이 없는 경우에는 교육훈련기관 또는 철도안전전문기관의 교육운영규정에 따른다.

### 제21조(교육계획의 제출)
① 교육훈련기관의 장 및 철도안전전문기관의 장은 매년 10월말까지 다음 연도의 교육계획을 수립하여 국토교통부장관에게 제출하여야 한다.
② 제1항에 따라 제출하는 교육계획에는 교육목표, 교육의 기본방향, 교육훈련의 기준, 최대 교육가능 인원 및 수용계획, 교육과정별 세부계획, 교육시설 및 장비의 유지와 운용계획, 기타 국토교통부장관이 필요하다고 인정하는 사항이 포함되어야 한다.

### 제22조(교육교재 등)
① 교육훈련기관 · 철도안전전문기관 · 철도운영자등에서 교육훈련을 실시하는 때에는 교육에 필요한 교재 및 교안을 작성하여 사용하여야 한다.
② 시행규칙 제92조의3에 따라 지정받은 철도안전전문기관은 제18조에 따른 교육내용에 대한 필요한 교육교재를 개발하고 대학교수 등 전문가의 감수를 받아 국토교통부장관에게 제출하여야 한다.

### 제23조(교육훈련의 기록 · 관리 등)
① 교육훈련기관 또는 철도안전전문기관의 장은 교육훈련 종료 후 수료증을 발급하는 때에는 관련된 자료 및 정보를 10년간 기록 · 관리하여야 한다.
② 제1항에 따른 자료에 대하여는 교육훈련기관 또는 철도안전전문기관에서 철도안전정보망에 입력하여야 하며 교통안전공단 이사장은 그 자료를 보관 · 관리하여야 한다.
③ 교육훈련기관 또는 철도안전전문기관의 장은 교육훈련 과정에서 알게 된 개인의 정보에 관하여는 누설하지 말아야 한다.
④ 교육훈련기관 및 철도안전전문기관의 지정이 취소되거나 스스로 지정을 반납하여 업무를 계속하지 못하게 된 경우에는 교육훈련과 관련된 모든자료를 국토교통부장관에게 반납하여야 한다.

### 제24조(수수료)

교육훈련을 받고자 하는 자는 법 제74조에 따른 수수료를 교육훈련기관 또는 철도안전전문기관에 납부하여야 한다.

### 제25조(재검토기한)

국토교통부장관은 「훈령·예규 등의 발령 및 관리에 관한 규정」에 따라 이 고시에 대하여 2019년 1월 1일 기준으로 매3년이 되는 시점(매 3년째의 12월 31일까지를 말한다)마다 그 타당성을 검토하여 개선 등의 조치를 하여야 한다.

**부칙** 〈제2020-977호, 2020. 12. 18.〉
이 고시는 2021년 1월 1일부터 시행한다.

# 1편 | 철도안전법령 예상 및 기출문제 STEP 1

## 제1장 ▶ 총칙

**01** 다음 중 철도안전법의 목적으로 맞는 것은?

① 철도안전을 확보하기 위하여 필요한 사항을 규정하고 철도안전 관리체계를 확립함으로써 시민안전의 증진에 이바지함.
② 철도안전을 확보하기 위하여 필요한 사항을 규정하고 철도안전 관리체계를 확립함으로써 공공질서의 증진에 이바지함.
③ 철도안전을 확보하기 위하여 필요한 사항을 규정하고 철도안전 관리체계를 확립함으로써 공공복리의 증진에 이바지함.
④ 철도안전을 확보하기 위하여 필요한 사항을 규정하고 철도안전 관리 및 유지방법을 확립함으로써 공공안전의 증진에 이바지함.

**해설** 〈법 1조〉
제1조(목적) 이 법은 철도안전을 확보하기 위하여 필요한 사항을 규정하고 철도안전 관리체계를 확립함으로써 공공복리의 증진에 이바지함을 목적으로 한다.

**02** 다음 중 철도의 정의로 맞는 것은?

① 여객과 화물을 안전하고 정확·신속하게 경제적으로 수송하는 수단
② 노반위에 궤도를 설치하여 운송하는 수단
③ 여객 또는 화물을 운송하는데 필요한 철도시설과 철도차량 및 이와 관련된 운영·지원체계가 체계적으로 구성된 운송수단
④ 여객 또는 화물을 운송하는데 필요한 철도시설과 철도차량 및 이와 관련된 운영·지원체계가 유기적으로 구성된 운송체계

**해설** 〈기본법 2조 5호〉
"철도"라 함은 여객 또는 화물을 운송하는 데 필요한 철도시설과 철도차량 및 이와 관련된 운영·지원체계가 유기적으로 구성된 운송체계를 말한다.

**03** 다음 중 안전운행 또는 질서유지 철도종사자로 맞는 것은?

① 철도차량의 운행선로 또는 그 인근에서 철도시설의 건설 또는 관리와 관련한 작업의 일정을 조정하고 해당 선로를 운행하는 열차의 운행일정을 조정하는 사람
② 철도차량의 운행을 집중 제어·통제·감시하는 업무(이하 "관제업무"라 한다)에 종사하는 사람
③ 철도차량의 운행선로 또는 그 인근에서 철도시설의 건설 또는 관리와 관련된 작업을 수행하는 사람
④ 정거장에서 철도신호기·선로전환기 또는 조작판 등을 취급하거나 열차의 조성업무를 수행하는 사람

**해설** 〈시행령 3조〉
영 제3조(안전운행 또는 질서유지 철도종사자)
「철도안전법」(이하 "법"이라 한다) 제2조제10호 사목에서 "대통령령으로 정하는 사람"이란 다음 각 호의 어느 하나에 해당하는 사람을 말한다.
1. 철도사고, 철도준사고 또는 운행장애(이하 "철도사고 등"이라 한다)가 발생한 현장에서 조사·수습·복구 등의 업무를 수행하는 사람
2. 철도차량의 운행선로 또는 그 인근에서 철도시설의 건설 또는 관리와 관련된 작업의 현장감독업무를 수행하는 사람
3. 철도시설 또는 철도차량을 보호하기 위한 순회점검업무 또는 경비업무를 수행하는 사람

01 ③   02 ④   03 ④

4. 정거장에서 철도신호기·선로전환기 또는 조작판 등을 취급하거나 열차의 조성업무를 수행하는 사람
5. 철도에 공급되는 전력의 원격제어장치를 운영하는 사람
6. 「사법경찰관리의 직무를 수행할 자와 그 직무범위에 관한 법률」제5조제11호에 따른 철도경찰 사무에 종사하는 국가공무원
7. 철도차량 및 철도시설의 점검·정비 업무에 종사하는 사람

**04** 다음 중 철도종사자에 해당하지 않는 것은?

① 여객에게 역무 서비스를 제공하는 사람
② 철도시설의 건설 또는 관리에 관한 업무를 수행하는 사람
③ 철도차량의 운행선로 또는 그 인근에서 철도시설의 건설 또는 관리와 관련한 작업의 협의·지휘·감독·안전관리 등의 업무에 종사하도록 철도운영자 또는 철도시설관리자가 지정한 사람
④ 철도차량의 운행선로 또는 그 인근에서 철도시설의 건설 또는 관리와 관련한 작업의 일정을 조정하고 해당 선로를 운행하는 열차의 운행일정을 조정하는 사람

**해설** 〈법 2조〉
"철도종사자"란 다음 각 목의 어느 하나에 해당하는 사람을 말한다.
가. 철도차량의 운전업무에 종사하는 사람(이하 "운전업무종사자"라 한다)
나. 철도차량의 운행을 집중 제어·통제·감시하는 업무(이하 "관제업무"라 한다)에 종사하는 사람
다. 여객에게 승무(乘務) 서비스를 제공하는 사람(이하 "여객승무원"이라 한다)
라. 여객에게 역무(驛務) 서비스를 제공하는 사람(이하 "여객역무원"이라 한다)
마. 철도차량의 운행선로 또는 그 인근에서 철도시설의 건설 또는 관리와 관련한 작업의 협의·지휘·감독·안전관리 등의 업무에 종사하도록 철도운영자 또는 철도시설관리자가 지정한 사람(이하 "작업책임자"라 한다)
바. 철도차량의 운행선로 또는 그 인근에서 철도시설의 건설 또는 관리와 관련한 작업의 일정을 조정하고 해

당 선로를 운행하는 열차의 운행일정을 조정하는 사람(이하 "철도운행안전관리자"라 한다)
사. 그 밖에 철도운영 및 철도시설관리와 관련하여 철도차량의 안전운행 및 질서유지와 철도차량 및 철도시설의 점검·정비 등에 관한 업무에 종사하는 사람으로서 대통령령으로 정하는 사람

**05** 다음 중 철도안전법에서 사용하는 용어의 정의로 틀린 것은?

① 열차란 선로를 운행할 목적으로 철도운영자가 편성하여 열차번호를 부여한 철도차량을 말한다.
② 선로란 철도차량을 운행하기 위한 궤도와 이를 받치는 노반 또는 인공구조물로 구성된 시설을 말한다.
③ 운행장애란 철도사고 및 철도준사고 외에 철도차량의 운행에 지장을 주는 것으로서 국토교통부령으로 정하는 것을 말한다.
④ 철도차량정비기술자란 철도차량정비에 관한 자격, 경력 및 학력 등을 갖추어 제24조의2에 따라 대통령의 인정을 받은 사람을 말한다.

**해설** 〈법 2조〉
"철도차량정비기술자"란 철도차량정비에 관한 자격, 경력 및 학력 등을 갖추어 제24조의2에 따라 국토교통부장관의 인정을 받은 사람을 말한다.

**06** 다음 중 철도안전사고에 해당되지 않는 것은?

① 철도시설파손사고
② 탈선사고
③ 철도화재사고
④ 기타철도안전사고

**해설** 〈시행규칙 1조의 2〉

04 ② 05 ④ 06 ②

**07** 다음 중 철도안전법령의 구성으로 맞는 것은?

① 9장 83조 64령 96칙
② 9장 83조 96령 64칙
③ 9장 96조 64령 83칙
④ 9장 96조 83령 64칙

**해설** 〈법령 조항 참고〉

철도안전법 – 9장 83조로 구성.
철도안전법 시행령 – 64조까지 있음.
철도안전법 시행령 – 96조까지 있음.
그러므로 모든 것을 포함한 철도안전법령은 9장 83조 64령 96칙으로 구성되어 있다.

**08** 다음 중 철도안전법에 대하여 틀린 것은?

① 철도안전법은 부칙을 제외하고 9장 83조로 구성되어 있다.
② 철도안전에 관하여 다른 법률에 특별한 규정이 있는 경우를 제외하고는 이 법에서 정하는 바에 따른다.
③ 국가와 지방자치단체는 국민의 생명·신체 및 재산을 보호하기 위하여 철도안전시책을 마련하여 성실히 추진하여야 한다.
④ 철도운영자는 철도운영이나 철도시설관리를 할 때에는 법령에서 정하는 바에 따라 철도안전을 위하여 필요한 조치를 하고, 국가나 지방자치단체가 시행하는 철도안전시책에 적극 협조하여야 한다.

**해설** 〈법 4조〉

철도운영자 및 철도시설관리자(이하 "철도운영자등"이라 한다)는 철도운영이나 철도시설관리를 할 때에는 법령에서 정하는 바에 따라 철도안전을 위하여 필요한 조치를 하고, 국가나 지방자치단체가 시행하는 철도안전시책에 적극 협조하여야 한다.

**09** 다음 중 정거장의 목적으로 틀린 것은?

① 여객의 승하차(여객 이용시설 및 편의시설은 제외한다)
② 열차의 조성
③ 열차의 교차통행
④ 대피

**해설** 〈시행령 2조〉

"정거장"이란 여객의 승하차(여객 이용시설 및 편의시설을 포함한다), 화물의 적하(積下), 열차의 조성(組成: 철도차량을 연결하거나 분리하는 작업을 말한다), 열차의 교차통행 또는 대피를 목적으로 사용되는 장소를 말한다.

**10** 다음 중 철도준사고의 내용으로 틀린 것은?

① 운행점검을 받지 않은 구간으로 열차가 주행하는 경우
② 열차 또는 철도차량이 승인 없이 정지신호를 지난 경우
③ 안전운행에 지장을 주는 레일 파손이나 유지보수 허용범위를 벗어난 선로 뒤틀림이 발생한 경우
④ 안전운행에 지장을 주는 철도차량의 차륜, 차축, 차축베어링에 균열 등의 고장이 발생한 경우

**해설** 〈시행규칙 1조의 3〉

**11** 다음 중 철도안전법령에 대한 설명으로 틀린 것은?

① 철도안전법은 법률이다.
② 시행령은 대통령령이다.
③ 시행규칙은 국토교통부령이다.
④ 철도안전법의 제정근거는 한국철도공사법이다.

**해설** 〈철도안전법의 제정근거는 철도산업발전기본법이다.〉

07 ①  08 ④  09 ①  10 ①  11 ④

**12** 다음 중 철도준사고로 틀린 것은?

① 안전운행에 지장을 주는 철도차량의 차륜, 차축, 차축베어링에 균열 등의 고장이 발생한 경우
② 열차 또는 철도차량이 역과 역사이로 미끄러진 경우
③ 안전운행에 지장을 주는 레일 파손이나 유지보수 허용범위를 벗어난 선로 뒤틀림이 발생한 경우
④ 운행장애로서 철도사고로 이어질 수 있는 것

해설 〈시행규칙 1조의 3〉

**13** 다음 중 안전운행 또는 질서유지 철도종사자로 틀린 것은?

① 철도사고등이 발생한 현장에서 조사·수습·복구 등의 업무를 수행하는 사람
② 철도에 공급되는 전력의 원격제어장치를 집중제어·통제·감시하는 사람
③ 「사법경찰관리의 직무를 수행할 자와 그 직무범위에 관한 법률」 제5조제11호에 따른 철도경찰 사무에 종사하는 국가공무원
④ 철도차량 및 철도시설의 점검·정비 업무에 종사하는 사람

해설 〈시행령 3조〉

**14** 다음 중 선로의 구성요소로 틀린 것은?

① 궤도
② 도상
③ 노반
④ 인공구조물

해설 〈법 2조 7호〉
"선로"란 철도차량을 운행하기 위한 궤도와 이를 받치는 노반(路盤) 또는 인공구조물로 구성된 시설을 말한다.

**15** 다음 정의 중 맞는 것은?

① 철도용품이란 철도시설관리자 및 철도운영자가 사용하는 부품·기기·장치이다.
② 열차란 선로를 운행할 목적으로 조성하여 열차번호를 부여한 철도차량을 말한다.
③ 선로란 철도차량을 운행하기 위한 궤도와 이를 받치는 노반 또는 인공구조물로 구성된 시설을 말한다.
④ 운행장애란 철도차량의 운행에 지장을 주는 것으로서 철도준사고의 일부이다.

해설 〈법 2조〉

**16** 다음 중 철도준사고의 범위로 틀린 것은?

① 열차가 운행하려는 선로에 장애가 있음에도 진행을 지시하는 신호가 표시되는 경우. 다만, 복구 및 유지 보수를 위한 경우로서 철도운영자등의 승인을 받은 경우에는 제외한다.
② 열차 또는 철도차량이 승인 없이 정지신호를 지난 경우
③ 열차 또는 철도차량이 역과 역사이로 미끄러진 경우
④ 열차운행을 중지하고 공사 또는 보수작업을 시행하는 구간으로 열차가 주행한 경우

해설 〈시행규칙 1조의 3〉

12 ④   13 ②   14 ②   15 ③   16 ①

**17** 다음 중 철도안전법에서 사용하는 정의로 틀린 것은?

① 전용철도란 「철도사업법」 제2조제5호에 따른 전용철도를 말한다.
② 운행장애란 철도사고 및 철도준사고 외에 철도차량의 운행에 지장을 주는 것으로서 국토교통부령으로 정하는 것을 말한다.
③ 대통령령으로 정한 안전운행 또는 질서유지 철도종사자는 철도종사자에 속한다.
④ 철도차량정비란 철도차량(철도차량을 구성하는 부품·기기·장치를 제외한다)을 점검·검사, 교환 및 수리하는 행위를 말한다.

> **해설** 〈법 2조 13항〉

**18** 다음 중 철도차량에 해당되지 않는 것은?

① 동력차　　② 객차
③ 발전차　　④ 특수차

> **해설** 〈기본법 3조 4호〉
> "철도차량"이라 함은 선로를 운행할 목적으로 제작된 동력차·객차·화차 및 특수차를 말한다.

**19** 다음 중 전용철도의 정의로 맞는 것은?

① 철도사업의 수요에 따른 영업을 목적으로 설치하거나 운영하는 철도를 말한다.
② 특수목적으로 필요한 철도시설과 철도차량 및 이와 관련된 운영, 지원체계가 유기적으로 구성된 운송체계를 말한다.
③ 다른 사람의 수요에 따른 영업을 목적으로 하지 아니하고 자신의 수요에 따라 특수 목적을 수행하기 위하여 설치하거나 운영하는 철도를 말한다.
④ 다른 사람의 수요에 따른 영업을 목적으로 하지 아니하고 철도사업의 목적을 수행하기 위하여 설치하거나 운영하는 철도를 말한다.

> **해설** 〈철도사업법 2조 5호〉
> "전용철도"란 다른 사람의 수요에 따른 영업을 목적으로 하지 아니하고 자신의 수요에 따라 특수 목적을 수행하기 위하여 설치하거나 운영하는 철도를 말한다.

**20** 다음 중 안전운행 또는 질서유지 철도종사자로 맞는 것은?

① 관제업무종사자
② 정거장에서 철도신호기·선로전환기 또는 조작판 등을 취급하거나 열차의 조성 업무를 수행하는 사람
③ 철도운행안전관리자
④ 작업책임자

> **해설** 〈시행령 3조〉

**21** 다음 정의 중 틀린 것은?

① 열차란 선로를 운행할 목적으로 철도운영자가 편성하여 열차번호를 부여한 철도차량
② 철도준사고란 철도안전에 중대한 위해를 끼쳐 철도사고로 이어질 수 있었던 것으로 대통령령으로 정하는 것
③ 철도운영자란 철도운영에 관한 업무를 수행하는 자
④ 선로란 철도차량을 운행하기 위한 궤도와 이를 받치는 노반(路盤) 또는 인공구조물로 구성된 시설

> **해설** 〈법 2조〉

17 ④　18 ③　19 ③　20 ②　21 ②

**22** 다음 중 철도사고로 틀린 것은?

① 충돌사고
② 탈선사고
③ 열차화재사고
④ 철도차량파손사고

**해설** 〈시행규칙 1조의 2〉

규칙 제1조의2(철도사고의 범위)
「철도안전법」(이하 "법"이라 한다) 제2조제11호에서 "국토교통부령으로 정하는 것"이란 다음 각 호의 어느 하나에 해당하는 것을 말한다.
1. 철도교통사고: 철도차량의 운행과 관련된 사고로서 다음 각 목의 어느 하나에 해당하는 사고
  가. 충돌사고: 철도차량이 다른 철도차량 또는 장애물(동물 및 조류는 제외한다)과 충돌하거나 접촉한 사고
  나. 탈선사고: 철도차량이 궤도를 이탈하는 사고
  다. 열차화재사고: 철도차량에서 화재가 발생하는 사고
  라. 기타철도교통사고: 가목부터 다목까지의 사고에 해당하지 않는 사고로서 철도차량의 운행과 관련된 사고

**23** 다음 중 철도준사고로 틀린 것은?

① 운행허가를 받지 않은 구간으로 열차가 주행하는 경우
② 열차 또는 철도차량이 역과 역사이로 미끄러진 경우
③ 공사 또는 보수작업을 시행하는 구간으로 열차가 주행한 경우
④ 안전운행에 지장을 주는 레일 파손이나 유지보수 허용범위를 벗어난 선로 뒤틀림이 발생한 경우

**해설** 〈시행규칙 1조의 3〉

**24** 다음 중 운행장애의 범위로 틀린 것은?

① 국토교통부장관의 사전승인 없는 정차역 통과
② 고속열차 및 전동열차의 20분 이상 운행 지연
③ 일반여객열차의 30분 이상 운행 지연
④ 화물열차 및 기타열차의 60분 이상 운행 지연

**해설** 〈시행규칙 1조의 4〉

---

### 제2장 ▶ 철도안전 관리체계

**25** 다음 중 국토교통부장관이 철도안전 종합계획을 수립해야되는 주기로 맞는 것은?

① 2년
② 3년
③ 5년
④ 7년

**해설** 제5조(철도안전 종합계획)
① 국토교통부장관은 5년마다 철도안전에 관한 종합계획(이하 "철도안전 종합계획"이라 한다)을 수립하여야 한다.

**26** 다음 중 국토교통부장관이 철도안전 종합계획을 수립할 때 미리 협의하여야 하는 자로 틀린 것은?

① 중앙행정기관의 장
② 철도운영자
③ 철도시설관리자
④ 시·도지사

**해설** 국토교통부장관은 철도안전 종합계획을 수립할 때에는 미리 관계 중앙행정기관의 장 및 철도운영자등과 협의한 후 기본법 제6조제1항에 따른 철도산업위원회의 심의를 거쳐야 한다. 수립된 철도안전 종합계획을 변경(대통령령으로 정하는 경미한 사항의 변경은 제외한다)할 때에도 또한 같다.

22 ④  23 ③  24 ①  25 ③  26 ④

**27** 다음 중 철도안전 종합계획에 포함되어야 하는 사항으로 틀린 것은?

① 철도종사자의 안전 및 근무환경 향상에 관한 사항
② 철도시설에 관한 확충, 개량 및 점검 등에 관한 사항
③ 철도차량의 정비 및 점검 등에 관한 사항
④ 철도안전 관련 전문 인력의 양성 및 수급관리에 관한 사항

**해설** 철도안전 종합계획에는 다음 각 호의 사항이 포함되어야 한다.
1. 철도안전 종합계획의 추진 목표 및 방향
2. 철도안전에 관한 시설의 확충, 개량 및 점검 등에 관한 사항
3. 철도차량의 정비 및 점검 등에 관한 사항
4. 철도안전 관계 법령의 정비 등 제도개선에 관한 사항
5. 철도안전 관련 전문 인력의 양성 및 수급관리에 관한 사항
6. 철도종사자의 안전 및 근무환경 향상에 관한 사항
7. 철도안전 관련 교육훈련에 관한 사항
8. 철도안전 관련 연구 및 기술개발에 관한 사항
9. 그 밖에 철도안전에 관한 사항으로서 국토교통부장관이 필요하다고 인정하는 사항

**28** 다음 중 철도안전 종합계획에 대하여 틀린 것은?

① 국토교통부장관은 철도안전 종합계획을 수립할 때에는 미리 관계 중앙행정기관의 장 및 철도운영자등과 협의한 후 철도산업위원회의 심의를 거쳐야 한다.
② 수립된 철도안전 종합계획을 변경(대통령령으로 정하는 경미한 사항의 변경을 포함한다)할 때에도 관계 중앙행정기관의 장 및 철도운영자등과 협의한 후 철도산업위원회의 심의를 거쳐야 한다.
③ 국토교통부장관은 철도안전 종합계획을 수립하거나 변경하기 위하여 필요하다고 인정하면 관계 중앙행정기관의 장 또는 시·도지사에게 관련 자료의 제출을 요구할 수 있다.
④ 자료 제출 요구를 받은 관계 중앙행정기관의 장 또는 시·도지사는 특별한 사유가 없으면 이에 따라야 한다.

**해설** 국토교통부장관은 철도안전 종합계획을 수립할 때에는 미리 관계 중앙행정기관의 장 및 철도운영자등과 협의한 후 기본법 제6조제1항에 따른 철도산업위원회의 심의를 거쳐야 한다. 수립된 철도안전 종합계획을 변경(대통령령으로 정하는 경미한 사항의 변경은 제외한다)할 때에도 또한 같다.

**29** 다음 중 철도안전 종합계획의 경미한 변경에 대하여 틀린 것은?

① 철도안전 종합계획에서 정한 총 사업비를 원래 계획의 100분의 10 이내에서의 변경
② 철도안전 종합계획에서 정한 시행기한 내에 단위사업의 시행시기의 변경
③ 법령의 개정, 행정구역의 변경 등과 관련하여 철도안전 종합계획을 변경하는 등 당초 수립된 철도안전 종합계획의 기본방향에 영향을 미치지 아니하는 사항의 변경
④ 그 밖에 철도안전 종합계획에 영향을 미치지 아니하는 사항으로서 대통령령으로 정하는 사항의 변경

**해설** 영 제4조(철도안전 종합계획의 경미한 변경)
법 제5조제3항 후단에서 "대통령령으로 정하는 경미한 사항의 변경"이란 다음 각 호의 어느 하나에 해당하는 변경을 말한다.
1. 법 제5조제1항에 따른 철도안전 종합계획(이하 "철도안전 종합계획"이라 한다)에서 정한 총사업비를 원래 계획의 100분의 10 이내에서의 변경
2. 철도안전 종합계획에서 정한 시행기한 내에 단위사업의 시행시기의 변경
3. 법령의 개정, 행정구역의 변경 등과 관련하여 철도안전 종합계획을 변경하는 등 당초 수립된 철도안전 종합계획의 기본방향에 영향을 미치지 아니하는 사항의 변경

27 ②　28 ②　29 ④

**30** 다음 중 시·도지사에 해당되지 않는 것은?

① 중앙행정기관의 장
② 특별시장
③ 광역시장
④ 특별자치시장

**해설** 특별시장·광역시장·특별자치시장·도지사·특별자치도지사(이하 "시·도지사"라 한다)

**31** 다음 중 철도안전법령 내용으로 틀린 것은?

① 국토교통부장관, 시·도지사 및 철도운영자등은 철도안전 종합계획에 따라 소관별로 철도안전 종합계획의 단계적 시행에 필요한 시행계획을 수립·추진하여야 한다.
② 시행계획의 수립 및 시행절차 등에 관하여 필요한 사항은 국토교통부령으로 정한다.
③ 법에 따라 시·도지사와 철도운영자등은 다음 연도의 시행계획을 매년 10월 말까지 국토교통부장관에게 제출하여야 한다.
④ 시·도지사 및 철도운영자등은 전년도 시행계획의 추진실적을 매년 2월 말까지 국토교통부장관에게 제출하여야 한다.

**해설** 시행계획의 수립 및 시행절차 등에 관하여 필요한 사항은 대통령령으로 정한다.

**32** 다음 중 철도안전투자 예산 규모에 포함되어야 하는 예산으로 틀린 것은?

① 철도안전 홍보에 관한 예산
② 철도안전 연구개발에 관한 예산
③ 철도안전 교육훈련에 관한 예산
④ 철도시설 교체에 관한 예산

**해설** 예산 규모에는 다음 각 목의 예산이 모두 포함되도록 할 것

가. 철도차량 교체에 관한 예산
나. 철도시설 개량에 관한 예산
다. 안전설비의 설치에 관한 예산
라. 철도안전 교육훈련에 관한 예산
마. 철도안전 연구개발에 관한 예산
바. 철도안전 홍보에 관한 예산
사. 그 밖에 철도안전에 관련된 예산으로서 국토교통부장관이 정해 고시하는 사항

**33** 다음 중 철도안전투자의 공시에 대하여 틀린 것은?

① 철도운영자는 철도차량의 교체, 철도시설의 개량 등 철도안전 분야에 투자하는 예산 규모를 5년마다 공시하여야 한다.
② 법에 따른 철도안전투자의 공시 기준, 항목, 절차 등에 필요한 사항은 국토교통부령으로 정한다.
③ 철도운영자는 철도안전투자의 예산 규모를 매년 5월말까지 공시해야 한다.
④ 법에서 규정한 사항 외에 철도안전투자의 공시 기준 및 절차 등에 관해 필요한 사항은 국토교통부장관이 정해 고시한다.

**해설** 철도운영자는 철도차량의 교체, 철도시설의 개량 등 철도안전 분야에 투자(이하 이 조에서 "철도안전투자"라 한다)하는 예산 규모를 매년 공시하여야 한다.

**34** 다음 중 안전관리체계의 승인에 대하여 틀린 것은?

① 철도운영자등(전용철도의 운영자를 포함한다)은 철도운영을 하거나 철도시설을 관리하려는 경우에는 인력, 시설, 차량, 장비, 운영절차, 교육훈련 및 비상대응계획 등 철도 및 철도시설의 안전관리에 관한 유기적 체계를 갖추어 국토교통부장관의 승인을 받아야 한다.
② 철도운영자등은 법에 따라 승인받은 안

전관리체계를 변경하려는 경우에는 국토교통부장관의 변경승인을 받아야 한다.
③ 국토교통부장관은 본문에 따른 안전관리체계의 승인 또는 변경승인의 신청을 받은 경우에는 해당 안전관리체계가 법에 따른 안전관리기준에 적합한지를 검사한 후 승인 여부를 결정하여야 한다.
④ 규정에 따른 승인절차, 승인방법, 검사기준, 검사방법, 신고절차 및 고시방법 등에 관하여 필요한 사항은 국토교통부령으로 정한다.

**해설** 제7조(안전관리체계의 승인)
① 철도운영자등(전용철도의 운영자는 제외한다. 이하 이 조 및 제8조에서 같다)은 철도운영을 하거나 철도시설을 관리하려는 경우에는 인력, 시설, 차량, 장비, 운영절차, 교육훈련 및 비상대응계획 등 철도 및 철도시설의 안전관리에 관한 유기적 체계(이하 "안전관리체계"라 한다)를 갖추어 국토교통부장관의 승인을 받아야 한다.

**35** 철도운영자등이 안전관리체계를 승인받으려는 경우 철도운용 또는 철도시설 관리 개시 예정일 몇 일 전까지 승인신청서를 제출해야하는가?

① 30일  ② 60일
③ 90일  ④ 120일

**해설** 규칙 제2조(안전관리체계 승인 신청 절차 등)
① 철도운영자 및 철도시설관리자(이하 "철도운영자등"이라 한다)가 법 제7조제1항에 따른 안전관리체계(이하 "안전관리체계"라 한다)를 승인받으려는 경우에는 철도운용 또는 철도시설 관리 개시 예정일 90일 전까지 별지 제1호서식의 철도안전관리체계 승인신청서에 다음 각 호의 서류를 첨부하여 국토교통부장관에게 제출하여야 한다.

**36** 다음 중 철도안전관리시스템에 관한 서류가 아닌 것은?

① 위험관리
② 비상대응
③ 철도사고 조사 및 보고
④ 철도보호 및 질서유지

**해설** 다음 각 호의 사항을 적시한 철도안전관리시스템에 관한 서류
가. 철도안전관리시스템 개요
나. 철도안전경영
다. 문서화
라. 위험관리
마. 요구사항 준수
바. 철도사고 조사 및 보고
사. 내부 점검
아. 비상대응
자. 교육훈련
차. 안전정보
카. 안전문화

**37** 다음 중 열차운행체계에 관한 서류와 유지관리체계에 관한 서류의 공통적인 서류로 맞는 것은?

① 열차유지 관리 방법 및 절차
② 문서화
③ 기록관리
④ 위탁 계약자 감독 등 위탁업무 관리에 관한 사항

**38** 철도운영자등이 안전관리체계의 승인 또는 변경승인을 신청하는 경우 종합시험운행 실시 결과를 반영한 유지관리 방법에 관한 서류에 대해서는 철도운용 또는 철도시설 관리 개시 예정일 (   )일 전까지 제출할 수 있다. 다음 중 빈칸에 들어갈 숫자로 맞는 것은?

① 7   ② 14
③ 15  ④ 30

**해설** 규칙 제2조(안전관리체계 승인 신청 절차 등)
③ 제1항 및 제2항에도 불구하고 철도운영자등이 안전관리체계의 승인 또는 변경승인을 신청하는 경우 제1항 제5호 다목 및 같은 항 제6호에 따른 서류는 철도운용 또는 철도시설 관리 개시 예정일 14일 전까지 제출할 수 있다.

35 ③   36 ④   37 ④   38 ②

**39** 다음 중 국토교통부령으로 정하는 안전관리체계의 경미한 사항으로 맞는 것은?

① 사업의 합병 또는 양도 · 양수
② 역사, 기지, 승강장안전문의 증가
③ 열차운행 또는 유지관리 인력의 감소
④ 안전 업무를 수행하는 전담조직 부서명의 변경

**해설** 규칙 제3조(안전관리체계의 경미한 사항 변경)
① 법 제7조제3항 단서에서 "국토교통부령으로 정하는 경미한 사항"이란 다음 각 호의 어느 하나에 해당하는 사항을 제외한 변경사항을 말한다.
1. 안전 업무를 수행하는 전담조직의 변경(조직 부서명의 변경은 제외한다)
2. 열차운행 또는 유지관리 인력의 감소
3. 철도차량 또는 다음 각 목의 어느 하나에 해당하는 철도시설의 증가
   가. 교량, 터널, 옹벽
   나. 선로(레일)
   다. 역사, 기지, 승강장안전문
   라. 전차선로, 변전설비, 수전실, 수 · 배전선로
   마. 연동장치, 열차제어장치, 신호기장치, 선로전환기장치, 궤도회로장치, 건널목보안장치
   바. 통신선로설비, 열차무선설비, 전송설비
4. 철도노선의 신설 또는 개량
5. 사업의 합병 또는 양도 · 양수
6. 유지관리 항목의 축소 또는 유지관리 주기의 증가
7. 위탁 계약자의 변경에 따른 열차운행체계 또는 유지관리체계의 변경

**40** 다음 중 안전관리체계 변경신고서 첨부서류로 틀린 것은?

① 안전관리체계의 변경내용
② 증빙서류
③ 변경 전후의 대비표
④ 증명서

**해설** 규칙 제3조(안전관리체계의 경미한 사항 변경)
② 철도운영자등은 법 제7조제3항 단서에 따라 경미한 사항을 변경하려는 경우에는 별지 제1호의3서식의 철도안전관리체계 변경신고서에 다음 각 호의 서류를 첨부하여 국토교통부장관에게 제출하여야 한다.
1. 안전관리체계의 변경내용과 증빙서류
2. 변경 전후의 대비표 및 해설서

**41** 다음 중 안전관리기준을 정할 때 전문기술적인 사항에 대해 심의를 거칠 수 있는 곳으로 맞는 것은?

① 철도산업위원회
② 철도안전심의위원회
③ 철도기술심의위원회
④ 철도산업심의위원회

**해설** 규칙 제5조(안전관리기준 고시방법)
국토교통부장관은 법 제7조제5항에 따른 안전관리기준을 정할 때 전문기술적인 사항에 대해 제44조에 따른 철도기술심의위원회의 심의를 거칠 수 있다.

**42** 다음 중 안전관리체계에 대하여 틀린 것은?

① 철도운영자등은 철도운영을 하거나 철도시설을 관리하는 경우에는 법에 따라 승인받은 안전관리기술기준을 지속적으로 유지하여야 한다.
② 국토교통부장관은 철도운영자등이 안전관리체계를 지속적으로 유지하는지를 점검 · 확인하기 위하여 국토교통부령으로 정하는 바에 따라 정기 또는 수시로 검사할 수 있다.
③ 국토교통부장관은 검사에 따른 검사결과 안전관리체계가 지속적으로 유지되지 아니하거나 그 밖에 철도안전을 위하여 필요하다고 인정하는 경우에는 국토교통부령으로 정하는 바에 따라 시정조치를 명할 수 있다.
④ 철도운영자등이 법에 따라 시정조치명령을 받은 경우에 14일 이내에 시정조치계획서를 작성하여 국토교통부장관에게 제출하여야 하고, 시정조치를 완료한 경우에는 지체 없이 그 시정내용을 국토교통부장관에게 통보하여야 한다.

**해설** 제8조(안전관리체계의 유지 등)
① 철도운영자등은 철도운영을 하거나 철도시설을 관리하는 경우에는 제7조에 따라 승인받은 안전관리체계를 지속적으로 유지하여야 한다.

39 ④    40 ④    41 ③    42 ①

**43** 다음 중 안전관리체계 검사계획을 검사시행일 몇일 전까지 철도운영자등에게 통보하여야 하는지 맞는 것은?

① 7일  ② 14일
③ 15일  ④ 30일

**44** 다음 중 안전관리체계 검사 계획에 포함되어야 하는 사항으로 틀린 것은?

① 검사반의 구성
② 검사 일정 및 장소
③ 검사 수행 과정 및 검사 항목
④ 중점 검사 사항

해설  규칙 제6조(안전관리체계의 유지 · 검사 등)
② 국토교통부장관은 제1항에 따라 정기검사 또는 수시검사를 시행하려는 경우에는 검사 시행일 7일 전까지 다음 각 호의 내용이 포함된 검사계획을 검사 대상 철도운영자등에게 통보하여야 한다. 다만, 철도사고등의 발생 등으로 긴급히 수시검사를 실시하는 경우에는 사전 통보를 하지 아니할 수 있고, 검사 시작 이후 검사계획을 변경할 사유가 발생한 경우에는 철도운영자등과 협의하여 검사계획을 조정할 수 있다.
1. 검사반의 구성
2. 검사 일정 및 장소
3. 검사 수행 분야 및 검사 항목
4. 중점 검사 사항
5. 그 밖에 검사에 필요한 사항

**45** 다음 중 안전관리체계 검사 결과보고서에 포함되어야 하는 사항으로 틀린 것은?

① 안전관리체계의 검사 개요 및 현황
② 안전관리체계의 검사 일정 및 내용
③ 법에 따른 시정조치 사항
④ 제출된 시정조치계획서에 따른 시정조치명령의 이행 정도

해설  국토교통부장관은 정기검사 또는 수시검사를 마친 경우에는 다음 각 호의 사항이 포함된 검사 결과보고서를 작성하여야 한다.
1. 안전관리체계의 검사 개요 및 현황
2. 안전관리체계의 검사 과정 및 내용
3. 법 제8조제3항에 따른 시정조치 사항
4. 제6항에 따라 제출된 시정조치계획서에 따른 시정조치명령의 이행 정도
5. 철도사고에 따른 사망자 · 중상자의 수 및 철도사고등에 따른 재산피해액

**46** 다음 중 안전관리체계 정기검사 또는 수시검사에 관한 세부적인 기준·방법 및 절차를 정하여 고시하는 자로 맞는 것은?

① 철도운영자등
② 시, 도지사
③ 국토교통부장관
④ 대통령

해설  규칙 제6조(안전관리체계의 유지 · 검사 등)
⑦ 제1항부터 제6항까지의 규정에서 정한 사항 외에 정기검사 또는 수시검사에 관한 세부적인 기준 · 방법 및 절차는 국토교통부장관이 정하여 고시한다.

**47** 다음 중 국토교통부장관이 승인을 취소하여야 하는 경우로 맞는 것은?

① 거짓이나 그 밖의 부정한 방법으로 승인을 받은 경우
② 변경승인을 받지 아니하거나 변경신고를 하지 아니하고 안전관리체계를 변경한 경우
③ 안전관리체계를 지속적으로 유지하지 아니하여 철도운영이나 철도시설의 관리에 중대한 지장을 초래한 경우
④ 시정조치명령을 정당한 사유 없이 이행하지 아니한 경우

해설  제9조(승인의 취소 등)
① 국토교통부장관은 안전관리체계의 승인을 받은 철도운영자등이 다음 각 호의 어느 하나에 해당하는 경우에는 그 승인을 취소하거나 6개월 이내의 기간을 정하여 업무의 제한이나 정지를 명할 수 있다. 다만, 제1호에 해당하는 경우에는 그 승인을 취소하여야 한다.
1. 거짓이나 그 밖의 부정한 방법으로 승인을 받은 경우
2. 제7조제3항을 위반하여 변경승인을 받지 아니하거나 변경신고를 하지 아니하고 안전관리체계를 변경한 경우

43 ①   44 ③   45 ②   46 ③   47 ①

3. 제8조제1항을 위반하여 안전관리체계를 지속적으로 유지하지 아니하여 철도운영이나 철도시설의 관리에 중대한 지장을 초래한 경우
4. 제8조제3항에 따른 시정조치명령을 정당한 사유 없이 이행하지 아니한 경우

**48** 다음 중 변경신고를 하지 아니하고 안전관리체계를 변경하는 경우 2회 위반 시 처분기준으로 맞는 것은?

① 경고
② 업무제한 10일
③ 업무제한 20일
④ 업무제한 40일

**49** 다음 중 안전관리체계 관련 처분기준이 제일 가벼운 것으로 맞는 것은?

① 안전관리체계 변경승인을 받지 않고 안전관리체계를 변경한 경우 2차 위반
② 변경신고를 하지 않고 안전관리체계를 변경한 경우 3차 위반
③ 안전관리체계를 지속적으로 유지하지 않아 운행장애로 인한 재산피해액이 5억인 경우
④ 시정조치명령을 정당한 사유없이 이행하지 않은 경우 1차 위반

**50** 다음 중 과징금에 대하여 틀린 것은?

① 국토교통부장관은 법에 따라 철도운영자등에 대하여 업무의 제한이나 정지를 명하여야 하는 경우로써 그 업무의 제한이나 정지가 철도 이용자 등에게 심한 불편을 주거나 그 밖에 공익을 해할 우려가 있는 경우에는 업무의 제한이나 정지를 갈음하여 30억원 이하의 과징금을 부과할 수 있다.
② 과징금을 부과하는 위반행위의 종류, 과징금의 부과기준 및 징수방법, 그 밖에 필요한 사항은 대통령령으로 정한다.
③ 국토교통부장관은 법에 따라 과징금을 부과할 때에는 그 위반행위의 종류와 해당 과징금의 금액을 명시하여 이를 납부할 것을 우편으로 통지하여야 한다.
④ 통지를 받은 사는 통지를 받은 날부터 20일 이내에 국토교통부장관이 정하는 수납기관에 과징금을 내야 한다.

**51** 다음 중 과징금에 대한 내용으로 틀린 것은?

① 국토교통부장관은 법에 따른 과징금을 내야 할 자가 납부기한까지 과징금을 내지 아니하는 경우에는 국세 체납처분의 예에 따라 징수한다.
② 통지를 받은 자는 통지를 받은 날부터 20일 이내에 대통령이 정하는 수납기관에 과징금을 내야 한다.
③ 과징금을 받은 수납기관은 그 과징금을 낸 자에게 영수증을 내주어야 한다.
④ 과징금의 수납기관은 과징금을 받으면 지체 없이 그 사실을 국토교통부장관에게 통보하여야 한다.

> **해설** 제9조의2(과징금)
> ① 국토교통부장관은 제9조제1항에 따라 철도운영자등에 대하여 업무의 제한이나 정지를 명하여야 하는 경우로서 그 업무의 제한이나 정지가 철도 이용자 등에게 심한 불편을 주거나 그 밖에 공익을 해할 우려가 있는 경우에는 업무의 제한이나 정지를 갈음하여 30억원 이하의 과징금을 부과할 수 있다.
> ② 제1항에 따라 과징금을 부과하는 위반행위의 종류, 과징금의 부과기준 및 징수방법, 그 밖에 필요한 사항은 대통령령으로 정한다.
> ③ 국토교통부장관은 제l항에 따른 과징금을 내야 할 자가 납부기한까지 과징금을 내지 아니하는 경우에는 국세 체납처분의 예에 따라 징수한다.

48 ②    49 ③    50 ③    51 ②

영 제7조(과징금의 부과 및 납부)
② 제1항에 따라 통지를 받은 자는 통지를 받은 날부터 **20일 이내에 국토교통부장관**이 정하는 수납기관에 과징금을 내야 한다.

**52** 다음 중 안전관리체계 변경승인을 받지 않고 안전관리체계를 변경한 경우 1차 위반 과징금으로 맞는 것은?

① 120만원
② 1200만원
③ 1억 2000만원
④ 12억

**53** 다음 중 안전관리체계 시정조치명령을 정당한 사유없이 이행하지 않은 경우 2차 위반 과징금으로 맞는 것은?

① 1억 8천만원
② 2억 4천만원
③ 3억 6천만원
④ 4억 8천만원

**54** 다음 중 안전관리체계 관련 과징금의 부과기준에 대하여 틀린 것은?

① 사망자란 철도사고가 발생한 날부터 30일 이내에 그 사고로 사망한 사람을 말한다.
② 중상자란 철도사고로 인해 부상을 입은 날부터 24시간 이내 실시된 의사의 최초 진단결과 7일 이상 입원 치료가 필요한 상해를 입은 사람(의식불명, 시력상실을 포함)를 말한다.
③ 재산피해액이란 시설피해액(인건비와 자재비등 포함), 차량피해액(인건비와 자재비등 포함), 운임환불 등을 포함한 직접손실액을 말한다.
④ 과징금 금액이 해당 철도운영자등의 전년도(위반행위가 발생한 날이 속하는 해의 직전 연도를 말한다) 매출액의 100분의 4를 초과하는 경우에는 전년도 매출액의 100분의 4에 해당하는 금액을 과징금으로 부과한다.

**해설** "중상자"란 철도사고로 인해 부상을 입은 날부터 7일 이내 실시된 의사의 최초 진단결과 24시간 이상 입원 치료가 필요한 상해를 입은 사람(의식불명, 시력상실을 포함)를 말한다.

**55** 다음 중 안전관리체계 관련 과징금에 대하여 맞는 것은?

① 변경신고를 하지 않고 안전관리체계를 변경한 경우 4차위반의 경우 4억 8천만원
② 안전관리체계를 지속적으로 유지하지 않아 철도사고로 인한 사망자 수가 10명 이상의 경우 21억 6천만원
③ 안전관리체계를 지속적으로 유지하지 않아 철도사고로 인한 부상자 수가 10명 이상 30명 미만의 경우 3억 6천만원
④ 안전관리체계를 지속적으로 유지하지 않아 철도사고 또는 운행장애로 인한 재산피해액이 10억원의 경우 1억 8천만원

**56** 다음 중 철도운영자등에 대한 안전관리 수준 평가에 대하여 틀린 것은?

① 국토교통부장관은 철도운영자등의 자발적인 안전관리를 통한 철도안전 수준의 향상을 위하여 철도운영자등의 안전관리 수준에 대한 평가를 실시할 수 있다.
② 국토교통부장관은 매년 3월말까지 안전관리 수준평가를 실시한다.

52 ③   53 ④   54 ②   55 ②   56 ③

③ 안전관리 수준평가는 현장평가의 방법으로 실시한다. 다만, 국토교통부장관이 필요하다고 인정하는 경우에는 서면평가를 실시할 수 있다.
④ 안전관리 수준평가의 대상, 기준, 방법, 절차 등에 필요한 사항은 국토교통부령으로 정한다.

**해설** 규칙 제8조(철도운영자등에 대한 안전관리 수준평가의 대상 및 기준 등)
② 국토교통부장관은 매년 3월말까지 안전관리 수준평가를 실시한다.
③ 안전관리 수준평가는 서면평가의 방법으로 실시한다. 다만, 국토교통부장관이 필요하다고 인정하는 경우에는 현장평가를 실시할 수 있다.

## 57 다음 중 철도안전 우수운영자 지정에 대하여 틀린 것은?

① 국토교통부장관은 법에 따른 안전관리 수준평가 결과에 따라 철도운영자등을 대상으로 철도안전 우수운영자를 지정할 수 있다.
② 철도안전 우수운영자로 지정을 받은 자는 철도차량, 철도시설이나 관련 문서 등에 철도안전 우수운영자로 지정되었음을 나타내는 표시를 할 수 있다.
③ 지정을 받은 자가 아니면 철도차량, 철도시설이나 관련 문서 등에 우수운영자로 지정되었음을 나타내는 표시를 하거나 이와 유사한 표시를 하여서는 아니 된다.
④ 국토교통부장관은 지정을 받지 아니한 자가 우수운영자로 지정되었음을 나타내는 표시를 하거나 이와 유사한 표시를 한 자에 대하여 해당 표시를 제거하게 하는 등 필요한 시정조치를 명하여야 한다.

**해설** 제9조의4(철도안전 우수운영자 지정)
① 국토교통부장관은 제9조의3에 따른 안전관리 수준평가 결과에 따라 철도운영자등을 대상으로 철도안전 우수운영자를 지정할 수 있다.
② 제1항에 따른 철도안전 우수운영자로 지정을 받은 자는 철도차량, 철도시설이나 관련 문서 등에 철도안전 우수운영자로 지정되었음을 나타내는 표시를 할 수 있다.
③ 제1항에 따른 지정을 받은 자가 아니면 철도차량, 철도시설이나 관련 문서 등에 우수운영자로 지성되었음을 나타내는 표시를 하거나 이와 유사한 표시를 하여서는 아니 된다.
④ 국토교통부장관은 제3항을 위반하여 우수운영자로 지정되었음을 나타내는 표시를 하거나 이와 유사한 표시를 한 자에 대하여 해당 표시를 제거하게 하는 등 필요한 시정조치를 명할 수 있다.

## 58 다음 중 안전관리 수준평가 대상 중 사고분야로 틀린 것은?

① 철도교통사고 건수
② 철도안전사고 건수
③ 운행장애 건수
④ 사망자 수

**해설** 1. 사고 분야
가. 철도교통사고 건수
나. 철도안전사고 건수
다. 운행장애 건수
라. 사상자 수

57 ④    58 ④

**59** 다음 중 안전관리 수준평가에 대하여 틀린 것은?

① 법에 따른 철도운영자등의 안전관리 수준 평가의 대상 중 안전관리 분야에는 안전 성숙도 수준, 정기검사 이행실적이 있다.
② 국토교통부장관은 매년 5월말까지 안전관리 수준평가를 실시한다.
③ 국토교통부장관은 안전관리 수준평가 결과를 해당 철도운영자등에게 통보해야 한다. 이 경우 해당 철도운영자등이 「지방공기업법」에 따른 지방공사인 경우에는 같은 법 에 따라 해당 지방공사의 업무를 관리·감독하는 지방자치단체의 장에게도 함께 통보할 수 있다.
④ 규정한 사항 외에 안전관리 수준평가의 기준, 방법 및 절차 등에 관해 필요한 사항은 국토교통부장관이 정해 고시한다.

**60** 다음 중 철도안전 우수운영자 지정에 대하여 틀린 것은?

① 국토교통부장관은 법에 따라 안전관리 수준평가 결과가 최우수 등급인 철도운영자등을 철도안전 우수운영자로 지정하여 철도안전 우수운영자로 지정되었음을 나타내는 표시를 사용하게 할 수 있다.
② 철도안전 우수운영자 지정의 유효기간은 지정받은 날부터 1년으로 한다.
③ 철도안전 우수운영자는 철도안전 우수운영자로 지정되었음을 나타내는 표시를 하려면 국토교통부장관이 정해 고시하는 표시를 사용해야 한다.
④ 국토교통부장관은 철도안전 우수운영자에게 포상 등의 지원을 할 수 있다.

**61** 다음 중 취소 하여야하는 처벌이 아닌 것은?

① 거짓이나 그 밖의 부정한 방법으로 안전관리체계의 승인을 받은 경우
② 거짓이나 그 밖의 부정한 방법으로 철도안전 우수운영자 지정을 받은 경우
③ 철도안전 우수운영자 지정을 받은 자의 안전관리체계의 승인이 취소된 경우
④ 계산 착오, 자료의 오류 등으로 안전관리 수준평가 결과가 최상위 등급이 아닌 것으로 확인된 경우

**62** 다음 중 안전관리 수준 평가 실시 방법으로 맞는 것은?

① 서류평가
② 서면평가
③ 현장평가
④ 실제평가

### 제3장 ▶ 철도종사자의 안전관리

**63** 다음 중 철도차량 운전면허에 대하여 틀린 것은?

① 철도차량을 운전하려는 사람은 대통령으로부터 철도차량 운전면허를 받아야 한다.
② 다만, 법에 따른 교육훈련 또는 법에 따른 운전면허시험을 위하여 철도차량을 운전하는 경우 등 대통령령으로 정하는 경우에는 그러하지 아니하다.
③ 「도시철도법」에 따른 노면전차를 운전하려는 사람은 법에 따른 운전면허 외에 「도로교통법」에 따른 운전면허를 받아야 한다.

59 ②    60 ①    61 ④    62 ②    63 ①

④ 법에 따른 운전면허는 대통령령으로 정하는 바에 따라 철도차량의 종류별로 받아야 한다.

> **해설** 제10조(철도차량 운전면허)
> ① 철도차량을 운전하려는 사람은 국토교통부장관으로부터 철도차량 운전면허(이하 "운전면허"라 한다)를 받아야 한다. 다만, 제16조에 따른 교육훈련 또는 제17조에 따른 운전면허시험을 위하여 철도차량을 운전하는 경우 등 대통령령으로 정하는 경우에는 그러하지 아니하다.

### 64 다음 중 운전면허 없이 운전할 수 있는 경우로 틀린 것은?

① 법에 따른 운전교육훈련기관에서 실시하는 운전교육훈련을 받기 위하여 철도차량을 운전하는 경우
② 법에 따른 운전면허시험을 치르기 위하여 철도차량을 운전하는 경우
③ 철도차량을 정비하기 위한 차량기지 안의 선로에서 철도차량을 운전하여 이동하는 경우
④ 철도사고등을 복구하기 위하여 열차운행이 중지된 선로에서 사고복구용 특수차량을 운전하여 이동하는 경우

> **해설** 영 제10조(운전면허 없이 운전할 수 있는 경우)
> ① 법 제10조제1항 단서에서 "대통령령으로 정하는 경우"란 다음 각 호의 어느 하나에 해당하는 경우를 말한다.
> 1. 법 제16조제3항에 따른 철도차량 운전에 관한 전문 교육훈련기관(이하 "운전교육훈련기관"이라 한다)에서 실시하는 운전교육훈련을 받기 위하여 철도차량을 운전하는 경우
> 2. 법 제17조제1항에 따른 운전면허시험(이하 이 조에서 "운전면허시험"이라 한다)을 치르기 위하여 철도차량을 운전하는 경우
> 3. 철도차량을 제작·조립·정비하기 위한 공장 안의 선로에서 철도차량을 운전하여 이동하는 경우
> 4. 철도사고등을 복구하기 위하여 열차운행이 중지된 선로에서 사고복구용 특수차량을 운전하여 이동하는 경우

### 65 다음 중 운전면허 종류로 틀린 것은?

① 고속철도차량 운전면허
② 제1종 전기차량 운전면허
③ 디젤차량 운전면허
④ 특수차량 운전면허

> **해설** 영 제11조(운전면허 종류)
> ① 법 제10조제3항에 따른 철도차량의 종류별 운전면허는 다음 각 호와 같다.
> 1. 고속철도차량 운전면허
> 2. 제1종 전기차량 운전면허
> 3. 제2종 전기차량 운전면허
> 4. 디젤차량 운전면허
> 5. 철도장비 운전면허
> 6. 노면전차(路面電車) 운전면허

### 66 다음 중 철도차량 운전면허 종류별 운전이 가능한 철도차량으로 틀린 것은?

① 고속철도차량 운전면허 – 고속철도차량
② 제1종 전기차량 운전면허 – 전기동차
③ 디젤차량 운전면허 – 디젤동차
④ 노면전차 운전면허 – 노면전차

> **해설**

| 제1종 전기차량 운전면허 | 가. 전기기관차<br>나. 철도장비 운전면허에 따라 운전할 수 있는 차량 |

64 ③    65 ④    66 ②

**67** 다음 중 철도차량 운전면허 종류별 운전이 가능한 철도차량에 대한 설명으로 틀린 것은?

① 시속 100킬로미터 이상으로 운행하는 철도시설의 검측장비 운전은 고속철도차량 운전면허, 제1종 전기차량 운전면허, 제2종 전기차량 운전면허, 디젤차량 운전면허, 철도장비 운전면허 중 하나의 운전면허가 있어야 한다.
② 선로를 시속 200킬로미터 이상의 최고 운행 속도로 주행할 수 있는 철도차량을 고속철도차량으로 구분한다.
③ 동력장치가 집중되어 있는 철도차량을 기관차, 동력장치가 분산되어 있는 철도차량을 동차로 구분한다.
④ 철도차량 운전면허(철도장비 운전면허는 제외한다) 소지자는 철도차량 종류에 관계없이 차량기지 내에서 시속 25킬로미터 이하로 운전하는 철도차량을 운전할 수 있다. 이 경우 다른 운전면허의 철도차량을 운전하는 때에는 국토교통부장관이 정하는 교육훈련을 받아야 한다.

**해설**

1. 시속 100킬로미터 이상으로 운행하는 철도시설의 검측장비 운전은 고속철도차량 운전면허, 제종 전기차량 운전면허, 제2종 전기차량 운전면허, 디젤차량 운전면허 중 하나의 운전면허가 있어야 한다.
2. 선로를 시속 200킬로미터 이상의 최고운행 속도로 주행할 수 있는 철도차량을 고속철도차량으로 구분한다.
3. 동력장치가 집중되어 있는 철도차량을 기관차, 동력장치가 분산되어 있는 철도차량을 동차로 구분한다.
4. 도로 위에 부설한 레일 위를 주행하는 철도차량은 노면전차로 구분한다.
5. 철도차량 운전면허(철도장비 운전면허는 제외한다) 소지자는 철도차량 종류에 관계없이 차량기지 내에서 시속 25킬로미터 이하로 운전하는 철도차량을 운전할 수 있다. 이 경우 다른 운전면허의 철도차량을 운전하는 때에는 국토교통부장관이 정하는 교육훈련을 받아야 한다.

**68** 다음 중 철도장비 운전면허로 운전할 수 있는 철도차량의 종류로 틀린 것은?

① 철도건설과 유지보수에 필요한 기계나 장비
② 철도시설의 검측장비
③ 전용철도에서 시속 25킬로미터 이하로 운전하는 차량
④ 사고복구용 철도복구장비

**해설**

| 5. 철도장비 운전면허 | 가. 철도건설과 유지보수에 필요한 기계나 장비<br>나. 철도시설의 검측장비<br>다. 철도·도로를 모두 운행할 수 있는 철도복구장비<br>라. 전용철도에서 시속 25킬로미터 이하로 운전하는 차량<br>마. 사고복구용 기중기 |
|---|---|

**69** 다음 중 운전면허의 결격사유로 틀린 것은?

① 19세 이하인 사람
② 철도차량 운전상의 위험과 장해를 일으킬 수 있는 정신질환자 또는 뇌전증환자로서 대통령령으로 정하는 사람
③ 두 귀의 청력 또는 두 눈의 시력을 완전히 상실한 사람
④ 운전면허가 취소된 날부터 2년이 지나지 아니하였거나 운전면허의 효력정지 기간 중인 사람

**해설** 제11조(운전면허의 결격사유) 다음 각 호의 어느 하나에 해당하는 사람은 운전면허를 받을 수 없다.

1. 19세 미만인 사람
2. 철도차량 운전상의 위험과 장해를 일으킬 수 있는 정신질환자 또는 뇌전증환자로서 대통령령으로 정하는 사람
3. 철도차량 운전상의 위험과 장해를 일으킬 수 있는 약물(「마약류 관리에 관한 법률」 제2조제1호에 따른 마약류 및 「화학물질관리법」 제22조제1항에 따른 환각물질을 말한다. 이하 같다) 또는 알코올 중독자로서 대통령령으로 정하는 사람

67 ① 68 ④ 69 ①

4. 두 귀의 청력 또는 두 눈의 시력을 완전히 상실한 사람
5. 운전면허가 취소된 날부터 2년이 지나지 아니하였거나 운전면허의 효력정지기간 중인 사람

## 70 다음 중 운전면허 결격사유 등에 대한 내용으로 맞는 것은? 〈24. 7. 17. 시행 법령〉

① 운전면허 효력정지 2년이 지나지 않았으면 운전면허를 받을 수 없다.
② 두 귀의 청력 또는 두 눈의 시력을 완전히 상실한 사람으로서 대통령령으로 정하는 사람은 결격사유에 해당된다.
③ 대통령은 법에 따른 결격사유의 확인을 위하여 개인정보를 보유하고 있는 기관의 장에게 해당 정보의 제공을 요청할 수 있다. 이 경우 요청을 받은 기관의 장은 특별한 사유가 없으면 이에 따라야 한다.
④ 법에 따라 요청하는 대상기관과 개인정보의 내용 및 제공방법 등에 필요한 사항은 대통령령으로 정한다.

**해설** 제11조(운전면허의 결격사유 등)
① 다음 각 호의 어느 하나에 해당하는 사람은 운전면허를 받을 수 없다.
  1. 19세 미만인 사람
  2. 철도차량 운전상의 위험과 장해를 일으킬 수 있는 정신질환자 또는 뇌전증환자로서 대통령령으로 정하는 사람
  3. 철도차량 운전상의 위험과 장해를 일으킬 수 있는 약물(「마약류 관리에 관한 법률」 제2조제1호에 따른 마약류 및 「화학물질관리법」 제22조제1항에 따른 환각물질을 말한다. 이하 같다) 또는 알코올 중독자로서 대통령령으로 정하는 사람
  4. 두 귀의 청력 또는 두 눈의 시력을 완전히 상실한 사람
  5. 운전면허가 취소된 날부터 2년이 지나지 아니하였거나 운전면허의 효력정지기간 중인사람
② 국토교통부장관은 제1항에 따른 결격사유의 확인을 위하여 개인정보를 보유하고 있는 기관의 장에게 해당 정보의 제공을 요청할 수 있다. 이 경우 요청을 받은 기관의 장은 특별한 사유가 없으면 이에 따라야 한다. 〈신설 2024. 1. 16.〉

③ 제2항에 따라 요청하는 대상기관과 개인정보의 내용 및 제공방법 등에 필요한 사항은 대통령령으로 정한다.

## 71 다음 중 신체검사에 대하여 틀린 것은?

① 운전면허를 받으려는 사람은 철도차량 운전에 적합한 신체상태를 갖추고 있는지를 판정받기 위하여 대통령이 실시하는 신체검사에 합격하여야 한다.
② 법에 따른 운전면허의 신체검사 또는 법에 따른 관제자격증명의 신체검사를 받으려는 사람은 신체검사 판정서에 성명·주민등록번호 등 본인의 기록사항을 작성하여 신체검사의료기관에 제출하여야 한다.
③ 신체검사의료기관은 신체검사 판정서의 각 신체검사 항목별로 신체검사를 실시한 후 합격여부를 기록하여 신청인에게 발급하여야 한다.
④ 신체검사의 합격기준, 검사방법 및 절차 등에 관하여 필요한 사항은 국토교통부령으로 정한다.

**해설** 제12조(운전면허의 신체검사)
① 운전면허를 받으려는 사람은 철도차량 운전에 적합한 신체상태를 갖추고 있는지를 판정받기 위하여 국토교통부장관이 실시하는 신체검사에 합격하여야 한다.
② 국토교통부장관은 제1항에 따른 신체검사를 제13조에 따른 의료기관에서 실시하게 할 수 있다.
③ 제1항에 따른 신체검사의 합격기준, 검사방법 및 절차 등에 관하여 필요한 사항은 국토교통부령으로 정한다.

70 ④  71 ①

**72** 다음 중 신체검사 실시 의료기관으로 틀린 것은?

① 「의료법」 제3조제2항제1호가목의 의원
② 「의료법」 제3조제2항제2호가목의 대학병원
③ 「의료법」 제3조제2항제3호가목의 병원
④ 「의료법」 제3조제2항제3호마목의 종합병원

**해설** 제13조(신체검사 실시 의료기관) 제12조제1항에 따른 신체검사를 실시할 수 있는 의료기관은 다음 각 호와 같다.
1. 「의료법」 제3조제2항제1호가목의 의원
2. 「의료법」 제3조제2항제3호가목의 병원
3. 「의료법」 제3조제2항제3호마목의 종합병원

**73** 다음 중 운전면허 취득을 위한 신체검사 불합격 기준으로 틀린 것은?

① 중증인 고혈압증(수축기 혈압 110mmHg 이상이고, 확장기 혈압 180mmHg 이상인 사람)
② 귀의 청력이 500Hz, 1000Hz, 2000Hz에서 측정하여 측정치의 산술평균이 두 귀 모두 40dB 이상인 사람
③ 시야의 협착이 1/3 이상인 경우
④ 업무수행에 지장이 있는 발작성 빈맥(분당 150회 이상)이나 기질성 부정맥

**해설**

| 가. 일반결함 | 1) 신체 각 장기 및 각 부위의 악성종양<br>2) 중증인 고혈압증(수축기 혈압 180mmHg 이상이고, 확장기 혈압 110mmHg 이상인 사람)<br>3) 이 표에서 달리 정하지 아니한 법정감염병 중 직접 접촉, 호흡기 등을 통하여 전파가 가능한 감염병 |
|---|---|

**74** 다음 중 관제자격증명 취득을 위한 신체검사 불합격 기준이 아닌 것은?

① 의사소통에 지장이 있는 언어장애나 호흡에 장애를 가져오는 코, 구강, 인후, 식도의 변형 및 기능장애
② 손의 필기능력과 두 손의 악력이 없는 경우
③ 색각이상(색약 및 색맹)
④ 한쪽 팔이나 한쪽 다리 이상을 쓸 수 없는 경우

**해설** 3) 한쪽 팔이나 한쪽 다리 이상을 쓸 수 없는 경우(운전업무에만 해당한다)

**75** 다음 중 운업업무종사자의 정기 신체검사 불합격기준으로 틀린 것은?

① 업무수행에 지장이 있는 악성종양
② 업무수행에 지장이 있는 만성 피부질환자 및 한센병 환자
③ 업무에 적응할 수 없을 정도의 말초신경질환
④ 난치의 뼈·관절 질환이나 기형으로 업무수행에 지장이 있는 경우

**입교도우미의 꿀팁** 정기 검사에는 피부 항목이 없다.

**76** 다음 중 운전적성검사에 대하여 틀린 것은?

① 운전면허를 받으려는 사람은 철도차량 운전에 적합한 적성을 갖추고 있는지를 판정받기 위하여 국토교통부장관이 실시하는 적성검사에 합격하여야 한다.
② 운전적성검사의 합격기준, 검사의 방법 및 절차 등에 관하여 필요한 사항은 국토교통부령으로 정한다.
③ 국토교통부장관은 운전적성검사에 관한 전문기관을 지정하여 운전적성검사를

72 ② 73 ① 74 ④ 75 ② 76 ④

하게 할 수 있다.
④ 운전적성검사기관의 지정기준, 지정절차 등에 관하여 필요한 사항은 국토교통부령으로 정한다.

**해설** 운전적성검사기관의 지정기준, 지정절차 등에 관하여 필요한 사항은 대통령령으로 정한다.

**77** 다음 중 운전적성검사에 불합격한 사람이 검사일부터 운전적성검사를 받을 수 없는 기간으로 맞는 것은?

① 3개월　　② 6개월
③ 1년　　　④ 2년

**해설** ② 운전적성검사에 불합격한 사람 또는 운전적성검사 과정에서 부정행위를 한 사람은 다음 각 호의 구분에 따른 기간 동안 운전적성검사를 받을 수 없다.
1. 운전적성검사에 불합격한 사람: 검사일부터 3개월
2. 운전적성검사 과정에서 부정행위를 한 사람: 검사일부터 1년

**78** 다음 중 운전적성검사기관의 변경사항 통지일로 맞는 것은?

① 해당 사유가 발생한 날부터 7일 이내
② 해당 사유가 발생한 날부터 14일 이내
③ 해당 사유가 발생한 날부터 15일 이내
④ 해당 사유가 발생한 날부터 30일 이내

**해설** 영 제15조(운전적성검사기관의 변경사항 통지)
① 운전적성검사기관은 그 명칭·대표자·소재지나 그 밖에 운전적성검사 업무의 수행에 중대한 영향을 미치는 사항의 변경이 있는 경우에는 해당 사유가 발생한 날부터 15일 이내에 국토교통부장관에게 그 사실을 알려야 한다.

**79** 다음 중 운전업무종사자 등의 정기 적성검사 문답형 검사항목이 아닌 것은?

① 일반성격　　② 안전성향
③ 품성　　　　④ 스트레스

**80** 다음 중 <보기> 괄호 안에 들어가야하는 항목으로 틀린 것은?

> 철도교통관제자격증명 응시자 적성검사의 인식 및 기억력 분야에는 (　)검사, (　)검사, (　)검사가 있다.

① 시각변별　　② 공간지각
③ 작업기억　　④ 복합기능

**해설** 인식 및 기억력 – 시각변별, 공간지각, 작업기억

**81** 다음 중 운전적성검사기관 지정신청서 첨부서류로 틀린 것은?

① 운영계획서
② 정관이나 이에 준하는 약정(법인 그 밖의 단체는 제외한다)
③ 운전적성검사를 담당하는 전문인력의 보유 현황 및 학력·경력·자격 등을 증명할 수 있는 서류
④ 운전적성검사시설 내역서

**해설**
1. 운영계획서
2. 정관이나 이에 준하는 약정(법인 그 밖의 단체만 해당한다)
3. 운전적성검사 또는 관제적성검사를 담당하는 전문인력의 보유 현황 및 학력·경력·자격 등을 증명할 수 있는 서류
4. 운전적성검사시설 또는 관제적성검사시설 내역서
5. 운전적성검사장비 또는 관제적성검사장비 내역서
6. 운전적성검사기관 또는 관제적성검사기관에서 사용하는 직인의 인영

77 ①　78 ③　79 ③　80 ④　81 ②

**82** 다음 중 적성검사기관 책임검사관 학력 및 경력자 자격기준으로 틀린 것은?

① 임상심리사 2급 자격을 취득한 사람으로서 2년 이상 적성검사 분야에 근무한 경력이 있는 사람
② 심리학 관련 분야 박사학위를 취득한 사람
③ 심리학 관련 분야 석사학위 취득한 사람으로서 2년 이상 적성검사 분야에 근무한 경력이 있는 사람
④ 대학을 졸업한 사람(법령에 따라 이와 같은 수준 이상의 학력이 있다고 인정되는 사람을 포함한다)으로서 선임검사관 경력이 2년 이상 있는 사람

> 해설 〈자격자 자격기준에 해당된다.〉

**83** 다음 중 운전적성검사기관의 세부 지정기준에 대하여 틀린 것은?

① 운전적성검사 업무를 수행하는 상설 전담조직을 1일 50명을 검사하는 것을 기준으로 하며, 책임검사관과 선임검사관 및 검사관은 총 3명 이상 보유하여야 한다.
② 1일 검사인원이 25명 추가될 때마다 적성검사를 진행할 수 있는 검사관을 1명씩 추가로 보유하여야 한다.
③ 적성검사기관 공동으로 활용할 수 있는 프로그램(별표 4 및 별표 13에 따른 문답형 검사 및 반응형 검사)을 개발할 수 있어야 한다.
④ 국토교통부장관은 운전적성검사기관 지정기준에 적합한 지의 여부를 2년마다 심사해야 한다.

> 해설 나. 보유기준
> 1) 운전적성검사 또는 관제적성검사(이하 이 표에서 "적성검사"라 한다) 업무를 수행하는 상설 전담조직을 1일 50명을 검사하는 것을 기준으로 하며, 책임검사관과 선임검사관 및 검사관은 각각 1명 이상 보유하여야 한다.
> 2) 1일 검사인원이 25명 추가될 때마다 적성검사를 진행할 수 있는 검사관을 1명씩 추가로 보유하여야 한다.

**84** 다음 중 철도교통관제사 자격증명 응시자의 적성검사 항목 중 인식 및 기억력에 해당되지 않는 것은?

① 시각변별
② 복합기능
③ 공간지각
④ 작업기억

**85** 다음 중 지정을 취소하거나 6개월 이내의 기간을 정하여 업무의 정지를 명할 수 있는 경우로 틀린 것은?

① 운전적성검사기관 지정기준에 맞지 아니하게 되었을 때
② 정당한 사유 없이 운전적성검사 업무를 거부하였을 때
③ 거짓이나 그 밖의 부정한 방법으로 운전적성검사 판정서를 발급하였을 때
④ 업무정지 명령을 위반하여 그 정지기간 중 운전적성검사 업무를 하였을 때

> 해설 제15조의2(운전적성검사기관의 지정취소 및 업무정지) ① 국토교통부장관은 운전적성검사기관이 다음 각 호의 어느 하나에 해당할 때에는 지정을 취소하거나 6개월 이내의 기간을 정하여 업무의 정지를 명할 수 있다. 다만, 제1호 및 제2호에 해당할 때에는 지정을 취소하여야 한다.
> 1. 거짓이나 그 밖의 부정한 방법으로 지정을 받았을 때
> 2. 업무정지 명령을 위반하여 그 정지기간 중 운전적성검사 업무를 하였을 때

**86** 다음 중 운전교육훈련기관으로 지정받으려는 자가 법인인 경우 확인해야 되는 것으로 맞는 것은?

① 법인에서 사용하는 직인의 인영
② 정관이나 이에 준하는 약정
③ 법인 등기사항 증명서
④ 법인 설립증명서

**해설** 국토교통부장관은 「전자정부법」에 따른 행정정보의 공동이용을 통하여 법인 등기사항증명서(신청인이 법인인 경우만 해당한다)를 확인하여야 한다.

**87** 다음 중 운전교육훈련기관 지정기준으로 틀린 것은?

① 운전교육훈련 업무 수행에 필요한 상설 전담조직을 갖출 것
② 운전면허의 종류별로 운전교육훈련 업무를 수행할 수 있는 전문인력을 확보할 것
③ 운전교육훈련 시행에 필요한 사무실·강의실·교육장과 교육 장비를 갖출 것
④ 운전교육훈련기관의 운영 등에 관한 업무규정을 갖출 것

**해설** 영 제17조(운전교육훈련기관 지정기준)
① 운전교육훈련기관 지정기준은 다음 각 호와 같다.
1. 운전교육훈련 업무 수행에 필요한 상설 전담조직을 갖출 것
2. 운전면허의 종류별로 운전교육훈련 업무를 수행할 수 있는 전문인력을 확보할 것
3. 운전교육훈련 시행에 필요한 사무실·교육장과 교육 장비를 갖출 것
4. 운전교육훈련기관의 운영 등에 관한 업무규정을 갖출 것

**88** 다음 중 운전교육훈련에 대하여 맞는 것은?

① 운전면허를 받으려는 사람은 철도차량의 안전한 운행을 위하여 국토교통부장관이 실시하는 운전에 필요한 지식과 능력을 습득할 수 있는 교육훈련을 받아야 한다.
② 운전교육훈련기관의 지정기준, 지정절차 등에 관하여 필요한 사항은 국토교통부령으로 정한다.
③ 운전교육훈련을 받으려는 사람은 법에 따른 운전교육훈련기관에 운전교육훈련과정을 합격하여야 한다.
④ 운전교육훈련기관은 운전교육훈련과정별 교육훈련신청자가 많아 그 운전교육훈련과정의 개설이 곤란한 경우에는 국토교통부장관의 승인을 받아 해당 운전교육훈련과정을 개설하지 아니하거나 운전교육훈련시기를 변경하여 시행할 수 있다.

**해설** 제16조(운전교육훈련)
① 운전면허를 받으려는 사람은 철도차량의 안전한 운행을 위하여 국토교통부장관이 실시하는 운전에 필요한 지식과 능력을 습득할 수 있는 교육훈련(이하 "운전교육훈련"이라 한다)을 받아야 한다.
② 운전교육훈련의 기간, 방법 등에 관하여 필요한 사항은 국토교통부령으로 정한다.
③ 국토교통부장관은 철도차량 운전에 관한 전문 교육훈련기관(이하 "운전교육훈련기관"이라 한다)을 지정하여 운전교육훈련을 실시하게 할 수 있다.
④ 운전교육훈련기관의 지정기준, 지정절차 등에 관하여 필요한 사항은 대통령령으로 정한다.
 - 운전교육훈련기관은 운전교육훈련과정별 교육훈련신청자가 적어 그 운전교육훈련과정의 개설이 곤란한 경우에는 국토교통부장관의 승인을 받아 해당 운전교육훈련과정을 개설하지 아니하거나 운전교육훈련시기를 변경하여 시행할 수 있다.

86 ③   87 ③   88 ①

**89** 다음 중 일반응시자의 제2종 전기차량 운전면허 이론교육 시간으로 맞는 것은?

① 680  ② 410
③ 340  ④ 240

> **해설** 이론교육시간은 240시간, 기능교육시간은 440시간으로 구성되어있다.

**90** 다음 중 철도 관제자격증명 소지자의 디젤차량 운전면허 교육훈련시간으로 맞는 것은?

① 310시간  ② 280시간
③ 260시간  ④ 180시간

> **해설** 규칙 [별표 7] 中 3. 가.

**91** 다음 중 일반응시자의 디젤차량 운전면허 교육과목 및 시간으로 틀린 것은?

① 철도관련법 50시간
② 디젤기관차의 구조 및 기능 170시간
③ 운전이론 일반 30시간
④ 기능교육 470시간

**92** 다음 중 디젤차량 운전면허 소지자의 고속철도차량 운전면허 교육과정에 대하여 틀린 것은?

① 총 교육시간은 420시간이다.
② 이론 교육 중 고속철도 운전관련 규정은 10시간이다.
③ 이론교육 시간은 140시간이다.
④ 기능교육은 280시간이다.

**93** 다음 중 일반응시자의 철도장비 운전면허 기능교육 훈련 시간으로 맞는 것은?

① 140시간  ② 150시간
③ 160시간  ④ 170시간

**94** 다음 중 제2종 전기차량 운전면허 소지자의 노면전차 교육과목 및 시간으로 틀린 것은?

① 기능교육 과목에 비상시 조치가 없다.
② 노면전차 구조 및 기능은 10시간이다
③ 기능교육시간은 20시간이다.
④ 총 교육시간은 50시간이다.

**95** 다음 중 교육시간에 대하여 틀린 것은?

① 철도차량 운전업무 보조경력 1년 이상인 경우 철도장비 운전면허 교육시간은 210시간이다.
② 철도차량 운전업무 보조경력 1년 이상인 경우 노면전차 운전면허 교육시간은 140시간이다.
③ 철도차량 운전업무 보조경력 1년 이상인 경우 제2종 전기차량 운전면허 교육시간은 290시간이다.
④ 철도차량 운전업무 보조경력 1년 이상인 경우 제1종 전기차량 운전면허 교육시간은 290시간이다.

**96** 다음 중 교육훈련기관의 책임교수 학력 및 자격으로 틀린 것은?

① 박사학위 소지자로서 철도교통에 관한 업무에 10년 이상 또는 철도차량 운전 관련 업무에 5년 이상 근무한 경력이 있는 사람
② 철도 관련 4급 이상의 공무원 경력 또는 이와 같은 수준 이상의 자격 및 경력이 있는 사람
③ 대학의 철도차량 운전 관련 학과에서 부교수 이상으로 재직한 경력이 있는 사람
④ 선임교수 경력이 3년 이상 있는 사람

89 ④　90 ③　91 ②　92 ②　93 ④　94 ②　95 ①　96 ③

해설  대학의 철도차량 운전 관련 학과에서 조교수 이상으로 재직한 경력이 있는 사람

## 97 다음 중 교육훈련기관 세부 지정기준으로 틀린 것은?

① 철도차량운전 관련 업무란 철도차량 운전업무수행자에 대한 안전관리·지도교육 및 관리감독 업무를 말한다.
② 교수의 자격기준에는 철도차량 운전과 관련된 교육기관에서 강의 경력이 3년 이상 있는 사람이 있다.
③ 해당 철도차량 운전업무 수행경력이 있는 사람으로서 현장 지도교육의 경력은 운전업무 수행경력으로 합산할 수 있다.
④ 두 종류 이상의 운전면허 교육을 하는 지정기관의 경우 책임교수는 1명만 둘 수 있다.

해설

| 교수 | 4) 철도차량 운전과 관련된 교육기관에서 강의 경력이 1년 이상 있는 사람 |
|---|---|

## 98 다음 중 교육훈련기관 세부 지정기준 중 시설기준에 대하여 틀린 것은?

① 강의실 면적은 교육생 30명 이상 한번에 수용할 수 있어야 한다(60제곱미터 이상). 이 경우 1제곱미터당 수용인원은 1명을 초과하지 아니하여야 한다.
② 전 기능 모의운전연습기·기본기능 모의운전연습기 등을 설치할 수 있는 실습장(120제곱미터 이상)을 갖추어야 한다.
③ 30명이 동시에 실습할 수 있는 컴퓨터지원시스템 실습장(면적 90제곱미터 이상)을 갖추어야 한다.
④ 그 밖에 교육훈련에 필요한 사무실·편의시설 및 설비를 갖추어야 한다.

해설  2. 시설기준
가. 강의실
  – 면적은 교육생 30명 이상 한 번에 수용할 수 있어야 한다(60제곱미터 이상). 이 경우 1제곱미터당 수용인원은 1명을 초과하지 아니하여야 한다.
나. 기능교육장
  1) 전 기능 모의운전연습기·기본기능 모의운전연습기 등을 설치할 수 있는 실습장을 갖추어야 한다.
  2) 30명이 동시에 실습할 수 있는 컴퓨터지원시스템 실습장(면적 90㎡ 이상)을 갖추어야 한다.
다. 그 밖에 교육훈련에 필요한 사무실·편의시설 및 설비를 갖출 것

## 99 다음 중 교육훈련기관 세부 지정기준 중 장비기준으로 틀린 것은?

① 실제차량은 철도차량 운전면허별로 교육훈련기관으로 지정받기 위하여 고속철도차량·전기기관차·전기동차·디젤기관차·철도장비·노면전차를 각각 보유하고, 이를 운용할 수 있는 선로, 전기·신호 등의 철도시스템을 갖출 것
② 전 기능 모의운전연습기의 성능기준 중 플랫홈시스템, 구원운전시스템, 진동시스템은 원활한 교육의 진행을 위하여 설비나 장비를 향후 갖추어야 한다.
③ 전 기능 모의운전연습기란 실제차량의 운전실을 똑같이 제작한 장비를 말한다.
④ 교육훈련기관으로 지정받기 위하여 철도차량 운전면허 종류별로 모의운전연습기나 실제차량을 갖추어야 한다. 다만, 부득이한 경우 등 국토교통부장관이 인정하는 경우에는 기본기능 모의운전연습기의 보유기준은 조정할 수 있다.

해설  1. "전 기능 모의운전연습기"란 실제차량의 운전실과 유사하게 제작한 장비를 말한다.

**100** 다음 중 교육훈련기관 업무규정의 기준으로 틀린 것은?

① 교육생 선발에 관한 사항
② 연간 교육훈련계획: 교육과정 편성(운전 교육훈련평가계획을 포함한다), 교수인력의 지정 교과목 및 내용 등
③ 실습설비 및 장비 운용방안
④ 교수인력의 교육훈련

> **해설** 교육훈련기관 업무규정의 기준
> 나. 교육생 선발에 관한 사항
> 다. 연간 교육훈련계획: 교육과정 편성, 교수인력의 지정 교과목 및 내용 등
> 바. 실습설비 및 장비 운용방안
> 아. 교수인력의 교육훈련

**101** 다음 중 필기시험 출제범위를 정하는 자로 맞는 것은?

① 대통령
② 국토교통부장관
③ 한국교통안전공단
④ 한국철도공사

> **해설** 국토교통부장관이 정하는 필기시험 출제범위에 적합한 교재를 갖출 것

**102** 다음 중 운전면허 종류로 틀린 것은?

① 고속철도차량 운전면허
② 제2종 전기차량 운전면허
③ 디젤차량 운전면허
④ 트램 운전면허

**103** 다음 중 도시철도 관제자격증명 소지자의 제2종 전기차량 운전면허 교육훈련시간으로 맞는 것은?

① 290시간
② 215시간
③ 170시간
④ 135시간

> **해설** 규칙 [별표 7] 中 3. 나.

**104** 다음 중 철도차량 운전면허 종류별 운전이 가능한 철도차량에 대한 설명으로 틀린 것은?

① 시속 100킬로미터 이상으로 운행하는 철도시설의 검측장비 운전은 고속철도차량 운전면허, 제1종 전기차량 운전면허, 제2종 전기차량 운전면허, 디젤차량 운전면허 중 하나의 운전면허가 있어야 한다.
② 선로를 시속 200킬로미터 이상의 최고 운행 속도로 주행할 수 있는 철도차량을 고속철도차량으로 구분한다.
③ 동력장치가 집중되어 있는 철도차량을 기관차, 동력장치가 분산되어 있는 철도차량을 동차로 구분한다.
④ 철도차량 운전면허소지자는 철도차량 종류에 관계없이 차량기지 내에서 시속 25킬로미터 이하로 운전하는 철도차량을 운전할 수 있다. 이 경우 다른 운전면허의 철도차량을 운전하는 때에는 국토교통부장관이 정하는 교육훈련을 받아야 한다.

100 ② 101 ② 102 ④ 103 ② 104 ④

**105** 다음 중 2종 전기차량 운전업무 종사자의 반응형검사 중 주의력 항목으로 아닌 것은?

① 복합기능
② 선택주의
③ 작업기억
④ 지속주의

**106** 다음 중 철도차량 운전업무 종사자의 적성검사 항목 및 불합격 기준으로 틀린 것은?

① 문답형 검사와 반응형 검사가 있다.
② 문답형 검사 항목 중 안전성향 검사에서 부적합으로 판정된 사람은 불합격이다.
③ 판단 및 행동력에는 추론과 민첩성이 있다
④ 반응형 검사 평가점수가 50점 미만인 사람은 불합격이다.

**107** 다음 중 버스 운전 경력자의 교육훈련 과정별 교육시간 및 교육훈련과목에 대하여 틀린 것은?

① 경력에는 「여객자동차운수사업법 시행령」제3조제1호에 따른 노선 여객자동차운송사업에 종사한 경력이 1년 이상인 사람이 있다.
② 노면전차 운전면허 교육시간은 250시간이다.
③ 철도관련법 과목의 교육시간은 50시간이다.
④ 기능교육시간은 120시간이다.

**108** 다음 중 운전면허 취득을 위한 교육훈련 과정별 교육시간 및 교육훈련과목에 관하여 일반사항으로 틀린 것은?

① 철도관련법은 「철도안전법」과 그 하위법령 및 철도차량운전에 필요한 규정 및 도시철도운전에 필요한 규정을 말한다.
② 운전업무 수행경력이란 운전업무종사자로서 운전실에 탑승하여 전방 선로감시 및 운전관련 기기를 실제로 취급한 기간을 말한다.
③ 모의운행훈련은 전 기능 모의운전연습기를 활용한 교육훈련과 병행하여 실시하는 기본기능 모의운전연습기 및 컴퓨터지원교육시스템을 활용한 교육훈련을 포함한다.
④ 노면전차 운전면허를 취득하기 위한 교육훈련을 받으려는 사람은 「도로교통법」 제80조에 따른 운전면허를 소지하여야 한다.

**해설** 철도관련법은 「철도안전법」과 그 하위법령 및 철도차량운전에 필요한 규정을 말한다.

**109** 다음 중 철도운영자에 소속되어 철도관련 업무에 종사한 경력 3년 이상인 사람의 철도장비 운전면허 교육과정 시간으로 맞는 것은?

① 395시간
② 340시간
③ 215시간
④ 185시간

**해설**

| 철도운영자에 소속되어 철도관련 업무에 종사한 경력 3년 이상인 사람 | 철도장비 운전면허 (215) |

105 ③　106 ④　107 ③　108 ①　109 ③

**110** 다음 중 운전면허시험에 대하여 틀린 것은?

① 운전면허를 받으려는 사람은 국토교통부장관이 실시하는 철도차량 운전면허시험에 합격하여야 한다.
② 운전면허시험에 응시하려는 사람은 신체검사 및 운전적성검사에 합격한 후 운전교육훈련을 받아야 한다.
③ 법에 따른 철도차량 운전면허시험은 운전면허의 종류별로 필기시험과 기능시험으로 구분하여 시행한다. 이 경우 기능시험은 실제차량이나 모의운전연습기를 활용하여 시행한다. 기능시험은 필기시험을 합격한 경우에만 응시할 수 있다.
④ 필기시험에 합격한 사람에 대해서는 필기시험에 합격한 날부터 2년이 되는 날까지 필기시험의 합격을 유효한 것으로 본다.

**해설** 규칙 제24조(운전면허시험의 과목 및 합격기준)
③ 제1항에 따른 필기시험에 합격한 사람에 대해서는 필기시험에 합격한 날부터 2년이 되는 날이 속하는 해의 12월 31일까지 실시하는 운전면허시험에 있어 필기시험의 합격을 유효한 것으로 본다.

**111** 다음 중 일반응시자의 제1종 전기차량 운전면허 필기시험 과목으로 틀린 것은?

① 철도관련법
② 철도시스템 일반
③ 전기동차의 구조 및 기능
④ 운전이론 일반

**해설**

| 제1종 전기차량 운전면허 | • 철도 관련 법<br>• 철도시스템 일반<br>• 전기기관차의 구조 및 기능<br>• 운전이론 일반<br>• 비상시 조치 등 |
|---|---|

**112** 다음 중 제2종 전기차량 운전면허소지자의 노면전차 운전면허 기능시험 응시과목으로 틀린 것은?

① 준비점검
② 제동기 외의 기기취급
③ 운전취급규정 숙지
④ 비상시 조치 등

**113** 다음 중 철도차량 운전면허 필기시험의 합격기준으로 맞는 것은?

① 과목당 100점을 만점으로 하여 매 과목 40점 이상(철도관련법의 경우 60점 이상), 총점 평균 60점 이상 득점한 사람
② 과목당 100점을 만점으로 하여 매 과목 50점 이상(철도관련법의 경우 60점 이상), 총점 평균 60점 이상 득점한 사람
③ 과목당 100점을 만점으로 하여 매 과목 60점 이상(철도관련법의 경우 40점 이상), 총점 평균 60점 이상 득점한 사람
④ 과목당 100점을 만점으로 하여 매 과목 60점 이상(철도관련법의 경우 80점 이상), 총점 평균 80점 이상 득점한 사람

**해설** 필기시험 합격기준은 과목당 100점을 만점으로 하여 매 과목 40점 이상(철도 관련 법의 경우 60점 이상), 총점 평균 60점 이상 득점한 사람

**114** 다음 중 한국교통안전공단은 운전면허시험을 실시하려는 때 언제까지 다음 해의 운전면허시험 시행계획을 공고하여야 하는지 맞는 것은?

① 매년 6월 30일까지
② 매년 8월 31일까지
③ 매년 11월 30일까지
④ 매년 12월 31일까지

110 ④   111 ③   112 ③   113 ①   114 ③

**해설** 규칙 제25조(운전면허시험 시행계획의 공고)
① 「한국교통안전공단법」에 따른 한국교통안전공단(이하 "한국교통안전공단"이라 한다)은 운전면허시험을 실시하려는 때에는 매년 11월 30일까지 필기시험 및 기능시험의 일정·응시과목 등을 포함한 다음 해의 운전면허시험 시행계획을 인터넷 홈페이지 등에 공고하여야 한다.

### 115 다음 중 철도차량 운전면허시험 응시원서 첨부서류로 틀린 것은?

① 신체검사의료기관이 발급한 신체검사 판정서(운전면허시험 응시원서 접수일 이전 2년 이내인 것에 한정한다)
② 운전적성검사기관이 발급한 운전적성검사 판정서(운전면허시험 응시원서 접수일 이전 10년 이내인 것에 한정한다)
③ 운전교육훈련기관이 발급한 운전교육훈련 수료증명서(기능시험 응시원서 접수기한까지 제출)
④ 철도차량 운전면허증(철도차량 운전면허 소지자가 다른 철도차량 운전면허를 취득하고자 하는 경우에 한정한다)

**해설** 철도차량 운전면허증의 **사본**(철도차량 운전면허 소지자가 다른 철도차량 운전면허를 취득하고자 하는 경우에 한정한다)

### 116 다음 중 운전면허시험에 대한 설명으로 틀린 것은?

① 한국교통안전공단은 운전면허시험에 합격하여 운전면허를 받은 사람에게 국토교통부령으로 정하는 바에 따라 철도차량 운전면허증을 발급하여야 한다.
② 운전면허시험에 합격한 사람은 한국교통안전공단에 철도차량 운전면허증 (재)발급신청서를 제출(「정보통신망 이용촉진 및 정보보호 등에 관한 법률」 제2조 제1항제1호에 따른 정보통신망을 이용한 제출을 포함한다)하여야 한다.
③ 운전면허 취득자가 철도차량 운전면허증을 잃어버렸거나 헐어 못 쓰게 된 때에는 철도차량 운전면허증 (재)발급신청서에 분실사유서나 헐어 못 쓰게 된 운전면허증을 첨부하여 한국교통안전공단에 제출해야 한다.
④ 한국교통안전공단은 운전면허시험을 실시한 경우에는 운전면허 종류별로 필기시험 및 기능시험 응시자 및 합격자 현황 등의 자료를 국토교통부장관에게 보고하여야 한다.

**해설** 제18조(운전면허증의 발급 등)
① 국토교통부장관은 운전면허시험에 합격하여 운전면허를 받은 사람에게 국토교통부령으로 정하는 바에 따라 철도차량 운전면허증(이하 "운전면허증"이라 한다)을 발급하여야 한다.

### 117 다음 중 운전면허의 유효기간으로 맞는 것은?

① 2년
② 2년이 되는 해의 12월 31일까지
③ 5년
④ 10년

**해설** 제19조(운전면허의 갱신)
① 운전면허의 유효기간은 10년으로 한다.

115 ④    116 ①    117 ④

**118** 다음 중 운전면허의 갱신에 대한 내용으로 틀린 것은?

① 운전면허 취득자로서 법에 따른 유효기간 이후에도 그 운전면허의 효력을 유지하려는 사람은 운전면허의 유효기간 만료 전에 국토교통부령으로 정하는 바에 따라 운전면허의 갱신을 받아야 한다.
② 운전면허 취득자가 법에 따른 운전면허의 갱신을 받지 아니하면 그 운전면허의 유효기간이 만료되는 날의 다음 날부터 그 운전면허의 효력이 잃는다.
③ 국토교통부장관은 운전면허 취득자에게 그 운전면허의 유효기간이 만료되기 전에 국토교통부령으로 정하는 바에 따라 운전면허의 갱신에 관한 내용을 통지하여야 한다.
④ 국토교통부장관은 법에 따라 운전면허의 효력이 실효된 사람이 운전면허를 다시 받으려는 경우 대통령령으로 정하는 바에 따라 그 절차의 일부를 면제할 수 있다.

해설  제19조(운전면허의 갱신)
④ 운전면허 취득자가 제2항에 따른 운전면허의 갱신을 받지 아니하면 그 운전면허의 유효기간이 만료되는 날의 다음 날부터 그 운전면허의 효력이 정지된다.

**119** 다음 중 운전면허 갱신에 대하여 틀린 것은?

① 운전면허의 효력이 정지된 사람이 기간 내에 운전면허 갱신을 받은 경우 해당 운전면허의 유효기간은 갱신 받기 전 운전면허의 유효기간 만료일 다음 날부터 기산한다.
② 한국교통안전공단은 법에 따라 운전면허의 유효기간 만료일 6개월 전까지 해당 운전면허 취득자에게 운전면허 갱신에 관한 내용을 통지하여야 한다.
③ 운전면허 갱신에 필요한 경력의 인정, 교육훈련의 내용 등 운전면허 갱신에 필요한 세부사항은 국토교통부장관이 정하여 고시한다.
④ 통지를 받을 사람의 주소 등을 통상적인 방법으로 확인할 수 없거나 통지서를 송달할 수 없는 경우에는 한국교통안전공단 게시판 또는 인터넷 홈페이지에 15일 이상 공고함으로써 통지에 갈음할 수 있다.

해설  ④ 제1항 및 제2항에 따른 통지를 받을 사람의 주소 등을 통상적인 방법으로 확인할 수 없거나 통지서를 송달할 수 없는 경우에는 한국교통안전공단 게시판 또는 인터넷 홈페이지에 14일 이상 공고함으로써 통지에 갈음할 수 있다.

**120** 운전면허의 효력이 실효된 사람이 실효된 운전면허와 동일한 운전면허를 취득하려는 경우 운전면허 취득절차의 일부를 면제하려면 실효된 날부터 몇 년 이내여야 하는가?

① 2년  ② 3년
③ 5년  ④ 10년

해설  영 제20조(운전면허 취득절차의 일부 면제) 법 제19조제7항에 따라 운전면허의 효력이 실효된 사람이 운전면허가 실효된 날부터 3년 이내에 실효된 운전면허와 동일한 운전면허를 취득하려는 경우에는 다음 각 호의 구분에 따라 운전면허 취득절차의 일부를 면제한다.

**121** 다음 중 운전면허를 취소할 수 있는 경우로 맞는 것은?

① 거짓이나 그 밖의 부정한 방법으로 운전면허를 받았을 때
② 운전면허의 효력정지기간 중 철도차량을 운전하였을 때
③ 운전면허증을 다른 사람에게 빌려주었을 때

118 ②  119 ④  120 ②  121 ④

④ 철도차량을 운전 중 고의 또는 중과실로 철도사고를 일으켰을 때

**해설** 제20조(운전면허의 취소·정지 등)
① 국토교통부장관은 운전면허 취득자가 다음 각 호의 어느 하나에 해당할 때에는 운전면허를 취소하거나 1년 이내의 기간을 정하여 운전면허의 효력을 정지시킬 수 있다. 다만, 제1호부터 제4호까지의 규정에 해당할 때에는 운전면허를 취소하여야 한다.
1. 거짓이나 그 밖의 부정한 방법으로 운전면허를 받았을 때
2. 제11조제2호부터 제4호까지의 규정에 해당하게 되었을 때
3. 운전면허의 효력정지기간 중 철도차량을 운전하였을 때
4. 제19조의2를 위반하여 운전면허증을 다른 사람에게 빌려주었을 때
5. 철도차량을 운전 중 고의 또는 중과실로 철도사고를 일으켰을 때

**122** 다음 중 운전면허 취소에 대한 내용으로 틀린 것은?

① 국토교통부장관이 법에 따라 운전면허의 취소 및 효력정지 처분을 하였을 때에는 국토교통부령으로 정하는 바에 따라 그 내용을 해당 운전면허 취득자와 운전면허 취득자를 고용하고 있는 철도운영자등에게 통지하여야 한다.
② 운전면허의 취소 또는 효력정지 통지를 받은 운전면허 취득자는 그 통지를 받은 날부터 15일 이내에 운전면허증을 국토교통부장관에게 반납하여야 한다.
③ 국토교통부장관은 법에 따라 운전면허의 효력이 정지된 사람으로부터 운전면허증을 반납받았을 때에는 보관하였다가 정지기간이 끝나면 즉시 돌려주어야 한다.
④ 한국교통안전공단은 국토교통부령으로 정하는 바에 따라 운전면허의 발급, 갱신, 취소 등에 관한 자료를 유지·관리하여야 한다.

**123** 다음 중 운전면허 취소·효력정지 처분의 세부기준에서 면허취소에 해당되지 않는 것은?

① 철도차량을 운전 중 고의로 철도사고를 일으켜서 사망자가 발생한 경우 1차 위반
② 철도차량 운전규칙을 위반하여 운전을 하다가 열차운행에 중대한 차질을 초래한 경우 4차 위반
③ 술을 마신 상태의 기준(혈중 알코올농도 0.02퍼센트 이상 0.1퍼센트 미만)에서 운전한 경우 1차 위반
④ 술을 마시거나 약물을 사용한 상태에서 업무를 하였다고 인정할 만한 상당한 이유가 있음에도 불구하고 확인이나 검사 요구에 불응한 경우 1차 위반

**124** 다음 중 효력정지 1개월 처분의 위반사항으로 맞는 것은?

① 철도차량을 운전 중 중과실로 철도사고를 일으켜 부상자가 발생한 경우 1차 위반
② 철도차량을 운전 중 고의로 철도사고를 일으켜 1천만원 이상 물적피해가 발생한 경우 1차 위반
③ 운전업무종사자의 준수사항을 2차 위반한 경우
④ 운전업무종사자가 승객 구호조치를 하지 않아 사망자가 발생한 경우 2차 위반

122 ④   123 ③   124 ③

**125** 다음 중 운전면허 취득자의 운전면허의 발급·갱신·취소 등에 관한 사항을 철도차량 운전면허 발급대장에 기록하고 유지·관리하여야 하는 자로 맞는 것은?

① 대통령
② 국토교통부
③ 한국교통안전공단
④ 시·도지사

**해설** 규칙 제36조(운전면허의 유지·관리) 한국교통안전공단은 운전면허 취득자의 운전면허의 발급·갱신·취소 등에 관한 사항을 별지 제23호서식의 철도차량 운전면허 발급대장에 기록하고 유지·관리하여야 한다.

**126** 다음 중 철도차량의 운전업무 실무수습에 대한 내용으로 틀린 것은?

① 철도차량의 운전업무에 종사하려는 사람은 국토교통부령으로 정하는 바에 따라 실무수습을 이수하여야 한다.
② 법에 따라 철도차량의 운전업무에 종사하려는 사람이 이수하여야 하는 실무수습의 세부기준은 시행규칙의 별표에 따른다.
③ 실무수습, 교육항목은 총 6개가 있다.
④ 무인운전 노면전차의 경우 실무수습, 교육시간 또는 거리는 150시간 이상 또는 1,500 킬로미터 이상이다.

**해설** 〈시행규칙 별표 11 참고〉

**127** 다음 중 철도차량 운전면허 실무수습 이수경력이 없는 사람의 제2종 전기차량 운전면허 취득 후 실무수습·교육시간 또는 거리로 맞는 것은?

① 400시간 이상 또는 8,000킬로미터 이상
② 400시간 이상 또는 6,000킬로미터 이상
③ 300시간 이상 또는 3,000킬로미터 이상
④ 200시간 이상 또는 4,000킬로미터 이상

**128** 다음 중 제2종 전기차량 운전면허 취득 후 철도차량 운전면허 실무수습 이수경력이 있는 사람의 무인운전 구간 실무수습·교육시간 또는 거리로 맞는 것은?

① 200시간 이상 또는 10,000킬로미터 이상
② 200시간 이상 또는 4,000킬로미터 이상
③ 200시간 이상 또는 3,000킬로미터 이상
④ 100시간 이상 또는 1,500킬로미터 이상

**129** 다음 중 철도차량 운전면허 실무수습 이수경력이 없는 사람의 운전면허 취득 후 실무수습 및 교육항목으로 틀린 것은?

① 준비점검
② 제동기 취급
③ 제동기 외의 기기취급
④ 비상시 조치 등

**해설**

| 실무수습·교육항목 |
|---|
| • 선로·신호 등 시스템 |
| • 운전취급 관련 규정 |
| • 제동기 취급 |
| • 제동기 외의 기기취급 |
| • 속도관측 |
| • 비상시 조치 등 |

**130** 다음 중 운전업무 실무수습에 관하여 틀린 것은?

① 철도운영자등은 실무수습 계획을 수립한 경우에는 그 내용을 한국교통안전공단에 통보하여야 한다.
② 철도운영자등은 철도차량의 운전업무에 종사하려는 사람이 운전업무 실무수습을 이수한 경우에는 운전업무종사자 실

125 ③  126 ④  127 ②  128 ④  129 ①  130 ①

무수습 관리대장에 운전업무 실무수습을 받은 구간 등을 기록하고 그 내용을 한국교통안전공단에 통보하여야 한다.
③ 철도운영자등은 실무수습을 이수하지 아니한 사람을 철도차량의 운전업무에 종사하게 하여서는 안된다.
④ 운전업무 실무수습의 방법·평가 등에 관하여 필요한 세부사항은 국토교통부장관이 정하여 고시한다.

### 131 다음 중 관제자격증명에 대한 설명으로 틀린 것은?

① 관제업무에 종사하려는 사람은 국토교통부장관으로부터 철도교통관제사 자격증명을 받아야 하며, 관제자격증명은 대통령령으로 정하는 바에 따라 관제업무의 종류별로 받아야 한다.
② 관제자격증명의 결격사유에 관하여는 운전면허의 결격사유를 준용한다.
③ 관제자격증명을 받으려는 사람은 관제업무에 적합한 신체상태를 갖추고 있는지 판정받기 위하여 국토교통부장관이 실시하는 신체검사에 합격하여야 한다.
④ 관제적성검사기관의 지정기준 및 지정절차 등에 필요한 사항은 국토교통부령으로 정한다.

> **해설** 제21조의6(관제적성검사)
> ④ 관제적성검사기관의 지정기준 및 지정절차 등에 필요한 사항은 대통령령으로 정한다.

### 132 다음 중 최초 적성검사 항목 및 불합격 기준으로 틀린 것은?

① 디젤차량 운전업무 종사자의 경우 반응형 검사 평가점수가 30점 미만인 경우 불합격이다.
② 문답형 검사에는 인성이 있으며, 일반성격과 안전성향 항목이 있다.
③ 반응형 검사 점수 합계는 100점으로 한다.
④ 문답형 검사 판정은 적합 또는 부적합으로 한다.

### 133 다음 중 관제교육훈련의 일부를 면제할 수 있는 사람이 아닌 것은?

①「고등교육법」에 따른 학교에서 국토교통부령으로 정하는 관제업무 관련 교과목을 이수한 사람
② 철도운영자등에 소속되어 관제교육훈련 업무에 5년 이상의 경력을 취득한 사람
③ 철도차량의 운전업무에 5년 이상의 경력을 취득한 사람
④ 철도신호기·선로전환기·조작판의 취급업무에 대하여 5년 이상의 경력을 취득한 사람

> **해설** 제21조의7(관제교육훈련)
> ① 관제자격증명을 받으려는 사람은 관제업무의 안전한 수행을 위하여 국토교통부장관이 실시하는 관제업무에 필요한 지식과 능력을 습득할 수 있는 교육훈련(이하 "관제교육훈련"이라 한다)을 받아야 한다. 다만, 다음 각 호의 어느 하나에 해당하는 사람에게는 국토교통부령으로 정하는 바에 따라 관제교육훈련의 일부를 면제할 수 있다.
> 1. 「고등교육법」제2조에 따른 학교에서 국토교통부령으로 정하는 관제업무 관련 교과목을 이수한 사람
> 2. 다음 각 목의 어느 하나에 해당하는 업무에 대하여 5년 이상의 경력을 취득한 사람
>    가. 철도차량의 운전업무
>    나. 철도신호기·선로전환기·조작판의 취급업무

**134** 다음 중 철도 관제자격증명의 관제교육훈련 과목으로 틀린 것은?

① 열차운행계획 및 실습
② 노면전차 관제를 제외한 철도관제시스템 운용 및 실습
③ 열차운행선 관리 및 실습
④ 비상시 조치 등

**해설**  시행규칙 [별표 11의2]

| 관제교육훈련 과목 |
|---|
| 가. 열차운행계획 및 실습 |
| 나. 철도관제(노면전차 관제를 포함한다) 시스템 운용 및 실습 운용 및 실습 |
| 다. 열차운행선 관리 및 실습 |
| 라. 비상시 조치 등 |

**135** 다음 중 관제교육훈련기관의 인력기준에 대하여 틀린 것은?

① 책임교수의 자격기준에는 대학의 철도교통관제 관련 학과에서 조교수 이상으로 재직한 경력이 있는 사람이 있다.
② 선임교수의 자격기준에는 학사학위 소지자로서 철도교통에 관한 업무에 15년 이상 또는 철도교통관제 업무나 철도차량 운전 관련 업무에 8년 이상 근무한 경력이 있는 사람
③ 철도교통관제 업무에 3년 이상 근무한 경력이 있는 사람으로서 철도교통관제와 관련된 교육기관에서 강의 경력이 1년 이상 있는 사람은 교수의 자격기준에 속한다.
④ 1회 교육생 30명을 기준으로 철도교통관제 전임 책임교수 1명, 비전임 선임교수, 교수를 각 1명 이상 확보하여야 하며, 교육인원이 15명 추가될 때마다 교수 1명 이상을 추가로 확보하여야 한다. 이 경우 추가로 확보하여야 하는 교수는 비전임으로 할 수 있다.

**해설**

| 교수 | 철도교통관제 업무에 1년 이상 또는 철도차량 운전업무에 3년 이상 근무한 경력이 있는 사람으로서 다음의 어느 하나에 해당하는 학력 및 경력을 갖춘 사람<br>1) 학사학위 소지자로서 철도교통관제사나 철도차량 운전업무수행자에 대한 지도교육 경력이 2년 이상 있는 사람<br>2) 전문학사학위 소지자로서 철도교통관제사나 철도차량 운전업무수행자에 대한 지도교육 경력이 3년 이상 있는 사람<br>3) 고등학교 졸업자로서 철도교통관제사나 철도차량 운전업무수행자에 대한 지도교육 경력이 5년 이상 있는 사람<br>4) 철도교통관제와 관련된 교육기관에서 강의 경력이 1년 이상 있는 사람 |
|---|---|

**136** 다음 중 관제교육훈련기관의 세부 지정기준에 대한 설명으로 맞는 것은?

① 모의관제시스템을 설치할 수 있는 실습장(90 제곱미터 이상)을 갖출 것
② 철도교통에 관한 업무 경력에는 책임교수의 경우 철도교통관제 업무 2년 이상, 선임교수의 경우 철도교통관제 업무 3년 이상이 포함되어야 한다.
③ 컴퓨터의 멀티미디어 기능을 활용하여 관제교육훈련을 시행할 수 있도록 제작된 기본기능 모의관제시스템 및 이를 지원하는 컴퓨터시스템 일체의 보유기준은 관련 프로그램 및 컴퓨터 30대 이상 보유해야 한다.
④ 국토교통부장관이 정하는 학과시험 출제범위에 적합한 교재를 갖출 것

**137** 다음 중 관제교육훈련기관 업무규정으로 틀린 것은?

① 관제교육훈련기관의 조직 및 인원
② 연간 교육기관운영계획: 교육과정 편성, 교수인력의 지정 교과목 및 내용 등
③ 실습설비 및 장비 운용방안
④ 기술도서 및 자료의 관리·유지

**해설**
다음 각 목의 사항을 포함한 업무규정을 갖출 것
가. 관제교육훈련기관의 조직 및 인원
나. 교육생 선발에 관한 사항
다. 연간 교육훈련계획: 교육과정 편성, 교수인력의 지정 교과목 및 내용 등
라. 교육기관 운영계획
마. 교육생 평가에 관한 사항
바. 실습설비 및 장비 운용방안
사. 각종 증명의 발급 및 대장의 관리
아. 교수인력의 교육훈련
자. 기술도서 및 자료의 관리·유지
차. 수수료 징수에 관한 사항
카. 그 밖에 국토교통부장관이 관제교육훈련에 필요하다고 인정하는 사항

**138** 다음 중 관제자격증명시험에 대한 설명으로 틀린 것은?

① 관제자격증명을 받으려는 사람은 관제업무에 필요한 지식 및 실무역량에 관하여 국토교통부장관이 실시하는 학과시험 및 실기시험에 합격하여야 한다.
② 관제자격증명시험에 응시하려는 사람은 법에 따른 신체검사와 관제적성검사에 합격한 후 관제교육훈련을 받아야 한다.
③ 국토교통부장관은 「국가기술자격법」에 따른 국가기술자격으로서 국토교통부령으로 정하는 철도관제 관련 분야의 자격을 가진 사람에게 국토교통부령으로 정하는 바에 따라 관제자격증명시험의 일부를 면제할 수 있다.
④ 관제자격증명시험의 과목, 방법 및 절차 등에 필요한 사항은 국토교통부령으로 정한다.

**해설** 국토교통부장관은 다음 각 호의 어느 하나에 해당하는 사람에게는 국토교통부령으로 정하는 바에 따라 관제자격증명시험의 일부를 면제할 수 있다.
1. 운전면허를 받은 사람
2. 「국가기술자격법」 제2조제1호에 따른 국가기술자격으로서 국토교통부령으로 정하는 철도관제 관련 분야의 자격을 가진 사람 23. 1. 18. 삭제, 삭제된 구법을 보기로 넣어 오답을 유도하는 문제를 출제할 수 있음.
3. 관제자격증명을 받은 후 제21조의3제2항에 따른 다른 종류의 관제자격증명에 필요한 시험에 응시하려는 사람 〈23. 1. 18. 신설〉

**139** 다음 중 관제자격증명시험의 과목 및 합격기준에 대한 설명으로 틀린 것은?

① 법에 따른 관제자격증명시험 중 실기시험은 실제 관제시스템 또는 모의관제시스템을 활용하여 시행한다.
② 관제자격증명시험 중 학과시험에 합격한 사람에 대해서는 학과시험에 합격한 날부터 2년이 되는 날이 속하는 해의 12월 31일까지 실시하는 관제자격증명시험에 있어 학과시험의 합격을 유효한 것으로 본다.
③ 관제자격증명 취득자의 실기시험 면제과목은 열차운행계획, 철도관제시스템 운용 및 실무이다.
④ 실기시험의 합격기준은 시험 과목당 60점 이상, 총점 평균 80점 이상 득점한 사람이다.

**해설** 규칙 제38조의7(관제자격증명시험의 과목 및 합격기준)
① 법 제21조의8제1항에 따른 관제자격증명시험(이하 "관제자격증명시험"이라 한다) 중 실기시험은 모의관제시스템을 활용하여 시행한다.

137 ② 138 ③ 139 ①

**140** 다음 중 철도 관제자격증명 학과시험 과목으로 틀린 것은?

① 철도관련법
② 관제관련규정
③ 철도관제시스템 일반
④ 철도교통 관제운영

**해설**

| 학과시험 |
|---|
| 가. 철도관련법<br>나. 관제관련규정<br>다. 철도시스템 일반<br>라. 철도교통 관제운영<br>마. 비상시 조치 등 |

**141** 다음 중 관제자격증명 학과시험에서 철도관련법 및 도시철도 시스템 일반 과목을 면제할 수 있는 사람으로 맞는 것은?

① 도시철도 관제자격증명 취득자
② 법에 따라 「국가기술자격법」에 따른 국가기술자격으로서 관제자격증명시험의 학과시험 과목 중 어느 하나의 과목과 동일한 과목을 시험과목으로 하는 국가기술자격을 가진 사람
③ 정거장에서 철도신호기·선로전환기·조작판 업무에 5년 이상 종사한 경력이 있는 사람
④ 제2종 전기차량 운전면허 소지자

**해설** 2. 시험의 일부 면제

가. 철도차량 운전면허 소지자
 제1호의 학과시험 과목 중 철도 관련 법 과목 및 철도·도시철도 시스템 일반 과목 면제
나. 관제자격증명 취득자
 1) 학과시험 과목
  제1호가목의 철도 관제자격증명 학과시험 과목 중 철도 관련 법 과목 및 관제 관련 규정 과목 면제
 2) 실기시험 과목
  열차운행계획, 철도관제시스템 운용 및 실무 과목 면제

**142** 다음 관제자격증명 학과시험 중 60점 이상 득점하여야 되는 과목으로 맞는 것은?

① 철도관련법
② 관제관련규정
③ 철도시스템 일반
④ 철도교통 관제운영

**해설** 철도안전법 시행규칙 [별표 11의4] 3. 합격기준

가. 학과시험 합격기준은 과목당 100점을 만점으로 하여 시험 과목당 40점 이상(관제관련규정의 경우 60점 이상), 총점 평균 60점 이상 득점한 사람

**143** 다음 중 관제자격증명 갱신에 필요한 경력으로 틀린 것은?

① 관제자격증명의 유효기간 내에 6개월 이상 관제업무에 종사한 경력
② 관제교육훈련기관에서의 관제교육훈련 업무
③ 철도운영자등에게 소속되어 관제업무종사자를 지도·관리·교육하거나 감독하는 업무
④ 관제교육훈련기관이나 철도운영자등이 실시한 관제업무에 필요한 교육훈련을 관제자격증명 갱신신청일 전까지 20시간 이상 받은 것을 증명하는 서류

**해설** 규칙 제38조의15(관제자격증명 갱신에 필요한 경력 등)

① 법 제21조의9에 따라 준용되는 법 제19조제3항제1호에서 "국토교통부령으로 정하는 관제업무에 종사한 경력"이란 관제자격증명의 유효기간 내에 6개월 이상 관제업무에 종사한 경력을 말한다.
② 법 제21조의9에 따라 준용되는 법 제19조제3항제1호에서 "이와 같은 수준 이상의 경력"이란 다음 각 호의 어느 하나에 해당하는 업무에 2년 이상 종사한 경력을 말한다.
 1. 관제교육훈련기관에서의 관제교육훈련업무
 2. 철도운영자등에게 소속되어 관제업무종사자를 지도·교육·관리하거나 감독하는 업무
③ 법 제21조의9에 따라 준용되는 법 제19조제3항제2호에서 "국토교통부령으로 정하는 교육훈련을 받은 경

우"란 관제교육훈련기관이나 철도운영자등이 실시한 관제업무에 필요한 교육훈련을 관제자격증명 갱신신청일 전까지 40시간 이상 받은 경우를 말한다.
④ 제1항 및 제2항에 따른 경력의 인정, 제3항에 따른 교육훈련의 내용 등 관제자격증명 갱신에 필요한 세부사항은 국토교통부장관이 정하여 고시한다.

**144** 다음 중 관제업무종사자가 국토교통부령으로 정하는 바에 따라 운전업무종사자 등에게 열차운행에 관한 정보를 제공하지 않은 경우 4차위반 시 처분기준으로 맞는 것은?

① 효력정지 1개월
② 효력정지 3개월
③ 효력정지 4개월
④ 자격증명 취소

**145** 다음 중 관제업무 실무수습에 대한 설명으로 틀린 것은?

① 관제업무에 종사하려는 사람은 관제업무 수행에 필요한 기기 취급방법 및 비상시 조치방법 등에 대한 관제업무 실무수습을 이수하여야 한다.
② 철도운영자등은 제1항에 따른 관제업무 실무수습의 항목 및 교육시간 등에 관한 실무수습 계획을 수립하여 시행하여야 한다. 이 경우 총 실무수습 시간은 100시간 이하로 하여야 한다.
③ 철도운영자등은 관제업무에 종사하려는 사람이 제39조제1항에 따라 관제업무 실무수습을 받은 구간 외의 다른 구간에서 관제업무를 수행하게 하여서는 아니 된다.
④ 관제업무 실무수습의 방법 · 평가 등에 관하여 필요한 세부사항은 국토교통부장관이 정하여 고시한다.

**해설** 규칙 제39조(관제업무 실무수습)① 법 제22조에 따라 관제업무에 종사하려는 사람은 다음 각 호의 관제업무 실무수습을 모두 이수하여야 한다.

1. 관제업무를 수행할 구간의 철도차량 운행의 통제 · 조정 등에 관한 관제업무 실무수습
2. 관제업무 수행에 필요한 기기 취급방법 및 비상시 조치방법 등에 대한 관제업무 실무수습

② 철도운영자등은 제1항에 따른 관제업무 실무수습의 항목 및 교육시간 등에 관한 실무수습 계획을 수립하여 시행하여야 한다. 이 경우 총 실무수습 시간은 100시간 이상으로 하여야 한다.

**146** 다음 중 철도 관제자격증명 실기시험 과목으로 틀린 것은?

① 열차운행계획
② 철도관제시스템 운용 및 실무
③ 열차운행 관리
④ 비상시 조치 등

**해설**

| 실기시험 |
|---|
| 가. 열차운행계획 |
| 나. 철도관제시스템 운용 및 실무 |
| 다. 열차운행선 관리 |
| 라. 비상시 조치 등 |

**147** 다음 중 운전면허를 받은 사람에 대해서 면제하는 관제자격증명 학과시험 과목으로 맞는 것은?

① 관제관련규정
② 철도시스템 일반
③ 철도교통 관제운영
④ 비상시 조치 등

**148** 다음 중 운전업무종사자 등의 관리에 대하여 틀린 것은?

① 철도차량 운전·관제업무 등 대통령령으로 정하는 업무에 종사하는 철도종사자는 정기적으로 신체검사와 적성검사를 받아야 한다.
② 법에 따른 신체검사·적성검사의 시기, 방법 및 합격기준 등에 관하여 필요한 사항은 국토교통부령으로 정한다.
③ 철도운영자등은 법에 따른 업무에 종사하는 철도종사자가 법에 따른 신체검사·적성검사 유효기간이 만료되었을 때에는 그 업무에 종사하게 하여서는 아니 된다.
④ 철도운영자등은 법에 따른 신체검사·적성검사를 법에 따른 신체검사 실시 의료기관 및 적성검사기관에 각각 위탁할 수 있다.

> **해설** 제23조(운전업무종사자 등의 관리)
> ① 철도차량 운전·관제업무 등 대통령령으로 정하는 업무에 종사하는 철도종사자는 정기적으로 신체검사와 적성검사를 받아야 한다.
> ② 제1항에 따른 신체검사·적성검사의 시기, 방법 및 합격기준 등에 관하여 필요한 사항은 국토교통부령으로 정한다.
> ③ 철도운영자등은 제1항에 따른 업무에 종사하는 철도종사자가 같은 항에 따른 신체검사·적성검사에 불합격하였을 때에는 그 업무에 종사하게 하여서는 아니 된다.

**149** 다음 중 신체검사 등을 받아야하는 철도종사자로 틀린 것은?

① 운전업무종사자
② 관제업무종사자
③ 여객역무원
④ 정거장에서 철도신호기·선로전환기 및 조작판 등을 취급하는 업무를 수행하는 사람

> **해설** 영 제21조(신체검사 등을 받아야 하는 철도종사자)
> 법 제23조제1항에서 "대통령령으로 정하는 업무에 종사하는 철도종사자"란 다음 각 호의 어느 하나에 해당하는 철도종사자를 말한다.
> 1. 운전업무종사자
> 2. 관제업무종사자
> 3. 정거장에서 철도신호기·선로전환기 및 조작판 등을 취급하는 업무를 수행하는 사람

**150** 다음 중 철도종사자의 신체검사에 대한 설명으로 틀린 것은?

① 정기검사는 최초검사를 받은 후 2년마다 실시하는 신체검사다.
② 특별검사: 철도종사자가 철도사고등을 일으키거나 질병 등의 사유로 해당 업무를 적절히 수행하기가 어렵다고 철도운영자등이 인정하는 경우에 실시하는 신체검사
③ 운전업무종사자는 법에 따른 운전면허의 신체검사를 받은 날에 최초검사를 받은 것으로 본다. 다만, 해당 신체검사를 받은 날부터 2년 이상이 지난 후에는 최초검사를 받아야 종사할 수 있다.
④ 정기검사는 최초검사나 정기검사를 받은 날부터 2년이 되는 날 전 6개월 이내에 실시한다.

> **해설** 정기검사는 최초검사나 정기검사를 받은 날부터 2년이 되는 날(이하 "신체검사 유효기간 만료일"이라 한다) 전 3개월 이내에 실시한다. 이 경우 정기검사의 유효기간은 신체검사 유효기간 만료일의 다음날부터 기산한다.

**151** 다음 중 도시철도 관제자격증명의 교육훈련 시간으로 맞는 것은?

① 410시간  ② 360시간
③ 280시간  ④ 105시간

> **해설** 시행규칙 별표 [11의2]
> 도시철도 관제자격증명 | 280시간

148 ③　149 ③　150 ④　151 ③

**152** 다음 중 적성검사에 대한 설명으로 틀린 것은?

① 정기검사란 최초검사를 받은 후 10년(50세 이상인 경우에는 5년)마다 실시하는 적성검사
② 운전업무종사자가 운전적성검사를 받은 날부터 10년이 지난 후에는 최초검사를 받아야 한다.
③ 정기검사는 최초검사나 정기검사를 받은 날부터 10년(50세 이상인 경우에는 5년)이 되는 날 전 6개월 이내에 실시한다.
④ 정기검사의 유효기간은 적성검사 유효기간 만료일의 다음날부터 기산한다.

**153** 다음 중 제2종 전기차량 운전업무 종사자 정기 적성검사 항목으로 틀린 것은?

① 스트레스  ② 지속주의
③ 민첩성    ④ 추론

**154** 다음 중 철도차량을 보호하기 위한 경비업무 수행자의 철도종사자 안전교육 과목으로 아닌 것은? 〈24. 4. 19. 시행 법령〉

① 안전관리의 중요성 등 정신교육
② 위험물 취급 안전 교육
③ 철도안전법령 및 안전관련 규정
④ 철도사고 사례 및 사고예방대책

**해설** 위험물을 취급하는 철도종사자만 해당된다. 시행규칙 [별표 13의2] 참고

**155** 다음 중 철도직무교육시간의 10분의 5의 범위에서 실시할 수 있는 교육방법으로 틀린 것은?

① 부서별 직장교육
② 사이버교육
③ 실습교육
④ 화상교육

**해설** [별표 13의 3]
3. 철도직무교육의 실시방법
가. 철도운영자등은 업무현장 외의 장소에서 집합교육의 방식으로 철도직무교육을 실시해야 한다. 다만, 철도직무교육시간의 10분의 5의 범위에서 다음의 어느 하나에 해당하는 방법으로 철도직무교육을 실시할 수 있다.
1) 부서별 직장교육
2) 사이버교육 또는 화상교육 등 전산망을 활용한 원격교육

**156** 철도직무교육의 실시방법에 대한 내용으로 틀린 것은?

① 철도운영자등은 업무현장 외의 장소에서 집합교육의 방식으로 철도직무교육을 실시해야한다.
② 재해, 감염병 발생 등 부득이한 사유가 있는 경우로서 철도운영자등의 승인을 받은 경우에는 철도직무교육시간의 10분의 5를 초과하여 집합교육외의 방법으로 철도직무교육을 실시할 수 있다.
③ 철도운영자등은 부서별 직장교육을 실시하려는 경우에는 매년 12월 31일까지 다음 해에 실시될 부서별 직장교육 실시계획을 수립해야 하고, 교육내용 및 이수현황 등에 관한 사항을 기록, 유지해야 한다.
④ 철도운영자등은 철도직무교육시간의 10분의 3 이하의 범위에서 철도운영기관의 실정에 맞게 교육내용을 변경하여 철도직무교육을 실시할 수 있다.

**해설** 나. 가목에도 불구하고 재해·감염병 발생 등 부득이한 사유가 있는 경우로서 국토교통부장관의 승인을 받은 경우에는 철도직무교육시간의 10분의 5를 초과하여 가목1) 또는 2)에 해당하는 방법으로 철도직무교육을 실시할 수 있다.

152 ③   153 ④   154 ②   155 ③   156 ②

**157** 다음 중 철도종사자의 안전교육에 대한 설명으로 틀린 것은?

① 철도운영자등 또는 사업주는 자신이 고용하고 있는 철도종사자에 대하여 정기적으로 철도안전에 관한 교육을 실시하여야 한다.
② 철도운영자등 및 사업주는 철도안전교육을 강의 및 실습의 방법으로 매 분기마다 8시간 이상 실시하여야 한다.
③ 다른 법령에 따라 시행하는 교육에서 철도안전교육을 받은 경우 그 교육시간은 철도안전교육을 받은 것으로 본다.
④ 철도운영자등 및 사업주는 철도안전교육을 법에 따른 안전전문기관 등 안전에 관한 업무를 수행하는 전문기관에 위탁하여 실시할 수 있다.

**해설** 철도운영자등 및 사업주는 철도안전교육을 강의 및 실습의 방법으로 매 분기마다 6시간 이상 실시하여야 한다.

**158** 다음 중 철도안전교육 대상자로 틀린 것은?

① 운전업무종사자
② 여객승무원
③ 여객역무원
④ 철도운행안전관리자

**159** 다음 중 철도차량정비기술자의 인정에 대한 설명으로 틀린 것은?

① 철도차량정비기술자로 인정을 받으려는 사람은 국토교통부장관에게 자격 인정을 신청하여야 한다.
② 국토교통부장관은 법에 따른 신청인이 대통령령으로 정하는 자격, 경력 및 학력 등 철도차량정비기술자의 인정 기준에 해당하는 경우에는 철도차량정비기술자로 인정하여야 한다.
③ 국토교통부장관은 법에 따른 신청인을 철도차량정비기술자로 인정하면 철도차량정비기술자로서의 등급 및 경력 등에 관한 증명서를 그 철도차량정비기술자에게 발급하여야 한다.
④ 법에 따른 인정의 신청, 철도차량정비경력증의 발급 및 관리 등에 필요한 사항은 대통령령으로 정한다.

**해설** 규정에 따른 인정의 신청, 철도차량정비경력증의 발급 및 관리 등에 필요한 사항은 국토교통부령으로 정한다.

**160** 다음 중 철도차량정비기술자 인정 신청서에 첨부해야되는 서류로 틀린 것은?

① 철도차량정비업무 경력확인서
② 국가기술자격증 사본(자격별 경력점수에 포함되는 국가기술자격의 종목에 한정한다)
③ 졸업증명서 또는 학위취득서(등급변경 인정 신청의 경우에 한정한다)
④ 사진

**해설**
1. 별지 제25호의3서식의 철도차량정비업무 경력확인서
2. 국가기술자격증 사본(영 별표 1의2에 따른 자격별 경력점수에 포함되는 국가기술자격의 종목에 한정한다)
3. 졸업증명서 또는 학위취득서(해당하는 사람에 한정한다)
4. 사진
5. 철도차량정비경력증(등급변경 인정 신청의 경우에 한정한다)
6. 정비교육훈련 수료증(등급변경 인정 신청의 경우에 한정한다)

157 ② 158 ④ 159 ④ 160 ③

**161** 다음 중 철도차량정비기술자의 등급별 세부 기준으로 틀린 것은?

① 1등급 철도차량정비기술자-역량지수 80점 이상
② 2등급 철도차량정비기술자-역량지수 60점 이상 80점 미만
③ 3등급 철도차량정비기술자-역량지수 40점 이상 60점 미만
④ 4등급 철도차량정비기술자-역량지수 20점 이상 40점 미만

**해설**

| 4등급 철도차량정비기술자 | 10점 이상 40점 미만 |

**162** 다음 중 자격별 경력점수로 틀린 것은?

① 기술사 및 기능장: 10점/년
② 기사: 8점/년
③ 기능사: 6점/년
④ 국가기술자격증이 없는 경우: 0점

**해설**

| 국가기술자격증이 없는 경우 | 3점/년 |

**163** 다음 경력점수에 합산되는 업무 중 100분의 50을 인정하는 업무로 맞는 것은?

① 철도차량의 부품·기기·장치 등의 마모·손상, 변화 상태 및 기능을 확인하는 등 철도차량 점검 및 검사에 관한 업무
② 철도차량의 부품·기기·장치 등의 수리, 교체, 개량 및 개조 등 철도차량 정비 및 유지관리에 관한 업무
③ 철도차량의 안전에 관한 계획수립 및 관리, 철도차량의 점검·검사, 철도차량에 대한 설계·기술검토·규격관리 등에 관한 행정업무
④ 철도차량 부품의 개발 등 철도차량 관련 연구 업무 및 철도관련 학과 등에서의 강의 업무

**164** 다음 중 경력점수를 적용할 때 제외하는 경력으로 틀린 것은?

① 18세 미만인 기간의 경력(국가기술자격을 취득한 이후의 경력은 제외한다)
② 야간학교 재학 중의 경력(「직업교육훈련 촉진법」 제9조에 따른 현장실습계약에 따라 산업체에 근무한 경력은 제외한다)
③ 이중취업으로 확인된 기간의 경력
④ 철도차량정비업무 외의 경력으로 확인된 기간의 경력

**해설**

가) 18세 미만인 기간의 경력(국가기술자격을 취득한 이후의 경력은 제외한다)
나) 주간학교 재학 중의 경력(「직업교육훈련 촉진법」 제9조에 따른 현장실습계약에 따라 산업체에 근무한 경력은 제외한다)
다) 이중취업으로 확인된 기간의 경력
라) 철도차량정비업무 외의 경력으로 확인된 기간의 경력

**165** 다음 중 학력점수에 대하여 틀린 것은?

① 고등학교 졸업 시 학과 상관없이 5점이다.
② 철도차량정비 관련 학과 석사 이상의 경우 25점이다.
③ 철도차량정비 관련학과 외의 학과 전문학사(3년제)의 경우 7점이다.
④ 철도차량정비 관련학과 학사의 경우 20점이다.

161 ④  162 ④  163 ④  164 ②  165 ③

**166** 다음 중 철도차량정비 관련 학과의 학위 취득자 및 졸업자의 학력 인정 범위로 틀린 것은?

① 석사 이상인 경우 「고등교육법」에 따른 학교에서 철도차량정비 관련 학과의 석사 또는 박사 학위과정을 이수하고 졸업한 사람
② 학사의 경우 「고등교육법」에 따른 학교에서 철도차량정비 관련 학과의 학사 학위과정을 이수하고 졸업한 사람
③ 전문학사(2년제)의 경우 「고등교육법」에 따른 4년제 대학, 2년제 대학 또는 전문대학에서 2년 이상 철도차량정비 관련 학과의 교육과정을 이수한 사람
④ 고등학교 졸업의 경우 「고등교육법」에 따른 해당 학교에서 철도차량정비 관련 학과의 고등학교 과정을 이수하고 졸업한 사람

**해설** 마) 고등학교 졸업
(1) 「초·중등교육법」에 따른 해당 학교에서 고등학교 과정을 이수하고 졸업한 사람

**167** 다음 중 정비교육훈련의 실시시기 및 시간 등에 대한 설명으로 틀린 것은?

① 기존에 정비 업무를 수행하던 철도차량 차종이 아닌 새로운 철도차량 차종의 정비에 관한 업무를 수행하는 경우 그 업무를 수행하는 날부터 5년 이내 35시간 이상 교육훈련을 받아야 한다.
② 35시간 중 인터넷 등을 통한 원격교육은 10시간의 범위에서 인정할 수 있다.
③ 철도차량정비기술자는 질병·입대·해외출장 등 불가피한 사유로 정비교육훈련을 받아야 하는 기한까지 정비교육훈련을 받지 못할 경우에는 정비교육훈련을 연기할 수 있다. 이 경우 연기 사유가 없어진 날부터 1년 이내에 정비교육훈련을 받아야 한다.
④ 그 밖에 정비교육훈련의 교육과목 및 교육내용, 교육의 신청 방법 및 절차 등에 관한 사항은 국토교통부장관이 정하여 고시한다.

**해설**

| 교육훈련 시기 | 교육훈련 시간 |
|---|---|
| 기존에 정비 업무를 수행하던 철도차량 차종이 아닌 새로운 철도차량 차종의 정비에 관한 업무를 수행하는 경우 그 업무를 수행하는 날부터 1년 이내 | 35시간 이상 |

**168** 다음 중 철도차량정비에 대한 내용으로 틀린 것은?

① 철도차량정비기술자는 업무 수행에 필요한 소양과 지식을 습득하기 위하여 대통령령으로 정하는 바에 따라 국토교통부장관이 실시하는 교육·훈련을 받아야 한다.
② 국토교통부장관은 철도차량정비기술자를 육성하기 위하여 철도차량정비 기술에 관한 전문 교육훈련기관을 지정하여 정비교육훈련을 실시하게 할 수 있다.
③ 정비교육훈련기관의 지정기준 및 절차 등에 필요한 사항은 국토교통부령으로 정한다.
④ 정비교육훈련기관은 정당한 사유 없이 정비교육훈련 업무를 거부하여서는 아니 되고, 거짓이나 그 밖의 부정한 방법으로 정비교육훈련 수료증을 발급하여서는 아니 된다.

**해설** 정비교육훈련기관의 지정기준 및 절차 등에 필요한 사항은 대통령령으로 정한다.

166 ④    167 ①    168 ③

**169** 다음 중 정비교육훈련기관 지정기준으로 틀린 것은?

① 정비교육훈련 업무 수행에 필요한 상설 전담조직을 갖출 것
② 정비교육훈련 업무를 수행할 수 있는 전문인력을 확보할 것
③ 정비교육훈련에 필요한 사무실, 교육장 및 교육 장비를 갖출 것
④ 정비교육훈련에 필요한 실습설비 및 장비를 갖출 것

> **해설**
> 1. 정비교육훈련 업무 수행에 필요한 상설 전담조직을 갖출 것
> 2. 정비교육훈련 업무를 수행할 수 있는 전문인력을 확보할 것
> 3. 정비교육훈련에 필요한 사무실, 교육장 및 교육 장비를 갖출 것
> 4. 정비교육훈련기관의 운영 등에 관한 업무규정을 갖출 것

**170** 다음 중 국토교통부 장관이 정비교육훈련기관을 지정할 때 관보에 고시하여야 하는 사항으로 틀린 것은?

① 정비교육훈련기관의 명칭 및 소재지
② 대표자의 성명
③ 정비교육훈련기관장의 직인의 인영
④ 그 밖에 정비교육훈련에 중요한 영향을 미친다고 국토교통부장관이 인정하는 사항

> **해설**
> 1. 정비교육훈련기관의 명칭 및 소재지
> 2. 대표자의 성명
> 3. 그 밖에 정비교육훈련에 중요한 영향을 미친다고 국토교통부장관이 인정하는 사항

**171** 다음 정비교육훈련기관의 세부 지정기준 중 인력기준에 대한 내용으로 틀린 것은?

① 책임교수의 자격기준에는 1등급 철도차량정비경력증 소지자로서 철도교통에 관한 업무에 10년 이상 또는 철도차량정비에 관한 업무에 5년 이상 근무한 경력이 있는 사람이 있다.
② 교수의 자격기준은 4등급 철도차량정비경력증 소지자로서 철도차량 정비업무 수행자에 대한 지도교육 경력이 5년 이상 있는 사람이 있다.
③ 책임교수의 경우 철도차량정비에 관한 업무를 3년 이상, 선임교수의 경우 철도차량정비에 관한 업무를 2년 이상 수행한 경력이 있어야 한다.
④ 철도차량정비에 관한 업무란 철도차량 정비업무의 수행, 철도차량 정비계획의 수립·관리, 철도차량 정비에 관한 안전관리·지도교육 및 관리·감독 업무를 말한다.

**172** 다음 중 정비교육훈련기관의 세부 지정기준으로 틀린 것은?

① 1회 교육생 30명을 기준으로 상시적으로 철도차량정비에 관한 교육을 전담하는 책임교수와 선임교수 및 교수를 각각 1명 이상 확보해야 하며, 교육인원이 15명 추가될 때마다 교수 1명 이상을 추가로 확보해야 한다. 이 경우 선임교수, 교수 및 추가로 확보해야 하는 교수는 비전임으로 할 수 있다.
② 1회 교육생이 30명 미만인 경우 책임교수 또는 선임교수 1명 이상을 확보해야 한다.

169 ④   170 ③   171 ②   172 ④

③ 이론교육장: 기준인원 30명 기준으로 면적 60제곱미터 이상의 강의실을 갖추어야 하며, 기준인원 초과 시 1명마다 2제곱미터 면적을 추가로 확보해야 한다.
④ 다만, 1회 교육생이 30명 미만인 경우 교육생 1명마다 3제곱미터 이상의 면적을 확보해야 한다.

**해설**  2. 시설기준

가. 이론교육장: 기준인원 30명 기준으로 면적 60제곱미터 이상의 강의실을 갖추어야 하며, 기준인원 초과 시 1명마다 2제곱미터씩 면적을 추가로 확보해야 한다. 다만, 1회 교육생이 30명 미만인 경우 교육생 1명마다 2제곱미터 이상의 면적을 확보해야 한다.

**173** 다음 중 정비교육훈련기관의 업무규정으로 틀린 것은?

① 1년간 교육훈련계획; 교육과정 편성, 교수 인력의 지정 교과목 및 내용 등
② 교육생 평가에 관한 사항
③ 실습설비 및 장비 운영계획
④ 기술도서 및 자료의 관리·유지

**해설**

가. 정비교육훈련기관의 조직 및 인원
나. 교육생 선발에 관한 사항
다. 1년간 교육훈련계획: 교육과정 편성, 교수 인력의 지정 교과목 및 내용 등
라. 교육기관 운영계획
마. 교육생 평가에 관한 사항
바. 실습설비 및 장비 운용방안
사. 각종 증명의 발급 및 대장의 관리
아. 교수 인력의 교육훈련
자. 기술도서 및 자료의 관리·유지
차. 수수료 징수에 관한 사항
카. 그 밖에 국토교통부장관이 정비교육훈련에 필요하다고 인정하는 사항

**174** 다음 중 정비교육훈련기관 지정신청서에 첨부해야되는 서류로 틀린 것은?

① 정비교육훈련기관 업무규정
② 정관이나 이에 준하는 약정(법인 및 단체에 한정한다)
③ 정비교육훈련에 필요한 강의실 등 시설 내역서
④ 정비교육훈련에 필요한 실습 시행 방법 및 절차

**해설**

1. 정비교육훈련계획서(정비교육훈련평가계획을 포함한다)
2. 정비교육훈련기관 운영규정
3. 정관이나 이에 준하는 약정(법인 및 단체에 한정한다)
4. 정비교육훈련을 담당하는 강사의 자격·학력·경력 등을 증명할 수 있는 서류 및 담당업무
5. 정비교육훈련에 필요한 강의실 등 시설 내역서
6. 정비교육훈련에 필요한 실습 시행 방법 및 절차
7. 정비교육훈련기관에서 사용하는 직인의 인영(印影: 도장 찍은 모양)

**175** 다음 중 정비교육훈련기관에 대한 설명으로 틀린 것은?

① 정비교육훈련기관으로 지정한 때에는 정비교육훈련기관 지정서를 신청인에게 발급해야 한다.
② 국토교통부장관은 정비교육훈련기관의 지정을 취소하거나 업무정지의 처분을 한 경우에는 지체 없이 그 정비교육훈련기관에지정기관 행정처분서를 통지하고 그 사실을 관보에 고시해야 한다.
③ 국토교통부장관은 정비교육훈련기관이 정비교육훈련기관의 지정기준에 적합한지의 여부를 2년마다 심사해야 한다.
④ 정비교육훈련기관은 변경사항이 발생했을 경우 그 사유가 발생한 날부터 15일 이내에 국토교통부장관에게 그 내용을 신고해야 한다.

173 ③  174 ①  175 ④

### 176 다음 중 철도차량정비기술자의 인정취소를 하여야 하는 경우로 틀린 것은?

① 거짓이나 그 밖의 부정한 방법으로 철도차량정비기술자로 인정받은 경우
② 자격기준에 해당하지 아니하게 된 경우
③ 다른 사람에게 철도차량정비경력증을 빌려 준 경우
④ 철도차량정비 업무 수행 중 고의로 철도사고의 원인을 제공한 경우

**해설** 제24조의5(철도차량정비기술자의 인정취소 등)
① 국토교통부장관은 철도차량정비기술자가 다음 각 호의 어느 하나에 해당하는 경우 그 인정을 취소하여야 한다.
  1. 거짓이나 그 밖의 부정한 방법으로 철도차량정비기술자로 인정받은 경우
  2. 제24조의2제2항에 따른 자격기준에 해당하지 아니하게 된 경우
  3. 철도차량정비 업무 수행 중 고의로 철도사고의 원인을 제공한 경우
② 국토교통부장관은 철도차량정비기술자가 다음 각 호의 어느 하나에 해당하는 경우 1년의 범위에서 철도차량정비기술자의 인정을 정지시킬 수 있다.
  1. 다른 사람에게 철도차량정비경력증을 빌려 준 경우
  2. 철도차량정비 업무 수행 중 중과실로 철도사고의 원인을 제공한 경우

### 177 다음 중 운전업무종사자의 철도직무교육내용으로 틀린 것은?

① 비상시 조치
② 운전취급 규정
③ 철도차량의 구조 및 기능
④ 철도차량 기기취급에 관한 사항

**해설** 〈별표 13의 3〉

| 교육내용 | 교육시간 |
|---|---|
| 1) 철도시스템 일반<br>2) 철도차량의 구조 및 기능<br>3) 운전이론<br>4) 운전취급 규정<br>5) 철도차량 기기취급에 관한 사항<br>6) 직무관련 기타사항 등 | 5년 마다 35시간 이상 |

### 178 다음 중 여객승무원 직무교육내용으로 틀린 것은?

① 여객승무 위기대응 및 비상시 응급조치
② 고객응대 및 서비스 매뉴얼 등
③ 승무관련 규정
④ 통신 및 방송설비 사용법

**해설**

| 교육내용 | 교육시간 |
|---|---|
| 1) 직무관련 규정<br>2) 여객승무 위기대응 및 비상시 응급조치<br>3) 통신 및 방송설비 사용법<br>4) 고객응대 및 서비스 매뉴얼 등<br>5) 여객승무 직무관련 기타사항 등 | 5년 마다 35시간 이상 |

### 179 다음 중 빈칸에 들어갈 숫자로 맞는 것은?

> 철도직무교육의 주기는 철도직무교육 대상자로 신규 채용되거나 전직된 연도의 다음 년도 1월 1일부터 매 ( )년이 되는 날까지로 한다.

① 1 ② 2
③ 3 ④ 5

### 180 다음 중 철도직무교육의 주기 및 교육 인정기준으로 틀린 것은?

① 철도직무교육의 주기는 철도직무교육 대상자로 신규 채용되거나 전직된 연도의 다음 년도 1월 1일부터 매 5년이 되는 날까지로 한다.
② 다만, 휴직·파견 등으로 1년 이상 철도직무를 수행하지 아니한 경우에는 철도직무의 수행이 중단된 연도의 1월 1일부터 철도직무를 다시 시작하게 된 연도의 12월 31일까지의 기간을 제외하고 직무교육의 주기를 계산한다.

176 ③  177 ①  178 ③  179 ④  180 ②

③ 철도직무교육 대상자는 질병이나 자연재해 등 부득이한 사유로 철도직무교육을 별표[13의3] 1호에 따른 기간 내에 받을 수 없는 경우에는 철도운영자등의 승인을 받아 철도직무교육을 받을 시기를 연기할 수 있다. 이 경우 철도직무교육 대상자가 승인받은 기간 내에 철도직무교육을 받은 경우에는 제1호에 따른 기간 내에 철도직무교육을 받은 것으로 본다.
④ 철도차량정비기술자가 법 제24조의4에 따라 받은 철도차량정비기술교육훈련은 별표에 따른 철도직무교육으로 본다.

## 제4장 ▶ 철도시설 및 철도차량의 안전관리

**181** 다음 중 승하차용 출입문 설비의 설치를 해야되는 자로 맞는 것은?

① 철도운영자
② 철도시설관리자
③ 철도운영자등
④ 국토교통부장관

> **해설** 제25조의2(승하차용 출입문 설비의 설치) 철도시설관리자는 선로로부터의 수직거리가 국토교통부령으로 정하는 기준 이상인 승강장에 열차의 출입문과 연동되어 열리고 닫히는 승하차용 출입문 설비를 설치하여야 한다. 다만, 여러 종류의 철도차량이 함께 사용하는 승강장 등 국토교통부령으로 정하는 승강장의 경우에는 그러하지 아니하다.

**182** 다음 중 선로로부터 수직거리가 얼마 이상일 때 승강장안전문을 설치하여야되는가?

① 1,135mm
② 1,135cm
③ 1,135m
④ 1,135km

> **해설** 규칙 제43조(승하차용 출입문 설비의 설치)
> ① 법 제25조의2 본문에서 "국토교통부령으로 정하는 기준"이란 1,135밀리미터를 말한다.

**183** 다음 중 승강장안전문을 설치하지 않아도 되는 경우를 심의, 의결하는 곳으로 맞는 것은?

① 국토교통부
② 철도시설심의위원회
③ 철도산업발전위원회
④ 철도기술심의위원회

**184** 다음 중 승강장안전문을 설치하지 않아도 되는 경우로 틀린 것은?

① 여러 종류의 철도차량이 함께 사용하는 승강장으로서 열차 출입문의 위치가 서로 달라 승강장안전문을 설치하기 곤란한 경우
② 열차가 정차하지 않는 선로 쪽 승강장으로서 승객의 선로 추락 방지를 위해 안전난간 등의 안전시설을 설치한 경우
③ 여객의 승하차 인원, 열차의 운행 횟수 등을 고려하였을 때 승강장안전문을 설치할 필요가 없다고 인정되는 경우
④ 그 밖에 국토교통부장관이 안전성을 고려하였을 때 승강장안전문을 설치할 필요가 없다고 인정되는 경우

> **해설** 법 제25조의2 단서에서 "여러 종류의 철도차량이 함께 사용하는 승강장 등 국토교통부령으로 정하는 승강장"이란 다음 각 호의 어느 하나에 해당하는 승강장으로서 제44조에 따른 철도기술심의위원회에서 승강장에 열차의 출입문과 연동되어 열리고 닫히는 승하차용 출입문 설비(이하 "승강장안전문"이라 한다)를 설치하지 않아도 된다고 심의·의결한 승강장을 말한다.
> 1. 여러 종류의 철도차량이 함께 사용하는 승강장으로서 열차 출입문의 위치가 서로 달라 승강장안전문을 설치하기 곤란한 경우
> 2. 열차가 정차하지 않는 선로 쪽 승강장으로서 승객의 선로 추락 방지를 위해 안전난간 등의 안전시설을 설

181 ② 182 ① 183 ④ 184 ④

치한 경우

3. 여객의 승하차 인원, 열차의 운행 횟수 등을 고려하였을 때 승강장안전문을 설치할 필요가 없다고 인정되는 경우

**185** 다음 중 철도차량 형식승인에 대한 설명으로 틀린 것은?

① 국내에서 운행하는 철도차량을 제작하거나 수입하려는 자는 국토교통부령으로 정하는 바에 따라 해당 철도차량의 설계에 관하여 국토교통부장관의 형식승인을 받아야 한다.
② 법에 따라 형식승인을 받은 자가 승인받은 사항을 변경하려는 경우에는 국토교통부장관의 변경승인을 받아야 한다. 다만, 국토교통부령으로 정하는 경미한 사항을 변경하려는 경우에는 국토교통부장관에게 보고하여야 한다.
③ 국토교통부장관은 법에 따른 형식승인 또는 법에 따른 변경승인을 하는 경우에는 해당 철도차량이 국토교통부장관이 정하여 고시하는 철도차량의 기술기준에 적합한지에 대하여 형식승인검사를 하여야 한다.
④ 법에 따른 승인절차, 승인방법, 신고절차, 검사절차, 검사방법 및 면제절차 등에 관하여 필요한 사항은 국토교통부령으로 정한다.

**해설** 형식승인을 받은 자가 승인받은 사항을 변경하려는 경우에는 국토교통부장관의 변경승인을 받아야 한다. 다만, 국토교통부령으로 정하는 경미한 사항을 변경하려는 경우에는 국토교통부장관에게 신고하여야 한다.

**186** 다음 중 형식승인검사의 전부 또는 일부를 면제할 수 있는 경우로 틀린 것은?

① 시험·연구·개발 목적으로 제작 또는 수입되는 철도차량으로서 대통령령으로 정하는 철도차량에 해당하는 경우
② 수출 목적으로 제작 또는 수입되는 철도차량으로서 대통령령으로 정하는 철도차량에 해당하는 경우
③ 대한민국이 체결한 협정 또는 대한민국이 가입한 협약에 따라 형식승인검사가 면제되는 철도차량의 경우
④ 그 밖에 철도시설의 유지·보수 또는 철도차량의 사고복구 등 특수한 목적을 위하여 제작 또는 수입되는 철도차량으로서 대통령령으로 정하는 철도차량에 해당하는 경우

**해설** 4. 그 밖에 철도시설의 유지·보수 또는 철도차량의 사고복구 등 특수한 목적을 위하여 제작 또는 수입되는 철도차량으로서 국토교통부장관이 정하여 고시하는 경우

**187** 다음 중 형식승인검사의 면제에 대한 설명으로 틀린 것은?

① 시험·연구·개발 목적으로 제작 또는 수입되는 철도차량으로서 여객 및 화물 운송에 사용되지 아니하는 철도차량은 형식승인검사의 전부를 면제한다.
② 수출 목적으로 제작 또는 수입되는 철도차량으로서 국내에서 철도운영에 사용되지 아니하는 철도차량은 형식승인검사의 전부를 면제한다.
③ 그 밖에 철도시설의 유지·보수 또는 철도차량의 사고복구 등 특수한 목적을 위하여 제작 또는 수입되는 국토교통부장관이 정하여 고시한 철도차량은 철도차

량의 시운전시험을 면제한다.

④ 국토교통부장관은 서류의 검토 결과 해당 철도차량이 형식승인검사의 면제 대상에 해당된다고 인정하는 경우에는 신청인에게 면제사실과 내용을 통보하여야 한다.

**해설** 법 제26조제4항제4호에 해당하는 철도차량: 형식승인검사 중 철도차량의 시운전단계에서 실시하는 검사를 제외한 검사로서 국토교통부령으로 정하는 검사

### 188 다음 중 철도차량 형식승인신청서에 첨부하여야 되는 서류로 틀린 것은?

① 법에 따른 철도차량의 형식승인기준에 대한 적합성 입증계획서 및 입증자료
② 철도차량의 설계도면, 설계 명세서 및 설명서(적합성 입증을 위하여 필요한 부분에 한정한다)
③ 법에 따른 형식승인검사의 면제 대상에 해당하는 경우 그 입증서류
④ 차량형식 시험 절차서

**해설** 규칙 제46조(철도차량 형식승인 신청 절차 등)
① 법 제26조제1항에 따라 철도차량 형식승인을 받으려는 자는 별지 제26호서식의 철도차량 형식승인신청서에 다음 각 호의 서류를 첨부하여 국토교통부장관에게 제출하여야 한다.
  1. 법 제26조제3항에 따른 철도차량의 기술기준(이하 "철도차량기술기준"이라 한다)에 대한 적합성 입증계획서 및 입증자료

### 189 다음 중 형식변경승인신청서에 첨부하여야 되는 서류로 틀린 것은?

① 해당 철도차량의 철도차량 형식승인증명서
② 차량형식 시험 절차서(변경되는 부분 및 그와 연관되는 부분에 한정한다)
③ 변경 전후의 대비표 및 해설서

④ 그 밖에 철도차량기술기준에 적합함을 입증하기 위하여 국토교통부장관이 필요하다고 인정하여 고시하는 서류

### 190 다음 중 철도차량 형식승인의 경미한 사항으로 틀린 것은?

① 철도차량의 구조안전 및 성능에 영향을 미치지 아니하는 차체 형상의 변경
② 철도차량의 성능에 영향을 미치지 아니하는 설비의 변경
③ 중량분포에 영향을 미치지 아니하는 장치 또는 부품의 배치 변경
④ 동일 성능으로 입증할 수 있는 부품의 규격 변경

**해설** 규칙 제47조(철도차량 형식승인의 경미한 사항 변경)
① 법 제26조제2항 단서에서 "국토교통부령으로 정하는 경미한 사항을 변경하려는 경우"란 다음 각 호의 어느 하나에 해당하는 변경을 말한다.
  1. 철도차량의 구조안전 및 성능에 영향을 미치지 아니하는 차체 형상의 변경
  2. 철도차량의 안전에 영향을 미치지 아니하는 설비의 변경
  3. 중량분포에 영향을 미치지 아니하는 장치 또는 부품의 배치 변경
  4. 동일 성능으로 입증할 수 있는 부품의 규격 변경
  5. 그 밖에 철도차량의 안전 및 성능에 영향을 미치지 아니한다고 국토교통부장관이 인정하는 사항의 변경

### 191 다음 중 철도차량 형식변경신고서에 첨부하여야 되는 서류로 틀린 것은?

① 해당 철도차량의 철도차량 형식승인증명서
② 국토교통부령으로 정하는 경미한 사항에 해당함을 증명하는 서류
③ 변경 전후의 대비표 및 해설서(변경되는 부분 및 그와 연관되는 부분에 한정한다)
④ 변경 후의 주요 제원

187 ③　188 ①　189 ④　190 ②　191 ③

**192** 다음 중 철도차량 형식승인 등 검사에 대한 설명으로 틀린 것은?

① 설계적합성 검사 : 철도차량의 설계가 철도차량제작자승인기준에 맞게 설계되었는지 여부에 대한 검사
② 합치성 검사 : 철도차량이 부품단계, 구성품단계, 완성차단계에서 설계적합성에 따른 설계와 합치하게 되었는지 여부에 대한 검사
③ 차량형식 시험: 철도차량이 부품단계, 구성품단계, 완성차단계, 시운전단계에서 철도차량기술기준에 적합한지 여부에 대한 시험
④ 완성차량검사: 안전과 직결된 주요부품의 안전성 확보 등 철도차량이 철도차량기술기준에 적합하고 형식승인을 받은 설계대로 제작되었는지를 확인하는 검사

> **해설** 설계적합성 검사: 철도차량의 설계가 철도차량기술기준에 적합한지 여부에 대한 검사

**193** 다음 설명 중 틀린 것은?

① 법에 따라 형식승인을 받은 철도차량을 제작(외국에서 대한민국에 수출할 목적으로 제작하는 경우를 포함한다)하려는 자는 국토교통부령으로 정하는 바에 따라 철도차량 품질관리체계를 갖추고 있는지에 대하여 국토교통부장관의 제작자승인을 받아야 한다.
② 철도차량 품질관리체계란 철도차량의 제작을 위한 인력, 설비, 장비, 기술 및 제작검사 등 철도차량의 적합한 제작을 위한 유기적 체계
③ 국토교통부장관은 법에 따른 제작자승인을 하는 경우에는 해당 철도차량 품질관리체계가 국토교통부장관이 정하여 고시하는 철도차량의 제작관리 및 품질유지에 필요한 기술기준에 적합한지에 대하여 국토교통부령으로 정하는 바에 따라 제작자승인검사를 하여야 한다.
④ 국토교통부장관은 대한민국이 체결한 협정 또는 대한민국이 가입한 협약에 따라 제작자승인이 면제되는 경우 등 국토교통부령으로 정하는 경우에는 제작자승인 대상에서 제외하거나 제작자승인검사의 전부 또는 일부를 면제할 수 있다.

> **해설** 제26조의3(철도차량 제작자승인)
> ③ 국토교통부장관은 제1항 및 제2항에도 불구하고 대한민국이 체결한 협정 또는 대한민국이 가입한 협약에 따라 제작자승인이 면제되는 경우 등 대통령령으로 정하는 경우에는 제작자승인 대상에서 제외하거나 제작자승인검사의 전부 또는 일부를 면제할 수 있다.

**194** 다음 중 철도차량 제작자승인을 받으려는 자가 국토교통부장관에게 제출하여야 되는 것으로 틀린 것은?

① 철도차량 제작자승인신청서
② 철도차량 품질관리체계서 및 설명서
③ 법에 따라 제작자승인 또는 제작자승인검사 대상에 해당하는 경우 그 입증서류
④ 철도차량 제작 명세서 및 설명서

192 ① 193 ④ 194 ③

**195** 다음 중 제작자승인검사의 전부 면제할 수 있는 경우로 맞는 것은?

① 시험 · 연구 · 개발 목적으로 제작 또는 수입되는 철도차량으로서 대통령령으로 정하는 철도차량에 해당하는 경우
② 수출 목적으로 제작 또는 수입되는 철도차량으로서 대통령령으로 정하는 철도차량에 해당하는 경우
③ 대한민국이 체결한 협정 또는 대한민국이 가입한 협약에 따라 제작자승인검사가 면제되는 철도차량의 경우
④ 철도시설의 유지 · 보수 또는 철도차량의 사고복구 등 특수한 목적을 위하여 제작 또는 수입되는 철도차량으로서 국토교통부장관이 정하여 고시하는 철도차량에 해당하는 경우

**196** 다음 중 철도차량 제작자승인의 경미한 사항으로 틀린 것은?

① 철도차량 제작자의 조직변경에 따른 품질관리조직 또는 품질관리책임자에 관한 사항의 변경
② 법령 또는 행정구역의 변경 등으로 인한 품질관리규정의 세부내용 변경
③ 서류간 불일치 사항 및 품질관리규정의 기본방향에 영향을 미치지 아니하는 사항으로서 그 변경근거가 분명한 사항의 변경
④ 그 밖에 철도차량 제작자승인기준의 기본방향에 영향을 미치지 아니하는 사항으로서 국토교통부장관이 인정하는 사항의 변경

[해설] 규칙 제52조(철도차량 제작자승인의 경미한 사항 변경)
① 법 제26조의8에서 준용하는 법 제7조제3항 단서에서 "국토교통부령으로 정하는 경미한 사항을 변경하려는 경우"란 다음 각 호의 어느 하나에 해당하는 변경을 말한다.
1. 철도차량 제작자의 조직변경에 따른 품질관리조직 또는 품질관리책임자에 관한 사항의 변경
2. 법령 또는 행정구역의 변경 등으로 인한 품질관리규정의 세부내용 변경
3. 서류간 불일치 사항 및 품질관리규정의 기본방향에 영향을 미치지 아니하는 사항으로서 그 변경근거가 분명한 사항의 변경

**197** 다음 중 철도차량 제작자승인의 경미한 사항을 변경하려는 경우 제출하여야 되는 서류로 틀린 것은?

① 해당 철도차량의 철도차량 제작자승인 변경증명서
② 국토교통부령으로 정하는 경미한 사항에 해당함을 증명하는 서류
③ 변경 전후의 대비표 및 해설서
④ 철도차량 제작자승인기준에 대한 적합성 입증자료(변경되는 부분 및 그와 연관되는 부분에 한정한다)

**198** 다음 중 철도차량 제작자승인의 결격사유로 틀린 것은?

① 피한정후견인
② 파산선고를 받고 복권되지 아니한 사람
③ 이 법 또는 대통령령으로 정하는 철도 관계 법령을 위반하여 징역형의 실형을 선고받고 그 집행이 종료(집행이 종료된 것으로 보는 경우를 포함한다)되거나 집행이 면제된 날부터 2년이 지나지 아니한 사람
④ 제작자승인이 취소된 후 2년이 지나지 아니한 자

[해설] 제26조의4(결격사유) 다음 각 호의 어느 하나에 해당하는 자는 철도차량 제작자승인을 받을 수 없다.
1. 피성년후견인

195 ④  196 ④  197 ①  198 ①

2. 파산선고를 받고 복권되지 아니한 사람
3. 이 법 또는 대통령령으로 정하는 철도 관계 법령을 위반하여 징역형의 실형을 선고받고 그 집행이 종료(집행이 종료된 것으로 보는 경우를 포함한다)되거나 집행이 면제된 날부터 2년이 지나지 아니한 사람
4. 이 법 또는 대통령령으로 정하는 철도 관계 법령을 위반하여 징역형의 집행유예를 선고 받고 유예기간 중에 있는 사람
5. 제작자승인이 취소된 후 2년이 지나지 아니한 자
6. 임원 중에 제1호부터 제5호까지의 어느 하나에 해당하는 사람이 있는 법인

### 199 다음 중 대통령령으로 정하는 철도관계법령으로 틀린 것은?

① 도시철도법
② 철도사업법
③ 철도산업발전기본법
④ 철도물류사업법

**해설** 영 제24조(철도 관계 법령의 범위) 법 제26조의4제3호 및 제4호에서 "대통령령으로 정하는 철도 관계 법령"이란 각각 다음 각 호의 어느 하나에 해당하는 법령을 말한다.
1. 「건널목 개량촉진법」
2. 「도시철도법」
3. 「철도의 건설 및 철도시설 유지관리에 관한 법률」
4. 「철도사업법」
5. 「철도산업발전 기본법」
6. 「한국철도공사법」
7. 「국가철도공단법」
8. 「항공·철도 사고조사에 관한 법률」

### 200 다음 중 철도차량 제작자승인의 승계에 대한 설명으로 틀린 것은?

① 법에 따라 철도차량 제작자승인을 받은 자가 그 사업을 양도하거나 사망한 때 또는 법인의 합병이 있는 때에는 양수인, 상속인 또는 합병 후 존속하는 법인이나 합병에 의하여 설립되는 법인은 제작자승인을 받은 자의 지위를 승계한다.
② 법에 따라 철도차량 제작자승인의 지위를 승계하는 자는 승계일부터 15일 이내에 국토교통부령으로 정하는 바에 따라 그 승계사실을 국토교통부장관에게 신고하여야 한다.
③ 법에 따라 제작자승인의 지위를 승계하는 자에 대하여는 결격사유를 준용한다.
④ 다만, 결격사유의 어느 하나에 해당하는 상속인이 피상속인이 사망한 날부터 3개월 이내에 그 사업을 다른 사람에게 양도한 경우에는 피상속인의 사망일부터 양도일까지의 기간 동안 피상속인의 제작자승인은 상속인의 제작자승인으로 본다.

**해설** 법에 따라 철도차량 제작자승인의 지위를 승계하는 자는 승계일부터 1개월 이내에 국토교통부령으로 정하는 바에 따라 그 승계사실을 국토교통부장관에게 신고하여야 한다.

### 201 다음 중 철도차량 제작자승계신고서에 첨부하여야 할 서류로 틀린 것은?

① 철도차량 형식승인증명서
② 사업 양도의 경우: 양도·양수계약서 사본 등 양도 사실을 입증할 수 있는 서류
③ 사업 상속의 경우: 사업을 상속받은 사실을 확인할 수 있는 서류
④ 사업 합병의 경우: 합병계약서 및 합병 후 존속하거나 합병에 따라 신설된 법인의 등기사항증명서

### 202 다음 중 철도차량 완성검사신청서에 첨부하여야되는 서류로 틀린 것은?

① 철도차량 형식승인증명서
② 철도차량 제작자승인증명서
③ 형식승인된 설계와의 형식동일성 입증계획서 및 입증서류
④ 차량시험 절차서

해설 규칙 제56조(철도차량 완성검사의 신청 등) ① 법 제26조의6제1항에 따라 철도차량 완성검사를 받으려는 자는 별지 제34서식의 철도차량 완성검사신청서에 다음 각 호의 서류를 첨부하여 국토교통부장관에게 제출하여야 한다.

1. 철도차량 형식승인증명서
2. 철도차량 제작자승인증명서
3. 형식승인된 설계와의 형식동일성 입증계획서 및 입증서류
4. 제57조제1항제2호에 따른 주행시험 절차서
5. 그 밖에 형식동일성 입증을 위하여 국토교통부장관이 필요하다고 인정하여 고시하는 서류

**203** 다음 중 철도차량 제작자승인을 취소할 수 있는 경우로 틀린 것은?

① 법을 위반하여 변경승인을 받지 아니하거나 변경신고를 하지 아니하고 철도차량을 제작한 경우
② 법에 따른 시정조치명령을 정당한 사유 없이 이행하지 아니한 경우
③ 법에 따른 명령을 이행하지 아니하는 경우
④ 업무정지 기간 중에 철도차량을 제작한 경우

해설 제26조의7(철도차량 제작자승인의 취소 등) ① 국토교통부장관은 제26조의3에 따라 철도차량 제작자승인을 받은 자가 다음 각 호의 이느 하나에 해당하는 경우에는 그 승인을 취소하거나 6개월 이내의 기간을 정하여 업무의 제한이나 정지를 명할 수 있다. 다만, 제1호 또는 제5호에 해당하는 경우에는 제작자승인을 취소하여야 한다.

1. 거짓이나 그 밖의 부정한 방법으로 제작자승인을 받은 경우
2. 제26조의8에서 준용하는 제7조제3항을 위반하여 변경승인을 받지 아니하거나 변경신고를 하지 아니하고 철도차량을 제작한 경우
3. 제26조의8에서 준용하는 제8조제3항에 따른 시정조치명령을 정당한 사유 없이 이행하지 아니한 경우
4. 제32조제1항에 따른 명령을 이행하지 아니하는 경우
5. 업무정지 기간 중에 철도차량을 제작한 경우

**204** 다음 중 3차 위반 시 업무정지 6개월 처분기준의 위반사항으로 맞는 것은?

① 법을 위반하여 변경승인을 받지 않고 철도차량을 제작한 경우
② 업무정지 기간 중에 철도차량을 제작한 경우
③ 법에 따른 시정조치명령을 정당한 사유 없이 이행하지 않은 경우
④ 법에 따른 명령을 이행하지 않은 경우

**205** 다음 중 과징금 3천만원에 해당되는 위반행위로 맞는 것은?

① 법을 위반하여 변경승인을 받지 않고 철도차량을 제작한 경우 1차 위반
② 법을 위반하여 변경신고를 하지 않고 철도차량을 제작한 경우 3차 위반
③ 법에 따른 시정조치명령을 정당한 사유 없이 이행하지 않은 경우 3차 위반
④ 법에 따른 명령을 이행하지 않은 경우 2차 위반

**206** 다음 중 철도차량 품질관리체계의 유지에 대한 설명으로 틀린 것은?

① 국토교통부장관은 법에 따라 철도차량 품질관리체계에 대하여 2년마다 1회의 정기검사를 실시하고, 철도차량의 안전 및 품질 확보 등을 위하여 필요하다고 인정하는 경우에는 수시로 검사할 수 있다.
② 국토교통부장관은 법에 따라 정기검사 또는 수시검사를 시행하려는 경우에는 검사 시행일 15일 전까지 검사계획을 철도차량 제작자승인을 받은 자에게 통보하여야 한다.
③ 국토교통부장관은 법에 따라 철도차량 제작자승인을 받은 자에게 시정조치를

203 ④   204 ③   205 ①   206 ①

명하는 경우에는 시정에 필요한 적정한 기간을 주어야 한다.
④ 법에 따라 시정조치명령을 받은 철도차량 제작자승인을 받은 자는 시정조치를 완료한 경우에는 지체 없이 그 시정내용을 국토교통부장관에게 통보하여야 한다.

**해설** 규칙 제59조(철도차량 품질관리체계의 유지 등)① 국토교통부장관은 법 제26조의8에서 준용하는 법 제8조제2항에 따라 철도차량 품질관리체계에 대하여 1년마다 1회의 정기검사를 실시하고, 철도차량의 안전 및 품질 확보 등을 위하여 필요하다고 인정하는 경우에는 수시로 검사할 수 있다.

**207** 다음 중 철도차량 품질관리체계 검사 결과보고서에 포함되어야 하는 사항으로 틀린 것은?

① 검사 개요
② 검사 현황
③ 검사 과정
④ 검사 결과

**해설** ③ 국토교통부장관은 정기검사 또는 수시검사를 마친 경우에는 다음 각 호의 사항이 포함된 검사 결과보고서를 작성하여야 한다.
1. 철도차량 품질관리체계의 검사 개요 및 현황
2. 철도차량 품질관리체계의 검사 과정 및 내용

**208** 다음 중 철도용품 형식승인에 대한 설명으로 틀린 것은?

① 국토교통부장관이 정하여 고시하는 철도용품을 제작하거나 수입하려는 자는 국토교통부령으로 정하는 바에 따라 해당 철도용품의 설계에 대하여 국토교통부장관의 형식승인을 받아야 한다.
② 국토교통부장관은 법에 따른 형식승인을 하는 경우에는 해당 철도용품이 국토교통부장관이 정하여 고시하는 철도용품의 기술기준에 적합한지에 대하여 국토교통부령으로 정하는 바에 따라 형식승인검사를 하여야 한다.
③ 누구든지 법에 따른 형식승인을 받지 아니한 철도용품(국토교통부장관이 정하여 고시하는 철도용품은 제외한다)을 철도시설 또는 철도차량 등에 사용하여서는 아니 된다.
④ 철도용품 형식승인의 변경, 형식승인검사의 면제, 형식승인의 취소, 변경승인명령 및 형식승인의 금지기간 등에 관하여는 철도차량 형식승인을 준용한다. 이 경우 "철도차량"은 "철도용품"으로 본다.

**해설** 누구든지 형식승인을 받지 아니한 철도용품(국토교통부장관이 정하여 고시하는 철도용품만 해당한다)을 철도시설 또는 철도차량 등에 사용하여서는 아니 된다.

**209** 다음 중 철도용품 형식변경신고서에 첨부해야 되는 서류로 틀린 것은?

① 해당 철도용품의 철도용품 형식승인증명서
② 변경 전후의 대비표 및 해설서
③ 변경 후의 주요 제원
④ 철도용품 품질기술기준에 대한 적합성 입증자료(변경되는 부분 및 그와 연관되는 부분에 한정한다)

**210** 다음 중 합치성 검사를 진행하는 단계로 틀린 것은?

① 구성품단계
② 부품단계
③ 완성품단계
④ 시운전단계

**해설** 합치성 검사: 철도용품이 부품단계, 구성품단계, 완성품단계에서 설계와 합치하게 제작되었는지 여부에 대한 검사

207 ④   208 ③   209 ④   210 ④

**211** 다음 중 철도용품 품질관리체계에 해당되지 않는 것은?

① 철도용품의 제작을 위한 인력
② 철도용품의 제작을 위한 자격
③ 철도용품의 제작을 위한 장비
④ 철도용품의 제작을 위한 기술

> **해설** 제27조의2(철도용품 제작자승인)
> ① 제27조에 따라 형식승인을 받은 철도용품을 제작(외국에서 대한민국에 수출할 목적으로 제작하는 경우를 포함한다)하려는 자는 국토교통부령으로 정하는 바에 따라 철도용품의 제작을 위한 인력, 설비, 장비, 기술 및 제작검사 등 철도용품의 적합한 제작을 위한 유기적 체계(이하 "철도용품 품질관리체계"라 한다)를 갖추고 있는지에 대하여 국토교통부장관으로부터 제작자승인을 받아야 한다.

**212** 다음 중 법을 위반하여 변경신고를 하지 않고 철도용품을 제작한 경우 3차 위반 시 처분기준으로 맞는 것은?

① 경고
② 업무정지 3개월
③ 업무정지 6개월
④ 승인취소

**213** 다음 중 변경승인을 받지 않고 철도용품을 제작한 경우 2차 위반 시 과징금 금액으로 맞는 것은?

① 1000만원  ② 2000만원
③ 3000만원  ④ 6000만원

**214** 다음 중 철도용품 제작자변경승인신청서의 첨부 서류로 맞는 것은?

① 철도용품 품질관리체계서 및 설명서
② 철도용품 제작 명세서 및 설명서
③ 변경 전후의 대비표 및 해설서
④ 변경 후의 철도용품 품질관리체계

**215** 다음 중 철도용품 형식승인검사의 방법이 아닌 것은?

① 설계적합성 검사
② 합치성 검사
③ 제작검사
④ 용품형식 시험

**216** 다음 중 철도용품 제작자승인기준에 적합하다고 인정하는 경우 발급하여야 되는 것으로 틀린 것은?

① 철도용품 제작자승인증명서
② 철도용품 제작자변경신고서
③ 철도용품 제작자변경승인증명서
④ 제작할 수 있는 철도용품의 형식에 대한 목록을 적은 제작자승인지정서

**217** 다음 중 철도용품 제작자승인 또는 형식승인 검사에 대한 설명으로 틀린 것은?

① 품질관리체계의 적합성검사: 해당 철도용품의 품질관리체계가 철도용품제작자승인기준에 적합한지 여부에 대한 검사
② 제작검사: 해당 철도용품 제작에 대한 품질관리체계 적용 및 유지 여부 등을 확인하는 검사
③ 합치성 검사: 철도용품이 부품단계, 구성품단계, 완성품단계에서 제1호에 따른 설계와 합치하게 제작되었는지 여부에 대한 검사
④ 용품형식 시험: 철도용품이 부품단계, 구성품단계, 완성품단계, 시운전단계에서 철도용품기술기준에 적합한지 여부에 대한 시험

211 ②  212 ③  213 ②  214 ③  215 ③  216 ②  217 ②

### 218 다음 중 형식승인품 표시 사항으로 틀린 것은?

① 형식승인품명 및 형식승인번호
② 형식승인품명의 제조일
③ 형식승인품의 제조자명(제조자임을 나타내는 마크 또는 약호는 제외한다)
④ 형식승인기관의 명칭

**해설** 규칙 제68조(형식승인을 받은 철도용품의 표시)

① 법 제27조의2제3항에 따라 철도용품 제작자승인을 받은 자는 해당 철도용품에 다음 각 호의 사항을 포함하여 형식승인을 받은 철도용품(이하 "형식승인품"이라 한다)임을 나타내는 표시를 하여야 한다.
 1. 형식승인품명 및 형식승인번호
 2. 형식승인품명의 제조일
 3. 형식승인품의 제조자명(제조자임을 나타내는 마크 또는 약호를 포함한다)
 4. 형식승인기관의 명칭

### 219 다음 중 국토교통부장관이 지정하여 고시하는 철도안전에 관한 전문기관 또는 단체에 위탁할 수 있는 국토교통부령으로 정하는 업무로 맞는 것은?

① 철도차량 주행검사
② 완성차량검사
③ 개조승인검사
④ 적합성 검사

**해설** 규칙 제71조의2(검사 업무의 위탁)

영 제28조의2제2항에서 "국토교통부령으로 정하는 업무"란 제57조제1항제1호에 따른 완성차량검사를 말한다.

### 220 다음 중 형식승인 등의 사후관리 중 공무원의 조치로 틀린 것은?

① 철도차량 또는 철도용품이 법에 따른 승인기준에 적합한지에 대한 조사
② 철도차량 또는 철도용품 형식승인 및 제작자승인을 받은 자의 관계 장부 또는 서류의 열람·제출
③ 철도차량 또는 철도용품에 대한 수거·검사
④ 철도차량 또는 철도용품의 안전 및 품질에 대한 전문연구기관에의 시험·분석 의뢰

**해설** 제31조(형식승인 등의 사후관리)

① 국토교통부장관은 제26조 또는 제27조에 따라 형식승인을 받은 철도차량 또는 철도용품의 안전 및 품질의 확인·점검을 위하여 필요하다고 인정하는 경우에는 소속 공무원으로 하여금 다음 각 호의 조치를 하게 할 수 있다.
 1. 철도차량 또는 철도용품이 제26조제3항 또는 제27조제2항에 따른 기술기준에 적합한지에 대한 조사
 2. 철도차량 또는 철도용품 형식승인 및 제작자승인을 받은 자의 관계 장부 또는 서류의 열람·제출
 3. 철도차량 또는 철도용품에 대한 수거·검사
 4. 철도차량 또는 철도용품의 안전 및 품질에 대한 전문연구기관에의 시험·분석 의뢰
 5. 그 밖에 철도차량 또는 철도용품의 안전 및 품질에 대한 긴급한 조사를 위하여 국토교통부령으로 정하는 사항

218 ③  219 ②  220 ①

**221** 다음 중 철도차량 부품의 안정적 공급에 대하여 틀린 것은?

① 법에 따라 철도차량 완성검사를 받아 해당 철도차량을 판매한 자는 그 철도차량의 완성검사를 받은 날부터 20년 이상 다음 각 호에 따른 부품을 해당 철도차량을 구매한 자(해당 철도차량을 구매한 자와 계약에 따라 해당 철도차량을 정비하는 자를 포함한다)에게 공급해야 한다.
② 다만, 철도차량 판매자가 철도차량 구매자와 협의하여 철도차량 판매자가 공급하는 부품 외의 다른 부품의 사용이 가능하다고 약정하는 경우에는 철도차량 판매자는 해당 부품을 철도차량 구매자에게 공급하지 않을 수 있다.
③ 법에 따라 철도차량 판매자가 철도차량 구매자에게 제공하는 부품의 형식 및 규격은 철도차량 판매자가 판매한 철도차량과 일치해야 한다.
④ 철도차량 판매자는 자신이 판매 또는 공급하는 부품의 가격을 결정할 때 해당 부품의 제조원가(개발비용은 제외한다) 등을 고려하여 신의성실의 원칙에 따라 합리적으로 결정해야 한다.

**해설** 철도차량 판매자는 자신이 판매 또는 공급하는 부품의 가격을 결정할 때 해당 부품의 제조원가(개발비용을 포함한다) 등을 고려하여 신의성실의 원칙에 따라 합리적으로 결정해야 한다.

**222** 다음 중 철도차량 판매자가 철도차량의 완성검사를 받은 날부터 20년 이상 철도차량 구매자에게 공급해야되는 부품으로 틀린 것은?

① 「철도안전법」에 따라 대통령령으로 정하는 철도용품
② 철도차량의 동력전달장치(엔진, 변속기, 감속기, 견인전동기 등), 주행·제동장치 또는 제어장치 등이 고장난 경우 해당 철도차량 자력(自力)으로 계속 운행이 불가능하여 다른 철도차량의 견인을 받아야 운행할 수 있는 부품
③ 그 밖에 철도차량 판매자와 철도차량 구매자의 계약에 따라 공급하기로 약정한 부품
④ 다만, 철도차량 판매자가 철도차량 구매자와 협의하여 철도차량 판매자가 공급하는 부품 외의 다른 부품의 사용이 가능하다고 약정하는 경우에는 철도차량 판매자는 해당 부품을 철도차량 구매자에게 공급하지 않을 수 있다.

**해설** 「철도안전법」 제26조에 따라 국토교통부장관이 형식승인 대상으로 고시하는 철도용품

**223** 다음 중 철도차량 판매자가 철도차량 구매자에게 제공하여야되는 자료 중 유지보수 기술문서에 포함되어야 하는 사항으로 틀린 것은?

① 부품의 재고관리, 주요 부품의 교환주기, 기록관리 사항
② 유지보수에 필요한 기계 또는 장비 등의 현황
③ 유지보수 공정의 계획 및 내용(일상 유지보수, 정기 유지보수, 비정기 유지보수 등)
④ 철도차량이 최적의 상태를 유지할 수 있도록 유지보수 단계별로 필요한 모든 기

221 ④    222 ①    223 ②

능 및 조치를 상세하게 적은 기술문서

**해설** 유지보수 기술문서에는 다음 각 호의 사항이 포함되어야 한다.
1. 부품의 재고관리, 주요 부품의 교환주기, 기록관리 사항
2. 유지보수에 필요한 설비 또는 장비 등의 현황
3. 유지보수 공정의 계획 및 내용(일상 유지보수, 정기 유지보수, 비정기 유지보수 등)
4. 철도차량이 최적의 상태를 유지할 수 있도록 유지보수 단계별로 필요한 모든 기능 및 조치를 상세하게 적은 기술문서

### 224 다음 중 철도차량 판매자가 철도차량 구매자에게 기술지도 또는 교육을 시행하는 방법으로 틀린 것은?

① 시디(CD), 디브이디(DVD) 등 영상녹화물의 제공을 통한 시청각 교육
② 실제차량 및 도면을 통한 현장 교육
③ 교재 및 참고자료의 제공을 통한 서면 교육
④ 그 밖에 철도차량 판매자와 철도차량 구매자의 계약 또는 협의에 따른 방법

**해설** 철도차량 판매자는 철도차량 구매자에게 다음 각 호에 따른 방법으로 기술지도 또는 교육을 시행해야 한다.
1. 시디(CD), 디브이디(DVD) 등 영상녹화물의 제공을 통한 시청각 교육
2. 교재 및 참고자료의 제공을 통한 서면 교육
3. 그 밖에 철도차량 판매자와 철도차량 구매자의 계약 또는 협의에 따른 방법

### 225 다음 중 철도차량 판매자가 철도차량 구매자에게 집합교육 또는 현장교육을 실시해야 되는 경우로 맞는 것은?

① 철도차량 판매자가 해당 철도차량 정비기술이 바뀜에 따라 교육이 필요하다고 인정하는 경우
② 철도차량 구매자가 해당 철도차량 정비기술의 숙지를 위하여 필요하다고 인정하는 경우
③ 철도차량 판매자가 해당 철도차량 정비기술의 효과적인 보급을 위하여 필요하다고 인정하는 경우
④ 철도차량 판매자 또는 철도차량 구매자가 바뀜에 따라 교육이 필요하다고 인정하는 경우

### 226 다음 중 국토교통부장관이 철도차량 또는 철도용품의 제작·수입·판매 또는 사용의 중지를 명할 수 있거나 명하여야 하는 경우로 틀린 것은?

① 법에 따라 형식승인이 취소된 경우
② 법에 따라 변경승인 이행명령을 받은 경우
③ 법에 따른 주행검사를 받지 아니한 철도차량을 판매한 경우(판매 또는 사용의 중지명령만 해당한다)
④ 형식승인을 받은 내용과 다르게 철도차량 또는 철도용품을 제작·수입·판매한 경우

### 227 다음 중 철도차량 또는 철도용품 제작자가 시정조치를 하는 경우 시정조치가 완료될 때까지 매 분기마다 분기 종료 후 몇일 이내에 국토교통부장관에게 시정조치의 진행상황을 보고하여야 하는지 맞는 것은?

① 7일  ② 15일
③ 20일  ④ 30일

**해설** 규칙 제73조(시정조치계획의 제출 및 보고 등)
③ 철도차량 또는 철도용품 제작자가 시정조치를 하는 경우에는 법 제32조제4항에 따라 시정조치가 완료될 때까지 매 분기마다 분기 종료 후 20일 이내에 국토교통부장관에게 시정조치의 진행상황을 보고하여야 하고, 시정조치를 완료한 경우에는 완료 후 20일 이내에 그 시정내용을 국토교통부장관에게 보고하여야 한다.

224 ② 225 ③ 226 ③ 227 ③

**228** 다음 중 철도표준규격을 개정하거나 폐지할 수 있는 주기로 맞는 것은?

① 2년  ② 3년
③ 5년  ④ 10년

**해설** 국토교통부장관은 제3항에 따라 철도표준규격을 고시한 날부터 3년마다 타당성을 확인하여 필요한 경우에는 철도표준규격을 개정하거나 폐지할 수 있다.

**229** 다음 중 철도표준규격의 제정·개정 또는 폐지에 관하여 이해관계가 있는 자가 의견서를 제출하는 곳으로 맞는 것은?

① 철도산업위원회
② 기술위원회
③ 과학기술위원회
④ 한국철도기술연구원

**해설** 철도표준규격의 제정·개정 또는 폐지에 관하여 이해관계가 있는 자는 별지 제44호서식의 철도표준규격 제정·개정·폐지 의견서에 다음 각 호의 서류를 첨부하여 「과학기술분야 정부출연연구기관 등의 설립·운영 및 육성에 관한 법률」에 따른 한국철도기술연구원(이하 "한국철도기술연구원"이라 한다)에 제출할 수 있다.

**230** 다음 중 종합시험운행에 대하여 틀린 것은?

① 철도운영자등은 철도노선을 새로 건설하거나 기존노선을 개량하여 운영하려는 경우에는 정상운행을 하기 전에 종합시험운행을 실시한 후 그 결과를 국토교통부장관에게 보고하여야 한다.
② 국토교통부장관은 법에 따른 보고를 받은 경우에는 「철도의 건설 및 철도시설 유지관리에 관한 법률」에 따른 기술기준에의 적합 여부, 철도시설 및 열차운행체계의 안전성 여부, 정상운행 준비의 적절성 여부 등을 검토하여 필요하다고 인정하는 경우에는 개선·시정할 것을 명할 수 있다.
③ 종합시험운행은 철도운영자 단독으로 실시한다.
④ 법에 따른 종합시험운행의 실시 시기·방법·기준과 개선·시정 명령 등에 필요한 사항은 국토교통부령으로 정한다.

**해설** 종합시험운행은 철도운영자와 합동으로 실시한다.

**231** 다음 중 안전관리책임자가 수행해야되는 업무로 틀린 것은?

① 「산업안전보건법」 등 관련 법령에서 정한 안전조치사항의 점검·확인
② 종합시험운행을 실시하기 전의 안전점검 및 종합시험운행 중 안전관리 감독
③ 종합시험운행에 사용되는 철도시설에 대한 안전 통제
④ 종합시험운행에 사용되는 안전장비의 점검·확인

**해설** 철도운영자등이 종합시험운행을 실시하는 때에는 안전관리책임자를 지정하여 다음 각 호의 업무를 수행하도록 하여야 한다.
1. 「산업안전보건법」 등 관련 법령에서 정한 안전조치사항의 점검·확인
2. 종합시험운행을 실시하기 전의 안전점검 및 종합시험운행 중 안전관리 감독
3. 종합시험운행에 사용되는 철도차량에 대한 안전 통제
4. 종합시험운행에 사용되는 안전장비의 점검·확인
5. 종합시험운행 참여자에 대한 안전교육

**232** 다음 중 철도차량의 개조 등에 대한 내용으로 틀린 것은?

① 철도차량을 소유하거나 운영하는 자는 철도차량 최초 제작 당시와 다르게 구조, 부품, 장치 또는 차량성능 등에 대한 개량 및 변경 등을 임의로 하고 운행하여서는 아니 된다.

② 소유자등이 철도차량을 개조하여 운행하려면 법에 따른 철도차량의 기술기준에 적합한지에 대하여 국토교통부령으로 정하는 바에 따라 국토교통부장관의 승인을 받아야 한다. 다만, 국토교통부령으로 정하는 경미한 사항을 개조하는 경우에는 국토교통부장관에게 신고하여야 한다.

③ 소유자등이 철도차량을 개조하여 개조승인을 받으려는 경우에는 국토교통부령으로 정하는 바에 따라 적정 개조능력이 있다고 인정되는 자가 개조 작업을 수행하도록 하여야 한다.

④ 국토교통부장관은 개조승인을 하려는 경우에는 해당 철도차량이 법에 따라 고시하는 철도차량의 품질관리체계에 적합한지에 대하여 개조승인검사를 하여야 한다.

**해설** 국토교통부장관은 개조승인을 하려는 경우에는 해당 철도차량이 제26조제3항에 따라 고시하는 철도차량의 기술기준에 적합한지에 대하여 개조승인검사를 하여야 한다.

### 233 다음 중 철도차량 개조승인신청서에 첨부하여야되는 서류로 틀린 것은?

① 개조의 범위, 사유 및 작업 계획에 관한 서류
② 개조 전·후 사양 대비표
③ 개조에 필요한 인력, 장비, 시설 및 부품 또는 장치에 관한 서류
④ 개조 작업지시서

**해설**
1. 개조 대상 철도차량 및 수량에 관한 서류
2. 개조의 범위, 사유 및 작업 일정에 관한 서류
3. 개조 전·후 사양 대비표
4. 개조에 필요한 인력, 장비, 시설 및 부품 또는 장치에 관한 서류

5. 개조작업수행 예정자의 조직·인력 및 장비 등에 관한 현황과 개조작업수행에 필요한 부품, 구성품 및 용역의 내용에 관한 서류. 다만, 개조작업수행 예정자를 선정하기 전인 경우에는 개조작업수행 예정자 선정기준에 관한 서류
6. 개조 작업지시서
7. 개조하고자 하는 사항이 철도차량기술기준에 적합함을 입증하는 기술문서

### 234 다음 중 국토교통부령으로 정하는 경미한 개조사항으로 틀린 것은?

① 차체구조 등 철도차량 구조체의 개조로 인하여 해당 철도차량의 허용 적재하중 등 철도차량의 강도가 5% 미만으로 변동되는 경우
② 설비의 변경 또는 교체에 따라 고속철도차량 및 일반철도차량의 동력차(기관차)의 중량 및 중량분포가 2% 이하로 변동되는 경우
③ 설비의 변경 또는 교체에 따라 디젤동차의 중량 및 중량분포가 3%이하로 변동되는 경우
④ 설비의 변경 또는 교체에 따라 도시철도차량의 중량 및 중량분포가 5%이하로 변동되는 경우

**해설** 규칙 제75조의4(철도차량의 경미한 개조)① 법 제38조의2제2항 단서에서 "국토교통부령으로 정하는 경미한 사항을 개조하는 경우"란 다음 각 호의 어느 하나에 해당하는 경우를 말한다.
1. 차체구조 등 철도차량 구조체의 개조로 인하여 해당 철도차량의 허용 적재하중 등 철도차량의 강도가 100분의 5 미만으로 변동되는 경우
2. 설비의 변경 또는 교체에 따라 해당 철도차량의 중량 및 중량분포가 다음 각 목에 따른 기준 이하로 변동되는 경우
가. 고속철도차량 및 일반철도차량의 동력차(기관차): 100분의 2
나. 고속철도차량 및 일반철도차량의 객차·화차·전기동차·디젤동차: 100분의 4
다. 도시철도차량: 100분의 5

232 ④　233 ①　234 ③

**235** 다음 중 경미한 개조사항을 적용할 때 개조로 보지 않는 사항으로 틀린 것은?

① 견인장치와 관련되지 아니한 소프트웨어의 수정
② 출입문장치와 관련되지 아니한 소프트웨어의 수정
③ 제동장치와 관련되지 아니한 소프트웨어의 수정
④ 신호 및 통신 장치와 관련되지 아니한 소프트웨어의 수정

**해설** 다음 각 목의 장치와 관련되지 아니한 소프트웨어의 수정
가. 견인장치
나. 제동장치
다. 차량의 안전운행 또는 승객의 안전과 관련된 제어장치

**236** 다음 중 철도차량 개조신고서에 첨부하여야 되는 서류로 틀린 것은?

① 국토교통부령으로 정하는 경미한 개조사항을 증명하는 서류
② 개조하고자 하는 사항이 철도차량기술기준에 적합함을 입증하는 기술문서
③ 개조의 범위, 사유 및 작업 일정에 관한 서류
④ 개조작업수행 예정자의 조직·인력 및 장비 등에 관한 현황과 개조작업수행에 필요한 부품, 구성품 및 용역의 내용에 관한 서류. 다만, 개조작업수행 예정자를 선정하기 전인 경우에는 개조작업수행 예정자 선정기준에 관한 서류

**해설** 소유자등이 제1항에 따른 경미한 사항의 철도차량 개조신고를 하려면 해당 철도차량에 대한 개조작업 시작예정일 10일 전까지 별지 제45호의2서식에 따른 철도차량 개조신고서에 다음 각 호의 서류를 첨부하여 국토교통부장관에게 제출하여야 한다.
1. 국토교통부령으로 정하는 경미한 사항을 개조하는 경우에 해당함을 증명하는 서류
2. 제1호와 관련된 제75조의3제1항제1호부터 제6호까지의 서류
  1. 개조 대상 철도차량 및 수량에 관한 서류
  2. 개조의 범위, 사유 및 작업 일정에 관한 서류
  3. 개조 전·후 사양 대비표
  4. 개조에 필요한 인력, 장비, 시설 및 부품 또는 장치에 관한 서류
  5. 개조작업수행 예정자의 조직·인력 및 장비 등에 관한 현황과 개조작업수행에 필요한 부품, 구성품 및 용역의 내용에 관한 서류. 다만, 개조작업수행 예정자를 선정하기 전인 경우에는 개조작업수행 예정자 선정기준에 관한 서류
  6. 개조 작업지시서

**237** 다음 중 국토교통부령으로 정하는 개조능력이 있다고 인정되는 자로 틀린것은?

① 개조 대상 철도차량 또는 그와 유사한 성능의 철도차량을 제작한 경험이 있는 자
② 개조 대상 부품 또는 장치 등을 제작하여 납품한 실적이 1년 이상 있는 자
③ 법에 따른 인증정비조직
④ 개조 전의 부품 또는 장치 등과 동등 수준 이상의 성능을 확보할 수 있는 부품 또는 장치 등의 신기술을 개발하여 해당 부품 또는 장치를 철도차량에 설치 또는 개량하는 자

**해설** 규칙 제75조의5(철도차량 개조능력이 있다고 인정되는 자)
법 제38조의2제3항에서 "국토교통부령으로 정하는 적정 개조능력이 있다고 인정되는 자"란 다음 각 호의 어느 하나에 해당하는 자를 말한다.
1. 개조 대상 철도차량 또는 그와 유사한 성능의 철도차량을 제작한 경험이 있는 자
2. 개조 대상 부품 또는 장치 등을 제작하여 납품한 실적이 있는 자
3. 개조 대상 부품·장치 또는 그와 유사한 성능의 부품·장치 등을 1년 이상 정비한 실적이 있는 자

235 ② 236 ② 237 ②

4. 법 제38조의7제2항에 따른 인증정비조직
5. 개조 전의 부품 또는 장치 등과 동등 수준 이상의 성능을 확보할 수 있는 부품 또는 장치 등의 신기술을 개발하여 해당 부품 또는 장치를 철도차량에 설치 또는 개량하는 자

**238** 다음 중 개조승인 검사 항목이 아닌것은?

① 개조적합성 검사
② 개조합치성 검사
③ 개조용품형식 검사
④ 개조형식시험

> **해설** 규칙 제75조의6(개조승인 검사 등)
> ① 법 제38조의2제4항에 따른 개조승인 검사는 다음 각 호의 구분에 따라 실시한다.
> 1. 개조적합성 검사: 철도차량의 개조가 철도차량기술기준에 적합한지 여부에 대한 기술문서 검사
> 2. 개조합치성 검사: 해당 철도차량의 대표편성에 대한 개조작업이 제1호에 따른 기술문서와 합치하게 시행되었는지 여부에 대한 검사
> 3. 개조형식시험: 철도차량의 개조가 부품단계, 구성품단계, 완성차단계, 시운전단계에서 철도차량기술기준에 적합한지 여부에 대한 시험

**239** 다음 중 철도차량이 법에 따른 철도차량의 기술기준에 적합하지 않은 경우 2차 위반 시 처분기준으로 맞는 것은?

① 해당 철도차량 운행정지 1개월
② 해당 철도차량 운행정지 2개월
③ 해당 철도차량 운행정지 4개월
④ 해당 철도차량 운행정지 6개월

**240** 다음 중 법을 위반하여 소유자등이 개조승인을 받지 않고 임의로 철도차량을 개조하여 운행하는 경우 과징금으로 맞는 것은?

① 1차 위반 시 시정명령
② 2차 위반 시 150만원
③ 3차 위반 시 1500만원
④ 4차 위반 시 5000만원

**241** 다음 중 철도차량의 이력관리에 대한 내용으로 틀린 것은?

① 소유자등은 보유 또는 운영하고 있는 철도차량과 관련한 제작, 운용, 철도차량정비 및 폐차 등 이력을 관리하여야 한다.
② 법에 따라 이력을 관리하여야 할 철도차량, 이력관리 항목, 전산망 등 관리체계, 방법 및 절차 등에 필요한 사항은 국토교통부장관이 정하여 고시한다.
③ 소유자등은 이력을 국토교통부장관에게 정기적으로 보고하여야 한다.
④ 소유자등은 철도차량과 관련한 제작, 운용, 철도차량정비 및 폐차 등 이력을 체계적으로 관리하여야 한다.

> **해설** 국토교통부장관은 제4항에 따라 보고된 철도차량과 관련한 제작, 운용, 철도차량정비 및 폐차 등 이력을 체계적으로 관리하여야 한다.

**242** 다음 중 철도차량정비 또는 원상복구 명령 등에 대한 내용으로 틀린 것은?

① 국토교통부장관은 법에 따라 철도운영자등에게 철도차량정비 또는 원상복구를 명하는 경우에는 그 시정에 필요한 기간을 주어야 한다.
② 국토교통부장관은 철도운영자등에게 철도차량정비 또는 원상복구를 명하는 경우 대상 철도차량 및 사유 등을 명시하여 서면(전자문서를 포함한다)으로 통지해야 한다.
③ 철도운영자등은 법에 따라 국토교통부장관으로부터 철도차량정비 또는 원상복구 명령을 받은 경우에는 그 명령을 받은 날부터 14일 이내에 시정조치계획서를 작성하여 서면으로 국토교통부장관에게 제출해야 한다.

238 ③   239 ①   240 ④   241 ④   242 ④

④ 철도운영자등은 시정조치를 완료한 경우에는 7일 이내에 그 시정내용을 국토교통부장관에게 서면으로 통지해야 한다.

> **해설** 규칙 제75조의8(철도차량정비 또는 원상복구 명령 등)
> ① 국토교통부장관은 법 제38조의6제3항에 따라 철도운영자등에게 철도차량정비 또는 원상복구를 명하는 경우에는 그 시정에 필요한 기간을 주어야 한다.
> ② 국토교통부장관은 제1항에 따라 철도운영자등에게 철도차량정비 또는 원상복구를 명하는 경우 대상 철도차량 및 사유 등을 명시하여 서면(전자문서를 포함한다. 이하 이 조에서 같다)으로 통지해야 한다.
> ③ 철도운영자등은 법 제38조의6제3항에 따라 국토교통부장관으로부터 철도차량정비 또는 원상복구 명령을 받은 경우에는 그 명령을 받은 날부터 14일 이내에 시정조치계획서를 작성하여 서면으로 국토교통부장관에게 제출해야 하고, 시정조치를 완료한 경우에는 지체 없이 그 시정내용을 국토교통부장관에게 서면으로 통지해야 한다.

**243** 다음 중 국토교통부령으로 정하는 철도사고 또는 운행장애 등으로 틀린 것은?

① 철도차량의 고장 등 철도차량 결함으로 인해 법에 따른 보고대상이 되는 열차사고 또는 위험사고가 발생한 경우
② 철도차량의 고장 등 철도차량 결함에 따른 철도사고로 사망자가 발생한 경우
③ 동일한 부품. 구성품 또는 장치 등의 고장으로 인해 법에 따른 보고대상이 되는 지연운행이 1년에 3회 이상 발생한 경우
④ 그 밖에 철도 운행안전 확보 등을 위해 철도운영자등이 정하여 고시하는 경우

> **해설**
> ④ 법 제38조의6제3항제3호에서 "국토교통부령으로 정하는 철도사고 또는 운행장애 등"이란 다음 각 호의 경우를 말한다.
> 1. 철도차량의 고장 등 철도차량 결함으로 인해 법 제61조 및 이 규칙 제86조제3항에 따른 보고대상이 되는 열차사고 또는 위험사고가 발생한 경우
> 2. 철도차량의 고장 등 철도차량 결함에 따른 철도사고로 사망자가 발생한 경우
> 3. 동일한 부품·구성품 또는 장치 등의 고장으로 인해 법 제61조 및 이 규칙 제86조제3항에 따른 보고대상이 되는 지연운행이 1년에 3회 이상 발생한 경우
> 4. 그 밖에 철도 운행안전 확보 등을 위해 국토교통부장관이 정하여 고시하는 경우

**244** 다음 중 철도차량 정비조직인증에 대한 설명으로 틀린 것은?

① 철도차량정비를 하려는 자는 철도차량정비에 필요한 인력, 설비 및 검사체계 등에 관한 기준을 갖추어 국토교통부장관으로부터 인증을 받아야 한다. 다만, 국토교통부령으로 정하는 경미한 사항의 경우에는 신고하여야된다.
② 인증정비조직이 인증받은 사항을 변경하려는 경우에는 국토교통부장관의 변경인증을 받아야 한다. 다만, 국토교통부령으로 정하는 경미한 사항을 변경하는 경우에는 국토교통부장관에게 신고하여야 한다.
③ 국토교통부장관은 정비조직을 인증하려는 경우에는 국토교통부령으로 정하는 바에 따라 철도차량정비의 종류·범위·방법 및 품질관리질차 등을 정한 세부 운영기준을 해당 정비조직에 발급하여야 한다.
④ 법에 따른 정비조직인증기준, 인증절차, 변경인증절차 및 정비조직운영기준 등에 필요한 사항은 국토교통부령으로 정한다.

> **해설** 제38조의7(철도차량 정비조직인증) ① 철도차량정비를 하려는 자는 철도차량정비에 필요한 인력, 설비 및 검사체계 등에 관한 기준(이하 "정비조직인증기준"이라 한다)을 갖추어 국토교통부장관으로부터 인증을 받아야 한다. 다만, 국토교통부령으로 정하는 경미한 사항의 경우에는 그러하지 아니하다.

243 ④   244 ①

**245** 다음 중 정비조직인증기준으로 틀린 것은?

① 정비조직의 업무를 적절하게 수행할 수 있는 인력을 갖출 것
② 정비조직의 업무수행에 필요한 운영규정을 갖출 것
③ 정비조직의 업무범위에 적합한 시설·장비 등 설비를 갖출 것
④ 정비조직의 업무범위에 적합한 철도차량 정비매뉴얼, 검사체계 및 품질관리체계 등을 갖출 것

**해설** 규칙 제75조의9(정비조직인증의 신청 등)① 법 제38조의7제1항에 따른 정비조직인증기준(이하 "정비조직인증기준"이라 한다)은 다음 각 호와 같다.
1. 정비조직의 업무를 적절하게 수행할 수 있는 인력을 갖출 것
2. 정비조직의 업무범위에 적합한 시설·장비 등 설비를 갖출 것
3. 정비조직의 업무범위에 적합한 철도차량 정비매뉴얼, 검사체계 및 품질관리체계 등을 갖출 것

**246** 다음 중 정비조직운영기준에 해당되지 않는 것은?

① 철도차량정비의 종류
② 철도차량정비의 기간
③ 철도차량정비의 방법
④ 철도차량정비의 품질관리절차

**해설** 국토교통부장관은 정비조직을 인증하려는 경우에는 국토교통부령으로 정하는 바에 따라 철도차량정비의 종류·범위·방법 및 품질관리절차 등을 정한 세부운영기준(이하 "정비조직운영기준"이라 한다)을 해당 정비조직에 발급하여야 한다.

**247** 다음 중 정비조직인증기준을 갖추어 국토교통부장관으로부터 인증을 받지 않아도 되는 경미한 사항으로 틀린 것은?

① 철도차량 정비업무에 상시 종사하는 사람이 50명 미만의 조직
② 중소기업기본법 시행령」 제8조에 따른 소기업 중 해당 기업의 주된 업종이 운수 및 창고업에 해당하는 기업(「통계법」 제22조에 따라 통계청장이 고시하는 한국표준산업분류의 대분류에 따른 운수 및 창고업을 말한다)
③ 철도차량의 주기적인 점검 및 시험에 따라 정비하는 조직
④ 「철도사업법」에 따른 전용철도 노선에서만 운행하는 철도차량을 정비하는 조직

**248** 다음 중 인증정비조직이 변경신고를 하여야 하는 경미한 사항으로 틀린 것은?

① 철도차량 정비를 위한 사업장을 기준으로 철도차량 정비와 관련된 업무를 수행하는 인력의 100분의 10 이하 범위에서의 변경
② 철도차량 정비를 위한 사업장을 기준으로 철도차량 정비에 직접 사용되는 토지 면적의 1만제곱미터 이하 범위에서의 변경
③ 철도차량 정비를 위한 설비 또는 장비 등의 교체 또는 개량
④ 그 밖에 철도차량 정비의 안전 및 품질 등에 중대한 영향을 초래하지 않는 설비 또는 장비 등의 변경

**해설**
1. 철도차량 정비를 위한 사업장을 기준으로 철도차량 정비와 관련된 업무를 수행하는 인력의 100분의 10 이하 범위에서의 변경
2. 철도차량 정비를 위한 사업장을 기준으로 철도차량 정비에 직접 사용되는 토지 면적의 1만제곱미터 이하 범위에서의 변경
3. 그 밖에 철도차량 정비의 안전 및 품질 등에 중대한 영향을 초래하지 않는 설비 또는 장비 등의 변경

245 ②　246 ②　247 ③　248 ③

**249** 다음 중 정비조직의 결격 사유에 해당되지 않는 것은?

① 피성년후견인 및 피한정후견인
② 파산선고를 받고 2년이 지나지 아니한 사람
③ 정비조직의 인증이 취소된 후 2년이 지나지 아니한 자
④ 이 법을 위반하여 징역 이상의 실형을 선고받고 그 집행이 끝나거나 그 집행이 면제된 날부터 2년이 지나지 아니한 사람

**해설** 제38조의8(결격사유) 다음 각 호의 어느 하나에 해당하는 자는 정비조직의 인증을 받을 수 없다. 법인인 경우에는 임원 중 다음 각 호의 어느 하나에 해당하는 사람이 있는 경우에도 또한 같다.

1. 피성년후견인 및 피한정후견인
2. 파산선고를 받은 자로서 복권되지 아니한 자
3. 제38조의10에 따라 정비조직의 인증이 취소(제38조의10제1항제4호에 따라 제1호 및 제2호에 해당되어 인증이 취소된 경우는 제외한다)된 후 2년이 지나지 아니한 자
4. 이 법을 위반하여 징역 이상의 실형을 선고받고 그 집행이 끝나거나 그 집행이 면제된 날부터 2년이 지나지 아니한 사람
5. 이 법을 위반하여 징역 이상의 형의 집행유예를 선고받고 그 유예기간 중에 있는 사람

**250** 다음 중 인증정비조직의 준수사항으로 틀린 것은?

① 철도차량정비기술기준을 준수할 것
② 정비조직인증기준에 적합하도록 유지할 것
③ 철도차량정비가 완료되지 않은 철도차량은 운행할 수 없도록 관리할 것
④ 신규 부품을 사용하여 철도차량정비를 할 경우 그 적정성 및 이상 여부를 확인할 것

**해설** 제38조의9(인증정비조직의 준수사항) 인증정비조직은 다음 각 호의 사항을 준수하여야 한다.

1. 철도차량정비기술기준을 준수할 것
2. 정비조직인증기준에 적합하도록 유지할 것
3. 정비조직운영기준을 지속적으로 유지할 것
4. 중고 부품을 사용하여 철도차량정비를 할 경우 그 적정성 및 이상 여부를 확인할 것
5. 철도차량정비가 완료되지 않은 철도차량은 운행할 수 없도록 관리할 것

**251** 다음 중 인증정비조직을 취소시켜야 하는 경우로 틀린 것은?

① 거짓이나 그 밖의 부정한 방법으로 인증을 받은 경우
② 고의로 국토교통부령으로 정하는 철도사고 및 중대한 운행장애를 발생시킨 경우
③ 법을 위반하여 변경인증을 받지 아니하거나 변경신고를 하지 아니하고 인증받은 사항을 변경한 경우
④ 법에 따른 결격사유에 해당하게 된 경우

**해설** 제38조의10(인증정비조직의 인증 취소 등)① 국토교통부장관은 인증정비조직이 다음 각 호의 어느 하나에 해당하면 인증을 취소하거나 6개월 이내의 기간을 정하여 업무의 제한이나 정지를 명할 수 있다. 다만, 제1호, 제2호(고의에 의한 경우로 한정한다) 및 제4호에 해당하는 경우에는 그 인증을 취소하여야 한다.

1. 거짓이나 그 밖의 부정한 방법으로 인증을 받은 경우
2. 고의 또는 중대한 과실로 국토교통부령으로 정하는 철도사고 및 중대한 운행장애를 발생시킨 경우
3. 제38조의7제2항을 위반하여 변경인증을 받지 아니하거나 변경신고를 하지 아니하고 인증받은 사항을 변경한 경우
4. 제38조의8제1호 및 제2호에 따른 결격사유에 해당하게 된 경우
5. 제38조의9에 따른 준수사항을 위반한 경우

249 ② 250 ④ 251 ③

**252** 다음 중 인증정비조직의 중대한 과실로 발생한 철도사고 재산피해액이 5억원인 경우 처분기준으로 맞는 것은?

① 업무정지 15일
② 업무정지 1개월
③ 업무정지 2개월
④ 업무정지 4개월

**253** 다음 중 인증정비조직의 중대한 과실로 발생한 철도사고로 인하여 재산피해액이 10억원인 경우 과징금으로 맞는 것은?

① 1억원　② 2억원
③ 6억원　④ 12억원

**254** 다음 중 철도차량 정밀안전진단에 대한 설명으로 틀린 것은?

① 소유자등은 철도차량이 제작된 시점(법에 따라 완성검사증명서를 발급받은 날부터 기산한다)부터 국토교통부령으로 정하는 일정기간 또는 일정주행거리가 지나 노후된 철도차량을 운행하려는 경우 일정기간마다 물리적 사용가능 여부 및 안전성능 등에 대한 진단을 받아야 한다.
② 국토교통부장관은 철도사고 및 중대한 운행장애 등이 발생된 철도차량에 대하여는 소유자등에게 정밀안전진단을 받을 것을 명할 수 있다. 이 경우 소유자등은 특별한 사유가 없으면 이에 따라야 한다.
③ 국토교통부장관은 법에 따른 정밀안전진단 대상이 특정 시기에 집중되는 경우나 그 밖의 부득이한 사유로 소유자등이 정밀안전진단을 받을 수 없다고 인정될 때에는 그 기간을 연장하거나 유예할 수 있다.
④ 정밀안전진단 등의 기준·방법·절차 등에 필요한 사항은 대통령령으로 정한다.

**255** 다음 중 정밀안전진단의 시행시기로 틀린 것은?

① 국토교통부장관은 철도차량의 정비주기·방법 등 철도차량 정비의 특수성을 고려하여 최초 정밀안전진단 시기 및 방법 등을 따로 정할 수 있고, 사고복구용·작업용·시험용 철도차량 등 법에 따른 철도차량과 「철도사업법」에 따른 전용철도 노선에서만 운행하는 철도차량은 해당 철도차량의 제작설명서 또는 구매계약서에 명시된 기대수명 전까지 최초 정밀안전진단을 받을 수 있다.
② 소유자등은 정밀안전진단 결과 계속 사용할 수 있다고 인정을 받은 철도차량에 대하여 시행규칙에 따른 기간을 기준으로 1년 마다 해당 철도차량의 물리적 사용가능 여부 및 안전성능 등에 대하여 정기 정밀안전진단을 받아야 하며, 정기 정밀안전진단 결과 계속 사용할 수 있다고 인정을 받은 경우에도 또한 같다. 다만, 국토교통부장관은 철도차량의 정비주기·방법 등 철도차량 정비의 특수성을 고려하여 정기 정밀안전진단 시기 및 방법 등을 따로 정할 수 있다.
③ 최초 정밀안전진단 또는 정기 정밀안전진단 후 운행 중 충돌·추돌·탈선·화재 등 중대한 사고가 발생되어 철도차량의 안전성 또는 성능 등에 대한 정밀안전진단이 필요한 철도차량에 대하여는 해당 철도차량을 운행하기 전에 정밀안

252 ①　253 ②　254 ④　255 ②

전진단을 받아야 한다. 이 경우 정기 정밀안전진단 시기는 직전의 정기 정밀안전진단 결과 계속 사용이 적합하다고 인정을 받은 날을 기준으로 산정한다.

④ 최초 정밀안전진단 또는 정기 정밀안전진단 후 전기·전자장치 또는 그 부품의 전기특성·기계적 특성에 따른 반복적 고장이 3회 이상 발생(실제 운행편성 단위를 기준으로 한다)한 철도차량은 반복적 고장이 3회 발생한 날부터 1년 이내에 해당 철도차량의 고장특성에 따른 상태평가 및 안전성 평가를 시행해야 한다.

> **해설** 소유자등은 제1항 및 제2항에 따른 정밀안전진단 결과 계속 사용할 수 있다고 인정을 받은 철도차량에 대하여 제1항 각 호에 따른 기간을 기준으로 5년 마다 해당 철도차량의 물리적 사용가능 여부 및 안전성능 등에 대하여 다시 정밀안전진단(이하 "정기 정밀안전진단"라 한다)을 받아야 하며, 정기 정밀안전진단 결과 계속 사용할 수 있다고 인정을 받은 경우에도 또한 같다. 다만, 국토교통부장관은 철도차량의 정비주기·방법 등 철도차량 정비의 특수성을 고려하여 정기 정밀안전진단 시기 및 방법 등을 따로 정할 수 있다.

**256** 다음 중 정밀안전진단 계획서에 포함해야되는 사항으로 틀린 것은?

① 정밀안전진단 대상 차량 및 수량
② 안전관리계획
③ 정밀안전진단에 사용될 장비 등의 사용에 관한 사항
④ 그 밖에 정밀안전진단에 필요한 시각자료

> **해설** 정밀안전진단 계획서에는 다음 각 호의 사항을 포함해야 한다.
> 1. 정밀안전진단 대상 차량 및 수량
> 2. 정밀안전진단 대상 차종별 대상항목
> 3. 정밀안전진단 일정·장소
> 4. 안전관리계획
> 5. 정밀안전진단에 사용될 장비 등의 사용에 관한 사항
> 6. 그 밖에 정밀안전진단에 필요한 참고자료

**257** 다음 중 <보기> 빈칸에 들어가야될 숫자를 순서대로 나열한 것으로 맞는 것은?

> 법에 따라 소유자등은 정밀안전진단 대상 철도차량이 특정 시기에 집중되거나 그 밖의 부득이한 사유로 국토교통부장관으로부터 철도차량 정밀안전진단 기간의 연장 또는 유예를 받고자 하는 경우 정밀안전진단 시기가 도래하기 (   )년 전까지 정밀안전진단 기간의 연장 또는 유예를 받고자 하는 철도차량의 종류, 수량, 연장 또는 유예하고자 하는 기간 및 그 사유를 명시하여 국토교통부장관에게 신청해야 한다. 다만, 긴급한 사유 등이 있는 경우 정밀안전진단 기간이 도래하기 (   )년 이전에 신청할 수 있다.

① 1, 5      ② 2, 5
③ 5, 1      ④ 5, 3

**258** 다음 중 정밀안전진단 기간의 연장 또는 유예의 신청을 받은 경우 국토교통부장관이 타당성을 검토해야 되는 사항으로 틀린 것은?

① 연차운행계획
② 정밀안전진단과 유사한 성격의 점검 또는 정비 시행여부
③ 정밀안전진단 시행 여건
④ 철도용품의 안전성

> **해설** 규칙 제75조의15(철도차량 정밀안전진단의 연장 또는 유예)
> ① 법 제38조의12제3항에 따라 소유자등은 정밀안전진단 대상 철도차량이 특정 시기에 집중되거나 그 밖의 부득이한 사유로 국토교통부장관으로부터 철도차량 정밀안전진단 기간의 연장 또는 유예를 받고자 하는 경우 정밀안전진단 시기가 도래하기 5년 전까지 정밀안전진단 기간의 연장 또는 유예를 받고자 하는 철도차량의 종류, 수량, 연장 또는 유예하고자 하는 기간 및 그 사유를 명시하여 국토교통부장관에게 신청해야 한

다. 다만, 긴급한 사유 등이 있는 경우 정밀안전진단 기간이 도래하기 1년 이전에 신청할 수 있다.
② 국토교통부장관은 제1항에 따라 소유자등으로부터 정밀안전진단 기간의 연장 또는 유예의 신청을 받은 경우 열차운행계획, 정밀안전진단과 유사한 성격의 점검 또는 정비 시행여부, 정밀안전진단 시행 여건 및 철도차량의 안전성 등에 관한 타당성을 검토하여 해당 철도차량에 대한 정밀안전진단 기간의 연장 또는 유예를 할 수 있다.

### 259 다음 중 정밀안전진단 평가 방법이 아닌 것은?

① 성능 평가
② 장비 평가
③ 안전성 평가
④ 상태 평가

**해설** 규칙 제75조의16(철도차량 정밀안전진단의 방법 등)
① 법 제38조의12제1항에 따른 정밀안전진단은 다음 각 호의 구분에 따라 시행한다.
  1. 상태 평가: 철도차량의 치수 및 외관검사
  2. 안전성 평가: 결함검사, 전기특성검사 및 전선열화 검사
  3. 성능 평가: 역행시험, 제동시험, 진동시험 및 승차감시험

### 260 다음 중 정밀안전진단기관 지정신청서에 첨부해야되는 서류로 틀린 것은?

① 운영계획서
② 정밀안전진단업무규정
③ 정밀안전진단에 필요한 시설 및 장비 내역서
④ 정밀안전진단기관에서 고용하는 직원의 인영

### 261 다음 중 정밀안전진단 결과를 거짓으로 기록한 경우 2차 위반 시 처분기준으로 맞는 것은?

① 업무정지 1개월
② 업무정지 2개월
③ 업무정지 4개월
④ 업무정지 6개월

## 제5장 ▶ 철도차량 운행안전 및 철도보호

### 262 다음 중 철도차량의 운행 및 철도교통관제에 대한 설명으로 틀린 것은?

① 열차의 편성, 철도차량 운전 및 신호방식 등 철도차량의 안전운행에 필요한 사항은 국토교통부령으로 정한다.
② 철도차량을 운행하는 자는 국토교통부장관이 지시하는 이동·출발·정지 등의 명령과 운행 기준·방법·절차 및 순서 등에 따라야 한다.
③ 철도운영자는 철도차량의 안전하고 효율적인 운행을 위하여 철도시설의 운용상태 등 철도차량의 운행과 관련된 조언과 정보를 철도종사자에게 제공할 수 있다.
④ 국토교통부장관은 철도차량의 안전한 운행을 위하여 철도시설 내에서 사람, 자동차 및 철도차량의 운행제한 등 필요한 안전조치를 취할 수 있다.

**해설** 국토교통부장관은 철도차량의 안전하고 효율적인 운행을 위하여 철도시설의 운용상태 등 철도차량의 운행과 관련된 조언과 정보를 철도종사자 또는 철도운영자등에게 제공할 수 있다.

259 ②   260 ④   261 ④   262 ③

**263** 다음 중 국토교통부장관이 행하는 관제업무의 내용이 아닌 것은?

① 철도시설의 운용상태 등 철도차량의 운행과 관련된 조언과 정보의 제공 업무
② 철도보호지구에서 토석, 자갈 및 모래의 채취 행위를 할때 열차운행 통제 업무
③ 철도사고등의 발생 시 사고복구, 긴급구조·구호 지시 및 관계 기관에 대한 상황 보고·전파 업무
④ 정상운행을 하기 전의 신설선 또는 개량선에서 철도차량을 운행하는 경우 철도차량의 운행에 대한 집중 제어·통제 및 감시

**해설** 규칙 제76조(철도교통관제업무의 대상 및 내용 등)
① 다음 각 호의 어느 하나에 해당하는 경우에는 법 제39조의2에 따라 국토교통부장관이 행하는 철도교통관제업무(이하 "관제업무"라 한다)의 대상에서 제외한다.
  1. 정상운행을 하기 전의 신설선 또는 개량선에서 철도차량을 운행하는 경우
  2. 「철도산업발전 기본법」 제3조제2호나목에 따른 철도차량을 보수·정비하기 위한 차량정비기지 및 차량유치시설에서 철도차량을 운행하는 경우

**264** 다음 중 영상기록장치의 설치, 운영에 대한 설명으로 틀린 것은?

① 철도운영자등은 철도차량의 운행상황 기록, 교통사고 상황 파악, 안전사고 방지 등을 위하여 철도차량 중 대통령령으로 정하는 동력차에 영상기록장치를 설치, 운영하여야 한다. 이 경우 영상기록장치의 설치 기준, 방법 등은 대통령령으로 정한다.
② 철도운영자등은 법에 따라 영상기록장치를 설치하는 경우 운전업무종사자 등이 쉽게 인식할 수 있도록 대통령령으로 정하는 바에 따라 안내판 설치 등 필요한 조치를 하여야 한다.
③ 철도운영자등은 설치 목적과 다른 목적으로 영상기록장치를 임의로 조작하거나 다른 곳을 비추어서는 아니 되며, 운행기간 외에는 영상기록(음성기록을 포함한다. 이하 같다)을 하여서는 아니 된다.
④ 철도운영자등은 영상기록장치에 기록된 영상이 분실·도난·유출·변조 또는 훼손되지 아니하도록 국토교통부령으로 정하는 바에 따라 영상기록장치의 운영·관리 지침을 마련하여야 한다.

**해설** 철도운영자등은 영상기록장치에 기록된 영상이 분실·도난·유출·변조 또는 훼손되지 아니하도록 대통령령으로 정하는 바에 따라 영상기록장치의 운영·관리 지침을 마련하여야 한다.

**265** 다음 중 대통령령으로 정하는 동력차에 대한 설명으로 맞는 것은?

① 철도차량의 맨 앞 부분으로서 운전설비가 있는 차량을 말한다.
② 열차의 맨 앞에 위치한 동력차로서 운전실 또는 운전설비가 있는 동력차를 말한다.
③ 열차의 맨 앞에 위치한 운전실로서 운전설비가 있는 동력차를 말한다.
④ 운전실 또는 운전설비가 있는 철도차량을 말한다.

**해설** "대통령령으로 정하는 동력차"란 열차의 맨 앞에 위치한 동력차로서 운전실 또는 운전설비가 있는 동력차를 말한다.

263 ④   264 ④   265 ②

**266** 다음 중 대통령령으로 정하는 안전사고의 우려가 있는 역 구내로 틀린 것은?

① 승강장
② 대합실
③ 승강설비
④ 통로(계단을 포함한다)

**267** 다음 중 대통령령으로 정하는 차량정비기지로 틀린 것은?

① 고속철도차량을 정비하는 차량정비기지
② 철도차량을 중정비하는 차량정비기지
③ 철도차량을 유치하고 검수를 수행하는 차량정비기지
④ 대지면적 3천 제곱미터 이상의 차량정비기지

> **해설** 영 제30조(영상기록장치 설치차량)
> ② 법 제39조의3제1항제2호에서 "승강장 등 대통령령으로 정하는 안전사고의 우려가 있는 역 구내"란 승강장, 대합실 및 승강설비를 말한다.
> ③ 법 제39조의3제1항제3호에서 "대통령령으로 정하는 차량정비기지"란 다음 각 호의 어느 하나에 해당하는 차량정비기지를 말한다.
> 1. 「철도사업법」제4조의2제1호에 따른 고속철도차량을 정비하는 차량정비기지
> 2. 철도차량을 중정비(철도차량을 완전히 분해하여 검수·교환하거나 탈선·화재 등으로 중대하게 훼손된 철도차량을 정비하는 것을 말한다)하는 차량정비기지
> 3. 대지면적이 3천제곱미터 이상인 차량정비기지

**268** 다음 중 영상기록장치 안내판 표시사항으로 틀린 것은?

① 영상기록장치의 설치 목적
② 영상기록장치의 설치 위치
③ 영상기록장치에 대한 접근 권한이 있는 사람
④ 영상기록장치의 촬영 범위 및 촬영 시간

> **해설** 영 제31조(영상기록장치 설치 안내)
> 철도운영자등은 법 제39조의3제2항에 따라 운전실 출입문 등 운전업무종사자 등 「개인정보보호법」제2조제3호에 따른 정보주체가 쉽게 인식할 수 있는 곳에 다음 각 호의 사항이 표시된 안내판을 설치하여야 한다.
> 1. 영상기록장치의 설치 목적
> 2. 영상기록장치의 설치 위치, 촬영 범위 및 촬영 시간
> 3. 영상기록장치 관리 책임 부서, 관리책임자의 성명 및 연락처
> 4. 그 밖에 철도운영자등이 필요하다고 인정하는 사항

**269** 다음 중 영상기록장치 운영·관리 지침에 포함해야되는 사항으로 틀린 것은?

① 영상기록의 촬영 시간, 보관기간, 보관장소 및 처리방법
② 철도운영자등의 영상기록 확인 방법 및 장소
③ 영상기록에 대한 접근 통제 및 접근을 제한할 수 있는 암호화 기술의 적용 또는 이에 상응하는 조치
④ 영상기록의 안전한 보관을 위한 보관시설의 마련 또는 잠금장치의 설치 등 물리적 조치

> **해설** 영상기록을 안전하게 저장·전송할 수 있는 암호화 기술의 적용 또는 이에 상응하는 조치

**270** 다음 중 여객의 대기·승하차 및 이동상황, 철도차량의 진출입 및 운행상황, 철도시설의 운영 및 현장상황에 관한 영상이 촬영될 수 있는 위치에 설치하여야 되는 곳으로 틀린 것은?

① 철도차량 중 대통령령으로 정하는 동력차
② 승강장 등 대통령령으로 정하는 안전사고의 우려가 있는 역 구내
③ 대통령령으로 정하는 차량정비기지
④ 변전소 등 대통령령으로 정하는 안전확보가 필요한 철도시설

266 ④   267 ③   268 ③   269 ③   270 ①

**271** 다음 중 철도운영자가 열차운행을 일시 중지할 수 있는 재해로 틀린 것은?

① 지진  ② 태풍
③ 해일  ④ 악천후

해설 제40조(열차운행의 일시 중지)
철도운영자는 다음 각 호의 어느 하나에 해당하는 경우로서 열차의 안전운행에 지장이 있다고 인정하는 경우에는 열차운행을 일시 중지할 수 있다.
1. 지진, 태풍, 폭우, 폭설 등 천재지변 또는 악천후로 인하여 재해가 발생하였거나 재해가 발생할 것으로 예상되는 경우

**272** 다음 중 운전업무종사자의 준수사항 중 역시설에서 출발하는 경우 여객의 승하차 여부를 확인하지 않아도 되는 경우로 맞는 것은?

① 여객역무원이 대신하여 확인하는 경우
② 여객승무원이 대신하여 확인하는 경우
③ 관제업무종사자가 대신하여 확인하는 경우
④ 정비원이 대신하여 확인하는 경우

해설 철도차량이 역시설에서 출발하는 경우 여객의 승하차 여부를 확인할 것. 다만, 여객승무원이 대신하여 확인하는 경우에는 그러하지 아니하다.

**273** 다음 중 차량정비기지에서 출발하는 경우 운전업무종사자가 이상 여부를 확인하여야되는 기능으로 틀린 것은?

① 운전제어와 관련된 장치의 기능
② 제동장치 기능
③ 출입문 기능
④ 그 밖에 운전 시 사용하는 각종 계기판의 기능

해설 규칙 제76조의4(운전업무종사자의 준수사항)
① 법 제40조의2제1항제1호에서 "철도차량 출발 전 국토교통부령으로 정하는 조치사항"이란 다음 각 호를 말한다.

1. 철도차량이 「철도산업발전기본법」 제3조제2호나목에 따른 차량정비기지에서 출발하는 경우 다음 각 목의 기능에 대하여 이상 여부를 확인할 것
 가. 운전제어와 관련된 장치의 기능
 나. 제동장치 기능
 다. 그 밖에 운전 시 사용하는 각종 계기판의 기능

**274** 다음 중 운전업무종사자의 준수사항으로 틀린 것은?

① 철도신호에 따라 철도차량을 운행할 것
② 열차를 후진하지 아니할 것. 비상상황 발생 등의 사유로 국토교통부장관의 지시를 받는 경우에는 그러하지 아니하다.
③ 정거장 외에는 정차를 하지 아니할 것. 다만, 정지신호의 준수 등 철도차량의 안전운행을 위하여 정차를 하여야 하는 경우에는 그러하지 아니하다.
④ 철도운영자가 정하는 구간별 제한속도에 따라 운행할 것

해설 열차를 후진하지 아니할 것. 다만, 비상상황 발생 등의 사유로 관제업무종사자의 지시를 받는 경우에는 그러하지 아니하다.

**275** 다음 중 관제업무종사자가 정보를 제공해야 되는 대상이 아닌 것은?

① 운전업무종사자
② 여객승무원
③ 정거장에서 철도신호기·선로전환기 또는 조작판 등을 취급하거나 열차의 조성업무 수행자
④ 여객역무원

271 ③  272 ②  273 ③  274 ②  275 ④

**276** 다음 중 관제업무종사자가 제공하여야 되는 정보로 틀린 것은?

① 열차의 출발, 정차 및 선로변경 등 열차 운행의 변경에 관한 정보
② 철도차량이 운행하는 선로 주변의 공사·작업의 변경 정보
③ 철도사고등에 관련된 정보
④ 테러 발생 등 그 밖의 비상상황에 관한 정보

> **해설** 규칙 제76조의5(관제업무종사자의 준수사항)
> ① 법 제40조의2제2항제1호에 따라 관제업무종사자는 다음 각 호의 정보를 운전업무종사자, 여객승무원 또는 영 제3조제4호에 따른 사람에게 제공하여야 한다.
>   1. 열차의 출발, 정차 및 노선변경 등 열차 운행의 변경에 관한 정보
>   2. 열차 운행에 영향을 줄 수 있는 다음 각 목의 정보
>     가. 철도차량이 운행하는 선로 주변의 공사·작업의 변경 정보
>     나. 철도사고등에 관련된 정보
>     다. 재난 관련 정보
>     라. 테러 발생 등 그 밖의 비상상황에 관한 정보

**277** 다음 중 철도사고등의 수습을 위하여 관제업무종사자의 준수사항으로 틀린 것은?

① 안내방송 등 여객 대피를 위한 필요한 조치 지시
② 전차선의 전기공급 차단 조치
③ 공사열차 또는 임시열차의 운행 지시
④ 열차의 운행간격 조정

> **해설** 철도사고등의 수습을 위하여 필요한 경우 다음 각 목의 조치를 할 것
> 가. 사고현장의 열차운행 통제
> 나. 의료기관 및 소방서 등 관계기관에 지원 요청
> 다. 사고 수습을 위한 철도종사자의 파견 요청
> 라. 2차 사고 예방을 위하여 철도차량이 구르지 아니하도록 하는 조치 지시
> 마. 안내방송 등 여객 대피를 위한 필요한 조치 지시
> 바. 전차선(電車線, 선로를 통하여 철도차량에 전기를 공급하는 장치를 말한다)의 전기공급 차단 조치
> 사. 구원(救援)열차 또는 임시열차의 운행 지시
> 아. 열차의 운행간격 조정

**278** 다음 중 작업책임자가 작업 수행 전에 작업원을 대상으로 실시해야 되는 안전교육에 포함하여야 되는 사항으로 틀린 것은?

① 안전장비 착용 등 작업원 보호에 관한 사항
② 작업특성 및 현장여건에 따른 위험요인에 대한 안전조치 방법
③ 작업책임자와 작업원의 의사소통 방법, 작업통제 방법 및 그 준수에 관한 사항
④ 건설기계 등 장비를 사용하는 작업의 경우에는 사용방법에 관한 사항

> **해설** 규칙 제76조의6(작업책임자의 준수사항)
> ① 법 제2조제10호마목에 따른 작업책임자(이하 "작업책임자"라 한다)는 법 제40조의2제3항제1호에 따라 작업 수행 전에 작업원을 대상으로 다음 각 호의 사항이 포함된 안전교육을 실시해야 한다.
>   1. 해당 작업일의 작업계획(작업량, 작업일정, 작업순서, 작업방법, 작업원별 임무 및 작업장 이동방법 등을 포함한다)
>   2. 안전장비 착용 등 작업원 보호에 관한 사항
>   3. 작업특성 및 현장여건에 따른 위험요인에 대한 안전조치 방법
>   4. 작업책임자와 작업원의 의사소통 방법, 작업통제 방법 및 그 준수에 관한 사항
>   5. 건설기계 등 장비를 사용하는 작업의 경우에는 철도사고 예방에 관한 사항
>   6. 그 밖에 안전사고 예방을 위해 필요한 사항으로서 국토교통부장관이 정해 고시하는 사항

**279** 다음 중 작업원 안전교육 사항 중 작업계획에 포함되는 사항으로 틀린 것은?

① 작업일정
② 작업순서
③ 작업원별 직책
④ 작업방법

> **해설** 해당 작업일의 작업계획(작업량, 작업일정, 작업순서, 작업방법, 작업원별 임무 및 작업장 이동방법 등을 포함한다)

276 ①    277 ③    278 ④    279 ③

**280** 다음 중 작업수행 전 조치사항으로 틀린 것은?

① 작업원의 안전장비 착용상태 점검
② 작업계획서와 열차의 운행일정 점검
③ 작업에 필요한 안전장비·안전시설의 점검
④ 그 밖에 작업 수행 전에 필요한 조치로서 국토교통부장관이 정해 고시하는 조치

**281** 다음 중 철도차량의 운행선로 또는 그 인근에서 철도시설의 건설 또는 관리와 관련된 작업 수행 중 철도운행안전관리자가 준수하여야 되는 사항으로 틀린 것은?

① 작업일정 및 열차의 운행일정을 작업수행 전에 조정할 것
② 작업일정 및 열차의 운행일정을 작업과 관련하여 관할 역의 관리책임자(정거장에서 철도신호기·선로전환기 또는 조작판 등을 취급하는 사람을 포함한다) 및 관제업무종사자와 협의하여 조정할 것
③ 작업일정 및 열차의 운행일정을 조정할 경우 운전업무종사자에게 통보할 것
④ 국토교통부령으로 정하는 열차운행 및 작업안전에 관한 조치 사항을 이행할 것

**282** 다음 중 <보기>의 빈칸에 들어갈 말로 맞는 것은?

> 철도운행안전관리자는 철도차량의 운행선로에서 관리와 관련된 작업 수행 중 작업일정 및 열차의 운행일정을 작업수행 전에 조정하여야 한다. 조정을 위한 협의 시 작성한 협의서를 각각 협의 대상 작업의 종료일부터 ( )간 보관해야 한다.

① 1개월　　　　② 3개월
③ 6개월　　　　④ 1년

해설　규칙 제76조의9(철도시설 건설·관리 작업 관련 협의서의 작성 등)
② 철도운행안전관리자, 관할 역의 관리책임자 및 관제업무종사자는 제1항에 따라 작성한 협의서를 각각 협의 대상 작업의 종료일부터 3개월간 보관해야 한다

**283** 다음 중 철도운행안전관리자의 준수사항 중 작업수행 전 조치로 맞는 것은?

① 철도차량의 운행선로나 그 인근에서 철도시설의 건설 또는 관리와 관련한 작업을 수행하는 경우에 작업일정의 조정 또는 작업에 필요한 안전장비·안전시설 등의 점검
②「산업안전보건기준에 관한 규칙」에 따라 배치한 열차운행감시인의 안전장비 착용상태 및 휴대물품 현황 점검
③ 작업이 수행되는 선로를 운행하는 열차가 있는 경우 해당 열차의 운행일정 조정
④ 정거장에서 철도신호기·선로전환기 또는 조작판 등을 취급하는 사람을 포함한 관할 역의 관리책임자 및 작업책임자와의 연락체계 구축

280 ② 281 ③ 282 ② 283 ②

**284** 다음 중 철도사고등의 발생 시 후속조치로 틀린 것은?

① 관제업무종사자 또는 인접한 역시설의 철도종사자에게 철도사고등의 상황을 전파할 것
② 여객의 안전을 확보하기 위하여 필요한 경우 여객을 객실 내로 이동시킬 것
③ 철도차량 내 안내방송을 실시할 것. 다만, 방송장치로 안내방송이 불가능한 경우에는 확성기 등을 사용하여 안내하여야 한다.
④ 2차 사고 예방을 위하여 철도차량이 구르지 아니하도록 하는 조치를 할 것

**해설** 규칙 제76조의8(철도사고등의 발생 시 후속조치 등)
① 법 제40조의2제5항 본문에 따라 운전업무종사자와 여객승무원은 다음 각 호의 후속조치를 이행하여야 한다. 이 경우 운전업무종사자와 여객승무원은 후속조치에 대하여 각각의 역할을 분담하여 이행할 수 있다.
1. 관제업무종사자 또는 인접한 역시설의 철도종사자에게 철도사고등의 상황을 전파할 것
2. 철도차량 내 안내방송을 실시할 것. 다만, 방송장치로 안내방송이 불가능한 경우에는 확성기 등을 사용하여 안내하여야 한다.
3. 여객의 안전을 확보하기 위하여 필요한 경우 철도차량 내 여객을 대피시킬 것
4. 2차 사고 예방을 위하여 철도차량이 구르지 아니하도록 하는 조치를 할 것
5. 여객의 안전을 확보하기 위하여 필요한 경우 철도차량의 비상문을 개방할 것
6. 사상자 발생 시 응급환자를 응급처치하거나 의료기관에 긴급히 이송되도록 지원할 것

**285** 다음 중 운전업무종사자 또는 여객승무원이 철도사고등의 현장이탈해도 되는 경우로 틀린 것은?

① 운전업무종사자 또는 여객승무원이 중대한 부상 등으로 인하여 의료기관으로의 이송이 필요한 경우
② 관제업무종사자 또는 철도사고등의 관리책임자로부터 철도사고등의 현장 이탈이 가능하다고 통보받은 경우
③ 여객을 안전하게 대피시킨 후 운전업무종사자와 여객승무원의 안전을 위하여 현장을 이탈하여야 하는 경우
④ 철도사고등의 현장에서 화재 및 폭발의 위험성으로 인하여 여객과 운전업무종사자 및 여객승무원이 대피하여야 되는 경우

**해설** 법 제40조의2제5항 단서에서 "의료기관으로의 이송이 필요한 경우 등 국토교통부령으로 정하는 경우"란 다음 각 호의 어느 하나에 해당하는 경우를 말한다.
1. 운전업무종사자 또는 여객승무원이 중대한 부상 등으로 인하여 의료기관으로의 이송이 필요한 경우
2. 관제업무종사자 또는 철도사고등의 관리책임자로부터 철도사고등의 현장 이탈이 가능하다고 통보받은 경우
3. 여객을 안전하게 대피시킨 후 운전업무종사자와 여객승무원의 안전을 위하여 현장을 이탈하여야 하는 경우

**286** 다음 중 술을 마시거나 약물을 사용한 상태에서 업무를 하여서는 아니 되는 철도종사자로 틀린 것은?

① 관제업무종사자
② 여객승무원
③ 여객역무원
④ 작업책임자

**해설** 제41조(철도종사자의 음주 제한 등)
① 다음 각 호의 어느 하나에 해당하는 철도종사자(실무수습 중인 사람을 포함한다)는 술(「주세법」 제3조제1호에 따른 주류를 말한다. 이하 같다)을 마시거나 약물을 사용한 상태에서 업무를 하여서는 아니 된다.
1. 운전업무종사자
2. 관제업무종사자
3. 여객승무원
4. 작업책임자
5. 철도운행안전관리자
6. 정거장에서 철도신호기·선로전환기 및 조작판 등을 취급하거나 열차의 조성(組成: 철도차량을 연결하거나 분리하는 작업을 말한다)업무를 수행하는 사람
7. 철도차량 및 철도시설의 점검·정비 업무에 종사하는 사람

284 ②  285 ④  286 ③

**287** 다음 중 혈중 알코올농도가 0.02퍼센트 이상인 경우 술을 마셨다고 판단하는 철도종사자가 아닌 것은?

① 운전업무종사자
② 철도차량 및 철도시설의 점검·정비 업무에 종사하는 사람
③ 관제업무종사자
④ 정거장에서 철도신호기·선로전환기 및 조작판 등을 취급하거나 열차의 조성업무를 수행하는 사람

**288** 다음 중 철도종사자의 음주검사 실시 방법으로 옳은것은?

① 소변검사
② 모발채취 검사
③ 혈압 검사
④ 호흡측정기 검사

> **해설** 법 제41조제2항에 따른 술을 마셨는지에 대한 확인 또는 검사는 호흡측정기 검사의 방법으로 실시하고, 검사 결과에 불복하는 사람에 대해서는 그 철도종사자의 동의를 받아 혈액 채취 등의 방법으로 다시 측정할 수 있다.

**289** 다음 중 위해물품을 열차에서 휴대하거나 적재할 수 있는 사람으로 틀린 것은?

① 「사법경찰관리의 직무를 수행할 자와 그 직무범위에 관한 법률」 제5조제11호에 따른 철도공안
② 「경찰관직무집행법」 제2조의 경찰관 직무를 수행하는 사람
③ 「경비업법」 제2조에 따른 경비원
④ 위험물품을 운송하는 군용열차를 호송하는 군인

> **해설** 규칙 제77조(위해물품 휴대금지 예외) 법 제42조제1항 단서에서 "국토교통부령으로 정하는 특정한 직무를 수행하기 위한 경우"란 다음 각 호의 사람이 직무를 수행하기 위하여 위해물품을 휴대·적재하는 경우를 말한다.
> 1. 「사법경찰관리의 직무를 수행할 자와 그 직무범위에 관한 법률」 제5조제11호에 따른 철도경찰 사무에 종사하는 국가공무원
> 2. 「경찰관직무집행법」 제2조의 경찰관 직무를 수행하는 사람
> 3. 「경비업법」 제2조에 따른 경비원
> 4. 위험물품을 운송하는 군용열차를 호송하는 군인

**290** 다음 중 위해물품의 종류에 대한 설명으로 틀린 것은?

① 화약류: 「총포·도검·화약류 등의 안전관리에 관한 법률」에 따른 화약·폭약·화공품과 그 밖에 폭발성이 있는 물질
② 고압가스: 섭씨 21.1도에서 280킬로파스칼을 초과하거나 섭씨 54.4도에서 730킬로파스칼을 초과하는 절대압력을 가진 물질
③ 인화성 액체: 밀폐식 인화점 측정법에 따른 인화점이 섭씨 60.5도 이하인 액체나 개방식 인화점 측정법에 따른 인화점이 섭씨 65.6도 이하인 액체
④ 가연성고체: 물과 작용하여 인화성 가스를 발생하는 물질

> **해설** 규칙 제78조(위해물품의 종류 등)① 법 제42조제2항에 따른 위해물품의 종류는 다음 각 호와 같다.
> 1. 화약류: 「총포·도검·화약류 등의 안전관리에 관한 법률」에 따른 화약·폭약·화공품과 그 밖에 폭발성이 있는 물질
> 2. 고압가스: 섭씨 50도 미만의 임계온도를 가진 물질, 섭씨 50도에서 300킬로파스칼을 초과하는 절대압력(진공을 0으로 하는 압력을 말한다. 이하 같다)을 가진 물질, 섭씨 21.1도에서 280킬로파스칼을 초과하거나 섭씨 54.4도에서 730킬로파스칼을 초과하는 절대압력을 가진 물질이나, 섭씨 37.8도에서 280킬로파스칼을 초과하는 절대가스압력(진공을 0으로 하는 가스압력을 말한다)을 가진 액체상태의 인화성 물질
> 3. 인화성 액체: 밀폐식 인화점 측정법에 따른 인화점이 섭씨 60.5도 이하인 액체나 개방식 인화점 측정법에 따른 인화점이 섭씨 65.6도 이하인 액체

287 ④   288 ④   289 ①   290 ④

4. 가연성 물질류: 다음 각 목에서 정하는 물질
   가. 가연성고체: 화기 등에 의하여 용이하게 점화되며 화재를 조장할 수 있는 가연성 고체

## 291 다음 중 운송위탁 및 운송금지 위험물 등으로 틀린 것은?

① 점화 또는 점폭약류를 붙인 폭약
② 니트로글리세린
③ 기폭약
④ 뇌홍질화연에 속하는 것

**해설** 영 제44조(운송위탁 운송 금지 위험물 등) 법 제43조에서 "점화류(點火類) 또는 점폭약류(點爆藥類)를 붙인 폭약, 니트로글리세린, 건조한 기폭약(起爆藥), 뇌홍질화연(雷汞窒化鉛)에 속하는 것 등 대통령령으로 정하는 위험물"이란 다음 각 호의 위험물을 말한다.
1. 점화 또는 점폭약류를 붙인 폭약
2. 니트로글리세린
3. 건조한 기폭약
4. 뇌홍질화연에 속하는 것
5. 그 밖에 사람에게 위해를 주거나 물건에 손상을 줄 수 있는 물질로서 국토교통부장관이 정하여 고시하는 위험물

## 292 다음 중 운송취급주의 위험물로 틀린 것은?

① 철도운송 중 화재 발생 우려가 있는 것
② 인화성·산화성 등이 강하여 그 물질 자체의 성질에 따라 발화할 우려가 있는 것
③ 용기가 파손될 경우 내용물이 누출되어 철도차량·레일·기구 또는 다른 화물 등을 부식시키거나 침해할 우려가 있는 것
④ 그 밖에 화물의 성질상 철도시설·철도차량·철도종사자·여객 등에 위해나 손상을 끼칠 우려가 있는 것

**해설** 영 제45조(운송취급주의 위험물) 법 제44조제1항에서 "대통령령으로 정하는 위험물"이란 다음 각 호의 어느 하나에 해당하는 것으로서 국토교통부령으로 정하는 것을 말한다.
1. 철도운송 중 폭발할 우려가 있는 것
2. 마찰·충격·흡습(吸濕) 등 주위의 상황으로 인하여 발화할 우려가 있는 것
3. 인화성·산화성 등이 강하여 그 물질 자체의 성질에 따라 발화할 우려가 있는 것
4. 용기가 파손될 경우 내용물이 누출되어 철도차량·레일·기구 또는 다른 화물 등을 부식시키거나 침해할 우려가 있는 것
5. 유독성 가스를 발생시킬 우려가 있는 것
6. 그 밖에 화물의 성질상 철도시설·철도차량·철도종사자·여객 등에 위해나 손상을 끼칠 우려가 있는 것

## 293 다음 중 위험물의 운송을 위탁받아 철도로 운송하는 철도운영자를 뜻하는 것으로 맞는 것은?

① 위험물 운송자
② 위험물 위탁자
③ 위험물 운영자
④ 위험물 취급자

**해설** 법 제44조(위험물의 운송)
① 대통령령으로 정하는 위험물(이하 "위험물"이라 한다)의 운송을 위탁하여 철도로 운송하려는 자와 이를 운송하는 철도운영자(이하 "위험물취급자"라 한다)

## 294 다음 중 위험물 포장 및 용기의 안전성에 관한 검사의 전부를 면제할 수 있는 대상으로 틀린 것은?

①「고압가스 안전관리법」에 따른 검사에 합격하거나 검사가 생략된 경우
② 대한민국이 체결한 협정 또는 대한민국이 가입한 협약에 따라 검사하여 외국정부 등이 발행한 증명서가 있는 경우
③「항공안전법」에 따른 검사에 합격한 경우
④ 그 외 대통령령으로 정하는 경우

**해설** 제44조의2(위험물 포장 및 용기의 검사 등)
③ 국토교통부장관은 제1항에도 불구하고 다음 각 호의 어느 하나에 해당하는 경우에는 국토교통부령으로 정하는 바에 따라 위험물 포장 및 용기의 안전성에 관한 검사의 전부 또는 일부를 면제할 수 있다.
1.「고압가스 안전관리법」제17조에 따른 검사에 합격하거나 검사가 생략된 경우

291 ③  292 ①  293 ④  294 ④

2. 「선박안전법」 제41조제2항에 따른 검사에 합격한 경우
3. 「항공안전법」 제71조제1항에 따른 검사에 합격한 경우
4. 대한민국이 체결한 협정 또는 대한민국이 가입한 협약에 따라 검사하여 외국 정부 등이 발행한 증명서가 있는 경우
5. 그 밖에 국토교통부령으로 정하는 경우

## 295 다음 중 국토교통부령으로 정하는 것이 아닌 것은?

① 위험물 포장 및 용기의 검사의 합격기준, 방법 및 절차
② 위험물 취급안전교육의 대상·내용·방법·시기 등 위험물취급안전교육에 필요한 사항
③ 교육시설·장비 및 인력 등 위험물취급전문교육기관의 지정기준 및 운영 등에 필요한 사항
④ 위험물취급전문교육기관의 장

**해설** 법 제44조의2(위험물의 포장 및 용기의 검사 등)
② 제1항에 따른 위험물 포장 및 용기의 검사의 합격기준·방법 및 절차 등에 필요한 사항은 국토교통부령으로 정한다.

법 제44조의3(위험물취급에 관한 교육 등)
② 제1항에 따른 교육의 대상·내용·방법·시기 등 위험물취급안전교육에 필요한 사항은 국토교통부령으로 정한다.
④ 교육시설·장비 및 인력 등 위험물취급전문교육기관의 지정기준 및 운영 등에 필요한 사항은 국토교통부령으로 정한다.

## 296 다음 중 위험물취급안전교육의 전부 또는 일부를 면제할 수 있는 경우로 틀린 것은?

① 철도안전법에 따른 철도안전에 관한 교육을 통하여 위험물취급에 관한 교육을 이수한 철도종사자
② 「화학물질관리법」에 따른 유해화학물질 안전교육을 이수한 유해화학물질 취급담당자
③ 대한민국이 체결한 협정 또는 대한민국이 가입한 협약에 따라 검사하여 외국 정부 등이 발행한 증명서가 있는 자
④ 「위험물안전관리법」에 따른 안전교육을 이수한 위험물의 안전관리와 관련된 업무를 수행하는 자

**해설** 3번은 위험물 포장 및 용기의 안전성 관한 검사의 면제 대상이다.

제44조의3(위험물취급에 관한 교육 등)
① 위험물취급자는 자신이 고용하고 있는 종사자(철도로 운송하는 위험물을 취급하는 종사자에 한정한다)가 위험물취급에 관하여 국토교통부장관이 실시하는 교육(이하 "위험물취급안전교육"이라 한다)을 받도록 하여야 한다. 다만, 종사자가 다음 각 호의 어느 하나에 해당하는 경우에는 위험물취급안전교육의 전부 또는 일부를 면제할 수 있다.
1. 제24조제1항에 따른 철도안전에 관한 교육을 통하여 위험물취급에 관한 교육을 이수한 철도종사자
2. 「화학물질관리법」 제33조에 따른 유해화학물질 안전교육을 이수한 유해화학물질 취급담당자
3. 「위험물안전관리법」 제28조에 따른 안전교육을 이수한 위험물의 안전관리와 관련된 업무를 수행하는 자
4. 「고압가스 안전관리법」 제23조에 따른 안전교육을 이수한 운반책임자
5. 그 밖에 국토교통부령으로 정하는 경우

* 법 제44조의2(위험물의 포장 및 용기의 검사 등)
③ 국토교통부장관은 제1항에도 불구하고 다음 각 호의 어느 하나에 해당하는 경우에는 국토교통부령으로 정하는 바에 따라 **위험물 포장 및 용기의 안전성에 관한 검사의 전부 또는 일부를 면제할 수 있다.**
4. 대한민국이 체결한 협정 또는 대한민국이 가입한 협약에 따라 검사하여 외국 정부 등이 발행한 증명서가 있는 경우

**297** 노면전차의 철도보호지구는 철도경계선으로부터 몇 미터 이내인가?

① 5
② 10
③ 20
④ 30

**해설** 제45조(철도보호지구에서의 행위제한 등)① 철도경계선(가장 바깥쪽 궤도의 끝선을 말한다)으로부터 30미터 이내[「도시철도법」 제2조제2호에 따른 도시철도 중 노면전차(이하 "노면전차"라 한다)의 경우에는 10미터 이내]의 지역(이하 "철도보호지구"라 한다)에서 다음 각 호의 어느 하나에 해당하는 행위를 하려는 자는 대통령령으로 정하는 바에 따라 국토교통부장관 또는 시·도지사에게 신고하여야 한다.

**298** 다음 중 철도보호지구에서 국토교통부장관 또는 시, 도지사에게 신고하여야되는 행위로 틀린 것은?

① 토지의 형질변경 및 굴착
② 토석, 자갈 및 모래의 채취
③ 건축물의 신축·개축·증축 또는 인공구조물의 설치
④ 나무의 식재(국토교통부령으로 정하는 경우만 해당한다)

**해설**
1. 토지의 형질변경 및 굴착
2. 토석, 자갈 및 모래의 채취
3. 건축물의 신축·개축·증축 또는 인공구조물의 설치
4. 나무의 식재(대통령령으로 정하는 경우만 해당한다)

**299** 다음 중 노면전차의 경우 국토교통부장관 또는 시, 도지사에게 신고하여야되는 자에 대한 설명으로 맞는 것은?

① 노면전차 철도보호지구의 바깥쪽 경계선으로부터 10미터 이내의 지역에서 굴착, 인공구조물의 설치 등 철도시설을 파손하거나 철도차량의 안전운행을 방해할 우려가 있는 행위로서 대통령령으로 정하는 행위를 하려는 자
② 노면전차 철도경계선으로부터 20미터 이내의 지역에서 굴착, 인공구조물의 설치 등 철도시설을 파손하거나 철도차량의 안전운행을 방해할 우려가 있는 행위로서 대통령령으로 정하는 행위를 하려는 자
③ 노면전차 철도보호지구의 바깥쪽 경계선으로부터 20미터 이내의 지역에서 굴착, 인공구조물의 설치 등 철도시설을 파손하거나 철도차량의 안전운행을 방해할 우려가 있는 행위로서 국토교통부령으로 정하는 행위를 하려는 자
④ 노면전차 철도보호지구의 바깥쪽 경계선으로부터 20미터 이내의 지역에서 굴착, 인공구조물의 설치 등 철도시설을 파손하거나 철도차량의 안전운행을 방해할 우려가 있는 행위로서 대통령령으로 정하는 행위를 하려는 자

**해설** 노면전차 철도보호지구의 바깥쪽 경계선으로부터 20미터 이내의 지역에서 굴착, 인공구조물의 설치 등 철도시설을 파손하거나 철도차량의 안전운행을 방해할 우려가 있는 행위로서 대통령령으로 정하는 행위를 하려는 자는 대통령령으로 정하는 바에 따라 국토교통부장관 또는 시·도지사에게 신고하여야 한다.

297 ②　298 ④　299 ④

**300** 다음 중 국토교통부장관 또는 시·도지사가 철도차량의 안전운행 및 철도 보호를 위하여 필요하다고 인정할 때 시설등의 소유자나 점유자에게 명령할 수 있는 조치로 틀린 것은?

① 시설등이 시야에 장애를 주면 그 장애물을 제거할 것
② 시설등이 붕괴하여 철도에 위해를 끼치거나 끼칠 우려가 있으면 그 위해를 제거하고 필요하면 방지시설을 할 것
③ 철도에 토사 등이 쌓이거나 쌓일 우려가 있으면 그 토사 등을 제거하거나 방지시설을 할 것
④ 시설등이 쓰러져 철도차량 운행에 지장을 주는 경우 그 시설등을 제거하고 필요하면 방지시설을 할 것

**해설**
1. 시설등이 시야에 장애를 주면 그 장애물을 제거할 것
2. 시설등이 붕괴하여 철도에 위해를 끼치거나 끼칠 우려가 있으면 그 위해를 제거하고 필요하면 방지시설을 할 것
3. 철도에 토사 등이 쌓이거나 쌓일 우려가 있으면 그 토사 등을 제거하거나 방지시설을 할 것

**301** 다음 중 철도보호지구에서의 행위 신고절차에 대한 설명으로 틀린 것은?

① 법에 따라 신고하려는 자는 해당 행위의 목적, 공사기간 등이 기재된 신고서에 설계도서(필요한 경우에 한정한다) 등을 첨부하여 국토교통부장관 또는 시·도지사에게 제출하여야 한다. 신고한 사항을 변경하는 경우에도 또한 같다.
② 국토교통부장관 또는 시·도지사는 법에 따라 신고나 변경신고를 받은 경우에는 신고인에게 법에 따른 행위의 금지 또는 제한을 명령하거나 법에 따른 안전조치를 명령할 필요성이 있는지를 검토하여야 한다.
③ 국토교통부장관 또는 시·도지사는 법에 따른 검토 결과 안전조치등을 명령할 필요가 있는 경우에는 법에 따른 신고를 받은 날부터 15일 이내에 신고인에게 그 이유를 분명히 밝히고 안전조치등을 명하여야 한다.
④ 법에서 규정한 사항 외에 철도보호지구에서의 행위에 대한 신고와 안전조치등에 관하여 필요한 세부적인 사항은 국토교통부장관이 정하여 고시한다.

**해설** 영 제46조(철도보호지구에서의 행위 신고절차)
① 법 제45조제1항에 따라 신고하려는 자는 해당 행위의 목적, 공사기간 등이 기재된 신고서에 설계도서(필요한 경우에 한정한다) 등을 첨부하여 국토교통부장관 또는 시·도지사에게 제출하여야 한다. 신고한 사항을 변경하는 경우에도 또한 같다.
② 국토교통부장관 또는 시·도지사는 제1항에 따라 신고나 변경신고를 받은 경우에는 신고인에게 법 제45조제3항에 따른 행위의 금지 또는 제한을 명령하거나 제49조에 따른 안전조치(이하 "안전조치등"이라 한다)를 명령할 필요성이 있는지를 검토하여야 한다.
③ 국토교통부장관 또는 시·도지사는 제2항에 따른 검토 결과 안전조치등을 명령할 필요가 있는 경우에는 제1항에 따른 신고를 받은 날부터 30일 이내에 신고인에게 그 이유를 분명히 밝히고 안전조치등을 명하여야 한다.
④ 제1항부터 제3항까지에서 규정한 사항 외에 철도보호지구에서의 행위에 대한 신고와 안전조치등에 관하여 필요한 세부적인 사항은 국토교통부장관이 정하여 고시한다.

300 ④    301 ③

**302** 다음 중 철도보호지구에서의 안전운행 저해 행위가 아닌 것은?

① 철도차량 운전자 등이 선로나 전방시야를 확인하는 데 지장을 주거나 줄 우려가 있는 시설이나 설비를 설치하는 행위
② 철도신호등으로 오인할 우려가 있는 시설물이나 조명 설비를 설치하는 행위
③ 전차선로에 의하여 감전될 우려가 있는 시설이나 설비를 설치하는 행위
④ 시설 또는 설비가 선로의 위나 밑으로 횡단하거나 선로와 나란히 되도록 설치하는 행위

**해설** 영 제48조(철도보호지구에서의 안전운행 저해 행위 등)
2. 철도차량 운전자 등이 선로나 신호기를 확인하는 데 지장을 주거나 줄 우려가 있는 시설이나 설비를 설치하는 행위
3. 철도신호등으로 오인할 우려가 있는 시설물이나 조명 설비를 설치하는 행위
4. 전차선로에 의하여 감전될 우려가 있는 시설이나 설비를 설치하는 행위
5. 시설 또는 설비가 선로의 위나 밑으로 횡단하거나 선로와 나란히 되도록 설치하는 행위

**303** 다음 중 대통령령으로 정하는 나무의 식재가 아닌 것은?

① 철도차량 운전자의 전방 시야 확보에 지장을 주는 경우
② 나뭇가지가 전차선이나 신호기 등을 침범하거나 침범할 우려가 있는 경우
③ 호우나 태풍 등으로 나무가 쓰러져 철도시설물을 훼손시키거나 열차의 운행에 지장을 줄 우려가 있는 경우
④ 신호기를 가리거나 신호기를 보는데 지장을 줄 우려가 있는 경우

**해설** 영 제47조(철도보호지구에서의 나무 식재)
1. 철도차량 운전자의 전방 시야 확보에 지장을 주는 경우
2. 나뭇가지가 전차선이나 신호기 등을 침범하거나 침범할 우려가 있는 경우
3. 호우나 태풍 등으로 나무가 쓰러져 철도시설물을 훼손시키거나 열차의 운행에 지장을 줄 우려가 있는 경우

**304** 다음 중 철도 보호를 위한 안전조치로 틀린 것은?

① 공사로 인하여 약해실 우려가 있는 지반에 대한 보강대책 수립·시행
② 굴착공사에 사용되는 장비나 공법 등의 변경
③ 지하수나 지표수 처리대책의 수립·시행
④ 선로 옆의 제방 등에 대한 소음방지공사 시행

**해설** 영 제49조(철도 보호를 위한 안전조치)
1. 공사로 인하여 약해질 우려가 있는 지반에 대한 보강대책 수립·시행
2. 선로 옆의 제방 등에 대한 흙막이공사 시행
3. 굴착공사에 사용되는 장비나 공법 등의 변경
4. 지하수나 지표수 처리대책의 수립·시행

**305** 다음 중 손실보상에 대하여 재결을 신청할 수 있는 곳으로 맞는 것은?

① 토지수용위원회
② 국가철도공단
③ 한국철도공사
④ 철도산업발전위원회

302 ①    303 ④    304 ④    305 ①

**306** 다음 중 여객열차에서의 금지행위로 틀린 것은?

① 정당한 사유 없이 국토교통부령으로 정하는 여객출입 금지장소에 출입하는 행위
② 정당한 사유 없이 운행 중에 비상정지버튼을 누르거나 철도차량의 옆면에 있는 승강용 출입문을 여는 등 철도차량의 장치 또는 기구 등을 조작하는 행위
③ 여객열차 내에 있는 사람을 위험하게 할 우려가 있는 물건을 휴대하는 행위
④ 흡연하는 행위

**해설** 제47조(여객열차에서의 금지행위)
① 여객은 여객열차에서 다음 각 호의 어느 하나에 해당하는 행위를 하여서는 아니 된다.
1. 정당한 사유 없이 국토교통부령으로 정하는 여객출입 금지장소에 출입하는 행위
2. 정당한 사유 없이 운행 중에 비상정지버튼을 누르거나 철도차량의 옆면에 있는 승강용 출입문을 여는 등 철도차량의 장치 또는 기구 등을 조작하는 행위
3. 여객열차 밖에 있는 사람을 위험하게 할 우려가 있는 물건을 여객열차 밖으로 던지는 행위
4. 흡연하는 행위

**307** 다음 중 국토교통부령으로 정하는 여객출입 금지장소로 틀린 것은?

① 방송실  ② 기계실
③ 발전실  ④ 운전실

**해설** 규칙 제79조(여객출입 금지장소) 법 제47조제1항제1호에서 "국토교통부령으로 정하는 여객출입 금지장소"란 다음 각 호의 장소를 말한다.
1. 운전실  2. 기관실  3. 발전실  4. 방송실

**308** 다음 중 국토교통부령으로 정하는 여객열차에서의 금지행위로 틀린 것은?

① 여객에게 위해를 끼칠 우려가 있는 동식물을 안전조치 없이 여객열차에 동승하거나 휴대하는 행위
② 타인에게 전염의 우려가 있는 법정 감염병자가 철도종사자의 허락 없이 여객열차에 타는 행위
③ 철도종사자의 허락 없이 여객에게 기부를 부탁하거나 물품을 판매·배부하거나 연설·권유 등을 하여 여객에게 불편을 끼치는 행위
④ 여객열차 밖에 있는 사람을 위험하게 할 우려가 있는 물건을 여객열차 밖으로 던지는 행위

**해설** 규칙 제80조(여객열차에서의 금지행위) 법 제47조제1항제7호에서 "국토교통부령으로 정하는 행위"란 다음 각 호의 행위를 말한다.
1. 여객에게 위해를 끼칠 우려가 있는 동식물을 안전조치 없이 여객열차에 동승하거나 휴대하는 행위
2. 타인에게 전염의 우려가 있는 법정 감염병자가 철도종사자의 허락 없이 여객열차에 타는 행위
3. 철도종사자의 허락 없이 여객에게 기부를 부탁하거나 물품을 판매·배부하거나 연설·권유 등을 하여 여객에게 불편을 끼치는 행위

**309** 다음 중 여객열차에서 금지행위를 한 사람에게 운전업무종사자, 여객승무원 또는 여객역무원이 할 수 있는 조치로 틀린 것은?

① 금지행위의 제지
② 금지행위의 과태료 부과
③ 금지행위의 녹음·녹화
④ 금지행위의 촬영

**해설** 제47조(여객열차에서의 금지행위)
② 운전업무종사자, 여객승무원 또는 여객역무원은 제1항의 금지행위를 한 사람에 대하여 필요한 경우 다음 각 호의 조치를 할 수 있다.
1. 금지행위의 제지
2. 금지행위의 녹음·녹화 또는 촬영

306 ③   307 ②   308 ④   309 ②

### 310 다음 중 철도보호 및 질서유지를 위한 금지행위로 틀린 것은?

① 철도경계선으로부터 양측으로 폭 3미터 이내의 장소에 철도차량의 안전 운행에 지장을 주는 물건을 방치하는 행위
② 철도교량 등 국토교통부령으로 정하는 시설 또는 구역에 국토교통부령으로 정하는 폭발물 또는 인화성이 높은 물건 등을 쌓아 놓는 행위
③ 선로(철도와 교차된 도로는 제외한다) 또는 국토교통부령으로 정하는 철도시설에 철도운영자등의 승낙 없이 출입하거나 통행하는 행위
④ 역시설 또는 철도차량에서 노숙하는 행위

**해설** 제48조(철도 보호 및 질서유지를 위한 금지행위)
3. 궤도의 중심으로부터 양측으로 폭 3미터 이내의 장소에 철도차량의 안전 운행에 지장을 주는 물건을 방치하는 행위
4. 철도교량 등 국토교통부령으로 정하는 시설 또는 구역에 국토교통부령으로 정하는 폭발물 또는 인화성이 높은 물건 등을 쌓아 놓는 행위
5. 선로(철도와 교차된 도로는 제외한다) 또는 국토교통부령으로 정하는 철도시설에 철도운영자등의 승낙 없이 출입하거나 통행하는 행위
8. 역시설 또는 철도차량에서 노숙하는 행위

### 311 다음 중 폭발물 등 적치금지 구역으로 틀린 것은?

① 정거장 및 선로(정거장 또는 선로를 지지하는 구조물 및 그 주변지역은 제외한다)
② 철도 역사
③ 철도 교량
④ 철도 터널

**해설** 규칙 제81조(폭발물 등 적치금지 구역)
1. 정거장 및 선로(정거장 또는 선로를 지지하는 구조물 및 그 주변지역을 포함한다)
2. 철도 역사
3. 철도 교량
4. 철도 터널

### 312 다음 중 국토교통부령으로 정하는 폭발물 또는 인화성이 높은 물건으로 틀린 것은?

① 유해한 연기를 발생시켜 일반대중에게 위해를 끼칠 우려가 있는 니트로글리세린
② 철도운송 중 폭발할 우려가 있는 것으로서 주변의 물건을 손괴할 수 있는 폭발력을 지닌 것
③ 뇌홍질화연에 속하는 것으로서 주변의 물건을 손괴할 수 있는 폭발력을 지닌 것
④ 가연성 액체를 발생시켜 화재를 유발하여 여객에게 위해를 끼칠 우려가 있는 것

**해설** 규칙 제82조(적치금지 폭발물 등) 법 제48조제4호에서 "국토교통부령으로 정하는 폭발물 또는 인화성이 높은 물건"이란 영 제44조 및 영 제45조에 따른 위험물로서 주변의 물건을 손괴할 수 있는 폭발력을 지니거나 화재를 유발하거나 유해한 연기를 발생하여 여객이나 일반대중에게 위해를 끼칠 우려가 있는 물건이나 물질
영 제44조(운송위탁 및 운송 금지 위험물 등)
1. 점화 또는 점폭약류를 붙인 폭약
2. 니트로글리세린
3. 건조한 기폭약
4. 뇌홍질화연에 속하는 것
5. 그 밖에 사람에게 위해를 주거나 물건에 손상을 줄 수 있는 물질로서 국토교통부장관이 정하여 고시하는 위험물
영 제45조(운송취급주의 위험물)
1. 철도운송 중 폭발할 우려가 있는 것

### 313 다음 중 국토교통부령으로 정하는 출입금지 철도시설로 틀린 것은?

① 위험물을 적하하거나 보관하는 장소
② 신호 · 통신기기 설치장소 및 전력기기 · 관제설비 설치장소
③ 철도운전용 급유시설물이 있는 장소
④ 철도차량 유치시설

310 ① 311 ① 312 ④ 313 ④

해설 규칙 제83조(출입금지 철도시설) 법 제48조제5호에서 "국토교통부령으로 정하는 철도시설"이란 다음 각 호의 철도시설을 말한다.
1. 위험물을 적하하거나 보관하는 장소
2. 신호·통신기기 설치장소 및 전력기기·관제설비 설치장소
3. 철도운전용 급유시설물이 있는 장소
4. 철도차량 정비시설

**314** 다음 중 여객의 동의를 받아 직접 신체나 물건을 검색하거나 특정 장소로 이동하여 검색을 할 수 있는 경우로 틀린 것은?

① 보안검색장비의 경보음이 울리는 경우
② 보안검색장비를 통한 검색 결과 그 내용물이 의심되는 경우
③ 보안검색장비의 오류 등으로 제대로 작동하지 아니하는 경우
④ 보안의 위협과 관련한 정보의 입수에 따라 필요하다고 인정되는 경우

해설
1. 보안검색장비의 경보음이 울리는 경우
2. 위해물품을 휴대하거나 숨기고 있다고 의심되는 경우
3. 보안검색장비를 통한 검색 결과 그 내용물을 판독할 수 없는 경우
4. 보안검색장비의 오류 등으로 제대로 작동하지 아니하는 경우
5. 보안의 위협과 관련한 정보의 입수에 따라 필요하다고 인정되는 경우

**315** 다음 중 위해물품을 검색, 탐지, 분석하기 위한 장비로 틀린 것은?

① 엑스선 검색장비
② 금속탐지장비(문형 금속탐지장비와 휴대용 금속탐지장비를 포함한다)
③ 폭발물흔적탐지장비
④ 총기탐지장비

해설 위해물품을 검색·탐지·분석하기 위한 장비: 엑스선 검색장비, 금속탐지장비(문형 금속탐지장비와 휴대용 금속탐지장비를 포함한다), 폭발물 탐지장비, 폭발물흔적탐지장비, 액체폭발물탐지장비 등

**316** 다음 중 보안검색 시 안전을 위하여 착용, 휴대하는 장비로 틀린 것은?

① 방검복
② 방탄복
③ 테이저건
④ 방폭 담요

**317** 다음 중 국토교통부장관이 철도보안, 치안을 위하여 필요하다고 인정하는 경우 철도운영자에게 요구할 수 있는 정보로 틀린 것은?

① 법에 따른 보안검색 관련 통계(보안검색 횟수 및 보안검색 장비 사용 내역 등을 포함한다)
② 법에 따른 보안검색을 실시하는 직원에 대한 교육 등에 관한 정보
③ 열차운행에 관한 정보
④ 그 밖에 철도보안·치안을 위해 필요한 정보로서 국토교통부장관이 정해 고시하는 정보

해설
② 국토교통부장관이 법 제48조의2제3항에 따라 철도운영자에게 요구할 수 있는 정보는 다음 각 호와 같다.
1. 법 제48조의2제1항에 따른 보안검색 관련 통계(보안검색 횟수 및 보안검색 장비 사용 내역 등을 포함한다)
2. 법 제48조의2제1항에 따른 보안검색을 실시하는 직원에 대한 교육 등에 관한 정보
3. 철도차량 운행에 관한 정보
4. 그 밖에 철도보안·치안을 위해 필요한 정보로서 국토교통부장관이 정해 고시하는 정보

314 ② 315 ④ 316 ③ 317 ③

**318** 다음 중 보안검색장비의 성능인증 기준 중 국토교통부장관이 정하여 고시하는 사항이 아닌 것은?

① 품질경영시스템 ② 성능
③ 기능 ④ 안전성

해설 규칙 제85조의5(보안검색장비의 성능인증 기준)
법 제48조의3제1항에 따른 보안검색장비의 성능인증 기준은 다음 각 호와 같다.
1. 국제표준화기구(ISO)에서 정한 품질경영시스템을 갖출 것
2. 그 밖에 국토교통부장관이 정하여 고시하는 성능, 기능 및 안전성 등을 갖출 것

**319** 다음 중 철도보안검색장비 성능인증 신청서에 첨부하여야되는 서류로 틀린 것은?

① 사업자등록증 사본
② 보안검색장비의 성능 제원표 및 시험용 물품(테스트 키트)에 관한 서류
③ 보안검색장비의 구조·외관도
④ 보안검색장비의 안전기준을 갖추었음을 증명하는 서류

해설 규칙 제85조의6(보안검색장비의 성능인증 신청 등)
1. 사업자등록증 사본
2. 대리인임을 증명하는 서류(대리인이 신청하는 경우에 한정한다)
3. 보안검색장비의 성능 제원표 및 시험용 물품(테스트 키트)에 관한 서류
4. 보안검색장비의 구조·외관도
5. 보안검색장비의 사용·운영방법·유지관리 등에 대한 설명서
6. 제85조의5에 따른 기준을 갖추었음을 증명하는 서류

**320** 다음 중 시험기관의 지정 등에 대한 내용으로 틀린 것은?

① 국토교통부장관은 법에 따른 성능인증을 위하여 성능시험을 실시하는 기관을 지정할 수 있다.
② 법에 따라 시험기관의 지정을 받으려는 법인이나 단체는 국토교통부령으로 정하는 지정기준을 갖추어 국토교통부장관에게 지정신청을 하여야 한다.
③ 국토교통부장관은 법에 따라 시험기관으로 지정받은 법인이나 단체가 성능시험 결과를 거짓으로 조작하여 수행한 경우에는 그 지정을 취소하거나 1년 이내의 기간을 정하여 그 업무의 전부 또는 일부의 정지를 명할 수 있다.
④ 국토교통부장관은 인증업무의 전문성과 신뢰성을 확보하기 위하여 법에 따른 보안검색장비의 성능 인증 및 점검 업무를 대통령령으로 정하는 기관(철도기술심의위원회)에 위탁할 수 있다.

해설 제48조의4(시험기관의 지정 등)
국토교통부장관은 제1항에 따라 시험기관으로 지정받은 법인이나 단체가 다음 각 호의 어느 하나에 해당하는 경우에는 그 지정을 취소하거나 1년 이내의 기간을 정하여 그 업무의 전부 또는 일부의 정지를 명할 수 있다. 다만, 제1호 또는 제2호에 해당하는 때에는 그 지정을 취소하여야 한다.
6. 성능시험 결과를 거짓으로 조작하여 수행한 경우
영 제50조의2(인증업무의 위탁)
국토교통부장관은 법 제48조의4제4항에 따라 법 제48조의3에 따른 보안검색장비의 성능 인증 및 점검 업무를 「과학기술분야 정부출연연구기관 등의 설립·운영 및 육성에 관한 법률」 제8조에 따라 설립된 한국철도기술연구원(이하 "한국철도기술연구원"이라 한다)에 위탁한다.

318 ① 319 ④ 320 ④

**321** 다음 중 시험기관 지정 신청서 필수 첨부서류로 틀린 것은?

① 사업자등록증 및 인감증명서
② 법인의 정관 또는 단체의 규약
③ 성능시험을 수행하기 위한 조직·인력, 시험설비 등을 적은 사업계획서
④ 국제표준화기구(ISO) 또는 국제전기기술위원회(IEC)에서 정한 국제기준에 적합한 품질관리규정

**해설** 규칙 제85조의8(시험기관의 지정 등)
1. 사업자등록증 및 인감증명서(법인인 경우에 한정한다)
2. 법인의 정관 또는 단체의 규약
3. 성능시험을 수행하기 위한 조직·인력, 시험설비 등을 적은 사업계획서
4. 국제표준화기구(ISO) 또는 국제전기기술위원회(IEC)에서 정한 국제기준에 적합한 품질관리규정

**322** 다음 중 시험기관의 지정에 대한 설명으로 맞는 것은?

① 법에 따라 시험기관으로 지정을 받으려는 자는 철도보안검색장비 시험기관 지정 신청서에 서류를 첨부하여 한국철도기술연구원에게 제출해야 한다. 이 경우 한국철도기술연구원은 「전자정부법」에 따른 행정정보의 공동이용을 통해서 법인 등기사항증명서(신청인이 법인인 경우만 해당한다)를 확인해야 한다.
② 한국철도기술연구원은 시험기관 지정신청을 받은 때에는 현장평가 등이 포함된 심사계획서를 작성하여 신청인에게 통지하고 그 심사계획에 따라 심사해야 한다.
③ 한국철도기술연구원은 심사 결과 지정기준을 갖추었다고 인정하는 때에는 철도보안검색장비 시험기관 지정서를 발급하여야 한다.
④ 시험기관으로 지정된 기관은 시험원의 임무 및 교육훈련이 포함된 시험기관 운영규정을 국토교통부장관에게 제출해야 한다.

**해설** 보안검색장비의 성능인증을 한국철도기술연구원이, 시험기관은 국토교통부장관이 한다.

**323** 다음 중 국토교통부장관이 시험기관의 지정 심사를 위해 필요한 경우 구성, 운영할 수 있는 것으로 맞는 것은?

① 성능인증심사위원회
② 시험기관지정심사위원회
③ 기술심사위원회
④ 성능시험심사위원회

**해설** 규칙 제85조의8(시험기관의 지정 등)
⑥ 국토교통부장관은 제3항에 따른 심사를 위해 필요한 경우 시험기관지정심사위원회를 구성·운영할 수 있다.

**324** 다음 중 시험기관의 법인 또는 단체의 요건으로 틀린 것은?

① 「공공기관의 운영에 관한 법률」에 따른 공공기관일 것
② 「보안업무규정」에 따른 비밀취급 인가를 받은 기관일 것
③ 「과학기술분야 정부출연연구기관 등의 설립·운영 및 육성에 관한 법률」에 따라 기술기준이 적합한 기관일 것
④ 「국가표준기본법」에 따른 인정기구에서 인정받은 시험기관일 것

**해설** 철도안전법 시행규칙 [별표 19]
시험기관의 지정기준(제85조의8제1항 관련)
1. 다음 각 목의 요건을 모두 갖춘 법인 또는 단체일 것
  가. 「공공기관의 운영에 관한 법률」 제4조에 따른 공공기관일 것
  나. 「보안업무규정」 제10조에 따른 비밀취급 인가를 받은 기관일 것
  다. 「국가표준기본법」 제23조 및 같은 법 시행령 제16조제2항에 따른 인정기구(이하 "인정기구"라 한다)에서 인정받은 시험기관일 것

321 ①　322 ④　323 ②　324 ③

**325** 다음 중 시험기관의 지정기준의 기술인력 보유 요건으로 틀린 것은?

① 「보안업무규정」 제8조에 따른 비밀취급 인가를 받은 사람 1명 이상
② 인정기구에서 인정받은 시험기관에서 시험업무 경력이 3년 이상인 사람 2명 이상
③ 보안검색에 사용하는 장비의 시험·평가 또는 관련 연구 경력이 3년 이상인 사람 2명 이상
④ 「위험물안전관리법」 제15조제1항에 따른 위험물안전관리자 자격 보유자 1명 이상

**해설** 철도안전법 시행규칙 [별표 19]
시험기관의 지정기준(제85조의8제1항 관련)
2. 다음 각 목의 요건을 갖춘 기술인력을 보유할 것. 다만, 나목 또는 다목의 인력이 라목에 따른 위험물안전관리자의 자격을 보유한 경우에는 라목의 기준을 갖춘 것으로 본다.
  가. 「보안업무규정」 제8조에 따른 비밀취급 인가를 받은 인력을 보유할 것
  나. 인정기구에서 인정받은 시험기관에서 시험업무 경력이 3년 이상인 사람 2명 이상
  다. 보안검색에 사용하는 장비의 시험·평가 또는 관련 연구 경력이 3년 이상인 사람 2명 이상
  라. 「위험물안전관리법」 제15조제1항에 따른 위험물안전관리자 자격 보유자 1명 이상

**326** 다음 중 시험기관의 실험실 요건으로 틀린 것은?

① 항온항습 시설
② 철도보안검색장비 성능시험 시설
③ 위험물질 보관 및 취급을 위한 시설
④ 그 밖에 국토교통부장관이 정하여 고시하는 시설

**해설** 철도안전법 시행규칙 [별표 19]
시험기관의 지정기준(제85조의8제1항 관련)
3. 다음 각 목의 시설 및 장비를 모두 갖출 것
  가. 다음의 시설을 모두 갖춘 시험실
    1) 항온항습 시설
    2) 철도보안검색장비 성능시험 시설
    3) 화학물질 보관 및 취급을 위한 시설

**327** 다음 중 시험기관 지정기준의 시설 및 장비 요건으로 틀린 것은?

① 엑스선검색장비 이미지품질평가용 시험용 장비(테스트 키트)
② 엑스선검색장비 연속동작시험용 시설
③ 엑스선검색장비 등 소형장비용 온도·습도시험실(장비)
④ 시험데이터 기록 및 저장 장비

**해설** 철도안전법 시행규칙 [별표 19]
시험기관의 지정기준(제85조의8제1항 관련)
3. 다음 각 목의 시설 및 장비를 모두 갖출 것
  나. 엑스선검색장비 이미지품질평가용 시험용 장비(테스트 키트)
  라. 엑스선검색장비 연속동작시험용 시설
  마. 엑스선검색장비 등 대형장비용 온도·습도시험실(장비)
  자. 시험데이터 기록 및 저장 장비

**328** 다음 중 제일 가벼운 처벌기준의 위반행위로 맞는 것은?

① 정당한 사유 없이 성능시험을 실시하지 않은 경우 1차 위반
② 법에 따른 기준·방법·절차 등을 위반하여 성능시험을 실시한 경우 1차 위반
③ 성능시험 결과를 거짓으로 조작해서 수행한 경우 1차 위반
④ 법에 따른 시험기관 지정기준을 충족하지 못하게 된 경우 2차 위반

**329** 다음 중 업무정지 90일 처분기준의 위반행위로 맞는 것은?

① 정당한 사유 없이 성능시험을 실시하지 않은 경우 1차 위반
② 법에 따른 기준·방법·절차 등을 위반하여 성능시험을 실시한 경우 1차 위반
③ 성능시험 결과를 거짓으로 조작해서 수행한 경우 1차 위반
④ 법에 따른 시험기관 지정기준을 충족하지 못하게 된 경우 2차 위반

**330** 다음 중 가장 무거운 처벌을 받아야하는 위반행위로 맞는 것은?

① 정당한 사유 없이 성능시험을 실시하지 않은 경우 2차 위반
② 법에 따른 기준·방법·절차 등을 위반하여 성능시험을 실시한 경우 2차 위반
③ 성능시험 결과를 거짓으로 조작해서 수행한 경우 2차 위반
④ 법에 따른 시험기관 지정기준을 충족하지 못하게 된 경우 2차 위반

**해설** 철도안전법 시행규칙 [별표 19]
시험기관의 지정취소 및 업무정지의 기준(제85조의9제1항 관련)

| | | | |
|---|---|---|---|
| 다. 정당한 사유 없이 성능시험을 실시하지 않은 경우 | 법 제48조의4제3항 제3호 | 업무정지 (30일) | 업무정지 (60일) |
| 라. 법 제48조의3 제2항에 따른 기준·방법·절차 등을 위반하여 성능시험을 실시한 경우 | 법 제48조의4제3항 제4호 | 업무정지 (60일) | 업무정지 (120일) |
| 마. 법 제48조의4 제2항에 따른 시험기관 지정기준을 충족하지 못하게 된 경우 | 법 제48조의4제3항 제5호 | 경고 | 경고 |
| 바. 성능시험 결과를 거짓으로 조작해서 수행한 경우 | 법 제48조의4제3항 제6호 | 업무정지 (90일) | 지정취소 |

**331** 다음 중 직무장비의 사용기준으로 틀린 것은?

① 가스분사기·가스발사총(고무탄 발사겸용인 것을 포함한다)의 경우: 범인의 체포 또는 도주방지, 타인 또는 철도특별사법경찰관리의 생명·신체에 대한 방호, 공무집행에 대한 항거의 억제를 위해 필요한 경우에 최소한의 범위에서 사용하되, 1미터 이내의 거리에서 상대방의 얼굴을 향해 발사하지 말 것. 다만, 가스발사총으로 고무탄을 발사하는 경우에는 1미터를 초과하는 거리에서도 상대방의 얼굴을 향해 발사해서는 안 된다.
② 전자충격기의 경우: 14세 미만의 사람이나 임산부에게 사용해서는 안 되며, 전극침 발사장치가 있는 전자충격기를 사용하는 경우에는 1미터 이내의 거리에서 상대방의 얼굴을 향해 전극침을 발사하지 말 것
③ 경비봉의 경우: 타인 또는 철도특별사법경찰관리의 생명·신체의 위해와 공공시설·재산의 위험을 방지하기 위해 필요한 경우에 최소한의 범위에서 사용할 수 있으며, 인명 또는 신체에 대한 위해를 최소화하도록 할 것

329 ③  330 ③  331 ②

④ 수갑·포승의 경우: 체포영장·구속영장의 집행, 신체의 자유를 제한하는 판결 또는 처분을 받은 사람을 법률이 정한 절차에 따라 호송·수용하거나 범인·술에 취한 사람·정신착란자의 자살 또는 자해를 방지하기 위해 필요한 경우에 최소한의 범위에서 사용할 것

**해설** 규칙 제85조의10(직무장비의 사용기준)

1. 가스분사기·가스발사총(고무탄 발사겸용인 것을 포함한다. 이하 같다)의 경우: 범인의 체포 또는 도주방지, 타인 또는 철도특별사법경찰관리의 생명·신체에 대한 방호, 공무집행에 대한 항거의 억제를 위해 필요한 경우에 최소한의 범위에서 사용하되, 1미터 이내의 거리에서 상대방의 얼굴을 향해 발사하지 말 것 다만, 가스발사총으로 고무탄을 발사하는 경우에는 1미터를 초과하는 거리에서도 상대방의 얼굴을 향해 발사해서는 안 된다.
2. 전자충격기의 경우: 14세 미만의 사람이나 임산부에게 사용해서는 안 되며, 전극침발사장치가 있는 전자충격기를 사용하는 경우에는 상대방의 얼굴을 향해 전극침을 발사하지 말 것
3. 경비봉의 경우: 타인 또는 철도특별사법경찰관리의 생명·신체의 위해와 공공시설·재산의 위험을 방지하기 위해 필요한 경우에 최소한의 범위에서 사용할 수 있으며, 인명 또는 신체에 대한 위해를 최소화하도록 할 것
4. 수갑·포승의 경우: 체포영장·구속영장의 집행, 신체의 자유를 제한하는 판결 또는 처분을 받은 사람을 법률이 정한 절차에 따라 호송·수용하거나 범인·술에 취한 사람·정신착란자의 자살 또는 자해를 방지하기 위해 필요한 경우에 최소한의 범위에서 사용할 것

### 332 다음 중 직무장비에 포함되지 않는 것은?

① 수갑
② 전극침발사총
③ 전자충격기
④ 경비봉

**해설** 직무장비란 철도특별사법경찰관리가 휴대하여 범인검거와 피의자 호송 등의 직무수행에 사용하는 수갑, 포승, 가스분사기, 가스발사총(고무탄 발사겸용인 것을 포함한다. 이하 같다), 전자충격기, 경비봉을 말한다.

### 333 다음 중 14세 미만의 사람이나 임산부에게 사용하면 안되는 직무장비로 맞는 것은?

① 포승
② 경비봉
③ 가스분사기
④ 전자충격기

**해설** 규칙 제85조의10(직무장비의 사용기준)

2. 전자충격기의 경우: 14세 미만의 사람이나 임산부에게 사용해서는 안 되며, 전극침발사장치가 있는 전자충격기를 사용하는 경우에는 상대방의 얼굴을 향해 전극침을 발사하지 말 것

### 334 다음 중 철도종사자의 권한표시를 할 수 있는 것으로 틀린 것은?

① 복장     ② 명찰
③ 모자     ④ 완장

**해설** 영 제51조(철도종사자의 권한표시)

① 법 제49조에 따른 철도종사자는 복장·모자·완장·증표 등으로 그가 직무상 지시를 할 수 있는 사람임을 표시하여야 한다.

### 335 다음 중 퇴거조치를 해야하는 사람 및 물건으로 틀린 것은?

① 여객열차에 술을 휴대한 사람 및 그 술
② 니트로 글리세린을 운송하는 자 및 니트로글리세린
③ 궤도의 중심으로부터 양측으로 폭 3미터 이내의 장소에 철도차량의 안전운행에 지장을 주는 물건을 방치한 사람 및 그 물건
④ 철도종사자를 협박하여 직무집행을 방해하는 사람

**해설** 제50조(사람 또는 물건에 대한 퇴거 조치 등) 철도종사자는 다음 각 호의 어느 하나에 해당하는 사람 또는 물건을 열차 밖이나 대통령령으로 정하는 지역 밖으로 퇴거시키거나 철거할 수 있다.

332 ②    333 ④    334 ②    335 ①

1. 제42조를 위반하여 여객열차에서 위해물품을 휴대한 사람 및 그 위해물품
2. 제43조를 위반하여 운송 금지 위험물을 운송위탁하거나 운송하는 자 및 그 위험물
5. 제48조를 위반하여 금지행위를 한 사람 및 그 물건
7. 제49조를 위반하여 철도종사자의 직무상 지시를 따르지 아니하거나 직무집행을 방해하는 사람

### 336 다음 중 퇴거지역으로 틀린 것은?

① 정거장
② 철도신호기·철도차량정비소·통신기기·전력설비 등의 설비가 설치되어 있는 장소의 담장이나 경계선 안의 지역
③ 화물을 적하하는 장소의 담장이나 경계선 안의 지역
④ 철도보호지구

**해설** 영 제52조(퇴거지역의 범위)

법 제50조 각 호 외의 부분에서 "대통령령으로 정하는 지역"이란 다음 각 호의 어느 하나에 해당하는 지역을 말한다.
1. 정거장
2. 철도신호기·철도차량정비소·통신기기·전력설비 등의 설비가 설치되어 있는 장소의 담장이나 경계선 안의 지역
3. 화물을 적하하는 장소의 담장이나 경계선 안의 지역

### 337 다음 중 열차운행의 일시 중지에 대하여 맞는 것은?

① 철도운영자는 열차운행에 중대한 장애가 발생하였거나 발생할 것으로 예상되는 경우로서 열차의 안전운행에 지장이 있다고 인정하는 경우에는 열차운행을 일시 중지할 수 있다.
② 철도운영자는 철도사고 및 운행장애의 징후가 발견되거나 발생 위험이 높다고 판단되는 경우에는 관제업무종사자에게 열차운행을 일시 중지할 것을 요청할 수 있다. 이 경우 요청을 받은 관제업무종사자는 특별한 사유가 없으면 즉시 열차운행을 중지하여야 한다.
③ 철도운영자는 법에 따른 열차운행의 중지 요청과 관련하여 고의 또는 중대한 과실이 없는 경우에는 민사상 책임을 지지 아니한다.
④ 누구든지 법에 따라 열차운행의 중지를 요청한 철도운영자에게 이를 이유로 불이익한 조치를 하여서는 아니 된다.

**해설** 제40조(열차운행의 일시 중지)

① 철도운영자는 다음 각 호의 어느 하나에 해당하는 경우로서 열차의 안전운행에 지장이 있다고 인정하는 경우에는 열차운행을 일시 중지할 수 있다.
1. 지진, 태풍, 폭우, 폭설 등 천재지변 또는 악천후로 인하여 재해가 발생하였거나 재해가 발생할 것으로 예상되는 경우
2. 그 밖에 열차운행에 중대한 장애가 발생하였거나 발생할 것으로 예상되는 경우
② 철도종사자는 철도사고 및 운행장애의 징후가 발견되거나 발생 위험이 높다고 판단되는 경우에는 관제업무종사자에게 열차운행을 일시 중지할 것을 요청할 수 있다. 이 경우 요청을 받은 관제업무종사자는 특별한 사유가 없으면 즉시 열차운행을 중지하여야 한다.
③ 철도종사자는 제2항에 따른 열차운행의 중지 요청과 관련하여 고의 또는 중대한 과실이 없는 경우에는 민사상 책임을 지지 아니한다.
④ 누구든지 제2항에 따라 열차운행의 중지를 요청한 철도종사자에게 이를 이유로 불이익한 조치를 하여서는 아니 된다.

## 제6장 ▶ 철도사고조사·처리

### 338 다음 중 철도사고등이 발생하였을 때 철도운영자등의 조치로 틀린 것은?

① 사상자 구호
② 유류품 관리
③ 여객 수송 및 철도사고 복구
④ 인명피해 및 재산피해를 최소화하고 열차를 정상적으로 운행할 수 있도록 필요한 조치

336 ④    337 ①    338 ③

해설 제60조(철도사고등의 발생 시 조치)
① 철도운영자등은 철도사고등이 발생하였을 때에는 사상자 구호, 유류품(遺留品) 관리, 여객 수송 및 철도시설 복구 등 인명피해 및 재산피해를 최소화하고 열차를 정상적으로 운행할 수 있도록 필요한 조치를 하여야 한다.

### 339 다음 중 철도사고등의 발생 시 철도운영자등이 준수하여야 하는 사항으로 틀린 것은?

① 사고수습이나 복구작업을 하는 경우에는 인명의 구조와 보호에 가장 우선순위를 둘 것
② 사상자가 발생한 경우에는 비상대응절차에 따라 응급처치, 의료기관으로 긴급이송, 유관기관과의 협조 등 필요한 조치를 신속히 할 것
③ 철도차량 운행이 곤란한 경우에는 비상대응절차에 따라 대체교통수단을 마련하는 등 필요한 조치를 할 것
④ 열차 운행에 차질이 생긴 경우 대체교통수단 이용 안내 및 환불 등의 조치를 할 것

해설 영 제56조(철도사고등의 발생 시 조치사항)
법 제60조제2항에 따라 철도사고등이 발생한 경우 철도운영자등이 준수하여야 하는 사항은 다음 각 호와 같다.
1. 사고수습이나 복구작업을 하는 경우에는 인명의 구조와 보호에 가장 우선순위를 둘 것
2. 사상자가 발생한 경우에는 법 제7조제1항에 따른 안전관리체계에 포함된 비상대응계획에서 정한 절차(이하 "비상대응절차"라 한다)에 따라 응급처치, 의료기관으로 긴급이송, 유관기관과의 협조 등 필요한 조치를 신속히 할 것
3. 철도차량 운행이 곤란한 경우에는 비상대응절차에 따라 대체교통수단을 마련하는 등 필요한 조치를 할 것

### 340 다음 중 국토교통부장관에게 즉시 보고하여야 하는 철도사고로 틀린 것은?

① 열차의 충돌이나 탈선사고
② 철도차량이나 열차에서 화재가 발생하여 운행을 중지시킨 사고
③ 철도차량이나 열차의 운행과 관련하여 3명 이상 사상자가 발생한 사고
④ 철도차량이나 열차의 운행과 관련하여 1천만원 이상의 재산피해가 발생한 사고

해설 영 제57조(국토교통부장관에게 즉시 보고하여야 하는 철도사고등)
법 제61조제1항에서 "사상자가 많은 사고 등 대통령령으로 정하는 철도사고등"이란 다음 각 호의 어느 하나에 해당하는 사고를 말한다.
1. 열차의 충돌이나 탈선사고
2. 철도차량이나 열차에서 화재가 발생하여 운행을 중지시킨 사고
3. 철도차량이나 열차의 운행과 관련하여 3명 이상 사상자가 발생한 사고
4. 철도차량이나 열차의 운행과 관련하여 5천만원 이상의 재산피해가 발생한 사고

### 341 다음 중 국토교통부장관에게 즉시 보고하여야 하는 사항으로 틀린 것은?

① 사고 발생 일시 및 장소
② 사상자 등 피해사항
③ 사고 발생 원인
④ 사고 수습 및 복구 계획 등

해설 규칙 제86조(철도사고등 의무보고)
① 철도운영자등은 법 제61조제1항에 따른 철도사고등이 발생한 때에는 다음 각 호의 사항을 국토교통부장관에게 즉시 보고하여야 한다.
1. 사고 발생 일시 및 장소
2. 사상자 등 피해사항
3. 사고 발생 경위
4. 사고 수습 및 복구 계획 등

339 ④  340 ④  341 ③

**342** 다음 중 사상자가 많은 사고 등 대통령령으로 정하는 철도사고등을 제외한 철도사고등이 발생한 때 국토교통부장관에게 보고하여야 하는 사항의 구분으로 틀린 것은?

① 초기보고: 사고발생현황 등
② 중간보고: 사고수습·복구상황 등
③ 종결보고: 사고수습·복구결과 등
④ 종료보고: 현재상황·정상화 진척도 등

> **해설** 규칙 제86조(철도사고등 의무보고)
> ② 철도운영자등은 법 제61조제2항에 따른 철도사고등이 발생한 때에는 다음 각 호의 구분에 따라 국토교통부장관에게 이를 보고하여야 한다.
> 1. 초기보고: 사고발생현황 등
> 2. 중간보고: 사고수습·복구상황 등
> 3. 종결보고: 사고수습·복구결과 등

**343** 다음 중 철도사고등에 속하지 않는 것은?

① 철도사고
② 철도준사고
③ 철도경사고
④ 운행장애

> **해설** 제40조의2(철도종사자의 준수사항).
> 2. 철도사고, 철도준사고 및 운행장애(이하 "철도사고등"이라 한다) 발생 시 국토교통부령으로 정하는 조치 사항을 이행할 것

**344** 다음 중 철도사고 및 철도차량 등에 발생한 고장 보고에 대한 설명으로 맞는 것은?

① 철도운영자등은 사상자가 많은 사고 등 대통령령으로 정하는 철도사고등이 발생하였을 때에는 국토교통부령으로 정하는 바에 따라 즉시 국토교통부장관에게 보고하여야 한다.
② 철도운영자등은 대통령령으로 정하는 철도사고등을 제외한 철도사고등이 발생하였을 때에는 국토교통부령으로 정하는 바에 따라 사고 내용을 조사하여 그 결과를 국토교통부장관에게 즉시 보고하여야 한다.
③ 법에 따라 철도차량 또는 철도용품에 대하여 형식승인을 받거나 법에 따라 철도차량 또는 철도용품에 대하여 제작자승인을 받은 자는 그 승인받은 철도차량 또는 철도용품이 설계 또는 제작의 결함으로 인하여 국토교통부령으로 정하는 고장, 결함 또는 기능장애가 발생한 것을 알게 된 경우에는 국토교통부령으로 정하는 바에 따라 국토교통부장관에게 그 사실을 즉시 보고하여야 한다.
④ 법에 따라 철도차량 정비조직인증을 받은 자가 철도차량을 운영하거나 정비하는 중에 국토교통부령으로 정하는 고장, 결함 또는 기능장애가 발생한 것을 알게 된 경우에는 국토교통부령으로 정하는 바에 따라 국토교통부장관에게 그 사실을 즉시 보고하여야 한다.

> **해설** 법 제61조(철도사고등 의무보고)
> ① 철도운영자등은 사상자가 많은 사고 등 대통령령으로 정하는 철도사고등이 발생하였을 때에는 국토교통부령으로 정하는 바에 따라 즉시 국토교통부장관에게 보고하여야 한다.
> ② 철도운영자등은 제1항에 따른 철도사고등을 제외한 철

도사고등이 발생하였을 때에는 국토교통부령으로 정하는 바에 따라 사고 내용을 조사하여 그 결과를 국토교통부장관에게 보고하여야 한다.

법 제61조의2(철도차량 등에 발생한 고장 등 보고 의무)
① 제26조 또는 제27조에 따라 철도차량 또는 철도용품에 대하여 형식승인을 받거나 제26조의3 또는 제27조의2에 따라 철도차량 또는 철도용품에 대하여 제작자 승인을 받은 자는 그 승인받은 철도차량 또는 철도용품이 설계 또는 제작의 결함으로 인하여 국토교통부령으로 정하는 고장, 결함 또는 기능장애가 발생한 것을 알게 된 경우에는 국토교통부령으로 정하는 바에 따라 국토교통부장관에게 그 사실을 보고하여야 한다.
② 제38조의7에 따라 철도차량 정비조직인증을 받은 자가 철도차량을 운영하거나 정비하는 중에 국토교통부령으로 정하는 고장, 결함 또는 기능장애가 발생한 것을 알게 된 경우에는 국토교통부령으로 정하는 바에 따라 국토교통부장관에게 그 사실을 보고하여야 한다.

### 345 다음 중 철도안전위험요인으로 틀린 것은?

① 철도안전을 해치거나 해칠 우려가 있는 사건
② 철도안전을 해치거나 해칠 우려가 있는 상황
③ 철도안전을 해치거나 해칠 우려가 있는 상태
④ 철도안전을 해치거나 해칠 우려가 있는 성능

**해설** 제61조의3(철도안전 자율보고)
① 철도안전을 해치거나 해칠 우려가 있는 사건·상황·상태 등(이하 "철도안전위험요인"이라 한다)을 발생시켰거나 철도안전위험요인이 발생한 것을 안 사람 또는 철도안전위험요인이 발생할 것이 예상된다고 판단하는 사람은 국토교통부장관에게 그 사실을 보고할 수 있다.

### 346 다음 중 법에 따라 형식승인 및 제작자 승인을 받은 철도차량 또는 철도용품에 관하여 국토교통부령으로 정하는 고장, 결함 또는 기능장애로 틀린 것은?

① 법에 따른 철도차량 형식승인내용과 다른 설계 또는 제작으로 인한 철도차량의 고장, 결함 또는 기능장애
② 법에 따른 철도용품 형식승인내용과 다른 설계 또는 제작으로 인한 철도용품의 고장, 결함 또는 기능장애
③ 하자보수 또는 피해배상을 해야 하는 철도차량 및 철도용품의 고장, 결함 또는 기능장애
④ 그 밖에 규정에 따른 고장(경미한 고장은 제외한다), 결함 또는 기능장애에 준하는 고장, 결함 또는 기능장애

**해설** 규칙 제87조(철도차량에 발생한 고장, 결함 또는 기능장애 보고)
① 법 제61조의2제1항에서 "국토교통부령으로 정하는 고장, 결함 또는 기능장애"란 다음 각 호의 어느 하나에 해당하는 고장, 결함 또는 기능장애를 말한다.
1. 법 제26조 및 제26조의3에 따른 승인내용과 다른 설계 또는 제작으로 인한 철도차량의 고장, 결함 또는 기능장애
2. 법 제27조 및 제27조의2에 따른 승인내용과 다른 설계 또는 제작으로 인한 철도용품의 고장, 결함 또는 기능장애
3. 하자보수 또는 피해배상을 해야 하는 철도차량 및 철도용품의 고장, 결함 또는 기능장애
4. 그 밖에 제1호부터 제3호까지의 규정에 따른 고장, 결함 또는 기능장애에 준하는 고장, 결함 또는 기능장애

345 ④   346 ④

**347** 다음 중 철도차량 정비조직인증을 받은 자가 국토교통부장관에게 보고하여야 되는 국토교통부령으로 정하는 고장, 결함 또는 기능장애로 틀린 것은?

① 철도차량 중정비(철도차량을 완전히 분해하여 검수·교환하거나 탈선·화재 등으로 중대하게 훼손된 철도차량을 정비하는 것을 말한다)가 요구되는 구조적 손상
② 차상신호장치, 역행장치, 제동장치 그 밖에 철도차량 주요장치의 고장 중 차량안전에 중대한 영향을 주는 고장
③ 법에 따라 고시된 철도차량의 기술기준, 철도차량의 제작관리 및 품질유지에 필요한 기술기준, 철도용품 기술기준 및 철도용품의 제작관리 및 품질유지에 필요한 기술기준에 따른 최대허용범위(제작사가 기술자료를 제공하는 경우에는 그 기술자료에 따른 최대허용범위를 말한다)를 초과하는 철도차량 구조의 균열, 영구적인 변형이나 부식
④ 그 밖에 제1호부터 제3호까지의 규정에 따른 고장, 결함 또는 기능장애에 준하는 고장, 결함 또는 기능장애

**해설** 법 제61조의2제2항에서 "국토교통부령으로 정하는 고장, 결함 또는 기능장애"란 다음 각 호의 어느 하나에 해당하는 고장, 결함 또는 기능장애(법 제61조에 따라 보고된 고장, 결함 또는 기능장애는 제외한다)를 말한다.
1. 철도차량 중정비(철도차량을 완전히 분해하여 검수·교환하거나 탈선·화재 등으로 중대하게 훼손된 철도차량을 정비하는 것을 말한다)가 요구되는 구조적 손상
2. 차상신호장치, 추진장치, 주행장치 그 밖에 철도차량 주요장치의 고장 중 차량 안전에 중대한 영향을 주는 고장
3. 법 제26조제3항(철도차량의 기술기준), 제26조의3제2항(철도차량의 제작관리 및 품질유지에 필요한 기술기준), 제27조제2항(철도용품 기술기준) 및 제27조의2제2항(철도용품의 제작관리 및 품질유지에 필요한 기술기준)에 따라 고시된 기술기준에 따른 최대허용범위(제작사가 기술자료를 제공하는 경우에는 그 기술자료에 따른 최대허용범위를 말한다)를 초과하는 철도차량 구조의 균열, 영구적인 변형이나 부식
4. 그 밖에 제1호부터 제3호까지의 규정에 따른 고장, 결함 또는 기능장애에 준하는 고장, 결함 또는 기능장애

**348** 다음 중 철도안전 자율보고서를 제출해야하는 곳으로 맞는 것은?

① 국토교통부장관
② 철도운영자등
③ 한국교통안전공단 이사장
④ 철도안전전문기관

**해설** 규칙 제88조(철도안전 자율보고의 절차 등)
① 법 제61조의3제1항에 따른 철도안전 자율보고를 하려는 자는 별지 제45호의19서식의 철도안전 자율보고서를 한국교통안전공단 이사장에게 제출하거나 국토교통부장관이 정하여 고시하는 방법으로 한국교통안전공단 이사장에게 보고해야 한다.

## 제7장 ▶ 철도안전기반 구축

**349** 다음 중 철도안전 전문기관 등의 육성에 대하여 틀린 것은?

① 국토교통부장관은 철도안전에 관한 전문기관 또는 단체를 지도·육성하여야 한다.
② 국토교통부장관은 철도안전 전문인력을 원활하게 확보할 수 있도록 시책을 마련하여 추진하여야 한다.
③ 철도안전 전문인력의 분야별 자격기준, 자격부여 절차 및 자격을 받기 위한 안전교육훈련 등에 관하여 필요한 사항은 대통령령으로 정한다.
④ 안전전문기관의 지정기준, 지정절차 등에 관하여 필요한 사항은 국토교통부령으로 정한다.

347 ②   348 ③   349 ④

> **해설** 제69조(철도안전 전문기관 등의 육성)
> ① 국토교통부장관은 철도안전에 관한 전문기관 또는 단체를 지도 · 육성하여야 한다.
> ② 국토교통부장관은 철도시설의 건설, 운영 및 관리와 관련된 안전점검업무 등 대통령령으로 정하는 철도안전업무에 종사하는 전문인력(이하 "철도안전 전문인력"이라 한다)을 원활하게 확보할 수 있도록 시책을 마련하여 추진하여야 한다.
> ④ 철도안전 전문인력의 분야별 자격기준, 자격부여 절차 및 자격을 받기 위한 안전교육훈련 등에 관하여 필요한 사항은 대통령령으로 정한다.
> ⑥ 안전전문기관의 지정기준, 지정절차 등에 관하여 필요한 사항은 대통령령으로 정한다.

## 350 다음 중 철도안전업무에 종사하는 전문인력으로 틀린 것은?

① 철도교통안전관리자
② 전기철도 분야 철도안전전문기술자
③ 철도신호 분야 철도안전전문기술자
④ 철도궤도 분야 철도안전전문기술자

> **해설** 영 제59조(철도안전 전문인력의 구분)
> ① 법 제69조 제2항에서 "대통령령으로 정하는 철도안전업무에 종사하는 전문인력"이란 다음 각 호의 어느 하나에 해당하는 인력을 말한다.
> 1. 철도운행안전관리자
> 2. 철도안전전문기술자
>    가. 전기철도 분야 철도안전전문기술자
>    나. 철도신호 분야 철도안전전문기술자
>    다. 철도궤도 분야 철도안전전문기술자
>    라. 철도차량 분야 철도안전전문기술자

## 351 다음 중 철도운행안전관리자의 업무 범위로 틀린 것은?

① 철도차량의 운행선로나 그 인근에서 철도시설의 건설 또는 관리와 관련한 작업을 수행하는 경우에 작업일정의 조정 또는 작업에 필요한 안전장비 · 안전시설 등의 점검
② 작업이 수행되는 선로를 운행하는 열차가 있는 경우 해당 열차의 운행선로 변경
③ 열차접근경보시설이나 열차접근감시인의 배치에 관한 계획 수립 · 시행과 확인
④ 철도차량 운전자나 관제업무종사자와 연락체계 구축 등

> **해설** 영 제59조(철도안전 전문인력의 구분)
> 1. 철도운행안전관리자의 업무
>    가. 철도차량의 운행선로나 그 인근에서 철도시설의 건설 또는 관리와 관련한 작업을 수행하는 경우에 작업일정의 조정 또는 작업에 필요한 안전장비 · 안전시설 등의 점검
>    나. 가목에 따른 작업이 수행되는 선로를 운행하는 열차가 있는 경우 해당 열차의 운행일정 조정
>    다. 열차접근경보시설이나 열차접근감시인의 배치에 관한 계획 수립 · 시행과 확인
>    라. 철도차량 운전자나 관제업무종사자와 연락체계 구축 등

## 352 다음 중 철도차량의 설계·제작·개조·시험검사·정밀안전진단·안전점검 등에 관한 품질관리 및 감리 등의 업무의 철도안전전문기술자로 맞는 것은?

① 전기철도 분야 철도안전전문기술자
② 철도신호 분야 철도안전전문기술자
③ 철도차량 분야 철도안전전문기술자
④ 철도궤도 분야 철도안전전문기술자

> **해설** 영 제59조(철도안전 전문인력의 구분)
> 2. 철도안전전문기술자의 업무
>    가. 제1항제2호가목부터 다목까지(전기철도, 철도신호, 철도궤도 분야)의 철도안전전문기술자: 해당 철도시설의 건설이나 관리와 관련된 설계 · 시공 · 감리 · 안전점검 업무나 레일용접 등의 업무
>    나. 제1항제2호라목(철도차량 분야)의 철도안전전문기술자: 철도차량의 설계 · 제작 · 개조 · 시험검사 · 정밀안전진단 · 안전점검 등에 관한 품질관리 및 감리 등의 업무

350 ① 351 ② 352 ③

**353** 다음 중 철도안전전문기술자의 자격기준 초급 자격 부여 범위로 틀린 것은?

① 관계 법령에 따른 중급기술자·중급기술인·중급감리원 또는 중급전기공사기술자로서 1년 6개월 이상 철도의 해당 기술 분야에 종사한 경력이 있는 사람
② 관계 법령에 따른 초급기술자·초급기술인·초급감리원·감리사보 또는 초급전기공사 기술자로서「국가기술자격법」에 따른 용접자격을 취득한 사람으로서 국토교통부장관이 지정한 전문기관 또는 단체의 레일용접인정자격시험에 합격한 사람
③ 국토교통부령으로 정하는 철도의 해당 기술 분야의 설계·감리·시공·안전점검 관련 교육과정을 수료하고 수료 시 시행하는 검정시험에 합격한 사람
④ 관계 법령에 따른 초급기술자·초급기술인·초급감리원·감리사보 또는 초급전기공사 기술자로서 3년 이상 철도의 해당 기술 분야에 종사한 경력이 있는 사람

해설 ■ 철도안전법 시행령 [별표 5]
철도안전전문기술자의 자격기준(제60조제2항 관련)

| | |
|---|---|
| 4. 초급 | 가. 관계 법령에 따른 중급기술자·중급기술인·중급감리원 또는 중급전기공사기술자로서 1년 6개월 이상 철도의 해당 기술 분야에 종사한 경력이 있는 사람<br>나. 관계 법령에 따른 초급기술자·초급기술인·초급감리원·감리사보 또는 초급전기공사 기술자로서 다음의 어느 하나에 해당하는 사람<br>　1)「국가기술자격법」에 따른 철도의 해당 기술 분야의 기사, 산업기사, 기능사 자격 취득자<br>　2) 3년 이상 철도의 해당 기술 분야에 종사한 경력이 있는 사람<br>다. 국토교통부령으로 정하는 철도의 해당 기술 분야의 설계·감리·시공·안전점검 관련 교육과정을 수료하고 수료 시 시행하는 검정시험에 합격한 사람<br>라.「국가기술자격법」에 따른 용접자격을 취득한 사람으로서 국토교통부장관이 지정한 전문기관 또는 단체의 레일용접인정자격시험에 합격한 사람<br>마. 별표 1의2에 따른 4등급 철도차량정비기술자로서 경력에 포함되는 기술자격의 종목과 관련된 기사, 산업기사 또는 기능사 자격 취득자 |

**354** 다음 중 철도안전 전문인력의 자격부여 절차에 대하여 틀린 것은?

① 법에 따른 자격을 부여받으려는 사람은 국토교통부령으로 정하는 바에 따라 국토교통부장관에게 자격부여 신청을 하여야 한다.
② 국토교통부장관은 자격부여 신청을 한 사람이 해당 자격기준에 적합한 경우에는 전문인력의 구분에 따라 자격증명서를 발급하여야 한다.
③ 국토교통부장관은 자격부여 신청을 한 사람이 해당 자격기준에 적합한지를 확인하기 위하여 그가 소속된 기관이나 업체 등에 관계 자료 제출을 요청할 수 있다.
④ 국토교통부장관은 철도안전 전문인력

의 자격부여에 관한 자료를 유지·관리하도록 자료유지관리체계를 구축하여야 한다.

**해설** 영 제60조의2(철도안전 전문인력의 자격부여 절차 등)
① 법 제69조제3항에 따른 자격을 부여받으려는 사람은 국토교통부령으로 정하는 바에 따라 국토교통부장관에게 자격부여 신청을 하여야 한다.
② 국토교통부장관은 제1항에 따라 자격부여 신청을 한 사람이 해당 자격기준에 적합한 경우에는 제59조제1항에 따른 전문인력의 구분에 따라 자격증명서를 발급하여야 한다.
③ 국토교통부장관은 제1항에 따라 자격부여 신청을 한 사람이 해당 자격기준에 적합한지를 확인하기 위하여 그가 소속된 기관이나 업체 등에 관계 자료 제출을 요청할 수 있다.
④ 국토교통부장관은 철도안전 전문인력의 자격부여에 관한 자료를 유지·관리하여야 한다.
⑤ 제1항부터 제4항까지의 규정에 따른 자격부여 절차와 방법, 자격증명서 발급 및 자격의 관리 등에 필요한 사항은 국토교통부령으로 정한다.

### 355 다음 중 철도안전 전문인력 자격부여 신청서에 첨부하여야되는 서류로 틀린 것은?

① 경력을 확인할 수 있는 자료
② 교육훈련 이수증명서(해당자에 한정한다)
③ 사진(3.5센티미터×4.5센티미터)
④ 이 법에 따른 철도차량정비경력증 (해당자에 한정한다)

**해설** 규칙 제92조(철도안전 전문인력 자격부여 절차 등)
① 영 제60조의2제1항에 따른 철도안전 전문인력의 자격을 부여받으려는 자는 별지 제46호서식의 철도안전 전문인력 자격부여(증명서 재발급) 신청서에 다음 각 호의 서류를 첨부하여 법 제69조제5항에 따라 지정받은 안전전문기관(이하 "안전전문기관"이라 한다)에 제출하여야 한다.
1. 경력을 확인할 수 있는 자료
2. 교육훈련 이수증명서(해당자에 한정한다)
3. 「전기공사업법」에 따른 전기공사 기술자, 「전력기술관리법」에 따른 전력기술인, 「정보통신공사업법」에 따른 정보통신기술자 경력수첩 또는 「건설기술진흥법」에 따른 건설기술경력증 사본(해당자에 한정한다)

4. 국가기술자격증 사본(해당자에 한정한다)
5. 이 법에 따른 철도차량정비경력증 사본(해당자에 한정한다)
6. 사진(3.5센티미터×4.5센티미터)

### 356 다음 중 철도운행안전관리자의 교육내용이 아닌 것은?

① 열차운행의 통제와 조정
② 안전관리 일반
③ 실무실습
④ 관계법령

**해설** ■ 철도안전법 시행규칙 [별표 24]
철도안전 전문인력의 교육훈련(제91조제1항 관련)

| 대상자 | 교육내용 |
| --- | --- |
| 철도운행안전관리자 | • 열차운행의 통제와 조정<br>• 안전관리 일반<br>• 관계법령<br>• 비상시 조치 등 |

### 357 다음 중 철도안전전문기술자(초급)의 교양교육 시간으로 맞는 것은?

① 20시간
② 35시간
③ 100시간
④ 120시간

**해설** ■ 철도안전법 시행규칙 [별표 24]
철도안전 전문인력의 교육훈련(제91조제1항 관련)

| 대상자 | 교육시간 |
| --- | --- |
| 철도안전 전문 기술자 (초급) | 120시간(3주)<br>• 직무관련: 100시간<br>• 교양교육: 20시간 |

355 ④　356 ③　357 ①

**358** 다음 중 안전전문기관의 지정기준으로 틀린 것은?

① 업무수행에 필요한 상설 전담조직을 갖출 것
② 분야별 교육훈련을 수행할 수 있는 실습실을 확보할 것
③ 교육훈련 시행에 필요한 사무실·교육시설과 필요한 장비를 갖출 것
④ 안전전문기관 운영 등에 관한 업무규정을 갖출 것

> **해설** 영 제60조의3(안전전문기관 지정기준)
> ② 법 제69조제6항에 따른 안전전문기관의 지정기준은 다음 각 호와 같다.
>   1. 업무수행에 필요한 상설 전담조직을 갖출 것
>   2. 분야별 교육훈련을 수행할 수 있는 전문인력을 확보할 것
>   3. 교육훈련 시행에 필요한 사무실·교육시설과 필요한 장비를 갖출 것
>   4. 안전전문기관 운영 등에 관한 업무규정을 갖출 것

**359** 다음 중 국토교통부장관이 분야별로 구분하여 지정할 수 있는 전문기관으로 틀린 것은?

① 철도운행안전분야
② 전기철도 분야
③ 철도신호 분야
④ 철도선로 분야

> **해설** 규칙 제92조의2(분야별 안전전문기관 지정) 국토교통부장관은 영 제60조의3제3항에 따라 다음 각 호의 분야별로 구분하여 전문기관을 지정할 수 있다.
>   1. 철도운행안전 분야
>   2. 전기철도 분야
>   3. 철도신호 분야
>   4. 철도궤도 분야
>   5. 철도차량 분야

**360** 다음 중 국토교통부장관이 안전전문기관의 지정 신청을 받은 경우 종합적으로 심사하는 사항으로 틀린 것은?

① 안전전문기관 지정기준에 관한 사항
② 철도안전 전문기관의 운영능력
③ 안전전문기관의 운영계획
④ 철도안전 전문인력 등의 수급에 관한 사항

> **해설** 영 제60조의4(안전전문기관 지정절차 등)
> ② 국토교통부장관은 제1항에 따라 안전전문기관의 지정 신청을 받은 경우에는 다음 각 호의 사항을 종합적으로 심사한 후 지정 여부를 결정하여야 한다.
>   1. 제60조의3에 따른 지정기준에 관한 사항
>   2. 안전전문기관의 운영계획
>   3. 철도안전 전문인력 등의 수급에 관한 사항
>   4. 그 밖에 국토교통부장관이 필요하다고 인정하는 사항

**361** 다음 중 철도안전 전문기관 지정신청서 첨부서류로 틀린 것은?

① 교육훈련이 포함된 운영계획서(교육훈련평가계획을 포함한다)
② 정관이나 이에 준하는 약정(법인 그 밖의 단체의 경우만 해당한다)
③ 철도안전교육훈련에 필요한 모의시스템 등 장비 내역서
④ 교육훈련, 철도시설의 점검 등 안전업무를 수행하는 사람의 자격·학력·경력 등을 증명할 수 있는 서류

> **해설** 규칙 제92조의4(안전전문기관 지정 신청 등)
> ① 영 제60조의4제1항에 따라 안전전문기관으로 지정받으려는 자는 별지 제47호의2서식의 철도안전 전문기관 지정신청서(전자문서를 포함한다)에 다음 각 호의 서류를 첨부하여 국토교통부장관에게 제출하여야 한다.
>   1. 안전전문기관 운영 등에 관한 업무규정
>   2. 교육훈련이 포함된 운영계획서(교육훈련평가계획을 포함한다)
>   3. 정관이나 이에 준하는 약정(법인 그 밖의 단체의 경우만 해당한다)
>   4. 교육훈련, 철도시설의 점검 등 안전업무를 수행하는 사람의 자격·학력·경력 등을 증명할 수 있는

358 ② 359 ④ 360 ② 361 ③

서류
5. 교육훈련, 철도시설의 점검에 필요한 강의실 등 시설·장비 등 내역서
6. 안전전문기관에서 사용하는 직인의 인영

### 362 다음 중 철도안전 전문기관 기능교관 자격기준으로 틀린 것은?

① 철도 관련 해당 분야 기사 이상의 자격을 취득한 사람으로서 2년 이상 철도 관련 분야에 근무한 경력이 있는 사람
② 철도 관련 해당 분야 산업기사 이상의 자격을 취득한 사람으로서 3년 이상 철도 관련 분야에 근무한 경력이 있는 사람
③ 철도 관련 분야 7급 이상의 공무원 경력자 또는 이와 같은 수준 이상의 경력자로서 철도 관련 분야 재직 경력이 10년 이상인 사람
④ 「근로자직업능력 개발법」에 따라 직업능력개발훈련교사자격증을 취득한 사람으로서 철도 관련 분야 재직경력이 10년 이상인 사람

**해설** ■ 철도안전법 시행규칙 [별표 25]

철도안전 전문기관 세부 지정기준(제92조의3 관련)

| 등급 | 기술자격자 | 학력 및 경력자 |
|---|---|---|
| 기능교관 | 1) 철도 관련 해당 분야 기사 이상의 자격을 취득한 사람으로서 2년 이상 철도 관련 분야에 근무한 경력이 있는 사람<br>2) 철도 관련 해당 분야 산업기사 이상의 자격을 취득한 사람으로서 3년 이상 철도 관련 분야에 근무한 경력이 있는 사람 | 1) 철도 관련 분야 석사학위를 취득한 사람으로서 2년 이상 철도 관련 분야에 근무한 경력이 있는 사람<br>2) 철도 관련 분야 학사학위를 취득한 사람으로서 3년 이상 철도 관련 분야에 근무한 경력이 있는 사람<br>3) 철도 관련 분야 7급 이상의 공무원 경력자 또는 이와 같은 수준 이상의 경력자로서 철도 관련 분야 재직 경력이 10년 이상인 사람 |

### 363 다음 중 철도안전 전문기관 기술인력의 보유기준으로 틀린 것은?

① 최소보유기준: 교육책임자 1명, 이론교관 3명, 기능교관을 2명 이상 확보하여야 한다.
② 1회 교육생 30명을 기준으로 교육인원이 10명 추가될 때마다 이론교관을 1명 이상 추가로 확보하여야 한다. 다만 추가로 확보하여야 하는 이론교관은 비전임으로 할 수 있다.
③ 기능교관 중 이론교관 자격을 갖춘 사람은 이론교관으로 승급한다.
④ 안전점검 업무를 수행하는 경우에는 철도안전 전문인력의 구분에 따른 분야별 철도안전 전문인력 8명(특급 3명, 고급 이상 2명, 중급 이상 3명) 이상,열차운행 분야의 경우에는 철도운행안전관리자 3명 이상을 확보할 것

**해설** ■ 철도안전법 시행규칙 [별표 25]

철도안전 전문기관 세부 지정기준(제92조의3 관련)
나. 보유기준
  1) 최소보유기준: 교육책임자 1명, 이론교관 3명, 기능교관을 2명 이상 확보하여야 한다.
  2) 1회 교육생 30명을 기준으로 교육인원이 10명 추가될 때마다 이론교관을 1명 이상 추가로 확보하여야 한다. 다만 추가로 확보하여야 하는 이론교관은 비전임으로 할 수 있다.
  3) 이론교관 중 기능교관 자격을 갖춘 사람은 기능교관을 겸임할 수 있다.
  4) 안전점검 업무를 수행하는 경우에는 영 제59조에 따른 분야별 철도안전 전문인력 8명(특급 3명, 고급 이상 2명, 중급 이상 3명) 이상,열차운행 분야의 경우에는 철도운행안전관리자 3명 이상을 확보할 것

362 ④   363 ③

**364** 다음 중 철도안전 전문기관 시설, 장비의 기준으로 틀린 것은?

① 강의실: 60㎡ 이상(의자, 탁자 및 교육용 비품을 갖추고 1㎡당 수용인원이 1명을 초과하지 않도록 한다)
② 실습실: 125㎡(20명 이상이 동시에 실습할 수 있는 실습실 및 실습 장비를 갖추어야 한다)이상이어야 한다. 다만, 철도운행안전관리자의 경우 60㎡ 이상으로 할 수 있으며, 강의실에 실습 장비를 함께 설치하여야 한다.
③ 시청각 기자재: 텔레비전·비디오 1세트, 컴퓨터 1세트, 빔 프로젝터 1대 이상
④ 철도차량 운행, 전기철도, 신호, 궤도 및 철도안전 등 관련 도서 100권 이상

**해설** ■ 철도안전법 시행규칙 [별표 25]
철도안전 전문기관 세부 지정기준(제92조의3 관련)
2. 시설·장비의 기준
  가. 강의실: 60㎡ 이상(의자, 탁자 및 교육용 비품을 갖추고 1㎡당 수용인원이 1명을 초과하지 않도록 한다)
  나. 실습실: 125㎡(20명 이상이 동시에 실습할 수 있는 실습실 및 실습 장비를 갖추어야 한다)이상이어야 한다. 다만, 철도운행안전관리자의 경우 60㎡ 이상으로 할 수 있으며, 강의실에 실습 장비를 함께 설치하여 활용할 수 있는 경우는 제외한다.
  다. 시청각 기자재: 텔레비전·비디오 1세트, 컴퓨터 1세트, 빔 프로젝터 1대 이상
  라. 철도차량 운행, 전기철도, 신호, 궤도 및 철도안전 등 관련 도서 100권 이상
  마. 그 밖에 교육훈련에 필요한 사무실·집기류·편의시설 등을 갖추어야 한다.

**365** 궤도 분야 교육 설비 중 표준 궤간의 철도선로는 몇 미터 이상 있어야 하는지 다음 중 맞는 것은?

① 50  ② 100
③ 200  ④ 500

**해설** ■ 철도안전법 시행규칙 [별표 25]
철도안전 전문기관 세부 지정기준(제92조의3 관련)
3) 궤도 분야: 표준 궤간의 철도선로 200m 이상과 평탄한 광장 90㎡ 이상의 실습장을 확보하여 장대레일 재설정, 받침목다짐, GAS압접, 테르밋용접 등을 반복하여 실습할 수 있는 설비를 확보할 것

**366** 안전전문기관의 지정취소 및 업무정지의 기준 중 위반행위의 횟수에 따른 행정처분의 가중된 부과기준은 최근 몇 년간 같은 위반행위로 행정처분을 받은 경우에 적용하는가?

① 1년  ② 2년
③ 3년  ④ 5년

**해설** ■ 철도안전법 시행규칙 [별표 26]
안전전문기관의 지정취소 및 업무정지의 기준
(제92조의5제1항 관련)
비고:1. 위반행위가 둘 이상인 경우로서 그에 해당하는 각각의 처분기준이 다른 경우에는 그중 무거운 처분기준에 따르며, 위반행위가 둘 이상인 경우로서 그에 해당하는 각각의 처분기준이 같은 경우에는 무거운 처분기준의 2분의 1까지 가중할 수 있되, 각 처분기준을 합산한 기간을 초과할 수 없다.

**367** 안전전문기관의 명칭, 소재지나 그 밖에 안전전문기관의 업무수행에 중대한 영향을 미치는 사항의 변경이 있는 경우에 해당 사유가 발생한 날부터 며칠 이내에 국토교통부장관에게 그 사실을 알려야 하는가?

① 7일  ② 15일
③ 30일  ④ 90일

**해설** 영 제60조의5(안전전문기관의 변경사항 통지)
① 안전전문기관은 그 명칭·소재지나 그 밖에 안전전문기관의 업무수행에 중대한 영향을 미치는 사항의 변경이 있는 경우에는 해당 사유가 발생한 날부터 15일 이내에 국토교통부장관에게 그 사실을 알려야 한다.
② 국토교통부장관은 제1항에 따른 통지를 받은 경우에는 그 사실을 관보에 고시하여야 한다.

364 ②  365 ③  366 ①  367 ②

**368** 다음 중 철도운영자등이 자체적으로 작업 또는 공사 등을 시행하는 경우 등 대통령령으로 정하는 경우로 맞는 것은?

① 철도운영자등이 도급(공사)계약 방식으로 시행하는 작업 또는 공사
② 철도운영자등이 자체 유지·보수 작업을 전문용역업체 등에 위탁하여 6개월 이상 장기간 수행하는 작업 또는 공사.
③ 철도운영자등이 직접 수행하는 작업 또는 공사로서 4명 이상의 직원이 수행하는 작업 또는 공사
④ 천재지변 또는 철도사고 등 부득이한 사유로 긴급 복구 작업 등을 시행하는 경우

**해설**  영 제60조의6(철도운행안전관리자의 배치)

법 제69조의2제1항 단서에서 "철도운영자등이 자체적으로 작업 또는 공사 등을 시행하는 경우 등 대통령령으로 정하는 경우"란 다음 각 호의 어느 하나에 해당하는 경우를 말한다.
1. 철도운영자등이 선로 점검 작업 등 3명 이하의 인원으로 할 수 있는 소규모 작업 또는 공사 등을 자체적으로 시행하는 경우
2. 천재지변 또는 철도사고 등 부득이한 사유로 긴급 복구 작업 등을 시행하는 경우

**369** 다음 중 철도안전 전문인력의 정기교육에 대한 설명으로 틀린 것은?

① 법에 따라 철도안전 전문인력의 분야별 자격을 부여받은 사람은 직무 수행의 적정성 등을 유지할 수 있도록 정기적으로 교육을 받아야 한다.
② 철도운영자등은 법에 따른 정기교육을 받지 아니한 사람을 관련 업무에 종사하게 하여서는 아니 된다.
③ 철도안전 전문인력의 정기교육은 철도안전교육훈련기관에서 실시한다.
④ 법에 따른 철도안전 전문인력에 대한 정기교육의 주기, 교육 내용, 교육 절차 등에 관하여 필요한 사항은 국토교통부령으로 정한다.

**해설**  규칙 제92조의7(철도안전 전문인력의 정기교육)
③ 철도안전 전문인력의 정기교육은 안전전문기관에서 실시한다.

**370** 다음 중 철도안전 전문인력의 정기교육에 대하여 틀린 것은?

① 정기교육의 주기는 3년이다.
② 정기교육 시간은 15시간 이상이다.
③ 정기교육은 철도안전 전문인력의 분야별 자격을 취득한 날 또는 종전의 정기교육 유효기간 만료일부터 3년이 되는 날 전 1년 이내에 받아야한다.
④ 철도안전 전문인력의 분야별 자격을 취득한 날 또는 종전의 정기교육 유효기간 만료일부터 3년이 지난 후에 정기교육을 받은 경우 그 정기교육의 유효기간은 정기교육을 받은 다음 날부터 기산한다.

**해설**  ■ 철도안전법 시행규칙 [별표 28]
철도안전 전문인력의 정기교육(제92조의7제2항 관련)
1. 정기교육의 주기: 3년
2. 정기교육 시간: 15시간 이상
  비고 1. 정기교육은 철도안전 전문인력의 분야별 자격을 취득한 날 또는 종전의 정기교육 유효기간 만료일부터 3년이 되는 날 전 1년 이내에 받아야 한다. 이 경우 그 정기교육의 유효기간은 자격 취득 후 3년이 되는 날 또는 종전 정기교육 유효기간 만료일의 다음 날부터 기산한다.
  2. 철도안전 전문인력이 제1호 전단에 따른 기간이 지난 후에 정기교육을 받은 경우 그 정기교육의 유효기간은 정기교육을 받은 날부터 기산한다.

368 ④   369 ③   370 ④

**371** 다음 중 철도운행안전관리자 직무전문교육 내용의 철도인프라에 속하지 않는 것은?

① 정거장
② 선로전환시스템
③ 전철전력시스템
④ 열차제어시스템

> **해설** ■ 철도안전법 시행규칙 [별표 28]
> 철도안전 전문인력의 정기교육(제92조의7제2항 관련)
> 3) 철도인프라(정거장, 선로, 전철전력시스템, 열차제어시스템)

**372** 다음 중 철도운행안전관리자 작업시행 전 안전교육에 포함되는 작업원으로 틀린 것은?

① 작업원
② 건널목임시관리원
③ 열차감시원
④ 철도시설안전관리자

> **해설** ■ 철도안전법 시행규칙 [별표 28]
> 철도안전 전문인력의 정기교육(제92조의7제2항 관련)
> 3) 작업시행 전 작업원 안전교육(작업원, 건널목임시관리원, 열차감시원, 전기철도안전관리자)

**373** 다음 중 철도신호분야 안전전문기술자 직무전문교육내용으로 틀린 것은?

① 신호기장치, 선로전환기장치, 궤도회로 및 연동장치 등
② 신호 설계기준 및 신호설비 유지보수 세칙
③ 철도신호 장애 복구·대책 수립 요령
④ 철도신호 시설물 점검요령

> **해설** ■ 철도안전법 시행규칙 [별표 28]
> 철도안전 전문인력의 정기교육(제92조의7제2항 관련)
> 철도신호에 대한 직무전문지식의 습득과 운용능력 배양
> 1) 신호기장치, 선로전환기장치, 궤도회로 및 연동장치 등
> 2) 신호 설계기준 및 신호설비 유지보수 세칙
> 3) 선로전환기 동작계통 및 연동도표 이해
> 4) 철도신호 장애 복구·대책 수립 요령
> 5) 철도신호 품질안전 및 안전관리 등

**374** 다음 중 철도차량분야 안전전문기술자 실무수습 교육내용으로 틀린 것은?

① 철도차량의 안전조치(작업 전/작업 후)
② 철도차량 기능검사 및 응급조치
③ 철도차량 시운전 검사
④ 철도차량 기술검토, 제작검사

> **해설** ■ 철도안전법 시행규칙 [별표 28]
> 철도안전 전문인력의 정기교육(제92조의7제2항 관련)
> 철도차량의 운용 및 안전 확보를 위한 전문실무실습
> 1) 철도차량의 안전조치(작업 전/작업 후)
> 2) 철도차량 기능검사 및 응급조치
> 3) 철도차량 기술검토, 제작검사

**375** 다음 중 철도운행안전관리자 자격을 취소하여야되는 경우로 틀린 것은?

① 거짓이나 그 밖의 부정한 방법으로 철도운행안전관리자 자격을 받았을 때
② 철도운행안전관리자 자격의 효력정지기간 중에 철도운행안전관리자 업무를 수행하였을 때
③ 철도운행안전관리자 자격을 다른 사람에게 대여하였을 때
④ 철도운행안전관리자의 업무 수행 중 고의 또는 중과실로 인한 철도사고가 일어났을 때

> **해설** 제69조의4(철도운행안전관리자 자격 취소·정지)
> ① 국토교통부장관은 철도운행안전관리자가 다음 각 호의 어느 하나에 해당할 때에는 철도운행안전관리자 자격을 취소하거나 1년 이내의 기간을 정하여 철도운행안전관리자 자격을 정지시킬 수 있다. 다만, 제1호부터 제3호까지의 규정에 해당할 때에는 철도운행안전관리자 자격을 취소하여야 한다.
> 1. 거짓이나 그 밖의 부정한 방법으로 철도운행안전관리자 자격을 받았을 때
> 2. 철도운행안전관리자 자격의 효력정지기간 중에 철도운행안전관리자 업무를 수행하였을 때
> 3. 철도운행안전관리자 자격을 다른 사람에게 대여하였을 때
> 4. 철도운행안전관리자의 업무 수행 중 고의 또는 중과실로 인한 철도사고가 일어났을 때

371 ②   372 ④   373 ④   374 ③   375 ④

**376** 다음 중 철도관계기관등에 해당되지 않는 것은?

① 인증기관
② 시험기관
③ 철도운영자
④ 안전전문기관

> **해설** 제71조(철도안전 정보의 종합관리 등)
> 관계 지방자치단체의 장 또는 철도운영자등, 운전적성검사기관, 관제적성검사기관, 운전교육훈련기관, 관제교육훈련기관, 인증기관, 시험기관, 안전전문기관, 위험물 포장·용기검사기관, 위험물취급전문교육기관 및 제77조제2항에 따라 업무를 위탁받은 기관 또는 단체(이하 "철도관계기관등"이라 한다)

## 제8장 ▶ 보 칙

**377** 다음 중 국토교통부장관이나 관계 지방자치단체가 대통령령으로 정하는 바에 따라 철도관계기관등에 대하여 필요한 사항을 보고하게 하거나 자료의 제출을 명할 수 있는 사항으로 틀린 것은?

① 철도운영자등의 철도종사자 관리의무 준수 여부에 대한 확인이 필요한 경우
② 철도운영자가 열차운행을 일시 중지한 경우로서 그 결정 근거등의 적정성에 대한 확인이 필요한 경우
③ 안전종합계획에 따른 점검·확인을 위하여 필요한 경우
④ 철도사고등에 따른 보고와 관련하여 사실 확인 등이 필요한 경우

> **해설** 제73조(보고 및 검사)
> 제8조제2항(안전관리체계의 지속적 유지)에 따른 점검·확인을 위하여 필요한 경우

**378** 다음 중 대행기관 또는 수탁기관이 수수료에 대한 기준을 정하려는 경우에 해당 기관의 인터넷 홈페이지에 몇 일간 그 내용을 게시하여 이해관계인의 의견을 수렴해야 하는지 맞는 것은?

① 7
② 14
③ 20
④ 30

> **해설** 규칙 제94조(수수료의 결정절차)
> ① 법 제74조제1항 단서에 따른 대행기관 또는 수탁기관(이하 이 조에서 "대행기관 또는 수탁기관"이라 한다)이 같은 조 제2항에 따라 수수료에 대한 기준을 정하려는 경우에는 해당 기관의 인터넷 홈페이지에 20일간 그 내용을 게시하여 이해관계인의 의견을 수렴하여야 한다. 다만, 긴급하다고 인정하는 경우에는 인터넷 홈페이지에 그 사유를 소명하고 10일간 게시할 수 있다.

**379** 다음 중 청문을 해야되는 사항으로 틀린 것은?

① 안전관리체계의 승인 취소
② 신체검사기관의 지정취소
③ 운전면허의 취소 및 효력정지
④ 시험기관의 지정 취소

**380** 다음 중 벌칙 적용에서 공무원 의제로 틀린 것은?

① 정비교육훈련 업무에 종사하는 정비교육훈련기관의 임직원
② 정밀안전진단 업무에 종사하는 정밀안전진단기관의 임직원
③ 법에 따른 성능시험 업무에 종사하는 시험기관의 임직원 및 성능인증·점검 업무에 종사하는 인증기관의 임직원
④ 철도차량 정비 업무에 종사하는 인증정비조직의 임직원

> **해설** 제76조(벌칙 적용에서 공무원 의제)
> 다음 각 호의 어느 하나에 해당하는 사람은 「형법」 제129조부터 제132조까지의 규정을 적용할 때에는 공무원으로 본다.

376 ③  377 ③  378 ③  379 ②  380 ④

1. 운전적성검사 업무에 종사하는 운전적성검사기관의 임직원 또는 관제적성검사 업무에 종사하는 관제적성검사기관의 임직원
2. 운전교육훈련 업무에 종사하는 운전교육훈련기관의 임직원 또는 관제교육훈련 업무에 종사하는 관제교육훈련기관의 임직원
2의2. 정비교육훈련 업무에 종사하는 정비교육훈련기관의 임직원
2의3. 정밀안전진단 업무에 종사하는 정밀안전진단기관의 임직원
2의4. 제48조의4에 따른 성능시험 업무에 종사하는 시험기관의 임직원 및 성능인증·점검 업무에 종사하는 인증기관의 임직원
2의5. 제69조제5항에 따른 철도안전 전문인력의 양성 및 자격관리 업무에 종사하는 안전전문기관의 임직원
2의6. 제69조제5항에 따른 철도안전 전문인력의 양성 및 자격관리 업무에 종사하는 안전전문기관의 임직원
2의7. 제44조의2제4항에 따른 위험물 포장·용기검사 업무에 종사하는 위험물 포장·용기검사기관의 임직원
2의8. 제44조의3제3항에 따른 위험물취급안전교육 업무에 종사하는 위험물취급전문 교육기관의 임직원
3. 제77조제2항에 따라 위탁업무에 종사하는 철도안전 관련 기관 또는 단체의 임직원

### 381 다음 중 국토교통부장관이 철도특별사법경찰대장에게 위임한 사항으로 틀린 것은?

① 술을 마셨거나 약물을 사용하였는지에 대한 확인 또는 검사
② 철도보안정보체계의 구축·운영
③ 보안검색의 일부 또는 전체 검사
④ 공중이나 여객에게 위해를 끼치는 행위로서 국토교통부령으로 정하는 행위를 한 자에게 과태료의 부과·징수

**해설** 국토교통부장관은 법 제77조제1항에 따라 다음 각 호의 권한을 「국토교통부와 그 소속기관 직제」 제40조에 따른 철도특별사법경찰대장에게 위임한다.
1. 법 제41조제2항에 따른 술을 마셨거나 약물을 사용하였는지에 대한 확인 또는 검사
2. 법 제48조의2제2항에 따른 철도보안정보체계의 구축·운영
3. 법 제47조제1항제1호·제3호·제4호 또는 제7호, 법 제48조제5호·제7호·제9호·제10호, 법 제49조제1항을 위반한 자에 대한 법 제81조제1항에 따른 과태료의 부과·징수

### 382 다음 중 규제의 재검토 사항이 아닌 것은?

① 신체검사 방법·절차·합격기준 등
② 적성검사 방법·절차 및 합격기준 등
③ 보안검색 대상의 사람 및 물건
④ 위해물품의 종류 등

**해설** 규칙 제96조(규제의 재검토)
국토교통부장관은 다음 각 호의 사항에 대하여 2020년 1월 1일을 기준으로 3년마다(매 3년이 되는 해의 1월 1일 전까지를 말한다) 그 타당성을 검토하여 개선 등의 조치를 하여야 한다.
1. 제12조에 따른 신체검사 방법·절차·합격기준 등
2. 제16조에 따른 적성검사 방법·절차 및 합격기준 등
3. 〈삭제〉
4. 제78조에 따른 위해물품의 종류 등
5. 제92조의3 및 별표 25에 따른 안전전문기관의 세부 지정기준 등

## 제9장 ▶ 벌 칙

### 383 다음 중 5년 이하의 징역 또는 5천만원 이하의 벌금에 처하는 위반행위로 맞는 것은?

① 철도차량 제작자승인을 받지 아니하고 철도차량을 제작한 자
② 술을 마시고 여객에게 위해를 가한 자
③ 운송 금지 위험물의 운송을 위탁하거나 그 위험물을 운송한 자
④ 폭행·협박으로 철도종사자의 직무집행을 방해한 자

**해설** 제79조(벌칙)
① 제49조제2항을 위반하여 폭행·협박으로 철도종사자의 직무집행을 방해한 자는 5년 이하의 징역 또는 5천만원 이하의 벌금에 처한다.

381 ③   382 ③   383 ④

**384** 다음 중 3년 이하의 징역 또는 3천만원 이하의 벌금에 처하는 위반행위로 틀린 것은?

① 안전관리체계의 승인을 받지 아니하고 철도운영을 하거나 철도시설을 관리한 자
② 철도용품 제작자승인을 받지 아니하고 철도용품을 제작한 자
③ 형식승인을 받지 아니한 철도차량을 운행한 자
④ 개조승인을 받지 아니하고 철도차량을 임의로 개조하여 운행한 자

**385** 다음 중 2년 이하의 징역 또는 2천만원 이하의 벌금에 처하는 위반행위로 틀린 것은?

① 거짓이나 그 밖의 부정한 방법으로 안전관리체계의 승인을 받은 자
② 철도운영이나 철도시설의 관리에 중대하고 명백한 지장을 초래한 자
③ 운전적성검사기관 업무정지 기간 중에 해당 업무를 한 자
④ 술을 마시거나 약물을 사용한 상태에서 업무를 한 철도종사자

**386** 다음 중 1년 이하의 징역 또는 1천만원 이하의 벌금에 처하는 위반행위로 틀린 것은?

① 거짓이나 그 밖의 부정한 방법으로 운전면허를 받은 사람
② 실무수습을 이수하지 아니하고 철도차량의 운전업무에 종사한 사람
③ 다른 사람의 성명을 사용하여 철도차량정비 업무를 수행하도록 알선한 사람
④ 철도차량정비가 되지 않는 철도차량임을 알면서 운행한 자

**387** 다음 중 500만원 이하의 벌금에 처하는 위반행위로 맞는 것은?

① 철도종사자와 여객들에게 성적 수치심을 일으키는 행위를 한 자
② 영상기록을 목적 외의 용도로 이용한 자
③ 영상기록을 다른 자에게 제공한 자
④ 철도안전 전문인력의 정기교육을 받지 아니하고 업무를 한 사람

**388** 다음 위반행위 중 열차운행에 지장을 준 자에게 규정된 형의 2분의 1까지 가중할 수 있는 것은?

① 운전면허증 효력정지기간에 철도차량을 운전 한 자
② 위해물품을 휴대하거나 적재한 사람
③ 술을 마시거나 약물을 복용한 상태에서 관제업무에 종사한 사람
④ 고의로 안전관리체계를 위반하여 중대한 철도사고등을 일으킨 자

**389** 다음 중 양벌규정을 적용할 수 없는 것은?

① 종합시험운행 결과를 허위로 보고한 자
② 형식승인을 받지 아니한 철도차량 또는 철도용품을 판매한 자
③ 설치 목적과 다른 목적으로 영상기록장치를 임의로 조작하거나 다른 곳을 비춘 자 또는 운행기간 외에 영상기록을 한 자
④ 거짓이나 그 밖의 부정한 방법으로 운전면허를 받은 사람

384 ③  385 ④  386 ④  387 ①  388 ②  389 ④

**390** 다음 중 안전관리체계의 변경승인을 받지 않고 안전관리체계를 변경한 경우 2회 위반 시 과태료로 맞는 것은?

① 150만원
② 180만원
③ 300만원
④ 600만원

**391** 다음 중 철도차량의 이력사항을 고의로 입력하지 않은 경우 1차 위반시 과태료로 맞는 것은?

① 90만원
② 150만원
③ 180만원
④ 300만원

**392** 다음 중 철도운행안전관리자 준수사항을 위반한 경우 1회 위반의 과태료로 맞는 것은?

① 30만원
② 90만원
③ 150만원
④ 300만원

**393** 다음 중 1회 위반 시 과태료로 다른 것은?

① 이력사항을 무단으로 외부에 제공한 경우
② 국토교통부장관의 성능인증을 받은 보안검색장비를 사용하지 않은 경우
③ 인증정비조직의 준수사항을 지키지 않은 경우
④ 사상자가 많은 사고 등 대통령령으로 정하는 철도사고등외의 철도사고등을 보고를 하지 않은 경우

**394** 다음 위반행위 중 3회 위반 시 45만원 과태료로 맞는 것은?

① 작업책임자의 준수사항을 위반한 경우
② 여객열차에서 흡연을 한 경우
③ 선로에 승낙없이 출입한 경우
④ 여객열차에서 공중이나 여객에게 위해를 끼치는 행위를 한 경우

**395** 다음 중 운전면허증 반납 3회 위반 시 과태료로 맞는 것은?

① 90만원
② 150만원
③ 270만원
④ 450만원

**396** 다음 중 형식승인을 받지 아니한 철도용품을 판매한 자에 대한 벌칙으로 맞는 것은?

① 1년 이하의 징역 또는 1천만원 이하의 벌금
② 2년 이하의 징역 또는 2천만원 이하의 벌금
③ 3년 이하의 징역 또는 3천만원 이하의 벌금
④ 5년 이하의 징역 또는 5천만원 이하의 벌금

**397** 다음 중 철도용품의 회수 및 환불 등에 관한 시정조치계획을 제출하지 않은 경우 2차 위반 시 과태료로 맞는 것은?

① 60만원
② 180만원
③ 300만원
④ 600만원

390 ④　391 ④　392 ③　393 ④　394 ④　395 ③　396 ①　397 ④

**398** 다음 중 통보 및 징계권고에 대하여 틀린 것은?

① 국토교통부장관은 이 법 등 철도안전과 관련된 법규의 위반에 따른 범죄혐의가 있다고 인정할 만한 상당한 이유가 있을 때에는 관할 수사기관에 그 내용을 통보할 수 있다.
② 국토교통부장관은 이 법 등 철도안전과 관련된 법규의 위반에 따라 사고가 발생했다고 인정할 만한 상당한 이유가 있을 때에는 사고에 책임이 있는 사람을 징계할 것을 해당 철도운영자등에게 권고할 수 있다.
③ 권고를 받은 철도운영자등은 이를 존중하여야 하며 그 결과를 국토교통부장관에게 통보하여야 한다.
④ 다만, 그 행위의 결과가 경미하거나 실수였다고 인정할만한 경우 경고조치할 수 있다.

**399** 다음 중 무기징역 또는 5년 이상의 징역에 처하는 사람으로 맞는 것은?

① 사람이 탑승하지 않은 철도차량을 탈선하게 하거나 파괴한 사람
② 폭행이나 협박으로 철도종사자의 직무집행을 방해하여 사상에 이르게 한 자
③ 사람이 탑승하여 운행 중인 철도차량에 불을 놓아 소훼한 사람
④ 철도차량을 파손하여 철도차량 운행에 위험을 발생하게 한 사람

**400** 다음 중 사형, 무기징역 또는 7년 이상의 징역에 처하는 위반행위로 맞는 것은?

① 업무상 과실로 사람이 탑승하여 운행 중인 철도차량에 불을 놓아 소훼한 사람
② 사람이 탑승하여 운행 중인 철도차량을 탈선 또는 충돌하게 하거나 파괴하여 사람을 사망에 이르게 한 자
③ 폭행이나 협박으로 철도종사자의 직무집행을 방해하여 사망에 이르게 한 자
④ 철도시설을 파손하여 철도차량에 운행에 위험을 발생하게 한 사람

**401** 다음 중 A 승객이 2021년 1월 1일 무궁화호 방송실에 출입 및 적발되어 과태료를 부과했다. 2021년 7월 20일 ktx 운전실에 출입 및 적발되었을 경우 부과하여야 할 과태료로 맞는 것은? ★신 유형

① 150만원
② 300만원
③ 450만원
④ 600만원

**402** 다음 중 승객 설비를 갖추고 여객을 수송하는 객차에 영상기록장치를 설치하지 않은 경우 1차 위반 시 과태료로 맞는 것은?

① 50만원
② 100만원
③ 150만원
④ 300만원

**해설** 법 39조의3 1항을 위반하여 영상기록장치를 설치, 운영하지 않은 경우 300/600/900

398 ④    399 ③    400 ②    401 ②    402 ④

**문제 풀기 전 잠깐!**

STEP 2 문제는 난이도 중~ 중상으로 이루어져 있으며, 철도안전법령 최소 **10회독** 이상 후 풀이를 권장합니다.

**법령 개념이 확립되지 않은 상태에서 문제 풀이 시 오히려 역효과를** 낳을 수 있고 말장난 문제로 더욱 법령이 헷갈릴 수 있습니다.

STEP 2. 문제 풀이는 관련 법령이 적혀있으며 해당 법령을 한번 더 보도록 유도해놓았기에 번거롭더라도 직접 한번 더 법령을 읽음으로써 자연스럽게 회독해주시길 바랍니다.

**문제 풀이 위주의 공부방법은 지향하지 않습니다.**

# 1편 철도안전법령 예상 및 기출문제 STEP 2

## 제1장 ▶ 총칙

**01** 다음 정의 중 틀린 것은?

① 철도란 기본법 제3조제1호에 따른 철도를 말한다.
② 전용철도란 기본법 제3조제2호에 따른 전용철도를 말한다.
③ 철도운영이란 기본법 제3조제3호에 따른 철도운영을 말한다.
④ 철도차량이란 기본법 제3조제4호에 따른 철도차량을 말한다.

해설  〈법 2조〉

**02** 다음 중 철도안전법령에서 사용하는 용어의 정의로 틀린 것은?

① 철도용품이란 철도시설 및 철도차량 등에 사용되는 부품·기기·장치 등을 말한다.
② 열차란 선로를 운행할 목적으로 국토교통부가 편성하여 철도운영자가 열차번호를 부여한 철도차량을 말한다.
③ 철도시설관리자란 철도시설의 건설 또는 관리에 관한 업무를 수행하는 자를 말한다.
④ 선로전환기란 철도차량의 운행선로를 변경시키는 기기를 말한다.

해설  〈법 2조〉

**03** 다음 중 철도종사자에 대한 설명으로 틀린 것은?

① 철도차량의 운행을 집중 제어·통제·감시하는 사람
② 여객에게 역무서비스를 제공하는 사람 ("이하 여객역무원"이라 한다)
③ 철도차량의 운행선로 또는 그 인근에서 철도시설의 건설 또는 관리와 관련한 작업의 협의·지휘·감독·안전관리 등의 업무에 종사하도록 철도운영자 또는 철도시설관리자가 지정한 사람(이하 "작업책임자"라 한다)
④ 철도차량의 운행선로 또는 그 인근에서 철도시설의 건설 또는 관리와 관련한 작업의 일정을 조정하고 해당 선로를 운행하는 열차의 운행일정을 조정하는 업무에 종사하도록 철도운영자 또는 철도시설관리자가 지정한 사람(이하 "철도운행안전관리자"라 한다)

해설  〈법 2조〉

**04** 다음 중 철도운영에 해당되지 않는 것은?

① 철도 여객 및 화물 운송
② 역 시설 관리 및 발권 등 편의제공
③ 철도차량의 정비 및 열차의 운행관리
④ 철도시설·철도차량 및 철도부지 등을 활용한 부대사업개발 및 서비스

해설  〈기본법 3조〉

01 ②  02 ②  03 ④  04 ②

**05** 다음 중 대통령령으로 정하는 철도종사자로 틀린 것은?

① 철도사고등이 발생한 현장에서 조사·수습·복구 등의 업무를 수행하는 사람
② 철도차량의 운행선로 또는 그 인근에서 철도시설의 건설 또는 관리와 관련된 작업의 현장감독업무를 수행하는 사람
③ 정거장에서 철도신호기·선로전환기 또는 조작판 등을 취급하거나 열차의 조성 업무를 수행하는 사람
④ 철도차량 및 철도시설의 순회점검·경비 업무에 종사하는 사람

해설  〈시행령 3조〉

**06** 다음 중 철도시설로 틀린 것은?

① 선로 및 철도차량을 보수·정비하기 위한 선로보수기지, 차량정비기지 및 차량유치시설
② 철도의 전철전력설비, 정보통신설비, 신호 및 열차제어설비
③ 철도차량의 개발·시험 및 연구를 위한 시설
④ 철도경영연수 및 철도전문인력의 교육훈련을 위한 시설

해설  〈기본법 3조〉

**07** 다음 중 철도안전법령 내용으로 틀린 것은?

① 관제업무란 철도차량의 운행을 집중 제어·통제·감시하는 업무를 말한다.
② 철도안전에 관하여 다른 법률에 특별한 규정이 있는 경우를 제외하고는 철도안전법에서 정하는 바에 따른다.
③ 국가와 지방자치단체는 국민의 생명·신체 및 재산을 보호하기 위하여 철도안전시책을 마련하여 성실히 추진하여야 한다.
④ 철도운영자등은 철도운영이나 철도시설관리를 할 때에는 법령에서 정하는 바에 따라 철도안전을 위하여 필요한 조치를 하고, 국가나 시·도지사가 시행하는 철도안전시책에 적극 협조하여야 한다.

해설  〈법 4조〉

**08** 다음 정의 중 맞는 것은?

① 철도차량이란 선로를 운행할 목적으로 제작된 기관차, 객차, 화차 및 특수차를 말한다.
② 철도용품이란 철도시설 및 철도차량 등에 사용되는 부품·기기·장치 등을 말한다.
③ 열차란 선로를 운행할 목적으로 편성하여 열차번호를 부여한 철도차량을 말한다.
④ 철도차량의 운행선로 또는 그 인근에서 철도시설의 건설 또는 관리와 관련한 작업의 일정을 조정하고 해당 선로를 운행하는 열차의 운행일정을 조정하는 사람을 철도안전관리자라고 한다.

해설  〈법 2조〉

**09** 다음 중 철도안전법령에 대하여 맞는 것은?

① 철도안전법 시행규칙의 목적은 철도안전법에서 위임된 사항과 그 시행에 필요한 사항을 규정함을 목적으로 한다.
② 선로전환기란 열차의 운행선로를 변경시키는 기기를 말한다.
③ 선로란 열차를 운행하기 위한 궤도와 이를 받치는 노반 또는 인공구조물로 구성된 시설을 말한다.

05 ④   06 ③   07 ④   08 ②   09 ④

④ 철도차량정비란 철도차량을 점검·검사, 교환 및 수리하는 행위를 말한다.

**해설** 〈법 2조〉

**10** 다음 중 철도시설에 해당되지 않는 것은?

① 철도의 선로(선로에 부대되는 시설을 포함한다), 역시설(물류시설·환승시설 및 편의시설 등을 포함한다) 및 철도운영을 위한 건축물·건축설비
② 철도의 전철전력설비, 정보통신설비, 신호 및 열차제어설비
③ 철도경영연수 및 운전면허의 교육훈련을 위한 시설
④ 그 밖에 철도의 건설·유지보수 및 운영을 위한 시설로서 대통령령이 정하는 시설

**해설** 〈기본법 3조〉

**11** 다음 중 용어의 정의로 틀린 것은?

① 전용철도란 다른 사람의 수요에 따른 영업을 목적으로 하지 아니하고 자신의 수요에 따라 특수 목적을 수행하기 위하여 설치하거나 운영하는 철도를 말한다.
② 철도운영자란 철도운영에 관한 업무를 수행하는 자를 말한다.
③ 철도사고란 철도운영자 또는 철도시설관리자와 관련하여 사람이 죽거나 다치거나 물건이 파손되는 사고로 국토교통부령으로 정하는 것을 말한다.
④ 운행장애란 철도사고 및 철도준사고 외에 철도차량의 운행에 지장을 주는 것으로서 국토교통부령으로 정하는 것을 말한다.

**해설** 〈법 2조〉

**12** 다음 중 안전운행 또는 질서유지 철도종사자로 틀린 것은?

① 철도차량의 운행선로 또는 그 인근에서 철도시설의 건설 또는 관리와 관련한 작업의 협의·지휘·감독·안전관리 등의 업무를 수행하는 사람
② 철도차량을 보호하기 위한 순회점검업무 또는 경비업무를 수행하는 사람
③ 정거장에서 철도신호기·선로전환기 또는 조작판 등을 취급하거나 열차의 조성 업무를 수행하는 사람
④ 철도에 공급되는 전력의 원격제어장치를 운영하는 사람

**13** 다음 정의 중 틀린 것은?

① 선로란 철도차량을 운행하기 위한 궤도와 이를 받치는 노반 또는 인공구조물로 구성된 시설을 말한다.
② 철도운영자란 철도운영에 관한 업무를 수행하는 자를 말한다.
③ 철도시설관리자란 철도시설의 건설 또는 유지관리에 관한 업무를 수행하는 자를 말한다.
④ 철도차량정비란 철도차량(철도차량을 구성하는 부품·기기·장치를 포함한다)을 점검·검사, 교환 및 수리하는 행위를 말한다.

**14** 다음 중 선로의 구성요소로 틀린 것은?

① 궤도
② 노반
③ 인공공작물
④ 인공구조물

10 ③　11 ③　12 ①　13 ③　14 ③

**15** 다음 정의에 대한 설명으로 틀린 것은?

① 철도사고란 철도운영 또는 철도시설관리와 관련하여 사람이 죽거나 다치거나 물건이 파손되는 사고를 말한다.
② 철도준사고란 철도안전에 중대한 위해를 끼쳐 철도사고로 이어질 수 있었던 것으로 국토교통부령으로 정하는 것을 말한다.
③ 운행장애란 철도차량의 운행에 지장을 주는 것으로서 국토교통부령으로 정하며, 철도사고 및 철도준사고에 해당되지 아니한 것
④ 철도차량정비란 철도차량(철도차량을 구성하는 부품·기기·장치를 포함한다)을 점검·검사, 교환 및 수리하는 행위를 말한다.

**16** 다음 중 철도교통사고에 해당되지 않는 것은?

① 충돌사고
② 탈선사고
③ 철도화재사고
④ 열차화재사고

해설 〈시행규칙 제1조의2〉

**17** 다음 중 국토교통부령으로 정하는 철도사고의 범위에 대한 설명으로 틀린 것은?

① 철도시설파손사고: 교량·터널·선로, 신호·전기·통신 설비 등의 철도시설이 파손되는 사고
② 충돌사고: 철도차량이 다른 철도차량 또는 장애물(동물 및 조류를 포함한다)과 충돌하거나 접촉한 사고
③ 철도화재사고: 철도역사, 기계실 등 철도시설에서 화재가 발생하는 사고
④ 기타철도교통사고: 충돌사고, 탈선사고, 열차화재사고에 해당되는 사고에 해당하지 않는 사고로서 철도차량의 운행과 관련된 사고

해설 〈시행규칙 제1조의2〉

**18** 다음 중 국토교통부령으로 정하는 철도교통사고의 범위에 대한 설명으로 틀린 것은?

① 탈선사고: 철도차량이 궤도를 이탈하는 사고
② 충돌사고: 철도차량이 다른 철도차량 또는 장애물(동물 및 조류는 제외한다)과 충돌하거나 접촉한 사고
③ 열차화재사고: 철도차량에서 화재가 발생하는 사고
④ 기타철도교통사고: 충돌사고, 탈선사고, 열차화재사고에 해당되는 사고로서 철도차량의 운행과 관련된 사고

해설 〈시행규칙 제1조의2〉

**19** 다음 중 철도준사고의 범위에 대하여 틀린 것은?

① 운행허가를 받지 않은 구간으로 열차가 주행하는 경우
② 열차 또는 철도차량이 승인 없이 정지신호를 지난 경우. 다만, 복구 및 유지 보수를 위한 경우에는 제외한다.
③ 열차운행을 중지하고 공사 또는 보수작업을 시행하는 구간으로 열차가 주행한 경우
④ 국토교통부령으로 정하는 철도준사고에 준하는 것으로서 철도사고로 이어질 수 있는 것

해설 〈시행규칙 제1조의3〉

15 ①    16 ③    17 ②    18 ④    19 ②

**20** 다음 중 철도준사고로 틀린 것은?
① 운행허가를 받지 않은 구간으로 열차 또는 철도차량이 주행하는 경우
② 열차 또는 철도차량이 승인 없이 정지신호를 지난 경우
③ 열차운행을 중지하고 공사 또는 보수작업을 시행하는 구간으로 열차가 주행한 경우
④ 안전운행에 지장을 주는 레일 파손이나 유지보수 허용범위를 벗어난 선로 뒤틀림이 발생한 경우

**해설** 〈시행규칙 제1조의3〉

**21** 다음 중 국토교통부령으로 정하는 철도준사고로 틀린 것은?
① 열차가 운행하려는 선로에 장애가 있음에도 진행을 지시하는 신호가 표시되는 경우. 다만, 복구 및 유지 보수를 위한 경우로서 관제 승인을 받은 경우에는 제외한다.
② 열차 또는 철도차량이 정지신호를 지난 경우
③ 열차 또는 철도차량이 역과 역사이로 미끄러진 경우
④ 안전운행에 지장을 주는 레일 파손이나 유지보수 허용범위를 벗어난 선로 뒤틀림이 발생한 경우

**해설** 〈시행규칙 제1조의3〉

**22** 다음 중 국토교통부령으로 정하는 운행장애의 범위로 틀린 것은?
① 다른 철도사고로 인한 전동열차의 20분 이상 운행 지연은 제외한다.
② 다른 철도준사고로 인한 일반여객열차의 30분 이상 운행 지연은 제외한다.
③ 다른 운행장애로 인한 화물열차의 60분 이상 운행 지연은 제외한다.
④ 관제의 사후승인을 받은 정차역 통과는 포함된다.

**해설** 〈시행규칙 제1조의4〉
*참고 : 사전 승인과 일이 일어난 후에 이뤄진 사후승인은 차이가 있습니다.

**23** 다음 중 국제철도의 정의로 맞는 것은?
① 대한민국을 제외한 둘 이상의 국가에 걸쳐 운행되는 철도
② 대한민국을 포함한 둘 이상의 국가에 걸쳐 운행되는 철도
③ 둘 이상의 국가에 걸쳐 운행되는 철도
④ 둘 이상의 국가에서 운영하는 철도

**해설** 〈법 제3조의2〉, 22. 11. 15. 신설

### 제2장 ▶ 철도안전 관리체계

**24** 다음 중 철도안전 종합계획에 포함되어야 하는 사항으로 틀린 것은?
① 철도안전 종합계획의 추진 목표 및 방향
② 철도시설의 정비 및 점검 등에 관한 사항
③ 철도안전 관련 전문 인력의 양성 및 수급관리에 관한 사항
④ 철도안전 관련 교육훈련에 관한 사항

**해설** 〈법 5조〉

20 ①　21 ②　22 ②　23 ②　24 ②

**25** 다음 중 철도안전 종합계획에 대하여 틀린 것은?

① 국토교통부장관은 철도안전 종합계획을 수립할 때에는 미리 관계 중앙행정기관의 장 및 철도운영자등과 협의한 후 기본법 제6조제1항에 따른 철도산업위원회의 심의를 거쳐야 한다.
② 국토교통부장관은 철도안전 종합계획을 수립하거나 변경하기 위하여 필요하다고 인정하면 관계 중앙행정기관의 장 또는 시·도지사에게 관련 자료의 제출을 요구할 수 있다.
③ 자료 제출 요구를 받은 관계 중앙행정기관의 장 또는 시·도지사는 특별한 사유가 없으면 이에 따라야 한다.
④ 국토교통부장관은 철도안전 종합계획을 수립하거나 변경하였을 때에는 이를 홈페이지에 고시하여야 한다.

해설 〈법 5조〉

**26** 다음 중 철도안전 종합계획의 경미한 변경에 대하여 틀린 것은?

① 대통령령이다.
② 철도안전 종합계획에서 정한 총 사업비를 원래 계획의 100분의 30 이내에서의 변경
③ 철도안전 종합계획에서 정한 시행기한 내에 단위사업의 시행시기의 변경
④ 법령의 개정, 행정구역의 변경 등과 관련하여 철도안전 종합계획을 변경하는 등 당초 수립된 철도안전 종합계획의 기본방향에 영향을 미치지 아니하는 사항의 변경

해설 〈영 4조〉

**27** 다음 중 시행계획에 대하여 틀린 것은?

① 국토교통부장관, 시·도지사 및 철도운영자등은 철도안전 종합계획에 따라 분기별로 철도안전 종합계획의 단계적 시행에 필요한 연차별 시행계획을 수립·추진하여야 한다.
② 시행계획의 수립 및 시행절차 등에 관하여 필요한 사항은 대통령령으로 정한다.
③ 국토교통부장관은 시·도지사 및 철도운영자등이 제출한 다음 연도의 시행계획이 철도안전 종합계획에 위반되거나 철도안전 종합계획을 원활하게 추진하기 위하여 보완이 필요하다고 인정될 때에는 시·도지사 및 철도운영자등에게 시행계획의 수정을 요청할 수 있다.
④ 수정 요청을 받은 시·도지사 및 철도운영자등은 특별한 사유가 없는 한 이를 시행계획에 반영하여야 한다.

해설 〈법 6조〉

**28** 다음 중 철도안전투자 예산규모에 포함되어야 하는 예산항목으로 틀린 것은?

① 철도시설 개량에 관한 예산
② 철도안전 교육훈련기관에 관한 예산
③ 철도안전 연구개발에 관한 예산
④ 철도안전 홍보에 관한 예산

해설 〈규칙 1조의 5〉

25 ④  26 ②  27 ①  28 ②

**29** 다음 중 틀린 것은?

① 해당 연도 철도안전투자의 예산이 포함된 예산규모를 공시할 것
② 향후 2년간 철도안전투자의 예산이 포함된 예산 규모를 공시할 것
③ 국토교통부장관은 매년 2월말까지 안전관리 수준평가를 실시한다.
④ 철도운영자는 철도안전투자의 예산규모를 매년 5월 말까지 공시해야 한다.

해설 〈규칙 8조〉

**30** 다음 중 열차운행체계에 관한 서류로 틀린 것은?

① 열차운행 조직 및 인력
② 철도보호 및 질서유지
③ 열차운영 기록관리
④ 철도사고 조사 및 보고

해설 〈규칙 2조〉

**31** 다음 중 철도안전관리체계 승인신청서 첨부 서류로 틀린 것은?

①「철도안전법」또는「철도사업법」에 따른 철도사업면허증 사본
② 조직·인력의 구성, 업무 분장 및 책임에 관한 서류
③ 철도사업면허을 적시한 열차운행체계에 관한 서류
④ 법에 따른 종합시험운행 실시 결과 보고서

해설 〈규칙 2조〉

**32** 다음 중 철도운영자등이 변경된 철도운용 또는 철도시설 관리 개시 예정일 90일전까지 철도안전관리체계 변경승인신청서를 제출하여야 되는 경우로 맞는 것은?

① 역사, 기지, 승강장안전문의 증가
② 위탁 계약자의 변경에 따른 열차안전관리체계 또는 유지관리체계의 변경
③ 철도노선의 신설 또는 개량
④ 열차운행 또는 유지관리 인력의 감소

해설 〈규칙 2조〉

**33** 국토교통부령으로 정하는 철도안전관리체계 경미한 사항이란 다음 각 호의 어느 하나에 해당하는 사항을 제외한 변경사항을 말한다. 다음 중 해당하는 사항으로 틀린 것은?

① 철도차량의 증가
② 연동장치, 열차제어장치, 신호기장치, 선로전환기장치, 궤도회로장치, 건널목 보안장치의 증가
③ 철도노선의 신설 또는 개량
④ 선로설비, 열차무선설비, 전송설비의 증가

해설 〈규칙 3조〉

**34** 다음 중 철도안전관리체계 변경에 대하여 틀린 것은?

① 철도운영자등은 법에 따라 경미한 사항을 변경하려는 경우에는 별지 철도안전관리체계 변경신고서에 서류를 첨부하여 국토교통부장관에게 제출하여야 한다.
② 경미한 사항은 국토교통부령으로 정한다.
③ 국토교통부장관은 법에 따라 신고를 받은 때에는 각 첨부서류를 확인한 후 철도안전관리체계 변경승인확인서를 발급하여야 한다.

29 ③   30 ④   31 ①   32 ③   33 ④   34 ③

④ 변경신고서 첨부서류에는 변경 전후의 대비표 및 해설서가 있다.

해설 〈규칙 3조〉

**35** 다음 중 안전관리체계 승인 방법 및 증명서 발급 등에 대하여 틀린 것은?

① 법에 따른 안전관리체계의 승인 또는 변경승인을 위한 검사는 서류검사와 현장검사로 구분하여 실시한다. 다만, 서류검사만으로 안전관리기준에 적합 여부를 판단할 수 있는 경우에는 현장검사를 생략한다.
② 국토교통부장관은 도시철도법에 따른 도시철도 또는 같은 법에 따라 도시철도 건설사업 또는 도시철도운송사업을 위탁받은 법인이 건설·운영하는 도시철도에 대하여 법에 따른 안전관리체계의 승인 또는 변경승인을 위한 검사를 하는 경우에는 해당 도시철도의 관할 시·도지사와 협의할 수 있다.
③ 협의 요청을 받은 시·도지사는 협의를 요청받은 날부터 20일 이내에 의견을 제출하여야 하며, 그 기간 내에 의견을 제출하지 아니하면 의견이 없는 것으로 본다.
④ 국토교통부장관은 검사 결과 안전관리기준에 적합하다고 인정하는 경우에는 철도안전관리체계 승인증명서를 신청인에게 발급하여야 한다.

해설 〈규칙 4조〉

**36** 다음 중 철도기술심의위원회가 심의하는 사항으로 틀린 것은?

① 시행령에 따른 철도안전에 관한 전문기관이나 단체의 지정
② 법에 따른 형식승인 대상 철도용품의 선정·변경 및 취소
③ 법에 따른 철도차량·철도용품 표준규격의 제정·개정 또는 폐지
④ 법에 따른 철도안전 종합계획에 따른 기술기준의 제정·개정 또는 폐지

해설 〈규칙 44조〉

**37** 다음 중 철도기술심의위원회의 구성·운영에 대하여 틀린 것은?

① 국토교통부장관이 설치한다.
② 기술위원회는 위원장을 포함한 15인 이내의 위원으로 구성하며 위원장은 위원 중에서 임명한다.
③ 기술위원회에 상정할 안건을 미리 검토하고 기술위원회가 위임한 안건을 심의하기 위하여 기술위원회에 기술분과별 전문위원회를 둘 수 있다.
④ 이 규칙에서 정한 것 외에 기술위원회 및 전문위원회의 구성·운영 등에 관하여 필요한 사항은 국토교통부장관이 정한다.

해설 〈규칙 45조〉

35 ① 36 ④ 37 ②

**38** 다음 중 안전관리체계 검사에 대하여 틀린 것은?

① 국토교통부장관은 정기검사 또는 수시검사를 시행하려는 경우에는 검사 시행일 7일 전까지 검사계획을 검사 대상 철도운영자등에게 통보하여야 한다.
② 다만, 철도사고등의 발생 등으로 긴급히 수시검사를 실시하는 경우에는 사전 통보를 하지 아니할 수 있고, 검사 시작 이후 검사계획을 변경할 사유가 발생한 경우에는 지체없이 철도운영자등에게 통보하여야 한다.
③ 국토교통부장관은 부득이한 사유가 있는 경우로 철도운영자등이 안전관리체계 정기검사의 유예를 요청한 경우에 검사 시기를 유예하거나 변경할 수 있다.
④ 국토교통부장관은 정기검사 또는 수시검사를 마친 경우에는 검사 결과보고서를 작성하여야 한다.

**해설** 〈규칙 6조〉

**39** 다음 중 안전관리체계 검사 계획에 포함되어야 하는 사항으로 틀린 것은?

① 검사반의 구성
② 검사 일정 및 장소
③ 검사 수행 분야 및 검사 항목
④ 검사 사항

**해설** 〈규칙 6조 2항〉

**40** 다음 중 안전관리체계 검사 시기를 유예하거나 변경할 수 있는 경우로 틀린 것은?

① 검사 대상 철도운영자등이 사법기관 및 중앙행정기관의 조사 및 감사를 받고 있는 경우
② 「항공·철도 사고조사에 관한 법률」 제4조제1항에 따른 항공·철도사고조사위원회가 같은 법에 따라 철도사고에 대한 조사를 하고 있는 경우
③ 검사 대상 철도운영자등이 철도사고에 대하여 법원의 재판업무수행를 받고있는 경우
④ 대형 철도사고의 발생, 천재지변, 그 밖의 부득이한 사유가 있는 경우

**해설** 〈규칙 6조 3항〉

**41** 다음 중 안전관리체계 검사 결과보고서에 포함되어야 하는 사항으로 틀린 것은?

① 안전관리체계의 검사 개요 및 현황
② 법에 따른 시정조치 사항
③ 제출된 시정조치계획서에 따른 시정조치명령의 이행 정도
④ 철도사고에 따른 사상자의 수 및 철도사고등에 따른 재산피해액

**해설** 〈규칙 6조 4항〉

**42** 다음 중 안전관리체계 처분기준으로 틀린 것은?

① 위반행위의 횟수에 따른 행정처분의 가중된 부과기준은 최근 1년간 같은 위반행위로 행정처분을 받은 경우에 적용한다.
② 이 경우 기간의 계산은 위반행위에 대하여 행정처분을 받은 날과 그 처분 후 다시 같은 위반행위를 하여 적발된 날을 기준으로 한다.
③ 가중된 부과처분을 하는 경우 가중처분의 적용 차수는 그 위반행위 전 부과처분 차수(가목에 따른 기간 내에 행정처분이 둘 이상 있었던 경우에는 높은 차수를 말한다)의 다음 차수로 한다.

38 ② 39 ④ 40 ③ 41 ④ 42 ①

④ 위반행위가 둘 이상인 경우로서 그에 해당하는 각각의 처분기준이 다른 경우에는 그중 무거운 처분기준(무거운 처분기준이 같을 때에는 그중 하나의 처분기준을 말한다)에 따르며, 둘 이상의 처분기준이 같은 업무제한·정지인 경우에는 무거운 처분기준의 2분의 1 범위에서 가중할 수 있되, 각 처분기준을 합산한 기간을 초과할 수 없다.

해설 〈시행규칙 [별표] 1〉

**43** 다음 중 업무정지 30일 처분으로 맞는 것은?

① 변경승인을 받지 않고 안전관리체계를 변경한 경우 4차 이상 위반의 경우
② 안전관리체계를 지속적으로 유지하지 않아 철도사고로 인한 사망자 수가 20명인 경우
③ 안전관리체계를 지속적으로 유지하지 않아 철도사고로 인한 중상자 수가 20명인 경우
④ 안전관리체계를 지속적으로 유지하지 않아 철도사고로 인한 재산피해액이 20억원인 경우

해설 〈시행규칙 [별표] 1〉

**44** 다음 중 안전관리체계를 지속적으로 유지하지 않아 철도사고로 인한 중상자 수가 50명일 때 처분기준으로 맞는 것은?

① 업무제한 30일
② 업무제한 60일
③ 업무제한 120일
④ 업무제한 180일

해설 〈규칙 별표 1〉

**45** 다음 중 과징금에 대하여 맞는 것은?

① 국토교통부장관은 법에 따라 철도운영자등에 대하여 업무의 제한이나 정지를 명하여야 하는 경우로서 그 업무의 제한이나 정지가 철도 이용자 등에게 심한 불편을 주거나 그 밖에 공익을 해할 우려가 있는 경우에는 업무의 제한이나 정지를 갈음하여 20억원 이하의 과징금을 부과할 수 있다.
② 과징금을 부과하는 위반행위의 종류, 과징금의 부과기준 및 징수방법, 그 밖에 필요한 사항은 국토교통부령으로 정한다.
③ 통지를 받은 자는 통지를 받은 날부터 20일 이내에 국토교통부장관이 정하는 수납기관에 과징금을 내야 한다.
④ 천재지변이나 그 밖의 부득이한 사유로 그 기간에 과징금을 낼 수 없는 경우에는 그 사유가 없어진 날부터 7일 이내에 내야 한다.

해설 〈법 9조의2, 시행령 7조〉

**46** 다음 중 과징금이 제일 많은 것으로 맞는 것은?

① 변경승인을 받지 않고 안전관리체계를 변경한 경우 4차 위반
② 변경신고를 하지 않고 안전관리체계를 변경한 경우 4차 위반
③ 안전관리체계를 지속적으로 유지하지 않아 철도운영이나 철도시설의 관리에 중대한 지장을 초래한 경우 중 철도사고로 인한 중상자 수가 30명일 때
④ 시정조치명령을 정당한 사유 없이 이행하지 않은 경우 4차 위반

해설 〈시행령 [별표] 1〉

**47** 다음 중 철도시설관리자에 대해서 안전관리 수준평가를 하는 경우 제외할 수 있는 항목으로 맞는 것은?

① 사고분야: 운행장애 건수
② 철도안전투자 분야: 철도안전투자의 예산 규모 및 집행 실적
③ 안전관리 분야: 안전성숙도 수준
④ 그 밖에 안전관리 수준평가에 필요한 사항으로서 국토교통부장관이 정해 고시하는 사항

해설  〈규칙 8조〉

**48** 다음 중 철도안전 종합계획에 포함되어야 하는 사항으로 틀린 것은?

① 철도안전에 관한 시설의 확충, 개량 및 점검 등에 관한 사항
② 철도차량의 정비 및 점검 등에 관한 사항
③ 철도안전 법령의 정비 등 제도개선에 관한 사항
④ 그 밖에 철도안전에 관한 사항으로서 국토교통부장관이 필요하다고 인정하는 사항

해설  〈법 5조 2항〉

**49** 다음 중 틀린 것은?

① 국토교통부장관, 시·도지사 및 철도운영자등은 철도안전 종합계획에 따라 소관별로 시행계획을 수립·추진하여야 한다.
② 시·도지사 및 철도운영자등은 전년도 시행계획의 추진실적을 매년 2월 말까지 국토교통부장관에게 제출하여야 한다.
③ 국토교통부장관은 시·도지사 및 철도운영자등이 제출한 다음 연도의 시행계획이 철도안전법에 위반되거나 철도안전법을 원활하게 추진하기 위하여 보완이 필요하다고 인정될 때에는 시·도지사 및 철도운영자등에게 시행계획의 수정을 요청할 수 있다.
④ 시정계획 수정 요청을 받은 시·도지사 및 철도운영자등은 특별한 사유가 없는 한 이를 시행계획에 반영하여야 한다.

해설  〈시행령 5조 3항〉

**50** 다음 중 철도안전투자의 공시에 대하여 맞는 것은?

① 철도운영자는 철도차량의 정비, 철도시설의 개량 등 철도안전 분야에 투자(이하 "철도안전투자"라 한다)하는 예산 규모를 매년 공시하여야 한다.
② 예산규모에는 과거 2년간 철도안전투자의 예산 및 그 집행 실적이 포함되어야 한다.
③ 철도운영자는 철도안전투자의 예산 규모를 매년 5월말까지 공시해야 한다.
④ 공시는 법 제71조제1항에 따라 구축된 철도자격관리시스템과 해당 철도운영자등의 인터넷 홈페이지에 게시하는 방법으로 한다.

해설  〈법 6조의2, 규칙 1조의 5〉

47 ②    48 ③    49 ③    50 ③

**51** 다음 보기 중 철도안전관리시스템에 관한 서류로 모두 고른 것은?

> ㉠ 문서화
> ㉡ 요구사항 준수
> ㉢ 철도관제업무
> ㉣ 철도보호 및 질서유지
> ㉤ 비상대응
> ㉥ 철도차량 제작 감독

① ㉠, ㉡, ㉢
② ㉠, ㉡, ㉤
③ ㉠, ㉡, ㉣, ㉤
④ ㉠, ㉡, ㉣, ㉤, ㉥

해설  〈규칙 2조〉

**52** 다음 중 안전관리체계 과징금 부과기준 중 철도사고로 인한 중상자 수가 30명일 때 과징금으로 맞는 것은?

① 1억 8천만원   ② 3억 6천만원
③ 7억 2천만원   ④ 14억 4천만원

해설  〈시행령 별표 1〉

**53** 다음 중 안전관리체계 관련 과징금의 부과기준으로 틀린 것은?

① 사망자란 철도사고가 발생한 날에 그 사고로 사망한 사람을 말한다.
② 중상자란 철도사고로 인해 부상을 입은 날부터 7일 이내 실시된 의사의 최초 진단결과 24시간이상 입원 치료가 필요한 상해를 입은 사람(의식불명, 시력상실을 포함)를 말한다.
③ 재산피해액이란 시설피해액(인건비와 자재비등 포함), 차량피해액(인건비와 자재비등 포함, 운임환불 등을 포함한 직접손실액을 말한다.
④ 규정에 따른 과징금을 부과하는 경우에 사망자, 중상자, 재산피해가 동시에 발생한 경우는 각각의 과징금을 합산하여 부과한다.

해설  〈규칙 별표 1〉

**54** 다음 중 철도안전 종합계획에 포함되어야 하는 사항으로 맞는 것은?

① 철도안전 종합계획의 추진 계획 및 방향
② 철도차량의 정비 및 점검 등에 관한 사항
③ 철도안전 관련 전문 인력의 교육 및 수급관리에 관한 사항
④ 철도안전 관련 연구, 시험 및 기술개발에 관한 사항

해설  〈법 5조 2항〉

**55** 다음 중 틀린 것은?

① 국토교통부장관, 시·도지사 및 철도운영자등은 철도안전 종합계획에 따라 소관별로 철도안전 종합계획의 단계적 시행에 필요한 연차별 시행계획을 수립·추진하여야 한다.
② 철도안전 종합계획의 수립 및 시행절차 등에 관하여 필요한 사항은 대통령령으로 정한다.
③ 법에 따라 시·도지사와 철도운영자등은 다음 연도의 시행계획을 매년 10월 말까지 국토교통부장관에게 제출하여야 한다.
④ 시·도지사 및 철도운영자등은 전년도 시행계획의 추진실적을 매년 2월 말까지 국토교통부장관에게 제출하여야 한다.

해설  〈영 5조〉

51 ②   52 ③   53 ①   54 ②   55 ②

**56** 다음 중 철도안전 우수운영자 지정에 대하여 틀린 것은?

① 국토교통부장관은 법에 따라 안전관리 수준평가 결과가 최상위 등급인 철도운영자등을 철도안전 우수운영자로 지정하여 철도안전 우수운영자로 지정되었음을 나타내는 표시를 사용하게 할 수 있다.
② 철도안전 우수운영자 지정의 유효기간은 지정받은 날의 다음 날부터 1년으로 한다.
③ 철도안전 우수운영자는 철도안전 우수운영자로 지정되었음을 나타내는 표시를 하려면 국토교통부장관이 정해 고시하는 표시를 사용해야 한다.
④ 국토교통부장관은 철도안전 우수운영자에게 포상 등의 지원을 할 수 있다.

**해설** 〈규칙 9조〉

**57** 다음 중 국토교통부장관이 개별기준에 따른 과징금 금액의 2분의 1범위에서 늘릴 때 고려해야되는 것으로 틀린 것은?

① 사업 규모
② 사업 지역의 특수성
③ 위반행위의 심각성
④ 위반행위의 동기

**해설** 〈영 별표 1〉

**58** 다음 중 운행장애로 인한 재산피해액이 5억원인 경우 과징금의 부과기준으로 맞는 것은?(단위 : 십만원)

① 180    ② 360
③ 1800   ④ 2400

**해설** 〈영 별표 1〉

**59** 다음 〈보기〉 빈칸에 들어갈 말로 맞는 것은?

> 과징금 금액이 해당 철도운영자등의 전년도 매출액의 (   )를 초과하는 경우에는 전년도 매출액의 (   )에 해당되는 금액을 과징금으로 부과한다.

① 100분의 4
② 100분의 5
③ 100분의 10
④ 100분의 30

**해설** 〈영 별표 1〉

**60** 다음 중 맞는 것은?

① 시·도지사와 철도운영자등은 다음연도의 시행계획을 매년 10월 초까지 국토교통부장관에게 제출하여야 한다.
② 시·도지사 및 철도운영자등은 전년도 시행계획의 추진실적을 매년 3월 말까지 국토교통부장관에게 제출하여야 한다.
③ 철도운영자는 철도안전투자 예산규모를 매년 5월말까지 공시해야 한다.
④ 국토교통부장관은 매년 2월말까지 안전관리 수준평가를 실시한다.

**해설** 〈규칙 1조의 5〉

56 ②　57 ③　58 ③　59 ①　60 ③

### 제3장 ▶ 철도종사자의 안전관리

**61** 다음 중 운전면허 없이 운전할 수 있는 경우로 틀린 것은?

① 법에 따른 철도차량 운전에 관한 전문교육훈련기관에서 실시하는 운전교육훈련을 받기 위하여 철도차량을 운전하는 경우
② 법에 따른 운전면허시험을 치르기 위하여 철도차량을 운전하는 경우
③ 철도차량을 제작·조립·정비하기 위한 공장 안의 선로에서 철도차량을 운전하여 이동하는 경우
④ 철도사고등을 복구하기 위하여 열차운행이 중지된 선로에서 사고복구용 차량을 운전하여 이동하는 경우

해설 〈영 10조〉

**62** 다음 중 교육훈련 철도차량 등의 표지에 대하여 맞는 것은?

① 국토교통부령이다.
② 바탕은 노란색이다.
③ 글씨는 파란색이다.
④ 뒷면 유리 오른쪽 윗부분에 부착한다.

해설 〈규칙 별지 3호〉

**63** 다음 중 운전면허 종류로 맞는 것은?

① 고속열차운전면허
② 전기차량 운전면허
③ 철도장비 운전면허
④ 디젤기관차 운전면허

해설 〈영 11조〉

**64** 다음 중 철도장비 운전면허로 운전할 수 있는 철도차량의 종류로 틀린 것은?

① 입환작업을 위하여 원격제어가 가능한 장치를 설치하여 시속 25킬로미터 이하로 운전하는 동력차
② 철도·도로를 모두 운행할 수 있는 철도복구장비
③ 차량기지에서 시속 25킬로미터 이하로 운전하는 차량
④ 사고복구용 기중기

해설 〈규칙 별표 1의2〉

**65** 다음 중 증기기관차를 운전할 수 있는 면허로 맞는 것은?

① 제1종 전기차량 운전면허
② 증기차량 운전면허
③ 디젤차량 운전면허
④ 철도장비 운전면허

해설 〈규칙 별표 1의2〉

**66** 다음 중 철도차량 운전면허 종류별 운전이 가능한 철도차량에 대한 설명으로 틀린 것은?

① 시속 100킬로미터 이상으로 운행하는 철도장비 운전은 고속철도차량 운전면허, 제1종 전기차량 운전면허, 제2종 전기차량 운전면허, 디젤차량 운전면허 중 하나의 운전면허가 있어야 한다.
② 선로를 시속 200킬로미터 이상의 최고 운행 속도로 주행할 수 있는 철도차량을 고속철도차량으로 구분한다.
③ 철도차량 운전면허(철도장비 운전면허는 제외한다) 소지자는 철도차량 종류에 관계없이 차량기지 내에서 시속 25킬로미터 이하로 운전하는 철도차량을 운전

61 ④  62 ①  63 ③  64 ③  65 ③  66 ①

할 수 있다. 이 경우 다른 운전면허의 철도차량을 운전하는 때에는 국토교통부장관이 정하는 교육훈련을 받아야 한다.
④ 동력장치가 분산되어 있는 철도차량을 동차, 동력장치가 집중되어 있는 철도차량을 기관차로 구분한다.

해설 〈규칙 별표 1의2. 비고사항〉

**67** 다음 중 운전면허의 결격사유로 틀린 것은?

① 만 19세 미만인 사람
② 철도차량 운전상의 위험과 장해를 일으킬 수 있는 정신질환자 또는 뇌전증환자로서 대통령으로 정하는 사람
③ 두 귀의 청력 또는 두 눈의 시력을 완전히 상실한 사람
④ 철도차량 운전상의 위험과 장해를 일으킬 수 있는 약물 또는 알코올 중독자로서 대통령으로 정하는 사람

해설 〈법 11조 1항 1호〉

**68** 다음 운전면허 신체검사 불합격 기준 중 일반결함 항목에 해당되지 않는 것은?

① 신체 각 장기 및 각 부위의 악성종양
② 중증인 고혈압증(수축기 혈압 180mmHg 이상이고, 확장기 혈압 110mmHg 이상인 사람)
③ 이 표(별표2)에서 달리 정하지 아니한 법정 감염병 중 직접 접촉, 호흡기 등을 통하여 전파가 가능한 감염병
④ 의사소통에 지장이 있는 언어장애

해설 〈규칙 별표 2〉

**69** 다음 운전업무종사자 등에 대한 신체검사 불합격 기준 중 정기검사 항목에 해당되지 않는 것은?

① 업무수행에 지장이 있는 악성종양
② 호흡에 장애를 가져오는 코·구강·인후·식도의 변형 및 기능장애
③ 업무수행에 지장이 있는 만성 피부질환자 및 한센병 환자
④ 귀의 청력이 500Hz, 1000Hz, 2000Hz에서 측정하여 측정치의 산술평균이 두 귀 모두 40dB 이상인 경우

해설 〈규칙 별표 2〉

**70** 다음 중 운전면허 또는 관제자격증명 취득을 위한 신체검사에 대하여 틀린 것은?

① 2종 전기차량 운전면허 소지자가 노면전차 운전면허를 취득하려는 경우에는 운전면허 취득을 위한 신체검사를 받은 것으로 본다.
② 도시철도 관제자격증명을 취득한 사람이 철도 관제자격증명을 취득하려는 경우에는 관제자격증명 취득을 위한 신체검사를 받은 것으로 본다.
③ 관제자격증명 취득자가 철도차량 운전면허를 취득하려는 경우에는 운전면허 취득을 위한 신체검사를 받은 것으로 본다.
④ 정거장에서 철도신호기를 취급한 사람이 관제자격증명을 취득하려는 경우에는 관제자격증명 취득을 위한 신체검사를 받은 것으로 본다.

해설 규칙 [별표 2]

67 ①    68 ④    69 ③    70 ④

**71** 다음 중 운전적성검사 과정에서 부정행위를 한 사람은 얼마동안 운전적성검사를 받을 수 없는지 맞는 것은?

① 검사일부터 3개월
② 검사일부터 6개월
③ 검사일부터 1년
④ 검사일부터 2년

해설 〈법 15조〉

**72** 다음 중 적성검사에 대하여 틀린 것은?

① 국토교통부장관은 운전적성검사기관을 지정하여 운전적성검사를 하게 할 수 있다.
② 운전적성검사기관의 지정기준, 지정절차 등에 관하여 필요한 사항은 대통령령으로 정한다.
③ 운전적성검사기관은 정당한 사유 없이 운전적성검사 업무를 거부하여서는 아니 되고, 거짓이나 그 밖의 부정한 방법으로 운전적성검사 판정서를 발급하여서는 아니 된다.
④ 법에 따른 운전적성검사를 받으려는 사람은 적성검사 판정서에 성명·주민등록번호 등 본인의 기록사항을 작성하여 법에 따른 관제적성검사기관에 제출하여야 한다.

해설 〈규칙 16조 2항〉

**73** 다음 중 운전적성검사기관의 지정기준으로 틀린 것은?

① 운전적성검사 업무의 분담을 유지하고 운전적성검사 업무를 원활히 수행하는 데 필요한 상설 전담조직을 갖출 것
② 운전적성검사 업무를 수행할 수 있는 전문검사인력을 3명 이상 확보할 것
③ 운전적성검사 시행에 필요한 사무실, 검사장과 검사 장비를 갖출 것
④ 운전적성검사기관의 운영 등에 관한 업무규정을 갖출 것

해설 〈영 14조〉

**74** 다음 중 제 2종 전기차량 운전면허시험 응시자의 적성검사 항목 및 불합격 기준으로 틀린 것은?

① 주의력에는 복합기능, 선택주의, 지속주의가 있다.
② 인식 및 기억력에는 시각변별과 공간지각이 있다.
③ 반응형 검사 점수 합계는 70점으로 한다.
④ 안전성향검사는 심신건강의학 전문의 진단결과로 대체할 수 있다.

**75** 다음 중 운전적성검사기관 또는 관제적성검사기관 지정신청서 첨부서류로 틀린 것은?

① 운전적성검사기관 또는 관제적성검사기관에서 사용하는 직인의 인영
② 운전적성검사 또는 관제적성검사를 담당하는 전문인력의 보유 현황
③ 운전적성검사 또는 관제적성검사를 담당하는 전문인력의 자격 등을 증명할 수 있는 서류
④ 운전적성검사기계 또는 관제적성검사기계 내역서

해설 〈규칙 17조〉

71 ③　72 ④　73 ①　74 ④　75 ④

**76** 다음 중 운전적성검사기관을 신청 받은경우 국토교통부 장관이 종합적으로 심사해야되는 사항이 아닌것은?

① 운전적성검사기관의 지정기준을 갖추었는지 여부
② 운전적성검사기관의 운영계획
③ 운전적성검사기관의 업무규정
④ 운전업무종사자의 수급상황

해설 〈영 13조〉

**77** 다음 중 적성검사기관 선임 검사관 자격기준으로 틀린 것은?

① 정신건강임상심리사 2급 자격을 취득한 사람
② 임상심리사 2급 자격을 취득한 사람으로서 2년 이상 적성검사 분야에 근무한 경력이 있는 사람
③ 심리학 관련분야 학사학위 취득한 사람으로서 2년 이상 적성검사 분야에 근무한 경력이 있는 사람
④ 대학을 졸업한 사람 (법령에 따라 이와 같은 수준 이상의 학력이 있다고 인정되는 사람을 포함)으로서 검사원 경력이 5년 이상 있는 사람

해설 〈규칙 별표 5〉

**78** 다음 중 적성검사기관의 세부 지정기준에 대하여 틀린 것은?

① 검사관의 자격기준은 석사학위 이상 취득자이다.
② 1일 검사능력 50명(1회 25명) 이상의 검사장(70㎡ 이상이어야 한다)을 확보하여야 한다. 이 경우 분산된 검사장은 제외한다.
③ 국토교통부장관은 2개 이상의 운전적성검사기관 또는 관제적성검사기관을 지정한 경우에는 모든 운전적성검사기관 또는 관제적성검사기관에서 실시하는 적성검사의 방법 및 검사항목 등이 동일하게 이루어지도록 필요한 조치를 하여야 한다.
④ 국토교통부장관은 철도차량운전자 등의 수급계획과 운영계획 및 검사에 필요한 프로그램개발 등을 종합 검토하여 필요하다고 인정하는 경우에는 1개 기관만 지정할 수 있다. 이 경우 전국의 분산된 5개 이상의 장소에서 검사를 할 수 있어야 한다.

해설 〈규칙 별표 5〉

**79** 다음 중 운전적성검사기관 업무규정으로 틀린 것은?

① 검사 인력의 업무 및 책임
② 기계운용·관리계획
③ 자료의 관리·유지
④ 수수료 징수기준

해설 〈규칙 별표 5〉

**80** 다음 위반사항 중 1차 위반 시 업무정지 1개월 처분으로 맞는 것은?

① 업무정지 명령을 위반하여 그 정지기간 중 운전적성검사 업무를 하였을 때
② 법에 따른 운전적성검사기관 지정기준에 맞지 아니하게 되었을 때
③ 정당한 사유 없이 운전적성검사 업무를 거부하였을 때
④ 거짓이나 그 밖의 부정한 방법으로 운전적성검사 판정서를 발급하였을 때

해설 〈규칙 별표 6〉

76 ③   77 ②   78 ①   79 ②   80 ④

**81** 다음 중 3개월의 업무정지 처분으로 감경할 수 있는 위반행위가 아닌 것은?

① 거짓이나 그 밖의 부정한 방법으로 운전적성검사 판정서를 발급하였을 때
② 업무정지 명령을 위반하여 그 정지기간 중 운전적성검사 업무를 하였을 때
③ 법에 따른 지정기준에 맞지 아니하게 되었을 때
④ 법을 위반하여 정당한 사유 없이 운전적성검사 업무를 거부하였을 때

해설 〈규칙 별표 6〉

**82** 다음 중 운전교육훈련에 대하여 틀린 것은?

① 운전면허를 받으려는 사람은 열차의 안전한 운행을 위하여 국토교통부장관이 실시하는 운전에 필요한 지식과 능력을 습득할 수 있는 교육훈련을 받아야 한다.
② 운전교육훈련의 기간, 방법 등에 관하여 필요한 사항은 국토교통부령으로 정한다.
③ 국토교통부장관은 운전교육훈련기관을 지정하여 운전교육훈련을 실시하게 할 수 있다.
④ 운전교육훈련기관의 지정기준, 지정절차 등에 관하여 필요한 사항은 대통령령으로 정한다.

해설 〈법 16조〉

**83** 다음 중 운전교육훈련 지정신청서 첨부서류로 틀린 것은?

① 운전교육훈련기관 운영규정
② 정관이나 이에 준하는 약정(법인 그 밖의 단체에 한정한다)
③ 운전교육훈련에 필요한 사무실, 강의실 등 시설 내역서
④ 운전교육훈련기관에서 사용하는 직인의 인영

해설 〈규칙 21조〉

**84** 다음 중 일반응시자의 교육과정으로 틀린 것은?

① 제1종 전기 차량 운전면허 810시간
② 제2종 전기 차량 운전면허 680시간
③ 철도장비 운전면허 440시간
④ 디젤차량 운전면허 810시간

해설 〈규칙 별표 7〉

**85** 다음 중 일반응시자의 교육훈련 과정별 교육과목 및 시간으로 틀린 것은?

① 제2종 전기 차량 운전면허 교육을 받을 경우 기능교육은 440시간이다.
② 제1종 전기 차량 운전면허의 기능교육 시간은 470시간이다.
③ 이론교육의 과목별 교육시간은 100분의 20 범위 내에서 조정이 가능하다.
④ 철도장비 운전면허 이론과목에는 철도장비의 구조 및 기능이 있으며, 60시간이다.

해설 〈규칙 별표 7〉

81 ②  82 ①  83 ③  84 ③  85 ④

**86** 다음 중 운전면허 없이 운전할 수 있는 경우로 틀린 것은?

① 법에 따른 철도차량 운전에 관한 전문 교육훈련기관에서 실시하는 운전교육훈련을 받기 위하여 철도차량을 운전하는 경우 철도차량에 운전교육훈련을 담당하는 사람을 승차시켜야 하며, 국토교통부령으로 정하는 표지를 해당 철도차량의 앞면 유리에 붙여야 한다.
② 법에 따른 운전면허시험을 치르기 위하여 철도차량을 운전하는 경우 철도차량에 운전면허시험에 대한 평가를 담당하는 사람을 승차시켜야 하며, 국토교통부령으로 정하는 표지를 해당 철도차량의 앞면 유리에 붙여야 한다.
③ 철도차량을 제작·조립·정비하기 위한 공장 안의 선로에서 철도차량을 운전하여 이동하는 경우 국토교통부령으로 정하는 표지를 해당 철도차량의 앞면 유리에 붙여야 한다.
④ 철도사고등을 복구하기 위하여 열차운행이 중지된 선로에서 사고복구용 특수차량을 운전하여 이동하는 경우

해설 〈영 10조〉

**87** 다음 중 철도차량 운전면허 종류별 운전이 가능한 철도차량에 대한 설명으로 틀린 것은?

① 시속 100킬로미터 이상으로 운행하는 철도시설의 검측장비 운전은 고속철도차량 운전면허, 제1종 전기차량 운전면허, 제2종 전기차량 운전면허, 디젤차량 운전면허 중 하나의 운전면허가 있어야 한다.
② 선로를 시속 200킬로미터 이상의 최고 운행 속도로 주행할 수 있는 철도차량을 고속철도차량으로 구분한다.
③ 동력장치가 집중되어 있는 동력차를 기관차, 동력장치가 분산되어 있는 철도차량을 동차로 구분한다.
④ 도로 위에 부설한 레일 위를 주행하는 철도차량은 노면전차로 구분한다.

해설 〈규칙 별표 1의2〉

**88** 다음 중 운전면허를 받을 수 없는 사람으로 맞는 것은?

① 철도차량 운전상의 위험과 장해를 일으킬 수 있는 정신질환자 또는 뇌전증 환자로서 대통령이 정상적인 운전을 할 수 없다고 인정하는 사람은 운전면허 결격사유에 해당된다.
② 한쪽의 시력을 완전히 상실한 사람은 운전면허 결격사유에 해당된다.
③ 두 귀의 청력을 완전히 상실한 사람은 운전면허 결격사유에 해당된다.
④ 다리·머리·척추 또는 그 밖의 신체장애로 인하여 걷지 못하거나 앉아 있을 수 없는 사람은 대통령령으로 정하는 신체장애인에 해당된다.

해설 〈법 11조 1항〉

**89** 다음 운전면허 신체검사 불합격 기준 중 흉부질환에 속하지 않는 것은?

① 업무수행에 지장이 있는 급성 및 만성 늑막질환
② 활동성 폐결핵
③ 중증 만성기관지염
④ 폐성심

해설 〈규칙 별표 2〉

86 ③  87 ③  88 ③  89 ④

**90** 다음 운전면허 신체검사 불합격 기준 중 수면장애 항목에 속하지 않는 것은?

① 폐쇄성 수면 무호흡증
② 수면발작
③ 몽유병
④ 수면 다한증

해설 〈규칙 별표 2〉

**91** 다음 중 적성검사 항목 및 불합격 기준으로 맞는 것은?

① 안전성향검사는 정신건강의학 전문의 진단결과로 대체 가능하며, 부적합 판정을 받은 자에 대해서는 익일 1회에 한하여 재검사를 실시하고 그 결과를 최종결과로 할 수 있다.
② 2020년 10월 8일 이전에 적성검사를 받은 철도장비 운전면허 소지자가 디젤차량 운전면허 취득하려는 경우 적성검사를 받아야 한다.
③ 철도교통관제사 자격증명 응시자의 반응형 검사 평가점수가 30점 이하이면 불합격이다.
④ 철도교통관제사 자격증명 응시자의 반응형 검사에는 주의력, 인식 및 기억력, 판단 및 행동력이 있으며 세부적으로는 각 2개씩 있다.

해설 〈규칙 별표 4〉

**92** 다음 중 국토교통부장관이 운전면허 결격사유의 확인을 위하여 정보 제공 요청 시 <보기>의 개인정보의 내용을 보유하고 있는 기관으로 맞는 것은?

> 시각장애인 또는 청각장애인으로 등록된 사람에 대한 자료

① 보건복지부 장관
② 병무청장
③ 시·도지사
④ 구청장

해설 시행령 [별표 1의2]

*보건복지부장관 또는 시,도지사는 마약관련, 자치단체는 정신질환과 장애인을 담당하고 있습니다.

**93** 다음 중 교육시간이 다른 것은?

① 철도차량 운전업무 보조경력 1년 이상 경력자의 디젤차량 운전면허 교육과정
② 철도장비 운전업무 수행경력이 3년 이상인 사람의 제1종 전기차량 운전면허 교육과정
③ 전동차 차장경력이 2년 이상인 사람의 제2종 전기차량 운전면허 교육과정
④ 전동차 차장경력이 2년 이상인 사람의 노면전차 운전면허 교육과정

해설 규칙 [별표 7] 4.

**94** 다음 중 철도관제자격증명 소지자의 노면전차 교육훈련시간으로 맞는 것은?

① 290    ② 260
③ 170    ④ 135

해설 규칙 [별표 7] 3.

90 ④    91 ②    92 ③    93 ④    94 ③

**95** 다음 중 철도운영자에 소속되어 철도관련 업무에 종사한 경력이 3년 이상인 사람의 교육시간으로 틀린 것은?

① 제1종 전기차량 운전면허의 이론교육시간은 250시간이다.
② 제2종 전기차량 운전면허의 기능교육시간은 140시간이다.
③ 철도장비 운전면허의 교육시간은 215시간이다.
④ 노면전차 운전면허의 기능교육시간은 85시간이다.

해설  규칙 [별표 7] 5.

**96** 다음 중 운전면허 취득을 위한 교육훈련 과정별 교육시간에 대한 설명으로 틀린 것은?

① 철도장비 운전면허 소지자의 노면전차 운전면허 이론교육시간은 120시간이다.
② 제2종 전기차량 운전면허 소지자의 디젤차량 운전면허 교육시간은 130시간이다.
③ 일반응시자의 철도장비 운전면허 교육시간은 340시간이다.
④ 노면전차 운전면허 소지자의 제2종 전기차량 운전면허 교육시간은 240시간이다.

해설  〈규칙 별표 7〉

**97** 다음 중 도시철도 관제자격증명 소지자의 제2종 전기차량 기능 교육시간으로 맞는 것은?

① 120  ② 110
③ 105  ④ 100

해설  규칙 [별표 7]

**98** 다음 중 운전면허 취득을 위한 교육훈련 과정별 교육시간 및 교육훈련과목 일반사항에 대하여 틀린 것은?

① 고속철도차량 운전면허를 취득하기 위해 교육훈련을 받으려는 사람은 법에 따른 디젤차량, 제1종 전기차량 또는 제2종 전기차량의 운전업무 수행경력이 3년 이상 있어야 한다.
② 운전업무 수행경력이란 운전업무종사자로서 운전실에 탑승하여 전방 선로감시 및 운전관련 기기를 실제로 취급한 기간을 말한다.
③ 철도운전관련 대학의 정규교육과정 교과목으로 이론교육의 해당 교과목 시간을 이수하여 해당 교육기관의 장이 인정한 경우 이론교육의 해당 교과목을 이수한 것으로 보고 면제하여야 한다.
④ 노면전차 운전면허를 취득하기 위한 교육훈련을 받으려는 사람은 「도로교통법」 제80조에 따른 운전면허를 소지하여야 한다.

해설  〈규칙 별표 7〉

**99** 다음 중 교육훈련기관 인력기준 및 보유기준에 대한 설명으로 틀린 것은?

① 선임교수의 자격기준 중 학력 및 경력에는 철도차량 운전업무에 5급 이상의 공무원 경력 또는 이와 같은 수준 이상의 자격 및 경력이 있는 사람이 있다.
② 교수의 경우 해당 철도차량 운전업무 수행경력이 3년 이상인 사람으로서 철도차량 운전과 관련된 교육기관에서 강의 경력이 1년 이상 있는 사람은 자격기준에 적합하다.

95 ②  96 ④  97 ②  98 ③

③ 철도차량운전 관련 업무란 철도차량 운전업무수행자에 대한 안전관리·지도교육 및 관리감독 업무를 말한다.

④ 1회 교육생 30명을 기준으로 철도차량 운전면허 종류별 전임 책임교수, 선임교수, 교수를 각 1명 이상 확보하여야 하며, 운전면허 종류별 교육인원이 15명 추가될 때마다 운전면허 종류별 교수 1명 이상을 추가로 확보하여야 한다. 이 경우 추가로 확보하여야 하는 교수는 전임으로 할 수 있다.

> 해설  〈규칙 별표 8〉

**100** 다음 중 교육훈련기관의 세부 지정기준으로 틀린 것은?

① 노면전차 운전면허 교육과정 교수의 경우 국토교통부장관이 인정하는 해외 노면전차 교육훈련과정을 이수한 경우에는 경력을 갖춘 것으로 본다.
② 해당 철도차량 운전업무 수행경력이 있는 사람으로서 현장 지도교육의 경력은 운전업무 수행경력으로 합산할 수 있다.
③ 전 기능 모의운전연습기의 성능기준 중 교수제어대 및 평가시스템은 권장사항이다.
④ 컴퓨터지원교육시스템이란 컴퓨터의 멀티미디어 기능을 활용하여 운전·차량·신호 등을 학습할 수 있도록 제작된 프로그램 및 이를 지원하는컴퓨터시스템 일체를 말한다.

> 해설  〈규칙 별표 8〉

**101** 다음 중 컴퓨터지원교육시스템 성능기준으로 틀린 것은?

① 고장처치시스템
② 신호(ATS, ATC, ATO, ATP) 및 제동이론
③ 차량의 구조 및 기능
④ 운전이론 및 규정

> 해설  〈규칙 별표 8〉

**102** 다음 중 교육훈련기관 업무규정의 기준으로 틀린 것은?

① 교육생 선발에 관한 사항
② 교육기관 운영계획
③ 교육생 평가에 관한 사항
④ 실습장비 운용방안

> 해설  〈규칙 별표 8〉

**103** 다음 중 교육훈련기관 세부 지정기준으로 틀린 것은?

① 철도차량 운전면허별로 교육훈련기관으로 지정받기 위하여 고속철도차량·전기기관차·전기동차·디젤기관차·철도상비·노면전차를 각각 보유하고, 이를 운용할 수 있는 선로, 전기·신호 등의 철도시스템을 갖출 것
② 기본기능 모의운전연습기는 1회 교육수요(10명 이하)가 적어 전 기능 모의운전연습기로 대체하는 경우 1대 이상으로 조정할 수 있다.
③ 보유란 교육훈련을 위하여 설비나 장비를 필수적으로 갖추어야 하는 것을 말한다.
④ 국토교통부장관이 정하는 필기시험 출제범위에 적합한 교재를 갖출 것

> 해설  〈규칙 별표 8〉

99 ④  100 ③  101 ①  102 ④  103 ②

**104** 다음 중 운전교육훈련기관의 지정취소 및 업무정지기준에 대하여 틀린 것은?

① 업무정지 명령을 위반하여 그 정지기간 중 운전교육훈련업무를 한 경우 지정취소를 하여야 한다.
② 법에 따른 지정기준에 맞지 아니한 경우 1차위반 시 처분기준은 보완명령이다.
③ 위반의 내용·정도가 경미하여 이해관계인에게 미치는 피해가 적다고 인정되는 경우 처분이 업무정지인 경우에는 그 처분기준의 2분의 1범위에서 감경할 수 있고, 지정취소인 경우에는 6개월의 업무정지 처분으로 감경할 수 있다.
④ 국토교통부장관은 운전교육훈련기관의 지정을 취소하거나 업무정지의 처분을 한 경우에는 지체 없이 그 운전교육훈련기관에 지정기관 행정처분서를 통지하고 그 사실을 관보에 고시하여야 한다.

해설 〈규칙 별표 9〉

**105** 다음 중 철도차량 운전면허시험의 과목 및 합격기준에 대하여 틀린 것은?

① 철도차량 운전 관련 업무경력자, 철도 관련 업무 경력자 또는 버스 운전 경력자가 철도차량 운전면허시험에 응시하는 때에는 그 경력을 증명하는 서류를 첨부하여야 한다.
② 철도운전관련 대학의 정규교육과정 교과목으로 이론교육 교과목의 시간을 이수하여 해당 교육기관의 장이 인정하여 교육훈련기관의 이론교육을 면제 받은 경우 이를 증명하는 서류를 첨부하여야 한다.
③ 제1종 전기차량 운전업무수행 경력이 2년 이상 있고 디젤차량 운전면허 교육훈련을 받은 사람이 디젤차량 운전면허 시험에 응시할 경우 필기시험 및 기능시험을 면제한다.
④ 운전면허 소지자가 다른 종류의 운전면허를 취득하기 위하여 운전면허시험에 응시하는 경우에는 신체검사 및 적성검사의 증명서류를 운전면허증 사본으로 갈음한다. 다만, 철도장비 운전면허 소지자의 경우에는 신체검사 증명서류를 첨부하여야 한다.

해설 〈규칙 별표 10〉

**106** 다음 중 운전면허시험 응시원서에 첨부하여야 하는 서류로 맞는 것은?

① 운전적성검사기관이 발급한 운전적성검사 판정서(운전면허시험 응시원서 접수일 이전 10년 이내인 것에 한정한다)
② 관제자격증명서 사본[관제자격증명 취득자만 제출한다]
③ 철도차량 운전면허증의 사본(철도차량 운전면허 소지자가 다른 철도차량 운전면허를 취득하고자 하는 경우에 한정한다)
④ 운전업무 수행 경력증명서(고속철도차량 운전면허시험에 응시하는 경우에 한정한다)

해설 〈규칙 26조〉

*② 한국교통안전공단은 제1항제1호부터 제5호까지의 서류를 영 제63조제1항제7호에 따라 관리하는 정보체계에 따라 확인할 수 있는 경우에는 그 서류를 제출하지 아니하도록 할 수 있다.

104 ③   105 ④   106 ④

**107** 다음 중 보기의 조건에 해당하는 자의 노면전차 운전면허 총 교육시간으로 맞는 것은?

> 제2종 전기차량 운전면허, 철도 관제자격증명 소지자

① 50　　　② 60
③ 120　　④ 170

해설　규칙 [별표 7] 中 7. 일반사항 – 바.

**108** 다음 중 운전전문교육훈련 수료증에 포함되어야 하는 사항으로 틀린 것은?

① 증서번호
② 성명, 주민등록번호, 사진(3.5cm×4.5cm)
③ 운전교육훈련 실시결과(운전교육훈련과정, 교육기간)
④ 기관장 직인

해설　〈규칙 별지 12호〉

**109** 다음 중 철도차량 운전면허증 앞면에 기재하여야 하는 사항으로 틀린 것은?

① 성명 생년월일, 주소
② 면허종류, 면허번호
③ 운전 실무수습 인증구간
④ 유효기간, 발급일자

해설　〈규칙 별지 18호〉

**110** 다음 중 운전면허 갱신에 대한 설명으로 틀린 것은?

① 운전면허 취득자가 법에 따른 운전면허의 갱신을 받지 아니하면 그 운전면허의 유효기간이 만료되는 날부터 그 운전면허의 효력이 잃는다.
② 운전면허의 효력이 정지된 사람이 6개월내에 운전면허의 갱신을 신청하여 운전면허의 갱신을 받지 아니하면 그 기간이 만료되는 날의 다음 날부터 그 운전면허는 효력을 잃는다.
③ 국토교통부장관은 법에 따라 운전면허의 갱신을 신청한 사람이 운전면허의 갱신을 신청하는 날 전 10년 이내에 국토교통부령으로 정하는 철도차량의 운전업무에 종사한 경력이 있거나 국토교통부령으로 정하는 바에 따라 이와 같은 수준 이상의 경력이 있다고 인정되는 경우 운전면허증을 갱신하여 발급하여야 한다.
④ 한국교통안전공단은 운전면허 취득자에게 그 운전면허의 유효기간이 만료일 6개월 전까지 운전면허의 갱신에 관한 내용을 통지하여야 한다.

해설　〈법 19조〉

**111** 다음 중 철도차량 운전면허 갱신신청서 첨부서류로 틀린 것은?

① 철도차량 운전면허증 사본
② 국토교통부령으로 정하는 교육훈련을 20시간 이상 받은 것을 증명하는 서류
③ 운전면허의 갱신을 신청하는 날 전 10년 이내에 국토교통부령으로 정하는 철도차량의 운전업무에 종사한 경력을 증명하는 서류
④ 운전면허의 갱신을 신청하는 날 전 10년 이내에 관제업무에 2년 이상 종사한 경력을 증명하는 서류

해설　〈규칙 31조〉

107 ①　108 ②　109 ③　110 ①　111 ①

**112** 다음 중 운전면허 갱신에 필요한 경력으로 틀린 것은?

① 운전면허의 갱신을 신청하는 날 전 10년 이내에 해당 철도차량 운전업무에 6개월 이상 종사한 경력
② 운전면허의갱신을 신청하는 날 전 10년 이내에 관제업무에 2년 이상 종사한 경력
③ 운전면허의 갱신을 신청하는 날 전 10년 이내에 철도운영자등에 소속되어 철도차량 운전자의 운전교육훈련업무에 2년 이상 종사한 경력
④ 운전교육훈련기관이나 철도운영자등이 실시한 철도차량 운전에 필요한 교육훈련을 운전면허 갱신신청일 전까지 20시간 이상 받은 경우

해설 〈규칙 32조〉

**113** 다음 중 운전면허의 취소 및 효력정지 처분에 대한 설명으로 틀린 것은?

① 국토교통부장관은 법에 따라 운전면허의 취소나 효력정지 처분을 한 때에는 철도차량 운전면허 취소·효력정지 처분 통지서를 해당 처분대상자에게 서면으로 통지하여야 한다.
② 국토교통부장관은 처분대상자가 철도운영자등에게 소속되어 있는 경우에는 철도운영자등에게 그 처분 사실을 통지하여야 한다.
③ 처분대상자의 주소 등을 통상적인 방법으로 확인할 수 없거나 철도차량 운전면허 취소·효력정지 처분 통지서를 송달할 수 없는 경우에는 운전면허시험기관인 한국교통안전공단 게시판 또는 인터넷 홈페이지에 14일 이상 공고함으로써 지에 갈음할 수 있다.
④ 운전면허의 취소 또는 효력정지 처분의 통지를 받은 사람은 통지를 받은 날부터 15일 이내에 운전면허증을 한국교통안전공단에 반납하여야 한다.

해설 〈규칙 34조〉

**114** 다음 중 운전면허를 취소하여야 하는 경우로 맞는 것은?

① 술을 마시거나 약물을 사용한 상태에서 철도차량을 운전하였을 때
② 철도차량을 운전 중 고의 또는 중과실로 철도사고를 일으켰을 때
③ 운전면허 결격사유(운전면허가 취소된 날부터 2년이 지나지 아니하였거나 운전면허의 효력정지기간 중인 사람은 제외한다)에 해당하게 되었을 때
④ 이 법 또는 이 법에 따라 철도의 안전 및 보호와 질서유지를 위하여 한 명령·처분을 위반하였을 때

해설 〈법 20조〉

**115** 다음 중 운전면허취소 및 효력정지 처분의 세부기준에 대한 설명으로 틀린 것은?

① 철도차량을 운전 중 고의 또는 중과실로 철도사고를 일으켜 1천만원 이상 물적피해가 발생한 경우 3차 위반 시 처분기준은 면허취소다.
② 운전업무 종사자의 준수사항을 위반한 경우 1차 위반 시 경고처분이다.
③ 철도차량 운전규칙을 위반하여 운전을 하다가 열차운행에 중대한 차질을 초래한 경우 1차 위반 시 경고처분이다.
④ 위반행위의 횟수에 따른 행정처분의 기준은 최근 1년간 같은 위반행위로 행정

112 ③　113 ①　114 ③　115 ③

처분을 받은 경우에 적용한다.

해설  〈규칙 별표 10의2〉

### 116 다음 중 실무수습 · 교육의 세부기준에 대한 설명으로 틀린 것은?

① 철도차량 운전면허 실무수습 이수경력이 없는 사람 실무수습 및 교육시간 또는 거리는 제2종 전기차량 운전면허의 무인운전 구간의 경우 200시간 이상 또는 3,000킬로미터 이상이다.
② 그 밖의 철도차량 운행을 위한 운전업무 종사자가 운전업무 수행경력이 없는 구간을 운전하고자 하는 때에는 60시간 이상 또는 1,200킬로미터 이상의 실무수습 · 교육을 받아야한다. 다만, 철도장비 운전업무를 수행하는 경우는 절반으로 한다.
③ 신설선(신규노선)연장, 이설선로의 경우 수습구간 시간에 따라 실무수습 교육을 실시한다. 다만, 철도종합시험운행시행지침 제11조에 따라 영업시운전을 생략할 수 있는 경우는 영상자료 등 교육자료를 활용하여 선로견습 대체 가능.
④ 운전실무수습 · 교육의 시간은 교육시간, 준비점검시간 및 차량점검시간과 실제운전시간을 모두 포함한다.

해설  〈규칙 별표 11〉

### 117 다음 중 일반인 신규 운전면허취득자 외의 운전면허취득자의 실무수습 및 교육항목으로 틀린 것은?

① 선로 · 신호 등 숙지
② 운전취급 관련 규정
③ 속도관측
④ 비상시 조치 등

해설  〈규칙 별표 11〉

### 118 다음 중 운전업무종사자 실무수습 관리대장에 기록하여야 되는 사항으로 틀린 것은?

① 일련번호
② 면허종류 및 면허번호
③ 소속기관
④ 운전거리

해설  〈규칙 별지 24호〉

### 119 다음 중 관제교육훈련에 대한 설명으로 틀린 것은?

① 정거장에서 철도신호기 · 선로전환기 · 조작판의 취급업무 5년 이상의 경력을 취득한 사람의 경우 관제교육훈련의 일부를 면제할 수 있다.
② 관제교육훈련의 기간 및 방법 등에 필요한 사항은 국토교통부령으로 정하며, 국토교통부장관은 관제교육훈련기관을 지정하여 관제교육훈련을 실시하게 하여야 한다.
③ 관제교육훈련기관의 지정기준 및 지정절차 등에 필요한 사항은 대통령령으로 정한다.
④ 법에 따른 관제교육훈련기관은 관제교육훈련을 수료한 사람에게 관제교육훈련 수료증을 발급하여야 한다.

해설  〈법 21조의7〉

116 ③    117 ①    118 ②    119 ②

**120** 다음 중 철도 관제 교육훈련의 과목 및 교육훈련시간에 대하여 틀린 것은?

① 관제교육훈련시간은 360시간이다.
② 법에 따라 「고등교육법」에 따른 학교에서 관제교육훈련 과목 중 어느 하나의 과목과 교육내용이 동일한 교과목을 이수한 사람에게는 해당 관제교육훈련 과목의 교육훈련을 면제한다.
③ 교육훈련을 면제받으려는 사람은 해당 교과목의 이수 사실을 증명할 수 있는 서류를 관제교육훈련기관에 제출하여야 한다.
④ 법에 따라 철도차량의 운전업무 또는 철도신호기·선로전환기·조작판의 취급업무에 5년 이상의 경력을 취득한 사람에 대한 교육훈련시간은 120시간으로 한다.

해설 〈규칙 별표 11의2〉

**121** 다음 중 관제교육훈련기관 지정신청서의 첨부서류로 틀린 것은?

① 정관이나 이에 준하는 약정(법인인 경우에 한정한다)
② 관제교육훈련을 담당하는 강사의 자격·학력·경력 등을 증명할 수 있는 서류 및 담당업무
③ 관제교육훈련에 필요한 강의실 등 시설 내역서
④ 관제교육훈련에 필요한 모의관제시스템 등 장비 내역서

해설 〈규칙 38조의 4〉

**122** 다음 중 관제교육훈련기관의 세부지정기준에 대한 설명으로 틀린 것은?

① 실기교육장은 30명이 동시에 실습할 수 있는 면적 60제곱미터 이상의 컴퓨터지원시스템 실습장을 갖출 것
② 교육훈련에 필요한 사무실·편의시설 및 설비를 갖출 것
③ 컴퓨터지원교육시스템 성능기준에는 열차운행계획, 철도관제시스템 운용 및 실무, 열차운행선 관리, 비상시 조치 등이 있다.
④ 관제교육훈련에 필요한 교재를 갖출 것

해설 〈규칙 별표 11의3〉

**123** 다음 중 관제교육훈련기관의 세부 지정기준 중 자격기준에 대한 설명으로 틀린 것은?

① 교수의 경우 철도교통관제 업무에 1년 이상 또는 철도차량 운전업무에 3년 이상 근무한 경력이 있는 사람으로서 학력 및 경력을 갖춰야 한다.
② 철도교통에 관한 업무란 철도운전·신호취급·안전에 관한 업무를 말한다.
③ 철도교통에 관한 업무 경력에는 책임교수의 경우 철도교통관제 업무 3년 이상, 선임교수의 경우 철도교통관제 업무 2년 이상이 포함되어야 한다.
④ 철도차량 운전업무나 철도교통관제 업무 수행경력이 있는 사람으로서 현장 감독업무의 경력은 운전업무나 관제업무 수행경력으로 합산할 수 있다.

해설 〈규칙 별표 11의 3〉

**124** 다음 중 모의관제시스템 성능기준으로 틀린 것은?

① 제어용 서버 시스템
② 대형 표시반 및 Wall Controller 시스템
③ 철도관제시스템
④ 음향시스템

해설  〈규칙 별표 11의 3〉

**125** 다음 중 관제교육훈련기관의 업무규정에 포함되어야 하는 사항으로 틀린 것은?

① 각종 증명의 발급 및 대장의 관리
② 교수인력의 교육훈련
③ 기술도서 및 자료의 관리·유지
④ 교육비 산정에 관한 사항

해설  〈규칙 별표 11의3〉

**126** 다음 중 관제자격증명시험에 대한 설명으로 틀린 것은?

① 관제자격증명을 받으려는 사람은 관제업무에 필요한 지식 및 실무역량에 관하여 국토교통부장관이 실시하는 학과시험 및 실기시험에 합격하여야 한다.
② 관제자격증명시험에 응시하려는 사람은 법에 따른 신체검사와 관제적성검사에 합격한 후 관제교육훈련을 받아야 한다.
③ 국토교통부장관은 운전면허를 받은 사람 또는 관제자격증명을 받은 후 다른 종류의 관제자격증명에 필요한 시험에 응시하려는 사람의 관제자격증명시험의 일부를 면제한다.
④ 관제자격증명시험의 과목, 방법 및 절차 등에 필요한 사항은 국토교통부령으로 정한다.

해설  〈법 21조의8〉

**127** 다음 중 관제자격증명시험의 과목 및 합격기준에 대한 설명으로 틀린 것은?

① 법에 따른 운전면허를 받은 사람에 대해서는 철도관련법 및 (도시)철도시스템 일반 과목을 학과시험에서 면제한다.
② 철도관련법은 「철도안전법」과 그 하위규정 및 철도차량 운전에 필요한 규정을 포함한다.
③ 학과시험 합격기준은 과목당 100점을 만점으로 하여 시험 과목당 40점 이상(관제관련규정의 경우 60점 이상), 총점 평균 60점 이상 득점한 사람이다.
④ 실기시험의 합격기준은 시험 과목당 60점 이상, 총점 평균 80점 이상 득점한 사람이다.

해설  〈규칙 별표 11의4〉

**128** 다음 중 관제자격증명시험 응시원서에 반드시 제출해야 하는 서류는?

① 관제적성검사기관이 발급한 관제적성검사 판정서(관제자격증명시험 응시원서 접수일 이전 10년 이내인 것에 한정한다)
② 관제교육훈련기관이 발급한 관제교육훈련 수료증명서
③ 제2종 전기차량 운전면허 소지자의 경우 철도차량 운전면허증의 사본
④ 도시철도 관제자격증명 취득자의 경우 도시철도 관제자격증명서의 사본

해설  〈규칙 38조의 10〉

124 ③  125 ④  126 ③  127 ②  128 ④

**129** 다음 중 관제자격증명 갱신에 대하여 틀린 것은?

① 관제자격증명의 유효기간 만료일 전 6개월 이내에 갱신신청서를 한국교통안전공단에 제출하여야 한다.
② 관제자격증명의 유효기간 내에 6개월 이상 관제업무에 종사한 경력이 있으면 국토교통부장관은 관제자격증명을 갱신하여 발급하여야 한다.
③ 운전업무에 2년 이상 종사한 경력은 관제자격증명 갱신에 필요한 경력에 속한다.
④ 철도운영자등이 실시한 관제업무에 필요한 교육훈련을 관제자격증명 갱신신청일 전까지 40시간 이상 받은 경우 갱신이 가능하다.

**해설** 〈규칙 38조의 14〉

**130** 다음 중 1차 위반 시 관제자격증명을 취소처분해야되는 위반행위로 틀린 것은?

① 법 제41조제1항을 위반하여 술을 마신 상태(혈중 알코올농도 0.1퍼센트 이상)에서 관제업무를 수행한 경우
② 법 제41조제1항을 위반하여 술을 마신 상태(혈중 알코올농도 0.02퍼센트 이상 0.1퍼센트 미만)에서 관제업무를 수행한 경우
③ 법 제41조제1항을 위반하여 약물을 사용한 상태에서 관제업무를 수행한 경우
④ 법 제41조제2항을 위반하여 술을 마시거나 약물을 사용한 상태에서 관제업무를 하였다고 인정할 만한 상당한 이유가 있음에도 불구하고 국토교통부장관 또는 시·도지사의 확인 또는 검사를 거부한 경우

**해설** 〈규칙 별표 11의 5〉

**131** 다음 중 관제업무 실무수습에 대한 설명으로 틀린 것은?

① 철도운영자등은 관제자격증명을 받지 아니하거나(법에 따라 관제자격증명이 취소되거나 그 효력이 정지된 경우를 포함한다) 법에 따른 실무수습을 이수하지 아니한 사람을 관제업무에 종사하게 하여서는 아니 된다.
② 철도운영자등은 실무수습 계획을 수립한 경우에는 그 내용을 한국교통안전공단에 통보하여야 한다.
③ 관제업무 실무수습을 이수한 사람으로서 관제업무를 수행할 구간 또는 관제업무 수행에 필요한 기기의 변경으로 인하여 다시 관제업무 실무수습을 이수하여야 하는 사람에 대해서는 별도의 실무수습 계획을 수립하여 시행할 수 있다.
④ 관제업무에 종사하려는 사람은 관제업무를 수행할 구간의 열차운행의 통제·조정 등에 관한 관제업무 실무수습을 이수하여야 한다.

**해설** 〈규칙 39조〉

**132** 다음 중 철도종사자의 신체검사에 대한 설명으로 틀린 것은?

① 최초검사란 해당 업무를 수행하기 전에 실시하는 신체검사를 말한다.
② 정기검사란 최초검사를 받은 후 2년마다 실시하는 신체검사를 말한다.
③ 신체검사 유효기간 만료일이란 최초검사나 정기검사를 받은 날부터 2년이 되는 해의 12월 31일까지다.

129 ③   130 ②   131 ④   132 ③

④ 신체검사의 방법 및 절차 등에 관하여는 운전면허 신체검사를 준용한다.

해설 〈규칙 40조〉

**133** 다음 중 신체검사 등을 받아야하는 대통령령으로 정하는 철도종사자로 맞는 것은?

① 철도사고 또는 운행장애가 발생한 현장에서 조사·수습·복구 등의 업무를 수행하는 사람
② 철도차량의 운행선로 또는 그 인근에서 철도시설의 건설 또는 관리와 관련된 작업의 현장감독업무를 수행하는 사람
③ 철도시설 또는 철도차량을 보호하기 위한 순회점검업무 또는 경비업무를 수행하는 사람
④ 정거장에서 철도신호기·선로전환기 및 조작판 등을 취급하는 업무를 수행하는 사람

해설 〈영 21조〉

**134** 다음 내용 중 틀린 것은?

① 최초검사란 해당 업무를 수행하기 전에 실시하는 적성검사를 말한다.
② 정기검사란 최초검사를 받은 후 10년마다 실시하는 적성검사를 말한다.
③ 특별검사란 철도종사자가 철도사고등을 일으키거나 질병 등의 사유로 해당 업무를 적절히 수행하기 어렵다고 철도운영자등이 인정하는 경우에 실시하는 적성검사
④ 적성검사의 방법 및 절차 등에 관하여 필요한 세부사항은 국토교통부장관이 정한다.

해설 〈규칙 41조〉

**135** 다음 중 최초 적성검사 응시할 경우 검사 항목이 아닌 것은?

① 민첩성
② 스트레스
③ 일반성격
④ 안전성향

**136** 다음 중 관제업무종사자 적성검사 항목 및 불합격기준으로 틀린 것은?

① 정기검사의 문답형 검사에는 인성분야가 있으며, 항목으로는 일반성격, 안전성향, 스트레스가 있다.
② 특별검사의 인식 및 기억력 항목에는 시각변별, 공간지각, 작업기억이 있다.
③ 정기검사와 특별검사 둘 다 반응형 검사 항목 중 부적합이 있는 경우 불합격이다.
④ 정기검사와 특별검사 항목차이는 판단 및 행동력 분야 외에는 없다.

해설 〈규칙 별표 13〉

**137** 다음 중 철도종사자의 안전교육 대상자로 틀린 것은?

① 철도사고등이 발생한 현장에서 조사·수습·복구 등의 업무를 수행하는 사람
② 철도차량의 운행선로 또는 그 인근에서 철도시설의 건설 또는 관리와 관련된 작업의 현장감독업무를 수행하는 사람
③ 철도시설 또는 철도차량을 보호하기 위한 순회점검업무 또는 경비업무를 수행하는 사람
④ 철도에 공급되는 전력의 원격제어장치를 운영하는 사람

해설 〈규칙 41조의2〉

133 ④  134 ②  135 ②  136 ③  137 ①

**138** 다음 중 철도종사자에 대한 안전교육의 내용으로 틀린 것은?

① 철도안전법령 및 안전관련 규정
② 철도사고 및 운행장애 등 비상시 위기대응체계 및 위기대응 매뉴얼 등
③ 안전관리의 중요성 등 정신교육
④ 근로자의 건강관리 등 안전·보건관리에 관한 사항

해설 〈규칙 별표 13의 2〉

**139** 다음 중 철도종사자 안전교육 내용에 대하여 틀린 것은?

① 철도로 운송하는 위험물을 취급하는 종사자는 위기대응체계 및 위기대응 매뉴얼 등을 교육받는다.
② 관제업무 종사자의 교육과목은 근로자의 건강관리 등 안전·보건관리에 관한 사항이 있다.
③ 위험물 취급 안전 교육은 모든 철도종사자가 받는다.
④ 사업주는 위험물을 취급하는 철도종사자를 강의 및 실습의 방법으로 매 분기마다 6시간 이상 철도안전교육을 실시하여야 한다.

해설 〈해설〉 시행규칙 [별표 13의2] 참고

**140** 다음 중 철도직무교육의 주기로 맞는 것은?

① 철도직무교육 대상자로 신규 채용되거나 전직된 연도의 1월 1일부터 매 5년이 되는 날까지
② 철도직무교육 대상자로 신규 채용되거나 전직된 날부터 매 5년이 되는 날까지
③ 철도직무교육 대상자로 신규 채용되거나 전직된 연도로 부터 매 5년이 되는 12월 31일까지
④ 철도직무교육 대상자로 신규 채용되거나 전직된 연도의 다음 년도 1월 1일부터 매 5년이 되는 날까지

해설 〈규칙 별표 13의3〉

**141** 다음 중 관제업무 종사자의 철도직무교육내용으로 아닌 것은?

① 열차운행계획
② 신호관제장치
③ 철도관제시스템 운용
④ 열차운행선 관리

해설 〈규칙 별표 13의3〉

**142** 철도에 공급되는 전력의 원격제어장치 운영자 교육내용으로 틀린 것은?

① 변전 및 전차선 취급방법
② 전력설비 일반
③ 전기·신호·통신 장치 실무
④ 비상전력 운용계획, 전력공급원력제어장치(SCADA)

해설 〈규칙 별표 13의3〉

**143** 다음 중 철도차량 점검·정비 업무 종사자 직무교육내용으로 맞는 것은?

① 철도차량 점검 실무
② 철도차량의 구조 및 기능
③ 철도관련법 및 철도차량 중심의 철도안전관리체계
④ 철도차량 일반

해설 〈규칙 별표 13의3〉

138 ② 139 ③ 140 ④ 141 ② 142 ① 143 ④

**144** 다음 중 철도직무교육의 주기 및 교육 인정 기준으로 틀린 것은?

① 철도직무교육의 주기는 철도직무교육 대상자로 신규 채용되거나 전직된 연도의 다음 년도 1월 1일부터 매 5년이 되는 날까지로 한다. 다만, 휴직·파견 등으로 6개월 이상 철도직무를 수행하지 아니한 경우에는 철도직무의 수행이 중단된 연도의 1월 1일부터 철도직무를 다시 시작하게 된 연도의 12월 31일까지의 기간을 제외하고 직무교육의 주기를 계산한다.
② 철도직무교육 대상자는 질병이나 자연재해 등 부득이한 사유로 철도직무교육을 제1호에 따른 기간 내에 받을 수 없는 경우에는 7일 이내에 철도운영자등의 승인을 받아 철도직무교육을 받을 시기를 연기할 수 있다. 이 경우 철도직무교육 대상자가 승인받은 기간 내에 철도직무교육을 받은 경우에는 제1호에 따른 기간 내에 철도직무교육을 받은 것으로 본다.
③ 철도운영자등은 철도직무교육 대상자가 다른 법령에서 정하는 철도직무에 관한 교육을 받은 경우에는 해당 교육시간을 별표에 따른 철도직무교육시간으로 인정할 수 있다.
④ 국토교통부장관의 인정을 받은 철도차량정비기술자가 법 제24조의4에 따라 받은 철도차량정비기술교육훈련은 표에 따른 철도직무교육으로 본다.

해설  〈규칙 별표 13의3〉

**145** 다음 중 철도직무교육의 실시방법에 관하여 틀린 것은?

① 철도운영자등은 업무현장 외의 장소에서 현장교육의 방식으로 철도직무교육을 실시해야 한다. 다만, 철도직무교육 시간의 10분의 5의 범위에서 다른방법으로 철도직무교육을 실시할 수 있다.
② 재해·감염병 발생 등 부득이한 사유가 있는 경우로서 국토교통부장관의 승인을 받은 경우에는 철도직무교육시간의 10분의 5를 초과하여 부서별 직장교육, 사이버교육 또는 화상교육 등 전산망을 활용한 원격교육에 해당하는 방법으로 철도직무교육을 실시할 수 있다.
③ 철도운영자등은 부서별 직장교육을 실시하려는 경우에는 매년 12월 31일까지 다음 해에 실시될 부서별 직장교육 실시계획을 수립해야 하고, 교육내용 및 이수현황 등에 관한 사항을 기록·유지해야 한다.
④ 2가지 이상의 직무에 동시에 종사하는 사람의 교육시간은 종사하는 직무의 교육시간 중 가장 긴 시간으로 한다.

해설  〈규칙 별표 13의3〉

**146** 다음 중 등급변경 인정을 받으려는 사람이 철도차량정비기술자 인정 신청서에 첨부하여야 되는 서류로 맞는 것은?

① 철도차량정비업무 경력확인서(등급변경 인정 신청의 경우에 한정한다)
② 국가기술자격증 사본(등급변경 인정 신청의 경우에 한정한다)
③ 졸업증명서 또는 학위취득서(등급변경 인정 신청의 경우에 한정한다)

144 ②  145 ①  146 ④

④ 정비교육훈련 수료증(등급변경 인정 신청의 경우에 한정한다)

해설 〈규칙 42조〉

**147** 다음 중 철도차량정비기술자의 인정기준으로 틀린 것은?

① 역량지수는 자격별 경력점수에 학력점수를 더한 것이다.
② 철도차량정비기술자의 자격별 경력에 포함되는 「국가기술자격법」에 따른 국가기술자격의 종목은 국토교통부장관이 정하여 고시한다. 이 경우 둘 이상의 다른 종목 국가기술자격을 보유한 사람의 경우 그중 점수가 높은 종목의 경력점수만 인정한다.
③ 국가기술자격증이 없는 경우 자격별 경력점수는 3점/년이다.
④ 철도차량 정비 및 유지관리 등에 관한 계획수립 및 관리 등에 관한 행정업무의 경력점수의 경우 100분의 50을 인정한다.

해설 〈시행령 별표 1의2〉

**148** 다음 중 경력점수를 적용할 때 제외하는 경력으로 틀린 것은?

① 19세 미만인 기간의 경력(국가기술자격을 취득한 이후의 경력은 제외한다)
② 주간학교 재학 중의 경력(「직업교육훈련촉진법」 제9조에 따른 현장실습계약에 따라 산업체에 근무한 경력은 제외한다)
③ 이중취업으로 확인된 기간의 경력
④ 철도차량정비업무 외의 경력으로 확인된 기간의 경력

해설 〈시행령 별표 1의2〉

**149** 다음 중 철도차량 정비기술자의 인정기준에 대한 설명으로 틀린 것은?

① 학력점수 표에서 제일 낮은 점수는 고등학교 졸업, 5점이다.
② 경력점수는 월 단위까지 계산한다. 이 경우 월 단위의 기간으로 산입되지 않는 일수의 합이 30일 이상인 경우 1개월로 본다.
③ 철도차량정비 관련 학과란 철도차량 유지보수와 관련된 학과 및 기계·전기·전자·통신 관련 학과를 말한다. 다만, 대상이 되는 학력점수가 둘 이상인 경우 그중 점수가 높은 학력점수에 따른다.
④ 「고등교육법」에 따른 4년제 대학에서 3년 이상 철도차량정비 관련 학과의 교육과정을 이수한 사람

해설 〈시행령 별표 1의2〉

**150** 다음 중 정비교육훈련의 실시시기 및 시간에 대하여 틀린 것은?

① 철도차량정비업무의 수행기간 5년마다 35시간 이상하여야 한다.
② 35시간 중 인터넷 등을 통한 원격교육은 10시간의 범위에서 인정할 수 있다.
③ 철도차량정비기술자는 질병, 입대, 해외출장 등 불가피한 사유로 연기할 경우 연기사유가 없어진 날부터 1년 이내에 정비교육훈련을 받아야 한다.
④ 정비교육훈련은 강의, 토론 등으로 진행하는 이론교육과 철도차량정비 업무를 실습하는 실기교육으로 시행하되, 실기교육을 40% 이상 포함해야 한다.

해설 〈규칙 별표 13의4〉

147 ④   148 ①   149 ④   150 ④

**151** 다음 중 정비교육훈련기관의 세부 지정기준으로 틀린 것은?

① 대학의 철도차량정비 관련 학과에서 전임강사 이상으로 재직한 경력이 있는 사람은 선임교수의 자격기준에 속한다.
② 철도차량정비 관련 학과란 철도차량 유지보수와 관련된 학과 및 기계·전기·전자·통신 관련 학과를 말한다.
③ 책임교수의 경우 철도차량정비에 관한 업무를 2년 이상, 선임교수의 경우 철도차량정비에 관한 업무를 3년 이상 수행한 경력이 있어야 한다.
④ 교육훈련에 필요한 사무실·편의시설 및 설비를 갖추어야 한다.

해설 〈시행규칙 별표 13의5〉

**152** 다음 중 정비교육훈련기관의 세부 지정기준으로 틀린 것은?

① 철도차량 정비와 관련된 교육기관에서 강의 경력이 1년 이상 있는 사람은 교수를 할 수 있다.
② 철도교통에 관한 업무"란 철도안전·관제·신호·교통에 관한 업무를 말한다.
③ 교육훈련기관 외의 장소에서 철도차량 등을 직접 활용하여 실습하는 경우에는 교육생 1명마다 3제곱미터 이상의 면적을 확보하지 아니한다.
④ 컴퓨터지원교육시스템의 성능기준은 철도차량정비 관련 프로그램이며, 보유기준은 1명당 컴퓨터 1대이다.

해설 〈규칙 별표 13의5〉

**153** 철도시설 중 전기·신호·통신 시설 점검·정비 업무 종사자의 직무교육 내용이 아닌 것을 고르면?

① 철도전기, 철도신호, 철도통신 일반
② 시설 점검 계획, 전기·신호·통신 원격제어장치 (SCADA)
③ 철도전기, 철도신호, 철도통신 실무
④ 철도안전법 및 철도안전관리체계 (전기 분야 중심)

해설 〈규칙 별표 13의3〉

**154** 다음 중 철도직무교육의 실시방법으로 틀린 것은?

① 철도운영자등은 업무현장 외의 장소에서 집합교육의 방식으로 철도직무교육을 실시해야 한다.
② 다만, 철도직무교육시간의 10분의 3의 범위에서 사이버교육 또는 화상교육 등 전산망을 활용한 원격교육 방법으로 철도직무교육을 실시할 수 있다.
③ 철도운영자등은 별표에 따른 부서별 직장교육을 실시하려는 경우에는 매년 12월 31일까지 다음 해에 실시될 부서별 직장교육 실시계획을 수립해야 하고, 교육내용 및 이수현황 등에 관한 사항을 기록·유지해야 한다.
④ 규정한 사항 외에 철도직무교육에 필요한 사항은 국토교통부장관이 정하여 고시한다.

해설 〈규칙 별표 13의3〉

151 ③  152 ②  153 ②  154 ②

**155** 다음 중 철도운영자등이 필요한 경우 철도직무교육을 위탁하여 실시할 수 있는 기관으로 틀린 것은?

① 다른 철도운영자등의 교육훈련기관
② 운전, 관제 또는 정비교육훈련기관
③ 철도관련 학회·협회
④ 그 밖에 철도직무교육을 실시할 수 있는 비영리 법인 또는 단체

해설  〈규칙 별표 13의3〉

**156** 다음 중 교육시간이 5년마다 35시간 이상인 철도종사자로 맞는 것을 모두 골라 나열한 것은? ★신유형

㉠ 운전업무종사자
㉡ 관제업무종사자
㉢ 여객승무원
㉣ 철도신호기·선로전환기·조작판 취급자
㉤ 열차의 조성업무 수행자
㉥ 철도에 공급되는 전력의 원격제어장치 운영자
㉦ 철도차량 점검·정비 업무 종사자

① ㉠, ㉡, ㉥, ㉦
② ㉠, ㉡, ㉢, ㉥
③ ㉠, ㉡, ㉢, ㉦
④ ㉠, ㉡, ㉢, ㉥, ㉦

해설  〈규칙 별표 13의3〉

## 제4장 ▶ 철도시설 및 철도차량의 안전관리

**157** 다음 중 승하차용 출입문 설비 설치하지 않아도 되는 경우에 대한 설명으로 틀린 것은?

① 국토교통부령이다.
② 여러 종류의 열차가 함께 사용하는 승강장으로서 열차 출입문의 위치가 서로 달라 승강장안전문을 설치하기 곤란한 경우
③ 열차가 정차하지 않는 선로 쪽 승강장으로서 승객의 선로 추락 방지를 위해 안전난간 등의 안전시설을 설치한 경우
④ 여객의 승하차 인원, 열차의 운행 횟수 등을 고려하였을 때 승강장안전문을 설치할 필요가 없다고 인정되는 경우

해설  〈규칙 43조〉

**158** 다음 중 형식승인검사 중 철도차량의 시운전 단계에서 실시하는 검사를 제외한 검사로서 국토교통부령으로 정하는 검사를 면제할 수 있는 철도차량으로 맞는 것은?

① 시험·연구·개발 목적으로 제작 또는 수입되는 철도차량으로서 여객 및 화물 운송에 사용되지 아니하는 철도차량
② 수출 목적으로 제작 또는 수입되는 철도차량으로서 국내에서 철도운영에 사용되지 아니하는 철도차량
③ 대한민국이 체결한 협정 또는 대한민국이 가입한 협약에 따라 제작된 철도차량
④ 그 밖에 철도시설의 유지·보수 또는 철도차량의 사고복구 등 특수한 목적을 위하여 제작 또는 수입되는 국토교통부장관이 정하여 고시한 철도차량

해설  〈법 26조 4항〉

155 ②  156 ③  157 ②  158 ④

**159** 다음 중 형식승인신청서에 첨부하여야 되는 서류로 틀린 것은?

① 법에 따른 철도차량의 철도차량기술기준에 대한 적합성 입증계획서 및 입증자료
② 철도차량의 설계도면, 설계 명세서 및 설명서(적합성 입증을 위하여 필요한 부분에 한정한다)
③ 차량형식 시험 절차서 및 해설서
④ 법에 따른 형식승인검사의 면제 대상에 해당하는 경우 그 입증서류

해설 〈규칙 46조〉

**160** 다음 중 철도차량 형식승인의 경미한 사항으로 틀린 것은?

① 동일 성능으로 입증할 수 있는 부품의 규격 변경
② 철도차량의 성능에 영향을 미치지 아니하는 차체 형상의 변경
③ 중량분포에 영향을 미치지 아니하는 장치 또는 부품의 배치 변경
④ 그 밖에 철도차량의 안전 및 성능에 영향을 미치지 아니한다고 국토교통부장관이 인정하는 사항의 변경

해설 〈규칙 47조 1항〉

**161** 다음 중 철도차량 형식승인의 경미한 사항을 변경하려는 경우 국토교통부장관에게 제출하여야되는 것으로 틀린 것은?

① 철도차량기술기준에 대한 적합성 입증자료(변경되는 부분 및 그와 연관되는 부분에 한정한다)
② 변경 전후의 대비표 및 해설서
③ 해당 철도차량의 철도차량 형식승인증명서
④ 철도차량 형식변경승인신고서

해설 〈규칙 47조 2항〉

**162** 다음 중 철도차량 형식승인에 관하여 틀린 것은?

① 합치성 검사란 철도차량이 부품단계, 구성품단계, 완성차단계, 시운전단계에서 설계적합성에따른 설계와 합치하게 되었는지 여부에 대한 검사를 말한다.
② 국토교통부장관은 검사 결과 철도차량 기술기준에 적합하다고 인정하는 경우에는 철도차량 형식승인증명서 또는 철도차량 형식변경승인증명서에 형식승인 자료집을 첨부하여 신청인에게 발급하여야 한다.
③ 철도차량 형식승인증명서 또는 철도차량 형식변경승인증명서를 발급받은 자가 해당 증명서를 헐어 못쓰게 되어 재발급을 받으려는 경우에는 철도차량 형식승인증명서 재발급 신청서에 헐어 못쓰게 된 증명서를 첨부하여 국토교통부장관에게 제출하여야 한다.
④ 철도차량 형식승인검사에 관한 세부적인 기준·절차 및 방법은 국토교통부장관이 정하여 고시한다.

해설 〈규칙 48조〉

159 ③ 160 ② 161 ④ 162 ①

**163** 다음 중 철도차량 형식승인검사에 대하여 틀린 것은?

① 철도차량 형식승인검사 중 면제 할 수 있는 범위에 시운전단계의 시험은 포함되지 않는다.
② 중량분포에 영향을 미치지 아니하는 장치 또는 부품의 배치 변경은 국토교통부령으로 정하는 경미한 사항에 해당된다.
③ 설계적합성 검사는 철도차량의 설계가 철도차량품질관리체계에 적합한지 여부에 대한 검사다.
④ 철도차량 형식승인검사는 설계적합성 검사, 합치성 검사, 차량형식 시험으로 구분에 따라 실시한다.

해설  〈규칙 48조〉

**164** 다음 중 형식승인의 취소 등에 대한 설명으로 틀린 것은?

① 거짓이나 그 밖의 부정한 방법으로 형식승인을 받은 경우 형식승인을 취소하여야 한다.
② 기술기준에 중대하게 위반되는 경우 형식승인을 취소할 수 있다.
③ 국토교통부장관은 법에 따른 형식승인이 법에 따른 기술기준에 위반(기술기준을 중대하게 위반되는 경우는 제외한다)된다고 인정하는 경우에는 그 형식승인을 받은 자에게 국토교통부령으로 정하는 바에 따라 변경승인을 받을 것을 명할 수 있다.
④ 거짓이나 그 밖의 부정한 방법으로 형식승인을 받아 형식승인이 취소된 경우에는 그 취소된 날부터 2년간 동일한 형식의 철도차량에 대하여 새로 형식승인을 받을 수 없다.

해설  〈법 26조의 2〉

**165** 다음 중 철도차량 제작자승인신청서에 첨부해야되는 서류로 틀린 것은?

① 법에 따른 철도차량의 제작관리 및 품질유지에 필요한 기술기준(이하 "철도차량 품질관리기술기준"이라 한다)에 대한 적합성 입증계획서 및 입증자료
② 철도차량 품질관리체계서 및 설명서
③ 철도차량 제작 명세서 및 설명서
④ 법에 따라 제작자승인 또는 제작자승인 검사의 면제 대상에 해당하는 경우 그 입증서류

해설  〈규칙 51조〉

**166** 다음 중 제작자변경승인신청서에 첨부하여야되는 서류로 틀린 것은?

① 해당 철도차량의 철도차량 제작자승인 증명서
② 철도차량 제작 명세서 및 설명서(변경되는 부분 및 그와 연관되는 부분에 한정한다)
③ 변경 전후의 대비표 및 해설서
④ 변경 후의 철도차량 품질관리체계

해설  〈규칙 51조 2항〉

163 ③   164 ③   165 ①   166 ④

**167** 다음 중 제작자승인의 경미한 사항 변경에 대한 설명으로 틀린 것은?

① 철도차량 제작자의 조직변경에 따른 품질관리조직 또는 품질관리책임자에 관한 사항의 변경일 경우 제작자승인변경신고서를 국토교통부장관에게 제출하여야 한다.
② 법령 또는 행정구역의 변경 등으로 인한 품질관리규정의 세부내용 변경은 국토교통부령으로 정하는 경미한 사항에 해당된다.
③ 변경 후의 철도차량 품질관리체계의 서류를 첨부하여야 한다.
④ 국토교통부장관은 신고를 받은 경우에는 15일 이내에 첨부서류를 확인한 후 철도차량 제작자승인변경신고확인서를 발급하여야 한다.

해설 〈규칙 52조 2항〉

**168** 다음 중 철도차량 제작자승인검사에 대한 설명으로 틀린 것은?

① 국토교통부장관은 철도차량 제작자승인 또는 변경승인 신청을 받은 경우에 15일 이내에 승인 또는 변경승인에 필요한 검사 등의 계획서를 작성하여 신청인에게 통보하여야 한다.
② 품질관리체계 적합성검사란 해당 철도차량의 품질관리체계가 철도차량제작자승인기준에 적합한지 여부에 대한 검사
③ 제작검사란 해당 철도차량에 대한 품질관리체계의 적용 및 유지 여부 등을 확인하는 검사
④ 국토교통부장관은 검사 결과 철도차량 제작자승인기준에 적합하다고 인정하는 경우에는 제작할 수 있는 철도차량의 형식에 대한 목록을 적은 제작차량지정서를 신청인에게 발급하여야 한다.

해설 〈규칙 53조〉

**169** 다음 중 철도차량 제작자승인을 받을 수 없는 사람으로 맞는 것은?

① 파산선고를 받고 복권된지 2년이 지나지 아니한 사람
② 철도안전법을 위반하여 징역형의 실형을 선고받고 그 집행이 종료(집행이 종료된 것으로 보는 경우를 포함한다)되거나 집행이 면제된 날부터 2년이 지나지 아니한 사람
③ 이 법 또는 대통령령으로 정하는 철도관계 법령을 위반하여 징역형의 집행유예를 선고 받고 그 유예기간이 2년이 지나지 아니한 자
④ 임원 중에 결격사유의 어느 하나에 해당하는 사람이 있는 법인이나 단체

해설 〈법 26조의 4〉

**170** 다음 중 대통령령으로 정하는 철도관계 법령으로 맞는 것은?

① 건널목 시설개량촉진법
② 도시철도운전규칙
③ 철도건설법
④ 항공·철도 사고조사에 관한 법률

해설 〈영 24조〉

167 ④   168 ④   169 ②   170 ④

**171** 다음 중 철도차량 제작자승계 신고서에 첨부해야 되는 서류 중 틀린 것은?

① 철도차량 제작자승인증명서
② 사업양도의 경우 양도·양수계약서 사본들 양도사실을 입증할 수 있는 서류
③ 사업 상속의 경우: 사업을 상속받은 사실을 확인할 수 있는 서류
④ 사업 합병의 경우: 합병계약서 및 합병 후 존속하거나 합병 이전 기존법인의 등기사항 증명서

해설 〈규칙 55조〉

**172** 다음 중 철도차량 완성검사에 대한 설명으로 틀린 것은?

① 법에 따라 철도차량 제작자승인을 받은 자는 제작한 철도차량을 판매하기 전에 해당 철도차량이 법에 따른 형식승인을 받은 대로 제작되었는지를 확인하기 위하여 국토교통부장관이 시행하는 완성검사를 받아야 한다.
② 국토교통부장관은 철도차량이 법에 따른 완성검사에 합격한 경우에는 철도차량제작자에게 국토교통부령으로 정하는 완성검사증명서를 발급하여야 한다.
③ 주행시험이란 철도차량이 형식승인 받은대로 성능과 안전성을 확보하였는지 운행선로 시운전 등을 통하여 최종 확인하는 검사를 말한다.
④ 국토교통부장관은 법에 따른 검사 결과 철도차량이 철도차량 품질관리기술기준에 적합하고 형식승인 받은 설계대로 제작되었다고 인정하는 경우에는 철도차량 완성검사필증을 신청인에게 발급하여야 한다.

해설 〈규칙 57조〉

**173** 다음 중 철도차량 제작자승인 관련 처분기준으로 틀린 것은?

① 위반행위의 횟수에 따른 행정처분 기준은 최근 1년간 같은 위반행위로 업무정지 처분을 받은 경우에 적용한다. 이 경우 위반횟수는 같은 위반행위에 대하여 최초로 처분을 한 날과 다시 같은 위반행위를 적발한 날을 기준으로 한다.
② 법에 따른 명령을 이행하지 않은 경우 3차 위반 시 승인 취소다.
③ 법을 위반하여 변경신고를 하지 않고 철도차량을 제작한 경우 1차 위반 시 과징금은 없다.
④ 철도차량 제작자승인의 취소, 업무의 제한 또는 정지의 기준 및 절차 등에 관하여 필요한 사항은 국토교통부령으로 정한다.

해설 〈규칙 별표 14〉

**174** 다음 중 철도차량 품질관리체계 검사계획서에 포함되어야 하는 사항으로 틀린 것은?

① 검사반의 구성
② 검사 일정 및 장소
③ 검사 수행 분야 및 검사 항목
④ 검사 사항

해설 〈규칙 54조〉

**175** 다음 중 철도용품 형식승인신청서에 첨부하여야 되는 서류로 틀린 것은?

① 철도용품의 기술기준에 대한 적합성 입증계획서 및 입증자료
② 법에 따른 형식승인검사의 면제 대상에 해당하는 경우 그 입증계획서 및 입증자료
③ 철도용품의 설계도면, 설계 명세서 및 설명서
④ 용품형식 시험 절차서

해설  〈규칙 60조 1항〉

**176** 다음 중 철도용품 형식변경승인신청서에 첨부하여야 되는 서류로 틀린 것은?

① 해당 철도용품의 철도용품 형식승인증명서
② 철도용품의 설계도면(변경되는 부분 및 그와 연관되는 부분에 한정한다)
③ 변경 전후의 대비표 및 해설서(변경되는 부분 및 그와 연관되는 부분에 한정한다)
④ 용품형식 시험 절차서(변경되는 부분 및 그와 연관되는 부분에 한정한다)

해설  〈규칙 60조 2항〉

**177** 다음 중 철도용품 형식승인의 경미한 사항으로 틀린 것은?

① 철도용품의 안전 및 성능에 영향을 미치지 아니하는 형상 변경
② 철도용품의 안전에 영향을 미치지 아니하는 설비의 변경
③ 중량분포 및 크기에 영향을 미치지 아니하는 장치 또는 부품의 배치 변경
④ 동일 성능으로 입증할 수 있는 장치 또는 부품의 규격 변경

해설  〈규칙 61조〉

**178** 다음 중 철도용품 제작자승인에 대한 설명으로 맞는 것은?

① 철도용품 제작자의 조직변경에 따른 품질관리체계 또는 품질관리기술기준에 관한 사항의 변경은 국토교통부령으로 정하는 경미한 사항이다.
② 품질관리체계의 적합성검사: 해당 철도용품의 품질관리기술기준이 품질관리체계기준에 적합한지 여부에 대한 검사
③ 검사 결과 철도용품 제작자승인기준에 적합하다고 인정하는 경우에는 신청인에게 제작할 수 있는 철도용품의 형식에 대한 목록을 적은 형식승인지정서를 발급하여야 한다.
④ 법에 따른 철도용품 제작자승인검사에 관한 세부적인 기준·절차 및 방법은 국토교통부장관이 정하여 고시한다.

해설  〈규칙 53조〉

**179** 다음 중 형식승인을 받은 철도용품에 표시하여야되는 사항으로 틀린 것은?

① 형식승인품명 및 형식승인번호
② 형식승인품명의 제조일
③ 형식승인품의 제조자명(제조자임을 나타내는 마크 또는 약호를 포함한다)
④ 형식승인기관 직인의 인영

해설  〈규칙 68조〉

175 ② 176 ③ 177 ④ 178 ④ 179 ④

**180** 다음 중 국토교통부장관이 한국철도기술연구원에 위탁하는 검사 업무로 틀린 것은?

① 철도차량 형식승인검사
② 철도차량 완성검사
③ 철도용품 완성검사
④ 철도용품 제작자승인검사

해설 〈영 제28조의2〉

**181** 다음 중 형식승인 등의 사후관리에 대하여 틀린 것은?

① 철도차량 또는 철도용품 형식승인 및 제작자승인을 받은 자와 철도차량 또는 철도용품의 소유자·점유자·관리인 등은 정당한 사유 없이 법에 따른 조사·열람·수거 등을 거부·방해·기피하여서는 아니 된다.
② 법에 따라 조사·열람 또는 검사 등을 하는 공무원은 그 권한을 표시하는 증표를 지니고 이를 관계인에게 내보여야 한다. 이 경우 그 증표에 관하여 필요한 사항은 국토교통부령으로 정한다.
③ 국토교통부장관은 법에 따라 철도차량 완성검사를 받아 해당 철도차량을 판매한 자가 법에 따른 조치를 이행하지 아니한 경우에는 그 이행을 명하여야 한다.
④ 법에 따른 정비에 필요한 부품의 종류 및 공급하여야 하는 기간, 기술지도·교육 대상과 방법, 철도차량정비 관련 자료의 종류 및 제공 방법 등에 필요한 사항은 국토교통부령으로 정한다.

해설 〈법 31조〉

**182** 다음 중 형식승인 등의 사후관리 대상으로 틀린 것은?

① 사고가 발생한 철도차량 또는 철도용품에 대한 철도운영 적합성 조사
② 장기 운행한 철도차량 또는 철도용품에 대한 철도운영 적합성 조사
③ 철도차량 또는 철도용품에 결함이 있는지의 여부에 대한 조사
④ 그 밖에 철도차량 또는 철도용품의 품질관리체계에 관하여 국토교통부장관이 필요하다고 인정하여 고시하는 사항

해설 〈법 31조 1항〉

**183** 다음 중 철도차량 판매자가 철도차량의 완성검사를 받은 날부터 20년 이상 철도차량 구매자에게 공급해야되는 부품으로 틀린 것은?

①「철도안전법」에 따라 국토교통부장관이 제작자승인 대상으로 고시하는 철도용품
② 철도차량의 동력전달장치(엔진, 변속기, 감속기, 견인전동기 등), 주행·제동장치 또는 제어장치 등이 고장난 경우 해당 철도차량 자력(自力)으로 계속 운행이 불가능하여 다른 철도차량의 견인을 받아야 운행할 수 있는 부품
③ 그 밖에 철도차량 판매자와 철도차량 구매자의 계약에 따라 공급하기로 약정한 부품
④ 다만, 철도차량 판매자가 철도차량 구매자와 협의하여 철도차량 판매자가 공급하는 부품 외의 다른 부품의 사용이 가능하다고 약정하는 경우에는 철도차량 판매자는 해당 부품을 철도차량 구매자에게 공급하지 않을 수 있다.

해설 〈규칙 72조의 2〉

180 ③   181 ③   182 ④   183 ①

**184** 다음 중 형식승인 등의 사후관리에 따라 철도차량 판매자가 철도차량의 구매자에게 제공해야되는 자료로 틀린 것은?

① 해당 철도차량이 최적의 상태로 운용되고 유지보수 될 수 있도록 철도차량시스템 및 각 장치의 개별부품에 대한 운영 및 정비 방법 등에 관한 유지보수 기술문서
② 철도차량 운전 및 주요 시스템의 작동방법, 응급조치 방법, 안전규칙 및 절차 등에 대한 설명서 및 고장수리 절차서
③ 철도차량 판매자 및 철도차량 구매자의 계약에 따라 공급하기로 약정하는 각종 도면
④ 해당 철도차량에 대한 고장진단기(고장진단기의 원활한 작동을 위한 소프트웨어를 포함한다) 및 그 사용 설명서

해설 〈규칙 72조의3 1항〉

**185** 다음 중 자료제공·기술지도 및 교육의 시행에 대하여 틀린 것은?

① 유지보수 기술문서에는 부품의 재고관리, 주요 부품의 교환주기, 기록관리 사항이 포함되어야 한다.
② 철도차량 판매자는 철도차량 판매자가 해당 철도차량 정비기술의 효과적인 보급을 위하여 필요하다고 인정하는 경우에는 해당 철도차량 구매자에게 집합교육 또는 현장교육을 실시해야 한다.
③ 철도차량 판매자는 철도차량 구매자에게 해당 철도차량의 인도예정일 6개월 전까지 자료를 제공하고 교육을 시행해야 한다.
④ 다만, 철도차량 구매자가 따로 요청하거나 철도차량 판매자와 철도차량 구매자가 합의하는 경우에는 기술지도 또는 교육의 시기, 기간 및 방법 등을 따로 정할 수 있다.

해설 〈규칙 72조의3〉

**186** 다음 중 철도용품 제작 또는 판매 중지 등에 대한 설명으로 틀린 것은?

① 법에 따른 중지명령을 받은 철도차량 또는 철도용품의 제작자는 국토교통부령으로 정하는 바에 따라 해당 철도차량 또는 철도용품의 회수 및 환불 등에 관한 시정조치계획을 작성하여 국토교통부장관에게 제출하고 이 계획에 따른 시정조치를 하여야 한다.
② 다만, 법에 따른 완성검사를 받지 아니한 철도차량을 판매한 경우(판매 또는 사용의 중지명령만 해당한다)에 해당하는 경우로서 그 위반경위, 위반정도 및 위반효과 등이 국토교통부령으로 정하는 경미한 경우에는 그러하지 아니하다.
③ 법에 따라 시정조치의 면제를 받으려는 제작자는 국토교통부령으로 정하는 바에 따라 중지명령을 받은 날부터 15일 이내에 법에 따른 경미한 경우에 해당함을 증명하는 서류를 국토교통부장관에게 제출하여 그 시정조치의 면제를 신청하여야 한다.
④ 철도차량 또는 철도용품의 제작자는 법에 따라 시정조치를 하는 경우에는 국토교통부령으로 정하는 바에 따라 해당 시정조치의 진행 상황을 국토교통부장관에게 보고하여야 한다.

해설 〈법 32조〉

184 ③   185 ③   186 ③

**187** 다음 중 시정조치계획서에 포함되어야 하는 사항으로 틀린 것은?

① 해당 철도차량 또는 철도용품의 명칭, 형식승인번호 및 제작자승인번호
② 해당 철도차량 또는 철도용품의 제작 수 및 판매 수
③ 해당 철도차량 또는 철도용품의 회수, 환불, 교체, 보수 및 개선 등 시정계획
④ 해당 철도차량 또는 철도용품의 소유자·점유자·관리자 등에 대한 통지문 또는 공고문

해설 〈규칙 73조〉

**188** 다음 중 철도표준규격의 제정에 대한 설명으로 틀린 것은?

① 국토교통부장관은 법에 따른 철도차량이나 철도용품의 표준규격을 제정·개정하거나 폐지하려는 경우에는 철도표준심의위원회의 심의를 거쳐야 한다.
② 국토교통부장관은 철도표준규격을 제정·개정하거나 폐지하는 경우에 필요한 경우에는 공청회 등을 개최하여 이해관계인의 의견을 들을 수 있다.
③ 국토교통부장관은 철도표준규격을 제정한 경우에는 해당 철도표준규격의 명칭·번호 및 제정 연월일 등을 관보에 고시하여야 한다. 고시한 철도표준규격을 개정하거나 폐지한 경우에도 또한 같다.
④ 철도표준규격의 제정·개정 또는 폐지에 관하여 이해관계가 있는 자는 철도표준규격 제정·개정·폐지 의견서에 서류를 첨부하여 「과학기술분야 정부출연연구기관 등의 설립·운영 및 육성에 관한 법률」에 따른 한국철도기술연구원에 제출할 수 있다.

해설 〈규칙 74조〉

**189** 다음 중 종합시험운행계획에 포함되어야 하는 사항으로 틀린 것은?

① 평가항목 및 평가기준 등
② 종합시험운행에 사용되는 시험기기 및 장비
③ 종합시험운행을 실시하는 사람에 대한 안전교육
④ 안전관리조직 및 안전관리계획

해설 〈규칙 75조 3항〉

**190** 다음 중 종합시험운행에 대한 설명으로 맞는 것은?

① 철도시설관리자는 종합시험운행을 실시하기 전에 철도운영자와 합동으로 해당 철도노선에 설치된 철도시설물에 대한 기능 및 성능 점검결과를 설명한 서류에 대한 검토 등 사전검토를 하여야 한다.
② 시설물검증시험이란 해당 철도차량에서 허용되는 최고운행속도까지 단계적으로 철도차량의 속도를 증가시키면서 철도시설의 안전상태, 철도차량의 운행적합성이나 철도시설물과의 연계성(Interface), 철도시설물의 정상 작동 여부 등을 확인·점검하는 시험을 말한다.
③ 영업시운전이란 시설물검증시험이 끝난 후 영업 개시에 대비하기 위하여 열차운행계획에 따른 실제 영업상태를 가정하고 열차운행체계 및 철도종사자의 실무수습 등을 점검하는 시험
④ 철도시설관리자는 신설 철도노선에 대한 종합시험운행을 실시하는 경우에는 철도운영자와 협의하여 종합시험운행

187 ①    188 ①    189 ③    190 ①

일정을 조정하거나 그 절차의 일부를 생략할 수 있다.

해설 〈규칙 75조 5항〉

**191** 다음 중 종합시험운행 결과의 검토 및 개선명령 등에 대한 설명으로 틀린 것은?

① 법에 따라 실시되는 종합시험운행의 결과에 대한 검토는「철도의 건설 및 철도시설 유지관리에 관한 법률」에 따른 기술기준에의 적합여부 검토, 철도시설 및 열차운행체계의 안전성 여부 검토, 정상운행 준비의 적절성 여부 검토로 구분하여 순서대로 실시한다.
② 국토교통부장관은 「도시철도법」에 따른 도시철도 또는 같은 법 제24조 또는 제42조에 따라 도시철도건설사업 또는 도시철도운송사업을 위탁받은 법인이 건설·운영하는 도시철도에 대하여 검토를 하는 경우에는 해당 도시철도의 관할 시·도지사와 협의할 수 있다. 이 경우 협의 요청을 받은 시·도지사는 협의를 요청받은 날부터 14일 이내에 의견을 제출하여야 하며, 그 기간 내에 의견을 제출하지 아니하면 의견이 없는 것으로 본다.
③ 국토교통부장관은 검토 결과 해당 철도시설의 개선·보완이 필요하거나 열차운행체계 또는 운행준비에 대한 개선·보완이 필요한 경우에는 법에 따라 철도운영자등에게 이를 개선·시정할 것을 명할 수 있다.
④ 종합시험운행의 결과 검토에 대한 세부적인 기준·절차 및 방법에 관하여 필요한 사항은 국토교통부장관이 정하여 고시한다.

해설 〈규칙 75조의2 2항〉

**192** 다음 중 철도차량의 개조에 대한 설명으로 틀린 것은?

① 국토교통부장관은 법에 따라 철도차량 개조승인 신청을 받은 경우에는 그 신청서를 받은 날부터 15일 이내에 개조승인에 필요한 검사내용, 시기, 방법 및 절차 등을 적은 개조검사 계획서를 신청인에게 통지하여야 한다.
② 소유자등이 경미한 사항의 철도차량 개조신고를 하려면 해당 철도차량에 대한 개조작업 시작예정일 15일 전까지 철도차량 개조신고서를 국토교통부장관에게 제출하여야 한다.
③ 국토교통부장관은 법에 따라 소유자등이 제출한 철도차량 개조신고서를 검토한 후 적합하다고 판단하는 경우에는 철도차량 개조신고확인서를 발급하여야 한다.
④ 개조승인절차, 개조신고절차, 승인방법, 검사기준, 검사방법 등에 대하여 필요한 사항은 국토교통부령으로 정한다.

해설 〈규칙 75조의3〉

**193** 다음 중 철도차량의 경미한 개조에 해당되는 것으로 맞는 것은?

① 제동장치 중 제동제어장치 및 제어기에 해당하는 장치 또는 부품의 개조 또는 변경
② 추진장치 중 인버터 및 컨버터에 해당하는 장치 또는 부품의 개조 또는 변경
③ 보조전원장치에 해당하는 장치 또는 부품의 개조 또는 변경

191 ② 192 ②

④ 객실통신장치에 해당하는 장치 또는 부품의 개조 또는 변경

해설 〈규칙 75조의4 1항 3호〉

**194** 다음 중 국토교통부령으로 정하는 경미한 사항을 개조하는 경우에 해당되는 것으로 틀린 것은?

① 철도차량 제작자와의 하자보증계약에 따른 장치 또는 부품의 변경
② 철도차량 제작자와의 계약에 따른 성능 개선을 위한 장치 또는 부품의 변경
③ 철도차량 개조의 타당성 및 적합성 등에 관한 검토·시험을 위한 대표편성 철도차량의 개조에 대하여 「과학기술분야 정부출연연구기관 등의 설립·운영 및 육성에 관한 법률」에 따른 한국철도기술연구원의 승인을 받은 경우
④ 철도차량의 장치 또는 부품을 개조한 이후 개조 전의 장치 또는 부품과 비교하여 철도차량의 고장 또는 운행장애가 증가하여 개조 전의 장치 또는 부품으로 긴급히 교체하는 경우

해설 〈규칙 75조의4〉

**195** 다음 중 경미한 개조사항을 적용할 때 철도차량의 개조로 보지 아니하는 경우로 맞는 것은?

① 철도차량 장치나 부품의 규격 수정
② 기존 부품과 동등 수준 이상의 성능임을 제시하거나 입증할 수 있는 부품의 배치 위치 변경
③ 소유자등이 철도차량 개조의 타당성 등에 관한 사전 검토를 위하여 여객 또는 화물 운송을 목적으로 하지 아니하고 철도차량의 시험운행을 위한 전용선로 또는 영업 중인 선로에서 영업운행 종료 이후 30분이 경과된 시점부터 다음 영업운행 개시 30분 전까지 해당 철도차량을 운행하는 경우(소유자등이 안전운행 확보방안을 수립하여 시행하는 경우에 한한다)
④ 「철도사업법」에 따른 전용철도 노선에서만 운영하는 철도차량에 대한 개조

해설 〈규칙 75조의4 2항〉

**196** 다음 중 철도차량 개조능력이 있다고 인정되는 자로 틀린 것은?

① 개조 대상 부품 또는 장치 등을 제작한 경험이 있는 자
② 개조 대상 부품·장치 또는 그와 유사한 성능의 부품·장치 등을 1년 이상 정비한 실적이 있는 자
③ 법에 따른 인증정비조직
④ 개조 전의 부품 또는 장치 등과 동등 수준 이상의 성능을 확보할 수 있는 부품 또는 장치 등의 신기술을 개발하여 해당 부품 또는 장치를 철도차량에 설치 또는 개량하는 자

해설 〈규칙 75조의5〉

**197** 다음 중 개조승인 검사 등에 대한 설명으로 틀린 것은?

① 개조적합성 검사: 철도차량의 개조가 철도용품기술기준에 적합한지 여부에 대한 기술문서 검사
② 개조합치성 검사: 해당 철도차량의 대표편성에 대한 개조작업이 개조적합성에 따른 기술문서와 합치하게 시행되었는지 여부에 대한 검사
③ 개조형식시험: 철도차량의 개조가 부품단계, 구성품단계, 완성차단계, 시운전단계에서 철도차량기술기준에 적합한지 여부에 대한 시험
④ 국토교통부장관은 개조승인 검사 결과 철도차량기술기준에 적합하다고 인정하는 경우에는 철도차량 개조승인증명서에 철도차량 개조승인 자료집을 첨부하여 신청인에게 발급하여야 한다.

**해설** 〈규칙 75조의6〉

**198** 다음 중 관리하여야 할 철도차량의 이력에 하여서는 아니되는 행동으로 틀린 것은?

① 이력사항을 고의 또는 과실로 입력하지 아니하는 행위
② 이력사항을 허위로 입력하는 행위
③ 이력사항을 위조·변조하거나 고의로 훼손하는 행위
④ 이력사항을 무단으로 외부에 제공하는 행위

**해설** 〈법 38조의5 3항〉

**199** 다음 중 철도차량정비에 대한 설명으로 틀린 것은?

① 철도운영자등은 운행하려는 철도차량의 부품, 장치 및 차량성능 등이 안전한 상태로 유지될 수 있도록 철도차량정비가 된 철도차량을 운행하여야 한다.
② 국토교통부장관은 법에 따른 철도차량을 운행하기 위하여 철도차량을 정비하는 때에 준수하여야 할 항목, 주기, 방법 및 절차 등에 관한 기술기준을 정하여 고시하여야 한다.
③ 국토교통부장관은 철도차량이 소유자등이 개조승인을 받지 아니하고 철도차량을 개조한 경우에 소유자등에게 해당 철도차량에 대하여 국토교통부령으로 정하는 바에 따라 철도차량정비 또는 원상복구를 명할 수 있다.
④ 국토교통부령으로 정하는 철도사고 또는 운행장애 등이 발생한 경우에는 국토교통부장관은 철도운영자등에게 철도차량정비 또는 원상복구를 명하여야 한다.

**해설** 〈법 38조의6〉

**200** 다음 중 국토교통부령으로 정하는 철도사고 또는 운행장애 등으로 틀린 것은?

① 철도차량의 고장 등 철도차량 결함으로 인해 법에 따른 보고대상이 되는 열차사고 또는 위험사고가 발생한 경우
② 철도차량의 고장 등 철도차량 결함에 따른 철도사고로 사상자가 발생한 경우
③ 동일한 부품·구성품 또는 장치 등의 고장으로 인해 법에 따른 보고대상이 되는 지연운행이 1년에 3회 이상 발생한 경우
④ 그 밖에 철도 운행안전 확보 등을 위해 국토교통부장관이 정하여 고시하는 경우

197 ①    198 ②    199 ③    200 ②

**해설** 〈규칙 75조의 8〉

**201** 다음 중 정비조직인증에 대한 설명으로 틀린 것은?

① 법에 따라 철도차량 정비조직의 인증을 받으려는 자는 철도차량 정비업무 개시 예정일 90일 전까지 철도차량 정비조직 인증 신청서에 정비조직인증기준을 갖추었음을 증명하는 자료를 첨부하여 국토교통부장관에게 제출해야 한다.
② 법에 따라 철도차량 정비조직의 인증을 받은 자가 법에 따라 인증정비조직의 변경인증을 받으려면 변경내용의 적용 예정일 30일 전까지 인증정비조직 변경인증 신청서에 변경하고자 하는 내용과 증명서류, 변경 전후의 대비표 및 설명서를 첨부하여 국토교통부장관에게 제출해야 한다.
③ 국토교통부장관은 확인 결과 정비조직 인증기준에 적합하다고 인정하는 경우에는 철도차량 정비조직인증서에 철도차량정비의 종류·범위·방법 및 품질관리절차 등을 정한 운영기준을 첨부하여 신청인에게 발급해야 한다.
④ 인증정비조직은 정비조직운영기준에 따라 정비조직을 운영해야 한다.

**해설** 〈규칙 75조의 9〉

**202** 다음 중 인증변경신고를 하지 않아도 되는 경우로 맞는 것은?

① 철도차량 정비를 위한 사업장을 기준으로 철도차량 정비와 관련된 업무를 수행하는 인력의 100분의 10이하 범위에서의 변경
② 철도차량 정비를 위한 사업장을 기준으로 철도차량 정비에 직접 사용되는 토지 면적의 1만제곱미터 이하 범위에서의 변경
③ 철도차량 정비를 위한 부품, 장치 등의 교체 또는 개량
④ 그 밖에 철도차량 정비의 안전 및 품질 등에 영향을 초래하지 않는 사항의 변경

**해설** 〈규칙 75조의11 3항〉

**203** 다음 중 인증정비조직 관련 처분기준에 대하여 틀린 것은?

① 인증정비조직의 고의에 따른 철도사고로 사망자가 발생하거나 운행장애로 5억원 이상의 재산피해가 발생한 경우 인증취소하여야 한다.
② 중대한 과실로 철도사고로 인한 사망자 수가 1명인 경우 업무정지 1개월이다.
③ 중대한 과실로 철도사고를 발생시켜 사망자 수가 10명이상인 경우 인증 취소다.
④ 중대한 과실로 운행장애를 발생시켜 재산피해액이 20억원 이상인 경우 업무정지 2개월이다.

**해설** 〈규칙 별표 17〉

201 ① 202 ④ 203 ③

**204** 다음 중 정밀안전진단의 시행시기에 대한 설명으로 틀린 것은?

① 법에 따라 소유자등은 기간이 경과하기 전에 해당 철도차량의 물리적 사용가능 여부 및 안전성능 등에 대한 정밀안전진단을 받아야 한다.
② 다만, 잦은 고장·화재·충돌 등으로 다음 각 호 구분에 따른 기간이 도래하기 이전에 정밀안전진단을 받은 경우에는 그 정밀안전진단을 최초 정밀안전진단으로 본다.
③ 2014년 3월 19일 이후 구매계약을 체결한 철도차량은 법에 따른 영업시운전을 시작한 날부터 20년이 경과하기 전까지 최초 정밀안전진단을 받아야 한다.
④ 국토교통부장관은 철도차량의 정비주기·방법 등 철도차량 정비의 특수성을 고려하여 최초 정밀안전진단 시기 및 방법 등을 따로 정할 수 있다.

해설 〈규칙 75조의 13〉

**205** 다음 중 정밀안전진단기관의 지정 등에 대한 설명으로 틀린 것은?

① 국토교통부장관은 원활한 정밀안전진단 업무 수행을 위하여 정밀안전진단기관을 지정하여야 한다.
② 정밀안전진단기관의 지정기준, 지정절차 등에 필요한 사항은 국토교통부령으로 정한다.
③ 정밀안전진단 결과를 조작한 경우에 그 지정을 취소하거나 6개월 이내의 기간을 정하여 그 업무의 전부 또는 일부의 정지를 명할 수 있다.
④ 다만, 정밀안전진단 결과를 거짓으로 기록하거나 고의로 결과를 기록하지 아니한 경우 그 지정을 취소하여야 한다.

해설 〈법 38조의 13〉

**206** 다음 중 정밀안전진단의 신청 시 제출서류로 틀린 것은?

① 정밀안전진단 완료 시기가 도래하기 90일 전까지 철도차량 정밀안전진단 신청서를 제출하여야 한다.
② 정밀안전진단 판정을 위한 제작사양, 도면 및 검사성적서 등의 기술자료를 첨부하여야 한다.
③ 철도차량의 주요 부품의 교체 내역(해당되는 경우에 한정한다)을 첨부하여야 한다.
④ 전기특성검사 및 전선열화검사 시험성적서(해당되는 경우에 한정한다)를 첨부하여야한다.

해설 〈규칙 75조의14 1항〉

**207** 다음 중 정밀안전진단 계획서에 포함하여야 되는 사항으로 틀린 것은?

① 정밀안전진단 대상 차종별 대상항목
② 정밀안전진단 일정 및 계획
③ 안전관리계획
④ 정밀안전진단에 사용될 장비 등의 사용에 관한 사항

해설 〈규칙 75조의14 2항〉

204 ③   205 ④   206 ①   207 ②

**208** 다음 중 정밀안전진단 성능시험에 해당되는 항목이 아닌 것은?

① 역행시험
② 제동시험
③ 소음시험
④ 승차감시험

해설 〈규칙 75조의16 1항〉

**209** 다음 중 정밀안전진단기관의 지정기준으로 틀린 것은?

① 정밀안전진단기관 지정취소 또는 업무정지를 받은 사실이 지정 신청일 2년 이내에 없을 것
② 정밀안전진단업무를 수행할 수 있는 기술 인력을 확보할 것
③ 정밀안전진단 외의 업무를 수행하고 있는 경우 그 업무를 수행함으로 인하여 정밀안전진단업무가 불공정하게 수행될 우려가 없을 것
④ 철도차량을 제조 또는 판매하는 자가 아닐 것

해설 〈규칙 75조의 17 2항〉

**210** 다음 중 정밀안전진단기관의 업무범위로 틀린 것은?

① 해당 업무분야의 철도차량에 대한 정밀안전진단 시행
② 정밀안전진단의 항목 및 기준에 대한 조사·검토
③ 정밀안전진단의 항목 및 기준에 대한 제정·개정 요청
④ 정밀안전진단의 보고에 관한 업무

해설 〈규칙 75조의 18〉

**211** 다음 중 정밀안전진단기관의 지정취소처분을 해야하는 위반행위로 틀린 것은?

① 정밀안전진단 업무와 관련하여 부정한 금품을 수수하거나 그 밖의 부정한 행위를 한 경우 1차 위반
② 정밀안전진단 결과를 조작한 경우 3차 위반
③ 정밀안전진단 결과를 거짓으로 기록하거나 고의로 결과를 기록하지 않은 경우 3차 위반
④ 성능검사 등을 받지 않은 검사용 기계, 기구를 사용하여 정밀안전진단을 한 경우 4차 위반

해설 〈규칙 별표 18〉

### 제5장 ▶ 철도차량 운행안전 및 철도보호

**212** 다음 중 국토교통부장관이 행하는 관제업무로 틀린 것은?

① 철도차량의 운행에 대한 집중 제어·통제 및 감시
② 철도시설의 운용상태 등 철도차량의 운행과 관련된 조언과 정보의 제공 업무
③ 철도보호지구에서 제한행위를 할 경우 열차운행 통제 업무
④ 철도사고의 발생 시 사고복구, 긴급구조·구호 지시 및 관계 기관에 대한 상황전파 업무

해설 〈규칙 76조〉

208 ③  209 ①  210 ④  211 ④  212 ④

**213** 다음 중 철도운영자등이 영상기록을 다른 자에게 제공하면 아니되는 사유로 틀린 것은?

① 교통사고 상황 파악을 위하여 필요한 경우
② 범죄의 수사와 공소의 제기 및 유지에 필요한 경우
③ 법원의 재판업무수행을 위하여 필요한 경우
④ 항공·철도사고 조사에 관한 법률에 따라 철도사고 조사를 위하여 필요한 경우

해설 〈법 39조의3 4항〉

**214** 다음 중 영상기록장치 안내판에 표시되어야 하는 사항으로 틀린 것은?

① 영상기록장치의 설치 위치, 촬영 범위 및 촬영 시간
② 영상기록장치의 설치근거 및 설치 목적
③ 영상기록장치 관리 책임 부서, 관리책임자의 성명 및 연락처
④ 그 밖에 철도운영자등이 필요하다고 인정하는 사항

해설 〈영 31조〉

**215** 다음 중 영상기록장치 운영·관리 지침에 포함되어야하는 사항으로 틀린 것은?

① 정보주체의 영상기록 열람 등 요구에 대한 조치
② 영상기록에 대한 접근 통제 및 접근 권한의 제한 조치
③ 영상기록의 안전한 보관을 위한 서버 구축 또는 잠금장치의 설치 등 물리적 조치
④ 영상기록에 대한 보안프로그램의 설치 및 갱신

해설 〈영 32조〉

**216** 다음 중 영상기록장치를 설치·운영하여야 되는 철도차량 또는 철도시설로 틀린 것은?

① 철도차량 중 대통령령으로 정하는 동력차
② 승강장 등 대통령령으로 정하는 철도사고의 우려가 있는 역 구내
③ 대통령령으로 정하는 차량정비기지
④ 변전소 등 대통령령으로 정하는 안전확보가 필요한 철도시설

해설 〈영 30조〉

**217** 다음 중 영상기록장치에 대한 설명으로 틀린 것은?

① 철도운영자등은 법에 따라 영상기록장치를 설치하는 경우 운전업무종사자 등이 쉽게 인식할 수 있도록 대통령령으로 정하는 바에 따라 안내판 설치 등 필요한 조치를 하여야 한다.
② 철도운영자등은 설치 목적과 다른 목적으로 영상기록장치를 임의로 조작하거나 다른 곳을 비추어서는 아니 되며, 운행기간 외에는 영상기록(음성기록을 포함한다. 이하 같다)을 하여서는 아니 된다.
③ 영상기록장치의 설치·관리 및 영상기록의 이용·제공 등은 「민법」에 따라야 한다.
④ 법에 따른 영상기록의 제공과 그 밖에 영상기록의 보관 등에 필요한 사항은 국토교통부령으로 정한다.

해설 〈법 39조의3〉

**218** 다음 중 국토교통부령으로 정하는 철도차량 운행에 관한 안전수칙으로 아닌 것은?

① 철도신호에 따라 철도차량을 운행할 것
② 철도운영자가 정하는 구간별 제한속도에 따라 운행할 것
③ 철도차량이 역시설에서 출발하는 경우 여객의 승하차 여부를 확인할 것
④ 정거장 외에는 정차를 하지 아니할 것. 다만, 정지신호의 준수 등 철도차량의 안전운행을 위하여 정차를 하여야 하는 경우에는 그러하지 아니하다.

해설 〈규칙 76조의 4〉

**219** 다음 중 대통령령으로 정하는 안전확보가 필요한 철도시설로 틀린 것은?

① 변전소(구분소를 포함한다), 무인기능실(전철전력설비, 정보통신설비, 신호 또는 열차 제어설비 운영과 관련된 경우만 해당한다), 전차선로 전기공급장치
② 노선이 분기되는 구간에 설치된 분기기(선로전환기를 포함한다), 역과 역 사이에 설치된 건넘선
③ 통합방위법에 따라 국가중요시설로 지정된 교량 및 터널
④ 고속철도에 설치된 길이 1천미터 이상의 터널

해설 〈영 30조 4항〉

**220** 다음 중 철도운영자가 운행의 안전을 저해하지 아니하는 범위에서 사전에 사용을 허용한 경우 휴대전화 등 전자기기를 사용해도 되는 경우로 틀린 것은?

① 철도사고등 또는 철도차량의 기능장애가 발생하는 등 비상상황이 발생한 경우
② 철도차량의 기능상태 및 안전을 위하여 촬영이 필요한 경우
③ 철도차량의 안전운행을 위하여 전자기기의 사용이 필요한 경우
④ 그 밖에 철도운영자가 철도차량의 안전운행에 지장을 주지 아니한다고 판단하는 경우

해설 〈규칙 76조의4 2항〉

**221** 다음 중 관제업무종사자 준수사항 중 열차운행에 영향을 줄 수 있는 정보에 해당되지 않는 것은?

① 철도차량이 운행하는 선로 주변의 공사·작업의 변경정보
② 철도사고등에 관련된 정보
③ 천재지변 관련 정보
④ 테러 발생 등 그 밖의 비상상황에 관한 정보

해설 〈규칙 76조의5 1항〉

**222** 다음 중 철도사고등의 수습을 위하여 관제업무종사자의 조치사항으로 틀린 것은?

① 사고 수습을 위한 의료기관 및 소방서 등 관계기관에 지원 요청
② 2차 사고 예방을 위하여 철도차량이 구르지 아니하도록 하는 조치 지시
③ 안내방송 등 여객 대피를 위한 필요한 조치 지시
④ 전차선의 전기공급 차단 조치

해설 〈규칙 76조의5 2항〉

**223** 다음 중 국토교통부령으로 정하는 작업안전에 관한 조치사항으로 틀린 것은?

① 작업시간 내 작업현장 이탈 금지
② 작업 중 비상상황 발생 시 열차방호 등의 조치
③ 해당 작업으로 인해 열차운행에 지장이 있는지 여부 확인
④ 작업완료 시 작업책임자에게 보고

해설 〈규칙 76조의6 2항〉

**224** 다음 중 작업수행 전 작업원 안전교육 사항으로 틀린 것은?

① 해당 작업일의 작업계획(작업량, 작업일정, 작업순서, 작업방법, 작업원별 임무 및 작업장 이동방법 등을 포함한다)
② 작업책임자와 작업원의 무전 방법, 작업통제 방법 및 그 준수에 관한 사항
③ 작업특성 및 현장여건에 따른 위험요인에 대한 안전조치 방법
④ 안전장비 착용 등 작업원 보호에 관한 사항

해설 〈규칙 76조의6 1항〉

**225** 다음 중 철도운행안전관리자의 준수사항으로 틀린 것은?

① 철도차량의 운행선로나 그 인근에서 철도시설의 건설 또는 관리와 관련한 작업을 수행하는 경우에 작업일정의 조정 또는 작업에 필요한 안전장비·안전시설 등의 점검
② 열차접근경보시설이나 열차접근감시인의 배치에 관한 계획 수립·시행과 확인
③ 관할 역의 관리책임자(정거장에서 철도신호기·선로전환기 또는 조작판 등을 취급하는 사람을 포함한다) 및 작업책임자와의 연락체계 구축
④ 작업이 지연되거나 작업 중 비상상황 발생 시 열차방호 등 조치

해설 〈규칙 76조의7〉

**226** 다음 중 철도운행안전관리자와 관할 역의 관리책임자 및 관제업무종사자가 협의서 작성 시 포함하여야 되는 사항으로 틀린 것은?

① 협의 당사자의 성명 및 소속
② 협의 대상 작업의 일시, 구간, 내용 및 참여인원
③ 작업일정 및 열차 운행일정에 대한 협의 결과
④ 협의 결과에 따른 철도운영자등의 승인 내역

해설 규칙 제76조의9(철도시설 건설·관리 작업 관련 협의서의 작성 등)

① 철도운행안전관리자, 관할 역의 관리책임자 및 관제업무종사자는 법 제40조의2제6항에 따라 같은 조 제4항 제2호에 따른 협의를 거친 경우에는 다음 각 호의 사항이 포함된 협의서를 작성해야 한다.
1. 협의 당사자의 성명 및 소속
2. 협의 대상 작업의 일시, 구간, 내용 및 참여인원
3. 작업일정 및 열차 운행일정에 대한 협의 결과
4. 제3호의 협의 결과에 따른 관제업무종사자의 관제 승인 내역
5. 그 밖에 작업의 안전을 위하여 필요하다고 인정하여 국토교통부장관이 정하여 고시하는 사항

223 ④    224 ②    225 ④    226 ④

**227** 다음 중 철도사고등의 발생 시 후속조치로 틀린 것은?

① 관제업무종사자 또는 인접한 역시설의 철도종사자에게 철도사고등의 상황을 전파할 것
② 철도차량 내 안내방송을 실시할 것. 다만, 방송장치로 안내방송이 불가능한 경우에는 확성기 등을 사용하여 안내하여야 한다.
③ 여객의 안전을 확보하기 위하여 필요한 경우 철도차량 내 여객을 대피시킬 것
④ 사망자 발생 시 응급환자를 응급처치하거나 의료기관에 긴급히 이송되도록 지원할 것

해설 〈규칙 76조의8 1항〉

**228** 다음 중 음주제한에 해당되는 철도종사자로 아닌 것은?

① 운전업무 실무수습 중인 사람
② 여객승무원
③ 철도차량 및 철도시설의 순회점검·경비 업무에 종사하는 사람
④ 정거장에서 철도신호기·선로전환기 및 조작판 등을 취급하거나 열차의 조성업무를 수행하는 사람

해설 〈법 41조 1항〉

**229** 다음 중 혈중 알코올 농도가 0.03퍼센트 이상인 경우 술을 마셨다고 판단하는 철도종사자로 틀린 것은?

① 작업책임자
② 철도운행안전관리자
③ 정거장에서 철도신호기·선로전환기 및 조작판 등을 취급하거나 열차의 조성업무를 수행하는 사람
④ 철도차량 및 철도시설의 점검·정비 업무에 종사하는 사람

해설 〈법 41조 3항〉

**230** 다음 중 위해물품을 휴대할 수 있는 사람으로 틀린 것은?

① 「사법경찰관리의 직무를 수행할 자와 그 직무범위에 관한 법률」 제5조제11호에 따른 철도경찰 사무에 종사하는 국가공무원
② 「경찰관직무집행법」 제2조의 경찰관 직무를 수행하는 사람
③ 「경비업법」 제2조에 따른 경비원
④ 위험물품을 운송하는 화물열차를 호송하는 군인

해설 〈규칙 77조〉

**231** 다음 중 위해물품의 종류로 틀린 것은?

① 화약류: 「총포·도검·화약류 등의 안전관리에 관한 법률」에 따른 화약·폭약·화공품과 그 밖에 폭발성이 있는 물질
② 고압가스: 섭씨 37.8도에서 280킬로파스칼을 초과하는 절대압력을 가진 액체상태의 인화성 물질
③ 가연성고체: 화기 등에 의하여 용이하게 점화되며 화재를 조장할 수 있는 가연성고체
④ 총포·도검류 등: 「총포·도검·화약류 등의 안전관리에 관한 법률」에 따른 총포·도검 및 이에 준하는 흉기류

해설 〈규칙 78조〉

227 ④  228 ③  229 ④  230 ④  231 ②

232 다음 중 위해물품의 종류로 틀린 것은?

① 인화성 액체: 밀폐식 인화점 측정법에 따른 인화점이 섭씨 65.6도 이하인 액체나 개방식 인화점 측정법에 따른 인화점이 섭씨 60.5도 이하인 액체
② 그 밖의 가연성물질: 물과 작용하여 인화성 가스를 발생하는 물질
③ 산화성 물질: 다른 물질을 산화시키는 성질을 가진 물질로서 유기과산화물 외의 것
④ 독물: 사람이 흡입·접촉하거나 체내에 섭취한 경우에 강력한 독작용이나 자극을 일으키는 물질

해설 〈규칙 78조〉

233 다음 중 대통령령으로 정하는 위험물의 운송위탁 및 운송 금지위험물로 틀린 것은?

① 점화 또는 점폭약류를 붙인 폭약
② 니트로글리세린
③ 뇌홍질화연에 속하는 것
④ 그 밖에 사람에게 위해를 주거나 물건에 손상을 줄 수 있는 대통령령으로 정하는 위험물

해설 〈영 44조〉

234 다음 중 철도운행상의 위험 방지 및 인명 보호를 위하여 위험물을 안전하게 위험물 취급하여야 되는 자로 틀린 것은?

① 유독성 가스를 발생시킬 우려가 있는 프로필렌을 철도로 운송하려는 자
② 용기 파손 시 철도차량을 부식시키는 화학제품을 운송하는 철도운영자
③ 철도운송 중 폭발할 우려가 있는 화약을 운반하는 화물열차의 호송원
④ 충격으로 인하여 발화할 우려가 있는 다이너마이트의 운송을 위탁하여 철도로 운송하려는 자

해설 법 제44조(위험물의 운송) 1항 참고

235 다음 중 위험물 포장 및 용기의 검사에 대하여 맞는 것은?

① 위험물을 철도로 운송하는데 사용되는 포장 및 용기를 제조하여 판매하려는 자는 부속품을 제외하고 국토교통부장관이 실시하는 포장 및 용기의 안전성에 관한 검사에 합격하여야 한다.
② 철도로 위험물을 운송하는데 사용되는 포장 및 용기를 수입하여 판매하려는 자가 대한민국이 가입한 협약에 따라 검사하여 외국 정부가 발행한 증명서가 있는 경우 위험물 포장 및 용기의 안정성에 관한 검사의 일부를 면제할 수 있다.
③ 위험물 포장·용기검사기관이 업무정지 기간 중에 검사 업무를 수행하면 지정이 취소된다.
④ 국토교통부장관이 위험물 포장·용기 검사기관의 처분을 하며, 처분의 기준은 대통령이 정한다.

해설 〈법 제44조의2(위험물의 포장 및 용기의 검사 등)〉

232 ①    233 ④    234 ③    235 ③

**236** 다음 중 위험물취급안전교육의 전부 또는 일부를 면제할 수 있는 경우로 맞는 것은?

① 철도안전법에 따른 철도안전에 관한 교육을 통하여 위험물취급에 관한 교육을 이수한 여객승무원
② 「화학물질관리법」에 따른 유해화학물질 안전교육을 이수한 유해화학물질 취급담당자
③ 「고압가스 안전관리법」에 따른 안전교육을 이수한 고압가스의 안전관리와 관련된 업무를 수행하는 자
④ 「위험물안전관리법」에 따른 안전교육을 이수한 운반 책임자

**해설** 제44조의3(위험물취급에 관한 교육 등)
① 위험물취급자는 자신이 고용하고 있는 종사자(철도로 운송하는 위험물을 취급하는 종사자에 한정한다)가 위험물취급에 관하여 국토교통부장관이 실시하는 교육(이하 "위험물취급안전교육"이라 한다)을 받도록 하여야 한다. 다만, 종사자가 다음 각 호의 어느 하나에 해당하는 경우에는 위험물취급안전교육의 전부 또는 일부를 면제할 수 있다.
 1. 제24조제1항에 따른 철도안전에 관한 교육을 통하여 위험물취급에 관한 교육을 이수한 철도종사자
 2. 「화학물질관리법」 제33조에 따른 유해화학물질 안전교육을 이수한 유해화학물질 취급담당자
 3. 「위험물안전관리법」 제28조에 따른 안전교육을 이수한 위험물의 안전관리와 관련된 업무를 수행하는 자
 4. 「고압가스 안전관리법」 제23조에 따른 안전교육을 이수한 운반책임자
 5. 그 밖에 국토교통부령으로 정하는 경우

**237** 다음 중 대통령령으로 정하는 운송취급주의 위험물로 틀린 것은?

① 마찰·충격·흡습 등 주위의 상황으로 인하여 발화할 우려가 있는 것
② 인화성·산화성 등이 강하여 그 물질 자체의 성질에 따라 발화할 우려가 있는 것
③ 용기가 파손될 경우 내용물이 누출되어 철도차량·레일·기구 또는 다른 화물 등을 부식시키거나 침해할 우려가 있는 것
④ 유독성 물질을 발생시킬 우려가 있는 것

**해설** 〈영 45조〉

**238** 다음 중 철도보호지구에서 국토교통부장관에게 신고하고 하여야 하는 행위로 틀린 것은?

① 토석, 자갈 및 모래의 채취
② 토지의 형질변경 및 굴착
③ 선로 옆의 제방 등에 대한 흙막이공사
④ 폭발물이나 인화물질 등 위험물을 제조·저장하거나 전시하는 행위

**해설** 〈법 45조 1항〉

**239** 다음 중 철도보호지구에서의 안전운행 저해 범위에 해당 하지 않는 것은?

① 철도신호등으로 오인할 우려가 있는 시설물이나 조명 설비를 설치하는 행위
② 시설 또는 설비가 선로의 위나 밑으로 횡단하거나 선로와 나란히 되도록 설치하는 행위
③ 철도차량 운전자의 전방 시야 확보에 지장을 주는 행위
④ 전차선로에 의하여 감전될 우려가 있는 시설이나 설비를 설치하는 행위

**해설** 〈영 48조〉

236 ② 237 ④ 238 ③ 239 ③

**240** 다음 중 대통령령으로 정하는 나무의 식재로 틀린 것은?

① 철도차량 운전자의 전방 시야 확보에 지장을 주는 경우
② 나뭇가지가 전차선이나 신호기 등을 침범하거나 침범할 우려가 있는 경우
③ 철도차량 운전자 등이 선로나 신호기를 확인하는 데 지장을 주거나 줄 우려가 있는 위치에 나무가 있는 경우
④ 호우나 태풍 등으로 나무가 쓰러져 철도시설물을 훼손시키거나 열차의 운행에 지장을 줄 우려가 있는 경우

해설  〈영 47조〉

**241** 다음 중 철도보호를 위한 안전조치로 틀린 것은?

① 먼지나 티끌 등이 발생하는 시설·설비나 장비를 운용하는 경우 방진막, 물을 뿌리는 설비 등 분진방지시설 설치
② 선로 옆의 제방 등에 대한 흙막이공사 검토·보강
③ 신호기를 가리거나 신호기를 보는데 지장을 주는 시설이나 설비 등의 철거
④ 안전울타리나 안전통로 등 안전시설의 설치

해설  〈영 49조〉

**242** 다음 중 여객열차에서의 금지행위로 틀린 것은?

① 정당한 사유 없이 열차 승강장의 비상정지버튼을 작동시켜 열차운행에 지장을 주는 행위
② 정당한 사유 없이 국토교통부령으로 정하는 여객출입 금지장소에 출입하는 행위
③ 철도종사자와 여객 등에게 성적 수치심을 일으키는 행위
④ 술을 마시거나 약물을 복용하고 다른 사람에게 위해를 주는 행위

해설  〈법 47조〉

**243** 다음 중 철도보호 및 질서유지를 위한 금지행위로 틀린 것은?

① 철도시설 또는 철도차량을 파손하여 철도차량 운행에 위험을 발생하게 하는 행위
② 철도교량 등 국토교통부령으로 정하는 시설 또는 구역에 폭발물이나 인화물질 등 위험물을 제조·저장하거나 전시하는 행위
③ 철도차량을 향하여 돌이나 그 밖의 위험한 물건을 던져 철도차량 운행에 위험을 발생하게 하는 행위
④ 역시설 등 공중이 이용하는 철도시설 또는 철도차량에서 폭언 또는 고성방가 등 소란을 피우는 행위

해설  〈법 48조〉

**244** 다음 중 국토교통부령으로 정하는 출입금지 철도시설로 틀린 것은?

① 위험물을 적하하거나 보관하는 장소
② 철도운전용 급유시설물이 있는 장소
③ 철도차량 정비시설
④ 철도신호기·철도차량정비소·통신기기·전력설비 등의 설비가 설치되어 있는 장소

해설  〈규칙 81조〉

240 ③  241 ②  242 ①  243 ②  244 ④

**245** 다음 중 국토교통부령으로 정하는 질서유지를 위한 금지행위로 틀린 것은?

① 흡연이 금지된 철도시설이나 철도차량 안에서 흡연하는 행위
② 철도종사자의 허락 없이 여객에게 기부를 부탁하거나 물품을 판매·배부하거나 연설·권유 등을 하여 여객에게 불편을 끼치는 행위
③ 철도종사자의 허락 없이 철도시설이나 철도차량에서 광고물을 붙이거나 배포하는 행위
④ 철도종사자의 허락 없이 선로변에서 총포를 이용하여 수렵하는 행위

**해설** 〈규칙 85조〉

**246** 다음 중 여객 등의 안전 및 보안에 대한 설명으로 틀린 것은?

① 국토교통부장관은 철도차량의 안전운행 및 철도시설의 보호를 위하여 필요한 경우에는 철도특별사법경찰관리으로 하여금 여객열차에 승차하는 사람의 신체·휴대물품 및 수하물에 대한 보안검색을 실시하게 할 수 있다.
② 국토교통부장관은 보안검색 정보 및 그 밖의 철도보안·치안 관리에 필요한 정보를 효율적으로 활용하기 위하여 철도보안정보체계를 구축·운영하여야 한다.
③ 국토교통부장관은 철도보안·치안을 위하여 필요하다고 인정하는 경우에는 열차 운행정보 등을 철도운영자에게 요구할 수 있고, 철도운영자는 정당한 사유 없이 그 요구를 거절할 수 없다.
④ 국토교통부장관은 철도보안정보체계를 운영하기 위하여 철도차량의 안전운행 및 철도시설의 보호에 필요한 최소한의 정보만 수집·관리하여야 한다.

**해설** 〈법 48조의2〉

**247** 다음 중 국토교통부장관이 철도보안, 치안을 위하여 필요하다고 인정하는 경우 철도운영자에게 요구할 수 있는 정보로 틀린 것은?

① 법에 따른 보안검색 관련 통계(보안검색 횟수 및 보안검색 장비 사용 내역 등을 포함한다)
② 법에 따른 보안검색을 실시하는 직원에 대한 안전교육 등에 관한 정보
③ 철도차량 운행에 관한 정보
④ 그 밖에 철도보안·치안을 위해 필요한 정보로서 국토교통부장관이 정해 고시하는 정보

**해설** 〈규칙 85조의4 2항〉

**248** 다음 중 보안검색에 대한 설명으로 틀린 것은?

① 전부검색이란 국가의 중요 행사 기간이거나 국가 정보기관으로부터 테러 위험 등의 정보를 통보받은 경우 등 국토교통부장관이 보안검색을 강화하여야 할 필요가 있다고 판단하는 경우에 국토교통부장관이 지정한 보안검색 대상 역에서 보안검색 대상 전부에 대하여 실시한다.
② 국토교통부장관은 법에 따라 보안검색을 실시하게 하려는 경우에 사전에 철도운영자등에게 보안검색 실시계획을 통보하여야 한다. 다만, 범죄가 이미 발생하였거나 발생할 우려가 있는 경우 등 긴급한 보안검색이 필요한 경우에는 사전 통보를 하지 아니한다.

245 ② 246 ③ 247 ② 248 ②

③ 법에 따라 철도특별사법경찰관리가 보안검색을 실시하는 경우에는 검색 대상자에게 자신의 신분증을 제시하면서 소속과 성명을 밝히고 그 목적과 이유를 설명하여야 한다.
④ 다만, 보안검색 장소의 안내문 등을 통하여 사전에 보안검색 실시계획을 안내한 경우에는 사전 설명 없이 검색할 수 있다.

해설  〈규칙 85조의2〉

### 249 다음 중 보안검색장비의 성능인증 신청에 대한 설명으로 틀린 것은?

① 법에 따른 보안검색장비의 성능인증을 받으려는 자는 철도보안검색장비 성능인증 신청서를 한국철도기술연구원에 제출해야 한다. 이 경우 한국철도기술연구원은 「전자정부법」에 따른 행정정보의 공동이용을 통해서 법인 등기사항증명서(신청인이 법인인 경우만 해당한다)를 확인해야 한다.
② 시험기관은 성능시험 계획서를 작성하여 성능시험을 실시하고, 철도보안검색장비 성능시험 결과서를 한국철도기술연구원에 제출해야 한다.
③ 한국철도기술연구원은 성능시험 결과가 성능인증 기준 등에 적합하다고 인정하는 경우에는 철도보안검색장비 성능인증서를 신청인에게 발급해야 하며, 적합하지 않은 경우에는 그 결과를 신청인에게 통지해야 한다.
④ 한국철도기술연구원은 성능인증 기준에 적합여부 등을 심의하기 위하여 기술심의위원회를 구성·운영할 수 있다.

해설  〈규칙 85조의 6〉

### 250 다음 중 보안검색장비의 성능인증에 대한 설명으로 틀린 것은?

① 법에 따른 보안검색을 하는 경우에는 국토교통부장관으로부터 성능인증을 받은 보안검색장비를 사용하여야 한다. 성능인증을 위한 기준·방법·절차 등 운영에 필요한 사항은 국토교통부령으로 정한다.
② 국토교통부장관은 법에 따른 성능인증을 받은 보안검색장비의 운영, 유지관리 등에 관한 기준을 정하여 고시하여야 한다.
③ 국토교통부장관은 법에 따라 성능인증을 받은 보안검색장비가 운영 중에 계속하여 성능을 유지하고 있는지를 확인하기 위하여 국토교통부령으로 정하는 바에 따라 정기적으로 또는 수시로 점검을 실시하여야 한다.
④ 국토교통부장관은 법에 따른 성능인증을 받은 보안검색장비가 법에 따른 성능인증 기준에 적합하지 아니하게 된 경우에는 그 인증을 취소하여야한다.

해설  〈법 48조의3〉

### 251 다음 중 철도보안검색장비 시험기관 지정 신청서에 첨부하여야 되는 서류로 틀린 것은?

① 법인의 정관 또는 단체의 규약
② 성능시험을 수행하는 조직·인력, 시험설비 등을 적은 사업현황서
③ 국제표준화기구(ISO) 또는 국제전기기술위원회(IEC)에서 정한 국제기준에 적합한 품질관리규정
④ 시험기관 지정기준을 갖추었음을 증명하는 서류

해설  〈규칙 85조의8 2항〉

249 ④    250 ④    251 ②

**252** 다음 중 시험기관 운영규정에 포함되어야 하는 사항으로 틀린 것은?

① 시험기관의 조직·인력 및 시험설비
② 시험접수·수행 절차 및 방법
③ 시험원의 임무 및 교육훈련
④ 시험원 및 시험과정 등의 안전관리

해설 〈규칙 85조의8 5항〉

**253** 다음 중 국토교통부장관이 철도보안검색장비 시험기관 지정서를 발급하고 관보에 고시해야 하는 사항으로 틀린 것은?

① 시험기관의 명칭(마크 및 약호를 포함한다)
② 시험기관의 소재지
③ 시험기관 지정일자 및 지정번호
④ 시험기관의 업무수행 범위

해설 〈규칙 85조의8 4항〉

**254** 다음 중 시험기관의 기술인력 보유기준으로 맞는 것은?

①「보안업무규정」제8조에 따른 보안업무 인증을 받은 인력
② 인정기구에서 인정받은 시험기관에서 시험업무 경력이 2년 이상인 사람 3명 이상
③ 보안검색에 사용하는 장비의 시험·평가 또는 관련 연구 경력이 2년 이상인 사람 3명 이하
④「위험물안전관리법」제15조제1항에 따른 위험물안전관리자 자격 보유자 최소 1명

해설 〈규칙 [별표] 19 1호〉

**255** 다음 중 시험기관의 시설 및 장비 요건으로 틀린 것은?

① 엑스선검색장비 표면방사선량률 시험용 장비(테스트 키트)
② 엑스선검색장비 연속동작시험용 시설
③ 문형금속탐지장비·휴대용금속탐지장비·시험용 금속물질 시료
④ 휴대용 금속탐지장비 및 시험용 낙하시험 장비

해설 〈규칙 [별표] 19 3호〉

**256** 다음 중 가장 무거운 처벌기준의 위반행위로 맞는 것은?

① 정당한 사유 없이 성능시험을 실시하지 않은 경우 2차 위반
② 법에 따른 기준·방법·절차 등을 위반하여 성능시험을 실시한 경우 2차 위반
③ 성능시험 결과를 거짓으로 조작해서 수행한 경우 1차 위반
④ 법에 따른 시험기관 지정기준을 충족하지 못하게 된 경우 2차 위반

해설 〈규칙 [별표] 20〉

**257** 다음 중 1차 위반 시 업무정지 30일 처분의 위반행위로 맞는 것은?

① 성능시험 결과를 거짓으로 조작해서 수행한 경우
② 법에 따른 시험기관 지정기준을 충족하지 못하게 된 경우
③ 정당한 사유 없이 성능시험을 실시하지 않은 경우
④ 법에 따른 기준·방법·절차 등을 위반하여 성능시험을 실시한 경우

해설 〈규칙 [별표] 20〉

252 ④  253 ①  254 ④  255 ①  256 ②  257 ③

**258** 다음 중 직무장비의 사용기준으로 틀린 것은?

① 가스분사기·가스발사총(고무탄 발사겸용인 것을 포함한다)의 경우: 범인의 체포 또는 도주방지, 타인 또는 철도특별사법경찰관리의 생명·신체에 대한 방호, 공무집행에 대한 항거의 억제를 위해 필요한 경우에 최소한의 범위에서 사용하되, 1미터 이내의 거리에서 상대방의 얼굴을 향해 발사하지 말 것. 다만, 가스발사총으로 고무탄을 발사하는 경우에는 1미터를 초과하는 거리에서도 상대방의 얼굴을 향해 발사해서는 안 된다.

② 전자충격기의 경우: 14세 미만의 사람이나 임산부에게 사용해서는 안 되며, 전극침 발사장치가 있는 전자충격기를 사용하는 경우에는 전자충격기를 사용하는 경우에는 상대방의 머리 및 급소를 향해 전극침을 발사하지 말 것. 다만, 가스발사총으로 고무탄을 발사하는 경우에는 1미터를 초과하는 거리에서도 상대방의 얼굴을 향해 발사해서는 안 된다.

③ 경비봉의 경우: 타인 또는 철도특별사법경찰관리의 생명·신체의 위해와 공공시설·재산의 위험을 방지하기 위해 필요한 경우에 최소한의 범위에서 사용할 수 있으며, 인명 또는 신체에 대한 위해를 최소화하도록 할 것

④ 수갑·포승의 경우: 체포영장·구속영장의 집행, 신체의 자유를 제한하는 판결 또는 처분을 받은 사람을 법률이 정한 절차에 따라 호송·수용하거나 범인·술에 취한 사람·정신착란자의 자살 또는 자해를 방지하기 위해 필요한 경우에 최소한의 범위에서 사용할 것

해설 〈규칙 85조의 10〉

**259** 다음 중 〈보기〉에서 사전에 필요한 안전교육과 안전검사를 받은 후 사용하여야 하는 직무장비를 모두 고른 것은?

| ㄱ. 수갑 | ㄴ. 포승 |
| ㄷ. 가스분사기 | ㄹ. 가스발사총 |
| ㅁ. 경비봉 | ㅂ. 전자충격기 |

① ㄱ, ㄴ, ㄷ   ② ㄴ, ㄷ, ㄹ
③ ㄷ, ㄹ, ㅁ   ④ ㄷ, ㄹ, ㅁ, ㅂ

해설 〈법 48조의5〉

**260** 다음 중 철도종사자의 권한에 대한 설명으로 틀린 것은?

① 열차 또는 철도시설을 이용하는 사람은 이 법에 따라 철도의 안전·보호와 질서유지를 위하여 하는 철도종사자의 직무상 지시에 따라야 한다.

② 누구든지 폭행·협박으로 철도종사자의 직무집행을 방해하여서는 아니 된다.

③ 법에 따른 철도종사자는 복장·모자·완장·증표 등으로 그가 직무상 지시를 할 수 있는 사람임을 표시하여야 한다.

④ 철도운영자는 철도종사자가 권한표시를 할 수 있도록 복장·모자·완장·증표 등의 지급 등 필요한 조치를 하여야 한다.

해설 〈영 51조〉

**261** 다음 중 대통령령으로 정하는 지역 밖으로 퇴거시키거나 철거할 수 있는 사람 또는 물건으로 틀린 것은?

① 여객열차에서 위해물품을 휴대한 사람 및 그 위해물품

② 철도보호지구에서의 행위 금지·제한 또는 조치 명령에 따르지 아니하는 사람 및 그 물건

③ 여객열차에서의 금지행위를 한 사람 및 그 물건
④ 보안검색에 따르지 아니한 사람 및 그 물건

**해설** 〈법 50조〉

### 262 다음 중 퇴거지역의 범위로 틀린 것은?

① 정거장
② 철도신호기·철도차량정비소·통신기기·전력설비 등의 설비가 설치되어 있는 장소의 담장이나 경계선 안의 지역
③ 철도운전용 급유시설물이 있는 장소
④ 화물을 적하하는 장소의 담장이나 경계선 안의 지역

**해설** 〈영 52조〉

### 263 다음 중 열차운행의 일시 중지에 대하여 틀린 것은?

① 철도운영자는 열차운행에 중대한 장애가 발생하였거나 발생할 것으로 예상되는 경우로서 열차의 안전운행에 지장이 있다고 인정하는 경우에는 열차운행을 일시 중지할 수 있다.
② 철도종사자는 철도사고 및 운행장애의 징후가 발견되거나 발생 위험이 높다고 판단되는 경우에는 관제업무종사자에게 열차운행을 일시 중지할 것을 요청할 수 있다. 이 경우 요청을 받은 관제업무종사자는 특별한 사유가 없으면 즉시 열차운행을 중지하여야 한다.
③ 철도종사자는 법에 따른 열차운행의 중지 요청과 관련하여 고의 또는 중대한 과실이 없는 경우에는 형사상 책임을 지지 아니한다.

④ 누구든지 법에 따라 열차운행의 중지를 요청한 철도종사자에게 이를 이유로 불이익한 조치를 하여서는 아니 된다.

**해설** 〈법 40조〉

### 264 다음 중 철도종사자의 준수사항으로 틀린 것은?

① 운전업무종사자는 철도차량 출발 전 국토교통부령으로 정하는 안전 수칙을 준수할 것
② 관제업무종사자는 철도사고, 철도준사고 및 운행장애 발생 시 국토교통부령으로 정하는 조치사항을 이행할 것
③ 작업책임자는 국토교통부령으로 정하는 작업안전에 관한 조치사항을 이행할 것
④ 철도운행안전관리자와 관할 역의 관리책임자 및 관제업무종사자는 법에 따른 협의를 거친 경우에는 그 협의 내용을 국토교통부령으로 정하는 바에 따라 작성·보관하여야 한다.

**해설** 〈법 40조의2〉

## 제6장 ▶ 철도사고조사·처리

### 265 다음 중 철도사고등의 발생 시 조치에 대하여 틀린 것은?

① 철도운영자등은 철도사고등이 발생하였을 때에는 사상자 구호, 유류품 관리, 여객 수송 및 철도시설 복구 등 인명피해 및 재산피해를 최소화하고 열차를 정상적으로 운행할 수 있도록 필요한 조치를 하여야 한다.
② 철도사고등이 발생하였을 때의 사상자

262 ③   263 ③   264 ①   265 ③

구호, 여객 수송 및 철도시설 복구 등에 필요한 사항은 대통령령으로 정한다.
③ 철도사고등이 발생한 경우 철도운영자 등은 사고수습이나 복구작업을 하는 경우에는 재산피해를 최소화할 것
④ 국토교통부장관은 법에 따라 사고 보고를 받은 후 필요하다고 인정하는 경우에는 철도운영자등에게 사고 수습 등에 관하여 필요한 지시를 할 수 있다. 이 경우 지시를 받은 철도운영자등은 특별한 사유가 없으면 지시에 따라야 한다.

해설  〈법 60조〉

### 266 다음 중 사상자가 발생한 경우 철도운영자등이 따라야 하는 절차로 맞는 것은?

① 철도안전관리절차
② 철도긴급대응절차
③ 사고복구대응절차
④ 비상대응절차

해설  〈영 56조 2호〉

### 267 다음 중 사상자가 많은 사고 등 대통령령으로 정하는 철도사고등으로 틀린 것은?

① 열차의 충돌이나 탈선사고가 발생하여 운행을 중지시킨 사고
② 철도차량이나 열차에서 화재가 발생하여 운행을 중지시킨 사고
③ 철도차량이나 열차의 운행과 관련하여 3명 이상 사상자가 발생한 사고
④ 철도차량이나 열차의 운행과 관련하여 5천만원 이상의 재산피해가 발생한 사고

해설  〈영 57조〉

### 268 다음 중 국토교통부장관에게 즉시 보고하여야 되는 사항으로 틀린 것은?

① 사고 발생 일시 및 장소
② 사상자 등 피해사항
③ 사고 발생 경위
④ 사고 수습 및 복구 상황 등

해설  〈규칙 86조 1항〉

### 269 다음 중 국토교통부장관 중간보고 사항으로 맞는 것은?

① 사고발생현황 등
② 사고수습·복구계획 등
③ 사고수습·복구상황 등
④ 사고수습·복구결과 등

해설  〈규칙 86조 2항〉

### 270 다음 중 철도사고 및 철도차량 등에 발생한 고장 보고에 대한 설명으로 틀린 것은?

① 철도운영자등은 사상자가 많은 사고 등 대통령령으로 정하는 철도사고등이 발생하였을 때에는 국토교통부령으로 정하는 바에 따라 즉시 국토교통부장관에게 보고하여야 한다.
② 법에 따라 철도차량 또는 철도용품에 대하여 형식승인을 받거나 법에 따라 철도차량 또는 철도용품에 대하여 제작자승인을 받은 자는 그 승인받은 철도차량 또는 철도용품이 설계 또는 제작의 결함으로 인하여 국토교통부령으로 정하는 고장, 결함 또는 기능장애가 발생한 것을 알게 된 경우에는 국토교통부령으로 정하는 바에 따라 국토교통부장관에게 그 사실을 보고하여야 한다.

266 ④   267 ①   268 ④   269 ③   270 ④

③ 법에 따라 철도차량 정비조직인증을 받은 자가 철도차량을 운영하거나 정비하는 중에 국토교통부령으로 정하는 고장, 결함 또는 기능장애가 발생한 것을 알게 된 경우에는 국토교통부령으로 정하는 바에 따라 국토교통부장관에게 그 사실을 보고하여야 한다.

④ 법에 따라 국토교통부령으로 정하는 고장, 결함 또는 기능장애가 발생한 것을 알게 됨에도 불구하고 그 사실을 숨겼는 자는 승인 또는 지정 취소에 처한다.

> 해설 〈법 61조의2〉

### 271 다음 중 철도안전 자율보고에 대하여 틀린 것은?

① 철도안전위험요인을 발생시켰거나 철도안전위험요인이 발생한 것을 안 사람 또는 철도안전위험요인이 발생할 것이 예상된다고 판단하는 사람은 국토교통부장관에게 그 사실을 보고할 수 있다.

② 국토교통부장관은 법에 따른 보고를 한 사람의 의사에 반하여 보고자의 신분을 공개해서는 아니 되며, 철도안전 자율보고를 사고예방 및 철도안전 확보 목적 외의 다른 목적으로 사용해서는 아니 된다.

③ 누구든지 철도안전 자율보고를 한 사람에 대하여 이를 이유로 신분이나 처우와 관련하여 민사상 불이익한 조치를 하여서는 아니 된다.

④ 법에서 규정한 사항 외에 철도안전 자율보고에 포함되어야 할 사항, 보고 방법 및 절차는 국토교통부령으로 정한다.

> 해설 〈법 61조의3〉

### 272 법에 따라 철도차량 또는 철도용품에 대하여 형식승인을 받거나 법에 따라 철도차량 또는 철도용품에 대하여 제작자승인을 받은 자는 그 승인받은 철도차량 또는 철도용품이 설계 또는 제작의 결함으로 인하여 국토교통부령으로 정하는 고장, 결함 또는 기능장애가 발생한 것을 알게된 경우에는 국토교통부령으로 정하는 바에 따라 국토교통부장관에게 그 사실을 보고하여야 한다. 다음 중 국토교통부령으로 정하는 고장, 결함 또는 기능장애로 틀린 것은?

① 법에 따른 철도차량 형식승인내용과 다른 설계 또는 제작으로 인한 철도차량의 고장, 결함 또는 기능장애

② 법에 따른 철도용품 형식승인내용과 다른 설계 또는 제작으로 인한 철도용품의 고장, 결함 또는 기능장애

③ 하자보수, 성능개선 또는 피해배상을 해야 하는 철도차량 및 철도용품의 고장, 결함 또는 기능장애

④ 그 밖에 제1호부터 제3호까지의 규정에 따른 고장, 결함 또는 기능장애에 준하는 고장, 결함 또는 기능장애

> 해설 〈시행규칙 87조 1항〉

271 ③    272 ③

**273** 다음 보기는 법 제61조의2제2항의 내용이다. 다음 중 국토교통부령으로 정하는 고장, 결함 또는 기능장애로 맞는 것은?

> 법에 따라 철도차량 정비조직인증을 받은 자가 철도차량을 운영하거나 정비하는 중에 국토교통부령으로 정하는 고장, 결함 또는 기능장애가 발생한 것을 알게 된 경우에는 국토교통부령으로 정하는 바에 따라 국토교통부장관에게 그 사실을 보고하여야 한다.

① 철도차량 중정비(철도차량을 완전히 분해하여 정비하거나 탈선·화재 등으로 중대하게 훼손된 철도차량을 검수·교환하는 것을 말한다)가 요구되는 구조적 손상
② 지상신호장치, 추진장치, 주행장치 그 밖에 철도차량 주요장치의 고장 중 열차안전에 중대한 영향을 주는 고장
③ 법에 따라 고시된 철도차량의 기술기준, 철도차량의 제작관리 및 품질유지에 필요한 기술기준, 철도용품 기술기준 및 철도용품의 제작관리 및 품질유지에 필요한 기술기준에 따른 최대허용범위(제작사가 기술자료를 제공하는 경우에는 그 기술자료에 따른 보증범위를 말한다)를 초과하는 철도차량 구조의 균열, 영구적인 변형이나 부식
④ 그 밖에 규정에 따른 고장, 결함 또는 기능장애에 준하는 고장, 결함 또는 기능장애

해설 〈시행규칙 87조 2항〉

## 제7장 ▶ 철도안전기반 구축

**274** 다음 중 철도안전전문기술자의 분야로 틀린 것은?

① 전기철도
② 철도신호
③ 철도정비
④ 철도궤도

해설 〈영 59조 1항〉

**275** 다음 중 철도차량의 설계·제작·개조·시험검사·정밀안전진단·안전점검 등에 관한 품질관리 및 감리 등의 업무 범위를 가진 철도안전전문기술자로 맞는 것은?

① 전기철도
② 철도신호
③ 철도궤도
④ 철도차량

해설 〈영 59조 2항〉

**276** 다음 중 <보기>에 해당되는 자격 분류로 맞는 것은?

> 관계 법령에 따른 중급기술자·중급감리원 또는 중급전기공사기술자로서 1년 6개월 이상 철도의 해당 기술 분야에 종사한 경력이 있는 사람

① 특급
② 고급
③ 중급
④ 초급

해설 〈영 [별표] 5〉

**277** 다음 중 철도안전 전문기관 지정신청을 받은 국토교통부장관이 심사해야할 사항이 아닌 것은?

① 철도안전전문기관 지정기준에 관한 사항
② 안전전문기관의 운영계획
③ 안전전문기관의 장비 내역서
④ 철도안전 전문인력 등의 수급에 관한 사항

해설 〈영 60조의4〉

**278** 다음 중 안전전문기관으로 지정받으려는 자가 법인 그 밖의 단체의 경우에 한하여 지정신청서에 첨부 해야되는 서류로 맞는 것은?

① 안전전문기관 운영 등에 관한 업무규정
② 안전전문기관에서 사용하는 직인의 인영
③ 안전전문기관 조직도
④ 정관이나 이에 준하는 약정

해설 〈규칙 92조의4〉

**279** 다음 중 철도안전 전문인력 자격부여 신청서에 필수로 첨부하여야 되는 서류로 맞는 것은?

① 경력을 확인할 수 있는 자료
② 교육훈련 이수증명서
③ 국가기술자격증 사본
④ 이 법에 따른 철도차량정비경력증 사본

해설 〈규칙 92조〉

**280** 다음 중 철도안전 전문기관 교육책임자의 학력 및 경력자의 자격기준이 아닌 것은?

① 철도 관련 분야 박사학위를 취득한 사람으로서 10년 이상 철도 관련 분야에 근무한 경력이 있는 사람
② 철도 관련 분야 학사학위를 취득한 사람으로서 20년 이상 철도 관련 분야에 근무한 경력이 있는 사람
③ 관련 분야 4급 이상 공무원 경력자 또는 이와 같은 수준 이상의 경력자로서 철도 관련 분야 재직경력이 10년 이상인 사람
④ 「국민 평생 직업능력 개발법」 제33조에 따라 직업능력개발훈련교사자격증을 취득한 사람으로서 철도 관련 분야 재직경력이 10년 이상인 사람

해설 〈규칙 [별표] 25 1호 中 가.〉

**281** 다음 중 철도안전 전문기관 기술인력의 보유기준으로 틀린 것은?

① 최소보유기준: 교육책임자 1명, 이론교관 3명, 기능교관을 2명 이상 확보하여야 한다.
② 1회 교육생 30명을 기준으로 교육인원이 10명 추가될 때마다 기능교관을 1명 이상 추가로 확보하여야 한다. 다만 추가로 확보하여야 하는 기능교관은 비전임으로 할 수 있다.
③ 이론교관 중 기능교관 자격을 갖춘 사람은 기능교관을 겸임할 수 있다.
④ 안전점검 업무를 수행하는 경우에는 철도안전 전문인력의 구분에 따른 분야별 철도안전 전문인력 8명(특급 3명, 고급 이상 2명, 중급 이상 3명) 이상, 열차운행 분야의 경우에는 철도운행안전관리자 3명 이상을 확보할 것

해설 〈규칙 [별표] 25 1호 中 나.〉

277 ③   278 ④   279 ①   280 ④   281 ②

**282** 다음 중 철도안전 전문기관 시설, 장비의 기준으로 틀린 것은?

① 강의실: 60㎡ 이상(의자, 탁자 및 교육용 비품을 갖추고 1㎡당 수용인원이 1명을 초과하지 않도록 한다)
② 실습실: 125㎡(30명 이상이 동시에 실습할 수 있는 실습실 및 실습 장비를 갖추어야 한다)이상이어야 한다. 다만, 철도운행안전관리자의 경우 60㎡ 이상으로 할 수 있으며, 강의실에 실습 장비를 함께 설치하여 활용할 수 있는 경우에 제외한다.
③ 시청각 기자재: 텔레비젼·비디오 1세트, 컴퓨터 1세트, 빔 프로젝터 1대 이상
④ 철도차량 운행, 전기철도, 신호, 궤도 및 철도안전 등 관련 도서 100권 이상

해설 〈규칙 [별표] 25 2호〉

**283** 다음 중 철도안전 전문기관 장비 및 자재기준에서 전기철도 분야에 해당되지 않는 자재로 맞는 것은?

① 전선크램프
② 적외선 온도측정기
③ 절연저항측정기
④ 절연저항계

해설 〈규칙 [별표] 25〉

**284** 다음 위반행위 중 지정 취소의 처분 기준으로 틀린 것은?

① 법에 따른 지정기준에 맞지 아니하게 된 경우 4차 위반
② 정당한 사유 없이 안전교육훈련업무를 거부한 경우 3차 위반
③ 법을 위반하여 거짓이나 그 밖의 부정한 방법으로 안전교육훈련 수료증 또는 자격증명서를 발급한 경우 3차 위반
④ 업무정지 명령을 위반하여 그 정지기간 중 안전교육훈련업무를 한 경우 1차 위반

해설 〈법 [별표] 26〉

**285** 다음 중 철도운행안전관리자의 배치에 관하여 틀린 것은?

① 철도운영자등은 철도차량의 운행선로 또는 그 인근에서 철도시설의 건설 또는 관리와 관련한 작업을 시행할 경우 철도운행안전관리자를 배치하여야 한다.
② 다만, 철도운영자등이 선로 점검 작업 등 5명 이하의 인원으로 할 수 있는 소규모 작업 또는 공사 등을 자체적으로 시행하는 경우에는 철도운행안전관리자를 배치하지 아니한다.
③ 다만, 천재지변 또는 철도사고 등 부득이한 사유로 긴급 복구 작업 등을 시행하는 경우에는 철도운행안전관리자를 배치하지 아니한다.
④ 법에 따른 철도운행안전관리자의 배치 기준, 방법 등에 관하여 필요한 사항은 국토교통부령으로 정한다.

해설 〈법 69조의2〉

282 ②　283 ④　284 ②　285 ②

**286** 다음 중 철도운영자등이 작업 또는 공사 구간 별로 철도운행안전관리자를 1명 이상 별도로 배치해야하는 경우에 대한 설명으로 틀린 것은?

① 철도운영자등이 도급(공사)계약 방식으로 시행하는 작업 또는 공사
② 철도운영자등이 자체 유지·보수 작업을 전문용역업체 등에 위탁하여 6개월 이상 장기간 수행하는 작업 또는 공사.
③ 철도운영자등이 직접 수행하는 작업 또는 공사로서 3명 이상의 직원이 수행하는 작업 또는 공사
④ 다만, 열차의 운행 빈도가 낮아 위험이 적은 경우에는 국토교통부장관과 사전협의를 거쳐 작업책임자가 철도운행안전관리자 업무를 수행하게 할 수 있다.

해설 〈규칙 [별표] 27〉

**287** 다음 중 <보기> 빈칸에 들어갈 숫자를 순서대로 나열한 것으로 맞는 것은?

> 철도운영자등은 작업 또는 공사의 효율적인 수행을 위해서는 철도운영자등이 도급(공사)계약 방식으로 시행하는 작업 또는 공사에 대해 철도운행안전관리자 (　)명 이상이 (　)개 이상의 인접한 작업 또는 공사 구간을 관리하게 할 수 있다.

① 1, 2  ② 2, 2
③ 2, 3  ④ 3, 2

해설 〈규칙 [별표] 27〉

**288** 다음 중 철도운행안전관리자 근무상황 일지 작성 내용으로 틀린 것은?

① 공사명
② 철도운행안전관리자 연락처
③ 작업현장 확인 점검 및 안전조치내역
④ 작업 대상자

해설 〈규칙 별지 47호의4〉

**289** 다음 중 철도운행안전관리자 직무전문교육 내용으로 틀린 것은?

① 열차운행선 지장작업의 순서와 절차 및 철도운행안전협의사항, 기타 안전조치 등에 관한 사항
② 선로지장작업 관련 사고사례 분석 및 예방 대책
③ 철도인프라(정거장, 선로, 전철전력시스템, 열차제어시스템)
④ 이례운전취급에 따른 안전조치 요령 등

해설 〈규칙 [별표] 28〉

**290** 다음 중 철도시설분야 안전전문기술자 직무전문교육의 철도공학에 해당되지 않는 것은?

① 궤도보수   ② 궤도구조
③ 궤도장비   ④ 궤도역학

해설 〈규칙 [별표] 28〉

**291** 다음 중 철도차량분야 안전전문기술자 직무전문교육 내용이 아닌 것은?

① 철도차량시스템 일반
② 철도차량 리스크(위험도) 평가
③ 철도차량 구조 및 기능
④ 철도차량 시험 및 검사

해설 〈규칙 [별표] 28〉

**292** 다음 중 전기철도분야 안전전문기술자 실무수습의 교육내용이 아닌 것은?

① 전기철도 부하 및 성능점검
② 가공·강체전차선로 시공 및 유지보수
③ 철도 송·변전 및 철도배전설비 시공 및 유지보수
④ 전기철도 시설물 점검방법 등

해설  〈규칙 [별표] 28〉

**293** 다음 위반행위 중 효력정지 6개월 처분으로 맞는 것은?

① 철도운행안전관리자의 업무 수행 중 고의 또는 중과실로 인한 철도사고가 일어나 부상자가 발생한 경우 2차 위반
② 철도운행안전관리자의 업무 수행 중 고의 또는 중과실로 인한 철도사고가 일어나 3천만원 물적 피해가 발생한 경우 2차 위반
③ 법에 따라 술에 만취한 상태에서 철도운행안전관리자 업무를 수행한 경우 1차 위반
④ 법을 위반하여 술을 마신 상태에서 철도운행안전관리자 업무를 수행한 경우 1차 위반

해설  〈규칙 [별표] 29〉

**294** 다음 중 재정지원을 할 수 있는 곳으로 틀린 것은?

① 정밀안전진단기관
② 정비교육훈련기관
③ 인증기관
④ 철도안전에 관한 학회

해설  〈법 72조〉

## 제8장 ▶ 보 칙

**295** 다음 중 국토교통부장관이나 관계 지방자치단체가 철도관계기관등에 대하여 필요한 사항을 보고하게 하거나 자료의 제출을 명할 수 있는 경우로 틀린 것은?

① 철도안전 종합계획 또는 시행계획의 수립 또는 추진을 위하여 필요한 경우
② 철도안전투자의 공시가 적정한지를 확인하려는 경우
③ 법에 따른 안전관리 수준평가를 위하여 필요한 경우
④ 철도종사자의 준수사항 이행 여부를 확인하려는 경우

해설  〈법 73조 1항〉

**296** 다음 중 수수료에 대한 내용으로 틀린 것은?

① 법에 따른 교육훈련, 면허, 검사, 진단, 성능인증 및 성능시험 등을 신청하는 자는 국토교통부령으로 정하는 수수료를 내야 한다.
② 다만, 법에 따라 국토교통부장관의 지정 대행기관 또는 수탁기관의 경우에는 대행기관 또는 수탁기관이 정하는 수수료를 대행기관 또는 수탁기관에 내야 한다.
③ 법에 따라 수수료를 정하려는 대행기관 또는 수탁기관은 그 기준을 정하여 국토교통부장관의 승인을 받아야 한다. 승인받은 사항을 변경하려는 경우에도 또한 같다.
④ 법에 따른 대행기관 또는 수탁기관이 법에 따라 수수료에 대한 기준을 정하려는 경우에는 해당 기관의 인터넷 홈페이지에 20일간 그 내용을 게시하여 이해관

계인의 의견을 수렴하여야 한다. 다만, 긴급하다고 인정하는 경우에는 인터넷 홈페이지에 그 사유를 소명하고 7일간 게시할 수 있다.

해설 〈법 74조〉

**297** 다음 중 국토교통부장관이 청문을 하여야 하는 처분으로 틀린 것은?

① 철도안전 전문기관의 지정 취소
② 철도안전전문기술자의 자격 취소
③ 철도개조승인의 취소
④ 시험기관의 지정 취소

해설 〈법 75조〉

**298** 다음 중 벌칙을 적용할 때 공무원으로 보는 사람으로 틀린 것은?

① 운전교육훈련 업무에 종사하는 운전교육훈련기관의 임직원
② 정비교육훈련 업무에 종사하는 정비교육훈련기관의 임직원
③ 정밀안전진단 업무에 종사하는 정밀안전진단기관의 임직원
④ 철도안전교육에 종사하는 안전전문기관의 임직원

해설 〈법 76조〉

**299** 다음 중 국토교통부장관이 한국교통안전공단에 위탁한 업무로 틀린 것은?

① 철도운영자등에 대한 안전관리 수준평가
② 표준규격서의 기록 및 보관
③ 철도차량의 이력관리에 관한 사항
④ 종합시험운행 결과의 검토

해설 〈영 63조 1항〉

**300** 다음 중 민감정보 및 고유식별정보의 처리할 수 있는 곳으로 틀린 것은?

① 운전면허의 신체검사에 관한 사무
② 관제자격증명의 신체검사에 관한 사무
③ 철도차량정비기술자의 인정에 관한 사무
④ 인증정비조직에 관한 사무

해설 〈영 63조의2〉

**301** 다음 중 국토교통부장관이 청문을 하여야하는 경우로 틀린 것은?

① 철도차량정비기술자의 인정 취소
② 위험물 포장·용기검사기관의 업무정지
③ 위험물 취급자의 자격취소
④ 철도운행안전관리자의 자격취소

해설 〈법 제75조(청문)〉

### 제9장 ▶ 벌 칙

**302** 다음 중 3년 이하의 징역 또는 3천만원 이하의 벌금에 처하는 위반행위로 틀린 것은?

① 대통령령 위험물을 운송한 자
② 철도차량을 향하여 돌이나 그 밖의 위험한 물건을 던져 철도차량 운행에 위험을 발생하게 하는 행위를 한 자
③ 운행 중 비상정지버튼을 누르거나 승강용 출입문을 여는 행위를 한 사람
④ 철도교량 등 국토교통부령으로 정하는 시설 또는 구역에 국토교통부령으로 정하는 폭발물 또는 인화성이 높은 물건 등을 쌓아 놓는 행위를 한 사람

297 ③　298 ④　299 ②　300 ④　301 ③　302 ③

**303** 다음 중 2년 이하의 징역이나 2천만원 이하의 벌금에 처하는 위반행위로 틀린 것은?

① 적정 개조능력이 있다고 인정되지 아니한 자에게 철도차량 개조 작업을 수행하게 한 자
② 철도차량정비 또는 원상복구 명령에 따르지 아니한 자
③ 정밀안전진단을 받지 아니하거나 정밀안전진단 결과 계속 사용이 적합하지 아니하다고 인정된 철도차량을 운행한 자
④ 고의 또는 중대한 과실로 철도사고를 발생시킨 인증정비조직

**304** 다음 중 2년 이하의 징역이나 2천만원 이하의 벌금에 처하는 위반행위로 틀린 것은?

① 거짓이나 그 밖의 부정한 방법으로 안전관리체계의 승인을 받은 자
② 거짓이나 그 밖의 부정한 방법으로 철도차량 제작자승인의 면제를 받은 자
③ 거짓이나 부정한 방법으로 철도운행안전관리자 자격을 받은 사람
④ 거짓이나 그 밖의 부정한 방법으로 철도차량 정비조직의 인증을 받은 자

**305** 다음 중 1년 이하의 징역이나 1천만원 이하의 벌금에 처하는 위반 행위로 틀린 것은?

① 거짓이나 그 밖의 부정한 방법으로 관제자격증명을 받은 사람
② 거짓이나 그 밖의 부정한 방법으로 철도차량정비기술자로 인정받은 사람
③ 신체검사와 적성검사에 합격하지 아니한 사람을 업무에 종사하게 한 자
④ 거짓이나 그 밖의 부정한 방법으로 철도차량 형식승인을 받은 자

**306** 다음 중 1년 이하의 징역이나 1천만원 이하의 벌금에 처하는 위반 행위로 맞는 것은?

① 술을 마시거나 약물 복용에 따른 확인 또는 검사에 불응한 자
② 운행 중 비상정지버튼을 누르거나 승강용 출입문을 여는 행위를 한 사람
③ 운송 금지 위험물을 운송위탁하거나 운송하는 자
④ 술을 마시거나 약물을 복용하고 다른 사람에게 위해를 주는 행위를 한 사람

**307** 다음 중 5년이하의 징역이나 5천만원 이하의 벌금에 처하는 위반행위로 틀린 것은?

① 폭행·협박으로 철도종사자의 직무집행을 방해한 자
② 술을 마시거나 약물을 복용하여 사람을 사상에 이르게 한 자
③ 정당한 사유없이 위해물품을 휴대하여 사람을 사상에 이르게 한 자
④ 철도보호지구에서 토지의 형질변경 및 굴착을 신고를 하지 아니하여 사람을 사상에 이르게 한 자

**308** 다음 중 행위자를 벌하는 외에 그 법인 또는 개인에게도 해당 조문의 벌금형을 과해야 되는 위반행위로 아닌 것은?

① 정밀안전진단을 받지 아니하거나 정밀안전진단 결과 계속 사용이 적합하지 아니하다고 인정된 철도차량을 운행한 자
② 철도차량정비 또는 원상복구 명령에 따르지 아니한 자
③ 위해물품을 열차에 휴대하거나 적재한 사람
④ 철도운행안전관리자를 배치하지 아니하

303 ①   304 ③   305 ④   306 ④   307 ②   308 ③

고 철도시설의 건설 또는 관리와 관련한 작업을 시행한 철도운영자

**309** 다음 중 거짓이나 그 밖의 부정한 방법으로 철도차량 정비조직의 인증을 받은 자에 대한 벌칙으로 맞는 것은?

① 1년 이하의 징역 또는 1천만원 이하의 벌금
② 2년 이하의 징역 또는 2천만원 이하의 벌금
③ 3년 이하의 징역 또는 3천만원 이하의 벌금
④ 5년 이하의 징역 또는 5천만원 이하의 벌금

**310** 다음 중 철도운행안전관리자를 배치하지 아니하고 철도시설의 건설 또는 관리와 관련한 작업을 시행한 철도운영자에 대한 벌칙으로 맞는 것은?

① 1년 이하의 징역 또는 1천만원 이하의 벌금
② 2년 이하의 징역 또는 2천만원 이하의 벌금
③ 3년 이하의 징역 또는 3천만원 이하의 벌금
④ 5년 이하의 징역 또는 5천만원 이하의 벌금

**311** 다음 중 1차 위반 시 과태료가 다른 것은?

① 우수운영자와 유사한 표시에 대한 시정조치 명령을 따르지 않은 경우
② 국토교통부장관의 성능인증을 받은 보안검색장비를 사용하지 않은 경우
③ 위험물취급자가 자신이 고용하고 있는 종사자가 위험물취급안전교육을 받도록 하지 않은 경우
④ 철도관계기관등이 자료제출을 거부·기피 또는 방해한 경우

**312** 다음 중 1차 위반 시 과태료가 가장 많은 것은?

① 철도종사자에 대한 안전교육을 실시하지 않은 경우
② 철도사고등 발생 시 관제업무종사자의 조치사항을 위반한 경우
③ 안전관리체계 시정조치 명령에 따르지 않은 경우
④ 선로를 제외한 철도시설에 출입한 경우

**313** 다음 중 3차 위반 시 900만원 과태료를 부과하는 위반행위로 맞는 것은?

① 철도사고등 발생 시 운전업무종사자와 여객승무원의 준수사항을 위반한 경우
② 철도시설에 유해물 또는 오물을 버리거나 열차운행에 지장을 준 경우
③ 인증정비조직의 준수사항을 위반한 경우
④ 작업책임자의 준수사항을 위반한 경우

**314** 다음 중 철도안전법의 과태료 상한액으로 맞는 것은?

① 1천만원　② 2천만원
③ 3천만원　④ 5천만원

309 ②　310 ①　311 ③　312 ③　313 ③　314 ①

**315** 다음 중 3차 위반 시 과태료가 제일 적은 위반행위로 맞는 것은?

① 여객열차에서 흡연하는 행위
② 운전면허증을 반납하지 않은 경우
③ 철도보호지구에서 철도차량의 안전운행 및 철도보호를 위한 조치명령을 따르지 않은 경우
④ 선로를 무단으로 출입한 경우

**316** 다음 보기 중 과태료가 다른 하나로 맞는 것은?

① 이력사항을 무단으로 외부에 제공한 경우
② 철도종사자의 직무상 지시에 따르지 않은 경우
③ 사상자가 많은 사고 등 대통령령으로 정하는 사고를 제외한 철도사고등의 사고조사 내용을 보고하지 않거나 거짓으로 보고한 경우
④ 우수운영자 표시를 제거하라는 시정조치 명령을 이행하지 않은 경우

**317** 다음 중 1차 위반 시 과태료가 제일 적은 것은?

① 정당한 사유없이 승강장의 비상정지버튼을 작동하여 열차운행에 지장을 준 경우
② 철도시설(선로는 제외한다)에 승낙 없이 출입하거나 통행한 경우
③ 여객열차의 방송실에 출입한 경우
④ 여객에게 위해를 끼칠 우려가 있는 동식물을 안전조치 없이 여객열차에 동승하거나 휴대하는 행위

**318** 다음 중 사람이 탑승하여 운행 중인 철도차량을 과실로 탈선 또는 충돌하게 하거나 파괴한 사람의 벌칙 적용으로 맞는 것은?

① 1년 이하의 징역 또는 1천만원 이하의 벌금
② 2년 이하의 징역 또는 2천만원 이하의 벌금
③ 10년 이하의 징역 또는 1억원 이하의 벌금
④ 무기징역 또는 5년 이상의 징역

**319** 다음 중 과실로 철도차량을 파손하여 철도차량 운행에 위험을 발생하게 한 사람의 벌칙으로 맞는 것은?

① 3년 이하의 징역 또는 3천만원 이하의 벌금
② 2년 이하의 징역 또는 2천만원 이하의 벌금
③ 1년 이하의 징역 또는 1천만원 이하의 벌금
④ 1천만원 이하의 벌금

**320** 다음 중 3년 이하의 징역 또는 3천만원 이하의 벌금에 처하는 위반행위로 맞는 것은?

① 거짓이나 그 밖의 부정한 방법으로 철도차량 제작자승인을 받은 자
② 업무상 과실이나 중대한 과실로 사람이 탑승하여 운행 중인 철도차량을 탈선 또는 충돌하게 하거나 파괴한 사람
③ 완성검사를 받지 아니하고 철도차량을 판매한 자
④ 안전관리체계를 지속적으로 유지하지 않아 철도운영이나 철도시설의 관리에 중대하고 명백한 지장을 초래한 자

315 ③　316 ③　317 ④　318 ①　319 ④　320 ②

**321** 다음 중 2년 이하의 징역 또는 2천만원 이하의 벌금에 처하는 위반행위로 틀린 것은?

① 업무상 과실이나 중대한 과실로 철도시설을 파손하여 철도차량 운행에 위험을 발생하게 한 사람
② 인증정비조직의 고의 또는 중대한 과실로 중대한 운행장애를 발생시킨 자
③ 철도안전 자율보고를 한 사람에게 불이익한 조치를 한 자
④ 종합시험운행 결과를 허위로 보고한 자

**322** 김아무개씨는 2020년 1월 11일 선로에 승낙 없이 출입하여 역무원에게 적발되어 과태료를 냈다. 2021년 6월 1일 선로를 무단출입하여 적발되었을 때 과태료의 금액으로 맞는 것은? (단위: 만원) ★신유형

① 30  ② 60
③ 150  ④ 300

**323** 다음 중 벌칙 적용에서 제일 가벼운 행위로 맞는 것은?

① 완성검사를 받지 아니한 철도차량을 판매한 자
② 형식승인을 받지 아니한 철도용품을 판매한 자
③ 종합시험운행을 실시한 결과를 국토교통부장관에게 보고하지 아니하고 철도노선을 정상운행한 자
④ 철도용품 제작자승인을 받지 아니하고 철도용품을 제작한 자

**324** 다음 중 <보기>의 위반행위에 대한 과태료를 순서대로 나열한 것은? (단, 과태료 단위는 만원이다.)

- 운전업무 종사자가 업무 중 열차 내에서 흡연을 한 경우 1차 위반
- 위험물 포장 및 용기의 안전성에 관한 검사를 받지 않고 포장 및 용기를 판매 또는 사용한 경우 2차 위반

① 15, 150
② 15, 300
③ 30, 300
④ 30, 600

321 ④  322 ①  323 ②  324 ③

**문제 풀기 전 잠깐!**

STEP 3 문제는 난이도 상 ~ 극상 (100점 방지용 문제)로 이루어져 있으며, 철도안전법령 최소 20회독 이상 후 풀이를 권장합니다.

법령 개념이 확립되지 않은 상태에서 문제 풀이 시 오히려 역효과를 낳을 수 있고 말장난 문제로 더욱 법령이 헷갈릴 수 있습니다.

STEP 3. 문제 풀이는 적혀있지 않으므로 해당 법령을 직접 찾아보면서 한번 더 정리하는 시간을 가지시길 바랍니다.
약한 부분 법령 회독을 위하여 자연스럽게 볼 수 있도록 유도해놓았으니 번거롭더라도 직접 스스로 법을 찾아보면서 내용정리 및 다시 법을 보는 습관을 가지시길 바랍니다.

* 난이도가 높은 문제이기에 틀렸다고 자신감을 잃지 않으셔도 됩니다.

**문제 풀이 위주의 공부방법은 절대 지향하지 않습니다.**

# 1편 철도안전법령 예상 및 기출문제 STEP 3

### 제1장 ▶ 총칙

**01** 다음 정의 중 틀린 것은?
① 열차란 선로를 운행할 목적으로 철도운영자가 조성하여 열차번호를 부여한 철도차량을 말한다.
② 선로란 철도차량을 운행하기 위한 궤도와 이를 받치는 노반 또는 인공구조물로 구성된 시설을 말한다.
③ 철도사고란 철도운영 또는 철도시설관리와 관련하여 사람이 죽거나 다치거나 물건이 파손되는 사고로 국토교통부령으로 정하는 것을 말한다.
④ 운행장애란 철도사고 및 철도준사고에 해당되지 아니하며 철도차량의 운행에 지장을 주는 것으로서 국토교통부령으로 정한 것

**02** 다음 중 철도시설로 맞는 것은?
① 선로정비기지
② 열차통신설비
③ 차량정비시설
④ 차량유치시설

**03** 다음 중 철도안전법 시행령에서 정하는 철도종사자로 맞는 것은?
① 철도차량의 운행선로 또는 그 인근에서 철도시설의 건설 또는 관리와 관련한 작업의 협의·지휘·감독·안전관리 등의 업무에 종사하도록 철도운영자 또는 철도시설관리자가 지정한 사람
② 철도차량의 운행선로 또는 그 인근에서 철도시설의 건설 또는 관리와 관련된 작업의 현장감독업무를 수행하는 사람
③ 철도차량의 운행선로 또는 그 인근에서 철도시설의 건설 또는 관리와 관련한 작업의 일정을 조정하고 해당 선로를 운행하는 열차의 운행일정을 조정하는 사람
④ 철도운영 및 철도시설관리와 관련하여 철도차량의 안전운행 및 질서유지와 철도차량 및 철도시설의 점검·정비 등에 관한 업무에 종사하는 사람

**04** 다음 중 틀린 것은?
① 선로전환기란 철도차량의 운전선로를 변경시키는 기기를 말한다.
② 정거장이란 여객의 승하차(여객 이용시설 및 편의시설을 포함한다), 화물의 적하, 열차의 조성, 열차의 교차통행 또는 대피를 목적으로 사용되는 장소를 말한다.
③ 운행장애가 발생한 현장에서 복구업무를 수행하는 사람은 안전운행 또는 질서유지 철도종사자에 해당된다.
④ 철도용품이란 철도시설 및 철도차량 등에 사용되는 부품·기기·장치등을 말한다.

01 ①　02 ④　03 ②　04 ①

**05** 다음 중 철도안전법령 정의에 대하여 맞는 것은?

① 철도차량의 운전업무(보조업무를 포함한다)에 종사하는 사람을 운전업무 종사자라 한다.
② 철도시설관리자란철도건설 또는 시설관리에 관한 업무를 수행하는 자를 말한다.
③ 운행장애란 열차의 운행에 지장을 주는 것으로서 철도사고에 해당되지 아니하는 것을 말한다.
④ 철도차량정비기술자란 철도차량(철도차량을 구성하는 부품·기기·장치를 포함한다)을 점검·검사, 교환 및 수리하는 행위에 관한 자격, 경력 및 학력 등을 갖추어 제24조의2에 따라 국토교통부장관의 인정을 받은 사람을 말한다.

**06** 다음 중 대통령령으로 정하는 철도시설로 맞는 것은?

① 철도의 선로(선로에 부대되는 시설을 포함한다), 역시설(물류시설·환승시설 및 편의시설 등을 포함한다) 및 철도운영을 위한 건축물·건축설비
② 철도기술의 개발·시험 및 연구를 위한 시설
③ 철도의 건설 및 유지보수를 위한 공사에 사용되는 진입도로·주차장·야적장·토석채취장 및 사토장과 그 설치 또는 운영에 필요한 시설
④ 철도경영연수 및 철도전문인력의 교육훈련을 위한 시설

**07** 다음 중 대통령령으로 정하는 철도종사자로 틀린 것은?

① 철도사고등이 발생한 현장에서 복구 업무를 수행하는 사람
② 철도시설 또는 철도차량을 보호하기 위한 점검업무 또는 경비업무를 수행하는 사람
③ 정거장에서 철도신호기·선로전환기 또는 조작판 등을 취급하거나 열차의 조성 업무를 수행하는 사람
④ 철도에 공급되는 전력의 원격제어장치를 운영하는 사람

**08** 다음 정의 중 맞는 것은?

① 열차란 선로를 운행할 목적으로 철도운영자등이 편성하여 열차번호를 부여한 철도차량
② 철도운영자란 철도운영 및 관리에 관한 업무를 수행하는 자를 말한다.
③ 작업책임자란 철도차량의 운행선로 또는 그 인근에서 철도시설의 건설 또는 관리와 관련한 작업의 협의·지휘·감독·안전관리 등의 업무에 종사하도록 철도운영자 등이 지정한 사람을 말한다.
④ 철도차량이란 선로를 운행할 목적으로 제작된 동력차·객차·화차 및 특수차를 말한다.

05 ④  06 ③  07 ②  08 ④

**09** 다음 중 틀린 것은?

① 철도안전관련시설·안내시설 등 철도의 건설·유지보수 및 운영을 위하여 필요한 시설로서 국토교통부장관이 정하는 시설은 철도시설에 해당된다.
② 철도차량의 정비 및 열차의 운행관리는 철도운영에 해당된다.
③ 철도준사고란 철도운행에 중대한 위해를 끼쳐 철도사고로 이어질 수 있었던 것으로 국토교통부령으로 정하는 것을 말한다.
④ 국가와 지방자치단체는 국민의 생명·신체 및 재산을 보호하기 위하여 철도안전시책을 마련하여 성실히 추진하여야 한다.

**10** 다음 중 국토교통부령으로 정하는 철도사고로 틀린 것은?

① 충돌사고: 철도차량이 다른 철도차량 또는 장애물(동물 및 조류는 제외한다)과 충돌하거나 접촉한 사고
② 탈선사고: 철도차량이 궤도를 이탈하는 사고
③ 철도화재사고: 철도역사, 기계실 등 철도시설에서 화재가 발생하는 사고
④ 기타철도안전사고: 열차화재사고 및 철도차량파손사고에 해당하지 않는 사고로서 철도차량 관리와 관련된 사고

**해설** 〈시행규칙 제1조의2〉

**11** 다음 중 철도사고의 범위에 대한 설명으로 맞는 것은?

① 철도시설파손사고: 교각·교량·터널·선로, 신호·전기·건축·통신·보수설비 등의 철도시설이 파손되는 사고
② 탈선사고: 철도차량이 선로를 이탈하는 사고
③ 열차화재사고: 열차에서 화재가 발생하는 사고
④ 충돌사고: 철도차량이 다른 철도차량 또는 장애물(동물 및 조류는 제외한다)과 충돌하거나 접촉한 사고

**해설** 〈시행규칙 제1조의2〉

**12** 다음 〈보기〉 중 철도사고의 범위에 대하여 맞는 것만 고른 것은?

> ㉠ 국토교통부령이다.
> ㉡ 철도차량화재사고: 철도차량에서 화재가 발생하는 사고
> ㉢ 탈선사고: 철도차량이 궤도를 이탈하는 사고
> ㉣ 철도시설파손사고: 자연재난으로 교량·터널·선로, 신호·전기·통신설비 등의 철도시설이 파손되는 사고
> ㉤ 자연재난으로 철도차량이 궤도를 이탈하는 사고가 발생한 경우 제외한다.
> ㉥ 철도시설안전사고에는 총 3가지가 있다.

① ㉠, ㉢
② ㉠, ㉢, ㉥
③ ㉠, ㉡, ㉢, ㉤
④ ㉠, ㉡, ㉢, ㉤, ㉥

**해설** 〈시행규칙 제1조의2〉

09 ③　10 ④　11 ④　12 ①

**13** 다음 중 철도준사고의 범위로 틀린 것은?

① 열차 또는 철도차량이 승인 없이 정지신호를 지난 경우
② 안전운행에 지장을 주는 레일 파손이나 유지보수 허용범위를 벗어난 선로 뒤틀림이 발생한 경우
③ 안전운행에 지장을 주는 철도차량의 차륜, 차축, 차축베어링에 균열 등의 고장이 발생한 경우
④ 철도차량에서 화약류 등 「철도안전법 시행규칙」제45조에 따른 위험물 또는 제78조제1항에 따른 위해물품이 누출된 경우

**해설** 〈시행규칙 제1조의3〉

**14** 다음 중 철도준사고에 대한 설명으로 맞는 것은?

① 열차운행을 중지하고 공사 또는 보수작업을 시행하는 구간으로 열차가 주행한 경우. 다만, 복구 및 유지 보수를 위한 경우로서 관제 승인을 받은 경우에는 제외한다.
② 안전운행에 지장을 주는 철도차량의 차륜, 차축, 차축기어, 차축베어링에 균열 등의 고장이 발생한 경우
③ 안전운행에 지장을 주는 레일 파손이나 유지보수 허용범위를 벗어난 궤도 뒤틀림이 발생한 경우
④ 국토교통부령이며, 시행규칙이다.

**해설** 〈시행규칙 제1조의3〉

**15** 다음 중 철도준사고에 해당되는 것은?

① 열차가 운행하려는 선로에 장애가 있음에도 진행을 지시하는 신호가 표시되는 경우. 다만, 철도사고의 복구 및 유지 보수를 위한 경우로서 관제 승인을 받은 경우에는 제외한다.
② 열차 또는 철도차량이 승인 없이 신호를 지난 경우
③ 철도차량이 역과 역사이로 미끄러진 경우
④ 안전운행에 지장을 주는 철도차량의 차륜, 차축, 차축베어링에 균열 등의 결함이 발견된 경우

**해설** 〈시행규칙 제1조의3〉

**16** 다음 중 운행장애로 맞는 것은?

① 무궁화호의 20분 운행 지연
② 위험물을 실은 화물열차의 30분 운행 지연
③ KTX의 60분 운행 지연
④ 철도사고등으로 인한 운행 지연은 제외한다.

**해설** 〈시행규칙 제1조의3〉

13 ④   14 ④   15 ③   16 ③

## 제2장 ▶ 철도안전 관리체계

**17** 다음 중 철도안전 종합계획에 포함되어야 하는 사항으로 틀린 것은?

① 철도안전에 관한 시설의 확충, 정비 및 점검 등에 관한 사항
② 철도인진 관계 법령의 정비 등 제도개선에 관한 사항
③ 철도안전 관련 전문 인력의 양성 및 수급 관리에 관한 사항
④ 철도안전 관련 연구 및 기술 개발에 관한 사항

**18** 다음 중 철도안전 종합계획의 경미한 변경에 대하여 틀린 것은?

① 시행령이다.
② 철도안전 종합계획에서 정한 분기 별 사업비를 원래 계획의 100분의 10 이내에서의 변경
③ 철도안전 종합계획에서 정한 시행기한 내에 단위사업의 시행시기의 변경
④ 법령의 개정, 행정구역의 변경 등과 관련하여 철도안전 종합계획을 변경하는 등 당초 수립된 철도안전 종합계획의 기본방향에 영향을 미치지 아니하는 사항의 변경

**19** 다음 중 시행계획에 대하여 틀린 것은?

① 법에 따라 시·도지사와 철도운영자 및 철도시설관리자는 다음 연도의 시행계획의 추진실적을 매년 10월 말까지 국토교통부장관에게 제출하여야 한다.
② 시·도지사 및 철도운영자등은 전년도 시행계획의 추진실적을 매년 2월 말까지 국토교통부장관에게 제출하여야 한다.
③ 국토교통부장관은 시·도지사 및 철도운영자등이 제출한 다음 연도의 시행계획이 철도안전 종합계획에 위반되거나 철도안전 종합계획을 원활하게 추진하기 위하여 보완이 필요하다고 인정될 때에는 시·도지사 및 철도운영자등에게 시행계획의 수정을 요청할 수 있다.
④ 수정 요청을 받은 시·도지사 및 철도운영자등은 특별한 사유가 없는 한 이를 시행계획에 반영하여야 한다.

**20** 다음 중 철도안전투자 공시기준에 대하여 틀린 것은?

① 철도안전투자의 공시 기준, 항목, 절차 등에 필요한 사항은 국토교통부령으로 정한다.
② 철도운영자는 철도안전투자의 예산 규모를 매년 5월말까지 공시해야 한다.
③ 철도안전투자의 공시는 법 제71조제1항에 따라 구축된 철도안전정보종합관리시스템과 해당 철도운영자의 인터넷 홈페이지에 게시하는 방법으로 한다.
④ 법에서 규정한 사항 외에 철도안전투자의 공시 기준 및 절차 등에 관해 필요한 사항은 국토교통부장관이 정해 관보에 고시한다.

**21** 다음 중 맞는 것은?

① 철도안전 종합계획에서 정한 시행기한 내에 단위사업의 시행시기의 변경할 때 철도산업위원회에 심의를 거쳐야 한다.
② 전용철도의 운영자는 자체적으로 안전관리체계를 갖추어 국토교통부장관의 승인을 받아야 한다.

17 ①    18 ②    19 ①    20 ④    21 ③

③ 국토교통부장관은 철도안전경영, 위험관리, 사고 조사 및 보고, 내부점검, 비상대응계획, 비상대응훈련, 교육훈련, 안전정보관리, 운행안전관리, 차량·시설의 유지관리(차량의 기대수명에 관한 사항을 포함한다) 등 철도운영 및 철도시설의 안전관리에 필요한 기술기준을 정하여 고시하여야 한다.

④ 국토교통부령으로 정하는 안전관리체계의 경미한 사항을 변경하려는 경우에는 국토교통부장관에게 변경승인을 받아야 한다.

**22** 국토교통부장관은 (　) 등 철도운영 및 철도시설의 안전관리에 필요한 기술기준을 정하여 고시하여야 한다. 여기서 빈칸에 해당되는 사항을 보기에서 모두 고른 것은?

> ㉠ 사고조사, 수습 및 보고
> ㉡ 내부점검
> ㉢ 교육훈련계획
> ㉣ 안전정보관리
> ㉤ 운행안전관리
> ㉥ 차량·시설의 유지관리 (차량의 기대수명에 관한 사항은 제외한다)

① ㉠, ㉡, ㉢
② ㉠, ㉡, ㉣, ㉤
③ ㉡, ㉣, ㉤
④ ㉡, ㉢, ㉣, ㉤, ㉥

**23** 다음 중 보기의 서류항목을 올바르게 분류한 것은?

> ㉠ 위험관리
> ㉡ 교육훈련
> ㉢ 철도차량 제작 감독
> ㉣ 철도운행 개요
> ㉤ 철도보호 및 질서유지
> ㉥ 철도사고 조사 및 보고

① 철도안전관리시스템: ㉠, ㉡, ㉤
② 철도안전관리시스템: ㉠, ㉡, ㉥
③ 열차운행체계: ㉣, ㉤
④ 유지관리체계: ㉢, ㉤

**24** 다음 중 철도안전관리체계 승인신청서에 첨부하여야 하는 서류로 맞는 것은?

① 「철도사업법」 또는 「도시철도법」에 따른 철도사업면허증
② 유지관리 이행계획 준수
③ 조직·인력의 구성, 업무 분장 및 책임에 관한 서류
④ 법에 따른 종합시험운행 실시 현황 보고서

**25** 다음 중 안전관리체계 승인 신청 절차 등에 대하여 틀린 것은?

① 철도운영자등이 법에 따라 승인받은 안전관리체계를 변경하려는 경우에는 변경된 철도운용 또는 철도시설 관리 개시 예정일 30일 전까지 철도안전관리체계 변경승인신청서에 서류를 첨부하여 국토교통부장관에게 제출하여야 한다.
② 철도운영자등이 법에 따라 승인받은 안전관리체계를 철도차량의 증가에 따라

22 ③　23 ②　24 ③　25 ②

변경하려는 경우에는 변경된 철도운용 또는 철도시설 관리 개시 예정일 90일 전까지 철도안전관리체계 변경승인신청서에 서류를 첨부하여 국토교통부장관에게 제출하여야 한다.
③ 철도운영자등이 안전관리체계의 승인 또는 변경승인을 신청하는 경우 유지관리 방법 및 절차(법에 따른 종합시험운행 실시 결과를 반영한 유지관리 방법을 포함한다)에 따른 서류는 철도운용 또는 철도시설 관리 개시 예정일 14일 전까지 제출할 수 있다.
④ 국토교통부장관은 법에 따라 안전관리체계의 승인 또는 변경승인 신청을 받은 경우에는 15일 이내에 승인 또는 변경승인에 필요한 검사 등의 계획서를 작성하여 신청인에게 통보하여야 한다.

**26** 다음 중 안전관리체계 승인 방법에 대하여 틀린 것은?

① 안전관리기준이란 안전관리에 필요한 기술기준을 말하며, 안전관리기준을 정할 때 전문기술적인 사항에 대해 철도기술심의위원회의 심의를 거칠 수 있고 안전관리기준을 정한 경우에는 관보에 고시한다.
② 서류검사란 법에 따라 철도운영자등이 제출한 서류가 안전관리기준에 적합한지 검사를 말한다.
③ 현장검사: 안전관리체계의 적합성 및 실효성을 현장에서 확인하기 위한 검사를 말한다.
④ 검사에 관한 세부적인 기준, 절차 및 방법 등은 국토교통부장관이 정하여 고시한다.

**27** 다음 중 철도기술심의위원회가 제정·개정 또는 폐지하는 기술기준으로 틀린 것은?

① 안전관리에 필요한 기술기준
② 철도용품의 기술기준
③ 철도차량의 제작관리 및 품질유지에 필요한 기술기준
④ 철도차량의 개조기술기준

**28** 다음 중 철도기술심의위원회에 대하여 맞는 것은?

① 기술위원회는 위원장을 제외한 15인 이내의 위원으로 구성한다.
② 기술위원회의 위원장은 위원 중에서 호선한다.
③ 기술위원회에 상정할 안건을 미리 검토하고 기술위원회가 위임한 안건을 심의하기 위하여 기술위원회에 기술분과별 전문위원(이하 "기술전문위원"라 한다)을 둘 수 있다.
④ 이 규칙에서 정한 것 외에 기술위원회 및 기술전문위원의 구성·운영 등에 관하여 필요한 사항은 국토교통부장관이 정한다.

**29** 다음 중 철도기술심의위원회가 심의하는 사항으로 틀린 것은?

① 법에 따른 기술기준의 제정·개정 또는 폐지
② 법에 따른 형식승인 대상 철도용품의 선정·변경 및 취소
③ 법에 따른 철도차량·철도용품 표준규격의 제정·개정 또는 폐지
④ 법에 따른 철도안전에 관한 전문기관이나 단체의 지정

26 ③   27 ④   28 ②   29 ④

**30** 다음 중 안전관리체계의 유지, 검사 등에 대하여 틀린 것은?

① 국토교통부장관은 정기검사 또는 수시검사를 마친 경우에는 철도사고등에 따른 사망자·중상자의 수 및 철도사고등에 따른 재산피해액 사항이 포함된 검사 결과보고서를 작성하여야 한다.
② 국토교통부장관은 법에 따라 철도운영자등에게 시정조치를 명하는 경우에는 시정에 필요한 적정한 기간을 주어야 한다.
③ 철도운영자등이 법에 따라 시정조치명령을 받은 경우에 14일 이내에 시정조치계획서를 작성하여 국토교통부장관에게 제출하여야 하고, 시정조치를 완료한 경우에는 지체 없이 그 시정내용을 국토교통부장관에게 통보하여야 한다.
④ 규정에서 정한 사항 외에 정기검사 또는 수시검사에 관한 세부적인 기준·방법 및 절차는 국토교통부장관이 정하여 고시한다.

**31** 다음 중 국토교통부장관이 개별기준에 따른 업무제한·정지 기간의 2분의 1 범위에서 그 기간을 줄일 수 있는 경우로 틀린 것은?

① 위반행위가 사소한 부주의나 오류로 인한 것으로 인정되는 경우
② 위반행위자가 법 위반상태를 시정하거나 해소하기 위한 노력이 인정되는 경우
③ 법 위반상태의 기간이 6개월 이상인 경우
④ 그 밖에 위반행위의 정도, 위반행위의 동기와 그 결과 등을 고려하여 업무제한·정지 기간을 줄일 필요가 있다고 인정되는 경우

**32** 다음 중 안전관리체계 관련 처벌기준 중 업무제한 일수가 많은 것으로 맞는 것은?

① 안전관리체계를 지속적으로 유지하지 않아 초래한 철도사고로 인한 사망자 수가 10명인 경우
② 안전관리체계를 지속적으로 유지하지 않아 초래한 철도사고로 인한 재산피해액이 20억원 이상인 경우
③ 시정조치명령을 정당한 사유없이 이행하지 않은 경우 4차 위반한 경우
④ 변경승인을 받지 않고 안전관리체계를 변경한 경우

**33** 다음 중 철도안전 종합계획에 포함되어야 하는 사항으로 맞는 것은?

① 철도안전 종합계획의 목표 및 방향
② 철도안전 관계 법령의 정비 등 법령개선에 관한 사항
③ 철도안전 관련 교육훈련기관에 관한 사항
④ 철도안전 관련 연구 및 기술개발에 관한 사항

**34** 다음 중 철도안전투자의 공시 기준 등에 대하여 맞는 것은?

① 예산규모에는 철도차량교체, 철도시설 개량, 안전설비 설치, 철도안전 교육훈련, 철도안전 연구 및 기술개발, 철도안전 홍보에 관한 예산이 모두 포함되어야 한다.
② 과거 3년간 철도안전투자의 예산, 해당년도 철도안전투자의 예산, 향후 2년간 철도안전투자의 예산이 모두 포함된 예산 규모를 공시할 것

30 ①   31 ③   32 ①   33 ④   34 ③

③ 국가의 보조금, 지방자치단체의 보조금 및 철도운영자의 자금 등 철도안전투자 예산의 재원을 구분해 공시할 것
④ 그 밖에 철도안전투자와 관련된 예산으로서 국토교통부령으로 정해 고시하는 예산을 포함해 공시할 것

**35** 다음 중 철도안전 종합계획의 경미한 사항으로 맞는 것은?
① 법에 따른 철도안전 종합계획에서 정한 총사업비를 원래 계획의 100분의 5 변경
② 철도안전 종합계획에서 정한 시행기한 내에 과업의 시행시기의 변경
③ 법령의 개정, 행정구역의 변경 등과 관련하여 철도안전 종합계획을 변경하는 등 당초 수립된 철도안전 종합계획의 목표에 영향을 미치지 아니하는 사항의 변경
④ 그 외에 대통령령으로 정하는 철도안전 종합계획의 목적에 영향을 미치지 아니하는 사항의 변경

**36** 다음 중 안전관리체계 처분 기준 중 갈음 하였을 때 과징금이 제일 높은 것으로 맞는 것은?
① 철도사고로 인한 사망자 수가 5명인 경우
② 철도사고로 인한 중상자 수가 30명인 경우
③ 철도사고등으로 인한 재산 피해액이 30억원인 경우
④ 업무제한 180일

**37** 다음 <보기> 중 안전관리체계 과징금의 부과기준이 높은 순으로 맞는 것은?

㉠ 철도사고등으로 인한 재산피해액이 50억인 경우
㉡ 철도사고로 인한 중상자 수가 20명인 경우
㉢ 철도사고로 인한 사망자 수가 30명인 경우
㉣ 시정조치명령을 정당한 사유 없이 이행하지 않은 경우 4차 위반
㉤ 변경신고를 하지 않고 안전관리체계를 변경한 경우 4차 이상 위반

① ㉠ > ㉢ > ㉡ > ㉣ > ㉤
② ㉢ > ㉡ > ㉣ > ㉠ > ㉤
③ ㉢ > ㉣ > ㉡ > ㉠ > ㉤
④ ㉢ > ㉣ > ㉠ > ㉡ > ㉤

**38** 다음 중 안전관리체계 관련 과징금의 부과기준에 의해 과징금이 제일 적은 것으로 맞는 것은?
① 철도사고로 인한 사망자수가 10명, 중상자 수가 50명이 경우
② 철도사고로 인한 사망자수가 5명, 중상자수가 1명, 재산피해액이 10억원인 경우
③ 철도사고로 인한 중상자 수가 100명, 재산피해액이 20억원 이상인 경우
④ 시정조치명령을 정당한 사유 없이 이행하지 않은 경우 4차 이상 위반

35 ①    36 ④    37 ④    38 ②

**39** 다음 중 틀린 것은?

① 안전관리 수준평가의 분야에는 사고분야, 철도안전투자 분야, 안전관리 분야가 있다.
② 사고분야에는 항목이 총 4가지가 있다.
③ 국토교통부장관은 매년 3월말까지 안전관리 수준평가를 서면평가의 방법으로 실시한다. 다만, 국토교통부장관이 필요하다고 인정하는 경우에는 현장평가를 실시할 수 있다.
④ 국토교통부장관은 안전관리 수준평가 결과를 해당 철도운영자등에게 통보해야 한다. 이 경우 해당 철도운영자등이 「지방공기업법」에 따른 지방공사인 경우에는 해당 지방공사의 업무를 관리·감독하는 지방자치단체의 장에게도 함께 통보해야 한다.

**40** 다음 중 우수운영자 지정을 취소할 수 있는 국토교통부령으로 정하는 사유로 틀린 것은?

① 계산 착오로 안전관리 수준평가 결과가 최상위 등급이 아닌 것으로 확인된 경우
② 자료의 오류로 안전관리 수준평가 결과가 최상위 등급이 아닌 것으로 확인된 경우
③ 철도운영자등을 대상으로 정기검사 결과 지정기준에 부적합하게 되는 경우
④ 국토교통부장관이 정해 고시하는 표시가 아닌 다른 표시를 사용한 경우

### 제3장 ▶ 철도종사자의 안전관리

**41** 다음 중 운전면허 없이 운전할 수 있는 경우로 틀린 것은?

① 법에 따른 철도차량 운전에 관한 전문 교육훈련기관에서 실시하는 운전교육훈련을 받기 위하여 철도차량을 운전하는 경우
② 법에 따른 운전면허시험을 치르기 위하여 철도차량을 운전하는 경우
③ 철도차량을 제작·조립·정비·시험하기 위한 공장 안의 선로에서 철도차량을 운전하여 이동하는 경우
④ 철도사고등을 복구하기 위하여 열차운행이 중지된 선로에서 사고복구용 특수차량을 운전하여 이동하는 경우

**42** 다음 중 교육훈련 철도차량의 표지에 대하여 틀린 것은?

① 가로 길이는 63cm이다.
② 세로 길이는 20cm이다.
③ 바탕은 파란색, 글씨는 노란색으로 한다.
④ 앞면 유리 오른쪽(운전석 중심으로는 왼쪽) 윗부분에 부착합니다.

**43** 다음 중 철도차량 운전면허 종류 별 운전이 가능한 철도차량에 대하여 틀린 것은?

① 운전면허를 받은 사람이 운전할 수 있는 철도차량의 종류는 국토교통부령으로 정한다.
② 고속철도차량 운전면허로 선로를 시속 200킬로미터 이상으로 운행하는 철도차량을 운전할 수 있다.

39 ④   40 ③   41 ③   42 ④   43 ②

③ 노면전차 운전면허를 받은 사람은 도로 위에 부설한 레일 위를 주행하는 철도차량을 운전할 수 있다.
④ 철도차량 운전면허(철도장비 운전면허는 제외한다) 소지자는 철도차량 종류에 관계없이 차량기지 내에서 시속 25킬로미터 이하로 운전하는 철도차량을 운전할 수 있다. 이 경우 다른 운전면허의 철도차량을 운전하는 때에는 국토교통부장관이 정하는 교육훈련을 받아야 한다.

**44** 다음 중 철도장비 운전면허로 운전할 수 있는 철도차량의 종류로 맞는 것은?

① 철도건설과 유지보수에 필요한 검측장비
② 사고복구용 기계나 장비
③ 철도·도로를 모두 운행할 수 있는 철도복구장비
④ 전용철도에서 시속 25킬로미터 이상으로 운전하는 차량

**45** 다음 중 운전면허의 결격사유로 틀린 것은?

① 19세 미만인 사람
② 운전면허가 취소된 날부터 2년이 지나지 아니하였거나 운전면허의 효력정지 기간 중인 사람
③ 두 귀의 청력 또는 두 눈의 시력을 완전히 상실한 사람
④ 철도차량 운전상의 위험과 장애를 일으킬 수 있는 약물 또는 알코올 중독자로서 대통령령으로 정하는 사람

**46** 다음 중 운전면허를 받을 수 없는 사람으로 맞는 것은?

① 철도차량 운전상의 위험과 장해를 일으킬 수 있는 정신질환자 또는 뇌전증 환자로서 해당 분야 전문의가 정상적인 운전을 할 수 없다고 인정하는 사람은 운전면허 결격사유에 해당된다.
② 두 눈의 시력을 완전히 상실한 사람은 대통령령으로 정하는 신체장애인에 해당된다.
③ 한쪽 엄지손가락을 잃었거나 엄지손가락을 제외한 손가락을 3개 이상 잃은 사람은 대통령령으로 정하는 신체장애인에 해당된다.
④ 다리·척추·허리 또는 그 밖의 신체장애로 인하여 서있지 못하거나 앉아 있을 수 없는 사람은 대통령령으로 정하는 신체장애인에 해당된다.

**47** 다음 중 신체검사에 대하여 틀린 것은?

① 운전면허를 받으려는 사람은 철도차량 운전에 적합한 신체상태를 갖추고 있는지를 판정받기 위하여 국토교통부장관이 실시하는 신체검사에 합격하여야 한다.
② 법에 따른 운전면허의 신체검사 또는 법에 따른 관제자격증명의 신체검사를 받으려는 사람은 신체검사 판정서에 성명·주민등록번호 등 본인의 기록사항을 작성하여 신체검사의료기관에 제출하여야 한다.
③ 신체검사의료기관은 신체검사 판정서의 각 신체검사 항목별로 신체검사를 실시한 후 합격여부를 기록하여 신청인에게 발급하여야 한다.

44 ③  45 ④  46 ①  47 ④

④ 신체검사의 합격기준, 검사방법 및 절차 등에 관하여 필요한 사항은 국토교통부령으로 정하여 관보에 고시한다.

**48** 다음 운전면허 신체검사 불합격 기준 중 순환기 계통 항목에 해당되지 않는 것은?

① 심부전증
② 유착성 심낭염
③ 폐성심
④ 중증 만성천식증

**49** 다음 중 적성검사기관에 대한 설명으로 틀린 것은?

① 운전적성검사기관의 지정기준, 지정절차에 관한 세부적인 사항은 국토교통부령으로 정한다.
② 국토교통부장관은 운전적성검사기관 지정 신청을 받은 경우에는 지정기준을 갖추었는지 여부, 운전적성검사기관의 운영계획, 운전업무종사자의 수급상황 등을 종합적으로 심사한 후 그 지정 여부를 결정하여야 한다.
③ 국토교통부장관은 운전적성검사기관을 지정한 경우에는 그 사실을 관보에 고시하여야 한다.
④ 운전적성검사기관은 그 명칭·대표자·소재지나 그 밖에 운전적성검사 업무의 수행에 경미한 영향을 미치는 사항의 변경이 있는 경우에는 해당 사유가 발생한 날부터 15일 이내에 국토교통부장관에게 그 사실을 알려야 한다.

**50** 다음 중 고속철도차량 운전면허시험 응시자와 철도교통관제사 자격증명 응시자의 공통 검사 항목으로 맞는 것은?

① 지속주의
② 일반성향
③ 작업기억
④ 공간지각

**51** 다음 중 적성검사기관의 세부 지정기준으로 맞는 것은?

① 선임검사관 자격기준은 대학을 졸업한 사람(법령에 따라 이와 같은 수준 이상의 학력이 있다고 인정되는 사람을 포함한다)으로서 선임검사관 경력이 2년 이상 있는 사람
② 적성검사 업무를 수행하는 상설 전담조직을 1일 50명 이상을 검사하는 것을 기준으로 한다.
③ 분산된 검사장을 제외하고 1회 검사능력 25명(1일 50명) 이상의 검사장(70㎡ 이상이어야 한다)을 확보하여야 한다.
④ 운전적성검사기관의 운영 등에 관한 업무규정을 갖춰야 한다.

**52** 다음 중 적성검사 항목 및 불합격기준으로 맞는 것은?

① 반응형 검사항목 중 부적합으로 판정된 항목이 두개 이상인 경우 불합격 처리가 된다.
② 인식 및 기억력 항목 중 작업기억은 철도차량 운전업무종사자와 관련이 없다.
③ 판단 및 행동력에는 사고력이 있다.
④ 안전성향검사는 전문의(정신보건의학) 진단결과로 대체할 수 있으며, 부적합 판정을 받은 자는 당일 1회에 한정하여 재검사를 시행하고 그걸 최종 검사결과로 할 수 있다.

48 ④　49 ④　50 ④　51 ③　52 ②

**53** 다음 중 운전적성검사기관 업무규정으로 맞는 것은?

① 검사체계 및 절차
② 각종 증명의 발급 및 대장의 관리·유지
③ 장비운용·정비계획
④ 자료의 관리·유지

**54** 다음 중 운전적성검사기관의 지정취소 및 업무정지의 기준으로 틀린 것은?

① 위반행위가 둘 이상인 경우로서 그에 해당하는 각각의 처분기준이 다른 경우에는 그중 무거운 처분기준에 따른다.
② 위반행위가 둘 이상인 경우로서 그에 해당하는 각각의 처분기준이 같은 경우에는 무거운 처분기준의 2분의 1까지 가중할 수 있되, 각 처분기준을 합산한 기간을 초과할 수 없다.
③ 위반행위의 횟수에 따른 행정처분의 가중된 부과기준은 최근 2년간 같은 위반행위로 행정처분을 받은 경우에 적용한다.
④ 위반행위의 횟수에 따른 행정처분의 가중된 부과기준의 경우 기간의 계산은 위반행위에 대하여 행정처분을 받은 날과 그 처분 후 다시 같은 위반행위를 하여 적발된 날을 기준으로 한다.

**55** 다음 중 운전교육훈련 지정신청서 첨부서류로 틀린 것은?

① 운전교육훈련평가계획을 포함한 운전교육훈련계획서
② 운전교육훈련을 담당하는 강사의 자격·학력·경력 등을 증명할 수 있는 서류 및 담당업무
③ 운전교육훈련에 필요한 강의실 등 시설 내역서
④ 운전교육훈련에 필요한 철도차량 또는 모의운전연습기 등 정비 내역서

**56** 다음 중 운전교육훈련기관에 대하여 맞는 것은?

① 신청인은 운전교육훈련계획서(운전교육훈련계획을 포함한다)를 지정승인신청서에 첨부하여 국토교통부장관에게 제출하여야 한다.
② 국토교통부장관은 운전교육훈련기관의 지정 신청을 받은 경우에는 지정기준을 갖추었는지 여부, 운전교육훈련기관의 운영계획 및 운전업무종사자의 수급 상황 등을 종합적으로 심사한 후 그 지정 여부를 결정하여야 한다.
③ 운전교육훈련기관 지정기준 및 지정절차에 관한 세부적인 사항은 국토교통부령으로 정하며, 지정기준 및 지정절차에 적합한 지의 여부를 2년마다 심사하여야 한다.
④ 운전교육훈련기관 지정기준에는 운전교육훈련 업무 수행에 필요한 업무규정을 갖출 것이 있다.

53 ④  54 ③  55 ④  56 ②

**57** 다음 중 교육시간이 제일 적은 것으로 맞는 것은?

① 철도차량 운전업무 보조경력 1년 이상 경력자의 철도장비 운전면허 기능교육 시간
② 철도건설 및 유지보수에 필요한 기계 또는 장비작업경력 1년 이상인 경우 기계·장비의 구조 및 기능교육시간
③ 철도차량 운전업무 보조경력 1년 이상 경력자의 노면전차 운전면허 기능교육 시간
④ 전동차 차장 경력이 2년 이상인 경우 노면전차 운전면허의 이론교육시간

**58** 다음 중 같은 교육시간끼리 나열한 것으로 틀린 것은?

① 일반응시자의 노면전차운전면허 노면전차 시스템 일반 교육시간과 디젤차량 운전면허 소지자의 제1종 전기차량 운전면허 전기기관차의 구조 및 기능 교육시간
② 일반응시자의 철도장비 운전면허 교육과정 중 이론교육시간과 기능교육시간
③ 철도차량 운전업무 보조경력 1년 이상인 사람의 철도장비 운전면허 철도시스템 일반 교육시간과 제2종 전기차량 운전면허소지자의 디젤차량 운전면허 철도시스템 일반 교육시간
④ 철도운영자에 소속되어 철도관련 업무에 종사한 경력 3년 이상인 사람의 제2종 전기차량 운전면허 이론교육 중 비상시 조치 등 시간과 제2종 전기차량 운전면허 소지자의 디젤차량 운전면허 이론교육 중 비상시 조치 등 교육시간

**59** 다음 중 운전면허 취득을 위한 교육훈련 과정별 교육시간에 대한 설명으로 틀린 것은?

① 일반응시자의 노면전차의 구조 및 기능 교육시간은 80시간이다.
② 제1종 전기차량 운전면허 소지자의 제2종 전기차량 도시철도 시스템 일반 교육시간은 10시간이다.
③ 디젤차량 운전면허 소지자의 노면전차 운전면허 이론교육시간은 기능교육시간의 두 배다.
④ 철도건설 및 유지보수에 필요한 기계 또는 장비작업경력 1년 이상인 사람의 철도장비 운전면허 기능교육시간은 80시간이다.

**60** 다음 중 운전면허 취득을 위한 교육훈련 과정별 교육시간 및 교육훈련과목에 대한 설명으로 틀린 것은?

① 일반응시자의 제1종 전기차량 운전면허의 이론교육 과목에는 철도관련법, 철도시스템 일반, 전기기관차의 구조 및 기능, 운전이론 일반, 비상시 조치(인적오류 예방 포함) 등이 있다.
② 철도장비 운전면허 소지자의 디젤차량 운전면허 교육시간은 이론200시간, 기능260시간이다.
③ 모든 과정의 이론교육의 과목별 교육시간은 100분의 20 범위 내에서 조정이 가능하다.
④ 철도운전관련 대학의 정규교육과정 교과목으로 이론교육의 해당 교과목 시간을 이수하여 해당교수가 인정한 경우 이론교육의 해당 교과목을 이수한 것으로 보고 면제할 수 있다.

57 ①　58 ④　59 ④　60 ④

**61** 다음 중 교육훈련기관의 세부 지정기준으로 틀린 것은?

① 철도교통에 관한 업무란 철도운전·안전·차량·기계·신호·전기·궤도·시설에 관한 업무를 말한다.
② 철도차량 운전면허별로 교육훈련기관으로 지정받기 위하여 고속철도차량·전기기관차·전기동차·디젤기관차·철도장비·노면전차를 각각 보유하고, 이를 운용할 수 있는 선로, 전기·신호 등의 철도시스템을 갖출 것
③ 1회 교육생 30명을 기준으로 철도차량 운전면허 종류별 전임 책임교수, 선임교수, 교수를 각 1명 이상 확보하여야 하며, 운전면허 종류별 교육인원이 15명 추가될 때마다 운전면허 종류별 교수 1명 이상을 추가로 확보하여야 한다. 이 경우 추가로 확보하여야 하는 교수는 비전임으로 할 수 있다.
④ 기본기능 모의운전연습기란 철도차량의 운전훈련에 꼭 필요한 부분만을 제작한 장비를 말한다.

**62** 다음 중 교육훈련기관의 세부 지정기준으로 맞는 것은?

① 교수의 경우 해당 철도차량 운전업무 수행경력이 1년 이상인 사람으로서 학력 및 경력의 기준을 갖추어야 한다.
② 철도차량운전 관련 업무란 철도차량 운전업무수행자에 대한 안전교육·지도관리 및 관리감독 업무를 말한다.
③ 30명이 동시에 실습할 수 있는 컴퓨터 지원시스템 실습장(면적 60제곱미터 이상)을 갖추어야 한다.
④ 제1종 전기차량 운전면허 및 제2종 전기차량 운전면허의 경우는 팬터그래프, 변압기, 컨버터, 인버터, 견인전동기, 제동장치에 대한 설비교육이 가능한 실제 장비를 추가로 갖출 것. 다만, 현장교육이 가능한 경우에는 장비를 갖춘 것으로 본다.

**63** 다음 중 철도차량 운전면허시험의 과목 및 합격기준으로 맞는 것은?

① 고속철도차량 운전면허 필기시험 과목은 5개가 있으며, 합격기준은 과목당 100점을 만점으로 하여 매 과목 40점 이상(고속철도 운전 관련 규정의 경우 60점 이상), 총점 평균 60점 이상 득점한 사람이다.
② 디젤차량 운전면허 소지자의 제1종 전기차량 운전면허 필기시험 과목에는 전기기관차의 구조 및 기능만 있다.
③ 철도장비 운전면허 소지자가 디젤차량 운전면허 시험에 응시하는 경우에는 신체검사 및 적성검사의 증명서류를 운전면허증 사본으로 갈음한다.
④ 노면전차 운전면허소지자의 철도장비 운전면허 필기시험 과목에 운전이론 일반이 있다.

**64** 다음 중 운전면허시험 응시원서의 제출 등에 대하여 맞는 것은?

① 운전적성검사기관이 발급한 운전적성검사 판정서(운전면허시험 응시원서 접수일 이전 10년 이내(50세 이상인 경우 5년)인 것에 한정한다)는 운전면허시험 응시원서 첨부서류에 해당된다.
② 운전업무 수행 경력증명서 사본(고속철도차량 운전면허시험에 응시하는 경우

61 ①  62 ④  63 ②  64 ④

에 한정한다)을 응시원서에 첨부하여야 한다.
③ 운전면허시험 응시표를 발급받은 사람이 응시표를 잃어버리거나 헐어서 못쓰게 된 경우에는 사진(4.5센티미터 × 3.5센티미터) 1장을 첨부하여 한국교통안전공단에 재발급을 신청하여야 하고, 한국교통안전공단은 응시원서 접수 사실을 확인한 후 운전면허시험 응시표를 신청인에게 재발급할 수 있다.
④ 한국교통안전공단은 운전면허시험의 응시 수요 등을 고려하여 필요한 경우에는 공고한 시행계획을 변경할 수 있다. 이 경우 미리 국토교통부장관의 승인을 받아야 하며 변경되기 전의 필기시험일 또는 기능시험일(필기시험일 또는 기능시험일이 앞당겨진 경우에는 변경된 필기시험일 또는 기능시험일을 말한다)의 7일 전까지 그 변경사항을 인터넷 홈페이지 등에 공고하여야 한다.

**65** 다음 중 철도차량 운전면허증 기재사항으로 틀린 것은?

① 면허종류, 면허번호, 유효기간
② 성명, 생년월일, 발급일자
③ 운전 실무수습 인증구간, 인증기관
④ 운전 실무수습 운전거리, 평가자

**66** 다음 중 운전면허 갱신에 관한 내용중 맞는 것은?

① 신청자가 갱신신청일 전까지 국토교통부령으로 정하는 교육훈련을 40시간 이상 받았을 경우 국토교통부장관은 운전면허증을 갱신하여 발급해야한다.

② 운전면허의 효력이 정지된 사람이 정지된 날부터 3년이내 동일한 면허를 취득하려는 경우 운전면허취득절차 일부를 면제한다.
③ 운전면허의 갱신을 신청하는 날 전 10년 이내에 관제업무에 2년 이상 종사한 경력이 있으면 운전면허 갱신에 필요한 경력에 해당된다.
④ 한국교통안전공단은 효력이 정지된 사람이 있는때 효력이 정지된 날부터 15일 이내 해당 운전면허 취득자에게 통지해야한다.

**67** 다음 중 운전면허의 취소 및 효력정지 처분에 대한 설명으로 틀린 것은?

① 국토교통부장관은 법에 따라 운전면허의 취소나 효력정지 처분을 한 때에는 철도차량 운전면허 취소·효력정지 처분 통지서를 해당 처분대상자에게 발송하여야 한다.
② 국토교통부장관은 처분대상자가 철도운영자에게 소속되어 있는 경우에는 철도운영자에게 그 처분 사실을 통지하여야 한다.
③ 처분대상자의 주소 등을 통상적인 방법으로 확인할 수 없거나 철도차량 운전면허 취소·효력정지 처분 통지서를 송달할 수 없는 경우에는 운전면허시험기관인 한국교통안전공단 게시판 또는 인터넷 홈페이지에 14일 이상 공고함으로써 통지에 갈음할 수 있다.
④ 운전면허의 취소 또는 효력정지 처분의 통지를 받은 사람은 통지를 받은 날부터 15일 이내에 운전면허증을 한국교통안전공단에 반납하여야 한다.

65 ④  66 ③  67 ②

**68** 다음 중 운전면허취소 및 효력정지 처분의 세부기준 중 처분기준이 다른 것은?

① 운전업무종사자의 준수사항을 위반하여 1천만원 미만의 물적피해가 발생한 경우 4차 위반
② 철도사고등이 발생했을 때 국토교통부령으로 정하는 후속조치를 이행하지 않은 경우 2차 위반
③ 술을 마신 상태(혈중 알코올 농도 0.02퍼센트 이상 0.1퍼센트 미만)에서 운전한 경우 1차 위반
④ 철도차량 운전규칙을 위반하여 운전을 하다가 열차운행에 중대한 차질을 초래한 경우 3차 위반

**69** 다음 중 실무수습·교육의 세부기준에 대한 설명으로 맞는 것은?

① 철도차량 운전면허 실무수습 이수경력이 없는 사람의 고속철도차량 운전면허 실무수습 및 교육시간 또는 거리는 200시간 이상 또는 10,000킬로미터 이상이다.
② 운전업무종사자가 철도장비 운전업무 수행경력이 없는 구간을 운전하고자 하는 때에는 30시간 이상 또는 600킬로미터 이상의 실무수습 및 교육을 받아야 한다.
③ 운전실무수습·교육의 시간은 교육시간, 준비점검시간 및 차량검수시간과 실제운전시간을 모두 포함한다.
④ 철도차량 운전면허 실무수습 이수경력이 없는 사람의 실무수습 및 교육시간 또는 거리는 제2종 전기차량 운전면허의 무인운전 구간의 경우 100시간 이상 또는 1,500킬로미터 이상이다.

**70** 다음 중 운전업무종사자 실무수습 관리대장의 기재사항으로 틀린 것은?

① 면허 종류 및 소속 기관
② 수습구간 및 수습차량
③ 교육시간 및 운전거리
④ 인증란에 실무수습을 실시한 평가자의 실인을 날인하어야 한다.

**71** 다음 중 철도 관제교육훈련의 과목 및 교육훈련시간으로 맞는 것은?

① 관제교육훈련 과목에는 열차운행계획 및 실습, 철도관제시스템 운영 및 실습, 열차운행선 관리 및 실습, 비상시 조치 등이 있으며 교육훈련시간은 360시간이다.
② 법에 따라 「고등교육법」에 따른 학교에서 관제교육훈련 과목 중 어느 하나의 과목과 교육내용이 동일한 교과목을 이수한 사람에게는 해당 관제교육훈련 과목의 교육훈련을 면제한다.
③ 법에 따라 철도차량의 운전업무 또는 철도신호기·선로전환기·조작판의 취급업무에 5년 이상의 경력을 취득한 사람에 대한 교육훈련시간은 105시간으로 할 수 있다.
④ 이론교육의 과목별 교육시간은 100분의 20 범위 내에서 조정이 가능하다.

68 ②　69 ②　70 ④　71 ②

**72** 다음 내용 중 틀린 것은?

① 철도 관제자격증명 취득자의 디젤차량 운전면허 기능교육시간과 도시철도 관제자격증명 취득자의 디젤차량 운전면허 기능교육시간은 같다.
② 철도 관제자격증명 취득자의 철도장비 운전면허 교육시간은 도시철도 관제자격증명 취득자와 과목은 동일하지만 20시간 많다.
③ 철도 관제 자격증명 취득자와 도시철도 관제자격증명 취득자의 노면전차 운전면허 이론 교육과목은 두가지로 동일하다.
④ 철도 관제자격증명 취득자의 노면전차 운전면허 교육시간은 도시철도 관제자격증명 취득자와 같다.

**73** 다음 중 관제교육훈련기관의 세부 지정기준에 대한 설명으로 맞는 것은?

① 철도차량운전 관련 업무란 철도차량 운전업무수행자에 대한 안전관리·운전교육 및 관리감독 업무를 말한다.
② 면적 60제곱미터 이상의 강의실을 갖출 것. 다만, 1제곱미터당 교육인원은 1명을 초과하지 아니하여야 한다.
③ 전 기능 모의관제시스템이란 실제 관제실과 유사하게 제작한 장비를 말하며 1대 이상 보유하여야 한다.
④ 컴퓨터지원교육시스템의 성능기준은 관제교육훈련 과목과 동일하며, 관련 프로그램 및 컴퓨터 30대 이상 보유하여야 한다.

**74** 다음 중 관제교육훈련기관의 세부 지정기준에 대한 설명으로 맞는 것은?

① 박사학위 소지자로서 철도교통에 관한 업무에 10년 이상 또는 철도교통관제 업무나 철도차량 운전 관련 업무에 5년 이상 근무한 경력이 있는 사람은 책임교수의 자격기준에 적합하다.
② 1회 교육생 30명을 기준으로 철도교통관제 전임 책임교수 1명, 비전임 선임교수, 교수를 각 1명 이상 확보하여야 하며, 교육인원이 15명 추가될 때마다 각 교수 1명 이상을 추가로 확보하여야 한다. 이 경우 추가로 확보하여야 하는 교수는 비전임으로 할 수 있다.
③ 교육훈련에 필요한 강의실·편의시설 및 설비를 갖춰야 한다.
④ 11개 사항을 포함한 업무규정을 갖춰야 한다.

**75** 다음 중 관제자격증명 시험 일부를 면제할 수 있는 사람을 모두 고른 것은?

> ㉠ 「고등교육법」에 따른 학교에서 국토교통부령으로 정하는 관제업무 관련 교과목을 이수한 사람
> ㉡ 운전면허를 받은 사람
> ㉢ 철도차량의 운전업무에 대하여 5년 이상의 경력을 취득한 사람
> ㉣ 관제자격증명 취득자

① ㉠, ㉡
② ㉡, ㉣
③ ㉠, ㉢, ㉣
④ ㉠, ㉡, ㉢, ㉣

**76** 다음 중 관제자격증명 응시원서에 첨부할 수 있는 서류로 맞는 것을 모두 고른 것은?

> ㉠ 신체검사의료기관이 발급한 신체검사 판정서의 사본(관제자격증명시험 응시원서 접수일 이전 2년 이내인 것에 한정한다)
> ㉡ 관제교육훈련기관이 발급한 관제교육훈련 수료증명서의 사본
> ㉢ 철도차량 운전면허증의 사본(철도차량 운전면허 소지자에 한정한다)
> ㉣ 도시철도 관제자격증명서의 사본(도시철도 관제자격증명 취득자만 제출한다)

① ㉠, ㉡
② ㉢, ㉣
③ ㉡, ㉢, ㉣
④ ㉠, ㉡, ㉢, ㉣

**77** 다음 중 관제자격증명 갱신에 필요한 서류로 맞는 것은?

① 관제자격증명서 사본
② 철도운영자등에게 소속되어 관제교육훈련업무에 2년 이상 종사한 경력을 증명하는 서류
③ 철도운영자등에게 소속되어 관제업무종사자를 지도·교육·관리하거나 감독하는 업무에 2년 이상 종사한 경력을 증명하는 서류
④ 관제교육훈련기관이나 철도운영자가 실시한 관제업무에 필요한 교육훈련을 관제자격증명 갱신신청일 전까지 20시간 이상 받은 것을 증명하는 서류

**78** 다음 중 관제업무 실무수습에 대한 내용으로 맞는 것은?

① 관제업무 실무수습을 이수한 사람으로서 관제업무를 수행할 구간 또는 관제업무 수행에 필요한 기기의 변경으로 인하여 다시 관제업무 실무수습을 이수하여야 하는 사람에 대해서는 별도의 실무수습 계획을 수립하여 시행할 수 있다. 이 경우 총 실무수습 시간은 100시간 이상으로 하여야 한다.
② 철도운영자등은 실무수습 계획을 수립한 경우에는 그 내용을 국토교통부장관에 통보하여야 한다.
③ 철도운영자등은 관제업무에 종사하려는 사람이 관제업무 실무수습을 이수한 경우에는 관제업무종사자 실무수습 관리대장에 실무수습을 받은 구간 등을 기록하고 그 내용을 한국교통안전공단에 통보하여야 한다.
④ 철도운영자는 관제업무에 종사하려는 사람이 관제업무 실무수습을 받은 구간 외의 다른 구간에서 관제업무를 수행하게 하여서는 아니 된다.

**79** 다음 중 대통령령으로 정하는 정기적으로 신체검사와 적성검사를 받아야하는 철도종사자로 틀린 것은?

① 운전업무종사자
② 관제업무종사자
③ 정거장에서 철도신호기·선로전환기 및 조작판 등을 취급하거나 열차의 조성업무를 수행하는 사람
④ 정거장에서 철도신호기·선로전환기 및 조작판 등을 취급하는 업무를 수행하는 사람

76 ②　　77 ③　　78 ③　　79 ③

**80** 다음 중 신체검사를 받아야하는 철도종사자의 신체검사에 대한 설명으로 맞는 것은?

① 정기검사란 최초검사 또는 특별검사를 받은 후 2년마다 실시하는 신체검사를 말한다.
② 특별검사란 철도종사자가 철도사고를 일으키거나 질병 등의 사유로 해당 업무를 적절히 수행하기가 어렵다고 철도운영자등이 인정하는 경우에 실시하는 신체검사를 말한다.
③ 운전업무종사자가 운전면허의 신체검사를 받은 날부터 2년 이상이 지난 후에 운전업무에 종사하는 사람은 정기검사를 받아야 한다.
④ 신체검사 유효기간 만료일이란 최초검사나 정기검사를 받은 날부터 2년이 되는 날을 말한다.

**81** 다음 중 신체검사 불합격 기준에 대하여 맞는 것은?

① 운전업무종사자에 대한 최초검사 중 일반 결함에는 조절되지 아니하는 중증인 고혈압증이 있다.
② 운전면허 취득을 위한 신체검사 항목 중 유전성 및 후천성 만성근육질환은 신경계통에 대한 항목이다.
③ 운전업무 종사자등에 대한 정기검사 항목 중 피부 질환은 업무수행에 지장이 있는 피부질환자 및 한센병 환자가 있다.
④ 관제자격증명 취득을 위한 신체검사 항목 중 귀의 청력이 500, 1000, 1500, 2000 Hz에서 측정하여 측정치의 산술평균이 두 귀 모두 40db 이상인 사람이 있다.

**82** 다음 중 운전업무종사자의 적성검사에 대한 설명으로 틀린 것은?

① 정기검사란 최초검사를 받은 후 5년(50세 미만인 경우에는 10년)마다 실시하는 적성검사를 말한다.
② 운전업무종사자가 운행장애를 일으켜 해당 업무를 적절히 수행하기 어렵다고 철도운영자가 인정하는 경우 특별검사를 실시한다.
③ 운전적성검사를 받은 날부터 5년 이상이 지난 후에 운전업무에 종사하는 50세 이상은 최초검사를 받아야 한다.
④ 적성검사 유효기간 만료일이란 최초검사나 특별검사를 받은 날부터 10년이 되는 날을 말한다.

**83** 다음 중 정거장에서 철도신호기, 선로전환기 및 조작판 등을 취급하는 업무를 수행하는 사람의 적성검사 항목 및 불합격기준으로 맞는 것은?

① 최초검사 반응형 검사 항목 중 부적합이 2개 이상인 사람
② 문답형 검사는 최초, 정기, 특별 검사 모두 같다.
③ 특별검사에서 품성검사결과 부적합자로 판정된 사람은 불합격이다.
④ 반응형 검사 점수 합계는 70점으로 한다. 다만, 정기검사와 특별검사는 검사 항목별 등급으로 평가한다.

80 ④   81 ②   82 ④   83 ④

**84** 다음 중 적성검사 항목 및 불합격기준에 대한 내용으로 맞는 것은?

① 모든 정기검사에서 반응형 검사 항목 중 F 등급이 2개 이상인 사람은 불합격이다.
② 반응형 검사 점수 합계는 70점으로 한다. 다만, 정기검사와 특별검사는 점수별 등급으로 평가한다.
③ 특별검사의 복합기능(관제/신호) 및 시각변별(운전) 검사는 시뮬레이터 검사기로 시행한다.
④ 철도장비 운전업무종사자 정기검사 반응형 검사 항목은 총 6개가 있다.

**85** 다음 중 <보기> 빈칸에 들어갈 말로 맞는 것은?

> (         ) 이전에 적성검사를 받은 철도장비 운전면허 소지자가 다른 종류의 철도차량 운전면허를 취득하려는 경우에는 적성검사를 받아야 한다.

① 2004년 4월 1일
② 2010년 10월 1일
③ 2020년 10월 8일
④ 2023년 1월 18일

**86** 다음 중 철도종사자의 안전교육 대상자로 맞는 것은?

① 철도시설의 건설 또는 관리와 관련한 작업의 협의·지휘·감독·안전관리 등의 업무에 종사하도록 철도운영자 또는 철도시설관리자가 지정한 사람
② 철도차량 및 철도시설의 유지를 위한 점검·정비 업무에 종사하는 사람
③ 철도에 공급되는 전력의 원격제어장치를 운영하는 사람
④ 철도경찰 사무에 종사하는 국가공무원

**87** 다음 중 철도종사자에 대한 안전교육의 내용으로 맞는 것은?

① 철도관련법령 및 안전관련 규정
② 철도사고 및 운행장애 사례 및 사고예방 대책
③ 근로자의 건강관리 등 안전·보건관리에 관한 사항
④ 위기대응체계 및 위기대응시스템

**88** 다음 중 철도신호기·선로전환기·조작한 취급자 직무교육 내용으로 맞는 것은?

① 신호장치취급 규정
② 전기·신호·통신 장치 매뉴얼
③ 운전취급이론
④ 선로전환기 취급방법

**89** 다음 중 열차의 조성업무 수행자 철도직무교육내용으로 맞는 것은?

① 직무관련 규정 및 안전관리
② 무선전화 요령
③ 철도수송 일반
④ 선로, 신호, 전호 등 시스템의 이해

84 ④  85 ③  86 ③  87 ③  88 ④  89 ①

**90** 다음 중 철도에 공급되는 전력의 원격제어장치 운영자 교육내용으로 맞는 것을 모두 골라 나열한 것은?

> ㉠ 변전 및 전차선 취급요령
> ㉡ 전력설비 일반
> ㉢ 철도안전법 및 철도안전관리체계 (전기분야 중심)
> ㉣ 전기 · 신호 · 통신 장치 일반
> ㉤ 비상전력 운용계획, 전력공급원격제어장치 (SCADA)
> ㉥ 직무관련 기타사항 등

① ㉠, ㉡, ㉤
② ㉡, ㉤, ㉥
③ ㉡, ㉣, ㉤, ㉥
④ ㉠, ㉡, ㉢, ㉣, ㉤, ㉥

해설 〈규칙 [별표 13의3]〉

**91** 철도시설 중 궤도·토목·건축 시설 점검·정비 업무 종사자 직무교육내용으로 틀린 것은?

① 궤도, 토목, 시설, 건축 일반
② 철도안전법 및 철도안전관리체계(토목 분야 중심)
③ 궤도, 토목, 시설, 건축 일반 실무
④ 직무관련 기타사항 등

**92** 다음 중 철도직무교육의 주기 및 교육 인정 기준으로 맞는 것은?

① 철도직무교육의 주기는 철도직무교육 대상자로 신규 채용되거나 전직된 연도의 다음 년도 1월 1일부터 매 5년이 되는 날까지로 한다. 다만, 휴직 · 파견 등으로 6개월 이상 철도직무를 수행하지 아니한 경우에는 철도직무의 수행이 중단된 날부터 철도직무를 다시 시작하게 된 날을 제외하고 직무교육의 주기를 계산한다.
② 철도직무교육 대상자는 질병이나 자연재해 등 부득이한 사유로 철도직무교육을 철도안전법 시행규칙 별표 [13의3] 1호에 따른 기간 내에 받을 수 없는 경우에는 철도운영자등의 승인을 받아 철도직무교육을 받을 시기를 연기할 수 있다. 이 경우 철도직무교육 대상자가 승인받은 기간 내에 철도직무교육을 받은 경우에는 철도안전법 시행규칙 별표[13의3] 제1호에 따른 기간 내에 철도직무교육을 받은 것으로 본다.
③ 철도운영자등은 철도직무교육 대상자가 다른 법령에서 정하는 철도직무에 관한 교육을 받은 경우에는 해당 교육시간을 철도안전법 시행규칙 별표[13의3]에 따른 철도직무교육시간으로 인정하여야 한다.
④ 대통령령의 인정을 받은 철도차량정비기술자가 법 제24조의4에 따라 받은 철도차량정비기술교육훈련은 별표에 따른 철도직무교육으로 본다.

**93** 다음 중 철도직무교육의 실시방법에 대한 설명으로 맞는 것은?

① 철도운영자등은 업무현장 외의 장소에서 집합교육의 방식으로 철도직무교육을 실시해야 한다. 다만, 철도직무교육 시간의 50%를 초과하여 사이버교육 방법으로 철도직무교육을 실시할 수 있다.
② 규정에도 불구하고 재해 · 감염병 발생 등 부득이한 사유가 있는 경우로서 국토교통부장관의 승인을 받은 경우에는 철도직무교육시간의 50% 이상으로 사이버교육 방법으로 철도직무교육을 실시

할 수 있다.
③ 철도운영자등은 철도직무교육시간의 30%이하의 범위에서 철도운영기관의 실정에 맞게 교육내용을 변경하여 철도직무교육을 실시할 수 있다.
④ 별표에서 규정한 사항 외에 철도직무교육에 필요한 사항은 철도운영자등이 정하여 고시한다.

**94** 다음 중 철도차량정비기술자에 첨부하여야 되는 서류로 맞는 것은?
① 국가기술자격증(자격별 경력점수에 포함되는 국가기술자격의 종목에 한정한다)
② 철도차량정비경력증(등급변경 인정 신청의 경우에 한정한다)
③ 졸업증명서 또는 학위취득서(등급변경 인정 신청의 경우에 한정한다)
④ 정비교육훈련 수료증(해당하는 사람에 한정한다)

**95** 다음 중 철도차량정비기술자의 인정 기준에 대한 내용으로 맞는 것은?
① 역량지수는 자격별 학력점수 + 경력점수다.
② 기사의 경우 경력점수는 9점/년이다.
③ 철도차량정비기술자의 자격별 경력에 포함되는 「국가기술자격법」에 따른 국가기술자격의 종목은 국토교통부장관이 정하여 고시한다. 이 경우 둘 이상의 다른 종목 국가기술자격을 보유한 사람의 경우 그중 점수가 높은 종목의 경력점수만 인정한다.
④ 경력점수는 월 단위까지 계산한다. 이 경우 월 단위의 기간으로 산입되지 않는 일수의 합이 30일 이하인 경우 1개월로 본다.

**96** 다음 중 정비교육훈련기관의 지정기준으로 맞는 것은?
① 정비교육훈련 업무 수행에 필요한 전문인력을 확보할 것
② 정비교육훈련 업무를 수행할 수 있는 상설 전담조직을 갖출 것
③ 정비교육훈련에 필요한 강의실, 사무실 및 교육 장비를 갖출 것
④ 정비교육훈련기관의 운영 등에 관한 업무규정을 갖출 것

**97** 다음 중 정비교육훈련기관의 세부 지정기준으로 맞는 것은?
① 4등급 철도차량정비경력증 소지자는 교수 외에 자격기준에 부적합하다.
② 1회 교육생이 30명 미만인 경우 책임교수 및 선임교수 1명 이상을 확보해야 한다.
③ 실기교육장: 교육생 1명마다 2제곱미터 이상의 면적을 확보해야 한다.
④ 국토교통부장관이 인정한 정비교육훈련에 필요한 교재를 갖추어야 한다.

**98** 다음 중 정비교육훈련기관 지정신청서에 첨부해야되는 서류로 맞는 것은?
① 정비교육훈련계획서(교육생훈련계획을 포함한다)
② 정비교육훈련에 필요한 사무실·강의실·편의시설 등 시설 내역서
③ 정비교육훈련에 필요한 실습 운영 방법 및 절차

94 ②    95 ③    96 ④    97 ①    98 ④

④ 정비교육훈련기관에서 사용하는 직인의 인영

**99** 다음 중 운전면허 없이 운전할 수 있는 경우로 틀린 것은?

① 법에 따른 운전교육훈련기관에서 실시하는 운전교육훈련을 받기 위하여 철도차량을 운전하는 경우
② 법에 따른 운전면허시험을 치르기 위하여 철도차량을 운전하는 경우
③ 철도차량을 제작·조립·정비하기 위한 공장 안의 선로에서 철도차량을 운전하여 이동하는 경우
④ 철도사고를 복구하기 위하여 열차운행이 중지된 선로에서 사고복구용 특수차량을 운전하여 이동하는 경우

**100** 다음 운전면허 신체검사 불합격 기준 중 신경 계통 항목에 해당되는 것은?

① 애디슨병
② 뇌전증
③ 뇌 및 척추종양, 뇌기능장애가 있는 경우
④ 심한 방실전도장애

**101** 다음 중 운전적성검사기관의 지정기준에 대하여 맞는 것은?

① 운전적성검사기관의 운영 등에 관한 매뉴얼을 갖춰야한다.
② 운전적성검사 업무를 수행할 수 있는 전문검사인력을 5명 이상 확보해야한다.
③ 운전적성검사 시행에 필요한 접수실, 사무실, 검사장과 검사 기계를 갖춰야한다.
④ 운전적성검사기관 지정기준에 관하여 필요한 사항은 대통령령으로 정한다.

**102** 다음 중 제2종 전기차량 운전면허 소지자의 교육훈련 과정별 교육시간 및 교육훈련과목으로 틀린 것은?

① 모든 면허의 비상시 조치 등 교육시간은 5시간이다.
② 노면전차 운전면허를 제외한 교육과정의 이론교육시간은 60시간이다.
③ 디젤차량 운전면허의 기능교육시간은 60시간이다.
④ 제1종 전기차량 운전면허의 철도시스템 일반 과목 교육시간과 노면전차 운전면허의 노면전차 시스템 일반 과목 교육시간은 같다.

**103** 다음 중 적성검사 항목 및 불합격기준에 대하여 맞는 것은?

① 관제업무종사자 특별검사 중 반응형 검사 항목 부적합이 3개인 사람은 불합격이다.
② 품성검사결과 부적합자로 판정된 사람이 불합격 처리되는 경우는 정거장에서 철도신호기, 선로전환기 및 조작판 등을 취급하는 업무를 수행하는 사람의 성기검사다.
③ 반응형 검사 판정은 적합 또는 부적합으로 한다.
④ 일반성격검사는 전문의(정신신경의학) 진단결과로 대체할 수 있다.

99 ④　100 ③　101 ④　102 ③　103 ①

**104** 다음 중 철도직무교육에 대하여 맞는 것은?

① 철도운영자등이 철도직무교육 담당자로 지정한 사람은 국토교통부장관이 실시하는 직무교육을 받지 않아도 된다.
② 철도운영자등은 철도직무교육시간의 10분의 5 이하의 범위에서 철도운영기관의 실정에 맞게 교육내용을 변경하여 철도직무교육을 실시할 수 있다.
③ 재해 · 감염병 발생 등 부득이한 사유가 있는 경우로서 국토교통부장관의 승인을 받은 경우에는 철도직무교육시간의 10분의 5를 초과하여 부서별 직장교육, 사이버교육 또는 화상교육 등 전산망을 활용한 원격교육에 해당하는 방법으로 철도직무교육을 실시해야한다.
④ 운전업무종사자, 관제업무 종사자, 여객승무원, 철도차량 점검 · 정비 업무 종사자의 교육시간은 5년마다 35시간 이상이다.

**105** 다음 <보기> 중 철도직무교육을 받아야 하는 사람으로 모두 고른 것으로 맞는 것은?

> ㉠ 열차의 조성업무를 수행하는 사람
> ㉡ 철도시설 또는 철도차량을 보호하기 위한 순회점검업무 또는 경비업무를 수행하는 사람
> ㉢ 철도에 공급되는 전력의 원격제어장치를 운영하는 사람
> ㉣ 관제업무에 종사하는 사람
> ㉤ 철도차량의 운행선로 또는 그 인근에서 철도시설의 건설 또는 관리와 관련된 작업의 현장감독업무를 수행하는 사람
> ㉥ 여객역무원
> ㉦ 철도차량 및 철도시설의 점검 · 정비 업무에 종사하는 사람

① ㉠, ㉡, ㉢, ㉣
② ㉠, ㉢, ㉣, ㉦
③ ㉠, ㉡, ㉢, ㉣, ㉥, ㉦
④ ㉠, ㉡, ㉢, ㉣, ㉤, ㉥, ㉦

### 제4장 ▶ 철도시설 및 철도차량의 안전관리

**106** 다음 중 승하차용 출입문 설비의 설치에 관하여 맞는 것은?

① 철도운영자는 선로로부터의 수직거리가 1,135밀리미터 이상인 승강장에 승하차용 출입문 설비를 설치해야한다.
② 여러 종류의 열차가 함께 사용하는 승강장으로서 열차 출입문의 위치가 달라 설치하기 곤란한 경우 설치를 하지 않아도 된다.
③ 열차가 정차하는 선로 쪽 승강장으로서 승객의 선로 추락 방지를 위해 안전난간

104 ④  105 ②  106 ④

등의 안전시설을 설치한 경우 승하차용 안전문을 설치하지 않아도 된다.
④ 여객의 승하차 인원, 열차의 운행 횟수 등을 고려하였을 때 승강장안전문을 설치할 필요가 없다고 인정되는 경우 설치하지 않아도 된다.

**107** 다음 중 형식승인검사를 면제할 수 있는 철도차량의 설명 중 맞는 것은?

① 시험·연구·개발 목적으로 제작 또는 수입되는 철도차량으로서 국내에서 철도운영에 사용되지 아니하는 철도차량은 형식승인검사의 전부를 면제할 수 있다.
② 수출 목적으로 제작 또는 수입되는 철도차량으로서 여객 및 화물 운송에 사용되지 아니하는 철도차량은 형식승인검사의 전부를 면제할 수 있다.
③ 대한민국이 체결한 협약 또는 대한민국이 가입한 협정에 따라 형식승인검사가 면제되는 철도차량은 면제의 범위를 정한 것에 따라 면제할 수 있다.
④ 철도시설의 유지·보수 또는 철도차량의 사고복구 등 특수한 목적을 위하여 제작 또는 수입되는 철도차량은 형식승인검사 중 철도차량의 시운전단계에서 실시하는 검사를 제외한 검사로서 국토교통부령으로 정하는 검사를 면제할 수 있다.

**108** 다음 중 철도차량 형식승인신청서의 첨부서류로 맞는 것은?

① 법에 따른 철도차량기술수준에 대한 적합성 입증서류
② 철도차량의 설계도면, 설계 명세서 및 설명서(적합성 입증을 위하여 필요한 부분에 한정한다)
③ 법에 따른 형식승인검사의 면제 대상에 해당하는 경우 그 입증계획서 및 입증자료
④ 법에 따른 주행시험 절차서

**109** 다음 중 철도차량 제작자승인을 받은자가 철도차량 제작자승인 받은 사항을 변경하려는 겨우 제출하여야되는 서류로 틀린 것은?

① 철도차량 제작자승인변경신청서
② 철도차량 품질관리체계서 및 설명서(변경되는 부분 및 그와 연관되는 부분에 한정한다)
③ 철도차량 제작 명세서 및 설명서(변경되는 부분 및 그와 연관되는 부분에 한정한다)
④ 변경 전후의 대비표 및 해설서

**110** 다음 중 철도차량 제작자승인의 경미한 사항을 변경하려는 경우 제출해야되는 서류로 맞는 것은?

① 철도차량 제작자변경승인신고서
② 변경 전후의 대비표 및 해설서(변경되는 부분 및 그와 연관되는 부분에 한정한다)
③ 해당 철도차량의 철도차량 제작자승인증명서
④ 철도차량제작자승인기준에 대한 적합성 입증자료

107 ④   108 ②   109 ①   110 ③

**111** 다음 보기 중 철도관계법령으로 틀린 것을 모두 고른 것은?

> ㉠ 건널목 개량촉진법
> ㉡ 한국교통안전공단법
> ㉢ 철도운송사업법
> ㉣ 한국철도공사법
> ㉤ 철도시설유지관리법률

① ㉠, ㉡
② ㉡, ㉢, ㉣
③ ㉡, ㉢, ㉤
④ ㉠, ㉡, ㉢, ㉣, ㉤

**112** 다음 중 철도용품 제작자승계신고서에 첨부하여야 하는 서류로 틀린 것은?

① 철도용품 제작자승인증명서
② 사업 양도의 경우: 양도·양수계약서 사본 등 양도 사실을 입증할 수 있는 서류
③ 사업 상속의 경우: 사업을 상속받은 사실을 확인할 수 있는 서류
④ 사업 합병의 경우: 합병계약서 및 합병 후 존속하거나 합병에 따른 법인의 등기사항증명서

**113** 다음 중 철도차량 품질관리체계 검사계획서에 포함되어야 하는 사항으로 맞는 것은?

① 검사반의 조직 및 인원
② 검사 일정 및 장소
③ 검사 수행 분야 및 검사 사항
④ 중점 검사 항목

**114** 다음 중 철도용품 형식승인의 경미한 사항으로 맞는 것은?

① 철도용품의 안전 및 성능에 영향을 미치지 아니하는 형상 변경
② 철도용품의 안전에 영향을 미치지 아니하는 부품의 규격 변경
③ 중량분포 및 크기에 영향을 미치지 아니하는 장치 또는 설비의 변경
④ 동일 성능으로 입증할 수 있는 부품의 배치 변경

**115** 다음 중 철도용품 형식승인의 경미한 사항을 변경하려는 경우 제출하여야되는 것으로 틀린 것은?

① 철도용품 형식승인증명서
② 변경 전후의 대비표 및 해설서
③ 변경 후의 주요 제원
④ 철도용품 형식승인변경신고서

**116** 다음 중 철도용품 형식승인신청서 첨부서류로 틀린 것은?

① 철도용품기술기준에 대한 적합성 입증 계획서 및 입증자료
② 철도용품의 설계도면, 설계 명세서 및 설명서
③ 형식승인검사의 면제 대상에 해당하는 경우 그 증명서류
④ 용품형식 시험 절차서

111 ③   112 ④   113 ②   114 ①   115 ④   116 ③

**117** 다음 중 철도용품 형식승인검사에 대한 설명으로 맞는 것은?

① 국토교통부장관은 법에 따른 검사 결과 철도용품기술기준에 적합하다고 인정하는 경우에는 철도용품 형식승인증명서 또는 철도용품 형식변경승인증명서에 형식승인자료집을 첨부하여 신청인에게 발급하여야 한다.
② 국토교통부장관은 법에 따른 철도용품 형식승인증명서 또는 철도용품 형식변경승인증명서를 발급할 때에는 해당 철도용품이 장착될 철도차량 또는 철도시설을 지정하여야 한다.
③ 국토교통부장관은 철도용품 형식승인신청서에 따른 서류의 검토 결과 해당 철도용품이 형식승인검사의 면제 대상에 해당된다고 인정하는 경우에는 30일 이내에 신청인에게 면제사실과 내용을 통보하여야 한다.
④ 용품형식 시험이란 철도용품의 설계가 부품단계, 구성품단계, 완성품단계, 시운전단계에서 철도용품기술기준에 적합한시 여부에 대한 시험을 밀한다.

**118** 다음 중 형식승인을 받은 철도용품에 표시하여야되는 사항으로 틀린 것은?

① 형식승인품명 및 형식승인번호
② 형식승인품명의 제조일
③ 형식승인품의 제조사명(제조자임을 나타내는 마크 또는 약호를 포함한다)
④ 형식승인기관의 명칭

**119** 다음 중 철도용품 제작자승인검사에 대한 설명으로 틀린 것은?

① 제작자승인이 면제되는 경우에는 제작자승인 또는 제작자승인검사의 면제 대상에 해당하는 경우 그 입증서류만 철도용품 제작자승인신청서에 첨부한다.
② 법령 또는 행정구역의 변경 등으로 인한 품질관리체계의 세부내용의 변경은 경미한 사항에 해당된다.
③ 제작검사란 해당 철도용품에 대한 품질관리체계 적용 및 유지 여부 등을 확인하는 검사를 말한다.
④ 형식승인품의 표시는 국토교통부장관이 정하여 고시하는 표준도안에 따른다.

**120** 다음 중 검사 업무의 위탁에 대하여 틀린 것은?

① 국토교통부장관은 철도차량 설계적합성 검사, 합치성 검사, 차량형식 시험은 한국철도기술연구원에 위탁한다.
② 국토교통부장관은 철도차량 품질관리체계 적합성검사와 제작검사를 한국철도기술연구원에 위탁한다.
③ 국토교통부장관은 철도차량 완성차량검사를 국토교통부장관이 지정하여 고시하는 철도안전에 관한 전문기관 또는 비영리 단체에 위탁한다.
④ 국토교통부장관은 철도차량 주행시험을 한국철도기술연구원에 위탁한다.

117 ①   118 ③   119 ②   120 ③

**121** 다음 중 형식승인 등의 사후관리에 대한 내용으로 틀린 것은?

① 국토교통부장관은 법에 따라 형식승인을 받은 철도차량 또는 철도용품의 안전 및 품질의 확인·점검을 위하여 필요하다고 인정하는 경우에는 소속 공무원으로 하여금 철도차량 또는 철도용품에 대한 수거·검사의 조치를 하게 할 수 있다.
② 법에 따라 조사·열람 또는 검사 등을 하는 공무원은 그 권한을 표시하는 증표를 지니고 이를 관계인에게 내보여야 한다. 이 경우 그 증표는 공무원증으로 한다.
③ 법에 따라 철도차량 완성검사를 받은 자가 해당 철도차량을 판매하는 경우 철도차량정비에 필요한 부품을 공급, 철도차량을 구매한 자에게 철도차량정비에 필요한 기술지도·교육과 정비매뉴얼 등 정비 관련 자료를 제공의 조치를 하여야 한다.
④ 법에 따른 정비에 필요한 부품의 종류 및 공급하여야 하는 기간, 기술지도·교육 대상과 방법, 철도차량 및 철도용품 관련 자료의 종류 및 제공 방법 등에 필요한 사항은 국토교통부령으로 정한다.

**122** 다음 중 법에 따라 철도차량 판매자가 철도차량의 구매자에게 제공해야 되는 자료로 틀린 것은?

① 해당 철도차량이 최적의 상태로 운용되고 유지보수 될 수 있도록 철도차량시스템 및 각 장치의 개별부품에 대한 운영 및 정비 방법 등에 관한 유지보수 기술문서
② 철도차량 운전 및 주요 시스템의 작동방법, 응급조치 방법, 안전규칙 및 절차 등에 대한 설명서 및 고장수리 절차서
③ 철도차량의 보수에 필요한 특수공기구 및 시험기와 그 사용 설명서
④ 해당 철도차량에 대한 고장진단기(고장진단기의 원활한 작동을 위한 프로그램을 포함한다) 및 그 사용 설명서

**123** 다음 중 시정조치계획서에 포함되어야 하는 사항으로 틀린 것은?

① 해당 철도차량 또는 철도용품의 명칭, 형식승인번호 및 제작연월일
② 해당 철도차량 또는 철도용품의 제작 및 판매 현황
③ 해당 철도차량 또는 철도용품의 회수, 환불, 교체, 보수 및 개선 등 시정계획
④ 해당 철도차량 또는 철도용품의 소유자·점유자·관리자 등에 대한 통지문 또는 공고문

**124** 다음 중 제작 또는 판매 중지 등에 대한 설명으로 맞는 것은?

① 법에 따라 제작자승인이 취소된 경우 제작·수입·판매 또는 사용의 중지를 명하여야 한다.
② 법에 따른 중지명령을 받은 철도차량 또는 철도용품의 제작자는 국토교통부령으로 정하는 바에 따라 해당 철도차량 또는 철도용품의 회수 및 환불 등에 관한 시정조치계획을 작성하여 국토교통부장관에게 제출하고 이 계획에 따른 시정조치를 하여야 한다.
③ 법에 따라 시정조치의 면제를 받으려는 제작자는 법에 따른 중지명령을 받은 날부터 15일 이내에 법에 따른 경미한 경

121 ④   122 ③   123 ②   124 ②

우에 해당함을 증명하는 서류를 국토교통부장관에게 제출하여야 하며, 국토교통부장관은 서류를 제출받은 경우에 시정조치의 면제 여부를 결정하고 결정이유, 결정기준과 결과를 신청자에게 서면으로 통지하여야 한다.
④ 철도차량 또는 철도용품 제작자가 시정조치를 하는 경우에는 법에 따라 시정조치가 완료될 때까지 매 분기마다 분기 종료 후 20일 이내에 국토교통부장관에게 시정조치의 진행상황을 보고하여야 하고, 시정조치를 완료한 경우에는 완료 후 20일 이내에 그 시정조치보고서를 국토교통부장관에게 보고하여야 한다.

### 125 다음 중 철도표준규격의 제정에 대한 설명으로 틀린 것은?

① 국토교통부장관은 법에 따른 철도차량이나 철도용품의 표준규격을 제정·개정하거나 폐지하려는 경우에는 기술위원회의 심의를 거쳐야 한다.
② 국토교통부장관은 철도표준규격을 제정·개정하거나 폐지하는 경우에 필요한 경우에는 청문회 등을 개최하여 이해관계인의 의견을 들을 수 있다.
③ 국토교통부장관은 철도표준규격을 제정한 경우에는 해당 철도표준규격의 명칭·번호 및 제정 연월일 등을 관보에 고시하여야 한다. 고시한 철도표준규격을 개정하거나 폐지한 경우에도 또한 같다.
④ 철도표준규격의 제정·개정 또는 폐지에 관하여 이해관계가 있는 자는 철도표준규격 제정·개정·폐지 의견서에 서류를 첨부하여 「과학기술분야 정부출연연구기관 등의 설립·운영 및 육성에 관

한 법률」에 따른 한국철도기술연구원에 제출할 수 있다.

### 126 다음 중 종합시험운행계획에 포함되어야 하는 사항으로 맞는 것을 <보기>에서 모두 고른 것은?

> ㉠ 종합시험운행의 방법 및 절차
> ㉡ 평가계획 및 평가방법 등
> ㉢ 종합시험운행의 실시 조직 및 소요인원
> ㉣ 종합시험운행에 사용되는 시험장비 및 평가위원
> ㉤ 안전관리조직 및 안전관리계획
> ㉥ 비상대응

① ㉠, ㉡, ㉢
② ㉠, ㉢, ㉤
③ ㉡, ㉢, ㉣, ㉤, ㉥
④ ㉠, ㉡, ㉢, ㉣, ㉤, ㉥

### 127 다음 중 종합시험운행에 대한 설명으로 맞는 것은?

① 철도운영자가 법에 따라 실시하는 종합시험운행은 해당 철도노선의 영업을 개시하기 전에 실시한다.
② 종합시험운행은 철도운영자와 합동으로 실시한다. 이 경우 철도시설관리자는 종합시험운행의 원활한 실시를 위하여 철도운영자로부터 철도차량, 소요인력 등의 지원 요청이 있는 경우 특별한 사유가 없는 한 이에 응하여야 한다.
③ 철도시설관리자는 종합시험운행을 실시하기 전에 철도운영자와 합동으로 해당 철도노선에 설치된 철도시설물에 대한 기능 및 성능 점검결과를 설명한 서류에 대한 검토 등 사전검토를 하여야 한다.

125 ② 126 ② 127 ③

④ 철도운영자등은 철도시설의 개선·시정명령을 받은 경우나 열차운행체계 또는 운행준비에 대한 개선·시정명령을 받은 경우에는 이를 개선·시정하여야 하고, 개선·시정을 완료한 후에는 종합시험운행을 다시 실시하여 국토교통부장관에게 그 결과를 보고하여야 한다. 이 경우 시설물검증시험, 영업시운전을 생략할 수 있다.

**128** 다음 중 철도운영자등이 종합시험운행을 실시하는 때 지정한 안전관리책임자의 수행업무로 맞는 것은?

① 종합시험운행 참여자에 대한 교육훈련
② 종합시험운행을 실시 후 안전점검 및 종합시험운행 중 안전관리 감독
③ 종합시험운행에 사용되는 철도차량에 대한 안전 통제
④ 종합시험운행에 사용되는 안전장치의 점검·확인

**129** 다음 중 대통령령으로 정하는 철도관계 법령으로 맞는 것은?

① 철도사업발전 기본법
② 한국철도시설공단법
③ 철도시설의 건설 및 유지관리에 관한 법률
④ 도시철도법

해설 〈영 24조〉

**130** 다음 중 철도차량 개조승인신청서에 첨부하여야되는 서류로 맞는 것은?

① 개조 대상 철도차량 및 장치에 관한 서류
② 개조작업수행 예정자의 조직·인력 및 장비 등에 관한 현황과 개조작업수행에 필요한 부품, 구성품 및 용역의 내용에 관한 서류. 다만, 개소작업수행 예정자를 선정하기 전인 경우에는 개조작업수행 예정자 선정기준에 관한 서류
③ 개조 작업설명서
④ 개조하고자 하는 사항이 철도차량개조기술기준에 적합함을 입증하는 기술문서

**131** 다음 중 국토교통부령으로 정하는 경미한 개조 사항으로 맞는 것은?

① 차체구조 등 철도차량 구조체의 개조로 인하여 해당 철도차량의 허용 적재하중 등 철도차량의 강도가 100분의 5 이하로 변동되는 경우
② 설비의 변경 또는 교체에 따라 해당 철도차량의 중량 및 중량분포가 도시철도차량의 경우 5퍼센트 미만으로 변동되는 경우
③ 법에 따라 국토교통부장관으로부터 철도용품 형식승인을 받은 용품으로 변경하는 모든 경우(규칙 75조의 4 제1호 및 제2호에 따른 요건을 모두 충족하는 경우로서 소유자등이 지상에 설치되어 있는 설비와 철도차량의 부품·구성품 등이 상호 접속되어 원활하게 그 기능이 확보되는지에 대하여 확인한 경우에 한한다)
④ 철도차량 개조자와의 계약에 따른 성능개선을 위한 장치 또는 부품의 변경

128 ③    129 ④    130 ②    131 ③

**132.** 다음 중 국토교통부령으로 정하는 경미한 사항을 개조하는 경우를 적용할 때 개조로 보지 않는 사항으로 틀린 것은?

① 철도차량의 유지보수(점검 또는 정비 등) 계획에 따라 일상적·반복적으로 시행하는 부품이나 구성품의 교체·교환
② 차량 내·외부 도색 등 미관이나 내구성 향상을 위하여 시행하는 경우
③ 철도차량 제작자와의 하자보증계약에 따른 장치 또는 부품의 변경
④ 차체 형상의 개선 및 차내 형상의 개선

**133.** 다음 중 철도차량 개조신고서에 첨부하여야 되는 서류로 틀린 것은?

① 개조의 범위, 사유 및 작업 일정에 관한 서류
② 개조 전·후 사양 대비표
③ 개조에 필요한 인력의 조직 및 장비 등에 관한 현황과 개조작업수행에 필요한 부품, 구성품 및 용역의 내용에 관한 서류
④ 개조 작업지시서

**134.** 다음 중 국토교통부령으로 정하는 철도사고 또는 운행장애 등으로 틀린 것은?

① 철도차량의 고장 등 철도차량 결함으로 인해 법에 따른 보고대상이 되는 열차사고 또는 위험사고가 발생한 경우
② 철도차량의 고장 등 철도차량 결함에 따른 철도사고로 사망자가 발생한 경우
③ 동일한 부품·구성품 또는 장치 등의 고장으로 인해 법에 따른 보고대상이 되는 철도사고가 1년에 3회 이상 발생한 경우
④ 그 밖에 철도 운행안전 확보 등을 위해 국토교통부장관이 정하여 고시하는 경우

**135.** 다음 중 인증변경신고를 하지 않아도 되는 경우로 틀린 것은?

① 철도차량 정비를 위한 사업장을 기준으로 철도차량 정비와 관련된 업무를 수행하는 인력의 5% 범위에서의 변경
② 철도차량 정비를 위한 사업장을 기준으로 철도차량 정비에 직접 사용되는 토지 면적의 1천제곱미터 변경
③ 철도차량 정비를 위한 설비 또는 장비 등의 교체 또는 개량
④ 그 밖에 철도차량 정비의 안전 및 품질 등에 중대한 영향을 초래하지 않는 설비 또는 장비 등의 변경

**136.** 다음 중 인증정비조직의 준수사항으로 맞는 것은?

① 철도차량정비 운영기준을 준수할 것
② 정비조직인증기준에 지속적으록 유지할 것
③ 철도차량정비가 완료되지 않은 철도차량은 운행할 수 없도록 관리할 것
④ 중고 부품을 사용하여 철도차량정비를 할 경우 그 합치 여부를 확인할 것

**137.** 다음 인증정비조직 위반행위 중 과징금이 제일 많은 것으로 맞는 것은?

① 인증정비조직의 중대한 과실로 인하여 발생한 철도사고로 10명의 사망자가 발생한 경우
② 인증정비조직의 중대한 과실로 인하여 발생한 철도사고로 재산피해액이 20억 원 발생한 경우
③ 변경인증을 받지 않은 경우 4차 위반 시
④ 법에 따른 인증정비조직 준수사항을 위반한 경우 5차 위반 시

132 ④  133 ③  134 ③  135 ④  136 ③  137 ①

**138** 다음 중 정밀안전진단기관을 취소할 수 있는 경우로 틀린 것은?

① 정밀안전진단 결과를 조작한 경우
② 정밀안전진단 업무와 관련하여 부정한 금품을 수수하거나 그 밖의 부정한 행위를 한 경우
③ 정밀안전진단 결과를 거짓으로 기록하거나 고의로 결과를 기록하지 아니한 경우
④ 성능검사 등을 받지 아니한 검사용 기계·기구를 사용하여 정밀안전진단을 한 경우

**139** 다음 중 정밀안전진단 신청서에 첨부하여야 되는 서류로 틀린 것은?

① 정밀안전진단 계획서
② 정밀안전진단 판정을 위한 제작사양, 도면 및 검사성적서 등의 기술자료
③ 철도차량의 사고 내역(해당되는 경우에 한정한다)
④ 철도차량의 주요 부품의 교체 내역(해당되는 경우에 한정한다)

**140** 다음 중 정밀안전진단의 신청 등에 대한 설명으로 맞는 것은?

① 소유자등은 정밀안전진단 대상 철도차량의 정밀안전진단 완료 시기가 도래하기 60일 전까지 철도차량 정밀안전진단 계획서를 국토교통부장관이 지정한 정밀안전진단기관에 제출해야 한다.
② 정밀안전진단기관은 소유자등으로부터 제출 받은 정밀안전진단 신청서의 수정을 요청할 수 있다.
③ 정밀안전진단기관은 철도차량 정밀안전진단의 신청을 받은 때에는 제출된 서류를 검토한 후 신청인과 협의하여 정밀안전진단 계획서를 확정하고 신청인에게 이를 통보해야 한다.
④ 정밀안전진단 신청인은 정밀안전진단 계획서의 변경이 필요한 경우 정밀안전진단기관에게 변경하고자 하는 내용, 변경하고자 하는 사유 및 입증서류를 제출하여 변경을 요청할 수 있다. 이 경우 요청을 받은 정밀안전진단기관은 변경되는 사항의 안전상의 영향 등을 검토하여 적합하다고 인정되는 경우에는 정밀안전진단 계획서를 변경할 수 있다.

**141** 다음 중 정밀안전진단 안전성 평가 항목으로 맞는 것은?

① 철도차량의 치수 및 외관검사
② 전기특성검사 및 전선열화검사
③ 제동시험
④ 승차감시험

**142** 다음 중 정밀안전진단기관 지정에 대한 설명으로 틀린 것은?

① 정밀안전진단기관의 지정 신청을 받은 국토교통부장관은 지정기준에 따라 지정여부를 심사한 후 적합하다고 인정되는 경우에는 철도차량 정밀안전진단기관 지정서를 그 신청인에게 발급해야 한다.
② 국토교통부장관은 정밀안전진단기관이 지정기준에 적합한 지의 여부를 2년마다 심사해야 한다.
③ 국토교통부장관으로부터 정밀안전진단기관으로 지정 받은 자가 그 명칭·대표자·소재지나 그 밖에 정밀안전진단 업무의 수행에 중대한 영향을 미치는 사항

138 ② 139 ③ 140 ③ 141 ② 142 ②

의 변경이 있는 경우에는 그 사유가 발생한 날부터 15일 이내에 국토교통부장관에게 그 사실을 통보해야 한다.
④ 국토교통부장관은 정밀안전진단기관을 지정하거나 정밀안전진단 업무의 수행에 중대한 영향을 미치는 사항의 변경 통보를 받은 경우에는 지체 없이 관보에 고시해야 한다. 다만, 국토교통부장관이 정하여 고시하는 경미한 사항은 제외한다.

### 143 다음 중 처분기준이 맞는 것은?

① 법을 위반하여 변경인증을 받지 않거나 변경신고를 하지 않고 인증 받은 사항을 변경한 경우 3차 위반 시 5천만원 과징금
② 법을 위반하여 성능검사 등을 받지 않은 검사용 기계·기구를 사용하여 정밀안전진단을 한 경우 4차 위반 시 5천만원 과징금
③ 법을 위반하여 정밀안전진단 결과를 조작한 경우 1차 위반 시 5백만원 과징금
④ 법을 위반하여 정밀안전진단 결과를 거짓으로 기록하거나 고의로 결과를 기록하지 않은 경우 3차 위반 시 5천만원 과징금

## 제5장 ▶ 철도차량 운행안전 및 철도보호

### 144 다음 중 철도교통관제에 대한 설명으로 틀린 것은?

① 국토교통부장관은 철도차량의 안전한 운행을 위하여 철도시설 내에서 사람, 자동차 및 철도차량의 운행제한 등 필요한 안전조치를 취할 수 있다.
② 기본법에 따른 철도차량을 보수·정비하기 위한 차량정비기지 및 차량유치시설에서 철도차량을 운행하는 경우 관제업무의 대상에서 제외한다.
③ 국토교통부장관이 행하는 관제업무의 내용에는 철도보호지구에서 대통령령으로 정하는 나무의 식재의 행위를 할 경우 열차운행 통제 업무가 있다.
④ 철도운영자등은 철도사고등이 발생하거나 철도시설 또는 철도차량 등이 정상적인 상태에 있지 아니하다고 의심되는 경우에는 즉시 운행을 중단시키고 이를 신속히 국토교통부장관에 통보하여야 한다.

143 ②　　144 ④

**145** 다음 중 영상기록장치에 대한 설명으로 틀린 것은?

① 철도운영자등은 영상기록장치를 설치하는 경우 선로변을 포함한 철도차량 전방의 운행 상황 및 운전실의 운전조작 상황에 관한 영상이 촬영될 수 있는 위치에 각각 설치하여야 한다.
② 다만, 무인운전 철도차량의 경우에는 운전실의 운전조작 상황에 관한 영상이 촬영될 수 있는 위치에는 설치하지 아니한다.
③ 철도운영자등은 승강장 등 대통령령으로 정하는 안전사고의 우려가 있는 역 구내, 대통령령으로 정하는 차량정비기지, 변전소 등 대통령령으로 정하는 안전확보가 필요한 철도시설 영상기록장치를 설치하는 경우 여객의 대기·승하차 및 이동상황, 철도차량의 진출입 및 운행상황, 철도시설의 운영상황 및 현장 상황에 관한 영상이 촬영될 수 있는 위치에 설치하여야 한다.
④ 철도운영자등은 철도차량 또는 철도시설이 충격을 받거나 철도차량에 화재가 발생한 경우 등 정상적이지 않은 환경에서도 영상기록장치가 최대한 보호될 수 있도록 영상기록장치를 설치하여야 한다.

**146** 다음 중 운전업무종사자의 준수사항으로 맞는 것은?

① 철도신호에 따라 열차를 운행할 것
② 열차를 후진하지 아니할 것. 다만, 비상상황 발생 등의 사유로 관제업무종사자의 지시를 받는 경우에는 그러하지 아니하다.
③ 철도차량의 운행 중에 휴대전화 등 전자기기를 사용하지 아니할 것. 다만, 철도운영자가 철도차량의 안전운행에 지장을 주지 아니한다고 판단하는 경우 국토교통부장관이 운행의 안전을 저해하지 아니하는 범위에서 사전에 사용을 허용한 경우에는 그러하지 아니하다.
④ 철도운영자의 지시를 따를 것

**147** 다음 중 관제업무종사자가 운전업무종사자에게 제공해야하는 열차 운행에 영향을 줄 수 있는 정보로 틀린 것은?

① 철도차량이 운행하는 선로 주변의 공사·작업의 정보
② 철도사고등에 관련된 정보
③ 재난관련 정보
④ 테러 발생 등 그 밖의 비상상황에 관한 정보

**148** 다음 중 관제업무종사자의 준수사항으로 맞는 것은?

① 열차의 출발·정지, 역 정차 및 노선변경 등 열차 운행의 변경에 관한 정보를 운전업무종사자에게 제공
② 철도사고등의 수습을 위하여 의료기관 및 소방서 등 관계기관에 파견 요청
③ 철도사고등의 수습을 위하여 열차의 운행중단 조치
④ 철도사고등의 수습을 위하여 2차 사고 예방을 위하여 철도차량이 구르지 아니하도록 하는 조치 지시

145 ②  146 ②  147 ①  148 ④

**149** 다음 중 작업책임자의 준수사항 중 맞는 것은?

① 법에 따른 조정된 작업일정 및 열차의 운행일정에 따라 작업계획 등의 조정·보완
② 작업 수행 전 해당 작업으로 인해 열차 운행에 지장이 있는지 여부 확인
③ 작업 중 철도사고등의 발생 시 열차방호 등의 조치
④ 작업완료 시 국토교통부장관에게 보고

**150** 다음 중 철도운행안전관리자의 준수사항으로 맞는 것은?

① 작업수행 전 작업일정 및 열차의 운행일정을 조정, 작업책임자에게 통지
② 철도운행 분야 철도안전전문기술자 업무
③ 작업 수행 전 「산업안전보건기준에 관한 규칙」에 따라 배치한 열차운행감시인의 안전장비 착용상태 점검 및 안전교육
④ 관할 역의 관리책임자(관제업무종사자 및 정거장에서 철도신호기·선로전환기 또는 조작판 등을 취급하는 사람을 포함한다) 및 작업책임자와의 연락체계 구축

**151** 다음 중 철도사고등의 발생 시 후속조치 등으로 맞는 것은?

① 관제업무종사자 또는 인접한 역시설의 승객에게 철도사고등의 상황을 전파할 것
② 철도차량 내 안내방송을 실시할 것. 다만, 방송장치로 안내방송이 불가능한 경우에는 확성기 등을 사용하여 안내할 수 있다.
③ 여객의 안전을 확보하기 위하여 필요한 경우 철도차량의 비상유리창을 파손하여 개방할 것
④ 운전업무종사자와 여객승무원은 후속조치에 대하여 각각의 역할을 분담하여 이행할 수 있다.

**152** 다음 중 철도종사자의 음주제한에 대한 설명으로 틀린 것은?

① 철도운행안전관리자(실무수습 중인 사람을 포함한다)는 술을 마신상태에서 업무를 하여서는 아니된다.
② 국토교통부장관 또는 시·도지사(「도시철도법」에 따른 도시철도 및 법에 따라 지방자치단체로부터 도시철도의 건설과 운영의 위탁을 받은 법인이 건설·운영하는 도시철도만 해당한다)는 철도안전과 위험방지를 위하여 필요하다고 인정하거나 법에 따른 철도종사자가 술을 마시거나 약물을 사용한 상태에서 업무를 하였다고 인정할 만한 상당한 이유가 있을 때에는 철도종사자에 대하여 술을 마셨거나 약물을 사용하였는지 확인 또는 검사할 수 있다. 이 경우 그 철도종사자는 국토교통부장관 또는 시·도지사의 확인 또는 검사를 거부하여서는 아니 된다.
③ 작업책임자의 경우 혈중 알코올 농도가 0.03퍼센트 이상인 경우 술을 마셨다고 판단한다.
④ 술을 마셨는지에 대한 확인 또는 검사는 호흡측정기 검사의 방법으로 실시하고, 검사 결과에 불복하는 사람에 대해서는 강제로 혈액 채취 등의 방법으로 다시 측정할 수 있다.

149 ①    150 ①    151 ④    152 ④

**153** 다음 중 위해물품을 휴대·적재해도 되는 경우로 틀린 것은?

① 국토교통부장관 또는 시·도지사의 허가를 받은 경우 휴대하거나 적재할 수 있다.
② 국토교통부와 그 소속 기관에 근무하며 철도경찰 사무에 종사하는 4급부터 9급까지의 국가공무원은 직무를 수행하기 위하여 위해물품을 휴대·적재할 수 있다.
③ 「경찰관직무집행법」 제2조의 경찰관 직무를 수행하는 사람은 직무를 수행하기 위하여 위해물품을 휴대·적재할 수 있다.
④ 위험물품을 운송하는 군용열차를 호송하는 경비원은 직무를 수행하기 위하여 위해물품을 휴대·적재할 수 있다.

**154** 다음 중 위해물품의 종류로 맞는 것은?

① 고압가스: 섭씨 50도의 임계온도를 가진 물질
② 인화성 액체: 개방식 인화점 측정법에 따른 인화점이 섭씨 65.6도인 액체
③ 방사성 물질: 「원자력안전법」 제2조에 따른 핵물질 및 방사성물질이나 이로 인하여 오염된 물질로서 방사능의 농도가 킬로그램당 74킬로베크렐(그램당 0.02마이크로큐리) 이상인 것
④ 마취성 물질: 여객역무원이 정상근무를 할 수 없도록 극도의 고통이나 불편함을 발생시키는 마취성이 있는 물질이나 그와 유사한 성질을 가진 물질

**155** 다음 중 운송취급주의 위험물로 틀린 것은?

① 마찰·충격·흡습 등 주위의 상황으로 인하여 발화할 우려가 있는 것
② 인화성·산화성 등이 강하여 그 물질 자체의 성질에 따라 발화할 우려가 있는 것
③ 용기가 파손될 경우 내용물이 누출되어 철도차량·레일·기구 또는 다른 화물 등에 화학반응을 일으켜 조직에 심한 위해를 가할 우려가 있는 것
④ 그 밖에 화물의 성질상 철도시설·철도차량·철도종사자·여객 등에 위해나 손상을 끼칠 우려가 있는 것

**156** 다음 중 위험물 취급안전교육의 전부 또는 일부를 면제할 수 있는 경우로 맞는 것은?

① 국토교통부장관은 효율적으로 교육을 하기 위하여 위험물취급안전교육을 수행하는 전문교육기관을 지정하여 위험물취급안전교육을 실시하여야 한다.
② 국토교통부령으로 정하는 위험물취급전문교육기관의 지정기준에 맞지 않게 된 경우 지정을 취소하거나 6개월 이내의 기간 업무 정지 명령을 하여야 한다. 이 경우 업무의 전부 또는 일부의 정지를 명할 수 있다.
③ 위험물취급 안전교육에 필요한 사항은 국토교통부령으로 정하며, 교육의 대상은 고용하고 있는 위험물 취급자가 정한다.
④ 철도로 운송하는 위험물을 취급하는 종사자에 한정하여 위험물 취급자는 자신이 고용하고 있는 종사자를 국토교통부장관이 실시하는 교육을 받도록 하여야 한다.

153 ④　154 ②　155 ③　156 ④

**157** 다음 중 위험물의 운송에 대한 설명으로 틀린 것은?

① 누구든지 점화류 또는 점폭약류를 붙인 폭약, 니트로글리세린, 건조한 기폭약, 뇌홍질화연에 속하는 것 등 대통령령으로 정하는 위험물의 운송을 위탁할 수 없으며, 철도운영자는 이를 철도로 운송할 수 없다.
② 운송취급주의 위험물을 철도로 운송하려는 철도운영자는 국토교통부령으로 정하는 바에 따라 운송 중의 위험 방지 및 인명 보호를 위하여 안전하게 포장·적재하고 운송하여야 한다.
③ 위험물의 운송을 위탁하여 철도로 운송하려는 자는 위험물을 안전하게 운송하기 위하여 국토교통부장관의 안전조치 등에 따라야 한다.
④ 대통령령으로 정하는 운송취급주의 위험물에는 유독성 가스를 발생시킬 우려가 있는 것으로서 국토교통부령으로 정하는 것이 있다.

**158** 다음 중 철도보호지구에 대한 설명으로 틀린 것은?

① 가장 바깥쪽 궤도의 끝선으로부터 30미터 이내, 「도시철도법」에 따른 도시철도 중 노면전차의 경우에는 10미터 이내의 지역을 말한다.
② 노면전차 철도보호지구의 바깥쪽 경계선으로부터 20미터 이내의 지역에서 굴착, 인공구조물의 설치 등 철도시설을 파손하거나 철도차량의 안전운행을 방해할 우려가 있는 행위로써 대통령령으로 정하는 행위를 하려는 자는 대통령령으로 정하는 바에 따라 국토교통부장관 또는 시·도지사에게 신고하여야 한다.
③ 국토교통부장관 또는 시·도지사는 철도차량의 안전운행 및 철도 보호를 위하여 필요하다고 인정할 때에는 철도보호지구에서 토지의 형질변경 및 굴착 행위를 하는 자에게 그 행위의 금지 또는 제한을 명령하거나 대통령령으로 정하는 필요한 조치를 하도록 명령하여야 한다.
④ 철도운영자등은 철도차량의 안전운행 및 철도 보호를 위하여 필요한 경우 국토교통부장관 또는 시·도지사에게 법에 따른 해당 행위 금지·제한 또는 조치 명령을 할 것을 요청할 수 있다.

**159** 다음 중 철도 보호를 위한 대통령령으로 정하는 안전조치로 맞는 것은?

① 시설물의 구조 변경
② 안전울타리나 안전통로 등 안전시설의 설치
③ 공사로 인하여 약해질 우려가 있는 지반에 대한 흙막이공사 시행
④ 지하수나 지표수 처리대책 검토·보강

157 ③　158 ③　159 ②

**160** 다음 중 철도보호지구 손실보상에 대한 설명으로 틀린 것은?

① 국토교통부장관, 시·도지사 또는 철도운영자등은 법에 따른 행위의 금지·제한 또는 조치 명령으로 인하여 손실을 입은 자가 있을 때에는 그 손실을 보상하여야 한다.
② 법에 따른 손실의 보상에 관하여는 국토교통부장관, 시·도지사 또는 철도운영자등이 그 손실을 입은 자와 협의하여야 한다.
③ 법에 따른 협의가 성립되지 아니하거나 협의를 할 수 없을 때에는 대통령령으로 정하는 바에 따라 「공익사업을 위한 토지 등의 취득 및 보상에 관한 법률」에 따른 관할 토지수용위원회에 재결을 신청할 수 있다.
④ 재결에 대한 이의의 신청은 재결서의 정본을 받은 날부터 90일 이내에 하여야 한다.

**161** 다음 중 여객열차에서의 금지행위로 맞는 것은?

① 정당한 사유 없이 설비실에 출입하는 행위
② 정당한 사유 없이 운행 중에 비상정지버튼을 누르거나 철도차량의 전면에 있는 승강용 출입문을 여는 등 철도차량의 장치 또는 기구 등을 조작하는 행위
③ 타인에게 전염의 우려가 있는 법정 감염병자가 철도종사자의 허락 없이 여객열차에 타는 행위
④ 철도종사자와 승객 등에게 성적 수치심을 일으키는 행위

**162** 다음 중 철도보호 및 질서유지를 위한 금지행위로 맞는 것은?

① 철도시설 또는 철도차량을 파손하여 열차 운행에 위험을 발생하게 하는 행위
② 철도교량 등 국토교통부령으로 정하는 시설 또는 구역에 대통령령으로 정하는 폭발물 또는 인화성이 높은 물건 등을 쌓아 놓는 행위
③ 철도운영자의 허락 없이 철도시설이나 철도차량에서 광고물을 붙이거나 배포하는 행위
④ 정당한 사유 없이 열차 승강장의 비상정지버튼을 작동시켜 열차운행에 지장을 주는 행위

**163** 다음 중 국토교통부령으로 정하는 여객열차에서의 금지행위로 틀린 것은?

① 흡연하는 행위
② 여객에게 위해를 끼칠 우려가 있는 동식물을 안전조치 없이 여객열차에 동승하거나 휴대하는 행위
③ 타인에게 전염의 우려가 있는 법정 감염병자가 철도종사자의 허락 없이 여객열차에 타는 행위
④ 철도종사자의 허락 없이 여객에게 기부를 부탁하거나 물품을 판매·배부하거나 연설·권유 등을 하여 여객에게 불편을 끼치는 행위

160 ④　161 ③　162 ④　163 ①

**164** 다음 중 보안검색에 대한 설명으로 맞는 것은?

① 일부검색: 법에 따른 휴대·적재 금지 위해물품을 휴대·적재하였다고 판단되는 사람과 물건에 대하여 실시하거나 법에 따른 전부검색으로 시행하는 것이 부적합하다고 인정되는 경우에 실시
② 범죄가 이미 발생한 경우 등 긴급한 보안검색이 필요한 경우에는 보안검색을 사전 설명을 하지 아니할 수 있다.
③ 보안검색 실시계획을 통보받은 철도운영자등은 여객이 해당 실시계획을 알 수 있도록 보안검색 일정·장소·대상 및 방법 등을 안내문에 게시하여야 한다.
④ 법에 따라 철도특별사법경찰관리가 보안검색을 실시하는 경우에는 검색 대상자에게 자신의 공무원증을 제시하면서 소속과 성명을 밝히고 그 목적과 이유를 설명하여야 한다.

**165** 다음 중 보안검색장비의 성능인증 신청에 대한 설명으로 맞는 것은?

① 철도보안검색장비 성능인증 신청서에는 철도사업면허증 사본, 대리인에 한해서 대리인임을 증명하는 서류를 첨부하여야 한다.
② 한국철도기술연구원은 신청서의 서류로 보안검색장비의 안전적합성을 충족하였다고 인정하는 경우에는 해당 부분에 대한 성능시험을 요청하지 않을 수 있다.
③ 시험기관은 성능시험 신청서를 작성하여 성능시험을 실시하고, 철도보안검색장비 성능시험 결과서를 한국철도기술연구원에 제출해야 한다.
④ 한국철도기술연구원은 법에 따라 보안검색장비가 운영 중에 계속하여 성능을 유지하고 있는 지를 확인하기 위해 매년 1회 정기점검을 실시해야 한다.

**166** 다음 중 시험기관의 지정에 대한 설명으로 맞는 것은?

① 시험기관으로 지정을 받으려는 법인이 철도보안검색장비 시험기관 지정 신청서를 국토교통부장관에게 제출할 경우 국토교통부장관은 행정정보의 공동이용을 통해서 법인 등기사항증명서를 확인해야 한다.
② 시험기관으로 지정을 받으려는 자는 국제표준화기구(ISO) 또는 국제전기기술위원회(IEC)에서 정한 국제기준에 적합한 품질유지관리기술을 시험기관 지정 신청서에 첨부하여야 한다.
③ 국토교통부장관은 시험기관 지정신청을 받은 때에는 서류평가 등이 포함된 심사계획서를 작성하여 신청인에게 통지하고 그 심사계획에 따라 심사해야 한다.
④ 시험기관으로 지정된 기관은 시험원의 업무수행 범위가 포함된 운영규정을 국토교통부장관에게 제출해야 한다.

**167** 다음 중 시험기관의 지정기준에 대하여 맞는 것은?

① 보안검색에 사용하는 장비의 시험·평가 또는 관련 연구 경력이 3년 이상인 사람이 위험물안전관리자 자격을 보유한 경우 위험물 안전관리자 자격 보유자 1명 이상 조건을 갖춘 것으로 본다.
② 실험실은 항온항습 시설을 갖춰야한다.

164 ③   165 ④   166 ①   167 ①

③ 엑스선검색장비 측면방사선량률 측정장비를 갖춰야 한다.
④ 폭발물검색장비·액체폭발물검색장비·폭발물흔적탐지장비 시험용 폭발물 시료를 갖춰야 한다.

**168** 다음 중 시험기관의 지정취소 및 업무정지의 기준으로 틀린 것은?

① 위반행위의 횟수에 따른 행정처분의 기준은 최근 3년 동안 같은 위반행위로 처분을 받은 경우에 적용한다.
② 정당한 사유 없이 성능시험을 실시하지 않은 경우 2차 위반 시 업무정지 60일이다.
③ 법에 따른 시험기관 지정기준을 충족하지 못하게 된 경우 2차 위반 시 경고조치다.
④ 성능시험 결과를 거짓으로 조작해서 수행한 경우 1차 위반 시 업무정지 60일이다.

**169** 다음 중 시험기관 운영규정에 포함되어야 하는 사항으로 틀린 것은?

① 시험기관의 조직·인력 및 시험설비
② 시험접수·수행 절차 및 방법
③ 시험원의 업무 및 교육훈련
④ 시험원 및 시험과정 등의 보안관리

**170** 다음 중 철도특별사법경찰관리 업무에 대한 설명으로 틀린 것은?

① 철도특별사법경찰관리는 이 법 및 「사법경찰관리의 직무를 수행할 자와 그 직무범위에 관한 법률」에 따른 직무를 수행하기 위하여 필요하다고 인정되는 상당한 이유가 있을 때에는 합리적으로 판단하여 필요한 한도에서 직무장비를 사용하여야 한다.
② 직무장비란 철도특별사법경찰관리가 휴대하여 범인검거와 피의자 호송 등의 직무수행에 사용하는 수갑, 포승, 가스분사기, 전자충격기, 경비봉을 말한다.
③ 철도특별사법경찰관리가 법에 따라 직무수행 중 직무장비를 사용할 때 사전에 필요한 안전교육과 안전검사를 받은 후 전자충격기 및 가스분사기를 사용하여야 한다.
④ 가스분사기·가스발사총(고무탄 발사겸용인 것을 포함한다)의 경우: 범인의 체포 또는 도주방지, 타인 또는 철도특별사법경찰관리의 생명·신체에 대한 방호, 공무집행에 대한 항거의 억제를 위해 필요한 경우에 최소한의 범위에서 사용하되, 14세 미만의 사람이나 임산부에게 사용해서는 안 되며, 1미터 이내의 거리에서 상대방의 얼굴을 향해 발사하지 말 것. 다만, 가스발사총으로 고무탄을 발사하는 경우에는 1미터를 초과하는 거리에서도 상대방의 얼굴을 향해 발사해서는 안 된다.

168 ④   169 ③   170 ④

**171** 다음 중 퇴거지역의 범위에 대한 설명으로 틀린 것은?

① 대통령령으로 정하는 지역이다.
② 철도신호기 · 철도차량정비소 · 통신기기 · 전력설비 · 관제설비 등의 설비가 설치되어 있는 장소의 담장이나 경계선 안의 지역이 해당된다.
③ 정거장이 해당된다.
④ 화물을 적하하는 장소의 담장이나 경계선 안의 지역이 해당된다.

### 제6장 ▶ 철도사고조사·처리

**172** 다음 중 철도사고등의 발생 시 조치에 대하려 틀린 것은?

① 철도운영자등은 철도사고등이 발생하였을 때에는 사상자 구호, 유류품 관리, 여객 수송 및 철도시설 복구 등 인명피해 및 재산피해를 최소화하고 열차를 정상적으로 운행할 수 있도록 필요한 조치를 하여야 한다.
② 철도사고등이 발생하였을 때의 사상자 구호, 여객 수송 및 철도시설 복구 등에 필요한 사항은 국토교통부령으로 정한다.
③ 국토교통부장관은 법에 따라 사고 보고를 받은 후 필요하다고 인정하는 경우에는 철도운영자등에게 사고 수습 등에 관하여 필요한 지시를 할 수 있다. 이 경우 지시를 받은 철도운영자등은 특별한 사유가 없으면 지시에 따라야 한다.
④ 철도사고등이 발생한 경우 철도운영자등이 사고수습이나 복구작업을 하는 경우에는 인명의 구조와 보호에 가장 우선순위를 두어야 한다.

**173** 다음 중 사상자가 발생한 경우 철도운영자등이 협조 조치를 하여야하는 곳으로 맞는 것은?

① 대체교통수단 제공사
② 의료기관
③ 안전관리본부
④ 유관기관

**174** 다음 중 국토교통부장관에게 즉시 보고하여야하는 철도사고등으로 틀린 것은?

① 철도차량의 충돌이나 탈선사고
② 철도차량이나 열차의 운행과 관련하여 3명의 사망자가 발생한 사고
③ 철도차량이나 열차의 운행과 관련하여 재산피해가 5천만원 발생한 사고
④ 대통령령으로 정한다.

**175** 다음 중 대통령령으로 정하는 철도사고등을 제외한 철도사고등이 발생하였을 때 철도운영자등이 국토교통부장관에게 보고하여야 되는 것으로 맞는 것은?

① 초기보고 : 사고발생 현황 및 복구 계획 등
② 종결보고 : 사고수습 · 복구현황 등
③ 중간보고 : 사고수습 및 복구결과 등
④ 중간보고 : 사고수습 · 복구상황 등

**176** 다음 내용 중 틀린 것은?

① 법에 따른 철도차량 제작자승인내용과 다른 설계 또는 제작으로 인한 철도차량의 고장, 결함 또는 기능장애는 국토교통부령으로 정하는 고장, 결함 또는 기능장애에 해당된다.
② 철도차량 정비조직인증을 받은 자가 철도차량을 운영하거나 정비하는 중에 하자보수 또는 피해배상을 해야 하는 철도

171 ② 172 ② 173 ④ 174 ① 175 ④ 176 ②

차량 및 철도용품의 고장, 결함 또는 기능장애가 발생한 것을 알게된 경우에는 국토교통부장관에게 그 사실을 보고하여야 하며, 국토교통부장관은 보고를 받은 경우 관계 기관 등에게 이를 통보해야 한다.

③ 국토교통부장관은 철도안전 자율보고를 한 사람의 의사에 반하여 보고자의 신분을 공개해서는 아니 되며, 철도안전 자율보고를 사고예방 및 철도안전 확보 목적 외의 다른 목적으로 사용해서는 아니 된다.

④ 법에 따른 철도안전 자율보고를 하려는 자는 철도안전 자율보고서를 한국교통안전공단 이사장에게 제출하거나 국토교통부장관이 고시하는 방법으로 한국교통안전공단 이사장에게 보고해야 하며, 보고 받은 한국교통안전공단 이사장은 관계기관 등에게 이를 통보해야 한다.

### 제7장 ▶ 철도안전기반 구축

**177** 다음 중 철도안전 전문인력에 대하여 맞는 것은?

① 철도운행 분야 철도안전전문기술자가 있다.
② 철도차량안전관리자가 있다.
③ 철도전기 분야 철도안전전문기술자가 있다.
④ 대통령령으로 정한다.

**178** 철도안전전문기술자의 자격기준 중 특급의 자격 부여 범위로 다음 중 맞는 것은?

① 관계법령에 따른 특급기술자·특급기술인·특급감리원·수석감리사 또는 특급전기공사기술자에 해당하는 사람
② 관계법령에 따른 특급기술자·특급기술인·특급감리원·수석감리사 또는 특급전기공사기술자로서 국가기술자격법에 따른 철도의 해당 기술 분야의 기술사자격 취득자
③ 관계법령에 따른 특급기술자·특급기술인·특급감리원·수석감리사 또는 특급전기공사기술자로서 1년 6개월 이상 철도의 해당 기술 분야에 종사한 경력이 있는 사람
④ 관계법령에 따른 특급기술자·특급기술인·특급감리원·수석감리사 또는 특급전기공사기술자로서 2년 이상 철도의 해당 기술 분야에 종사한 경력이 있는 사람

**179** 다음 중 철도안전 전문기관 교육책임자 자격기준에 부합되지 않는 자는?

① 철도 관련 분야 학사학위 취득한 자로서 철도 관련 분야에 근무한 경력이 25년 있는 사람
② 철도 관련 해당 분야 기술사 자격을 취득한 사람으로서 철도관련 분야에 근무한 경력이 20년인 사람
③ 관련 분야 4급 이상 공무원 경력자로서 철도 관련 분야 재직경력이 20년인 사람
④ 「근로자직업능력 개발법」에 따라 직업능력개발훈련교사자격증을 취득한 사람으로서 철도 관련 분야 재직경력이 10년 이상인 사람

177 ④   178 ②   179 ④

**180** 다음 중 철도안전 전문인력 자격부여 신청서 첨부서류로 맞는 것은?

① 교육훈련 이수증명서(해당자에 한정한다)
② 「전기공사업법」에 따른 전기공사 기술자, 「전력기술관리법」에 따른 전력기술인, 「정보통신공사업법」에 따른 정보통신기술자 경력증명서 또는 「건설기술 진흥법」에 따른 건설기술경력증 사본(해당자에 한정한다)
③ 이 법에 따른 철도차량정비경력증(해당자에 한정한다)
④ 사진(3cm×4cm)

**181** 철도안전 전문인력의 교육훈련으로 맞는 것은?

① 철도운행 안전관리자의 교육시간은 3주이며 120시간이고 직무관련 교육은 20시간 교양교육은 100시간이다.
② 철도운행 안전관리자와 철도안전 전문기술자의 공통된 교육내용은 관계법령이다.
③ 철도안전 전문기술자의 교육시간은 4주이며 총 120시간이고 직무관련 교육은 100시간 교양교육은 20시간이다.
④ 철도운행 안전관리자의 교육시기는 철도안전전문 초급기술자로 인정받으려는 경우이다.

**182** 다음 중 안전전문기관 분야로 틀린 것은?

① 철도신호
② 철도토목
③ 철도차량
④ 전기철도

**183** 다음 중 안전전문기관 지정절차에 대하여 틀린 것은?

① 안전전문기관으로 지정을 받으려는 자는 국토교통부령으로 정하는 바에 따라 철도안전 전문기관 지정신청서를 제출하여야 한다.
② 안전전문기관의 운영계획은 심사대상이다.
③ 철도안전 전문인력 등의 수급에 관한 사항을 국토교통부장관이 심사하여야 한다.
④ 국토교통부장관은 안전전문기관을 지정하였을 경우에는 국토교통부령으로 정하는 바에 따라 철도안전 전문기관 업무 지정서를 발급하고 그 사실을 관보에 고시하여야 한다.

**184** 다음 중 철도안전 전문기관 세부 지정기준으로 맞는 것은?

① 기능교관의 기술자격자 기준에는 철도 관련 해당 분야 기능사 이상의 자격을 취득한 사람으로서 3년 이상 철도 관련 분야에 근무한 경력이 있는 사람이 있다.
② 박사·석사·학사 학위는 학위수여학과와 학위논문 제목에 철도 관련 연구임이 명기되어야 함.
③ 1회 교육생 30명을 기준으로 교육인원이 15명 추가될 때마다 이론교관을 1명 이상 추가로 확보하여야 한다. 다만 추가로 확보하여야 하는 이론교관은 비전임으로 할 수 있다.
④ 전기철도 분야: 모터카 진입이 가능한 궤도와 전차선로 600㎡ 이상의 실습장을 확보하여 절연 구분장치, 브래킷, 스팬선, 스프링밸런서, 균압선, 행거, 드

180 ①   181 ②   182 ②   183 ④   184 ④

롭퍼, 콘크리트 및 H형 강주 등이 설치되어 전차선가선 시공기술을 반복하여 실습할 수 있는 설비를 확보할 것

### 185 다음 중 철도안전 전문기관 세부 지정기준으로 맞는 것은?

① 철도 관련 분야란 철도안전, 철도차량 운전, 관제, 전기, 신호, 궤도, 통신 분야를 말한다.
② 안전점검 업무를 수행하는 경우에는 분야별 철도안전 전문인력 6명(특급 3명, 고급 이상 1명, 중급 이상 2명) 이상, 열차운행 분야의 경우에는 철도운행안전관리자 3명 이상을 확보할 것
③ 실습실: 120㎡(20명 이상이 동시에 실습할 수 있는 실습실 및 실습 장비를 갖추어야 한다)이상이어야 한다. 다만, 철도운행안전관리자의 경우 60㎡ 이상으로 할 수 있으며, 강의실에 실습 장비를 함께 설치하여 활용할 수 있는 경우는 제외한다.
④ 철도운행안전관리자는 열차운행선 공사(작업) 시 안전조치에 관한 교육을 실시할 수 있는 무전기 등 장비와 단락용 동선 등 교육자재를 갖출 것

### 186 다음 중 경고 또는 보완명령 처분기준의 위반행위로 맞는 것은?

① 법에 따른 안전전문기관 지정기준에 맞지 아니하게 된 경우 1차 위반
② 정당한 사유 없이 안전교육훈련업무를 거부한 경우 1차 위반
③ 법을 위반하여 거짓이나 그 밖의 부정한 방법으로 안전교육훈련 수료증 또는 자격증명서를 발급한 경우 1차 위반
④ 업무정지 명령을 위반하여 그 정지기간 중 안전교육훈련업무를 한 경우 1차 위반

### 187 다음 중 철도운행안전관리자의 배치에 대하여 맞는 것은?

① 철도운영자등이 궤도 점검 작업 등 3명 이하의 인원으로 할 수 있는 소규모 작업 또는 공사 등을 자체적으로 시행하는 경우 철도운행안전관리자를 배치하지 않아도 된다.
② 열차의 운행 빈도가 낮아 위험이 적은 경우에는 국토교통부장관과 사전협의를 거쳐 관제사가 철도운행안전관리자 업무를 수행하게 할 수 있다.
③ 철도운영자등은 작업 또는 공사의 효율적인 수행을 위해서는 철도운영자등이 직접 수행하는 작업 또는 공사로서 4명 이상의 직원이 수행하는 작업 또는 공사에 대해 철도운행안전관리를 작업 또는 공사를 수행하는 직원으로 지정할 수 있고, 해당 작업 또는 공사에 대해 철도운행안전관리자 2명 이상이 3개 이상의 인접한 작업 또는 공사 구간을 관리하게 할 수 있다.
④ 철도운행안전관리자는 배치된 기간 중에 수행한 업무에 대하여 근무상황일지를 작성하여 국토교통부장관에게 제출해야 한다.

185 ④　186 ①　187 ③

**188** 다음 중 철도운행안전관리자 근무상황 일지 작성에 대하여 틀린 것은?

① 안전교육 참석자를 작성하여야 한다.
② 협의대상자란은 작업 시행에 따른 열차의 운행일정에 대하여 실제 협의한 사람(관제사, 역장, 운전취급자 등)을 적는다.
③ 협의내용란은 작업시간, 작업인원, 작업내용 등 실제 작업 수행과 관련된 내용을 적는다.
④ 작업자의 안전보호구 착용 등 확인 여부는 작업원에 대한 안전교육 내용에 적는다.

**189** 다음 중 전기철도분야 안전전문기술자의 직무전문교육내용으로 틀린 것은?

① 전기철도 고장장애 복구·대책 수립
② 전기철도 품질안전 및 안전관리 등
③ 전기철도 급전계통 특성 이해
④ 철도 송·변전 및 철도배전설비

**190** 다음 중 철도신호분야 안전전문기술자의 직무전문교육내용으로 틀린 것은?

① 신호 설계기준 및 신호설비 유지보수 세칙
② 선로전환기 동작계통 및 연동도표 이해
③ 철도신호 장애 복구·대책 수립 요령
④ 철도신호 사고사례 및 안전관리 등

**191** 다음 중 철도운행안전관리자 철도안전관련 법령의 교육내용으로 틀린 것은?

① 철도안전 정책
② 철도안전법 및 관련 규정
③ 열차운행선 지장작업에 따른 관련 규정 및 취급절차, 열차 방호 요령
④ 운전취급관련 규정 등

**192** 다음 중 자격취소 처분의 위반행위로 틀린 것은?

① 법을 위반하여 약물을 사용한 상태에서 철도운행안전관리자 업무를 수행한 경우
② 법을 위반하여 술에 만취한 상태(혈중 알코올농도 0.1퍼센트 이상)에서 철도운행안전관리자 업무를 수행한 경우
③ 법을 위반하여 술을 마신 상태의 기준(혈중 알코올농도 0.02퍼센트 이상)을 넘어서 철도운행안전관리자 업무를 하다가 철도사고를 일으킨 경우
④ 법을 위반하여 술을 마시거나 약물을 사용한 상태에서 업무를 하였다고 인정할 만한 상당한 이유가 있음에도 불구하고 확인이나 검사 요구에 불응한 경우

**193** 다음 중 틀린 것은?

① 국토교통부장관은 이 법에 따른 철도안전시책을 효율적으로 추진하기 위하여 철도안전에 관한 정보를 종합관리하고, 철도관계기관등에 그 정보를 제공할 수 있다.
② 국토교통부장관은 법에 따른 정보의 종합관리를 위하여 관계 지방자치단체의 장 또는 철도관계기관등에 필요한 자료의 제출을 요청할 수 있다. 이 경우 요청을 받은 자는 특별한 이유가 없으면 요청을 따라야 한다.
③ 국가는 철도의 안전을 위하여 철도횡단 교량의 개축 또는 개량에 필요한 비용의 일부를 지원하여야 한다.

188 ④  189 ②  190 ④  191 ③  192 ③  193 ③

④ 법에 따른 개축 또는 개량의 지원대상, 지원조건 및 지원비율 등에 관하여 필요한 사항은 대통령령으로 정한다.

## 제8장 ▶ 보 칙

**194** 다음 중 보고 및 검사에 대한 설명으로 틀린 것은?

① 국토교통부장관이나 관계 지방자치단체는 보고 및 검사사항에 해당하는 경우 소속 공무원으로 하여금 철도관계기관 등의 사무소 또는 사업장에 출입하여 관계인에게 질문하게 하거나 서류를 검사하게 할 수 있다.
② 법에 따라 출입·검사를 하는 공무원은 국토교통부령으로 정하는 바에 따라 그 권한을 공무원증을 지니고 이를 관계인에게 보여 주어야 한다.
③ 국토교통부장관 또는 관계 지방자치단체의 장은 법에 따라 보고 또는 자료의 제출을 명할 때에는 7일 이상의 기간을 주어야 한다. 다만, 공무원이 비상상황이 발생한 현장에 출동하는 등 긴급한 상황인 경우에는 그러하지 아니하다.
④ 국토교통부장관은 법에 따른 검사 등의 업무를 효율적으로 수행하기 위하여 특히 필요하다고 인정하는 경우에는 철도안전에 관한 전문가를 위촉하여 검사 등의 업무에 관하여 자문에 응하게 할 수 있다.

**195** 다음 중 검사 공무원증 서식에 대한 설명으로 틀린 것은?

① 증명서 번호가 기입되어야 한다.
② 사진은 모자를 쓰지 않고 배경 없이 6개월 이내에 촬영한 것으로서 3.5cm×4.5cm이다.
③ 색상은 연하늘색이다.
④ 대한민국 정부의 직인이 있어야 한다.

**196** 다음 중 국토교통부장관이 청문을 하여야 되는 사항으로 틀린 것은?

① 안전관리체계의 승인 취소
② 철도운행안전관리자의 취소 및 효력정지
③ 철도차량정비기술자의 인정 취소
④ 위험물취급전문교육기관의 지정취소

**197** 다음 중 벌칙을 적용할 때 공무원으로 보는 자로 틀린 것은?

① 관제적성검사 업무에 종사하는 관제적성검사기관의 임직원
② 법에 따른 성능시험 업무에 종사하는 시험기관의 임직원 및 성능인증·점검 업무에 종사하는 인증기관의 임직원
③ 위험물 포장·용기검사 업무에 종사하는 위험물 포장·용기검사기관의 임직원
④ 법에 따라 위탁업무에 종사하는 철도안전 관련 협회 또는 단체의 임직원

194 ③    195 ④    196 ②    197 ④

**198** 다음 중 국토교통부장관이 한국철도기술연구원에 위탁한 업무로 틀린 것은?

① 기술기준의 제정 또는 개정을 위한 연구·개발
② 표준규격의 제정·개정·폐지에 관한 신청의 접수
③ 완성차량검사 업무
④ 철도차량 개조승인검사

## 제9장 ▶ 벌 칙

**199** 다음 중 3년 이하의 징역 또는 3천만원 이하의 벌금에 처하는 위반행위로 틀린 것은?

① 안전관리체계의 승인을 받지 아니하고 철도운영을 하거나 철도시설을 관리한 자
② 음주 확인 또는 검사에 불응한 자
③ 국토교통부장관의 운행제한 명령을 따르지 아니하고 철도차량을 운행한 자
④ 철도차량을 향하여 돌이나 그 밖의 위험한 물건을 던져 철도차량 운행에 위험을 발생하게 하는 행위를 한 자

**200** 다음 중 2년 이하의 징역 또는 2천만원 이하의 벌금에 처하는 위반행위로 틀린 것은?

① 형식승인을 받지 아니한 철도차량 또는 철도용품을 판매한 자
② 철도차량정비 또는 원상복구 명령에 따르지 아니한 자
③ 철도차량 제작 중지명령에 따르지 아니한 자
④ 정당한 사유 없이 운행 중 비상정지버튼을 누른 자

**201** 다음 중 1년 이하의 징역 또는 1천만원 이하의 벌금에 처하는 위반행위로 맞는 것은?

① 정비조직의 인증을 받지 아니하고 철도차량정비를 한 자
② 정밀안전진단을 받지 아니하거나 정밀안전진단 결과 계속 사용이 적합하지 아니하다고 인정된 철도차량을 운행한 자
③ 형식승인을 받지 아니한 철도차량을 운행한 자
④ 거짓이나 그 밖의 부정한 방법으로 제작자승인을 받은 자

**202** 다음 중 2년 이하의 징역 또는 2천만원 이하의 벌금에 처하는 위반행위로 틀린 것은?

① 철도차량정비가 되지 않은 철도차량임을 알면서 운행한 자
② 정밀안전진단을 받지 아니하거나 정밀안전진단 결과 계속 사용이 적합하지 아니하다고 인정된 철도차량을 운행한 자
③ 완성검사를 받지 아니하고 철도차량을 판매한 자
④ 종합시험운행 결과를 허위로 보고한 자

**203** 다음 중 처벌이 가장 무거운 위반행위로 맞는 것은?

① 술을 마시거나 약물을 복용하고 다른 사람을 사상에 이르게 한 자
② 술을 마시거나 약물을 복용한 상태 확인 또는 검사에 불응한 자
③ 술을 마시거나 약물을 복용하고 다른 사람에게 위해를 주는 행위를 한 사람
④ 술을 마시거나 약물을 사용한 상태에서 업무를 한 사람

198 ③  199 ②  200 ①  201 ①  202 ④  203 ④

**204** 다음 중 양벌규정에 대하여 틀린 것은?

① 위해물품을 열차에 휴대한 경우는 양벌규정 적용에서 제외된다.
② 거짓이나 부정한 방법으로 운전면허를 받은 사람은 제외한다.
③ 철도보호지구 제한된 행위를 신고하지 아니하여 열차운행에 지장을 준 자는 해당된다.
④ 양벌규정에 해당하는 위반행위를 하면 그 행위자를 벌하는 외에 그 법인 또는 개인에게도 해당 조문의 처벌을 똑같이 과한다.

**205** 다음 중 종합시험운행 결과를 허위로 보고한 자의 벌칙으로 맞는 것은?

① 1년 이하의 징역 또는 1천만원 이하의 벌금
② 2년 이하의 징역 또는 2천만원 이하의 벌금
③ 3년 이하의 징역 또는 3천만원 이하의 벌금
④ 5년 이하의 징역 또는 5천만원 이하의 벌금

**206** 다음 <보기> 중 벌칙이 무거운 순으로 나열한 것으로 맞는 것은?

> ㉠ 형식승인을 받지 아니한 철도차량을 판매한 자
> ㉡ 철도종사자와 여객들에게 성적 수치심을 일으키는 행위
> ㉢ 개조승인을 받지 아니하고 철도차량을 임의로 개조하여 운행한 자
> ㉣ 완성검사를 받지 아니하고 철도차량을 판매한 자

① ㉠, ㉢, ㉣, ㉡
② ㉢, ㉠, ㉣, ㉡
③ ㉢, ㉣, ㉠, ㉡
④ ㉣, ㉢, ㉠, ㉡

**207** 다음 중 과태료 부과 범위가 많은 순으로 나열한 것으로 맞는 것은?

> ㉠ 업무에 종사하는 동안 열차 내에서 흡연을 한 운전업무 실무수습을 하는 사람
> ㉡ 철도보호지구에서 시설등의 소유자나 점유자에게 철도차량의 안전운행 및 철도보호를 위한 조치명령을 따르지 아니한 자
> ㉢ 이력사항을 과실로 입력하지 아니한 자
> ㉣ 철도종사자의 직무상 지시에 따르지 아니한 사람

① ㉢, ㉣, ㉡, ㉠
② ㉢, ㉣, ㉠, ㉡
③ ㉣, ㉢, ㉡, ㉠
④ ㉣, ㉢, ㉠, ㉡

204 ④   205 ①   206 ③   207 ④

**208** 다음 <보기>의 위반행위 중 과태료가 많은 순으로 나열한 것은?

> ㉠ 철도종사자의 직무교육을 실시하지 않은 경우 2회 위반
> ㉡ 국토교통부장관이 종합시험운행에 따른 검토를 위하여 철도관계기관등에게 자료제출을 명하였으나 거부한 경우 2회 위반
> ㉢ 철도시설에 유해물 또는 오물을 버리는 행위 3회 위반
> ㉣ 국토교통부장관의 성능인증을 받은 보안검색장비를 사용하지 않은 경우 3회 위반

① ㉣, ㉠, ㉡, ㉢
② ㉣, ㉡, ㉠, ㉢
③ ㉣, ㉡, ㉢, ㉠
④ ㉣, ㉢, ㉡, ㉠

**209** 다음 중 과태료가 제일 적은 위반행위는?

① 철도차량 또는 철도용품 형식 승인 및 제작자 승인을 받은 자의 관계 장부 또는 서류의 열람·제출을 기피하는 경우 1회 위반
② 운전면허증을 반납하지 않은 경우 3회 위반
③ 철도종사자의 직무상 지시에 따르지 않은 경우 1회 위반
④ 여객열차에서 철도종사자의 허락 없이 여객에게 기부를 부탁하거나 물품을 판매·배부하건 연설·권유등을 하여 여객에게 불편을 끼치는 행위 3회 위반

**210** 다음 보기 중 과태료 금액이 제일 많은 것은?

① 철도안전종합계획을 거짓으로 보고 2회
② 여객열차에서 흡연 3회
③ 철도종사자의 직무상 지시 위반 3회
④ 철도시설에 오물 투척 1회

**211** 다음 중 과태료가 다른 하나는?

① 안전관리체계의 변경승인을 받지 않고 안전관리체계를 변경한 경우 3회 위반
② 철도운영자등이 안전교육 실시여부를 확인하지 않은 경우 3회 위반
③ 승계신고를 하지 않은 경우 3회 위반
④ 국토교통부장관의 성능인증을 받은 보안검색장비를 사용하지 않은 경우 3회 위반

**212** 다음 중 과태료가 제일 많은 것은?

① 종합시험운행 결과에 따른 개선·시정 명령을 따르지 않은 경우 3차 위반
② 개조신고를 하지 않고 개조한 철도차량을 운행한 경우 3회 위반
③ 보안검색장비의 성능인증을 위한 기준·방법·절차 등을 위반한 경우 2회 위반
④ 철도차량의 안전한 운행을 위한 국토교통부장관의 안전조치를 따르지 않은 시설 등의 3회 위반 소유자

208 ③  209 ④  210 ③  211 ②  212 ①

**213** 다음 중 <보기>의 위반행위의 과태료가 적은 순으로 나열한 것으로 맞는 것은?

> ㉠ 이력사항을 무단으로 외부에 제공한 경우 3회 위반
> ㉡ 철도차량 형식승인 변경신고를 하지 않은 경우 1회 위반
> ㉢ 운전업무종사자의 준수사항을 2회 위반한 경우
> ㉣ 정밀안전진단 명령에 따르지 않은 경우 2회 위반

① ㉠, ㉡, ㉢, ㉣
② ㉡, ㉢, ㉣, ㉠
③ ㉡, ㉣, ㉢, ㉠
④ ㉢, ㉣, ㉡, ㉠

**214** 다음 중 위반행위와 과태료가 틀린 것은?
[과태료: 1회/2회/3회(단위: 만원)]

① 철도종사자의 허락 없이 여객에게 기부를 부탁하거나 물품을 판매·배부하거나 연설·권유 등을 하여 여객에게 불편을 끼치는 행위 [15/30/45]
② 여객열차의 방송실에 출입한 경우 [150/300/450]
③ 철도사고 등 발생 시 운전업무종사자와 여객승무원의 현장이탈 금지 및 후속조치사항을 위반한 경우 [300/600/900]
④ 철도용품의 안전 및 품질의 확인·점검을 위한 조사·열람·수거 등을 거부하거나 방해한 경우 [300/600/900]

**215** 다음 중 벌칙적용에 대한 설명으로 틀린 것은?

① 사람이 탑승하여 운행 중인 철도차량에 불을 놓아 소훼한 사람은 무기징역 또는 5년 이상의 징역에 처한다.
② 철도시설 또는 철도차량을 파손하여 철도차량 운행에 위험을 발생하게 한 사람은 10년 이하의 징역 또는 1억원 이하의 벌금에 처한다.
③ 철도안전 자율보고를 한 사람에게 불이익한 조치를 한 자에게 2년 이하의 징역 또는 2천만원 이하의 벌금에 처한다.
④ 사람이 탑승하여 운행 중인 철도차량을 탈선 또는 충돌하게 하거나 파괴 미수에 그친 사람은 처벌하지 않는다.

213 ② 214 ③ 215 ④

# 2편 | 철도차량운전규칙 예상 및 기출문제 STEP 1

**01** 다음 중 철도차량운전규칙의 정거장에 해당되지 않는 것은?

① 여객의 승강(여객 이용시설 및 편의시설을 포함한다)
② 화물의 적하
③ 대피
④ 열차의 입환

**해설** 제2조(정의) 이 규칙에서 사용하는 용어의 정의는 다음과 같다.
1. "정거장"이라 함은 여객의 승강(여객 이용시설 및 편의시설을 포함한다), 화물의 적하(積下), 열차의 조성, 열차의 교행(交行) 또는 대피를 목적으로 사용되는 장소를 말한다.

**02** 다음 중 철도차량운전규칙의 정의로 틀린 것은?

① 폐색이라 함은 일정 구간에 동시에 2 이상의 열차를 운전시키지 아니하기 위하여 그 구간을 하나의 열차의 운전에만 점용시키는 것을 말한다.
② 조차장이라 함은 열차의 입환 또는 조성을 위하여 사용되는 장소를 말한다.
③ 신호소라 함은 상치신호기 등 열차제어시스템을 조작·취급하기 위하여 설치한 장소를 말한다.
④ 운전취급담당자란 철도 신호기·선로전환기 또는 조작판을 취급하는 사람을 말한다.

**해설** 제2조(정의) 이 규칙에서 사용하는 용어의 정의는 다음과 같다.
14. "조차장"이라 함은 차량의 입환 또는 열차의 조성을 위하여 사용되는 장소를 말한다.

**03** 다음 중 철도차량운전규칙에서 사용하는 용어의 정의로 틀린 것은?

① 본선이라 함은 열차의 운전에 상용하는 선로를 말한다.
② 폐색이라 함은 일정 구간에 동시에 2 이상의 열차를 운전시키지 아니하기 위하여 그 구간을 하나의 열차의 운전에만 점용시키는 것을 말한다.
③ 철도신호라 함은 제76조의 규정에 의한 신호·전호 및 표지를 말한다.
④ 완급차라 함은 관통제동기용 제동통·압력계·차장변 및 관통제동기를 장치한 차량으로서 열차승무원이 집무할 수 있는 차실이 설비된 객차 또는 화차를 말한다.

**해설** 제2조(정의) 이 규칙에서 사용하는 용어의 정의는 다음과 같다.
2. "본선"이라 함은 열차의 운전에 상용하는 선로를 말한다.
8. "완급차"라 함은 관통제동기용 제동통·압력계·차장변 및 수 제동기를 장치한 차량으로서 열차승무원이 집무할 수 있는 차실이 설비된 객차 또는 화차를 말한다.
9. "철도신호"라 함은 제76조의 규정에 의한 신호·전호 및 표지를 말한다.
11. "폐색"이라 함은 일정 구간에 동시에 2 이상의 열차를 운전시키지 아니하기 위하여 그 구간을 하나의 열차의 운전에만 점용시키는 것을 말한다.

01 ④  02 ②  03 ④

**04** 다음 중 철도차량운전규칙의 목적으로 맞는 것은?

① 이 규칙은 「철도안전법」 제39조의 규정에 의하여 철도차량의 안전 및 운전방법을 정함을 목적으로 한다.
② 이 규칙은 「철도안전법」 제39조의 규정에 의하여 열차의 편성, 철도차량의 운전 및 신호방식 등 철도차량의 안전운행에 관하여 필요한 사항을 정함을 목적으로 한다.
③ 이 규칙은 「철도안전법」 제39조의 규정에 의하여 열차의 조성, 열차운전 및 철도차량 신호방식에 관하여 필요한 사항을 정함을 목적으로 한다.
④ 이 규칙은 「철도안전법」 제39조의 규정에 의하여 열차의 편성, 열차의 운전 및 신호방식 등 열차의 안전운행에 관하여 필요한 사항을 정함을 목적으로 한다.

**해설** 제1조(목적) 이 규칙은 「철도안전법」 제39조의 규정에 의하여 열차의 편성, 철도차량의 운전 및 신호방식 등 철도차량의 안전운행에 관하여 필요한 사항을 정함을 목적으로 한다.

**05** 다음 중 총칙에 대한 설명으로 틀린 것은?

① 철도에서의 철도차량의 운행에 관하여는 다른 법령에 특별한 규정이 있는 경우를 제외하고는 철도차량운전규칙이 정하는 바에 의한다.
② 철도운영자등은 이 규칙에서 정하지 아니한 사항이나 지역별로 상이한 사항 등 열차운행의 안전관리 및 운영에 필요한 세부기준 및 절차를 이 규칙의 범위 안에서 따로 정할 수 있다.
③ 철도운영자등은 다른 철도운영자등이 관리하는 구간에서 열차를 운행하려는 경우에는 다른 철도운영자 등과 사전에 협의하여야 한다.
④ 철도운영자등은 열차 또는 차량을 운행함에 있어 철도사고를 복구하고 여객과 화물을 안전하고 원활하게 운송할 수 있도록 필요한 조치를 하여야 한다.

**해설** 제5조(철도운영자등의 책무)
철도운영자등은 열차 또는 차량을 운행함에 있어 철도사고를 예방하고 여객과 화물을 안전하고 원활하게 운송할 수 있도록 필요한 조치를 하여야 한다.

**06** 다음 중 신호소의 정의로 맞는 것은?

① 상설신호기 등 열차제어시스템을 조작·취급하기 위하여 설치한 장소
② 열차제어시스템을 조작·취급, 열차의 교차통행을 위하여 설치한 장소
③ 상치신호기 등 열차제어시스템을 조작·취급 및 열차의 교행을 위하여 설치한 장소
④ 상치 신호기 등 열차제어시스템을 조작·취급하기 위하여 설치한 장소

**해설** 신호소라 함은 상치신호기 등 열차제어시스템을 조작·취급하기 위하여 설치한 장소를 말한다.

**07** 다음 중 철도운영자등이 철도안전법등 관계 법령에 따라 필요한 교육을 실시하여야 하는 대상으로 틀린 것은?

① 여객승무원
② 철도차량을 연결·분리하는 업무를 수행하는 사람
③ 정거장에서 열차의 조성업무를 수행하는 자
④ 운전취급담당자

04 ②　05 ④　06 ④　07 ③

해설 제6조(교육 및 훈련 등)
① 철도운영자등은 다음 각 호의 어느 하나에 해당하는 사람에게 「철도안전법」 등 관계 법령에 따라 필요한 교육을 실시해야 하고, 해당 철도종사자 등이 업무 수행에 필요한 지식과 기능을 보유한 것을 확인한 후 업무를 수행하도록 해야 한다.
1. 「철도안전법」 제2조제10호가목에 따른 철도차량의 운전업무에 종사하는 사람(이하 "운전업무종사자"라 한다)
2. 철도차량운전업무를 보조하는 사람(이하 "운전업무보조자"라 한다)
3. 「철도안전법」 제2조제10호나목에 따라 철도차량의 운행을 집중 제어·통제·감시하는 업무에 종사하는 사람(이하 "관제업무종사자"라 한다)
4. 「철도안전법」 제2조제10호다목에 따른 여객에게 승무 서비스를 제공하는 사람(이하 "여객승무원"이라 한다)
5. 운전취급담당자
6. 철도차량을 연결·분리하는 업무를 수행하는 사람
7. 원격제어가 가능한 장치로 입환 작업을 수행하는 사람

**08** 철도운영자등은 운전업무종사자, 운전업무보조자 및 여객승무원이 철도차량에 탑승하기 전 또는 철도차량의 운행중에 필요한 사항에 대한 보고·지시 또는 감독 등을 적절히 수행할 수 있도록 갖춰야 하는 것으로 다음 중 맞는 것은?

① 교육매뉴얼
② 안전관리체계
③ 교육훈련체계
④ 업무수행 매뉴얼

해설 제6조(교육 및 훈련 등)
② 철도운영자등은 운전업무종사자, 운전업무보조자 및 여객승무원이 철도차량에 탑승하기 전 또는 철도차량의 운행중에 필요한 사항에 대한 보고·지시 또는 감독 등을 적절히 수행할 수 있도록 안전관리체계를 갖추어야 한다.

**09** 다음 중 열차운행의 안전에 지장이 없다고 인정되는 경우에 운전업무종사자 외의 다른 철도종사자를 탑승시키지 않을 때 고려사항으로 맞는 것은?

① 해당 선로의 종류
② 열차에 연결되는 차량의 구조
③ 철도차량의 상태
④ 철도차량의 장치의 수준

해설 제7조(열차에 탑승하여야 하는 철도종사자)
① 열차에는 운전업무종사자와 여객승무원을 탑승시켜야 한다. 다만, 해당 선로의 상태, 열차에 연결되는 차량의 종류, 철도차량의 구조 및 장치의 수준 등을 고려하여 열차운행의 안전에 지장이 없다고 인정되는 경우에는 운전업무종사자 외의 다른 철도종사자를 탑승시키지 않거나 인원을 조정할 수 있다.

**10** 다음 중 <보기>를 뜻하는 단어로 맞는 것은?

> 차량의 길이, 너비 및 높이의 한계

① 열차한계
② 건축한계
③ 차량한계
④ 특수한계

**11** 다음 중 <보기>가 설명하는 단어로 맞는 것은?

> 차량한계를 초과하는 화물

① 대형화물
② 특급화물
③ 초과화물
④ 특대화물

08 ② 09 ④ 10 ③ 11 ④

**12** 다음 중 열차의 최대 연결차량수에 영향을 끼치는 요인으로 틀린 것은?

① 동력차의 견인력
② 차량의 성능 · 차체(Frame)
③ 차량의 구조 및 연결장치의 강도
④ 운행선로의 선로상태

**해설** 제10조(열차의 최대연결차량수 등)
열차의 최대연결차량수는 이를 조성하는 동력차의 견인력, 차량의 성능 · 차체(Frame) 등 차량의 구조 및 연결장치의 강도와 운행선로의 시설현황에 따라 이를 정하여야 한다.

**13** 다음 중 동력차의 연결위치를 달리할 수 있는 경우로 틀린 것은?

① 기관차를 2 이상 연결한 경우로서 열차의 맨 앞에 위치한 기관차에서 열차를 제어하는 경우
② 보조기관차를 사용하는 경우
③ 선로 또는 열차에 고장이 있는 경우
④ 정거장과 그 정거장 외의 측선 도중에서 분기하는 본선과의 사이를 운전하는 경우

**해설** 제11조(동력차의 연결위치)
열차의 운전에 사용하는 동력차는 열차의 맨 앞에 연결하여야 한다. 다만, 다음 각 호의 어느 하나에 해당하는 경우에는 그러하지 아니하다.
1. 기관차를 2 이상 연결한 경우로서 열차의 맨 앞에 위치한 기관차에서 열차를 제어하는 경우
2. 보조기관차를 사용하는 경우
3. 선로 또는 열차에 고장이 있는 경우
4. 구원열차 · 제설열차 · 공사열차 또는 시험운전열차를 운전하는 경우
5. 정거장과 그 정거장 외의 본선 도중에서 분기하는 측선과의 사이를 운전하는 경우
6. 그 밖에 특별한 사유가 있는 경우

**14** 다음 중 여객열차의 연결제한에 대하여 틀린 것은?

① 여객열차에는 화차를 연결할 수 없다.
② 다만, 회송의 경우와 그 밖에 특별한 사유가 있는 경우에는 그러하지 아니하다.
③ 화차를 연결하는 경우에는 화차를 객차의 중간에 연결하여야 한다.
④ 파손차량, 동력을 사용하지 아니하는 기관차 또는 2차량 이상에 무게를 부담시킨 화물을 적재한 화차는 이를 여객열차에 연결하여서는 아니된다.

**해설** 제12조(여객열차의 연결제한)
① 여객열차에는 화차를 연결할 수 없다. 다만, 회송의 경우와 그 밖에 특별한 사유가 있는 경우에는 그러하지 아니하다.
② 제1항 단서의 규정에 의하여 화차를 연결하는 경우에는 화차를 객차의 중간에 연결하여서는 아니된다.
③ 파손차량, 동력을 사용하지 아니하는 기관차 또는 2차량 이상에 무게를 부담시킨 화물을 적재한 화차는 이를 여객열차에 연결하여서는 아니된다.

**15** 다음 중 운전방향 맨 앞 차량의 운전실 외에서도 열차를 운전할 수 있는 경우로 틀린 것은?

① 철도종사자가 차량의 맨 뒤에서 전호를 하는 경우로서 그 전호에 의하여 열차를 운전하는 경우
② 철도시설 또는 철도차량을 시험하기 위하여 운전하는 경우
③ 사전에 정한 특정한 구간을 운전하는 경우
④ 무인운전을 하는 경우

**해설** 제13조(열차의 운전위치)
② 제1항에도 불구하고 다음 각 호의 어느 하나에 해당하는 경우에는 운전방향 맨 앞 차량의 운전실 외에서도 열차를 운전할 수 있다.
1. 철도종사자가 차량의 맨 앞에서 전호를 하는 경우로써 그 전호에 의하여 열차를 운전하는 경우
2. 선로 · 전차선로 또는 차량에 고장이 있는 경우
3. 공사열차 · 구원열차 또는 제설열차를 운전하는 경우

12 ④    13 ④    14 ③    15 ①

4. 정거장과 그 정거장 외의 본선 도중에서 분기하는 측선과의 사이를 운전하는 경우
5. 철도시설 또는 철도차량을 시험하기 위하여 운전하는 경우
6. 사전에 정한 특정한 구간을 운전하는 경우
6의2. 무인운전을 하는 경우
7. 그 밖에 부득이한 경우로서 운전방향 맨 앞 차량의 운전실에서 운전하지 아니하여도 열차의 안전한 운전에 지장이 없는 경우

## 16 다음 중 열차의 제동장치에 대한 설명으로 틀린 것은?

① 2량 이상의 차량으로 조성하는 열차에는 모든 차량에 연동하여 작용하고 차량이 분리되었을 때 자동으로 차량을 정차시킬 수 있는 제동장치를 구비하여야 한다.
② 구내운전을 하는 경우에는 제동장치를 구비하지 않아도 된다.
③ 정거장에서 차량을 연결·분리하는 작업을 하는경우 제동장치를 구비하지 않아도 된다.
④ 차량을 정지시킬 수 있는 인력을 배치한 구원열차 및 공사열차의 경우 제동장치를 구비하지 않아도 된다.

**해설** 제14조(열차의 제동장치)

2량 이상의 차량으로 조성하는 열차에는 모든 차량에 연동하여 작용하고 차량이 분리되었을 때 자동으로 차량을 정차시킬 수 있는 제동장치를 구비하여야 한다. 다만, 다음 각 호의 어느 하나에 해당하는 경우에는 그러하지 아니하다.
1. 정거장에서 차량을 연결·분리하는 작업을 하는 경우
2. 차량을 정지시킬 수 있는 인력을 배치한 구원열차 및 공사열차의 경우
3. 그 밖에 차량이 분리된 경우에도 다른 차량에 충격을 주지 아니하도록 안전조치를 취한 경우

## 17 다음 중 열차의 제동력에 대한 설명으로 틀린 것은?

① 열차는 선로의 굴곡정도 및 운전속도에 따라 충분한 제동능력을 갖추어야 한다.
② 철도운영자등은 제동축비율이 0 이 되도록 열차를 조성하여야 한다. 다만, 긴급상황 발생 등으로 인하여 열차를 조성하는 경우 등 부득이한 사유가 있는 경우에는 그러하지 아니하다.
③ 열차를 조성하는 경우에는 모든 차량의 제동력이 균등하도록 차량을 배치하여야 한다.
④ 다만, 고장 등으로 인하여 일부 차량의 제동력이 작용하지 아니하는 경우에는 제동축비율에 따라 운전속도를 감속하여야 한다.

**해설** 제15조(열차의 제동력)

① 열차는 선로의 굴곡정도 및 운전속도에 따라 충분한 제동능력을 갖추어야 한다.
② 철도운영자등은 연결축수(연결된 차량의 차축 총수를 말한다)에 대한 제동축수(소요 제동력을 작용시킬 수 있는 차축의 총수를 말한다)의 비율(이하 "제동축비율"이라 한다)이 100이 되도록 열차를 조성하여야 한다. 다만, 긴급상황 발생 등으로 인하여 열차를 조성하는 경우 등 부득이한 사유가 있는 경우에는 그러하지 아니하다.
③ 열차를 조성하는 경우에는 모든 차량의 제동력이 균등하도록 차량을 배치하여야 한다. 다만, 고장 등으로 인하여 일부 차량의 제동력이 작용하지 아니하는 경우에는 제동축비율에 따라 운전속도를 감속하여야 한다.

16 ② 17 ②

**18** 다음 중 완급차의 연결에 대한 내용으로 틀린 것은?

① 관통제동기를 사용하는 열차의 맨 뒤(추진운전의 경우에는 맨 앞)에는 완급차를 연결하여야 한다.
② 다만, 화물열차에는 완급차를 연결하지 아니할 수 있다.
③ 규정에 불구하고 군전용열차 또는 위험물을 운송하는 열차 등 열차승무원이 반드시 탑승하여야 할 필요가 있는 열차에는 완급차를 연결하여야 한다.
④ 이 경우 열차승무원은 열차의 방호업무를 하여야 한다.

> **해설** 제16조(완급차의 연결)
> ① 관통제동기를 사용하는 열차의 맨 뒤(추진운전의 경우에는 맨 앞)에는 완급차를 연결하여야 한다. 다만, 화물열차에는 완급차를 연결하지 아니할 수 있다.
> ② 제1항 단서의 규정에 불구하고 군전용열차 또는 위험물을 운송하는 열차 등 열차승무원이 반드시 탑승하여야 할 필요가 있는 열차에는 완급차를 연결하여야 한다.

**19** 다음 중 지정된 선로의 반대선로로 열차를 운행할 수 있는 경우로 틀린 것은?

① 정거장 외의 선로를 운전하는 경우
② 선로 또는 열차의 시험을 위하여 운전하는 경우
③ 퇴행운전을 하는 경우
④ 양방향 신호설비가 설치된 구간에서 열차를 운전하는 경우

> **해설** 제20조(열차의 운전방향 지정 등)
> ② 다음 각 호의 어느 하나에 해당되는 경우에는 제1항의 규정에 의하여 지정된 선로의 반대선로로 열차를 운행할 수 있다.
> 1. 제4조제2항의 규정에 의하여 철도운영자등과 상호 협의된 방법에 따라 열차를 운행하는 경우
> 2. 정거장내의 선로를 운전하는 경우
> 3. 공사열차·구원열차 또는 제설열차를 운전하는 경우
> 4. 정거장과 그 정거장 외의 본선 도중에서 분기하는 측선과의 사이를 운전하는 경우
> 5. 입환운전을 하는 경우
> 6. 선로 또는 열차의 시험을 위하여 운전하는 경우
> 7. 퇴행(退行)운전을 하는 경우
> 8. 양방향 신호설비가 설치된 구간에서 열차를 운전하는 경우
> 9. 철도사고 또는 운행장애(이하 "철도사고등"이라 한다)의 수습 또는 선로보수공사 등으로 인하여 부득이하게 지정된 선로방향을 운행할 수 없는 경우

**20** 다음 중 정거장 외에 열차가 정차하여도 되는 경우로 틀린 것은?

① 경사도가 1000분의 30 이상인 급경사 구간에 진입하기 전의 경우
② 정지신호의 현시가 있는 경우
③ 철도사고등이 발생하거나 철도사고등의 발생 우려가 있는 경우
④ 제동장치를 확인하는 경우

> **해설** 제22조(열차의 정거장외 정차금지)
> 열차는 정거장외에서는 정차하여서는 아니된다. 다만, 다음 각 호의 어느 하나에 해당하는 경우에는 그러하지 아니하다.
> 1. 경사도가 1000분의 30 이상인 급경사 구간에 진입하기 전의 경우
> 2. 정지신호의 현시(現示)가 있는 경우
> 3. 철도사고등이 발생하거나 철도사고등의 발생 우려가 있는 경우
> 4. 그 밖에 철도안전을 위하여 부득이 정차하여야 하는 경우

**21** 다음 중 열차를 운행할 때 철도운영자등이 정거장에서 정해야되는 시각으로 해당되지 않는 것은?

① 출발    ② 통과
③ 정차    ④ 도착

> **해설** 제23조(열차의 운행시각)
> 철도운영자등은 정거장에서의 열차의 출발·통과 및 도착의 시각을 정하고 이에 따라 열차를 운행하여야 한다. 다만, 긴급하게 임시열차를 편성하여 운행하는 경우 등 부득이한 경우에는 그러하지 아니하다.

18 ④   19 ①   20 ④   21 ③

**22** 다음 중 운전정리를 할 때 고려사항으로 틀린 것은?

① 열차의 종류
② 열차의 등급
③ 열차의 도착지
④ 연계수송

> **해설** 제24조(운전정리)
> 철도사고등의 발생 등으로 인하여 열차가 지연되어 열차의 운행일정의 변경이 발생하여 열차운행상 혼란이 발생한 때에는 열차의 종류·등급·목적지 및 연계수송 등을 고려하여 운전정리를 행하고, 정상운전으로 복귀되도록 하여야 한다.

**23** 다음 중 열차운전을 일시 중지하거나 운전속도를 제한할 수 있는 재난으로 틀린 것은?

① 악천후
② 폭설
③ 지진
④ 해일

> **해설** 제27조(열차의 재난방지)
> 철도 운영자 등은 폭풍우·폭설·홍수·지진·해일 등으로 열차에 재난 또는 위험이 발생할 우려가 있는 때에는 그 상황을 고려하여 열차운전을 일시 중지하거나 운전속도를 제한하는 등의 재난·위험방지조치를 강구하여야 한다.

**24** 다음 중 열차를 퇴행할 수 있는 경우로 틀린 것은?

① 선로·전차선로 또는 차량에 고장이 있는 경우
② 공사열차·구원열차 또는 제설열차가 작업상 퇴행할 필요가 있는 경우
③ 철도종사자가 차량의 맨 뒤에서 전호를 하는 경우로서 그 전호에 의하여 열차를 운전하는 경우
④ 철도사고등의 발생 등 특별한 사유가 있는 경우

> **해설** 제26조(열차의 퇴행 운전)
> ① 열차는 퇴행하여서는 아니된다. 다만, 다음 각 호의 어느 하나에 해당하는 경우에는 그러하지 아니하다.
> 1. 선로·전차선로 또는 차량에 고장이 있는 경우
> 2. 공사열차·구원열차 또는 제설열차가 작업상 퇴행할 필요가 있는 경우
> 3. 뒤의 보조기관차를 활용하여 퇴행하는 경우
> 4. 철도사고등의 발생 등 특별한 사유가 있는 경우

**25** 다음 중 열차를 동시에 정거장에 진입시키거나 진출시킬 수 있는 경우로 틀린 것은?

① 안전측선·탈선선로전환기·탈선기가 설치되어 있는 경우
② 열차를 유도하여 서행으로 진입시키는 경우
③ 보조기관차로 운행하는 열차를 진입시키는 경우
④ 동일방향에서 진입하는 열차들이 각 정차위치에서 100미터 이상의 여유거리가 있는 경우

> **해설** 제28조(열차의 동시 진출·입 금지)
> 2 이상의 열차가 정거장에 진입하거나 정거장으로부터 진출하는 경우로서 열차 상호간 그 진로에 지장을 줄 염려가 있는 경우에는 2 이상의 열차를 동시에 정거장에 진입시키거나 진출시킬 수 없다. 다만, 다음 각 호의 어느 하나에 해당하는 경우에는 그러하지 아니하다.
> 1. 안전측선·탈선선로전환기·탈선기가 설치되어 있는 경우
> 2. 열차를 유도하여 서행으로 진입시키는 경우
> 3. 단행기관차로 운행하는 열차를 진입시키는 경우
> 4. 다른 방향에서 진입하는 열차들이 출발신호기 또는 정차위치로부터 200미터(동차·전동차의 경우에는 150미터) 이상의 여유거리가 있는 경우
> 5. 동일방향에서 진입하는 열차들이 각 정차위치에서 100미터 이상의 여유거리가 있는 경우

22 ③  23 ①  24 ③  25 ③

**26** 다음 중 철도차량운전규칙의 내용으로 틀린 것은?

① 철도사고등이 발생하여 열차를 급히 정지시킬 필요가 있는 경우에는 지체없이 정지신호를 표시하는 등 열차정지에 필요한 조치를 취하여야 한다.
② 선로의 개량 또는 보수 등으로 열차의 운행에 지장을 주는 작업 또는 공사가 시행중인 구간에는 열차를 진입시켜서는 아니된다.
③ 열차에 화재가 발생한 경우에는 조속히 소화의 조치를 하고 여객을 대피시키거나 화재가 발생한 차량을 다른 차량에서 격리시키는 등의 필요한 조치를 하여야 한다.
④ 열차에 화재가 발생한 장소가 교량 또는 터널 안인 경우에는 우선 철도차량을 교량 또는 터널 밖으로 운전하는 것을 원칙으로 하고, 지하구간인 경우에는 즉시 정차하는 것을 원칙으로 한다.

> **해설** 제32조(화재발생시의 운전)
> ② 열차에 화재가 발생한 장소가 교량 또는 터널 안인 경우에는 우선 철도차량을 교량 또는 터널 밖으로 운전하는 것을 원칙으로 하고, 지하구간인 경우에는 가장 가까운 역 또는 지하구간 밖으로 운전하는 것을 원칙으로 한다.

**27** 다음 중 구원열차 요구에 대한 내용으로 틀린 것은?

① 철도사고등의 발생으로 인하여 정거장 외에서 열차가 정차하여 구원열차를 요구하였거나 구원열차 운전의 통보가 있는 경우에는 당해 열차를 이동하여서는 아니된다.
② 다만, 철도사고등이 확대될 염려가 있는 경우에는 열차를 이동할 수 있다.
③ 다만, 응급작업을 수행하기 위하여 다른 장소로 이동이 필요한 경우에는 열차를 이동할 수 있다.
④ 철도종사자는 단서에 따라 열차나 철도차량을 이동시키는 경우에는 지체없이 구원열차의 철도운영자와 관제업무종사자 또는 운전취급담당자에게 그 이동 내용과 이동 사유를 통보하고, 열차의 방호를 위한 정지수신호 등 안전조치를 취해야 한다.

> **해설** 제31조(구원열차 요구 후 이동금지)
> ② 철도종사자는 제1항 단서에 따라 열차나 철도차량을 이동시키는 경우에는 지체없이 구원열차의 운전업무종사자와 관제업무종사자 또는 운전취급담당자에게 그 이동 내용과 이동 사유를 통보하고, 열차의 방호를 위한 정지수신호 등 안전조치를 취해야 한다.

**28** 다음 중 열차를 무인운전 하는 경우 준수사항으로 틀린 것은?

① 철도운영자등이 지정한 철도종사자는 차량을 차고에서 출고하기 전 또는 무인운전 구간으로 진입하기 전에 운전방식을 무인운전 모드로 전환하고, 철도운영자로부터 무인운전 기능을 확인받을 것
② 관제업무종사자는 열차의 운행상태를 실시간으로 감시하고 필요한 조치를 할 것
③ 관제업무종사자는 열차가 정거장의 정지선을 지나쳐서 정차한 경우 후속 열차의 해당 정거장 진입 차단
④ 철도운영자등은 여객의 승하차 시 안전을 확보하고 시스템 고장 등 긴급상황에 신속하게 대처하기 위하여 정거장 등에 안전요원을 배치하거나 순회하도록 할 것

> **해설** 제32조의2(무인운전 시의 안전확보 등)
> 열차를 무인운전하는 경우에는 다음 각 호의 사항을 준수하여야 한다.

**26** ④    **27** ④    **28** ①

1. 철도운영자등이 지정한 철도종사자는 차량을 차고에서 출고하기 전 또는 무인운전 구간으로 진입하기 전에 운전방식을 무인운전 모드(mode)로 전환하고, 관제업무종사자로부터 무인운전 기능을 확인받을 것
2. 관제업무종사자는 열차의 운행상태를 실시간으로 감시하고 필요한 조치를 할 것
3. 관제업무종사자는 열차가 정거장의 정지선을 지나쳐서 정차한 경우 다음 각 목의 조치를 할 것
  가. 후속 열차의 해당 정거장 진입 차단
  나. 철도운영자등이 지정한 철도종사자를 해당 열차에 탑승시켜 수동으로 열차를 정지선으로 이동
  다. 나목의 조치가 어려운 경우 해당 열차를 다음 정거장으로 재출발
4. 철도운영자등은 여객의 승하차 시 안전을 확보하고 시스템 고장 등 긴급상황에 신속하게 대처하기 위하여 정거장 등에 안전요원을 배치하거나 순회하도록 할 것

**29** 다음 중 열차를 안전한 속도로 운전하기 위하여 고려사항으로 틀린 것은?

① 선로 및 전차선로의 상태
② 차량의 성능
③ 열차의 중량
④ 신호의 조건

> **해설** 제34조(열차의 운전 속도)
> ① 열차는 선로 및 전차선로의 상태, 차량의 성능, 운전방법, 신호의 조건 등에 따라 안전한 속도로 운전하여야 한다

**30** 철도운영자등이 선로의 노선별 및 차량의 종류별로 열차의 최고속도를 정하여 운용할때 고려해야되는 사항이 아닌 것은?

① 선로의 굴곡의 정도
② 선로전환기의 종류
③ 선로전환기의 형태
④ 전차선에 대하여는 가설방법별 제한속도

> **해설** 제34조(열차의 운전 속도)
> ② 철도운영자등은 다음 각 호를 고려하여 선로의 노선별 및 차량의 종류별로 열차의 최고속도를 정하여 운용하여야 한다.

1. 선로에 대하여는 선로의 굴곡의 정도 및 선로전환기의 종류와 구조
2. 전차선에 대하여는 가설방법별 제한속도

**31** 다음 중 열차 또는 차량의 운전제한속도를 따로 정하여 시행하여야 되는 경우로 틀린 것은?

① 열차를 퇴행운전을 하는 경우
② 쇄정되지 아니한 선로전환기를 향하여 운전하는 경우
③ 수신호 현시구간을 운전하는 경우
④ 지령운전을 하는 경우

> **해설** 제35조(운전방법 등에 의한 속도제한)
> 철도운영자등은 다음 각 호의 어느 하나에 해당하는 때에는 열차 또는 차량의 운전제한속도를 따로 정하여 시행하여야 한다.
> 1. 서행신호 현시구간을 운전하는 경우
> 2. 추진운전을 하는 때(총괄제어법에 따라 열차의 맨 앞에서 제어하는 경우를 제외한다)
> 3. 열차를 퇴행운전을 하는 경우
> 4. 쇄정(鎖錠)되지 아니한 선로전환기를 대향(對向)으로 운전하는 경우
> 5. 입환운전을 하는 경우
> 6. 제74조의 규정에 의한 전령법(傳令法)에 의하여 열차를 운전하는 경우
> 7. 수신호 현시구간을 운전하는 경우
> 8. 지령운전을 하는 경우
> 9. 무인운전 구간에서 운전업무종사자가 탑승하여 운전하는 경우
> 10. 그 밖에 철도안전을 위하여 필요하다고 인정되는 경우

**32** 다음 중 입환작업계획서에 포함되어야하는 사항으로 틀린 것은?

① 작업 내용
② 대상 차량
③ 입환 작업 계획
④ 작업자별 역할

> **해설**
> 1. 작업 내용
> 2. 대상 차량
> 3. 입환 작업 순서
> 4. 작업자별 역할
> 5. 입환전호 방식
> 6. 입환 시 사용할 무선채널의 지정
> 7. 그 밖에 안전조치사항

**33** 다음 중 <보기> 괄호 안에 들어갈 말로 바르게 나열한 것으로 맞는 것은?

> 철도차량운전규칙에서 쇄정되지 아니한 선로전환기를 (   )으로 통과할 때에는 쇄정기구를 사용하여 (   )을(를) 쇄정하여야 한다.

① 배향, 텅레일
② 배향, 가드레일
③ 대향, 텅레일
④ 대향, 가드레일

> **해설** 제40조(선로전환기의 쇄정 및 정위치 유지)
> ② 쇄정되지 아니한 선로전환기를 대향으로 통과할 때에는 쇄정기구를 사용하여 텅레일(Tongue Rail)을 쇄정하여야 한다.

**34** 다음 중 입환에 대한 내용으로 틀린 것은?

① 다른 열차가 정거장에 진입할 시각이 임박한 때에는 다른 열차에 지장을 줄 수 있는 입환을 할 수 없다. 다만, 다른 열차가 진입할 수 없는 경우 등 긴급하거나 부득이한 경우에는 그러하지 아니하다.
② 열차의 도착 시각이 임박한 때에는 그 열차가 정차 예정인 선로에서는 입환을 할 수 없다. 다만, 열차의 운전에 지장을 주지 아니하도록 안전조치를 한 후에는 그러하지 아니하다.
③ 다른 열차가 인접정거장 또는 신호소를 출발한 후에는 그 열차에 대한 장내신호기의 바깥쪽에 걸친 입환을 할 수 없다. 다만, 특별한 사유가 있는 경우로서 충분한 안전조치를 한 때에는 그러하지 아니하다.
④ 본선을 이용하는 입력입환은 관제업무종사자 또는 운전취급담당자의 승인을 받아야 하며, 입환작업자는 그 작업을 감시하여야 한다.

> **해설** 제45조(인력입환)
> 본선을 이용하는 입력입환은 관제업무종사자 또는 운전취급담당자의 승인을 받아야 하며, 운전취급담당자는 그 작업을 감시해야 한다.

**35** 다음 중 한 폐색구간에 둘 이상의 열차를 동시에 운행할 수 있는 경우로 틀린 것은?

① 구원열차, 공사열차 또는 제설열차를 운전하는 경우
② 폐색구간에서 뒤의 보조기관차를 열차로부터 떼었을 경우
③ 열차가 정차되어 있는 폐색구간으로 다른 열차를 유도하는 경우
④ 폐색에 의한 방법으로 운전을 하고 있는 열차를 열차제어장치로 운전하거나 시계운전이 가능한 노선에서 열차를 서행하여 운전하는 경우

**36** 다음 중 대용폐색방식에 해당되지 않는 것은?

① 통신식
② 통표폐색식
③ 지도통신식
④ 지도식

33 ③  34 ④  35 ①  36 ②

해설 제50조(폐색방식의 구분) 폐색방식은 각 호와 같이 구분한다.
1. 상용(常用)폐색방식 : 자동폐색식 · 연동폐색식 · 차내신호폐색식 · 통표폐색식
2. 대용(代用)폐색방식 : 통신식 · 지도통신식 · 지도식

**37** 다음 중 자동폐색식을 시행하는 폐색구간의 폐색신호기 · 장내신호기 · 출발신호기가 갖추어야 하는 기능으로 틀린것은?

① 폐색구간에 열차 또는 차량이 있을 때에는 자동으로 정지신호를 현시할 것
② 폐색구간에 있는 선로전환기가 정당한 방향으로 개통되지 아니한 때 또는 분기선 및 교차점에 있는 차량이 폐색구간에 지장을 줄 때에는 자동으로 정지신호를 현시할 것
③ 폐색장치에 고장이 있을 때에는 자동으로 정지신호를 현시할 것
④ 복선구간에 있어서는 하나의 방향에 대하여 진행을 지시하는 신호를 현시한 때에는 그 반대방향의 신호기는 자동으로 정지신호를 현시할 것

해설 제51조(자동폐색장치의 기능)
4. 단선구간에 있어서는 하나의 방향에 대하여 진행을 지시하는 신호를 현시한 때에는 그 반대방향의 신호기는 자동으로 정지신호를 현시할 것

**38** 다음 중 연동폐색장치의 구비조건으로 틀린 것은?

① 연동폐색식을 시행하는 폐색구간 양끝의 정거장 또는 신호소에는 연동폐색기를 설치하여야 한다.
② 신호기와 연동하여 자동으로 열차폐색구간에 있음 또는 폐색구간에 열차없음의 표시를 할 수 있어야 한다.
③ 열차가 폐색구간에 있을 때에는 그 구간의 신호기에 정지를 지시하는 신호를 현시할 수 없을 것
④ 폐색구간에 진입한 열차가 그 구간을 통과한 후가 아니면 "폐색구간에 열차있음"의 표시를 변경할 수 없을 것

해설 2. 열차가 폐색구간에 있을 때에는 그 구간의 신호기에 진행을 지시하는 신호를 현시할 수 없을 것

**39** 다음 중 차내신호폐색장치의 기능으로 틀린 것은?

① 폐색구간에 열차 또는 다른 차량이 있는 경우 자동으로 정지신호를 현시해야한다.
② 폐색구간에 있는 선로전환기가 정당한 방향에 있지 아니한 경우 자동으로 정지신호를 현시해야한다.
③ 다른 선로에 있는 열차 또는 차량이 폐색구간을 진입하고 있는 경우 자동으로 정지신호를 현시해야한다.
④ 열차 운행선로의 방향이 대향인 경우 자동으로 정지신호를 현시해야한다.

해설 제54조(차내신호폐색장치의 기능)
차내신호폐색식을 시행하는 구간의 차내신호는 다음 각 호의 어느 하나에 해당하는 경우에는 자동으로 정지신호를 현시하여야 한다.
1. 폐색구간에 열차 또는 다른 차량이 있는 경우
2. 폐색구간에 있는 선로전환기가 정당한 방향에 있지 아니한 경우
3. 다른 선로에 있는 열차 또는 차량이 폐색구간을 진입하고 있는 경우
4. 열차제어장치의 지상장치에 고장이 있는 경우
5. 열차 정상운행선로의 방향이 다른 경우

37 ④  38 ③  39 ④

**40** 다음 중 통표폐색장치의 기능 등으로 틀린 것은?

① 통표는 폐색구간 양끝의 정거장 또는 신호소에서 협동하여 취급하지 아니하면 이를 꺼낼 수 없을 것
② 폐색구간 양끝에 있는 통표폐색기에 넣은 통표는 1개에 한하여 꺼낼 수 있으며, 꺼낸 통표를 통표폐색기에 넣은 후가 아니면 다른 통표를 꺼내지 못하는 것일 것
③ 통표를 분실하지 않도록 취급할 때 기록을 할 것
④ 인접 폐색구간의 통표는 넣을 수 없는 것일 것

**해설** 제55조(통표폐색장치의 기능 등)
① 통표폐색식을 시행하는 폐색구간 양끝의 정거장 또는 신호소에는 다음 각 호의 조건을 구비한 통표폐색장치를 설치하여야 한다.
  1. 통표는 폐색구간 양끝의 정거장 또는 신호소에서 협동하여 취급하지 아니하면 이를 꺼낼 수 없을 것
  2. 폐색구간 양끝에 있는 통표폐색기에 넣은 통표는 1개에 한하여 꺼낼 수 있으며, 꺼낸 통표를 통표폐색기에 넣은 후가 아니면 다른 통표를 꺼내지 못하는 것일 것
  3. 인접 폐색구간의 통표는 넣을 수 없는 것일 것

**41** 다음 중 다른 통신설비로 대신할 수 있는 경우로 틀린 것은?

① 운전이 한산한 구간인 경우
② 사전에 협의된 통신설비를 사용할 경우
③ 전용의 통신설비에 고장이 있는 경우
④ 철도사고등의 발생 그 밖에 부득이한 사유로 인하여 전용의 통신설비를 설치할 수 없는 경우

**해설** 제57조(통신식 대용폐색 방식의 통신장치)
통신식을 시행하는 구간에는 전용의 통신설비를 설치하여야 한다. 다만, 다음 각 호의 어느 하나에 해당하는 경우에는 다른 통신설비로서 이를 대신할 수 있다.
  1. 운전이 한산한 구간인 경우
  2. 전용의 통신설비에 고장이 있는 경우
  3. 철도사고등의 발생 그 밖에 부득이한 사유로 인하여 전용의 통신설비를 설치할 수 없는 경우

**42** 다음 중 <보기> ⓑ에 들어갈 내용으로 맞는 것은?

> 지도통신식을 시행하는 구간에서 동일방향의 폐색구간으로 진입시키고자 하는 열차가 하나뿐인 경우에는 ( ⓐ )를 교부하고, 연속하여 2 이상의 열차를 동일방향의 폐색구간으로 진입시키고자 하는 경우에는 최후의 열차에 대하여는 ( ⓑ )를(을), 나머지 열차에 대하여는 ( ⓒ )을(를) 교부한다.

① 통표        ② 지도표
③ 지도권      ④ 통신표

**43** 다음 중 지도표 기입사항으로 틀린 것은?

① 양끝의 정거장명   ② 발행일자
③ 지도권 번호      ④ 사용열차번호

**해설** 제62조(지도표 · 지도권의 기입사항)
① 지도표에는 그 구간 양끝의 정거장명 · 발행일자 및 사용열차번호를 기입하여야 한다.

**44** 다음 중 열차제어장치의 구분에 해당되지 않는 것은?

① 열차자동정지장치
② 열차자동운전장치
③ 열차자동제어장치
④ 열차자동방호장치

**해설** 제66조(열차제어장치의 구분) 열차제어장치는 다음 각 호와 같이 구분한다.
  1. 열차자동정지장치(ATS, Automatic Train Stop)
  2. 열차자동제어장치(ATC, Automatic Train Control)
  3. 열차자동방호장치(ATP, Automatic Train Protection)

40 ③    41 ②    42 ②    43 ③    44 ②

**45** 다음 중 열차자동제어장치의 기능으로 틀린 것은?

① 운행 중인 열차를 선행열차와의 간격, 선로의 굴곡, 선로전환기 등 운행 조건에 따라 제어정보가 지시하는 속도로 자동으로 감속시키거나 정지시킬 수 있을 것
② 열차의 제어정보가 지시하는 운전속도로 자동으로 제동장치를 작용시켜 열차의 속도를 감속시킬 것. 다만, 지상설비의 제어정보가 열차의 정지를 지시하는 경우에는 지정위치에 열차가 정지할 수 있도록 제동장치를 작동시킬 것
③ 장치의 조작 화면에 열차제어정보에 따른 운전 속도와 열차의 실제 속도를 실시간으로 나타내 줄 것
④ 열차를 정지시켜야 하는 경우 자동으로 제동장치를 작동하여 정지목표에 정지할 수 있을 것

> **해설** 제67조(열차제어장치의 기능)
> ① 열차자동정지장치는 열차의 속도가 지상에 설치된 신호기의 현시 속도를 초과하는 경우 열차를 자동으로 정지시킬 수 있어야 한다.
> ② 열차자동제어장치 및 열차자동방호장치는 다음 각 호의 기능을 갖추어야 한다.
> 　1. 운행 중인 열차를 선행열차와의 간격, 선로의 굴곡, 선로전환기 등 운행 조건에 따라 제어정보가 지시하는 속도로 자동으로 감속시키거나 정지시킬 수 있을 것
> 　2. 장치의 조작 화면에 열차제어정보에 따른 운전 속도와 열차의 실제 속도를 실시간으로 나타내 줄 것
> 　3. 열차를 정지시켜야 하는 경우 자동으로 제동장치를 작동하여 정지목표에 정지할 수 있을 것

**46** 다음 중 시계운전에 의한 열차의 운전에 대하여 맞는 것은?

① 복선운전을 하는 경우 지도격시법, 전령법으로 시행해야 한다.
② 단선운전을 하는 경우 격시법, 전령법으로 시행해야 한다.
③ 공사열차 운행 등 철도운영자등이 특별히 따로 정한 경우에는 그렇지 않다.
④ 단선구간에서는 하나의 방향으로 열차를 운전하는 때에 반대방향의 열차를 운전시키지 아니하는 등 사고예방을 위한 안전조치를 하여야 한다.

> **해설** 제72조(시계운전에 의한 열차의 운전)
> 시계운전에 의한 열차운전은 다음 각 호의 어느 하나의 방법으로 시행해야 한다. 다만, 협의용 단행기관차의 운행 등 철도운영자등이 특별히 따로 정한 경우에는 그렇지 않다.
> 1. 복선운전을 하는 경우
> 　가. 격시법 나. 전령법
> 2. 단선운전을 하는 경우
> 　가. 지도격시법 나. 전령법

**47** 다음 중 전령자에 대하여 틀린 것은?

① 전령법을 시행하는 구간에는 전령자를 선정하여야 한다.
② 전령자는 1폐색구간 1인에 한한다.
③ 전령자는 흰 바탕의 완장을 착용하여야 한다.
④ 전령법을 시행하는 구간에서는 당해구간의 전령자가 동승하지 아니하고는 열차를 운전할 수 없다.

> **해설** 제75조(전령자)
> ① 전령법을 시행하는 구간에는 전령자를 선정하여야 한다.
> ② 제1항의 규정에 의한 전령자는 1폐색구간 1인에 한한다.
> ④ 전령법을 시행하는 구간에서는 당해구간의 전령자가 동승하지 아니하고는 열차를 운전할 수 없다.

45 ②　46 ④　47 ③

**48** 다음 중 전호의 정의로 맞는 것은?

① 모양·색 또는 소리 등으로 열차나 차량에 대하여 운행의 조건을 지시하는 것으로 할 것
② 모양·색 또는 소리 등으로 관계직원 상호간에 의사를 표시하는 것으로 할 것
③ 모양 또는 색 등으로 물체의 위치·방향·조건 등을 표시하는 것으로 할 것
④ 모양 또는 색 등으로 현재 운행상태를 표시하는 것으로 할 것

**해설** 제76조(철도신호) 철도의 신호는 다음 각 호와 같이 구분하여 시행한다.
1. 신호는 모양·색 또는 소리 등으로 열차나 차량에 대하여 운행의 조건을 지시하는 것으로 할 것
2. 전호는 모양·색 또는 소리 등으로 관계직원 상호간에 의사를 표시하는 것으로 할 것
3. 표지는 모양 또는 색 등으로 물체의 위치·방향·조건 등을 표시하는 것으로 할 것

**49** 다음 중 주 신호기가 아닌 것은?

① 원방신호기    ② 장내신호기
③ 출발신호기    ④ 입환신호기

**해설**
1. 주신호기
가. 장내신호기 : 정거장에 진입하려는 열차에 대하여 신호를 현시하는 것
나. 출발신호기 : 정거장을 진출하려는 열차에 대하여 신호를 현시하는 것
다. 폐색신호기 : 폐색구간에 진입하려는 열차에 대하여 신호를 현시하는 것
라. 엄호신호기 : 특히 방호를 요하는 지점을 통과하려는 열차에 대하여 신호를 현시하는 것
마. 유도신호기 : 장내신호기에 정지신호의 현시가 있는 경우 유도를 받을 열차에 대하여 신호를 현시하는 것
바. 입환신호기 : 입환차량 또는 차내신호폐색식을 시행하는 구간의 열차에 대하여 신호를 현시하는 것

**50** 다음 중 종속신호기에 해당되지 않는 것은?

① 통과신호기
② 엄호신호기
③ 중계신호기
④ 원방신호기

**해설** 2. 종속신호기
가. 원방신호기 나. 통과신호기 다. 중계신호기

**51** 다음 중 차내신호의 종류 및 그 제한속도로 틀린 것은?

① 정지신호 : 열차운행에 지장이 있는 구간으로 운행하는 열차에 대하여 정지하도록 하는 것
② 15신호 : 정지신호에 의하여 정지한 열차에 대한 신호로서 1시간에 15킬로미터 이하의 속도로 운전하게 하는 것
③ 야드신호 : 입환차량에 대한 신호로서 1시간에 25킬로미터 이하의 속도로 운전하게 하는 것
④ 진행신호 : 열차를 정상속도로 운전하게 하는 것

**해설** 진행신호 : 열차를 지정된 속도 이하로 운전하게 하는 것

**52** 다음 중 차내신호폐색구간 입환신호기 색등식 신호현시방법으로 맞는 것은?

① 정지신호 – 백색등열 수평, 무유도등 소등
② 진행신호 – 백색등열 좌하향 45도 무유도 등 점등
③ 진행신호 – 등황색등
④ 진행신호 – 청색등

48 ②    49 ①    50 ②    51 ④    52 ③

**53** 다음 중 주 신호기가 정지신호를 할 경우 등열식 중계신호기의 현시방법으로 맞는 것은?

① 백색등열(3등) 수평
② 백색등열(3등) 좌하향 45도
③ 백색등열(3등) 우하향 45도
④ 백색등열(3등) 수직

**54** 다음 중 신호현시의 기본원칙으로 틀린 것은?

① 출발신호기 : 정지신호
② 입환신호기 : 정지신호
③ 원방신호기 : 정지신호
④ 장내신호기 : 정지신호

> 해설  제85조(신호현시의 기본원칙)
> ① 별도의 작동이 없는 상태에서의 상치신호기의 기본원칙은 다음 각 호와 같다.
>   1. 장내신호기 : 정지신호
>   2. 출발신호기 : 정지신호
>   3. 폐색신호기(자동폐색신호기를 제외한다) :정지
>   4. 엄호신호기 : 정지신호
>   5. 유도신호기 : 신호를 현시하지 아니한다.
>   6. 입환신호기 : 정지신호
>   7. 원방신호기 : 주의신호
> ② 자동폐색신호기 및 반자동폐색신호기는 진행을 지시하는 신호를 현시함을 기본으로 한다. 다만, 단선구간의 경우에는 정지신호를 현시함을 기본으로 한다.
> ③ 차내신호기는 진행신호를 현시함을 기본으로 한다.

**55** 다음 중 임시신호기의 현시방식으로 틀린 것은?

① 주간 서행신호: 백색 테두리를 한 등황색 원판
② 야간 서행예고신호: 흑색삼각형 3개를 그린 백색 삼각형등
③ 야간 서행해제신호: 녹색등
④ 서행신호기 및 서행예고신호기에는 서행속도를 표시하여야 한다.

**56** 다음 중 수신호의 현시방법으로 틀린 것은?

① 정지신호 주간; 적색기
② 서행신호 주간: 적색기와 녹색기를 번갈아 흔든다.
③ 서행신호 야간: 깜빡이는 녹색등
④ 진행신호 주간: 녹색기가 없을 때는 한 팔을 높이 든다.

> 해설  2. 서행신호
> 가. 주간 : 적색기와 녹색기를 모아쥐고 머리 위에 높이 교차한다.
> 나. 야간 : 깜박이는 녹색등

**57** 열차를 정지시켜야 하는 경우 정지수신호는 철도사고등이 발생한 지점으로부터 몇 미터 앞인가?

① 100
② 200
③ 300
④ 400

> 해설  제94조(선로에서 정상 운행이 어려운 경우의 조치)
> 1. 열차를 정지시켜야 하는 경우 : 철도사고등이 발생한 지점으로부터 200미터 이상의 앞 지점에서 정지 수신호를 현시할 것

**58** 다음 중 전호에 대하여 틀린 것은?

① 열차 또는 차량에 대한 전호는 전호기로 현시하여야 한다. 다만, 전호기가 설치되어 있지 아니하거나 고장이 난 경우에는 수신호로 현시할 수 있다.
② 열차를 출발시키고자 할 때에는 출발전호를 하여야 한다.
③ 위험을 경고하는 경우에는 기관사는 기적전호를 하여야 한다.
④ 비상사태가 발생한 경우 기관사는 기적전호를 하여야 한다.

53 ①  54 ③  55 ②  56 ②  57 ②  58 ①

해설 제98조(전호현시) 열차 또는 차량에 대한 전호는 전호기로 현시하여야 한다. 다만, 전호기가 설치되어 있지 아니하거나 고장이 난 경우에는 수전호 또는 무선전화기로 현시할 수 있다.

**59** 다음 중 입환전호 방법에 대한 설명으로 틀린 것은?

① 오너라 전호 주간: 녹색기를 좌우로 흔든다.
② 가거라 전호 주간: 녹색기를 위, 아래로 흔든다.
③ 서행 전호 주간: 적색기와 녹색기를 모아쥐고 머리 위에 높이 교차한다.
④ 정지 전호 야간: 적색등

해설 ③

〈전호의 경우 서행이 없다.〉

**60** 다음 중 무선전화기를 사용하여 입환전호를 할 수 있는 경우로 틀린 것은?

① 무인역 또는 1인이 근무하는 역에서 입환하는 경우
② 1인이 승무하는 동력차로 입환하는 경우
③ 선로전환기를 원격으로 제어하여 단순히 선로를 변경하기 위하여 입환하는 경우
④ 지형 및 선로여건 등을 고려할 때 입환전호하는 작업자를 배치하기가 어려운 경우

해설 제1항에도 불구하고 다음 각 호의 어느 하나에 해당하는 경우에는 무선전화기를 사용하여 입환전호를 할 수 있다.
1. 무인역 또는 1인이 근무하는 역에서 입환하는 경우
2. 1인이 승무하는 동력차로 입환하는 경우
3. 신호를 원격으로 제어하여 단순히 선로를 변경하기 위하여 입환하는 경우
4. 지형 및 선로여건 등을 고려할 때 입환전호하는 작업자를 배치하기가 어려운 경우
5. 원격제어가 가능한 장치를 사용하여 입환하는 경우

**61** 다음 중 철도차량운전규칙 신호에 대한 설명으로 틀린 것은?

① 여객 또는 화물의 취급을 위하여 정지위치를 지시할 때 전호의 방식을 정하여 그 전호에 따라 작업을 하여야 한다.
② 신호기 취급직원 또는 입환전호를 하는 직원과 선로전환기취급 직원간에 선로전환기의 취급에 관한 연락을 할 때 전호의 방식을 정하여 그 전호에 따라 작업을 하여야 한다.
③ 열차 또는 입환 중인 작업원은 표지를 게시하여야 한다.
④ 열차 또는 차량의 안전운전을 위하여 안전표지를 설치하여야 한다.

해설 제103조(열차의 표지)

열차 또는 입환 중인 동력차는 표지를 게시하여야 한다.

# 2편 철도차량운전규칙 예상 및 기출문제 STEP 2

**01** 다음 중 철도차량운전규칙에서 사용하는 용어의 정의로 틀린 것은?

① 구내운전이라 함은 정거장내 또는 차량기지 내에서 열차 또는 차량을 운전하는 것을 말한다.
② 입환이라 함은 사람의 힘에 의하거나 동력차를 사용하여 차량을 이동·연결 또는 분리하는 작업을 말한다.
③ 조차장이라 함은 차량의 입환 또는 열차의 조성을 위하여 사용되는 장소를 말한다.
④ 차량이라 함은 열차의 구성부분이 되는 1량의 철도차량을 말한다.

해설 〈2조 12호〉

**02** 다음 중 동력차의 정의로 맞는 것은?

① 열차의 맨 앞에 위치한 동력차로서 운전실 또는 운전설비가 있는 동력차
② 운전실 또는 운전설비가 있는 철도차량
③ 기관차, 전동차, 동차 등 동력발생장치에 의하여 선로를 이동하는 것을 목적으로 제조한 철도차량
④ 본선을 운행할 목적으로 맨 앞에 위치한 운전실 또는 운전설비가 있는 철도차량

해설 〈2조 16호〉

**03** 다음 중 철도차량운전규칙의 정의로 틀린 것은?

① 정거장이라 함은 여객의 승강(여객 이용시설 및 편의시설을 포함한다), 화물의 적하, 열차의 조성, 열차의 교행 또는 대피를 목적으로 사용되는 장소를 말한다.
② 측선이라 함은 본선이 아닌 선로를 말한다.
③ 위험물이라 함은 「철도차량운전규칙」 제44조제1항의 규정에 의한 위험물을 말한다.
④ 무인운전이란 사람이 열차 안에서 직접 운전하지 아니하고 관제실에서의 원격조종에 따라 열차가 자동으로 운행되는 방식을 말한다.

해설 〈2조 17호〉

**04** 다음 중 용어의 정의로 틀린 것은?

① 철도신호라 함은 제76조의 규정에 의한 신호·전호 및 표지를 말한다.
② 진행지시신호라 함은 진행신호·감속신호·주의신호·경계신호·유도신호 및 차내신호(정지신호를 제외한다) 등 차량의 진행을 지시하는 신호를 말한다.
③ 폐색이라 함은 일정 구간에 동시에 2 이상의 열차를 운전시키지 아니하기 위하여 그 구간을 하나의 열차의 운전에만 점용시키는 것을 말한다.
④ 신호장이라 함은 상치신호기 등 열차제어시스템을 조작·취급하기 위하여 설치한 장소를 말한다.

해설 〈2조 15호〉

01 ① 02 ③ 03 ③ 04 ④

**05** 다음 중 조차장의 정의로 맞는 것은?

① 차량의 입환 또는 열차의 조성 및 신호제어시스템을 조작·취급하기 위하여 사용되는 장소를 말한다.
② 차량의 입환 또는 열차의 조성을 위하여 사용되는 장소를 말한다.
③ 열차의 입환 또는 조성을 위하여 사용되는 장소를 말한다.
④ 차량의 입환 또는 열차의 조성 및 화물의 적하를 위하여 사용되는 장소를 말한다.

해설  〈2조 14호〉

**06** 다음 중 철도운영자등이 관리하는 구간이 서로 다른 구간에서 열차를 계속하여 운행하고자 하는 경우 누구와 협의해야 하는가?

① 국토교통부장관
② 시·도지사
③ 관제업무종사자
④ 다른 철도운영자등

해설  〈4조〉

**07** 다음 중 철도운영자등이 철도안전법등 관계법령에 따라 필요한 교육을 실시하여야 하는 대상으로 틀린 것은?

① 운전업무보조자
② 관제업무종사자
③ 운전취급담당자
④ 정거장에서 열차의 출발·도착에 관한 업무를 수행하는 자

해설  〈6조 1항〉

**08** 다음 중 열차에 탑승하여야 하는 철도종사자에 대한 설명으로 틀린 것은?

① 열차에는 운전업무종사자를 탑승시켜야 한다.
② 열차에는 여객승무원을 탑승시켜야 한다.
③ 다만, 해당 선로의 상태, 열차에 연결되는 차량의 종류, 철도차량의 구조 및 장치의 수준 등을 고려하여 열차운행의 안전에 지장이 없다고 인정되는 경우에는 운전업무종사자 외의 다른 철도종사자를 탑승시키지 않거나 인원을 조정할 수 있다.
④ 무인운전의 경우에는 철도차량운전자를 탑승시키지 않을 수 있다.

해설  〈7조〉

**09** 다음 중 차량의 적재 제한등에 대한 설명으로 틀린 것은?

① 차량에 화물을 적재할 경우에는 차량의 구조와 설계강도 등을 고려하여 허용할 수 있는 최대적재량을 초과하지 아니하도록 하여야 한다.
② 차량에 화물을 적재할 경우에는 중량의 부담이 균등히 되도록 하여야 하며, 운전중의 흔들림으로 인하여 무너지거나 넘어질 우려가 없도록 하여야 한다.
③ 차량에는 철도차량의 길이와 너비 및 높이의 한계를 초과하여 화물을 적재·운송하여서는 아니된다.
④ 다만, 열차의 안전운행에 필요한 조치를 하고 차량한계 및 건축한계를 초과하는 화물을 운송하는 경우에는 건축한계를 초과하여 화물을 운송할 수 있다.

해설  〈8조〉

05 ②　06 ④　07 ④　08 ④　09 ④

**10** 다음 중 열차의 운전에 사용하는 동력차를 맨 앞에 연결하지 않아도 되는 경우로 틀린 것은?

① 기관차를 2 이상 연결한 경우로서 열차의 맨 뒤에 위치한 기관차에서 열차를 제어하는 경우
② 선로 또는 열차에 고장이 있는 경우
③ 구원열차·제설열차·공사열차 또는 시험운전열차를 운전하는 경우
④ 정거장과 그 정거장 외의 본선 도중에서 분기하는 측선과의 사이를 운전하는 경우

해설 〈11조〉

**11** 다음 중 여객열차의 연결제한에 대하여 틀린 것은?

① 여객열차에는 화차를 연결할 수 없다.
② 다만, 회송의 경우와 그 밖에 특별한 사유가 있는 경우에는 그러하지 아니하다.
③ 화차를 연결하는 경우에는 화차를 객차의 중간에 연결하여서는 아니된다.
④ 파손차량, 동력을 사용하지 아니하는 기관차 또는 2차량 이상에 무게를 부담시킨 화물을 적재한 화차는 이를 열차에 연결하여서는 아니된다.

해설 〈12조〉

**12** 다음 중 운전방향 맨 앞 차량의 운전실 외에서도 열차를 운전할 수 있는 경우로 틀린 것은?

① 철도종사자가 차량의 맨 앞에서 전호를 하는 경우로서 그 전호에 의하여 열차를 운전하는 경우
② 선로·전차선로 또는 열차에 고장이 있는 경우
③ 철도시설 또는 철도차량을 시험하기 위하여 운전하는 경우
④ 사전에 정한 특정한 구간을 운전하는 경우

해설 〈13조〉

**13** 다음 중 철도차량운전규칙에서 열차의 제동장치를 구비할 필요가 없는 경우로 틀린 것은?

① 정거장에서 차량을 연결·분리하는 작업을 하는 경우
② 차량을 정지시킬 수 있는 인력을 배치한 구원열차 및 공사열차의 경우
③ 철도시설 또는 철도차량을 시험하기 위하여 운전하는 경우
④ 그 밖에 차량이 분리된 경우에도 다른 차량에 충격을 주지 아니하도록 안전조치를 취한 경우

해설 〈14조〉

**14** 다음 중 열차의 제동력에 대한 설명으로 틀린 것은?

① 열차는 선로의 굴곡정도 및 운전속도에 따라 충분한 제동능력을 갖추어야 한다.
② 철도운영자등은 연결된 차량의 차축 총수에 대한 소요 제동력을 작용시킬 수 있는 차축의 총수의 비율이 100이 되도록 열차를 조성하여야 한다. 다만, 긴급상황 발생 등으로 인하여 열차를 조성하는 경우 등 부득이한 사유가 있는 경우에는 그러하지 아니하다.
③ 열차를 조성하는 경우에는 모든 차량의 제동력이 균등하도록 차량을 배치하여야 한다.

10 ①    11 ④    12 ②    13 ③    14 ④

④ 다만, 고장 등으로 인하여 일부 차량의 제동력이 작용하지 아니하는 경우에는 제동축수에 따라 운전속도를 감속하여야 한다.

**해설** 〈15조〉

**15** 다음 중 열차의 조성에 대하여 틀린 것은?

① 관통제동기를 사용하는 열차의 맨 앞(추진운전의 경우에는 맨 뒤)에는 완급차를 연결하여야 한다.
② 다만, 화물열차에는 완급차를 연결하지 아니할 수 있다.
③ 규정에 불구하고 군전용열차 또는 위험물을 운송하는 열차 등 열차승무원이 반드시 탑승하여야 할 필요가 있는 열차에는 완급차를 연결하여야 한다.
④ 열차를 조성하거나 열차의 조성을 변경한 경우에는 당해 열차를 운행하기 전에 제동장치를 시험하여 정상작동여부를 확인하여야 한다.

**해설** 〈16조〉

**16** 다음 중 지정된 선로의 반대선로로 열차를 운행할 수 있는 경우로 틀린 것은?

① 철도운영자등과 상호 협의된 방법에 따라 열차를 운행하는 경우
② 구내운전을 하는 경우
③ 선로 또는 열차의 시험을 위하여 운전하는 경우
④ 철도사고등의 수습 또는 선로보수공사 등으로 인하여 부득이하게 지정된 선로방향을 운행할 수 없는 경우

**해설** 〈20조 2항〉

**17** 다음 중 열차의 운전방향에 대한 내용으로 틀린 것은?

① 철도운영자등은 상행선·하행선 등으로 노선이 구분되는 선로의 경우에는 열차의 운행방향을 미리 지정하여야 한다.
② 제설열차를 운전하는 경우 지정된 선로의 반대선로로 열차를 운행할 수 있다.
③ 양방향 신호설비가 설치된 구간에서 열차를 운전하는 경우 지정된 선로의 반대선로로 열차를 운전할 수 있다.
④ 철도운영자등은 규정에 의하여 반대선로로 운전하는 열차가 있는 경우 후속열차에 대한 방호 등 필요한 안전조치를 하여야 한다.

**해설** 〈20조〉

**18** 다음 중 정거장외에 열차가 정차하여도 되는 경우로 틀린 것은?

① 경사도가 1000분의 30 이상인 급경사 구간에 진입하기 전의 경우
② 주의신호의 현시가 있는 경우
③ 철도사고등이 발생하거나 철도사고등의 발생 우려가 있는 경우
④ 그 밖에 철도안전을 위하여 부득이 정차하여야 하는 경우

**해설** 〈22조〉

15 ①    16 ②    17 ④    18 ②

**19** 다음 중 열차를 퇴행할 수 있는 경우로 틀린 것은?

① 선로·전차선로 또는 차량에 고장이 있는 경우
② 공사열차·구원열차 또는 제설열차가 작업상 퇴행할 필요가 있는 경우
③ 뒤의 보조기관차를 활용하여 퇴행하는 경우
④ 시험운전열차를 운전하는 경우

해설 〈26조〉

**20** 다음 중 열차를 동시에 정거장에 진입시키거나 진출시킬 수 있는 경우로 틀린 것은?

① 안전측선·탈선선로전환기·탈선기가 설치되어 있는 경우
② 단행기관차로 운행하는 열차를 진입시키는 경우
③ 다른 방향에서 진입하는 전동차가 출발신호기 또는 정차위치로부터 150미터 이상의 여유거리가 있는 경우
④ 동일방향에서 진입하는 열차들이 각 정차위치에서 200미터 이상의 여유거리가 있는 경우

해설 〈28조〉

**21** 다음 중 열차를 무인운전 하는 경우 준수사항으로 틀린 것은?

① 철도운영자등이 지정한 철도종사자는 차량을 차고에서 출고하기 전 또는 무인운전 구간으로 진입하기 전에 운전방식을 무인운전 모드로 전환하고, 관제업무종사자로부터 무인운전 기능을 확인받을 것
② 관제업무종사자는 열차의 운행상태를 실시간으로 감시하고 필요한 조치를 할 것
③ 관제업무종사자는 열차가 정거장의 정지선을 지나쳐서 정차한 경우 철도운영자등이 지정한 철도종사자를 해당 열차에 탑승시켜 수동으로 다음 정거장으로 출발
④ 철도운영자등은 여객의 승하차 시 안전을 확보하고 시스템 고장 등 긴급상황에 신속하게 대처하기 위하여 정거장 등에 안전요원을 배치하거나 순회하도록 할 것

해설 〈32조의2〉

**22** 다음 중 철도차량운전규칙에서 지정된 선로의 반대선로로 열차를 운행할 수 있는 경우로 틀린 것은?

① 규정에 의하여 철도운영자등과 상호 협의된 방법에 따라 열차를 운행하는 경우
② 정거장내의 선로를 운전하는 경우
③ 추진운전을 하는 경우
④ 입환운전을 하는 경우

해설 〈20조 2항〉

**23** 다음 중 열차 또는 차량의 운전제한속도를 따로 정하여 시행하여야 되는 경우로 틀린 것은?

① 열차를 퇴행운전을 하는 경우
② 쇄정되지 아니한 선로전환기를 대향으로 운전하는 경우
③ 전령법에 의하여 열차를 운전하는 경우
④ 구내운전을 하는 경우

해설 〈35조〉

19 ④   20 ④   21 ③   22 ③   23 ④

**24** 다음 중 정지신호 현시지점을 넘어서 진행할 수 있는 경우로 틀린 것은?

① 전령법으로 운전하는 경우
② 수신호에 의하여 정지신호의 현시가 있는 경우
③ 신호기 고장 등으로 인하여 정지가 불가능한 거리에서 정지신호의 현시가 있는 경우
④ 서행허용표지를 추가하여 부설한 자동폐색신호기가 정지신호를 현시하는 때

해설 〈36조〉

**25** 다음 중 입환작업계획서에 포함되어야 하는 사항으로 틀린 것은?

① 입환 작업 순서
② 작업자별 역할
③ 입환신호 방식
④ 입환 시 사용할 무선채널의 지정

해설 〈39조 1항〉

**26** 다음 중 입환작업자가 차량과 열차를 입환하는 경우 따라야하는 기준으로 틀린 것은?

① 차량과 열차가 이동하는 때에는 차량을 분리하는 입환작업을 하지 말 것
② 차량이 구르지 않도록 구름방지조치를 할 것
③ 입환 시 다른 열차의 운행에 지장을 주지 않도록 할 것
④ 여객이 승차한 차량이나 화약류 등 위험물을 적재한 차량에 대하여는 충격을 주지 않도록 할 것

해설 〈39조 2항〉

**27** 다음 중 선로전환기의 쇄정 및 정위치 유지에 대한 내용으로 틀린 것은?

① 본선의 선로전환기는 이와 관계된 신호기와 그 진로내의 선로전환기를 연동쇄정하여 사용하여야 한다.
② 다만, 상시 쇄정되어 있는 선로전환기 또는 취급회수가 극히 적은 대향의 선로전환기의 경우에는 그러하지 아니하다.
③ 쇄정되지 아니한 선로전환기를 대향으로 통과할 때에는 쇄정기구를 사용하여 텅레일을 쇄정하여야 한다.
④ 선로전환기를 사용한 후에는 지체없이 미리 정하여진 위치에 두어야 한다.

해설 제40조(선로전환기의 쇄정 및 정위치 유지)
① 본선의 선로전환기는 이와 관계된 신호기와 그 진로내의 선로전환기를 연동쇄정하여 사용하여야 한다. 다만, 상시 쇄정되어 있는 선로전환기 또는 취급회수가 극히 적은 배향(背向)의 선로전환기의 경우에는 그러하지 아니하다.

**28** 다음 중 열차간의 안전 확보에 대한 내용으로 틀린 것은?

① 열차는 열차간의 안전을 확보할 수 있도록 폐색에 의한 방법으로 운전해야 한다.
② 열차는 열차간의 안전을 확보할 수 있도록 열차제어장치에 의한 방법으로 운전하여야 한다. 다만, 정거장 내에서 철도신호의 현시·표시 또는 그 정거장의 운전을 관리하는 자의 지시에 따라 운전하는 경우에는 그렇지 않다.
③ 열차는 열차간의 안전을 확보할 수 있도록 시계운전에 의한 방법으로 운전하여야 한다.
④ 구원열차를 운전하는 경우 또는 공사열차가 있는 구간에서 다른 공사열차를 운전하는 등의 특수한 경우로서 열차운행

24 ①    25 ③    26 ②    27 ②    28 ④

의 안전을 확보할 수 있는 조치를 취한 경우에는 무폐색운전에 의한 방법에 의하지 아니할 수 있다.

해설 〈46조〉

**29** 다음 중 하나의 폐색구간에 둘 이상의 열차를 동시에 운전할 수 있는 경우로 틀린 것은?

① 서행허용표지를 추가하여 부설한 자동폐색신호기의 정지신호를 현시하는 지점을 넘어서 진행하는 경우
② 선로가 불통된 구간에 공사열차를 운전하는 때
③ 폐색구간에서 뒤의 보조기관차를 열차로부터 떼었을 때
④ 폐색에 의한 방법으로 운전을 하고 있는 열차를 자동열차제어장치에 의한 방법 또는 지령운전이 가능한 노선에서 열차를 서행하여 운전하는 때

해설 〈49조〉

**30** 다음 중 상용폐색방식이 아닌 것은?

① 자동폐색식
② 연동폐색식
③ 지령식
④ 차내신호폐색식

해설 〈50조 1호〉

**31** 다음 중 자동폐색장치의 기능으로 틀린 것은?

① 폐색구간에 열차 또는 차량이 있을 때에는 자동으로 정지신호를 현시하고 열차를 정지시킬 것
② 폐색구간에 있는 선로전환기가 정당한 방향으로 개통되지 아니한 때 또는 분기선 및 교차점에 있는 차량이 폐색구간에 지장을 줄 때에는 자동으로 정지신호를 현시할 것
③ 폐색장치에 고장이 있을 때에는 자동으로 정지신호를 현시할 것
④ 단선구간에 있어서는 하나의 방향에 대하여 진행을 지시하는 신호를 현시할 때에는 그 반대방향의 신호기는 자동으로 정지신호를 현시할 것

해설 〈51조〉

**32** 다음 중 연동폐색구간에 대하여 틀린 것은?

① 열차를 폐색구간에 진입시키고자 하는 때에는 "폐색구간에 열차없음"의 표시를 확인하고 전방의 정거장 또는 신호소의 승인을 얻어야 한다.
② 규정에 의한 승인은 "폐색구간에 열차있음"의 표시로써 하여야 한다.
③ 폐색구간에 열차 또는 차량이 있을 때에는 규정에 의한 승인을 할 수 없다.
④ 폐색구간에 진입한 열차가 그 구간을 통과한 후가 아니면 진행신호의 현시를 변경할 수 없어야 한다.

해설 〈52조〉

**33** 다음 중 차내신호 폐색장치가 정지신호를 현시해야되는 경우로 틀린 것은?

① 폐색구간에 열차 또는 다른 차량이 있는 경우
② 폐색구간에 있는 선로전환기가 정당한 방향으로 개통되지 아니한 때 또는 분기선 및 교차점에 있는 차량이 폐색구간에 지장을 줄 경우

29 ④  30 ③  31 ①  32 ④  33 ②

③ 다른 선로에 있는 열차 또는 차량이 폐색구간을 진입하고 있는 경우
④ 열차제어장치의 지상장치에 고장이 있는 경우

**해설** 〈54조〉

**34** 다음 중 통표 폐색방식에 대하여 틀린 것은?
① 열차를 통표폐색구간에 진입시키고자 하는 때에는 폐색구간에 열차가 없는 것을 확인하고 운행하고자 하는 방향의 정거장 또는 신호소 관제업무종사자의 승인을 얻어야 한다.
② 규정에 의한 통표폐색기에는 그 구간 전용의 통표만을 넣어야 한다.
③ 인접폐색구간의 통표는 그 모양을 달리하여야 한다.
④ 열차는 당해 구간의 통표를 휴대하지 아니하면 그 구간을 운전할 수 없다. 다만, 특별한 사유가 있는 경우에는 그러하지 아니하다.

**해설** 〈55조〉

**35** 다음 중 통신식 폐색구간에 대하여 틀린 것은?
① 열차를 통신식 폐색구간에 진입시키려 하는 경우에는 관제업무종사자 또는 운전취급담당자의 승인을 얻어야 한다.
② 관제업무종사자 또는 운전취급담당자는 폐색구간에 열차 또는 차량이 없음을 확인한 경우에만 열차의 진입을 승인할 수 있다.
③ 통신식을 시행하는 구간에는 전용의 통신설비를 설치하여야 한다.
④ 다만, 운전이 복잡한 구간인 경우에는 다른 통신설비로서 이를 대신할 수 있다.

**해설** 〈57조〉

**36** 다음 중 지도표 기입사항으로 틀린 것은?
① 양끝의 정거장명
② 발행일자
③ 관제사
④ 사용열차번호

**해설** 〈62조 1항〉

**37** 다음 중 지도권 기입사항으로 틀린 것은?
① 사용구간
② 사용열차
③ 명령번호
④ 지도표 번호

**해설** 〈62조 2항〉

**38** 다음 중 지령식의 시행에 관하여 틀린 것은?
① 관제업무종사자가 열차 운행을 감시할 수 있을 것
② 운전용 통신장치 기능이 정상을 갖추고 관제업무종사자의 승인에 따라 시행한다.
③ 지령식을 시행할 폐색구간에 열차나 철도차량이 없음을 확인할 것
④ 지령식을 시행하는 폐색구간에 진입하는 열차의 기관사에게 승인번호, 시행구간, 운전속도, 운전방식 등 주의사항을 통보할 것

**해설** 제64조의2

34 ①　35 ④　36 ③　37 ③　38 ④

**39** 다음 중 열차제어장치의 기능에 대한 설명으로 틀린 것은?

① 열차자동정지장치는 열차의 속도가 지상에 설치된 신호기의 현시 속도를 초과하는 경우 열차를 자동으로 정지시킬 수 있어야 한다.
② 열차자동제어장치 및 열차자동방호장치는 운행 중인 열차를 선행열차와의 간격, 선로의 굴곡, 선로전환기 등 운행 조건에 따라 제어정보가 지시하는 속도로 자동으로 감속시키거나 정지시킬 수 있을 것
③ 열차자동제어장치 및 열차자동방호장치는 장치의 열차제어정보에 조작 화면에 따른 운전 속도와 열차의 실제 속도를 실시간으로 나타내 줄 것
④ 열차자동제어장치 및 열차자동방호장치는 열차를 정지시켜야 하는 경우 자동으로 제동장치를 작동하여 정지목표에 정지할 수 있을 것

해설  제67조

**40** 다음 중 시계운전에 대한 설명으로 틀린 것은?

① 시계운전에 의한 방법은 신호기 또는 통신장치의 고장 등으로 상용폐색방식, 대용폐색방식 외의 방법으로 열차를 운전할 필요가 있는 경우에 한하여 시행하여야 한다.
② 열차의 운전속도는 전방 가시거리 범위 내에서 열차를 정지시킬 수 있는 속도 이하로 운전하여야 한다.
③ 단선구간에서는 하나의 방향으로 열차를 운전하는 때에 반대방향의 열차를 운전시키지 아니하는 등 사고예방을 위한 안전조치를 하여야 한다.
④ 동일 방향으로 운전하는 열차는 선행열차와 충분한 간격을 두고 운전하여야 한다.

해설  〈70조〉

**41** 다음 중 전령법에 대하여 틀린 것은?

① 열차 또는 차량이 정차되어 있는 폐색구간에 다른 열차를 진입시킬 때에는 전령법에 의하여 운전하여야 한다.
② 전령법을 시행하는 구간에는 전령자를 선정하여야 한다.
③ 전령자는 흰 바탕에 붉은 글씨로 전령자임을 표시한 완장을 착용하여야 한다.
④ 전화불통으로 협의를 할 수 없는 경우에는 열차 또는 차량이 정차되어 있는 곳을 넘어서 열차 또는 차량을 운전할 수 없다.

해설  〈73조〉

**42** 다음 중 철도신호에 대한 내용으로 틀린 것은?

① 주간과 야간의 현시방식을 달리하는 신호·전호 및 표지의 경우 일출 후부터 일몰 전까지는 주간 방식으로, 일몰 후부터 다음 날 일출 전까지는 야간 방식으로 한다. 다만, 일출 후부터 일몰 전까지의 경우에도 주간 방식에 따른 신호·전호 또는 표지를 확인하기 곤란한 경우에는 야간 방식에 따른다.
② 지하구간 및 터널 안의 신호·전호 및 표지는 야간의 방식에 의하여야 한다. 다만, 길이가 짧아 빛이 통하는 지하구간 또는 조명시설이 설치된 터널 안 또는 지하 정거장 구내의 경우에는 그러하지 아니하다.

39 ③    40 ②    41 ③    42 ③

③ 신호를 현시할 소정의 장소에 신호의 현시가 없거나 그 현시가 정확하지 아니할 때에는 진행신호의 현시가 있는 것으로 본다.
④ 상치신호기 또는 임시신호기와 수신호가 각각 다른 신호를 현시한 때에는 그 운전을 최대로 제한하는 신호의 현시에 의하여야 한다. 다만, 사전에 통보가 있을 때에는 통보된 신호에 의한다.

**해설** 〈79조〉

**43** 다음 중 주 신호기에 대한 설명으로 틀린 것은?
① 출발신호기 : 정거장을 진출하려는 열차에 대하여 신호를 현시하는 것
② 엄호신호기 : 특히 방호를 요하는 지점을 통과하려는 열차에 대하여 신호를 현시하는 것
③ 폐색신호기 : 폐색구간에 진입하려는 열차에 대하여 신호를 현시하는 것
④ 유도신호기 : 출발신호기에 정지신호의 현시가 있는 경우 유도를 받을 열차에 대하여 신호를 현시하는 것

**해설** 〈82조 1호〉

**44** 다음 중 차내신호의 종류 및 그 제한속도로 틀린 것은?
① 정지신호 : 열차운행에 지장이 있는 구간으로 운행하는 열차에 대하여 정지하도록 하는 것
② 15신호 : 정지신호에 의하여 정지한 열차에 대한 신호로서 1시간에 15킬로미터 이하의 속도로 운전하게 하는 것
③ 야드신호 : 진출차량에 대한 신호로서 1시간에 25킬로미터 이하의 속도로 운전

하게 하는 것
④ 진행신호 : 열차를 지정된 속도 이하로 운전하게 하는 것

**해설** 〈83조 3호〉

**45** 다음 중 신호현시방식이 틀린 것은?
① 완목식 신호기의 주간 진행신호는 완·좌하향 45도다.
② 유도신호기(등열식): 백색등열 좌·하향 45도
③ 색등식 입환신호기의 진행신호 등황색등, 무유도등 점등이다.
④ 주신호기가 정지신호를 할 경우 색등식 원방신호기는 등황색등이다.

**해설** 〈84조 3호〉

**46** 다음 중 차내신호기의 신호현시방식으로 틀린 것은?
① 정지신호 – 적색사각형등 점등
② 15신호 – 적색원형등 점등 ("15"지시)
③ 야드신호 – 노란색 원형등과 적색사각형등(25등 신호)점등
④ 진행신호 – 적색원형등(해당신호등)점등

**해설** 〈83조〉

**47** 다음 중 상치신호기의 기본 원칙으로 틀린 것은?
① 폐색신호기(자동폐색신호기를 제외한다) : 정지신호
② 엄호신호기 : 주의신호
③ 유도신호기 : 신호를 현시하지 아니한다.
④ 입환신호기 : 정지신호

**해설** 〈85조〉

43 ④  44 ③  45 ③  46 ③  47 ②

**48** 다음 중 임시신호기에 대한 설명으로 틀린 것은?

① 서행신호기 : 서행운전할 필요가 있는 구간에 진입하려는 열차 또는 차량에 대하여 당해구간을 서행할 것을 지시하는 것
② 서행예고신호기 : 서행구간을 향하여 진행하려는 열차에 대하여 그 전방에 서행신호의 현시 있음을 예고하는 것
③ 서행해제신호기 : 서행구역을 진출하려는 열차에 대하여 서행을 해제할 것을 지시하는 것
④ 서행발리스(Balise) : 서행운전할 필요가 있는 구간의 전방에 설치하는 송·수신용 안테나로 지상 정보를 열차로 보내 자동으로 열차의 감속을 유도하는 것

해설 〈91조〉

**49** 다음 중 임시신호기의 신호현시방식으로 틀린 것은?

① 서행신호 야간 : 등황색등 또는 반사재
② 서행예고신호 주간 : 흑색 삼각형 3개를 그린 백색 삼각형
③ 서행해제신호 주간 : 백색 테두리를 한 녹색 원판
④ 서행신호기 및 서행예고신호기에는 지정속도를 표시하여야 한다.

해설 〈92조〉

**50** 다음 중 선로에서 정상 운행이 어려운 경우의 조치로 틀린 것은?

① 선로에서 정상적인 운행이 어려워 열차를 정지하거나 서행시켜야 하는 경우로서 임시신호기를 설치할 수 없는 경우에는 구분에 따른 조치를 해야 한다.

② 열차 무선전화로 열차를 정지 또는 서행시키는 조치를 한 경우에는 이를 생략할 수 있다.
③ 열차를 정지시켜야 하는 경우 : 철도사고등이 발생한 지점으로부터 200미터 이상의 앞 지점에서 정지 수신호를 현시할 것
④ 서행구역의 시작지점에 서행수신호를 현시하고 서행구역이 끝나는 지점에 서행해제수신호를 현시할 것

해설 〈94조〉

**51** 다음 중 전호에 대하여 틀린 것은?

① 열차 또는 차량에 대한 전호는 전호기로 현시하여야 한다. 다만, 전호기가 설치되어 있지 아니하거나 고장이 난 경우에는 수전호 또는 무선전화기로 현시할 수 있다.
② 열차를 출발시키고자 할 때에는 출발전호를 하여야 한다.
③ 위험을 경고하는 경우에는 기관사는 기적전호를 하여야 한다.
④ 비상사태가 발생할 우려가 있는 경우 기관사는 기적전호를 하여야 한다.

해설 〈6절〉

**52** 다음 중 입환전호 방법으로 틀린 것은?

① 오너라 전호 야간: 녹색등을 좌우로 흔든다.
② 가거라전호 주간: 부득이 한 경우에는 한 팔을 위, 아래로 움직인다.
③ 가거라 전호 야간: 녹색등을 위, 아래로 흔든다.
④ 정지전호 주간: 적색기를 흔든다.

**해설** 〈101조 1항〉

### 53 다음 중 무선전화기를 사용하여 입환전호를 할 수 있는 경우로 틀린 것은?

① 무인역 또는 1인이 근무하는 역에서 입환하는 경우
② 원격제어기 기능한 장치를 사용하여 입환하는 경우
③ 신호를 원격으로 제어하여 입환하는 경우
④ 지형 및 선로여건 등을 고려할 때 입환전호하는 작업자를 배치하기가 어려운 경우

**해설** 〈101조 2항〉

### 54 다음 중 전호의 방식을 정하여 그 전호에 따라 작업을 하여야 하는 경우로 틀린 것은?

① 여객 또는 화물의 취급을 위하여 정지위치를 지시할 때
② 퇴행 또는 추진운전시 열차의 맨 앞 차량에 승무한 직원이 철도차량운전자에 대하여 운전상 필요한 연락을 할 때
③ 검사·수선연결 또는 해방을 하는 경우에 당해 차량의 이동을 금지시킬 때
④ 열차의 수 제동기의 시험을 할 때

**해설** 〈102조〉

53 ③    54 ④

# 2편 철도차량운전규칙 예상 및 기출문제 STEP 3

**01** 다음 중 철도차량운전규칙에서 사용하는 용어의 정의로 틀린 것은?

① 신호소라 함은 상치신호기 등 열차제어시스템을 조작·취급하기 위하여 설치한 장소를 말한다.
② 동력차라 함은 기관차, 전동차, 동차 등 동력발생장치에 의하여 선로를 이동하는 것을 목적으로 제조한 철도차량을 말한다.
③ 위험물이라 함은 「철도안전법」 제44조 제1항의 규정에 의한 위험물을 말한다.
④ 무인운전이란 사람이 열차 안에서 직접 운전하지 아니하고 관제사의 원격조종에 따라 열차가 자동으로 운행되는 방식을 말한다.

**02** 다음 정의 중 틀린 것은?

① 열차라 함은 본선을 운행할 목적으로 조성된 철도차량을 말한다.
② 차량이라 함은 열차의 구성부분이 되는 1량의 철도차량을 말한다.
③ 조차장이라 함은 차량의 입환 또는 열차의 조성을 위하여 사용되는 장소를 말한다.
④ 완급차라 함은 관통제동기용 제동통·압력계·차장변 및 수 제동기를 장치한 차량으로서 열차승무원이 집무할 수 있는 차실이 설비된 객차 또는 화차를 말한다.

**03** 다음 정의 중 맞는 것은?

① 전차선로라 함은 전차선 및 이를 지지하는 인공시설물을 말한다.
② 구내운전이라 함은 정거장내 또는 차량기지 내에서 입환전호에 의하여 열차 또는 차량을 운전하는 것을 말한다.
③ 입환이라 함은 사람의 힘에 의하거나 동력차를 사용하여 열차를 조성 또는 분리하는 작업을 말한다.
④ 조차장이라 함은 차량의 입환 또는 열차의 조성을 위하여 사용되는 장소를 말한다.

**04** 다음 중 용어의 정의로 맞는 것은?

① 완급차라 함은 관통제동기용 제동통·압력계·차장변 및 수제동기를 장치한 차량으로서 차장이 집무할 수 있는 차실이 설비된 객차 또는 화차를 말한다.
② 신행지시신호라 함은 진행신호·감속신호·주의신호·정지신호경계신호·유도신호 및 차내신호 등 차량의 진행을 지시하는 신호를 말한다.
③ 신호소라 함은 상치신호기 등 신호시스템을 조작·취급하기 위하여 설치한 장소를 말한다.
④ 정거장이라 함은 여객의 승강(여객 이용시설 및 편의시설을 포함한다), 화물의 적하, 열차의 조성, 열차의 교행 또는 대피를 목적으로 사용되는 장소를 말한다.

✏️ 01 ④  02 ①  03 ④  04 ④

**05** 다음 중 철도운영자등이 철도안전법등 관계 법령에 따라 필요한 교육을 실시하여야 하는 대상으로 틀린 것은?

① 철도안전법에 따른 여객에게 승무 서비스를 제공하는 사람
② 철도안전법에 따른 철도차량의 운행을 집중 제어·통제·감시하는 업무에 종사하는 사람
③ 철도안전법에 따른 철도차량을 연결·분리하는 업무를 수행하는 사람
④ 운전취급담당자

**06** 다음 중 적재제한에 대한 내용으로 틀린 것은?

① 차량에 화물을 적재할 경우에는 차량의 구조와 설계강도 등을 고려하여 허용할 수 있는 최대적재량을 초과하지 않도록 하여야 한다.
② 차량에 화물을 적재할 경우에는 중량의 부담을 균등히 해야 하며, 운전 중의 흔들림으로 인하여 무너지거나 넘어질 우려가 없도록 해야 한다.
③ 차량에는 차량의 길이, 너비 및 높이의 한계를 초과하여 화물을 적재·운송해서는 안된다. 다만, 차량의 안전운행에 필요한 조치를 하는 경우에는 차량한계를 초과하는 화물을 운송할 수 있다.
④ 철도운영자등은 특대화물등을 운송하고자 하는 경우에는 사전에 당해 구간에 열차운행에 지장을 초래하는 장애물이 있는지의 여부 등을 조사·검토한 후 운송하여야 한다.

**07** 다음 중 열차의 운전에 사용하는 동력차를 열차의 맨 앞에 연결하지 않아도 되는 경우로 틀린 것은?

① 기관차를 2 이상 연결한 경우로서 열차의 맨 앞에 위치한 기관차에서 열차를 제어하는 경우
② 선로 또는 차량에 고장이 있는 경우
③ 구원열차·제설열차·공사열차 또는 시험운전열차를 운전하는 경우
④ 정거장과 그 정거장 외의 본선 도중에서 분기하는 측선과의 사이를 운전하는 경우

**08** 다음 중 운전방향 맨 앞 차량의 운전실 외에서도 열차를 운전할 수 있는 경우로 맞는 것은?

① 철도종사자가 차량의 맨 앞에서 수신호를 하는 경우로서 그 신호에 의하여 열차를 운전하는 경우
② 선로·전차선로 또는 철도차량에 고장이 있는 경우
③ 시험운전열차를 운전하는 경우
④ 정거장과 그 정거장 외의 본선 도중에서 분기하는 측선과의 사이를 운전하는 경우

**09** 다음 중 철도차량운전규칙에서 열차의 제동장치를 구비할 필요가 없는 경우로 틀린 것은?

① 정거장에서 차량을 연결·분리하는 작업을 하는 경우
② 차량을 정지시킬 수 있는 인력을 배치한 구원열차 및 공사열차의 경우
③ 보조기관차를 사용하는 경우

05 ③   06 ③   07 ②   08 ④   09 ③

④ 그 밖에 차량이 분리된 경우에도 다른 차량에 충격을 주지 아니하도록 안전조치를 취한 경우

**10** 다음 중 열차의 제동력에 대하여 맞는 것은?

① 열차는 선로의 굴곡정도 및 차량상태에 따라 충분한 제동능력을 갖추어야 한다.
② 철도운영자등은 제동축수에 대한 연결축수의 비율이 100이 되도록 열차를 조성하여야 한다. 다만, 긴급상황 발생 등으로 인하여 열차를 조성하는 경우 등 부득이한 사유가 있는 경우에는 그러하지 아니하다.
③ 열차를 조성하는 경우에는 모든 차량의 제동력이 균등하도록 차량을 배치하여야 한다.
④ 다만, 고장 등으로 인하여 일부 차량의 제동력이 작용하지 아니하는 경우에는 제동축비율에 따라 제동방법을 변경하여야 한다.

**11** 다음 중 열차의 조성에 대하여 맞는 것은?

① 수 제동기를 사용하는 열차의 맨 뒤(추진운전의 경우에는 맨 앞)에는 완급차를 연결하여야 한다.
② 다만, 여객열차에는 완급차를 연결하지 아니할 수 있다.
③ 규정에 불구하고 군전용열차 또는 위험물을 운송하는 열차 등 열차승무원이 반드시 탑승하여야 할 필요가 있는 열차에는 완급차를 연결하여야 한다.
④ 열차를 조성하거나 열차의 조성을 변경한 경우에는 당해 열차를 운행한 후에 제동장치를 시험하여 정상작동여부를 확인하여야 한다.

**12** 다음 중 철도차량운전규칙 내용으로 틀린 것은?

① 철도차량은 신호·전호 및 표지가 표시하는 조건에 따라 운전하여야 한다.
② 철도운영자등은 정거장 내·외에서 운전취급을 달리하는 경우 이를 내·외로 구분하여 운영하고 그 경계지점과 표시방식을 지정하여야 한다.
③ 철도운영자등은 규정에 의하여 반대선로로 운전하는 열차가 있는 경우 후속열차에 대한 운행통제 등 필요한 안전조치를 하여야 한다.
④ 차량은 이를 열차로 하지 아니하면 정거장외의 본선을 운전할 수 없다. 다만, 시험운전을 하는 경우에는 그러하지 아니하다.

**13** 다음 중 지정된 선로의 반대선로로 열차를 운행할 수 있는 경우로 맞는 것은?

① 관제사와 상호 협의된 방법에 따라 열차를 운행하는 경우
② 선로 또는 열차의 고장이 있는 경우
③ 추진운전을 하는 경우
④ 철도사고등의 수습 또는 선로보수공사 등으로 인하여 부득이하게 지정된 선로 방향을 운행할 수 없는 경우

10 ③  11 ③  12 ④  13 ④

**14** 다음 중 정거장외에 열차가 정차하여도 되는 경우로 틀린 것은?

① 경사도가 1000분의 30 이하인 급경사 구간에 진입하기 전의 경우
② 정지신호의 현시가 있는 경우
③ 철도사고등이 발생하거나 철도사고등의 발생 우려가 있는 경우
④ 그 밖에 철도안전을 위하여 부득이 정차하여야 하는 경우

**15** 다음 중 퇴행할 수 있는 경우로 틀린 것은?

① 선로·전차선로 또는 차량에 고장이 있는 경우
② 공사열차·구원열차 또는 제설열차가 작업상 퇴행할 필요가 있는 경우
③ 정거장 내에서 퇴행하는 경우
④ 퇴행하는 경우에는 다른 열차 또는 차량의 운전에 지장이 없도록 조치를 취하여야 한다.

**16** 다음 중 열차를 동시에 정거장에 진입시키거나 진출시킬 수 있는 경우로 맞는 것은?

① 안전측선·탈선유도기·탈선기가 설치되어 있는 경우
② 열차를 유도하여 서행으로 진입시키는 경우
③ 다른 방향에서 진입하는 동력차가 출발신호기 또는 정차위치로부터 150미터 이상의 여유거리가 있는 경우
④ 동일방향에서 진입하는 열차들이 각 출발신호기 또는 정차위치로부터 100미터 이상의 여유거리가 있는 경우

**17** 다음 중 열차를 무인운전 하는 경우 준수사항으로 맞는 것은?

① 철도운영자등이 지정한 철도종사자는 열차를 차고에서 출고하기 전 또는 무인운전 구간으로 진입하기 전에 운전방식을 무인운전 모드로 전환하고, 관제업무종사자로부터 무인운전 기능을 확인받을 것
② 관제업무종사자는 열차의 운행상태를 실시간으로 감시하고 필요한 조치를 할 것
③ 관제업무종사자는 열차가 정거장의 정지선을 지나쳐서 정차한 경우 철도운영자등이 지정한 철도종사자를 해당 열차에 탑승시켜 수동으로 열차를 정지선으로 이동 조치, 어려운 경우 해당 열차를 긴급 정차 조치를 취할 것
④ 철도운영자등은 여객의 승하차 시 안전을 확보하고 시스템 고장 등 긴급상황에 신속하게 대처하기 위하여 정거장 등에 안전시설을 배치하거나 안전요원을 순회하도록 할 것

**18** 다음 중 열차 또는 차량의 운전제한속도를 따로 정하여 시행하여야 되는 경우로 맞는 것은?

① 추진운전을 하는 경우(총괄제어법에 따라 열차의 맨 뒤에서 제어하는 경우를 제외한다)
② 정지신호 현시구간을 운전하는 경우
③ 수신호 현시구간을 운전하는 경우
④ 무폐색운전을 하는 경우

**19** 다음 중 열차의 운전속도에 대한 설명으로 틀린 것은?

① 열차 또는 차량은 진행을 지시하는 신호가 현시된 때에는 신호종류별 지시에 따라 지정속도 이하로 그 지점을 지나 다음 신호가 있는 지점까지 진행할 수 있다.
② 열차 또는 차량은 서행신호의 현시가 있을 때에는 그 속도를 감속하여야 한다.
③ 열차 또는 차량이 서행해제신호가 있는 지점을 통과한 때에는 최고속도로 운전할 수 있다.
④ 자동폐색신호기의 정지신호에 의하여 일단 정지한 열차 또는 차량은 정지신호 현시중이라도 운전속도의 제한 등 안전조치에 따라 서행하여 그 현시지점을 넘어서 진행할 수 있다.

**20** 다음 중 입환작업계획서에 포함되어야 하는 사항으로 맞는 것은?

① 대상 열차
② 입환 작업 방법
③ 입환 시 사용할 무선통신방식의 지정
④ 입환전호 방식

**21** 다음 중 입환에 대한 설명으로 틀린 것은?

① 입환작업자는 차량과 열차가 이동하는 때에는 차량을 이동하는 입환작업을 하지 말 것
② 입환작업자는 입환 시 다른 열차의 운행에 지장을 주지 않도록 할 것
③ 입환작업자는 여객이 승차한 차량이나 화약류 등 위험물을 적재한 차량에 대하여는 충격을 주지 않도록 할 것
④ 단순히 선로를 변경하기 위하여 이동하는 입환의 경우에는 입환작업계획서를 작성하지 아니할 수 있다.

**22** 다음 중 한 폐색구간에 둘 이상의 열차를 동시에 운행할 수 있는 경우로 맞는 것은?

① 자동폐색신호기의 정지신호에 의하여 일단 정지한 열차가 정지신호 현시중이라도 운전속도의 제한 등 안전조치에 따라 서행하여 그 현시지점을 넘어서 진행할 때
② 폐색구간에서 뒤의 단행기관차를 열차로부터 떼었을 때
③ 열차가 정차되어 있는 정거장으로 다른 열차를 유도하는 때
④ 고장열차가 있는 폐색구간에 공사열차를 운전하는 때

**23** 다음 중 자동폐색장치의 기능으로 틀린 것은?

① 폐색구간에 열차 또는 차량이 있을 때에는 자동으로 정지신호를 현시할 것
② 폐색구간에 있는 선로전환기가 정당한 방향으로 개통되지 아니한 때 또는 분기선 및 교차점에 있는 차량이 폐색구간에 지장을 줄 때에는 자동으로 정지신호를 현시할 것
③ 폐색장치에 고장이 있을 때에는 자동으로 정지신호를 현시할 것
④ 단선구간에 있어서는 하나의 방향에 대하여 진행을 지시하는 신호를 현시한 때에는 그 반대방향의 신호기는 즉시 정지신호로 바꿔야 한다.

19 ③   20 ④   21 ①   22 ①   23 ④

**24** 다음 중 연동폐색장치의 구비조건으로 틀린 것은?

① 연동폐색식을 시행하는 폐색구간 한끝의 정거장 또는 신호소에는 연동폐색기를 설치하여야 한다.
② 신호기와 연동하여 자동으로 열차폐색구간에 있음 또는 "폐색구간에 열차없음"의 표시를 할 수 있어야 한다.
③ 열차가 폐색구간에 있을 때에는 그 구간의 신호기에 진행을 지시하는 신호를 현시할 수 없을 것
④ 폐색구간에 진입한 열차가 그 구간을 통과한 후가 아니면 "폐색구간에 열차있음"의 표시를 변경할 수 없을 것

**25** 다음 중 차내신호 폐색장치가 정지신호를 현시해야되는 경우로 틀린 것은?

① 폐색구간에 있는 선로전환기가 정당한 방향에 있지 아니한 경우
② 다른 선로에 있는 열차 또는 차량이 폐색구간을 진입하고 있는 경우
③ 열차자동제어장치의 차상장치 고장이 있는 경우
④ 열차 정상운행선로의 방향이 다른 경우

**26** 다음 중 통표폐색식에 대한 내용으로 맞는 것은?

① 열차를 통표폐색구간에 진입시키고자 하는 때에는 폐색구간에 열차가 없는 것을 확인하고 양방향의 정거장 또는 신호소 운전취급책임자의 승인을 얻어야 한다.
② 열차의 운전에 사용하는 통표는 통표폐색기에 넣은 후가 아니면 이를 다른 열차의 운전에 사용할 수 없다. 다만, 고장 열차가 있는 폐색구간에 구원열차를 운전하는 경우 등 특별한 사유가 있는 경우에는 그러하지 아니하다.
③ 인접폐색구간의 통표는 그 모양을 같게 하여야 한다.
④ 열차는 당해 구간의 통표를 휴대하지 아니하면 그 구간을 운전할 수 없다. 다만, 고장열차가 있는 폐색구간에 구원열차를 운전하는 경우 등 특별한 사유가 있는 경우에는 그러하지 아니하다.

**27** 다음 중 지도통신식에 대한 내용으로 틀린 것은?

① 지도통신식을 시행하는 구간에는 폐색구간 양끝의 정거장 또는 신호소의 통신설비를 사용하여 서로 협의한 후 시행한다.
② 지도통신식을 시행하는 경우 폐색구간 양끝의 정거장 또는 신호소가 서로 협의한 후 지도표를 발행하여야 한다.
③ 지도권은 1폐색구간에 1매로 한다.
④ 지도권은 지도표를 가지고 있는 정거장 또는 신호소에서 서로 협의를 한 후 발행하여야 한다.

**28** 다음 중 지도표 기입사항으로 맞는 것은?

① 사용구간
② 열차번호
③ 발행일자
④ 승인번호

24 ① 25 ③ 26 ② 27 ③ 28 ③

**29** 다음 중 지도식에 대한 설명으로 맞는 것은?

① 지도식은 철도사고등의 수습 또는 선로 보수공사 등으로 현장과 가장 가까운 양 끝의 정거장 또는 신호소간을 1폐색구 간으로 하여 열차를 운전하는 경우에 후 속열차를 운전할 필요가 없을 때에 한하 여 시행한다.
② 지도식을 시행하는 구간에는 지도표를 발행하여야 한다.
③ 지도표를 분실 시 통신식으로 대체할 수 있다.
④ 지도표는 1폐색구간에 1매로 하며, 열차 는 당해구간의 지도표를 휴대하지 아니 하면 그 구간을 운전하지 아니한다.

**30** 다음 중 지령식을 시행하는 경우 관제업무종 사자의 준수사항으로 맞는 것은?

① 지령식을 시행하는 폐색구간에 진입하 는 열차나 차량의 기관사에게 승인번호, 시행구간, 운전속도, 운전방식 등 주의 사항을 통보할 것
② 지령식을 시행할 폐색구간에 열차나 철 도차량이 없음을 확인할 것
③ 지령식을 시행할 폐색구간을 정할 것
④ 지령식을 시행할 구간에 열차 운행을 감 시할 수 있는지 확인할 것

**31** 다음 중 열차제어장치의 기능에 대한 설명으 로 맞는 것은?

① 열차자동정지장치는 열차의 속도가 지 상에 설치된 신호기의 현시 속도를 초과 하는 경우 열차를 즉시 정지시킬 수 있 어야 한다.
② 운행 중인 열차를 선행열차와의 간격, 선로의 굴곡 및 경사, 선로전환기의 종 류 등 운전 조건에 따라 제어정보가 지 시하는 속도로 자동으로 감속시키거나 정지시킬 수 있을 것
③ 장치의 조작 화면에 열차제어정보에 따 른 운전 속도와 열차의 실제 속도를 실 시간으로 나타내 줄 것
④ 열차를 정지시켜야 하는 경우 자동으로 제어장치를 작동하여 정지목표에 정지 할 수 있을 것

**32** 다음 중 격시법 또는 지도격시법의 시행에 대하여 맞는 것은?

① 격시법 또는 지도격시법을 시행하는 경 우에는 최초의 열차를 운전시키기 전에 폐색구간에 열차 또는 차량이 없음을 확 인하여야 한다.
② 격시법은 폐색구간의 양끝에 있는 정거 장 또는 신호소의 운전취급담당자가 시 행한다.
③ 지도격시법은 폐색구간의 양끝에 있는 정거장 또는 신호소의 차량운전취급책 임자가 적임자를 파견하여 상대의 정거 장 또는 신호소 운전취급담당자와 협의 한 후 이를 시행해야 한다.
④ 다만, 지도통신식 시행중의 구간에서 통 신불량이 된 경우 지도표를 가지고 있는 양끝의 정거장 또는 신호소에서 최초의 열차를 운행하는 때에는 적임자를 파견 하지 않고 시행할 수 있다.

29 ②  30 ②  31 ③  32 ①

**33** 다음 중 전령법의 시행에 대한 내용으로 틀린 것은?

① 열차 또는 차량이 정차되어 있는 폐색구간에 다른 열차를 진입시킬 때에는 전령법에 의하여 운전할 수 있다.
② 전령법은 그 폐색구간 양끝에 있는 정거장 또는 신호소의 운전취급담당자가 협의하여 이를 시행하여야 한다.
③ 선로고장 등으로 지도식을 시행하는 폐색구간에 전령법을 시행하는 경우 그 폐색구간 양끝에 있는 정거장 또는 신호소의 운전취급담당자가 협의하지 않고 시행해도 된다.
④ 전화불통으로 협의를 할 수 없는 경우 당해 열차 또는 차량이 정차되어 있는 곳을 넘어서 열차 또는 차량을 운전할 수 없다.

**34** 다음 중 전령자에 대한 내용으로 틀린 것은?

① 전령법을 시행하는 구간에는 전령자를 선정하여야 한다.
② 전령자는 1폐색구간 1인에 한한다.
③ 전령자는 흰 바탕에 붉은 글씨로 전령자임을 표시한 완장을 착용하여야 한다.
④ 전령자가 동승하지 아니하고는 열차를 운전할 수 없다.

**35** 다음 중 상치신호기에 대한 설명으로 틀린 것은?

① 엄호신호기 : 특히 방호를 요하는 지점을 통과하려는 열차에 대하여 신호를 현시하는 것
② 통과신호기 : 출발신호기에 종속하여 정거장에 진입하는 열차에 신호기가 현시하는 신호를 예고하며, 정거장을 통과할 수 있는지의 여부에 대한 신호를 현시하는 것
③ 진로예고기 : 장내신호기·출발신호기·진로개통표시기 및 입환신호기에 종속하여 다음 장내신호기 또는 출발신호기에 현시하는 진로를 열차에 대하여 예고하는 것
④ 진로개통표시기 : 차내신호기를 사용하는 본 선로의 분기부에 설치하여 진로의 개통상태를 표시하는 것

**36** 다음 중 차내신호기의 신호현시방식으로 맞는 것은?

① 정지신호: 적색원형등 점등
② 15신호: 적색원형등 점등("15"지시)
③ 야드신호: 노란색 원형등과 적색 원형등(25등 신호)점등
④ 진행신호: 적색사각형등(해당신호등)점등

**37** 다음 중 상치신호기의 기본원칙으로 틀린 것은?

① 단선구간의 자동폐색신호기: 정지신호
② 유도신호기: 신호를 현시하지 아니한다.
③ 차내신호기: 정지신호
④ 원방신호기: 주의신호

**38** 다음 중 상치신호기에 대하여 틀린것은?

① 기둥 하나에 같은 종류의 신호 2 이상을 현시할 때에는 맨 위에 있는 것을 맨 왼쪽의 선로에 대한것으로 한다.
② 상치신호기의 현시를 전면에서 식별할 필요가 있는 경우내는 배면광을 설비해야한다.

33 ①    34 ③    35 ③    36 ②    37 ③    38 ②

③ 원방신호기는 그 주된 신호기가 진행신호를 현시하거나, 3위식 신호기는 그 신호기의 배면쪽 제1의 신호기에 주의 또는 진행신호를 현시하기 전에 이에 앞서 진행신호를 현시할 수 없다.
④ 열차가 상치신호기의 설치지점을 통과한 때에는 그 지점을 통과한 때마다 유도신호기는 신호를 현시하지 아니하며 원방신호기는 주의신호를, 그 밖의 신호기는 정지신호를 현시해야 한다.

**39** 다음 중 임시신호기에 대한 설명으로 틀린 것은?

① 서행신호기 : 서행운전할 필요가 있는 구간에 진입하려는 열차 또는 차량에 대하여 당해구간을 서행할 것을 지시하는 것
② 서행예고신호기 : 서행신호기를 향하여 진입하려는 열차에 대하여 그 전방에 서행신호의 현시 있음을 예고하는 것
③ 서행해제신호기 : 서행구역을 진출하려는 열차에 대하여 서행을 해제할 것을 지시하는 것
④ 서행신호기 및 서행예고신호기에는 서행속도를 표시하여야 한다.

**40** 다음 중 임시신호현시방식으로 틀린 것은?

① 서행신호 야간 : 등황색등
② 서행예고신호 야간 : 흑색 삼각형 3개를 그린 백색등
③ 서행해제신호 주간 : 녹색 테두리를 한 백색 원판
④ 서행해제신호 야간 : 녹색등 또는 반사재

**41** 다음 중 전호에 대하여 틀린 것은?

① 열차 또는 차량에 대한 전호는 전호기로 현시하여야 한다.
② 다만, 전호기가 설치되어 있지 아니하거나 고장이 난 경우에는 수전호 또는 무선전화기로 현시하여야한다.
③ 위험을 경고하는 경우에는 기관사는 기적전호를 하여야 한다.
④ 열차를 출발시키고자 할 때에는 출발전호를 하여야 한다.

**42** 다음 중 작업전호를 해야되는 경우로 틀린 것은?

① 퇴행 또는 추진운전시 열차의 맨 앞 차량에 승무한 직원이 철도차량운전자에 대하여 운전상 필요한 연락을 할 때
② 검사·수선연결 또는 해방을 하는 경우에 당해 열차의 이동을 금지시킬 때
③ 신호기 취급직원 또는 입환전호를 하는 직원과 선로전환기취급 직원간에 선로전환기의 취급에 관한 연락을 할 때
④ 열차의 관통제동기의 시험을 할 때

**43** 다음 중 무선전화기를 사용하여 입환전호를 할 수 있는 경우로 틀린 것은?

① 무인역 또는 1인이 근무하는 역에서 입환하는 경우
② 1인이 승무하는 동력차로 입환하는 경우
③ 신호를 원격으로 제어하여 단순히 선로를 변경하기 위하여 입환하는 경우
④ 지형 및 선로여건 등을 고려할 때 입환작업하는 작업자를 배치하기가 어려운 경우

39 ②   40 ③   41 ②   42 ②   43 ④

# 3편 도시철도운전규칙 예상 및 기출문제 STEP 1

**01** 다음 중 도시철도운전규칙의 목적으로 맞는 것은?

① 이 규칙은 「도시철도법」 제18조에 따라 도시철도의 편성 및 시설의 유지·보전에 필요한 사항을 정하여 도시철도의 안전운전을 도모함을 목적으로 한다.
② 이 규칙은 「도시철도법」 제18조에 따라 도시철도의 운전과 차량 및 안전운행에 필요한 사항을 정하여 도시철도의 안전운전을 도모함을 목적으로 한다.
③ 이 규칙은 「도시철도법」 제18조에 따라 도시철도의 운전과 신호방식 및 시설의 유지·보전에 필요한 사항을 정하여 도시철도의 안전 운전을 도모함을 목적으로 한다.
④ 이 규칙은 「도시철도법」 제18조에 따라 도시철도의 운전과 차량 및 시설의 유지·보전에 필요한 사항을 정하여 도시철도의 안전운전을 도모함을 목적으로 한다.

**해설** 제1조(목적) 이 규칙은 「도시철도법」 제18조에 따라 도시철도의 운전과 차량 및 시설의 유지·보전에 필요한 사항을 정하여 도시철도의 안전운전을 도모함을 목적으로 한다.

**02** 다음 중 정거장에 해당되지 않는 것은?

① 여객의 승차·하차
② 열차의 편성
③ 차량의 입환
④ 화물의 적하

**해설** "정거장"이란 여객의 승차·하차, 열차의 편성, 차량의 입환(入換) 등을 위한 장소를 말한다.

**03** 다음 중 운전보안장치에 해당되지 않는 것은?

① 선로전환장치
② 경보장치
③ 건널목경보장치
④ 열차자동운전장치

**해설** "운전보안장치"란 열차 및 차량(이하 "열차등"이라 한다)의 안전운전을 확보하기 위한 장치로서 폐색장치, 신호장치, 연동장치, 선로전환장치, 경보장치, 열차자동정지장치, 열차자동제어장치, 열차자동운전장치, 열차종합제어장치 등을 말한다.

**04** 다음 중 도시철도운전규칙의 차량에 속하지 않는 것은?

① 선로에서 운전하는 열차 외의 전동차
② 선로에서 운전하는 열차 외의 궤도시험차
③ 선로에서 운전하는 열차 외의 전기시험차
④ 선로에서 운전하는 열차 외의 사고구원차

**해설** "차량"이란 선로에서 운전하는 열차 외의 전동차·궤도시험차·전기시험차 등을 말한다.

**05** 다음 중 열차의 정의로 맞는 것은?

① 선로를 운행할 목적으로 편성하여 도시철도운영자가 열차번호를 부여한 차량
② 본선을 운행할 목적으로 편성된 차량
③ 본선에서 운전할 목적으로 편성되어 열차번호를 부여받은 차량
④ 선로를 운행할 목적으로 편성되어 열차번호를 부여받은 차량

**해설** "열차"란 본선에서 운전할 목적으로 편성되어 열차번호를 부여받은 차량을 말한다.

01 ④  02 ④  03 ③  04 ④  05 ③

**06** 도시철도운영자는 선로·전차선로 또는 운전보안장치를 신설·이설 또는 개조한 경우 정상운전을 하기 전 몇 일 이상 시험운전을 하여야 하는가?

① 100일　　② 90일
③ 60일　　④ 30일

> **해설**　제9조(신설구간 등에서의 시험운전) 도시철도운영자는 선로 · 전차선로 또는 운전보안장치를 신설 · 이설(移設) 또는 개조한 경우 그 설치상태 또는 운전체계의 점검과 종사자의 업무 숙달을 위하여 정상운전을 하기 전에 60일 이상 시험운전을 하여야 한다. 다만, 이미 운영하고 있는 구간을 확장 · 이설 또는 개조한 경우에는 관계 전문가의 안전진단을 거쳐 시험운전 기간을 줄일 수 있다.

**07** 다음 중 선로에 대한 설명으로 틀린 것은?

① 선로는 열차 등이 지정속도로 안전하게 운전할 수 있는 상태로 보전하여야 한다.
② 선로는 매일 한 번 이상 순회점검 하여야 하며, 필요한 경우에는 정비하여야 한다.
③ 선로는 매일 한 번 이상 안전점검을 하여 안전운전에 지장이 없도록 유지 · 보수하여야 한다.
④ 선로를 신설 · 개조 또는 이설하거나 일시적으로 사용을 중지한 경우에는 이를 검사하고 시험운전을 하기 전에는 사용할 수 없다. 다만, 경미한 정도의 개조를 한 경우에는 그러하지 아니하다.

> **해설**　제11조(선로의 점검 · 정비)
> ② 선로는 정기적으로 안전점검을 하여 안전운전에 지장이 없도록 유지 · 보수하여야 한다.

**08** 다음 중 전력설비에 대한 설명으로 틀린 것은?

① 전력설비는 열차등이 최고속도로 안전하게 운전할 수 있는 상태로 보전하여야 한다.
② 전차선로는 매일 한 번 이상 순회점검을 하여야 한다.
③ 전력설비의 각 부분은 도시철도운영자가 정하는 주기에 따라 검사를 하고 안전운전에 지장이 없도록 정비하여야 한다.
④ 전력설비를 신설 · 이설 · 개조 또는 수리하거나 일시적으로 사용을 중지한 경우에는 이를 검사하고 시험운전을 하기 전에는 사용할 수 없다. 다만, 경미한 정도의 개조 또는 수리를 한 경우에는 그러하지 아니하다.

> **해설**　제13조(전력설비의 보전)
> 전력설비는 열차등이 지정속도로 안전하게 운전할 수 있는 상태로 보전하여야 한다.

**09** 다음 중 통신설비 및 운전보안장치에 대한 내용으로 틀린 것은?

① 통신설비는 항상 통신할 수 있는 상태로 보선하여야 한다.
② 통신설비의 각 부분은 일정한 주기에 따라 검사를 하고 안전운전에 지장이 없도록 정비하여야 한다.
③ 운전보안장치는 완전한 상태로 보전하여야 한다.
④ 운전보안장치의 각 부분은 도시철도운영자가 정하는 주기에 따라 검사를 하고 안전운전에 지장이 없도록 정비하여야 한다.

> **해설**　제20조(운전보안장치의 검사 및 사용)
> ① 운전보안장치의 각 부분은 일정한 주기에 따라 검사를 하고 안전운전에 지장이 없도록 정비하여야 한다.

06 ③　07 ③　08 ①　09 ④

**10** 다음 중 차량 운전에 지장이 없도록 궤도상에 설정한 한계로 맞는 것은?

① 설비한계
② 건축한계
③ 차량한계
④ 궤도한계

> **해설** 제21조(물품유치 금지) 차량 운전에 지장이 없도록 궤도상에 설정한 건축한계 안에는 열차등 외의 다른 물건을 둘 수 없다. 다만, 열차등을 운전하지 아니하는 시간에 작업을 하는 경우에는 그러하지 아니하다.

**11** 다음 중 선로, 전력설비, 통신설비 또는 운전보안장치의 검사를 하였을 때 일정기간 보존하여야 되는 기록사항으로 틀린 것은?

① 검사자의 성명
② 검사상태
③ 검사 종류
④ 검사일시

> **해설** 제22조(선로 등 검사에 관한 기록보존)
> 선로·전력설비·통신설비 또는 운전보안장치의 검사를 하였을 때에는 검사자의 성명·검사상태 및 검사일시 등을 기록하여 일정 기간 보존하여야 한다.

**12** 다음 중 차량의 전기장치에 대한 검사항목으로 맞는 것은?

① 전력설비장치시험
② 전력부하시험
③ 전기방전시험
④ 절연저항시험 및 절연내력시험

> **해설** 제24조(차량의 검사 및 시험운전)
> ① 제작·개조·수선 또는 분해검사를 한 차량과 일시적으로 사용을 중지한 차량은 검사하고 시험운전을 하기 전에는 사용할 수 없다. 다만, 경미한 정도의 개조 또는 수선을 한 경우에는 그러하지 아니하다.
> ② 차량의 각 부분은 일정한 기간 또는 주행거리를 기준으로 하여 그 상태와 작용에 대한 검사와 분해검사를 하여야 한다.
> ③ 제1항 및 제2항에 따른 검사를 할 때 차량의 전기장치에 대해서는 절연저항시험 및 절연내력시험을 하여야 한다.

**13** 열차의 비상제동거리는 몇 미터 이하로 해야 하는가?

① 200
② 500
③ 600
④ 1000

> **해설** 제29조(열차의 비상제동거리)
> 열차의 비상제동거리는 600미터이하로 하여야 한다.

**14** 다음 중 열차의 운전에 대하여 맞는 것은?

① 열차등의 운전은 열차등의 종류에 따라 「도시철도법」에 따른 운전면허를 소지한 사람이 하여야 한다.
② 다만, 무인운전의 경우에는 「도시철도법」에 따른 운전면허를 소지한 사람이 운전하지 않아도 된다.
③ 차량은 열차에 함께 편성되기 전에는 정거장 외의 본선을 운전할 수 없다.
④ 다만, 열차를 결합·해체하거나 차선을 바꾸는 경우 또는 그 밖에 특별한 사유가 있는 경우에는 차량은 열차에 함께 편성되기 전에 정거장 외의 본선을 운전할 수 있다.

> **해설** 제32조(열차등의 운전)
> ① 열차등의 운전은 열차등의 종류에 따라 「철도안전법」 제10조제1항에 따른 운전면허를 소지한 사람이 하여야 한다. 다만, 제32조의 2에 따른 무인운전의 경우에는 그러하지 아니하다.
> ② 차량은 열차에 함께 편성되기 전에는 정거장 외의 본선을 운전할 수 없다. 다만, 차량을 결합·해체하거나 차선을 바꾸는 경우 또는 그 밖에 특별한 사유가 있는 경우에는 그러하지 아니하다.

10 ② 11 ③ 12 ④ 13 ③ 14 ③

**15** 다음 중 도시철도운영자가 열차를 무인운전으로 운행하려는 경우 준수사항으로 틀린 것은?

① 열차 내의 간이운전대에는 승객이 임의로 다룰 수 없도록 잠금장치가 설치되어 있을 것
② 무인운전 관제업무종사자는 열차의 운행상태를 실시간으로 감시하고 필요한 조치를 할 것
③ 간이운전대의 개방이나 운전 모드의 변경은 관제실의 사전 승인을 받을 것
④ 운전 모드를 변경하여 수동운전을 하려는 경우에는 관제실과의 통신에 이상이 없음을 먼저 확인할 것

**해설** 제32조의2(무인운전 시의 안전 확보 등)
도시철도운영자가 열차를 무인운전으로 운행하려는 경우에는 다음 각 호의 사항을 준수하여야 한다.
1. 관제실에서 열차의 운행상태를 실시간으로 감시 및 조치할 수 있을 것
2. 열차 내의 간이운전대에는 승객이 임의로 다룰 수 없도록 잠금장치가 설치되어 있을 것
3. 간이운전대의 개방이나 운전 모드(mode)의 변경은 관제실의 사전 승인을 받을 것
4. 운전 모드를 변경하여 수동운전을 하려는 경우에는 관제실과의 통신에 이상이 없음을 먼저 확인할 것
5. 승차·하차 시 승객의 안전 감시나 시스템 고장 등 긴급상황에 대한 신속한 대처를 위하여 필요한 경우에는 열차와 정거장 등에 안전요원을 배치하거나 안전요원이 순회하도록 할 것
6. 무인운전이 적용되는 구간과 무인운전이 적용되지 아니하는 구간의 경계 구역에서의 운전 모드 전환을 안전하게 하기 위한 규정을 마련해 놓을 것
7. 열차 운행 중 다음 각 목의 긴급상황이 발생하는 경우 승객의 안전을 확보하기 위한 조치 규정을 마련해 놓을 것
   가. 열차에 고장이나 화재가 발생하는 경우
   나. 선로 안에서 사람이나 장애물이 발견된 경우
   다. 그 밖에 승객의 안전에 위험한 상황이 발생하는 경우

**16** 도시철도운영자가 열차를 무인운전으로 운행하려는 경우에는 열차 운행 중 승객의 안전을 확보하기 위한 조치 규정을 마련해 놓아야 한다. 다음 중 긴급상황으로 틀린 것은?

① 열차에 고장이나 화재가 발생하는 경우
② 선로 안에서 사람이나 장애물이 발견된 경우
③ 열차가 정거장의 정지선을 지나쳐서 정차한 경우
④ 그 밖에 승객의 안전에 위험한 상황이 발생하는 경우

**17** 다음 중 열차의 운전에 대한 설명으로 틀린 것은?

① 열차는 맨 앞의 차량에서 운전하여야 한다. 다만, 추진운전, 퇴행운전 또는 무인운전을 하는 경우에는 그러하지 아니하다.
② 열차는 도시철도운영자가 정하는 열차시간표에 따라 운전하여야 한다. 다만, 운전사고, 운전장애 등 특별한 사유가 있는 경우에는 그러하지 아니하다.
③ 도시철도운영자는 운전사고, 운전장애 등으로 열차를 정상적으로 운전할 수 없을 때에는 열차의 종류, 도착지, 접속 등을 고려하여 열차가 정상운전이 되도록 운전 정리를 하여야 한다.
④ 열차의 운전방향을 구별하여 운전하는 한 쌍의 선로에서 열차의 운전 진로는 좌측으로 한다.

**해설** 제36조(운전 진로)
① 열차의 운전방향을 구별하여 운전하는 한 쌍의 선로에서 열차의 운전 진로는 우측으로 한다. 다만, 좌측으로 운전하는 기존의 선로에 직통으로 연결하여 운전하는 경우에는 좌측으로 할 수 있다.

15 ②    16 ③    17 ④

**18** 다음 중 운전진로를 달리할 수 있는 경우로 틀린 것은?

① 선로 또는 열차에 고장이 발생하여 퇴행운전을 하는 경우
② 구원열차·공사열차 또는 제설열차를 운전하는 경우
③ 차량을 결합·해체하거나 자선을 바꾸는 경우
④ 시험운전을 하는 경우

> **해설** ② 다음 각 호의 어느 하나에 해당하는 경우에는 제1항에도 불구하고 운전 진로를 달리할 수 있다.
> 1. 선로 또는 열차에 고장이 발생하여 퇴행운전을 하는 경우
> 2. 구원열차(救援列車)나 공사열차(工事列車)를 운전하는 경우
> 3. 차량을 결합·해체하거나 차선을 바꾸는 경우
> 4. 구내운전(構內運轉)을 하는 경우
> 5. 시험운전을 하는 경우
> 6. 운전사고 등으로 인하여 일시적으로 단선운전(單線運轉)을 하는 경우
> 7. 그 밖에 특별한 사유가 있는 경우

**19** 다음 중 폐색구간에서 둘 이상의 열차를 동시에 운전할 수 있는 경우로 틀린 것은?

① 고장난 열차가 있는 폐색구간에서 구원열차를 운전하는 경우
② 선로 불통으로 폐색구간에서 공사열차를 운전하는 경우
③ 다른 열차의 유도에 따라 차선을 바꾸기 위하여 운전하는 경우
④ 하나의 열차를 분할하여 운전하는 경우

> **해설** 폐색구간에서는 둘 이상의 열차를 동시에 운전할 수 없다. 다만, 다음 각 호의 어느 하나에 해당하는 경우에는 그러하지 아니하다.
> 1. 고장난 열차가 있는 폐색구간에서 구원열차를 운전하는 경우
> 2. 선로 불통으로 폐색구간에서 공사열차를 운전하는 경우
> 3. 다른 열차의 차선 바꾸기 지시에 따라 차선을 바꾸기 위하여 운전하는 경우
> 4. 하나의 열차를 분할하여 운전하는 경우

**20** 다음 중 추진운전이나 퇴행운전을 하여도 되는 경우로 틀린 것은?

① 선로나 열차에 고장이 발생한 경우
② 공사열차나 구원열차를 운전하는 경우
③ 시설 또는 차량의 시험을 위하여 시험운전을 하는 경우
④ 운전사고등의 발생 등 특별한 사유가 있는 경우

> **해설** ① 열차는 추진운전이나 퇴행운전을 하여서는 아니 된다. 다만, 다음 각 호의 어느 하나에 해당하는 경우에는 그러하지 아니하다.
> 1. 선로나 열차에 고장이 발생한 경우
> 2. 공사열차나 구원열차를 운전하는 경우
> 3. 차량을 결합·해체하거나 차선을 바꾸는 경우
> 4. 구내운전을 하는 경우
> 5. 시설 또는 차량의 시험을 위하여 시험운전을 하는 경우
> 6. 그 밖에 특별한 사유가 있는 경우

**21** 다음 중 긴급한 조치가 필요한 경우에 선로의 차단을 지시하는 사람으로 맞는 것은?

① 국토교통부장관
② 도시철도운영자
③ 관제사
④ 운전업무종사자

> **해설** 제41조(선로의 차단)
> 도시철도운영자는 공사나 그 밖의 사유로 선로를 차단할 필요가 있을 때에는 미리 계획을 수립한 후 그 계획에 따라야 한다. 다만, 긴급한 조치가 필요한 경우에는 운전업무를 총괄하는 사람(이하 "관제사"라 한다)의 지시에 따라 선로를 차단할 수 있다.

18 ② 19 ③ 20 ④ 21 ③

**22** 다음 중 차량의 결합, 해체에 대한 내용으로 틀린 것은?

① 차량을 결합·해체하거나 차량의 차선을 바꿀 때에는 전호에 따라 하여야 한다.
② 본선을 이용하여 차량을 결합·해체하거나 열차등의 차선을 바꾸는 경우에는 다른 열차등과의 충돌을 방지하기 위한 안전조치를 하여야 한다.
③ 정거장이 아닌 곳에서 본선을 이용하여 차량을 결합·해체하거나 차선을 바꾸어서는 아니 된다.
④ 다만, 충돌방지 등 안전조치를 하였을 때에는 그러하지 아니하다.

**해설** 제45조(차량의 결합·해체 등)
① 차량을 결합·해체하거나 차량의 차선을 바꿀 때에는 신호에 따라 하여야 한다.

**23** 다음 중 선로전환기의 취급에 대하여 틀린 것은?

① 본선의 선로전환기는 이와 관계있는 신호장치와 연동하여 잠금되도록 해야 한다.
② 쇄정되지 아니한 선로전환기를 향하여 진행하는 경우에는 쇄정기구를 사용하여 텅레일을 쇄정하여야 한다.
③ 선로전환기를 사용한 후에는 지체 없이 미리 정하여진 위치에 두어야 한다.
④ 노면전차의 경우 도로에 설치하는 선로전환기는 보행자 안전을 위해 열차가 충분히 접근하였을 때에 작동하여야 하며, 운전자가 선로전환기의 개통 방향을 확인할 수 있어야 한다.

**24** 다음 중 도시철도운영자가 운전속도를 제한하여야 되는 경우로 틀린 것은?

① 서행신호를 하는 경우
② 추진운전이나 퇴행운전을 하는 경우
③ 쇄정하지 아니한 선로전환기를 대향으로 진행하는 경우
④ 자동폐색신호의 정지신호가 있는 지점을 지나서 진행하는 경우

**해설** 제49조(속도제한) 도시철도운영자는 다음 각 호의 어느 하나에 해당하는 경우에는 운전속도를 제한해야 한다.

1. 서행신호를 하는 경우
2. 추진운전이나 퇴행운전을 하는 경우
3. 차량을 결합·해체하거나 차선을 바꾸는 경우
4. 잠금되지 않은 선로전환기를 향하여 진행하는 경우
5. 대용폐색방식으로 운전하는 경우
6. 자동폐색신호의 정지신호가 있는 지점을 지나서 진행하는 경우
7. 차내신호의 "0" 신호가 있은 후 진행하는 경우
8. 감속·주의·경계 등의 신호가 있는 지점을 지나서 진행하는 경우
9. 그 밖에 안전운전을 위하여 운전속도제한이 필요한 경우

**25** 다음 중 상용폐색방식이나 대용폐색방식에 따를 수 없을 때 폐색방식으로 맞는 것은?

① 차내신호폐색식
② 지령식
③ 격시법
④ 전령법

**해설** 제51조(폐색방식의 구분)
① 열차를 운전하는 경우의 폐색방식은 일상적으로 사용하는 폐색방식(이하 "상용폐색방식"이라 한다)과 폐색장치의 고장이나 그 밖의 사유로 상용폐색방식에 따를 수 없을 때 사용하는 폐색방식(이하 "대용폐색방식"이라 한다)에 따른다.

22 ①    23 ②    24 ③    25 ④

**26** 다음 중 단선운전을 하는 경우 대용폐색방식으로 맞는 것은?

① 지령식
② 통신식
③ 지도식
④ 지도통신식

**해설** 제55조(대용폐색방식)
대용폐색방식은 다음 각 호의 구분에 따른다.
1. 복선운전을 하는 경우: 지령식 또는 통신식
2. 단선운전을 하는 경우: 지도통신식

**27** 다음 중 지령식 및 통신식에 대하여 틀린 것은?

① 폐색장치 및 차내신호장치의 고장으로 열차의 정상적인 운전이 불가능할 때에는 관제사가 폐색구간에 열차의 진입을 지시하는 지령식에 따른다.
② 상용폐색방식 또는 지령식에 따를 수 없을 때에는 폐색구간에 열차를 진입시키려는 역장 또는 소장이 상대 역장 또는 소장 및 관제사와 협의하여 폐색구간에 열차의 진입을 지시하는 통신식에 따른다.
③ 지령식 또는 통신식에 따르는 경우에는 관제사 및 폐색구간 양쪽의 역장 또는 소장은 전용전화기를 설치·운용하여야 한다.
④ 다만, 부득이한 사유로 전용전화기를 설치할 수 없거나 전용전화기에 고장이 발생하였을 때에는 무폐색운전에 따른다.

**해설** 제1항 또는 제2항에 따른 지령식 또는 통신식에 따르는 경우에는 관제사 및 폐색구간 양쪽의 역장 또는 소장은 전용전화기를 설치·운용하여야 한다. 다만, 부득이한 사유로 전용전화기를 설치할 수 없거나 전용전화기에 고장이 발생하였을 때에는 다른 전화기를 이용할 수 있다.

**28** 다음 중 지도통신식에 대한 내용으로 틀린 것은?

① 지도통신식에 따르는 경우에는 지도표 또는 지도권을 발급받은 열차만 해당 폐색구간을 운전할 수 있다.
② 지도표와 지도권은 폐색구간에 열차를 진입시키려는 역장 또는 소장이 상대 역장 또는 소장 및 관제사와 협의하여 발행한다.
③ 역장이나 소장은 같은 방향의 폐색구간으로 진입시키려는 열차가 하나뿐인 경우에는 지도표를 발급하고, 연속하여 둘 이상의 열차를 같은 방향의 폐색구간으로 진입시키려는 경우에는 최초의 열차에 대해서는 지도표를, 나머지 열차에 대해서는 지도권을 발급한다.
④ 열차의 기관사는 발급받은 지도표 또는 지도권을 폐색구간을 통과한 후 도착지의 역장 또는 소장에게 반납하여야 한다.

**해설** 역장이나 소장은 같은 방향의 폐색구간으로 진입시키려는 열차가 하나뿐인 경우에는 지도표를 발급하고, 연속하여 둘 이상의 열차를 같은 방향의 폐색구간으로 진입시키려는 경우에는 맨 마지막 열차에 대해서는 지도표를, 나머지 열차에 대해서는 지도권을 발급한다.

**29** 다음 중 지도권에 기입하여야 되는 사항으로 틀린 것은?

① 양끝의 정거장명
② 관제사
③ 명령번호
④ 발행일과 시각

**해설** 지도표와 지도권에는 폐색구간 양쪽의 역 이름 또는 소(所) 이름, 관제사, 명령번호, 열차번호 및 발행일과 시각을 적어야 한다.

26 ④   27 ④   28 ③   29 ①

**30** 다음 중 전령법에 대한 설명으로 틀린 것은?

① 열차등이 있는 폐색구간에 다른 열차를 운전시킬 때에는 그 열차에 대하여 전령법을 시행한다.
② 전령법을 시행할 경우에는 이미 폐색구간에 있는 열차등은 그 위치를 이동할 수 없다.
③ 전령자는 백색 완장을 착용하여야 한다.
④ 전령법을 시행하는 구간에서는 그 구간의 전령자가 탑승하여야 열차를 운전할 수 있다. 다만, 관제사가 취급하는 경우에는 무선전화기로 대신 할 수 있다.

**해설** 전령법을 시행하는 구간에서는 그 구간의 전령자가 탑승하여야 열차를 운전할 수 있다. 다만, 관제사가 취급하는 경우에는 전령자를 탑승시키지 아니할 수 있다.

**31** 다음 중 주신호기의 기능에 대하여 틀린 것은?

① 차내신호기: 열차등의 가장 앞쪽의 운전실에 설치하여 운전조건을 지시하는 신호기
② 엄호신호기: 특히 방호를 요하는 지점을 통과하려는 열차에 대하여 운전조건을 지시하는 신호기
③ 폐색신호기: 폐색구간에 진입하려는 열차등에 대하여 운전조건을 지시하는 신호기
④ 입환신호기: 차량을 결합·해체하거나 차선을 바꾸려는 차량에 대하여 신호기 뒷방향으로의 진입이 가능한지를 지시하는 신호기

**해설** 제65조(상설신호기의 종류)
1. 주신호기
  가. 차내신호기: 열차등의 가장 앞쪽의 운전실에 설치하여 운전조건을 지시하는 신호기
  나. 장내신호기: 정거장에 진입하려는 열차등에 대하여 신호기 뒷방향으로의 진입이 가능한지를 지시하는 신호기
  다. 출발신호기: 정거장에서 출발하려는 열차등에 대하여 신호기 뒷방향으로의 진입이 가능한지를 지시하는 신호기
  라. 폐색신호기: 폐색구간에 진입하려는 열차등에 대하여 운전조건을 지시하는 신호기
  마. 입환신호기: 차량을 결합·해체하거나 차선을 바꾸려는 차량에 대하여 신호기 뒷방향으로의 진입이 가능한지를 지시하는 신호기

**32** 다음 중 진로표시기가 부속되는 신호기로 틀린 것은?

① 장내신호기
② 출발신호기
③ 진로예고기
④ 입환신호기

**해설** 진로표시기: 장내신호기, 출발신호기, 진로개통표시기 또는 입환신호기에 부속되어 열차등에 대하여 그 진로를 표시하는 것

**33** 다음 중 상설신호기의 종류 및 신호방식으로 틀린 것은?

① 차내신호기 진행신호 - 지령속도를 표시
② 폐색신호기 감속신호 - 상위는 녹색등, 하위는 등황색등
③ 입환신호기 진행신호 - 등황색등
④ 원방신호기, 주신호기가 진행을 지시하는 신호를 할 경우 - 녹색등

30 ④  31 ②  32 ③  33 ②

**34** 다음 중 임시신호기에 대한 내용으로 틀린 것은?

① 서행신호기: 서행운전을 필요로 하는 구역에 진입하는 열차등에 대하여 그 구간을 서행할 것을 지시하는 신호기
② 서행예고신호기: 서행신호기가 있을 것임을 예고하는 신호기
③ 서행해제신호기: 서행운전구역을 지나 운전하는 열차등에 대하여 서행 해제를 지시하는 신호기
④ 서행신호기 및 서행예고신호기에는 지정속도를 표시하여야 한다.

**해설** ② 임시신호기 표지의 배면(背面)과 배면광(背面光)은 백색으로 하고, 서행신호기에는 지정속도를 표시하여야 한다.

**35** 다음 중 수신호 방식으로 틀린 것은?

① 정지신호 야간: 적색등
② 진행신호 주간: 녹색기
③ 서행신호 주간: 적색기와 녹색기를 머리 위로 높이 교차한다.
④ 서행신호 야간: 녹색등을 흔든다.

**해설** 3. 서행신호
가. 주간: 적색기와 녹색기를 머리 위로 높이 교차한다. 다만, 부득이한 경우에는 양 팔을 머리 위로 높이 교차하는 것으로 대신할 수 있다.
나. 야간: 명멸(明滅)하는 녹색등

**36** 다음 중 선로의 지장으로 인하여 열차 등을 정지시키거나 서행시킬 경우, 임시신호기에 따를 수 없을 때에는 지장지점으로부터 몇 미터 이상의 앞 지점에서 정지수신호를 해야 하는지 맞는 것은?

① 100
② 200
③ 500
④ 600

**해설** 제71조(선로 지장 시의 방호신호)
선로의 지장으로 인하여 열차등을 정지시키거나 서행시킬 경우, 임시신호기에 따를 수 없을 때에는 지장지점으로부터 200미터 이상의 앞 지점에서 정지수신호를 하여야 한다.

**37** 다음 중 전호에 대하여 틀린 것은?

① 열차를 출발시키려 할 때에는 출발전호를 하여야 한다. 다만, 승객인전설비를 갖추고 차장을 승무시키지 아니한 경우에는 그러하지 아니하다.
② 위험을 경고할 경우 기적전호를 하여야 한다.
③ 퇴거전호 주간: 녹색기를 좌우로 흔든다.
④ 정지전호 주간: 적색기를 흔든다.

**해설** 퇴거전호
가. 주간: 녹색기를 상하로 흔든다. 다만, 부득이한 경우에는 한 팔을 상하로 움직이는 것으로 대신할 수 있다.
나. 야간: 녹색등을 상하로 흔든다.

**38** 다음 중 도시철도운영자가 열차등의 안전운전에 지장이 없도록 설치하여야 하는 것으로 맞는 것은?

① 안전표지
② 안전관계표지
③ 운전주의표지
④ 운전관계표지

**해설** 제75조(표지의 설치)
도시철도운영자는 열차등의 안전운전에 지장이 없도록 운전관계표지를 설치하여야 한다.

34 ④　35 ④　36 ②　37 ③　38 ④

# 3편 도시철도운전규칙
## 예상 및 기출문제 STEP 2

**01** 다음 중 도시철도운전규칙에서 사용하는 용어의 정의로 틀린 것은?

① 열차란 본선에서 운전할 목적으로 편성되어 열차번호를 부여받은 차량을 말한다.
② 폐색이란 선로의 일정구간에 둘 이상의 열차를 동시에 운전시키지 아니하는 것을 말한다.
③ 운전장애란 열차등의 운전으로 인하여 그 열차등의 운전에 지장을 주는 것 중 운전사고에 해당하지 아니하는 것을 말한다.
④ 노면전차란 도로 위에 부설한 레일 위를 주행하는 차량

해설 〈3조 10호〉

**02** 다음 중 정거장에 해당되지 않는 것은?

① 여객의 승차ㆍ하차
② 열차의 편성
③ 차량의 입환
④ 내피

해설 〈3조 1호〉

**03** 다음 중 도시철도운전규칙 정의로 틀린 것은?

① 선로란 열차 등을 운전하기 위한 궤도와 이를 받치는 노반 또는 인공구조물로 구성된 시설을 말한다.
② 전차선로란 전차선 및 이를 지지하는 인공구조물을 말한다.
③ 무인운전이란 사람이 열차 안에서 직접 운전하지 아니하고 관제실에서의 원격조종에 따라 열차가 자동으로 운행되는 방식을 말한다.
④ 시계운전이란 사람의 맨눈에 의존하여 운전하는 것을 말한다.

해설 〈3조 2호〉

**04** 다음 중 도시철도운전규칙 총칙으로 틀린 것은?

① 도시철도운영자는 도시철도의 안전과 관련된 업무에 종사하는 직원에 대하여 신체검사와 정해진 교육을 하여 도시철도 운전 지식과 기능을 습득한 것을 확인한 후 그 업무에 종사하도록 하여야 한다. 다만, 해당 업무와 관련이 있는 자격을 갖춘 사람에 대해서는 신체검사나 교육의 전부 또는 일부를 면제할 수 있다.
② 도시철도운영자는 소속직원의 자질 향상을 위하여 적절한 국내연수 또는 국외연수 교육을 실시할 수 있다.
③ 도시철도운영자는 차량, 선로, 전력설비, 운전보안장치, 그 밖에 열차운전을 위한 시설에 재해ㆍ고장ㆍ운전사고 또는 운전장애가 발생할 경우에 대비하여 응급복구에 필요한 기구 및 자재를 항상 적당한 장소에 보관하고 정비하여야 한다.
④ 도시철도운영자는 안전운전과 이용승객의 편의 증진을 위하여 장기ㆍ단기계획을 수립하여 시행하여야 한다.

해설 〈4조〉

01 ④   02 ④   03 ①   04 ①

**05** 다음 중 선로에 대한 설명으로 틀린 것은?

① 선로는 열차등이 도시철도운영자가 정하는 속도로 안전하게 운전할 수 있는 상태로 보전하여야 한다.
② 선로는 매일 한 번 이상 순회점검 하여야 하며, 필요한 경우에는 정비하여야 한다.
③ 선로는 매일 한 번 이상 안전점검을 하여 안전운전에 지장이 없도록 유지·보수하여야 한다.
④ 선로를 신설·개조 또는 이설하거나 일시적으로 사용을 중지한 경우에는 이를 검사하고 시험운전을 하기 전에는 사용할 수 없다. 다만, 경미한 정도의 개조를 한 경우에는 그러하지 아니하다.

**해설** 〈2장 1절〉

**06** 다음 중 전력설비에 대한 설명으로 틀린 것은?

① 전력설비는 열차등이 지정속도로 안전하게 운전할 수 있는 상태로 보전하여야 한다.
② 전차선로는 매일 한 번 이상 점검을 하여야 한다.
③ 전력설비의 각 부분은 도시철도운영자가 정하는 주기에 따라 검사를 하고 안전운전에 지장이 없도록 정비하여야 한다.
④ 전력설비를 신설·이설·개조 또는 수리하거나 일시적으로 사용을 중지한 경우에는 이를 검사하고 시험운전을 하기 전에는 사용할 수 없다. 다만, 경미한 정도의 개조 또는 수리를 한 경우에는 그러하지 아니하다.

**해설** 〈2장 2절〉

**07** 다음 중 통신설비 및 운전보안장치에 대한 내용으로 틀린 것은?

① 통신설비는 완전한 상태로 보전하여야 한다.
② 통신설비의 각 부분은 일정한 주기에 따라 검사를 하고 안전운전에 지장이 없도록 정비하여야 한다.
③ 운전보안장치의 각 부분은 일정한 주기에 따라 검사를 하고 안전운전에 지장이 없도록 정비하여야 한다.
④ 신설·이설·개조 또는 수리한 운전보안장치는 검사하여 기능을 확인하기 전에는 사용할 수 없다.

**해설** 〈3장 3절 및 4절〉

**08** 다음 중 열차등의 보전에 대하여 틀린 것은?

① 제작·개조·수선 또는 분해검사를 한 차량과 일시적으로 사용을 중지한 차량은 검사하고 시험운전을 하기 전에는 사용할 수 없다. 다만, 경미한 정도의 개조 또는 수선을 한 경우에는 그러하지 아니하다.
② 차량의 각 부분은 일정한 기간 또는 주행거리를 기준으로 하여 그 상태와 작용에 대한 검사와 분해검사를 하여야 한다.
③ 차량검사를 할 때 차량의 전기장치에 대해서는 절연저항시험 및 절연내력시험을 하여야 한다.
④ 열차로 편성한 차량의 각 부분은 검사하여 안전하게 운전할 수 있는 상태로 보전하여야 한다.

**해설** 〈25조〉

05 ③   06 ②   07 ①   08 ④

**09** 다음 중 열차의 편성에 대한 내용으로 틀린 것은?

① 열차는 차량의 특성 및 선로 구간의 시설 상태 등을 고려하여 안전운전에 지장이 없도록 편성하여야 한다.
② 열차의 비상제동거리는 600미터이하로 하여야 한다.
③ 열차에 편성되는 각 차량에는 제동력이 균일하게 작용하고 분리 시에 자동으로 정차할 수 있는 제동장치를 구비하여야 한다.
④ 열차를 편성하거나 편성을 변경할 때에는 운전하기 전에 제동장치를 시험하여 정상작동여부를 확인하여야 한다.

해설  〈31조〉

**10** 다음 중 도시철도운영자가 열차를 무인운전으로 운행하려는 경우 준수사항으로 틀린 것은?

① 무인운전 구간으로 진입하기 전에 운전 모드의 변경은 관제실의 사전 승인을 받을 것
② 운전 모드를 변경하여 수동운전을 하려는 경우에는 관제실과의 통신에 이상이 없음을 먼저 확인할 것
③ 승차 · 하차 시 승객의 안전 감시나 시스템 고장 등 긴급상황에 대한 신속한 대처를 위하여 필요한 경우에는 열차와 정거장 등에 안전요원을 배치하거나 안전요원이 순회하도록 할 것
④ 무인운전이 적용되는 구간과 무인운전이 적용되지 아니하는 구간의 경계 구역에서의 운전 모드 전환을 안전하게 하기 위한 규정을 마련해 놓을 것

해설  〈32조의2〉

**11** 다음 중 운전정리를 행할 때 고려사항으로 틀린 것은?

① 열차의 종류
② 도착지
③ 열차의 우선순위
④ 접속

해설  〈35조〉

**12** 다음 중 운전진로를 달리할 수 있는 경우로 틀린 것은?

① 차량을 결합 · 해체하거나 차선을 바꾸는 경우
② 입환운전을 하는 경우
③ 시험운전을 하는 경우
④ 운전사고 등으로 인하여 일시적으로 단선운전을 하는 경우

해설  〈36조 2항〉

**13** 다음 중 폐색구간에서 둘 이상의 열차를 동시에 운전할 수 있는 경우로 틀린 것은?

① 차량을 결합 · 해체하거나 차선을 바꾸는 경우
② 고장난 열차가 있는 폐색구간에서 구원열차를 운전하는 경우
③ 선로 불통으로 폐색구간에서 공사열차를 운전하는 경우
④ 하나의 열차를 분할하여 운전하는 경우

해설  〈37조〉

09 ④    10 ①    11 ③    12 ②    13 ①

**14** 다음 중 추진운전이나 퇴행운전을 하여도 되는 경우로 틀린 것은?

① 선로나 열차에 고장이 발생한 경우
② 차량을 결합·해체하거나 차선을 바꾸는 경우
③ 선로 또는 열차의 시험을 위하여 운전하는 경우
④ 구내운전을 하는 경우

해설 〈38조〉

**15** 다음 중 도시철도운전규칙에 대하여 틀린 것은?

① 둘 이상의 열차는 동시에 출발시키거나 도착시켜서는 아니 된다. 다만, 열차의 안전운전에 지장이 없도록 신호 또는 제어설비 등을 완전하게 갖춘 경우에는 그러하지 아니하다.
② 정거장 외의 본선에서는 승객을 승차·하차시키기 위하여 열차를 정지시킬 수 없다. 다만, 운전사고 등 특별한 사유가 있을 때에는 그러하지 아니하다.
③ 관제사는 공사나 그 밖의 사유로 선로를 차단할 필요가 있을 때에는 미리 계획을 수립한 후 그 계획에 따라야 한다.
④ 다만, 긴급한 조치가 필요한 경우에는 운전업무를 총괄하는 사람의 지시에 따라 선로를 차단할 수 있다.

해설 〈41조〉

**16** 다음 중 열차등의 운전에 대하여 틀린 것은?

① 정지신호 따라 정차한 열차등은 진행을 지시하는 신호가 있을 때까지는 진행할 수 없다. 다만, 특별한 사유가 있는 경우 관제사의 속도제한 및 안전조치에 따라 진행할 수 있다.
② 열차등은 서행신호가 있을 때에는 지정속도 이하로 운전하여야 한다.
③ 열차등이 서행해제신호가 있는 지점을 통과한 후에는 지정속도로 운전할 수 있다.
④ 열차등은 진행을 지시하는 신호가 있을 때에는 지정속도로 그 표시지점을 지나 다음 신호기까지 진행할 수 있다.

해설 〈42~44조〉

**17** 다음 중 시계운전을 하는 노면전차의 준수사항으로 틀린 것은?

① 운전자의 가시거리 범위에서 신호 등 주변상황에 따라 열차를 정지시킬 수 있도록 적정 속도로 운전할 것
② 도로교통법에 따른 신호와 속도를 준수할 것
③ 앞서가는 열차와 안전거리를 충분히 유지할 것
④ 교차로에서 앞서가는 열차를 따라서 동시에 통과하지 않을 것

해설 〈44조의2〉

14 ③  15 ③  16 ③  17 ②

**18** 다음 중 운전속도에 대하여 틀린 것은?

① 도시철도운영자는 열차 등의 특성, 선로 및 전차선로의 구조와 강도 등을 고려하여 열차의 운전속도를 정하여야 한다.
② 내리막이나 곡선선로에서는 제동거리 및 열차 등의 안전도를 고려하여 그 속도를 제한하여야 한다.
③ 열차 등은 차량의 성능, 운전 방법, 신호의 조건 등에 따라 안전한 속도로 운전하여야 한다.
④ 노면전차의 경우 도로교통과 주행선로를 공유하는 구간에서는 도로교통법에 따른 최고속도를 초과하지 않도록 열차의 운전속도를 정하여야 한다.

해설 〈48조〉

**19** 다음 중 도시철도운영자가 운전속도를 제한하여야 되는 경우로 틀린 것은?

① 차량을 결합·해체하거나 차선을 바꾸는 경우
② 상용폐색방식으로 운전하는 경우
③ 차내신호의 "0" 신호가 있은 후 진행하는 경우
④ 감속·주의·경계 등의 신호가 있는 지점을 지나서 진행하는 경우

해설 〈49조〉

**20** 다음 중 자동폐색구간의 장내신호기에 갖춰야 한 장치로 틀린 것은?

① 폐색구간에 열차등이 있을 때: 정지신호
② 폐색구간에 있는 선로전환기가 올바른 방향으로 되어 있지 아니할 때 또는 분기선 및 교차점에 있는 다른 열차등이 폐색구간에 지장을 줄 때: 정지신호
③ 폐색장치에 고장이 있을 때: 정지신호
④ 단선구간에서 반대방향의 열차가 출발하였을 경우: 정지신호

해설 〈53조〉

**21** 다음 중 지도권에 기입하여야 되는 사항으로 틀린 것은?

① 소 이름
② 명령번호
③ 열차번호
④ 발행일자

해설 〈57조 4항〉

**22** 다음 중 전령자에 대한 내용으로 틀린 것은?

① 전령법을 시행하는 구간에는 한 명의 전령자를 선정하여야 한다.
② 전령자는 흰 바탕의 붉은색 글씨로 전령자 임을 표시한 완장을 착용하여야 한다.
③ 전령법을 시행하는 구간에서는 그 구간의 전령자가 탑승하여야 열차를 운전할 수 있다.
④ 다만, 관제사가 취급하는 경우에는 전령자를 탑승시키지 아니할 수 있다.

해설 〈59조〉

18 ③  19 ②  20 ④  21 ④  22 ②

**23** 다음 중 신호에 대한 내용으로 틀린 것은?

① 주간과 야간의 신호방식을 달리하는 경우에는 일출부터 일몰까지는 주간의 방식, 일몰부터 다음날 일출까지는 야간방식에 따라야 한다. 다만, 일출부터 일몰까지의 사이에 기상상태로 인하여 상당한 거리로부터 주간방식에 따른 신호를 확인하기 곤란할 때에는 야간방식에 따른다.

② 차내신호방식 및 지하구간에서의 신호방식은 야간방식에 따른다.

③ 상설신호기 또는 임시신호기의 신호와 수신호가 각각 다를 때에는 열차등에 가장 많은 제한을 붙인 신호에 따라야 한다. 다만, 사전에 통보가 있었을 때에는 통보된 신호에 따른다.

④ 하나의 신호는 하나의 선로에서 하나의 목적으로 사용되어야 한다. 다만, 진로개통표시기를 부설한 신호기는 그러하지 아니하다.

**해설** 〈63조〉

**24** 다음 중 상설신호기의 기능에 대하여 틀린 것은?

① 폐색신호기: 폐색구간에 진입하려는 열차등에 대하여 운전조건을 지시하는 신호기

② 입환신호기: 차량을 결합·해체하거나 차선을 바꾸려는 차량에 대하여 신호기 뒷방향으로의 진입이 가능한지를 지시하는 신호기

③ 원방신호기: 장내신호기·출발신호기 및 폐색신호기에 종속되어 그 신호상태를 예고하는 신호기

④ 중계신호기: 주신호기에 종속되어 그 신호상태를 중계하는 신호기

**해설** 〈65조 2호〉

**25** 다음 중 임시신호기에 대하여 틀린 것은?

① 서행신호기: 서행운전을 필요로 하는 구역에 진입하는 열차등에 대하여 그 구간을 서행할 것을 지시하는 신호기

② 서행예고신호기: 서행신호기가 있을 것임을 예고하는 신호기

③ 서행해제신호기: 서행운전구역을 지나 운전하는 열차등에 대하여 서행 해제를 지시하는 신호기

④ 임시신호기 표지의 배면과 배면광은 백색으로 하고, 서행신호기에는 서행속도를 표시하여야 한다.

**해설** 〈69조〉

**26** 다음 중 수신호 방식으로 틀린 것은?

① 정지신호 주간: 적색기

② 진행신호 주간: 부득이한 경우에는 한 팔을 높이 흔드는 것으로 대신할 수 있다.

③ 서행신호 주간: 적색기와 녹색기를 머리 위로 높이 교차한다.

④ 서행신호 야간: 명멸하는 녹색등

**해설** 〈70조〉

23 ④   24 ③   25 ④   26 ②

**27** 다음 중 도시철도운전규칙 신호에 대하여 틀린 것은?

① 선로의 지장으로 인하여 열차 등을 정지시키거나 서행시킬 경우, 임시신호기에 따를 수 없을 때에는 지장지점으로 부터 200미터 이상의 앞 지점에서 정지수신호를 하여야 한다.
② 위험을 경고할 경우 기적전호를 하여야 한다.
③ 도시철도운영자는 열차 등의 안전운전에 지장이 없도록 운전관계표지를 설치하여야 한다.
④ 노면전차의 신호기는 크기와 모양이 눈으로 볼 수 있도록 뚜렷하고 분명하게 인식되도록 설계하여야 한다.

해설 〈76조〉

**28** 다음 중 노면전차에 대하여 틀린 것은?

① 시계운전을 하는 노면전차의 경우에는 교차로에서 앞서가는 차량을 따라서 동시에 통과하지 않아야 한다.
② 노면전차의 경우 도로에 설치하는 선로전환기는 보행자 안선을 위해 열차가 충분히 접근하였을 때에 작동하여야 하며, 운전자가 선로전환기의 개통 방향을 확인할 수 있어야 한다.
③ 노면전차의 경우 도로교통과 주행선로를 공유하는 구간에서는 「도로교통법」에 따른 최고속도를 초과하지 않도록 열차의 운전속도를 정하여야 한다.
④ 노면전차 신호기는 크기와 형태가 눈으로 볼 수 있도록 뚜렷하고 분명하게 인식되어야 한다.

해설 〈44조의 2〉

27 ④   28 ①

# 3편 도시철도운전규칙
## 예상 및 기출문제 STEP 3

**01** 다음 중 도시철도운전규칙 용어의 정의로 틀린 것은?

① 열차란 본선에서 운전할 목적으로 조성되어 열차번호를 부여받은 차량을 말한다.
② 선로란 궤도 및 이를 지지하는 인공구조물을 말하며, 열차의 운전에 상용되는 본선과 그 외의 측선으로 구분된다.
③ 운전사고란 열차등의 운전으로 인하여 사상자가 발생하거나 도시철도시설이 파손된 것을 말한다.
④ 전차선로란 전차선 및 이를 지지하는 인공구조물을 말한다.

**02** 다음 중 도시철도운전규칙 총칙에 대하여 틀린 것은?

① 도시철도운영자는 도시철도의 안전과 관련된 업무에 종사하는 직원에 대하여 신체검사와 정해진 교육을 하여 도시철도 운전 지식과 기능을 습득한 것을 확인한 후 그 업무에 종사하도록 하여야 한다. 다만, 해당 업무와 관련이 있는 자격을 갖춘 사람에 대해서는 신체검사나 교육의 전부 또는 일부를 면제하여야 한다.
② 도시철도운영자는 재해를 예방하고 안전성을 확보하기 위하여 「시설물의 안전 및 유지관리에 관한 특별법」에 따라 도시철도시설의 안전점검 등 안전조치를 하여야 한다.
③ 도시철도운영자는 차량, 선로, 전력설비, 운전보안장치, 그 밖에 열차운전을 위한 시설에 재해·고장·운전사고 또는 운전장애가 발생할 경우에 대비하여 응급복구에 필요한 기구 및 자재를 항상 적당한 장소에 보관하고 정비하여야 한다.
④ 도시철도운영자는 안전운전과 이용승객의 편의 증진을 위하여 장기·단기계획을 수립하여 시행하여야 한다.

**03** 도시철도운영자는 재해를 예방하고 안전성을 확보하기 위하여 「시설물의 안전 및 유지관리에 관한 특별법」에 따라 도시철도시설의 안전점검 등 안전조치를 하여야 한다. 다음 중 1종 시설물에 해당되지 않는 것은? ★신유형

① 고속철도 교량, 연장 500미터 이상의 도로 및 철도 교량
② 고속국도, 일반국도, 특별시도 및 광역시도 도로터널 및 특별시 또는 광역시에 있는 철도터널
③ 갑문시설 및 연장 1000미터 이상의 방파제
④ 하구둑, 포용저수량 8천만톤 이상의 방조제

※ 백점 방지용 문제, 교육생 선발시험(입교시험)에 간혹 출제되기도 하오니 이 점 참고하시어 공부하시길 바랍니다.

01 ① 02 ① 03 ②

**04** 다음 중 선로에 대한 내용으로 틀린 것은?

① 선로는 열차등이 도시철도운영자가 정하는 속도로 안전하게 운전할 수 있는 상태로 보전하여야 한다.
② 선로는 매일 한 번 이상 순회점검 하여야 하며, 필요한 경우에는 정비하여야 한다.
③ 선로는 도시철도운영자가 정하는 주기에 따라 안전점검을 하여 안전운전에 지장이 없도록 유지·보수하여야 한다.
④ 선로를 신설·개조 또는 이설하거나 일시적으로 사용을 중지한 경우에는 이를 검사하고 시험운전을 하기 전에는 사용할 수 없다. 다만, 경미한 정도의 개조를 한 경우에는 그러하지 아니하다.

**05** 다음 중 전력설비에 대한 설명으로 틀린 것은?

① 전력설비는 열차등이 지정속도로 안전하게 운전할 수 있는 상태로 보전하여야 한다.
② 전차선로는 매일 한 번 이상 순회점검을 하여야 한다.
③ 전력설비의 각 부분은 도시철도운영자가 정하는 주기에 따라 검사를 하고 안전운전에 지장이 없도록 유지·보수하여야 한다.
④ 전력설비를 신설·이설·개조 또는 수리하거나 일시적으로 사용을 중지한 경우에는 이를 검사하고 시험운전을 하기 전에는 사용할 수 없다. 다만, 경미한 정도의 개조 또는 수리를 한 경우에는 그러하지 아니하다.

**06** 다음 중 선로 및 설비의 보전에 대한 내용으로 틀린 것은?

① 차량 운전에 지장이 없도록 궤도상에 설정한 건축한계 안에는 열차등 외의 다른 물건을 둘 수 없다. 다만, 열차등을 운전하지 아니하는 시간에 작업을 하는 경우에는 그러하지 아니하다.
② 선로·전력설비·통신설비 또는 운전보안장치의 검사를 하였을 때에는 검사자의 성명·검사상태 및 검사일시 등을 기록하여 일정 기간 보존하여야 한다.
③ 운전보안장치는 완전한 상태로 보전하여야 한다.
④ 전력설비는 매일 한 번 이상 순회점검을 하여야 한다.

**07** 다음 중 열차등의 보전에 대하여 틀린 것은?

① 제작·개조·수선 또는 분해검사를 한 차량과 일시적으로 사용을 중지한 차량은 검사하고 시험운전을 하기 전에는 사용할 수 없다. 다만, 경미한 정도의 개조 또는 수선을 한 경우에는 그러하지 아니하다.
② 차량의 각 부분은 일정한 기간 또는 주행거리를 기준으로 하여 그 상태와 작용에 대한 검사와 분해검사를 하여야 한다.
③ 차량 검사를 할 때 차량의 전기장치에 대해서는 절연저항시험 및 절연내력시험을 할 수 있다.
④ 검사 또는 시험을 하였을 때에는 검사종류, 검사자의 성명, 검사 상태 및 검사일 등을 기록하여 일정 기간 보존하여야 한다.

04 ③  05 ③  06 ④  07 ③

**08** 다음 중 열차의 편성에 대한 내용으로 틀린 것은?

① 열차는 차량의 특성 및 선로 구간의 시설 상태 등을 고려하여 안전운전에 지장이 없도록 편성하여야 한다.
② 열차의 비상제동거리는 600미터이하로 하여야 한다.
③ 열차에 편성되는 각 차량에 연동하여 작용하고 차량이 분리되었을 때 자동으로 차량을 정차시킬 수 있는 제동장치를 구비하여야 한다.
④ 열차를 편성하거나 편성을 변경할 때에는 운전하기 전에 제동장치의 기능을 시험하여야 한다.

**09** 다음 중 도시철도운영자가 열차를 무인운전으로 운행하려는 경우 준수사항으로 틀린 것은?

① 관제실에서 열차의 운행상태를 실시간으로 감시 및 조치할 수 있을 것
② 운전 모드를 변경하여 수동운전을 하려는 경우에는 관제실과의 통신에 이상이 없음을 먼저 확인할 것
③ 여객의 승하차 시 승객의 안전을 확보하고 시스템 고장 등 긴급상황에 신속하게 대처하기 위하여 정거장 등에 안전요원을 배치하거나 순회하도록 할 것
④ 무인운전이 적용되는 구간과 무인운전이 적용되지 아니하는 구간의 경계 구역에서의 운전 모드 전환을 안전하게 하기 위한 규정을 마련해 놓을 것

**10** 다음 중 운전진로를 달리할 수 있는 경우로 틀린 것은?

① 선로 또는 전차선로에 고장이 발생하여 퇴행운전을 하는 경우
② 차량을 결합·해체하거나 차선을 바꾸는 경우
③ 시험운전을 하는 경우
④ 운전사고 등으로 인하여 일시적으로 단선운전을 하는 경우

**11** 다음 중 폐색구간에 대하여 틀린 것은?

① 본선은 폐색구간으로 분할하여야 한다.
② 다만, 정거장 안의 본선은 그러하지 아니하다.
③ 시설 또는 차량의 시험을 위하여 시험운전을 하는 경우 폐색구간에서 둘 이상의 열차를 동시에 운전할 수 있다.
④ 하나의 열차를 분할하여 운전하는 경우 폐색구간에서 둘 이상의 열차를 동시에 운전할 수 있다.

**12** 다음 중 추진운전이나 퇴행운전을 하여도 되는 경우에 대한 설명으로 틀린 것은?

① 선로·전차선로 또는 차량에 고장이 발생한 경우
② 구내운전을 하는 경우
③ 시설 또는 차량의 시험을 위하여 시험운전을 하는 경우
④ 노면전차를 퇴행운전하는 경우에는 주변 차량 및 보행자들의 안전을 확보하기 위한 대책을 마련하여야 한다.

08 ③  09 ③  10 ①  11 ③  12 ①

**13** 다음 중 도시철도운영자가 운전속도를 제한 하여야 되는 경우로 틀린 것은?

① 추진운전이나 퇴행운전을 하는 경우
② 구내운전을 하는 경우
③ 대용폐색방식으로 운전하는 경우
④ 자동폐색신호의 정지신호가 있는 지점을 지나서 진행하는 경우

**14** 다음 중 지도권에 기입하여야 되는 사항으로 맞는 것은?

① 양끝의 정거장명
② 발행일자
③ 명령번호
④ 사용열차번호

**15** 다음 중 전령법에 대하여 틀린 것은?

① 전령법을 시행하는 구간에는 한 명의 전령자를 선정하여야 한다.
② 전령자는 백색 완장을 착용하여야 한다.
③ 전령법을 시행하는 구간에서는 그 구간의 전령자가 탑승하여야 열차를 운전할 수 있다.
④ 다만, 관제사가 취급하는 경우에는 전령자를 탑승시키지 아니한다.

**16** 다음 중 신호의 종류에 대하여 틀린 것은?

① 신호: 형태·색·음 등으로 열차등에 대하여 운전의 조건을 지시하는 것
② 전호: 형태·색·음 등으로 관계직원 상호간에 의사를 표시하는 것
③ 전호: 형태·색·음 등으로 직원 상호간에 의사를 표시하는 것
④ 표지: 형태·색 등으로 물체의 위치·방향·조건을 표시하는 것

**17** 다음 중 상설신호기의 기능에 대하여 틀린 것은?

① 차내신호기: 열차등의 가장 앞쪽의 운전실에 설치하여 운전조건을 지시하는 신호기
② 장내신호기: 정거장에 진입하려는 열차등에 대하여 신호기 뒷방향으로의 진입이 가능한지를 지시하는 신호기
③ 폐색신호기: 폐색구간에 진입하려는 열차등에 대하여 신호기 뒷방향으로의 진입이 가능한지를 지시하는 신호기
④ 입환신호기: 차량을 결합·해체하거나 차선을 바꾸려는 차량에 대하여 신호기 뒷방향으로의 진입이 가능한지를 지시하는 신호기

**18** 다음 중 임시신호기에 대하여 맞는 것은?

① 서행신호기: 서행운전을 필요로 하는 구역에 진입하는 열차등에 대하여 그 구간을 서행할 것을 지시하는 신호기
② 서행예고신호기: 서행신호기를 향하여 진행하려는 열차에 대하여 그 전방에 서행신호의 현시 있음을 예고하는 것
③ 서행해제신호기: 서행구역을 진출하려는 열차에 대하여 서행을 해제할 것을 지시하는 것
④ 임시신호기 표지의 배면과 배면광은 흑색으로 하고, 서행신호기 및 서행예고신호기에는 서행속도를 표시하여야 한다.

13 ② 14 ③ 15 ④ 16 ② 17 ③ 18 ①

**19** 다음 중 전호에 대한 설명으로 틀린 것은?

① 열차를 출발시키려 할 때에는 출발전호를 하여야 한다.
② 다만, 승객안전설비를 갖추고 차장을 승무시키지 아니한 경우에는 그러하지 아니하다.
③ 비상사고가 발생할 경우 기적전호를 하여야 한다.
④ 퇴거전호의 주간방식은 녹색기를 상하로 흔든다.

**20** 다음 중 도시철도의 신호에 대하여 틀린 것은?

① 노면전차의 신호기는 크기와 형태가 눈으로 볼 수 있도록 뚜렷하고 분명하게 인식되도록 설계해야 한다.
② 노면전차의 신호기는 도로교통 신호기와 혼동되지 않게 설계해야 한다.
③ 차내신호방식의 신호방식은 야간방식에 따른다
④ 도시철도운영자는 열차 등의 안전운전에 지장이 없도록 운전안전표지를 설치해야 한다.

19 ③　　20 ④

# 4편 예상 및 기출문제 STEP 1

철도사고·장애, 철도차량고장 등에 따른 의무보고 및 철도안전 자율보고에 관한 지침

**01 다음 정의 중 틀린 것은?**

① 위험물사고 : 열차에서 위험물(「철도안전법」 시행령에 따른 위험물을 말한다. 이하 같다) 또는 위해물품이 누출되거나 폭발하는 등으로 사상자 또는 중상자가 발생한 사고
② 건널목사고 : 「건널목개량촉진법」에 따른 건널목에서 열차 또는 철도차량과 도로를 통행하는 차마(「도로교통법」에 따른 차마를 말한다), 사람 또는 기타 이동수단으로 사용하는 기계기구와 충돌하거나 접촉한 사고
③ 철도교통사상사고 : 규칙 제1조의2의 "충돌사고", "탈선사고", "열차화재사고"를 동반하지 않고, 위험물사고, 건널목사고를 동반하지 않고 열차 또는 철도차량의 운행으로 여객, 공중, 직원이 사망하거나 부상을 당한 사고
④ 철도안전사상사고 : 규칙 제1조의2의 "철도화재사고", "철도시설파손사고"를 동반하지 않고 대합실, 승강장, 선로 등 철도시설에서 추락, 감전, 충격 등으로 여객, 공중, 직원이 사망하거나 부상을 당한 사고

> **해설** 위험물사고 : 열차에서 위험물(「철도안전법」 시행령 제45조에 따른 위험물을 말한다. 이하 같다) 또는 위해물품(규칙 제78조제1항에 따른 위해물품을 말한다. 이하 같다)이 누출되거나 폭발하는 등으로 사상자 또는 재산피해가 발생한 사고

**02 다음 중 철도사고 등의 즉시보고로 틀린 것은?**

① 즉시보고는 사고발생 후 20분 이내에 하여야 한다.
② 철도운영자 등은 즉시사고 보고 후 지침에 따라 국토교통부장관에게 보고하여야 한다.
③ 보고 중 종결보고는 철도안전정보관리시스템을 통하여 보고할 수 있다.
④ 철도운영자 등은 제1항의 즉시보고를 신속하게 할 수 있도록 비상연락망을 비치하여야 한다.

> **해설** 제4조(철도사고 등의 즉시보고)
> ① 제1항의 즉시보고는 사고발생 후 30분 이내에 하여야 한다.

**03 다음 중 <보기> 빈칸에 들어갈 말로 맞는 것은?**

> 즉시보고를 접수한 때에는 지체 없이 사고관련 부서(팀) 및 ( )에 그 사실을 통보하여야 한다.

① 한국교통안전공단
② 국토교통부
③ 항공·철도사고조사위원회
④ 철도안전정보관리처

> **해설** 제4조(철도사고등의 즉시보고)
> ③ 제1항의 즉시보고를 접수한 때에는 지체 없이 사고관련 부서(팀) 및 항공·철도사고조사위원회에 그 사실을 통보하여야 한다.

01 ① 02 ① 03 ③

**04** 다음 중 철도사고 등의 보고계통에서 항공·철도사고조사 위원회에 사고를 통보하는 사람으로 맞는 것은?

① 국토교통부
② 교통안전공단
③ 철도운영자 등
④ 경찰

**해설** [별표 1] 참고

**05** 다음 중 철도운영자등이 초기보고를 철도사고 등이 발생한 후 또는 사고발생 신고를 접수한 후 1시간 이내에 사고발생현황을 보고계통에 따라 가능한 통신수단을 이용하여 국토교통부(관련과)에 보고하여야 하는 철도사고 등의 종류로 틀린 것은?

① 열차의 충돌이나 탈선사고
② 철도준사고
③ 지연운행으로 인하여 전동차 열차운행이 60분 지연이 예상되는 사건
④ 그 밖에 언론보도가 예상되는 등 사회적 파장이 큰 사건

**해설** 제5조(철도사고 등의 조사보고)
① 철도운영자등이 법 제61조제2항에 따라 사고내용을 조사하여 그 결과를 보고하여야 할 철도사고 등은 영 제57조에 따른 철도사고 등을 제외한다.
② 철도운영자등은 제1항의 조사보고 대상 가운데 다음 각 호의 사항에 대한 규칙 제86조제2항제1호의 초기보고는 철도사고 등이 발생한 후 또는 사고발생 신고(여객 또는 공중(公衆)이 사고발생 신고를 하여야 알 수 있는 열차와 승강장사이 발빠짐, 승하차시 넘어짐, 대합실에서 추락·넘어짐 등의 사고를 말한다)를 접수한 후 1시간 이내에 사고발생현황을 별표 1의 보고계통에 따라 전화 등 가능한 통신수단을 이용하여 국토교통부(관련과)에 보고하여야 한다.
 1. 영 제57조에 따른 철도사고 등을 제외한 철도사고
 2. 철도준사고
 3. 규칙 제1조의4 제2호에 따른 지연운행으로 인하여 열차운행이 고속열차 및 전동열차는 40분, 일반여객열차는 1시간 이상 지연이 예상되는 사건
 4. 그 밖에 언론보도가 예상되는 등 사회적 파장이 큰 사건

**06** 다음 중 종결보고는 발생한 철도사고 등의 수습·복구(임시복구 포함)가 끝나 열차가 정상 운행하는 시점을 기준으로 다음달 며칠 이전에 조사결과 보고서와 사고현장상황 및 사고발생원인 조사표를 작성하여야 하는지 맞는 것은?

① 7
② 15
③ 20
④ 30

**해설** 종결보고는 발생한 철도사고 등의 수습·복구(임시복구 포함)가 끝나 열차가 정상 운행하는 시점을 기준으로 다음달 15일 이전에 다음 각 목의 사항이 포함된 조사결과 보고서와 별표 2의 사고현장상황 및 사고발생원인 조사표를 작성하여 보고 할 것.

**07** 다음 중 사고현장상황 및 사고발생원인 조사표 내용 중 기상상태 항목으로 틀린 것은?

① 온도
② 안개
③ 바람
④ 미세먼지

**해설** [별표 2] 참고

**08** 다음 중 사고현장상황 조사표 내용 중 열차종류 항목이 아닌 것은?

① 여객열차
② 혼합열차
③ 관광열차
④ 작업차량

04 ① 05 ① 06 ② 07 ④ 08 ③

**09** 다음 중 사고발생원인 조사표 건널목사고 기술적요인으로 틀린 것은?

① 경보장치고장
② 차단장치고장
③ 검지장치고장
④ 유지장치고장

**10** 다음 중 국토교통부장관이 공개하지 아니할 수 있는 내용으로 틀린 것은?

① 사고조사과정에서 관계인들로부터 청취한 진술
② 열차운행과 관계된 자들 사이에 행하여진 조사서
③ 철도사고 등과 관계된 자들에 대한 의학적인 정보 또는 사생활 정보
④ 열차운전실 등의 음성자료 및 기록물과 그 번역물

> **해설** 제7조(철도운영자의 사고보고에 대한 조치)
> ① 국토교통부장관은 제4조 또는 제5조의 규정에 따라 철도운영자등이 보고한 철도사고보고서의 내용이 미흡하다고 인정되는 경우에는 당해 내용을 보완 할 것을 지시하거나 철도안전감독관 등 관계전문가로 하여금 미흡한 내용을 조사토록 할 수 있다.
> ② 국토교통부장관은 제4조 또는 제5조의 규정에 의하여 철도운영자등이 보고한 내용이 철도사고 등의 재발을 방지하기 위하여 필요한 경우 그 내용을 발표할 수 있다. 다만, 관련내용이 공개됨으로써 당해 또는 장래의 정확한 사고조사에 영향을 줄 수 있거나 개인의 사생활이 침해될 우려가 있는 다음 각 호의 내용은 공개하지 아니할 수 있다.
> 1. 사고조사과정에서 관계인들로부터 청취한 진술
> 2. 열차운행과 관계된 자들 사이에 행하여진 통신기록
> 3. 철도사고등과 관계된 자들에 대한 의학적인 정보 또는 사생활 정보
> 4. 열차운전실 등의 음성자료 및 기록물과 그 번역물
> 5. 열차운행관련 기록장치 등의 정보와 그 정보에 대한 분석 및 제시된 의견
> 6. 철도사고 등과 관련된 영상 기록물

**11** 다음 중 철도차량 등에 발생한 고장 등의 의무보고는 보고자가 관련사실을 인지한 후 며칠 이내로 보고하여야 하는지 맞는 것은?

① 3일
② 5일
③ 7일
④ 14일

> **해설** 제11조(고장보고의 기한)
> 법 제61조의2에 따른 고장보고는 보고자가 관련사실을 인지한 후 7일 이내로 한다.

**12** 다음 중 공단 이사장은 자율보고를 접수한 경우 보고자에게 제공하여야 되는 것으로 맞는 것은?

① 접수증
② 접수번호
③ 증명서
④ 기본 보고서

> **해설** 제17조(자율보고 등의 접수)
> ② 공단 이사장은 자율보고를 접수한 경우 보고자에게 접수번호를 제공하여야 한다.

**13** 다음 중 철도운영자등은 보고내용에 대한 조치가 완료된 이후 며칠 이내에 해당 조치결과를 공단 이사장에게 통보하여야 하는지 맞는 것은?

① 3일
② 5일
③ 7일
④ 10일

> **해설** 제17조(자율보고 등의 접수)
> ④ 철도운영자등은 보고내용에 대한 조치가 완료된 이후 10일 이내에 해당 조치결과를 공단 이사장에게 통보하여야 한다.

09 ④   10 ②   11 ③   12 ②   13 ④

**14** 다음 중 공단 이사장이 전년도 자율보고 접수, 분석결과 및 경향 등을 포함하는 자율보고 연간 분석결과를 국토교통부장관에게 보고하여야 하는 시기로 맞는 것은?

① 매년 2월 말
② 매년 5월 말
③ 매년 7월 말
④ 매년 10월 말

**해설** 제21조(자율보고 연간 분석 등) 공단 이사장은 매년 2월말까지 전년도 자율보고 접수, 분석결과 및 경향 등을 포함하는 자율보고 연간 분석결과를 국토교통부장관에게 보고하여야 한다.

**15** 다음 중 빈칸에 들어갈 말로 맞는 것은?

> 공단 이사장은 자율보고제도를 운영하고 있는 국내 타 분야 및 해외 철도사례 연구 등을 통해 자율보고제도를 보다 효과적이고 효율적으로 운영할 수 있는 방안을 지속 연구하고, 이를 (      )에게 건의할 수 있다.

① 대통령
② 한국철도기술연구원
③ 국토교통부장관
④ 철도운영자등

**해설** 제24조(자율보고제도 개선 등)
③ 공단 이사장은 자율보고제도를 운영하고 있는 국내 타 분야 및 해외 철도사례 연구 등을 통해 자율보고제도를 보다 효과적이고 효율적으로 운영할 수 있는 방안을 지속 연구하고, 이를 국토교통부장관에게 건의할 수 있다.

**16** 다음 중 철도사고 등의 분류기준에서 운행장애에 해당되는 것은?

① 이상기후
② 기기고장
③ 무정차통과
④ 운행중단

**해설** [별표 3]

14 ①   15 ③   16 ③

# 4편 철도사고·장애, 철도차량고장 등에 따른 의무보고 및 철도안전 자율보고에 관한 지침

## 예상 및 기출문제 STEP 2~3

* 내용이 적어 너무 지엽적, 시험본질을 흐리는 문제를 제외하기 위하여 STEP 2~3를 한 곳에 담았습니다.

**01** 다음 중 빈칸에 들어갈 단어로 틀린 것은?

> 철도안전사상사고 : 규칙 제1조의2의 "철도화재사고", "철도시설파손사고"를 동반하지 않고 ( ), ( ), ( ) 등 철도시설에서 추락, 감전, 충격 등으로 여객, 공중(公衆), 직원이 사망하거나 부상을 당한 사고

① 승강장
② 계단
③ 대합실
④ 선로

해설  제2조 2호 가. 목 참고

**02** 다음 중 틀린 것은?

① 철도운영자 등(전용철도의 운영자는 제외한다. 이하 같다)이 열차의 탈선사고를 즉시보고 할 때에는 보고계통에 따라 전화 등 가능한 통신수단을 이용하여 구두로 보고하여야 한다.
② 일과시간 이외에 구두로 보고할 때는 국토교통부 당직실에 보고계통에 따라 전화 등 가능한 통신수단을 이용하여 보고하여야 한다.
③ 즉시보고는 사고발생 후 30분 이내에 하여야 하며, 즉시보고를 접수한 때에는 지체 없이 사고관련 부서(팀) 및 항공·철도사고조사위원회에 그 사실을 통보하여야 한다.
④ 철도운영자등은 사고 보고 후 지침에 따라 중간보고 및 종결보고를 항공·철도사고조사위원회에게 보고하여야 한다.

해설  제 4조 참고

**03** 다음 중 철도사고 등의 보고계통 국토교통부 담당자로 맞는 것은?

① 안전재난과장
② 철도운행안전과장
③ 철도사고관리위원장
④ 철도안전보고과장

**04** 다음 중 철도사고 등의 보고계통의 내용으로 틀린 것은?

① 철도운영자등이 지침에 따라 즉시보고(통보)
② 철도운영자등이 지침에 따라 사고원인에 대한 자체조사결과보고
③ 항공·철도사고조사위원회에서 사고원인에 대한 조사결과 통보(개선권고 등)
④ 국토교통부장관이 지침에 따라 자체조사결과에 대한 통보 지시

해설  [별표 1]

01 ② 02 ④ 03 ② 04 ④

**05** 다음 중 빈칸에 들어갈 말로 맞는 것은?

> 철도운영자등은 즉시보고하지 않아도 되는 조사보고 대상에 대하여는 철도사고 등이 발생한 후 또는 사고발생 신고를 접수한 후 (　　) 이내에 철도안전법 시행규칙에 따른 초기보고를 별표 1의 보고계통에 따라 전화 등 가능한 통신수단을 이용하여 국토교통부(관련과)에 보고하여야 한다.

① 주말을 제외한 72시간 이내
② 공휴일을 제외한 72시간 이내
③ 토요일 및 법정공휴일을 제외한 72시간 이내
④ 토요일 및 법정공휴일을 포함한 72시간 이내

해설　제5조 3항

**06** 다음 중 철도운영자등이 중간보고해야 되는 시기로 맞는 것은?

① 1일 1회
② 1일 2회
③ 주 5회
④ 1시간 1회

해설　제5조 4항 1호

**07** 다음 중 종결보고 시 조사결과 보고서에 포함되어야 하는 사항으로 틀린 것은?

① 철도사고 등의 조사 경위
② 철도사고 등과 관련하여 확인된 사실
③ 철도사고 등의 원인 분석
④ 철도사고 등에 대한 예방 방안 마련

해설　제5조 4항 2호

**08** 다음 중 사고현장상황 조사표 철도차량측 항목으로 틀린 것은?

① 운전정보기록장치
② 탈선방지 장치
③ 방호장치
④ 운전자감시장치

**09** 다음 중 사고현장상황 조사표 장소유형 항목으로 틀린 것은?

① 건널목
② 야적장
③ 조차장
④ 대피선

**10** 다음 중 사고현장상황 조사표 위험물 종류로 틀린 것은?

① 유류
② 고압가스류
③ 액화가스류
④ 화공품류

**11** 다음 중 사고발생원인 조사표 전철설비 항목으로 틀린 것은?

① 전차선로고장
② 베잔선로고장
③ 회로설비고장
④ 원격제어장치고장

**12** 다음 중 사고발생원인 조사표 화재사고 항목으로 틀린 것은?

① 전기화재
② 방화
③ 기관과열
④ 합선화재

05 ③　06 ②　07 ④　08 ③　09 ②　10 ②　11 ③　12 ④

해설  [별표 1]

**13** 다음 중 국토교통부장관이 철도운영자등이 보고한 내용이 공개됨으로써 개인의 사생활이 침해될 우려가 있어 공개하지 아니할 수 있는 내용으로 틀린 것은?

① 열차운행과 관계된 자들 사이에 행하여진 통신기록
② 철도사고등과 관계된 자들에 대한 의학적인 정보 또는 사생활 정보
③ 열차운전실 등의 음성자료 및 기록물과 그 번역물
④ 철도사고등과 관련된 음성 기록물

해설  제7조 2항

**14** 다음 내용 중 틀린 것은?

① 국토교통부장관은 규정에 따라 철도운영자등이 보고한 철도사고보고서의 내용이 미흡하다고 인정되는 경우에는 당해 내용을 보완할 것을 지시하거나 철도안전감독관 등 관계전문가로 하여금 미흡한 내용을 조사토록 할 수 있다.
② 국토교통부장관은 규정에 의하여 철도운영자 등이 보고한 내용이 철도사고 등의 재발을 방지하기 위하여 필요한 경우 그 내용을 발표할 수 있다.
③ 열차의 탈선 최초 보고는 사고 발생 구간을 관리하는 철도운영자 등에 보고하여야 한다.
④ 보고 기한일 이전에 사고원인이 명확하게 밝혀지지 않은 경우 종결보고는 사고와 관련된 구간의 철도차량 운영자 및 철도시설 관리자에 하여야 한다.

해설  제9조

**15** 다음 중 철도차량 등에 발생한 고장 등의 의무보고에 대한 내용으로 틀린 것은?

① 고장보고를 할 때에는 관련서식에 따라 국토교통부장관(철도운행안전과장) 공문과 전화를 통해 보고하여야 한다.
② 고장보고를 받은 국토교통부장관은 필요하다고 판단하는 경우, 법령에 따른 철도차량 또는 철도용품에 결함이 있는 여부에 대한 조사를 실시할 수 있다.
③ 공단 이사장은 자율보고 매뉴얼을 제정하거나 변경할 때에는 국토교통부장관에게 사전 승인을 받아야 한다.
④ 공단 이사장은 자율보고 매뉴얼 중 업무처리절차 등 주요 내용에 대하여는 보고자가 인터넷 등 온라인을 통해 쉽게 열람할 수 있도록 조치하여야 한다.

해설  제10조

**16** 다음 중 자율보고 등의 접수에 대한 내용으로 맞는 것은?

① 공단 이사장은 규정에 따른 자율보고 내용을 파악한 후 누락 또는 부족한 내용이 있는 경우 보고자에게 추가 정보 제공 등을 요청하거나 제출을 지시할 수 있다.
② 공단 이사장은 보고내용이 긴급히 철도 안전에 영향을 미칠 수 있다고 판단되는 경우 지체 없이 철도운영자등에게 통보하여 재조사 지시를 하여야 한다.
③ 철도운영자등은 통보받은 보고내용의 진위여부, 조치필요성 등을 확인하고, 필요한 경우 조치를 취하여야 한다.
④ 철도운영자 등은 보고내용에 대한 조치가 시작된 이후 10일 이내에 해당 조치결과를 공단 이사장에게 통보하여야 한다.

해설  17조

13 ④  14 ④  15 ①  16 ③

**17** 다음 중 자율보고에 대한 내용으로 틀린 것은?

① 공단 이사장은 보고자의 의사에 반하여 보고자의 개인정보를 공개하여서는 아니 된다.
② 공단 이사장은 규정에 따라 보고자의 의사에 반하여 개인정보가 공개되지 않도록 업무처리절차를 마련하여 시행하여야 하며, 관계 임직원이 이를 준수하도록 하여야 한다.
③ 공단 이사장은 규정에 따른 자율보고의 접수단계부터 규정에 따른 자율보고의 분석단계 업무를 효과적으로 처리 및 기록·관리하기 위한 프로그램을 구축·관리하여야 한다.
④ 공단 이사장은 자율보고의 편의성을 제고하고 안전정보 공유 체계를 개선하기 위해 지속적으로 노력하여야 한다.

해설 제23조

**18** 다음 중 자율보고 분석에 대하여 틀린 것은?

① 공단 이사장은 규정에 따라 접수한 자율보고에 대하여 초도 분석을 실시하고 분석결과를 월 1회(전월 접수된 건에 대한 초도 분석결과를 토요일 및 공휴일을 제외한 업무일 기준 10일 내에) 국토교통부장관에게 제출하여야 한다.
② 공단 이사장은 규정에 따른 초도분석에 이어 위험요인(Hazard) 분석, 위험도(Safety Risk) 평가, 경감조치(관계기관 협의, 전파) 등 해당 발생 건에 대한 위험도를 관리하기 위해 심층분석을 실시하여야 한다. 필요한 경우 분석회의를 구성 및 운영할 수 있다.
③ 공단 이사장은 규정에 따른 심층분석 결과를 분기 1회(전 분기 접수된 건에 대한 심층분석 결과를 다음 분기까지) 국토교통부장관에게 제출하여야 한다.
④ 공단 이사장은 규정에 따른 자율보고 분석 결과 중 철도안전 증진에 기여할 수 있을 것으로 판단되는 안전정보는 국토교통부와 공유하여야 한다.

해설 제22조

**19** 다음 중 철도사고 등의 분류기준으로 틀린 것은?

① 건널목사고는 철도교통사상사고에 해당된다.
② 하나의 철도사고로 인하여 다른 철도사고가 유발된 경우에는 최초에 발생한 사고로 분류함(단, 충돌·탈선·열차화재사고 이외의 철도사고로 인하여 충돌·탈선·열차화재사고가 유발된 경우에는 충돌·탈선·열차화재사고로 분류함)
③ 철도사고 등이 재난으로 인하여 발생한 경우에는 재난과 철도사고, 철도준사고, 또는 운행장애로 각각으로 분류함
④ 철도준사고 또는 운행장애가 철도사고로 인하여 발생한 경우에는 철도사고로 분류함

해설 [별표3]

# 5편 철도종사자 등에 관한 교육훈련 시행지침
## 예상 및 기출문제 STEP 1

**01** 다음 중 용어정의로 틀린 것은?

① 교육훈련시행자라 함은 운전교육훈련기관·관제교육훈련기관·철도안전전문기관·정비교육훈련기관 및 철도운영기관의 장을 말한다.
② 전기능모의운전연습기라 함은 실제차량의 운전실과 운전 부속장치를 실제와 유사하게 제작하고, 영상 음향 진동 등 환경적인 요소를 현장감 있게 구현하여 운전연습 효과를 최대한 발휘할 수 있도록 제작한 운전훈련연습 장치를 말한다.
③ 기본기능모의관제시스템이라 함은 철도 관제교육훈련에 꼭 필요한 부분만 유사하게 제작하고 기타 장치 등은 컴퓨터 그래픽으로 처리하여 제작한 관제훈련연습시스템을 말한다.
④ 컴퓨터지원교육시스템이라 함은 컴퓨터시스템의 멀티미디어교육기능을 이용하여 철도차량운전과 관련된 차량, 시설, 전기, 신호 등을 학습할 수 있도록 제작된 프로그램 또는 철도관제와 관련된 교육훈련을 학습할 수 있도록 제작된 프로그램(기본기능모의관제시스템) 및 이를 지원하는 컴퓨터시스템 일체를 말한다.

**해설** 제3조(용어정의)
8. "기본기능모의관제시스템"이라 함은 철도 관제교육훈련에 꼭 필요한 부분만 유사하게 제작한 관제훈련연습시스템을 말한다.

**02** 다음 중 운전면허의 교육방법으로 틀린 것은?

① 컴퓨터지원교육시스템에 의하여 교육을 실시하는 경우에는 교육생 마다 각각의 컴퓨터 단말기를 사용하여야 한다.
② 모의운전연습기를 이용하여 교육을 실시하는 경우에는 전기능모의운전연습기·기본기능모의운전연습기 및 컴퓨터지원교육시스템에 의한 교육이 모두 이루어지도록 교육계획을 수립하여야 한다.
③ 철도운영자 및 철도시설관리자(위탁 운영을 받은 기관의 장은 제외한다.)은 시행규칙 제11조에 따라 다른 운전면허의 철도차량을 차량기지 내에서 시속 25킬로미터 이하로 운전하고자 하는 사람에 대하여는 업무를 수행하기 전에 기기취급 등에 관한 실무수습·교육을 받도록 하여야 한다.
④ 운전교육훈련기관의 장은 시행규칙 제24조에 따라 기능시험을 면제하는 운전면허에 대한 교육을 실시하는 경우에는 교육에 관한 평가기준을 마련하여 교육을 종료할 때 평가하여야 한다.

**해설** 제5조(운전면허의 교육방법)
④ 철도운영자 및 철도시설관리자(위탁 운영을 받은 기관의 장을 포함한다. 이하 "철도운영자등"이라 한다)은 시행규칙 제11조에 따라 다른 운전면허의 철도차량을 차량기지 내에서 시속 25킬로미터 이하로 운전하고자 하는 사람에 대하여는 업무를 수행하기 전에 기기취급 등에 관한 실무수습·교육을 받도록 하여야 한다.

01 ③    02 ③

**03** 다음 중 교육과정을 폐지하거나 변경하는 경우에 보고하여 승인을 누구에게 받아야 하는지 옳은 것은?

① 대통령
② 국토교통부장관
③ 철도운영자
④ 교육훈련기관장

해설 제4조(교육훈련 대상자의 선발 등)
② 교육훈련기관의 장은 교육훈련 과정별 교육대상자가 적어 교육과정을 개설하지 아니 하거나 교육훈련 시기를 변경하여 시행할 필요가 있는 경우에는 모집공고를 할 때 미리 알려야 하며 교육과정을 폐지하거나 변경하는 경우에는 국토교통부장관에게 보고하여 승인을 받아야 한다.

**04** 다음 중 관제자격의 교육방법으로 틀린 것은?

① 관제교육훈련기관의 교육은 교육훈련 과정별로 구분하여 시행규칙 제38조의5에 따른 정원의 범위에서 교육을 실시하여야 한다.
② 모의관제시스템을 이용하여 교육을 실시하는 경우에는 전기능모의관제시스템·기본기능모의관제시스템 및 컴퓨터지원교육시스템에 의한 교육이 모두 이루어지도록 교육계획을 수립하여야 한다.
③ 교육훈련기관은 지침에 따라 교육훈련을 종료하는 경우에는 평가에 관한 기준을 마련하여 평가하여야 한다.
④ 그 밖의 교육훈련의 순서 및 교육운영기준 등 세부사항은 국토교통부장관이 정하여야 한다.

해설 제6조(관제자격의 교육방법)
① 관제교육훈련기관의 교육은 교육훈련 과정별로 구분하여 시행규칙 제38조의5에 따른 정원의 범위에서 교육을 실시하여야 한다.
② 컴퓨터지원교육시스템에 의한 교육을 실시하는 경우에는 교육생마다 각각의 컴퓨터 단말기를 사용하여야 한다.
③ 모의관제시스템을 이용하여 교육을 실시하는 경우에는 전기능모의관제시스템·기본기능모의관제시스템 및 컴퓨터지원교육시스템에 의한 교육이 모두 이루어지도록 교육계획을 수립하여야 한다.
④ 교육훈련기관은 제1항에 따라 교육훈련을 종료하는 경우에는 평가에 관한 기준을 마련하여 평가하여야 한다.
⑤ 그 밖의 교육훈련의 순서 및 교육운영기준 등 세부사항은 교육훈련시행자가 정하여야 한다.

**05** 다음 중 운전업무 및 관제업무의 실무수습 절차 등으로 틀린 것은?

① 철도운영자 등은 법에 따라 철도차량의 운전업무에 종사하려는 사람 또는 법에 따라 관제업무에 종사하려는 사람에 대하여 실무수습을 실시하여야 한다.
② 철도운영자 등은 실무수습에 필요한 교육교재·평가 등 교육기준을 마련하고 그 절차에 따라 실무수습을 실시하여야 한다.
③ 철도운영자 등은 운전업무 및 관제업무에 종사하고자 하는 자에 대하여 지침에 따른 자격기준을 갖춘 실무수습 담당자를 지정하여 가능한 집합교육이 이루어지도록 노력하여야 한다.
④ 철도운영자 등은 지침에 따라 실무수습을 이수한 자에 대하여는 매월 말일을 기준으로 다음달 10일까지 교통안전공단에 실무수습기간·실무수습을 받은 구간·인증기관·평가자 등의 내용을 통보하고 철도안전정보망에 관련 자료를 입력하여야 한다.

해설 제7조(실무수습의 절차 등)
① 철도운영자등은 법 제21조에 따라 철도차량의 운전업무에 종사하려는 사람 또는 법 제22조에 따라 관제업무에 종사하려는 사람에 대하여 실무수습을 실시하여야 한다.
② 철도운영자등은 실무수습에 필요한 교육교재·평가 등 교육기준을 마련하고 그 절차에 따라 실무수습을 실시하여야 한다.

03 ②  04 ④  05 ③

③ 철도운영자등은 운전업무 및 관제업무에 종사하고자 하는 자에 대하여 제10조에 따른 자격기준을 갖춘 실무수습 담당자를 지정하여 가능한 개별교육이 이루어지도록 노력하여야 한다.
④ 철도운영자등은 제항에 따라 실무수습을 이수한 자에 대하여는 매월 말일을 기준으로 다음 달 10일까지 교통안전공단에 실무수습기간·실무수습을 받은 구간·인증기관·평가자 등의 내용을 통보하고 철도안전정보망에 관련 자료를 입력하여야 한다.

## 06 다음 중 철도차량운전면허 취득자에 대한 실무수습의 평가 항목으로 틀린 것은?

① 제동취급 및 제동기 이외 기기취급
② 운전속도, 운전시분, 정지위치, 운전충격
③ 선로·신호 등 시스템의 이해
④ 비상시 조치에 관한 사항

## 07 다음 중 관제자격 취득자에 대한 실무수습 평가 항목으로 틀린 것은?

① 열차집중제어(CTC)장치 및 콘솔의 운용(시스템의 운용을 포함한 현장설비의 제어 및 감시능력 포함)
② 작업정리 및 작업의 통제와 관리(작업수행을 위한 협의, 승인 및 통제 포함)
③ 규정, 절차서, 지침 등의 적용능력
④ 작업의 통제와 이례상황 발생 시 조치요령

> **해설** 제9조(실무수습의 평가)
> ① 철도운영자등은 철도차량운전면허취득자에 대한 실무수습을 종료하는 경우에는 다음 각 호의 항목이 포함된 평가를 실시하여 운전업무수행에 적합여부를 종합평가하여야 한다.
> 1. 기본업무
> 2. 제동취급 및 제동기 이외 기기취급
> 3. 운전속도, 운전시분, 정지위치, 운전충격
> 4. 선로·신호 등 시스템의 이해
> 5. 이례사항, 고장처치, 규정 및 기술에 관한 사항
> 6. 기타 운전업무수행에 필요하다고 인정되는 사항
> ② 철도운영자등은 관제자격 취득자에 대한 실무수습을 종료하는 경우에는 다음 각 호의 항목이 포함된 평가를 실시하여 관제업무수행에 적합여부를 종합평가하여야 한다.
> 1. 열차집중제어(CTC)장치 및 콘솔의 운용(시스템의 운용을 포함한 현장설비의 제어 및 감시능력 포함)
> 2. 운행정리 및 작업의 통제와 관리(작업수행을 위한 협의, 승인 및 통제 포함)
> 3. 규정, 절차서, 지침 등의 적용능력
> 4. 각종 응용프로그램의 운용능력
> 5. 각종 이례상황의 처리 및 운행정상화 능력(사고 및 장애의 수습과 운행정상화 업무포함)
> 6. 작업의 통제와 이례상황 발생 시 조치요령
> 7. 기타 관제업무수행에 필요하다고 인정되는 사항

## 08 다음 중 관제업무 실무수습 담당자의 자격기준으로 틀린 것은?

① 관제업무경력이 있는 자로서 철도운영자등에 소속되어 관제업무종사자를 지도·교육·관리 또는 감독하는 업무를 하는 자
② 관제업무경력이 5년 이상인 자
③ 관제업무경력이 있는 자로서 수습교육을 6개월 이상 받은 자
④ 관제업무경력이 있는 자로서 철도운영자등으로부터 관제업무 실무수습을 담당할 수 있는 능력이 있다고 인정받은 자

> **해설** 제10조(실무수습 담당자의 자격기준)
> 운전(관제)업무수행에 필요한 실무수습을 담당할 수 있는 자의 자격기준은 다음 각 호 1과 같다.
> 1. 운전(관제)업무경력이 있는 자로서 철도운영자등에 소속되어 철도차량운전자(관제업무종사자)를 지도·교육·관리 또는 감독하는 업무를 하는 자
> 2. 운전(관제)업무 경력이 5년 이상인 자
> 3. 운전(관제)업무경력이 있는 자로서 전문교육을 1월 이상 받은 자
> 4. 운전(관제)업무경력이 있는 자로서 철도운영자등으로부터 운전업무 실무수습을 담당할 수 있는 능력이 있다고 인정받은 자

06 ④   07 ②   08 ③

**09** 다음 중 안전교육의 종류와 설명으로 틀린 것은?

① 집합교육: 시행규칙 제41조의2제3항에 적합한 교육교재와 적절한 교육장비 등을 갖추고 실습 또는 시청각교육을 병행하여 실시
② 원격교육: 철노운영자등의 자체 전산망을 활용하여 실시
③ 현장교육: 현장소속(근무장소를 포함한다)에서 교육교재, 실습장비, 안전교육 자료 등을 활용하여 실시
④ 개별교육: 현장소속(근무장소를 포함한다)에서 담당자와 장비를 활용하여 개별적으로 실시

**해설** 제12조(안전교육 실시 방법 등)
① 철도운영자등이 실시해야 하는 안전교육의 종류와 방법은 다음 각 호와 같다.
  1. 집합교육: 시행규칙 제41조의2제3항에 적합한 교육교재와 적절한 교육장비 등을 갖추고 실습 또는 시청각교육을 병행하여 실시
  2. 원격교육: 철도운영자등의 자체 전산망을 활용하여 실시
  3. 현장교육: 현장소속(근무장소를 포함한다)에서 교육교재, 실습장비, 안전교육 자료 등을 활용하여 실시
  4. 위탁교육: 교육훈련기관 등에 위탁하여 실시

**10** 다음 중 철도운영자 등이 원격교육을 실시하는 경우 갖추어야 하는 요건으로 틀린 것은?

① 교육내용이 포함된 자료 및 교재, 원격으로 교육이 가능한 장치
② 교육시간에 상당하는 분량의 자료제공(1시간 학습 분량은 200자 원고지 20매 이상 또는 이와 동일한 분량의 자료)
③ 교육대상자가 전산망에 게시된 자료를 열람하고 필요한 경우 질의·응답을 할 수 있는 시스템
④ 교육자의 수강정보 등록(아이디, 비밀번호), 교육시작 및 종료시각, 열람여부 확인 등을 위한 관리시스템

**해설** 제12조(안전교육 실시 방법 등)
② 철도운영자등이 제1항에 따른 원격교육을 실시하는 경우에는 다음 각 호에 해당하는 요건을 갖추어야 한다.
  1. 교육시간에 상당하는 분량의 자료제공(1시간 학습 분량은 200자 원고지 20매 이상 또는 이와 동일한 분량의 자료)
  2. 교육대상자가 전산망에 게시된 자료를 열람하고 필요한 경우 질의응답을 할 수 있는 시스템
  3. 교육자의 수강정보 등록(아이디, 비밀번호), 교육시작 및 종료시각, 열람여부 확인 등을 위한 관리시스템

**11** 다음 중 철도종사자의 안전교육을 담당할 수 있는 사람의 자격기준으로 틀린 것은?

① 실무수습 담당자의 자격기준을 갖춘 사람
② 교육훈련기관 교수와 동등이상의 자격을 가진 사람
③ 철도운영자등이 정한 기준 및 절차에 따라 안전교육 담당자로 지정된 사람
④ 위탁받은 전문기관의 담당자로 지정된 사람

**해설** 제14조(안전교육 담당자의 자격기준)
철도종사자의 안전교육을 담당할 수 있는 사람의 자격기준은 다음 각 호와 같다
1. 제10조의 규정에 의한 실무수습 담당자의 자격기준을 갖춘 사람
2. 법 제16조의 규정에 의한 교육훈련기관 교수와 동등 이상의 자격을 가진 사람
3. 철도운영자등이 정한 기준 및 절차에 따라 안전교육 담당자로 지정된 사람

09 ④   10 ①   11 ④

**12** 다음 중 빈칸에 들어갈 단어를 올바르게 나열한 것으로 맞는 것은?

> ( )이(가) 안전교육 대상자를 ( )에 위탁하여 교육을 실시한 때에는 당해 교육이수 시간을 ( )에 실시하여야 할 교육시간으로 본다.

① 철도운영자 등, 교육훈련기관, 당해연도
② 철도운영자 등, 전문교육기관, 법정기간
③ 철도운영자 등, 안전전문단체, 법정기간
④ 사업주, 교육훈련기관, 당해연도

**해설** 제13조(안전교육의 위탁)
철도운영자등이 안전교육 대상자를 교육훈련기관에 위탁하여 교육을 실시한 때에는 당해 교육 이수 시간을 당해 연도에 실시하여야 할 교육시간으로 본다.

**13** 다음 중 직무교육 실시 방법 등으로 틀린 것은?

① 집합교육 : 철도안전법 시행규칙에 적합한 교육교재와 적절한 교육장비 등을 갖추고 실습 또는 시청각교육을 병행하여 실시
② 원격교육 : 철도운영자등의 자체 전산망을 활용하여 실시
③ 현장교육 : 현장소속(근무장소를 포함한다)에서 교육교재, 실습장비, 안전교육 자료 등을 활용하여 실시
④ 위탁교육 : 교육훈련기관 등에 위탁하여 실시

**해설** 제14조의3(직무교육 실시 방법 등)
① 철도운영자등이 실시해야 하는 직무교육의 종류와 방법은 각 호와 같다.
 1. 집합교육 : 시행규칙 제41조의3제2항에 적합한 교육교재와 적절한 교육장비 등을 갖추고 실습 또는 시청각교육을 병행하여 실시
 2. 원격교육 : 철도운영자등의 자체 또는 외부위탁 전산망을 활용하여 실시

 3. 부서별 직장교육 : 현장소속(근무장소를 포함한다)에서 교육교재, 실습장비, 안전교육 자료 등을 활용하여 실시
 4. 위탁교육 : 교육훈련기관·철도안전전문기관·정비교육훈련기관 등에 위탁하여 실시

**14** 다음 중 빈칸에 들어갈 말로 맞는 것은?

> 교육훈련 대상자로 선발된 사람은 교육훈련을 개시하기 전까지 ( )에 등록 하여야 한다.

① 철도운영자 등
② 정비교육훈련기관
③ 위탁업체
④ 철도차량 정비단

**해설** 제15조의2(교육의 신청 등)
② 교육훈련 대상자로 선발된 사람은 교육훈련을 개시하기 전까지 정비교육훈련기관에 등록하여야 한다. 다만, 정비교육훈련기관은 자신이 소속되어 있는 철도운영자 소속의 종사자에게 교육훈련을 시행하는 경우 등록 절차를 따로 정할 수 있다.

**15** 다음 중 철도차량정비기술자의 교육과목으로 틀린 것은?

① 철도정비 및 철도차량 일반
② 차량정비계획 및 실습
③ 차량정비실무 및 관리
④ 철도차량 고장 분석 및 비상시 조치 등

**해설** [별표 3]

12 ① 13 ③ 14 ② 15 ①

**16** 다음 중 철도차량정비기술자의 교육방법 등으로 틀린 것은?

① 정비교육훈련기관은 교육을 실시하는 경우에는 평가에 관한 기준을 마련하여 교육훈련을 종료할 때 평가를 하여야 한다.
② 정비교육훈련기관은 교육운영에 관한 기준 등 세부사항을 정하고 그 기준에 맞게 운영하여야 한다.
③ 정비교육훈련기관은 교육훈련을 실시하여 수료자에 대하여는 별지 제4호서식의 철도차량정비기술자 교육훈련관리대장에 기록하고 유지·관리 하여야 한다.
④ 그 밖의 교육훈련의 순서 및 교육운영기준 등 세부사항은 철도운영자등이 정하여야 한다.

**해설** 제15조의4(교육방법 등)
① 정비교육훈련기관은 철도차량정비기술자에 대한 교육을 실시하고자 하는 경우 제15조의3 별표 3에 따른 교육내용이 포함된 교육과목을 편성하고 전문인력을 배치하여 교육목적을 효과적으로 달성할 수 있도록 하여야 한다.
② 정비교육훈련기관은 제1항의 교육을 실시하는 경우에는 평가에 관한 기준을 마련하여 교육훈련을 종료할 때 평가를 하여야 한다.
③ 정비교육훈련기관은 교육운영에 관한 기준 등 세부사항을 정하고 그 기준에 맞게 운영하여야 한다.
④ 정비교육훈련기관은 교육훈련을 실시하여 수료자에 대하여는 별지 제4호서식의 철도차량정비기술자 교육훈련관리대장에 기록하고 유지·관리하여야 한다.
⑤ 그 밖의 교육훈련의 순서 및 교육운영기준 등 세부사항은 교육훈련시행자가 정하여야 한다.

**17** 다음 중 운전규정 교육내용으로 틀린 것은?

① 개요   ② 운전
③ 폐색   ④ 신호

**해설** [별표2] 1호

**18** 다음 중 철도운행안전관리자 일반교양 교육내용으로 틀린 것은?

① 철도의 경영상태
② 철도산업발전법
③ 근로기준법
④ 철도안전법

**19** 다음 중 전기철도분야 안전전문기술자 교육과목 중 강의 및 토의방법이 맞는 것은?

① 실무실습
② 관계법령
③ 안전관리일반
④ 일반교양

**해설** [별표2] 2호 가

**20** 다음 중 철도신호분야 안전전문기술자 교육과목 중 기초전문직무교육 교육내용으로 틀린 것은?

① 철도신호공학
② 고속철도신호 시스템
③ 일반철도신호 시스템
④ 철도신호 개선방향

**해설** [별표2] 2호 나

**21** 다음 중 철도신호분야 안전전문기술자 교육과목 중 관계법령 교육내용으로 틀린 것은?

① 철도안전법 및 하위법령과 제 규정
② 신호설비 시설규정, 신호설비 보수규정
③ 신호설비 작업 관련 업무규정
④ 열차운행선로 지장작업 업무지침

16 ④    17 ①    18 ②    19 ②    20 ④    21 ③

**22** 다음 중 철도궤도분야 안전전문기술자 교육과목 중 관계법령 교육내용으로 맞는 것은?

① 열차운행선로 작업 관련 업무지침
② 선로전환기 설비 시설 규정, 궤도설비 보수 규정
③ 궤도회로 설비 및 취급규정
④ 철도안전법 및 하위법령과 제 규정

**해설** [별표2] 2호 다

**23** 다음 중 철도궤도분야 안전전문기술자 교육과목 중 기초전문직무교육 교육내용으로 틀린 것은?

① 궤도회로        ② 선로일반
③ 궤도공학        ④ 용접이론

**24** 다음 중 철도차량분야 안전전문기술자 교육과목 중 실무수습 교육내용으로 틀린 것은?

① 철도차량 기능검사 및 응급조치
② 신뢰성 지표 산출
③ 철도차량 안전검사 계획 수립 및 물품검사
④ 철도차량 기술검토, 구조해석

**해설** [별표 2] 2호 라

**25** 다음 중 교육훈련기관 또는 철도안전전문기관의 장이 교육훈련 종료 후 수료증을 발급하는 때 관련된 자료 및 정보를 기록, 관리하여야 하는 기간으로 맞는 것은?

① 1년          ② 2년
③ 5년          ④ 10년

**해설** 23조(교육훈련의 기록 · 관리 등)
④ 교육훈련기관 또는 철도안전전문기관의 장은 교육훈련 종료 후 수료증을 발급하는 때에는 관련된 자료 및 정보를 10년간 기록 · 관리하여야 한다.

22 ④   23 ①   24 ③   25 ④

# 5편 철도종사자 등에 관한 교육훈련 시행지침
## 예상 및 기출문제 STEP 2

**01** 다음 중 용어정의로 틀린 것은?
① 교육훈련시행자라 함은 운전교육훈련기관·관제교육훈련기관·철도안전전문기관·정비교육훈련기관 및 철도운영기관의 장을 말한다.
② 전기능모의운전연습기라 함은 실제차량의 운전실과 운전 부속장치를 실제와 유사하게 제작하고, 영상 음향 진동 등 환경적인 요소를 현장감 있게 구현하여 운전연습 효과를 최대한 발휘할 수 있도록 제작한 운전훈련연습 장치를 말한다.
③ 기본기능모의관제시스템이라 함은 철도 관제교육훈련에 꼭 필요한 부분만 유사하게 제작하고 기타 장치 등은 컴퓨터그래픽으로 처리하여 제작한 관제훈련연습시스템을 말한다.
④ 컴퓨터지원교육시스템이라 함은 컴퓨터시스템의 멀티미디어교육기능을 이용하여 철도차량운전과 관련된 차량, 시설, 전기, 신호 등을 학습할 수 있도록 제작된 프로그램 또는 철도관제와 관련된 교육훈련을 학습할 수 있도록 제작된 프로그램(기본기능모의관제시스템) 및 이를 지원하는 컴퓨터시스템 일체를 말한다.

**해설** 제3조

**02** 다음 중 운전면허 교육방법 등에 대한 설명으로 틀린 것은?
① 운전교육훈련기관장은 교육훈련 과정별 교육생 선발에 관한 기준을 마련하고 그 기준에 적합한 자를 교육훈련 대상자로 선발하여야 한다.
② 교육훈련대상자로 선발된 자는 교육훈련기관에 교육훈련을 개시하기 전까지 교육훈련에 필요한 등록을 하여야 한다.
③ 운전교육훈련기관의 장은 시행규칙에 따라 기능시험을 면제하는 운전면허에 대한 교육을 실시하는 경우에는 교육에 관한 평가기준을 마련하여 교육을 종료할 때 평가하여야 한다.
④ 철도운영자등은 시행규칙에 따라 다른 운전면허의 철도차량을 차량기지 외에서 시속 25킬로미터 이하로 운전하고자 하는 사람에 대하여는 업무를 수행하기 전에 기기취급 등에 관한 실무수습·교육을 받도록 하여야 한다.

**해설** 제5조(운전면허의 교육방법)

**03** 다음 중 관제자격의 교육방법으로 틀린 것은?
① 관제교육훈련기관의 교육은 교육훈련 과정별로 구분하여 시행규칙에 따른 정원의 범위에서 교육을 실시하여야 한다.
② 컴퓨터지원교육시스템에 의한 교육을 실시하는 경우에는 교육생마다 각각의 컴퓨터 단말기를 사용하여야 한다.
③ 모의관제시스템을 이용하여 교육을 실시하는 경우에는 전기능모의관제시스템·기본기능모의관제시스템 및 컴퓨터지원교육시스템에 의한 교육이 모두 이루어지도록 교육계획을 수립하여야 한다.
④ 교육훈련기관은 지침에 따라 평가하는 경우에는 평가에 관한 기준을 마련하여

01 ③　02 ④　03 ④

평가 하여야 한다.

해설 제6조(관제자격의 교육방법)

**04** 다음 중 운전업무 및 관제업무의 실무수습 절차 등으로 틀린 것은?

① 철도운영자 등은 법에 따라 철도차량의 운전업무에 종사하려는 사람 또는 법에 따라 관제업무에 종사하려는 사람에 대하여 실무수습을 실시하여야 한다.
② 철도운영자 등은 실무수습에 필요한 교육교재·평가 등 교육기준을 마련하고 그 절차에 따라 실무수습을 실시하여야 한다.
③ 철도운영자 등은 운전업무 및 관제업무에 종사하고자 하는 자에 대하여 지침에 따른 자격기준을 갖춘 실무수습 담당자를 지정하여 가능한 개별교육이 이루어지도록 노력하여야 한다.
④ 철도운영자 등은 지침에 따라 실무수습을 이수한 자에 대하여는 매월 초를 기준으로 다음달 10일까지 교통안전공단에 실무수습기간·실무수습을 받은 구간·인증기관·평가자 등의 내용을 통보하고 철도안전정보망에 관련 자료를 입력하여야 한다.

해설 제7조(실무수습의 절차 등)

**05** 다음 중 철도차량운전면허 취득자에 대한 실무수습 평가 항목으로 틀린 것은?

① 평균속도, 운전시분, 정차위치, 승차감 시험
② 선로·신호 등 시스템의 이해
③ 이례사항, 고장처치, 규정 및 기술에 관한 사항
④ 기타 운전업무수행에 필요하다고 인정되는 사항

해설 제9조 1항

**06** 다음 중 관제자격 취득자에 대한 실무수습 평가 항목으로 틀린 것은?

① 운행정리 및 작업의 통제와 관리(작업수행을 위한 협의, 승인 및 통제 포함)
② 규정, 절차서, 지침 등의 적용능력
③ 각종 응용프로그램의 사용능력
④ 각종 이례상황의 처리 및 운행정상화 능력(사고 및 장애의 수습과 운행정상화 업무포함)

해설 제9조 2항

**07** 다음 중 운전업무 실무수습 담당자의 자격기준으로 틀린 것은?

① 운전업무경력이 있는 자로서 철도운영자등에 소속되어 철도차량운전자를 지도·교육·관리 또는 감독하는 업무를 하는 자
② 운전업무경력(보조업무를 포함한다)이 5년 이상인 자
③ 운전업무경력이 있는 자로서 전문교육을 1월 이상 받은 자
④ 운전업무경력이 있는 자로서 철도운영자 등으로부터 운전업무 실무수습을 담당할 수 있는 능력이 있다고 인정받은 자

해설 제10조(실무수습 담당자의 자격기준)

04 ④  05 ①  06 ③  07 ②

**08** 다음 중 안전교육의 종류와 방법으로 틀린 것은?

① 집합교육 : 철도안전법 시행규칙에 적합한 교육교재와 적절한 교육장비 등을 갖추고 실습 또는 시청각교육을 병행하여 실시
② 원격교육 : 철도운영자등의 자체 전산망을 활용하여 실시
③ 현장교육 : 현장소속(근무장소를 포함한다)에서 교육교재, 실습장비, 안전교육자료 등을 활용하여 실시
④ 위탁교육 : 안전전문단체에 위탁하여 실시

해설  제12조 1항

**09** 다음 중 안전교육 실시 방법 등으로 틀린 것은?

① 원격교육을 실시하는 경우에는 교육자의 수강정보 등록(아이디, 비밀번호), 교육시작 및 종료시각, 열람여부 확인 등을 위한 관리시스템을 갖추어야 한다.
② 교육훈련기관이 교육을 실시하고자 하는 때에는 시행규칙에 의한 교육내용이 포함된 교육과목을 편성하여 교육목적을 효과적으로 달성할 수 있도록 하여야 한다.
③ 철도운영자등이 안전교육을 실시하는 경우 교육계획, 교육결과를 기록·관리하고 교통안전공단에 통보하여야 한다.
④ 교육계획에는 교육대상, 인원, 교육시행자, 교육내용을 포함하여야 하고, 교육결과는 실제 교육받은 인원, 교육평가결과를 포함해야 한다. 다만, 원격교육 및 전산으로 관리하는 경우 전산기록을 그 결과로 한다.

해설  제12조 2항

**10** 다음 중 안전교육 담당자의 자격기준으로 맞는 것을 모두 나열한 것은?

> ㉠ 제10조의 규정에 의한 실무수습 담당자의 자격기준을 갖춘 사람
> ㉡ 법 제16조의 규정에 의한 교육훈련기관 교수와 조교수의 자격을 가진 사람
> ㉢ 철도운영자등이 정한 기준 및 절차에 따라 안전교육 담당자로 지정된 사람

① ㉠  ② ㉡, ㉢
③ ㉠, ㉢  ④ ㉠, ㉡, ㉢

해설  제14조(안전교육 담당자의 자격기준)

**11** 다음 중 직무교육을 실시하는 경우 교육계획, 교육결과를 기록 및 관리하여야 하는 주체로 맞는 것은?

① 직무교육 담당자
② 철도운영자 등
③ 국토교통부
④ 교통안전공단

해설  14조의3 4항

**12** 다음 중 직무교육의 종류와 방법으로 틀린 것은?

① 집합교육: 시행규칙 제41조의3제2항에 적합한 교육교재와 적절한 실습장비 등을 갖추고 실습 또는 시청각교육을 병행하여 실시
② 위탁교육: 교육훈련기관·철도정비전문기관·안전교육훈련기관 등에 위탁하여 실시
③ 부서별 직장교육: 현장소속(근무장소를 포함한다)에서 교육교재, 실습장비, 안

08 ④   09 ③   10 ③   11 ②   12 ②

전교육 자료 등을 활용하여 실시
④ 원격교육: 철도운영자등의 자체 또는 외부위탁 전산망을 활용하여 실시

**해설** 14조의 3

**13** 다음 중 철도차량정비기술자의 교육과목 중 철도안전 및 철도차량 일반의 교육내용으로 틀린 것은?

① 철도차량 공학 일반
② 철도차량 기술기준(한, 해당차종)
③ 철도차량 정비 규정 및 지침, 절차
④ 철도차량 정비 품질관리 등

**해설** [별표 3]

**14** 다음 중 차량정비계획 및 실습의 교육내용으로 틀린 것은?

① 철도차량 유지보수 계획수립
② 철도차량 보수품 관리
③ 철도차량 정비설비 및 장비 관리
④ 철도차량 신뢰성 관리

**15** 다음 중 철도안전 전문인력의 교육으로 틀린 것은?

① 철도안전전문기관의 장은 교육생 선발기준을 마련하고 그 기준에 적합하게 대상자로 선발하여야 한다.
② 철도안전전문기관의 장은 교육생을 선발할 경우에는 교육인원, 교육일시 및 장소 등에 관하여 미리 알려야 한다.
③ 교육훈련 대상자로 선발된 자는 철도안전전문기관에 교육훈련을 개시하기 전까지 교육훈련 등록을 하여야 한다.
④ 시행규칙에 의한 철도안전전문인력 교육을 받고자 하는 자는 철도안전전문기

관으로 지정받은 기관이나 단체에 별지의 교육훈련 신청서로 신청하여야한다.

**해설** 16조~17조

**16** 다음 교육내용 중 교육방법이 강의 및 토의가 아닌 것은?

① 철도차량 정비 규정 및 지침, 절차
② 철도차량 유지보수 계획수립
③ 철도차량 고장탐지 및 조치
④ 철도차량 응급조치 요령

**17** 다음 중 철도운행안전관리자의 교육과목 중 열차운행 통제조정 교육내용으로 틀린 것은?

① 작업개시 및 작업진도에 따른 현장상황 통보 요령
② 작업승인 요구 및 관계처 협의내용 절차
③ 작업완료 시 안전조치 상황 확인 요령
④ 열차운행 개시에 따른 협의조치

**해설** [별표2] 1호

**18** 다음 중 철도운행안전관리자의 교육과목 중 안전관리 교육내용으로 맞는 것은?

① 사상사고 발생 시 조치요령
② 사고발생 시 분야별 대체요령
③ 구원열차 운행 시 협의 및 방호조치
④ 열차 내 화재발생 시 조치

**19** 다음 중 가공전차선로 교육내용이 수록된 교육과목으로 맞는 것은?

① 기초전문직무교육
② 전기일반
③ 안전관리일반
④ 일반교양

**해설** [별표2] 2호 가

13 ①    14 ③    15 ③    16 ②    17 ②    18 ②    19 ①

**20** 다음 중 안전관리일반 교육내용으로 틀린 것은?

① 운전취급 안전지침
② 안전확보 긴급명령
③ 사고발생 시 분야별 대체요령
④ 사고발생 시 열차통제지침(SOP)

**21** 다음 중 안전관리일반 교육방법으로 맞는 것은?

① 강의
② 강의 및 토의
③ 실습
④ 강의 및 실습

**22** 다음 중 철도신호분야 안전전문기술자(초급) 실무수습 교육내용으로 틀린 것은?

① 공구 및 장비 조작
② 선로전환기
③ 제어장치
④ 건널목보안장치

해설 [별표2] 2호 나

**23** 다음 중 철도궤도분야 안전전문기술자 기초전문직무 교육내용으로 틀린 것은?

① 선로일반
② 궤도공학
③ 궤도이론
④ 용접이론

**24** 다음 중 구조물 안전점검관련 내용이 포함된 교육과목으로 맞는 것은?

① 안전관리일반
② 관계법령
③ 실무수습
④ 일반교양

해설 [별표2] 2호 다

**25** 다음 중 철도차량 분야 안전전문기술자 철도차량 관리 교육내용으로 틀린 것은?

① 철도차량 주요장치 및 기능
② 철도차량 리스크(위험도) 평가
③ 철도차량 시험 및 검사
④ 철도차량 기능검사 및 응급조치

**26** 다음 중 철도차량 분야 안전전문기술자 일반교양 교육내용으로 틀린 것은?

① 보건 건강 및 체력단련
② 생산 관리 및 원가 관리
③ 의사소통 관리
④ 조직행동론

해설 [별표2] 2호 라

**27** 다음 내용 중 틀린 것은?

① 교육훈련기관의 장 및 철도안전전문기관의 장은 매년 11월말까지 다음 연도의 교육계획을 수립하여 국토교통부장관에게 제출하여야 한다.
② 교육훈련기관·철도안전전문기관·철도운영자등에서 교육훈련을 실시하는 때에는 교육에 필요한 교재 및 교안을 작성하여 사용하여야 한다.
③ 교육훈련기관 또는 철도안전전문기관의 장은 교육훈련 종료 후 수료증을 발급하는 때에는 관련된 자료 및 정보를 10년간 기록·관리하여야 한다.
④ 교육훈련기관 및 철도안전전문기관의 지정이 취소되거나 스스로 지정을 반납하여 업무를 계속하지 못하게 된 경우에는 교육훈련과 관련된 모든 자료를 국토교통부장관에게 반납하여야 한다.

해설 제21조

20 ③  21 ④  22 ③  23 ③  24 ③  25 ④  26 ①  27 ①

# 5편 철도종사자 등에 관한 교육훈련 시행지침
## 예상 및 기출문제 STEP 3

**01** 다음 중 용어정의로 맞는 것은?

① 철도안전전문기관이라 함은 법 제69조 및 「철도안전법 시행령」제60조의3에 따라 국토교통부장관으로부터 철도안전 전문인력을 담당하는 기관으로 지정받은 전문기관 또는 단체를 말한다.
② 전기능모의운전연습기라 함은 실제차량의 운전실과 운전 부속장치를 실제와 유사하게 제작하고, 나머지는 간략하게 구성하며, 기타 장치 및 객실 등은 컴퓨터그래픽으로 처리하여 구현하여 운전연습 효과를 최대한 발휘할 수 있도록 제작한 운전훈련연습 장치를 말한다.
③ 전기능모의관제시스템이라 함은 철도운영기관에서 운영 중인 관제설비와 유사하게 제작되어 열차의 운행을 제어·통제·감시하는 업무 수행 및 이례상황 구현이 가능하도록 제작된 관제훈련연습시스템을 말한다.
④ 컴퓨터지원교육시스템이라 함은 컴퓨터시스템의 멀티미디어교육기능을 이용하여 철도차량운전과 관련된 차량, 시설, 전기, 신호 등을 학습할 수 있도록 제작된 프로그램 또는 철도관제와 관련된 교육훈련을 학습할 수 있도록 제작된 프로그램(기본기능모의관제시스템) 및 이를 지원하는 컴퓨터시스템 일체를 말한다.

**02** 다음 중 운전면허 및 관제자격 교육방법 등으로 맞는 것은?

① 디젤차량 운전면허 소지자가 제1종 전기차량 운전면허취득에 대한 교육을 실시하는 경우에 운전교육훈련기관의 장은 교육에 관한 평가기준을 마련하여 교육을 종료할 때 평가하여야 한다.
② 운전교육훈련기관의 교육은 운전면허의 종류별로 구분하여 30명 정원의 범위에서 교육을 실시하여야 한다.
③ 디젤차량 운전면허 소지자가 전기동차를 차량기지 내에서 시속 25킬로미터 이하로 운전하고자 하는 경우 업무를 수행하기 전에 기기취급 등에 관한 실무수습, 안전 등에 대한 교육을 받도록 하여야 한다.
④ 모의운전연습기를 이용하여 교육을 실시하는 경우에는 전기능모의운전연습기·기본기능모의운전연습기 및 컴퓨터지원교육시스템에 의한 교육이 최대한 이루어지도록 교육계획을 수립하여야 한다.

**03** 다음 중 실무수습의 절차 등으로 맞는 것은?

① 실무수습 담당자는 실무수습에 필요한 교육교재·평가 등 교육기준을 마련하고 그 절차에 따라 실무수습을 실시하여야 한다.
② 철도운영자등은 지침에 따라 실무수습을 이수한 자에 대하여는 매월 10일을 기준으로 다음달 말일까지 교통안전공

01 ④  02 ①  03 ④

695

단에 실무수습기간·실무수습을 받은 구간·인증기관·평가자 등의 내용을 통보하고 철도안전정보망에 관련 자료를 입력하여야 한다.
③ 철도운영자등은 운전업무 또는 관제업무를 수행하려는 자가 기기취급 방법이나 작동원리 및 조작방식 등이 다른 철도차량 또는 관제시스템을 신규 도입·변경하여 운영하고자 하는 때에는 조작방법 등에 관한 교육을 실시하여야 한다.
④ 철도운영자 등은 영업운행하고 있는 구간의 연장 또는 이설 등으로 인하여 변경된 구간에 대한 운전업무 또는 관제업무를 수행하려는 자에 대하여 해당 구간에 대한 실무수습을 실시하여야 한다.

**04** 다음 중 실무수습의 평가로 맞는 것은?

① 철도차량운전면허취득자에 대한 실무수습을 종료하는 경우에는 7개 항목의 평가를 실시하여 운전업무수행에 적합여부를 종합평가하여야 한다.
② 관제자격 취득자에 대한 실무수습을 종료하는 경우 각종 이례상황의 처리 및 사고 및 장애의 수습과 운행정상화 업무를 포함한 운행정상화 능력을 평가하여야 한다.
③ 관제자격 취득자에 대한 실무수습평가 항목에 규정, 절차서, 지침 등의 활용능력이 있다.
④ 지침에 따른 평가결과 운전업무 및 관제업무를 수행하기에 부적합 하다고 판단되는 경우에는 실무수습 부적합 판정을 실시하여야 한다.

**05** 다음 중 안전교육 실시방법으로 맞는 것은?

① 현장교육은 현장소속에서 교육교재, 실습장비, 안전교육 자료 등을 활용하여 실시하며 근무장소를 포함하지 않는다.
② 철도운영자 등이 원격교육을 실시하는 경우에는 교육시간에 상당하는 분량의 자료제공(시간 당 학습 분량은 200자 원고지 20매 이상 또는 이와 동일한 분량의 자료)을 갖추어야한다.
③ 위탁기관이 안전교육을 실시하는 경우 교육계획, 교육결과를 기록·관리하고 철도운영자 등에게 통보하여야 한다.
④ 지침에 따른 교육계획에는 교육대상, 인원, 교육시행자, 교육내용을 포함하여야 하고, 교육결과는 실제 교육받은 인원, 교육평가결과를 포함해야 한다. 다만, 원격교육 및 전산으로 관리하는 경우 전산기록을 그 결과로 한다.

**06** 다음 중 직무교육 실시 방법 등에 대한 내용으로 틀린 것은?

① 철도운영자 등이 교육대상자가 전산망에 게시된 자료를 열람하고 필요한 경우 질의·응답을 할 수 있는 시스템을 갖추어야 원격교육을 실시할 수 있다.
② 법에 따른 운전교육훈련기관 또는 법에 따른 관제교육훈련기관이 교육을 실시하고자 하는 때에는 시행규칙에 의한 교육내용이 포함된 교육과목을 편성하여 교육목적을 효과적으로 달성할 수 있도록 하여야 한다.
③ 근무장소를 포함한 현장소속에서 교육교재, 실습장비, 직무교육 자료 등을 활용하여 실시하는 것을 부서별 직장교육이라고 한다.

04 ②    05 ④    06 ①

④ 철도운영자등이 직무교육을 실시하는 경우 교육계획, 교육결과를 기록·관리하여야 한다.

**07** 다음 중 철도차량정비기술자의 교육과목 및 교육내용으로 맞는 것은?

① 철도안전 및 철도차량 일반 교육내용에는 철도차량 정비 품질관리 등이 있으며, 교육방법은 강의 및 실습으로 한다.
② 차량정비계획 및 실습 교육내용 중 교육목적은 철도차량 정비계획 수립에 대한 지식과 유지보수장비 운용에 대한 지식을 함양하고 실제상황에서 운용할 수 있는 능력 배양이며, 교육방법은 강의 및 실습형태이다.
③ 차량정비실무 및 관리의 교육내용에는 철도차량 동력제어장치 유지보가 있으며, 교육방법은 강의 및 실습으로 한다.
④ 철도차량 고장 분석 및 비상시 조치 등 교육내용은 총 4개가 있으며, 강의 및 토의 방법으로 교육한다.

**08** 다음 중 철도차량정비기술자의 교육방법 등으로 맞는 것은?

① 정비교육훈련기관은 철도차량정비기술자에 대한 교육을 실시하고자 하는 경우 별표 3에 따른 교육내용이 포함된 교육과목을 편성하고 담당자를 배치하여 교육목적을 효과적으로 달성할 수 있도록 하여야 한다.
② 정비교육훈련기관은 교육을 실시하는 경우에는 평가에 관한 기준을 마련하여 교육훈련을 평가를 하여야 한다.
③ 정비교육훈련기관은 교육운영에 관한 기준 등 운영사항을 정하고 그 기준에 맞게 운영하여야 한다.
④ 정비교육훈련기관은 교육훈련을 실시하여 수료자에 대하여는 별지 제4호서식의 철도차량정비기술자 교육훈련관리대장에 기록하고 유지·관리하여야 한다.

**09** 다음 중 강의, 실습, 토의 방법을 모두 하는 철도운행안전관리자 교육과목 내용으로 틀린 것은?

① 현장작업원 긴급대피 요령
② 작업개시 및 작업진도에 따른 현장상황 통보 요령
③ 이례사항 발생 시의 조치요령
④ 사상사고 발생 시 조치요령

**10** 다음 보기 내용은 선로지장 취급절차 교육내용이다. 다음 중 빈칸에 들어갈 단어로 틀린 것은?

> 선로를 지장하는 각종공사에 작업의 순서 절차와 (   ), (   )간의 협의사항 등 안전조치에 관한 사항의 안전관리능력 향상 교육

① 작업관리자
② 현장감독자
③ 운전취급자
④ 역장

**11** 다음 중 철도신호분야 안전전문기술자(초급) 일반교양 교육내용으로 틀린 것은?

① 산업안전 및 위험예지
② 보건건강 및 체력단련
③ 경영관리 및 철도신호 발전방향
④ 철도신호 시공 및 감리 사례

07 ②  08 ④  09 ②  10 ①  11 ①

**12** 다음 중 철도궤도분야 안전전문기술자 교육내용 및 교육방법에 대한 설명으로 맞는 것은?

① 안전관리일반 교육내용은 총 5개가 있으며, 강의 및 실습방법으로 진행된다.
② 강의 및 토의방법으로 교육하는 과목은 총 3개다.
③ 일반교양에는 궤도설비 및 궤도분야 발전방향이 있다.
④ 열차운전 취급절차에 관한 규정은 관계법령 과목에 해당된다.

**13** 다음 중 철도차량 분야 안전전문기술자 실무수습 교육내용으로 틀린 것은?

① 기계설비 검토
② 철도차량 기능검사 및 응급조치
③ 철도차량의 안전조치(작업 전/작업 후)
④ 철도차량 정비계획 수립 및 물품 검사

**14** 다음 철도안전전문인력의 교육과목 및 교육내용 중 맞는 것은?

① 철도운행안전관리자 안전관리 교육내용 중에는 이례사항 발생시 조치요령 및 사고사례가 있다.
② 열차운행선로 지상 작업 관련 업무지침은 철도신호분야 안전전문기술자 관계법령 교육내용에 해당된다.
③ 일반교양 교육내용 중 조직행동론이 포함된 분야는 철도궤도다.
④ 전기철도분야 안전전문기술자 일반교양 과목의 교육방법은 강의다.

**15** 다음 내용 중 맞는 것은?

① 규정에 따라 제출하는 교육계획에는 교육목표, 교육의 기본방향, 교육훈련의 기준, 최소 교육가능 인원 및 수용계획, 교육과정별 세부계획, 교육시설 및 장비의 유지와 운용계획, 기타 국토교통부장관이 필요하다고 인정하는 사항이 포함되어야 한다.
② 시행규칙에 따라 지정받은 철도안전전문기관은 지침에 따른 교육내용에 대한 필요한 교육교재를 개발하고 대학교수 등 전문가의 감수를 받아 사용하여야 한다.
③ 교육훈련기관 또는 철도안전전문기관의 장은 교육훈련 종료 후 수료증을 발급하는 때에는 10년간 관련된 자료 및 정보를 기록·관리하여야 하며, 자료는 교육훈련기관 또는 철도안전전문기관에서 교통안전공단에 전달하여야 하며, 교통안전공단 이사장은 그 자료를 보관·관리하여야 한다.
④ 교육훈련기관 및 철도안전전문기관의 지정이 취소되거나 스스로 지정을 반납하여 업무를 계속하지 못하게 된 경우에는 교육훈련과 관련된 모든 자료를 폐기하여야 한다.

12 ② 13 ① 14 ④ 15 ③

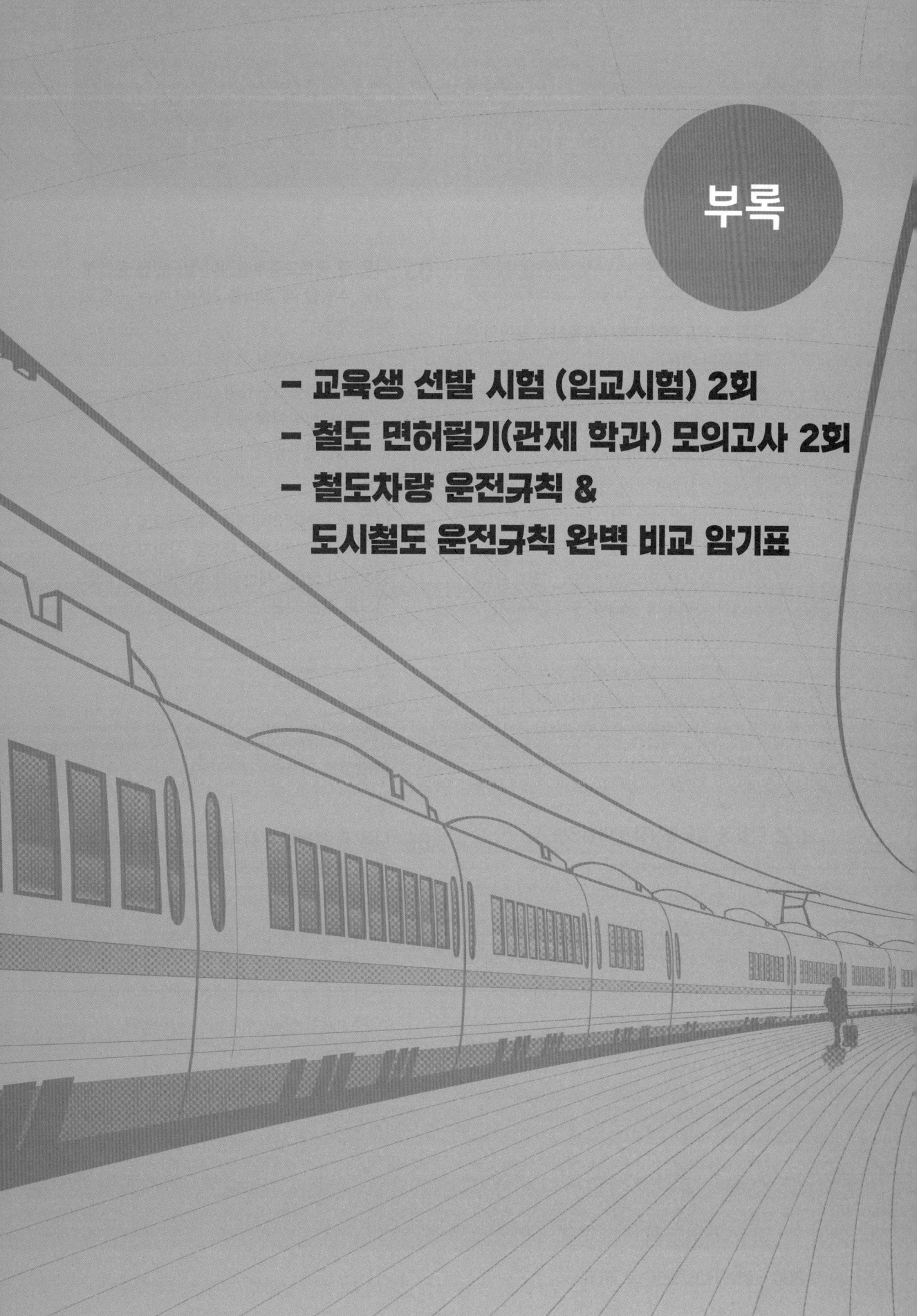

# 교육훈련기관 교육생 선발 시험대비 모의고사 1회

난이도: 중

## 철도안전법

**01** 다음 중 철도안전법에서 사용하는 용어의 뜻으로 틀린 것은?

① 선로란 철도차량을 운행하기 위한 궤도와 이를 받치는 노반 또는 인공구조물로 구성된 시설을 말한다.
② 철도시설관리자란 철도시설의 건설 또는 관리에 관한 업무를 수행하는 자를 말한다.
③ 철도사고란 철도운영 또는 철도시설관리와 관련하여 중대한 영향을 끼치는 사고를 말한다.
④ 운행장애란 철도사고 및 철도준사고 외에 철도차량의 운행에 지장을 주는 것으로서 국토교통부령으로 정하는 것을 말한다.

**02** 다음 중 철도종사자가 아닌 것은?

① 철도운행안전관리자
② 작업책임자
③ 철도차량의 운행선로 또는 그 인근에서 철도시설의 건설 또는 관리와 관련된 작업의 현장감독업무를 수행하는 사람
④ 철도차량정비기술자

**03** 다음 중 국토교통부장관이 철도안전 종합계획을 수립할 때 심의를 거쳐야 하는 곳으로 맞는 것은?

① 철도기술위원회
② 철도산업발전위원회
③ 철도산업위원회
④ 철도안전위원회

**04** 다음 중 안전관리체계를 지속적으로 유지하지 않아 발생한 철도사고로 사망자가 5명, 중상자가 50명, 재산피해 10억의 경우 과징금으로 맞는 것은?

① 18억
② 25억 2천만 원
③ 30억
④ 32억 4천만 원

> 짚고 넘어가기 과징금의 상한액 참고

**05** 다음 중 운전면허 취득을 위한 신체검사 항목 및 불합격 기준으로 맞는 것은?

① 중증인 저혈압증(수축기 혈압 180mmHg 이상이고, 확장기 혈압 110mmHg 이상인 사람)
② 업무수행에 지장이 있는 발작성 빈맥(분당 150회 이하)이나 기질성 부정맥
③ 시야의 협착이 1/3 이상인 경우
④ 귀의 청력이 500Hz, 1000Hz, 1500Hz, 2000Hz에서 측정하여 측정치의 산술평균이 두 귀 모두 40dB 이상인 사람

01 ③  02 ④  03 ③  04 ③  05 ③

**06** 다음 중 운전면허 갱신 시 유효기간으로 맞는 것은?

① 갱신 받기 전 운전면허의 유효기간 만료일 부터 10년
② 갱신 받기 전 운전면허의 유효기간 만료일 다음 날부터 10년
③ 갱신 받은 날로부터 10년
④ 갱신 받은 다음 날부터 10년

**07** 다음 중 철도차량을 운전 중 고의 또는 중과실로 철도사고를 일으켜 1천만원 이상 물적 피해가 발생한 경우 1차 위반 시 처분으로 맞는 것은?

① 효력정지 1개월
② 효력정지 2개월
③ 효력정지 3개월
④ 면허취소

**08** 다음 중 국토교통부장관이 운행제한을 명하는 경우 소유자등에게 사전에 통보하여야 되는 사항이 아닌 것은?

① 사유
② 기간
③ 지역
④ 제한내용 및 철도차량의 종류

**09** 다음 중 대통령령으로 정하는 신체검사 등을 받아야 하는 철도종사자에 해당되지 않는 것은?

① 운전업무종사자
② 관제업무종사자
③ 정거장에서 철도신호기·선로전환기 및 조작판 등을 취급하는 업무를 수행하는 사람
④ 철도운행안전관리자

**10** 다음 중 운전면허 취득을 위한 교육훈련 과정별 교육시간 및 교육훈련과목에 대하여 맞는 것은?

① 노면전차 운전면허 소지자의 고속철도차량 운전면허과정 총 교육시간은 420시간이다.
② 일반응시자의 노면전차 운전면허 과정 중 이론 교육시간은 240시간이다.
③ 일반응시자의 디젤차량 운전면허 과정 총 교육시간은 680시간이다.
④ 일반응시자의 철도장비 운전면허 과정 총 교육시간은 340시간이다.

**11** 다음 중 제2종 전기차량 운전업무 종사자의 정기 적성검사 항목으로 맞는 것은?

① 작업기억
② 추론
③ 다중기억
④ 지속주의

**12** 다음 중 철도 관제자격증명 학과시험에서 60점 이상 득점해야 되는 과목으로 맞는 것은?

① 철도 관련 법
② 관제 관련 규정
③ 철도시스템 일반
④ 철도교통 관제 운영

06 ② 07 ② 08 ① 09 ④ 10 ④ 11 ④ 12 ②

**13** 다음 중 도시철도 관제자격증명 취득자의 철도 관제자격증명 교육훈련시간으로 맞는 것은?

① 50
② 80
③ 105
④ 120

**14** 다음 중 철도운영자 등이 영상기록장치를 설치, 운영하여야 하는 곳으로 틀린 것은?

① 철도차량 중 대통령령으로 정하는 동력차
② 승강장 등 대통령령으로 정하는 안전사고의 우려가 있는 역 구내
③ 대통령령으로 정하는 안전사고의 우려가 있는 차량정비기지
④ 변전소 등 대통령령으로 정하는 안전확보가 필요한 철도시설

**15** 다음 중 영상기록장치 설치대상에 대한 설명으로 틀린 것은?

① 대통령령으로 정하는 동력차란 열차의 맨 앞에 위치한 동력차로서 동력발생장치에 의하여 선로를 이동하는 것을 목적으로 제조한 철도차량을 말한다.
② 승강장 등 대통령령으로 정하는 안전사고의 우려가 있는 역 구내란 승강장, 대합실 및 승강설비를 말한다.
③ 「철도사업법」 제4조의2제1호에 따른 고속철도차량을 정비하는 차량정비기지는 대통령령으로 정하는 차량정비기지에 해당된다.
④ 변전소(구분소를 포함한다), 무인기능실(전철전력설비, 정보통신설비, 신호 또는 열차 제어설비 운영과 관련된 경우만 해당한다)은 변전소 등 대통령령으로 정하는 안전확보가 필요한 철도시설에 해당된다.

**16** 다음 중 위해물품의 종류로 틀린 것은?

① 화약류 : 「총포·도검·화약류 등의 안전관리에 관한 법률」에 따른 화약·폭약·화공품과 그 밖에 폭발성이 있는 물질
② 고압가스 : 섭씨 54.4도에서 730킬로파스칼을 초과하는 절대압력을 가진 물질
③ 부식성 물질 : 생물체의 조직에 접촉한 경우 화학반응에 의하여 조직에 심한 위해를 주는 물질이나 열차의 차체·적하물 등에 접촉한 경우 화학적 손상을 주는 물질
④ 방사성 물질 : 「원자력안전법」 제2조에 따른 핵물질 및 방사성물질이나 이로 인하여 오염된 물질로서 방사능의 농도가 킬로그램당 74킬로베크렐(그램당 0.002마이크로큐리) 이상인 것

**17** 다음 중 대통령령으로 정하는 철도보호지구에서의 나무 식재에 해당하는 경우로 틀린 것은?

① 철도차량 운전자의 전방 시야 확보에 지장을 주는 경우
② 나뭇가지가 전차선이나 신호기 등을 침범하거나 침범할 우려가 있는 경우
③ 호우나 태풍 등으로 나무가 쓰러져 철도시설물을 훼손시키거나 열차의 운행에 지장을 줄 우려가 있는 경우
④ 철도차량 운전자 등이 선로나 신호기를 확인하는 데 지장을 주거나 줄 우려가 있는 경우

13 ② 14 ③ 15 ① 16 ③ 17 ④

**18** 다음 중 국토교통부령으로 정하는 여객열차에서의 금지행위가 아닌 것은?

① 여객에게 위해를 끼칠 우려가 있는 동식물을 안전조치 없이 여객열차에 동승하거나 휴대하는 행위
② 흡연하는 행위
③ 타인에게 전염의 우려가 있는 법정 감염병자가 철도종사자의 허락 없이 여객열차에 타는 행위
④ 철도종사자의 허락 없이 여객에게 기부를 부탁하거나 물품을 판매·배부하거나 연설·권유 등을 하여 여객에게 불편을 끼치는 행위

**19** 다음 중 운송위탁 및 운송 금지 위험물 등에 속하지 않는 것은?

① 점화 또는 점폭약류를 붙인 폭약
② 니트로글리세린
③ 뇌홍질화연에 속하는 것
④ 그 밖에 화물의 성질상 철도시설·철도차량·철도종사자·여객 등에 위해나 손상을 줄 수 있는 물질로서 국토교통부장관이 정하여 고시하는 위험물

**20** 다음 중 철도보안검색장비 성능인증 신청서에 첨부하여야 되는 서류에 대하여 틀린 것은?

① 사업자등록증 사본 및 인감증명서
② 보안검색장비의 성능 제원표 및 시험용 물품(테스트 키트)에 관한 서류
③ 보안검색장비의 구조·외관도
④ 한국철도기술연구원에 제출해야 한다.

**21** 다음 중 생명이나 신체에 위해를 끼칠 수 있는 직무장비로 맞는 것은?

① 경비봉
② 포승줄
③ 전자충격기
④ 수갑

**22** 다음 중 퇴거지역의 범위로 틀린 것은?

① 정거장
② 선로(선로를 지지하는 구조물 및 그 주변지역을 포함한다)
③ 철도신호기·철도차량정비소·통신기기·전력설비 등의 설비가 설치되어 있는 장소의 담장이나 경계선 안의 지역
④ 화물을 적하하는 장소의 담장이나 경계선 안의 지역

**23** 다음 중 운전업무종사자의 철도직무교육내용으로 틀린 것은?

① 철도관련법
② 철도시스템 일반
③ 운전이론
④ 운전취급 규정

**24** 다음 중 출입금지 철도시설로 틀린 것은?

① 발전실
② 철도차량 정비시설
③ 위험물을 적하하거나 보관하는 장소
④ 신호·통신기기 설치장소 및 전력기기·관제설비 설치장소

18 ② 19 ④ 20 ① 21 ③ 22 ② 23 ① 24 ①

**25** 다음 중 국토교통부 장관이 청문을 하여야 되는 사항으로 틀린 것은?

① 위험물 포장 검사기관의 지정 취소
② 위험물 취급 전문 교육기관의 지정 취소
③ 위험물 안전 검사기관의 업무 정지
④ 위험물 용기 검사기관의 업무 정지

**해설** 제75조 (청문): 국토교통부장관은 다음 각 호의 어느 하나에 해당하는 처분을 하는 경우에는 청문을 하여야 한다.

> 8의2. 제44조의2제6항에 따른 위험물 포장·용기검사기관의 지정 취소 또는 업무정지
> 8의3. 제44조의3제5항에 따른 위험물취급전문교육기관의 지정 취소 또는 업무정지

* 위험물 안전 검사기관은 없다.

**26** 다음 중 국토교통부장관이 정하는 것이 아닌 것은?

① 관제자격증명시험 실기시험 평가위원의 선정
② 철도안전 자율보고서 제출 방법
③ 신체검사를 받아야 하는 철도종사자
④ 철도안전투자의 공시 기준

**27** 다음 중 국토교통부장관이 국가철도공단에 위탁한 업무가 아닌 것은?

① 철도보호지구에서의 행위의 신고 수리
② 노면전차 철도보호지구의 바깥쪽 경계선으로부터 20미터 이내의 지역에서의 저해행위 금지, 제한
③ 철도시설물의 적합성 검사
④ 법에 따른 손실보상과 손실보상에 관한 협의

**28** 다음 중 국토교통부장관이 한국교통안전공단에 위탁한 업무가 아닌 것은?

① 철도운영자등에 대한 안전관리 수준평가
② 운전면허 갱신에 관한 내용 통지
③ 철도안전에 관한 정보의 종합관리를 위한 정보체계 구축 및 관리
④ 철도안전 자율보고의 검토 및 관리

**29** 다음 중 3년 이하의 징역 또는 3천만원 이하의 벌금에 처하는 자로 틀린 것은?

① 정당한 사유없이 흉기를 휴대한 자
② 국토교통부장관의 운행제한 명령을 따르지 아니하고 철도차량을 운행한 자
③ 운송 금지 위험물의 운송을 위탁하거나 그 위험물을 운송한 자
④ 궤도의 중심으로부터 양측으로 폭 3미터 이내의 장소에 철도차량의 안전 운행에 지장을 주는 물건을 방치하는 행위

**30** 다음 중 과태료 금액이 제일 높은 것은?

① 운전면허증 미 반납 1차
② 보안검색장비의 성능인증을 위한 기준, 방법, 절차 등을 위반한 경우 1차 위반
③ 철도차량의 안전운행 및 철도보호를 위한 조치명령을 따르지 않은 경우 3차 위반
④ 철도종사자의 허락 없이 여객에게 기부를 부탁하여 여객에게 불편을 끼치는 행위 3차 위반

25 ③  26 ③  27 ③  28 ④  29 ①  30 ②

### 철도차량운전규칙

**31** 다음 용어의 정의에 대한 설명으로 틀린 것은?

① 입환이라 함은 사람의 힘에 의하거나 동력차를 사용하여 차량을 이동, 연결 또는 분리하는 작업
② 구내운전이라 함은 정거장내 또는 차량기지 내에서 입환전호에 의하여 열차 또는 차량을 운전하는 것
③ 조차장이라 함은 차량의 입환 또는 열차의 조성을 위하여 사용되는 장소
④ 신호소라 함은 상치신호기 등 열차제어시스템을 조작·취급하기 위하여 설치한 장소

**32** 철도차량 운전규칙에서 열차의 운전에 사용하는 동력차는 열차의 맨 앞에 연결을 해야 하는데 연결을 할 수 있는 경우가 아닌 것은?

① 기관차를 2 이상 연결한 경우로서 열차의 맨 앞에 위치한 기관차에서 동력을 제어하는 경우
② 보조기관차를 사용하는 경우
③ 선로 또는 열차에 고장이 있는 경우
④ 구원열차·제설열차·공사차 또는 시험운전열차를 운전하는 경우

**33** 다음 중 열차의 제동장치에 대한 설명으로 틀린 것은?

① 2량 이상의 차량으로 조성하는 열차에는 모든 차량에 연동하여 작용하고 차량이 분리되었을때 자동으로 차량을 정차시킬 수 있는 제동장치를 구비하여야 한다.
② 구내운전을 하는 경우에는 제동장치를 구비하지 않아도 된다.
③ 정거장에서 차량을 연결·분리하는 작업을 하는 경우 제동장치를 구비하지 않아도 된다.
④ 차량을 정지시킬 수 있는 인력을 배치한 구원열차 및 공사열차의 경우 제동장치를 구비하지 않아도 된다.

**34** 지정된 선로의 반대선로로 열차를 운행할 수 있는 경우가 아닌 것은?

① 정거장내의 선로를 운전하는 경우
② 선로 또는 열차의 시험을 위하여 운전하는 경우
③ 단행기관차로 운행하는 열차를 진입시키는 경우
④ 입환운전을 하는 경우

**35** 다음 중 철도차량운전규칙에서 열차가 퇴행해도 되는 경우로 틀린 것은?

① 선로에 고장이 있는 경우
② 제설열차가 작업상 퇴행할 필요가 있는 경우
③ 뒤의 보조기관차를 활용하여 퇴행하는 경우
④ 구내운전을 하는 경우

31 ② 32 ① 33 ② 34 ③ 35 ④

**36** 다음 중 2 이상의 열차를 동시에 정거장에 진입시키거나 진출시킬 수 있는 경우로 틀린 것은?

① 안전측선, 탈선선로전환기, 탈선기가 설치되어 있는 경우
② 열차를 유도하여 서행으로 진입시키는 경우
③ 다른 방향에서 진입하는 전동차가 정차위치로부터 150미터이상의 여유거리가 있는 경우
④ 동일방향에서 진입하는 열차들이 출발신호기에서 100미터 이상의 여유거리가 있는 경우

**37** 다음 중 열차 또는 차량이 정지신호가 현시된 경우 그 현시지점을 넘어서 진행할 수 있는 경우로 틀린 것은?

① 폭음신호 또는 화염신호의 현시가 있는 경우
② 서행허용표지를 추가하여 부설한 자동폐색신호기가 정지신호를 현시하는 때
③ 수신호에 의하여 정지신호의 현시가 있는 경우
④ 신호기 고장 등으로 인하여 정지가 불가능한 거리에서 정지신호의 현시가 있는 경우

**38** 다음 중 차내신호폐색식을 시행하는 구간의 차내신호가 자동으로 정지신호를 현시하여야 하는 경우로 틀린 것은?

① 폐색구간에 열차 또는 다른 차량이 있는 경우
② 폐색구간에 있는 선로전환기가 정당한 방향에 있지 아니한 경우
③ 다른 선로에 있는 열차 또는 차량이 폐색구간을 진입하고 있는 경우
④ 열차자동제어장치의 차상장치에 고장이 있는 경우

**39** 다음 중 시계운전에 의한 열차운전 방법 중 복선운전과 단선운전을 하는 경우 공통으로 사용하는 방법으로 맞는 것은?

① 무폐색 운전
② 지도격시법
③ 전령법
④ 통신법

**40** 다음 중 철도신호에 대한 설명으로 틀린 것은?

① 진로개통표시기 : 상치신호기를 사용하는 본 선로의 분기부에 설치하여 진로의 개통상태를 표시하는 것
② 야드신호 : 입환차량에 대한 신호로서 1시간에 25킬로미터 이하의 속도로 운전하게 하는 것
③ 서행신호기 및 서행예고신호기에는 서행속도를 표시하여야 한다.
④ 원방신호기는 그 주된 신호기가 진행신호를 현시하거나, 3위식 신호기는 그 신호기의 배면쪽 제1의 신호기에 주의 또는 진행신호를 현시하기 전에 이에 앞서 진행신호를 현시할 수 없다.

36 ④  37 ①  38 ④  39 ③  40 ①

## 도시철도운전규칙

**41** 다음 도시철도운전규칙 정의 중 맞는 것은?

① "정거장"이란 여객의 승차·하차, 열차의 편성, 차량의 입환, 열차의 교차통행 등을 위한 장소를 말한다.
② "노면전차"란 도로면의 궤도를 이용하여 운행되는 열차를 말한다.
③ "전차선로"란 전차선 및 이를 지지하는 공작물을 말한다.
④ "선로"란 궤도 및 이를 지지하는 공작물을 말한다.

**42** 다음 중 선로 및 설비의 보전의 설명 중 맞는 것은?

① 선로·전력설비·통신설비 또는 운전보안장치의 검사를 하였을 때에는 검사자의 성명·검사 상태 및·검사 일정 등을 기록하여 일정 기간 보존해야 한다.
② 수리한 운전보안장치는 검사 및 기능을 90일 이상 시험 운전을 하여 확인하기 전에는 사용할 수 없다.
③ 선로는 열차 등이 최고속도로 안전하게 운전할 수 있는 상태로 보전하여야 한다.
④ 선로는 정기적으로 안전점검을 하여 안전운전에 지장이 없도록 유지·보수하여야 한다.

**43** 다음 중 열차의 비상제동거리는 몇 미터 이하로 하여야 하는가?

① 500미터
② 600미터
③ 700미터
④ 1000미터

**44** 다음 중 도시철도운영자가 열차를 무인운전으로 운행하려는 경우 준수해야되는 사항으로 아닌 것은?

① 관제실에서 열차의 운행상태를 실시간으로 감시 및 조치할 수 있을 것
② 열차 내의 간이운전대에는 승객이 임의로 다룰 수 없도록 잠금장치가 설치되어 있을 것
③ 운전 모드를 변경하여 수동운전을 하려는 경우에는 관제실과의 통신에 이상이 없음을 먼저 확인할 것
④ 도시철도운영자는 여객의 승하차 시 안전을 확보하고 시스템 고장 등 긴급상황에 신속하게 대처하기 위하여 정거장 등에 안전요원을 배치하거나 순회하도록 할 것

**45** 도시철도 운전규칙에서 운전속도 제한하는 경우로 아닌 것은?

① 서행신호를 하는 경우
② 지도통신식으로 운전하는 경우
③ 추진운전이나 퇴행운전 하는경우
④ 공사열차나 구원열차를 운전 하는 경우

41 ② 42 ④ 43 ② 44 ④ 45 ④

**46** 다음 중 도시철도운전규칙 내용으로 틀린 것은?

① 열차 등은 정지신호가 있을 때에는 즉시 정지시켜야 한다.
② 정지신호에 따라 정차한 열차 등은 진행을 지시하는 신호가 있을 때까지는 진행할 수 없다. 다만, 특별한 사유가 있는 경우 관제사의 속도제한 및 안전조치에 따라 진행할 수 있다.
③ 열차 등은 서행신호가 있을 때에는 지정속도 이하로 운전하여야 한다.
④ 열차 등은 진행을 지시하는 신호가 있을 때에는 정상속도로 그 표시지점을 지나 다음 신호기까지 진행할 수 있다.

**47** 다음 중 폐색방식에 따를 수 없을 때 운전방법은?

① 지령식
② 지도통신식
③ 무폐색운전
④ 대용식

**48** 다음 중 지도권에 적어야되는 사항이 아닌 것은?

① 폐색구간 양쪽의 역 이름
② 관제사 명령번호
③ 열차번호
④ 발행일과 시각

**49** 다음 중 상설신호기의 종류와 기능에 대한 설명으로 틀린 것은?

① 차내신호기: 열차 등의 가장 앞쪽의 운전실에 설치하여 운전조건을 지시하는 신호기
② 장내신호기: 정거장에 진입하려는 열차 등에 대하여 신호기 뒷방향으로의 진입이 가능한지를 지시하는 신호기
③ 원방신호기 : 주신호기에 종속되어 그 신호상태를 예고하는 신호기
④ 상설신호기는 일정한 장소에서 색등 또는 등열에 의하여 열차 등의 운전조건을 지시하는 신호기를 말한다.

**50** 다음 중 신호기의 신호 방식으로 틀린 것은?

① 차내신호기의 주간 및 야간 진행신호-지정속도를 표시
② 입환신호기의 주간 및 야간 진행신호 - 등황색등
③ 서행예고신호의 주간 방식 - 흑색 삼각형 무늬 3개를 그린 3각형 판
④ 서행신호기에는 지정속도를 표시하여야 한다.

46 ④　47 ③　48 ②　49 ③　50 ①

# 교육훈련기관 교육생 선발 시험대비 모의고사 2회

난이도: 상

## 철도안전법

**01** 다음 정의 중 맞는 것은?

① 열차란 선로를 운행할 목적으로 철도운영자등이 편성하여 열차번호를 부여한 철도차량을 말한다.
② 철도시설관리자란 철도건설 또는 관리에 관한 업무를 수행하는 자를 말한다.
③ 관제업무란 철도차량의 운전을 집중제어, 통제, 감시하는 업무를 말한다.
④ 철도차량정비란 철도차량(철도차량을 구성하는 부품, 기기, 장치를 포함한다)을 점검, 검사, 교환 및 수리하는 행위를 말한다.

**02** 다음 중 철도안전법령에서 정한 철도종사자가 아닌 것은?

① 철도운행안전관리자
② 철도시설관리자
③ 철도차량의 운행선로 또는 그 인근에서 철도시설의 건설 또는 관리와 관련한 작업의 협의 · 지휘 · 감독 · 안전관리 등의 업무에 종사하도록 철도운영자 또는 철도시설관리자가 지정한 사람
④ 철도차량의 운행선로 또는 그 인근에서 철도시설의 건설 또는 관리와 관련된 작업의 현장감독업무를 수행하는 사람

**03** 다음 중 철도차량 운전면허 종류별 운전이 가능한 철도차량에 대한 내용으로 맞는 것은?

① 증기기관차를 운전하려면 증기차량 운전면허가 필요하다.
② 고속철도차량 운전은 제1종 전기차량 운전면허, 제2종 전기차량 운전면허, 디젤차량 운전면허 중 하나의 운전면허가 있어야 한다.
③ 도로면의 궤도를 이용하여 주행하는 철도차량은 노면전차로 구분한다.
④ 철도장비 운전면허를 제외한 철도차량 운전면허 소지자는 철도차량 종류에 관계없이 차량기지 내에서 시속 25킬로미터 이하로 운전하는 철도차량을 운전할 수 있다. 이 경우 다른 운전면허의 철도차량을 운전하는 때에는 국토교통부장관이 정하는 교육훈련을 받아야 한다.

**04** 다음 중 운전업무종사자 준수사항으로 틀린 것은?

① 차량정비기지에서 출발하는 경우 운전제어와 관련된 기능을 확인한다
② 정거장 외에는 정차를 하지 아니할 것
③ 운행구간 이상있을경우 관제사에게 보고할 것
④ 철도사고 등이 발생한경우 여객 대피 및 사고현황 파악

01 ④   02 ②   03 ④   04 ④

**05** 다음 신체검사 항목 중 순환기 계통에 해당되지 않는 것은?

① 만성폐쇄성 폐질환
② 유착성 심낭염
③ 폐성심
④ 확진된 관상동맥질환(협심증 및 심근경색증)

**06** 다음 중 철도교통관제사 자격증명 응시자의 인식 및 기억력 검사항목으로 맞는 것은?

① 추론
② 복합기능
③ 작업기억
④ 정확도

**07** 다음 중 운전면허의 효력이 실효된 사람이 3년 이내 동일한 면허를 취득하려는 경우 운전교육훈련과 운전면허 필기시험 면제하여야 되는 경우로 틀린 것은?

① 국토교통부령으로 정하는 교육훈련을 받은 경우 및 운전면허의 갱신을 신청하는 날 전 10년 이내 6개월 이상 해당 철도차량을 운전한 경력이 있는 경우
② 국토교통부령으로 정하는 교육훈련을 받은 경우 및 운전면허의 갱신을 신청하는 날 전 10년 이내 2년 이상 관제업무에 종사한 경력이 있는 경우
③ 국토교통부령으로 정하는 교육훈련을 받은 경우 및 운전면허의 갱신을 신청하는 날 전 10년 이내 운전교육훈련기관에서의 운전교육훈련 업무에 2년 이상 종사한 경력이 있는 경우
④ 국토교통부령으로 정하는 교육훈련을 받은 경우 및 운전면허의 갱신을 신청하는 날 전 10년 이내 철도운영자등에게 소속되어 철도차량 운전자 교육을 감독하는 업무에 2년 이상 종사한 경력이 있는 경우

**08** 다음 중 관제교육훈련기관 세부 지정기준으로 틀린 것은?

① 철도교통에 관한 업무 경력에는 책임교수의 경우 철도교통관제 업무 3년 이상, 선임교수의 경우 철도교통관제 업무 2년 이상이 포함되어야 한다.
② 1회 교육생 30명을 기준으로 철도교통관제 전임 책임교수 1명, 비전임 선임교수, 교수를 각 1명 이상 확보하여야 하며, 교육인원이 15명 추가될 때마다 교수 1명 이상을 추가로 확보하여야 한다. 이 경우 추가로 확보하여야 하는 교수는 비전임으로 할 수 있다.
③ 면적 90제곱미터 이상의 강의실을 갖출 것. 다만, 1제곱미터당 교육인원은 1명을 초과하지 아니하여야 한다.
④ 관제교육훈련에 필요한 교재를 갖출 것

**09** 다음 중 관제자격증명 시험 일부를 면제할 수 있는 사람으로 맞는 것은?

① 고등교육법에 따른 학교에서 국토교통부령으로 정하는 관제업무 관련 교과목을 이수한 사람
② 철도차량의 운전업무에 대하여 5년 이상의 경력을 취득한 사람
③ 도시철도 관제자격증명을 받은 후 철도 관제자격증명에 필요한 시험에 응시하려는 사람
④ 철도신호기·선로전환기·조작판의 취급업무에 대하여 5년 이상의 경력을 취득한 사람

05 ①　06 ③　07 ④　08 ③　09 ③

**10** 다음 중 철도차량정비기술자의 인정 기준으로 틀린 것은?

① 4등급 철도차량정비기술자의 등급지수는 10점 이상 40점 미만이다.
② 국가기술자격증이 없는 경우 자격별 경력점수는 3점/년이다.
③ 경력점수는 월 단위까지 계산한다. 이 경우 월 단위의 기간으로 산입되지 않는 일수의 합이 30일 이상인 경우 1개월로 본다.
④ 고등학교 졸업 학력점수는 5점이다.

**11** 다음 중 철도종사자에 대한 안전교육 과목으로 틀린 것은?

① 철도안전법령 및 안전관련 규정
② 인적오류의 중요성 등 정신교육
③ 근로자의 건강관리 등 안전·보건관리에 관한 사항
④ 철도안전관리체계 및 철도안전관리시스템(Safety Management System)

**12** 다음 중 제2종 전기차량 운전면허 일반응시자의 이론 교육과목에서 비상 시 조치 등의 교육시간으로 맞는 것은?

① 20  ② 25
③ 30  ④ 40

**13** 다음 중 국토교통부장관이 적성검사기관을 1개 기관만 지정하였을 경우 적성검사기관은 전국에 몇 개 이상의 장소에 검사소를 분산시켜야 되는지 맞는 것은?

① 3  ② 5
③ 7  ④ 10

**14** 다음 중 영상기록장치 안내판에 표시하여야 되는 사항으로 틀린 것은?

① 영상기록장치의 설치 근거 및 설치 목적
② 영상기록장치의 설치 위치, 촬영 범위 및 촬영 시간
③ 영상기록장치 관리 책임 부서, 관리책임자의 성명 및 연락처
④ 그 밖에 철도운영자등이 필요하다고 인정하는 사항

**15** 관제업무종사자가 하는 업무 중 열차 운행에 영향을 줄 수 있는 정보가 아닌 것은?

① 철도차량이 운행하는 선로 주변의 공사·작업의 변경 정보
② 철도사고등에 관련된 정보
③ 재난 관련 정보
④ 테러 발생 등 그 밖의 긴급상황에 관한 정보

**16** 다음 중 위해물품의 종류로 맞는 것은?

① 고압가스 : 섭씨 54.4도에서 730킬로파스칼을 초과하는 설대압력을 가진 액체 상태의 인화성 물질
② 인화성 액체 : 개방식 인화점 측정법에 따른 인화점이 섭씨 65.6도 이상인 액체
③ 총포·도검류 등 : 「총포·도검·화약류 등의 안전관리에 관한 법률」에 따른 총포·도검 및 국토교통부령으로 정하는 흉기류
④ 가연성고체: 화기 등에 의하여 용이하게 점화되며 화재를 조장할 수 있는 가연성고체

10 ①  11 ②  12 ③  13 ②  14 ①  15 ④  16 ④

**17** 다음 중 운송취급주의 위험물로 틀린 것은?

① 마찰·충격·흡습 등 주위의 상황으로 인하여 폭발할 우려가 있는 것
② 인화성·산화성 등이 강하여 그 물질 자체의 성질에 따라 발화할 우려가 있는 것
③ 용기가 파손될 경우 내용물이 누출되어 철도차량·레일·기구 또는 다른 화물 등을 부식시키거나 침해할 우려가 있는 것
④ 유독성 가스를 발생시킬 우려가 있는 것

**18** 다음 중 대통령령으로 정하는 노면전차의 안전운행 저해행위로 틀린 것은?

① 깊이 10미터 이상의 굴착
②「건설기계관리법」제2조제1항제1호에 따른 건설기계 중 높이가 10미터 이상인 건설기계를 설치하는 행위
③ 높이가 10미터 이상인 인공구조물을 설치하는 행위
④「위험물안전관리법」제2조제1항제1호에 따른 위험물을 같은 항 제2호에 따른 지정수량 이상 제조·저장하거나 전시하는 행위

**19** 철도 보호를 위한 안전조치가 맞는 것은?

① 신호기를 가리거나 신호기를 보는데 지장을 주는 시설이나 설비 등의 이동
② 시설물의 구조 검토·변경
③ 먼지나 티끌 등이 발생하는 시설·설비나 장비를 운용하는 경우 방진막, 물을 뿌리는 설비 등 분진방지시설 설치
④ 공사로 인하여 약해질 우려가 있는 지반에 대한 흙막이공사 시행

**20** 다음 중 철도 보호 및 질서유지를 위한 금지행위로 틀린 것은?

① 역시설 또는 철도차량에서 노숙하는 행위
② 열차운행 중에 타고 내리거나 정당한 사유 없이 승강용 출입문의 개폐를 방해하여 열차운행에 지장을 주는 행위
③ 술을 마시거나 약물을 복용하고 다른 사람에게 위해를 주는 행위
④ 정당한 사유 없이 열차 승강장의 비상정지버튼을 작동시켜 열차운행에 지장을 주는 행위

**21** 다음 중 여객의 동의를 받아 직접 신체나 물건을 검색하거나 특정 장소로 이동하여 검색을 할 수 있는 경우로 틀린 것은?

① 보안검색장비의 경보음이 울리는 경우
② 위해물품을 휴대하거나 숨기고 있다고 의심되는 경우
③ 보안검색장비 오류 등으로 그 내용물을 판독할 수 없는 경우
④ 보안의 위협과 관련한 정보의 입수에 따라 필요하다고 인정되는 경우

**22** 다음 중 국토교통부장관에게 즉시 보고하여야 되는 사항으로 틀린 것은?

① 사고 발생 일시 및 장소
② 사상자 등 피해사항
③ 사고 발생 원인
④ 사고 수습 및 복구 계획 등

17 ①    18 ②    19 ③    20 ③    21 ③    22 ③

**23** 다음 중 운전적성검사 갱신 대상자로 틀린 것은?
① 최초검사를 받은 지 5년 차 55세의 운전업무 종사자
② 최초검사를 받은 지 10년 차 40세의 운전업무 종사자
③ 정기검사를 받은 지 10년 차 38세의 운전업무 종사자
④ 정기검사를 받은 지 10년 차 55세의 운전업무 종사자

**24** 다음 중 위해물품의 종류로 맞는 것은?
① 공기와 작용하여 인화성 가스를 발생하는 물질
② 섭씨 37.8도에서 280킬로파스칼 이상 절대가스압력을 가진 기체상태의 인화성 물질
③ 뇌홍질화연
④ 열차의 차체·적하물 등에 접촉한 경우 물질적 손상을 주는 물질

**25** 다음 중 1년 이하의 징역 또는 1천만원 이하의 벌금에 해당되는 벌칙으로 틀린 것은?
① 운전면허 효력이 정지된 상태에서 철도차량을 운전한 사람
② 영상기록을 목적 외의 용도로 이용하거나 다른 자에게 제공한 사람
③ 술을 마시고 다른 사람에게 위해를 주는 행위를 한 사람
④ 영상기록장치에 기록된 영상정보를 도난당한 사람

**26** 다음 중 청문 대상 처분으로 틀린 것은?
① 안전관리체계의 승인 취소
② 운전신체검사기관의 지정취소
③ 운전면허의 효력정지
④ 운전교육훈련기관의 지정취소

**27** 다음 중 틀린 것은?
① 철도운영자등은 위해물품에 대하여 휴대나 적재의 적정성, 포장 및 안전조치의 적정성 등을 검토하여 휴대나 적재를 허가할 수 있다. 이 경우 해당 위해물품이 위해물품임을 나타낼 수 있는 표지를 포장 바깥면 등 잘 보이는 곳에 붙여야 한다.
② 국토교통부령으로 정하는 폭발물 또는 인화성이 높은 물건이란 위험물로서 주변의 물건을 손괴할 수 있는 폭발력을 지니거나 화재를 유발하거나 유해한 연기를 발생하여 여객이나 철도종사자에게 위해를 끼칠 우려가 있는 물건이나 물질을 말한다.
③ 국토교통부장관은 보안검색을 실시하게 하려는 경우에 사전에 철도운영자등에게 보안검색 실시계획을 통보하여야 한다.
④ 철도특별사법경찰관리가 보안검색을 실시하는 경우에는 검색 대상자에게 자신의 신분증을 제시하면서 소속과 성명을 밝히고 그 목적과 이유를 설명하여야 한다.

23 ④  24 ④  25 ④  26 ②  27 ②

**28** 다음 중 빈칸에 들어갈 말을 순서대로 나열한 것은?

> *( )이 철도직무교육 담당자로 지정한 사람을 제외한 다음 어느 하나에 해당하는 사람은 법 제24조제2항에 따라 ( )이 실시하는 직무교육(이하 "철도직무교육"이라 한다)을 받아야 한다.
> ① 법 제2조제10호가목부터 다목까지에 해당하는 사람
> ② 영 제3조제4호부터 제5호까지 및 같은 조 제7호에 해당하는 사람
> *별표 13의3 제1호부터 제3호까지에서 규정한 사항 외에 철도직무교육에 필요한 사항은 ( )이 정하여 고시한다.

① 철도운영자 등, 철도운영자 등, 철도운영자등
② 국토교통부장관, 철도운영자 등, 철도운영자등
③ 철도운영자 등, 철도운영자 등, 국토교통부장관
④ 국토교통부장관, 국토교통부장관, 철도운영자 등

**29** 다음 중 2년 이하의 징역 또는 2천만원 이하의 벌금에 처하는 자로 틀린 것은?

① 안전관리체계의 지속적으로 유지하지 않아 철도운영이나 철도시설의 관리에 중대하고 명백한 지장을 초래한 자
② 거짓이나 그 밖의 부정한 방법으로 형식승인을 받은 자
③ 운행 중 비상정지버튼을 누르거나 승강용 출입문을 여는 행위를 한 사람
④ 철도시설 또는 철도차량을 파손하여 철도차량 운행에 위험을 발생하게 하는 행위를 한 자

**30** 다음 중 과태료가 제일 적은 것은?

① 철도사고등 발생 시 관제업무종사자 준수사항을 1차 위반한 경우
② 우수운영자로 지정되지 않았음에도 불구하고 우수운영자로 지정되었음을 나타내는 표시를 하여 시정조치 명령 1차 위반
③ 선로에 출입한 경우 3차 위반
④ 이력사항을 위조, 변조하거나 고의로 훼손한 경우 1차 위반

## 철도차량운전규칙

**31** 다음 중 철도차량운전규칙에서 사용하는 용어의 정의로 틀린 것은?

① "차량"이라 함은 열차의 구성부분이 되는 1량의 철도차량을 말한다.
② "완급차"라 함은 수제동기용 제동통·압력계·차장변 및 관통제동기를 장치한 차량으로서 열차승무원이 집무할 수 있는 차실이 설비된 객차 또는 화차를 말한다.
③ "조차장"이라 함은 차량의 입환 또는 열차의 조성을 위하여 사용되는 장소를 말한다.
④ "무인운전"이란 사람이 열차 안에서 직접 운전하지 아니하고 관제실에서의 원격조종에 따라 열차가 자동으로 운행되는 방식을 말한다.

28 ③    29 ④    30 ③    31 ②

**32** 다음 중 철도운영자등이 철도안전법 등 관계 법령에 따라 필요한 교육을 실시해야 되는 대상이 아닌 것은?

① 운전업무보조자
② 원격제어가 가능한 장치로 입환 작업을 수행하는 사람
③ 여객승무원
④ 운전취급책임자

**33** 다음 중 철도차량운전규칙에서 열차가 맨 앞 차량의 운전실 외에서 운전할 수 있는 경우로 틀린 것은?

① 철도종사자가 차량의 맨 앞에서 전호를 하는 경우로서 그 전호에 의하여 열차를 운전하는 경우
② 선로·전차선로 또는 차량에 고장이 있는 경우
③ 공사열차·구원열차·제설열차 또는 시험운전열차를 운전하는 경우
④ 정거장과 그 정거장 외의 본선 도중에서 분기하는 측선과의 사이를 운전하는 경우

**34** 다음 중 2 이상의 열차를 동시에 정거장에 진입시키거나 진출시킬 수 있는 경우로 맞는 것은?

① 안전측선, 탈선선로분기기, 탈선기가 설치되어 있는 경우
② 단행기관차를 유도하여 서행으로 진입시키는 경우
③ 다른 방향에서 진입하는 열차들이 출발신호기로부터 200미터이상의 여유거리가 있는 경우
④ 동일방향에서 진입하는 동차가 정차위치에서 150미터 이상의 여유거리가 있는 경우

**35** 다음 중 열차를 퇴행하여도 되는 경우로 틀린 것은?

① 선로·전차선로 또는 차량에 고장이 있는 경우
② 공사열차·구원열차 또는 제설열차가 작업상 퇴행할 필요가 있는 경우
③ 뒤의 단행기관차를 활용하여 퇴행하는 경우
④ 철도사고등의 발생 등 특별한 사유가 있는 경우

**36** 다음 중 철도사고등의 발생으로 인하여 정거장외에서 열차가 정차하여 구원열차를 요구하였거나 구원열차 운전의 통보가 있는 경우에도 불구하고 철도사고등이 확대될 염려가 있어 열차 또는 차량을 이동시키는 경우 이동내용과 이동사유를 통보하여야 되는 사람이 아닌 것은?

① 객실승무원
② 구원열차의 운전업무종사자
③ 관제업무종사자
④ 운전취급담당자

**37** 다음 중 입환작업계획서에 포함하여야 되는 사항으로 틀린 것은?

① 입환 작업 순서
② 작업자별 역할
③ 입환전호 방식
④ 입환 시 사용할 무전채널의 지정

32 ④ 33 ③ 34 ③ 35 ③ 36 ① 37 ④

**38** 다음 중 자동폐색장치의 구비조건에 대하여 틀린 것은?

① 자동폐색식을 시행하는 폐색구간의 장내신호기·출발신호기 및 폐색신호기는 폐색구간에 열차 또는 차량이 있을 때에는 자동으로 정지신호를 현시할 기능을 갖추어야 한다.
② 폐색구간에 있는 선로전환기가 정당한 방향으로 개통되지 아니한 때 또는 분기선 및 교차점에 있는 차량이 폐색구간에 지장을 줄 때에는 자동으로 정지신호를 현시하여야 한다.
③ 열차자동제어장치의 지상장치에 고장이 있는 경우 자동으로 정지신호를 현시하여야 한다.
④ 단선구간에 있어서는 하나의 방향에 대하여 진행을 지시하는 신호를 현시한 때에는 그 반대방향의 신호기는 자동으로 정지신호를 현시하여야 한다.

**39** 다음 중 상치신호기에 대한 설명으로 맞는 것은?

① 폐색신호기 : 폐색구간에 진입하려는 열차에 대하여 신호를 현시하는 것
② 유도신호기 : 유도를 받을 열차에 대하여 신호를 현시하는 것
③ 통과신호기 : 출발신호기에 종속하여 정거장에 진출하는 열차에 대하여 신호기가 현시하는 신호를 예고하며, 정차장을 통과할 수 있는지의 여부에 대한 신호를 현시하는 것
④ 진로개통표시기 : 차내신호기를 사용하는 본 선로의 분기부에 설치하여 선로의 개통상태를 표시하는 것

**40** 다음 중 전호의 방식을 정하여 그 전호에 따라 작업을 하여야 되는 경우로 맞지 않는 것은?

① 여객 또는 화물의 취급을 위하여 정지위치를 지시할 때
② 신호를 원격으로 제어하여 단순히 선로를 변경하기 위하여 입환할 때
③ 검사·수선연결 또는 해방을 하는 경우에 당해 차량의 이동을 금지시킬 때
④ 퇴행 또는 추진운전시 열차의 맨 앞 차량에 승무한 직원이 철도차량운전자에 대하여 운전상 필요한 연락을 할 때

### 도시철도운전규칙

**41** 다음 중 도시철도운전규칙에서 사용하는 용어의 정의로 틀린 것은?

① 전차선로라 함은 전차선 및 이를 지지하는 공작물을 말한다.
② 폐색이란 선로의 일정구간에 둘 이상의 열차를 동시에 운전시키지 아니하는 것을 말한다.
③ 무인운전이란 사람이 열차 안에서 직접 운전하지 아니하고 관제실에서의 원격조종에 따라 열차가 자동으로 운행되는 방식을 말한다.
④ 시계운전이란 사람의 맨눈에 의존하여 운전하는 것을 말한다.

**42** 다음 중 도시철도 운전규칙에서 맞는 것은?
① 선로는 주기적으로 순회점검을 해야한다.
② 전력설비의 각 부분은 도시철도운영자가 정하는 주기에 따라 검사를 하고 안전운전에 지장이 없도록 정비하여야 한다.
③ 전력설비는 열차 등이 최고속도로 안전하게 운전할 수 있는 상태로 보전하여야 한다.
④ 신설 · 이설 · 개조 또는 수리한 운전보안장치는 시험운전을 확인하기 전에는 사용할 수 없다.

**43** 다음 중 맞는 것은?
① 이미 운영하고 있는 구간을 확장, 이설 또는 개조한 경우에는 관계 전문간의 안전진단을 거쳐 시험운전 기간을 줄이거나 생략할 수 있다.
② 차량의 검사 및 시험운전을 하였을 때에는 검사자의 성명, 검사 상태 및 검사일시 등을 기록하여 일정 기간 보존하여야 한다.
③ 도시철도운영자는 운전사고, 운전장애 등으로 열차를 정상적으로 운전할 수 없을 때에는 열차의 종류, 도착지, 접속 등을 고려하여 열차가 정상운전이 되도록 운전 정리를 하여야 한다.
④ 도시철도운영자는 정거장에서의 열차의 출발, 통과 및 도착의 시간을 정하고 이에 따라 열차를 운행하여야 한다.

**44** 다음 중 도시철도운전규칙에서 운전 진로를 달리할 수 있는 경우로 맞는 것은?
① 공사열차 · 구원열차 또는 제설열차를 운전하는 경우
② 선로 또는 열차에 고장이 발생하여 퇴행운전을 하는 경우
③ 입환운전을 하는 경우
④ 양방향 신호설비가 설치된 구간에서 열차를 운전하는 경우

**45** 다음 중 도시철도 열차의 편성에 대하여 틀린 것은?
① 열차는 차량의 특성 및 선로 구간의 시설 상태 등을 고려하여 안전운전에 지장이 없도록 편성하여야 한다.
② 열차의 비상제동거리는 600미터 이하로 하여야 한다.
③ 열차에 편성되는 각 차량에는 제동력이 균일하게 작용하고 분리 시에 자동으로 정차할 수 있는 제동장치를 구비하여야 한다.
④ 열차를 편성하거나 편성을 변경할 때에는 운전하기 전에 제동기능을 시험하여야 한다.

42 ②    43 ③    44 ②    45 ④

**46** 다음 중 도시철도 차량 검사에 대하여 틀린 것은?

① 제작·개조·수선 또는 분해검사를 한 차량과 일시적으로 사용을 중지한 차량은 검사하고 시험운전을 하기 전에는 사용할 수 없다.
② 차량의 각 부분은 일정한 기간 또는 수행거리를 기준으로 하여 그 상태와 작용에 대한 검사와 분해검사를 하여야 한다.
③ 검사를 할 때 차량의 전기장치에 대해서는 절연저항시험 및 절연내력시험을 하여야 한다.
④ 열차로 편성한 차량의 각 부분은 검사하여 안전운행에 지장이 없도록 해야 한다.

**47** 다음 중 도시철도 무인운전 긴급상황 조치규정을 마련해야되는 긴급상황에 해당되지 않는 것은?

① 선로 안에서 사람이나 장애물이 발견된 경우
② 열차에 고장이나 화재가 발생하는 경우
③ 운전모드를 변경해야 되는 경우
④ 그 밖에 승객의 안전에 위험한 상황이 발생하는 경우

**48** 다음 중 노면전차에 대하여 틀린 것은?

① 앞서가는 열차와 안전거리를 충분히 유지할 것
② 교차로에서 앞서가는 열차를 따라서 동시에 통과하지 않을 것
③ 도로교통과 주행선로를 공유하는 구간에서는 [도로교통법] 제17조에 따른 최고속도를 초과하지 않도록 열차의 운전속도를 정해야 한다.
④ 노면전차의 신호기는 크기와 형태가 도로교통 신호기와 같도록 설계하여야 한다.

**49** 다음 중 도시철도운전규칙 전령법에 대하여 틀린 것은?

① 전령법을 시행하는 구간에는 한 명의 전령자를 선정하여야 한다.
② 전령자는 백색 완장을 착용하여야 한다.
③ 전령법을 시행하는 구간에서는 그 구간의 전령자가 탑승하여야 열차를 운전할 수 있다.
④ 관제사가 취급하는 경우에는 전령자를 탑승시키지 아니한다.

**50** 다음 중 도시철도차량운전규칙에서 신호에 대하여 맞는 것은?

① 표지 : 형태·색 등으로 물체의 위치·방향·조건을 표시하는 것
② 자동신호방식 및 지하구간에서의 신호방식은 야간방식에 따른다
③ 상설신호기 또는 임시신호기 신호와 수신호가 각각 다를 때에는 열차 등에 가장 안전한 신호를 따라야 한다.
④ 신호가 필요한 장소에 신호가 없을 때 또는 그 신호가 분명하지 아니할 때에는 주의신호가 있는 것으로 본다.

46 ④   47 ③   48 ④   49 ④   50 ①

# 1회 면허대비 실전 모의고사

*최근 면허시험 난이도를 반영한 문제로 제작하였습니다.

**01** 다음 중 운전면허시험 응시원서 첨부서류로 틀린 것은?

① 철도차량 운전면허증의 사본(철도차량 운전면허 소지자가 다른 철도차량 운전면허를 취득하고자 하는 경우에 한정한다)
② 관제자격증명서 사본(관제자격증명 취득자에 한정한다)
③ 운전업무 수행 경력증명서(고속철도차량 운전면허시험에 응시하는 경우에 한정한다)
④ 법에 따라 운전교육훈련기관으로 지정받은 대학의 장이 발급한 철도운전관련 교육과목 이수 증명서(법에 따라 이론교육 과목의 이수로 인정받으려는 경우에만 해당한다)

**02** 다음 중 빈칸에 들어갈 말로 맞는 것을 순서대로 나열한 것은?

> (　　　　　)이내의 지역 에서 노면전차의 안전운행 저해행위 등을 하려는 자는 대통령령으로 정하는 바에 따라 국토교통부장관에게 신고하여야 한다.

① 노면전차 철도경계선으로부터 20미터
② 노면전차 가장 안쪽 궤도의 끝선으로부터 20미터
③ 노면전차 철도보호지구의 안쪽 경계선으로부터 10미터
④ 노면전차 철도보호지구의 바깥쪽 경계선으로부터 20미터

**03** 다음 중 영상기록장치 설치대상으로 틀린 것은?

① 고속철도차량을 정비하는 차량정비기지
② 국가중요시설로 지정된 교량 및 터널
③ 안전시설을 갖추고 여객을 수송하는 객차
④ 열차의 맨 앞에 위치한 동력차로서 운전실이 있는 동력차

**04** 다음 중 운전면허 소지자의 면허필기시험에 대하여 틀린 것은?

① 노면전차에 대한 운전면허 수행 경력이 3년 이상 있는 사람은 고속철도 차량 운전면허 응시할 수 없다.
② 디젤차량 운전면허 소지자가 고속철도 차량 운전면허에 응시할 경우 운전이론 일반이 면제된다.
③ 제1종 전기차량 운전면허 소지자가 디젤차량 운전면허를 응시할 경우 디젤차량의 구조 및 기능 외에는 면제 한다.
④ 제2종 전기차량 운전면허 소지자가 노면전차 운전면허를 응시할 경우 2과목만 본다.

01 ②　02 ④　03 ③　04 ②

**05** 다음 중 빈칸에 들어갈 말을 순서대로 나열한 것으로 맞는 것은?

> • 전용철도의 운영자는 자체적으로 (　　　)을(를) 갖추고 지속적으로 유지하여야 한다.
> • 국토교통부장관은 (　　　)의 승인 신청을 받은 경우에 (　　　)에 적합한지를 검사한 후 승인 여부를 결정하여야 한다.

① 안전관리시스템, 안전관리에 필요한 기술기준, 안전관리체계
② 안전관리체계, 안전관리체계, 안전관리에 필요한 기술기준
③ 안전관리에 필요한 기술기준, 안전관리체계, 안전관리에 필요한 기술기준
④ 안전관리에 필요한 기술기준, 안전관리체계, 안전관리에 필요한 기술기준

**06** 다음에 해당하는 사람의 과태료 부과기준으로 맞는 것은?

> 김아무개씨는 2022년 10월 12일 여객열차에서 흡연 행위가 적발되었고 2023년 4월 13일 여객열차에서 흡연으로 재차 적발 되었다.

① 15만원
② 30만원
③ 60만원
④ 90만원

**07** 다음 중 철도사고 종결보고 사항으로 틀린 것은?

① 철도사고 등의 조사 경위
② 철도사고 등의 수습, 복구 비용
③ 철도사고 등의 원인 분석
④ 철도사고 등에 대한 대책 등

**08** 다음 중 철도차량 등에 발생한 고장보고를 접수한 국토교통부장관이 필요한 경우 그 사실을 통보하여야 하는 관련부서로 틀린 것은?

① 철도운영기관
② 철도시설관리자
③ 한국교통안전공단
④ 한국철도기술연구원

**09** 다음 중 철도운영자등이 실무수습을 이수한 자에 대하여 철도안전정보망에 입력해야 되는 내용으로 틀린 것은?

① 실무수습방법
② 실무수습을 받은 구간
③ 실무수습기간
④ 평가자

**10** 다음 중 철도운영자가 업무 수행에 필요한 지식과 기능을 보유한 것을 확인해야 되는 철도종사자로 틀린 것은?

① 철도차량운전업무를 보조하는 사람
② 조작판을 취급하는 사람
③ 원격제어가 가능한 장치로 입환 작업을 수행하는 사람
④ 철도에 공급되는 전력의 원격제어장치를 운영하는 사람

05 ②　06 ③　07 ②　08 ②　09 ①　10 ④

**11** 다음 중 철도운영자등이 정하는 것으로 틀린 것은?

① 정거장 내, 외에서 운전취급을 달리하는 경우 구분 운영 및 경계지점과 표시방식
② 특수목적열차의 운행계획
③ 열차의 운행시각
④ 선로의 노선별 및 차량의 종류별 열차의 운행속도

**12** 다음 중 철도운영자등이 운전제한속도를 따로 정하여 시행해야 되는 경우로 틀린 것은?

① 무인운전 구간을 운전하는 경우
② 전령법에 의하여 열차를 운전하는 경우
③ 열차를 퇴행운전을 하는 경우
④ 지령운전을 하는 경우

**13** 다음 중 야드신호 현시방식으로 맞는 것은?

① 노란색 직사각형등과 적색원형등("25" 지시) 점등
② 노란색 직사각형등과 적색사각형등 점등("25"지시) 점등
③ 노란색 직사각형등과 적색원형등(25등 신호) 점등
④ 적색사각형등과 노란색 원형등(25등 신호) 점등

**14** 다음 중 도시철도 운전규칙의 차량의 검사 및 시험운전에 대하여 틀린 것은?

① 제작검사를 한차량의 전기장치에 대해서는 절연저항시험 및 절연내력시험을 하고 시험운전을 하기 전에는 사용할 수 없다.
② 일시적으로 사용을 중지한 차량은 검사하고 시험운전을 하기 전에는 사용할 수 없다.
③ 경미한 정도의 개조를 한 차량은 시험운전을 하기 전에 사용할 수 있다.
④ 열차로 편성한 차량의 각 부분은 검사하고 시험운전을 하기 전에는 운행할 수 없다.

**15** 다음 내용 중 도시철도 운전규칙에 대하여 틀린 것은?

① 열차가 추진운전, 퇴행운전 또는 무인운전을 하는 경우 맨 앞의 차량에서 운전하지 않아도 된다.
② 열차는 운전사고가 발생한 경우 열차시간표에 따라 운전하지 않아도 된다.
③ 차량을 결합, 해체하는 경우 차량은 열차에 편성되기 전에 정거장 외의 본선을 운전할 수 있다.
④ 무인운전의 경우 철도안전법에 따른 운전면허를 소지한 사람이 운전하여야 한다.

**16** 다음 중 본선을 이용하는 인력입환 작업 감시자로 틀린 것은?

① 다른 열차가 인접정거장 또는 신호소를 출발한 후에는 그 열차에 대한 장내신호기의 바깥쪽에 걸친 입환을 할 수 없다.
② 본선을 이용하는 인력입환은 철도운영자등의 승인을 받아야 한다.
③ 열차의 도착 시각이 임박한 때에는 그 열차가 정차 예정인 선로에서는 입환을 할 수 없다.
④ 다른 열차가 정거장에 진입할 시각이 임박한 때에는 다른 열차에 지장을 줄 수 있는 입환을할 수 없다.

11 ④  12 ①  13 ③  14 ④  15 ④  16 ②

**17** 다음 중 열차의 운전에 사용하는 동력차를 맨 앞에 연결하지 않고 운전할 수 있는 경우로 틀린 것은?

① 보조기관차를 사용하는 경우
② 열차에 고장이 있는 경우
③ 시험운전열차를 운전하는 경우
④ 정거장 내의 본선을 운전하는 경우

**18** 다음 중 도시철도 운전규칙에서 폐색구간에 둘 이상의 열차를 동시에 운전할 수 있는 경우로 틀린 것은?

① 시험운전을 하는 경우
② 하나의 열차를 분할하여 운전하는 경우
③ 선로 불통으로 폐색구간에서 공사열차를 운전하는 경우
④ 다른 열차의 차선 바꾸기 지시에 따라 차선을 바꾸기 위하여 운전하는 경우

**19** 다음 중 도시철도 운전규칙에 대하여 옳은 것은?

① 무폐색운전은 폐색구간 없이 운전하는 것을 의미한다.
② 열차등은 서행신호가 있을 때에는 감속하여야 한다.
③ 동력을 가진 차량을 선로에 두는 경우에는 그 동력으로 움직이는 것을 방지하기 위한 조치를 마련하여야 하며, 동력을 가진 동안에는 차량의 움직임을 감시하여야 한다.
④ 차량을 결합·해체하거나 차량의 차선을 바꿀 때에는 관제사의 지시에 따라 하여야 한다.

**20** 다음 중 도시철도 운전규칙의 수신호 현시방법으로 틀린 것은?

① 주간 정지신호: 부득이한 경우에는 두 팔을 높이 들거나 또는 녹색기 외의 물체를 급격히 흔드는 것으로 대신할 수 있다.
② 야간 진행신호: 녹색등
③ 주간 서행신호: 적색기와 녹색기를 모아 쥐고 머리 위에 높이 교차한다.
④ 선로의 지장으로 인하여 열차등을 정지시킬 때에는 지장지점으로부터 200미터 이상의 앞 지점에서 정지수신호를 하여야 한다.

17 ④　18 ①　19 ③　20 ③

# 2회 면허대비 실전 모의고사

*최근 면허시험 난이도를 반영한 문제로 제작하였습니다.

**01** 다음 중 철도안전법에서 사용하는 용어의 정의로 맞는 것은?

① 열차란 선로를 운행할 목적으로 철도운영자가 조성하여 열차번호를 부여한 철도차량을 말한다.
② 철도운영자란 철도시설운영에 관한 업무를 수행하는 자를 말한다.
③ 운행장애란 열차운행에 지장을 주는 것으로서 철도사고 및 철도준사고에 해당되지 아니하는 것을 말한다.
④ 인증기관이란 보안검색장비의 성능 인증 및 점검 업무를 대통령령으로 정하는 기관을 말한다.

**02** 다음 중 안전운행 또는 질서유지 철도종사자로 틀린 것은?

① 철도사고 또는 운행장애가 발생한 현장에서 조사·수습·복구 등의 현장감독 업무를 수행하는 사람
② 철도시설 또는 철도차량을 보호하기 위한 순회점검업무 또는 경비업무를 수행하는 사람
③ 정거장에서 철도신호기·선로전환기 또는 조작판 등을 취급하거나 열차의 조성업무를 수행하는 사람
④ 철도에 공급되는 전력의 원격제어장치를 운영하는 사람

**03** 다음 중 신체검사 불합격기준과 신체검사 항목을 짝지은 것으로 맞는 것은?

① 의사소통에 지장이 있는 언어장애나 호흡에 장애를 가져오는 코, 구강, 인후, 식도의 변형 및 기능장애 – 일반 결함
② 거대결장 – 소화기 계통
③ 만성 신우염 – 내분비 계통
④ 빈혈 – 혈액이나 조혈 계통

**04** 다음 중 시험기관 지정기준에서 시험실이 갖춰야 하는 시설이 아닌 것은?

① 항온항습 시설
② 철도보안검색장비 성능시험 시설
③ 화학물질 보관 및 취급을 위한 시설
④ 엑스선검색장비 연속동작시험 시설

**05** 다음 중 틀린 것은?

① 열차의 편성, 철도차량 운전 및 신호방식 등 철도차량의 안전운행에 필요한 사항은 국토교통부령으로 정한다.
② 철도차량을 운행하는 자는 국토교통부장관이 지시하는 이동·출발·정지 등의 명령과 운행 기준·방법·절차 및 순서 등에 따라야 한다.
③ 국토교통부장관은 철도차량의 안전하고 효율적인 운행을 위하여 철도시설의 운용상태 등 철도차량의 운행과 관련된 조언과 정보를 철도종사자 또는 관제업무종사자 에게 제공할 수 있다.

01 ④  02 ①  03 ②  04 ④  05 ③

④ 국토교통부장관은 철도차량의 안전한 운행을 위하여 철도시설 내에서 사람, 자동차 및 철도차량의 운행제한 등 필요한 안전조치를 취할 수 있다.

**06** 다음 중 위해물품의 종류로 맞는 것은?

① 독물 : 사람이 흡입·접촉하거나 체내에 섭취한 경우에 강력한 독작용이나 자극을 일으키는 물질
② 방사성 물질 : 「원자력안전법」 제2조에 따른 핵물질 및 방사성물질이나 이로 인하여 오염된 물질로서 방사능의 농도가 킬로그램당 74킬로베크렐(킬로그램당 0.002마이크로큐리) 이상인 것
③ 자연발화성 물질 : 통상적인 운송상태에서 마찰·습기흡수·화학변화 등으로 인하여 화재를 조장하기 쉬운 물질
④ 마취성 물질 : 여객승무원이 정상근무를 할 수 없도록 극도의 고통이나 불편함을 발생시키는 마취성이 있는 물질이나 그와 유사한 성질을 가진 물질

**07** 다음 중 철도 보호 및 질서유지를 위한 금지행위로 틀린 것은?

① 철도교량 등 국토교통부령으로 정하는 시설 또는 구역에 국토교통부령으로 정하는 폭발물 또는 인화성이 높은 물건 등을 쌓아 놓는 행위
② 선로(철도와 교차된 도로는 제외한다) 또는 국토교통부령으로 정하는 철도시설에 철도운영자등의 승낙 없이 출입하거나 통행하는 행위
③ 역시설 등 공중이 이용하는 철도시설 또는 철도차량에서 폭언 또는 고성방가 등 소란을 피우는 행위
④ 철도차량에 국토교통부령으로 정하는 유해물 또는 열차운행에 지장을 줄 수 있는 오물을 버리는 행위

**08** 다음 빈칸에 들어갈 말은?

> 국토교통부장관은 철도안전경영, 위험관리, 사고 조사 및 보고, 내부점검, 비상대응계획, 비상대응훈련, 교육훈련, 안전정보관리, 운행안전관리, 차량·시설의 유지관리(차량의 기대수명에 관한 사항을 포함한다) 등 철도운영 및 철도시설의 안전관리에 필요한 (　)을 정하여 고시하여야 한다.

① 기술기준
② 승인기준
③ 확인기준
④ 검사기준

**09** 다음 중 제2종 전기차량 운전업무종사자의 적성검사에 대하여 틀린 것은?

① 특별검사 반응형 검사 항목에는 추론이 있다.
② 문답형 검사 항목에는 일반성격, 안전성향, 스트레스가 있다.
③ 특별검사의 복합기능 및 시각변별 검사는 시뮬레이터 검사기로 시행한다.
④ 반응형 검사 항목 중 복합기능, 선택주의, 지속주의는 주의력에 해당된다.

06 ①　07 ④　08 ①　09 ③

**10** 다음 중 철도운영자등이 실시하는 직무교육을 받아야 하는 사람이 아닌 것은?

① 운전업무종사자
② 관제업무종사자
③ 여객승무원
④ 여객역무원

**11** 다음 중 일반응시자의 제2종 전기차량 운전면허 교육과목 및 교육시간으로 틀린 것은?

① 철도관련법 50시간
② 도시철도시스템 일반 50시간
③ 전기동차의 구조 및 기능 110시간
④ 운전이론 일반 30시간

**12** 다음 중 국토교통부장관이 철도특별사법경찰대장에게 위임한 권한이 아닌 것은?

① 철도보안정보체계의 구축 · 운영
② 철도종사자가 술을 마셨는지에 대한 확인 또는 검사
③ 여객에게 위해를 끼칠 우려가 있는 동식물을 안전조치 없이 여객열차에 동승하거나 휴대하는 행위에 대한 과태료의 부과 · 징수
④ 철도차량의 안전한 운행을 위하여 철도시설 내에서 사람, 자동차 및 철도차량의 운행제한 등 필요한 안전조치를 따르지 아니한 자에 과태료 부과 · 징수

**13** 다음 중 보안검색에 대하여 맞는 것은?

① 위해물품을 적재했다고 판단하는 경우 그 물건에 대해 전부검색을 실시할 수 있다.
② 국토교통부장관은 보안검색 정보 및 그 밖의 철도보안 · 치안 관리에 필요한 정보를 효율적으로 활용하기 위하여 철도안전정보체계를 구축 · 운영하여야 한다.
③ 보안검색 장비 종류는 대통령령으로 정한다.
④ 보안검색 장소의 안내문 등을 통하여 사전에 보안검색 실시계획을 안내한 경우 철도특별사법경찰관리가 사전 설명 없이 검색할 수 있다.

**14** 운전업무종사자 A씨가 철도차량 운행중에 휴대전화 사용으로 2020년 10월 8일에 과태료 처분을 받았다. 이후 2021년 12월 5일에 다시 같은 행위로 적발되어 과태료를 부과하여야 할 때 과태료로 맞는 것은? ★신 유형

① 90만원
② 150만원
③ 300만원
④ 450만원

**15** 철도차량운전규칙에서 시계운전에 의한 방법으로 복선운전구간이나 단선운전구간에서 모두 사용할수 있는 것은?

① 격시법
② 전령법
③ 지도 격시법
④ 지도통신식

**16** 다음 중 철도차량운전규칙에서 2 이상의 열차가 정거장에 진입시키거나 진출시킬 수 있는 것으로 틀린 것은?

① 안전측선 · 탈선유도기 · 탈선기가 설치되어 있는 경우
② 열차를 유도하여 서행으로 진입시키는 경우

10 ④   11 ③   12 ④   13 ④   14 ②   15 ②   16 ①

③ 단행기관차로 운행하는 열차를 진입시키는 경우
④ 다른 방향에서 진입하는 동차가 출발신호기 또는 정차위치로 부터 150미터 이상의 여유거리가 있는 경우

**17** 다음 중 철도차량운전규칙에서 지도표 기입 사항이 아닌 것은?

① 양끝의 정거장명
② 사용구간
③ 발행일자
④ 사용열차번호

**18** 다음 중 철도차량운전규칙 임시신호기에 대하여 틀린 것은?

① 주간의 서행신호 현시 방식은 백색테두리의 등황색 원판으로 한다.
② 주간의 서행예고신호는 흑색 삼각형 3개를 그린 백색 삼각형으로 현시한다.
③ 야간의 서행해제신호는 녹색등으로 현시한다.
④ 서행신호 및 서행예고신호기에는 제한속도를 표시하여야한다.

**19** 도시철도운전규칙에서 폐색구간에 둘이상의 열차를 동시에 운전할 수 있는 경우가 아닌 것은?

① 고장난 열차가 있는 폐색구간에서 구원열차를 운전하는 경우
② 선로불통으로 폐색구간에서 공사열차를 운전하는 경우
③ 하나의 열차를 분할하여 운전하는 경우
④ 차선을 바꾸기 위하여 운전하는 경우

**20** 도시철도운전규칙의 입환전호 방식에서 주간의 퇴거전호로 맞는 것은?

① 녹색기를 좌우로 흔든다
② 부득이한 경우 두팔을 높이드는 것을 반복하는 것으로 대신할 수 있다.
③ 녹색기를 상하로 흔든다
④ 부득이한 경우 한팔을 좌우로 움직이는 것으로 대신할 수있다.

17 ②　18 ④　19 ④　20 ③

# 3회 면허대비 실전 모의고사

*최근 면허시험 난이도를 반영한 문제로 제작하였습니다.

**01** 안전관리체계 승인 신청 절차 중 틀린 것은?
① 안전관리체계를 승인받으려는 경우에는 철도운용 또는 철도시설 관리 개시예정일 90일전까지 승인신청서에 서류를 첨부하여 국토교통부 장관에게 제출한다.
② 철도안전관리 시스템에 관한 서류는 철도안전경영, 문서화, 위험관리 등 11가지다.
③ 열차운행체계에 관한 서류는 철도운영 개요, 열차 운행계획, 철도운전면허, 철도관제업무 등 10가지이다.
④ 유지관리체계에 관한 서류는 유지관리 이행계획, 유지관리 개요, 철도차량 제작감독 등 9가지이다.

**02** 다음 중 철도 관제자격증명 취득자의 제2종 전기차량 운전면허 필기시험 과목으로 틀린 것은?
① 도시철도시스템 일반
② 전기동차의 구조 및 기능
③ 운전이론 일반
④ 비상 시 조치 등

**03** 다음 중 시험기관 지정서를 발급한 국토교통부장관이 관보에 고시해야하는 사항으로 틀린 것은?
① 시험기관의 명칭(마크 또는 약호를 포함한다)
② 시험기관의 소재지
③ 시험기관 지정일자 및 지정번호
④ 시험기관의 업무수행 범위

**04** 다음 중 정거장에서 철도신호기·선로전환기 및 조작판 등을 취급하는 업무를 수행하는 사람의 최초 적성검사에 대한 설명으로 틀린 것은?
① 문답형 검사항목에는 일반성격, 안전성향, 스트레스가 있다.
② 시각변별, 공간지각, 작업기억 항목은 인식 및 기억력에 해당된다.
③ 판단 및 행동력에는 민첩성과 추론 항목이 있다.
④ 반응형 검사 평가점수(합계 70점)가 30점 미만인 사람은 불합격 처리된다.

**05** 철도보호지구에서의 안전운행 저해행위 등 "대통령령으로 정하는 행위"에 포함되지 않는 것은?
① 정당한 사유없이 여객출입금지 장소에 출입하는 행위
② 전차선로에 의하여 감전될 우려가 있는 시설이나 설비를 설치하는 행위
③ 시설 또는 설비가 선로의 위나 밑으로 횡단하거나 선로와 나란히 되도록 설치하는 행위
④ 폭발물이나 인화물질 등 위험물을 제조, 저장하거나 전시하는 행위

01 ③  02 ①  03 ①  04 ①  05 ①

**06** 다음 중 철도차량운전규칙에서 열차의 맨 앞 운전실에서 운전하지 않아도 되는 경우로 틀린 것은?

① 선로, 또는 전차선로 또는 차량에 고장이 있는 경우
② 대용폐색방식인 지도통신식으로 운전하는 경우
③ 철도시설 또는 철도차량을 시험하기 위하여 운전하는 경우
④ 정거장과 그 정거장 외의 본선 도중에서 분기하는 측선과의 사이를 운전하는 경우

**07** 다음 중 철도안전 종합계획에 포함되는 사항이 아닌 것은?

① 철도안전관리체계의 지속적 유지에 관한 사항
② 철도안전 관련 전문 인력의 양성 및 수급관리에 관한 사항
③ 철도안전 관련 연구 및 기술개발에 관한 사항
④ 철도안전 종합계획의 추진 목표 및 방향

**08** 다음 중 고압가스 위해물품의 종류로 틀린 것은?

① 섭씨 50도 미만의 임계온도를 가진 물질
② 섭씨 50도에서 300킬로파스칼을 초과하는 절대압력을 가진 물질
③ 섭씨 21.1도에서 260킬로파스칼을 초과하는 절대압력을 가진물질
④ 섭씨 37.8도에서 280킬로파스칼을 초과하는 절대가스압력을 가진 액체상태의 인화성 물질

**09** 다음 중 운전업무종사자 준수사항으로 틀린 것은?

① 차량정비기지에서 출발하는 경우 운전제어와 관련된 기능을 확인한다.
② 정거장 외에는 정차를 하지 아니할 것
③ 운행구간 이상있을경우 관제사에게 보고할 것
④ 철도사고 등이 발생한경우 여객 대피 및 사고현황 파악

**10** 다음 철도종사자 중 철도직무교육시간이 5년마다 35시간 이상이 아닌 것은?

① 관제업무종사자
② 철도차량 점검 · 정비 업무 종사자
③ 여객승무원
④ 철도신호기 · 선로전환기 · 조작판 취급자

**11** 다음 중 운전업무종사자 등의 관리에 대하여 맞는 것은?

① 국토교통부령으로 정하는 철도종사자는 정기적으로 신체검사를 받아야 한다.
② 신체검사의 합격기준은 대통령령으로 한다.
③ 철도운영자등은 철도차량 운전업무 종사자의 신체검사를 의료법 제3조 2항 1호 가목의 의원에 위탁할 수 있다.
④ 최초검사나 특별검사를 받은 날부터 2년이 되는날을 "신체검사 유효기간 만료일"이라 한다.

06 ② 07 ① 08 ③ 09 ④ 10 ④ 11 ③

**12** 다음 중 정지신호가 기본원칙 상치신호기를 짝지은 것으로 맞는 것은?

① 유도신호기 – 입환신호기
② 엄호신호기 – 원방신호기
③ 엄호신호기 – 입환신호기
④ 원방신호기 – 유도신호기

**13** 다음 중 빈칸에 들어갈 말을 순서대로 나열한 걸로 맞는 것은?

> 철도운영자등은 실무수습을 이수한 자에 대하여는 (　　　)을 기준으로 (　　　)까지 교통안전공단에 실무수습기간·실무수습을 받은 구간·인증기관·평가자 등의 내용을 통보하고 철도안전정보망에 관련 자료를 입력하여야 한다.

① 매월 10일, 매월 말일
② 매월 10일, 다음 달 말일
③ 매월 말일, 다음 달 10일
④ 매월 말일, 다음 달 말일

**14** 철도차량운전규칙에서 자동폐색장치의 기능으로 틀린 것은?

① 폐색구간에 있는 선로전환기가 정당한 방향으로 개통되지 아니한 때 또는 분기선 및 교차점에 있는 차량이 폐색구간에 지장을 줄 때에는 열차는 자동으로 정지할 것
② 폐색구간에 열차 또는 차량이 있을 때에는 자동으로 정지신호를 현시할 것
③ 폐색장치에 고장이 있을 때에는 자동으로 정지신호를 현시할 것
④ 단선구간에 있어서는 하나의 방향에 대하여 진행을 지시하는 신호를 현시한 때에는 그 반대방향의 신호기는 자동으로 정지신호를 현시할 것

**15** 다음 중 철도차량 운전규칙에서 열차의 최대 연결차량수에 영향을 끼치는 사항이 아닌 것은?

① 동력차의 견인력
② 차량의 성능·차체(Frame)
③ 차량의 구조 및 연결장치의 강도와 운행선로의 시설현황
④ 폐색의 방식

**16** 시계운전에 의한 열차의 운전으로 맞는 것은?

① 단선운전 – 격시법, 전령법
② 복선운전 – 격시법, 전령법
③ 단선운전 – 지도격시법, 격시법
④ 복선운전 – 지도격시법, 지도법

**17** 도시철도 운전규칙에서 "등황색등"을 현시하는 경우로 아닌 것은?

① 진로개통이 정상일 때
② 입환신호기가 정지신호를 할때
③ 서행신호 야간일 때
④ 원방신호기의 주신호기가 정지신호를 현시할 때

12 ③　13 ③　14 ①　15 ④　16 ②　17 ②

**18** 다음 중 도시철도운전규칙 상설신호기의 종류와 기능에 대한 설명으로 틀린 것은?

① 진로예고기 : 장내신호기, 출발신호기에 종속하여 다음 장내신호기 또는 출발신호기에 현시하는 진로를 열차에 대하여 예고하는 것
② 입환신호기 : 차량을 결합, 해체하거나 차선을 바꾸려는 차량에 대하여 신호기 뒷방향으로의 진입이 가능한지를 지시하는 신호기
③ 폐색신호기 : 폐색구간에 진입하려는 열차 등에 대하여 운전조건을 지시하는 신호기
④ 차내신호기 : 열차 등의 가장 앞쪽의 운전실에 설치하여 운전조건을 지시하는 신호기

**19** 다음 중 철도차량운전규칙에서 지정된 선로의 반대선로로 열차를 운행할 수 있는 경우로 틀린 것은?

① 정거장과 그 정거장 외의 본선 도중에서 분기하는 측선과의 사이를 운전하는 경우
② 양방향 신호설비가 설치된 구간에서 열차를 운전하는 경우
③ 전차선로 또는 열차의 시험을 위하여 운전하는 경우
④ 퇴행운전을 하는 경우

**20** 다음 중 열차제어장치의 기능에 대한 설명으로 맞는 것은?

① 열차자동제어장치는 열차의 속도가 지상에 설치된 신호기의 현시 속도를 초과하는 경우 열차를 자동으로 정지시킬 수 있어야 한다.
② 열차자동정지장치는 운행 중인 열차를 선행열차와의 간격, 선로의 굴곡, 선로전환기 등 운행 조건에 따라 제어정보가 지시하는 속도로 자동으로 감속시키거나 정지시킬 수 있을 것
③ 열차자동제어장치는 장치의 조작 화면에 열차제어정보에 따른 운전 속도와 열차의 실제 속도를 실시간으로 나타내 줄 것
④ 열차자동방호장치는 열차를 정지시켜야 하는 경우 자동으로 제동장치를 작동하여 정지할 수 있을 것

완벽 비교 암기

# 철도차량운전규칙 & 도시철도운전규칙 비교표

## 1. 정의

| | 철도안전법 | 철도차량 운전규칙 | 도시철도 운전규칙 |
|---|---|---|---|
| 정거장 | 여객의 승하차(여객 이용시설 및 편의시설을 포함한다), 화물의 적하, 열차의 조성, 열차의 교차통행 또는 대피를 목적으로 사용되는 장소를 말한다. | 여객의 승강(여객 이용시설 및 편의시설을 포함한다), 화물의 적하, 열차의 조성, 열차의 교행 또는 대피를 목적으로 사용되는 장소를 말한다. | 여객의 승차·하차, 열차의 편성, 차량의 입환 등을 위한 장소를 말한다. |
| 열차 | 선로를 운행할 목적으로 철도운영자가 편성하여 열차번호를 부여한 철도차량을 말한다. | 〈삭 제〉 [2021. 10. 26. 개정] | 본선에서 운전할 목적으로 편성되어 열차번호를 부여받은 차량을 말한다. |
| 철도차량 | 선로를 운행할 목적으로 제작된 동력차·객차·화차 및 특수차 | 〈삭 제〉 [2021. 10. 26. 개정] | |
| 차량 | | 열차의 구성부분이 되는 1량의 철도차량 | 선로에서 운전하는 열차 외의 전동차·궤도 시험차·전기시험차 등을 말한다. |
| 본선 | | 열차의 운전에 상용하는 선로 | 열차의 운전에 상용되는 본선 |
| 측선 | | 본선이 아닌 선로 | 열차의 운전에 상용되는 본선 그 외의 측선 |
| 전차선로 | | 전차선 및 이를 지지하는 공작물 | 전차선 및 이를 지지하는 인공구조물 |
| 완급차 | | 관통제동기용 제동통·압력계·차장변 및 수 제동기를 장치한 차량으로서 열차승무원이 집무할 수 있는 차실이 설비된 객차 또는 화차를 말한다. | |
| 철도신호 | | 제76조의 규정에 의한 신호·전호 및 표지를 말한다. | |
| 선로 | 철도차량을 운행하기 위한 궤도와 이를 받치는 노반 또는 인공구조물로 구성된 시설을 말한다. | | 궤도 및 이를 지지하는 인공구조물을 말하며, 열차의 운전에 상용되는 본선과 그 외의 측선으로 구분된다. |
| 폐색 | | 일정 구간에 동시에 2 이상의 열차를 운전시키지 아니하기 위하여 그 구간을 하나의 열차의 운전에만 점용시키는 것을 말한다. | 선로의 일정구간에 둘 이상의 열차를 동시에 운전시키지 아니하는 것을 말한다. |
| 구내운전 | | 정거장내 또는 차량기지 내에서 입환신호에 의하여 열차 또는 차량을 운전하는 것을 말한다. | |

|  | 철도안전법 | 철도차량 운전규칙 | 도시철도 운전규칙 |
|---|---|---|---|
| 입환 |  | 사람의 힘에 의하거나 동력차를 사용하여 차량을 이동·연결 또는 분리하는 작업을 말한다. |  |
| 조차장 |  | 차량의 입환 또는 열차의 조성을 위하여 사용되는 장소를 말한다. |  |
| 신호소 |  | 상치신호기 등 열차제어시스템을 조작·취급하기 위하여 설치한 장소를 말한다.<br>• **신호장은 철도차량운전규칙에 존재하지 않는다.** |  |
| 동력차 | 열차의 맨 앞에 위치한 동력차로서 운전실 또는 운전설비가 있는 동력차<br>〈시행령 30조 1항 참고〉 | 기관차, 전동차, 동차 등 동력발생장치에 의하여 선로를 이동하는 것을 목적으로 제조한 철도차량을 말한다. |  |
| 위험물 | 운송위탁 및 운송 금지 위험물<br>(대통령령, 시행령 44조)<br>1. 점화 또는 점폭약류를 붙인 폭약<br>2. 니트로글리세린<br>3. 건조한 기폭약<br>4. 뇌홍질화연에 속하는 것<br>5. 그 밖에 사람에게 위해를 주거나 물건에 손상을 줄 수 있는 물질로서 국토교통부장관이 정하여 고시하는 위험물<br><br>운송취급주의 위험물 〈법 44조 참고〉<br>①대통령령으로 정하는 위험물을 철도로 운송하려는 철도운영자는 국토교통부령으로 정하는 바에 따라 운송 중의 위험 방지 및 인명 보호를 위하여 안전하게 포장·적재하고 운송하여야 한다.<br>1. 철도운송 중 폭발할 우려가 있는 것<br>2. 마찰·충격·흡습(吸濕) 등 주위의 상황으로 인하여 발화할 우려가 있는 것<br>3. 인화성·산화성 등이 강하여 그 물질 자체의 성질에 따라 발화할 우려가 있는 것<br>4. 용기가 파손될 경우 내용물이 누출되어 철도차량·레일·기구 또는 다른 화물 등을 부식시키거나 침해할 우려가 있는 것<br>5. 유독성 가스를 발생시킬 우려가 있는 것<br>6. 그 밖에 화물의 성질상 철도시설·철도차량·철도종사자·여객 등에 위해나 손상을 끼칠 우려가 있는 것 | 「철도안전법」 제44조제1항의 규정에 의한 위험물<br><br>1. 철도운송 중 폭발할 우려가 있는 것<br>2. 마찰·충격·흡습(吸濕) 등 주위의 상황으로 인하여 발화할 우려가 있는 것<br>3. 인화성·산화성 등이 강하여 그 물질 자체의 성질에 따라 발화할 우려가 있는 것<br>4. 용기가 파손될 경우 내용물이 누출되어 철도차량·레일·기구 또는 다른 화물 등을 무식시키거나 침해할 우려가 있는 것<br>5. 유독성 가스를 발생시킬 우려가 있는 것<br>6. 그 밖에 화물의 성질상 철도시설·철도차량·철도종사자·여객 등에 위해나 손상을 끼칠 우려가 있는 것 |  |

| | 철도안전법 | 철도차량 운전규칙 | 도시철도 운전규칙 |
|---|---|---|---|
| 무인운전 | | 사람이 열차 안에서 직접 운전하지 아니하고 관제실에서의 원격조종에 따라 열차가 자동으로 운행되는 방식을 말한다. | 사람이 열차 안에서 직접 운전하지 아니하고 관제실에서의 원격조종에 따라 열차가 자동으로 운행되는 방식을 말한다. |
| | | 동일함. | |
| 진행지시신호 | | 진행신호·감속신호·주의신호·경계신호·유도신호 및 차내신호(정지신호를 제외한다) 등 차량의 진행을 지시하는 신호를 말한다.<br>• 철도는 정지신호 외에는 진행할 수 있다. | |
| 운전보안장치 | | | 열차 및 차량(이하 "열차등"이라 한다)의 안전운전을 확보하기 위한 장치로서 폐색장치, 신호장치, 연동장치, 선로전환장치, 경보장치, 열차자동정지장치, 열차자동제어장치, 열차자동운전장치, 열차종합제어장치 등을 말한다. |
| 철도사고<br>(운전사고) | 〈철도사고〉<br>철도운영 또는 철도시설관리와 관련하여 사람이 죽거나 다치거나 물건이 파손되는 사고로 국토교통부령으로 정하는 것을 말한다. | | 〈운전사고〉<br>열차등의 운전으로 인하여 사상자가 발생하거나 도시철도시설이 파손된 것을 말한다. |
| 운행장애<br>(운전장애) | 〈운행장애〉<br>철도사고 및 철도준사고 외에 철도차량의 운행에 지장을 주는 것으로서 국토교통부령으로 정하는 것을 말한다. | | 〈운전장애〉<br>열차등의 운전으로 인하여 그 열차등의 운전에 지장을 주는 것 중 운전사고에 해당하지 아니하는 것을 말한다. |
| 노면전차 | 도로 위에 부설한 레일 위를 주행하는 철도차량<br>〈시행규칙 별표 [1의2] 참고.〉 | | 도로면의 궤도를 이용하여 운행되는 열차를 말한다. |
| 시계운전 | | | 사람의 맨눈에 의존하여 운전하는 것을 말한다. |

## 2. 철도차량운전규칙과 도시철도 운전규칙 유사내용 비교

| | 철도차량 운전규칙 | 도시철도 운전규칙 |
|---|---|---|
| 동력차의 연결위치 | – 열차의 운전에 사용하는 동력차는 열차의 맨 앞에 연결하여야 한다.<br><br>〈예외사항〉<br>1. 기관차를 2 이상 연결한 경우로서 열차의 맨 앞에 위치한 기관차에서 열차를 제어하는 경우<br>2. 보조기관차를 사용하는 경우<br>3. 선로 또는 열차에 고장이 있는 경우<br>4. 구원열차·제설열차·공사열차 또는 시험운전열차를 운전하는 경우<br>5. 정거장과 그 정거장 외의 본선 도중에서 분기하는 측선과의 사이를 운전하는 경우<br>6. 그 밖에 특별한 사유가 있는 경우 | |
| 열차의 운전위치 | – 열차는 운전방향 맨 앞 차량의 운전실에서 운전하여야 한다.<br><br>〈예외사항〉<br>1. 철도종사자가 차량의 맨 앞에서 전호를 하는 경우로서 그 전호에 의하여 열차를 운전하는 경우<br>2. 선로·전차선로 또는 차량에 고장이 있는 경우<br>3. 공사열차·구원열차 또는 제설열차를 운전하는 경우<br>4. 정거장과 그 정거장 외의 본선 도중에서 분기하는 측선과의 사이를 운전하는 경우<br>5. 철도시설 또는 철도차량을 시험하기 위하여 운전하는 경우<br>6. 사전에 정한 특정한 구간을 운전하는 경우<br>6의2. 무인운전을 하는 경우<br>7. 그 밖에 부득이한 경우로서 운전방향 맨 앞 차량의 운전실에서 운전하지 아니하여도 열차의 안전한 운전에 지장이 없는 경우 | – 열차는 맨 앞의 차량에서 운전하여야 한다. 다만, 추진운전, 퇴행운전 또는 무인운전을 하는 경우에는 그러하지 아니하다.<br>– 열차는 차량의 특성 및 선로 구간의 시설 상태 등을 고려하여 안전운전에 지장이 없도록 편성하여야 한다.<br>– 열차의 비상제동거리는 600미터 이하로 하여야 한다. |
| 열차의 운전 | – 철도차량은 신호·전호 및 표지가 표시하는 조건에 따라 운전하여야 한다.<br>– 철도운영자등은 정거장 내·외에서 운전취급을 달리하는 경우 이를 내·외로 구분하여 운영하고 그 경계지점과 표시방식을 지정하여야 한다. | – 열차등의 운전은 열차등의 종류에 따라 「철도안전법」 제10조제1항에 따른 운전면허를 소지한 사람이 하여야 한다. 다만, 제32조의 2에 따른 무인운전의 경우에는 그러하지 아니하다. |

| | 철도차량 운전규칙 | 도시철도 운전규칙 |
|---|---|---|
| 열차의 운전방향 지정 | – 철도운영자등은 상행선·하행선 등으로 노선이 구분되는 선로의 경우에는 열차의 운행방향을 미리 지정하여야 한다.<br><br>〈예외사항〉<br>1. 제4조제2항의 규정에 의하여 철도운영자등과 상호 협의된 방법에 따라 열차를 운행하는 경우<br>2. 정거장내의 선로를 운전하는 경우<br>3. 공사열차·구원열차 또는 제설열차를 운전하는 경우<br>4. 정거장과 그 정거장 외의 본선 도중에서 분기하는 측선과의 사이를 운전하는 경우<br>5. 입환운전을 하는 경우<br>6. 선로 또는 열차의 시험을 위하여 운전하는 경우<br>7. 퇴행운전을 하는 경우<br>8. 양방향 신호설비가 설치된 구간에서 열차를 운전하는 경우<br>9. 철도사고 또는 운행장애(이하 "철도사고등"이라 한다)의 수습 또는 선로보수공사 등으로 인하여 부득이하게 지정된 선로방향을 운행할 수 없는 경우<br><br>* 철도운영자등은 제2항의 규정에 의하여 반대선로로 운전하는 열차가 있는 경우 후속 열차에 대한 운행통제 등 필요한 안전조치를 하여야 한다. | – 열차의 운전방향을 구별하여 운전하는 한 쌍의 선로에서 열차의 운전 진로는 우측으로 한다. 다만, 좌측으로 운전하는 기존의 선로에 직통으로 연결하여 운전하는 경우에는 좌측으로 할 수 있다.<br>〈예외사항 (좌측진로로 운행할 수 있는 경우)〉<br>1. 선로 또는 열차에 고장이 발생하여 퇴행운전을 하는 경우<br>2. 구원열차나 공사열차를 운전하는 경우<br>3. 차량을 결합·해체하거나 차선을 바꾸는 경우<br>4. 구내운전을 하는 경우<br>5. 시험운전을 하는 경우<br>6. 운전사고 등으로 인하여 일시적으로 단선운전을 하는 경우<br>7. 그 밖에 특별한 사유가 있는 경우 |
| 정거장외 본선의 운전 | 차량은 이를 열차로 하지 아니하면 정거장외의 본선을 운전할 수 없다. 다만, 입환작업을 하는 경우에는 그러하지 아니하다. | 32조의 2항<br>– 차량은 열차에 함께 편성되기 전에는 정거장 외의 본선을 운전할 수 없다. 다만, 차량을 결합·해체하거나 차선을 바꾸는 경우 또는 그 밖에 특별한 사유가 있는 경우에는 그러하지 아니하다. |
| 열차의 운행시각 | 제23조(열차의 운행시각)<br>철도운영자등은 정거장에서의 열차의 출발·통과 및 도착의 시각을 정하고 이에 따라 열차를 운행하여야 한다. 다만, 긴급하게 임시열차를 편성하여 운행하는 경우 등 부득이한 경우에는 그러하지 아니하다. | 제34조(열차의 운전 시각)<br>열차는 도시철도운영자가 정하는 열차시간표에 따라 운전하여야 한다. 다만, 운전사고, 운전장애 등 특별한 사유가 있는 경우에는 그러하지 아니하다. |
| 운전 정리 | 24조(운전정리)<br>철도사고등의 발생 등으로 인하여 열차가 지연되어 열차의 운행일정의 변경이 발생하여 열차운행상 혼란이 발생한 때에는 열차의 종류·등급·목적지 및 연계수송 등을 고려하여 운전정리를 행하고, 정상운전으로 복귀되도록 하여야 한다. | 제35조(운전정리)<br>도시철도운영자는 운전사고, 운전장애 등으로 열차를 정상적으로 운전할 수 없을 때에는 열차의 종류, 도착지, 접속 등을 고려하여 열차가 정상운전이 되도록 운전 정리를 하여야 한다. |
| 열차의 정거장외 정차금지 | 제22조(열차의 정거장 외 정차금지)<br>열차는 정거장외에서는 정차하여서는 아니된다.<br>〈예외사항〉<br>1. 경사도가 1000분의 30 이상인 급경사 구간에 진입하기 전의 경우<br>2. 정지신호의 현시(現示)가 있는 경우<br>3. 철도사고등이 발생하거나 철도사고등의 발생 우려가 있는 경우<br>4. 그 밖에 철도안전을 위하여 부득이 정차하여야 하는 경우 | 제40조 (정거장 외의 승차·하차금지)<br>정거장 외의 본선에서는 승객을 승차·하차시키기 위하여 열차를 정지시킬 수 없다. 다만, 운전사고 등 특별한 사유가 있을 때에는 그러하지 아니하다. |

| | 철도차량 운전규칙 | 도시철도 운전규칙 |
|---|---|---|
| 퇴행운전 | **제26조(열차의 퇴행 운전)**<br>① 열차는 퇴행하여서는 아니된다.<br>〈예외사항〉<br>1. 선로·전차선로 또는 차량에 고장이 있는 경우<br>2. 공사열차·구원열차 또는 제설열차가 작업상 퇴행할 필요가 있는 경우<br>3. 뒤의 보조기관차를 활용하여 퇴행하는 경우<br>4. 철도사고등의 발생 등 특별한 사유가 있는 경우<br>② 상기사항에 의하여 퇴행하는 경우에는 다른 열차 또는 차량의 운전에 지장이 없도록 조치를 취하여야 한다. | **제38조(열차의 퇴행운전)**<br>① 열차는 추진운전이나 퇴행운전을 하여서는 아니 된다.<br>〈예외사항〉<br>1. 선로나 열차에 고장이 발생한 경우<br>2. 공사열차나 구원열차를 운전하는 경우<br>3. 차량을 결합·해체하거나 차선을 바꾸는 경우<br>4. 구내운전을 하는 경우<br>5. 시설 또는 차량의 시험을 위하여 시험운전을 하는 경우<br>6. 그 밖에 특별한 사유가 있는 경우<br>② 노면전차를 퇴행운전하는 경우에는 주변 차량 및 보행자들의 안전을 확보하기 위한 대책을 마련하여야 한다. |
| 열차의 동시 진(출)입 금지 | **제28조 (열차의 동시 진·출입 금지)**<br>2 이상의 열차가 정거장에 진입하거나 정거장으로부터 진출하는 경우로서 열차 상호간 그 진로에 지장을 줄 염려가 있는 경우에는 2 이상의 열차를 동시에 정거장에 진입시키거나 진출시킬 수 없다.<br>〈예외사항〉<br>1. 안전측선·탈선선로전환기·탈선기가 설치되어 있는 경우<br>2. 열차를 유도하여 서행으로 진입시키는 경우<br>3. 단행기관차로 운행하는 열차를 진입시키는 경우<br>4. 다른 방향에서 진입하는 열차들이 출발신호기 또는 정차위치로부터 200미터(동차·전동차의 경우에는 150미터) 이상의 여유거리가 있는 경우<br>5. 동일방향에서 진입하는 열차들이 각 정차위치에서 100미터 이상의 여유거리가 있는 경우 | **제39조(열차의 동시출발 및 도착의 금지)**<br>둘 이상의 열차는 동시에 출발시키거나 도착시켜서는 아니 된다. 다만, 열차의 안전운전에 지장이 없도록 신호 또는 제어설비 등을 완전하게 갖춘 경우에는 그러하지 아니하다. |

| | 철도차량 운전규칙 | 도시철도 운전규칙 |
|---|---|---|
| 무인운전 시의 안전확보 등 | **제32조의2**<br>열차를 무인운전하는 경우에는 다음 각 호의 사항을 준수하여야 한다.<br>1. 철도운영자등이 지정한 철도종사자는 차량을 차고에서 출고하기 전 또는 무인운전 구간으로 진입하기 전에 운전방식을 무인운전 모드(mode)로 전환하고, 관제업무종사자로부터 무인운전 기능을 확인받을 것<br>2. 관제업무종사자는 열차의 운행상태를 실시간으로 감시하고 필요한 조치를 할 것<br>3. 관제업무종사자는 열차가 정거장의 정지선을 지나쳐서 정차한 경우 다음 각 목의 조치를 할 것<br>  가. 후속 열차의 해당 정거장 진입 차단<br>  나. 철도운영자등이 지정한 철도종사자를 해당 열차에 탑승시켜 수동으로 열차를 정지선으로 이동<br>  다. 나목의 조치가 어려운 경우 해당 열차를 다음 정거장으로 재출발<br>4. 철도운영자등은 여객의 승하차 시 안전을 확보하고 시스템 고장 등 긴급상황에 신속하게 대처하기 위하여 정거장 등에 안전요원을 배치하거나 순회하도록 할 것 | **제32조의2**<br>도시철도운영자가 열차를 무인운전으로 운행하려는 경우에는 다음 각 호의 사항을 준수하여야 한다.<br>1. 관제실에서 열차의 운행상태를 실시간으로 감시 및 조치할 수 있을 것<br>2. 열차 내의 간이운전대에는 승객이 임의로 다룰 수 없도록 잠금장치가 설치되어 있을 것<br>3. 간이운전대의 개방이나 운전 모드(mode)의 변경은 관제실의 사전 승인을 받을 것<br>4. 운전 모드를 변경하여 수동운전을 하려는 경우에는 관제실과의 통신에 이상이 없음을 먼저 확인할 것<br>5. 승차·하차 시 승객의 안전 감시나 시스템 고장 등 긴급상황에 대한 신속한 대처를 위하여 필요한 경우에는 열차와 정거장 등에 안전요원을 배치하거나 안전요원이 순회하도록 할 것<br>6. 무인운전이 적용되는 구간과 무인운전이 적용되지 아니하는 구간의 경계 구역에서의 운전 모드 전환을 안전하게 하기 위한 규정을 마련해 놓을 것<br>7. 열차 운행 중 다음 각 목의 긴급상황이 발생하는 경우 승객의 안전을 확보하기 위한 조치 규정을 마련해 놓을 것<br>  가. 열차에 고장이나 화재가 발생하는 경우<br>  나. 선로 안에서 사람이나 장애물이 발견된 경우<br>  다. 그 밖에 승객의 안전에 위험한 상황이 발생하는 경우 |
| 운전속도 | **제34조(열차의 운전 속도)**<br>① 열차는 선로 및 전차선로의 상태, 차량의 성능, 운전방법, 신호의 조건 등에 따라 안전한 속도로 운전하여야 한다.<br>② 철도운영자등은 다음 각 호를 고려하여 선로의 노선별 및 차량의 종류별로 열차의 최고속도를 정하여 운용하여야 한다.<br>  1. 선로에 대하여는 선로의 굴곡의 정도 및 선로전환기의 종류와 구조<br>  2. 전차선에 대하여는 가설방법별 제한속도 | **제48조(운전속도)**<br>① 도시철도운영자는 열차등의 특성, 선로 및 전차선로의 구조와 강도 등을 고려하여 열차의 운전속도를 정하여야 한다.<br>② 내리막이나 곡선선로에서는 제동거리 및 열차등의 안전도를 고려하여 그 속도를 제한하여야 한다.<br>③ 노면전차의 경우 도로교통과 주행선로를 공유하는 구간에서는 「도로교통법」 제17조에 따른 최고속도를 초과하지 않도록 열차의 운전속도를 정하여야 한다. |

| | 철도차량 운전규칙 | 도시철도 운전규칙 |
|---|---|---|
| 속도제한 | 제35조(운전방법 등에 의한 속도제한)<br>철도운영자등은 다음 각 호의 어느 하나에 해당하는 때에는 열차 또는 차량의 운전제한속도를 따로 정하여 시행하여야 한다.<br>1. 서행신호 현시구간을 운전하는 경우<br>2. 추진운전을 하는 경우(총괄제어법에 따라 열차의 맨 앞에서 제어하는 경우를 제외한다)<br>3. 열차를 퇴행운전을 하는 경우<br>4. 쇄정되지 아니한 선로전환기를 대향으로 운전하는 경우<br>5. 입환운전을 하는 경우<br>6. 제74조의 규정에 의한 전령법(傳令法)에 의하여 열차를 운전하는 경우<br>7. 수신호 현시구간을 운전하는 경우<br>8. 지령운전을 하는 경우<br>9. 무인운전 구간에서 운전업무종사자가 탑승하여 운전하는 경우<br>10. 그 밖에 철도안전을 위하여 필요하다고 인정되는 경우 | 제49조(속도제한)<br>도시철도운영자는 다음 각 호의 어느 하나에 해당하는 경우에는 운전속도를 제한해야 한다.<br>1. 서행신호를 하는 경우<br>2. 추진운전이나 퇴행운전을 하는 경우<br>3. 차량을 결합·해체하거나 차선을 바꾸는 경우<br>4. 잠금되지 않은 선로전환기를 향하여 진행하는 경우<br>5. 대용폐색방식으로 운전하는 경우<br>6. 자동폐색신호의 정지신호가 있는 지점을 지나서 진행하는 경우<br>7. 차내신호의 "0" 신호가 있은 후 진행하는 경우<br>8. 감속·주의·경계 등의 신호가 있는 지점을 지나서 진행하는 경우<br>9. 그 밖에 안전운전을 위하여 운전속도제한이 필요한 경우 |
| 열차 등의 정지 | 제36조(열차 또는 차량의 정지)<br>① 열차 또는 차량은 정지신호가 현시된 경우에는 그 현시지점을 넘어서 진행할 수 없다. 다만, 다음 각 호의 어느 하나에 해당하는 경우에는 그러하지 아니하다.<br>1. 삭제 〈2021.10.26.〉<br>2. 수신호에 의하여 정지신호의 현시가 있는 경우<br>3. 신호기 고장 등으로 인하여 정지가 불가능한 거리에서 정지신호의 현시가 있는 경우<br>② 제1항의 규정에 불구하고 자동폐색신호기의 정지신호에 의하여 일단 정지한 열차 또는 차량은 정지신호 현시중이라도 운전속도의 제한 등 안전조치에 따라 서행하여 그 현시지점을 넘어서 진행할 수 있다.<br>③ 서행허용표지를 추가하여 부설한 자동폐색신호기가 정지신호를 현시하는 때에는 정지신호 현시중이라도 정지하지 아니하고 운전속도의 제한 등 안전조치에 따라 서행하여 그 현시지점을 넘어서 진행할 수 있다. | 제42조(열차등의 정지)<br>① 열차등은 정지신호가 있을 때에는 즉시 정지시켜야 한다.<br>② 제1항에 따라 정차한 열차등은 진행을 지시하는 신호가 있을 때까지는 진행할 수 없다. 다만, 특별한 사유가 있는 경우 관제사의 속도제한 및 안전조치에 따라 진행할 수 있다. |
| 열차 등의 서행 | 제38조(열차 또는 차량의 서행)<br>① 열차 또는 차량은 서행신호의 현시가 있을 때에는 그 속도를 감속하여야 한다.<br>② 열차 또는 차량이 서행해제신호가 있는 지점을 통과한 때에는 정상속도로 운전할 수 있다. | 제43조(열차등의 서행)<br>① 열차등은 서행신호가 있을 때에는 지정속도 이하로 운전하여야 한다.<br>② 열차등이 서행해제신호가 있는 지점을 통과한 후에는 정상속도로 운전할 수 있다. |
| 열차 등의 진행 | 제37조(열차 또는 차량의 진행)<br>열차 또는 차량은 진행을 지시하는 신호가 현시된 때에는 신호종류별 지시에 따라 지정속도 이하로 그 지점을 지나 다음 신호가 있는 지점까지 진행할 수 있다. | 제44조(열차등의 진행)<br>열차등은 진행을 지시하는 신호가 있을 때에는 지정속도로 그 표시지점을 지나 다음 신호기까지 진행할 수 있다. |

| | 철도차량 운전규칙 | 도시철도 운전규칙 |
|---|---|---|
| 선로전환기의 쇄정 및 정위치 유지 | **제40조(선로전환기의 쇄정 및 정위치 유지)**<br>① 본선의 선로전환기는 이와 관계된 신호기와 그 진로내의 선로전환기를 연동쇄정하여 사용하여야 한다. 다만, 상시 쇄정되어 있는 선로전환기 또는 취급회수가 극히 적은 배향(背向)의 선로전환기의 경우에는 그러하지 아니하다.<br>② 쇄정되지 아니한 선로전환기를 대향으로 통과할 때에는 쇄정기구를 사용하여 텅레일(Tongue Rail)을 쇄정하여야 한다.<br>③ 선로전환기를 사용한 후에는 지체없이 미리 정하여진 위치에 두어야 한다. | **제47조(선로전환기의 쇄정 및 정위치 유지)**<br>① 본선의 선로전환기는 이와 관계있는 신호장치와 연동하여 잠금(전기적 또는 기계적으로 작동되지 않도록 잠금장치를 하는 것을 말한다. 이하 같다)되도록 해야 한다.<br>② 선로전환기를 사용한 후에는 지체 없이 미리 정하여진 위치에 두어야 한다.<br>③ 노면전차의 경우 도로에 설치하는 선로전환기는 보행자 안전을 위해 열차가 충분히 접근하였을 때에 작동하여야 하며, 운전자가 선로전환기의 개통 방향을 확인할 수 있어야 한다. |
| 폐색 | **제49조(폐색에 의한 열차 운행)**<br>① 폐색에 의한 방법으로 열차를 운행하는 경우에는 본선을 폐색구간으로 분할하여야 한다. 다만, 정거장내의 본선은 이를 폐색구간으로 하지 아니할 수 있다.<br>② 하나의 폐색구간에는 둘 이상의 열차를 동시에 운행할 수 없다. 다만, 다음 각 호에 해당하는 경우에는 그렇지 않다.<br>  1. 제36조제2항 및 제3항에 따라 열차를 진입시키려는 경우<br>  2. 고장열차가 있는 폐색구간에 구원열차를 운전하는 경우<br>  3. 선로가 불통된 구간에 공사열차를 운전하는 경우<br>  4. 폐색구간에서 뒤의 보조기관차를 열차로부터 떼었을 경우<br>  5. 열차가 정차되어 있는 폐색구간으로 다른 열차를 유도하는 경우<br>  6. 폐색에 의한 방법으로 운전을 하고 있는 열차를 자동열차제어장치에 의한 방법 또는 시계운전이 가능한 노선에서 열차를 서행하여 운전하는 경우<br>  7. 그 밖에 특별한 사유가 있는 경우 | **제51조(폐색방식의 구분)**<br>① 열차를 운전하는 경우의 폐색방식은 일상적으로 사용하는 폐색방식(이하 "상용폐색방식"이라 한다)과 폐색장치의 고장이나 그 밖의 사유로 상용폐색방식에 따를 수 없을 때 사용하는 폐색방식(이하 "대용폐색방식"이라 한다)에 따른다.<br>② 제1항에 따른 폐색방식에 따를 수 없을 때에는 전령법에 따르거나 무폐색운전을 한다.<br>• 상용 및 대용폐색방식에 따를 수 없을 때에는 전령법 or 무폐색 운전 |
| 상용/대용폐색방식 | **제50조(폐색방식의 구분)**<br>폐색방식은 각 호와 같이 구분한다.<br>1. 상용(常用)폐색방식: 자동폐색식·연동폐색식·차내신호폐색식·통표폐색식<br>2. 대용(代用)폐색방식: 통신식·지도통신식(指導通信式)·지도식·지령식 | **제52조(상용폐색방식)**<br>상용폐색방식은 자동폐색식 또는 차내신호폐색식에 따른다.<br>**제55조(대용폐색방식)**<br>대용폐색방식은 다음 각 호의 구분에 따른다.<br>1. 복선운전을 하는 경우: 지령식 또는 통신식<br>2. 단선운전을 하는 경우: 지도통신식 |

| | 철도차량 운전규칙 | 도시철도 운전규칙 |
|---|---|---|
| 차내신호폐색장치의 구비조건 | **제54조(차내신호폐색장치의 구비조건)**<br>차내신호폐색식을 시행하는 구간의 차내신호는 다음 각 호의 어느 하나에 해당하는 경우에는 자동으로 정지신호를 현시하여야 한다.<br>1. 폐색구간에 열차 또는 다른 차량이 있는 경우<br>2. 폐색구간에 있는 선로전환기가 정당한 방향에 있지 아니한 경우<br>3. 다른 선로에 있는 열차 또는 차량이 폐색구간을 진입하고 있는 경우<br>4. 열차제어장치의 지상장치에 고장이 있는 경우<br>5. 열차 정상운행선로의 방향이 다른 경우 | **제54조(차내신호폐색식)**<br>차내신호폐색식에 따르려는 경우에는 폐색구간에 있는 열차등의 운전상태를 그 폐색구간에 진입하려는 열차의 운전실에서 알 수 있는 장치를 갖추어야 한다. |
| 지도통신식 | **제59조(지도통신식의 시행)**<br>① 지도통신식을 시행하는 구간에는 폐색구간 양끝의 정거장 또는 신호소의 통신설비를 사용하여 서로 협의한 후 시행한다.<br>② 지도통신식을 시행하는 경우 폐색구간 양끝의 정거장 또는 신호소가 서로 협의한 후 지도표를 발행하여야 한다.<br>③ 제2항의 규정에 의한 지도표는 1폐색구간에 1매로 한다.<br>**제60조(지도표와 지도권의 사용구별)**<br>① 지도통신식을 시행하는 구간에서 동일방향의 폐색구간으로 진입시키고자 하는 열차가 하나뿐인 경우에는 지도표를 교부하고, 연속하여 2 이상의 열차를 동일방향의 폐색구간으로 진입시키고자 하는 경우에는 최후의 열차에 대하여는 지도표를, 나머지 열차에 대하여는 지도권을 교부한다.<br>② 지도권은 지도표를 가지고 있는 정거장 또는 신호소에서 서로 협의를 한 후 발행하여야 한다.<br>**제61조(열차를 지도통신식 폐색구간에 진입시킬 경우의 취급)**<br>열차는 당해구간의 지도표 또는 지도권을 휴대하지 아니하면 그 구간을 운전할 수 없다. 다만, 고장열차가 있는 폐색구간에 구원열차를 운전하는 경우 등 특별한 사유가 있는 경우에는 그러하지 아니하다.<br>**제62조(지도표・지도권의 기입사항)**<br>① 지도표에는 그 구간 양끝의 정거장명・발행일자 및 사용열차번호를 기입하여야 한다.<br>② 지도권에는 사용구간・사용열차・발행일자 및 지도표 번호를 기입하여야 한다. | **제57조(지도통신식)**<br>① 지도통신식에 따르는 경우에는 지도표 또는 지도권을 발급받은 열차만 해당 폐색구간을 운전할 수 있다.<br>② 지도표와 지도권은 폐색구간에 열차를 진입시키려는 역장 또는 소장이 상대 역장 또는 소장 및 관제사와 협의하여 발행한다.<br>③ 역장이나 소장은 같은 방향의 폐색구간으로 진입시키려는 열차가 하나뿐인 경우에는 지도표를 발급하고, 연속하여 둘 이상의 열차를 같은 방향의 폐색구간으로 진입시키려는 경우에는 맨 마지막 열차에 대해서는 지도표를, 나머지 열차에 대해서는 지도권을 발급한다.<br>④ 지도표와 지도권에는 폐색구간 양쪽의 역 이름 또는 소(所) 이름, 관제사, 명령번호, 열차번호 및 발행일과 시각을 적어야 한다.<br>⑤ 열차의 기관사는 제3항에 따라 발급받은 지도표 또는 지도권을 폐색구간을 통과한 후 도착지의 역장 또는 소장에게 반납하여야 한다. |

| | 철도차량 운전규칙 | 도시철도 운전규칙 |
|---|---|---|
| 전령법 | **제74조(전령법의 시행)**<br>① 열차 또는 차량이 정차되어 있는 폐색구간에 다른 열차를 진입시킬 때에는 전령법에 의하여 운전하여야 한다.<br>② 전령법은 그 폐색구간 양끝에 있는 정거장 또는 신호소의 차량운전취급책임자가 협의하여 이를 시행하여야 한다. 다만, 다음 각 호의 어느 하나에 해당하는 경우에는 그러하지 아니하다.<br>  1. 선로고장 등으로 지도식을 시행하는 폐색구간에 전령법을 시행하는 경우<br>  2. 제1호 외의 경우로서 전화불통으로 협의를 할 수 없는 경우<br>③ 제2항제2호에 해당하는 경우에는 당해 열차 또는 차량이 정차되어 있는 곳을 넘어서 열차 또는 차량을 운전할 수 없다.<br>**제75조(전령자)**<br>① 전령법을 시행하는 구간에는 전령자를 선정하여야 한다.<br>② 제1항의 규정에 의한 전령자는 1폐색구간 1인에 한한다.<br>④ 전령법을 시행하는 구간에서는 당해구간의 전령자가 동승하지 아니하고는 열차를 운전할 수 없다. | **제58조(전령법의 시행)**<br>① 열차등이 있는 폐색구간에 다른 열차를 운전시킬 때에는 그 열차에 대하여 전령법을 시행한다.<br>② 제1항에 따른 전령법을 시행할 경우에는 이미 폐색구간에 있는 열차등은 그 위치를 이동할 수 없다.<br>**제59조(전령자의 선정 등)**<br>① 전령법을 시행하는 구간에는 한 명의 전령자를 선정하여야 한다.<br>② 제1항에 따른 진령자는 백색 완장을 착용하여야 한다.<br>③ 전령법을 시행하는 구간에서는 그 구간의 전령자가 탑승하여야 열차를 운전할 수 있다. 다만, 관제사가 취급하는 경우에는 전령자를 탑승시키지 아니할 수 있다. |
| 신호종류 | **제76조(철도신호)**<br>철도의 신호는 다음 각 호와 같이 구분하여 시행한다.<br>1. 신호는 모양·색 또는 소리 등으로 열차나 차량에 대하여 운행의 조건을 지시하는 것으로 할 것<br>2. 전호는 모양·색 또는 소리 등으로 관계직원 상호간에 의사를 표시하는 것으로 할 것<br>3. 표지는 모양 또는 색 등으로 물체의 위치·방향·조건 등을 표시하는 것으로 할 것 | **제60조(신호의 종류)**<br>도시철도의 신호의 종류는 다음 각 호와 같다.<br>1. 신호: 형태·색·음 등으로 열차등에 대하여 운전의 조건을 지시하는 것<br>2. 전호(傳號): 형태·색·음 등으로 직원 상호간에 의사를 표시하는 것<br>3. 표지: 형태·색 등으로 물체의 위치·방향·조건을 표시하는 것 |
| 주간 또는<br>야간 신호방식 | **제77조(주간 또는 야간의 신호 등)**<br>주간과 야간의 현시방식을 달리하는 신호·전호 및 표지의 경우 일출 후부터 일몰 전까지는 주간 방식으로, 일몰 후부터 다음 날 일출 전까지는 야간 방식으로 한다. 다만, 일출 후부터 일몰 전까지의 경우에도 주간 방식에 따른 신호·전호 또는 표지를 확인하기 곤란한 경우에는 야간 방식에 따른다. | **제61조(주간 또는 야간의 신호)**<br>① 주간과 야간의 신호방식을 달리하는 경우에는 일출부터 일몰까지는 주간의 방식, 일몰부터 다음날 일출까지는 야간방식에 따라야 한다. 다만, 일출부터 일몰까지의 사이에 기상상태로 인하여 상당한 거리로부터 주간방식에 따른 신호를 확인하기 곤란할 때에는 야간방식에 따른다.<br>② 차내신호방식 및 지하구간에서의 신호방식은 야간 방식에 따른다. |

| | 철도차량 운전규칙 | 도시철도 운전규칙 |
|---|---|---|
| 제한신호 추정 | 제79조(제한신호의 추정)<br>① 신호를 현시할 소정의 장소에 신호의 현시가 없거나 그 현시가 정확하지 아니할 때에는 정지신호의 현시가 있는 것으로 본다.<br>② 상치신호기 또는 임시신호기와 수신호가 각각 다른 신호를 현시한 때에는 그 운전을 최대로 제한하는 신호의 현시에 의하여야 한다. 다만, 사전에 통보가 있을 때에는 통보된 신호에 의한다. | 제62조(제한신호의 추정)<br>① 신호가 필요한 장소에 신호가 없을 때 또는 그 신호가 분명하지 아니할 때에는 정지신호가 있는 것으로 본다.<br>② 상설신호기 또는 임시신호기의 신호와 수신호가 각각 다를 때에는 열차등에 가장 많은 제한을 붙인 신호에 따라야 한다. 다만, 사전에 통보가 있었을 때에는 통보된 신호에 따른다. |
| 신호 겸용금지 | 제80조(신호의 겸용금지)<br>하나의 신호는 하나의 선로에서 하나의 목적으로 사용되어야 한다. 다만, 진로표시기를 부설한 신호기는 그러하지 아니하다. | 제63조(신호의 겸용금지)<br>하나의 신호는 하나의 선로에서 하나의 목적으로 사용되어야 한다. 다만, 진로표시기를 부설한 신호기는 그러하지 아니하다. |
| 상치(상설) 신호기 | 제81조(상치신호기)<br>상치신호기는 일정한 장소에서 색등(色燈) 또는 등열(燈列)에 의하여 열차 또는 차량의 운전조건을 지시하는 신호기를 말한다. | 제64조(상설신호기)<br>상설신호기는 일정한 장소에서 색등 또는 등열에 의하여 열차등의 운전조건을 지시하는 신호기를 말한다. |

| | 철도차량 운전규칙 | 도시철도 운전규칙 |
|---|---|---|
| 상치(상설)<br>신호기의 종류 | **제82조(상치신호기의 종류)**<br>상치신호기의 종류와 용도는 다음 각 호와 같다.<br>1. 주신호기<br>　가. 장내신호기 : 정거장에 진입하려는 열차에 대하여 신호를 현시하는 것<br>　나. 출발신호기 : 정거장을 진출하려는 열차에 대하여 신호를 현시하는 것<br>　다. 폐색신호기 : 폐색구간에 진입하려는 열차에 대하여 신호를 현시하는 것<br>　라. 엄호신호기 : 특히 방호를 요하는 지점을 통과하려는 열차에 대하여 신호를 현시하는 것<br>　마. 유도신호기 : 장내신호기에 정지신호의 현시가 있는 경우 유도를 받을 열차에 대하여 신호를 현시하는 것<br>　바. 입환신호기 : 입환차량 또는 차내신호폐색식을 시행하는 구간의 열차에 대하여 신호를 현시하는 것<br>2. 종속신호기<br>　가. 원방신호기 : 장내신호기·출발신호기·폐색신호기 및 엄호신호기에 종속하여 열차에 주 신호기가 현시하는 신호의 예고신호를 현시하는 것<br>　나. 통과신호기 : 출발신호기에 종속하여 정거장에 진입하는 열차에 신호기가 현시하는 신호를 예고하며, 정거장을 통과할 수 있는지에 대한 신호를 현시하는 것<br>　다. 중계신호기 : 장내신호기·출발신호기·폐색신호기 및 엄호신호기에 종속하여 열차에 주 신호기가 현시하는 신호의 중계신호를 현시하는 것<br>3. 신호부속기<br>　가. 진로표시기 : 장내신호기·출발신호기·진로개통표시기 및 입환신호기에 부속하여 열차 또는 차량에 대하여 그 진로를 표시하는 것<br>　나. 진로예고기 : 장내신호기·출발신호기에 종속하여 다음 장내신호기 또는 출발신호기에 현시하는 진로를 열차에 대하여 예고하는 것<br>　다. 진로개통표시기 : 차내신호를 사용하는 열차가 운행하는 본선의 분기부에 설치하여 진로의 개통 상태를 표시하는 것 | **제65조(상설신호기의 종류)**<br>상설신호기의 종류와 기능은 다음 각 호와 같다.<br>1. 주신호기<br>　가. 차내신호기: 열차등의 가장 앞쪽의 운전실에 설치하여 운전조건을 지시하는 신호기<br>　나. 장내신호기: 정거장에 진입하려는 열차등에 대하여 신호기 뒷방향으로의 진입이 가능한지를 지시하는 신호기<br>　다. 출발신호기: 정거장에서 출발하려는 열차등에 대하여 신호기 뒷방향으로의 진입이 가능한지를 지시하는 신호기<br>　라. 폐색신호기: 폐색구간에 진입하려는 열차등에 대하여 운전조건을 지시하는 신호기<br>　마. 입환신호기: 차량을 결합·해체하거나 차선을 바꾸려는 차량에 대하여 신호기 뒷방향으로의 진입이 가능한지를 지시하는 신호기<br>2. 종속신호기<br>　가. 원방신호기: 장내신호기 및 폐색신호기에 종속되어 그 신호상태를 예고하는 신호기<br>　나. 중계신호기: 주신호기에 종속되어 그 신호상태를 중계하는 신호기<br>3. 신호부속기<br>　가. 진로표시기: 장내신호기, 출발신호기, 진로개통표시기 또는 입환신호기에 부속되어 열차등에 대하여 그 진로를 표시하는 것<br>　나. 진로개통표시기: 차내신호기를 사용하는 본선로의 분기부에 설치하여 진로의 개통상태를 표시하는 것 |

|  | 철도차량 운전규칙 | 도시철도 운전규칙 |
|---|---|---|
| 임시신호기 | **제90조(임시신호기)**<br>선로의 상태가 일시 정상운전을 할 수 없는 상태인 경우에는 그 구역의 바깥쪽에 임시신호기를 설치하여야 한다.<br>**제91조(임시신호기의 종류)** 임시신호기의 종류와 용도는 다음 각 호와 같다.<br>1. 서행신호기 : 서행운전할 필요가 있는 구간에 진입하려는 열차 또는 차량에 대하여 당해구간을 서행할 것을 지시하는 것<br>2. 서행예고신호기 : 서행신호기를 향하여 진행하려는 열차에 대하여 그 전방에 서행신호의 현시 있음을 예고하는 것<br>3. 서행해제신호기 : 서행구역을 진출하려는 열차에 대하여 서행을 해제할 것을 지시하는 것<br>4. 서행발리스(Balise) : 서행운전할 필요가 있는 구간의 전방에 설치하는 송·수신용 안테나로 지상 정보를 열차로 보내 자동으로 열차의 감속을 유도하는 것 | **제67조(임시신호기의 설치)**<br>선로가 일시 정상운전을 하지 못하는 상태일때에는 그 구역의 앞쪽에 임시신호기를 설치하여야 한다.<br>**제68조(임시신호기의 종류)**<br>임시신호기의 종류는 다음 각 호와 같다.<br>1. 서행신호기<br>　서행운전을 필요로 하는 구역에 진입하는 열차등에 대하여 그 구간을 서행할 것을 지시하는 신호기<br>2. 서행예고신호기<br>　서행신호기가 있을 것임을 예고하는 신호기<br>3. 서행해제신호기<br>　서행운전구역을 지나 운전하는 열차등에 대하여 서행 해제를 지시하는 신호기 |
| 임시신호기 현시방식 | **제92조(신호현시방식)**<br>① 임시신호기의 신호현시방식은 다음과 같다.<br><br>| 종류 | 신호현시방식 주간 | 신호현시방식 야간 |<br>|---|---|---|<br>| 서행신호 | 백색테두리를 한 등황색 원판 | 등황색등 또는 반사재 |<br>| 서행예고 신호 | 흑색삼각형 3개를 그린 백색삼각형 | 흑색삼각형 3개를 그린 백색등 또는 반사재 |<br>| 서행해제신호 | 백색테두리를 한 녹색원판 | 녹색등 또는 반사재 |<br><br>② 서행신호기 및 서행예고신호기에는 서행속도를 표시하여야 한다. | **제69조(임시신호기의 신호방식)**<br>① 임시신호기의 형태·색 및 신호방식은 다음과 같다.<br><br>| 신호의 종류<br>주간·야간별 | 서행신호 | 서행예고 신호 | 서행해제 신호 |<br>|---|---|---|---|<br>| 주간 | 백색 테두리의 황색 원판 | 흑색 삼각형 무늬 3개를 그린 3각형판 | 백색 테두리의 녹색 원판 |<br>| 야간 | 등황색등 | 흑색 삼각형 무늬 3개를 그린 백색등 | 녹색등 |<br><br>② 임시신호기 표지의 배면(背面)과 배면광(背面光)은 백색으로 하고, 서행신호기에는 지정속도를 표시하여야 한다. |

|  | 철도차량 운전규칙 | 도시철도 운전규칙 |
|---|---|---|
| 수신호 | **제93조(수신호의 현시방법)**<br>신호기를 설치하지 아니하거나 이를 사용하지 못하는 경우에 사용하는 수신호는 다음 각 호와 같이 현시한다.<br>1. 정지신호<br>   가. 주간 : 적색기. 다만, 적색기가 없을 때에는 양팔을 높이 들거나 또는 녹색기외의 것을 급히 흔든다.<br>   나. 야간 : 적색등. 다만, 적색등이 없을 때에는 녹색등 외의 것을 급히 흔든다.<br>2. 서행신호<br>   가. 주간 : 적색기와 녹색기를 모아쥐고 머리 위에 높이 교차한다.<br>   나. 야간 : 깜박이는 녹색등<br>3. 진행신호<br>   가. 주간 : 녹색기. 다만, 녹색기가 없을 때는 한 팔을 높이 든다.<br>   나. 야간: 녹색등 | **제70조(수신호방식)**<br>신호기를 설치하지 아니한 경우 또는 신호기를 사용하지 못할 경우에는 다음 각 호의 방식으로 수신호를 하여야 한다.<br>1. 정지신호<br>   가. 주간: 적색기. 다만, 부득이한 경우에는 두 팔을 높이 들거나 또는 녹색기 외의 물체를 급격히 흔드는 것으로 대신할 수 있다.<br>   나. 야간: 적색등. 다만, 부득이한 경우에는 녹색등 외의 등을 급격히 흔드는 것으로 대신할 수 있다.<br>2. 진행신호<br>   가. 주간: 녹색기. 다만, 부득이한 경우에는 한 팔을 높이 드는 것으로 대신할 수 있다.<br>   나. 야간: 녹색등<br>3. 서행신호<br>   가. 주간: 적색기와 녹색기를 머리 위로 높이 교차한다. 다만, 부득이한 경우에는 양 팔을 머리 위로 높이 교차하는 것으로 대신할 수 있다.<br>   나. 야간: 명멸(明滅)하는 녹색등 |
|  | **제94조(선로에서 정상 운행이 어려운 경우의 조치)**<br>선로에서의 정상 운행이 어려워 열차를 정지 또는 서행시켜야 하는 경우로서 임시신호기에 의할 수 없을 때에는 수신호로 다음 각 호와 같이 방호하여야 한다. 다만, 열차 무선전화로 열차를 정지 또는 서행시키는 조치를 한 때에는 이를 생략할 수 있다.<br>1. 열차를 정지시켜야 하는 경우 : 철도사고등이 발생한 지점으로부터 200미터 이상의 앞 지점에서 정지 수신호를 현시할 것<br>2. 열차를 서행시켜야 하는 경우 : 서행구역의 시작지점에서 서행 수신호를 현시하고 서행구역이 끝나는 지점에서 진행수신호를 현시할 것 | **제71조(선로 지장 시의 방호신호)**<br>선로의 지장으로 인하여 열차등을 정지시키거나 서행시킬 경우, 임시신호기에 따를 수 없을 때에는 지장지점으로부터 200미터 이상의 앞 지점에서 정지수신호를 하여야 한다. |

| | 철도차량 운전규칙 | 도시철도 운전규칙 |
|---|---|---|
| 전호 | **제98조(전호현시)**<br>열차 또는 차량에 대한 전호는 전호기로 현시하여야 한다. 다만, 전호기가 설치되어 있지 아니하거나 고장이 난 경우에는 수전호 또는 무선전화기로 현시할 수 있다.<br><br>**제99조(출발전호)**<br>열차를 출발시키고자 할 때에는 출발전호를 하여야 한다.<br><br>**제100조(기적전호)**<br>다음 각 호의 어느 하나에 해당하는 경우에는 기관사는 기적전호를 하여야 한다.<br>1. 위험을 경고하는 경우<br>2. 비상사태가 발생한 경우<br><br>**제101조(입환전호 방법)**<br>① 입환작업자(기관사를 포함한다)는 서로 맨눈으로 확인할 수 있도록 다음 각 호의 방법으로 입환전호해야 한다.<br>　1. 오너라전호<br>　　가. 주간: 녹색기를 좌우로 흔든다. 다만, 부득이한 경우에는 한 팔을 좌우로 움직임으로써 이를 대신할 수 있다.<br>　　나. 야간: 녹색등을 좌우로 흔든다.<br>　2. 가거라전호<br>　　가. 주간: 녹색기를 위·아래로 흔든다. 다만, 부득이 한 경우에는 한 팔을 위·아래로 움직임으로써 이를 대신할 수 있다.<br>　　나. 야간: 녹색등을 위·아래로 흔든다.<br>　3. 정지전호<br>　　가. 주간: 적색기. 다만, 부득이한 경우에는 두 팔을 높이 들어 이를 대신할 수 있다.<br>　　나. 야간: 적색등<br>② 제1항에도 불구하고 다음 각 호의 어느 하나에 해당하는 경우에는 무선전화 사용하여 입환전호를 할 수 있다.<br>　1. 무인역 또는 1인이 근무하는 역에서 입환하는 경우<br>　2. 1인이 승무하는 동력차로 입환하는 경우<br>　3. 신호를 원격으로 제어하여 단순히 선로를 변경하기 위하여 입환하는 경우<br>　4. 지형 및 선로여건 등을 고려할 때 입환전호하는 작업자를 배치하기가 어려운 경우<br>　5. 원격제어가 가능한 장치를 사용하여 입환하는 경우 | **제72조(출발전호)**<br>열차를 출발시키려 할 때에는 출발전호를 하여야 한다. 다만, 승객안전설비를 갖추고 차장을 승무(乘務)시키지 아니한 경우에는 그러하지 아니하다.<br><br>**제73조(기적전호)**<br>다음 각 호의 어느 하나에 해당하는 경우에는 기적전호를 하여야 한다.<br>1. 비상사고가 발생한 경우<br>2. 위험을 경고할 경우<br><br>**제74조(입환전호)**<br>입환전호방식은 다음과 같다.<br>1. 접근전호<br>　가. 주간: 녹색기를 좌우로 흔든다. 다만, 부득이한 경우에는 한 팔을 좌우로 움직이는 것으로 대신할 수 있다.<br>　나. 야간: 녹색등을 좌우로 흔든다.<br>2. 퇴거전호<br>　가. 주간: 녹색기를 상하로 흔든다. 다만, 부득이한 경우에는 한 팔을 상하로 움직이는 것으로 대신할 수 있다.<br>　나. 야간: 녹색등을 상하로 흔든다.<br>3. 정지전호<br>　가. 주간: 적색기를 흔든다. 다만, 부득이한 경우에는 두 팔을 높이 드는 것으로 대신할 수 있다.<br>　나. 야간: 적색등을 흔든다. |

# MEMO

# MEMO

## 철도관련법 한 권으로 끝내기

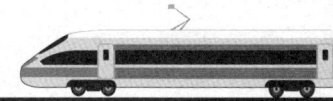

| 발 행 일 | 2026년 1월 10일 개정8판 1쇄 인쇄 |
|---|---|
| | 2026년 1월 20일 개정8판 1쇄 발행 |
| 저 자 | 드림레일 |
| 발 행 처 |  http://www.crownbook.co.kr |
| 발 행 인 | 李尙原 |
| 신고번호 | 제 300-2007-143호 |
| 주 소 | 서울시 종로구 율곡로13길 21 |
| 공 급 처 | (02) 765-4787, 1566-5937 |
| 전 화 | (02) 745-0311~3 |
| 팩 스 | (02) 743-2688, 02) 741-3231 |
| 홈페이지 | www.crownbook.co.kr |
| I S B N | 978-89-406-4985-5/ 13360 |

저자협의
인지생략

### 특별판매정가  31,000원

이 도서의 판권은 크라운출판사에 있으며, 수록된 내용은
무단으로 복제, 변형하여 사용할 수 없습니다.
Copyright CROWN, ⓒ 2026 Printed in Korea

이 도서의 문의를 편집부(02-6430-7006)로 연락주시면
친절하게 응답해 드립니다.